W0257597

HANDBUCH DER ASTROPHYSIK

HERAUSGEGEBEN VON

G. EBERHARD · A. KOHLSCHÜTTER
H. LUDENDORFF

BAND II / ERSTE HÄLFTE

GRUNDLAGEN DER ASTROPHYSIK

ZWEITER TEIL

BERLIN
VERLAG VON JULIUS SPRINGER
1929

GRUNDLAGEN DER ASTROPHYSIK

ZWEITER TEIL

I

BEARBEITET VON

K. F. BOTTLINGER · A. BRILL
E. SCHOENBERG · H. ROSENBERG

MIT 134 ABBILDUNGEN

BERLIN
VERLAG VON JULIUS SPRINGER
1929

ISBN 978-3-642-88848-9   ISBN 978-3-642-90703-6 (eBook)
DOI 10.1007/978-3-642-90703-6

Inhaltsverzeichnis.

Kapitel 1.

Theoretische Photometrie.

Von Prof. Dr. E. SCHOENBERG, Breslau.

(Mit 53 Abbildungen.)

Kapitel 2.

Spektralphotometrie.

Von Prof. Dr. A. BRILL, Neubabelsberg.

(Mit 19 Abbildungen.)

Inhaltsverzeichnis. IX

Kapitel 3.

Kolorimetrie.

Von Prof. Dr. K. F. BOTTLINGER, Neubabelsberg.

(Mit 11 Abbildungen.)

Kapitel 4.

Lichtelektrische Photometrie.

Von Prof. Dr. H. ROSENBERG, Kiel.

(Mit 51 Abbildungen.)

Inhalt der zweiten Hälfte.

Kapitel 5: **Photographische Photometrie** von Prof. Dr. G. EBERHARD, Potsdam.
Kapitel 6: **Visuelle Photometrie** von Prof. Dr. W. HASSENSTEIN, Potsdam
und das
Sachverzeichnis der ersten und zweiten Hälfte.

Kapitel 1.

Theoretische Photometrie.

Von

E. SCHOENBERG-Breslau.

Mit 53 Abbildungen.

Einleitung.

Die ersten Versuche, Messungen der Lichtstärke der Himmelskörper auszuführen, um auf diesem Wege Aufschlüsse über ihre Beschaffenheit zu erhalten, fallen in die Zeit jenes gewaltigen Aufschwungs, welchen die Optik durch die Arbeiten von NEWTON und HUYGENS am Ende des siebzehnten und zu Beginn des achtzehnten Jahrhunderts erfahren hatte. Schon HUYGENS[1] selbst versuchte die Helligkeit des Sirius mit derjenigen der Sonne zu vergleichen, indem er das Sonnenlicht durch eine kleine Öffnung im verschlossenen Ende eines langen Rohres abschwächte. Der schwedische Physiker CELSIUS[2] suchte nach einem Gesetze der Lichtabnahme beleuchteter Flächen, doch waren seine Schlußfolgerungen, ebenso wie diejenigen von HUYGENS, infolge der Unzulänglichkeit der angewandten Methoden nicht stichhaltig. Außer der Formel der Lichtabnahme mit dem Quadrate der Entfernung besaß die Physik noch keinerlei Rüstzeug an strengen Definitionen und Gesetzen und keinerlei Apparate zur Messung der Lichtstärken. BUFFON[3] versuchte den Verlust zu bestimmen, den das Sonnenlicht bei Reflexion an gläsernen Spiegeln erleidet. Aber erst die groß angelegten Arbeiten von PIERRE BOUGUER[4][5] (1698—1758) und JOHANN HEINRICH LAMBERT (1728—1777) schufen die Grundlagen der Photometrie. In systematischer experimenteller Arbeit, die durch sinnreiche Theorien erläutert wird, behandelt BOUGUER ihre Hauptprobleme: die Absorption des Lichtes bei der Reflexion und beim Durchgang durch feste und flüssige Körper sowie die diffuse Reflexion an matten Flächen und beim Durchgange durch trübe Medien. Seine Messungen, die er auch auf die Gestirne, insbesondere auf die Sonne und den Mond ausdehnte, besitzen, trotz der Einfachheit seiner Meßapparate, einen hohen Grad der Genauigkeit. BOUGUER entdeckt und bestimmt die Randverdunkelung der Sonne, mißt das Helligkeitsverhältnis der Sonne zum·Monde, untersucht die Lichtabnahme der Gestirne infolge der Extinktion des Lichtes in der Erdatmosphäre und gibt die erste Theorie dieser Erscheinung, die er auf das von ihm entdeckte Gesetz über die Abhängigkeit der Absorption von der Schichtdicke (das Gesetz der geometrischen Progression) aufbaut. Auch über

---

[1] Hugenii Cosmotheoros, sive de terris coelestibus earumque ornatu conjecturae. Hagae-Comitum Ed. II, S. 136 (1699).

[2] Histoire de l'Académie des Sciences, S. 5, Paris (1735).

[3] Mémoires de l'Académie des Sciences, S. 84, Paris (1747).

[4] Essai d'optique sur la gradation de la lumière. Paris (1729).

[5] Traité d'optique sur la gradation de la lumière. Ouvrage posthume, publié par l'abbé de Lacaille. Paris (1760).

die Lichtverteilung am klaren Himmel hat Bouguer Messungen angestellt. Seine Theorie der Extinktion und die Vorstellungen über den Vorgang der diffusen Reflexion sind zu einem bleibenden Schatze der Wissenschaft geworden.

Lamberts[1] Photometrie ist ein Meisterwerk logischer Schärfe und systematischen Aufbaus. Aus den beiden Grundgesetzen der Photometrie, die Lambert einführt und begründet, dem Kosinusgesetze für Selbstleuchter und dem zusammengesetzten Kosinusgesetze für matte Flächen, leitet er in systematischer Weise eine Reihe wichtiger photometrischer Sätze und Definitionen ab, die noch heute die Grundlagen der Photometrie bilden. Die Theorie der Extinktion und der Himmelshelligkeit wird von ihm unabhängig von Bouguer behandelt, endlich löst er als erster mit Erfolg das Problem der Beleuchtung der Planeten durch die Sonne. Dasselbe ist vor Lambert, aber weniger glücklich und vollständig, schon von Euler[2], Kies[3] und R. Smith[4] angegriffen worden. Euler legte dabei die nach ihm benannte Formel für diffuse Reflexion zugrunde, welche aber sowohl mit der Theorie als mit den Beobachtungen an matten Körpern in so starkem Widerspruche steht, daß ihr nur ein geschichtliches Interesse zukommt. Lambert gehört auch das Verdienst, den Begriff der Albedo definiert und in die Astronomie eingeführt zu haben. Was die Schärfe der von ihm angestellten Beobachtungen betrifft, so steht dieselbe hinter der von Bouguer erreichten zurück. Lamberts Bedeutung liegt in dem theoretischen und logischen Aufbau der neuen Wissenschaft.

Um die Wende des Jahrhunderts ist es der große Theoretiker P. S. Laplace[5], der durch eine neue Theorie der Extinktion einen wesentlichen Beitrag zur Photometrie des Himmels liefert. Laplace zeigt ihren Zusammenhang mit der Theorie der Strahlenbrechung in der Atmosphäre und berücksichtigt als erster die Krümmung des Strahles auf seinem Wege.

Nach diesen grundlegenden Arbeiten liegt die Entwicklung der Photometrie längere Zeit im wesentlichen auf praktischen Gebieten, in der Vervollkommnung der astronomischen Photometer und in der Sammlung genauerer Beobachtungen. F. Arago[6] und F. E. Neumann[7] geben durch die Theorie der Polarisation die Grundlage für den Bau des Polarisationsphotometers, das später unter dem Namen des Zöllnerschen Photometers allgemeine Verbreitung gefunden hat. L. Seidel[8] beobachtet um die Mitte des 19. Jahrhunderts mit einem von Steinheil[9] konstruierten Photometer die Helligkeit von Planeten und Fixsternen. In diesem Instrumente werden im Gesichtsfelde des Okulars die außerfokalen Bilder zweier Himmelskörper in bezug auf Flächenhelligkeit verglichen, wobei diese durch

---

[1] Photometria sive de mensura et gradibus luminis, colorum et umbrae. Augustae Vindelicorum (1760). Deutsche Ausgabe von E. Anding. Ostwalds Klassiker der exakten Wissensch. Nr. 31—33. Leipzig (1892).

[2] Réflexions sur les divers degrés de lumière du soleil et des autres corps célestes. Hist. et Mém. de l'Acad. R. de Berlin, S. 280 (1750).

[3] Sur le plus grand éclat de Vénus etc. Histoire et Mémoires de l'Académie de Berlin, S. 218 (1750).

[4] A Complete System of Optics. Cambridge 1728.

[5] Mécanique céleste 4, Kap. 3.

[6] Über das Gesetz des Kosinusquadrats für die Intensität des polarisierten Lichts, welches von doppelbrechenden Kristallen durchgelassen wird. Pogg Ann 35, S. 444 (1835).

[7] Photometrisches Verfahren, die Intensität der ordentlichen und außerordentlichen Strahlen sowie die des reflektierten Lichtes zu bestimmen. Pogg Ann 40, S. 497 (1837).

[8] Untersuchungen über die Lichtstärke der Planeten Mars, Venus, Jupiter und Saturn, verglichen mit Sternen, und über die relative Weiße ihrer Oberflächen. Monumenta saecularia der Münchner Akad. II. Kl. (1859).

[9] Elemente der Helligkeitsmessungen am Sternenhimmel. Denkschr. der Münchner Akad. II. Kl. 2 (1837); Verbesserte Form eines Prismenphotometers. Münch. gelehrte Anzeigen. 15, S. 9; Beiträge zur Photometrie des Himmels. A N 48, S. 369 (1858).

Veränderung des Fokalabstandes in meßbarer Weise verändert werden kann. SEIDELS und ARAGOS[1] Messungen der Planeten und ihre theoretischen Betrachtungen über dieselben bilden wertvolle Beiträge zur Photometrie, insbesondere da durch dieselben die Unvollkommenheit der LAMBERTschen Reflexionsformel nachgewiesen wird. SEIDEL gibt eine neue Tabelle der Extinktion und eine Formel für die Helligkeit des Saturn in Abhängigkeit von der Öffnung seiner Ringe.

Die Theorie der Beugung des Lichts im Fernrohr, die für die astronomische Photometrie von großer Bedeutung ist, wird von SCHWERD[2] in einem umfassenden Werke und gleichzeitig, mit der Beschränkung auf die Erscheinungen bei Lichtpunkten, von AIRY[3] behandelt.

In die Mitte des Jahrhunderts fallen auch die theoretische Abhandlung von A. BEER[4] über die Grundzüge des photometrischen Kalküls sowie zwei andere theoretisch-photometrische Schriften, die sich mit LAMBERTS Photometrie kritisch befassen, von G. RECKNAGEL[5] und J. RHEINAUER[6].

J. HERSCHEL lieferte einen Beitrag zur Theorie der Mondphasen durch seine Messungen der Helligkeit unseres Trabanten mit Hilfe eines sinnreichen Astrometers[7].

Einen weiteren wesentlichen Fortschritt bilden dann die geistvollen Arbeiten von FR. ZÖLLNER[8], die in den sechziger Jahren des 19. Jahrhunderts erscheinen. ZÖLLNER konstruiert gleichzeitig mit H. WILD[9] das nach ihm benannte ZÖLLNERsche Polarisationsphotometer, das im wesentlichen für die Beobachtung von Lichtpunkten vorgesehen ist, aber auch Flächenhelligkeiten zu vermessen gestattet, und das ohne wesentliche Änderungen auch noch heute eine große Anwendung in der Astronomie findet. ZÖLLNERS Messungen an Fixsternen, der Sonne und den Planeten mit dem neuen Apparate haben einen großen Grad der Genauigkeit und gestatten es ihm, an den LAMBERTschen Theorien der Beleuchtung der Planeten eingehende Kritik zu üben. Seine eigene Theorie der Beleuchtung des Mondes ist aber nicht glücklich. Durch die Fülle der theoretischen Betrachtungen über die Beschaffenheit der Himmelskörper, die er durch seine Messungen zu stützen sucht, ist ZÖLLNERS Werk für die Photometrie des Himmels äußerst fruchtbar geworden. Gleichzeitig mit ZÖLLNER widmete sich G. P. BOND[10] an der Sternwarte des Harvard College photometrischen

---

[1] Sieben Abhandlungen zur Photometrie. Aragos Werke; deutsche Ausgabe von Hankel, Bd. 10 (1859).

[2] Beugungserscheinungen. Mannheim (1835).

[3] Cambridge Transactions, 6 (1838).

[4] Vier photometrische Probleme. Pogg Ann 88, S. 114 (1853); Grundriß des photometrischen Calcüls. Braunschweig (1854).

[5] Lamberts Photometrie und ihre Beziehung zum gegenwärtigen Standpunkt der Wissenschaft. Gekrönte Preisschrift. München (1861).

[6] Grundzüge der Photometrie. Halle (1862).

[7] Account of some Attempts to compare the Intensities of Light of Stars one with another by the Intervention of the Moon by the Aid of an Astrometer adapted to that Purpose. Results of Astr. Obs. made during 1834 to 1838 at the Cape of Good Hope, S. 353 London (1847).

[8] Photometrische Untersuchungen. Pogg Ann 100, S. 381, 474, 651 (1857) und daselbst 109, S. 244 (1860); Grundzüge einer allgemeinen Photometrie des Himmels. Berlin (1861); Photometrische Untersuchungen mit besonderer Rücksicht auf die physische Beschaffenheit der Himmelskörper. Leipzig (1865); Einige Sätze aus der theoretischen Photometrie. Pogg Ann 128, S. 46 (1866); Resultate photometrischer Beobachtungen an Himmelskörpern, ebenda 128, S. 260 (1866); A N 66, S. 225 (1866).

[9] Über ein neues Photometer und Polarimeter nebst einigen angestellten Beobachtungen. Pogg Ann 118, S. 235 (1856); Über die Umwandlung meines Photometers in ein Spektro-Photometer. Bull. Acad. St. Pétersb. 28, S. 392 (1883).

[10] On the Results of Photometric Experiments upon the Light of the Moon and the Planet Jupiter, made at the Observatory of the Harvard College. Mem. Amer. Acad. New Ser. 8, S. 221 (1861); Comparison of the Light of the Sun and Moon, ebenda 8, S. 287 (1861); On the Light of the Sun, Moon, Jupiter and Venus. M N 21, S. 197 (1861).

Versuchen über die Helligkeit der Planeten, des Mondes und der Sonne und förderte die theoretische Photometrie besonders durch eine neue Definition der Albedo der Planeten. Diese ist freilich erst durch H. N. Russell nach einem halben Jahrhundert der Vergessenheit entrissen worden.

Die photometrischen Erscheinungen, welche die Jupitertrabanten während der Verfinsterung aufweisen, wurden von A. Cornu[1] und A. Obrecht[2] behandelt. Letzterer gab eine vollständige Theorie dieser Erscheinungen.

Einen großen Aufschwung nimmt die theoretische Photometrie durch die Untersuchungen Hugo v. Seeligers[3] und seiner Schüler. Seeliger hat die Theorie der Beleuchtung der Planeten, des Saturnringes und der Nebelflecke in mancher Beziehung auf eine solche Höhe gebracht, daß ihre Bestätigung durch die Beobachtung zum Teil noch nicht möglich war. Sie würde eine solche Schärfe photometrischer Messungen verlangen, wie sie bisher nicht erreicht ist. Grundlegend sind Seeligers und E. Lommels[4] Untersuchungen über diffuse Reflexion, die zu dem nach beiden Forschern benannten Gesetze führten; Seeliger leitete strenge Formeln für die Beleuchtung eines Rotationsellipsoids ab, ohne freilich die Wirkung einer umgebenden Atmosphäre zu berücksichtigen. Er entwickelte als erster die Theorie der Beleuchtung staubförmiger Massen, insbesondere des Saturnringes, und folgerte aus seinen Entwicklungen die starke Veränderlichkeit des Ringes in der Nähe der Opposition. Weiter berechnete er die Helligkeit des Zodiakallichtes und diejenige der Nebel in der Nähe leuchtender Sterne bei der Annahme, daß erstere aus einer Wolke von Meteoriten gebildet sind. Grundlegend ist Seeligers Erklärung für die Vergrößerung des Erdschattens bei Mondfinsternissen, welche auf einer strengen Berechnung der Brechung und Absorption des Lichtes in der Erdatmosphäre beruht.

Von den Arbeiten der Schüler Seeligers sind zu nennen diejenigen von E. Anding[5] über die Verfinsterung der Jupitertrabanten und über die Lichtverteilung auf einer Planetenscheibe. Eine andere Arbeit über das erstgenannte Thema hat V. Wellmann[6] geliefert, und eine Untersuchung über das Zodiakallicht veröffentlichte K. Schwend[7]. G. Müller[8] hat das große Verdienst, in seinem vortrefflichen Handbuch „Photometrie der Gestirne"[8] eine Zusammenfassung der neueren theoretischen Arbeiten, die im wesentlichen auf Seeliger zurückgehen, gegeben zu haben.

Ich breche hiermit den Überblick über die geschichtliche Entwicklung der

---

[1] Sur la possibilité d'accroître dans une grande proportion la précision des observations des éclipses des satellites de Jupiter. C R 96, S. 1609 (1883); Sur les méthodes photométriques d'observation des satellites de Jupiter. A N 114, S. 239 (1886).

[2] Étude sur les éclipses des satellites de Jupiter. Annal. de l'Obs. de Paris 18 (1885).

[3] Zur Photometrie des Saturnringes. A N 109, S. 305 (1884); Bemerkungen zu Zöllners „Photometrische Untersuchungen". V J S 21, S. 216 (1886); Zur Theorie der Beleuchtung der großen Planeten, insbesondere des Saturn. Abhandl. der Münch. Akad. II. Kl. 16, S. 405 (1888); Zur Photometrie zerstreut reflektierender Substanzen. Sitzungsber. der Münch. Akad. II. Kl. 18, S. 201 (1888); Theorie der Beleuchtung staubförmiger kosmischer Massen, insbesondere des Saturnringes. Abh. d. Münch. Akad. II. Kl. 18, S. 1 (1893); Über den Schatten eines Planeten, Sitzungsber. d. Münch. Akad. II. Kl. 24, S. 423 (1894); Über kosmische Staubmassen und das Zodiakallicht. Ebenda 31, H. 3; Die scheinbare Vergrößerung des Erdschattens bei Mondfinsternissen. Abhandl. d. Bayer. Akad. d. Wiss. II. Abt. 19 (1899).

[4] Über Fluorescenz. Abschnitt I: Über die Grundsätze der Photometrie. Wied Ann 10, S. 449 (1880); Die Photometrie der diffusen Zurückwerfung. Sitzungsber. der Münch. Akad. II. Kl. 17, S. 95 (1887).

[5] Photometrische Untersuchungen über die Verfinsterungen der Jupiterstrabanten. Preisschr. d. Univ. München (1889); Über die Lichtverteilung auf einer unvollständig beleuchteten Planetenscheibe. A N 129, S. 377 (1892).

[6] Zur Photometrie der Jupiterstrabanten. Berlin (1887).

[7] Zur Zodiakallichtfrage. München (1904).

[8] Die Photometrie der Gestirne. Leipzig (1897).

theoretischen Photometrie ab. Das in den Anmerkungen zu der vorstehenden Einleitung enthaltene Literaturverzeichnis macht auf Vollständigkeit keinen Anspruch. Es bezieht sich im wesentlichen auf die Entwicklung derjenigen Probleme, welche auch von mir behandelt werden. Beobachtungsergebnisse sind nur dann angeführt, wenn sie mit theoretischen Betrachtungen verbunden sind. Über neuere Arbeiten gibt der Inhalt dieser Ausführungen genügenden Aufschluß. In meiner Abhandlung teile ich einige Resultate eigenerArbeiten aus dem Gebiete der theoretischen Photometrie erstmalig mit. Dazu gehören u. a. die neue Formel für diffuse Reflexion und die Theorie der Beleuchtung eines von einer Atmosphäre umgebenen Planeten. Eine Reihe von Hilfstafeln, zum Teil den Originalarbeiten entnommen, zum Teil auch neu berechnet, ist im Anhange gegeben. Sie sollen dazu dienen, einerseits langwierige Rechnungen zu erleichtern, andererseits zur Prüfung der schwierigen neuen Probleme der Beleuchtung der Planeten anzuregen.

a) Definitionen, Grundgesetze und Aufgaben.

1. Definition der Photometrie. Die Photometrie der Gestirne ist derjenige Teil der Astrophysik, welcher die Strahlung der Himmelskörper auf ihre Intensität hin untersucht.

Diese Strahlung offenbart sich der messenden Astronomie in verschiedenen Wirkungen; so zerfällt die Astrophotometrie in verschiedene Wissenszweige, je nachdem, welche dieser Wirkungen Gegenstand der Untersuchung ist. Bis jetzt ist es gelungen, folgende Wirkungen der von den Gestirnen ausgehenden Strahlung zu messen:

1. Die physiologische Wirkung auf unser Auge, welche die Grundlage des ältesten Gebietes, der visuellen Photometrie, bildet.

2. Die chemische Wirkung auf die photographische Platte, welche der z. Z. am meisten verbreiteten, weil bequemen und für statistische Untersuchungen über Helligkeiten lichtschwacher Objekte besonders geeigneten photographischen Photometrie zugrunde liegt.

3. Die lichtelektrische Wirkung, welche mit der größten Genauigkeit gemessen werden kann und daher für feinere Untersuchungen geringer Lichtschwankungen von größter Bedeutung geworden ist.

4. Die Wärmewirkung, welche zunächst nur für die hellsten Gestirne meßbar ist.

Die drei erstgenannten Wirkungen der Strahlung sind selektiv.

Nur mit Hilfe der Wärmewirkung kann die Intensität der Strahlung aller wirksamen Wellenlängen gemessen werden, weil der hierbei benutzte Empfänger (Lampenruß oder Platinmohr) die Eigenschaft besitzt, alle Wellenlängen nahezu vollkommen zu absorbieren und in Wärme umzuwandeln. Es sind daher das Bolometer, das Pyrheliometer und überhaupt Apparate, welche die Intensität der Wärmewirkung des Strahles auf geeignete schwarze Flächen messen, die einzigen vollkommenen Strahlungsmesser; mit ihrer Hilfe ist es gelungen, die Grenzen der anderen Meßmethoden der Strahlung festzustellen; insofern gehört die Wärmewirkung der Strahlung in die Photometrie und ist hier zu Anfang erwähnt, während sie im Wesentlichen in der Strahlungslehre behandelt wird. Die Bezeichnung Photometrie (Lichtmessung) ist streng genommen nur auf die visuelle Messungsmethode anwendbar, weil die photographische und lichtelektrische Methode auch solche Strahlung umfaßt, die außerhalb des als Licht empfundenen Gebietes liegt; sie wird aber trotzdem auch auf diese Gebiete angewandt.

Es bildet also die Strahlungslehre die Grundlage der verschiedenen Zweige der Photometrie, die alle nur einen Teil der Gesamtstrahlung zu messen gestatten, und es müssen deshalb die Grundbegriffe und Hauptgesetze der Strahlungslehre, soweit sie für das Weitere in Frage kommen, hier angeführt werden, ehe die Definitionen und Grundgesetze der Photometrie, die gewissermaßen nur eine Übersetzung der Strahlungslehre in die ältere Sprache der Lichterscheinungen bilden, streng formuliert werden können.

2. Grundgesetze und Definitionen aus der Strahlungslehre. Strahlender Punkt. In einem homogenen Medium pflanzt sich die Strahlung (Energie) nach allen Richtungen von der Strahlungsquelle geradlinig fort. Die von einem strahlenden Punkte ausgehenden Strahlen sind also die Wege der Energie. Bilden wir eine Kegelfläche mit der Spitze im strahlenden Punkte, so sind die Erzeugenden des Kegelmantels die Wege der Strahlung, so daß durch die Seitenflächen keine Strahlung austreten kann. Es muß daher in der Zeiteinheit durch jeden Schnitt des Kegels dieselbe Strahlungsmenge passieren. Diese S t r a h l u n g s - m e n g e (Energiemenge), auch einfach Strahlung (Energie) genannt, ist dann durch die Größe dieses räumlichen Winkels ω bestimmt. Letzterer hat als Maß die Oberfläche des Schnittes s, den der Kegel mit einer Kugel vom Radius 1 bildet. Wir haben daher, wenn F ein beliebiger Schnitt des Kegels in der Entfernung r ist

$$\omega = s = \frac{F}{r^2}. \tag{1}$$

Die Energiemenge im räumlichen Winkel ω ist also identisch mit dem E n e r - g i e - oder S t r a h l u n g s s t r o m durch einen beliebigen Schnitt des Winkels in der Zeiteinheit. Wir bezeichnen ihn durch G. Die S t r a h l u n g s i n t e n s i t ä t U in der Richtung der Achse des Kegels ist der Quotient aus dem Energiestrom und der Größe des räumlichen Winkels

$$U = \frac{G}{\omega}. \tag{2}$$

Man hat also auch die Gleichung:

$$G = U\omega = Us \tag{3}$$

für den Strahlungsstrom durch einen beliebigen Schnitt des räumlichen Winkels in der Zeiteinheit.

Bezieht man diesen Energiestrom auf die Einheit der Fläche:

$$B = \frac{G}{s} = \frac{G}{\omega} = U, \tag{4}$$

so heißt B die B e s t r a h l u n g, und diese ist nach (4) durch dieselbe Zahl gemessen wie die Strahlungsintensität U.

Denken wir uns jetzt die Fläche $ab = s$ aus der Entfernung 1 in die Entfernung r versetzt, wobei sie immer senkrecht zur Achse des Kegels bleibt, so ist der Strom auf derselben nun im selben Verhältnis verkleinert wie die Flächen $s = ab = \alpha\beta$ und AB zueinander stehen. Es ist deshalb der Energiestrom auf der Fläche s im Abstande r

$$G = \frac{Us}{r^2}. \tag{5}$$

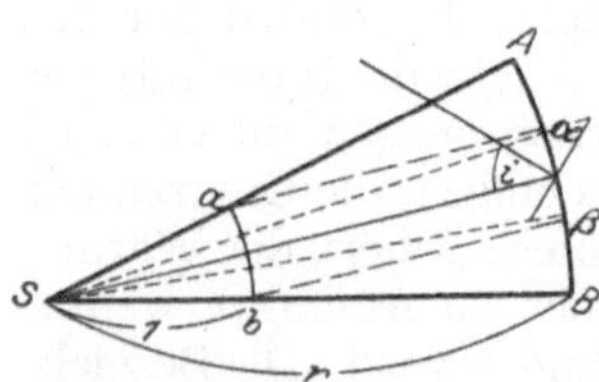

Abb. 1. Die Grundgesetze der Strahlungslehre.

Denkt man sich jetzt die Fläche s gedreht um den Winkel i, so ist der Energiestrom auf derselben ebenso groß wie auf ihrer senkrechten Projektion $s \cos i$, weil beide in demselben räumlichen Winkel liegen. Es ist also, wenn der Einfallswinkel des Strahles auf die Fläche s gleich i ist, der Energiestrom auf dieselbe

$$G = \frac{Us \cos i}{r^2}. \tag{6}$$

Die Bestrahlung auf der Fläche wird dementsprechend

$$B = \frac{U \cos i}{r^2}. \tag{7}$$

3. System strahlender Punkte und die strahlende Fläche. Wenn eine Reihe strahlender Punkte sich in den Abständen r_1, r_2, ... von der Fläche s befindet und ihre Strahlungsstärken U_1, U_2, ..., die Einfallswinkel der Strahlung auf die Fläche s entsprechend i_1, i_2, ... sind, so muß der Gesamtstrom, der auf s einfällt, gleich sein

$$G = \frac{U_1 s \cos i_1}{r_1^2} + \frac{U_2 s \cos i_2}{r_2^2} + \cdots. \tag{8}$$

Ist die Entfernung der Punkte voneinander klein im Vergleich zum Abstande von s, so daß man $i_1 = i_2 = i_3 = \cdots = i$ und auch $r_1 = r_2 = r_3 = \cdots = r$ setzen kann, so wird

$$G = \frac{s \cos i}{r^2}(U_1 + U_2 + U_3 + \cdots) = \frac{s \cos i}{r^2} U, \tag{9}$$

wo

$$U = U_1 + U_2 + U_3 + \cdots. \tag{9'}$$

Bei den genannten Bedingungen kann also ein System leuchtender Punkte durch **einen** Punkt mit einer Strahlungsstärke ersetzt werden, die der Summe der Strahlungsstärken der einzelnen Punkte gleich ist.

Da eine strahlende Fläche als aus einer Reihe naheliegender strahlender Punkte bestehend gedacht werden kann, so bezieht sich der letzte Satz auch auf eine strahlende Fläche.

Sind die Strahlungsintensitäten der einzelnen Punkte U_1, U_2 ... einander gleich, so ist die Strahlungsintensität der Fläche der Anzahl der Punkte oder der Größe σ der strahlenden Fläche proportional,

$$U = \eta \sigma. \tag{10}$$

Bei der Bestimmung der Intensität der Strahlung einer Fläche kommt aber ein neues Element, die **Richtung der Strahlung** hinzu. Es sei $AB = \sigma$ ein Element der strahlenden Fläche, MN die Senkrechte darauf, MO eine beliebige Richtung, die den Winkel ε mit der Normalen bildet, BD die senkrechte Projektion von AB, gleich $\sigma \cos \varepsilon$, die sog. scheinbare Größe von AB in der Richtung MO. Ist U die Strahlungsstärke in der Richtung ε, so gilt der Satz, daß sie für den sog. **schwarzen Körper** dem cosinus des Ausstrahlungswinkels ε proportional ist, so daß

$$U = \eta \sigma \cos \varepsilon, \tag{11}$$

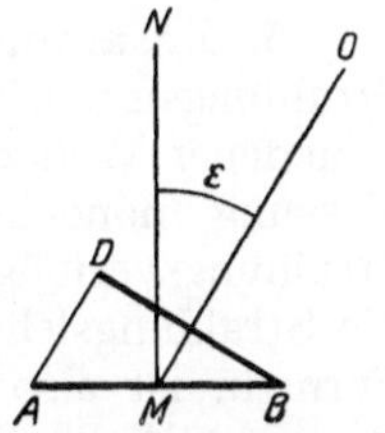

Abb. 2. Die strahlende Fläche.

wo η eine Konstante bedeutet. Wir behalten diese Gleichung auch bei für beliebige strahlende Körper, die das $\cos \varepsilon$-Gesetz nicht streng befolgen, indem wir η in diesem Falle nicht mehr als konstant betrachten und, durch die Gleichung

$$\eta = \frac{U}{\sigma \cos \varepsilon} \tag{11}$$

bestimmt, als **Strahlungsvermögen** in der Richtung ε definieren. Für den schwarzen Körper ist also das Strahlungsvermögen unter allen Winkeln dasselbe.

4. Die Bestrahlung eines Elementes durch ein anderes. Das strahlende Element σ sende unter dem **Emanationswinkel** ε Strahlung auf ein Element s, auf welches sie unter dem Einfallswinkel i zur Normalen einfällt. r sei der

Abstand der Elemente. Es ist dann der Energiestrom von σ auf s nach (9)

$$G = \frac{U s \cos i}{r^2},$$

wo U die Strahlungsstärke unter dem Winkel ε bedeutet und aus (11) bestimmt ist. Es ist also

$$G = \frac{\eta \sigma s \cos \varepsilon \cos i}{r^2}. \qquad (12)$$

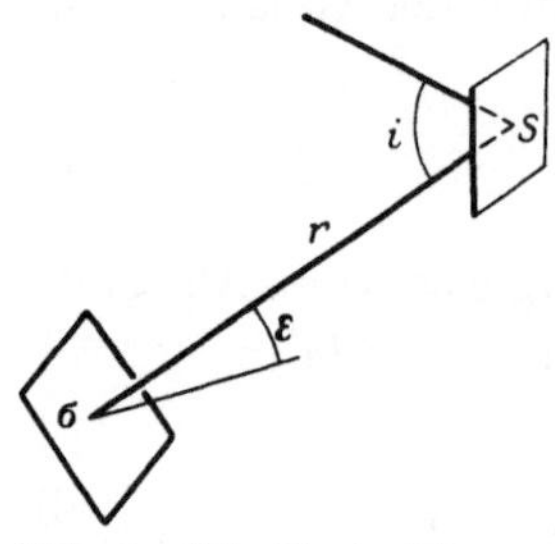

Abb. 3. Die Bestrahlung eines Flächenelements durch ein anderes.

Dieses ist das LAMBERTsche zusammengesetzte Grundgesetz der Photometrie. LAMBERT glaubte, daß dasselbe bei konstantem η allgemein gültig ist; wir behalten es mit der oben erwähnten Einschränkung in der Form bei. Die Bestrahlung ist dann

$$B = \frac{\eta \sigma \cos \varepsilon \cos i}{r^2}. \qquad (13)$$

Da die Fläche s, von σ aus gesehen, unter dem räumlichen Winkel $\omega = \dfrac{s \cos i}{r^2}$ erscheint, so kann man auch schreiben

$$G = \eta \sigma \omega \cos \varepsilon. \qquad (14)$$

Für den schwarzen Körper, dessen Strahlungsvermögen in allen Richtungen konstant ist, ist es leicht, die in den räumlichen Winkel 2π ausgesandte Strahlung, also die Gesamtstrahlung eines Flächenelementes nach einer Seite zu bestimmen. Beschreiben wir eine Kugel vom Radius 1 um das strahlende Element als Zentrum, so fällt auf ein Segment der Kugel zwischen den Parallelen ε und $\varepsilon + d\varepsilon$ die Energiemenge

$$dG = \eta \sigma \cos \varepsilon \, 2\pi \sin \varepsilon \, d\varepsilon$$

und auf die ganze Halbkugel

$$G = 2\pi \eta \sigma \int_0^{\pi/2} \sin \varepsilon \cos \varepsilon \, d\varepsilon = \pi \eta \sigma. \qquad (15)$$

5. Zusammengesetzte Strahlung. Wir haben es bei der Messung von Strahlungsintensitäten in den allermeisten Fällen mit gemischter Strahlung verschiedener Wellenlängen zu tun, und nur bei den helleren Gestirnen ist die Messung monochromatischer Strahlungsintensität möglich. Nun ist aber das Strahlungsvermögen η für die verschiedenen Wellenlängen verschieden, worüber die Strahlungslehre ausführlich Auskunft gibt. Bei der Anwendung der obigen Formeln ist also hierauf Rücksicht zu nehmen. Ist die Strahlung einer bestimmten Wellenlänge gemeint, was wir durch den Index λ kennzeichnen wollen, so gilt die LAMBERTsche Formel in der Form:

$$G_\lambda = \frac{\eta_\lambda \sigma s \cos i \cos \varepsilon}{r^2}. \qquad (12')$$

Wenn der zusammengesetzte Energiestrom gemeint ist, so ist er als Summe der Energieströme für die einzelnen Wellenlängen aufzufassen, und da sich das gesamte Emissionsvermögen zwischen den Wellenlängen λ_1 und λ_2 durch die Summe

$$\eta_{12} = \sum_{\lambda_1}^{\lambda_2} \eta_\lambda \, \Delta\lambda$$

oder in einem kontinuierlichen Spektrum als

$$\eta_{12} = \int\limits_{\lambda_1}^{\lambda_2} \eta_\lambda \, d\lambda$$

darstellt, wo jedes η_λ mit dem Bereich multipliziert ist, für welchen es als konstant angesehen werden kann, so kann man für den gesamten Energiestrom zwischen den Wellenlängen λ_1 und λ_2 schreiben:

$$G_{12} = \frac{\sigma s \cos \varepsilon \cos i}{r^2} \sum_{\lambda_1}^{\lambda_2} \eta_\lambda \, \varDelta \lambda \quad \text{oder} \quad = \frac{\sigma s \cos \varepsilon \cos i}{r^2} \int\limits_{\lambda_1}^{\lambda_2} \eta_\lambda \, d\lambda . \tag{16}$$

Hier muß das Strahlungsvermögen aus Messungen der Energieverteilung im Spektrum bekannt sein oder auch theoretisch aus den Strahlungsgesetzen berechnet werden. Für visuelle Strahlungsmessungen sind die Grenzen der Sichtbarkeit $\lambda_1 = 0{,}370\ \mu$ und $\lambda_2 = 0{,}760\ \mu$. Es wären also für visuelle Messungen einer Lichtquelle, die ein kontinuierliches Spektrum besitzt, die obigen Grenzen einzusetzen.

Bei bolometrischen Messungen der Gesamtstrahlung wird das gesamte Emissionsvermögen in Betracht kommen, welches durch das Symbol

$$\eta = \int\limits_{0}^{\infty} \eta_\lambda \, d\lambda \tag{17}$$

bezeichnet wird.

6. Die Definitionen der visuellen Photometrie. In der visuellen Photometrie ist das menschliche Auge mit der Netzhaut und dem anschließenden Nervenapparat, durch deren Vermittlung die Strahlungsenergie in eine Lichtempfindung umgewandelt wird, der Empfänger der Strahlung. Es ist deshalb notwendig, sich über die Umwandlungen, welche die Strahlung durch diesen Empfangsapparat erfährt, ehe sie sich in die Lichtempfindung verwandelt, möglichst genau Rechenschaft zu geben.

Zunächst ist seit HELMHOLTZ[1] bekannt, daß beim Durchdringen der der Netzhaut vorgelagerten Medien des Auges, nämlich der Hornhaut, der Kristallinse, der zwischen beiden liegenden wässerigen Flüssigkeit und dem jenseits der Linse liegenden Glaskörper, alle Strahlen, welche eine größere Wellenlänge als $0{,}812\ \mu$ haben, durch Absorption vollständig verloren gehen. Nach anderen Forschern soll noch ein Teil der ultraroten Strahlen bis zur Netzhaut durchdringen, nach ASCHKINASS[2] bis zur Wellenlänge $1{,}4\ \mu$, sie tragen aber jedenfalls nicht mehr zur Lichtempfindung bei. Als untere Grenze der sichtbaren Wellenlängen wird für ein normales Auge $0{,}370\ \mu$ angenommen, was auch mit der Grenze der Durchlässigkeit der Kristallinse für kurzwellige Strahlen zusammenfällt (WIDMARK[3]). Die normalen Grenzen der Sichtbarkeit sind $0{,}760\ \mu$ im äußersten Rot und $0{,}370\ \mu$ im äußersten Violett. Dazwischen liegen die Farbempfindungen bei den Wellenlängen:

Äußerst. Rot . . . $0{,}760\ \mu$	Blaugrün (Cyan) . . $0{,}473\ \mu$	
Rot . . . . . . $0{,}683\ \mu$	Blau . . . . . . $0{,}439\ \mu$	
Orange . . . . . $0{,}615\ \mu$	Violett . . . . . $0{,}410\ \mu$	
Gelb . . . . . . $0{,}559\ \mu$	Äußerst. Violett . . $0{,}370\ \mu$	
Grün . . . . . . $0{,}512\ \mu$		

Über den Vorgang der Umwandlung der die Netzhaut treffenden Strahlung in die obengenannten Farbenempfindungen sind wir nicht genau unterrichtet. Es

---

[1] Handbuch der physiologischen Optik (1856—1866).   [2] Wied Ann 55, S. 401 (1895).
[3] R. TIGERSTEDT, Lehrbuch der Physiologie des Menschen II, S. 254. Leipzig (1920).

ist aber bekannt, und wir wollen weiterhin näher darauf eingehen, daß nur ein Bruchteil der die Netzhaut treffenden Strahlungsenergie jeder Wellenlänge in die physiologische Energie Φ verwandelt wird, welche die Lichtempfindung verursacht. Wir bezeichnen nun, indem wir die Absorption v o r der Netzhaut mit derjenigen d u r c h dieselbe zusammenfassen, das Verhältnis der physiologischen Energie der Lichtempfindung Φ für die Wellenlänge λ zu der äußeren Energie durch K_λ, und für zusammengesetzte Strahlung durch K_e; dann kann man die Gleichungen ansetzen:

$$\Phi_\lambda = U_\lambda K_\lambda \qquad \text{und} \qquad \Phi_e = U_e K_e, \tag{18}$$

wo U_λ und U_e die Intensitäten der äußeren Energieströme sind. Über die Veränderlichkeit des Faktors K_λ mit der Wellenlänge soll weiterhin ausführlich berichtet werden. Zunächst ist aber leicht einzusehen, daß die Definitionen und Grundgesetze der Strahlungslehre mit Hilfe dieses Faktors sich in die Grundbegriffe der visuellen Photometrie übersetzen lassen. Wir erhalten so an Stelle der Begriffe der Strahlungslehre die entsprechenden der visuellen Photometrie:

G Energiestrom, Energiemenge . . . . . $GK = Q$ Lichtstrom, Lichtmenge.

U Strahlungsstärke, Strahlungsintensität $UK = J$ Lichtstärke, Lichtintensität.

η Strahlungsvermögen . . . . $\eta K = h$ Leuchtvermögen, oder auch Flächenhelle einer Lichtquelle.

B Bestrahlung . . . . $BK = L$ Beleuchtung.

Wir erhalten dann aus den Gleichungen der Strahlungslehre folgende entsprechende Beziehungen:

Leuchtender Punkt

$$Q = J\omega = \frac{Js \cos i}{r^2}. \tag{19}$$

Die Lichtmenge im räumlichen Winkel ω ist gleich dem Produkt aus der Lichtstärke des strahlenden Punktes und der Größe des Winkels ω. Die Lichtmenge auf der Fläche s ist der Größe der Fläche, dem cosinus des Einfallswinkel i direkt, und dem Quadrate des Abstandes vom leuchtenden Punkte umgekehrt proportional.

$$L = \frac{Q}{s} = \frac{J \cos i}{r^2}. \tag{20}$$

Die Beleuchtung ist die Lichtmenge pro Flächeneinheit und wird gleich der Lichtstärke J für den Abstand Eins vom leuchtenden Punkte und $i = 0$.

Leuchtende Fläche

$$J = h\sigma \cos \varepsilon. \tag{21}$$

Die Lichtstärke der leuchtenden Fläche σ ist der Größe derselben und dem cosinus des Emanationswinkels proportional. Für den schwarzen Körper ist die Flächenhelle h konstant.

$$Q = \frac{h\sigma s \cos\varepsilon \cos i}{r^2}. \tag{22}$$

Die Lichtmenge, die von der leuchtenden Fläche σ auf die Fläche s fällt, ist dem cosinus des Emanationswinkels ε, dem cosinus des Einfallswinkel i direkt und dem Quadrate des Abstandes der Flächen r umgekehrt proportional.

Die visuell-photometrischen Größen haben mit denjenigen der Strahlungslehre kein gemeinsames Maß, wie es nach den obigen Gleichungen erscheinen könnte, denn der Faktor K als Umwandlungsfaktor mechanischer Werte in Empfindungsgrößen ist natürlich seinem absoluten Betrage nach nicht zu bestimmen, wenn auch seine Veränderlichkeit in relativem Maße untersucht werden kann. Die Bestimmungsgrößen der visuellen Photometrie können immer nur untereinander verglichen werden, und einen direkten Übergang zu den Größen der Strahlungslehre gibt es nicht. Trotzdem kann auch das Auge als relativer Strahlungsmesser dienen und zwar unter folgenden Bedingungen: Erscheinen die Lichtstärken zweier Lichtquellen von gleicher Farbe und Größe, deren Abbildungen auf der Netzhaut nahe beieinander liegen, einander gleich, so darf auf die Gleichheit der Strahlungsintensität geschlossen werden. Dieses gilt sowohl für zwei leuchtende Punkte, die sich auf der Netzhaut als sehr kleine Scheibchen gleichen Durchmessers abbilden, als auch für aneinandergrenzende Flächen, bei denen die Flächenhelligkeit verglichen wird. Erscheinen dem Auge die beiden leuchtenden Punkte oder die aneinandergrenzenden Flächen als von verschiedener Helligkeit, so ist das Auge nicht fähig, den Helligkeitsunterschied anzugeben. Das Urteil lautet dann wohl, der eine Punkt oder die eine Fläche ist heller oder dunkler als die andere, und es können bei einiger Übung einige Grade der Helligkeitsunterschiede geschätzt werden, doch zu einer strengen Messung ist das Auge nicht fähig. Hieraus ergibt sich sofort das Prinzip, nach dem ein visuelles Photometer gebaut werden muß. Es muß die Möglichkeit bieten, die Intensität des einen der zu vergleichenden Objekte in meßbarer Weise zu verändern; dann kann immer gleiche Lichtstärke beider Objekte erreicht und sicher beurteilt werden; diese bedeutet dann auch gleiche Strahlungsintensität, wenn die Färbung der Objekte dieselbe ist.

Das Auge besitzt eine große Empfindlichkeit für kleine Helligkeitsdifferenzen. Nach BOUGUER[1] kann es noch $1/_{64}$ der Lichtstärke unterscheiden; ARAGO[2] beobachtete, daß bei Bewegung der leuchtenden Objekte bis zu $1/_{131}$ der Helligkeit erkennbar ist, MASSON[3] fand im Mittel den Faktor zu $1/_{100}$, und nahe denselben Wert lieferten die Versuche von FECHNER[4]. Die astronomisch-photometrische Praxis an punktförmigen Objekten bestätigt im allgemeinen, daß unter günstigen Umständen 1% der Helligkeit unterscheidbar ist. Genauer als für punktförmige Lichtquellen empfindet das Auge Unterschiede der Flächenhelligkeit aneinandergrenzender gleichgefärbter Flächen, wie das die Beobachtungen veränderlicher Sterne mit Hilfe von Flächenphotometern zeigen[5].

Die Empfindlichkeit verschiedener Beobachter scheint übrigens recht verschieden zu sein; sie hängt auch sehr von der Übung ab, was jeder beginnende Beobachter an sich bestätigt findet. Sie ist außerdem verschieden für ein helladaptiertes und ein dunkeladaptiertes Auge und zwar größer für das letztere. Endlich nimmt sie wie die Schärfe aller menschlichen Empfindungen mit der Ermüdung ab. Die oben angeführte Zahl setzt natürlich günstigste Bedingungen voraus, wie sie auch in der Regel bei wissenschaftlichen Messungen verwirklicht werden.

7. Die Empfindlichkeit des Auges für Helligkeitsdifferenzen für die einzelnen Farben des Spektrums[6] ist recht verschieden, was bei spektralphotometrischen Beobachtungen von Bedeutung ist.

---

[1] Traité d'optique sur la gradation de la lumière. Ouvrage posthume. S. 25. Paris (1760).

[2] Sämtliche Werke. Deutsche Ausgabe von Hankel, 10, S. 210.

[3] Ann d chim et d phys. Série 3, tome 14, p. 150 (1845).

[4] Über ein psychophysisches Grundgesetz etc. Abh. d. Kgl. Sächs. Ges. d. Wiss. 4, S. 455 (1859).

[5] E. SCHOENBERG, Eine Sonderklasse veränderlicher Sterne. Commentationes phys.-math. Societ. Scient. Fennicae. I, S. 30 (1923).

[6] R. TIGERSTEDT, Lehrbuch der Physiologie des Menschen II, S. 273 (1920).

Nach Lamansky ist die Unterschiedsschwelle für Grün und Gelb $^1/_{286}$, für Blau $^1/_{212}$, für Violett $^1/_{109}$, für Orange und Rot $^1/_{78}$ bzw. $^1/_{70}$. Dobrowolsky gibt für die einzelnen Farben nicht unwesentlich von den obigen abweichende Zahlen an. Nach König und Brodhun schwanken die Empfindlichkeitsschwellen für die einzelnen Farben viel weniger und sind an sich größer: $^1/_{40}$ bis $^1/_{51}$. In der Verschiedenheit dieser Zahlen kann man nur eine Bestätigung der zeitlichen und individuellen Verschiedenheit der Empfindlichkeitsgrenze sehen; außerdem macht sich in ihr vielleicht ein geringer Grad partieller Farbenblindheit einzelner Beobachter bemerkbar.

Für die gewöhnlichen astrophotometrischen Messungen an Sternen und Planeten, wo man es mit gemischtem Lichte und nicht mit reinen Spektralfarben zu tun hat, fallen diese Unterschiede der Empfindlichkeitsschwelle weniger ins Gewicht.

Das Prinzip des visuellen Photometers verlangt eine Abstimmung des künstlichen Lichtes auf gleiche Farbe mit dem Himmelsobjekt. Dies wird in der Regel nur annähernd erreicht. Für punktförmige Objekte besitzt das Auge auch nur ein geringes Unterscheidungsvermögen der Farben; bei flächenphotometrischen Messungen ist eine schärfere Übereinstimmung der Farben erforderlich; genauere Zahlen für die Unterscheidungsschwelle der gemischten Farben der Himmelskörper besitzen wir nicht. Für die Farben des Spektrums und ein normales farbentüchtiges Auge tritt nach Uthoff[1] ein merkbarer Unterschied des Farbentones bei einer Veränderung der Wellenlänge um recht verschiedene Beträge ein. Mißt man diese Veränderungen in $\mu\mu$, so ist die Schwelle im äußersten Rot $4,7\,\mu\mu$, nimmt im Orange schnell ab und erreicht im Gelb ein Minimum von $0,9\,\mu\mu$, steigt dann im Grün wieder an bis $1,9\,\mu\mu$, um im Blaugrün ein zweites Minimum mit $0,7\,\mu\mu$ zu erreichen und dann nach dem Indigo zu wieder anzusteigen bis $2,2\,\mu\mu$. Am empfindlichsten ist also das Auge gegen Differenzen in der Wellenlänge im Orangegelb und Blaugrün.

8. Das Purkinjesche Phänomen. Ganz besondere Erscheinungen treten bei farbigen Objekten sehr schwacher Intensität auf. Das Auge kann bei einiger Übung auch bei verschiedenfarbigen Feldern Helligkeitsgrade schätzen. Wenn uns nun zwei verschieden gefärbte Felder bei schwacher Beleuchtung gleich hell erscheinen, so ist dies nicht mehr der Fall, wenn wir die Beleuchtung für beide Felder in gleichem Maße verstärken, und zwar ändert sich das in langwelligem Lichte leuchtende Feld stärker in seiner Helligkeit. Sind die ursprünglich gleichhell erscheinenden Felder z. B. rot und blau, so erscheint das rote Feld bei gesteigerter Beleuchtung heller, bei verminderter dunkler als das blaue. Bei schwachen Beleuchtungen ist somit das Auge empfindlicher für blaues Licht, bei starken dagegen für rotes.

Diese Erscheinung nennt man das Purkinjesche Phänomen. Die bekannte Wahrnehmung, daß in einem dunklen Zimmer zuerst die blauen Gegenstände und dann die roten bemerkt werden, gehört dazu.

Glücklicherweise besteht, wie Brodhun[2] durch spektralphotometrische Messungen nachweisen konnte, das Purkinjesche Phänomen nicht mehr oder nur noch in sehr geringem Maße, sobald die Helligkeit einen gewissen Betrag überschritten hat, d. h. zwei an dieser oberen Grenze der Helligkeit gleich hell erscheinende verschiedenfarbige Felder bleiben gleich hell bei Vergrößerung der Beleuchtung in demselben Verhältnis.

A. König[3] hat unter Mitwirkung von mehreren Personen die Helligkeits-

---

[1] R. Tigerstedt, Lehrbuch der Physiologie des Menschen, II. S. 273.
[2] Inaugural-Dissertation. Berlin (1887).
[3] Gesammelte Abhandlungen zur Physiologischen Optik. S. 144. Leipzig (1903).

verteilung im normalen Sonnenspektrum untersucht und die Ergebnisse graphisch dargestellt. Seine Kurven sind hier wiedergegeben (Abb. 4).

Die Abszissen bedeuten die Wellenlängen, die Ordinaten die Helligkeiten. Kurve a gibt die Helligkeiten bei einer Beleuchtung, in der das PURKINJEsche Phänomen nicht mehr auftritt, Kurve b dagegen die Helligkeitsverteilung bei den geringsten zur Messung noch benutzbaren Helligkeitsstufen. In Kurve a liegt das Maximum im Gelbgrünen bei $\lambda = 570\ \mu\mu$. Wenn man die absolute Helligkeit des Spektrums etwa durch Verengerung des Spalts allmählich abschwächt, verschiebt sich infolge des PURKINJEschen Phänomens das Maximum allmählich in der Richtung nach dem violetten Ende, bis es bei der untersten Stufe der Helligkeit ins Blaugrün bei $\lambda = 510\ \mu\mu$ kommt.

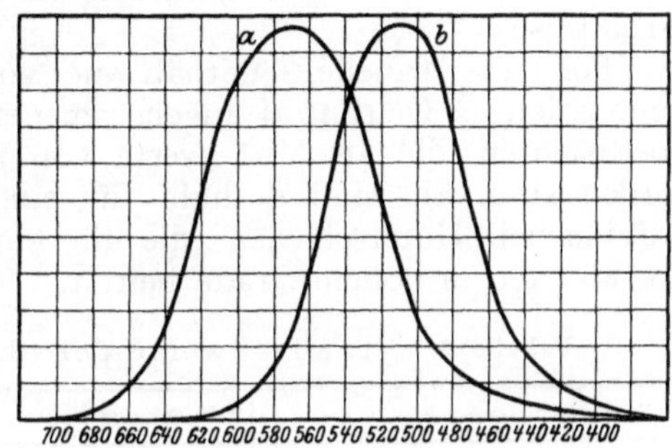

Abb. 4. Das PURKINJEsche Phänomen.

Für die praktische Astrophotometrie ist das PURKINJEsche Phänomen eine Warnung, sich nicht mit n a h e z u gleicher Färbung des künstlichen Lichtes und des wirklichen Sternenlichtes, die miteinander verglichen werden, zu begnügen. Es kann das bei schwachen Sternen zu erheblichen Fehlern führen, wenn sie mit Hilfe einer Abschwächungsvorrichtung (NICOLsche Prismen, Keil) an bedeutend hellere Sterne angeschlossen werden. Die Farbe des künstlichen Sterns ist infolge des PURKINJEschen Phänomens bei der Messung des schwachen Objekts wesentlich anders verändert, als es diejenige des wirklichen Sternes infolge desselben Phänomens ist. Dieser Farbenunterschied wird aber bei der geringen Helligkeit gar nicht empfunden. Sind die zu vergleichenden Sterne auch von genau demselben Spektraltypus, also derselben Farbe, die von derjenigen des künstlichen Sterns abweicht, so ist die gemessene Abschwächung des künstlichen Sterns kein richtiges Maß für das Helligkeitsverhältnis der Sterne.

9. Die Bestimmung des Faktors K_λ. Die Empfindlichkeit des Auges für Strahlung verschiedener Wellenlängen. Die Kurve a der letzten Abbildung gibt uns ein Bild der Helligkeitsverteilung im normalen Sonnenspektrum. Sie fällt durchaus nicht mit der Kurve der Intensitätsverteilung der Sonnenstrahlung zusammen, wie sie mit Hilfe eines Bolometers einwandfrei bestimmt werden kann. Die Ursache dieses Unterschiedes liegt in der schon erwähnten Verschiedenheit des Faktors K_λ für verschiedene Wellenlängen, oder m. a. W. in der verschiedenen Empfindlichkeit des menschlichen Sehorgans für die Strahlung verschiedener Wellenlänge. Ein relatives Maß für die Werte des Faktors K_λ kann aus dem Vergleich der bolometrischen und der Helligkeitsmessungen des Sonnenspektrums erhalten werden. Wir geben hier die von LANGLEY im Mittel aus den Messungen dreier Beobachter abgeleiteten Werte der Verhältnisse von $J_\lambda : U_\lambda = K_\lambda$, wo U_λ die Strahlungsstärke, J_λ die Lichtstärke für dieselbe Wellenlänge bedeuten und für $\lambda = 0{,}75\,\mu\ K_\lambda = 1$ gesetzt ist.

Tabelle 1.

λ	Wellenlänge λ in μ						
λ	0,40	0,47	0,53	0,58	0,60	0,65	0,75
K_λ	1600	62 000	100 000	28 000	14 000	1200	1

Hiernach ist die Empfindlichkeit des Auges äußerst verschieden in verschiedenen Wellenlängen, am größten für die grünen Strahlen. Wenn von zwei

Flächen, welche das gleiche Emissionsvermögen besitzen, a nur Strahlen von der Wellenlänge $0{,}50\,\mu$, b nur solche von $0{,}65\,\mu$ aussendet, so erscheint a 83mal heller als b. Wir sagen dann, die Flächenhelle von a ist 83mal so groß wie diejenige von b. Haben die Flächen gleiche Größe, so sind ihre Strahlungsstärken U_λ einander gleich, ihre Lichtstärken dagegen stehen im genannten Verhältnis.

Folgende Tabelle 2 enthält die von der Internationalen Beleuchtungskommission in Genf 1924 angenommenen Standardwerte der physiologischen Koeffizienten, die als Mittelwerte von insgesamt 250 Beobachtern abgeleitet worden sind. Sie sind deshalb für ein normales Auge gültig und von den individuellen Unterschieden, die für einzelne Beobachter nicht unbedeutend sein können, in hohem Grade befreit.

Tabelle 2. Standardwerte der physiologischen Koeffizienten.

Wellenlänge in μ	K_λ	Wellenlänge in μ	K_λ	Wellenlänge in μ	K_λ
0,40	0,0004	0,53	0,862	0,65	0,107
0,41	0,0012	0,54	0,954	0,66	0,061
0,42	0,0040	0,55	0,995	0,67	0,032
0,43	0,0116	0,56	0,995	0,68	0,017
0,44	0,023	0,57	0,952	0.69	0,0082
0,45	0,038	0,58	0,870	0,70	0.0041
0,46	0,060	0,59	0,757	0,71	0,0021
0,47	0,091	0,60	0,631	0,72	0,00105
0,48	0,139	0,61	0,503	0,73	0,00052
0,49	0.208	0.62	0,381	0,74	0,00025
0,50	0,323	0,63	0,265	0,75	0,00012
0,51	0,503	0,64	0,175	0,76	0,00006
0,52	0,710				

10. Das FECHNER-WEBERsche psychophysische Gesetz. Dieses Gesetz beantwortet die Frage nach der Abhängigkeit der Empfindungsgröße, z. B. der geschätzten Lichtstärke eines Gestirns von der Größe des äußeren Reizes, also seiner Strahlungsstärke. Eine einfache Vorstellung von dem Wesen des Gesetzes gibt die Erscheinung, daß man die Sterne am Tage mit bloßem Auge nicht sehen kann, obgleich die absolute Differenz der Intensität eines Sternes und des umgebenden Himmelsgrundes gegen den Himmelsgrund allein bei Tage ebenso groß ist wie bei Nacht. Bei Tage vergleichen wir zwei absolut starke Intensitäten, bei Nacht wesentlich schwächere. Man sieht also, daß das menschliche Auge die gleiche Differenz zweier Lichteindrücke ganz verschieden beurteilt in Abhängigkeit von der absoluten Größe derselben. Dasselbe lehrt ein einfacher Versuch: Ist eine Tafel von einer Kerze beleuchtet, eine zweite ebensolche Tafel von zwei Kerzen, so kann man den Unterschied der Helligkeit sofort erkennen; ist aber eine der Tafeln von 150 Kerzen beleuchtet, die andere von 151, so ist der Unterschied überhaupt nicht merkbar, obgleich die Intensitätsdifferenz dieselbe ist.

Ganz andere Resultate ergeben sich, wenn man zwei Lichtquellen nicht um ein gleiches Plus, sondern in demselben Verhältnis verändert. FECHNER beobachtete zwei Wolkenflächen, deren Helligkeitsunterschied gerade noch merkbar war, zuerst mit bloßem Auge und dann durch absorbierende Gläser verschiedener Dichte. Der Helligkeitsunterschied blieb immer gerade noch merkbar, obgleich die absolute Helligkeit viel geringer war. Die Gläser schwächten beide Lichtintensitäten im selben Verhältnisse. Allgemein ergibt sich aus diesen und vielen anderen Versuchen, daß bei den verschiedensten Helligkeitsgraden die Differenz der Intensitäten, welche vom Auge gerade noch unterschieden werden kann, nahezu denselben Bruchteil der ganzen Intensität ausmacht. FECHNER ist derjenige gewesen, der dieses Gesetz zuerst als solches erkannt und formuliert hat, während die Erscheinungen selbst auch vor ihm vielfach beobachtet und auch beschrieben worden sind. Die geringste Unterscheidungsstufe entspricht bei günstigsten Bedingungen durchschnittlich 1% der Totalhelligkeit. Für die mathematische Formulierung des Gesetzes müssen wir den Begriff der geschätzten Empfindungsgröße E im Unterschiede von der o b j e k t i v e n Lichtstärke J, die wir schon kennengelernt haben, einführen. Letztere ist mit Hilfe von Photometern unter Vermeidung des PURKINJEschen Phänomens meßbar, und objektive Verhältnisse der Lichtstärken sind nach unseren Fundamentalgleichungen den Intensitätsverhältnissen der Strahlung gleicher Farbe gleich. Das menschliche Auge aber ist auch ohne Hilfsapparate fähig, Helligkeitsgrade zu schätzen und hat in dieser Weise der Photometrie große Dienste geleistet. Vor der Begründung der messenden Astrophotometrie durch ZÖLLNER war die Schätzung der Helligkeitsstufen die einzige angewandte Methode, und auch heute noch leistet dieselbe bei der Untersuchung veränderlicher Sterne und bei Katalogarbeiten der Astronomie wichtige Dienste. Die objektiven Helligkeiten J sind durch das FECHNERsche Gesetz mit den geschätzten, die wir als Empfindungsgrößen mit E bezeichnen wollen, verbunden. Wir bezeichnen durch dE die Zunahme der Empfindungsstärke, die dem Zuwachs dJ der objektiven Helligkeit entspricht. Dann ist nach FECHNER dE dem Verhältnis $dJ : J$ proportional:

$$dE = c_1 \frac{dJ}{J}, \tag{23}$$

wo c_1 eine Konstante ist. Durch Integration erhält man:

$$E = c_1 \ln J + C = c \log J + C.$$

Für ein anderes Paar einander entsprechender Werte E_0 und J_0 hat man ebenso

$$E_0 = c \log J_0 + C,$$

und daraus folgt

$$E - E_0 = c \log \frac{J}{J_0}. \tag{24}$$

Denken wir uns zwei Sternpaare, bei denen sich die beiden Sterne für uns empfindungsmäßig um eine gleiche Anzahl Helligkeitsstufen voneinander unterscheiden ($E - E_0$ für beide Paare gleich), dann ist in beiden Paaren das Helligkeitsverhältnis J/J_0 dasselbe.

Das FECHNERsche Gesetz hat nicht unbeschränkte Gültigkeit. Bei sehr geringen Helligkeiten wird es ungenau, worauf schon FECHNER selbst hingewiesen hat. Er erklärt diese Abweichung durch den Einfluß des subjektiven Eigenlichtes des Auges, das uns auch bei vollkommener Dunkelheit und bei geschlossenen Augen einen verschwommenen, ungleichmäßigen Lichtschimmer empfinden läßt. Die Sehnerven werden nämlich nicht nur durch äußere Lichteinwirkung gereizt, sondern es findet auch ständig eine Reizung durch innere Einflüsse statt, die jenes Eigenlicht verursacht. Dieses ist so schwach, daß es bei stärkeren Lichteindrücken bedeutungslos wird. Bezeichnen wir seine Intensität durch J_e, so müßte, da es jederzeit zu der objektiven Intensität hinzuaddiert wird, das FECHNERsche Gesetz die Form haben

$$dE = c \frac{dJ}{J + J_e}.$$

Der Empfindungszuwachs wird somit geringer, als wenn $J_e = 0$ wäre; die Abweichung von der Form (23) wird um so größer, je kleiner J selbst ist. So plausibel diese Erklärung erscheint, so fehlen noch der sichere Nachweis ihrer Richtigkeit und die Kenntnis der Intensität des Eigenlichts; die Versuche von Fechner und Volkmann, dieselbe zu bestimmen, ergaben offenbar zu kleine Werte. Auch bei allzu starken Lichteindrücken, die eine Blendung des Auges hervorrufen, versagt das Fechnersche Gesetz. Dies bedarf keiner weiteren Erklärung, weil Blendung eben eine Schädigung des Sehapparates ist, der allzu große Belastungen, wie etwa durch das Sonnenlicht, nicht verträgt. Die Schädigungen durch direkte Betrachtung der Sonne können ja bekanntlich zur Erblindung führen, aber auch bei geringeren Lichtstärken, die Blendung hervorrufen, hört das Auge überhaupt auf, Intensitätsunterschiede wahrzunehmen.

11. Die Größenklassen der Gestirne. Von alters her sind die Gestirne nach dem Eindrucke, den ihr Licht auf das Auge macht, in gewisse Helligkeitsklassen, s. g. Sterngrößenklassen, eingeteilt worden, und zwar wurden mit bloßem Auge 6 Größenklassen unterschieden. Die Empfindungsunterschiede zwischen je zwei solchen Größenklassen sind dieselben. Später hat man diese Helligkeitsskala auch auf schwächere, nur dem Fernrohr zugängliche Sterne ausgedehnt und so eine zunächst willkürliche Einteilung der Helligkeiten am Himmel getroffen. Es entsteht nun die Frage, ob diese Skala im Fechnerschen Gesetze begründet ist. Man bezeichne die objektiven Helligkeiten der Sterne von den Größenklassen 1, 2, 3, ..., n mit J_1, J_2, J_3, ..., J_n, die entsprechenden Empfindungsgrößen durch E_1, E_2, ..., E_n. Dann haben wir die Gleichungen

$$E_n = c \log J_n + C,$$
$$E_{n-1} = c \log J_{n-1} + C,$$

also

$$E_n - E_{n-1} = c \log \frac{J_n}{J_{n-1}}. \tag{25}$$

Gilt das Fechnersche Gesetz, so muß, da der Unterschied zweier aufeinanderfolgenden Größenklassen $E_n - E_{n-1}$ konstant ist, sein:

$$c \log \frac{J_n}{J_{n-1}} = k.$$

Bezeichnet man noch $k : c$ durch eine neue Konstante $\log 1/\varrho$, so hat man

$$\frac{J_{n-1}}{J_n} = \varrho. \tag{26}$$

In der Tat zeigen nun alle bisherigen Untersuchungen, daß innerhalb gewisser Grenzen das Helligkeitsverhältnis J_{n-1}/J_n als konstant angesehen werden kann, und daß also die Größenschätzungen der Gestirne eine Bestätigung des Fechnerschen Gesetzes liefern. Der Nachweis wird durch direkte Messung des Intensitätsverhältnisses J_{n-1}/J_n geführt. Eine große Reihe spezieller Untersuchungen, unter anderen auch der große Potsdamer Katalog der Helligkeiten (Potsdamer photometrische Durchmusterung), der alle Sterne der Bonner Durchmusterung des nördlichen Himmels bis zur Größe 7,5 umfaßt und auf Messungen mit Hilfe des Zöllnerschen Photometers beruht, hat die Konstanz von ϱ für denselben Beobachter nachgewiesen. Eine Ausnahme bilden die geschätzten Größenklassen der hellsten Sterne 1. und 2. Größe. Für die schwächeren bis zur 6. Größe und auch die teleskopischen hat sich für jeden Beobachter ein ziemlich konstanter Wert von ϱ ergeben. Die Werte liegen alle in der Nähe des Wertes $\varrho = 2,5$, $\log \varrho = 0,398$. Durch Addition der Gleichungen

$$\log J_1 - \log J_2 = \log J_2 - \log J_3 = \cdots = \log J_{n-1} - \log J_n = \log \varrho$$

folgt

$$\log J_n - \log J_1 = -(n-1) \log \varrho.$$

Diese Gleichung gestattet, den Wert von $\log \varrho$ aus solchen Größenschätzungen von Sternen abzuleiten, für welche auch photometrische Messungen der Intensitäten vorliegen. Die folgende Tafel, die wir MÜLLERS „Photometrie der Gestirne" entnehmen, enthält eine Zusammenstellung einer Reihe von Bestimmungen des $\log \varrho$ für die Schätzungen der Bonner Durchmusterung aus Messungen verschiedener Beobachter. In der ersten Kolumne stehen die Größenklassen der Sterne, welche zur Ableitung verwendet worden sind.

Tabelle 3.

Bonner Schätzungen	ZÖLL-NER	SEIDEL	PEIRCE	WOLFF	Harv. Phot.	Uranom. Oxon.	Potsd. Durchm.	ROSÉN	LINDE-MANN
2.—3. Größe	0,406	0,487	—	0,368	0,396	0,424	0,329	—	—
3.—4. ,, ...	0,283	0,362	0,391	0,328	0,368	0,368	0,329	—	0,291
4.—5. ,, ...	0,315	0,342	0,340	0,230	0,328	0,364	0,329	—	
5.—6. ,, ...	0,209	—	0,437	0,178	0,382	0,377	0,329	0,388	0,303
6.—7. ,, ...	—	—	—	—	—	—	0,400	0,388	0,394
7.—8. ,, ...	—	—	—	—	—	—	0,400	0,363	0,392
8.—9. ,, ...	—	—	—	—	—	—	—	0,379	0,437
Aus allen Sternen									
2.—6. Größe	0,341	—	0,371	0,305	0,356	0,385	0,329	—	0,280
6.—9. ,, ...	—	—	—	—	—	—	0,400	0,380	0,402

In dieser Tabelle fällt der systematische Gang der WOLFFschen Werte von $\log \varrho$ auf. Doch ist dieser Gang nach MÜLLER[1] nicht Schätzungs-, sondern systematischen Messungsfehlern zuzuschreiben. Die anderen Reihen zeigen bis auf Abweichungen bei den helleren Sternen 2.—3. Größe keinerlei Gang mit der Helligkeit. Die Mittelwerte weichen freilich, wie nicht anders zu erwarten war, bei den einzelnen Beobachtern voneinander ab.

Nach einem Vorschlage von POGSON ist in den neueren Helligkeitskatalogen eine bestimmte Zahl für $\log \varrho$ angenommen, nämlich:

$$\log \varrho = 0,4,$$

woraus folgt:

$$\varrho = 2,512; \qquad \frac{J_n}{J_{n+1}} = 2,512.$$

Damit sind die Größenklassen der Sterne streng definiert, und alle mit dieser Zahl reduzierten Helligkeitskataloge dürften sich nur durch den Anfangspunkt der Zählung voneinander unterscheiden; tatsächlich sind aber die Messungen gewissen, von der Farbe abhängigen Fehlern unterworfen, von denen weiter die Rede sein wird. Die Zahl $\log \varrho = 0,4$ ist natürlich willkürlich und aus Bequemlichkeitsrücksichten e i n f a c h gewählt; mit ihrer Hilfe gestaltet sich der Übergang von Sterngrößen zu Helligkeitsverhältnissen und umgekehrt rechnerisch folgendermaßen:

$$\frac{J_n}{J_{n_1}} = \text{Num} \log[(n_1 - n)\,0,4] \quad \text{und} \quad n_1 - n = \frac{\log J_n - \log J_{n_1}}{0,4}. \tag{27}$$

Die Angabe der Sterngröße kann durch (27) mit beliebiger Genauigkeit geschehen, also mit beliebig vielen Dezimalen, wie sie bei der Schärfe der heutigen photometrischen Messungen notwendig geworden sind. Die Umrechnung von Größenklassendifferenzen in Helligkeitsverhältnisse ist durch eine Tabelle im Anhange (Tafel I) erleichtert.

Die Gleichung (27) gestattet auch eine beliebige Ausdehnung der Größenklassenskala nicht nur nach den schwachen, sondern auch nach den hellen

---

[1] Photometrie der Gestirne, S. 457. Leipzig (1897).

Sternen hin, die nicht mehr, wie ursprünglich, als kurzweg 1. Größe bezeichnet werden, sondern darüber hinaus über 0 auch negative Größenklassen haben können.

12. Systematische, von der Farbe der Sterne abhängige Fehler visueller photometrischer Messungen. Wie schon in Ziff. 8 erwähnt, muß die verschiedene Empfindlichkeit des Auges für verschiedene Farben auch bei photometrischen Messungen zu Fehlern führen, wenn die verglichenen Sterne in ihrer Farbe nicht identisch sind. Diese Fehler müssen sich besonders bei den schwächeren Sternen bemerkbar machen und sind außerdem, da sie von der Farbentüchtigkeit des Auges abhängig sind, individuell. Tatsächlich weisen denn auch die verschiedenen Helligkeitskataloge der Sterne systematische Abweichungen untereinander auf, und ein absolutes System der Helligkeiten der Sterne gibt es nicht und kann es strenggenommen auch nicht geben. Es kann aber jedes von demselben Beobachter über eine große Anzahl von Sternen aller Spektralklassen ausgedehnte System als Standardsystem angenommen werden, und jedes andere ähnliche System kann dann durch systematische Korrektionen für die Sterne verschiedener Spektralklassen auf das erstere reduziert werden. Als solche Standardsysteme der Helligkeiten sind heute vornehmlich dasjenige der Potsdamer photometrischen Durchmusterung und das der Harvard Photometry angenommen. Der erstgenannte Katalog umfaßt 14200 Sterne der nördlichen Halbkugel bis zur Größenklasse 7,5, der zweite, der sich über den ganzen Sternhimmel erstreckt, enthält 45792 Sterne. Durch sorgfältige Vergleichung der Helligkeiten der gemeinsamen Sterne beider Kataloge, nachdem dieselben nach Farbe und Helligkeit in Gruppen geteilt waren, haben die Verfasser des erstgenannten Werkes ein System von Korrektionen „Potsd. Durchm. — Harv. Photom." abgeleitet, das hier wiedergegeben werden soll. Es ist nicht unwichtig, zu bemerken, daß die Potsdamer Beobachter 14 Abstufungen der Sternfarben zwischen weiß und rot unterschieden haben. Die folgende Tabelle gibt eine Zusammenstellung dieser Stufen mit einem anderen viel benutzten Sternfarbensystem von Osthoff[1], das eine zehnstufige Skala mit Unterabteilungen bis zu einem Zehntel für die Farben der Sterne einführt. In der Tabelle der Korrektionen sind die 14 Potsdamer Gruppen zu vier Hauptgruppen zusammengefaßt.

Tabelle 4.

Farbe		Helligkeit der Sterne	Potsdam — Harvard-Photometry				
Potsdam	Osthoff		W	GW	WG	G	Alle
W	2,4	$2^m,00 \ -2^m,49$	$+0,23$	$+0,20$	$+0,12$	$+0,07$	$+0,16$
W+	2,5	$2 ,50 \ -2 ,99$	$+0,24$	$+0,21$	$+0,12$	$+0,05$	$+0,16$
GW−	2,8	$3 ,00 \ -3 ,49$	$+0,25$	$+0,22$	$+0,11$	$+0,04$	$+0,16$
GW	3,3	$3 ,50 \ -3 ,99$	$+0,27$	$+0,23$	$+0,11$	$+0,03$	$+0,16$
GW+	3,8	$4 ,00 \ -4 ,49$	$+0,28$	$+0,23$	$+0,10$	$+0,02$	$+0,16$
WG−	4,1	$4 ,50 \ -4 ,99$	$+0,29$	$+0,24$	$+0,10$	$+0,01$	$+0,16$
WG	5,2	$5 ,00 \ -5 ,49$	$+0,30$	$+0,25$	$+0,10$	$-0,01$	$+0,16$
WG+	5,5	$5 ,50 \ -5 ,99$	$+0,31$	$+0,26$	$+0,09$	$-0,02$	$+0,16$
G−	6,1	$6 ,00 \ -6 ,49$	$+0,33$	$+0,27$	$+0,09$	$-0,03$	$+0,16$
G	6,4	$6 ,50 \ -6 ,99$	$+0,34$	$+0,27$	$+0,09$	$-0,04$	$+0,16$
G+	6,5	$7 ,00 \ -7 ,49$	$+0,35$	$+0,28$	$+0,08$	$-0,05$	$+0,16$
RG−	6,7	$7 ,50 \ -7 ,99$	$+0,36$	$+0,29$	$+0,08$	$-0,07$	$+0,16$
RG	6,9	$8 ,00 \ -8 ,49$	$+0,37$	$+0,30$	$+0,07$	$-0,08$	$+0,16$
GR	8,8						

13. Die Ausgleichung photometrischer Beobachtungen. Die Genauigkeit nicht nur der Helligkeitsschätzungen, sondern auch diejenige der photometrischen Messungen, die letzten Endes auf eine Schätzung der Gleichheit zweier

---

[1] Public. d. Spec. Vatic. VIII (1916).

Lichteindrücke hinauslaufen, unterliegt dem FECHNERschen Gesetze

$$E = c \log J + C\,,$$

nach dem nicht die Intensitäten selbst, sondern ihre Logarithmen zur Empfindung kommen. Dieses ist bei der Ausgleichung einer Reihe von Beobachtungen zu beachten, wenn es sich darum handelt, den wahrscheinlichsten Wert für die Helligkeit zu bestimmen. Es seien $J_1, J_2, \ldots, J_n$ die gemessenen oder geschätzten objektiven Helligkeiten, denen die Empfindungsstärken $E_1, E_2, \ldots, E_n$ entsprechen mögen, während die wahrscheinlichsten Werte J und E sind. Es gelten dann die Gleichungen

$$E_1 = c \log J_1 + C\,,$$
$$E \ = c \log J + C$$

oder

$$E_1 - E = c \log \frac{J_1}{J}\,.$$

Ebenso hat man

$$E_2 - E = c \log \frac{J_2}{J}\,,$$
$$\cdots\cdots\cdots\cdots$$
$$E_n - E = c \log \frac{J_n}{J}\,.$$

Betrachtet man die Größen $E_1 - E$, $E_2 - E$, $\cdots$, $E_n - E$ als Beobachtungsfehler und legt der Ausgleichung das GAUSSsche Fehlergesetz zugrunde, so muß die Summe der Fehlerquadrate ein Minimum werden, was die Gleichung ergibt

$$\left(\log \frac{J_1}{J}\right)^2 + \left(\log \frac{J_2}{J}\right)^2 + \cdots + \left(\log \frac{J_n}{J}\right)^2 = \text{Minimum}.$$

Für die Bestimmung des wahrscheinlichsten Helligkeitswertes J hat man dann die Gleichung

$$\log \frac{J_1}{J} + \log \frac{J_2}{J} + \cdots + \log \frac{J_n}{J} = 0$$

oder

$$\log J = \frac{\log J_1 + \log J_2 + \cdots + \log J_n}{n}\,.$$

Man hat also bei Ausgleichungen nicht die Helligkeiten selbst, sondern ihre Logarithmen der Rechnung zugrunde zu legen, weil nur die Fehler der Empfindungsgrößen oder die ihnen proportionalen Helligkeitslogarithmen gleiches Gewicht besitzen.

Die Anwendung des GAUSSschen Fehlergesetzes setzt freilich voraus, daß die Größen $E_n - E$ reine Beobachtungsfehler sind, also auf der Unvollkommenheit des Auges beruhen, während sie tatsächlich auch durch äußere Umstände, zu denen bei astronomischen Messungen die Unruhe der Bilder und die veränderliche Durchsichtigkeit der Luft gehören, mit beeinflußt sind. SEELIGER [1] findet, daß beim Überwiegen dieser äußeren Fehlerquellen unter Umständen eine andere Ausgleichungsformel vorzuziehen sei.

14. Beleuchtungsprobleme. Die Beleuchtung einer ebenen Fläche durch einen leuchtenden Punkt. Es sollen jetzt diejenigen Fragen des photometrischen Kalküls, die in der Astronomie von Bedeutung sind, behandelt werden. Da die Sterne und Planeten in den meisten Aufgaben als leuchtende Punkte angesehen werden können, empfiehlt es sich, diesen einfachen Fall der Beleuchtungsaufgaben zu Anfang und getrennt zu behandeln.

---

[1] AN 132, S. 209 (1893).

Als Grundlage dienen uns die Formeln (19) bis (22) und die Definitionen der Ziff. 6.

Ist der leuchtende Punkt in endlicher Entfernung von der Fläche, so bezeichnen wir den senkrechten Abstand derselben von ihm durch c und zerlegen die Fläche in Elemente ds, auf welche die Gleichung (19) angewandt werden kann, d. h. für welche der Abstand r und der Einfallswinkel des Lichtes i einen bestimmten Wert hat. Die elementaren Lichtmengen dQ sind dann für alle Elemente der Fläche zu summieren, wobei die Intensität J, da sie für einen leuchtenden Punkt in allen Richtungen dieselbe ist, konstant bleibt:

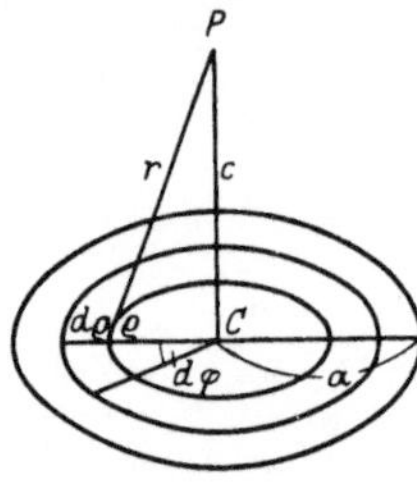

$$Q = J \int \frac{\cos i \, ds}{r^2},$$

wo das Integral über alle Elemente der Fläche zu erstrecken ist.

Ist die Begrenzung der Fläche ein Kreis, und befindet sich der leuchtende Punkt senkrecht über seinem Zentrum, so ist die Ausrechnung des Integrals sehr einfach. Man zerlegt die Fläche durch polare Koordinaten in Elemente $ds = \varrho \, d\varphi \, d\varrho$ oder noch einfacher in Kreisringe $2\pi \varrho \, d\varrho$, weil auf allen Elementen eines solchen Kreisringes r und i denselben Wert haben. Die gesamte auf die Kreisfläche vom Radius a auffallende Lichtmenge wird dann durch ein einfaches Integral bestimmt

Abb. 5. Die Beleuchtung einer Kreisscheibe.

$$Q = 2\pi J \int_0^a \frac{\varrho \, d\varrho \cos i}{r^2} = 2\pi J \int_0^a \frac{c \varrho \, d\varrho}{(\varrho^2 + c^2)^{\frac{3}{2}}} = 2\pi J \left\{ 1 - \frac{c}{\sqrt{a^2 + c^2}} \right\}. \tag{28}$$

Denkt man sich den Radius a unendlich groß, so erhält man $Q = 2\pi J$. Dieses ist die Lichtmenge, die der leuchtende Punkt nach der einen Hemisphäre aussendet.

15. Die Beleuchtung einer beliebigen geschlossenen Fläche. Wir wollen hier eine Gleichung für die elementare Lichtmenge benutzen, welche sich aus der Fundamentalgleichung (19) ergibt, wenn man das Lot aus dem strahlenden

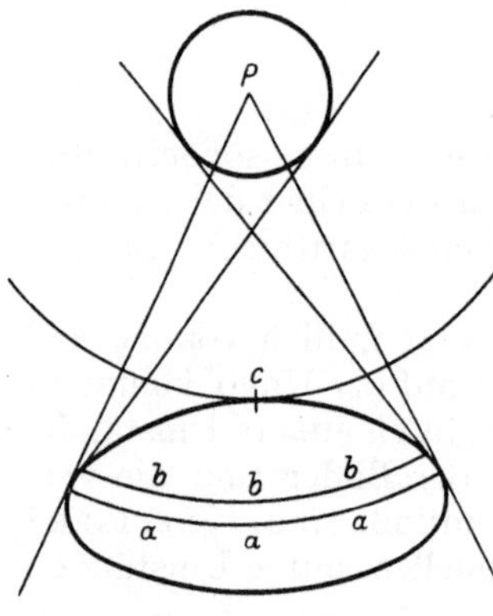

Punkte P auf die Ebene einer Elementarfläche ds, das wir durch p bezeichnen wollen, einführt. Es ist dann $p = r \cos i$, wo r der Abstand des Punktes P von ds ist und die elementare Lichtmenge

$$dQ = J \, ds \, \frac{p}{r^3}. \tag{29}$$

Wir denken uns die geschlossene Fläche überall konvex. Ziehen wir aus dem strahlenden Punkte einen berührenden Kegel an die Fläche, so ergibt sich auf derselben eine Berührungskurve $a \, a \, a$, welche auf der Fläche den beleuchteten von dem beschatteten Teil trennt. Denkt man sich um den strahlenden Punkt P eine Kugel beschrieben und legt an diese Kugel und die Fläche alle gemeinsamen Tangentialebenen, so bilden diese zusammen eine konoidische umhüllende Fläche, deren Berührungs-

Abb. 6. Die Beleuchtung einer geschlossenen Fläche.

kurve $b \, b \, b$ mit der Fläche die Eigenschaft hat, daß für alle Punkte derselben p denselben Wert hat, der dem Radius der Hilfskugel um P gleich ist. Je größer dieser Radius angenommen wird, desto kleiner werden die Berührungskurven $b \, b \, b$, bis sie, wenn die Kugel die Fläche berührt, zu einem Punkte c zusammenfließen. Dies ist der Punkt der stärksten Beleuchtung, der auch der **glänzende** Punkt der Fläche genannt wird. Für diesen Punkt erreicht p seinen Maximalwert, während r ein Minimum wird. Legt man durch P und c Ebenen, so schneiden diese die Fläche längs sog. Beleuchtungsmeridianen, auf denen die Beleuchtung vom Punkte c aus ständig abnimmt. Die zu Pc senkrechten Schnitte der Fläche nennen wir Beleuchtungsparallele. Denkt man sich diejenigen Punkte der Fläche durch Kurven verbunden, in denen die Beleuchtung dieselbe ist, so erhält man sog. Isophoten. Es ist leicht einzusehen, daß, wenn die betrachtete Fläche eine Kugel ist, die Isophoten mit den Beleuchtungsparallelen zusammenfallen. Auch wenn der strahlende Punkt sich in der Rotationsachse einer Rotationsfläche befindet, ist dasselbe der Fall.

Bei der Berechnung der gesamten Lichtmenge, die auf eine Fläche von einem leuchtenden Punkte aus fällt, brauchen wir nur den räumlichen Winkel zu kennen, unter dem die Fläche von P aus erscheint. Dieser ist durch das Flächenstück einer Kugel vom Radius 1 gemessen, das von dem berührenden Kegel aus ihr herausgeschnitten wird.

Ist die Fläche eine Kugel oder eine Rotationsfläche, deren Achse durch den leuchtenden Punkt geht, so ist der Berührungskegel ein gerader Kegel und das Flächenstück, das den räumlichen Winkel mißt, eine Kalotte auf der Kugel vom Radius 1. Im Falle einer Kugel mit dem Radius a und dem Abstande c des Zentrums vom leuchtenden Punkte wird die Fläche der Kalotte gleich $2\pi\left\{1 - \dfrac{\sqrt{c^2 - a^2}}{c}\right\}$. Somit ist die auf eine Kugel einfallende Lichtmenge

$$2\pi J\left\{1 - \frac{\sqrt{c^2 - a^2}}{c}\right\}. \tag{30}$$

Ist der Abstand des leuchtenden Punktes von der Fläche so groß, daß er für alle ihre Elemente als gleich betrachtet werden kann ($r =$ konst.), so wird bei Einführung der Bezeichnung J_r für $J : r^2$ die elementare Lichtmenge

$$dq = J_r\, ds \cos i, \tag{31}$$

wo also J_r die Intensität im Abstande r bedeutet. Der umhüllende Kegel verwandelt sich dann in einen berührenden Zylinder, dessen Achse in der Richtung der Strahlen liegt. Die Gleichung der Isophoten erhält man dann aus der Bedingung, daß für dieselben $\cos i =$ konst. Ist die Gleichung der Fläche $F(x, y, z) = 0$ und sind α, β, γ die Winkel der einfallenden Strahlen mit den Koordinatenachsen, so ist $\cos i$, als Kosinus des Winkels der Normalen zur Fläche mit der Richtung der Strahlen, für die Isophoten durch die Gleichung gegeben

$$\cos i = \frac{\dfrac{\partial F}{\partial x}\cos\alpha + \dfrac{\partial F}{\partial y}\cos\beta + \dfrac{\partial F}{\partial z}\cos\gamma}{\sqrt{\left(\dfrac{\partial F}{\partial x}\right)^2 + \left(\dfrac{\partial F}{\partial y}\right)^2 + \left(\dfrac{\partial F}{\partial z}\right)^2}} = \text{konst.}, \tag{32}$$

und diese Gleichung ist die Gleichung der Isophoten.

Für die Kugel ist die Beleuchtungsgrenze der große Kreis, der senkrecht zur Beleuchtungsrichtung liegt, und die Isophoten sind Kreise, die zu ihm parallel sind. Ferner ist die Beleuchtung in jedem Punkte der Kugel dem Sinus der Breite proportional, die von jener Beleuchtungsgrenze als Äquator gerechnet ist.

16. Das Lambertsche Emanationsgesetz. Wir haben in den Gleichungen (21) und (22), die der Strahlungslehre entnommen sind, die Grundlage für die Behandlung der Probleme über leuchtende Flächen. Der Gleichung für die von der leuchtenden Fläche σ auf die Fläche s einfallende Lichtmenge

$$Q = \frac{h\,\sigma\,s\,\cos\varepsilon\,\cos i}{r^2}$$

liegt das L A M B E R Tsche E m a n a t i o n s g e s e t z zugrunde. Dasselbe folgt für den sog. s c h w a r z e n Körper aus seiner Definition. Es gilt aber genähert auch überhaupt für undurchsichtige glühende Körper, was wir hier wegen der Wichtigkeit dieses Gesetzes für unsere Probleme durch einen Beweis bekräftigen wollen.

LAMBERT[1] selbst hielt sein Gesetz unter anderem durch den Umstand für bewiesen, daß die Sonne eine gleichmäßige Helligkeit besitzt. Das trifft nun tatsächlich nicht zu, und der Irrtum ist dadurch zu erklären, daß LAMBERT keinerlei Messungen der Lichtverteilung auf der Sonnenscheibe vorgenommen hat, ebenso wenig wie an anderen selbstleuchtenden Körpern, also etwa glühenden Platten oder Kugeln. Trotzdem ist das LAMBERTsche Gesetz im wesentlichen richtig. Einen Beweis für dasselbe zu liefern, ist erst gelungen, nachdem man die FOURIERsche Anschauung über das Wesen der Ausstrahlung zugrunde gelegt hat, nach welcher die Ausstrahlung nicht von der Oberfläche allein, sondern aus einer gewissen Tiefe unter derselben vor sich geht. Wie ZÖLLNER[2] nachgewiesen hat, sind die früheren Versuche, die Richtigkeit des LAMBERTschen Gesetzes zu beweisen, derjenige von LAMBERT selbst sowie die von BEER[3] und RHEINAUER[4], unzulänglich. ZÖLLNER hat als erster die FOURIERsche Anschauung für seinen Beweis benutzt, ebenso andere Physiker, wie z. B. LOMMEL[5]. Auch diese Beweise ermangeln einer vollkommenen Strenge, soweit sie die Brechung der Strahlung an der Grenze des leuchtenden Körpers nicht berücksichtigen. Tut man das, so ergibt sich eine für die astronomische Praxis unwesentliche Abweichung von der LAMBERTschen Formel, die wir aber des prinzipiellen Interesses wegen nach SMOLUCHOWSKI DE SMOLAN[6] hier mitteilen wollen. Die strenge Formel hat den Vorzug, auch der durch Beobachtung festgestellten teilweisen Polarisation der Strahlung Rechnung zu tragen.

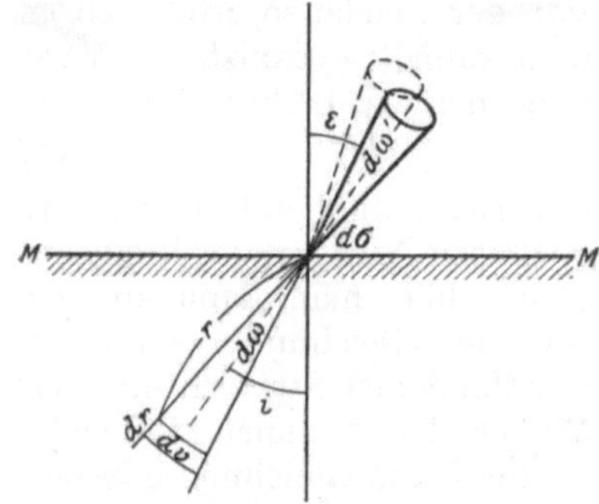

Abb. 7. Das LAMBERTsche Gesetz für
Selbstleuchter.

Wir denken uns den Körper eben begrenzt und betrachten ein Flächenelement $d\sigma$ der Begrenzungsfläche MM als Spitze des räumlichen Winkels $d\omega$, der sich unter dem Winkel i zur Normalen ins Innere des strahlenden Körpers ausdehnt. Wir betrachten die Strahlung eines Elementarvolumens dv innerhalb dieses räumlichen Winkels im Abstande r von $d\sigma$. Es sei dv ein Element des räumlichen Winkels zwischen den Radien r und $r + dr$ und daher $dv = r^2 d\omega \, dr$. Die Leuchtkraft des Körpers, die wir in allen seinen Teilen gleich groß annehmen, sei in allen Richtungen gleich J_0. Es ist also $J_0 \, dv$ die von dv in den räumlichen Winkel 1 ausgestrahlte Lichtmenge; die auf das Element $d\sigma$ von dv gelangende Lichtmenge ist also

$$q = \frac{J_0 \, dv \, d\sigma \cos i}{r^2} = J_0 \, d\sigma \cos i \, dr \, d\omega,$$

vorausgesetzt, daß auf dem Wege r keine Absorption stattfindet. Die Abnahme dieser Lichtmenge auf dem Wege dr durch Absorption ist der ursprünglichen

---

[1] Photometria sive de mensura et gradibus luminis, colorum et umbrae. (1760). Deutsche Ausgabe von ANDING. Leipzig 1892.

[2] Photometrische Untersuchungen usw., S. 12. Leipzig 1865.

[3] Grundriß des photometrischen Calcüls, S. 6. Braunschweig 1854.

[4] Grundzüge der Photometrie, S. 2. Halle 1862.

[5] Wiedem Ann 10, S. 449. (1880).   [6] J de Phys (3) 5, S. 488. (1896).

Lichtmenge q und der Strecke dr proportional, daher ist

$$dq = -kq\,dr$$

und nach Integration über die ganze Strecke r bis zur Oberfläche

$$\ln \frac{q_0}{q} = -kr; \qquad q_0 = q e^{-kr}.$$

Hier ist k der Absorptionskoeffizient des Mediums und q_0 die bis zur Oberfläche gelangende Lichtmenge. Setzt man in die letzte Gleichung den Wert von q ein, so wird

$$q_0 = J_0\,d\omega\,d\sigma\cos i\, e^{-kr}\,dr.$$

Von sämtlichen Volumelementen innerhalb des räumlichen Winkels erreicht die Oberfläche also die Lichtmenge, die man durch Integration dieses Ausdrucks von $r = 0$ bis zu einem Abstande $r = \varrho$ erhält, aus welchem kein Licht mehr bis zur Oberfläche gelangt:

$$Q = J_0\,d\omega\,d\sigma\cos i \int_0^\varrho e^{-kr}\,dr = \frac{J_0}{k}\,d\sigma\cos i\,d\omega\,(1 - e^{-k\varrho}). \tag{33}$$

Da nun $e^{-k\varrho}$ verschwindend klein sein muß, wenn der Körper undurchsichtig ist, so erhält man für einen solchen Körper

$$Q = \frac{J_0}{k}\,d\sigma\cos i\,d\omega. \tag{34}$$

Darf man die Brechung der Strahlen an der Oberfläche vernachlässigen, so tritt nach außen aus dem Element $d\sigma$ in den räumlichen Winkel $d\omega$ derselbe Energiestrom. Es ist dann $i = \varepsilon$, und wir erhalten das LAMBERTsche Emanationsgesetz in der Form

$$Q = J\,d\sigma\cos\varepsilon\,d\omega, \tag{35}$$

wo

$$\frac{J_0}{k} = J$$

gesetzt ist.

Bei senkrechter Ausstrahlung ($\varepsilon = 0$) würde $Q_0 = J\,d\sigma\,d\omega$ und

$$\frac{Q}{Q_0} = \cos\varepsilon.$$

Ist dagegen der glühende Körper teilweise durchsichtig, so ist die Integration bis zur unteren Begrenzung auszuführen. Denken wir ihn uns von beiden Seiten durch parallele Ebenen begrenzt, deren senkrechter Abstand H sein möge, so wird $\varrho = \dfrac{H}{\cos\varepsilon}$, und wir erhalten, $i = \varepsilon$ vorausgesetzt,

$$Q = \frac{J_0}{k}\,d\sigma\cos\varepsilon\,d\omega\left(1 - e^{-\frac{kH}{\cos\varepsilon}}\right), \tag{35'}$$

ebenso

$$Q_0 = \frac{J_0}{k}\,d\sigma\,d\omega\,(1 - e^{-kH})$$

und mithin

$$\frac{Q}{Q_0} = \cos\varepsilon\,\frac{1 - e^{-\frac{kH}{\cos\varepsilon}}}{1 - e^{-kH}}. \tag{36}$$

Für $\varepsilon = 0°$ und $\varepsilon = 90°$ wird dieser Ausdruck gleich 1 resp. 0, fällt also mit dem LAMBERTschen Gesetze zusammen, für dazwischenliegende Werte weist er dagegen Abweichungen auf, die von dem Produkte kH abhängig sind.

Um nun den Fall einer merkbaren Brechung und Reflexion der Strahlen beim Austritte aus der Oberfläche des Körpers ebenfalls zu untersuchen, müssen wir zunächst einen Hilfssatz über die **Brechung eines räumlichen Winkels** einfügen.

Wir betrachten in Abb. 7 *MM* als die Grenze zweier Mittel I und II mit den absoluten Brechungsexponenten n_1 und n_2. Die Strahlung im räumlichen Winkel $d\omega$ mit dem Neigungswinkel i zur Normalen tritt in den räumlichen Winkel $d\omega'$ unter dem Neigungswinkel ε zur Normalen in das obere Mittel. Dann haben wir nach dem Snelliusschen Gesetze

$$n_1 \sin i = n_2 \sin \varepsilon. \tag{37}$$

Die Größe des räumlichen Winkels drücken wir in sphärischen Koordinaten durch Zenitdistanz und Azimut (A_1 und A_2) auf der Einheitskugel aus, so daß

$$d\omega = \sin i\, dA_1\, di, \qquad d\omega' = \sin \varepsilon\, dA_2\, d\varepsilon.$$

Da aber $A_1 = A_2$ und $dA_1 = dA_2$, so ist

$$\frac{d\omega}{d\omega'} = \frac{\sin i\, di}{\sin \varepsilon\, d\varepsilon} = \frac{n_2}{n_1}\frac{di}{d\varepsilon}.$$

Differenzieren wir die Gleichung (37), so wird

$$n_1 \cos i\, di = n_2 \cos \varepsilon\, d\varepsilon$$

und daher

$$\frac{di}{d\varepsilon} = \frac{n_2 \cos \varepsilon}{n_1 \cos i},$$

$$\frac{d\omega}{d\omega'} = \left(\frac{n_2}{n_1}\right)^2 \frac{\cos \varepsilon}{\cos i}. \tag{38}$$

Wir nehmen also an, daß die Strahlung, aus einem undurchsichtigen Körper austretend, in $d\sigma$ gebrochen wird; dann wird sie durch Reflexion nach der Fresnelschen Formel geschwächt, und zwar im Verhältnis

$$p = 1 - \frac{1}{2}\left[\frac{\sin^2(i-\varepsilon)}{\sin^2(i+\varepsilon)} + \frac{\mathrm{tg}^2(i-\varepsilon)}{\mathrm{tg}^2(i+\varepsilon)}\right].$$

Der austretende Energiestrom ist also:

$$Q = p\frac{J_0}{k}d\sigma \cos i\, d\omega.$$

Ersetzt man hier $d\omega$ durch seinen Ausdruck (38), so ergibt sich

$$Q = p\frac{J_0}{k}\left(\frac{n_2}{n_1}\right)^2 d\omega'\, d\sigma \cos \varepsilon. \tag{34'}$$

Es tritt also jetzt an Stelle von $\dfrac{J_0}{k}$, das bei dem einfachen Lambertschen Gesetze das **konstante Leuchtvermögen** der Oberfläche oder die **konstante Flächenhelligkeit** des leuchtenden Körpers bedeutet, die Größe

$$p\frac{J_0}{k} \cdot \frac{n_2^2}{n_1^2}$$

auf, welche nicht mehr konstant ist, da sie sich mit p ändert, also von i und ε abhängig ist. Es ist also das Lambertsche Gesetz in diesem Falle nicht mehr streng gültig. Die Formel (34') enthält außerdem den Satz von Kirchhoff-Clausius, welcher ausdrückt, daß das Emissionsvermögen eines Körpers I dem Quadrate des Brechungsexponenten des Mittels II, in dem er sich befindet, proportional ist.

Infolge der Brechung muß das schräg ausgestrahlte Licht teilweise polarisiert sein. Das haben schon ARAGO sowie PROVOSTAYE und DESSAINS gefunden, und MAGNUS hat als Grund dafür die Brechung erkannt. Für teilweise durchsichtige Körper erhält die Formel (34') ebenso wie (35') noch den Faktor $(1 - e^{-kH\sec\varepsilon})$. Diese Formel ist von verschiedener Seite einer experimentellen Prüfung unterworfen worden. Für Gase mit wenig von 1 verschiedenen Brechungsexponenten wird $p\,\dfrac{n_2^2}{n_1^2}$ nahezu gleich 1, und die Formel (35'), die für diesen Fall gilt, fand eine gute Bestätigung in den Messungen von LUMMER und REICHE[1], GROSS[2] u. a. Bei festen glühenden Körpern, wie Quarz- und Metallplatten, glühenden Drähten, sind die auftretenden Abweichungen von der einfachen LAMBERTschen Form (35) im Sinne der Formel (34'), also durch Reflexion und Brechung bedingt. Das einfache LAMBERTsche Gesetz (35) ist somit als Grenzgesetz anzusehen, das nur für schwarze Strahlung streng gilt. Aus der umfangreichen Literatur über dasselbe nennen wir von theoretischen Arbeiten noch: H. v. HELMHOLTZ, Vorlesungen über theoretische Physik 6, ULJANIN, Wiedem. Annalen 62, S. 528, 1897 und F. JENTZSCH, „Studien über Emission und diffuse Reflexion", Habilitationsschrift, Gießen 1912 und Ann. d. Physik 39, S. 997, 1912. Eine vollständige Übersicht über die experimentellen Arbeiten findet sich im Beitrage von H. COHN über Photometrie in MÜLLER-POUILLETS Lehrbuch der Physik, II, 1929.

Wir wollen das Ausstrahlungsgesetz leuchtender Körper, da in den astronomischen Anwendungen desselben nur undurchsichtige Strahler in Frage kommen, immer in der LAMBERTschen Form anwenden:

$$Q = J\,d\sigma\cos\varepsilon\,d\omega,$$

wo mit J die Leuchtkraft der Oberfläche bezeichnet ist, welche also bei strenger Gültigkeit des LAMBERTschen Gesetzes eine Konstante, bei Abweichungen von demselben dagegen mit dem Emissionswinkel veränderlich ist.

17. Die Dichtigkeit der Beleuchtung und die Helligkeit des leuchtenden Elementes. Will man die Lichtmenge bestimmen, die vom Element $d\sigma$ auf ein Element ds eines anderen Körpers übergeht, so hat man an Stelle des räumlichen Winkels $d\omega$ den Ausdruck $ds\cos i/r^2$ zu setzen, weil beim Einfallswinkel i und dem Abstande r dieses der räumliche Winkel ist, unter welchem ds von $d\sigma$ aus erscheint. Wir erhalten somit

$$Q = J\,\frac{d\sigma\,ds\cos\varepsilon\cos i}{r^2}.$$

Die Beleuchtung des Elementes ds ist

$$L = J\,\frac{d\sigma\cos\varepsilon\cos i}{r^2}.$$

Setzt man hier $i = 0$, so fällt das Licht senkrecht auf; man nennt diese vom Element $d\sigma$ auf die Flächeneinheit senkrecht einfallende Lichtmenge $D = \dfrac{J\,d\sigma\cos\varepsilon}{r^2}$ auch die Dichtigkeit der Beleuchtung. Wird noch statt r die Einheit der Entfernung genommen, so erhält man die von $d\sigma$ auf die Flächeneinheit in der Entfernung 1 senkrecht auffallende Lichtmenge $J\,d\sigma\cos\varepsilon$, welche auch die unter dem Winkel ε ausgestrahlte Lichtmenge genannt wird.

Denkt man sich an Stelle des beleuchteten Elementes ds das menschliche Auge und meint die Wirkung von $d\sigma$ auf dasselbe, so spricht man von der Helligkeit des leuchtenden Elementes, und zwar unterscheidet man

---

[1] Ann d Phys 33, S. 857. 1910.   [2] Dissertation, Breslau 1911.

die **wirkliche** und die **scheinbare** Helligkeit. Erstere ist gleich der Beleuchtung bei senkrechter Inzidenz dividiert durch die Größe des Elementes $d\sigma$, also

$$H = \frac{D}{d\sigma} = J\frac{1}{r^2}\cos\varepsilon. \tag{39}$$

Die **scheinbare Helligkeit** dagegen ist gleich der Beleuchtungsdichte dividiert durch die scheinbare Größe des Elementes $d\sigma$, welche gleich ist $\frac{d\sigma\cos\varepsilon}{r^2}$,

$$h = \frac{Dr^2}{d\sigma\cos\varepsilon} = J. \tag{40}$$

Für einen leuchtenden Körper, der das Lambertsche Gesetz befolgt, ist die scheinbare Flächenhelligkeit unabhängig von seiner Form in allen Punkten dieselbe und gleich der Leuchtkraft. Sie ist **unabhängig von der Entfernung des leuchtenden Körpers.** Dieselbe Definition der scheinbaren Flächenhelligkeit gilt auch für beleuchtete Körper. Ist df das reflektierende Flächenelement, $\Gamma f(i,\varepsilon)$ das Reflexionsgesetz, $D = \frac{\Gamma f(i,\varepsilon)\,df}{r^2}$ die senkrecht in der Entfernung r auf die Flächeneinheit reflektierte Lichtmenge, so ist auch hier die scheinbare Helligkeit oder die Flächenhelle des Elements df

$$h = \frac{D}{d\omega} = \Gamma f(i,\varepsilon)\sec\varepsilon$$

unabhängig von der Entfernung des beleuchteten Körpers.

18. Einige Aufgaben über die Beleuchtung von Flächen durch Flächen. Ist die Lichtmenge zu berechnen, die von einem leuchtenden Körper auf ein Flächenelement ds übergeht, so ist die Formel

$$dQ = \frac{J\,d\sigma\,ds\cos\varepsilon}{r^2}$$

über alle Elemente $d\sigma$ des Körpers zu summieren, welche nach ds Licht senden können, d. h. über alle Elemente, die durch die Berührungslinie mit dem von ds an den Körper gelegten Tangentialkegel begrenzt sind:

$$Q = ds\sum J\frac{d\sigma\cos\varepsilon}{r^2} = ds\int J\frac{d\sigma}{r^2}\cos\varepsilon. \tag{41}$$

Bei strenger Gültigkeit des Lambertschen Gesetzes, wenn also die Leuchtkraft aller Elemente dieselbe ist, kann J vor das Summen- oder Integralzeichen genommen werden:

$$Q = J\,ds\int\frac{d\sigma\cos\varepsilon}{r^2}. \tag{42}$$

Da nun $d\sigma\cos\varepsilon/r^2$ gleich ist $d\omega$, dem räumlichen Winkel, unter dem das Element $d\sigma$ erscheint, so kann man auch schreiben

$$Q = ds\int J\,d\omega$$

und bei $J=$ konst.

$$Q = J\,ds\int d\omega = J\,ds\,\omega. \tag{43}$$

Es kann also die leuchtende Fläche ersetzt werden durch diejenige, welche aus der Kugel mit dem Radius 1 von dem Tangentialkegel herausgeschnitten wird. Jeder Punkt dieses Ausschnittes besitzt dann die Leuchtkraft des entsprechenden Elementes des leuchtenden Körpers, und alle Punkte haben dieselbe Leuchtkraft.

1. **Der Andingsche Satz.** Anding hat aus diesem Hilfssatz eine wichtige Folgerung gezogen. „Bei allen leuchtenden Flächen, die einen Mittelpunkt haben, reduziert sich die Beleuchtungsaufgabe

darauf, die Lichtquantität zu ermitteln, welche die betreffende Fläche auf ein horizontales Element sendet, wenn ihr Mittelpunkt senkrecht über demselben liegt". In der Tat, es sei F die leuchtende Fläche mit dem Mittelpunkte C, df das beleuchtete horizontale Element. Ist auf der Hilfskugel $d\omega$ die scheinbare Größe eines Elements dF, ferner M die Projektion des Mittelpunktes, Z diejenige des Zenits, dann ist ZM die Zenitdistanz z des Mittelpunktes, $Z\,d\omega$ der Einfallswinkel i. Bezeichnet man noch die Seite $M\,d\omega$ durch v und durch φ den Winkel zwischen den Seiten v und z, so hat man

$$\cos i = \cos z \cos v + \sin z \sin v \cos \varphi.$$

Die Lichtmenge, die von dF auf df übergeht, ist

$$dQ = J\,df \cos i\,d\omega$$

oder nach Einsetzung des Wertes von $\cos i$

$$dQ = (J\,df \cos z \cos v + J\,df \sin z \sin v \cos \varphi)\,d\omega.$$

Bei einer Mittelpunktsfläche gibt es zu jedem Element dF ein zweites, für welches v denselben Wert hat, φ aber in den Wert $\varphi + \pi$ übergeht. Bei der Integration über alle Elemente dF fällt deshalb das zweite Glied fort, und man erhält für die gesamte Lichtmenge

$$Q = J\,df \int \cos z \cos v\,d\omega,$$

und da $\cos z$ konstant ist, so wird

$$Q = J\,df \cos z \int \cos v\,d\omega.$$

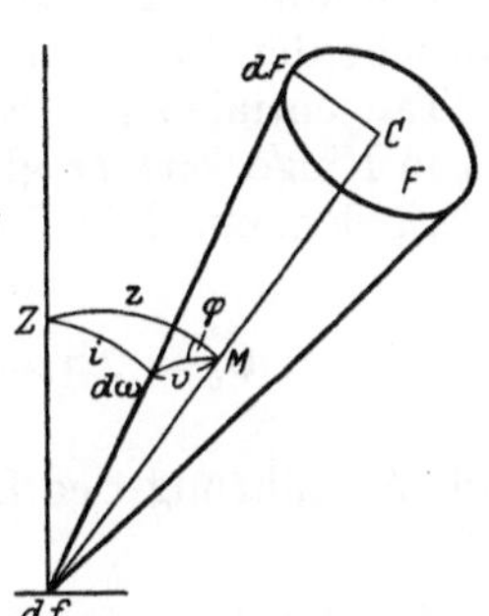

Abb. 8. Der Satz von ANDING.

Es folgt hieraus, daß die Lichtmenge, welche eine Mittelpunktsfläche auf ein horizontales Element wirft, immer proportional ist dem Kosinus der Zenitdistanz des Mittelpunktes. Wir haben bis jetzt gleiche Leuchtkraft der Elemente angenommen; der Satz gilt aber auch dann, wenn den Elementen v, φ und v, $\varphi + \pi$ gleiche Leuchtkraft entspricht, denn das zweite Integral verschwindet auch in diesem Falle. Es wird dann die gesamte Lichtmenge

$$Q = df \cos z \int J \cos v\,d\omega. \tag{44}$$

Nach dem ANDINGschen Satze kann also die Beleuchtung durch eine Mittelpunktsfläche einfach für den Fall berechnet werden, daß der Körper im Zenit steht, $z = 0$. In diesem Falle wird aber, da $v = i$ ist, das Integral der Gleichung (44) gleich $\int J \cos i\,d\omega$. Denkt man sich an die Fläche der Einheitskugel im Zenit eine Tangentialebene gelegt, so wird $\cos i\,d\omega$ zur Projektion von $d\omega$ auf diese Ebene. Die leuchtende Fläche wird somit ersetzt durch ihre Projektion auf ihre Tangentialebene im Zenit, z. B. eine Kugel durch einen Kreis. Hat die Kugel den scheinbaren Radius s, so ist der Radius des Kreises $\sin s$, und die von einer gleichmäßig hellen Kugel auf das Flächenelement übergehende Lichtmenge wird einfach der Fläche des Kreises proportional:

$$Q = J\,df\,\pi \sin^2 s. \tag{45}$$

Ist die Kugel nicht im Zenit und hat ihr Zentrum die Zenitdistanz z, so hat man

$$Q = J\,df\,\pi \sin^2 s \cos z. \tag{46}$$

Ähnlich findet man die Lichtmenge von einem gleichmäßig hellen Ellipsoid mit den scheinbaren Halbachsen s_1 und s_2 zu

$$Q = J d f \, \pi \sin s_1 \sin s_2 \cos z \,.$$

2. **Es ist die Lichtmenge Q zu berechnen, die von der Sonne in der Zenitdistanz z auf ein horizontales Flächenelement ds fällt.**

Die Intensitätsverteilung auf der Sonne nehmen wir nach Emden[1] an

$$J = J_0 \tfrac{2}{5}(1 + \tfrac{3}{2}\cos i)\,. \tag{47}$$

Hier ist J_0 die Leuchtkraft des Zentrums der Sonne und i der Austrittswinkel der Strahlen, der durch die Gleichung $\sin i = r : R$ bestimmt ist, wo R der Sonnenradius, r der Abstand vom Sonnenzentrum, die wir uns in Winkelmaß ausgedrückt denken. Wir verlegen die Sonne in den Zenit und projizieren sie auf die Tangentialebene. So erhalten wir die Sonne als kreisrunde Scheibe, die wir uns in Ringe $2\pi r\, dr$ gleicher und nach dem Rande zu abnehmender Helligkeit zerlegt denken. Die Lichtmenge der gesamten Scheibe wird dann

$$Q_0 = 2\pi\, ds \int\limits_0^R J r\, dr = \frac{4\pi J_0\, ds}{5} \int\limits_0^R \left(1 + \frac{3}{2}\sqrt{1 - \frac{r^2}{R^2}}\right) r\, dr\,;$$

nach Ausführung der Integration erhalten wir:

$$Q_0 = \tfrac{4}{5}\pi J_0 R^2\, ds\,.$$

Bei der Zenitdistanz z erhält man also

$$Q = \tfrac{4}{5}\pi J_0 R^2 \cos z\, ds\,. \tag{48}$$

3. **Es ist die Lichtmenge, die von einer teilweise verfinsterten kreisrunden leuchtenden Scheibe vom Radius 1 (Sonne, Stern) ausgeht, welche die Randverdunkelung**

$$F(r) = A(1 + \mu \cos i) = A\left(1 + \mu \sqrt{1 - r^2}\right) \tag{49}$$

aufweist, zu berechnen, wenn die Verfinsterung durch eine kreisrunde Scheibe vom Radius R erfolgt.

Die gesuchte Lichtmenge entspricht bei $\mu = \tfrac{3}{2}$ (siehe vorige Aufgabe) und R gleich dem Mondradius der Beleuchtung bei Sonnenfinsternissen, denn der obige Wert der Konstanten μ entspricht der Randverdunkelung der Sonne nach visuellen Messungen. Bei anderen Werten von μ ist die Formel auch für verschiedene getrennte Spektralbereiche annähernd gültig, wie das Witting[2] gezeigt hat. Wir dürfen sie, solange über die Randverdunkelung bei Sternen anderer Spektralklassen nichts bekannt ist, als Näherung auch für diese betrachten.

Wir führen polare Koordinaten (r, ω) ein mit dem Ursprung im Zentrum der verfinsterten Scheibe und rechnen die Winkel ω von der Verbindungslinie der Zentren beider Scheiben. Der Abstand der Zentren sei a. Dann ist die gesuchte Lichtmenge

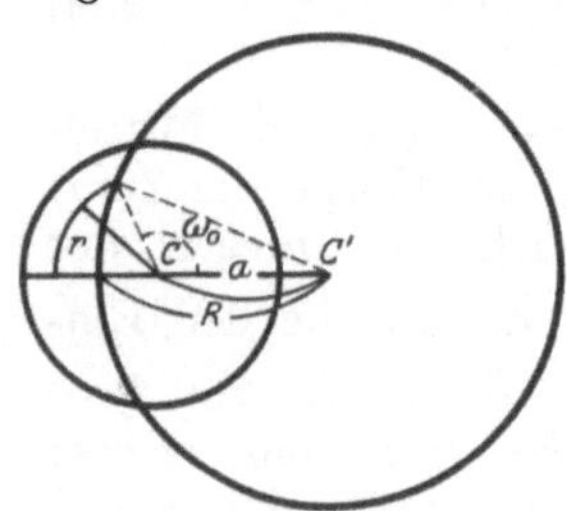

Abb. 9. Die Verfinsterung eines Sterns.

$$Q = 2\int\limits_{R-a}^{1} dr \int\limits_{\omega_0}^{\pi} r F(r)\, d\omega = 2A \int\limits_{R-a}^{1} dr \int\limits_{\arccos\frac{r^2+a^2-R^2}{2ar}}^{\pi} r\left(1 + \mu \sqrt{1 - r^2}\right) dr\, d\omega\,, \tag{50}$$

[1] Probleme der Astronomie. Seeliger-Festschrift S. 347. (1924).
[2] Festschrift zu A. Donners 60jährigem Geburtstag. Om strålningen från olika delar af solskifvan. Helsingfors 1915.

wo ω_0 der einem bestimmten r entsprechende Grenzwert von ω ist. Wir integrieren nach ω, dann ist

$$Q = 2\pi \int_{R-a}^{1} r F(r)\, dr - 2 \int_{R-a}^{1} r F(r) \arccos \frac{r^2 + a^2 - R^2}{2 a r}\, dr$$

$$= 2 A \pi \int_{R-a}^{1} r\, dr + 2 A \pi \mu \int_{R-a}^{1} r \sqrt{1 - r^2}\, dr - 2 A \int_{R-a}^{1} r (1 + \mu \sqrt{1 - r^2}) \arccos \frac{r^2 + a^2 - R^2}{2 a r}\, dr$$

$$= 2 A \pi \left(\frac{1}{2} - \frac{(R - a)^2}{2} + \frac{\mu}{3} [1 - (R - a)^2]^{\frac{3}{2}} \right) - 2 A \left[\overset{\text{I}}{\int_{R-a}^{1} r \arccos \frac{r^2 + a^2 - R^2}{2 a r}\, dr} \right.$$

$$\left. + \overset{\text{II}}{\mu \int_{R-a}^{1} r (1 - r^2)^{\frac{1}{2}} \arccos \frac{r^2 + a^2 - R^2}{2 a r}\, dr} \right].$$

Das erste der übrigbleibenden Integrale ergibt nach partieller Integration

$$I = \frac{1}{2} \left[\left(\arccos \frac{1 + a^2 - R^2}{2 a} - (R - a)^2 \pi \right) + \int r\, dr \, \frac{r^2 - a^2 + R^2}{\sqrt{2 a^2 r^2 + 2 a^2 R^2 + 2 r^2 R^2 - r^4 - a^4 - R^4}} \right].$$

Setzt man im letzten Integral

$$x = r^2 - a^2 - R^2,$$

so wird dasselbe

$$= \frac{1}{2} \int_{-2aR}^{1 - a^2 - R^2} \frac{x + 2 R^2}{\sqrt{4 a^2 R^2 - x^2}}\, dx = \left\{ -\frac{1}{2} (4 a^2 R^2 - x^2)^{\frac{1}{2}} \Big|_{-2aR}^{1 - a^2 - R^2} + \frac{R}{2 a} \int_{-2aR}^{1 - a^2 - R^2} \frac{dx}{\sqrt{1 - \frac{x^2}{4 a^2 R^2}}} \right\}$$

$$= -\frac{1}{2} \sqrt{4 a^2 R^2 - (1 - a^2 - R^2)^2} - R^2 \left(\arccos \frac{1 - a^2 - R^2}{2 a R} - \pi \right).$$

Es ist also

$$-2 A I = -A \left[\arccos \frac{1 + a^2 - R^2}{2 a} - \pi (R - a)^2 - \frac{1}{2} \sqrt{4 a^2 R^2 - (1 - a^2 - R^2)^2} \right.$$

$$\left. - R^2 \arccos \frac{1 - a^2 - R^2}{2 a R} + \pi R^2 \right].$$

Das Integral II lassen wir unverändert; es läßt sich freilich auf eine Funktion zweier elliptischer Integrale erster und zweiter Gattung zurückführen, doch wird dann die numerische Auswertung schwieriger als die des ursprünglichen Integrals. Damit haben wir

$$= A \left\{ \pi + \frac{2 \pi \mu}{3} [1 - (R - a)^2]^{\frac{3}{2}} - \arccos \frac{1 + a^2 - R^2}{2 a} + R^2 \arccos \frac{1 - a^2 - R^2}{2 a R} \right.$$

$$\left. + \frac{1}{2} \sqrt{4 a^2 R^2 - (1 - a^2 - R^2)^2} - \pi R^2 - 2 \mu \int_{R-a}^{1} r (1 - r^2)^{\frac{1}{2}} \arccos \frac{r^2 + a^2 - R^2}{2 a r}\, dr \right\}$$

$$= A \left\{ \pi (1 - R^2) - \arccos \frac{1 + a^2 - R^2}{2 a} \right.$$

$$+ R^2 \arccos \frac{1 - a^2 - R^2}{2 a R} + \frac{1}{2} \sqrt{4 a^2 R^2 - (1 - a^2 - R^2)^2}$$

$$\left. + 2 \mu \left[\frac{\pi}{3} (1 - (R - a)^2)^{\frac{3}{2}} - \int_{R-a}^{1} r (1 - r^2)^{\frac{1}{2}} \arccos \frac{r^2 + a^2 - R^2}{2 a r}\, dr \right] \right\}. \tag{51b}$$

Diese Formel ist für den Fall abgeleitet worden, daß $a < R$. Man kann sich leicht überzeugen, daß bei $a > R$ alles unverändert bleibt bis auf das vorletzte Glied, welches sich auf die Form $\dfrac{2A\mu\pi}{3}$ reduziert. Die Formel

$$Q = A\left\{\pi(1 - R^2) - \arccos\frac{1 + a^2 - R^2}{2a} + R^2 \arccos\frac{1 - a^2 - R^2}{2aR}\right.$$
$$+ \frac{1}{2}\sqrt{4a^2R^2 - (1 - a^2 - R^2)^2} \tag{51a}$$
$$\left. + 2\mu\left[\frac{\pi}{3} - \int_{a-R}^{1} r(1 - r^2)^{\frac{1}{2}} \arccos\frac{r^2 + a^2 - R^2}{2ar}\,dr\right]\right\}$$

gilt also für den Anfang der Verfinsterung, und zwar sowohl bei $R > 1$ als auch im Falle $R < 1$; bei $R > 1$ gilt sie bis $a = R$, worauf dann Formel (51b) in Kraft tritt bis zur vollkommenen Bedeckung. Bei $1 > R > \frac{1}{2}$ gilt (51a) ebenfalls bis $a = R$, (51b) gilt aber nur bis $a = 1 - R$, dem Momente der inneren Berührung, worauf dann die ebenso abzuleitende Formel:

$$Q = A\left\{\pi(1 - R^2) + 2\mu\left[\frac{\pi}{3}(1 - (R - a)^2)^{\frac{3}{2}} - \int_{R-a}^{a+R} r(1 - r^2)^{\frac{1}{2}} \arccos\frac{r^2 + a^2 - R^2}{2ar}\,dr\right]\right\} \tag{51c}$$

anzuwenden ist. Endlich, bei $R < \frac{1}{2}$ gilt (51a) bis $a = 1 - R$. Von $a = 1 - R$ bis $a = R$ gilt die Formel:

$$Q = A\left\{\pi(1 - R^2) + 2\mu\left[\frac{\pi}{3} - \int_{a-R}^{a+R} r^2(1 - r^2)^{\frac{1}{2}} \arccos\frac{r^2 + a^2 - R^2}{2ar}\,dr\right]\right\}, \tag{51d}$$

während von $a = R$ bis $a = 0$ Formel (51c) in Kraft tritt.

Somit ist die Lichtmenge, die von einer teilweise verfinsterten Scheibe ausgeht, auf die Form gebracht

$$Q = A(c + \mu d), \tag{52}$$

wo c und d Funktionen des Abstandes und der Durchmesser der Scheiben und μ die für die Randverdunkelung charakteristische Konstante sind. Dieselbe Aufgabe haben H. N. Russell und H. Shapley[1] durch ein graphisches Verfahren gelöst. Die ihren Tafeln zugrunde liegende Formel ist mit unserer Formel (49) identisch, wenn man unsere Konstanten A und μ durch die Russellschen

$$x = \frac{\mu}{1 + \mu} \quad \text{und} \quad J_0 = \frac{A}{1 - x}$$

ersetzt. J_0 ist die Helligkeit im Zentrum, und x, das zwischen 0 und 1 liegt, das Maß der Randverdunkelung. Die Tafeln von P. Harzer[2] beziehen sich auf eine Formel, die man aus der Formel (49) bei Hinzunahme eines Gliedes mit $\cos 2i$ erhält.

19. Einige Aufgaben über diffuse Reflexion. Wir wollen jetzt einige Aufgaben behandeln, in denen die Beleuchtung nicht durch selbstleuchtende Körper hervorgerufen wird, sondern von beleuchteten Körpern, die das Licht diffus reflektieren. Über die Gesetze der diffusen Reflexion wird im nächsten Kapitel eingehend berichtet werden. In den folgenden Aufgaben werden wir das einfache Lambertsche Gesetz für diffuse Reflexion anwenden, nach dem die von einem Flächenelement ds unter dem Winkel ε reflektierte Lichtmenge ausgedrückt wird durch

$$dq = \frac{AL}{\pi}\cos i \cos\varepsilon\,ds, \tag{49}$$

---

[1] ApJ 36, S. 239, 1912.
[2] Über die Helligkeitsabnahme von Bedeckungsveränderlichen. Publik. der Sternwarte in Kiel 16, 1927.

wo A eine Konstante, die für einen weißen Körper gleich Eins ist, und i den Einfallswinkel bedeutet. L ist die Beleuchtung.

1. Eine kreisrunde weiße Scheibe vom Radius R ist der senkrechten Beleuchtung aus sehr großer Entfernung ausgesetzt. Ein Flächenelement ds befindet sich auf der Normalen zum Zentrum der Scheibe auf dem Wege der einfallenden Strahlen. In welcher Entfernung x von der Scheibe ist die Beleuchtung der Fläche ds durch die direkt einfallenden Strahlen doppelt so groß als die Beleuchtung durch die Rückstrahlung von der Scheibe?

Wir bezeichnen durch L die Beleuchtung oder die Lichtmenge auf die senkrechte Flächeneinheit. Die Scheibe denken wir uns in unendlich schmale konzentrische Ringe geteilt, auf welche die Lichtmengen $2\pi L r dr$ einfallen, und von denen die Lichtmengen

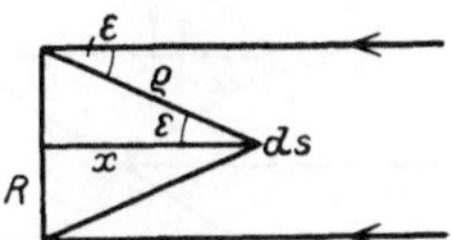

Abb. 10. Die Rückstrahlung von einer Wand auf ein Flächenelement ds.

$$2\pi L r dr \frac{A}{\pi} \cos\varepsilon\, d\omega = 2AL \cos\varepsilon\, r \frac{ds\cos\varepsilon}{\varrho^2}\, dr$$

auf ds reflektiert werden. ϱ ist der Abstand aller Elemente des Ringes von ds. Die gesamte auf ds reflektierte Lichtmenge ist dann

$$Q = 2AL\,ds \int\limits_0^R \frac{\cos^2\varepsilon}{\varrho^2}\, r\, dr\,.$$

Wenn man die Gleichungen

$$\varrho\cos\varepsilon = x\,, \qquad d\varrho\cos\varepsilon = \varrho\sin\varepsilon\, d\varepsilon\,,$$

$$r = x\,\mathrm{tg}\,\varepsilon\,, \qquad dr = \frac{x}{\cos^2\varepsilon}\, d\varepsilon\,,$$

benutzt, um ϱ als Integrationsvariable einzuführen, so erhält man

$$Q = 2AL\,ds\,x^2 \int\limits_x^{\sqrt{x^2+R^2}} \frac{d\varrho}{\varrho^3} = AL\,ds\,x^2 \left(\frac{1}{\varrho^2}\right)^x_{\sqrt{x^2+R^2}} = AL\,ds\left(1 - \frac{x^2}{x^2+R^2}\right).$$

Die auf die andere Seite von ds direkt einfallende Lichtmenge ist $L\,ds$. Wir haben also, wenn wir noch $A = 1$ setzen, für x die Gleichung

$$1 - \frac{x^2}{x^2+R^2} = \frac{1}{2}\,,$$

woraus folgt: $x = R$.

Man sieht übrigens auch, daß die Beleuchtungen niemals gleich werden können, außer für $x = 0$ und für $R = \infty$, wo sie es dann für alle endlichen x auch bleiben.

2. Statt für eine kreisrunde Scheibe ist die vorige Aufgabe für eine parallel bestrahlte Kugel mit dem Unterschiede zu lösen, daß nach dem Bruchteil y der direkten Beleuchtung $L\,ds$ im Abstande $R = 2\varrho$ vom Zentrum der Kugel gefragt wird (ϱ der Radius der Kugel).

Für die Rückstrahlung kommen nur die Elemente der Kugel in Betracht, welche durch den Kreis begrenzt sind, der sich als Berührungskurve der Kugel mit dem von ds aus gezogenen Tangentialkegel ergibt. Wir teilen die Oberfläche in Zonen $2\pi\varrho^2 \sin i\, di$, welche die Lichtmengen

$$2\pi\varrho^2 \sin i\, di \frac{AL}{\pi} \cos i \cos\varepsilon\, d\omega = 2AL\varrho^2 \sin i \cos i \cos\varepsilon \frac{ds\cos(\varepsilon-i)}{r^2}$$

auf ds reflektieren. Die gesamte auf ds einfallende Lichtmenge ist also

$$Q = 2AL\varrho^2 ds \int\limits_0^{\arccos\varrho/R} \frac{\sin i \cos i \cos\varepsilon \cos(\varepsilon-i)}{r^2}\, di\,.$$

Mit Hilfe der Gleichungen

$$\cos i = \frac{R^2 + \varrho^2 - r^2}{2R\varrho} \; ; \qquad \sin i \, di = \frac{r \, dr}{R\varrho} \; ;$$

$$\cos \varepsilon = \frac{R^2 - \varrho^2 - r^2}{2\varrho r} \; ;$$

$$\cos (\varepsilon - i) = \frac{R^2 - \varrho^2 + r^2}{2R\varrho}$$

erhalten wir

$$Q = \frac{A L \, ds}{4 R^3 \varrho} \int\limits_{R-\varrho}^{\sqrt{R^2-\varrho^2}} \frac{[(R^2 - \varrho^2)^2 - r^4][R^2 + \varrho^2 - r^2]}{r^3} \, dr;$$

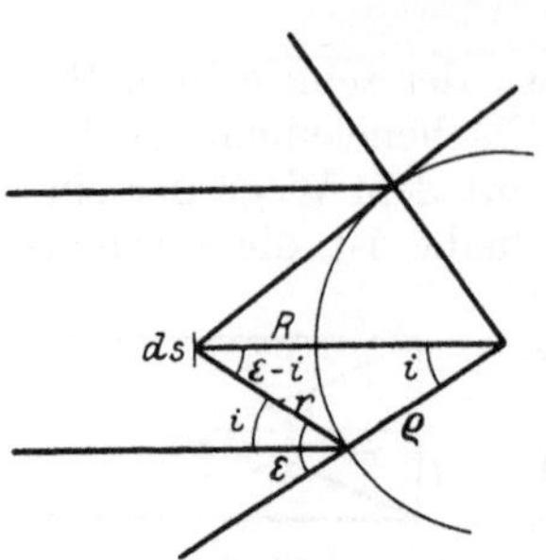

Abb. 11. Die Rückstrahlung von einer Kugel auf ein Flächenelement ds in ihrer Nähe.

nach Ausführung der Integration ergibt sich

$$Q = \frac{A L}{4} \, ds \, \frac{\varrho^3}{R^3} \left\{ \frac{R^3}{\varrho^3} + \frac{R}{\varrho} + 2 - \left(\frac{R^2}{\varrho^2} - 1 \right)^2 \ln \sqrt{\frac{\frac{R}{\varrho} + 1}{\frac{R}{\varrho} - 1}} \right\},$$

und wenn man $\frac{\varrho}{R} = x$ setzt:

$$Q = \frac{1}{4} A L ds \left[1 + x^2 + 2 x^3 - \frac{(1 - x^2)^2}{x} \ln \sqrt{\frac{1 + x}{1 - x}} \right].$$

Setzt man $A = 1$, so hat man zur Bestimmung von y die Gleichung

$$\frac{L ds}{4} \left[1 + x^2 + 2 x^3 - \frac{(1 - x^2)^2}{x} \ln \sqrt{\frac{1 + x}{1 - x}} \right] = y L ds;$$

für $x = \tfrac{1}{2}$ erhält man

$$y = 0{,}283 \, .$$

Die Beleuchtung ist also in diesem Falle noch wesentlich geringer als im Falle einer reflektierenden Scheibe. Die Zunahme der Beleuchtung bis zum Werte $L ds$ an der Oberfläche ($x = 1$) ist bedeutend größer.

b) Die diffuse Reflexion.

20. Die Lambertsche Formel und die Lambertsche Albedo. Sehr viel schwieriger als für die Strahlung selbstleuchtender Körper ist die Ableitung einer theoretischen Formel für die von einer matten Fläche reflektierte Lichtmenge. Die Gesetze der Reflexion kennen wir nur für glatte spiegelnde Flächen. Für die Aufgaben der Photometrie der Planeten, Kometen, des Zodiakallichts und der dunkeln Nebel sind aber die Gesetze der Rückstrahlung matter, diffus reflektierender Körper von wesentlicher Bedeutung. In der reinen Physik spielt die genannte Aufgabe für die Beurteilung der Natur und Beschaffenheit der Körper keine Rolle und ist auch wegen ihrer Schwierigkeit und der Aussichtslosigkeit, hier zu allgemein gültigen Gesetzen zu gelangen, wenig beachtet worden. Es ist von vornherein klar und durch die tägliche Erfahrung bestätigt, daß die von einem matten Körper reflektierte Lichtmenge von seiner Form abhängig ist. Aber auch bei besonders präparierten, eben begrenzten, matten Substanzen kann die Beschaffenheit der matten Oberfläche, etwa durch ein Mikroskop betrachtet, noch unendlich verschieden sein, und die unter verschiedenen Winkeln reflektierte Lichtmenge wird von dieser Beschaffenheit abhängen. Die Physik besitzt viele andere wirksamere Methoden, die Natur der Körper zu studieren; für die Astronomie aber ist die von den beleuchteten

Kometen, Planeten usw. reflektierte Lichtmenge eine der wenigen genau meßbaren Größen, und die Versuche, aus ihr und ihrer Veränderlichkeit bei verschiedenen Beleuchtungsumständen Schlüsse über die Natur der reflektierenden Oberfläche zu ziehen, sind trotz des Mangels strenger physikalischer Grundlagen auch tatsächlich sehr fruchtbar gewesen. Hiernach ist es verständlich, daß auch die Theorie der diffusen Rückstrahlung zum großen Teile von astronomischer Seite her (LAMBERT, ZÖLLNER, SEELIGER) gefördert worden ist.

Die erste Formel für diffuse Reflexion stammt von LAMBERT[1], welcher sich die Aufgabe, die von einer beleuchteten matten, eben begrenzten Oberfläche reflektierte Lichtmenge zu bestimmen, freilich sehr einfach gemacht hat. Ausgehend von der Beobachtung, daß eine von der Sonne beleuchtete Wand unter allen Betrachtungswinkeln gleich hell erscheint, stellte er den Satz auf, daß eine beleuchtete matte Fläche sich verhält wie eine selbstleuchtende, d. h. das Licht proportional dem Kosinus des Emanationswinkels reflektiert. Ist ds ein Element der beleuchteten Fläche, auf welche ein Lichtstrom unter dem Einfallswinkel i einfällt, L der Lichtstrom auf die Einheit der Fläche bei senkrechtem Einfall, so ist der auf ds einfallende Lichtstrom $L\,ds\cos i$. Verhält sich nun das beleuchtete Element wie ein selbstleuchtendes, so ist die von ihm unter dem Winkel ε reflektierte Lichtmenge

$$q = CL\cos i \cos\varepsilon\,ds,$$

wo C ein Proportionalitätsfaktor ist; dieser gibt den Bruchteil des Lichts an, der in senkrechter Richtung reflektiert wird. Da der Körper einen Teil des einfallenden Lichtstroms absorbiert, so ist $C < 1$ eine das Reflexionsvermögen bestimmende Konstante. Ein Element $d\omega$ der Halbkugel vom Radius 1, die wir uns um ds beschrieben denken, erhält den Lichtstrom

$$dQ = q\,d\omega = CL\,ds\cos i \cos\varepsilon\,d\omega,$$

die gesamte Halbkugel also die Lichtmenge $Q = CL\,\pi\,ds\cos i$. (Vgl. die Ableitung von (15) Seite 8). Da dieser Lichtstrom ein gewisser Teil A des einfallenden ist, so haben wir auch

$$Q = AL\,ds\cos i,$$

woraus durch Gleichsetzen folgt,

$$C = \frac{A}{\pi}. \tag{1}$$

Der Faktor A, der angibt, welcher Teil des einfallenden Lichtstroms in den Raumwinkel π reflektiert wird, heißt die Albedo. Sie ist immer kleiner als 1, da auch bei dem weißesten Körper ein Teil des einfallenden Lichts absorbiert wird. Die LAMBERTsche Formel schreibt sich also auch in der Form

$$q = \frac{A}{\pi} L\,ds\cos i \cos\varepsilon = \Gamma_1 \cos i \cos\varepsilon\,ds, \tag{2}$$

wo $\Gamma_1 = \dfrac{A}{\pi} L$ eine Konstante ist.

Diese Formel hat keine theoretische Begründung, entspricht aber den Beobachtungen an matten Substanzen zum mindesten ebensogut wie andere weiter zu besprechende Formeln, denen theoretische Vorstellungen über den Vorgang der diffusen Reflexion zugrunde liegen.

---

[1] Photometria S. 321 ff.

21. Die Lommel-Seeligersche Formel. Lommel[1] und nach ihm Seeliger[2] gehen von folgender Vorstellung über den Vorgang der diffusen Reflexion aus. Das Licht dringt bis zu einer gewissen Tiefe in den Körper ein, wobei ein Teil von ihm absorbiert wird, und tritt dann wieder aus der Oberfläche heraus, wobei es auf dem Rückwege wiederum Absorption erleidet. In Wirklichkeit erfährt das Licht unzählige Reflexionen an den Molekeln der durchdrungenen Schicht, und die Schwächung desselben auf dem Hin- und Rückwege ist auf den Lichtverlust bei den Reflexionen an den Molekeln zurückzuführen. Es wird bei Lommel und Seeliger vorausgesetzt, daß als Resultat dieser Reflexionen ein Volumelement dv nach allen Richtungen gleiche Lichtmengen zerstreut, welche auf dem Wege innerhalb der Substanz eine Schwächung (Absorption) wie in einem homogenen Medium erleiden.

Die Oberfläche des matten Körpers sei eben begrenzt und derselbe undurchsichtig; dv sei ein Volumelement innerhalb desselben; es ist die Lichtmenge zu bestimmen, die aus dem Flächenelemente ds der Oberfläche unter dem Winkel ε zur Normalen austritt, wenn der Einfallswinkel des parallel gedachten Lichts i ist. Es sei L der Lichtstrom, der auf die Einheit des Volumens an der Oberfläche einfällt, und k der Absorptionskoeffizient für die in den Körper eindringenden Strahlen; wenn dL die Veränderung des Lichtstroms auf dem unendlich kleinen Wege dx ist, so muß dL dem Lichtstrome L, dem Absorptionskoeffizienten k und der Weglänge dx proportional sein:

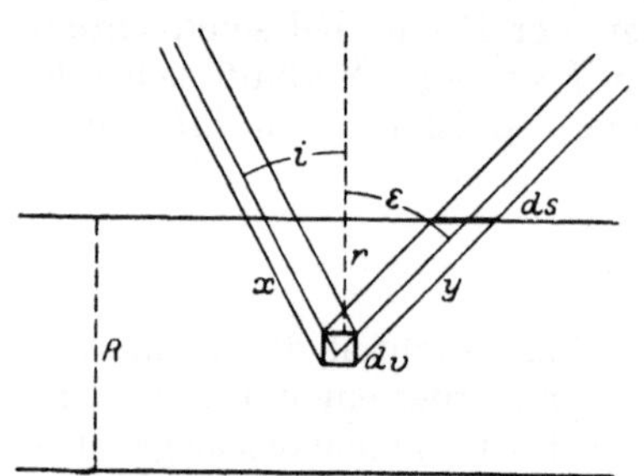

Abb. 12. Die Reflexion aus dem Inneren einer matten Platte.

$$dL = -kL\,dx;$$

hieraus erhält man durch Integration von der Oberfläche bis zum Abstande x für die auf dv einfallende Lichtmenge:

$$L_x = L e^{-kx}\,dv.$$

Wenn nun dv einen gewissen Teil des auffallenden Lichtes zerstreut, so wollen wir durch μ den Diffusionskoeffizienten bezeichnen; derselbe ist laut Voraussetzung, für alle Richtungen dasselbe, also eine Konstante, und der Lichtstrom in der Richtung ε zur Normalen ist μL_x. Er erfährt auf dem Rückwege y eine neue Absorption, welche nach Seeliger durch einen anderen Absorptionskoeffizienten k' gekennzeichnet werden soll. An die Oberfläche gelangt somit von dv aus die Lichtmenge

$$dq = \mu L_x e^{-k'y}\,dv = \mu L e^{-(kx+k'y)}\,dv,$$

oder, da

$$x = r\sec i, \qquad y = r\sec\varepsilon \qquad \text{und} \qquad dv = dr\,ds,$$

$$dq = \mu L\,ds\,e^{-(k\sec i + k'\sec\varepsilon)r}\,dr.$$

Um den vollen Lichtstrom vom Elemente ds zu erhalten, müssen wir über alle Elemente dv summieren bis zu einer Tiefe, von welcher überhaupt noch Licht bis zur Oberfläche durchdringen kann, also von $r = 0$ bis $r = R$, wo R eine solche Tiefe unter der Oberfläche bedeutet, für welche $e^{-(kx+k'y)}$ verschwindend

---

[1] Münch. Akad. II Kl. Sitzber. 17, S. 95 (1887). Wied. Ann. 36, S. 473 (1889).
[2] Vierteljahrschr. d. Astr. Ges. 20, S. 267, (1885), 21, S. 216, (1886). Münch. Akad. II Kl. Sitzber. 18, S. 201 (1888).

klein wird. Wir haben also

$$q = \mu L\, ds \int\limits_0^R e^{-(k\sec i + k'\sec \varepsilon)r}\, dr$$

und nach Ausführung der Integration

$$q = \mu L\, ds\, \frac{\cos i \cos \varepsilon}{k \cos \varepsilon + k' \cos i}\, [1 - e^{-R(k\sec i + k'\sec \varepsilon)}]; \tag{3}$$

das zweite Glied in der Klammer ist für einen undurchsichtigen Körper gleich 0, daher wird

$$q = \mu L\, ds\, \frac{\cos i \cos \varepsilon}{k \cos \varepsilon + k' \cos i}.$$

Setzt man noch $\frac{k}{k'} = \lambda$ und $\frac{L\mu}{k'} = \Gamma_2$, so erhält man

$$q = \Gamma_2\, ds\, \frac{\cos i \cos \varepsilon}{\cos i + \lambda \cos \varepsilon}. \tag{4}$$

Die Annahme verschiedener Absorptionskoeffizienten für die ein- und austretenden Strahlen hat bei der heutigen Auffassung über den Prozeß der diffusen Reflexion keine physikalische Grundlage. Haben wir es tatsächlich nur mit unzähligen Reflexionen des Lichts von Molekel zu Molekel zu tun, die als Gesamtwirkung eine Schwächung (Absorption) des austretenden Lichtes bewirken, so ist das Seeligersche Modell kein Bild des wirklichen inneren Vorganges. Verschiedene Absorptionskoeffizienten für ein- und austretende Strahlen, haben ihren scheinbaren Grund in der Erfahrung, daß farbige Pulver eine desto hellere Färbung zeigen, je feiner sie gemahlen sind. Das Licht dringt um so tiefer in die Oberflächenschicht solcher Pulver ein, je größer die Poren zwischen den einzelnen Körnern sind. Die selektive Absorption des Lichts ist also desto größer, je tiefer das Licht in die Oberfläche eindringt. Hiernach wird auf dem Rückwege der Strahlen aus der Tiefe bis zur Oberfläche das Licht schon gefärbt sein und einen geringeren Verlust durch Absorption erleiden. Bei dieser Betrachtungsweise wird von den Beugungserscheinungen, welche die wirkliche Ursache der Färbung sind, abgesehen und die Körner des Pulvers als die diffundierenden Partikel angesehen. Da wir es nach heutigen Anschauungen aber mit einem intramolekularen Prozeß zu tun haben, bei welchem die Reflexionen von Molekel zu Molekel mit einer geringen, sich dazu kontinuierlich ändernden Absorption verbunden sind, so erscheint die Trennung der Absorptionskoeffizienten in zwei verschiedene Werte unbegründet. Setzt man $k = k'$, so erhält man die übliche Form der Seeligerschen Gleichung für die aus dem Elemente ds austretende Lichtmenge:

$$q = \Gamma_2\, ds\, \frac{\cos i \cos \varepsilon}{\cos i + \cos \varepsilon}. \tag{5}$$

Die scheinbare Helligkeit einer eben begrenzten matten Substanz ist nach Seeliger $h_2 = \Gamma_2 \dfrac{\cos i}{\cos i + \cos \varepsilon}$ und nach Lambert $h_1 = \Gamma_1 \cos i$. Bei senkrechter Beleuchtung wird nach Seeliger $h_2 = \Gamma_2 \dfrac{1}{1 + \cos \varepsilon}$, nach Lambert $h_1 = \Gamma_1$; bei $\varepsilon = 0°$ und $\varepsilon = 90°$ erhalten wir nach Seeliger $h_2^0 = \frac{1}{2}\Gamma_2$ und $h_2^{90} = \Gamma_2$, d. h. die Helligkeit ist nach Seeliger bei senkrechter Betrachtung halb so groß als bei streifender, während nach Lambert die Helligkeit nur von dem Einfallswinkel allein abhängt und unabhängig vom Emanationswinkel ist.

Die Seeligersche Formel ist auch vom Standpunkt der zugrunde gelegten Anschauung über den Vorgang der diffusen Reflexion nur als erste Annäherung zu betrachten, weil bei ihrer Ableitung die Beleuchtung des Volumelements dv durch die Nachbarelemente vernachlässigt wird, was mit der Vorstellung über die Diffusionsfähigkeit jedes einzelnen Volumelements nicht vereinbar ist. Jedes einzelne Volumelement ist als Zentrum einer neuen Lichtbewegung anzusehen und muß deshalb zur Beleuchtung der anderen einen Beitrag liefern. Es ist von vornherein klar, daß die Berechnung des Effekts dieser Selbstbeleuchtung der Elemente durcheinander zu komplizierten mathematischen Formeln führen muß. Lommel[1] hat seine Anschauungsweise konsequent durchgeführt und ist denn auch zu außerordentlich verwickelten Ausdrücken gelangt, die er dann durch Einführung empirischer Funktionen zu vereinfachen versuchte. Der große mathematische Apparat, den Lommel angewandt hat, um den Effekt der Selbstbeleuchtung der Volumelemente durcheinander schließlich doch nur annähernd zu bestimmen, kann aber entbehrt werden, wenn es sich um undurchsichtige Körper handelt.

Bei einem undurchsichtigen Körper wird die eingestrahlte direkte Lichtmenge nahe der Oberfläche wesentlich größer sein, als die von der Selbstbeleuchtung herstammende, während in größerer Tiefe beide Teile von derselben Größenordnung werden können. Da aber aus größeren Tiefen nur ein verschwindender Bruchteil der Lichtmenge bis zur Oberfläche gelangen kann, so ist es klar, daß der Gesamteffekt der Diffusionen höherer Ordnung nicht groß werden kann. Es erscheint daher angemessen, zunächst einmal den Effekt der Reflexe zweiter Ordnung zu berechnen. Darunter verstehen wir die Lichtmenge, welche ein im Inneren gelegenes Element dv von den Nachbarelementen erhält, wobei aber vorausgesetzt wird, daß diese selbst nur die direkt empfangene Lichtmenge zerstreuen und nicht auch noch ihre Beleuchtung durch die gesamten anderen Elemente in Rechnung gezogen wird.

Wir wollen die sich bei dieser Beschränkung aus der Lommelschen Anschauung ergebende Formel weiter mit Berücksichtigung des Diffusionsgesetzes von Rayleigh ableiten. Dieses trägt unseren Vorstellungen über die Lichtzerstreuung an Molekeln in genauerer Weise Rechnung als die Annahme gleichmäßiger Zerstreuung in allen Richtungen. Im übrigen ist aber die Ableitung auf denselben Anschauungen aufgebaut wie die Lommelsche Theorie.

Hier soll vorher noch ein besonderer Fall der einfachen Seeligerschen Theorie besprochen werden, in welchem der Körper als teilweise durchsichtig angesehen werden kann. Für einen solchen Körper ist der Exponent $Rk(\sec i + \sec \varepsilon)$ nicht mehr als groß anzusehen und das zweite Glied in der Klammer in Formel (3) nicht mehr als verschwindend. Wir haben also für die reflektierte Lichtmenge den Ausdruck

$$q = \Gamma_2\, ds\, \frac{\cos i \cos \varepsilon}{\cos i + \cos \varepsilon}\left[1 - e^{-kR(\sec i + \sec \varepsilon)}\right];\tag{6}$$

dieser nimmt im Falle eines sehr kleinen Exponenten, nach Entwicklung des Klammerausdrucks in eine Reihe und nach Vernachlässigung höherer Potenzen des Exponenten, die Form an

$$q = C\, ds,$$

wo C eine Konstante ist.

Die Helligkeit eines so reflektierenden Körpers wäre $h = \dfrac{C}{\cos \varepsilon}$ und müßte also mit zunehmendem ε wachsen. Ähnliches kann man bei einer staubbedeckten

---

[1] Siehe S. 4, Anm. 4.

Glasplatte beobachten, wo die Helligkeit tatsächlich bei streifender Beobachtung stark zunimmt.

Aus historischen Gründen muß auch noch eine andere Formel für diffuse Reflexion erwähnt werden, die den Namen der EULERschen Formel trägt, weil dieser Mathematiker sich am eingehendsten mit ihr beschäftigt hat, die aber weder eine theoretische Begründung besitzt, noch durch Experimente auch nur annähernd bestätigt wird. Nach dieser Formel ist die vom Flächenelement ds reflektierte Lichtmenge

$$q = \Gamma_3 \cos i \, ds, \tag{7}$$

also ganz unabhängig vom Reflexionswinkel. Nach ihr müßte die Helligkeit einer unter großem Emanationswinkel betrachteten ebenen Platte zunehmen und bei streifender Betrachtung unendlich groß werden. Sie ist in älteren astronomischen Arbeiten bei der Berechnung der Planetenhelligkeiten öfters angewandt worden, wird aber von uns weiterhin nicht benutzt werden.

22. Über eine neue Formel für diffuse Reflexion und ihre Spezialfälle: die Formeln von FESSENKOW und von LOMMEL. LOMMEL und SEELIGER nehmen an, daß die innere Diffusion des Lichtes in allen Richtungen gleichmäßig erfolgt. RAYLEIGH[1] hat aber aus beugungstheoretischen Betrachtungen schon 1871 nachgewiesen, daß bei Volumelementen, die kleiner sind als $^1/_4 \lambda$, die Diffusion vom Winkel α zwischen dem einfallenden und reflektierten Strahle abhängig ist, und zwar proportional mit $1 + \cos^2 \alpha$ vor sich geht. Dieses Resultat wurde von KELVIN[2] und SCHUSTER[3] bestätigt. Später hat MIE[4] (1908) den Fall gröberer Teilchen untersucht und für Kügelchen von größerem Durchmesser noch wesentlich andere, von der Materialkonstante und der Größe der

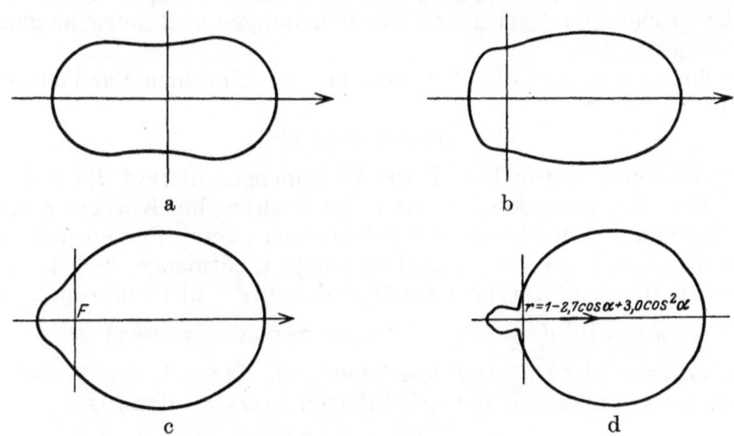

Abb. 13. Diffusionsdiagramme.

a) Nach MIE für unendlich kleine Kügelchen. b) Nach MIE für Goldkügelchen von 0,16 μ. c) Nach SENFTLEBEN für die Kohlepartikel einer Gasflamme.   d) Nach SCHOENBERG für Wasserdampfkügelchen nach der Formel $1 - 2,7 \cos \alpha + 3 \cos^2 \alpha$.

Teilchen abhängige Diffusionsdiagramme abgeleitet, die alle von dem RAYLEIGHschen symmetrischen Diagramm darin abweichen, daß in der Richtung der einfallenden Strahlen, $\alpha = 180°$, eine wesentlich größere Strahlungsmenge sich

[1] Phil Mag 41, S. 107. (1871). Collected Works, vol. I, S. 87.
[2] Baltimore Lectures S. 311 (1904).
[3] Theory of Optics, S. 325 (1909).   [4] Ann d Phys 25, S. 428 (1908).

fortpflanzt als in der entgegengesetzten $(\alpha = 0°)$. Diese Erscheinung wird manchmal als Mie-Effekt bezeichnet. Sie ist von H. Blumer[1] rechnerisch weiter verfolgt worden und zeigt noch verwickeltere Formen, von denen wir hier einige abbilden (Abb. 13). Praktisch ist das Phänomen für die Diffusion in der Luft von verschiedener Seite und für die Kohlepartikel einer Gasflamme von Senftleben und Benedikt bestätigt, wie das aus dem hier abgebildeten Diffusionsdiagramm ersichtlich ist.

Eine gute Annäherung an den allgemeinen Verlauf dieser Kurven kann durch die Funktion $1 - p\cos\alpha + q\cos^2\alpha$ mit unbestimmten Koeffizienten p und q erreicht werden, deren Spezialfall bei $p = 0$ und $q = 1$ die Rayleigh-sche Funktion ist. Wenn also die Diffusion beim Eindringen in ein trübes Medium an Molekeln oder gröberen Partikeln vor sich geht, darf eine gleichmäßige Streuung nach allen Richtungen in keinem Falle angenommen werden, und eine allgemeine Diffusionstheorie müßte dem Mie-Effekt Rechnung tragen.

Wir wollen hier mit Zugrundelegung der obigen allgemeinen Formel eine solche Theorie für einen undurchsichtigen, eben begrenzten Körper entwickeln, wobei wir uns auf die Glieder zweiter Ordnung beschränken. Sie ist anläßlich einer Untersuchung über die Reflexion des Lichtes an einem Wolkenmeer abgeleitet worden und hat zu einer vollkommenen Bestätigung durch die Messungen der Lichtverteilung, wie sie sich von hohen Bergesspitzen über dem Wolkenmeere zeigt, geführt. Eine kompakte Wolkendecke, die man als undurchsichtig ansehen darf, bietet tatsächlich ideale Bedingungen für die Prüfung einer solchen Theorie, weil man bei derselben die Sicherheit hat, daß die streuenden Partikel Kügelchen von angebbarer Größe sind, weil ein Spiegelungseffekt ausgeschlossen ist und weil die Unebenheit der Begrenzung und der Schattenwurf bei der großen Durchsichtigkeit der Erhebungen auch nur eine ganz untergeordnete Rolle spielen.

Wir nehmen also an, die Diffusion an der einzelnen Partikel gehe nach der Formel

$$(1 - p\cos\alpha + q\cos^2\alpha)$$

vor sich. Bezeichnet, wie früher, L die Lichtmenge, die auf die Volumeinheit einfällt, k den Absorptionskoeffizienten des Lichtes im Körper, r und r' die Abstände der Volumelemente dv und dv' von der oberen Begrenzung, so erhält dv die Lichtmenge $L\,dv\,e^{-kr\sec i}$, und diejenige Lichtmenge, welche nach Reflexion von dv aus dem Körper austritt und von dv allein herrührt, ist

$$dq = \mu L\,dv\,e^{-kr(\sec i + \sec\varepsilon)}(1 - p\cos\alpha + q\cos^2\alpha)\,, \tag{8}$$

wo μ eine Konstante, der Diffusionskoeffizient, ist. Es sei A_0 der Winkel zwischen den Ebenen des einfallenden und reflektierten Strahles, dann ist

$$\cos\alpha = \cos i\cos\varepsilon + \sin i\sin\varepsilon\cos A_0\,.$$

Die Lichtmenge soll bestimmt werden, welche aus dem Flächenelemente $d\sigma$ der Oberfläche austritt, zunächst nur unter Berücksichtigung der Reflexionen erster Ordnung.

Es ist $dv = d\sigma\,dr$. Vernachlässigt man die Beleuchtung von dv durch die Nachbarelemente und integriert den Ausdruck (8) zwischen den Grenzen von 0 bis R, so erhält man, wie in (3), für die austretende Lichtmenge den Ausdruck

$$q = \frac{\mu}{k}L\,d\sigma(1 - p\cos\alpha + q\cos^2\alpha)(1 - e^{-kR(\sec i + \sec\varepsilon)})\frac{\cos i\cos\varepsilon}{\cos i + \cos\varepsilon}\,,$$

---

[1] Z f Phys. 32, S. 119 (1925) und 38, S. 920 (1926).

der für einen undurchsichtigen Körper ($R = \infty$) die Form annimmt

$$q = \frac{\mu}{k} L d\sigma (1 - p \cos\alpha + q \cos^2\alpha) \frac{\cos i \cos\varepsilon}{\cos i + \cos\varepsilon}. \qquad (9)$$

Sie unterscheidet sich somit von der SEELIGERschen Formel (5) nur durch den Faktor $(1 - p \cos\alpha + q \cos^2\alpha)$.

Es seien die zylindrischen Koordinaten, welche die Lage eines Elementes dv' gegen dv bestimmen, $r - r' = \varrho$, φ und A. Die Bedeutung derselben ist aus der Abb. 14 ersichtlich; das Azimut A wird von der Einfallsebene des Lichtes in dv gerechnet. dv' erhält direkt die Lichtmenge $L dv' e^{-kr'\sec i}$, hiervon wird nach dv reflektiert

$$\mu L e^{-kr'\sec i}(1 - p \cos\beta + q \cos^2\beta) \frac{e^{-k\varDelta}}{\varDelta^2} dv \, dv',$$

wo $\varDelta$ der Abstand der Elemente ist.

Es wird also von diesem Anteil an die Oberfläche die Lichtmenge gelangen

$$\mu^2 L e^{-kr'\sec i - k\varDelta - kr\sec\varepsilon} dv \frac{dv'}{\varDelta^2} (1 - p \cos\beta + q \cos^2\beta)(1 - p \cos\gamma + q \cos^2\gamma),$$

wo die Bedeutung der Winkel β und γ aus der Abb. 14 zu ersehen ist. Nun muß über alle dv' und diejenigen dv, die in der Reflexionsrichtung liegen, integriert werden, um den Gesamtbetrag der Diffusion zweiter Ordnung zu erhalten. Die Elemente dv' werden dabei als nur direkt beleuchtet (Lichtmenge $L e^{-kr'\sec i}$) angesehen und ihre Beleuchtung durch die Nachbarelemente vernachlässigt. Das bedeutet also eine Integration des letzten Ausdruckes nach vier Variablen r, r', φ und A. Das Volumelement dv' ist in unseren Koordinaten

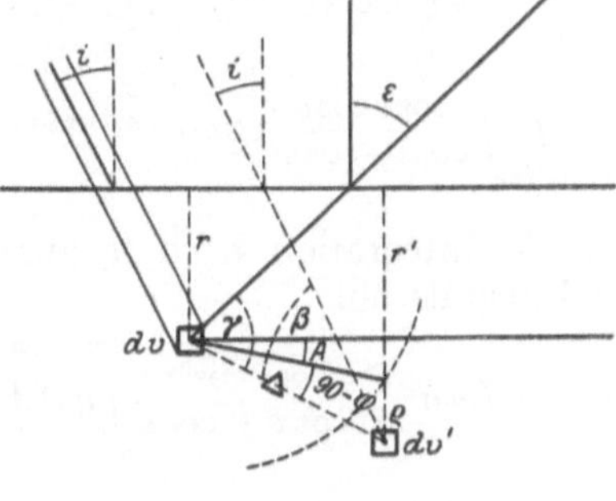
Abb. 14. Die innere Diffusion.

$$dv' = dr'(r' - r) \operatorname{tg}\varphi \, dA (r' - r) \sec^2\varphi \, d\varphi = (r' - r)^2 \operatorname{tg}\varphi \sec^2\varphi \, d\varphi \, dA \, dr'.$$

Liegt dv' höher als dv, so ist

$$\varDelta = (r - r') \sec\varphi,$$

liegt es unterhalb dv, so ist $\varDelta = (r' - r) \sec\varphi$, jedenfalls ist

$$\frac{dv'}{\varDelta^2} = \operatorname{tg}\varphi \, d\varphi \, dr' \, dA.$$

Wir haben außerdem

$$\cos\beta = \cos i \cos\varphi + \sin i \sin\varphi \cos A,$$

$$\cos\gamma = \cos\varepsilon \cos\varphi + \sin\varepsilon \sin\varphi \cos(A - A_0).$$

Wir berechnen zunächst das Integral für den Fall, daß sich dv' über dv befindet und daher

$$\varrho = r - r', \qquad d\varrho = -dr'$$

ist. Wir haben dann

$$\mu^2 L d\sigma \int\!\!\int\!\!\int\!\!\int e^{-kr(\sec i + \sec\varepsilon) + k\varrho(\sec i - \sec r)} \operatorname{tg}\varphi \, d\varphi \, d\varrho \, (\beta) \, (\gamma) \, dA \, dr, \qquad (10)$$

wo
$$(\beta) = 1 - p\cos\beta + q\cos^2\beta,$$
$$(\gamma) = 1 - p\cos\gamma + q\cos^2\gamma.$$

Es ist angemessen, zuerst nach ϱ zu integrieren, wobei wir alles weglassen, was von ϱ unabhängig ist; dann haben wir

$$\int\limits_0^r \int\limits_0^{\pi/2} e^{-kr(\sec i + \sec\varepsilon) + k\varrho(\sec i - \sec\varphi)}\,\operatorname{tg}\varphi\,d\varphi\,d\varrho$$

$$= e^{-kr(\sec i + \sec\varepsilon)}\,\frac{1}{k}\int\limits_0^{\pi/2}\frac{\cos i\,\cos\varphi}{\cos i - \cos\varphi}\,[e^{kr(\sec i - \sec\varphi)} - 1]\,\operatorname{tg}\varphi\,d\varphi\,.$$

Jetzt integrieren wir nach r

$$\left.\begin{aligned}
&\int\limits_{r=0}^{\infty}\frac{1}{k}\int\limits_0^{\pi/2}\frac{\cos i\,\cos\varphi}{\cos i - \cos\varphi}\,\operatorname{tg}\varphi(e^{kr(\sec i - \sec\varphi)} - 1)\,e^{-kr(\sec i + \sec\varepsilon)}\,d\varphi\,dr \\[2mm]
&= \frac{1}{k}\int\limits_0^{\infty}\int\limits_0^{\pi/2}\frac{\cos i\,\cos\varphi}{\cos i - \cos\varphi}\,\operatorname{tg}\varphi\,e^{-kr(\sec\varphi + \sec\varepsilon)}\,d\varphi\,dr \\[2mm]
&- \frac{1}{k}\int\limits_0^{\infty}\int\limits_0^{\pi/2}\frac{\cos i\,\cos\varphi}{\cos i - \cos\varphi}\,\operatorname{tg}\varphi\,e^{-kr(\sec i + \sec\varepsilon)}\,d\varphi\,dr = \frac{1}{k^2}\frac{\cos i\,\cos^2\varepsilon}{\cos i + \cos\varepsilon}\int\limits_0^{\pi/2}\frac{\sin\varphi}{\cos\varphi + \cos\varepsilon}\,d\varphi\,.
\end{aligned}\right\} \quad (\alpha)$$

Um die Integration nach A auszuführen, schreiben wir den vollen Ausdruck des Integrals hin

$$\mu^2 L\,d\sigma\,\frac{1}{k^2}\frac{\cos i\,\cos^2\varepsilon}{\cos i + \cos\varepsilon}\int\limits_0^{2\pi} dA\int\limits_0^{\pi/2}\frac{\sin\varphi}{\cos\varphi + \cos\varepsilon}\,(1 - p\cos\beta + q\cos^2\beta)\times$$
$$\times(1 - p\cos\gamma + q\cos^2\gamma)\,d\varphi\,.$$

Die Funktionen $\cos\beta$, $\cos\gamma$, welche von A abhängig sind, schreiben wir in der Form

$$\cos\beta = a + b\cos A,$$
$$\cos\gamma = m + n\cos(A - A_0),$$

wo gesetzt ist

$$a = \cos i\,\cos\varphi, \qquad m = \cos\varepsilon\,\cos\varphi,$$
$$b = \sin i\,\sin\varphi, \qquad n = \sin\varepsilon\,\sin\varphi.$$

Es ist jetzt das Integral zu nehmen:

$$\int\limits_0^{2\pi}[1 - p(a + b\cos A) + q(a + b\cos A)^2][1 - p(m + n\cos(A - A_0))$$
$$+ q(m + n\cos(A - A_0))^2]\,dA,$$

welches in 9 Glieder zerfällt:

$$(1) = \int\limits_0^{2\pi}(1 - pa + qa^2)(1 - pm + qm^2)\,dA;$$

$$(2) = \int\limits_0^{2\pi}(1 - pa + qa^2)(2qmn - pn)\cos(A - A_0)\,dA;$$

$$(3) = \int_0^{2\pi} (1 - pa + qa^2)\, qn^2 \cos^2(A - A_0)\, dA;$$

$$(4) = \int_0^{2\pi} (2qab - pb)(1 - pm + qm^2) \cos A\, dA;$$

$$(5) = \int_0^{2\pi} (2qab - pb)(2qmn - pn) \cos A \cos(A - A_0)\, dA;$$

$$(6) = \int_0^{2\pi} (2qab - pb)\, qn^2 \cos^2(A - A_0) \cos A\, dA;$$

$$(7) = \int_0^{2\pi} qb^2(1 - pm + qm^2) \cos^2 A\, dA;$$

$$(8) = \int_0^{2\pi} (2qmn - pn)\, qb^2 \cos^2 A \cos(A - A_0)\, dA;$$

$$(9) = \int_0^{2\pi} q^2 b^2 n^2 \cos^2(A - A_0) \cos^2 A\, dA.$$

Die Ausführung der Integration ergibt:

$$(1) = 2\pi(1 - pa + qa^2)(1 - pm + qm^2);$$

$$(2) = 0; \qquad (3) = \pi(1 - pa + qa^2)\, qn^2;$$

$$(4) = 0; \qquad (5) = \pi nb(2qa - p)(2qm - p) \cos A_0;$$

$$(6) = 0; \qquad (7) = \pi(1 - pm + qm^2)\, qb^2;$$

$$(8) = 0; \qquad (9) = \frac{qb^2 n^2 \pi}{4}\,(1 + 2\cos^2 A_0).$$

Führt man noch die Bezeichnungen ein:

$$\left.
\begin{aligned}
A_1 &= 2 + q(\sin^2 i + \sin^2 \varepsilon) + p^2 \sin i \sin \varepsilon \cos A_0 + \tfrac{q}{4} \sin^2 i \sin^2 \varepsilon (1 + 2\cos^2 A_0), \\
B_1 &= pq(\sin^2 i \cos \varepsilon + \cos i \sin^2 \varepsilon) + 2p(\cos i + \cos \varepsilon) \\
&\quad + 2pq(\sin i \sin \varepsilon \cos \varepsilon + \sin^2 \varepsilon \cos i) \cos A_0, \\
C_1 &= q^2(\sin^2 i \cos^2 \varepsilon + \cos^2 i \sin^2 \varepsilon) - q(\sin^2 i + \sin^2 \varepsilon) + 2q(\cos^2 i + \cos^2 \varepsilon) \\
&\quad - 2p^2 \cos i \cos \varepsilon - p^2 \sin i \sin \varepsilon \cos A_0 + 4q^2 \sin i \sin \varepsilon \cos i \cos \varepsilon \cos A_0 \\
&\quad - \tfrac{1}{2} q \sin^2 i \sin^2 \varepsilon (1 + 2\cos^2 A_0), \\
D_1 &= pq(\sin^2 i \cos \varepsilon + \cos i \sin^2 \varepsilon) - 2pq(\cos i \cos^2 \varepsilon - \cos \varepsilon \cos^2 i) \\
&\quad + 2pq(\sin^2 \varepsilon \cos i + \sin i \sin \varepsilon \cos \varepsilon) \cos A_0, \\
E_1 &= 2q^2 \cos^2 \varepsilon \cos^2 i - q^2(\sin^2 i \cos^2 \varepsilon + \cos^2 i \sin^2 \varepsilon) \\
&\quad - 4q^2 \sin i \sin \varepsilon \cos i \cos \varepsilon \cos A_0 + \tfrac{1}{4} q \sin^2 i \sin^2 \varepsilon (1 + 2\cos^2 A_0),
\end{aligned}
\right\} \quad (11)$$

so nimmt das Integral (10) die Form an:

$$\mu^2 L\, d\sigma \frac{\pi}{k^2} \frac{\cos i \cos^2 \varepsilon}{\cos i + \cos \varepsilon} \int\limits_0^{\pi/2} \frac{\sin \varphi}{\cos \varphi + \cos \varepsilon} \times$$
$$\times (A_1 - B_1 \cos \varphi + C_1 \cos^2 \varphi + D_1 \cos^3 \varphi + E_1 \cos^4 \varphi)\, d\varphi. \tag{a}$$

Wir haben noch die Integration über das unterhalb dv befindliche Volumen auszuführen, d. h. für

$$r' > r.$$

Setzt man hier

$$\varrho = r' - r,$$

so erhalten wir, in derselben Weise wie oben, als Resultat der Integration nach ϱ den Ausdruck

$$\int\limits_{\varrho=0}^{\infty} \int\limits_{\varphi=0}^{\varphi=\pi/2} e^{-k(r+\varrho)\sec i - k\varrho \sec \varphi - kr \sec \varepsilon} \operatorname{tg} \varphi\, d\varphi\, d\varrho = \frac{1}{k} e^{-rk(\sec i + \sec \varepsilon)} \int\limits_0^{\pi/2} \frac{\cos i \cos \varphi}{\cos i + \cos \varphi} \operatorname{tg} \varphi\, d\varphi.$$

Integriert man weiter nach r, so folgt ein Ausdruck, der sich aus dem entsprechenden für den Fall $r > r'$ durch Vertauschung der Winkel i und ε ergibt:

$$\frac{1}{k} \int\limits_{r=0}^{\infty} e^{-kr(\sec i + \sec \varepsilon)}\, dr \int\limits_0^{\pi/2} \frac{\cos i \cos \varphi}{\cos i + \cos \varphi} \operatorname{tg} \varphi\, d\varphi = \frac{1}{k^2} \frac{\cos^2 i \cos \varepsilon}{\cos i + \cos \varepsilon} \int\limits_0^{\pi/2} \frac{\sin \varphi}{\cos i + \cos \varphi}\, d\varphi. \tag{β}$$

Die Integration nach A ist dieselbe wie früher, daher haben wir als zweiten Summanden

$$\mu^2 L\, d\sigma \frac{\pi}{k^2} \frac{\cos^2 i \cos \varepsilon}{\cos i + \cos \varepsilon} \int\limits_0^{\pi/2} \frac{\sin \varphi}{\cos i + \cos \varphi} \times$$
$$\times (A_1 - B_1 \cos \varphi + C_1 \cos^2 \varphi + D_1 \cos^3 \varphi + E_1 \cos^4 \varphi)\, d\varphi. \tag{b}$$

Die Summation von (a) und (b) und die Ausführung der einfachen Integration nach φ, ergibt dann folgende 5 Werte (abgesehen von dem konstanten Faktor):

$$I = \frac{\cos i \cos \varepsilon}{\cos i + \cos \varepsilon} \left(\cos i \ln \frac{1 + \cos i}{\cos i} + \cos \varepsilon \ln \frac{1 + \cos \varepsilon}{\cos \varepsilon} \right) A_1,$$

$$II = \frac{\cos i \cos \varepsilon}{\cos i + \cos \varepsilon} \left(\cos i + \cos \varepsilon - \cos^2 i \ln \frac{1 + \cos i}{\cos i} - \cos^2 \varepsilon \ln \frac{1 + \cos \varepsilon}{\cos \varepsilon} \right) B_1,$$

$$III = \frac{\cos i \cos \varepsilon}{\cos i + \cos \varepsilon} \left(\frac{\cos i + \cos \varepsilon}{2} - \cos^2 i - \cos^2 \varepsilon + \cos^3 i \ln \frac{1 + \cos i}{\cos i} \right.$$
$$\left. + \cos^3 \varepsilon \ln \frac{1 + \cos \varepsilon}{\cos \varepsilon} \right) C_1,$$

$$IV = \frac{\cos i \cos \varepsilon}{\cos i + \cos \varepsilon} \left(\frac{\cos i + \cos \varepsilon}{3} - \frac{\cos^2 i + \cos^2 \varepsilon}{2} + \cos^3 i + \cos^3 \varepsilon \right.$$
$$\left. - \cos^4 i \ln \frac{1 + \cos i}{\cos i} - \cos^4 \varepsilon \ln \frac{1 + \cos \varepsilon}{\cos \varepsilon} \right) D_1,$$

$$V = \frac{\cos i \cos \varepsilon}{\cos i + \cos \varepsilon} \left(\frac{\cos i + \cos \varepsilon}{4} - \frac{\cos^2 i + \cos^2 \varepsilon}{3} + \frac{\cos^3 i + \cos^3 \varepsilon}{2} - \cos^4 i - \cos^4 \varepsilon \right.$$
$$\left. + \cos^5 i \ln \frac{1 + \cos i}{\cos i} + \cos^5 \varepsilon \ln \frac{1 + \cos \varepsilon}{\cos \varepsilon} \right).$$

Die Gesamtheit dieser Glieder, multipliziert mit dem Koeffizienten $\frac{\mu^2}{k^2} L\pi\, d\sigma$, ist dann unser Integral (10) oder die Lichtmenge zweiter Ordnung. Faßt man sie mit dem Gliede erster Ordnung (9) zusammen, so erhält man endgültig:

$$
\begin{aligned}
q = {} & \frac{\mu}{k} \, L \, d\sigma \, \frac{\cos i \cos \varepsilon}{\cos i + \cos \varepsilon} \Big\{ 1 - p \cos \alpha + q \cos^2\alpha \\[4pt]
& + \frac{\pi \mu}{k} \Big[A_1\Big(\cos i \ln \frac{1 + \cos i}{\cos i} + \cos \varepsilon \ln \frac{1 + \cos \varepsilon}{\cos \varepsilon} \Big) \\[4pt]
& - B_1\Big(\cos i + \cos \varepsilon - \cos^2 i \ln \frac{1 + \cos i}{\cos i} - \cos^2 \varepsilon \ln \frac{1 + \cos \varepsilon}{\cos \varepsilon} \Big) \\[4pt]
& + C_1\Big(\frac{\cos i + \cos \varepsilon}{2} - \cos^2 i - \cos^2 \varepsilon + \cos^3 i \ln \frac{1 + \cos i}{\cos i} + \cos^3 \varepsilon \ln \frac{1 + \cos \varepsilon}{\cos \varepsilon} \Big) \\[4pt]
& + D_1\Big(\frac{\cos i + \cos \varepsilon}{3} - \frac{\cos^2 i + \cos^2 \varepsilon}{2} + \cos^3 i + \cos^3 \varepsilon - \cos^4 i \ln \frac{1 + \cos i}{\cos i} \\[4pt]
& \qquad\quad - \cos^4 \varepsilon \ln \frac{1 + \cos \varepsilon}{\cos \varepsilon} \Big) \\[4pt]
& + E_1\Big(\frac{\cos i + \cos \varepsilon}{4} - \frac{\cos^2 i + \cos^2 \varepsilon}{3} + \frac{\cos^3 i + \cos^3 \varepsilon}{2} - \cos^4 i - \cos^4 \varepsilon \\[4pt]
& \qquad\quad + \cos^5 i \ln \frac{1 + \cos i}{\cos i} + \cos^5 \varepsilon \ln \frac{1 + \cos \varepsilon}{\cos \varepsilon} \Big) \Big] \Big\} ,
\end{aligned}
\tag{12}
$$

wo die Koeffizienten $A_1 \cdots E_1$ die durch die Gleichungen (11) definierte Bedeutung haben. Wie zu erwarten war, ist die austretende Lichtmenge, außer von dem Einfalls- und Reflexionswinkel auch von dem Azimut abhängig; sie ist außerdem abhängig von dem Verhältnis der Diffusion zur Absorption. Dieses hat seinen Maximalwert bei Körpern, die keine Absorption aufweisen, bei denen die Lichtschwächung also auf reiner Diffusion beruht. Wir wollen weiter den Maximalwert von μ/k bestimmen, vorher aber die beiden Spezialfälle der oben abgeleiteten Diffusionsformel, die Formeln von FESSENKOW und von LOMMEL, ableiten.

FESSENKOW[1] nimmt die RAYLEIGHsche Diffusion im Innern des Körpers an. Seine Formel muß sich also aus der obigen bei $p = 0$, $q = 1$ direkt ergeben. Wir erhalten so unmittelbar für die reflektierte Lichtmenge:

$$
\begin{aligned}
q = {} & \frac{\mu \, L \, d\sigma}{k} \, \frac{\cos i \cos \varepsilon}{\cos i + \cos \varepsilon} \Big\{ 1 + \cos^2\alpha + \frac{\pi \mu}{k} \Big[A_1'\Big(\cos i \ln \frac{1 + \cos i}{\cos i} + \cos \varepsilon \ln \frac{1 + \cos \varepsilon}{\cos \varepsilon} \Big) \\[4pt]
& + C_1'\Big(\frac{\cos i + \cos \varepsilon}{2} - (\cos^2 i + \cos^2 \varepsilon) + \cos^3 i \ln \frac{1 + \cos i}{\cos i} + \cos^3 \varepsilon \ln \frac{1 + \cos \varepsilon}{\cos \varepsilon} \Big) \\[4pt]
& + E_1'\Big(\frac{\cos i + \cos \varepsilon}{4} - \frac{\cos^2 i + \cos^2 \varepsilon}{3} + \frac{\cos^3 i + \cos^3 \varepsilon}{2} - (\cos^4 i + \cos^4 \varepsilon) \\[4pt]
& \qquad\quad + \cos^5 i \ln \frac{1 + \cos i}{\cos i} + \cos^5 \varepsilon \ln \frac{1 + \cos \varepsilon}{\cos \varepsilon} \Big) \Big] \Big\} ,
\end{aligned}
\tag{13}
$$

wo die Koeffizienten folgende Bedeutung haben:

$$
A_1' = 2 + \sin^2\varepsilon + \sin^2 i + \frac{1 + 2\cos^2 A_0}{4} \sin^2 i \sin^2\varepsilon ,
$$

$$
\begin{aligned}
C_1' = {} & 4 - 2\sin^2\varepsilon - 2\sin^2 i - 2\sin^2 i \sin^2\varepsilon + 4\sin i \sin \varepsilon \cos i \cos \varepsilon \cos A_0 \\[4pt]
& - \frac{1 + 2\cos^2 A_0}{2} \sin^2 i \sin^2\varepsilon ,
\end{aligned}
$$

$$
\begin{aligned}
E_1' = {} & 2 - 3\sin^2 i - 3\sin^2\varepsilon + 4\sin^2 i \sin^2\varepsilon - 4\sin i \cos i \sin \varepsilon \cos \varepsilon \cos A_0 \\[4pt]
& + \frac{1 + 2\cos^2 A_0}{4} \sin^2 i \sin^2\varepsilon .
\end{aligned}
$$

---

[1] Sur la diffusion de la lumière par les surfaces mates. (Russisch). Bulletin de la Société Astronomique de Russie. Mai 1916.

Lommel[1] hat bei der Annahme gleichmäßiger Diffusion in allen Richtungen die Selbstbeleuchtung der Partikel bis auf höhere Ordnungen berechnet und ist so zu sehr verwickelten Formeln gelangt, die wir hier nicht wiedergeben wollen. Seine Formel aber, die er mit Beschränkung auf die Glieder zweiter Ordnung erhält, folgt unmittelbar aus der obigen bei $p = q = 0$. Es ist dann die reflektierte Lichtmenge

$$q = \frac{\mu}{k} L\,d\sigma \frac{\cos i \cos \varepsilon}{\cos i + \cos \varepsilon}\left[1 + \frac{\mu}{k} 2\pi \cos \varepsilon \ln \frac{1 + \cos \varepsilon}{\cos \varepsilon} + \frac{\mu}{k} 2\pi \cos i \ln \frac{1 + \cos i}{\cos i}\right]. \qquad (14)$$

Wir wollen jetzt den Maximalwert für das Verhältnis μ/k, das in die Formeln (12) und (13) eingeht, berechnen. Wir nehmen also an, der gesamte Verlust der direkten Strahlung beim Passieren eines Volumelements dv beruhe auf Diffusion. Die vom Volumelement dv nach allen Richtungen zerstreute Lichtmenge ist

$$2L\,dv\,\mu \int\limits_{0}^{2\pi} dA \int\limits_{0}^{\pi/2} (1 - p\cos\varphi + q\cos^2\varphi)\sin\varphi\,d\varphi = 4\pi L\,dv\,\mu\left(1 - \frac{p}{2} + \frac{q}{3}\right).$$

Die auf der Strecke dr beim Passieren des Volumelements $dv = dr\,d\sigma$ absorbierte Strahlung ist dagegen

$$L\,dv\,k.$$

Setzt man beide Ausdrücke einander gleich, so erhält man

$$\frac{\mu}{k} = \frac{1}{4\pi\left(1 - \dfrac{p}{2} + \dfrac{q}{3}\right)}. \qquad (15)$$

Im Falle der Rayleighschen Streuung wird daraus

$$\frac{\mu}{k} = \frac{3}{16\pi}. \qquad (15\,\text{a})$$

Die im Anhange berechnete Tafel für die Helligkeiten bei verschiedenen i, ε, A_0 nach der Fessenkowschen Formel (13) (Tafel Va) gilt unter dieser Voraussetzung, doch sind die beiden Glieder 1. und 2. Ordnung der Formel (13) auch getrennt berechnet und so die Möglichkeit von Hypothesenrechnungen mit verschiedenen μ/k gegeben. (Tafeln Vb und Vc.) Tafeln für die allgemeine Formel (12), für reine Diffusion und die Werte $p = 2{,}7$, $q = 3{,}0$ sind im Anhange auch gegeben (Tafel IVa); dabei sind die vom Azimut unabhängigen Größen a_1, b_1, c_1, d_1, e_1 in besonderen Tafeln zusammengestellt für den Fall, daß man die Absicht hat, die Formel (12) für beliebige, vorgegebene Werte von p und q auszurechnen (Tafel IVb). Will man dabei die ganze Formel (12) tabellieren, so ist eine Berechnung von ausgedehnten Tafeln für die A_1, B_1, C_1, D_1, E_1, mit Hilfe der Beziehungen (11) nicht zu umgehen. Wir haben die Werte der beiden Glieder der Formel (12) für den Fall

$$p = 2{,}7, \qquad q = 3{,}0$$

nicht getrennt tabellieren können, sondern nur den Gesamtausdruck für die Helligkeit nach drei Argumenten, i, ε und A (Tafel IVa). Dabei ist für den Koeffizienten μ/k sein Maximalwert (15) angenommen. Bei der Darstellung der Lichtverteilung auf einer Wolkenoberfläche, für welche die Formel abgeleitet wurde, war die letztere Annahme naheliegend, da Wasserdampf im visuellen Gebiet des Spektrums keine merklichen Absorptionsbanden aufweist. Diese Tafeln dürften aber auch für die Reduktion der Helligkeitsmessungen von

---

[1] Siehe S. 34, Anm. 1.

wolkigen Gebilden auf den Planeten eine bessere Unterlage bieten als irgendeine andere der bekannten Diffusionsformeln, wenn auch, streng genommen, die Werte $p = 2{,}7$, $q = 3{,}0$ für die Darstellung der Helligkeiten eines irdischen Wolkenmeeres gelten. Theoretisch gebührt den Formeln (12) und (13) sicherlich der Vorzug vor den anderen, man darf aber nicht erwarten, daß sie für gewöhnliche matte Flächen eine wesentlich bessere Darstellung der Beobachtungen ergeben werden als die einfache LAMBERTsche Formel. Das liegt nicht an ihrer theoretischen Unvollkommenheit, wie Vernachlässigung der höheren Glieder der Selbstbeleuchtung, sondern an anderen Gründen. Für undurchsichtige Körper ist die genannte Vernachlässigung sicherlich ohne Bedeutung im Vergleich zu den anderen störenden Ursachen. Dazu gehört vor allem die niemals zu vermeidende Spiegelung an den Elementen der Oberfläche selbst, deren Einfluß sich dem der inneren Diffusion überlagert.

Ein eben begrenztes Wolkenmeer, das aus kugelförmigen Tröpfchen bekannter Größenordnung aufgebaut ist, bietet wie kein anderer Körper die idealen Bedingungen, die eine Übereinstimmung der Beobachtung mit der Theorie erwarten lassen. Von einer Spiegelung an seiner Oberfläche kann nicht die Rede sein, und selbst der Schattenwurf kleiner Unebenheiten spielt bei der fast vollkommenen Durchsichtigkeit derselben keine Rolle.

Tatsächlich ist auch eine fast vollkommene Bestätigung der Formel (12) in den Beobachtungen gefunden worden.

23. Experimentelle Untersuchungen über diffuse Reflexion. Bei allen experimentellen Untersuchungen über diffuse Reflexion ist im Auge zu behalten, daß es in der Natur alle möglichen Übergänge zwichen diffuser und regelmäßiger Reflexion gibt, ja, daß dasselbe Material keineswegs immer dieselben Eigenschaften zeigt, da die geringste Änderung des Oberflächenzustandes erhebliche Unterschiede in seinem optischen Verhalten zur Folge haben kann. So fand z. B. RAYLEIGH[1], daß ein Unterschied zwischen Flächen besteht, die frisch poliert waren oder eine Zeitlang gelegen hatten, obwohl sich eine Änderung in der Politur mit dem Auge nicht wahrnehmen ließ. Merkwürdigerweise ist dieser Umstand bis in die jüngste Zeit nicht genügend beachtet worden, und man findet in der Literatur Bezeichnungen der untersuchten Flächen wie „Papier", „weißer Karton", „grauer Karton", „mattes Silber", „mattes Glas", die natürlich den Oberflächenzustand ganz ungenügend definieren. Auch SEELIGER begnügt sich mit Bezeichnungen „gelbes rauhes Papier", „bräunliches Glaspapier" „getrockneter Lehm". Es ist deshalb nicht verwunderlich, daß die experimentellen Untersuchungen über Diffusion an matten Flächen zu den widersprechendsten Ergebnissen geführt haben.

Fast alle bisher untersuchten Substanzen zeigen Spuren regulärer Reflexion an der Oberfläche, welche sich zur Wirkung der Diffusion addiert und die Resultate der Messungen unübersichtlich macht. Ein Überblick über die Ergebnisse der Messungen führt zu der Überzeugung, daß, je vollkommener die Mattheit der untersuchten Substanzen war, desto besser sich die Diffusion an ihnen durch die einfache LAMBERTsche Formel darstellen ließ, oder vielmehr daß von den einfachen Formeln die LAMBERTsche die beste Näherung ergab. Reguläre Reflexion, deren geringe Spuren, wie gesagt, bei den meisten matten Substanzen vorhanden sind, hat zur Folge, daß die Emissionskurve unsymmetrisch wird und eine ovale Form annimmt, die desto ausgesprochener wird, je größer der Einfallswinkel ist. Denken wir uns auf der Oberfläche eine Reihe spiegelnder Elemente, die willkürlich orientiert sind. Wir können die Lichtmenge, die von

---

[1] London R S Proc 41, S. 275 (1886).

ihnen in verschiedenen Richtungen gespiegelt wird, nicht berechnen, weil wir die relative Anzahl der Elemente von bestimmten Neigungswinkeln zur Normalen nicht kennen, aber es ist klar, daß die Lichtwellen, welche von einem solchen System von Spiegeln reflektiert werden, untereinander interferieren werden und daß die Gangunterschiede der Lichtwellen mit wachsendem Einfallswinkel abnehmen müssen. Die Folge wird sein, daß die Reflexion von einer solchen Fläche sich immer mehr der regulären Reflexion nähern wird, je größer der Einfallswinkel ist. Wenn die Beobachtungen also größere Lichtmengen für das Azimut von 180° ergeben, als für dasjenige von 0°, und wenn die Abplattung der Emissionskurve mit wachsendem Einfallswinkel größer wird, kann das direkt als Beweis für Spuren regulärer Reflexion angesehen werden.

Wir geben jetzt einen kurzen Überblick über die wichtigsten experimentellen Arbeiten auf diesem Gebiete.

Bouguers[1] Messungen an mattem Silber, Gips und holländischem Papier ergaben, daß bei nahezu übereinstimmender Einfalls- und Sehrichtung, also bei $i = \varepsilon$, die Flächenhelle nicht proportional $\cos i$, sondern schneller abnimmt; Lambert stellte Messungen an Kremser-Weiß und „Königspapier", vermutlich einem besonders guten Schreibpapier, an und hielt die Übereinstimmung mit seinem Gesetz für hinreichend. Lommel hat später Lamberts Werte neu berechnet und große Abweichungen gefunden. Dann ist lange Zeit auf diesem Gebiete nichts weiter geschehen, bis man begann, sich mit dem Wesen der strahlenden Wärme näher zu beschäftigen und die Reflexion von Wärmestrahlen zu untersuchen. Der erste, der rein qualitativ den Beweis erbrachte, daß auch Wärmestrahlen diffus reflektiert werden, war Melloni[2]. De la Prevostaye und Dessains[3] beobachteten die Reflexion von Wärmestrahlen unbekannter Wellenlänge und fanden das Lambertsche Gesetz für $i = 0°$ bei einer Bleiweißplatte vollständig bestätigt, dagegen nur annähernd bei einer Zinnober- und Chrombleiplatte, und gar nicht für pulverisiertes Silber.

Ebenfalls mit Wärmestrahlen arbeitete Macquenne[4], der das Lambertsche Gesetz für kleine Inzidenzwinkel bestätigt fand.

Knut Ångström[5] war der erste, der die Diffusion der Wärmestrahlen nach Bekanntwerden des Lommelschen Gesetzes untersuchte; er glaubte auch eine Bestätigung desselben zu finden. Er beobachtete die Diffusion an gegossenem Gips, geschliffenem Gips, Schwefelblumen, Briefpapier, geschliffenem Eisen und geschliffenem Kupfer. L. Godard[6] konnte bei den von Ångström benutzten Substanzen stets reguläre Reflexion nachweisen. Er selbst fand, daß für $i = 0°$ das $\cos \varepsilon$-Gesetz streng gültig sei, wenigstens für hinreichend dicke Schichten.

Ångström hat seine ersten Behauptungen später eingeschränkt und das Resultat derselben folgendermaßen formuliert: Bei senkrechter Bestrahlung ist die Diffusionsfläche ein in der Richtung der Flächennormale verlängertes Ellipsoid. Bei zunehmendem i wird das Ellipsoid immer weniger verlängert, geht bei $i = 30°$ in eine Kugel und dann in ein abgeplattetes Ellipsoid über. Wir sehen, daß auch diese Beobachtungen, wie diejenigen von Bouguer, für kleine Einfallswinkel dem Seeligerschen Gesetze direkt widersprechen. Die Abplattung der Diffusionsfläche für große Einfallswinkel kann ihre Ursache in regulärer Reflexion haben.

---

[1] Traité d'optique sur la gradation le la lumière. Paris 1760.
[2] Ann d chim et d phys 75, S. 387 (1840).
[3] Pogg Ann 84, S. 147 (1848). C R 24, S. 60 (1847); 33, S. 444 (1851).
[4] Thèses présentées à la Faculté des Sciences de Paris (1880).
[5] Wied Ann 26, S. 253 (1885).
[6] Ann d chim et d phys (6) 10, S. 354 (1887).

Die Beobachtungen von J. B. MESSERSCHMITT[1] mittelst eines GLANschen Spektralphotometers ergaben für Porzellan Übereinstimmung mit dem LAMBERTschen Gesetz, für andere Substanzen bedeutende Abweichungen. WIENER[2] untersuchte Gips in verschiedenen Azimuten und fand, daß bis $\varepsilon = 60°$ die Diffusion proportional mit $\cos\varepsilon$ ist, aber durchschnittlich schneller abnimmt, als mit $\cos i$.

H. WRIGHT[3] untersuchte Platten aus Englisch Rot, Kaliumchromat, Zinkgrün, Ultramarin, kohlensaurer Magnesia und Gips, die nicht gegossen, sondern in Stahlstempeln unter großem Druck gestampft waren. Es gelang ihm dadurch regelmäßige Reflexion ganz zu vermeiden. Seine Beobachtungen, die als der wertvollste Beitrag auf diesem Gebiete anzusehen sind, ergaben eine gute Übereinstimmung mit der LAMBERTschen Formel. Er findet die reflektierte Lichtmenge streng proportional mit $\cos\varepsilon$, also eine völlige Widerlegung der SEELIGERschen Formel, dagegen nicht ganz proportional mit $\cos i$, doch übersteigen die Abweichungen niemals 10%.

Nach PEGRAM[4] befolgt feines Gipspulver, das man aus der Luft in Staubform auf eine geeignete Glasplatte hat fallen lassen, genau das LAMBERTsche Gesetz.

MATTHEWS[5] fand für einen Gips- und zwei Papierschirme bei konstantem ε die Helligkeit innerhalb der Grenzen $0° - 50°$ proportional mit $\cos i$, während bei $i = 75°$ die Abweichung etwa 5% betrug.

THALER[6] unterwirft die WRIGHTschen Messungen einer eingehenden Kritik, besonders weil er das Azimut nicht genügend berücksichtigt hat. Seine eigenen Beobachtungen an Gipsplatten, mattierten Glasplatten und Platten von Magnesiumoxyd stellt er durch lange Entwicklungen nach Kugelfunktionen dar, die aber kein allgemeines Reflexionsgesetz darstellen; seine Materialien weisen im Gegensatz zu denen WRIGHTs noch starke Reflexe auf, was aus dem Anwachsen der Helligkeit bei einem Azimut von $180°$ und $\varepsilon = i$ zu ersehen ist.

Von weiteren Untersuchungen ist diejenige von HUTCHINS[7] zu nennen, der an feinem Papier nochmals das einfache $\cos i$-Gesetz für kleine Winkel bestätigt fand. Für größere Winkel fand er erhebliche Abweichungen.

H. LEHMANN[8] untersuchte, um eine geeignete Projektionsfläche zu finden, die Diffusion für gewöhnliches Papier, versilberte Mattscheiben, Aluminium-Bronze. Leider gibt er keine Zahlen, sondern nur eine graphische Darstellung. Auch diese Untersuchung gibt weder eine Bestätigung, noch eine direkte Widerlegung des LAMBERTschen Gesetzes.

Mit einer Spezialfrage beschäftigen sich noch eine Reihe von Untersuchungen, die an WRIGHTs Resultat anknüpfen, wonach bei der Diffusion an absolut matten Oberflächen unpolarisierte, einfallende Strahlen nicht polarisiert, dagegen polarisierte Strahlen vollkommen depolarisiert werden.

24. Neuere Arbeiten. N. UMOW[9] versuchte nachzuweisen, daß matte Oberflächen auffallendes polarisiertes Licht nur teilweise und nicht gleichmäßig depolarisieren und zwar weiße Körper stärker als schwarze, ja daß im idealen Falle der weiße Körper vollkommen, der schwarze gar nicht depolarisiere, auch wenn seine Oberfläche vollkommen matt sei. Farbige Körper mit matter Ober-

---

[1] Wied Ann 34, S. 867 (1888).   [2] Wied Ann 47, S. 638 (1892).
[3] Ann d Phys 1, S. 17 (1900).   [4] Science 13, S. 148 (1906).
[5] Trans. Amer. Inst. Electr. Eng. 20, S. 59 (1902).
[6] Die diffuse Reflexion an matten Oberflächen. Kieler Diss. (1903). Ann d Phys 11, S. 996 (1903).
[7] American Journal of Science Nov. 1898.
[8] Verhdl. der Deutsch. phys. Ges. 11, S. 123 (1909).   [9] Phys Z 6, S. 674 (1905).

fläche depolarisieren am meisten Lichtstrahlen von derjenigen Wellenlänge, welche die Farbe des Körpers charakterisiert.

Umows Betrachtungen sind von verschiedenen Seiten bestätigt worden, nämlich von D. Chmyrow und Slatowratzki[1], von Viktor Návrat[2] und von Woronkoff und Pokrowski[3].

Besonders die letztgenannten Autoren haben durch eine große Reihe von Arbeiten, die sich an Umows Ideen anschließen, das Problem der diffusen Reflexion weiter gefördert. Sie untersuchten mit Hilfe eines König-Martensschen Spektralphotometers eine Reihe von Stoffen in verschiedenen Spektralbezirken und konnten feststellen, daß bei selektiv absorbierenden Körpern das Reflexionsgesetz abhängig ist von der Wellenlänge:

1. Bei weißen Körpern ohne selektive Absorption, wie Magnesiumoxyd, wird bei normaler und nahezu normaler Inzidenz das Lambertsche Gesetz sehr nahe befolgt. Die Abweichungen wachsen aber auch bei diesen Körpern mit dem Einfallswinkel des Lichts.

2. Bei selektiv absorbierenden Körpern wachsen die Abweichungen vom Kosinusgesetz im Gebiete der Wellenlängen, die am stärksten absorbiert werden, und zwar so, daß für große Reflexionswinkel die Intensität des zerstreuten Lichtes wächst.

Zur Deutung dieser Abweichung macht Pokrowski[4] einen Ansatz, welcher der Spiegelung an den Oberflächenelementen des Körpers Rechnung tragen soll. Es ist das ein Zurückgreifen auf die Bouguersche Anschauung von der diffusen Reflexion, welche sie auf Spiegelungen verschieden geneigter elementarer Spiegelflächen zurückführen wollte. E. M. Berry[5] hat in neuerer Zeit Formeln entwickelt, die auf dieser Anschauung fußen; wegen der Unsicherheit, die allen solchen Versuchen aus dem Grunde anhaftet, daß über die Verteilung der Neigungswinkel der Elementarspiegel a priori nichts bekannt sein kann, können wir uns mit dieser Erwähnung begnügen. Pokrowski berechnet die von den Elementarspiegeln reflektierte Lichtmenge J' einfach nach der Fresnelschen Formel bei der Annahme gleicher Möglichkeit aller Neigungswinkel. Es ist dann die Intensität des von der Oberfläche reflektierten Lichtes

$$J' = \frac{a}{2}\left[\frac{\sin^2(i'-d)}{\sin^2(i'+d)} + \frac{tg^2(i'-d)}{tg^2(i'+d)}\right] = \frac{a}{2}F(i',d), \tag{16}$$

wo

$$i' = \frac{i+\varepsilon}{2}, \qquad d = \arcsin\frac{\sin i'}{n}, \tag{16'}$$

n der Brechungsexponent und a eine Konstante ist. i' ist der Einfallswinkel auf einen elementaren Spiegel, i derjenige auf die ebene Begrenzung der Oberfläche.

Die erste Gleichung (16') ist die Bedingung, daß der reflektierte Strahl in die Reflexionsrichtung ε fällt.

Für die aus dem Inneren des Körpers austretende Lichtmenge nimmt Pokrowski strenge Gültigkeit des Lambertschen Gesetzes an, so daß $J'' = b\cos\varepsilon$; die gesamte Lichtmenge von der Oberfläche ist dann

$$J = J' + J'' = b\cos\varepsilon + \frac{a}{2}F(i',d). \tag{17}$$

Da die Funktion $F(i',d)$, wie untenstehende Tabelle zeigt, mit dem Winkel i' wächst, so gelingt es ihm durch die Formel (17) einem Teil der obengenannten Abweichungen

---

[1] Phys Z 7, S. 533 (1906).   [2] Ber. d. k. Akad. d. Wiss. Wien. 120 (2a) S. 1229 (1911).
[3] Z f Phys 20, S. 358 (1923).   [4] Z f Phys 32, S. 563 (1925).
[5] Journ Optic Soc Amer 7, S. 627 (1923).

Tabelle 5. $F(i', d)$ für $n = 1,5$

i'	$\dfrac{F}{2}$	i'	$\dfrac{F}{2}$	i'	$\dfrac{F}{2}$	i'	$\dfrac{F}{2}$
0°	0,040	30°	0,042	60°	0,089		
5	0,040	35	0,043	65	0,121		
10	0,040	40	0,046	70	0,171	90°	1,000
15	0,040	45	0,050	75	0,253		
20	0,040	50	,0058	80	0,388		
25	0,041	55	0,066	85	0,613		

vom LAMBERTschen Gesetze Rechnung zu tragen. Wie aber H. SCHULZ[1] bemerkt, dürfte die Annahme gleicher Wahrscheinlichkeit aller Spiegelneigungen jedenfalls für alle die Flächen, deren Oberfläche geschliffen oder durch ein Bindemittel versteift worden ist, nicht zutreffen. Für diese dürften die kleinen Neigungswinkel eine größere Wahrscheinlichkeit haben als die großen, und die Einführung einer Verteilungsfunktion in der Form

$$J = b\cos\varepsilon + \frac{a}{2}F(i', d)\{c + \cos\varepsilon\, e^{-K(i-\varepsilon)^2}\} \tag{18}$$

dürfte berechtigt sein. Hier sind i und ε, wie auch in (16'), immer positiv, wenn sie zu verschiedenen Seiten des Lotes liegen. POKROWSKI fügt dann weitere Glieder zu seiner Formel hinzu, um noch der Lichtmenge Rechnung zu tragen, welche durch die zwischen den Partikeln des Körpers vorhandenen Lücken aus größerer Tiefe unter der Oberfläche austritt.

Von Interesse sind auch WORONKOFFS und POKROWSKIS[2 u. 3] Beobachtungen über die Polarisationserscheinungen bei diffuser Reflexion. Die schon von UMOW aufgestellten Sätze, daß die beim Einfallen unpolarisierten Lichtes eintretende teilweise Polarisation desto stärker sei, je größer die Absorption, und daß dagegen polarisiertes Licht um so stärker depolarisiert wird, je geringer die Absorption ist, wird durch Beobachtungen mit einem Spektralphotometer geprüft und qualitativ bestätigt gefunden. Die Erklärung sucht POKROWSKI darin, daß der Teil des reflektierten Lichtes, welcher aus dem Inneren des Körpers kommt und das LAMBERTsche Gesetz streng befolgt, unpolarisiert sei, auch wenn er von polarisiertem Lichte herrührt, die Polarisation also ausschließlich bei der Spiegelung an der Oberfläche entsteht. Die Polarisation natürlichen Lichts steigert sich mit dem Einfalls- und Reflexionswinkel und erreicht ihr Maximum bei $\frac{i+\varepsilon}{2} = \varphi$, wo φ der Winkel maximaler Polarisation ist.

Über die Diffusion des Lichtes beim Durchgang durch trübe Medien hat POKROWSKI[4] auch Beobachtungen angestellt, sowie eine elementare Theorie des Vorgangs gegeben. Aus der Tatsache, daß die Exponentialformel

$$J_d = e^{-\beta L}$$

für die Intensität des durchgegangenen Lichtes (L ist die Schichtdicke) für sehr dünne Schichten versagt, während sie sich bei größerer Schichtdicke sehr gut bestätigt, folgert POKROWSKI, daß das hindurchgegangene Licht sich aus zwei Teilen zusammensetzt: ein Teil des Lichtes dringt durch die Lücken zwischen den Partikeln des Mediums ungehindert hindurch, ein anderer Teil wird von diesen Partikeln absorbiert und zerstreut; er tritt als ein Bruchteil

---

[1] Z f Phys 31, S. 496 (1925).
[2] Z f Phys 30, S. 139 (1924).   [3] Z f Phys 33, S. 860 (1925).
[4] Z f Phys 31, S. 14 (1925), ebenda 31, S. 514 (1925).

des von den Partikeln aufgefangenen Lichtes zu dem direkt hindurchgegangenen hinzu. Bezeichnet man diese beiden Bestandteile der Intensität durch J'_d und J''_d, so ist also

$$J_d = J'_d + J''_d. \tag{19}$$

Der erste Teil folgt der Exponentialfunktion

$$J'_d = e^{-SL}. \tag{20}$$

Der zweite stellt sich dar als

$$J''_d = K(1 - e^{SL})e^{-\beta L},$$

wo S, K, β Konstanten sind und L die Schichtdicke bedeutet. Man kann auch unter L die Konzentration oder die Zahl der absorbierenden und streuenden Elemente pro Volumeinheit verstehen.

Derselbe Ansatz wird benutzt bei der Untersuchung der Polarisationserscheinungen im durchgegangenen Lichte. Hierbei bestätigt sich die Umowsche Auffassung dieser Erscheinungen. Auch beim Durchgang durch ein optisch inhomogenes Medium wird linear polarisiertes Licht nach Maßgabe seiner Zerstreuung depolarisiert, während das durch die Lücken zwischen den streuenden Elementen hindurchgehende seine Polarisation beibehält. Die Polarisation unpolarisierten Lichts beim Durchgange durch trübe Medien erweist sich von der Konzentration der streuenden Elemente und der Schichtdicke abhängig, außerdem vom Ablenkungswinkel[1].

Für die Helligkeit einer durchleuchteten Schicht macht Pokrowski[2] den elementaren Ansatz:

$$H = H_0(1 - e^{-KL}),$$

wo H_0 die Oberflächenhelligkeit der lichtzerstreuenden Elemente der Schicht und L die Schichtdicke ist. Er findet eine gute Bestätigung dieser Formel aus Messungen der Himmelshelligkeit in gleichem Winkelabstande von der Sonne, wo die Schichtdicke mit dem Sekans der Zenitdistanz des beobachteten Punktes wächst:

$$H = H_0(1 - e^{-KL_0 \sec Z}).$$

Diese Formel vernachlässigt die gegenseitige Erleuchtung der Elemente durcheinander und kann so gedeutet werden, daß e^{-KL} der Anteil der Lücken zwischen den Elementen pro Flächeneinheit ist, durch welche der dunkle Himmelsraum hindurchscheint. H_0 wäre die Helligkeit einer vollkommen undurchsichtigen Schicht. K ist die Konzentration der leuchtenden Elemente.

25. Über die Lichtzerstreuung in der Luft sind verschiedentlich Beobachtungen angestellt worden. Es bieten sich da zwei Wege, das Diffusionsgesetz zu studieren. Der erste Weg ist die Untersuchung der Lichtverteilung am klaren Himmel in verschiedenen Winkelabständen von der Sonne; solcher Messungen gibt es eine große Reihe[3]. Ein zweiter Weg zur Untersuchung der Lichtzerstreuung in der Luft ist die Messung der Intensität einer durch parallele Strahlen durchleuchteten Luftsäule, die etwa in der Nacht durch einen Scheinwerfer oder im

[1] Pokrowski, Z f Phys 32, S. 713 (1925); 36, S. 548 (1926).
[2] Z f Phys 34, S. 496 (1926).
[3] Wild, Bull. de l'Acad. d. Sc. d. St. Pétersbourg 21, S. 312 (1876); 23, S. 290 (1877). — Schramm, Dissert. Kiel (1901). — Chr. Wiener, Abh. d. Kais. Leop.-Car. Acad. Nova Acta 73. — C. Le Roy Maissinger, Science (N. S.) 55, S. 20 (1922). — W. Brückmann, Meteor. Z. 39, S. 107 (1922). — R. W. Wood, Phil Mag 39, S. 423 (1920) — F. E. Fowle, Journ. Opt. Soc. Amer. 6, S. 99 (1922). — P. Gruner, Beitr. z. Phys. d. freien Atmosph. 8, S. 120 (1919). — G. Pokrowski, Z f Phys 34, S. 49 (1925); 35, S. 464 (1926).

verdunkelten Laboratorium durch die Sonne oder eine starke Lampe erzeugt wird[1].

Beide Methoden führen zu dem übereinstimmenden Ergebnis, daß die Lichtzerstreuung in der Luft, wenn auch mit den atmosphärischen Bedingungen und dem Staubgehalt stark veränderlich, doch einen eigentümlichen, mit keinem der einfachen Diffusionsgesetze übereinstimmenden Verlauf hat; es ist ein sehr starkes Anwachsen der Helligkeit in der Richtung der einfallenden Strahlen, also für kleine Ablenkungswinkel Θ, vorhanden. Bezeichnet man den Winkel an der Luftpartikel zwischen den Richtungen der einfallenden und reflektierten Strahlen als Phasenwinkel (α), so haben wir also eine starke Intensitätszunahme für Phasenwinkel, die in der Nähe von 180° liegen. Diese Zunahme ist viel größer als diejenige, welche die RAYLEIGHsche Formel verlangt, und dazu einseitig für $\alpha = 180°$ und nicht für $\alpha = 0°$. Nur für große Höhen über dem Meeresniveau nähert sich die Lichtverteilung am klaren Himmel der RAYLEIGHschen; sowohl die blaue Farbe des Himmels als die Durchlässigkeitskoeffizienten der Atmosphäre für Licht verschiedener Wellenlängen folgen für größere Höhen recht genau der RAYLEIGHschen Theorie. In den tieferen Luftschichten verursachen die Beimischungen gröberer Partikel (die nicht mehr klein gegen die Wellenlänge des Lichts sind) starke Abweichungen von der RAYLEIGHschen Formel, weil diese nur die Beugungserscheinungen an den Molekülen der Luft berücksichtigt. MIE[2] hat gezeigt, daß bei wachsender Teilchengröße das Intensitätsmaximum nach $\alpha = 180°$ verschoben wird und auch die RAYLEIGHsche Färbung abnimmt.

Einen ähnlichen Effekt der Zunahme der Intensität in der Richtung der einfallenden Strahlung erhält man auch bei Partikeln beliebiger Form aus elementaren Betrachtungen bei Anwendung der FRESNELschen Formel, wenn man nur die Reflexion und Brechung an größeren Partikeln berücksichtigt. Wir führen hier POKROWSKIS Betrachtungen über diesen Gegenstand an.

Es seien (Abb. 15) i_1, d_1 der Einfalls- und Brechungswinkel des Lichts beim Eintritt in ein Partikel, Θ_1 der Ablenkungswinkel. (In der Abb. 15 steht α_1, α_2, α_3 statt d_1, d_2, d_3.) Der weitere Strahlengang ist aus der Abbildung ersichtlich. Der vor dem Eintritt reflektierte Teil des Lichts hat nach der FRESNELschen Formel die Intensität

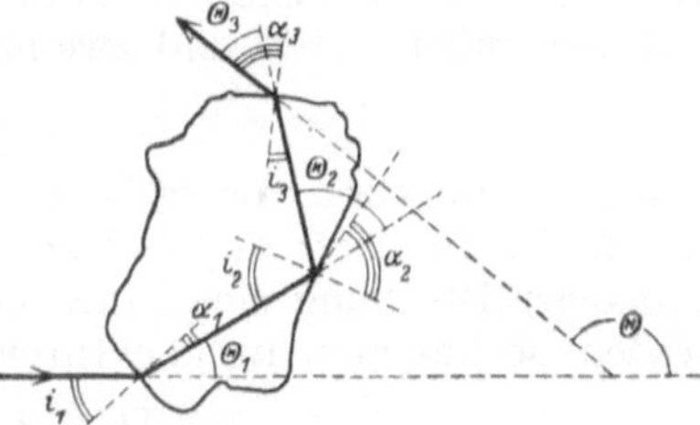

Abb. 15. Der Einfluß der Brechung und der inneren Reflexion an größeren Partikeln nach POKROWSKI.

$$J_r = \frac{a}{2}\left[\frac{\sin^2(i_1 - d_1)}{\sin^2(i_1 + d_1)} + \frac{\operatorname{tg}^2(i_1 - d_1)}{\operatorname{tg}^2(i_1 + d_1)}\right] = \frac{a}{2}F(i_1, d_1) = aM, \qquad (21)$$

wo i_1 der Bedingung genügen muß:

$$i_1 = \frac{\pi - \Theta}{2},$$

wenn der reflektierte Strahl das Auge unter dem Ablenkungswinkel Θ erreichen soll, und

$$\sin d_1 = \frac{\sin i_1}{n}.$$

---

[1] KARRER u. SMITH, Journ. Opt. Soc. Amer. 7, S. 1211 (1923). In dieser Arbeit findet sich ein ausführliches Literaturverzeichnis. — POKROWSKI, Z f Phys 34, S. 55 (1925).
[2] MIE, Ann d Phys 25, S. 428 (1908).

Wir betrachten den Strahl, der zweimal abgelenkt wird, beim Eintritt um den Winkel Θ_1 und beim Austritt um den Winkel Θ'' (in der Abb. nicht bezeichnet); er erleidet die Gesamtablenkung

$$\Theta = \Theta_1 + \Theta''.$$

Die Intensität nach der ersten Brechung ist proportional $1 - \tfrac{1}{2}F(i_1, d_1)$, wo

$$i_1 - d_1 = \Theta_1.$$

Bei der ersten Brechung kann Θ_1 ein beliebiger Winkel zwischen $+\pi$ und $-\pi$ sein, bei der zweiten muß immer, wenn die gegebene Richtung Θ zustande kommen soll,

$$\Theta'' = \Theta - \Theta_1$$

sein. Entsprechend wird die Intensität eines zweimal gebrochenen Strahles proportional sein mit $[1 - \tfrac{1}{2}F(i_1, d_1)][1 - \tfrac{1}{2}F(i_2, d_2)]$, und es muß dabei

$$i_2 - d_2 = \Theta'' = \Theta - \Theta_1$$

und

$$d_2 = \arcsin \frac{\sin i_2}{n}$$

sein. Da sich nun Θ_1 ändern kann, was eine Änderung von Θ'' bedingt, so muß bei gleicher Wahrscheinlichkeit aller Richtungen der Partikel die Intensität des zweimal gebrochenen Strahles mit vorgegebenem Θ sich als Summe der Elementarstrahlen, die verschiedenen Θ_1 entsprechen, darstellen:

$$J_d = b \int\limits_{-\pi}^{+\pi} [1 - \tfrac{1}{2}F(i_1, d_1)][1 - \tfrac{1}{2}F(i_2, d_2)]d\Theta_1 = bN. \qquad (22)$$

Hier ist b eine Konstante. Man kann die Gesamthelligkeit der in gegebener Richtung reflektierten und zweimal gebrochenen Strahlen

$$J = J_r + J_d$$

immer als Funktion von Θ berechnen, wenn der Brechungsexponent n gegeben ist. Will man noch den Betrag kennen, der dem Strahl entspricht, der nach einmaliger Brechung eine Innenreflexion erleidet, um dann herausgebrochen zu werden, so hat man für die Intensität nach der Innenreflexion eine Größe, die

$$[1 - \tfrac{1}{2}F(i_1, d_1)] \tfrac{1}{2}F(i_2, d_2)$$

proportional ist, wobei

$$i_2 = \frac{\pi - \Theta_2}{2} \qquad \text{und} \qquad d_2 = \arcsin \frac{\sin i_2}{n}.$$

Nach der zweiten Brechung aber wird die Intensität proportional mit

$$[1 - \tfrac{1}{2}F(i_1, d_1)] \tfrac{1}{2}F(i_2, d_2) [1 - \tfrac{1}{2}F(i_3, d_3)],$$

wo

$$d_3 - i_3 = \Theta_3 \qquad \text{und} \qquad d_3 = \arcsin \frac{\sin i_3}{n}.$$

Außerdem muß die Gesamtablenkung sein

$$\Theta = \Theta_1 + \Theta_2 + \Theta_3.$$

Bei vorgegebenem Θ können Θ_1 und Θ_2 verschiedene Werte zwischen $-\pi$ und $+\pi$ annehmen, Θ_3 ist dann immer durch die letzte Gleichung bestimmt.

Die gesuchte Intensität bei gegebenem Θ ist also

$$J_g = c \int\limits_{-\pi}^{+\pi} \int\limits_{-\pi}^{+\pi} [1 - \tfrac{1}{2}F(i_1, d_1)] \tfrac{1}{2}F(i_2, d_2) [1 - \tfrac{1}{2}F(i_3, d_3)] d\Theta_1 d\Theta_2 = cP, \qquad (23)$$

wo c eine Konstante ist. Bei dieser Berechnung sind nur solche Fälle in Betracht gezogen, in welchen die Strahlen innerhalb der Partikel sich in einer Ebene bewegen. Will man auch die anderen Fälle berücksichtigen, so wird die Ausrechnung sehr kompliziert. Sie wird vom Verfasser nicht ausgeführt und die Gesamtintensität der gebrochenen und reflektierten Strahlen gemäß (21), (22) und (23) angesetzt zu

$$J = J_r + J_a + J_g = aM + bN + cP. \qquad (24)$$

Nach numerischer Berechnung der Integrale N und P für $n = 1{,}56$ und Ermittelung der Koeffizienten, $a = 10$, $b = 8$, $c = 0{,}3$ durch Ausgleichung kann man schon mit dieser elementaren Theorie eine wesentliche Annäherung an das beobachtete Reflexionsgesetz der Luft erhalten, wie die Abb. 16 zeigt. In ihr ist die ausgezogene Kurve nach (24) berechnet. Die Beobachtungen nach verschiedenen Methoden, die hier von POKROWSKI zusammengefaßt und graphisch dargestellt sind, zeigen freilich ein noch stärkeres Anwachsen der Intensität für kleine Ablenkungswinkel, als die Formel (24) es erfordert.

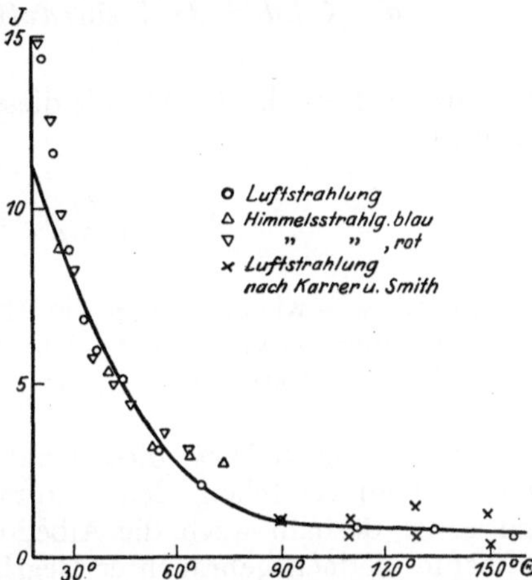

Abb. 16. Die Intensität der Luftstrahlung nach POKROWSKI. Z. f. Phys. 34.

Viel eingehender als in diesen elementaren Betrachtungen ist der Einfluß größerer Partikel (Eiskristalle, Wassertröpfchen und Staubpartikel) auf die Lichtzerstreuung in der Luft von CHR. WIENER[1] in seinem großen Werke über die Helligkeit des klaren Himmels behandelt; seine Theorie hat durch neuere Messungen der Himmelshelligkeit von hohen Bergen aus (TENERIFFA) eine gute Bestätigung erfahren, was als Beweis der Existenz gröberer Partikel auch in solchen Höhen angesehen werden kann.

26. Über den Begriff der Albedo. Wir haben bereits den Begriff der Albedo, wie er sich bei Zugrundelegung des LAMBERTschen Reflexionsgesetzes ergibt (S. 33), erwähnt; LAMBERT bezeichnet damit das Verhältnis der gesamten, von einem Flächenelement in den räumlichen Winkel π reflektierten Lichtmenge zu der auffallenden. Da nach LAMBERTS Gesetz die austretende Lichtmenge lediglich vom Emanationswinkel abhängt, so hat die Albedo für alle Inzidenzwinkel denselben Wert.

Wird nun ein anderes Beleuchtungsgesetz zugrunde gelegt, etwa das SEELIGERsche, bei dem die austretende Lichtmenge auch vom Einfallswinkel abhängt, so bekommt die Albedo für jeden Einfallswinkel des Lichts einen anderen Wert.

SEELIGER[2], der auf diesen Umstand aufmerksam gemacht hat, hat auch eine andere Definition der Albedo vorgeschlagen, welche für jedes Beleuchtungsgesetz Gültigkeit hat.

Es sei ein Flächenelement $d\sigma$ unter dem Winkel i beleuchtet und L die pro Einheit der Fläche senkrecht einfallende Lichtmenge. Es sei das zunächst unbekannte Beleuchtungsgesetz mit $f(i, \varepsilon)$ bezeichnet, dann ist die unter dem Emanationswinkel ε reflektierte Lichtmenge, die auf ein Element ds im Abstande 1 senkrecht auffällt,

$$dq = C L \, d\sigma f(i, \varepsilon) \, ds,$$

---

[1] Abh. d. Kais. Leop.-Car. Acad. Nova Acta. 73.
[2] Abhandl. der k. Bayer. Akad. der Wissenschaften. II Kl., 16, S. 430, (1887).

wo C eine Konstante ist, die für jedes Beleuchtungsgesetz einen anderen Wert hat. Die auf eine Halbkugel vom Radius 1 mit $d\sigma$ als Zentrum gestreute Lichtmenge ist, wenn das Element der Kugel ds durch die Koordinaten Zenitdistanz (ε) und Azimut (ψ) ausgedrückt wird, gleich

$$q = CLd\sigma \int_0^{2\pi} d\psi' \int_0^{\pi/2} \sin\varepsilon\, d\varepsilon f(i, \varepsilon) = 2\pi CLd\sigma \int_0^{\pi/2} \sin\varepsilon f(i, \varepsilon)\, d\varepsilon\,.$$

Die Albedo A ist das Verhältnis dieser zu der auf $d\sigma$ auffallenden Lichtmenge, mithin ist

$$A = \frac{q}{L\cos i\, d\sigma} = 2\pi C \int_0^{\pi/2} \frac{f(i, \varepsilon)}{\cos i} \sin\varepsilon\, d\varepsilon\,. \tag{25}$$

Hieraus ist, was wir oben über die Abhängigkeit der Albedo vom Inzidenzwinkel bemerkt haben, erwiesen; zugleich ersehen wir, daß nur bei $f(i, \varepsilon) = \cos i\, \varphi(\varepsilon)$, wie z. B. beim Lambertschen Gesetze, die Albedo vom Einfallswinkel unabhängig wird.

Der einfachste Weg, diese Unklarheit zu vermeiden, ist, unter der Albedo den Wert zu verstehen, den A für einen bestimmten Einfallswinkel besitzt, und es ist deshalb auch die Albedo für normale Inzidenz des Lichts $(i = 0)$ ein heute vielfach gebrauchter Begriff.

27. Die Seeligersche Albedo. Seeliger dagegen schlägt vor, mit Albedo den Mittelwert aller A zu bezeichnen, die sich für sämtliche Werte des Inzidenzwinkels ergeben. Bezeichnen wir diesen Mittelwert durch A_2, so wäre also

$$A_2 = \frac{1}{2\pi} \sum A\,,$$

wo die Summe über alle Elemente der Halbkugel vom Radius 1 zu erstrecken ist und A den durch Gleichung (25) bestimmten Wert hat. Für eine Kugelzone, die den Einfallswinkeln zwischen i und $i + di$ entspricht, ist die obige Summe gleich $2\pi A \sin i\, di$, für die ganze Halbkugel

$$2\pi \int_0^{\pi/2} A \sin i\, di\,,$$

daher ist

$$A_2 = \int_0^{\pi/2} A \sin i\, di$$

und nach Einsetzung des Wertes von A:

$$A_2 = 2\pi C \int_0^{\pi/2} \operatorname{tg} i\, di \int_0^{\pi/2} f(i, \varepsilon) \sin\varepsilon\, d\varepsilon\,. \tag{26}$$

Dieses ist die Definition der Seeligerschen Albedo. Setzt man für $f(i, \varepsilon)$ das Lambertsche Gesetz ein, so ergibt die Formel (25) $A = \pi C$ und (26) ebenfalls $A_2 = \pi C$. Es stimmen also die beiden Definitionen der Albedo für das Lambertsche Gesetz überein.

Setzt man dagegen für $f(i, \varepsilon)$ das Seeligersche Beleuchtungsgesetz ein, und zwar in seiner allgemeinen Form

$$f(i, \varepsilon) = \frac{\cos i \cos\varepsilon}{\cos i + \lambda \cos\varepsilon}\,,$$

so ergibt sich für A_2 der Wert

$$A_2 = 2\pi C_2 \int\limits_0^{\pi/2} \sin i\, di \int\limits_0^{\pi/2} \frac{\sin\varepsilon\cos\varepsilon}{\cos i + \lambda\cos\varepsilon}\, d\varepsilon.$$

Die Ausführung der Integration geschieht am einfachsten durch Einführung einer neuen Variablen $x = \cos i + \lambda\cos\varepsilon$, worauf sich ergibt:

$$A_2 = \frac{2\pi C_2}{\lambda^2} \int\limits_0^{\pi/2} \sin i\, di\, \{\lambda + \cos i \ln\cos i - \cos i \ln(\lambda + \cos i)\},$$

oder, wenn man noch $\cos i = y$ setzt,

$$A_2 = \frac{2\pi C_2}{\lambda^2} \left\{\lambda - \int\limits_1^0 y\, dy \ln y + \int\limits_1^0 y\, dy \ln(\lambda + y)\right\}$$

$$= \frac{\pi C_2}{\lambda^2} \left\{1 - \lambda\ln\lambda + \frac{\lambda^2 - 1}{\lambda}\ln(1 + \lambda)\right\}. \tag{27}$$

In dieser allgemeinen Form ist die Seeligersche Albedo kaum jemals angewandt worden. Setzt man in ihr $\lambda = 1$, so ergibt sich

$$A_2 = \pi C_2, \tag{27a}$$

also ist in diesem Falle die Seeligersche Albedo auch nur durch den Proportionalitätsfaktor des Seeligerschen Gesetzes bestimmt. Wir wollen weiter den Index 2 für die durch (27a) definierte Seeligersche Albedo benutzen, während A_1 immer die Lambertsche Albedo bezeichnen soll.

In der Lambertschen Albedo, $A_1 = \pi C_1$, ist C_1 der Reflexionskoeffizient (Seite 33), so daß

$$C_1 = \frac{A_1}{\pi} = \frac{\Gamma_1}{L}. \tag{28}$$

Bei Körpern, die das Lambertsche Gesetz befolgen, sind Albedo und Reflexionskoeffizient gleichwertige Begriffe. Letzterer wird oft unter Weglassung des Faktors $1/\pi$ für den weißen Körper als Eins angenommen, also im Sinne der Albedo benutzt.

In der Seeligerschen Albedo $A_2 = \pi C_2$ ist C_2 die Konstante des Seeligerschen Gesetzes, also (vgl. Seite 35 Form. 5)

$$C_2 = \frac{A_2}{\pi} = \frac{\Gamma_2}{L}, \tag{29}$$

28. Die Albedo einer ebenen Fläche für normale Bestrahlung und der Reflexionskoeffizient in der Bestrahlungsrichtung. Für die Praxis ist die Definition der Albedo einer ebenen Fläche für normale Bestrahlung der angemessenste Begriff. Ist das Reflexionsgesetz vom Lambertschen abweichend und durch die Funktion $f(i, \varepsilon)$ bestimmt, so ist diese Albedo nach (25)

$$A = 2\pi C \int\limits_0^{\pi/2} f(0, \varepsilon)\sin\varepsilon\, d\varepsilon,$$

wo C eine von der Form der Funktion f abhängige Konstante bedeutet.

Für unregelmäßig begrenzte Körper, Mineralien und Gesteine im natürlichen Zustande ist dagegen der Reflexionskoeffizient in der Bestrahlungsrichtung die für astronomische Zwecke geeignetste Konstante. Er bezeichnet das Verhältnis der in der Bestrahlungsrichtung vom Körper reflektierten zu derjenigen Lichtmenge, welche eine ebene Fläche mit der Albedo

Eins, die dabei das Lambertsche Gesetz befolgt, in der Bestrahlungsrichtung zurückstrahlt, wenn sie senkrecht dieselbe Lichtmenge empfängt wie der unregelmäßige Körper. Die Albedo eines solchen Körpers kann in hohem Grade von der zufälligen Form abhängig sein, besonders durch die Lichtverluste, die durch Schattenwurf bei schräger Betrachtung entstehen, während der Reflexionskoeffizient für die Bestrahlungsrichtung wohl noch von der Form, aber nicht mehr von Schattenwirkungen abhängig ist. Wir wollen ihn weiter mit R bezeichnen[1].

29. Über die Bestimmung der Albedo und des Reflexionskoeffizienten. Experimentelle Bestimmungen der Albedo. Schon Lambert[2] hat eine Methode zur Bestimmung des Reflexionskoeffizienten angegeben, und mit dem von ihm konstruierten Apparat auch einige Bestimmungen ausgeführt. Das Prinzip seines Apparates, der später von Zöllner[3] vervollkommnet wurde, ist folgendes: Es sei (Abb. 17) ab die Projektion eines Schirmes, welcher mit dem Stoffe, dessen Albedo ermittelt werden soll, überzogen ist. Dieser Schirm wird von J aus. möglichst normal beleuchtet und alsdann sein durch die Linse L von ihm entworfenes optisches Bild s von einem anderen Schirme AB aufgefangen. Die Lichtquelle J beleuchtet außer ab gleichzeitig auch noch AB, und es ist klar, daß, je weiter dieselbe von ab entfernt ist, desto dunkler auch das optische Bild von ab in s im Vergleich zu der von J beleuchteten Stelle bei s'

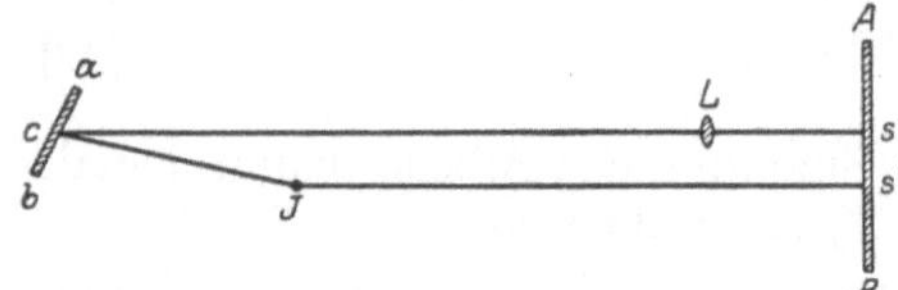

Abb. 17. Das Lambertsche Albedometer.

sein muß. Lambert veränderte die Lage der Lichtquelle J solange, bis das in s entworfene Bild mit dem in s' direkt beleuchteten Teile des Schirmes gleich hell war. Bezeichnet man die Entfernung cJ durch D, Js' durch D', Ls mit d, den Halbmesser der Linse mit d', so zeigt Lambert, daß mit sehr großer Annäherung der Reflexionskoeffizient μ durch die Gleichung gegeben ist:

$$\mu = \frac{1}{\varkappa}\left(\frac{dD}{d'D'}\right)^2.$$

Hier bedeutet $\varkappa$ den Absorptionskoeffizienten der Linse, welcher in jedem einzelnen Falle durch Versuche zu ermitteln ist.

Hierbei ist natürlich Sorge dafür zu tragen, daß die zu vergleichenden Flächen nicht nur die gleiche Flächenhelligkeit, sondern auch dieselbe Form haben; außerdem muß, was Lambert nicht beachtet hat, dafür gesorgt werden, daß die beiden zu vergleichenden Flächen nur das von der Theorie vorgesehene Licht erhalten und nicht auch Seitenlicht, was durch zweckmäßig angebrachte dunkle Schirme zu erreichen ist.

Messungen dieser Art geben tatsächlich nicht die Albedo, sondern den Reflexionskoeffizienten für normale oder nahezu normale Bestrahlung. Zöllner erhielt auf diesem Wege die Reflexionskoeffizienten für einige Stoffe:

Frischer Schnee	0,78
Weißes Papier	0,70
Weißer Sandstein	0,24
Tonmergel	0,16
Quarz	0,11
Feuchte Ackererde	0,08

---

[1] Die Bezeichnung „Reflexionskoeffizient" wird oft in der Theorie der Diffusion für den Bruchteil der in bestimmter Richtung reflektierten zur einfallenden Lichtmenge benutzt. Wir bezeichnen ihn in diesen Problemen mit μ. Ist die Streuung gleichmäßig in allen Richtungen, so ist $4\pi\mu$ die gesamte zerstreute Lichtmenge.

[2] Photometria, § 747.   [3] Photometrische Untersuchungen etc., S. 265.

Die Messungen mit Apparaten dieser Art sind schwierig, und es wird deshalb gewöhnlich das Reflexionsvermögen nur eines Stoffes, und dieses dann mit besonderer Sorgfalt, auf die genannte Weise bestimmt. Bei ZÖLLNER war es weißes Papier. Für die anderen Stoffe verwendet man ein gewöhnliches Photometer, mit welchem die unter gleiche Beleuchtungsbedingungen gestellten Stoffe direkt auf ihre Helligkeit hin verglichen werden. So erhält man relative Reflexionskoeffizienten, aus denen die absoluten berechnet werden.

Mit einem Apparate derselben (LAMBERT-ZÖLLNERschen) Konstruktion haben J. WILSING und J. SCHEINER[1 u. 2] die Reflexionskoeffizienten für die Bestrahlungsrichtung an einer großen Reihe von Gesteinen und anderen Stoffen bestimmt. Diese Beobachtungen sind von besonderem Werte, weil sie, mit einem Spektralphotometer ausgeführt, sich auf 5 verschiedene Wellenlängen getrennt beziehen und dadurch auch die Farbe der untersuchten Körper charakterisieren.

Als Vergleichsstoff wurde weiße Kreide gewählt, deren absolutes Reflexionsvermögen mit besonderer Sorgfalt nach zwei verschiedenen Methoden bestimmt wurde. Sein Wert ergab sich im Mittel zu 1,05, was die Beobachter auf Spuren regelmäßiger Reflexionen zurückführen; er wurde bei den Berechnungen zu 1,00 angenommen. Die aus Intensitätsvergleichungen des Spektrums der Kreide und der anderen Gesteine für die letzteren abgeleiteten Reflexionskoeffizienten für verschiedene Wellenlängen beziehen sich auf die Reflexion in der Bestrahlungsrichtung. Die in der folgenden Tabelle unter Albedo angeführten

Tabelle 6. **Albedo und Reflexionskoeffizienten von Gesteinen.**

	Albedo	$0{,}448\,\mu$	$0{,}480\,\mu$	$0{,}513\,\mu$	$0{,}584\,\mu$	$0{,}638\,\mu$	
Kreide	1,000	1,000	1,000	1,000	1,000	1,000	
Bimsstein	0,564	0,548	0,550	0,568	0,565	0,592	bläulichweiß
Steinsalz	0,442	0,345	0,411	0,433	0,490	0,561	weißbräunlich
Körniger Kalk	0,418	0,373	0,449	0,405	0,407	0,463	weißgrau
Sandstein	0,381	0,305	0,343	0,409	0,432	0,437	hellgelblich
Granit	0,362	0,325	0,367	0,347	0,389	0,389	rötlichgrau
Gips	0,336	0,333	0,338	0,332	0,344	0,333	reingrau
Trachyt	0,303	0,267	0,286	0,289	0,325	0,360	hellgelblichgrau
Trasz	0,260	0,193	0,234	0,271	0,293	0,332	hellgelbgrau
Ton	0,237	0,193	0,213	0,272	0,256	0,263	gelblichgrau
Glimmerschiefer	0,232	0,194	0,208	0,232	0,254	0,282	gelblichgrau
Vesuvasche, obere Schicht	0,192	0,158	0,175	0,198	0,213	0,226	hellbläulichgrau
Vesuvasche, mittl. Schicht	0,179	0,125	0,160	0,166	0,220	0,251	hellrötlichgrau
Flußsand	0,171	0,123	0,154	0,160	0,214	0,226	gelbbraun
Anhydrit	0,138	0,124	0,132	0,144	0,158	0,152	bläulichgrau
Syenit	0,132	0,111	0,113	0,142	0,143	0,156	rötlichgrau
Kalkstein	0,119	0,099	0,100	0,129	0,136	0,140	graubräunlich
Biotitgneis	0,116	0,100	0,100	0,125	0,131	0,132	rötlichgrau
Quarzporphyr	0,107	0,078	0,086	0,098	0,128	0,171	rotbraun
Trachytlava	0,098	0,082	0,091	0,105	0,100	0,115	reingrau
Gabbro	0,095	0,081	0,092	0,100	0,097	0,104	dunkelgrau
Pechsteinporphyr	0,093	0,083	0,093	0,087	0,105	0,101	dunkelgrau
Diabas	0,093	0,083	0,089	0,096	0,097	0,101	grünschwarz
Obsidian	0,089	0,090	0,094	0,095	0,082	0,087	blauschwarz
Heklalava	0.084	0,069	0,075	0,095	0,087	0,095	schwarzgrau
Tonschiefer	0,073	0,071	0,070	0,082	0,075	0,069	schwarzblau
Basalt	0,064	0,056	0,064	0,069	0,065	0,069	sehr dunkelgrau
Vesuvlava	0,050	0,040	0,043	0,051	0,058	0,061	,, ,,
Aetnalava	0,048	0,039	0,048	0,054	0,046	0,053	dunkelgrau
Braunkohle	0,047	0,036	0,051	0,048	0,048	0,050	,,

[1] Spektralphotometrische Beobachtungen am Monde und an Gesteinen usw. Publikationen des Astrophysik. Observat. zu Potsdam Nr. 61 (1909).

[2] Spektralphotometrische Messungen an Gesteinen, am Monde, Mars und Jupiter, daselbst Nr. 77 (1921).

Zahlen sind deshalb sowohl für Kreide als für die anderen Materialien Albedowerte nur im Lambertschen Sinne.

Unter diesen Materialien finden sich 4, deren Albedo auch Zöllner bestimmt hat. Die Zöllnerschen Werte sind bis auf einen (für Quarzporphyr),
alle kleiner als die Wilsingschen, was wahrscheinlich in der Unsicherheit des
absoluten Reflexionskoeffizienten für weißes Papier, das Zöllner als Vergleichsobjekt benutzt hat, seine Ursache hat.

30. Das Fessenkowsche Albedometer. Strenge Albedowerte für normale
Bestrahlung hat Fessenkow[1] für Gips und Schnee bestimmt. Er benutzte
dazu ein neues Albedometer, in welchem die Beleuchtung des untersuchten
Objektes nicht direkt durch die Lichtquelle, sondern von der Rückseite eines
beleuchteten Papieres erfolgt.

Das Fessenkowsche Albedometer sowie seine strenge Methode, die Albedo
für normale Inzidenz der Strahlen zu bestimmen, erscheint einfach und lehrreich für dergleichen Untersuchungen; sie sollen deshalb hier
beschrieben werden.

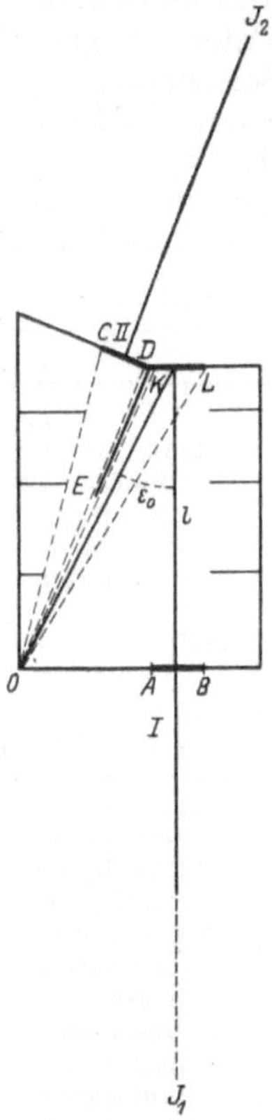

Die Abb. 18 gibt eine Darstellung des Instrumentes mit
seinen auf der Vorder- und Rückwand befindlichen Öffnungen
$AB = \mathrm{I}$ und $CD = \mathrm{II}$, die mit durchscheinendem Papier
überzogen sind. In KL wird der zu untersuchende Körper hin-
eingesetzt. Für diesen ist das Reflexionsgesetz $f(0, \varepsilon)$ durch eine
besondere Untersuchung bestimmt, wozu einige Helligkeitsmessungen bei verschiedenen Reflexionswinkeln genügen.
Die Fläche AB, die durch J_1 beleuchtet ist, beleuchtet
ihrerseits das Objekt KL. Dieses wird, von O aus betrachtet,
mit der Fläche CD verglichen, und durch Veränderung des
Abstandes der zweiten Lichtquelle J_2 wird gleiche Helligkeit
beider erreicht. Die undurchsichtige Wand DE verhindert
eine Beleuchtung von AB durch CD und umgekehrt. Man kann
weiter annehmen, daß beide Lichtquellen J_1 und J_2 von
gleicher Helligkeit seien, da ihre Ungleichheit durch Aus-
wechseln und Wiederholung der Messung im Mittel eliminiert
wird. Der Radius von AB sei ϱ, der Abstand zwischen AB
und KL sei l. Die Papierscheibe CD wird dem untersuchten
Objekte in bezug auf Dimension genau gleichgemacht.

Das Element ds der Scheibe I mit dem Abstande ϱ' von
ihrem Zentrum sendet auf ein im zentralen Teile von KL
befindliches Element $d\sigma$ die Lichtmenge:

$$\frac{L\,ds\cos^2 i}{r^2}\,d\sigma,$$

wo

$$r^2 = l^2 + \varrho'^2 \quad \text{und} \quad \cos i = \frac{l}{\sqrt{l^2 + \varrho'^2}}.$$

Abb. 18. Das Albedo-
meter von Fessen-
kow.

Die Scheibe I ist durch J_1 gleichmäßig beleuchtet, und da
Papier nach Kononowitsch[2] dem Lambertschen Gesetze
folgt, so ist in obigem Ausdrucke dem Einfalls- und Emanationswinkel des Lichts
(beide gleich i) Rechnung getragen. L ist die von der Flächeneinheit der Rückseite von AB normal austretende Lichtmenge.

---

[1] Publ. de l'Observatoire Central Astroph. de Russie vol. II, p. 97. (1923).
[2] Fortschritte der Physik 35, S. 430 (1879). Daselbst 37, S. 481 (1881).

Von der ganzen Oberfläche der Scheibe I fällt auf $d\sigma$ die Lichtmenge

$$L_1 = Ld\sigma\int\limits_0^{2\pi}d\varphi\int\limits_0^{\varrho}\varrho'd\varrho'\,\frac{\cos^2 i}{l^2+\varrho'^2} = 2\pi Ld\sigma l^2\int\limits_0^{\varrho}\frac{\varrho'd\varrho'}{(l^2+\varrho'^2)^2}\,,$$

denn $ds = \varrho'd\varrho'd\varphi$.

Da nun ϱ/l eine kleine Größe ist, so erhält man durch Reihenentwicklung und Integration

$$L_1 = \frac{\pi Ld\sigma\varrho^2}{l^2}\left(1 - \frac{\varrho^2}{l^2} + \frac{\varrho^4}{l^4}\cdots\right).$$

Die Lichtmenge, die von $d\sigma$ nach dem Auge des Beobachters reflektiert wird, ist

$$\frac{CL_1f(0,\,\varepsilon_0)}{l_1^2}\,,$$

wo C die Reflexionskonstante, $l_1 = KO$ und die Funktion $f(0,\,\varepsilon)$ das für das untersuchte Objekt gültige Reflexionsgesetz bei $i = 0$ ist. Die scheinbare Helligkeit von $d\sigma$ ist

$$\frac{CL_1f(0,\,\varepsilon_0)}{l_1^2}\,\frac{l_1^2}{d\sigma\cos\varepsilon_0} = \frac{C\pi L\varrho^2}{l^2}\,\frac{f(0,\,\varepsilon_0)}{\cos\varepsilon_0}\left(1 - \frac{\varrho^2}{l^2} + \frac{\varrho^4}{l^4}\right).$$

Bezeichnen d_1 und d_2 die Entfernungen der Lichtquellen J_1 und J_2 von I bzw. II, so verhalten sich die scheinbaren Helligkeiten von II und I wie $\dfrac{d_1^2}{d_2^2} = n$. Da die scheinbaren Helligkeiten von II und KL identisch sind, so haben wir hiermit auch das Helligkeitsverhältnis von KL zu I, wenn dieses von innen betrachtet wäre, bestimmt, und es ist

$$\frac{C\pi\varrho^2}{l^2}\,\frac{f(0,\,\varepsilon_0)}{\cos\varepsilon_0}\left(1 - \frac{\varrho^2}{l^2} + \frac{\varrho^4}{l^4}\right) = n\,. \tag{α}$$

Es gilt jetzt noch die Albedo aus dem Werte $Cf(0,\,\varepsilon_0)$ zu berechnen. Das Element $d\sigma$ reflektiert unter dem Winkel ε die Lichtmenge

$$CLd\sigma f(0,\,\varepsilon)d\omega\,,$$

wo der räumliche Winkel $d\omega = \sin\varepsilon\,d\varepsilon\,dA$ (A = Azimut) ist.

Die nach der Halbkugel reflektierte Lichtmenge ist daher

$$CLd\sigma\int\limits_0^{2\pi}dA\int\limits_0^{\pi/2}f(0,\,\varepsilon)\sin\varepsilon\,d\varepsilon\,,$$

und die Albedo ist

$$A = 2\pi C\int\limits_0^{\pi/2}f(0,\,\varepsilon)\sin\varepsilon\,d\varepsilon\,.$$

Hier ist nur noch der Wert von C aus (α) einzusetzen. Dann ergibt sich

$$A = \frac{2nl^2}{\varrho^2}\,\frac{\cos\varepsilon_0}{f(0,\,\varepsilon)}\left(1 + \frac{\varrho^2}{l^2}\right)\int\limits_0^{\pi/2}f(0,\,\varepsilon)\sin\varepsilon\,d\varepsilon\,. \tag{β}$$

Die Albedo von Körpern, die nicht in dieser Weise untersucht werden können, wird dann durch photometrische Vergleichung mit einem anderen, etwa mit Gips, dessen Albedo bekannt ist, gefunden. Diese Vergleichung wird für normale Inzidenz, aber bei verschiedenen Werten von ε ausgeführt. Ist die scheinbare Helligkeit der beiden Körper

$$\frac{CLf(0,\,\varepsilon)}{\cos\varepsilon} \qquad \text{und} \qquad \frac{C_1Lf_1(0,\,\varepsilon)}{\cos\varepsilon}$$

und das Helligkeitsverhältnis der beiden k, so haben wir

$$k = \frac{C f(0,\,\varepsilon)}{C_1 f_1(0,\,\varepsilon)},$$

oder wenn man die C durch die entsprechenden Albedo ausdrückt,

$$\frac{A}{A_1} = \frac{k f_1(0,\,\varepsilon)}{f(0,\,\varepsilon)} \frac{\int\limits_0^{\pi/2} f(0,\,\varepsilon)\sin\varepsilon\,d\varepsilon}{\int\limits_0^{\pi/2} f_1(0,\,\varepsilon)\sin\varepsilon\,d\varepsilon}.$$

Auf diese Weise wurde zunächst die Albedo einer ebenen Gipsplatte mit dem Albedometer bestimmt. Hierbei wurden Ångströms Beobachtungen der diffusen Reflexion von Gips zur Bestimmung von $f(0,\,\varepsilon)$ verwendet. Auf diese Weise fand sich für Gips

$$A = 0{,}789 \pm 0{,}0046,$$

während bei der Annahme, Gips befolge das Lambertsche Gesetz und die Albedo sei mit dem Reflexionskoeffizienten identisch, sich ergibt

$$A = 0{,}866 \pm 0{,}0046.$$

Durch besondere Beobachtungen mit einem Flächenphotometer überzeugte sich Fessenkow, daß für Schnee innerhalb der Beobachtungsgenauigkeit die Funktion $f(0,\,\varepsilon)$ als identisch mit derjenigen für Gips angesehen werden könne, worauf durch einfache photometrische Vergleichung gleichbeleuchteter Gips- und Schneeflächen sich auch die strenge Albedo für Schnee ergab:

$$A = 0{,}705,$$

während die Lambertsche Albedo aus denselben Beobachtungen sein würde:

$$A_1 = 0{,}775.$$

Letztere Zahl stimmt vollkommen mit derjenigen von Zöllner $A_1 = 0{,}78$ bestimmten Lambertschen Albedo für Schnee überein. Diese Untersuchung beweist somit die Notwendigkeit strenger Angaben darüber, welcher der einschlägigen Begriffe der Albedo gemeint ist.

31. Die Albedo von Magnesiumoxyd und von Wolken. F. Henning und W. Heuse[1] untersuchten nach einer besonderen Methode das Reflexionsvermögen von Magnesiumoxyd, welches durch Verbrennen des Metalls in einfacher Weise erhalten werden kann und als Normalweiß für relative Messungen empfohlen wird. Sie finden für das Gesamtreflexionsvermögen oder die Albedo bei normaler Inzidenz

$$A = 0{,}953.$$

Magnesiumoxyd befolgt nach ihnen auch bei normaler Inzidenz nicht genau das Lambertsche Gesetz. Die Helligkeit einer ebenen Fläche aus Magnesiumoxyd ist bei großen Reflexionswinkeln etwas geringer als bei senkrechter Betrachtung, und zwar folgt sie der Formel: $1 - 1{,}3\sin^2\frac{\varepsilon}{2}$, die Funktion $f(0,\,\varepsilon)\sec\varepsilon$ ist hier also

$$f(0,\,\varepsilon)\sec\varepsilon = 1 - 1{,}3\sin^2\frac{\varepsilon}{2}.$$

Coblentz[2] fand für pulverisiertes und mit geringen Mengen von Klebstoff vermischtes Magnesiumoxyd bei $\lambda = 0{,}60\,\mu$, $A = 0{,}863$. Derselbe fand einen etwas höheren Wert der Albedo für Bleikarbonat, nämlich $A = 0{,}87$ bis $0{,}90$.

---

[1] Z f Phys 10, S. 111 (1922).　　[2] Bull. Bur. of Standards Washington 9, S. 283 (1913).

Von Bedeutung für astronomische Zwecke ist auch die Bestimmung der Albedo der Wolken, weil einige Planeten öfters, andere ständig von Wolkenhüllen umgeben sind, die das Sonnenlicht zu uns reflektieren und das Innere des Planeten verhüllen. Es ist dabei wesentlich, eine Wolkenhülle von oben zu beobachten, etwa von der Spitze eines hohen Berges oder noch besser von einem Luftschiff aus.

Auf die erste Weise sind Beobachtungen auf dem Mt. Wilson-Observatorium von ABBOT und FOWLE[1] mit einem Bolometer ausgeführt worden, indem die Strahlung der Sonne mit derjenigen eines gleich großen Ausschnittes der unter dem Berge liegenden Wolkenhülle in verschiedenen Azimuten und Nadirdistanzen verglichen wurde. Als Resultat einer näherungsweisen Berechnung der unvollständigen Beobachtungsreihe ergab sich für den Reflexionskoeffizienten der Sonnenstrahlung in den Grenzen von $0,3\,\mu$ bis $3\,\mu$

$$R = 0,65 .$$

Auf Veranlassung derselben Forscher wurde von einem Luftschiff aus in der Nähe des Mt. Wilson auch noch von L. B. ALDRICH[2] die Albedo einer ununterbrochenen, sich bis zum Horizont erstreckenden Wolkenschicht mit Hilfe eines Pyranometers gemessen. Der Empfänger desselben, der in eine Halbkugel eingeschlossen war, wurde nach unten gerichtet und empfing so die Strahlung der Wolken aus allen Azimuten und Nadirdistanzen von $0°$ bis $90°$. Wurde derselbe Empfänger nach dem Zenit gerichtet, so empfing er die Strahlung der Sonne und des diffusen Himmelslichts. Der Wert dieser Konstante in Kalorien wurde gleichzeitigen Beobachtungen mit dem Pyrheliometer entnommen. Der Wert der Albedo wurde mit Hilfe folgenden Satzes abgeleitet, der die Gültigkeit der Lambertschen Formel voraussetzt[3]: Das Verhältnis der Rückstrahlung einer sich unendlich weit erstreckenden horizontalen Wolkenschicht auf eine Fläche von $1\,\text{cm}^2$ über ihr zu der auf $1\,\text{cm}^2$ der Wolkenoberfläche einfallenden Strahlungsmenge ist gleich der Albedo, weil, von der Absorption abgesehen, die horizontale Fläche über den Wolken ebensoviel Strahlung empfängt, als eine gleich große parallele Fläche der Wolken zerstreut. Das Resultat der Messungen war für Sonnenstrahlung von $0,3\,\mu$ bis $3\,\mu$

$$A = 0,78 .$$

Photometrische Beobachtungen mit Hilfe eines MARTENSschen Polarisationsphotometers über das Reflexionsvermögen der Wolken haben K. STUCHTEY und A. WEGENER[4] von einem Ballon aus angestellt. Hierbei wurden die Helligkeiten verschiedener Wolkengebilde mit der Helligkeit der direkt bestrahlten Gipsplatte verglichen. Das Verhältnis der Helligkeiten entspricht dem Reflexionskoeffizienten für verschiedene Einfalls- und Reflexionswinkel im Verhältnis zum Reflexionskoeffizienten der Gipsplatte. Dieser wurde gleich Eins angenommen, was nach dem vorigen (S. 60) einen beträchtlichen Fehler bedeuten dürfte. Die Verfasser finden als Mittelwert für alle Wolkentypen

$$R = 0,73 ,$$

welcher Wert jedenfalls noch herabzusetzen wäre.

M. LUCKIESH[5] hat ebenfalls aus photometrischen Messungen für verschiedene Wolkentypen, beginnend mit dünnen, halb durchsichtigen bis zu kompak-

---

[1] Smiths Ann. 2, S. 136 (1908).   [2] Smiths Ann. 4, S. 375 (1922).

[3] Der Beweis dieses Satzes ist in der ersten Aufgabe in Ziff. 19 enthalten.

[4] Die Albedo der Wolken und der Erde. Nachrichten der K. Ges. d. Wissensch. zu Göttingen (1911).

[5] Ap J 49, S. 119 (1919).

ten von großer Tiefe, Werte der Reflexionskoeffizienten von 0,36 bis 0,78 gefunden. Die Genauigkeit dieser Werte läßt sich bei dem Mangel an Angaben über die Beobachtungsmethode nicht beurteilen.

c) Über die Beleuchtung der Planeten.

32. Voraussetzungen der Theorie. Wir wenden uns jetzt der Anwendung der im vorigen Kapitel abgeleiteten oder den Ergebnissen der physikalischen Praxis entnommenen Gesetze auf die Probleme der Beleuchtung der Himmelskörper zu. Wenn auch die Gesetze für reflektierte Strahlung nicht die Einfachheit und Eindeutigkeit besitzen wie diejenigen für selbstleuchtende Körper, so gestatten doch die beobachteten Helligkeiten der Planeten und Monde dank den mannigfachen Beleuchtungsverhältnissen, in denen sie sich uns darstellen, viele wichtige Schlüsse über die Beschaffenheit der reflektierenden Oberflächen. Die Himmelsmechanik gibt uns mit aller gewünschten Genauigkeit die Abstände der Planeten und der Monde von der Quelle der Beleuchtung, der Sonne, und vom Beobachtungspunkte, der Erde. Auch die Dimensionen und die Form der beleuchteten Körper sind uns zum großen Teil bekannt. Es ist also die Möglichkeit vorhanden, wenn man eine gewisse ideale Beschaffenheit der Oberfläche annimmt, die bei verschiedenen Beleuchtungsverhältnissen reflektierten Lichtmengen zu berechnen und die Rechnung mit den Beobachtungen zu vergleichen. Hierbei werden wir notgedrungen in erster Näherung nur zwei einfache Beleuchtungsformeln der Rechnung zugrunde legen, die LAMBERTsche und die LOMMEL-SEELIGERsche, nach denen die von einem Oberflächenelement ds reflektierten Lichtmengen dargestellt werden durch

$$dq = \Gamma_1 \cos i \cos \varepsilon \, ds \qquad \text{nach LAMBERT,} \tag{1}$$

$$dq = \Gamma_2 \frac{\cos i \cos \varepsilon}{\cos i + \lambda \cos \varepsilon} \, ds \quad \text{nach LOMMEL-SEELIGER} \tag{2}$$

Des weiteren werden dann in Fällen, wo sich starke Abweichungen zwischen Beobachtung und Rechnung ergeben, Theorien entwickelt werden, die der tatsächlichen Beschaffenheit der Oberflächen genauer Rechnung tragen.

Es ist von vornherein klar, daß ein Planet mit einer festen Oberfläche und ohne atmosphärische Hülle das Sonnenlicht in ganz anderer Weise reflektieren wird als einer, der von einer undurchsichtigen Wolkenschicht umgeben ist oder eine halbdurchsichtige gasförmige Atmosphäre besitzt. Von allen diesen die Theorie erschwerenden Umständen sehen wir zunächst ab und behandeln in diesem Kapitel nur folgenden idealen Fall:

1. Der Planet ist eine Kugel, die das von der Sonne einfallende Licht nach dem LAMBERTschen oder dem SEELIGERschen Gesetze diffus reflektiert.

2. Der Planet ist in allen Punkten seiner Oberfläche von gleicher Beschaffenheit und weist keine schattenwerfenden Unebenheiten auf.

3. Der Planet besitzt keine Atmosphäre, und das Sonnenlicht erreicht seine feste Oberfläche, ohne vorher Veränderungen zu erleiden.

33. Berechnung der bei verschiedenen Phasen vom Planeten zur Erde reflektierten Lichtmengen. Der Phasenwinkel α oder der Winkel am Zentrum des Planeten zwischen den Richtungen zur Sonne und zur Erde ist die für die Theorie grundlegende Variable, weil durch dieselbe der beleuchtete Teil der sichtbaren Planetenoberfläche bestimmt wird. Bezeichnet man die Abstände vom Zentrum des Planeten zur Sonne durch r, zur Erde durch Δ, und den Abstand Erde—Sonne durch R, so wird aus diesen, den astronomischen Ephemeriden zu entnehmenden Größen der Phasenwinkel α nach der Gleichung gefunden, die sich aus dem Dreieck Erde—Sonne—Planet ergibt:

$$\cos\alpha = \frac{\Delta^2 + r^2 - R^2}{2r\Delta}.$$

Für logarithmische Rechnung ist folgende Form derselben Gleichung bequemer:

$$\sin\frac{1}{2}\alpha = \frac{1}{2}\sqrt{\frac{(R+\Delta-r)(R+r-\Delta)}{r\Delta}}. \tag{3}$$

Wenn die Größen r, wie das beim Monde der Fall ist, nicht tabuliert vorliegen, so sind folgende einfache Gleichungen, deren Ableitung einleuchtend ist, empfehlenswert:

$$\left.\begin{aligned}\cos\gamma &= \cos(\lambda_\odot - \lambda)\cos\beta \\ \operatorname{tg}\alpha &= \frac{\sin\gamma}{\dfrac{\Delta}{R} - \cos\gamma}\end{aligned}\right\}, \tag{4}$$

wo λ und β geozentrische Längen und Breiten bedeuten.

Man denke sich nun durch den Mittelpunkt des Planeten einen zur Richtung nach der Erde senkrechten Schnitt gelegt. Er sei durch den Kreis $ABCD$ der Abb. 19 dargestellt. Der Kreis $DESB$ trägt in der Photometrie den Namen des Intensitätsäquators und ist ein großer Kreis, der die Richtungen zur Erde (E) und zur Sonne (S) enthält. Betrachten wir ein Oberflächenelement ds, dessen sphärische Koordinaten in bezug auf den Intensitätsäquator und das Zentrum (E) der sichtbaren Planetenscheibe sein mögen: ψ die Breite und ω die Länge, so ist die Größe des Elements ds, wenn ϱ den Radius des Planeten bezeichnet,

$$ds = \varrho^2 \cos\psi\, d\omega\, d\psi.$$

Der Einfallswinkel i des Lichts von der Sonne auf das Element ds und der Reflexionswinkel ε desselben nach der Erde, beide unendlich entfernt gedacht, bestimmen sich aus den rechtwinkligen sphärischen Dreiecken $FSds$ und $FEds$ folgendermaßen:

$$\left.\begin{aligned}\cos i &= \cos\psi\cos(\omega-\alpha), \\ \cos\varepsilon &= \cos\psi\cos\omega.\end{aligned}\right\} \tag{5}$$

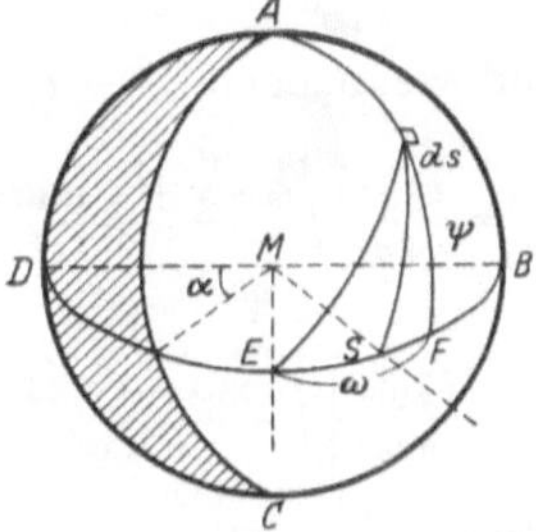

Abb. 19. Die Beleuchtung einer Kugel.

Setzt man diese Werte in die Gleichungen (1) und (2) ein, so erhält man Ausdrücke für die von dem Elemente ds beim Phasenwinkel α nach der Erde ausgestrahlte Lichtmenge in sphärischen Koordinaten:

$$dq_1 = \Gamma_1\varrho^2 \cos^3\psi\, d\psi\, \cos(\omega-\alpha)\cos\omega\, d\omega,$$

$$dq_2 = \Gamma_2\varrho^2 \cos^2\psi\, d\psi\, \frac{\cos\omega\cos(\omega-\alpha)}{\cos(\omega-\alpha)+\lambda\cos\omega}\, d\omega.$$

Wollen wir die von dem ganzen beleuchteten Teile der sichtbaren Planetenscheibe der Erde zugesandte Lichtmenge berechnen, so haben wir die obigen Ausdrücke über die Oberfläche dieses Teils zu integrieren. Wie aus der Abbildung ersichtlich, sind die Grenzen der Integration für ψ: $-\pi/2$ und $+\pi/2$, für ω: $-\pi/2 + \alpha$ und $+\pi/2$. Wir haben daher für die gesamte Lichtmenge im Falle des LAMBERTschen Gesetzes:

$$q_1 = \Gamma_1\varrho^2 \int_{-\pi/2}^{+\pi/2}\cos^3\psi\, d\psi \int_{\alpha-\pi/2}^{\pi/2}\cos(\omega-\alpha)\cos\omega\, d\omega.$$

Da aber

$$\int\limits_{-\pi/2}^{+\pi/2}\cos^3\psi\,d\psi = \tfrac{4}{3} \qquad \text{und} \qquad \int\limits_{\alpha-\pi/2}^{\pi/2}\cos(\omega-\alpha)\cos\omega\,d\omega = \tfrac{1}{2}\left[(\pi-\alpha)\cos\alpha + \sin\alpha\right],$$

so ergibt die Integration endgültig

$$q_1 = \Gamma_1\varrho^2\,\tfrac{2}{3}\left[\sin\alpha + (\pi-\alpha)\cos\alpha\right]. \tag{6}$$

Für volle Beleuchtung, wenn Sonne, Planet und Erde in einer Linie stehen und $\alpha = 0$ ist, folgt hieraus $q_1^0 = \tfrac{2}{3}\pi\Gamma_1\varrho^2$. Man hat daher auch

$$q_1 = q_1^0\,\frac{\sin\alpha + (\pi-\alpha)\cos\alpha}{\pi} = q_1^0\varphi_1(\alpha). \tag{7}$$

Im Falle des Lommel-Seeligerschen Gesetzes gestaltet sich die Integration folgendermaßen. Wir haben

$$q_2 = \Gamma_2\varrho^2\int\limits_{-\pi/2}^{\pi/2}\cos^2\psi\,d\psi\int\limits_{\alpha-\pi/2}^{\pi/2}\frac{\cos\omega\cos(\omega-\alpha)}{\cos(\omega-\alpha)+\lambda\cos\omega}\,d\omega.$$

Das erste der beiden Integrale hat den Wert $\pi/2$. Zur Auflösung des zweiten führt Seeliger neue Konstanten m und μ durch die Gleichungen ein:

$$m\sin\mu = \sin\alpha$$
$$m\cos\mu = \lambda + \cos\alpha.$$

Dann wird

$$q_2 = \frac{\Gamma_2\varrho^2\pi}{4m}\int\limits_{\alpha-\pi/2}^{\pi/2}\frac{\cos\alpha + \cos(2\omega-\alpha)}{\cos(\omega-\mu)}\,d\omega,$$

und wenn noch $\omega - \mu = y$ gesetzt wird:

$$q_2 = \frac{\Gamma_2\varrho^2\pi}{4m}\int\limits_{\alpha-\pi/2-\mu}^{\pi/2-\mu}\frac{\cos\alpha + \cos(2y+2\mu-\alpha)}{\cos y}\,dy$$

$$= \frac{\Gamma_2\varrho^2\pi}{4m}\left\{\int\limits_{\alpha-\pi/2-\mu}^{\pi/2-\mu}\frac{\cos\alpha - \cos(2\mu-\alpha)}{\cos y}\,dy + 2\int\limits_{\alpha-\pi/2-\mu}^{\pi/2-\mu}\left[\cos(2\mu-\alpha)\cos y - \sin(2\mu-\alpha)\sin y\right]dy\right\}.$$

Da

$$\int\limits_{\alpha-\pi/2-\mu}^{\pi/2-\mu}\frac{dy}{\cos y} = \ln\left[\operatorname{tg}\left(\frac{\pi}{4}+\frac{y}{2}\right)\right]_{\alpha-\pi/2-\mu}^{\pi/2-\mu} = \ln\left[\operatorname{cotg}\frac{\alpha-\mu}{2}\operatorname{cotg}\frac{\mu}{2}\right],$$

so erhält man

$$q_2 = \frac{\Gamma_2\varrho^2\pi}{2}\left\{\frac{2\cos\dfrac{\alpha}{2}\cos\left(\mu-\dfrac{\alpha}{2}\right)}{m} + \frac{\sin\mu\sin(\mu-\alpha)}{m}\ln\left[\operatorname{cotg}\frac{\alpha-\mu}{2}\operatorname{cotg}\frac{\mu}{2}\right]\right\}. \tag{8}$$

Für volle Beleuchtung wird $\alpha = 0$, folglich $\mu = 0$ und $m = 1+\lambda$, und es wird daher

$$q_2^0 = \frac{\Gamma_2\varrho^2\pi}{1+\lambda}. \tag{9}$$

Wichtiger ist der Fall $\lambda = 1$. Dann wird $m\cos\mu = 1+\cos\alpha$; außerdem ist $\operatorname{tg}\mu = \dfrac{\sin\alpha}{1+\cos\alpha} = \tan\dfrac{\alpha}{2}$ oder $\mu = \dfrac{\alpha}{2}$ und $m = 2\cos\tfrac{1}{2}\alpha$. Es ergibt sich also in diesem Falle für die gesamte reflektierte Lichtmenge:

$$q_2 = \frac{\Gamma_2 \varrho^2 \pi}{2}\left\{1 - \sin\frac{\alpha}{2}\, \text{tang}\,\frac{\alpha}{2}\, \text{in cotg}\,\frac{\alpha}{4}\right\} = \frac{\Gamma_2 \varrho^2 \pi}{2}\,\varphi_2(\alpha);\tag{10}$$

für volle Beleuchtung folgt hieraus:

$$q_2^0 = \frac{\Gamma_2 \varrho^2 \pi}{2}.\tag{11}$$

Mithin haben wir:

$$q_2 = q_2^0\left\{1 - \sin\frac{\alpha}{2}\, \text{tang}\,\frac{\alpha}{2}\,\ln \text{cotg}\,\frac{\alpha}{4} = q_2^0\varphi_2(\alpha).\tag{12}\right.$$

Die Formeln (7) und (12) geben somit die vom Planeten reflektierten Lichtmengen als Funktionen des Phasenwinkels allein. Diese Funktion des Phasenwinkels, die in der Photometrie der Planeten eine wesentliche Bedeutung hat, wird die **Phasenkurve** des Planeten genannt. Sie kann aus den Beobachtungen direkt ermittelt werden, wenn man die Helligkeiten des Planeten bei verschiedenen Phasenwinkeln durch die Oppositionshelligkeit ausdrückt; um aber einen Vergleich der beobachteten mit den theoretischen Phasenkurven $\varphi_1(\alpha)$ und $\varphi_2(\alpha)$ nach den Formeln (7) und (12) ausführen zu können, muß noch dem Umstande Rechnung getragen werden, daß der Abstand des Planeten von der Erde und der Sonne Veränderungen unterworfen ist. Da die Größen q_1 und q_2 bzw. q_1^0 und q_2^0 allgemein die in der Richtung nach der Erde reflektierten Lichtmengen ausdrücken, also für den Abstand 1 und die Flächeneinheit bei normaler Inzidenz gelten, so wären sie, um mit den Beobachtungen vergleichbar zu werden, mit dem Faktor $1/\Delta^2$ bzw. $1/\Delta_0^2$ zu multiplizieren, wenn Δ_0 der Abstand des Planeten von der Erde in Opposition ist. Außerdem ist der Veränderlichkeit der Konstanten Γ_1 und Γ_2 mit dem Sonnenabstande des Planeten Rechnung zu tragen. Es ist

$$\Gamma_1 = \frac{A_1}{\pi}\,L \qquad \text{und} \qquad \Gamma_2 = \frac{A_2}{\pi}\,L,$$

wo L die auf die Einheit der Planetenoberfläche senkrecht von der Sonne einfallende Lichtmenge ist. Diese ist mit dem Sonnenabstande des Planeten veränderlich und proportional mit $1/r^2$. Bezeichnen wir den Wert von r im Moment der Opposition mit r_0, so sind die das Auge des Beobachters tatsächlich treffenden Lichtmengen Q_1, Q_2, Q_1^0, Q_2^0

$$\left.\begin{aligned} Q_1 &= q_1\,\frac{1}{\Delta^2 r^2}\,; & Q_1^0 &= q_1^0\,\frac{1}{\Delta_0^2 r_0^2},\\[2mm] Q_2 &= q_2\,\frac{1}{\Delta^2 r^2}\,; & Q_2^0 &= q_2^0\,\frac{1}{\Delta_0^2 r_0^2}. \end{aligned}\right\}\tag{13}$$

Wir erhalten daher aus (7), (12) und (13) die Gleichungen

$$\left.\begin{aligned} Q_1 &= Q_1^0\,\frac{\Delta_0^2 r_0^2}{\Delta^2 r^2}\,\varphi_1(\alpha),\\[2mm] Q_2 &= Q_2^0\,\frac{\Delta_0^2 r_0^2}{\Delta^2 r^2}\,\varphi_2(\alpha). \end{aligned}\right\}\tag{14}$$

Die aus diesen Gleichungen mit Hilfe der Beobachtungen berechneten $\varphi_1(\alpha)$ und $\varphi_2(\alpha)$ sind direkt mit den theoretischen vergleichbar. Letztere sind zu diesem Zwecke im Anhange für alle Phasenwinkel von 0^0 bis 180^0 tabuliert. (Tafel VI a).

Die Gleichungen (6) und (10) können auch dazu dienen, die Albedo des Planeten zu bestimmen. Dazu eliminieren wir zunächst aus den Konstanten Γ_1 und Γ_2 die der Beobachtung nicht zugängige Größe L. Nach Gleichung (45)

(Seite 27) ist $L = \pi J \sin^2 s$, wo J die Leuchtkraft der Sonne und s der scheinbare Radius der Sonne, vom Planeten aus gesehen, ist. Daher haben wir

$$\Gamma_1 = J A_1 \sin^2 s \qquad \text{und} \qquad \Gamma_2 = J A_2 \sin^2 s . \tag{15}$$

In diesen Ausdrücken ist der Veränderlichkeit der Konstanten Γ_1 und Γ_2 mit dem Abstande r des Planeten von der Sonne schon Rechnung getragen. Wir haben also, um wiederum von q_1 und q_2 auf die meßbaren Q_1 und Q_2 überzugehen, erstere Größen nur noch durch $1/\Delta^2$ zu dividieren; wir erhalten, wenn wir den scheinbaren Halbmesser σ des Planeten, von der Erde aus gesehen, durch die Relation $\sin \sigma = \dfrac{\varrho}{\Delta}$ einführen, an Stelle von (6) und (10):

$$\left. \begin{aligned} Q_1 &= \tfrac{2}{3} \pi J A_1 \sin^2 s \sin^2 \sigma \varphi_1(\alpha), \\ Q_2 &= \tfrac{1}{2} \pi J A_2 \sin^2 s \sin^2 \sigma \varphi_2(\alpha). \end{aligned} \right\} \tag{16}$$

Für volle Beleuchtung wird

$$\left. \begin{aligned} Q_1^0 &= \tfrac{2}{3} J A_1 \pi \sin^2 s_0 \sin^2 \sigma_0, \\ Q_2^0 &= \tfrac{1}{2} J A_2 \pi \sin^2 s_0 \sin^2 \sigma_0, \end{aligned} \right\} \tag{17}$$

wo s_0 und σ_0 die scheinbaren Halbmesser von Sonne und Planet zur Zeit der Opposition bedeuten.

34. Die Bestimmung der Albedo und der Durchmesser der Planeten. Es erübrigt sich noch, zur Bestimmung der Albedo in den Gleichungen (16) und (17) die Größe J zu eliminieren. Bezeichnen wir durch L' die Lichtmenge, welche von der Sonne auf die Flächeneinheit an der Erdoberfläche fällt, so ist

$$L' = J \pi \sin^2 S ,$$

wo S der scheinbare Halbmesser der Sonne, von der Erde aus gesehen, ist. Das Verhältnis der Helligkeiten des Planeten zur Sonne oder den Quotienten Q/L' wollen wir durch M bezeichnen. Dann erhalten wir aus den Gleichungen (16) folgende Albedowerte

$$\left. \begin{aligned} A_1 &= \tfrac{3}{2} M \frac{\sin^2 S}{\sin^2 s \sin^2 \sigma} \frac{1}{\varphi_1(\alpha)} , \\ A_2 &= 2 M \frac{\sin^2 S}{\sin^2 s \sin^2 \sigma} \frac{1}{\varphi_2(\alpha)} . \end{aligned} \right\} \tag{18}$$

Will man das Helligkeitsverhältnis M_0 für den Moment der Opposition benutzen, so hat man aus (17) in ähnlicher Weise:

$$\left. \begin{aligned} A_1 &= \tfrac{3}{2} M_0 \frac{\sin^2 S}{\sin^2 s_0 \sin^2 \sigma_0} , \\ A_2 &= 2 M_0 \frac{\sin^2 S}{\sin^2 s_0 \sin^2 \sigma_0} . \end{aligned} \right\} \tag{19}$$

Wir sehen, daß $A_2 = \tfrac{4}{3} A_1$. Die Albedowerte nach den beiden Definitionen, aus der Oppositionshelligkeit des Planeten abgeleitet, stehen also in einem konstanten Verhältnis. Diejenigen, die nach den Formeln (18) berechnet sind, ergeben dann je nach dem Werte α andere Werte; ohne Kenntnis der wahren Phasenkurve $\varphi(\alpha)$ ist auch nicht zu entscheiden, welcher Albedowert der Natur am nächsten kommt. Diese Unsicherheit besteht z. B. für die kleinen Planeten.

Dieselbe Unbestimmtheit haftet auch einer Methode an, aus den Gleichungssystemen (18) und (19) den Durchmesser des Planeten zu bestimmen, wenn seine Albedo und scheinbare Helligkeit bekannt sind. Das Problem ist von großer Bedeutung für die Asteroiden und diejenigen Planetenmonde, deren

Scheibchen zu klein sind, um direkt gemessen zu werden. Diese Methode ist auch vielfach angewandt worden und hat zu rohen Abschätzungen der Dimensionen dieser kleinen Himmelskörper geführt.

Voraussetzung dabei ist, daß die Helligkeit des Objekts H_0, im Verhältnis zu derjenigen eines der Hauptplaneten in Opposition, bestimmt worden ist. Bezeichnet man das Verhältnis der Albedowerte nach beiden Definitionen derselben durch a, die scheinbaren Halbmesser der Sonne, von beiden Planeten aus gesehen, mit $s_{1,0}$ bzw. mit $s_{2,0}$ und die scheinbaren Radien der Planeten von der Erde aus mit $\sigma_{1,0}$ bzw. mit $\sigma_{2,0}$, so haben wir aus den Formeln (19) zur Bestimmung der Unbekannten $\sigma_{1,0}$ die Gleichung:

$$\sin^2 \sigma_{1,0} = \frac{H_0}{a} \frac{\sin^2 s_{2,0} \sin^2 \sigma_{2,0}}{\sin^2 s_{1,0}}, \tag{20}$$

wir erhalten also denselben Wert für beide Diffusionsgesetze. Dagegen erhält man, wenn man nicht Oppositionshelligkeiten verwendet, sondern Helligkeiten bei beliebigen Phasenwinkeln α_1 bzw. α_2, deren Verhältnis H sein möge, unter Benutzung der Formeln (18) verschiedene Werte der Halbmesser:

$$\left. \begin{aligned} \sin^2 \sigma_1 &= \frac{H}{a} \frac{\sin^2 s_2 \sin^2 \sigma_2}{\sin^2 s_1} \frac{\varphi_1(\alpha_2)}{\varphi_1(\alpha_1)}, \\ \sin^2 \sigma_1 &= \frac{H}{a} \frac{\sin^2 s_2 \sin^2 \sigma_2}{\sin^2 s_1} \frac{\varphi_2(\alpha_2)}{\varphi_2(\alpha_1)}. \end{aligned} \right\} \tag{21}$$

Bei allen vorangehenden Betrachtungen sind die Planeten als kugelförmig angenommen worden. Es entsteht nun die Frage, ob es notwendig ist, bei den Planeten mit bedeutender Abplattung, wie Jupiter und Saturn, die Abplattung in Rechnung zu ziehen. Während für die alten photometrischen Methoden die bisherige Theorie vollständig ausreichte, kann zur Reduktion der neuesten lichtelektrischen Messungen eine von SEELIGER[1] entwickelte Theorie der Beleuchtung von Rotationsellipsoiden notwendig werden. Diese Theorie führt bei Vernachlässigung dritter Potenzen der Abplattung zu einfachen Formeln, die wir hier nebst Hilfstafeln zu ihrer Benutzung anführen wollen, während die Ableitungen derselben recht umständlich sind und, da sie doch nur ein sehr spezielles Interesse haben, mit Recht weggelassen werden können. Bezeichnet man mit a und b die beiden Halbachsen des Planeten, mit σ die scheinbare große Halbachse, mit A den Erhebungswinkel der Erde über der Äquatorebene des Planeten, so hat man an Stelle der Gleichungen (16) für die beim Phasenwinkel α reflektierte Lichtmenge:

$$\left. \begin{aligned} Q_1 &= 2\pi J A_1 \sin^2 s \sin^2 \sigma \cos \alpha \, (P \cos^2 A + R \sin^2 A), \\ Q_2 &= \frac{1}{2} \pi J A_2 \sin^2 s \sin^2 \sigma \, \varphi_2(\alpha) \sqrt{1 + \frac{a^2 - b^2}{b^2} \sin^2 A}. \end{aligned} \right\} \tag{22}$$

Hier bedeuten P und R zwei nur von der Abplattung des Planeten abhängige Größen, deren Werte in Tafel VI b tabuliert sind. Tafel VI c enthält für Saturn für verschiedene A die Funktionen: $Z = P \cos^2 A + R \sin^2 A$ und

$$\log \sqrt{1 + \frac{a^2 - b^2}{b^2} \sin^2 A}.$$

Die Formeln (22) unterscheiden sich somit von denjenigen für eine Kugel nur durch einfache Faktoren. In bezug auf ihre Anwendung muß man folgendes im Auge behalten:

---

[1] Abhandlungen d. k. Bayr. Akademie der Wiss. II. Kl. Bd. 16 S. 405 (1887).

Die Planeten Merkur, Venus und Mars haben, wenn überhaupt, so doch nur ganz geringfügige Abplattungen. Für dieselben genügen daher vollkommen die Formeln (16). Für Uranus und Neptun ist es ganz überflüssig auf die Phase Rücksicht zu nehmen. Es ist also, wenn man die Abplattung berücksichtigen will, mit den Formeln zu rechnen, die sich aus den obigen für $\alpha = 0$ ergeben; diese allgemein für die Opposition bei $A \neq 0$ gültigen Formeln sind:

$$\left. \begin{aligned} Q_1^0 &= 2\pi J A_1 \sin^2 s_0 \sin^2 \sigma_0 \left(P \cos^2 A + R \sin^2 A \right), \\ Q_2^0 &= \frac{\pi}{2} J A_2 \sin^2 s_0 \sin^2 \sigma_0 \sqrt{1 + \frac{a^2 - b^2}{b^2} \sin^2 A} \; . \end{aligned} \right\} \tag{23}$$

Bei Jupiter erreicht der Phasenwinkel $12°,5$, dagegen ist die Erhebung der Erde über die Äquatorebene des Planeten immer kleiner als $3°$ und $\frac{a^2 - b^2}{b^2} = 0,1$; daher ist die ganze Reduktion wegen Phase bei Jupiter $P \cos\alpha$ bzw. $\varphi_2(\alpha)$ und

$$Q_1 = Q_1^0 P \cos\alpha ; \qquad Q_2 = Q_2^0 \varphi_2(\alpha) . \tag{24}$$

Für Saturn kann es bei strengen Reduktionen von Bedeutung sein, die Formeln (22) streng anzuwenden. In der Theorie der Beleuchtung dieses Planeten spielt die Reduktion seiner Helligkeit auf den Moment $A = 0$, in dem die Erde in die Ebene seines Äquators tritt und der Ring unsichtbar wird, eine gewisse Rolle. Bezeichnen wir den Wert von Q für $\alpha = 0$ und $A = 0$ durch $Q^0(0)$, so ist

$$\left. \begin{aligned} Q_1 &= Q_1^0(0) \frac{\sin^2 s \, \sin^2 \sigma}{\sin^2 s_0 \, \sin^2 \sigma_0} \left(\cos^2 A + \frac{R}{P} \sin^2 A \right) \cos\alpha \; . \\ Q_2 &= Q_2^0(0) \frac{\sin^2 s \, \sin^2 \sigma}{\sin^2 s_0 \, \sin^2 \sigma_0} \sqrt{1 + \frac{a^2 - b^2}{b^2} \sin^2 A} \; \varphi_2(\alpha) \; . \end{aligned} \right\} \tag{25}$$

Die Größe $\log Z = \log\left(\cos^2 A + \frac{R}{P} \sin^2 A \right)$ ist für Saturn von Seeliger auch noch in einer Tabelle berechnet, die wir in unserer Tafel VI c wiedergeben.

35. Die Bondsche Definition der Albedo eines Planeten. Während sowohl die Lambertsche als die Seeligersche Definition der Albedo die Gültigkeit eines bestimmten Reflexionsgesetzes voraussetzen, hat Bond[1] schon im Jahre 1861 eine Definition der Albedo vorgeschlagen, welche aus photometrischen Beobachtungen eines Planeten bestimmt werden kann, ohne daß irgendeine Annahme über das an seiner Oberfläche geltende Reflexionsgesetz gemacht wird. Es ist H. N. Russells[2] Verdienst, in neuerer Zeit auf die Bedeutung der Bondschen Albedo für astronomische Zwecke aufmerksam gemacht zu haben. Die Definition der Bondschen oder, wie sie auch genannt wird, sphärischen Albedo ist folgende: Eine Kugel ist der Beleuchtung durch parallele Strahlen ausgesetzt. Die Albedo dieser Kugel ist das Verhältnis der nach allen Richtungen zerstreuten zur einfallenden Lichtmenge.

Die Lichtmenge, welche auf eine Zone der Kugel vom Halbmesser 1 zwischen den Einfallswinkeln i und $i + di$ einfällt, ist gleich $2\pi L \cos i \sin i \, di$. Hiervon wird der Bruchteil A reflektiert, der durch die Gleichung (25), Seite 54, bestimmt ist. Wir haben also, da die gesamte einfallende Lichtmenge gleich πL ist, für die oben definierte Albedo

$$A_B = 2 \int\limits_0^{\pi/2} A \sin i \cos i \, di = 4\pi C \int\limits_0^{\pi/2} \sin i \, di \int\limits_0^{\pi/2} f(i, \varepsilon) \sin \varepsilon \, d\varepsilon . \tag{26}$$

<hr>

[1] Proceedings of the American Academy of Arts and Sciences, N. S. 8, S. 232 (1861).
[2] Ap J 43, S. 175 (1916).

Der Vorteil dieser Definition gegenüber den anderen ist die Möglichkeit, ihren Wert auch ohne Kenntnis der Funktion $f(i, \varepsilon)$ zu bestimmen.

Wenn $\varphi(\alpha)$ die beobachtete und auf konstante Abstände des Planeten von der Erde (Δ) und Sonne (r) reduzierte Phasenkurve ist, dann ist für $\alpha = 0$ $\varphi(\alpha) = 1$. Es sei wie früher Q_0 die auf die Flächeneinheit der Erdoberfläche in Opposition vom Planeten einfallende Lichtmenge.

Denken wir uns eine Kugel vom Radius Δ_0 mit dem Planeten im Zentrum, so wird die auf die Kugelzone zwischen den Winkeln α und $\alpha + d\alpha$ vom Planeten reflektierte Lichtmenge gleich sein $2\pi\Delta_0^2 Q_0 \varphi(\alpha) \sin\alpha\, d\alpha$, die auf die ganze Oberfläche der Kugel auffallende Lichtmenge ist dann gleich

$$2\pi\,\Delta_0^2\, Q_0 \int_0^\pi \varphi(\alpha) \sin\alpha\, d\alpha\,.$$

Es sei der scheinbare Halbmesser der Sonne für die Einheit des Abstandes S, für den Abstand r des Planeten s_0; die von der Sonne auf die Einheit der Fläche auf der Erde einfallende Lichtmenge sei L', J die Intensität der Sonnenstrahlung. Bezeichnen wir weiter mit M_0 das Verhältnis der Helligkeit des Planeten in Opposition (Abstände r_0 und Δ_0) zu derjenigen der Sonne im Abstande 1, so ist $M_0 = \frac{Q_0}{L'}$, $Q_0 = M_0 J\pi \sin^2 S$; die auf den Planeten einfallende Lichtmenge ist $\pi\varrho^2 J\pi \sin^2 s_0$. Daher folgt für den Wert der BONDschen Albedo der Ausdruck:

$$A = \frac{2 M_0\, \Delta_0^2 \sin^2 S \int_0^\pi \varphi(\alpha) \sin\alpha\, d\alpha}{\varrho^2 \sin^2 s_0} = \frac{\sin^2 S\, M_0}{\sin^2 \sigma_0 \sin^2 s_0}\, 2 \int_0^\pi \varphi(\alpha) \sin\alpha\, d\alpha = pq\,, \qquad (27)$$

wo durch σ_0 der scheinbare Radius des Planeten in Opposition von der Erde aus bezeichnet ist. Wir bezeichnen durch p das Produkt derjenigen Faktoren, die nur von den geometrischen und photometrischen Beziehungen des Planeten in Opposition abhängig sind. Dann bleibt als zweiter Faktor q das doppelt genommene Integral, welches nur durch die Phasenkurve bestimmt ist.

Der erste Faktor kann durch Einführung der Abstände und des Radius des Planeten noch in verschiedener Form geschrieben werden:

$$p = \frac{\sin^2 S}{\sin^2 \sigma_0 \sin^2 s_0}\, M_0 = \frac{r_0^2\, \Delta_0^2}{\varrho^2}\, M_0 = \frac{r_0^2}{\sin^2 \sigma_0}\, M_0\,. \qquad (28)$$

Bezeichnet man durch σ_0^1 den Radius des Planeten in Bogensekunden, durch g seine Sterngröße in Opposition, beides auf die Einheit des Abstandes von Sonne und Erde bezogen, und durch G die Helligkeit der Sonne in Größenklassen ebenfalls für den Abstand 1, so hat man, da ϱ in derselben Einheit gemessen und daher $\varrho = \sin\sigma_0^1$ ist:

$$\log p = 0{,}4(G - g) - 2\log \sin\sigma_0^1\,. \qquad (29)$$

Es ist interessant, daß der so definierte Faktor p auch das Verhältnis der Helligkeit des Planeten in Opposition zu derjenigen eines selbstleuchtenden Körpers von derselben Größe und Lage darstellt, der von jeder Einheit seiner Oberfläche ebensoviel Licht aussendet, wie der Planet von der Sonne bei normaler Inzidenz erhält.

Der Faktor q enthält unter dem Integralzeichen die wirkliche Phasenkurve des Planeten. Setzt man an ihrer Stelle die Ausdrücke $\varphi(\alpha)$ nach dem LAMBERTschen und SEELIGERschen Gesetze ein, so folgen verschiedene Werte für q. Nach

Lambert ist

und es folgt
$$\left.\begin{array}{l} \varphi_1(\alpha) = \dfrac{1}{\pi}\left[\sin\alpha + (\pi - \alpha)\cos\alpha\right], \\[2mm] q = 2\displaystyle\int\limits_0^\pi \varphi_1(\alpha)\sin\alpha\,d\alpha = 1{,}5000. \end{array}\right\} \tag{30}$$

Nach Lommel-Seeligers Gesetz ist

$$\left.\begin{array}{l} \varphi_2(\alpha) = 1 - \sin\dfrac{\alpha}{2}\,\mathrm{tang}\,\dfrac{\alpha}{2}\,\ln\mathrm{cotg}\,\dfrac{\alpha}{4}\;; \\[2mm] q = 2\displaystyle\int\limits_0^\pi \varphi_2(\alpha)\sin\alpha\,d\alpha = (1-\ln 2)\tfrac{16}{3} = 1{,}6366. \end{array}\right\} \tag{31}$$

Wir haben außerdem für das letztere Gesetz nach der ersten Definition der
Albedo [Gleichung (25) S. 54 und (26) S. 68], die Beziehungen:

$$\left.\begin{array}{l} A = 2\pi C\displaystyle\int\limits_0^{\pi/2} \dfrac{\sin\varepsilon\cos\varepsilon}{\cos i + \cos\varepsilon}\,d\varepsilon = 2\pi C\left[1 - \cos i\,\ln(1 + \sec i)\right], \\[4mm] A_B = \displaystyle\int\limits_0^{\pi/2} A\,\sin i\cos i\,di = \tfrac{8}{3}\pi C(1 - \ln 2) = 0{,}8183\,\pi C. \end{array}\right\} \tag{32}$$

Der Faktor in den Klammern in dem ersten dieser Ausdrücke schwankt zwischen
den Werten 0,308 für $i = 0°$ und der Einheit für $i = 90°$. Da aber A niemals
größer sein kann als Eins, so folgt, daß πC nicht größer sein kann als 0,5 und
A_B nicht größer als 0,409. Mit Rücksicht auf die Beziehung $A_B = pq$ und die
Gleichung (31) kann also geschlossen werden, daß ein Planet, für welchen p
größer ist als 0,25, nicht das Lommel-Seeligersche Gesetz befolgen kann.

Wenn das Integral aus der tatsächlich beobachteten Phasenkurve durch
mechanische Quadratur berechnet werden kann, so ergibt die Bondsche Albedo
einen von allen Hypothesen freien Wert der Albedo, der dazu das Absorptionsvermögen der Planetenoberfläche in strengster Weise charakterisiert. Wird
der Begriff nicht auf die Lichtstrahlung allein, sondern auf die gesamte einfallende und reflektierte Strahlung bezogen, so ist er dazu geeignet, auch die
Temperatur eines Planeten zu bestimmen.

Leider ist es nur für die inneren Planeten möglich, die Phasenkurve für die
Winkel α von 0° bis 180° zu beobachten. Für die äußeren Planeten mußte Russell[1],
um Albedowerte zu bestimmen, Hypothesen und Analogien anwenden. Wie
wesentlich verschieden die Bondschen Albedowerte gegen frühere ausfallen,
kann man am Beispiel von Venus ersehen. Müllers Beobachtungen dieses Planeten ergeben für q den Wert 1,194, für p 0,492 und für die Albedo $A_B = pq = 0{,}59$,
während Müller aus denselben Beobachtungen für die Lambertsche bzw. die
Seeligersche Albedo die Werte 0,758 bzw. 1,010 ableitet. Der Wert der Seeligerschen Albedo, der größer ist als die Einheit, ist eine Bestätigung des Satzes,
daß bei Planeten, für welche p größer ist als 0,25, das Seeligersche Reflexionsgesetz nicht gültig sein kann.

Es ist nicht unwichtig zu bemerken, daß sich p mit dem Reflexionskoeffizienten in der Bestrahlungsrichtung für unregelmäßig geformte Körper
identifizieren läßt; auch auf die natürlichen unregelmäßigen Formen der reflektierenden Körper läßt sich p beziehen und ist daher für die Identifizierung

---

[1] Ap J 43, S. 190 (1916).

der während der Opposition beobachteten Reflexionskoeffizienten einzelner Mondgebilde mit denjenigen irdischer Substanzen am besten geeignet.

Endlich sei hier noch darauf aufmerksam gemacht, daß die BONDsche Albedo für eine Kugel identisch ist mit der Albedo einer ebenen Fläche, welche von parallelen Strahlen, die aus allen Richtungen gleichmäßig auf sie einfallen, beleuchtet ist, wenn unter der Albedo einer solchen Fläche das Verhältnis der gesamten in alle Richtungen reflektierten zur einfallenden Lichtmenge verstanden wird. Nennt man L die Lichtmenge, welche von der Einheit des räumlichen Winkels auf die Fläche einfällt, so ist die Lichtmenge, welche das Element $d\sigma$ unter den Einfallswinkeln zwischen i und $i + di$ empfängt,

$$2\pi L \cos i \sin i \, di \, d\sigma,$$

und davon wird der Bruchteil A reflektiert. Integriert man über die Halbkugel und dividiert durch die gesamte einfallende Lichtmenge $\pi L \, d\sigma$, so ist die oben definierte Albedo

$$A_B = 2 \int_0^{\pi/2} A \sin i \cos i \, di = 4\pi C \int_0^{\pi/2} \sin i \, di \int_0^{\pi/2} f(i, \varepsilon) \sin \varepsilon \, d\varepsilon. \tag{33}$$

Dieser Ausdruck ist mit demjenigen in Formel (26) identisch.

Die Bestimmung der BONDschen Albedo ist in aller Strenge nur für die inneren Planeten möglich, weil nur für diese die Phasenkurven von $\alpha = 0°$ bis $\alpha = 180°$ bekannt sind. Bei der Berechnung von q für Mars und die kleinen Planeten hat sich RUSSELL durch folgende Überlegung geholfen. Die theoretischen, nach LAMBERT und SEELIGER berechneten Kurven für $\varphi(\alpha)$ und die aus den Beobachtungen einwandfrei bekannten Phasenkurven des Mondes, von Merkur und von Venus haben alle einen sehr verschiedenen Verlauf. Wie aber die folgende Tabelle zeigt, ergeben sie alle für den Quotienten $q/\varphi(\alpha)$

Tabelle 7. $q/\varphi(\alpha)$.

α	LAMBERT	SEELIGER	Venus	Mond	Merkur
0°	1,50	1,64	1,19	0,72	0,42
20	1,60	1,77	1,54	1,06	0,83
40	1,88	2,08	2,00	1,64	1,63
50	2,12	2,32	2,32	2,07	2,28
60	2,46	2,64	2,72	2,68	3,21
80	3,66	3,60	3,88	4,77	6,41

bei $\alpha = 50°$ nahezu denselben Wert, für den man im Mittel 2,20 erhält. Da nun die Albedo auch durch die Gleichung bestimmt ist $A_B = p(\alpha)\dfrac{q}{\varphi(\alpha)}$, so kann man, wenn man durch M_{50} den Quotienten aus der Helligkeit des Planeten beim Phasenwinkel 50° und der Helligkeit der Sonne bezeichnet, auch folgende empirische Gleichung hinschreiben:

$$A_B = 2,20 \, M_{50} \frac{r^2 \Delta^2}{\varrho^2}. \tag{34}$$

Hierin ist der Koeffizient 2,20, wenn man die Abweichungen der Einzelwerte der Tabelle als zufällige ansieht, auf einige Prozent genau, und mit derselben Genauigkeit ergibt sich dann die Albedo nach obiger Formel unter der Voraussetzung, daß auch die Kurven der anderen Planeten für $q/\varphi(\alpha)$ bei $\alpha = 50°$ durch den betreffenden Punkt hindurchgehen.

Da die Phasenkurve des Mars bis $\alpha = 47°$ bekannt ist, so kann der Wert M_{50} durch eine kleine Extrapolation gefunden werden. Bei den Asteroiden, deren maximale Phasenwinkel zwischen 20° und 30° liegen, sind schon bedeutende Extrapolationen notwendig.

Die Albedowerte für Jupiter, Saturn, Uranus, Neptun können nur geschätzt werden.

Tabelle 8. Bonds Albedo der Planeten und Trabanten.

	p	q	visuelle Albedo A_B	photographische Albedo
Mond	0,105	0,694	0,073	0,051
Merkur {	0,164	0,42	0,069	—
	0,077	0,72	0,055	—
Venus	0,492	0,20	0,59	0,60
Mars	0,139	1,11	0,154	0,090
Jupiter	0,375	1,5:	0,56:	0,73:
Saturn	0,420	1,5:	0,63:	0,47:
Uranus	0,42	1,5:	0,63:	—
Neptun	0,49	1,5:	0,73	—
Ceres	0,10	0,55	0,06:	—
Pallas	0,13	0,55:	0,07:	—
Juno	0,22	0,55:	0,12:	—
Vesta	0,48	0,55:	0,26:	—
Jupitertrabant I	0,46	1,5:	0,69:	—
,, II	0,51	1,5:	0,76:	—
,, III	0,30	1,5:	0,45:	—
,, IV	0,11	1,5:	0,16:	—
Titan	0,33	1,5:	0,50	—
Erde {	0,37	1,20	0,45	—
	0,65	0,70	0,45	—

Die zwei Werte für die Albedo der Erde setzen der erste eine Phasenkurve der Erde gleich derjenigen der Venus, der zweite gleich derjenigen des Mondes voraus. Die Punkte : bedeuten einen auf Schätzung beruhenden Wert. Für die photographische Albedo der Erde nach Bonds Definition hat E. Öpik[1] den Wert $A_B = 0{,}63 \pm 0{,}08$ abgeleitet, wobei die Phasenkurve von Venus zugrunde gelegt wurde.

36. Die Lichtverteilung auf einer Planetenscheibe. Wenn auch nach dem vorigen nicht erwartet werden darf, daß für irgendeinen Planeten eines der beiden oft erwähnten Gesetze der Reflexion gültig ist, so ist es doch wichtig, sich darüber klar zu werden, wie ein Planet, der die in Ziff. 32 genannten idealen Bedingungen erfüllt, sich der Beobachtung bei verschiedenen Verhältnissen darstellen müßte. Das Studium der Lichtverteilung auf den Oberflächen mit Hilfe speziell zu diesem Zweck konstruierter Flächenphotometer ist in letzter Zeit von verschiedener Seite in Angriff genommen worden, und es steht zu erwarten, daß mit fortschreitender Vervollkommnung der Planetenphotographie dasselbe sich auch noch wesentlich weiter entwickeln wird. Zur Deutung der beobachteten Helligkeitsverhältnisse bieten die theoretisch berechneten den ersten Anhaltspunkt. Wir wollen deshalb die einfachen Betrachtungen, die seinerzeit Anding[2] über diesen Gegenstand angestellt hat, kurz wiedergeben.

Aus den Formeln (1) und (2) (S. 62) für die vom Elemente ds der Planetenoberfläche reflektierten Lichtmengen ergeben sich nach Division durch die scheinbare Größe des Elements $ds \cos\varepsilon$ folgende Ausdrücke für die Helligkeiten auf der Planetenoberfläche:

$$\left.\begin{aligned} h_1 &= \Gamma_1 \cos i, \\ h_2 &= \Gamma_2 \frac{\cos i}{\cos i + \cos\varepsilon}. \end{aligned}\right\} \tag{35}$$

---

[1] Publ. de l'Observ. Astron. de l'Univers. de Tartu. (Dorpat). 26, Nr. 1. 1924.
[2] A N 129, S. 377 (1892).

Führt man statt der Winkel i und ε die durch Gleichung (5) definierten sphärischen Koordinaten ψ und ω ein und ersetzt auch Γ_1 und Γ_2 durch ihre Werte (15) Seite 66, so erhält man:

$$\left.\begin{aligned}
h_1 &= JA_1 \sin^2 s \cos\psi \cos(\omega - \alpha)\,,\\[2mm]
h_2 &= JA_2 \sin^2 s \left[\frac{1}{2} + \frac{1}{2}\operatorname{tang}\frac{\alpha}{2}\operatorname{tang}\left(\omega - \frac{\alpha}{2}\right)\right].
\end{aligned}\right\} \tag{36}$$

Aus diesen Formeln läßt sich sofort die Lichtverteilung bei voller Beleuchtung, also $\alpha = 0°$, übersehen. Nach der zweiten Gleichung (36) ist diese Helligkeit in allen Punkten der Scheibe konstant. Nach der ersten wird die scheinbare Helligkeit proportional mit $\cos\psi\cos\omega$. Sie nimmt also von der Mitte der Scheibe, wo ω und $\psi = 0$ sind, nach dem Rande zu ab und wird in unmittelbarer Nähe des Randes, wo der Einfallswinkel des Lichts nahezu $90°$ ist, mit $\cos i = \cos\psi\cos\omega$ verschwindend klein. Die Helligkeit in der Mitte der vollbeleuchteten Planetenscheibe, welche wir mit h^0 bezeichnen wollen, ist

$$\left.\begin{aligned}
h_1^0 &= JA_1\sin^2 s\,,\\
h_2^0 &= \tfrac{1}{2}JA_2\sin^2 s\,,
\end{aligned}\right\} \tag{37}$$

und wenn man diese Werte in (36) substituiert, so erhält man die scheinbaren Helligkeiten in einem beliebigen Punkte der Planetenscheibe in Einheiten der zentralen Helligkeit in Opposition:

$$\left.\begin{aligned}
h_1 &= h_1^0 \cos\psi\cos(\omega - \alpha)\,,\\[2mm]
h_2 &= h_2^0\left\{1 + \operatorname{tang}\frac{\alpha}{2}\operatorname{tang}\left(\omega - \frac{\alpha}{2}\right)\right\}.
\end{aligned}\right\} \tag{38}$$

Um nun die Kurven gleicher Helligkeit bei verschiedenen Phasen, die Isophoten, anschaulich zu machen, führen wir rechtwinklige Koordinaten auf der Scheibe ein, welche vom Intensitätsäquator und dem Zentrum der sichtbaren Scheibe gerechnet seien. Es sei der Intensitätsäquator die x-Achse, positiv auf der Seite der Sonne. Der Radius des Planeten wird $= 1$ gesetzt. Wir haben dann

$$y = \sin\psi \qquad \text{und} \qquad x = \cos\psi\sin\omega\,. \tag{39}$$

Setzt man diese Werte in die erste der Gleichungen (38) ein und bezeichnet den Quotienten h_1/h_1^0 mit a, so ergibt sich

$$y^2\cos^2\alpha + x^2 - 2xa\sin\alpha + (a^2 - \cos^2\alpha) = 0\,. \tag{40}$$

Dieses ist die Gleichung des geometrischen Ortes aller Punkte der Scheibe, welche die Helligkeit a besitzen. Es ist die Gleichung einer Ellipse, deren kleine Achse in der x-Achse liegt; ihr Zentrum liegt vom Mittelpunkte der Scheibe um das Stück $a\sin\alpha$ entfernt; ihre Halbachsen haben die Werte $\sqrt{1 - a^2}$ und $\cos\alpha\sqrt{1 - a^2}$. Die Kurven gleicher Helligkeit sind also nach LAMBERT Ellipsen mit verschiedenen Mittelpunkten und verschiedenen Achsen, deren Achsenverhältnis aber immer gleich $1 : \cos\alpha$ bleibt.

Bei vollbeleuchteter Scheibe gehen die Ellipsen in Kreise mit dem Radius $\sqrt{1 - a^2}$ über. Das Maximum der Helligkeit liegt im Zentrum. Für die Werte von α zwischen $0°$ und $90°$, also bei mehr als halbbeleuchteter Scheibe, liegt dieses Maximum, das immer h_1^0 gleichbleibt, in dem Punkte des Äquators, für welchen $\psi = 0$ und $\omega = \alpha$ ist, d. h. in demjenigen Punkte, welcher senkrecht von der Sonne beleuchtet ist. Dieser Punkt wandert allmählich vom Zentrum der Scheibe bis an den positiven Rand, den er bei $\alpha = 90°$ erreicht. Es ist also die Mitte des positiven Randes in Quadratur ebenso hell, wie das

Zentrum in Opposition. Ist α genau gleich $90°$, so gehen die Ellipsen gleicher Helligkeit, da ihre kleinen Achsen gleich 0 werden, in gerade Linien über, die dem Terminator parallel sind. Nimmt die Phase weiter zu, so bleibt die Mitte des positiven Randes der hellste Punkt der Scheibe. Seine Helligkeit ist $h_1^0 \sin\alpha$ und nimmt allmählich bis zum Werte 0 ab. Dieser Punkt hat also von der Opposition aus gerechnet Helligkeiten, die anfangs von 0 bis h_1^0 ansteigen und dann nach der Quadratur von h_1^0 bis 0 abnehmen. Nach dem negativen Rande zu nimmt die Helligkeit bei allen Phasen bis 0 ab. Der positive Rand ist daher derjenige, der wegen seiner größeren Helligkeit immer der schärfer begrenzte ist, was nach der Quadratur, wo auf ihm das Maximum der Helligkeit liegt, besonders deutlich hervortreten muß.

Wesentlich anders als nach dem Lambertschen Gesetze gestaltet sich die Lichtverteilung auf einer Planetenscheibe nach dem Lommel-Seeligerschen Gesetze. Durch dieselbe Transformation (39) der zweiten Formel (38) erhält man, wenn man wieder h_2/h_2^0 mit a bezeichnet, für den geometrischen Ort der Punkte gleicher Helligkeit die Formel:

$$y^2 + x^2 \frac{1 + 2b\cos\alpha + b^2}{(1 - b\cos\alpha)^2} = 1 \, . \tag{41}$$

Hier ist noch zur Abkürzung $b = \dfrac{2 - a}{a}$ gesetzt worden. Dies ist die Gleichung einer Ellipse, deren Mittelpunkt im Zentrum der Scheibe liegt und deren große Halbachse mit der Verbindungslinie der Pole zusammenfällt, während der Wert der kleinen Halbachse $\dfrac{1 - b\cos\alpha}{\sqrt{1 - 2b\cos\alpha + b^2}}$ ist. Die Kurven gleicher Helligkeit sind also stets Halbellipsen, welche durch die Pole gehen. Aus Gleichung (38) ersieht man, daß bei vollbeleuchteter Scheibe die Helligkeit für alle Punkte dieselbe ist. Bei mehr als halbbeleuchteter Scheibe kommen für ω alle Werte zwischen $-\left(\dfrac{\pi}{2} - \alpha\right)$ und $+\dfrac{\pi}{2}$ in Betracht, und die Helligkeit nimmt von 0 am negativen Rande bis zu dem Werte $h_2 = 2h_2^0$ am positiven kontinuierlich zu. Auch bei halb beleuchteter Scheibe und weiter bei Sichelform bleibt die Helligkeit am positiven Rande konstant und gleich $2h_2^0$; der Unterschied im Aussehen der beiden Ränder muß hier noch schärfer ins Auge fallen als beim Lambertschen Gesetze.

37. Über den Einfluß von Unebenheiten der Oberfläche auf das Aussehen und die Phasenkurve eines Planeten. Zöllner[1] hat es versucht, den Einfluß von Erhöhungen auf der Mondoberfläche auf den Verlauf der Phasenkurve zu berechnen, und ist dabei zu einem sehr einfachen Ausdruck gelangt, der aber, wie H. Seeliger[2] und A. Searle[3] übereinstimmend nachgewiesen haben, auf unbegründeten Vereinfachungen der Aufgabe beruht und dazu noch fehlerhaft abgeleitet ist. Als Grundlage seiner Theorie nimmt Zöllner den leicht beweisbaren Satz, daß bei Annahme des Lambertschen Gesetzes die Beleuchtung einer glatten Kugel in jedem Phasenwinkel durch dieselbe Formel (bis auf die Konstante) angegeben wird, wie die Beleuchtung der Mantelfläche eines Kreiszylinders von bestimmter Größe und Lage. Diesen an und für sich richtigen Satz glaubt Zöllner auch in dem Falle anwenden zu dürfen, wenn Kugel und Zylinder nicht eine gleichmäßig rauhe, sondern mit Erhebungen bedeckte Oberfläche haben, und zwar könne eine unregelmäßige Ver-

---

[1] Photometrische Untersuchungen, S. 38.
[2] Vierteljahrschrift der Astr. Gesell. 21, S. 216 (1886).
[3] Proceedings of the American Academy of Sciences 19, S. 310 (1884).

teilung der Unebenheiten durch eine regelmäßige ersetzt werden, so daß an Stelle der irgendwie verteilten Berge auf der Mondoberfläche die Beleuchtung eines regelmäßig kanellierten Zylinders zu untersuchen ist, dessen Furchen durch je zwei Ebenen gebildet werden, die sich unter einem gewissen Winkel in einer zur Zylinderachse parallelen Kante schneiden. Es ist klar, daß die Berechtigung einer solchen Substitution erst zu beweisen wäre; aber auch wenn man diese Voraussetzung gelten läßt, ist die Ableitung der Beleuchtungsformel noch fehlerhaft, und der Umstand, daß es ZÖLLNER gelingt, diese fehlerhafte Formel, die nur eine Konstante, nämlich den Erhebungswinkel der Berge enthält, bei einem Werte dieses Erhebungswinkels $\beta = 52°$ mit den Beobachtungen der Lichtstärke des Mondes zwischen $\alpha = 0°$ und $\alpha = 70°$ in Einklang zu bringen, zeigt nur, daß sie als Interpolationsformel für die Phasenkurve in diesem Bereiche brauchbar ist. Die Konstante β hat aber natürlich keinerlei physikalische Bedeutung.

Es ist von vornherein klar, daß die Darstellung der Phasenkurve des Mondes durch eine theoretische Formel, welche mit Hilfe irgendeines Reflexionsgesetzes der Mannigfaltigkeit der Mondformationen Rechnung tragen will, eine unlösbare Aufgabe ist. Das Reflexionsvermögen verschiedener Mondpartien ist außerordentlich verschieden und die Verteilung der Unebenheiten auf der Oberfläche vollständig unregelmäßig. Aber auch die Phasenkurve der verschiedenen Mondformationen muß in Abhängigkeit von ihrer Form vollständig verschieden sein, auch wenn jedes ebene Element ihrer Oberfläche dasselbe Reflexionsgesetz befolgen würde. Wenn es gelingen würde, die Formationen der Mondoberfläche in eine Anzahl Typen zu verteilen und den prozentualen Anteil jedes Typus an der Gesamtoberfläche zu bestimmen, so müßten zunächst die Phasenkurven und die mittleren Helligkeitswerte für die Bestrahlungsrichtung (in Opposition) für jeden Typus einzeln bestimmt werden. Die Phasenkurve der Totalhelligkeit würde sich dann durch Summation der einzelnen Phasenkurven ergeben. Doch würde eine auf diesem Wege erreichte Darstellung der Phasenkurve des Mondes nur den Wert einer Prüfung über die richtige Einteilung in Typen, nicht aber eine selbständige physikalische Bedeutung haben. Die ersten Versuche, Phasenkurven einzelner Mondgebilde aus Beobachtungen zu bestimmen, hat W. F. WISLICENUS[1] gemacht. Dieselben sind von WIRTZ bearbeitet worden und führten zu Phasenkurven für 20 verschiedene Mondgebilde, die aber zum Teil wegen der großen Beobachtungsfehler, zum Teil auch dank der Wahl des Arguments, für welches WIRTZ den „photometrischen Faktor“ $\dfrac{\cos i \cos \varepsilon}{\cos i + \cos \varepsilon}$ gewählt hat, nur so viel verraten, daß das SEELIGERsche Gesetz auch nicht annähernd genügt, die Helligkeiten darzustellen, und daß die meisten Mondgebilde ein ausgesprochenes Helligkeitsmaximum für die Momente der Opposition aufweisen, unabhängig von ihrer Lage auf der Mondscheibe. Dieselbe Erscheinung tritt hervor und wird als bedeutungsvoll unterstrichen in den Beobachtungen von BARABASCHEW[2] und MARKOW[3], welche ebenfalls die Helligkeiten einzelner Mondgebilde bei verschiedenen Phasenwinkeln verfolgt haben. Die Helligkeit auf der Mondoberfläche ist also in hohem Grade durch den Schattenwurf beeinflußt; bei Vollmond, wo unabhängig von der Lage auf der Scheibe, d. h. der Höhe der Sonne über dem Horizonte des Punktes, $i = \varepsilon$ wird und die Schatten für das Auge des Beobachters verschwinden, tritt die größte Helligkeit ein. BARABASCHEW und MARKOW haben in einer Reihe von Artikeln versucht, eine theoretische Deutung dieser Erscheinung zu geben, der erstere, indem er als charakteristische Form der Mondoberfläche Rillen und Spalten annahm.

<hr>

[1] A N 201, S. 290 (1915).   [2] A N 217, S. 445 (1923).   [3] A N 221, S. 65 (1924).

MARKOW wies die Fehler in der mathematischen Behandlung des Problems nach; er versuchte es, die Helligkeiten in BARABASCHEWS und seinen eigenen Beobachtungen mit Hilfe der FESSENKOWSCHEN Formel für diffuse Reflexion darzustellen; diese Formel ist die auf das erste Glied abgekürzte Formel (13) auf Seite 43:

$$f(i, \varepsilon) = (1 + \cos^2\alpha)\, \frac{\cos i \cos \varepsilon}{\cos i + \cos \varepsilon}.$$

Da der Faktor $(1 + \cos^2\alpha)$ zwischen den Phasenwinkeln $0°$ und $90°$ von 2 bis 1 abnimmt, so muß natürlich dem starken Abfall der Phasenkurven in diesem Gebiete durch die obige Formel besser Rechnung getragen werden als durch die einfache SEELIGERsche Formel. Da keine Beobachtungen über $\alpha = 90°$ hinaus vorlagen, so konnte auch das Versagen der Formel für größere Phasenwinkel nicht hervortreten. Es ist auch noch zu bemerken, daß der Abfall der Helligkeit bei vielen Mondgebilden am stärksten in nächster Nähe der Opposition ist und manchmal 20—30% der Oppositionshelligkeit ausmacht. Diesem Umstande kann natürlich die FESSENKOWSCHE Formel nicht genügen. Wir wissen auch aus der Übersicht über die Beobachtungen an irdischen Substanzen, daß sie für feste Körper ebensowenig wie die SEELIGERsche der Natur entsprechen kann.

In einer späteren Arbeit hat BARABASCHEW[1] die von J. WILSING[2] zur Erklärung der Helligkeit der hellen Strahlen des Mondes aufgestellte Theorie einer porösen Beschaffenheit derselben zur Erklärung seiner Beobachtungen herangezogen und auf die ganze Mondoberfläche auszudehnen versucht.

E. ÖPIK[3] hat auf photographischem Wege die Helligkeiten einer größeren Reihe von Mondgebilden untersucht und auch empirische Beleuchtungsformeln für die Kontinente und die Meere abgeleitet. Er wählt zur Darstellung der Helligkeiten als Funktionen von i, ε, α die Form

$$s = a + \Delta a - 2{,}5\, k \log \cos i - k'\varepsilon. \tag{42}$$

Hier bedeuten s die Helligkeit in Größenklassen, a, k und k' Parameter, welche verschieden sind für die Meere und die Kontinente; dabei sind a und k Funktionen des Phasenwinkels, während k' konstant ist zwischen $\alpha = 28°$ und $\alpha = 121°$; Δa ist das relative Reflexionsvermögen für einen gegebenen Punkt, das auf ein mittleres der betreffenden Formation (Kontinente oder Meere) bezogen ist. Die Werte von a und k sind in Tabellen gegeben, wobei es auffällt, daß ihr Verlauf ein sehr ähnlicher ist. ÖPIK verzichtet auf jede theoretische Erklärung seiner Formel, deren Wert er darin sieht, daß sie zur Bestimmung der Erdalbedo aus der Helligkeit des Erdscheines dienen kann. Die Funktionen a und k des Phasenwinkels sind nach der Aussage des Verfassers selbst als unsicher anzusehen. Zu ihrer Ableitung waren bedeutende empirische Tageskorrektionen für die einzelnen Platten notwendig.

38. Eine neue Beleuchtungstheorie des Mondes. Theoretisch hat der Verfasser[4] die Frage nach der Beschaffenheit der Mondoberfläche eingehend verfolgt. Seine eigenen Beobachtungen mit einem Flächenphotometer beziehen sich auf typische Stellen der Kontinente und Meere. Außer relativen Beobachtungen der Helligkeit gleichartiger Punkte auf der Scheibe stellte er auch ab-

---

[1] A N 221 S. 289 (1924)

[2] Zur Entwicklungsgeschichte des Mondes. Publikationen des Astrophys. Obfervat. zu Potsdam Nr. 77 (1921).

[3] Publ. de l'Observatoire Astronom. Tartu. Tome 26, Nr. 1 (1924).

[4] E. SCHOENBERG, Untersuchungen zur Theorie der Beleuchtung des Mondes usw. Acta Societatis Scientiarum Fennicae. Tome 50, No. 9 (1925).

solute Beobachtungen der Helligkeit des Mondrandes zwischen den Phasenwinkeln von 0° bis 120° an. So ergab sich die Möglichkeit, den Einfluß der
Phase abzutrennen. Verschiedene empirische Formeln wurden versucht, um die
relativen Helligkeiten auf der Scheibe bei verschiedenen Phasenwinkeln darzustellen, und als einfachste, in großem Umfange der Phase gültige, erweist sich
eine Formel von LOMMEL-SEELIGERscher Form:

$$f(i, \varepsilon) = \frac{\cos i \cos \varepsilon}{\cos i + \lambda \cos \varepsilon} \qquad \text{bei} \qquad \lambda = \tfrac{1}{3}. \tag{43}$$

Diese Formel versagt nur in der Nähe des Terminators für Einfallswinkel, die
größer sind als 75°. Es ist auch möglich, in der obigen Form die Helligkeiten
für alle Phasenwinkel darzustellen, wenn man der Größe λ mit dem Phasenwinkel veränderliche Werte zuschreibt. Doch erscheint es vorteilhafter, mit
einem konstanten Werte von λ zu rechnen und die Abhängigkeit der Helligkeiten von dem Phasenwinkel in der Form

$$dq = \Gamma f(i, \varepsilon) \psi(\alpha) ds \tag{44}$$

zu untersuchen. Bei Hinzuziehung der Beobachtung von BARABASCHEW und
MARKOW über den Helligkeitsverlauf der hellen Strahlen ergibt es sich, daß die
Funktion $\psi(\alpha)$ für dieselben einen charakteristischen, in der Nähe der Opposition scharf abfallenden Verlauf hat, während für die übrige Oberfläche dieser
Verlauf ein anderer, für Kontinente und Meere nur wenig verschiedener ist.
Es werden also zunächst drei verschiedene Typen von Mondgebilden unterschieden, die Kontinente, die Meere und die hellen Strahlen, die sich sowohl
durch ihr Reflexionsvermögen in der Bestrahlungsrichtung als auch den Verlauf der „Schattenfunktion" $\psi(\alpha)$ unterscheiden; ein weiteres Studium
der Veränderlichkeit der Mondgebilde zum
Zwecke einer genaueren Klassifikation nach
obigen Prinzipien scheint erwünscht. Abb. 20
zeigt den Verlauf der Schattenfunktion $\psi(\alpha)$
bei Annahme des LAMBERTschen Gesetzes
für $f(i, \varepsilon)$.

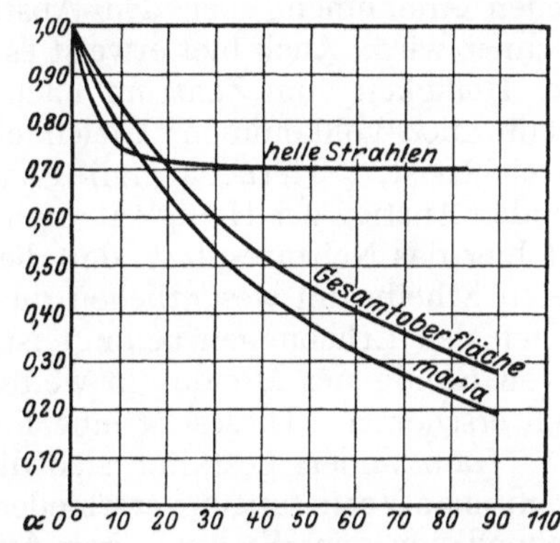

Abb. 20. Der Verlauf der Funktion $\psi(\alpha)$.

Im theoretischen Teile seiner Arbeit
legt der Verfasser für ein ebenes Flächenelement das LAMBERTsche Reflexionsgesetz
als dasjenige zugrunde, welches den Beobachtungen an irdischen Substanzen doch noch
am besten genügt. Es erweist sich auch tatsächlich, daß die Brauchbarkeit der Formel (43)
mit der SEELIGERschen Form für $f(i, \varepsilon)$ nur
bei veränderlichem λ möglich und eine Folge
der besonderen Beschaffenheit der Mondoberfläche ist. Zwei auffallende Eigentümlichkeiten sind durch die Beschaffenheit
der Mondoberfläche zu erklären: einerseits die gleichmäßige Helligkeit der vollbeleuchteten Mondscheibe, denn eine glatte Oberfläche müßte nach LAMBERT und
auch nach allen experimentellen Untersuchungen an irdischen Substanzen einen
Abfall der Helligkeit nach dem Rande zu aufweisen; andererseits der starke Abfall der mittleren Helligkeit mit dem Phasenwinkel. (Abb. 21).

Während zur Erklärung gleichmäßiger Helligkeit bei Vollmond die Annahme
von Erhebungen der Oberfläche ausreicht, kann die zweite Tatsache der starken
Lichtabnahme durch dieselbe nicht erklärt werden.

Der Verfasser macht zunächst die Hypothese, die Oberfläche des Mondes
sei mit konischen Erhebungen von gleichen Öffnungswinkeln gleichmäßig be-

deckt und berechnet die Lichtverteilung auf dem Intensitätsäquator bei Vollmond. Je dichter die Erhebungen und je spitzer die Kegel angenommen werden, desto mehr gleicht sich die Helligkeit vom Zentrum nach dem Rande zu aus; wenn auch keine gleichmäßige Helligkeit erreicht werden kann, also keine vollständige Übereinstimmung mit der Beobachtung, so könnte diese Annahme bei der Unsicherheit über das Reflexionsgesetz für die Erklärung der relativen Helligkeit bei Vollmond und auch bei beliebigem Phasenwinkel evtl. genügen. Versucht man aber die beobachtete Lichtabnahme des Mondrandes bei dieser Hypothese zu erklären, so ergibt sich sofort ihre Unmöglichkeit, denn die Helligkeit des Mondrandes muß bei kegelartigen Erhöhungen von der Opposition an zunehmen. Diese Zunahme dauert bis zum Phasenwinkel, bei welchem die Sonne in den Zenit der sichtbaren Kegelmäntel kommt. Weiter nimmt die Helligkeit ab und sinkt schnell zu 0 herab, wenn die Sonne nur noch die Rückseiten der Kegel beleuchtet. Dies ist im vollständigen Widerspruch zu den Beobachtungen.

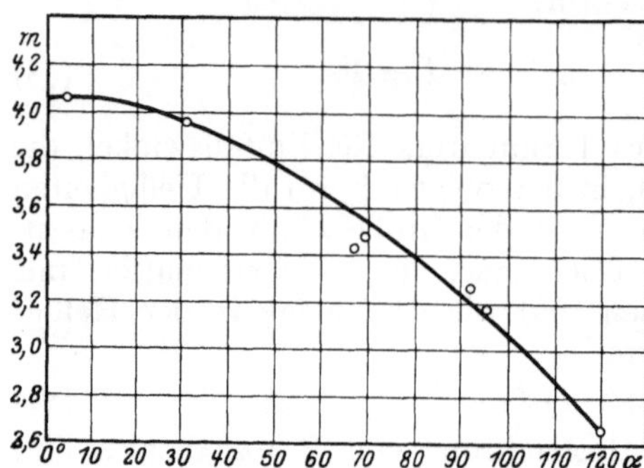

Abb. 21. Die Abnahme der Helligkeit des positiven Mondrandes mit wachsendem Phasenwinkel.

Ein ähnliches Resultat ergibt sich bei der Annahme halbkugelförmiger und kalottenförmiger Erhebungen, für welche die Lichtverteilung bei verschiedenen Annahmen über den Abstand der Erhöhungen voneinander durchgerechnet wird. Auch hier erweist es sich, daß durch die Erhöhungen ein Ausgleich der Helligkeit vom Zentrum nach den Rändern der Vollmondscheibe eintritt, wenn auch vollkommene Gleichheit bei keiner Annahme über ihre Dichte zu erreichen ist, daß ferner aber die Phasenkurve des Mondrandes anfangs einen bedeutenden Anstieg der Helligkeit ergibt, worauf ein langsamer Abfall folgt. Wichtig ist hier das Nebenresultat, daß die Abnahme der Helligkeit auf der vollbeleuchteten Scheibe im wesentlichen durch die Beleuchtung des ebenen Bodens zwischen den Erhebungen bedingt ist, während die sichtbaren Kalotten am positiven Rande des Mondes in weitem Umfange des Phasenwinkels gleichmäßig hell erscheinen. Dieses ist eine Folge ihrer runden Form.

Ganz anders gestaltet sich die Lichtverteilung auf einer Planetenscheibe, wenn man Vertiefungen verschiedener Form in dem ebenen Boden annimmt. Ausgehend von den Wilsingschen Anschauungen über die Entwicklungsgeschichte und Beschaffenheit der Mondoberfläche, berechnet Verfasser die Beleuchtung bei halbkugelförmigen Vertiefungen, welche für verschiedene Lavaformen so charakteristisch sind. Diese halbkugelförmigen Vertiefungen auf der freien Oberfläche der Lava entstehen infolge des Entweichens von Gasen in halbflüssigem Zustande und liegen oft so dicht beieinander, daß die resultierende Rauheit der Oberfläche außerordentlich groß wird. Es erweist sich, daß die Helligkeiten solcher halbkugelförmigen Vertiefungen nach dem Rande einer vollbeleuchteten Planetenscheibe anwachsen, und es ist daher möglich, bei Annahme eines ebenen oder leicht gewölbten Bodens zwischen ihnen, die gleichmäßige Helligkeit der Vollmondscheibe zu erklären. Auch die beobachtete Lichtverteilung bei anderen Phasenwinkeln bis zu 90° läßt sich unter denselben Annahmen darstellen, ebenso wie die Abnahme der Helligkeit des Mondrandes innerhalb derselben Grenzen. Für Phasenwinkel, die größer sind als 90°, erscheinen in

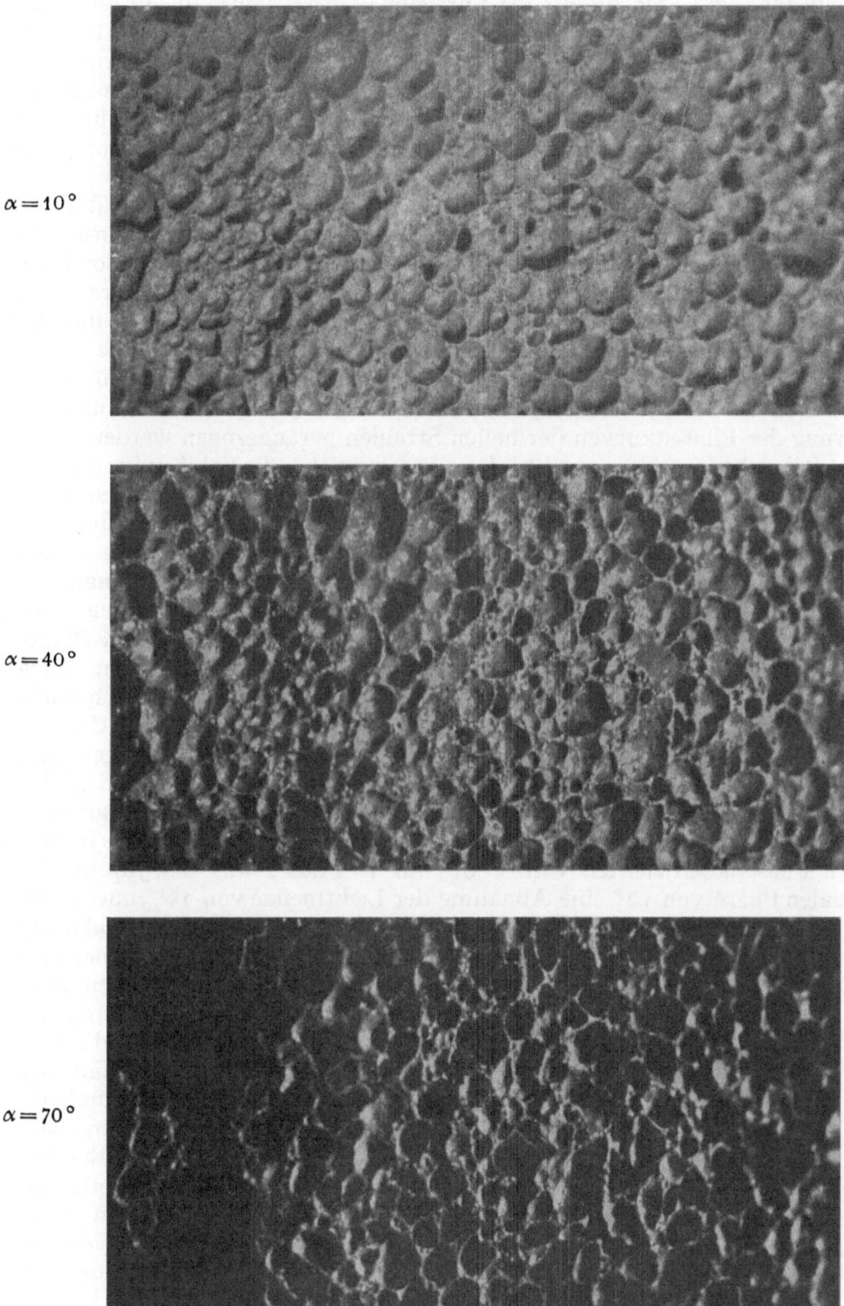

Abb. 22. Bimssteinlava unter verschiedenen Winkeln (α) zur Beleuchtungsrichtung photographiert.

allen Punkten des Intensitätsäquators bis zum Rande alle Poren dunkel, weil kein Licht aus ihnen zum Auge dringen kann. Die Lichtverteilung und die Lichtabnahme des Mondrandes sind dann von der Form der Lava zwischen den

Poren allein abhängig. Da diese ganz unregelmäßig ist, kann die Frage nicht weiter verfolgt werden, und nur eine Überschlagsrechnung für die Abnahme der Helligkeit des Mondrandes zwischen $\alpha = 90°$ und $\alpha = 120°$ bei der Annahme gewölbten Bodens zwischen den Poren kann gemacht werden; diese stimmt mit der Beobachtung genügend überein. Als Veranschaulichung der Lichtverluste bei seitlicher Beleuchtung einer porösen Oberfläche ist hier eine Abbildung von Bimssteinlava aus Schoenbergs Abhandlung wiedergegeben (Abb. 22).

Diese Theorie bezieht sich auf die typische Oberfläche des Mondes auf den Kontinenten. Da die Meere nach Öpik nahezu dasselbe Reflexionsgesetz aufweisen, müßte sie auch für diese gelten. Zur Erklärung des besonderen Verlaufes der Funktion $\psi(\alpha)$ bei den hellen Strahlen muß eine andere Form von Vertiefungen mit noch stärkeren Lichtverlusten in nächster Nähe der Opposition angenommen werden. Der Verfasser verfolgt annähernd die Lichtverluste bei zylindrischen Poren und bei runden Öffnungen, die in einer durchbrochenen Decke entstehen, und findet, daß die zweite Annahme zur Erklärung der Phasenkurven der hellen Strahlen herangezogen werden kann.

Diese Beleuchtungstheorie gibt also eine zureichende Erklärung für das photometrische Verhalten des Mondes und eine Bekräftigung der Wilsingschen Entwicklungsgeschichte unseres Trabanten. Durch die Einführung und die Analyse der Schattenfunktion $\psi(\alpha)$ hofft der Verfasser, eine genaue Einteilung verschiedener Mondgebilde nach ihrer dem Fernrohr nicht mehr zugänglichen Oberflächenbeschaffenheit zu ermöglichen; diese Funktion erscheint auch für die Beleuchtungstheorie der anderen Planeten von Bedeutung. Wenn Planeten mit einer undurchsichtigen Wolkenhülle, wie Jupiter und Saturn, nach neueren Messungen bedeutende, von Opposition zu Opposition wechselnde Phasenkoeffizienten aufweisen, so liegt es nahe, auch bei ihnen die Ursache dafür in Schatteneffekten zu suchen. Diese können aber bei Erhebungen und Vertiefungen nach Schoenbergs Untersuchungen niemals einen solchen Lichtausfall bewirken, wie er zur Erklärung der Phasenkoeffizienten angenommen werden muß. In der Tat fanden P. Guthnick[1] und Schoenberg[2] für Jupiter und Saturn Phasenkoeffizienten von $0,^{m}015$ für $1°$ Phase, was bei Jupiter bei der maximalen Phase von $12°$ eine Abnahme der Lichtmenge von 15% ausmacht.

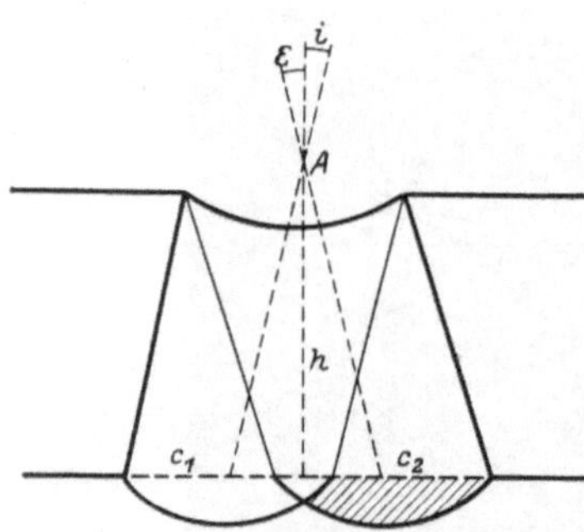

Abb. 23. Lichtverluste bei kreisförmigen Öffnungen in einer Decke.

Will man die Schattentheorie zur Erklärung beibehalten, so kann nur das Modell einer von vielen Öffnungen durchbrochenen Wolkendecke Anwendung finden. Ein Verlauf der Funktion $\psi(\alpha)$, wie derjenige für die hellen Strahlen in Abb. 20, mit dem sehr scharfen Abfall der Helligkeit in der Nähe der Opposition und der Konstanz von $\psi(\alpha)$ für größere Phasenwinkel, würde für die Totalhelligkeit in der Nähe der Opposition einen sehr großen Phasenkoeffizienten ergeben. Ist der Planet dabei von einer Wolkenhülle umgeben, so kann diese Erscheinung nur durch eine löcherige Struktur derselben erklärt werden, wobei die Dicke der Wolkenschicht verschwindend ist im Vergleich zu ihrer Höhe über der festen oder flüssigen Oberfläche. Denkt man sich die Öffnungen in den Wolken kreisförmig, wie in Abb. 23, bezeichnet ihre Höhe über dem Boden durch h, ihren

---

[1] A N 206, S. 157 (1918) u. 212, S. 39 (1920).
[2] Phot. Unters. über Jupiter u. d. Saturnsystem. Annales Ac. Sc. Fennicae Serie A, Tome 16, S. 33. Helsinki 1921.

Radius durch r, so findet eine Lichtabnahme für den Beobachter so lange statt, als die Projektionen der Öffnung von der Erde und von der Sonne aus noch einen gemeinsamen Teil haben. Der maximale Phasenwinkel, bis zu welchem die Lichtabnahme stattfindet, ist somit ein Maß für das Verhältnis $h/2r$. Bei kreisförmigen Öffnungen kann der Verlauf der Lichtabnahme berechnet werden. Bei Überdeckung ist der gemeinsame Teil ein Doppelsegment, dessen Fläche gleich ist

$$F = r^2(2\beta - \sin 2\beta), \qquad (45)$$

wo 2β der Zentriwinkel zwischen den Schnittpunkten der Kreise ist. Bezeichnet man $\cos\beta = \dfrac{C_1 C_2}{2r} = u$, dann ist $F = 2r^2(\arccos u - u\sqrt{1 - u^2})$. Dieser Ausdruck bestimmt die Lichtmenge aus einer kreisförmigen Wolkenöffnung bis zum Momente, in dem $u = 1$ wird.

Doch dürfte sich kaum Gelegenheit bieten, bei einem Planeten den Vorgang der Lichtabnahme einzelner Gebilde soweit zu verfolgen, daß dadurch die poröse Beschaffenheit seiner Oberfläche genauer bestimmt werden könnte.

Eher könnte es gelingen, gewisse Näherungswerte für $h/2r$ abzuleiten. Da der Abstand der Zentren beider Projektionen durch die Gleichung gegeben ist:

$$C_1 C_2 = \sqrt{h^2 \sec^2 i + h^2 \sec^2 \varepsilon - 2h^2 \cos^2 \alpha \sec i \sec \varepsilon},$$

so erhält man nach Einführung der sphärischen Koordinaten ω und ψ auf der Planetenscheibe durch Gleichung (5) S. 63 noch die Formel

$$C_1 C_2 = \frac{h \sin\alpha}{\cos\psi \cos\omega \cos(\omega - \alpha)}. \qquad (46)$$

Für $C_1 C_2 = 2r$ tritt kein Licht mehr aus den Öffnungen, und die Kurve $\psi(\alpha)$ hat ihren Wendepunkt. Durch Einsetzung der Koordinaten des beobachteten Punktes und des Wertes für α im Wendepunkte berechnet sich der Wert von $h/2r$.

Es sei noch auf ein Resultat dieser Untersuchungen aufmerksam gemacht, das für das Studium der Lichtverteilung auf den Scheiben der Planeten von Bedeutung sein dürfte. Eine gleichmäßige oder nahezu gleichmäßige Helligkeit der Scheibe in Opposition ist kein Beweis für die Gültigkeit des SEELIGERschen Gesetzes, sondern ergibt sich auch bei Annahme des LAMBERTschen Satzes als Folge von Erhebungen und Vertiefungen der Oberfläche. Bei Untersuchungen über den Einfluß der Atmosphären auf die Lichtverteilung ist deshalb die obengenannte Annahme für die Opposition als die wahrscheinlichste erste Näherung für das Aussehen des Planeten ohne Atmosphäre zu betrachten. Die Erhebungen und Vertiefungen auf der Oberfläche schwächen die Helligkeit des Zentrums der vollbeleuchteten Scheibe und steigern diejenige der Ränder. Das Resultat ist, daß die mittlere Flächenhelligkeit einer glatten und einer mit Erhebungen und Vertiefungen bedeckten Kugel nahezu dieselbe ist. Für Planeten, die, wie der Mond, infolge der Unebenheit ihrer Oberfläche gleiche Helligkeit auf der voll beleuchteten Scheibe zeigen, ist daher die aus der Oppositionshelligkeit berechnete Größe p (Ziff. 35, Gl. 28) direkt mit dem Reflexionskoeffizienten in der Bestrahlungsrichtung, wie er im Laboratorium bestimmt wird, vergleichbar. Dagegen ist bei Planeten, für welche kein vollkommener Ausgleich der Helligkeiten auf der vollbeleuchteten Scheibe stattfindet, der Reflexionskoeffizient in der Bestrahlungsrichtung nur vergleichbar mit derselben Größe, die während der Opposition im Zentrum der Scheibe durch flächenphotometrische Messungen bestimmt ist.

39. Neue Beleuchtungsformeln für die großen Planeten. Nach dem Vorigen ist die Lichtverteilung auf einer Planetenscheibe auch bei Abwesenheit einer Atmosphäre und bei homogener Beschaffenheit der Oberflächen ein theoretisch nur in Ausnahmefällen zu erfassendes Problem. Durch die Anwesenheit einer Atmosphäre, welche eine lichtabsorbierende und lichtzerstreuende Wirkung ausübt, wird das Problem noch mehr erschwert. Es soll weiter gezeigt werden, daß trotzdem das Studium der Lichtverteilung auch solcher Planeten, die von Atmosphären umgeben sind, unsere Kenntnis von deren Beschaffenheit wesentlich fördern kann. Hier soll aber nur über die tatsächlich beobachtete Lichtverteilung auf den Planeten Venus, Mars, Jupiter und Saturn berichtet werden, sowie auch über ihre Darstellung durch empirische Formeln, welche es gestatten, die in den früheren Kapiteln definierten photometrischen Konstanten für diese Planeten auf Grund photometrischer Messungen und unabhängig von allen Hypothesen über das Reflexionsgesetz zu bestimmen.

Die Messungen der Lichtverteilung auf den Oberflächen der großen Planeten sind vom Verfasser[1] an den Refraktoren der Sternwarten Dorpat und Pulkowo ausgeführt. Sie bestanden aus Intensitätsvergleichen zwischen dem Zentrum der sichtbaren Scheibe oder sonst einem topographisch festgelegten und anderen ebenso definierten Punkten der Scheibe, für welche der Einfallswinkel und Reflexionswinkel des Lichtes berechnet werden konnten. Die Anzahl der Messungen, die bei der Kleinheit der Planetenscheibe äußerst schwierig waren, ist nicht groß genug, um aus den relativen Intensitäten die Konstanten einer vollständigen Beleuchtungstheorie abzuleiten. Es handelte sich wesentlich darum, die Lichtverteilung in bequeme Formeln zu fassen; dabei erwies es sich, daß für keinen der Planeten das LAMBERTsche oder das SEELIGERsche Gesetz auch nur annähernd der Wirklichkeit entspricht, vielmehr trat eine Wirkung der Atmosphäre deutlich hervor, indem die Beobachtungen sämtlicher Planeten für mäßige Phasenwinkel sich gut darstellen ließen durch folgende Formel für die vom Elemente ds reflektierte Lichtmenge:

$$dq = kLe^{\varphi(i)}e^{\varphi(\varepsilon)}\cos\varepsilon\,ds\,\psi(\alpha)\,, \tag{47}$$

wo die Funktion $\varphi(z) = A\sec z + B\sec z\,\mathrm{tg}^2 z + \cdots$ die Absorption des Lichts kennzeichnet, k eine Konstante und L die auf die Einheit der Oberfläche der Atmosphäre senkrecht einfallende Lichtmenge bedeutet. $\psi(\alpha)$ ist eine vom Werte $\psi(0) = 1$ an abnehmende Funktion. Diese Formel setzt voraus, daß, abgesehen von der absorbierenden Wirkung der Atmosphäre, die Planetenscheiben gleichmäßig hell erscheinen würden. Dementsprechend war auch eine Darstellung durch die Formel

$$dq = kL(1 + \mu'\cos i + \nu'\cos 2i + \cdots)(1 + \mu'\cos\varepsilon + \nu'\cos 2\varepsilon + \cdots)\cos\varepsilon\,ds\,\psi(\alpha)$$

möglich, wo an Stelle der Exponentialfunktion FOURIERsche Reihen mit identischen Koeffizienten gesetzt sind. Die Helligkeiten zweier Punkte der Oberfläche bei identischem α verhalten sich demnach wie

$$\frac{h}{h_1} = \frac{(1 + \mu'\cos i + \nu'\cos 2i)(1 + \mu'\cos\varepsilon + \nu'\cos 2\varepsilon)}{(1 + \mu'\cos i_1 + \nu'\cos 2i_1)(1 + \mu'\cos\varepsilon_1 + \nu'\cos 2\varepsilon_1)}\,, \tag{48}$$

und aus solchen Gleichungen wurden die Koeffizienten μ', ν' für die vier großen Planeten bestimmt.

Für die Opposition, wenn in allen Punkten der Scheibe $i = \varepsilon$ wird, ergibt sich eine gleichmäßig vom Zentrum aus abfallende Helligkeit

$$h_0 = kL(1 + \mu'\cos i + \nu'\cos 2i)^2 \tag{49}$$

---

[1] E. Schoenberg, On the Illumination of Planets. Publications de l'Observatoire Astronomique Dorpat. Tome 24 (1917).

und für das Zentrum der vollbeleuchteten Scheibe

$$h_0^z = kL(1 + \mu' + \nu')^2 .\tag{49a}$$

Will man die ganze von der Planetenphase reflektierte Lichtmenge bestimmen, so hat man den Ausdruck

$$dq = kL(1 + \mu' \cos i + \nu' \cos 2i)\,(1 + \mu' \cos \varepsilon + \nu' \cos 2\varepsilon)\,ds \cos \varepsilon\, \psi(\alpha)$$

über die sichtbare Scheibe zu integrieren, was wir wieder nach der üblichen Transformation von i und ε in die sphärischen Koordinaten ψ und ω mit Hilfe der Gleichungen

$$\cos\varepsilon = \cos\psi \cos\omega ,$$
$$\cos i = \cos\psi \cos(\omega - \alpha) ,$$
$$ds = \varrho^2 \cos\psi\, d\psi\, d\omega$$

ausführen wollen. Es wird

$$
\begin{aligned}
q = kL\varrho^2\,\psi(\alpha)\Big\{ &(1 - \nu)^2 \int\limits_{-\pi/2}^{\pi/2} \cos^2\psi\,d\psi \int\limits_{\alpha-\pi/2}^{\pi/2} \cos\omega\,d\omega \\
&+ \mu(1 - \nu)\int\limits_{-\pi/2}^{\pi/2} \cos^3\psi\,d\psi \int\limits_{\alpha-\pi/2}^{\pi/2} [\cos^2\omega(1 + \cos\alpha) + \sin\alpha\,\sin\omega\,\cos\omega]\,d\omega \\
&+ 2\nu'(1 - \nu')\int\limits_{-\pi/2}^{\pi/2} \cos^4\psi\,d\psi \int\limits_{\alpha-\pi/2}^{\pi/2} [\cos^3\omega(1 + \cos^2\alpha) + \sin^2\alpha\,\sin^2\omega\,\cos\omega \\
&\qquad + 2\sin\alpha\,\cos\alpha\,\cos^2\omega\,\sin\omega]\,d\omega \\
&+ 2\nu'\mu'\int\limits_{-\pi/2}^{+\pi/2} \cos^5\psi\,d\psi \int\limits_{\alpha-\pi/2}^{\pi/2} [\cos^4\omega\,(\cos\alpha + \cos^2\alpha) \\
&\qquad + \cos^3\omega\,\sin\omega\,(\sin\alpha + \sin2\alpha) + \sin^2\alpha\,\sin^2\omega\,\cos^2\omega]\,d\omega \\
&+ \mu'^2\int\limits_{-\pi/2}^{+\pi/2} \cos^4\psi\,d\psi \int\limits_{\alpha-\pi/2}^{\pi/2} [\cos^3\omega\,\cos\alpha + \cos^3\omega\,\sin\omega\,\sin\alpha]\,d\omega \\
&+ 4\nu'^2\int\limits_{-\pi/2}^{+\pi/2} \cos^6\psi\,d\psi \int\limits_{\alpha-\pi/2}^{\pi/2} [\cos^5\omega\,\cos^2\alpha + \cos^3\omega\,\sin^2\omega\,\sin^2\alpha \\
&\qquad + \sin2\alpha\,\sin\omega\,\cos^4\omega]\,d\omega \Big\}.
\end{aligned}
\tag{50}
$$

Die Ausführung der einfachen Integrationen ergibt, abgesehen von dem konstanten Faktor $kL\varrho^2$ und der Funktion $\psi(\alpha)$, sechs Glieder, deren Werte mit I bis VI bezeichnet sind; für $\alpha = 0$ sind dieselben rechts angegeben.

$$\mathrm{I} = (1 - \nu')^2 \frac{\pi}{2}(1 + \cos\alpha); \qquad\qquad \mathrm{I}_0 = (1 - \nu')^2\pi;$$

$$\mathrm{II} = \frac{2\mu'(1 - \nu')}{3}(1 + \cos\alpha)[(\pi - \alpha) + \sin\alpha]; \qquad\qquad \mathrm{II}_0 = \tfrac{4}{3}\mu'(1-\nu')\pi;$$

$$\mathrm{III} = \tfrac{1}{4}\nu'(1 - \nu')\pi[(1 + \cos\alpha)(3 + \cos^2\alpha) + \sin2\alpha\,\sin\alpha]; \quad \mathrm{III}_0 = 2\nu'(1-\nu')\pi;$$

$$\mathrm{IV} = \tfrac{4}{15}\mu'\nu'[(\pi - \alpha + \sin\alpha)(3\cos\alpha + 2\cos^2\alpha + 1) + \sin^3\alpha]; \quad \mathrm{IV}_0 = \tfrac{8}{3}\mu'\nu'\pi;$$

$$\mathrm{V} = \frac{\pi\mu'^2}{8}(1 + \cos\alpha)^2; \qquad\qquad \mathrm{V}_0 = \frac{\mu'^2}{2}\pi;$$

$$\mathrm{VI} = \tfrac{1}{6}\nu'^2\pi(1 + \cos\alpha)^3; \qquad\qquad \mathrm{VI}_0 = \tfrac{4}{3}\nu'^2\pi.$$

Verfasser hat die Werte der Konstanten μ', ν' für die großen Planeten Venus, Mars, Jupiter und Saturn aus Beobachtungen der Lichtverteilung bestimmt. Danach könnte nach der letzten Formel auch die Phasenkurve bis auf die Funktion $\psi(\alpha)$ berechnet werden. Es ist das aber nur für die zwei letzten Planeten von Interesse, indem aus dem Vergleich der beobachteten und errechneten Phasenkurve die Funktion $\psi(\alpha)$ bestimmt werden kann. Für die beiden näheren Planeten mit der großen Veränderlichkeit des Phasenwinkels wäre eine solche Bestimmung von $\psi(\alpha)$ ohne physikalisches Interesse, weil für große α die Voraussetzungen der Theorie sicher nicht mehr richtig sind. Wir wollen aber aus den Werten der Koeffizienten μ', ν' und der Gesamthelligkeit q_0 der Planeten in Opposition, für welchen Moment die Konstanten μ', ν' gesichert sind, also aus der Gesamthelligkeit und der Lichtverteilung in Opposition, den Reflexionskoeffizienten in der Bestrahlungsrichtung ableiten. Für diese Größe, die durch direkten Vergleich der Helligkeit der Sonne mit derjenigen der Planetenzentren in Opposition durch Messung bestimmt werden könnte, liegen keine Daten vor.

Wir haben für die Gesamthelligkeit in Opposition bei $\psi(\alpha) = 1$:

$$\left.\begin{aligned} q_0 &= kL\varrho^2\pi\left\{(1 - \nu')^2 + \frac{4}{3}\mu'(1 - \nu') + 2\nu'(1 - \nu') + \frac{8}{5}\mu'\nu' + \frac{\mu'^2}{2} + \frac{4}{3}\nu'^2\right\} \\ &= kL\pi\varrho^2 f(\mu',\nu'). \end{aligned}\right\} \quad (50')$$

Andererseits ist nach der Bondschen Definition der Albedo die Größe p gleich dem Verhältnis dieser Helligkeit zu derjenigen einer Kugel von derselben Größe und Lage, die von jeder Flächeneinheit ihrer Oberfläche ebensoviel Licht reflektiert, als der Planet bei normaler Inzidenz von der Sonne erhält. Ein solcher Körper hat also die Helligkeit $L\pi\varrho^2$, und es ist

$$p = \frac{q_0}{L\pi\varrho^2} = kf(\mu',\nu').$$

Die Helligkeit des Planetenzentrums in Opposition ist, wenn man den Reflexionskoeffizienten in der Bestrahlungsrichtung mit R bezeichnet:

$$h_0^z = kL(1 + \mu' + \nu')^2 = RL,$$

daher

$$R = k(1 + \mu' + \nu')^2 = \frac{p}{f(\mu',\nu')}(1 + \mu' + \nu')^2.$$

Setzt man hier die Werte p und μ', ν' für die 4 großen Planeten ein, so findet man:

	Russell	Schoenberg			$f(\mu',\nu')$	$(1 + \mu' + \nu')^2$
Venus . .	$p = 0{,}492$	$R = 0{,}629$	$\mu' = -4{,}25$	$\nu' = 1{,}135$	$+3{,}507$	$4{,}483$
Mars . .	$p = 0{,}139$	$R = 0{,}244$	$\mu' = -2{,}56$	$\nu' = 0{,}54$	$+0{,}592$	$1{,}040$
Jupiter . .	$p = 0{,}375$	$R = 0{,}585$	$\mu' = 1{,}8$	$\nu' = 0$	$+5{,}02$	$4{,}84$
Saturn . .	$p = 0{,}420$	$R = 0{,}672$	$\mu' = 2{,}1$	$\nu' = 0$	$+6{,}005$	$9{,}61$

Es ergeben sich für R die in der zweiten Kolumne angeführten Werte. Diese sind also wesentlich größer als die Werte p, was dem Helligkeitsabfall nach dem Rande, der nach Schoenbergs Messungen bei allen großen Planeten infolge der Absorption in den Atmosphären sehr bedeutend ist, zuzuschreiben ist. Wie sich die gefundenen Werte R aus dem Reflexionsvermögen der Oberflächen und der Atmosphären zusammensetzen, wird hier nicht untersucht. Die negativen Werte von μ' bei Venus und Mars sind ein Resultat der Rechnung, die den Abfall der Helligkeit zum Rande in der Form einer Fourierschen Reihe darzustellen sich zur Aufgabe gestellt hatte, und es kommt ihnen kein physikalischer Sinn zu. Diese beiden Planeten gestatten aber eine wesentlich gründlichere photometrische Analyse, die zu wichtigen Aufschlüssen über die Atmosphären führen kann.

Die Grundlagen einer strengen Theorie der Absorptions- und Diffusionswirkung einer einen Planeten umgebenden Atmosphäre wird einem besonderen Abschnitt vorbehalten.

Für die Reduktion photometrischer Messungen auf den Oberflächen der Planeten seien an dieser Stelle jene Formeln mitgeteilt, die der Verfasser für diesen Zweck abgeleitet und benutzt hat.

40. Beziehungen zwischen den linearen Koordinaten auf einer Planetenscheibe und dem Einfallswinkel (i) und Reflexionswinkel (ε) des Lichts. Zur Erleichterung der Reduktionen photometrischer Messungen auf den Scheiben von Jupiter und Saturn, die eine bedeutende Abplattung besitzen, sollen hier die Formeln des Übergangs von den linearen Koordinaten der Punkte, deren Helligkeit bestimmt worden ist, zu den photometrischen Variablen i und ε mitgeteilt werden. Da diese Winkel durch die Normale zur Oberfläche mit den Lichtstrahlen gebildet werden, so gilt es zunächst, eine Beziehung herzustellen zwischen den linearen Koordinaten auf der elliptischen Scheibe, welche in bezug auf die Achsen der Ellipse gemessen sind, und den planetographischen Koordinaten auf der Oberfläche des Ellipsoids.

Es seien

x, y, z die planetozentrischen rechtwinkligen Koordinaten eines Punktes F der Oberfläche, bezogen auf den Äquator als Ebene x, y;

ξ, η, ζ die geozentrischen Koordinaten desselben Punktes, die auf ein paralleles Achsensystem im Zentrum der Erde bezogen sind;

r, b, l und ϱ, β, λ die entsprechenden planetozentrischen und geozentrischen sphärischen Koordinaten;

R, B, L die geozentrischen sphärischen Koordinaten des Planetenzentrums.

Es ist dann

$$\left.\begin{aligned}
\xi &= \varrho \cos\beta \cos\lambda = r \cos b \cos l + R \cos B \cos L, \\
\eta &= \varrho \cos\beta \sin\lambda = r \cos b \sin l + R \cos B \sin L, \\
\zeta &= \varrho \sin\beta \qquad = r \sin b \qquad + R \sin B.
\end{aligned}\right\} \tag{51}$$

Richten wir die Achse x nach dem Punkte mit der Länge L, dann erhalten wir aus den obigen Formeln

$$\left.\begin{aligned}
\varrho \cos\beta \cos(\lambda - L) &= r \cos b \cos(l - L) + R \cos B, \\
\varrho \cos\beta \sin(\lambda - L) &= r \cos b \sin(l - L), \\
\varrho \sin\beta \qquad &= r \sin b \qquad + R \sin B.
\end{aligned}\right\} \tag{52}$$

Es seien auf einer geozentrischen Kugel π und ζ die Pole des irdischen und des Planetenäquators und P das Planetenzentrum. Die planetozentrischen linearen Koordinaten des Punktes F auf der Oberfläche seien

$$\left.\begin{aligned}
u &= s \sin(p - P), \\
v &= s \cos(p - P),
\end{aligned}\right\} \tag{53}$$

wo P und p die Positionswinkel der kleinen Achse des Ellipsoids und des Bogens PF sind, dessen Länge gleich s ist. Aus dem sphärischen Dreieck $\zeta F P$, in welchem

$$\begin{aligned}
\zeta P &= 90° - B, & \angle P\zeta F &= \lambda - L, \\
PF &= s, & \zeta F &= 90° - \beta \\
\angle \zeta PF &= p - P,
\end{aligned}$$

ist, erhalten wir

$$\sin s \sin(p - P) = \cos\beta \sin(\lambda - L),$$
$$\sin s \cos(p - P) = \sin\beta \cos B - \cos\beta \sin B \cos(\lambda - L),$$
$$\cos s = \sin\beta \sin B + \cos\beta \cos B \cos(\lambda - L).$$

Multipliziert man diese Gleichungen mit ϱ und setzt $\sin s = s$, $\cos s = 1$, so ergibt sich noch mit Hilfe der Gleichungen (53)

$$\left.\begin{aligned}
\varrho \sin s \sin(p - P) &= \varrho u = r \cos b \sin(l - L), \\
\varrho \sin s \cos(p - P) &= \varrho v = r \sin b \cos B - r \cos b \cos(l - L) \sin B, \\
\varrho \cos s = \varrho &= r \sin b \sin B + r \cos b \cos(l - L) \cos B + R.
\end{aligned}\right\} \quad (54)$$

Da außerdem

$$x = r \cos b \cos l,$$
$$y = r \cos b \sin l,$$
$$z = r \sin b,$$

o kann man die letzten Gleichungen auch in folgende Form bringen:

$$\left.\begin{aligned}
\varrho u &= y \cos L - x \sin L, \\
\varrho v &= z \cos B - (x \cos L + y \sin L) \sin B, \\
\varrho &= z \sin B + (x \cos L + y \sin L) \cos B + R;
\end{aligned}\right\} \quad (55)$$

führt man jetzt die reduzierte Breite v und Länge μ durch die Gleichungen ein

$$\begin{aligned}
x &= a \cos\mu \cos v = r \cos b \cos l, \\
y &= a \sin\mu \cos v = r \cos b \sin l, \\
z &= c \sin v = r \sin b,
\end{aligned}
\qquad
\begin{aligned}
\frac{y}{x} &= \operatorname{tg} l = \operatorname{tg}\mu, \quad \mu = \lambda, \\
\frac{z}{y} &= \frac{c}{a} \operatorname{tg} v \operatorname{cosec}\mu = \operatorname{tg} b \operatorname{cosec} l, \\
\operatorname{tg} v &= \frac{a}{c} \operatorname{tg} b,
\end{aligned}$$

wo a u. c die Halbachsen der Planeten sind,

so erhalten die Gleichungen folgende Form:

$$\left.\begin{aligned}
\varrho u &= a \sin\mu \cos v \cos L - a \cos\mu \cos v \sin L = a \cos v \sin(\mu - L), \\
\varrho v &= c \sin v \cos B - a \cos(\mu - L) \sin B \cos v.
\end{aligned}\right\} \quad (56)$$

Ersetzt man hier ϱ durch R und behält die Bezeichnungen a und c für a/R und c/R bei, so erhält man

$$\left.\begin{aligned}
u &= a \cos v \sin(\mu - L), \\
v &= c \sin v \cos B - a \cos v \cos(\mu - L) \sin B.
\end{aligned}\right\} \quad (57)$$

Es ist noch nötig, diese Gleichungen in bezug auf die Koordinaten v und $\mu - L$ aufzulösen. Wir haben

$$u^2 \sin^2 B + (v - c \sin v \cos B)^2 = a^2 \sin^2 B \cos^2 v = a^2 \sin^2 B - a^2 \sin^2 B \sin^2 v$$

oder

$$\sin^2 v\,(a^2 \sin^2 B + c^2 \cos^2 B) - 2vc \sin v \cos B = (a^2 - u^2) \sin^2 B - v^2,$$

und wenn man

$$a^2 \sin^2 B + c^2 \cos^2 B = a^2(1 - e^2 \cos^2 B) = k^2 \qquad (\alpha)$$

einführt, wo k das Lot ist aus dem Zentrum des Planeten auf eine Tangentialebene zu seiner Oberfläche, die durch das Zentrum der Erde geht, und e die Exzentrizität bedeutet, so erhält man weiter

$$k^2 \sin^2 v - 2vc \sin v \cos B = (a^2 - u^2) \sin^2 B - v^2,$$

oder nach einfachen Reduktionen

$$\left(k \sin\nu - \frac{v c \cos B}{k}\right)^2 = a^2 \sin^2 B \left(1 - \frac{u^2}{a^2} - \frac{v^2}{k^2}\right)$$

und

$$\sin\nu = \frac{v c \cos B}{k^2} \pm \frac{a \sin B}{k} \sqrt{Q},$$

wo

$$Q = 1 - \frac{u^2}{a^2} - \frac{v^2}{k^2}. \tag{β}$$

Setzt man den Wert von $\sin\nu$ in die zweite der Gleichungen (57) ein, so erhält man definitiv folgende Ausdrücke für die reduzierte Breite ν und Länge μ des Punktes F

$$\left.\begin{aligned}
\cos\nu \sin(\mu - L) &= \frac{u}{a}, \\
\cos\nu \cos(\mu - L) &= \frac{a \sin B}{k^2} v - \frac{c \cos B}{k} \sqrt{Q},
\end{aligned}\right\} \tag{58}$$

wo das $+$ Zeichen weggelassen wurde, weil es für die unsichtbare Seite des Planeten gilt. Die planetographische Breite φ ergibt sich dann aus der Gleichung

$$\text{tg}\,\varphi = \frac{\text{tg}\,\nu}{\sqrt{1 - e^2}}. \tag{59}$$

Der Einfalls- und der Reflexionswinkel des Lichts im Punkte F findet sich aus den Dreiecken: Sonne, Zenit des Punktes F und Planetenpol einerseits und Erde, Zenit und Planetenpol andererseits, in folgender Weise:

$$\left.\begin{aligned}
\cos\varepsilon &= -\sin B \sin\varphi - \cos B \cos\varphi \cos(\mu - L), \\
\cos i &= -\sin B' \sin\varphi - \cos B' \cos\varphi \cos(\mu - L').
\end{aligned}\right\} \tag{60}$$

Hier sind mit L', B' die heliozentrische Länge und Breite des Planeten bezeichnet. Wir haben also die Gleichungen (α), (β), (58), (59) und (60) aufzulösen, um von u, v zu i und ε zu gelangen.

d) Die Beleuchtung der Planetentrabanten.

41. Die Beleuchtung eines Trabanten durch den Planeten. Die Beleuchtungsformeln für Planeten gelten natürlich auch für ihre Trabanten, nur wird man, wenn die größte Schärfe der Berechnung verlangt wird, bei den Trabanten auch noch jene Lichtmenge in Betracht ziehen müssen, welche ihm vom Planeten selbst zugestrahlt und dann nach der Erde hin reflektiert wird. Dieser Teil ist in Vergleich zu dem von der Sonne selbst herrührenden sehr geringfügig, dürfte aber für die schärfsten modernen photometrischen Messungen doch unter Umständen nicht zu vernachlässigen sein. Es kann aber bei seiner Berechnung das Problem vereinfacht werden, indem die Mittelpunkte der vier in Betracht kommenden Himmelskörper als in derselben Ebene liegend angenommen und die Dimensionen derselben im Verhältnis zu ihren Entfernungen vernachlässigt werden. Wir haben für die gesamte von dem Trabanten zur Erde reflektierte Lichtmenge $Q = q' + q''$, wo q' das von der Sonne und q'' das vom Planeten herrührende Licht ist. Es sei

α der Phasenwinkel des Trabanten,

$\varphi(\alpha)$ die Phasenkurve desselben,

$\varDelta_t$ der Abstand des Trabanten von der Erde,

r_t sein Abstand von der Sonne,

$\varDelta_t^0$, r_t^0 die obigen Abstände für den Moment der Opposition.

Dann ist nach (Ziff. 33, Gl. 14)

$$q' = q_1^0\left(\frac{\Delta_t^0\, r_t^0}{\Delta_t\, r_t}\right)^2 \varphi(\alpha). \tag{1}$$

Es sei ds ein Oberflächenelement des Trabanten, welches vom Planeten Licht erhält. Zu seiner Beleuchtung trägt nur ein Teil der beleuchteten Planeten-oberfläche bei, nämlich der vom Trabanten aus sichtbare Teil derselben, der in der Abb. 24 hell dargestellt ist. Es sei dq die gesamte auf ds einfallende Lichtmenge bei senkrechter Inzidenz. Sie wird durch eine ähnliche Gleichung wie (1) ausgedrückt:

$$dq = dq^0\left(\frac{R^0 r_p^0}{R\, r_p}\right)^2 \varphi'(\alpha')\, ds.$$

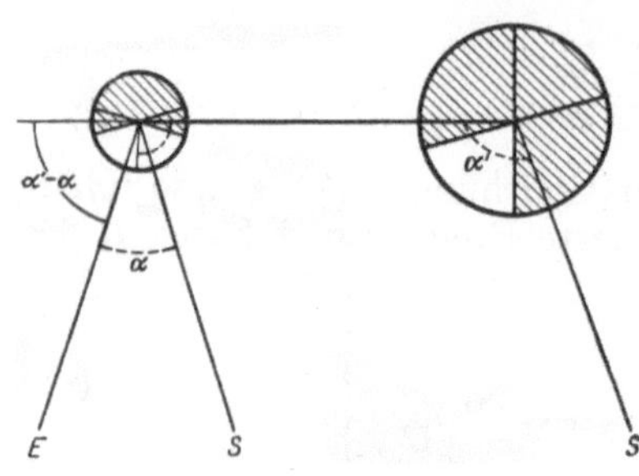

Abb. 24. Die Beleuchtung der Trabanten.

Hier ist

α' der Phasenwinkel des Planeten in bezug auf den Trabanten,

$\varphi'(\alpha')$ die Phasenkurve des Planeten vom Trabanten aus gesehen,

R der Abstand des Planeten vom Trabanten,

r_p der Abstand der Sonne vom Planeten,

R^0, r_p^0, dq_0 dieselben Abstände und der Wert von dq bei $\alpha' = 0$.

Diejenige Lichtmenge, welche von ds nach der Erde hin reflektiert wird und auf die Flächeneinheit senkrecht auffällt, ist aber

$$dq'' = C\frac{dq}{\Delta_t^2} F(i,\varepsilon,\alpha),$$

wo C die Reflexionskonstante der Trabantenoberfläche, i der Inzidenzwinkel der vom Planeten auf das Trabantenelement gelangenden Strahlen und ε der Reflexionswinkel nach der Erde sind.

Über die Form des Reflexionsgesetzes der Trabantenoberfläche ist nichts bekannt, und bei der Kleinheit der Trabantenscheiben kann man auch in Zukunft keine Aufklärung darüber erwarten. Bei der Kleinheit der ganzen Komponente q'' wird es aber gestattet sein, eine bekannte einfache Formel für $F(i,\varepsilon,\alpha)$ einzusetzen, etwa die Lambertsche $f(i,\varepsilon) = \cos i\cos\varepsilon$. Es wird dann, wenn A_1 die Lambertsche Albedo bedeutet,

$$dq'' = \frac{A_1}{\pi}\frac{dq_0}{\Delta_t^2}\left(\frac{R_0 r_p^0}{R\, r_p}\right)^2 \varphi'(\alpha')\cos i\cos\varepsilon\, ds = k\cos i\cos\varepsilon\, ds,$$

wo k den von i und ε unabhängigen Faktor bedeutet.

Um die gesamte Lichtmenge q'' zu erhalten, ist über die ganze vom Planeten beleuchtete und von der Erde sichtbare Oberfläche des Trabanten zu integrieren. Führt man wieder die Integrationsvariablen ψ und ω ein, die auf dem Intensitätsäquator des Trabanten vom Gegenpunkte der Erde, als Anfangspunkte der Längen ω, gerechnet sind, so hat man die Beziehungen

$$\cos\varepsilon = \cos\psi\cos\omega,$$
$$\cos i = \cos\psi\cos[\pi - (\alpha' - \alpha) - \omega],$$
$$ds = \varrho^2\cos\psi\, d\omega\, d\psi,$$

wo ϱ der Halbmesser des Trabanten ist.

Die Integrationsgrenzen für ψ sind $-\dfrac{\pi}{2}$ und $\dfrac{\pi}{2}$, für ω sind dieselben $\dfrac{\pi}{2}-(\alpha'-\alpha)$ und $\dfrac{\pi}{2}$. Wir haben also

$$q'' = k\varrho^2 \int_{-\pi/2}^{+\pi/2} \cos^3\psi\, d\psi \int_{\pi/2-(\alpha'-\alpha)}^{\pi/2} \cos\omega \cos[\pi-(\alpha'-\alpha)-\omega]\, d\omega$$

$$= \tfrac{2}{3} k\varrho^2 [\sin(\alpha'-\alpha)-(\alpha'-\alpha)\cos(\alpha'-\alpha)].$$

Bezeichnet man noch $\dfrac{\varrho^2}{\Delta_t^2}$ durch $\sin^2\sigma_t$, wo also σ_t der scheinbare Halbmesser des Trabanten von der Erde ist, und setzt statt dq_0 den Wert $q_2^0\dfrac{\Delta_p^{02}}{R_0^2}$, wo q_2^0 die vom Planeten in Opposition auf die Flächeneinheit der Erdoberfläche einfallende Lichtmenge ist, so hat man

$$q'' = \frac{2}{3}\frac{A_1}{\pi}\sin^2\sigma_t q_2^0 \left(\frac{\Delta_p^0\, r_p^0}{R\, r_p}\right)^2 \varphi'(\alpha')\,[\sin(\alpha'-\alpha)-(\alpha'-\alpha)\cos(\alpha'-\alpha)]. \tag{2}$$

Der Wert von q'' muß wegen des Faktors $\sin^2\sigma_t$ für alle Trabanten sehr klein bleiben; es wird deshalb auch die Unsicherheit über die Phasenkurve $\varphi'(\alpha')$, für die man einen aus den bekannten Phasenkurven des Mondes, der Venus und des Mars geschätzten Wert einsetzen muß, von geringer Bedeutung sein. Ersetzt man noch in (1) und (2) q_1^0 und q_2^0, die Lichtmengen vom Trabanten und vom Planeten in Opposition, durch $q_1^0 = M_1^0 J\pi \sin^2 S$ und $q_2^0 = M_2^0 J\pi \sin^2 S$, wo die Bedeutung von M und S dieselbe ist wie auf Seite 69 und benutzt die dort befindliche Gleichung (28), um M_1^0 und M_2^0 zu eliminieren, so erhält man

$$\left.\begin{aligned}
q' &= p J\pi \sin^2\sigma_t \sin^2 s\, \varphi(\alpha), \\
q'' &= \tfrac{2}{3} A_1 p' J\, \frac{\Delta_p}{R^2} \sin^2\sigma_t \sin^2 s' \sin^2\sigma_p\, \varphi'(\alpha')\,[\sin(\alpha'-\alpha)-(\alpha'-\alpha)\cos(\alpha'-\alpha)] \\
Q &= q' + q''.
\end{aligned}\right\} \tag{3}$$

Hier sind p und p' die BONDschen Reflexionskoeffizienten des Trabanten und des Planeten, J die Intensität der Sonnenstrahlung, σ_p der scheinbare Halbmesser des Planeten von der Erde aus, s und s' die scheinbaren Halbmesser der Sonne, vom Trabanten und vom Planeten aus gesehen.

42. Berechnung des aschfarbenen Mondlichts. Bekanntlich erscheint der von der Sonne nicht beleuchtete Teil der Mondscheibe bei großen Phasenwinkeln nicht ganz dunkel, sondern in einem schwachen Lichte, welches den Namen des aschfarbenen Mondlichts trägt. Es rührt von der Beleuchtung der Nachtseite des Mondes durch die Erde her, welche zu jener Zeit vom Monde aus nahezu voll beleuchtet erscheint. Die Beobachtung der Helligkeit dieses Erdscheins ist deshalb von großer Bedeutung, weil sich aus ihr die Albedo der Erde bestimmen läßt.

Wir denken uns wieder die Sonnenstrahlen parallel auf Erde und Mond auffallend. In Abb. 25 ist α der Phasenwinkel des Mondes und $\pi-\alpha$ der

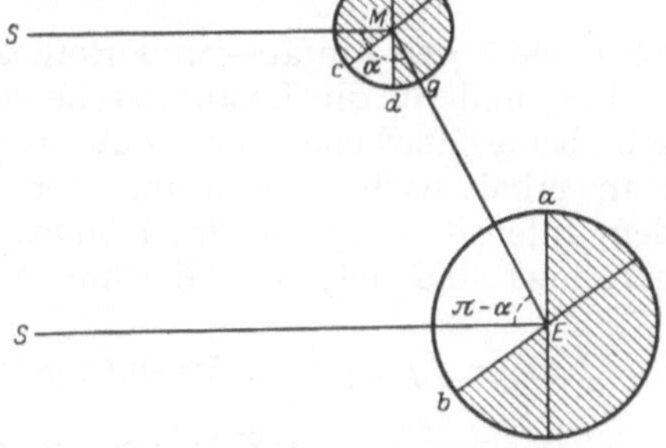

Abb. 25. Die Beleuchtung des Erdmondes.

Phasenwinkel der Erde in bezug auf den Mond. Der Bogen cd bezeichnet den von der Erde sichtbaren beleuchteten Teil des Mondes, de den von aschfarbenem Lichte beleuchteten Teil der Mondoberfläche; dieses Licht rührt von dem Teile der beleuchteten Erde her, welcher durch den Bogen ba bezeichnet ist. Wir führen weiter die Bezeichnungen ein:

$\varphi'(\alpha)$ die Phasenkurve der Erde vom Monde aus gesehen,

σ' der Halbmesser der Erde vom Monde aus,

S der Halbmesser der Sonne von der Erde aus,

p und p' die Bondschen Reflexionskoeffizienten des Mondes und der Erde,

Δ der Abstand des Mondes von der Erde,

R der Abstand der Erde von der Sonne.

Wenn dq die Lichtmenge ist, welche von der gesamten Erdphase auf ein Oberflächenelement ds des Mondes senkrecht auffällt, so hat man, wenn der Index o Oppositionswerte kennzeichnet, die Gleichung

$$dq = dq_0 \frac{R_0^2 \Delta_0^2}{R^2 \Delta^2} \varphi'(\pi - \alpha)\, ds$$

und bei Benutzung der Beziehungen auf Seite 69, wie oben bei der Ableitung der Gleichung (3),

$$dq = J\pi p' \sin^2 S \sin^2 \sigma' \, \varphi'(\pi - \alpha)\, ds . \tag{4}$$

Diese Gleichung nimmt die Form an:

$$dq_1 = \tfrac{2}{3} J A_1' \sin^2 S \sin^2 \sigma' (\sin\alpha - \alpha \cos\alpha)\, ds$$

für das Lambertsche und

$$dq_2 = \frac{1}{2} \pi J A_2' \sin^2 S \sin^2 \sigma' \left\{ 1 - \cos\frac{\alpha}{2} \operatorname{cotg}\frac{\alpha}{2} \ln \operatorname{cotg}\left(45° - \frac{\alpha}{4}\right) \right\}$$

für das Seeligersche Gesetz, wenn A_1' und A_2' die entsprechenden Albedowerte der Erde bedeuten.

Diejenige Lichtmenge dq', welche von diesem Elemente ds nach der Erde (senkrecht auf die Flächeneinheit) zurückgeworfen wird, ist

$$dq' = \frac{\mu}{\Delta^2} F(i, \varepsilon, \alpha)\, dq ,$$

wo μ eine Reflexionskonstante bedeutet, oder nach Lambert

$$dq_1' = \frac{A_1}{\Delta^2 \pi} \cos i \cos\varepsilon \, dq_1 ,$$

und nach Seeliger

$$dq_2' = \frac{A_2}{\Delta^2 \pi} \frac{\cos i \cos\varepsilon}{\cos i + \cos\varepsilon} dq_2 ,$$

wo i und ε der Einfalls- und Reflexionswinkel des Lichts für das Element ds und A_1 und A_2 die Lambertsche resp. Seeligersche Albedo des Mondes ist. Für das aschfarbene Licht muß aber $i = \varepsilon$ für alle Punkte sein, also $\alpha = 0$; man erhält nach Einführung der sphärischen Koordinaten ψ, ω, die von dem Intensitätsäquator des Mondes und dem Gegenpunkte der Erde wie üblich gerechnet sind, folgende Gleichungen für dq':

$$\left.\begin{aligned}
dq' &= J\mu\pi p' \frac{\varrho^2}{\Delta^2} \sin^2 S \sin^2 \sigma' \, \varphi'(\pi - \alpha) \, F(i, i, o)\, d\omega\, d\psi \cos\psi , \\[2mm]
dq_1' &= \frac{2}{3\pi} J A_1 A_1' \frac{\varrho^2}{\Delta^2} \sin^2 S \sin^2 \sigma' (\sin\alpha - \alpha \cos\alpha) \cos^3\psi \cos^2\omega\, d\omega\, d\psi , \\[2mm]
dq_2' &= \frac{1}{4} J A_2 A_2' \frac{\varrho^2}{\Delta^2} \sin^2 S \sin^2 \sigma' \times \\[2mm]
&\times \left\{ 1 - \cos\frac{\alpha}{2} \operatorname{cotg}\frac{\alpha}{2} \ln \operatorname{cotg}\left(45° - \frac{\alpha}{4}\right) \right\} \cos^2\psi \cos\omega\, d\omega\, d\psi .
\end{aligned}\right\} \tag{5}$$

Um die gesamte vom aschfarbenen Lichte herrührende Lichtmenge zu erhalten, müssen diese Ausdrücke über den dunklen Teil der sichtbaren Mondoberfläche integriert werden. Die Grenzen der Integration sind für ψ: $-\dfrac{\pi}{2}$ und $+\dfrac{\pi}{2}$, für ω: $-\left(\alpha - \dfrac{\pi}{2}\right)$ und $+\dfrac{\pi}{2}$:

$$q' = J\mu\pi p' \sin^2\sigma \sin^2 S \sin^2\sigma'\, \varphi'(\pi - \alpha) \int\limits_{-\pi/2}^{\pi/2} \int\limits_{\pi/2-\alpha}^{\pi/2} F(i, i, o) \cos\psi \, d\psi \, d\omega,$$

nach LAMBERT:

$$q'_1 = \frac{4}{9\pi} J A_1 A'_1 \sin^2\sigma \sin^2 S \sin^2\sigma' (\sin\alpha - \alpha\cos\alpha)(\alpha - \sin\alpha\cos\alpha),$$

nach SEELIGER:

$$q'_2 = \frac{\pi}{8} J A_2 A'_2 \sin^2\sigma \sin^2 S \sin^2\sigma'$$

$$\left\{1 - \cos\frac{\alpha}{2} \cotg\frac{\alpha}{2} \ln \cotg\left(45° - \frac{\alpha}{4}\right)\right\}(1 - \cos\alpha),$$

$$(6)$$

wo noch der scheinbare Radius des Mondes durch $\sin^2\sigma = \dfrac{\varrho^2}{\varDelta^2}$ eingeführt worden ist.

Es ist aber bisher unmöglich gewesen, aus photometrischen Beobachtungen der Lichtstärke der Mondphasen den geringen Anteil des aschfarbenen Lichts von demjenigen der Mondsichel zu trennen, weshalb auch keine Bestimmung der Albedo der Erde auf diesem Wege möglich war. Dagegen ist es wohl möglich, durch flächenphotometrische Messungen die Lichtstärke gleichartiger Mondgebilde auf der Mondsichel und auf dem vom aschfarbenen Lichte beleuchteten Teile miteinander zu vergleichen und die gemessenen Helligkeitsverhältnisse zur Bestimmung der Albedo zu benutzen. Derartige Messungen hat bereits ZÖLLNER angestellt, und sie sind in neuerer Zeit vielfach wiederholt worden. Man erhält die Flächenhelligkeit des Oberflächenelements ds nach Division der Lichtmenge dq' durch die scheinbare Größe desselben $\dfrac{ds\cos\varepsilon}{\varDelta^2}$. Wir haben daher für einen Punkt mit den Koordinaten ψ und ω die Helligkeit:

$$h' = \frac{dq'\varDelta^2}{\varrho^2 \cos^2\psi \cos\omega \, d\psi \, d\omega} = J\mu\pi p' \sin^2 S \sin^2\sigma'\, \varphi'(\pi - \alpha)\, F(i, i, o)\sec\psi \sec\omega,$$

$$h'_1 = \qquad\qquad = \frac{2}{3\pi} J A_1 A'_1 \sin^2 S \sin^2\sigma' (\sin\alpha - \alpha\cos\alpha)\cos\psi\cos\omega,$$

$$h'_2 = \qquad\qquad = \frac{1}{4} J A_2 A'_2 \sin^2 S \sin^2\sigma' \times$$

$$\times \left\{1 - \cos\frac{\alpha}{2} \cotg\frac{\alpha}{2} \ln \cotg\left(45° - \frac{\alpha}{4}\right)\right\}.$$

$$(7)$$

Weder das LAMBERTsche noch das SEELIGERsche Gesetz entsprechen für die Mondoberfläche der Wirklichkeit, wenn auch die von dem letzteren geforderte gleichförmige Helligkeit der Vollmondscheibe und des aschfarbenen Lichts erfüllt ist; die für die typische Mondoberfläche empirisch bestimmte Funktion $F(i, \varepsilon, \alpha)\sec\varepsilon$ ist für Vollmond, also auch für den Erdschein, eine Konstante $(F(i, i, o)\sec i = C)$.

Man wird deshalb nur die allgemeine erste Form der obigen Gleichungen benutzen können, muß dabei aber zweierlei beachten.

Einerseits dürfen nur Teile der Mondoberfläche verglichen werden mit gleichen Reflexionskoeffizienten p, etwa zwei Stellen desselben Meeres, die durch den Terminator getrennt sind, oder überhaupt gleichartige Stellen der typischen

Oberfläche. Andererseits ist darauf zu achten, daß die auf der hellen Sichel gemessene Stelle in angemessener Weise auf ihre Vollmondhelligkeit reduziert wird. Das geschieht mit Anwendung der Lambertschen oder Seeligerschen Formel nur in sehr angenäherter Weise, sicherer ist es, dazu für die typischen Stellen die empirische Kurve (Abb. 21), für hervortretende Stellen aber besondere durch Beobachtungen bestimmte Reduktionen zu benutzen. Es seien die Winkel $i, \varepsilon, \psi, \omega$ für die auf dem dunklen Teile des Mondes gemessene Stelle mit dem Index $'$ gekennzeichnet. Man hat für die Helligkeit auf der Sichel, wenn man den Sonnenradius vom Monde aus ebenfalls gleich S setzt, $h = J\mu\pi \sin^2 S\, F(i, \varepsilon, \alpha) \sec\varepsilon$, und die Formeln (36), S. 73, daher wird

$$\left.\begin{aligned}
\frac{h'}{h} &= \frac{p' \sin^2\sigma\, \varphi'(\pi - \alpha)\, C}{F(i, \varepsilon, \alpha)\sec\varepsilon}\,, \\[2mm]
\frac{h'_1}{h_1} &= \frac{2A'_1 \sin^2\sigma'(\sin\alpha - \alpha\cos\alpha)\cos\psi'\cos\omega'}{3\pi\cos\psi\cos(\omega - \alpha)}\,, \\[2mm]
\frac{h'_2}{h_2} &= \frac{A'_2\sin^2\sigma'\left\{1 - \cos\dfrac{\alpha}{2}\cotg\dfrac{\alpha}{2}\ln\cotg\left(45° - \dfrac{\alpha}{4}\right)\right\}}{2\left[1 + \tang\dfrac{\alpha}{2}\tang\left(\omega - \dfrac{\alpha}{2}\right)\right]}\,.
\end{aligned}\right\} \qquad (8)$$

Die Konstante C wird 1, wenn $F(i, \varepsilon, \alpha)$ für $\alpha = 0$ der Einheit gleichgesetzt wird. Für $\varphi'(\alpha)$, die Phasenkurve der Erde, muß ein Mittelwert derselben Funktion für Venus und Mars oder für Venus und Mond eingesetzt werden. Auf diese Weise bestimmt man nach der ersten Gleichung den Bondschen Reflexionskoeffizienten p', nach den anderen beiden die Lambertsche oder die Seeligersche Albedo der Erde. Dehnt man die Beobachtungen auf viele Punkte aus, so kann der durch die Unsicherheit der Reflexionskoeffizienten und der Phasenkurven bedingte Fehler beliebig abgeschwächt werden.

43. Der Einfluß des Himmelsgrundes. Bei derartigen Messungen tritt aber eine andere Schwierigkeit auf, welche die Resultate in hohem Grade beeinflußt, das ist die zur Helligkeit des aschfarbenen Lichtes hinzutretende Helligkeit des Himmelsgrundes, die durch die Nähe der hellbeleuchteten Sichel hervorgerufen ist. Bestimmte allgemeingültige Formeln für die Helligkeit des Himmelsgrundes in der Nähe der leuchtenden Mondsichel lassen sich nicht aufstellen, denn sie ist in hohem Grade von den atmosphärischen Bedingungen abhängig, außerdem verschieden für jedes Instrument, mit welchem die Messungen ausgeführt werden. Es wird deshalb zweckmäßig sein, neben den Messungen des Himmelsgrundes in der Nähe und außerhalb des dunklen Randes mit demselben Instrumente eine Untersuchung der Lichtabnahme des Himmelsgrundes in verschiedenen Abständen vom Rande bei Vollmond auszuführen und für die dafür erhaltene Kurve einen analytischen Ausdruck in Form einer Funktion des Abstandes vom Zentrum der Scheibe $f(r)$ zu suchen. Dieselbe Form der Funktion kann dann für die Erleuchtung eines Flächenelements $d\sigma$ der Sichel durch ein anderes angenommen werden, wobei an Stelle von r der Abstand der beiden Elemente tritt. Dann ist die totale Beleuchtung im Punkte A durch die gesamte Sichel

$$J = \iint\limits_{\Sigma} f(r)\, d\sigma, \qquad (9)$$

wo das Integral sich über alle Elemente der Sichel erstreckt. Man kann hier die Helligkeiten auf der Sichel entweder konstant annehmen oder auch ihre aus speziellen Untersuchungen bekannten Werte einsetzen. Im ersteren Falle ist also mit einer mittleren Helligkeit der Sichel, welche aus der Phasenkurve des Mondes leicht zu erhalten ist, zu rechnen. FESSENKOW[1], der diese Methode angewandt hat, fand für $f(r)$ die Form $f(r) = \dfrac{1}{a + b\,r^2}$. Nach Einführung polarer Koordinaten ϱ und φ für ds mit dem Anfangspunkt O im Zentrum des Mondes und wenn φ von OA aus gezählt wird, erhält man $r^2 = \varrho^2 + \delta^2 - 2\varrho\,\delta\cos\varphi$, wo $\delta = OA$. Mit den ausgerechneten Werten des Integrals

$$J = 2\int\limits_{0}^{R}\int\limits_{0}^{\pi} \frac{\varrho\,d\varrho\,d\varphi}{a + b(\varrho^2 + \delta^2 - 2\varrho\,\delta\cos\varphi)} \tag{10}$$

und den beobachteten Helligkeiten des Himmelsgrundes bei Vollmond berechnet FESSENKOW die Werte der Konstanten $k = \dfrac{b}{a}$; hierauf können die an jedem Abend außerhalb des dunklen Randes gemessenen Helligkeiten auf Helligkeiten innerhalb desselben umgerechnet werden. Wegen Einzelheiten muß auf die zitierte Abhandlung hingewiesen werden.

Diese Methode ist wesentlich genauer als die übliche Methode, die Helligkeit des Himmelsgrundes auf dem dunklen Teile des Mondes gleich derjenigen außerhalb desselben anzunehmen.

44. Die Verfinsterungen der Jupitertrabanten. Die Beobachtungen der Verfinsterungen der Jupitertrabanten haben in der Astronomie eine grundlegende Bedeutung gehabt. Bekanntlich bieten sie ein vorzügliches Mittel zur Bestimmung der Koordinaten der Trabanten; sie liegen den LAPLACEschen und DELAMBREschen Bahnkonstanten derselben zugrunde. Durch die berühmte Bestimmung der Lichtgeschwindigkeit von O. ROEMER ergaben sie einen Wert der Sonnenparallaxe; in früheren Zeiten haben sie auch als Lichtsignale für Längenbestimmungen zur See und in unerforschten Gegenden vorzügliche Dienste geleistet. Das Problem der Verfinsterung eines Trabanten ist eine Aufgabe der theoretischen Photometrie, denn die Verfinsterung tritt nicht momentan ein, sondern nimmt den beträchtlichen Zeitraum von 4 Minuten bis zu $^1/_4$ Stunde in Anspruch, in welcher Zeit sich der Planetenschatten über die Scheibe des Trabanten schiebt. Die Fixierung des Momentes der vollständigen Verfinsterung ist in hohem Grade von der Stärke des Fernrohrs und den atmosphärischen Bedingungen abhängig, die des Beginns derselben von der Schärfe der Beobachtung. Es ist daher von großer Bedeutung, die Helligkeitsabnahme des Trabanten während der Verfinsterung zu berechnen und die Beobachtungen auf möglichst viele Momente der Verfinsterung auszudehnen. Dann wird es möglich, aus jeder der beobachteten Helligkeiten den Moment des Beginnes, des Endes oder der Mitte der Finsternis zu berechnen, wodurch die Genauigkeit wesentlich vergrößert wird. PICKERING[2] hat diese Idee am nachdrücklichsten verfolgt und durch eine große Beobachtungsreihe, die an der Harvard-Sternwarte ausgeführt worden ist und jetzt bearbeitet vorliegt[3], fruchtbar gemacht; CORNU[4] hat das Verdienst der Priorität in dieser Frage; er hat auch als erster darauf aufmerksam gemacht, daß die Helligkeit des Trabanten sich um die Mitte der Verfinsterung am schnellsten ändern muß, weshalb die Beobachtungen tunlichst um diesen Moment zu gruppieren sind. Ein von ihm gebautes einfaches Photometer für den genannten speziellen Zweck scheint nur wenig zur Anwendung gekommen zu sein.

---

[1] Détermination de l'albedo de la terre. Publication de l'Observatoire Astronomique de l'Université de Kharkow Nr. 7 (1915).

[2] Annual Report of the Director of the Harvard College Observ. for the Year 1878.

[3] Harv Ann 52 Part II (1909); R. A. SAMPSON, A Discussion of the Eclipses of Jupiter's Satellites. 1878—1903.   [4] C R 96, S. 1690 und 1815 (1883).

Bei der Berechnung der Verfinsterungskurve muß eine bestimmte Annahme über die Helligkeitsverteilung auf der Trabantenscheibe gemacht werden.

Obrecht[1] hat die Aufgabe für den Fall gleicher Helligkeit auf der Scheibe des Trabanten gelöst, V. Wellmann[2] und E. Anding[3] für den Fall des Lambertschen Gesetzes. Die strenge Lösung der Aufgabe führt zu recht komplizierten Entwicklungen, die hier in der Gesamtheit wiederzugeben uns zu weit führen würde. Beobachtungen der Verfinsterungskurven mit Anwendung moderner photometrischer Methoden werden freilich eine strenge Reduktion erfordern, wie sie in den genannten Abhandlungen gegeben ist. Sie werden voraussichtlich auch die Frage entscheiden, welcher Annahme über das Reflexionsgesetz der Vorzug zu geben ist. Die bisher beobachteten Verfinsterungskurven sind für diesen Zweck nicht genügend genau. Wir begnügen uns mit einer Darstellung der Theorie, wie sie für die bisherigen Beobachtungen vollkommen genügt, mit einer Angabe der Fehlergrenzen.

Die Aufgabe selbst läßt sich folgendermaßen formulieren: Ein Jupitertrabant tritt in den Schatten seines Planeten; dabei wird allmählich ein immer größerer Teil seiner Scheibe verfinstert, bis er zuletzt ganz unsichtbar wird. Es beträgt die Dauer der Verfinsterung

$$
\begin{array}{lll}
\text{bei dem ersten Trabanten} & 4^{\mathrm{m}}\ 19^{\mathrm{s}} \\
\text{,,} \quad \text{,,} \quad \text{zweiten} \quad \text{,,} & 5^{\mathrm{m}}\ 32^{\mathrm{s}} \\
\text{,,} \quad \text{,,} \quad \text{dritten} \quad \text{,,} & 11^{\mathrm{m}}\ 21^{\mathrm{s}} \\
\text{,,} \quad \text{,,} \quad \text{vierten} \quad \text{,,} & 16^{\mathrm{m}}\ 27^{\mathrm{s}}
\end{array}
$$

Es soll nun die Helligkeitsabnahme des Trabanten als Funktion der Zeit ermittelt werden. Die Helligkeiten wollen wir in Einheiten der Helligkeit Q_0 des unverfinsterten Trabanten ausdrücken.

Streng genommen müßte man auf die Bewegungsverhältnisse im Jupitersystem Rücksicht nehmen. Bei der kurzen Dauer der Verfinsterung entsteht aber kein merklicher Fehler, wenn man die Bewegung der Schattengrenze auf dem Trabanten der Zeit proportional annimmt. Des weiteren kann die Abplattung der Schattengrenze, deren Einfluß immer kleiner bleibt als $0{,}0009\ Q_0$, vernachlässigt werden[4]. Wie aus Obrechts Tabellen zu ersehen, ist auch der Einfluß der Krümmung der Schattengrenze von geringem Betrage; er erreicht nur beim 4. Trabanten im Grenzfalle 0,022 und bleibt für die drei anderen immer kleiner als 0,007, darf also von uns vernachlässigt werden, so daß die Schattengrenze als geradlinig durch die Tangentialebene zur Jupiteroberfläche bestimmt werden kann. Bei dem geringen Winkelhalbmesser der Sonne aus Jupiterabstand (3′) erweist sich auch die Wirkung des Halbschattens von sehr geringem Betrage, nach Obrecht ist sie immer kleiner als 0,001; sie kann also auch unberücksichtigt bleiben; somit wird die Sonne als punktförmig betrachtet und die Schattengrenze durch die Tangentialebene, die durch sie und die als Kugel angenommene Oberfläche des Planeten in dem Punkte, wo der Trabant ein- oder austritt, bestimmt. Es ist von Wichtigkeit, hierbei zu bemerken, daß eine solche vereinfachte Behandlung des Problems, die nachweislich für die Beobachtungsgenauigkeit genügt, soweit die Trabanten als Kugeln anzusehen sind, eine Frage ganz offen läßt, nämlich den Einfluß der Atmosphäre des Jupiter; dieser Einfluß kann aber tatsächlich auf den Verlauf der Verfinsterungskurve zu Anfang und am Ende derselben von wesentlicher Bedeutung sein,

---

[1] Études sur les éclipses des satellites de Jupiter. Paris 1884.
[2] Zur Photometrie der Jupiterstrabanten. Diss. Erlangen 1887.
[3] Photometrische Untersuchungen über die Jupiterstrabanten. Preisschrift. München 1889.
[4] Wellmann, l. c. S. 11.

worauf wir später noch zurückkommen wollen. Wir wollen auch noch vom Einfluß der Phase, die bei Jupiter 12° nicht übersteigt, in dieser Betrachtung ganz absehen, weil die dadurch verursachte Korrektion nach OBRECHT ebenfalls immer kleiner ist als 0,01.

Unter diesen Umständen reduziert sich das ganze Problem auf folgende Aufgabe: Es soll die Helligkeitsabnahme einer beleuchteten Kreisscheibe ermittelt werden, wenn dieselbe von einem mit gleichförmiger Geschwindigkeit über sie hinweggehenden, geradlinig begrenzten dunklen Schirme bedeckt wird.

Es sei der Radius der Scheibe gleich r, und der kürzeste Abstand der Schattengrenze vom Mittelpunkte sei a. Wir legen ein rechtwinkliges Koordinatensystem durch das Zentrum der Scheibe, die Y-Achse parallel zur Schattengrenze. Die scheinbare Helligkeit eines Flächenelementes $dx\,dy$ ist eine Funktion des Abstandes vom Zentrum ϱ. Die zum Beobachter vom Elemente $dx\,dy$ gelangende Lichtmenge ist somit

$$dq = kF(\varrho)\,dx\,dy,$$

wo k eine Konstante ist und die Funktion F, die von dem Beleuchtungsgesetz abhängt, zunächst noch unbestimmt gelassen wird. Die gesamte Lichtmenge ist bei einem Abstande a der Schattengrenze vom Zentrum, falls mehr als die Hälfte der Scheibe beleuchtet ist,

$$Q = 2k \int\limits_{-a}^{r} \int\limits_{0}^{\sqrt{r^2-x^2}} F(\varrho)\,dx\,dy, \tag{11}$$

wo

$$\varrho = \sqrt{x^2 + y^2}.$$

Wir nehmen jetzt an, daß die Lichtverteilung auf der voll beleuchteten Scheibe dem LAMBERTschen Gesetze entspricht. Die scheinbare Helligkeit ist dann dem Kosinus des Einfallswinkels i auf die Oberfläche der Kugel proportional, oder da $\sin i = \dfrac{\varrho}{r}$, so ist die vom Punkte x, y reflektierte Lichtmenge:

$$dq = k\cos i\,dx\,dy = k\,\sqrt{1 - \frac{x^2 + y^2}{r^2}}\,dx\,dy$$

und die gesamte Lichtmenge

$$Q = 2k \int\limits_{-a}^{r} dx \int\limits_{0}^{\sqrt{r^2-x^2}} \sqrt{1 - \frac{x^2 + y^2}{r^2}}\,dy. \tag{12}$$

Setzt man $1 - \dfrac{x^2}{r^2} = b$ und $\dfrac{1}{r^2} = c$, so wird

$$\int\limits_{0}^{\sqrt{r^2-x^2}} \sqrt{1 - \frac{x^2 + y^2}{r^2}}\,dy = \int\limits_{0}^{\sqrt{r^2-x^2}} \sqrt{b - c\,y^2}\,dy = \left[\frac{1}{2}\,y\,\sqrt{b - c\,y^2} + \frac{b}{2\sqrt{c}}\arcsin\sqrt{\frac{c}{b}}\,y\right]_{y=0}^{y=\sqrt{r^2-x^2}}$$

$$= \frac{r\pi}{4}\left(1 - \frac{x^2}{r^2}\right).$$

Somit ergibt sich

$$Q = \frac{k r \pi}{2} \int\limits_{-a}^{r} \left(1 - \frac{x^2}{r^2}\right) dx = \frac{k\pi}{2r}\left\{r^2(r + a) - \frac{1}{3}(r^3 + a^3)\right\}. \tag{13}$$

Bei ganz unbedeckter Scheibe wird $a = r$, und man erhält die Lichtmenge:

$$Q_0 = \frac{2}{3} k \pi r^2 ; \qquad (14)$$

durch Division von (13) und (14) ergibt sich dann endlich:

$$\frac{Q}{Q_0} = \frac{1}{2} + \frac{3}{4} \frac{a}{r} - \frac{1}{4} \frac{a^3}{r^3}$$

oder, wenn man die Bezeichnung $a : r = \cos\varphi$ einführt:

$$\frac{Q}{Q_0} = \frac{1}{2} + \frac{3}{4} \cos\varphi - \frac{1}{4} \cos^3\varphi . \qquad (15)$$

Diese Gleichung gibt also die Helligkeit in Einheiten der vollen Helligkeit vor Beginn der Verfinsterung als Funktion des Abstandes a, und da dieser proportional der Zeit ist, als Funktion der Zeit. Man sieht auch, daß für $a = 0$, also die Mitte der Verfinsterung, $\frac{Q}{Q_0} = \frac{1}{2}$, die Lichtstärke also auf die Hälfte herabgesunken ist. Dieses war bei der konzentrischen Verteilung der Helligkeit im voraus zu erwarten.

Ist die Schattengrenze über die Mitte der Scheibe hinausgerückt, so erhält man die entsprechenden Helligkeitswerte, wenn man in den Formeln (13) und (15) a negativ rechnet.

Für das Lommel-Seeligersche und das Eulersche Reflexionsgesetz, die beide gleichmäßige Helligkeit der voll beleuchteten Scheibe ergeben, ist die Berechnung der Verfinsterungskurve noch einfacher. Es ist dann in (11) $F(\varrho)$ gleich 1 zu setzen, worauf sich sofort ergibt

$$Q = 2k \int_{-a}^{r} dx \int_{0}^{\sqrt{r^2 - x^2}} dy = 2k \int_{-a}^{r} \sqrt{r^2 - x^2}\, dx . \qquad (16)$$

Nach Ausführung der einfachen Integration hat man

$$Q = k \left[x \sqrt{r^2 - x^2} + r^2 \arcsin \frac{x}{r} \right]_{x=-a}^{x=r}$$

oder wenn man wieder $\frac{a}{r} = \cos\varphi$ setzt:

$$Q = k r^2 \{\pi + \sin\varphi \cos\varphi - \varphi\} . \qquad (17)$$

Für die Helligkeit der unbedeckten Scheibe folgt bei $a = r$:

$$Q_0 = k \pi r^2 ,$$

somit erhält man für die Verfinsterungskurve:

$$\frac{Q}{Q_0} = \frac{\pi - \varphi + \sin\varphi \cos\varphi}{\pi} . \qquad (18)$$

Der Verlauf der Lichtkurven nach (15) und (18) ist hier in einer Tabelle nach dem Argument $\cos\varphi$ zusammengestellt.

Tabelle 9.

a/r	Q/Q_0 Lambert	Q/Q_0 Seeliger	a/r	Q/Q_0 Lambert	Q/Q_0 Seeliger	a/r	Q/Q_0 Lambert	Q/Q_0 Seeliger	a/r	Q/Q_0 Lambert	Q/Q_0 Seeliger
1,0	1,000	1,000	0,5	0,844	0,804	0,0	0,500	0,500	−0,5	0,156	0,196
0,9	0,993 (7)	0,981 (19)	0,4	0,784 (60)	0,748 (56)	−0,1	0,425 (75)	0,436 (64)	−0,6	0,104 (52)	0,142 (54)
0,8	0,972 (21)	0,948 (33)	0,3	0,718 (66)	0,688 (60)	−0,2	0,352 (73)	0,373 (63)	−0,7	0,061 (43)	0,094 (48)
0,7	0,939 (33)	0,906 (42)	0,2	0,648 (70)	0,627 (61)	−0,3	0,282 (70)	0,312 (61)	−0,8	0,028 (33)	0,052 (42)
0,6	0,896 (43)	0,858 (48)	0,1	0,575 (73)	0,564 (63)	−0,4	0,216 (66)	0,252 (60)	−0,9	0,007 (21)	0,019 (33)
0,5	0,844 (52)	0,804 (54)	0,0	0,500 (75)	0,500 (64)	−0,5	0,156 (60)	0,196 (56)	−1,0	0,000 (7)	0,000 (19)

Beide Kurven haben das Charakteristische, daß ihre Ordinaten sich um die Mitte der Verfinsterung am schnellsten und dabei der Zeit proportional ändern, denn beide Kurven haben für $a = 0$ ihren Wendepunkt. Dieses folgt unmittelbar aus den Gleichungen (13) und (17), wenn man den zweiten Differentialquotienten nach a bildet. In der Tat ergibt die Gleichung (13)

$$\frac{d^2 Q}{d a^2} = -\frac{a k \pi}{r}.$$

Aus der Gleichung (17) erhält man ebenso

$$\frac{d^2 Q}{d a^2} = -\frac{2 a k}{\sqrt{r^2 - a^2}},$$

und beide Werte von $\frac{d^2 Q}{d a^2}$ werden 0 für $a = 0$.

SEELIGER hat allgemein gezeigt, daß für jede Form der Funktion $F(\sqrt{x^2 + y^2})$ dieselbe Eigenschaft erhalten bleibt. In der Tat erhält man aus Gleichung (11)

$$\frac{d Q}{d a} = 2 k \int_0^{\sqrt{r^2 - a^2}} F(\sqrt{a^2 + y^2})\, d y$$

und nach nochmaliger Differentiation

$$\frac{d^2 Q}{d a^2} = 2 k \left\{ -\frac{a F(r)}{\sqrt{r^2 - a^2}} + \int_0^{\sqrt{r^2 - a^2}} \frac{\partial F(\sqrt{a^2 + y^2})}{\partial a}\, d y \right\}. \tag{19}$$

Da aber

$$\frac{\partial F(\sqrt{a^2 + y^2})}{\partial a} = 2 a \frac{\partial F(\sqrt{a^2 + y^2})}{\partial (a^2)} = 2 a \frac{\partial F(\sqrt{a^2 + y^2})}{\partial (a^2 + y^2)},$$

so erhält man, wenn die Variable $a^2 + y^2 = \xi^2$ eingeführt wird,

$$d y = \frac{\xi d \xi}{\sqrt{\xi^2 - a^2}}$$

und weiter

$$\frac{\partial F(\sqrt{a^2 + y^2})}{\partial a}\, d y = 2 a \frac{\partial F(\xi)}{\partial (\xi^2)} \frac{\xi}{\sqrt{\xi^2 - a^2}}\, d \xi = a \frac{\partial F(\xi)}{\partial \xi} \frac{d \xi}{\sqrt{\xi^2 - a^2}} = a \frac{F'(\xi)}{\sqrt{\xi^2 - a^2}}\, d \xi.$$

Setzt man diesen Wert in die Gleichung (19) ein und beachtet die Integrationsgrenzen für ξ, welche r und a werden, so erhält man

$$\frac{d^2 Q}{d a^2} = -2 a k \left\{ \frac{F(r)}{\sqrt{r^2 - a^2}} - \int_a^r \frac{F'(\xi)}{\sqrt{\xi^2 - a^2}}\, d \xi \right\}.$$

Dieser Ausdruck verschwindet für $a = 0$, und es ist deshalb dieser Punkt unter allen Umständen ein Wendepunkt, wenn auch, wie SEELIGER nachweist, nicht immer der einzige bei einer beliebigen Form der Funktion F.

Dieser Umstand macht es von vornherein zur natürlichen Forderung, alle Beobachtungen des Verfinsterungsvorgangs auf den Moment zu reduzieren, wo der Trabant die Hälfte seiner unverfinsterten Lichtstärke besitzt, weil dieser Moment sich am sichersten bestimmen lassen muß und auch geometrisch streng definiert ist.

Der Zeitraum zwischen Anfang und Mitte der Verfinsterung ergibt den Wert des Halbmessers des Trabanten. Die Bestimmung des Anfangsmoments der Verfinsterung ist aber sehr schwierig, und auch der Verlauf der Verfinsterungskurve ist hier theoretisch unmöglich festzulegen.

Abgesehen von der Unsicherheit über die Helligkeit des Randes, die durch das unbekannte Reflexionsgesetz bedingt ist, treten hier als komplizierende Umstände alle diejenigen Erscheinungen auf, die bei Mondfinsternissen zu der Veränderung des Erdschattens im positiven oder negativen Sinne mitwirken und einerseits durch den Einfluß der Atmosphäre des schattenwerfenden Planeten bedingt sind, anderseits durch physiologische Ursachen, die wir am Schluß dieses Abschnittes (Ziff. 47) noch besprechen werden.

Wegen der prinzipiellen Wichtigkeit, welche die Frage über den Einfluß der Atmosphäre eines Planeten auf die Lage seiner Schattengrenze für die richtige Deutung der photometrischen Erscheinungen bei Finsternissen besitzt, sollen die Betrachtungen, die Seeliger[1] über diesen Gegenstand angestellt hat, hier angeführt werden; wenn dieselben auch mehr prinzipieller Natur sind und keine Möglichkeit einer strengen Durchrechnung bieten, so sind sie trotzdem geeignet, auch auf diejenigen Unstimmigkeiten, welche die Beobachtungen der Jupitertrabanten ergeben haben, einiges Licht zu werfen.

45. Über den Einfluß einer Atmosphäre auf die Lage des Kernschattens eines Planeten. Wir denken uns einen Lichtstrahl, der vom Punkte S der Sonnenoberfläche ausgeht, die Atmosphäre des Planeten, dessen Radius ϱ ist und der sein Zentrum in P hat, passiert, dort gebrochen wird und nach der Brechung den Punkt M der Trabantenoberfläche trifft. Dieser Strahl berührt im Punkte E eine mit der Planetenoberfläche konzentrische Schicht gleicher Dichte der Atmosphäre. Der Radius dieser Atmosphärenschicht sei R. Es ist dann sowohl S als M im scheinbaren Horizonte des Punktes E. Ein Strahl, der, von S ausgehend, die Planetenoberfläche ohne Brechung im Punkte E' berührt, treffe die Trabantenoberfläche in M'. Es sei $SP = \varDelta'$, $MP = \varDelta$ und $M'P = \varDelta_1$, ferner die scheinbare, durch die Refraktion beeinflußte Winkelentfernung des Punktes E von P, gesehen von S resp. von M aus, σ' resp. σ und weiter die Winkel $PSE' = \lambda'$,

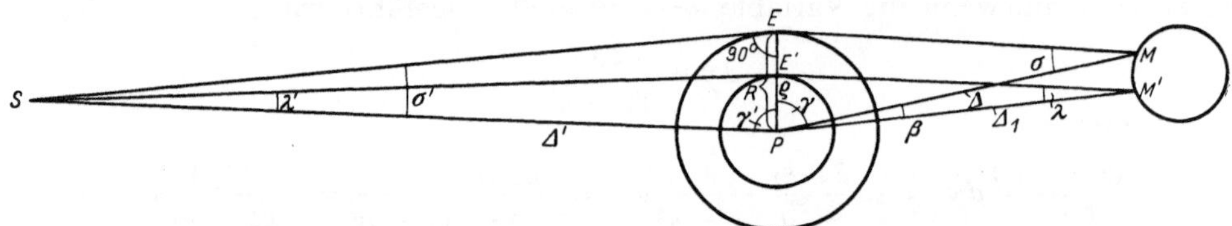

Abb. 26. Einfluß der Atmosphäre auf die Grenze des Kernschattens-

$PM'E' = \lambda$, $MPM' = \beta$, $SPE' = \gamma'$, $MPE' = \gamma$. Endlich sei μ der Brechungsexponent der Atmosphäre im Punkte E, r die Horizontal-Refraktion daselbst[2]. Es gelten dann folgende Beziehungen, deren erste die Fundamentalgleichung der Refraktion ist,

$$\left.\begin{array}{l} \varDelta \sin \sigma = \mu R, \qquad \varDelta' \sin \sigma' = \mu R, \\[4pt] \gamma + \sigma = 90° + r, \qquad \gamma' + \sigma' = 90° + r, \\[4pt] \varDelta' \sin \lambda' = \varDelta_1 \sin \lambda = \varrho, \\[4pt] \beta = 2r - \sigma - \sigma' + \lambda + \lambda'. \end{array}\right\} \qquad (20)$$

Ersetzt man hier den Sinus der Winkel $\sigma, \sigma', \lambda, \lambda'$ durch den Bogen, so erhält man

$$\beta = 2r - \mu R \left(\frac{1}{\varDelta} + \frac{1}{\varDelta'}\right) + \varrho \left(\frac{1}{\varDelta'} + \frac{1}{\varDelta_1}\right).$$

[1] Vierteljahrsschrift d. Astron. Gesellschaft. 27, S. 197 (1892).

[2] Der Winkel $SE'M'$ ist gleich $180°$, während bei E außer den Tangenten auch noch der Schnittpunkt der ungekrümmten Strahlen oberhalb E zu denken ist, die den Winkel $180 — 2r$ miteinander bilden. Der Winkel β bestimmt die Verlagerung der Schattengrenze. In der Abb. 26 ist er negativ.

Es sei h die Höhe des Punktes E über der Planetenoberfläche, so daß $R = \varrho + h$, dann wird

$$\beta = 2r + (1 - \mu)\varrho\left(\frac{1}{\varDelta} + \frac{1}{\varDelta'}\right) - \mu\, h\left(\frac{1}{\varDelta} + \frac{1}{\varDelta'}\right) + \varrho\left(\frac{1}{\varDelta_1} - \frac{1}{\varDelta}\right). \qquad (21)$$

Das zweite Glied auf der rechten Seite wird man für die Erde fortlassen können; sein Wert für die Erdoberfläche ist kleiner als $1''$.

Desgleichen wird man im 3. Gliede $1/\varDelta'$ gegen $1/\varDelta$ vernachlässigen und $\mu = 1$ setzen dürfen, so daß man schließlich erhält

$$\beta = 2r - \frac{h}{\varDelta} + \varrho\,\frac{\varDelta - \varDelta_1}{\varDelta\,\varDelta_1}. \qquad (22)$$

Das dritte Glied dieser Formel hängt durch $\varDelta - \varDelta_1$ von der Größe des Winkels β, also von der Stelle der Trabantenoberfläche ab, wo der betrachtete Strahl die letztere trifft. Für ein gegebenes β wird die Differenz $\varDelta - \varDelta_1$ am scheinbaren Mondrande den größten Wert erreichen. Bezeichnet man durch ϱ' den Mondhalbmesser und durch $\varDelta_0$ die Entfernung des Mondzentrums vom Planetenzentrum, so kann man diesen Maximalwert auf folgende Weise berechnen. Es ist für denselben, wenn x den Winkel zwischen $\varDelta_1$ und $\varDelta_0$ bezeichnet,

$$\varrho'^2 = \varDelta^2 + \varDelta_0^2 - 2\varDelta\,\varDelta_0 \cos(x - \beta) = \varDelta_0^2 - \varDelta_1^2,$$

$$\varDelta_0 \cos(x - \beta) = \varDelta_1 \cos\beta + \varrho' \sin\beta,$$

daher

$$\varDelta^2 + \varDelta_1^2 = 2\varDelta\,(\varDelta_1 \cos\beta + \varrho' \sin\beta) = 2\varDelta\,\varDelta_1 - 4\varDelta\,\varDelta_1 \sin^2\tfrac{1}{2}\beta + 4\varDelta\,\varrho' \sin\tfrac{1}{2}\cos\tfrac{1}{2}\beta$$

und

$$\frac{\varDelta - \varDelta_1}{\varDelta} = \pm 2\sqrt{\frac{\varrho'}{\varDelta}\sin\frac{1}{2}\beta\cos\frac{1}{2}\beta - \frac{\varDelta_1}{\varDelta}\sin^2\frac{1}{2}\beta}\,.$$

Da es sich um die angenäherte Berechnung des kleinen Gliedes $\dfrac{\varrho}{\varDelta_1}\,\dfrac{\varDelta - \varDelta_1}{\varDelta}$ handelt, das Sekunden betragen kann, wird man das zweite Glied unter der Quadratwurzel als von höherer Ordnung vernachlässigen und $\varDelta$ durch $\varDelta_0$ ersetzen können; wir erhalten dann:

$$\frac{\varDelta - \varDelta_1}{\varDelta} = \pm\sqrt{\frac{2\varrho'}{\varDelta_0}\beta}$$

und

$$\sin 1''\left(\frac{\varrho}{\varDelta_1}\,\frac{\varDelta - \varDelta_1}{\varDelta}\right)'' = \pm\frac{\varrho}{\varDelta_0}\sqrt{\frac{2\varrho'}{\varDelta_0}\beta}\,.$$

Setzt man hier die Werte ϱ und ϱ', $\varDelta_0$ für den Mond ein und bezeichnet durch β'' den Wert von β in Bogensekunden, so erhält man

$$\left(\frac{\varrho}{\varDelta_1}\,\frac{\varDelta - \varDelta_1}{\varDelta}\right)'' = \pm 0{,}72\sqrt{\beta''}\,,$$

oder wenn γ ein positiver oder negativer echter Bruch ist, so erhält man endgültig:

$$\beta = 2r - \frac{h}{\varDelta} + 0{,}72\gamma\,. \qquad (23)$$

Diese Formel ergibt den Winkel, um welchen der auf den Trabanten projizierte Kernschattenradius des Planeten durch die Refraktion, im Vergleich zu demjenigen, der sich ohne Atmosphäre ergeben würde, verändert ist, wenn man von der Extinktion ganz absieht. Ist β positiv, so bedeutet das eine Verkleinerung des Schattenradius. Nun ist möglicherweise die untere Schicht der Atmosphäre des Planeten etwa bis zur Höhe h für horizontal einfallende Sonnenstrahlen undurchdringlich. Es wird dann durch diesen Umstand der Kernschattenradius vergrößert. Diese beiden Wirkungen heben sich auf, wenn der Winkel $\beta = 0$ wird. Man kann diesen Wert von h näherungsweise leicht bestimmen.

Bezeichnet man durch λ das Verhältnis der Dichtigkeiten zweier Luftschichten in der Höhe h und an der Erdoberfläche:

$$\lambda = \frac{\delta}{\delta_0}, \tag{24}$$

und geht von der Ivoryschen Formel für die Horizontalrefraktion r aus, so findet man zwischen den Werten dieser Größe für die beiden Luftschichten folgende Gleichung:

$$r = r_0(0{,}9121\,\lambda + 0{,}0879\,\lambda^2). \tag{25}$$

Setzt man hier den Wert der Horizontalrefraktion an der Erdoberfläche nach Ivory $r_0 = 2037''{,}8$ ein, so ergibt sich

$$r = 1858''{,}7\,\lambda + 179''{,}1\,\lambda^2.$$

Nimmt man beispielsweise $h = 36{,}5$ km, für welche Höhe, ebenfalls nach Ivory, $\lambda = 0{,}006$ wird, so hat man

$$r = 11''{,}15, \qquad \frac{h}{\lambda} = 19''{,}6$$

und daher

$$\beta = 2''{,}7 + 1''{,}4\,\gamma. \tag{26}$$

Dieser Wert ist also sicher noch positiv. Um so mehr ist er es für tiefere Schichten. Wir sehen, daß eine undurchsichtige Atmosphärenschicht von 36,5 km nicht genügen würde, um den Kernschattenradius zu vergrößern. Es ist also im Gegenteil durch die Wirkung der Atmosphäre derselbe verkleinert und die beobachtete Vergrößerung des Erdschattens bei Mondfinsternissen durch andere Ursachen zu erklären.

Seeliger führt noch eine Berechnung der Lichtschwächung der Sonnenstrahlen durch die Atmosphäre in der genannten Höhe aus, die, wie zu erwarten war, ganz minimale Beträge liefert, die aber wegen ihrer prinzipiellen Bedeutung hier angeführt werden soll.

Die Laplacesche Extinktionstheorie des Lichts führt (siehe Abschnitt über die Extinktion) zu der Gleichung

$$\log\frac{J_z}{J} = -\frac{K}{\sin z} \times \text{Refraktion}, \tag{27}$$

wo J die Helligkeit des Gestirns außerhalb der Atmosphäre und K eine Konstante ist; z ist die scheinbare Zenitdistanz des Gestirnes. Nun wird allgemein die Refraktion nach der Formel $\alpha_z\,\mathrm{tg}\,z$ berechnet, wo α_z aus der Refraktionstafel entnommen werden kann und sich in der Form darstellt

$$\alpha_z = \alpha_0\{1 + a\,\mathrm{tg}^2 z + b\,\mathrm{tg}^4 z + c\,\mathrm{tg}^6 z + \cdots\}.$$

Hier ist α_0 die Refraktionskonstante, die nach Bessel $57''{,}76$ beträgt, a, b, c sind Konstanten.

Man hat also auch die Gleichung

$$\log\frac{J_z}{J} = -K\,\alpha_z\,\sec z, \tag{28}$$

und für $z = 0$

$$\log\frac{J_0}{J} = -K\,\alpha_0 = A. \tag{29}$$

A ist der Logarithmus des Transmissionskoeffizienten, der nach SEELIGER den Wert 0,08874 hat. Hieraus erhält man nach Einsetzung der BESSELschen Konstante für α_0

$$\log K = 7{,}1258, \qquad K = 0{,}001336.$$

Andererseits gilt die Gleichung (27) auch für ein Gestirn im Horizonte, und setzt man hier die Horizontalrefraktion $r = 2094''$ ein, so folgt für den Horizont

$$\log \frac{J_{90}}{J} = -K \times 2094 = -2{,}797 \qquad \text{und} \qquad \frac{J_{90}}{J} = 0{,}0016.$$

Diese Zahl ist aber voraussichtlich noch zu klein, wie die Abweichungen zwischen Theorie und Beobachtung in der Nähe des Horizontes zeigen. Für die Höhe von 36,5 km haben wir als Horizontalrefraktion erhalten $r = 11''{,}15$. Die entsprechende Extinktion im Horizonte wird also:

$$\log \frac{J_{90}}{J} = -0{,}001336 \times 11''{,}15 = -0{,}0149,$$

und $J_{90} : J = 0{,}967$. Da das Sonnenlicht diese Schwächung zweimal erfährt, so beträgt die gesamte Lichtschwächung weniger als 6%.

Die Grenze von 36,5 km für eine undurchsichtige Atmosphäre war also bei weitem zu hoch angesetzt.

Für Jupiter ist uns der Wert der Refraktionskonstante unbekannt. Die Beobachtungen von Sternbedeckungen durch den Planeten weisen Erscheinungen auf, die wohl zweifellos die Existenz einer dichten Atmosphäre beweisen, aber trotzdem nicht geeignet sind, die horizontale Refraktion zu bestimmen.

Aus dem vom Verfasser[1] abgeleiteten Werte des Transmissionskoeffizienten der Jupiteratmosphäre muß aber jedenfalls auf eine starke Horizontalrefraktion geschlossen werden. Es ist für Jupiter:

$$\log \frac{J_0}{J} = -K\alpha_0 = -0{,}2009, \qquad \frac{J_0}{J} = 0{,}63, \qquad \text{Absorptionskoeffizient} = 0{,}37.$$

Hier ist K von der Höhe der homogenen Atmosphäre, dem Brechungs- und Absorptionsvermögen derselben abhängig. Eine Bestimmung von K ist bei völliger Unkenntnis dieser Größen zunächst unmöglich. Da aber die Horizontalrefraktion der Dichte der unteren Schichten der Atmosphäre nahezu proportional ist, so wäre bei gleicher Zusammensetzung der irdischen und der Jupiteratmosphäre die Horizontalrefraktion zunächst einmal im Verhältnis der Absorptionskoeffizienten $\frac{0{,}37}{0{,}17} = 2{,}2$ zu vergrößern, außerdem aber im Verhältnis der Weglängen, die durch die Gleichung: Weglänge $= \sqrt{2Rl + l_0^2}$ genähert gegeben sind; hier ist R der Halbmesser des Planeten und l_0 die Höhe seiner homogenen Atmosphäre; bei Vernachlässigung von l_0^2 hätten wir also noch im Verhältnis $\sqrt{\dfrac{(Rl_0)_{\text{Jup.}}}{(Rl_0)_{\text{Erde}}}}$ zu vergrößern, was schon bei gleicher Höhe der homogenen Atmosphären l_0 den Faktor 3,3 ergibt, somit im ganzen im Verhältnis von 7,2. Danach wäre die Horizontalrefraktion des Jupiter $4°$, ein Wert, der eher zu klein als zu groß geschätzt ist.

Das Zusammenwirken von Refraktion und Extinktion läßt sich aber für die Jupiteratmosphäre nicht in der Weise übersehen, wie es die SEELIGERsche Analyse für die irdische Atmosphäre näherungsweise gestattet. Die Refraktion

---

[1] Photometrische Untersuchungen über Jupiter und das Saturnsystem. Acta Acad. Scient. Fennicae, 16 (1921).

in verschiedenen Höhen über der Oberfläche auch nur annähernd zu berechnen, ist für Jupiter ganz außerhalb der Möglichkeit, weil über die Höhe der Atmosphäre und die Dichteabnahme keinerlei Daten vorliegen. Die Verschiebungen der Schattengrenze durch die genannten Ursachen dürften aber nach dem Gesagten sich in viel größerem Maßstabe abspielen als bei Mondfinsternissen. Die Dauer der Verfinsterungen der Jupitertrabanten und auch der Verlauf der Verfinsterungskurven zu Anfang und zu Ende der Finsternis werden durch die Atmosphäre des Jupiter in zunächst unberechenbarer Weise beeinflußt, und es wird deshalb nur die Mitte der Verfinsterung theoretisch verwertbar sein.

46. Die Beobachtungen der Verfinsterungen der Jupitertrabanten auf der Harvard-Sternwarte. Diese theoretischen Bedenken in bezug auf die Fruchtbarkeit der Trabantenverfinsterungen für Fragen physikalischer Natur sind durch die langjährigen Beobachtungen der Harvard-Sternwarte vollauf bestätigt worden. Diese Beobachtungen erstrecken sich über 25 Jahre (1878—1903) und sind mit besonderen, zu diesem Zweck konstruierten Photometern ausgeführt, die ein bequemes und rasches Messen gestatteten. Als Vergleichsobjekt diente in den meisten Fällen ein anderer Trabant, in einzelnen Fällen der Planet selbst, dessen Bild durch ein spezielles Fernrohr in der Brennpunktsebene des Refraktors abgebildet wurde. Um die Anzahl der Einstellungen während der Zeit der Verfinsterung zu vergrößern, wurden Hilfsbeobachter hinzugezogen, und dadurch wurde erreicht, daß 12 bis 13 Einstellungen in der Minute gemacht werden konnten. Es wurden im ganzen 670 Verfinsterungen und Austritte der vier Trabanten beobachtet, wovon die Hälfte sich auf Trabant I bezieht. Die Verfinsterungskurven sind mit 40 bis 60 Einzelmessungen gut belegt und lassen den Verlauf der Lichtabnahme deutlich hervortreten.

Dieses reichhaltige Material ist nun von R. A. Sampson[1] in mustergültiger Weise bearbeitet und für die Theorie der Bewegung der Jupitertrabanten verwertet worden. So wichtig die Resultate dieser Untersuchung für die Theorie der Bewegung der Trabanten sind, so bringen sie wegen der unerwartet großen Abweichungen der reduzierten Einzelmomente in mancher Beziehung eine Enttäuschung.

Der mittlere Fehler des Bedeckungsmomentes des Trabanten I, der aus der Bedeckungskurve am genauesten festzulegen ist, beträgt immer noch $\pm 6^{s}$, was einem Fehler in der Zeitgleichung von $\pm 1^{s},3$ entspricht, und in der Sonnenparallaxe einem Fehler von $\pm 0'',023$. Der Verfasser meint deshalb, daß zur Bestimmung dieser Konstanten die Beobachtung der Verfinsterungen von geringer Bedeutung sind.

Die Ursachen der großen zufälligen Abweichungen der Bedeckungsmomente, die oft 30^{s} übersteigen, werden vom Verfasser in eingehendster Weise diskutiert. Die Ableitung des Momentes der Verfinsterungsmitte ist bei der Annahme gleichmäßiger Helligkeit der Trabantenscheiben ausgeführt, indem mit Hilfe berechneter Verfinsterungskurven, die an die beobachteten Kurven angeschmiegt wurden, der Moment halber Helligkeit geschätzt wurde.

Wie aber die beigefügten Abbildungen einiger extremer Fälle der Sampsonschen Kurven zeigen, ist ihr Verlauf beträchtlichen Schwankungen unterworfen, die in keiner Weise auf Beobachtungsfehler zurückzuführen sind. Als mögliche Ursachen derselben diskutiert Sampson folgende:

1. Fehler in den angenommenen Durchmessern der Trabanten.
2. Ungleichheiten in den Trabantenbewegungen.
3. Unregelmäßige Begrenzung der Trabantenscheiben.

---

[1] Harv Ann 52 (1907).

4. Phase der Trabanten.

5. Vom Zentrum aus abnehmende oder zunehmende Flächenhelligkeit der Scheiben.

6. Helle oder dunkle Flecke auf den Scheiben.

7. Äquatoriale Streifen auf den Trabantenscheiben.

8. Einfluß der Jupiteratmosphäre.

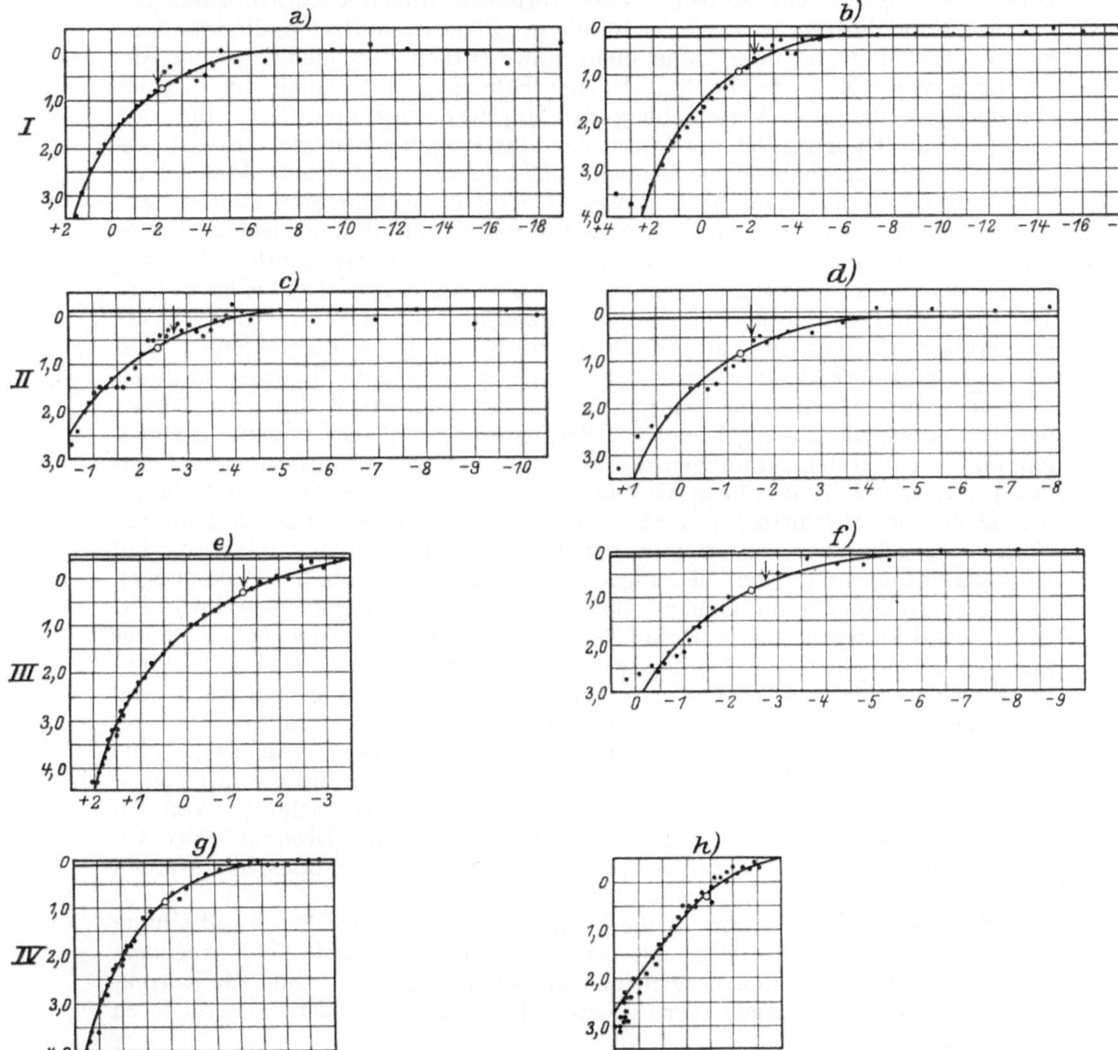

Abb. 27. Verfinsterungskurven der Jupitertrabanten nach Beobachtungen am Harvard College Observatory.

a) Gute Übereinstimmung.   b) Aufhellung am Ende der Verfinsterung.   c) Starke Schwankungen.   d) Flache Kurve. e) Gute Übereinstimmung.   f) Aufhellung am Schluß.   g) Gute Übereinstimmung.   h) Beobachtung in hoher Breite. Die kleinen Kreise bezeichnen die Punkte, in denen die Helligkeit die Hälfte der unverfinsterten sein müßte nach der Theorie der Bewegung. Es müßten diese Punkte die Ordinaten $0^m,75$ haben, denn $0^m,0$ entspricht der vollen Helligkeit. Die Abszissen sind der Zeit proportional. Wir sehen keine Wendepunkte an den entsprechenden Stellen, die bei Darstellung der Absolutwerte statt der Größenklassen hervortreten müßten.

Keine der Ursachen, bis auf die letzte, kann für die großen Abweichungen verantwortlich gemacht werden, wenn auch die kleinen Fluktuationen der Helligkeiten auf Ursache 6 zurückgeführt werden können. Dieses Resultat wird erst durch die oben angeführten Betrachtungen über das Zusammenwirken der Refraktion und Extinktion des Sonnenlichtes in den unteren Schichten der Jupiteratmosphäre ins rechte Licht gesetzt. Lokale Störungen der Durchsichtigkeit der Atmosphäre dieses Planeten, die sich in Verzerrungen des Trabantenschattens bei Vorübergängen vor der Scheibe offenbaren, sind von verschiedenen Beobachtern festgestellt worden. Diese Störungen tragen natürlich zufälligen Charakter und dürften, wenn sie am Rande des Planeten auftreten, die Schattengrenze nach Maßgabe ihrer Höhe nicht unwesentlich verschieben. Einer Abweichung von 30^s entspricht freilich eine Erhebung der Wolke um $^1/_{140}$ des Halbmessers und eine Verschiebung des Jupiterrandes um $0'',13$. Bei den starken Umwälzungen, die die Oberfläche des Planeten dauernd aufweist, erscheint es aber durchaus wahrscheinlich, daß auch die ausgedehnte Atmosphäre desselben durch auf- und niedersteigende Ströme die stärksten Refraktions- und Durchlässigkeitsstörungen erleidet. Die von Seeliger aufgedeckte physiologische Vergrößerung des Trabantenschattens spielt voraussichtlich bei den beobachteten Verfinsterungsmomenten auch eine Rolle. Ihr ist es vielleicht zum Teil zuzuschreiben, daß die infolge der starken Refraktion zu erwartende Verkleinerung des Trabantenschattens sich in den Beobachtungen nicht offenbart und die aus der Dauer der Finsternisse abgeleiteten Jupiterdurchmesser mit den Mikrometermessungen derselben gut übereinstimmen. Auch die Durchmesser der Trabanten, die aus der Dauer der Verfinsterungen abgeleitet sind, stimmen gut mit den neuesten Messungen derselben überein. Es ist also nur die Form des Jupiterschattens ständigen Veränderungen unterworfen, die sogar während der Dauer der Verfinsterung manchmal bemerkbar werden und deshalb die Verfinsterungskurve verzerren und von Fall zu Fall dadurch verändern, daß jedesmal mit einem anderen, den augenblicklichen atmosphärischen Bedingungen am Jupiterrande entsprechenden Halbmesser des Schattens zu rechnen ist.

Eine Bestätigung dieser Resultate mit Hilfe eines unpersönlichen Photometers erscheint in hohem Grade erwünscht. Messungen eines so großen Helligkeitsbereiches (bis zu 4 Größenklassen) innerhalb eines kurzen Zeitraumes dürften von systematischen und persönlichen Fehlern nicht unbeeinflußt sein, die bei einem unpersönlichen Photometer leicht zu vermeiden wären. Auch wird eine größere Schärfe der Einzelmessung den tatsächlichen Verlauf der Verfinsterungskurve wesentlich sicherer festzulegen und die wirklichen Abweichungen von den Beobachtungsfehlern zu trennen gestatten. Ob sich aus der Diskussion der Abweichungen Schlüsse über die physikalische Natur der Jupiteratmosphäre werden ziehen lassen, läßt sich im voraus nicht absehen.

Zum Schluß seien hier noch die Resultate der Sampsonschen Ausgleichung der Harvard-Beobachtungen mit Ausschluß der sich auf die Bewegungsverhältnisse der Trabanten beziehenden mitgeteilt. Unter $\varDelta T$ sind die Korrektionen der Damoiseauschen Werte (Seite 94) für die Dauer der Finsternisse zu verstehen.

Trabanten	Zahl der Beobacht.	$\varDelta$ T	Wahrsch. Fehler einer Beob.	Jupiterhalbmesser	Trabantendurchmesser
I	330	$+ 67^s$	$7^s,1$	$18'',88$	$0'',900$
II	169	$+ 76$	$11,3$	$18,95$	$0,796$
III	124	$+ 170$	$11,6$	$18,90$	$1,397$
IV	47	$+ 207$	$22,1$	$18,95$	$1,341$

47. Seeligers und v. Heppergers Theorie der Vergrößerung des Erdschattens bei Mondfinsternissen. Es ist seit langer Zeit bekannt, daß der Kernschatten der Erde sich bei Mondfinsternissen nicht unwesentlich größer ergibt, als es nach den Dimensionen der Erde zu erwarten ist. Es hat nicht an Versuchen gefehlt, diesen „Vergrößerungsfaktor" des Kernschattens der Erde aus den Beobachtungen zu bestimmen, wobei diese Versuche bei der Ungenauigkeit der Beobachtungen in älterer Zeit naturgemäß stark divergierende Werte lieferten. Die ältesten dieser Bestimmungen seien hier angeführt:

LAHIRE	1 : 41	LEGENTIL	1 : 61 bis 1 : 25
J. CASSINI	1 : 123	LALANDE	1 : 69
LEMONNIER	1 : 82	LAMBERT	1 : 40 und 1 : 21
TOB. MAYER	1 : 60	MÄDLER und J. SCHMIDT	1 : 49

Um die Wende des Jahrhunderts sind von mehreren Autoren kritische Zusammenstellungen der verwendbaren Beobachtungen und daher auch sicherere Werte des Vergrößerungsfaktors abgeleitet worden; so findet A. BROSINSKY[1] aus 20 Finsternissen, bei denen nur das Verschwinden und Wiedererscheinen derselben Krater verwendet wurde, als Mittelwert $A = 1 : 55$, wobei aber die Einzelwerte immer noch zwischen $1 : 72,1$ und $1 : 41,5$ schwanken. J. HARTMANN[2] beschränkt sich nicht darauf, den Durchmesser des Kernschattens aus der Verfinsterungsdauer einzelner Krater zu bestimmen. Da die Tafeln für den Mond und seine Libration für den in Frage kommenden Zweck vollkommen genügend sind, kann die Bedeckung oder der Austritt jedes einzelnen Mondgebildes zur Berechnung des Kernschattendurchmessers dienen, wenn die Momente genügend gesichert erscheinen. Auf diese Weise lassen sich vom Beginn des 19. Jahrhunderts bis zum Jahre 1898 28 Finsternisse mit insgesamt 4021 Einzelmomenten zur Bestimmung des Vergrößerungsfaktors heranziehen. In Abhängigkeit von der Art der Zusammenfassung dieser Werte erhalten HARTMANN und H. SEELIGER[3] auch aus diesem Material noch stark differierende Zahlen für die Vergrößerung des Erdschattens. Hält man die Erscheinung, wie fast alle Autoren vor SEELIGER, für reell und durch die Atmosphäre der Erde verursacht, so ist es notwendig, der wechselnden Entfernung des Mondes Rechnung zu tragen, was durch die Reduktion auf mittlere Parallaxe (π_0) oder mit Hilfe des Faktors π/π_0 zu erreichen ist, mit welchem man die in Bogensekunden ausgedrückte Vergrößerung des Erdschattens zu multiplizieren hat. So findet HARTMANN die Werte

$$\text{I. Periode } V = 53'',07. \qquad V = 49'',85,$$
$$\text{II. Periode } V = 48'',62. \qquad V = 49'',67,$$

wo zwei Perioden entsprechend der Genauigkeit der Beobachtungen unterschieden sind und außerdem zweierlei Mittelbildungen: nach den zufälligen Beobachtungsfehlern aller Werte ohne Unterscheidung der Beobachter und nach Mittelwerten der einzelnen Beobachter. SEELIGER, der die Vergrößerung des Erdschattens auf physiologische Ursachen zurückführt, bezweifelt die Berechtigung der Reduktion auf mittlere Parallaxe und glaubt, als sicherstes Resultat aus dem HARTMANNschen Material den Wert

$$V = 50'',6$$

ableiten zu müssen.

SEELIGER[4] macht noch auf einige schon von HARTMANN hervorgehobene Eigentümlichkeiten der Erscheinung aufmerksam, die sich bei näherer Betrach-

---

[1] Über die Vergrößerung des Erdschattens bei Mondfinsternissen. Göttingen 1889.

[2] Die Vergrößerung des Erdschattens bei Mondfinsternissen. Abh. der K. Sächs. Ges. d. Wiss. 17, Nr. 6 (1891).

[3] Vierteljahrsschr. d. Astr. Ges. 27, S. 186 (1892).

[4] Die scheinbare Vergrößerung des Erdschattens bei Mondfinsternissen. Abh. d. k. Bayer. Akad. d. Wissensch. II. Kl., 19, (1899).

tung der Hartmannschen Einzelwerte ergeben. Die Ein- und Austritte, für sich behandelt, führen zu merklich verschiedenen Werten:

	Periode I	Periode II
Eintritte	59″,19	50″,93
Austritte	49″,30	47″,46

Ferner zeigen einzelne bessere Reihen der Beobachtungen ein scheinbares Kleinerwerden des Schattens mit zunehmender Verfinsterung des Mondes und ein Wiederanwachsen desselben bei abnehmender Verfinsterung. Es ist danach zu erwarten, daß die Ein- und Austritte des Mondrandes ebenfalls verschiedene Werte ergeben. In der Tat findet Seeliger das bestätigt, denn es ist für

$$\text{Rand I} \quad V = 47″,0$$
$$\text{Rand II} \quad V = 45″,4.$$

Eine Ordnung der Größen V nach den scheinbaren Abständen der einzelnen Krater von der Mondscheibenmitte erscheint hiernach besonders interessant, ist aber bisher an einem reichhaltigen Beobachtungsmaterial nicht ausgeführt.

Die Widerlegung der früher allgemein verbreiteten Ansicht, die Vergrößerung des Erdschattens und ihre Veränderlichkeit sei auf die Undurchsichtigkeit der unteren Schichten der Atmosphäre zurückzuführen, ist schon in Ziff. 45 nach Seeliger gegeben worden. Selbst wenn man annimmt, die Atmosphäre wirke bis 36,5 km Höhe wie ein undurchsichtiger Schirm, so tritt infolge der Refraktion der Sonnenstrahlen in Wirklichkeit keine Vergrößerung des Kernschattens der Erde ein. Der unerleuchtete Raum in der Entfernung des Mondes müßte eher kleiner erscheinen als der ohne Rücksicht auf die Atmosphäre berechnete Kernschatten der Erde.

Will man aber die von Seeliger in der genannten Arbeit gegebene Erklärung des Phänomens gelten lassen, nach der hier eine physiologische Ursache vorliegt, so ist eine genaue Berechnung der Lichtmengen, die in der Nähe der geometrischen Schattengrenze bei Berücksichtigung von Refraktion und Extinktion auf die Mondoberfläche gelangen, notwendig. Eine solche Berechnung gestaltet sich, wie Seeligers große Abhandlung über diesen Gegenstand beweist, recht umständlich, trotzdem sie bei der Unsicherheit unserer Kenntnisse über die Beschaffenheit der höheren Schichten der Atmosphäre in aller Strenge gar nicht durchzuführen ist. Insbesondere trägt dazu der Umstand bei, daß außer der Extinktion und der Strahlenbrechung auch noch eine merkliche Dispersion der Sonnenstrahlen stattfindet, deren Berechnung sich ganz besonders schwierig gestalten würde und von Seeliger auch nicht versucht wird. Sonst ist die Seeligersche Rechnung insofern streng, als sie bei bestimmten Annahmen über die Strahlenbrechung und Absorption und bei Berücksichtigung der ungleichförmigen Helligkeit der Sonnenscheibe die Folgerungen dieser Annahmen mit größter Genauigkeit entwickelt. Da der Nachweis einer physiologischen Ursache der Vergrößerung des Erdschattens letzten Endes aber durch Experimente mit rotierenden Scheiben erbracht wird, die naturgemäß sehr unsicher sind, so dürfte an dieser Stelle die Darstellung des Problems in einer wesentlich einfacheren und nur wenig ungenaueren Form, die den Vorzug der Anschaulichkeit hat, am Platze sein. Diese stammt von J. v. Hepperger[1], der das Problem einige Jahre vor Seeliger ohne Rücksicht auf die Randverdunkelung der Sonnenscheibe behandelt hat. Nach Seeliger ist der Einfluß dieser Randverdunkelung auch nur gering, und die Abweichungen des berechneten Helligkeitsverlaufes am Rande des Kernschattens, welche beide

---

[1] Über die Helligkeit des verfinsterten Mondes usw. Sitzungsber. d. k. Akad. d. Wiss., Wien. Mathem.-naturw. Kl. 104, S. 189 Abt. IIa. (1895).

Autoren erhalten haben, sind im wesentlichen auf die Verschiedenheit der zugrunde gelegten Refraktions- und Absorptionstheorie zurückzuführen.

Es seien in Abb. 28 S und E die Mittelpunkte von Sonne und Erde, SN die Kernschattenachse, M ein Punkt der Mondoberfläche. SS' sei der Sonnenhalbmesser und O der Punkt der Sonnenscheibe, gegen den ME gerichtet ist.

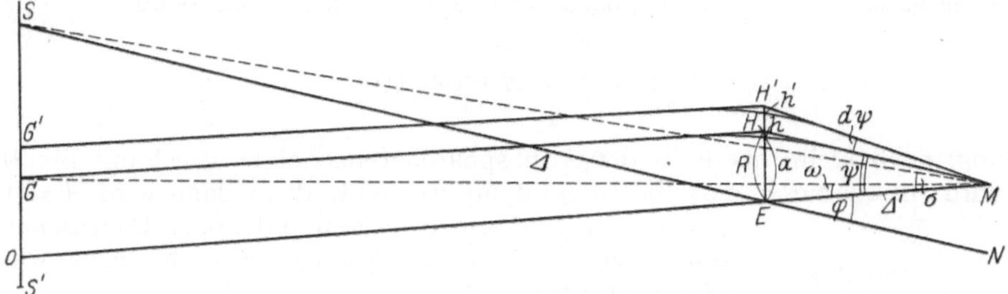

Abb. 28. Die Vergrößerung des Erdschattens bei Mondfinsternissen.

G und G' sind zwei Punkte der Sonne, welche über die Erdatmosphäre (GhM und $G'h'M$) zur Beleuchtung von M beitragen. H und H' sind dabei die Schnittpunkte der Strahlenrichtungen vor und nach dem Durchgange durch die Atmosphäre. Wir bezeichnen weiter

$$\angle\,GMO = \omega \qquad HE = l$$
$$\angle\,HME = \psi \qquad hE = R = a + k, \text{ wo } a \text{ der Erdradius,}$$
$$\angle\,SME = \sigma \qquad SE = \varDelta$$
$$\angle\,MEN = \varphi \qquad ME = \varDelta'$$
$$\angle\,EHM = \angle\,EHG = 90° - r, \text{ wo } r \text{ die Horizontalrefraktion ist.}$$

Der Transmissionskoeffizient für den Strahl GHM sei A, der Halbmesser der Sonne von M aus sei $\angle\,SMS' = s$.

Aus den Dreiecken HME und SEM folgt

$$l\cos r = \varDelta' \sin\psi \qquad \text{und} \qquad \varDelta' \sin\sigma = \varDelta \sin(\varphi - \sigma)$$

oder genügend genau

$$\varphi - \sigma = \frac{\varDelta'}{\varDelta}\,\sigma\,.$$

Bezeichnet man noch $\eta = \psi - \omega$, so folgt aus dem $\triangle GHM$

$$GM \sin\eta = GH \sin 2r$$

oder mit ausreichender Näherung, bei Gleichsetzung von $GH = SE$ und $GM = \varDelta + \varDelta'$,

$$\eta = 2r\,\frac{\varDelta}{\varDelta + \varDelta'}\,.$$

Vom Punkte G' der Sonnenscheibe geht der Weg nach M über den Punkt H' der Atmosphäre, was einem Anwachsen von ψ um $d\psi$ entspricht. Dreht man die Figur um OM als Achse, so beschreiben H und H' sowie G und G' Kreise um E und O. Von allen diesen Punkten G gelangt Licht bis M. Solange der von GG' beschriebene Kreisring ganz auf der Sonnenscheibe liegt, wird (bei gleichmäßiger Helligkeit derselben) die nach M gelangende, dem Winkel $d\psi$ entsprechende Lichtmenge gleich sein

$$dL = JA\,2\pi \sin\psi\,d\psi\,,$$

wo J die konstante Intensität der Strahlen, A den durchgelassenen Bruchteil derselben bedeuten. Trifft der Kreisring auf den Rand der Sonne beim Zentri-winkel λ (siehe Abb. 29), so wird die Lichtmenge im Verhältnis $\dfrac{\lambda}{\pi}$ kleiner, also

$$dL = 2 J A \lambda \sin\psi\, d\psi.$$

Variiert man ψ von a bis zur Grenze der Atmosphäre und integriert, so erhält man die ganze von der Atmosphäre nach M gebrochene Lichtmenge

$$L = 2 J \int\limits_a^{\text{Gr. d. Atm.}} \lambda A \sin\psi\, d\psi.$$

Gelangt noch Licht oberhalb der Atmosphärengrenze ohne Brechung bis M, so wird dieses durch dasselbe Integral ausgedrückt, denn dann wird $A = 1$, $\eta = \psi - \omega = 0$, also $\psi = \omega$, und die ohne Dazwischen-kunft der Erde bis M gelangende Lichtmenge wird $2 J \int \lambda \sin\omega\, d\omega$.

Wir haben also nur die obere Grenze des Integrals gleich $\psi = \sigma + s$ zu setzen, um auch das ungebrochene Licht mit in Rechnung zu ziehen. Zur Berechnung des Winkels λ dienen die Gleichungen

$$\sin^2\frac{\lambda}{2} = \frac{\sin\dfrac{s + \omega - \sigma}{2}\,\sin\dfrac{s - \omega + \sigma}{2}}{\sin\sigma\sin\omega},$$

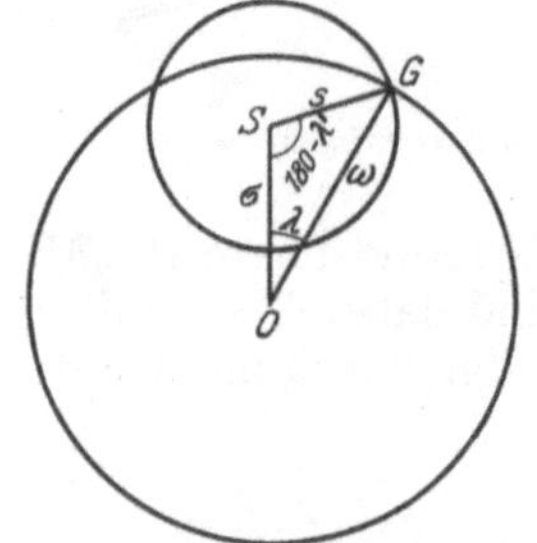

Abb. 29. Der vom Monde sichtbare Teil der Sonnen-scheibe.

$$\cos^2\frac{\lambda}{2} = \frac{\sin\dfrac{\omega + \sigma + s}{2}\,\sin\dfrac{\omega + \sigma - s}{2}}{\sin\sigma\sin\omega},$$

die sich bei der Kleinheit der Winkel auch in der Form schreiben lassen:

$$\sin^2\frac{\lambda}{2} = \frac{(s + \omega - \sigma)(s - \omega + \sigma)}{4\sigma\omega}; \qquad \cos^2\frac{\lambda}{2} = \frac{(\omega + \sigma + s)(\omega + \sigma - s)}{4\sigma\omega}.$$

Ist $\sigma < s$, so schneiden sich die Kreise für

$$s - \sigma < \omega < s + \sigma,$$

und es wird $\pi > \lambda > 0$, während für

$$\omega \leqq s - \sigma, \qquad \lambda = \pi,$$
$$\omega \geqq s + \sigma, \qquad \lambda = 0.$$

Ist $\sigma > s$, so wird für $\sigma - s < \omega < \sigma + s$, $\lambda > 0$, und für diese Grenze von ω und außerhalb derselben $\lambda = 0$.

Wir wollen die direkt ohne Brechung bis M gelangende Lichtmenge ele-mentar berechnen, was bei gleichmäßiger Helligkeit der Scheibe ja einfach ist. Es sei Ψ der Wert von ψ, für welchen die Wirkung der Atmosphäre ver-schwindend wird. Dann ist also $\omega = \Psi$, und bei $\Psi < \sigma + s$ wirkt ein Teil der Sonne direkt. Die Lichtmenge dieses von zwei Kreisbögen umgrenzten Flächen-teils ist

$$J\left[\lambda_1' s^2 - \lambda_1 \Psi^2 + \sigma\Psi\sin\lambda_1\right],$$

wo λ_1' und λ_1 die der entsprechenden Umgrenzung zukommenden Werte von λ' und λ sind.

Die von der Sonne ohne Dazwischentreten der Erde nach M gelangende Lichtmenge ist $L_0 = \pi J \sin^2 s$. In dieser Einheit ausgedrückt wird also die wirklich nach M gelangende Lichtmenge sein:

$$H = \frac{2}{\sin^2 s} \int_{\psi_0}^{\Psi} \frac{\lambda}{\pi} A \sin\psi \, d\psi + \frac{\lambda_1'}{\pi} - \frac{\lambda_1}{\pi} \frac{\Psi^2}{s^2} + \frac{\sigma \Psi}{s^2} \frac{\sin\lambda_1}{\pi} ,$$

wenn $\Psi < \sigma + s$. ψ_0 ist der kleinste Wert, den ψ annehmen kann.

Für $\Psi \gg \sigma + s$ geht alles nach M gelangende Licht durch die Atmosphäre; es wird dann $\lambda_1 = \lambda_1' = 0$ und die obere Grenze des Integrals gleich jenem Werte von ψ, welcher $\omega = \sigma + s$ entspricht.

Nun kann man in Anbetracht des Umstandes, daß sowohl die Refraktion r als die Durchlässigkeit A Funktionen derselben Variablen, nämlich der Höhe k über der Erdoberfläche sind, diese als unabhängige Variable einführen, indem man setzt

$$\xi = \frac{k}{a} = \frac{R - a}{a} ,$$

$$R = a(1 + \xi) .$$

Es ist aber

$$\Delta' \sin\psi = l \cos r ,$$

und aus der Gleichung für die Horizontalrefraktion folgt, wenn μ der Brechungsexponent in der Höhe h ist,

$$\Delta' \sin\psi = \mu R = \mu a (1 + \xi) ,$$

daher

$$\frac{l}{a} \cos r = \mu (1 + \xi) .$$

Nach der BESSELschen Refraktionstheorie nimmt v. HEPPERGER für die Beziehung zwischen dem Brechungsexponenten μ und der Höhe ξ an

$$\mu^2 - 1 = c \delta_0 e^{-\varkappa_0 \xi} ,$$

wo die Luftdichte δ_0 an der Erdoberfläche und die Konstante c mit der Refraktionskonstante β_0 in der Beziehung stehen:

$$\beta_0 = \frac{c \delta_0}{1 + c \delta_0} ;$$

man kann auch mit genügender Genauigkeit schreiben:

$$\mu = 1 + \tfrac{1}{2} \beta_0 e^{-\varkappa_0 \xi} .$$

Hieraus folgt genügend genau

$$\frac{l}{a} \cos r = 1 + \xi + \frac{1}{2} \beta_0 e^{-\varkappa_0 \xi}$$

und

$$\sin\psi = \frac{a}{\Delta'} \left(1 + \xi + \frac{1}{2} \beta_0 e^{-\varkappa_0 \xi} \right) = \frac{l}{\Delta'} \cos r ,$$

$$d\psi = \frac{a}{\Delta'} \frac{1 - \tfrac{1}{2} \beta_0 \varkappa_0 e^{-\varkappa_0 \xi}}{\cos\psi} \, d\xi .$$

Setzt man noch die Parallaxe des Punktes M derjenigen des Mondzentrums gleich:

$$\frac{a}{\Delta'} = \sin\Pi$$

und ersetzt $\cos\psi$ durch $\cos\Pi$, was bei fünfstelliger Rechnung noch keine Einbuße an Genauigkeit bedeutet, so wird das zu berechnende Integral in der Gleichung für H

$$\int_{\psi_0}^{\psi_1} \frac{\lambda}{\pi} A \sin\psi \, d\psi = \frac{\sin^2\Pi}{\cos\Pi} \int_{\xi_0}^{\xi_1} \frac{\lambda}{\pi} A \left(\frac{l}{a} \cos r \right) \left(1 - \frac{1}{2} \beta_0 \varkappa_0 e^{-\varkappa_0 \xi} \right) d\xi .$$

Dieses Integral kann durch mechanische Quadratur bestimmt werden, da es nur von ξ und den Elementen der Finsternis abhängt. Die Werte der horizontalen Durchlässigkeit A und der Refraktion r sind von Hepperger mit Zugrundelegung der Besselschen Hypothese über die Druckabnahme mit der Höhe berechnet, erstere aus den Müllerschen Beobachtungen der Extinktion; die Konstante $\varkappa_0$ wird der Besselschen Refraktionstheorie entnommen. Die untere Grenze ξ_0 des Integrals ist gleich 0 von $\sigma = 0$ bis $\sigma = s + \omega_0$, wo ω_0 der Wert von ω für $\xi = 0$ ist. Ist $s < \sigma < s + \omega_0$, so sendet nur ein Teil der untersten Schicht der Atmosphäre Licht nach M, während die höheren Schichten auf der entgegengesetzten Seite der Erde wirksam werden. Für $\sigma > s + \omega_0$ entspricht ξ_0 dem Werte $\omega = \sigma - s$. Die obere Grenze ξ_1 bezieht sich durchweg auf $\omega = \Psi$, solange $\Psi < \sigma + s$ ist, sonst aber auf $\omega = \sigma + s$.

Die berechneten H sind, da die Einfallswinkel sich nur wenig ändern, den Helligkeitsverhältnissen derselben Mondgegend bei verfinstertem Monde und bei Vollmond gleich. Die geometrische Grenze des Kernschattens der Erde hat, da $s + \varphi_1 = \Pi = 57'2'',1$, den Radius $\varphi_1 = 41'11'',2$.

Tabelle 10. $\log H$.

φ_1	Nach v. Hepperger	Nach Seeliger I	Nach Seeliger II
2460''	$7,576 - 10$	$7,347 - 10$	$7,180 - 10$
2470	$7,614^{38}$	$7,392^{45}$	$7,214^{34}$
2480	$7,656^{42}$	$7,445^{53}$	$7,250^{36}$
2490	$7,705^{49}$	$7,512^{67}$	$7,290^{40}$
2500	$7,765^{60}$	$7,604^{92}$	$7,338^{48}$
2510	$7,841^{76}$	$7,725^{121}$	$7,399^{61}$
2520	$7,930^{89}$	$7,850^{125}$	$7,478^{79}$
2530	$8,021^{91}$	$7,964^{114}$	$7,569^{91}$
2540	$8,106^{85}$	$8,064^{100}$	$7,667^{98}$
2550	$8,186^{80}$	$8,153^{89}$	$7,763^{96}$
2560		$8,232^{79}$	$7,855^{92}$

Von wesentlicher Bedeutung für die Frage nach der Vergrößerung des Erdschattens ist die Berechnung der Helligkeiten an der Grenze des Kernschattens. v. Hepperger hat das nach der oben entwickelten Theorie, Seeliger nach einer etwas genaueren getan. Die Resultate sind in nebenstehender Tabelle zusammengestellt. Unter Seeliger II sind auch noch Seeligers Resultate bei Berücksichtigung des Helligkeitsabfalls am Sonnenrande angeführt.

Nimmt man die von Seeliger abgeleitete Vergrößerung des Erdschattens $V = 50'',6$ an, so hätte man also bei $2521'',8$ die scheinbare Trennungslinie zu erwarten. Der Verlauf der Heppergerschen und der strengeren Seeligerschen Helligkeitskurven läßt eine solche Trennungslinie nicht ohne weiteres erwarten, wenn auch die ersten Differenzen der ersten Kurve an der fraglichen Stelle ein kleines Maximum aufweisen. Die Frage konnte deshalb nur experimentell geprüft werden, was denn auch von Seeliger mit Hilfe rotierender Scheiben versucht worden ist. Auf einer kreisrunden Scheibe (Abb. 30) wurde eine Fläche Oba mit weißer, der übrige Teil mit intensiv schwarzer Farbe angestrichen, wobei die Begrenzung Omb mit Rücksicht auf die Helligkeitskurve bei Mondfinsternissen berechnet wurde. Dazu muß der Winkel $mOa = \alpha$ der Helligkeit in dem betreffenden Abstande proportional angenommen werden. Das Zentrum der Scheibe, deren Radius zu 15 cm angenommen wurde, erhielt die Helligkeit, die $\varphi_1 = 2460''$ entspricht, der Rand diejenige bei $\varphi_1 = 2560''$.

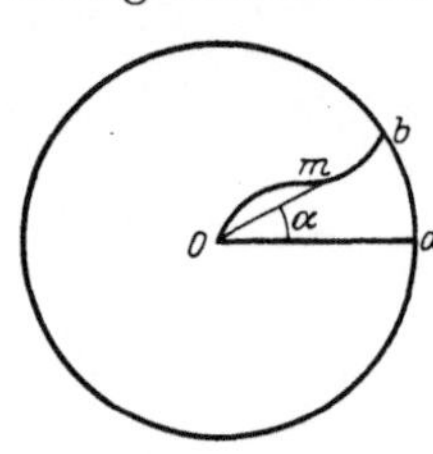

Abb. 30. Rotierende Scheibe zur Darstellung d. Lichtabnahme bei Mondfinsternissen nach Seeliger.

Die Helligkeiten waren diejenigen der zweiten Seeligerschen Tafel.

Man hätte also bei der schnellen Rotation einer solchen Scheibe eine Grenzlinie zwischen hell und dunkel in der Entfernung von 9,13 cm vom Mittelpunkte zu erwarten. Die Resultate der Schätzungen der scheinbaren Grenze erwiesen sich sowohl von der Beleuchtungsstärke der Scheibe als auch vom Beobachter, deren mehrere an den Experimenten teilnahmen, abhängig, ergaben aber sämtlich Werte, die zwischen 8,7 und 9,8 cm lagen, somit eine recht gute Bestätigung des erwarteten Resultates.

Es ist interessant zu bemerken, daß die Annahme, eine Trennungslinie müsse immer dann auftreten, wenn der Differentialquotient dH/dr eine Unstetigkeit aufweise, sich nicht durchweg bestätigt; erst bei größeren plötzlichen Helligkeitsänderungen tritt mit Sicherheit eine Trennungslinie auf. Dasselbe gilt für den Differentialquotienten $d\log H/dr$, und es scheint, daß der zweite Differentialquotient $d^2 H/dr^2$ oder innerhalb gewisser Grenzen vielleicht besser $d^2\log H/dr^2$ eine sehr bedeutende Rolle bei den in Frage kommenden Phänomenen spielen kann. Die Erscheinungen werden durch das Kontrastphänomen jedenfalls stark mitbeeinflußt.

Von besonderem Interesse sind die Schlußfolgerungen, zu denen sowohl HEPPERGER als SEELIGER über die Wirkung der unteren Schichten der Atmosphäre gelangen. Die Trübung derselben durch Wolkenbildung ist sehr veränderlich, und man könnte in dieser Veränderlichkeit die Ursache der verschiedenen Helligkeiten des Kernschattens bei verschiedenen Mondfinsternissen vermuten. Die genaue Analyse ergibt nun folgendes Resultat:

Die unteren Schichten der Atmosphäre schicken überhaupt kein Licht an die Grenze des Kernschattens, so daß es gleichgültig für den Verlauf der Helligkeitskurve in der Nähe dieser Grenze ist, ob man die unteren Schichten der Atmosphäre als ganz durchsichtig oder ganz undurchsichtig annimmt. Die Veränderlichkeit des Vergrößerungsfaktors V ist deshalb, wenn sie reell ist und nicht auf Beobachtungsfehlern beruht, anderen Ursachen zuzuschreiben. Auch die Reduktion auf mittlere Parallaxe hat für den Rand des Kernschattens nur eine geringfügige Bedeutung.

Dagegen ist im Zentrum des Kernschattens der Zustand der Troposphäre von wesentlicher Bedeutung, indem die unteren Schichten der Atmosphäre das Sonnenlicht ausschließlich in den inneren Teil des Kernschattens senden. Somit ist die Vermutung, die oben ausgesprochen wurde, bestätigt, wenn auch mit der Einschränkung, daß ein anderer Faktor, voraussichtlich in viel höherem Grade, die Helligkeit des Kernschattens beeinflußt. Diese zweite Ursache ist die Veränderlichkeit der Parallaxe, die sich gerade für die Kernschattenachse in unerwartet hohem Grade auswirkt. SEELIGER berechnet, daß die Helligkeiten im Zentrum des Kernschattens, gleiche Durchsichtigkeit der Atmosphäre vorausgesetzt, im Apogäum, also bei kleinster Parallaxe des Mondes, 4 mal so groß ausfallen müsse wie im Perigäum. Eine genauere Untersuchung dieser Einflüsse wäre nur mit Berücksichtigung der Dispersion des Sonnenlichtes möglich.

e) Der Einfluß der Beugung des Lichts im Fernrohre auf die Lichtverteilung einer Planetenscheibe. Der scheinbare Durchmesser derselben.

48. Ältere Untersuchungen über Beugung. Der Einfluß der Diffraktion auf die Fokalbilder von Lichtpunkten in Fernrohren ist zuerst von AIRY[1] untersucht worden. Die bekannten Erscheinungen an Fixsternen, nämlich die Ausbreitung derselben in kleine Scheiben mit umgebenden Interferenzringen, wurden von ihm als eine notwendige Folge der Beugung an der Objektivöffnung erklärt. Er fand die Lage der Ringe in Übereinstimmung mit der Theorie und

---

[1] Transactions Phil. Soc. Cambridge 6, 1838.

führte die Aufgabe, die Intensität des gebeugten Lichtes in irgendeinem Punkte der Fokalebene zu bestimmen, auf eine Integralfunktion zurück, die er durch konvergente Reihen darstellte. Die Natur dieser Funktion als Besselsche Funktion ersten Ranges wurde erst später erkannt. Fast gleichzeitig mit Airy und unabhängig von ihm hat Schwerd[1] die Beugungserscheinungen in Fernrohren behandelt und seinerseits das Problem für leuchtende Punkte vollkommen gelöst; seine Tafeln der Intensitätsmaxima und -Minima bis zu den Ringen 6. Ordnung stimmen mit den von Fraunhofer an künstlichen Lichtpunkten ausgeführten Messungen überein.

Die Verallgemeinerung der Theorie auf Lichtscheiben hat Airy nicht versucht, Schwerd dagegen hat einige Kapitel seines Werkes diesem Gegenstande gewidmet und das Prinzip angegeben, nach dem man von Beugungserscheinungen für Lichtpunkte auf diejenigen von Lichtlinien und Lichtscheiben übergehen kann. Er gibt am Schluß einige Tafeln für die Intensitäten in verschiedenem Abstande vom geometrischen Rande sowohl einer geradlinig begrenzten Scheibe, wie auch für eine Kreisscheibe. Diese Zahlen sind augenscheinlich durch ein Näherungsverfahren erhalten, das aber nicht genügend erläutert ist. Bei der außerordentlichen Umständlichkeit der Schwerdschen Methode der Intensitätsberechnung ist es auch unmöglich, ihre Genauigkeit nachzuprüfen.

Einen weiteren Fortschritt in der Theorie der Beugungserscheinungen bei Lichtscheiben bedeuten die Arbeiten von André[2], der die Schwerdschen Tafeln erweitert und auch wertvolle experimentelle Arbeiten über die Beugungserscheinungen an Fernrohren geliefert hat. In theoretischer Beziehung sind aber erst die Untersuchungen von H. Struve[3] ein Fortschritt gegenüber Airys und Schwerds Arbeiten. Weiter sind als selbständige Autoren auf diesem Gebiete zu nennen Lommel[4] mit zwei Abhandlungen und in neuerer Zeit H. Nagaoka[5].

49. Die Untersuchungen von H. Struve. Wählen wir die Fokalebene des Fernrohrs zur Hauptebene xy und richten die z-Achse längs der optischen Achse des Objektivs, bezeichnen die Koordinaten eines Punktes N der beugenden Öffnung mit x, y, z, mit f die Brennweite des Objektivs; dann haben wir für die Koordinaten ξ_1, η_1 eines Punktes M_1 der Fokalebene mit den Richtungskosinussen der gebrochenen Welle α_1, β_1 die Gleichungen:

$$x - \xi_1 = f\alpha_1; \quad y - \eta_1 = f\beta_1. \tag{1}$$

Es sei M_1 der Ort des geometrischen Bildes eines leuchtenden Punktes in der Brennebene, ferner M, mit den Richtungskosinussen α, β, ein anderer Punkt in derselben Ebene, nach welchem ein gewisser Teil des Lichtes gebeugt wird, dann ist auch

$$x - \xi = f\alpha; \quad y - \eta = f\beta. \tag{2}$$

Die Gleichung der gebrochenen Welle, die in das Fernrohr eintritt, ist, wenn man die Amplitude gleich 1 setzt,

$$s_0 = \sin\frac{2\pi t}{T}. \tag{3}$$

---

[1] Die Beugungserscheinungen. Mannheim 1835.

[2] Étude de la diffraction dans les instruments d'optique. Annales de l'École normale (1876).

[3] Über den Einfluß der Diffraktion an Fernröhren auf Lichtscheiben. Mémoires de l'Acad. Impér. des Sc. de St. Pétersbourg, Série 7, T. 30, No. 8 (1882).

[4] Abhandlungen der k. Bayer. Akademie. 15 (1884) und 19 (1897).

[5] Ap J 51, S. 73 (1920).

In den Punkten M_1 und M haben wir

$$s_1 = \sin 2\pi \left(\frac{t}{T} - \frac{q_1}{\lambda}\right),$$

$$s = \sin 2\pi \left(\frac{t}{T} - \frac{q}{\lambda}\right),$$

wo T die Periode der Schwingung, λ die Wellenlänge des Lichts und q_1 und q die Abstände NM_1 und NM sind. Nun ist

und

$$q_1 = \sqrt{(x - \xi_1)^2 + (y - \eta_1)^2 + z^2}$$

$$q = \sqrt{(x - \xi)^2 + (y - \eta)^2 + z^2},$$

$$f^2 = x^2 + y^2 + z^2,$$

und daher, wenn ξ/f, η/f sehr kleine Größen sind und man setzen kann:

$$q = f - \frac{x\xi + y\eta}{f},$$

$$q_1 = f - \frac{x\xi_1 + y\eta_1}{f},$$

erhält man mit Hilfe von (1) und (2):

$$q = q_1 + \frac{x(\xi_1 - \xi) + y(\eta_1 - \eta)}{f} = q_1 - x(\alpha_1 - \alpha) - y(\beta_1 - \beta),$$

und die Gleichung der Welle im gebeugten Punkte M wird

$$s = \sin\left[2\pi\left\{\frac{t}{T} - \frac{q_1}{\lambda} + \frac{x}{\lambda}(\alpha_1 - \alpha) + \frac{y}{\lambda}(\beta_1 - \beta)\right\}\right],$$

oder auch

$$s = \sin 2\pi\left(\frac{t}{T} - \frac{q_1}{\lambda}\right)\cos 2\pi\left[\frac{x}{\lambda}(\alpha_1 - \alpha) + \frac{y}{\lambda}(\beta_1 - \beta)\right]$$

$$+ \cos 2\pi\left(\frac{t}{T} - \frac{q_1}{\lambda}\right)\sin 2\pi\left[\frac{x}{\lambda}(\alpha_1 - \alpha) + \frac{y}{\lambda}(\beta_1 - \beta)\right].$$

Die Amplitude dieser Schwingung können wir uns in zwei Komponenten C und S zerlegt denken, so daß

$$1 = C^2 + S^2, \tag{4}$$

wo

$$\left. \begin{aligned} C &= \cos \frac{2\pi}{\lambda}((\alpha_1 - \alpha)x + (\beta_1 - \beta)y), \\ S &= \sin \frac{2\pi}{\lambda}((\alpha_1 - \alpha)x + (\beta_1 - \beta)y). \end{aligned} \right\} \tag{5}$$

Diese Formel bezieht sich auf ein einziges Flächenelement $dx\,dy$ im Punkte N der beugenden Öffnung mit den Koordinaten x, y, z. Die Amplitude der Schwingung im Punkte M, die durch die gesamte Öffnung hervorgerufen wird, ist durch den ähnlichen Ausdruck gegeben:

$$A^2 = C^2 + S^2, \tag{6}$$

wo

$$\left. \begin{aligned} C &= \iint \cos \frac{2\pi}{\lambda}((\alpha_1 - \alpha)x + (\beta_1 - \beta)y)\,dx\,dy, \\ S &= \iint \sin \frac{2\pi}{\lambda}((\alpha_1 - \alpha)x + (\beta_1 - \beta)y)\,dx\,dy \end{aligned} \right\} \tag{7}$$

und die Integrale über die ganze beugende Öffnung zu nehmen sind.

Wenn diese Öffnung symmetrisch zu einem rechtwinkligen Achsenkreuz in ihrer Ebene ist, so muß das zweite Integral verschwinden. Wir haben also im Falle einer kreisförmigen, elliptischen oder anderen Öffnung mit zwei Symmetrieachsen

$$S = 0,$$

und die Helligkeit I im Punkte M wird dann, wenn k eine Konstante bedeutet,

$$I = kC^2, \tag{8}$$

wo

$$C = \iint \cos \frac{2\pi}{\lambda} ((\alpha_1 - \alpha)x + (\beta_1 - \beta)y)\, dx\, dy.$$

Wir behandeln den Fall einer kreisförmigen Öffnung und führen Polarkoordinaten ein durch die Gleichungen

$$x = r\cos\omega, \qquad y = r\sin\omega; \tag{9}$$

entsprechend bezeichnen wir

$$\frac{2\pi}{\lambda}(\alpha_1 - \alpha) = r_1 \cos\omega_1, \qquad \frac{2\pi}{\lambda}(\beta_1 - \beta) = r_1 \sin\omega_1; \tag{10}$$

dann erhalten wir für C:

$$C = \int\limits_0^R \int\limits_{\omega_1}^{\omega_1+2\pi} \cos(rr_1\cos(\omega - \omega_1))\, r\, d\omega\, dr,$$

wo R der Radius der beugenden Öffnung ist. Führen wir noch die Bezeichnungen ein:

$$rr_1 = \varrho \qquad \text{und} \qquad \omega - \omega_1 = v, \tag{11}$$

so ergibt sich

$$C = \frac{1}{r_1^2} \int\limits_0^{r_1 R} \int\limits_0^{2\pi} \cos(\varrho \cos v)\, \varrho\, d\varrho\, dv.$$

Nun ist bekanntlich, wenn die Besselsche Funktion n-ten Ranges von z durch $J_n(z)$ bezeichnet wird:

$$J_0(r) = \frac{1}{2\pi} \int\limits_0^{2\pi} \cos(r\cos v)\, dv,$$

$$r J_1(r) = \int\limits_0^r J_0(r)\, r\, dr.$$

Infolgedessen

$$2\pi r_1 R J_1(r_1 R) = \int\limits_0^{r_1 R} \int\limits_0^{2\pi} \cos(r\cos v)\, r\, dv\, dr$$

und

$$C = \frac{2\pi}{r_1} R J_1(r_1 R). \tag{12}$$

Wenn man

$$r_1 R = z \tag{13}$$

setzt, so wird

$$C = 2\pi R^2 \frac{J_1(z)}{z}. \tag{14}$$

Somit ist die Intensität im Punkte M:

$$I = 4\pi^2 k R^4 \left(\frac{J_1(z)}{z}\right)^2, \tag{15}$$

und r_1 nach (10) durch die Gleichung bestimmt:

$$r_1 = \frac{2\pi}{\lambda}\sqrt{(\alpha_1 - \alpha)^2 + (\beta_1 - \beta)^2} = \frac{2\pi}{\lambda f}\sqrt{(\xi - \xi_1)^2 + (\eta - \eta_1)^2} = \frac{2\pi}{\lambda f} d. \tag{16}$$

Hier ist d der lineare Abstand der Punkte M_1 und M voneinander und daher:

$$d = f\zeta, \tag{17}$$

wo ζ ihr Abstand in Winkelmaß ist. Daher haben wir auch statt (13):

$$z = \frac{2\pi}{\lambda} R\zeta. \tag{18}$$

Beziehen wir endlich die Intensität auf diejenige des geometrischen Bildpunktes ($\alpha = \alpha_1$, $\beta = \beta_1$) als Einheit und berücksichtigen, daß für $z = 0$

$$\frac{J_1(z)}{z} = \frac{1}{2},$$

so ist die Intensitätsverteilung in der Fokalebene durch

$$I = 4\left(\frac{J_1(z)}{z}\right)^2, \tag{19}$$

bestimmt.

Die Kurven gleicher Intensität sind demnach konzentrische Kreise um den geometrischen Ort $z = 0$. Begrenzt man das Gesichtsfeld auf einige Minuten, so darf man diese Darstellung als vollkommen exakt ansehen. Dies ist die Darstellung der Beugungserscheinungen für Lichtpunkte, wie sie seit Airy bekannt ist, in der eleganten Form, die ihr H. Struve gegeben hat. Mit Hilfe von Tafeln der Besselschen Funktion J_1 ist die Berechnung der Intensität leicht auszuführen. Die Erfahrung lehrt, daß zwei verschiedene Lichtpunkte einer ausgebreiteten Lichtquelle zu keiner sichtbaren Interferenz Anlaß geben können und daß die Intensität irgendeines von beiden gleichzeitig beleuchteten Punktes einfach der Summe der Intensitäten gleichzusetzen ist, welche jeder Lichtpunkt einzeln ergeben würde. Dieser Satz ermöglicht es, die oben abgeleiteten Beugungsgesetze auf irgendwie begrenzte Lichtscheiben auszudehnen, und führt die Bestimmung der Lichtintensität irgendeines hinter einer beugenden Öffnung liegenden Punktes auf die Auswertung eines Doppelintegrals zurück.

Liegt die Lichtscheibe im Unendlichen und ist die beugende Öffnung kreisförmig, so gelten für die Intensität eines Punktes M der Fokalebene die obigen Formeln, wobei ζ die Winkelentfernung vom geometrischen Bilde jenes Punktes (α_1, β_1) der Scheibe ist, dessen gebeugtes Licht die Erleuchtung in M (α, β) hervorbringt. k ist eine von der spezifischen Intensität des Punktes der Scheibe abhängige Konstante, die also allein von α_1 und β_1 abhängt.

Nehmen wir daher den Punkt M zum Anfangspunkt eines polaren Koordinatensystems (ζ, ψ) und denken uns die Projektion der Lichtscheibe in der Fokalebene in die Elemente $\zeta\, d\zeta\, d\psi$ zerlegt, so ist die resultierende Intensität in M, die wir durch I bezeichnen wollen, gleich der Summe der Intensitäten, welche ein jedes der Elemente der Scheibe beiträgt, oder gleich dem Ausdruck

$$\int\int I(\zeta)\,\zeta\, d\zeta\, d\psi,$$

wo die Integration über alle Elemente des Bildes der Lichtscheibe zu erstrecken ist. Für einen Punkt außerhalb der Begrenzung des geometrischen Bildes, den wir durch das Zeichen $+$ kennzeichnen wollen, haben wir somit

$$I(+) = \int\limits_{\psi_1}^{\psi_2} d\psi \int\limits_{\zeta_1}^{\zeta_2} I(\zeta)\,\zeta\,d\zeta ,$$

wo ζ_1 und ζ_2 als Funktionen von ψ gegeben sind und ψ_1, ψ_2 die äußersten Werte des Winkels ψ bedeuten, den Tangenten an die Begrenzung der Scheibe entsprechend. Liegt andererseits M innerhalb der Begrenzung, so ist

$$I(-) = \int\limits_{0}^{2\pi} d\psi \int\limits_{0}^{\zeta_2} I(\zeta)\,\zeta\,d\zeta .$$

Im allgemeinen Falle, wenn die Intensität auf der Lichtscheibe von Punkt zu Punkt variiert, ist $I(\zeta)$ eine Funktion sowohl von ζ als auch von ψ, und die Integration wird auch in den einfacheren Fällen sehr kompliziert und nur durch mechanische Quadratur ausführbar. Struve behandelt nur den Fall gleichmäßig heller Scheiben, für welche k eine von ζ und ψ unabhängige Konstante ist und bei der Integration fortgelassen werden kann. Er führt statt ζ die Variable z ein, deren Grenzwerte sind:

$$z_1 = \frac{2\pi}{\lambda} R\zeta_1 , \qquad z_2 = \frac{2\pi}{\lambda} R\zeta_2 .$$

Läßt man noch den Faktor $\lambda^2 R^2$ fort, so erhält man aus (15) die Ausdrücke:

$$I(+) = \int\limits_{\psi_1}^{\psi_2} d\psi \int\limits_{z_1}^{z_2} \frac{(J_1(z))^2}{z}\,dz, \qquad I(-) = \int\limits_{0}^{2\pi} d\psi \int\limits_{0}^{z_2} \frac{(J_1(z))^2}{z}\,dz , \tag{20}$$

welche die relative Intensität der Punkte in der Fokalebene vollständig bestimmen. Die geometrische Bedeutung dieser Doppelintegrale ist sehr einfach. „Errichtet man nämlich im geometrischen Bilde eines Lichtpunktes M_1 eine Senkrechte zur Fokalebene, nimmt diese zur Rotationsachse eines Umdrehungskörpers, dessen Erzeugende die Gleichung $y = \left(\frac{J_1(z)}{z}\right)^2$ hat, so wird die von M_1 herrührende Intensität in einem Punkte M der Fokalebene sich durch die Ordinate y messen lassen, welche die Rotationsfläche in diesem Punkte besitzt. Dieselbe Ordinate hat aber auch der Punkt M_1, wenn wir die Achse des Umdrehungskörpers nach M versetzen, und sind mehrere Lichtpunkte M_1, M_2, M_3, ... von gleicher Intensität vorhanden, so gibt die Summe aller Ordinaten über M_1, M_2, M_3, ... ein Maß für die Intensität in M ab. Bilden ferner die geometrischen Bilder der Lichtpunkte eine gerade Lichtlinie, so wird die Intensität in M durch den Inhalt des über der Lichtlinie senkrecht zur Fokalebene liegenden Querschnitts des Umdrehungskörpers auszudrücken sein, und erweitern wir diese Anschauungsweise auf homogene Lichtflächen, so können wir uns I als ein Volumen vorstellen, welches ein gerader Zylinder, dessen Grundkurve der Umriß der Lichtscheibe ist, aus einem Umdrehungskörper herausschneidet, dessen Achse, der Zylinderachse parallel, in M liegt und dessen Erzeugende die Gleichung $y = \left(\frac{J_1(z)}{z}\right)^2$ hat.“

Dieser Satz, den wir hier nach Struve zitieren, rührt von Schwerd her und wird von André in ähnlicher Form wiedergegeben. Er gilt nur für kreisförmige oder ringförmige Öffnungen.

Struve gibt nun eine Entwicklung der obigen Integrale (20) für den Fall einer geradlinigen Begrenzung der Scheibe, die wir hier übergehen und die in einer Tabelle für die Intensität $I(-e)$ und $I(+e)$ resultiert, wo

$$e = \frac{2\pi}{\lambda} R\varepsilon \tag{21}$$

und ε der Winkelabstand vom geometrischen Rande der Scheibe ist. Diese Tabelle sei hier wiedergegeben. Als Einheit ist die „volle" Intensität angenommen, welche sich ergeben würde, wenn die Lichtscheibe sich in allen Richtungen ins Unendliche erstrecken würde.

Tabelle 11. Intensität für geradlinig begrenzte Scheiben
(nach Struve).

e	$I(+e)$	e	$I(+e)$	e	$I(+e)$	e	$I(+e)$
0,0	0,5000	1,5	0,1642	3,0	0,0630	6,0	0,0328
0,1	0,4730	1,6	0,1504	3,2	0,0602	6,2	0,0319
0,2	0,4461	1,7	0,1379	3,4	0,0581	6,4	0,0311
0,3	0,4195	1,8	0,1265	3,6	0,0564	6,6	0,0305
0,4	0,3934	1,9	0,1163	3,8	0,0547	6,8	0,0299
0,5	0,3678	2,0	0,1073	4,0	0,0528	7,0	0,0293
0,6	0,3428	2,1	0,0993	4,2	0,0506	7,4	0,0280
0,7	0,3187	2,2	0,0923	4,4	0,0484	7,8	0,0264
0,8	0,2955	2,3	0,0862	4,6	0,0459	8,2	0,0248
0,9	0,2732	2,4	0,0810	4,8	0,0434	8,6	0,0233
1,0	5,2521	2,5	0,0765	5,0	0,0410	9,0	0,0222
1,1	0,2321	2,6	0,0728	5,2	0,0389	9,8	0,0206
1,2	0,2132	2,7	0,0696	5,4	0,0369	10,6	0,0194
1,3	0,1956	2'8	0,0670	5,6	0,0353	11,4	0,0178
1,4	0,1793	2,9	0,0648	5,8	0,0339	12,2	0,0164
1,5	0,1642	3,0	0,0630	6,0	0,0328		

Die Werte für $I(-e)$ erhält man hieraus durch die Beziehung

$$I(-e) = 1 - I(+e). \tag{22}$$

Die Helligkeit am geometrischen Rande ist somit nur $\frac{1}{2}$ derjenigen, die sich ohne Beugung ergeben würde, und nimmt anfangs schnell, dann langsam ab.

Die Tabelle ist, entsprechend der Beziehung (21) für beliebige Öffnungen R zu benutzen. R ist in Millimetern gemessen. Bei doppeltem Objektivradius R gelten dieselben Zahlen für zweimal kleineren Randabstand ε.

Die Intensitätsverteilung bei kreisförmigen Lichtscheiben hängt noch von dem Winkelhalbmesser ϱ der Scheibe ab, außerdem wie die vorige vom Radius R der Objektivöffnung und von der Wellenlänge des Lichtes λ. Wir führen hier die beiden von Struve berechneten Tabellen für $r = 50$ und $r = 10$ an, wo

$r = \frac{2\pi}{\lambda} R\varrho$. Sie sind in Einheiten der vollen Intensität ausgedrückt, die einer unendlichen Ausdehnung der Lichtscheibe entsprechen würde; will man die Zahlen auf die Intensität im Zentrum reduzieren, so hat man sie für $r = 50$ durch 0,9874 und für $r = 10$ durch 0,9378 zu dividieren.

Tabelle 12. Intensität für kreisförmige Lichtscheiben
(nach STRUVE).

$$r = \frac{2\pi}{\lambda} R\varrho = 50; \qquad e = \frac{2\pi}{\lambda} R\varepsilon$$

e	$I(e)$	e	$I(e)$	e	$I(e)$	e	$I(e)$	e	$I(e)$
$-50,0$	0,9874	$-3,6$	0,9325	$-1,0$	0,7348	$+1,2$	0,2010	$+4,0$	0,0430
—	—	$-3,2$	0,9292	$-0,8$	0,6909	$+1,4$	0,1675	$+4,4$	0,0398
$-7,2$	0,9629	$-2,8$	0,9227	$-0,6$	0,6436	$+1,6$	0,1391	$+4,8$	0,0354
$-6,8$	0,9612	$-2,6$	0,9166	$-0,4$	0,5930	$+1,8$	0,1159	$+5,2$	0,0312
$-6,4$	0,9592	$-2,4$	0,9086	$-0,2$	0,5404	$+2,0$	0,0971	$+5,6$	0,0275
$-6,0$	0,9574	$-2,2$	0,8972	$-0,0$	0,4859	$+2,2$	0,0825	$+6,0$	0,0247
$-5,6$	0,9555	$-2,0$	0,8822	$+0,2$	0,4322	$+2,4$	0,0715	$+6,4$	0,0229
$-5,2$	0,9525	$-1,8$	0,8622	$+0,4$	0,3799	$+2,6$	0,0635	$+6,8$	0,0217
$-4,8$	0,9481	$-1,6$	0,8379	$+0,6$	0,3298	$+2,8$	0,0577	$+7,2$	0,0206
$-4,4$	0,9426	$-1,4$	0,8096	$+0,8$	0,2828	$+3,2$	0,0509	—	—
$-4,0$	0,9360	$-1,2$	0,7742	$+1,0$	0,2395	$+3,6$	0,0467	$+50,0$	0,0011

Tabelle 13.

$$r = 10$$

e	$I(e)$	e	$I(e)$	e	$I(e)$	e	$I(e)$	e	$I(e)$
$-10,0$	0,938	$-3,4$	0,901	$-0,4$	0,550	$+1,0$	0 207	$+4,0$	0,026
$-9,0$	0,937	$-3,0$	0,892	$-0,2$	0,498	$+1,4$	0.140	$+4,8$	0,019
$-8,0$	0,935	$-2,6$	0,882	$0,0$	0,446	$+1,8$	0,091	$+5,6$	0,015
$-7,2$	0,933	$-2,2$	0,862			$+2,2$	0,060	$+6,4$	0,012
$-6,4$	0,930	$-1,8$	0,826	$+0,2$	0,393	$+2,6$	0,042	$+7,2$	0,010
$-5,6$	0,925	$-1,4$	0,772	$+0,4$	0,340	$+3,0$	0,034	$+8,0$	0,008
$-4,8$	0,919	$-1,0$	0,699	$+0,6$	0,293	$+3,4$	0,031	$+9,0$	0,007
$-4,0$	0,910	$-0,8$	0,656	$+0,8$	0,248	$+3,8$	0,028	$+10,0$	0,005
$-3,8$	0,907	$-0,6$	0,607	$+1,0$	0,207				

Tabelle 14.

Abstände vom Zentrum der Scheibe	Helligkeit in Einheiten der zentralen	Abstände vom Zentrum der Scheibe	Helligkeit in Einheiten der zentralen
0,00 d. Rad.	1,000	1,00 d. Rad.	0,492
—	—	1,02	0,243
0,80	0,987	1,04	0,098
0,90	0,962	1,06	0,055
0,92	0,948	1,08	0,044
0,94	0,938	1,10	0,034
0,96	0,893	1,20	0,012
0,98	0,744	—	—
1,00	0,492	2,00	0,001

Zur bequemeren Übersicht haben wir die erste der STRUVEschen Tabellen auf die zentrale Helligkeit als Einheit bezogen. Die nebenstehende Tabelle (14) gilt für den Wert des Produktes $R\varrho'' = 950$ (ϱ'' Halbmesser der Scheibe in Bogensekunden, R in mm) und für grüne Strahlen, $\lambda = 0,00058$ mm.

Wir ersehen aus der Tabelle, daß für ein Objektiv von 200 mm und eine Planetenscheibe von 5″ Halbmesser der Einfluß der Beugung schon in einem Abstande von 0,2 Radius vom Rande bemerkbar wird. Die Tabelle ist aber genähert auch für beliebige Produkte $R\varrho''$ anwendbar, wenn man in dieselbe mit einem proportional veränderten Randabstand eingeht; so findet man, daß für Jupiter ($\varrho = 20''$) bei derselben Objektivöffnung der Einfluß der Beugung erst in einer Entfernung von $0,05\,\varrho$ vom Rande den früheren Betrag erreicht.

Wenn auch für die wirklichen Verhältnisse bei den Planeten die Beugung nach dem heutigen Stande der Theorie nicht genau bestimmbar ist (dazu müßte der Einfluß der Phase und der jeweiligen Intensitätsverteilung in Betracht gezogen werden), so kann man aus der bisherigen Untersuchung jedenfalls schließen, daß die Ränder der Planetenbilder beim Studium der reellen Helligkeitsverhältnisse ausgeschlossen werden müssen.

50. Die Entwicklungen von Nagaoka. Über die Struveschen Resultate hinaus führen neuere Untersuchungen von Nagaoka[1]. Derselbe hat das Problem der Beugung bei kreisförmig begrenzten gleichmäßig hellen Scheiben auf eine übersichtliche, bis zur numerischen Auswertung und graphischen Darstellung vordringende Form gebracht. Wir wollen dasselbe wegen der Bedeutung der beigefügten Tabellen und Abbildungen hier etwas ausführlicher behandeln.

Ausgehend von der Gleichung (20), nach welcher die Intensität des gebeugten Lichts in einem Punkte mit den Richtungskosinus α, β gleich ist:

$$I = c \iint \frac{J_1^2(z)}{z}\, dz\, d\psi, \qquad (23)$$

wo nach (18), (17) und (16)

$$z = \frac{2\pi}{\lambda} R\zeta = \frac{2\pi}{\lambda}\frac{R}{f}\sqrt{(\alpha_1 - \alpha)^2 + (\beta_1 - \beta)^2}, \qquad (24)$$

bestimmt man den Proportionalitätsfaktor c, indem man I auf die Helligkeit des Zentrums einer unendlich ausgedehnten Scheibe bezieht. Da

$$\frac{J_1^2(z)}{z} = -\frac{1}{2}\frac{d}{dz}(J_0^2(z) + J_1^2(z)),$$

so wird

$$\iint_0^z \frac{J_1^2(z)}{z}\, d\psi\, dz = \frac{1}{2}\int (1 - J_0^2(z) - J_1^2(z))\, d\psi.$$

Für die Helligkeit des Zentrums der unendlich ausgedehnten Scheibe ergibt sich

$$\int_0^{2\pi} d\psi \int_0^\infty \frac{J_1^2(z)}{z}\, dz = \pi. \qquad (25)$$

Es ist also $c = \dfrac{1}{\pi}$ und allgemein

$$I = \frac{1}{2\pi}\int (1 - J_0^2(z) - J_1^2(z))\, d\psi. \qquad (26)$$

Die Variable z ist nach (24) dem Winkelabstande ζ in der Fokalebene des abgebildeten Punktes bis zum Beugungspunkte proportional.

Es sei der Kreis mit dem Radius $OA = r$ eine Abbildung der Scheibe in dem betreffenden Maßstabe, P der Punkt, für welchen wir die Intensität des von der ganzen Scheibe herrührenden gebeugten Lichts nach (26) suchen. Es ist dann $AP = z$ für einen Punkt der Peripherie und $OP = \nu r$, wo $OP:OA = \nu \lessgtr 1$, je nachdem P innerhalb oder außerhalb der Scheibe liegt.

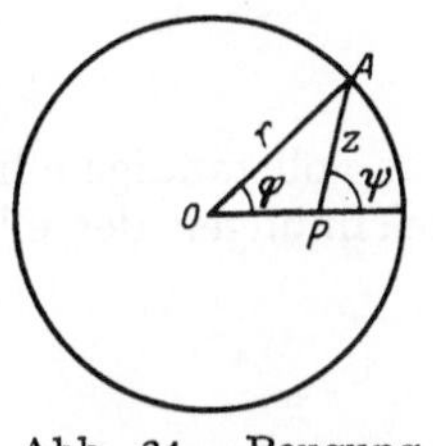

Da nun

$$z^2 = r^2(1 - 2\nu\cos\varphi + \nu^2)$$

und

$$r\cos\varphi = \nu r + z\cos\psi,$$

so ist

$$d\psi = \frac{1 - \nu\cos\varphi}{1 - 2\nu\cos\varphi + \nu^2}\, d\varphi.$$

Abb. 31. Beugung des Lichts bei kreisrunden Scheiben nach Nagaoka.

Der Ausdruck für die Intensität (26) kann also auch in der Form geschrieben werden

$$I = \frac{1}{2\pi}\int_0^{2\pi} [1 - J_0^2(z) - J_1^2(z)]\frac{1 - \nu\cos\varphi}{1 - 2\nu\cos\varphi + \nu^2}\, d\varphi. \qquad (27)$$

---

[1] Ap J 51, S. 73 (1920).

Setzt man

$$\varphi = \pi - 2\,\Theta, \qquad \cos\varphi = 2\sin^2\Theta - 1,$$

so erhält man

$$z = r\,(1 + \nu)\,\sqrt{1 - k^2\sin^2\Theta} = \alpha\,\sqrt{1 - k^2\sin^2\Theta}, \tag{28}$$

wo

$$k^2 = \frac{4\nu}{(1 + \nu)^2} \qquad \text{und} \qquad \alpha = r(1 + \nu).$$

Dann haben wir noch

$$1 - k^2 = k'^2 = \left(\frac{1 - \nu}{1 + \nu}\right)^2.$$

Für Punkte innerhalb der Scheibe ist

$$k' = \frac{1 - \nu}{1 + \nu}, \tag{29}$$

für Punkte außerhalb derselben

$$k' = \frac{\nu - 1}{\nu + 1}. \tag{30}$$

Für Punkte in der Nähe des Randes ist ν nahezu gleich 1, und wir setzen

$$\nu = 1 \mp \varepsilon, \tag{30'}$$

wo ε eine kleine Größe ist. Für die Randpunkte ist bei Vernachlässigung höherer Potenzen von ε

$$k = 1 \tag{31}$$

$$k' = \frac{\varepsilon}{2}. \tag{31'}$$

Weiter haben wir

$$\frac{1 - \nu\cos\varphi}{1 - 2\nu\cos\varphi + \nu^2} = -\left(1 \pm \frac{k'}{1 - k^2\sin^2\Theta}\right), \tag{32}$$

wo das obere Zeichen sich auf innere, das untere auf äußere Punkte bezieht. Bezeichnet man durch u das elliptische Integral

$$u = \int_0^{\Theta} \frac{d\Theta}{\sqrt{1 - k^2\sin^2\Theta}}$$

und durch

$$K = \int_0^{\pi/2} \frac{d\Theta}{\sqrt{1 - k^2\sin^2\Theta}}$$

das vollständige elliptische Integral erster Gattung, und gebraucht man die Bezeichnungen der elliptischen Funktionen

$$\sqrt{1 - k^2\sin^2\Theta} = dn\,u$$

$$\frac{k'}{dn\,u} = dn\,(u + K),$$

so erhält man

$$z = \alpha\,\sqrt{1 - k^2\sin^2\Theta} = \alpha\,dn\,u$$

$$\frac{1 - \nu\cos\varphi}{1 - 2\nu\cos\varphi + \nu^2}\,d\varphi = -\,[dn\,u \pm dn\,(u + K)]\,du.$$

Die Intensität I (27) wird jetzt in der Form dargestellt

$$I = \frac{1}{\pi}\int_0^{K} \{1 - J_0^2(\alpha\,dn\,u) - J_1^2(\alpha\,dn\,u)\}\,[dn\,u \pm dn\,(u + K)]\,du. \tag{33}$$

Wir behandeln einzeln die vier Fälle: 1. die Intensität im Zentrum der Scheibe, 2. die Intensität am Rande der Scheibe, 3. die Intensität in Punkten innerhalb und außerhalb der Scheibe und 4. die Intensität in der Nähe des Randes.

Die Intensität im Zentrum der Scheibe erhalten wir aus (33), wenn wir $\nu = 0$, entsprechend $k = 0$, $dn\,u = 1$ und $dn\,(u + K) = 1$, $\alpha = r$ und $K = \dfrac{\pi}{2}$ setzen. Es wird dann

$$I_0 = 1 - J_0^2(r) - J_1^2(r).\tag{34}$$

Bei der Berechnung dieses Ausdrucks müssen zwei Fälle unterschieden werden. Bei kleinen Werten von r entwickelt Nagaoka

$$J_0^2(r) + J_1^2(r) = \frac{2}{\pi} \int\limits_0^{\pi} J_0\,(2r \sin\omega)\, \cos^2\omega\, d\omega$$

in die Potenzreihe

$$= \sum_0 A_n r^{2n} = 1 - \frac{1}{2}\,r^2 + \frac{5}{36}\,r^4 - \frac{7}{288}\,r^6 + \frac{7}{2400}\,r^8 - \frac{11}{43200}\,r^{10} + \cdots;\tag{35}$$

für große Werte von r gilt die semikonvergente Reihe

$$J_0^2(r) + J_1^2(r) = \frac{2}{\pi r}\left(1 + \frac{1}{8r^2} - \frac{\cos 2r}{2r} - \frac{\sin 2r}{8r^2} + \cdots\right).\tag{36}$$

Die Ableitung der Reihen muß hier übergangen werden. Über die Grenzen der Anwendbarkeit beider Reihen sei nur folgendes festgestellt. Nach der Gleichung (24) ist

$$r = \frac{2\pi}{\lambda}\,R r'',$$

wo r'' der Planetenradius in Winkelmaß ist; bei $r'' = 10''$ und $R =$ Halbmesser des Objektivs $= 6\,\mathrm{cm}$, $\lambda = 0{,}5\,\mu$ wird $r = 36{,}55$; für astronomisch zur Zeit in Frage kommende Fälle hat r immer bedeutende Werte. Für diese gibt die Reihe (36) schnell konvergierende Werte. Der Verlauf der Funktion $J_0^2(r) + J_1^2(r)$ ist durch Wendepunkte an den Stellen der Wurzeln der Gleichung $J_1(r) = 0$ charakterisiert; diese liegen bei $r_1 = 3{,}8317$, $r_2 = 7{,}0156$, $r_3 = 10{,}1735\ldots$. Abgesehen von ihnen, verläuft die Funktion $y = J_0^2(x) + J_1^2(x)$, welche die Abnahme der Helligkeit des Zentrums einer endlichen runden Scheibe gegen diejenige von unendlicher Ausdehnung bestimmt, sehr nahe wie eine rechtwinklige Hyperbel

$$xy = \frac{2}{\pi},$$

was aus der Entwicklung (36) einleuchtet.

Die folgende Tabelle 15 enthält in der zweiten Spalte den Verlauf von $I_0 = 1 - J_0^2(r) - J_1^2(r)$ für verschieden große Scheiben, und wir sehen, daß für Sonne und Mond, für welche bei einem Objektiv von 5 cm Öffnung $r > 2000$ ist, der Einfluß der Beugung auf die Helligkeit des Zentrums nur wenige Zehntausendstel beträgt.

Die Helligkeit am Rande. Setzen wir in Gleichung (33) $\nu = 1$ und enstprechend $k = 1$, $k' = 0$, $dn\,u = \cos\Theta$, $dn\,(u + K) = 0$, $\alpha = 2r$ und $z = 2r \cos\Theta$, so folgt

$$I_p = \frac{1}{\pi} \int\limits_0^{2r} [1 - J_0^2(z) - J_1^2(z)]\,\frac{dz}{\sqrt{4r^2 - z^2}} = \frac{1}{2} - \frac{1}{\pi} \int\limits_0^{2r} [J_0^2(z) + J_1^2(z)]\,\frac{dz}{\sqrt{4r^2 - z^2}}.\tag{37}$$

Wir müssen bei der Entwicklung dieses Integrals ebenfalls die beiden Reihen (35) und (36) anwenden, die erste für kleine Werte von r, bis etwa zur ersten Wurzel von $J_1(r) = 0$, also $r = 3{,}8317$, weiter die Potenzreihe (36). Das Re-

sultat ziemlich langwieriger Entwicklungen und der Addition der beiden Teil-
integrale ist nach Nagaoka:

$$I_p = \frac{1}{2} - \left(\frac{0{,}3093}{r} + \frac{0{,}2333}{r}\log r + \frac{0{,}0036}{r^3}\log r - \cdots\right). \qquad (38)$$

Wir sehen, daß die Randintensität um so näher dem Werte $\frac{1}{2}$ liegt, je größer die
Scheibe ist. Die dritte Spalte unserer Tabelle 15 enthält die Werte der Randintensität für verschiedene Durchmesser der Scheibe.

Tabelle 15.

r	I_0	I_p	r	I_0	I_p	r	I_0	I_p
20	0,9676	0,4694	70	0,9909	0,4894	400	0,9984	0,4977
25	0,9750	0,4746	80	0,9920	0,4906	500	0,9987	0,4981
30	0,9784	0,4782	90	0,9929	0,4915	600	0,9989	0,4984
35	0,9820	0,4809	100	0,9936	0,4922	700	0,9991	0,4986
40	0,9841	0,4829	150	0,9958	0,4945	800	0,9992	0,4988
45	0,9858	0,4846	200	0,9968	0,4958	900	0,9993	0,4989
50	0,9874	0,4859	250	0,9975	0,4965	1000	0,9994	0,4990
60	0,9895	0,4879	300	0,9979	0,4970			

Die Helligkeit I_i innerhalb und I_e außerhalb der Scheibe. Für
Punkte, die innerhalb und außerhalb der Scheibe nicht zu nahe dem Rande
liegen, kann für genügend große r, da α groß ist und $dn\,u > 0$, die Entwicklung
(36) angewandt werden, wobei aber die Mitnahme nur eines Gliedes genügt:

$$J_0^2(\alpha\,dn\,u) + J_1^2(\alpha\,dn\,u) = \frac{2}{\pi\alpha\,dn\,u}.$$

Es wird dann das Integral (33) gleich

$$I = \frac{1}{\pi}\int_0^K \left(1 - \frac{2}{\pi\alpha\,dn\,u}\right)[dn\,u \pm dn\,(u+K)]\,du. \qquad (39)$$

Die Ausführung der Integration ergibt I als Funktion der vollständigen elliptischen Integrale erster und zweiter Art K und E

$$\left.\begin{aligned}
I_i &= 1 - \frac{1}{\pi^2\alpha}\left(\frac{E}{k'} + K\right) = 1 - \frac{2}{\pi^2(1+\nu)r}\left(\frac{E}{k'} + K\right), \\[2mm]
I_e &= \frac{2}{\pi^2(1+\nu)r}\left(\frac{E}{k'} - K\right).
\end{aligned}\right\} \qquad (40)$$

Diese Ausdrücke sind nahezu auf 4 Dezimalstellen genau für Werte von $\alpha\,dn\,u$,
die größer sind als die erste Wurzel der Gleichung $J_1(r) = 0$.

Für kleine Werte von k' kann man hier angenäherte Werte der elliptischen
Integrale benutzen:

$$K = \ln\frac{4}{k'} + \frac{1}{4}k'^2\left(\ln\frac{4}{k'} - 1\right) + \cdots,$$

$$\frac{E}{k'} = \frac{1}{k'} + \frac{1}{2}k'\left(\ln\frac{4}{k'} - \frac{1}{1\cdot 2}\right) + \cdots,$$

welche in (40) eingesetzt, bei Benutzung der Gleichung (29), dann ergeben

$$\left.\begin{aligned}
I_i &= 1 - \frac{2}{\pi^2(1+\nu)r}\left\{\left(1 + \frac{k'}{2}\right) + \ln\frac{4}{k'} - \frac{k'}{4}\right\} - \frac{2}{\pi^2(1-\nu)r}, \\[2mm]
I_e &= \frac{2}{\pi^2(1+\nu)r}\left\{\left(1 - \frac{k'}{2}\right) + \ln\frac{4}{k'} + \frac{k'}{4}\right\} - \frac{2}{\pi^2(1-\nu)r}.
\end{aligned}\right\} \qquad (41)$$

Um die Intensität für Werte von k, die nahe bei 1 liegen, zu finden, wird die
Landensche Transformation angewandt. Setzt man

$$k_1 = \frac{1-k'}{1+k'} = \nu \quad \text{für innere Punkte,}$$

$$k_1 = \frac{1}{\nu} \quad \text{für äußere Punkte,}$$

$$k_2 = \frac{1-k_1'}{1+k_1'} = \left(\frac{\nu}{1+\sqrt{1-\nu^2}}\right)^2 \quad \text{für innere Punkte,}$$

$$k_2 = \left(\frac{1}{\nu+\sqrt{\nu^2-1}}\right)^2 \quad \text{für äußere Punkte,}$$

so gelten die Beziehungen

$$K = \frac{\pi}{2}(1+k_1)(1+k_2)\cdots,$$

$$E = \{(1-k)^2 + \tfrac{1}{2}k^2(1 - \tfrac{1}{2}k_1 - \tfrac{1}{4}k_1k_2 + \cdots)\}K.$$

Daher nehmen die Klammerausdrücke in (40) genähert die Form an:

$$\left.\begin{aligned}
\frac{E}{k'} + K &= \left(\frac{1+k'}{2k'}\right)^2\left\{1 - \frac{k_1^2}{2}\left(1 + \frac{1}{2}k_2\right)\right\}K, \\
\frac{E}{k'} - K &= \frac{(1-k')^2}{4k'}\left(1 - \frac{k_2}{2}\right)K.
\end{aligned}\right\} \tag{42}$$

Nach diesen Formeln sind die Intensitäten in nächster Nähe des Randes berechnet.

In den Tabellen 16 und 17 sind die in die Formel (40) eingehenden Ausdrücke $\frac{2}{\pi^2(1+\nu)}\left(\frac{E}{k'}+K\right)$ und $\frac{2}{\pi^2(1+\nu)}\left(\frac{E}{k'}-K\right)$ für die inneren und äußeren Punkte berechnet, und zwar in Tabelle 16 für Punkte in der Nähe des Randes [nach (42)] und in Tabelle 17 für weiterliegende [nach (41)]. Wir haben diese

Tabelle 16 (von Nagaoka).

ν	ε	$\frac{2}{\pi^2(1+\nu)}\left(\frac{E}{k'}+K\right)$
0,990	0,010	20,946
0,991	0,009	23,208
0,992	0,008	26,034
0,993	0,007	29,666
0,994	0,006	34,506
0,995	0,005	41,478
0,996	0,004	51,433
0,997	0,003	68,348
0,998	0,002	102,162
0,999	0,001	203,553
0,9999	0,0001	2027,6

ν	ε	$\frac{2}{\pi^2(1+\nu)}\left(\frac{E}{k'}-K\right)$
1,010	−0,010	19,591
1,009	−0,009	21,832
1,008	−0,008	24,634
1,007	−0,007	28,239
1,006	−0,006	33,048
1,005	−0,005	39,783
1,004	−0,004	49,893
1,003	−0,003	66,748
1,002	−0,002	100,482
1,001	−0,001	201,732
1,0001	−0,0001	2025,3

Tabelle 17 (von Nagaoka).

ν	ε	$\frac{2}{\pi^2(1+\nu)}\left(\frac{E}{k'}+K\right)$
0,05	0,95	0,6378
0,10	0,90	0,6414
0,15	0,85	0,6476
0,20	0,80	0,6565
0,25	0,75	0,6683
0,30	0,70	0,6836
0,35	0,65	0,7027
0,40	0,60	0,7266
0,45	0,55	0,7562
0,50	0,50	0,7930
0,55	0,45	0,8392
0,60	0,40	0,8980
0,65	0,35	0,9746
0,70	0,30	1,0773
0,75	0,25	1,2214
0,80	0,20	1,4369
0,85	0,15	1,7936
0,90	0,10	2,4994
0,95	0,05	4,5834
0,96	0,04	5,617
0,97	0,03	7,332
0,98	0,02	10,747
0,99	0,01	20,947

ν	ε	$\frac{2}{\pi^2(1+\nu)}\left(\frac{E}{k'}-K\right)$
1,01	−0,01	19,591
1,02	−0,02	9,533
1,03	−0,03	6,199
1,04	−0,04	4,542
1,05	−0,05	3,554
1,1	−0,1	1,6077
1,2	−0,2	0,6779
1,3	−0,3	0,3898
1,4	−0,4	0,2560
1,5	−0,5	0,1813
1,6	−0,6	0,1349
1,7	−0,7	0,1040
1,8	−0,8	0,0824
1,9	−0,9	0,0667
2,0	−1,0	0,0549
3,0	−2,0	0,0135
4,0	−3,0	0,0053
5,0	−4,0	0,0027
10,0	−9,0	0,003
100,0	−99,0	0,0000

Zahlen mit dem fehlenden Faktor $1/r$ zu multiplizieren, um die Helligkeiten für eine gegebene Öffnung und gegebenen Scheibenhalbmesser zu erhalten. Dabei ist

$$r = \frac{2\pi R}{\lambda}\, r'',$$

wo r'' der Halbmesser der Scheibe in Bogensekunden ist.

Die Zahlen der Tabelle 16 zeigen eine schnelle Veränderung der Helligkeit in der Nähe des Randes, die Zahlen der Tabelle 17 eine langsame Änderung innerhalb der Scheibe in größeren Abständen vom Rande.

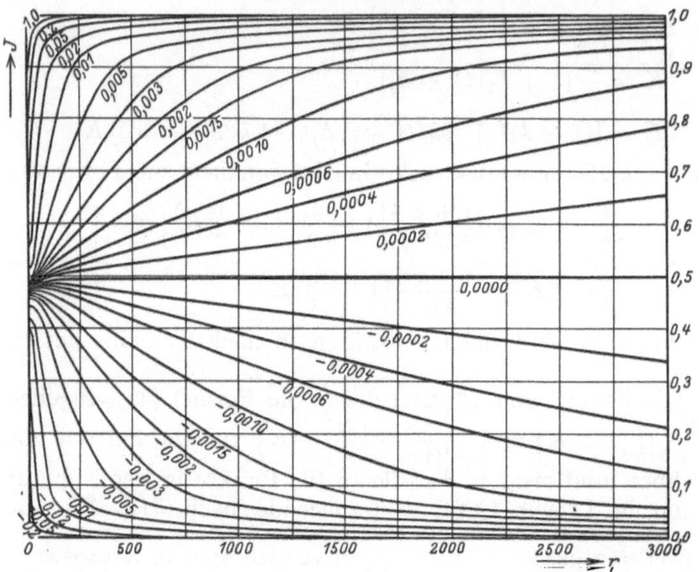

Abb. 32. Der Verlauf der Randhelligkeit für verschiedene Objektivöffnungen nach Nagaoka.

Die Abb. 32 und 33 verdeutlichen den Verlauf der Helligkeiten; das erste Diagramm gestattet für verschiedene Werte von r die Helligkeit als Ordinate des Schnittpunktes mit den Kurven der verschiedenen Randabstände (ε) zu entnehmen. Wir sehen, daß für kleine ε die Abnahme der Helligkeit desto größer ist, je größer die Öffnung r. Dem geometrischen Rande entspricht die Helligkeit $\frac{1}{2}$. Die Abb. 33 dagegen veranschaulicht den Verlauf der Helligkeiten in der Nähe des Randes für verschiedene Werte von $r\varepsilon$. Wir sehen die Struve-sche Bemerkung (Seite 118), betreffend die Verwendbarkeit einer Tabelle für die Helligkeiten von Scheiben, näherungsweise bestätigt, indem für gleiche Produkte $r\varepsilon$ der Verlauf der Intensitätskurven nahezu derselbe ist. Doch ist er es nicht streng; für kleine Werte von r liegen die Intensitätskurven etwas tiefer als für große.

Die Intensität in nächster Nähe des geometrischen Randes, die von besonderer Bedeutung ist und durch Tabelle 16 und die Abb. 33 angenähert wiedergegeben wird, berechnet Nagaoka auch noch streng mit Hilfe eines Kunstgriffs, der die Schwierigkeiten der Entwicklung wesentlich überwindet. Er zerlegt das Integral (33) in zwei Bestandteile

$$I = \frac{1}{\pi}\int_0^K \{1 - J_0^2(\alpha\,dn\,u) - J_1^2(\alpha\,dn\,u)\}[dn\,u \pm dn(u + K)]\,du = I_1 \pm I_2,$$

deren Bedeutung einleuchtend ist. Da für Werte von k, die nahezu $= 1$ sind, $dn\,u = \sqrt{1 - k^2\sin^2\Theta}$ nahezu $= \cos\Theta$ wird (für $\varepsilon = 0,02$ ist $k = 0,99995$), so ist das erste Glied gleich

$$I_1 = \frac{1}{\pi} \int\limits_0^{\pi/2} \{1 - J_0^2(\alpha \cos \Theta) - J_1^2(\alpha \cos \Theta)\}\, d\Theta \,.\qquad (43)$$

Dieses ist der Wert für die Randhelligkeit der Scheibe vom Radius $\dfrac{\alpha}{2} = \dfrac{r(1 + \nu)}{2}$ [siehe Gleichung (37)] und kann als

$$I_1 = I_p\left(\frac{\alpha}{2}\right) = I_p\left(\frac{r(1 + \nu)}{2}\right)\qquad (44)$$

den Tabellen entnommen werden.

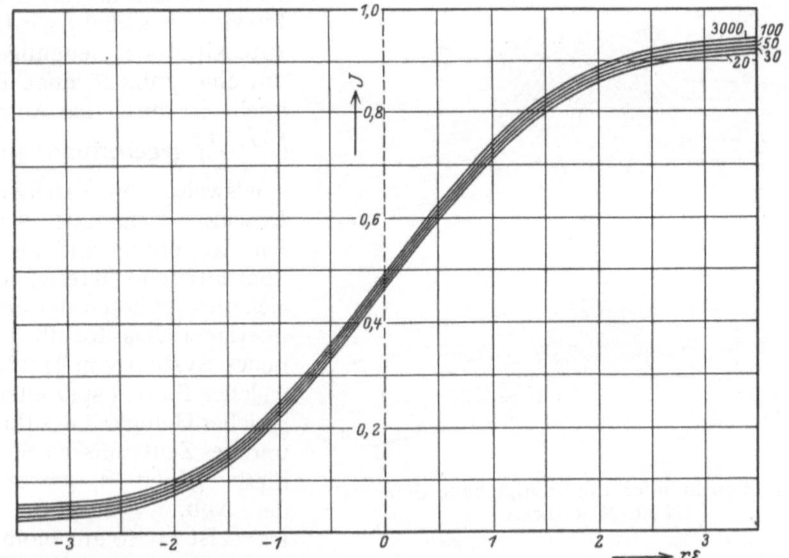

Abb. 33. Die Randhelligkeiten für verschiedene Produkte $r\varepsilon$ nach Nagaoka.

Die Abweichung von dem Werte der Randhelligkeit wird durch das zweite Glied bestimmt, bei dem das $+$Zeichen für innere, das $-$Zeichen für äußere Punkte gilt. Dieses zweite Integral ist

$$I_2 = \frac{1}{\pi} \int\limits_0^{\pi/2} \{1 - J_0^2(r(1 + \nu)\sqrt{1 - k^2 \sin^2 \Theta}) - J_1^2(r(1 + \nu)\sqrt{1 - k^2 \sin^2 \Theta})\}\frac{k'\,d\Theta}{1 - k^2 \sin^2 \Theta}\,.\qquad (45)$$

Seine Ausrechnung wird durch Zerlegung in zwei Teile erreicht und soll hier übergangen werden. Das Resultat ist für verschiedene Werte von $r\varepsilon$ in folgender Tabelle gegeben.

Tabelle 18 (von Nagaoka).

$$I_2 = \int\limits_0^{\pi/2} \{1 - J_0^2[r(1 + \nu)\sqrt{1 - k^2 \sin^2 \Theta}] - J_1^2[r(1 + \nu)\sqrt{1 - k^2 \sin^2 \Theta}]\}\frac{k'\,d\Theta}{1 - k^2 \sin^2 \Theta}\,.$$

$r\varepsilon$	I_2	$r\varepsilon$	I_2	$r\varepsilon$	I_2	$r\varepsilon$	I_2
0,1	0,0270	1,1	0,2679	2,1	0,4008	3,1	0,4393
0,2	0,0539	1,2	0,2868	2,2	0,4080	3,2	0,4406
0,3	0,0806	1,3	0,3044	2,3	0,4141	3,3	0,4419
0,4	0,1066	1,4	0,3208	2,4	0,4194	3,4	0,4430
0,5	0,1323	1,5	0,3357	2,5	0,4238	3,5	0,4439
0,6	0,1571	1,6	0,3496	2,6	0,4276	3,6	0,4450
0,7	0,1812	1,7	0,3623	2,7	0,4308	3,7	0,4458
0,8	0,2045	1,8	0,3736	2,8	0,4336	3,8	0,4469
0,9	0,2268	1,9	0,3839	2,9	0,4359	3,8317	0,4471
1,0	0,2479	2,0	0,3933	3,0	0,4378		

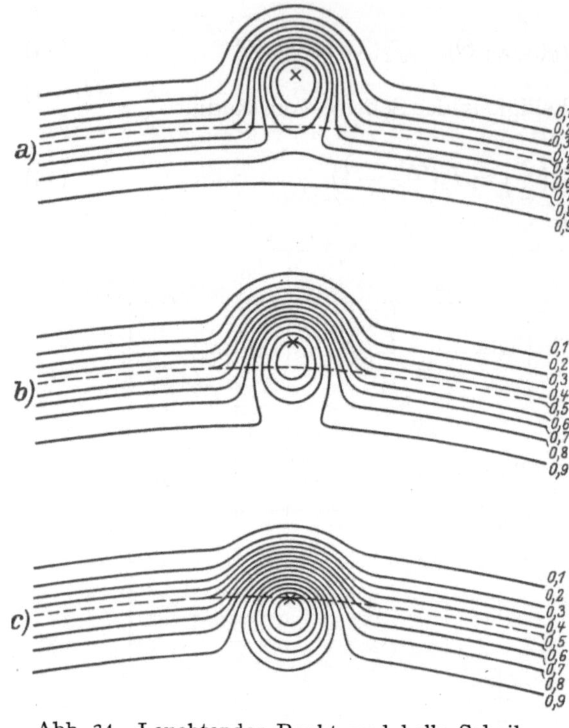

Abb. 34. Leuchtender Punkt und helle Scheibe. (Nach Nagaoka.)

a) $e=-2$,   b) $e=-1$,   c) $e=0$.

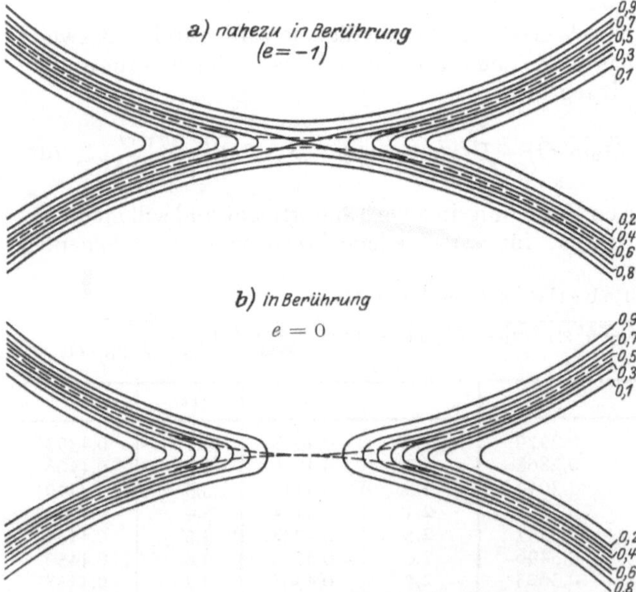

Abb. 35. Zwei helle Scheiben. (Nach Nagaoka.)
$r=r_1=50$.

Einige Anwendungen der Theorie.

1. Ein leuchtender Punkt befindet sich am Rande einer hellen Scheibe, ein Fall, der bei Bedeckungen von Sternen oder Trabanten durch die Planeten oder den Mond in der astronomischen Praxis verwirklicht wird. Die Intensität der Beugungsringe um eine punktförmige Lichtquelle ist durch den Ausdruck $\left(\dfrac{2J_1(z)}{z}\right)^2$ gegeben und kann beispielsweise den Tabellen von Lommel entnommen werden. Die Isophoten sind also hier konzentrische Kreise, denen sich die Isophoten der Scheibe überlagern. Das Resultat ist ein neues System von Isophoten, welches für den speziellen Fall gleicher Helligkeit des Punktes und des Zentrums der Scheibe, diese gleich 1 gesetzt, in der Abb. 34 dargestellt ist. Dabei ist $r=50$ angenommen; e bedeutet den Randabstand des Sterns. Wir sehen, daß das Maximum der Intensität des Sterns, also sein scheinbarer Ort gegen den wahren, durch einen * bezeichneten, immer nach dem geometrischen Rande verschoben erscheint und daß im Moment der wirklichen Berührung der Stern innerhalb der Scheibe sichtbar ist.

2. Zwei helle Scheiben. Die Abb. 35 zeigt den Verlauf der Isophoten bei Annäherung und Berührung zweier heller Scheiben von demselben Radius ($r=r_1=50$). Ihre Helligkeiten sind auch gleich angenommen.

Die gestrichelten Kurven deuten die Lage des geometrischen Randes an. Der Abstand der Ränder in Abb. 35a ist $e = -1$. Ein verfrühtes Zusammenfließen der Ränder dürfte in diesem Falle die Folge sein.

3. **Eine helle und eine dunkle Scheibe.** Dieser Fall ist bei Venus und Merkurvorübergängen vor der Sonnenscheibe verwirklicht. Die Abb. 36 zeigt den Verlauf der Isophoten bei $r = 50$, $r_1 = 1000$ in der Nähe der inneren Berührung, wo bekanntlich das Tropfenphänomen auftritt. In (a) überschneiden sich noch die geometrischen Ränder, in (b) berühren sie sich. Wegen des Umbiegens der Isophoten wird die obere dunkle Scheibe eine scheinbare Fortsetzung nach außen (unten) erhalten und eine dunkle Brücke ergeben. Bei geringer Loslösung der geometrischen Ränder ($e = 0,32$), Abb. 36c, kommt die Isophote 0,1, die die dunkle Scheibe umhüllt, in Berührung mit einer derselben Intensität außerhalb der hellen Scheibe, wodurch sich scheinbar eine Ausbuchtung der dunklen Scheibe nach außen ergeben wird. Erst bei größerer Entfernung der Ränder (Abb. 36d, e, f) nehmen die Begrenzungen regelmäßige kreisförmige Form an.

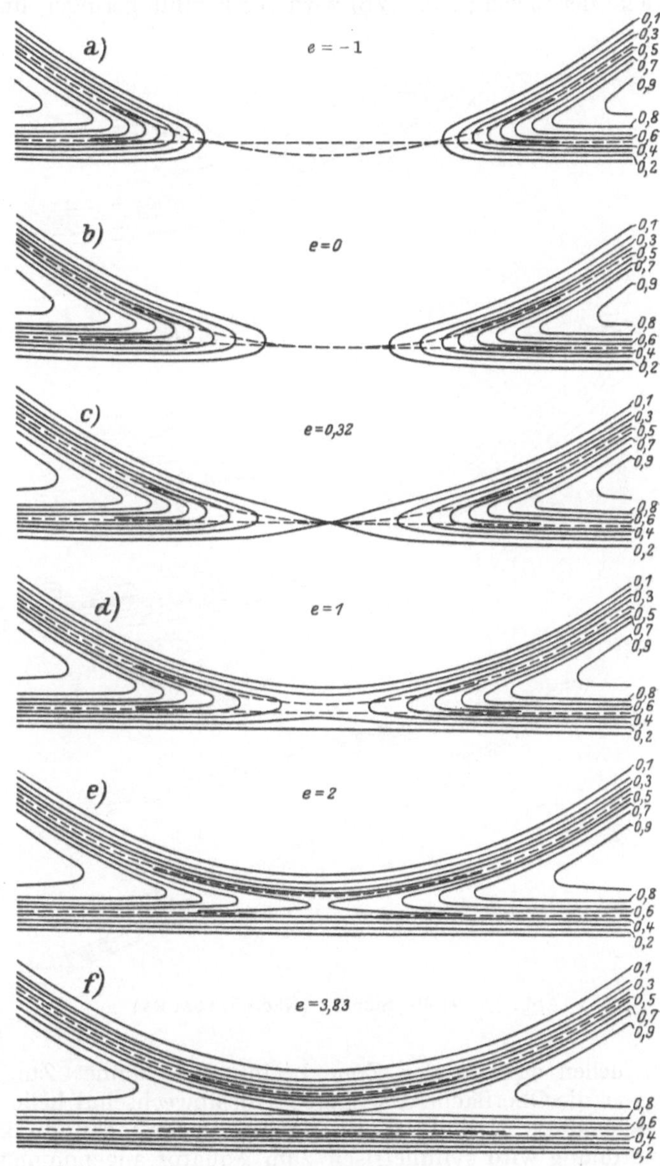

Abb. 36. Eine helle und eine kleinere dunkle Scheibe.
(Nach Nagaoka.)
$r = 50; r_1 = 1000$.

4. **Helle Sichel.** Die Lichtverteilung um eine gleichförmig helle Sichel, die von zwei Kreisbogen von ungleichem Radius begrenzt ist, wird nach den entwickelten Formeln ebenfalls von Nagaoka untersucht und für einige Spezialfälle graphisch dargestellt. Für kleine Radien und eine schmale Sichel ($r = 50$, $r_1 = 100$, $e =$ Dicke der Sichel $= 5$) sehen wir den Verlauf der Isophoten in

Abb. 37. Das Resultat muß für das Auge eine Abrundung der Spitzen sein, und dadurch erklärt sich, daß man bei Durchmesserbestimmungen des Planeten Venus in der Nähe der unteren Konjunktion zu kleine Werte erhält. Bei größerer Dicke der Sichel (Abb. 37b) wird der Einfluß geringer, und auch bei sehr großen Radien (Abb. 37c) ist der Einfluß der Beugung auf das Aussehen der Spitzen nur gering.

Bei der Beurteilung der Grenzen von Scheiben durch das Auge spielen aber auch noch physiologische Ursachen mit, die hier nicht behandelt werden können.

Da alle genannten Untersuchungen die vereinfachende Voraussetzung gleichmäßig heller Flächen machen, können sie auch nur eine qualitative Aufklärung über die durch die Beugung hervorgerufenen Phänomene geben. Fessenkow[1] hat einen Spezialfall der Beugungserscheinungen bei ungleichmäßiger Helligkeit annähernd untersucht. Er stellte sich die Frage, wieweit der Einfluß der hellen und dunklen Streifen auf Jupiter die Intensitätsverteilung auf

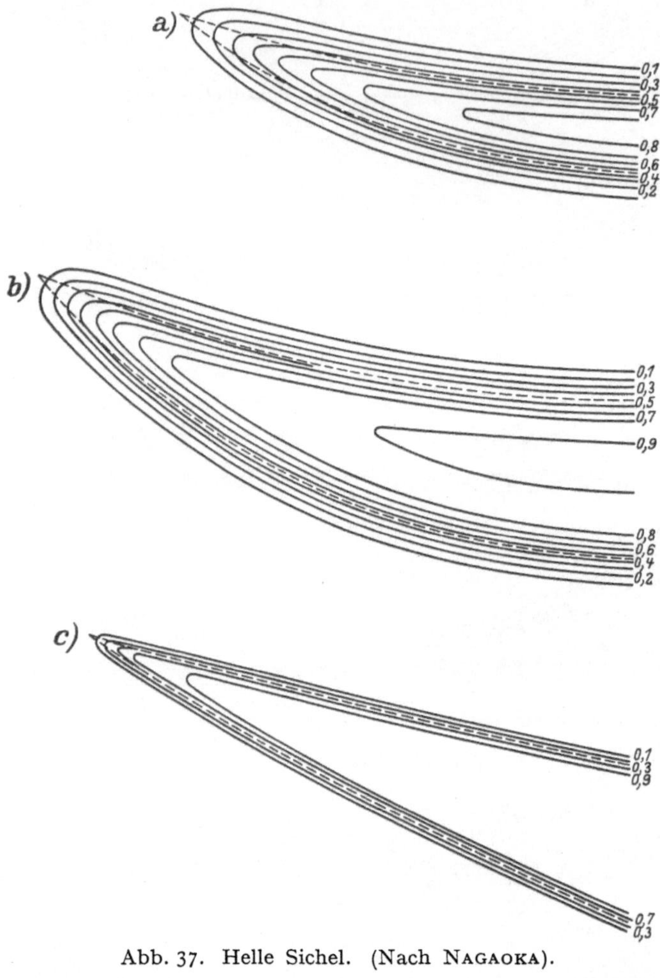

Abb. 37. Helle Sichel. (Nach Nagaoka).

der hellen äquatorialen Zone beeinflussen könne. Zur Lösung derselben zerlegt er die Oberfläche des Planeten in abwechselnd helle und dunkle Rechtecke gleichmäßiger Helligkeit mit einer abschließenden dunklen Polarkalotte. Die Anordnung wird symmetrisch zum Äquator angenommen. Nach H. Struves Vorbild führt Fessenkow seine Entwicklungen in Besselschen Funktionen; er kommt zu dem Ergebnis, daß der Einfluß der Beugung am Rande des äquatorialen Streifens etwas geringer ist als bei der Annahme gleichmäßiger Helligkeit der ganzen Scheibe.

51. Die sichtbare Grenze einer Planetenscheibe. Wie die Tabellen zeigen, ist im geometrischen Rande der Scheibe die Helligkeit nahezu $^1/_2$ der zentralen; der Abfall derselben ist hier am stärksten und überhaupt bedeutend

---

[1] R A J 2 S, 171 (1925).

innerhalb $0{,}1\,r$ in der Nähe des geometrischen Randes. Weiter außerhalb ist die Abnahme langsam, und die Intensitätskurve nähert sich asymptotisch dem Nullwerte. Das Auge empfindet aber eine scharfe Grenze zwischen Helligkeit und Dunkel nach physiologischen Gesetzen, und diese Grenze braucht nicht und wird in der Regel nicht mit dem geometrischen Rande zusammenfallen.

Allgemein müßte man erwarten, daß mit Verkleinerung der Objektivöffnung die gemessenen Durchmesser der Planeten größer ausfallen. Es ist dies aber keineswegs der Fall, wie das H. STRUVE[1] im Gegensatz zu ANDRÉ[2] überzeugend nachgewiesen hat. Eine Bestätigung der Beugungstheorie für Lichtscheiben ist somit durch astronomische Beobachtungen bis jetzt nicht erhalten worden.

Ein Experiment, das eine solche Abhängigkeit erwarten ließe, sei hier erwähnt. Anläßlich seiner Versuche mit rotierenden Scheiben zur Prüfung der Theorie der Vergrößerung des Erdschattens (vgl. S. 110) hat SEELIGER auch eine Scheibe konstruiert, die bei schneller Rotation den Helligkeitsabfall infolge der Beugung ergeben mußte; damit hatte er also einen künstlichen Planeten in großem Maßstabe hergestellt; der Radius der Scheibe wurde zu $7{,}2$ cm angenommen und aus einigen Metern Entfernung beobachtet. Die Scheibe bot einen überaus instruktiven Anblick dar. Sie erschien im Innern nahezu gleichförmig hell und war von einem schmalen verwaschenen Streifen umgeben, der zu nahezu gleichmäßiger, fast vollkommener Dunkelheit überführte. Dieser Streifen verschwand bei größerer Entfernung, und die Messung ergab mit großer Sicherheit als Grenze der Scheibe bei 4 m Entfernung $7{,}93$ cm als Mittel von drei verschiedenen Beobachtern, deren Werte zwischen $7{,}6$ und $8{,}6$ schwankten. Das wäre eine Vergrößerung des Durchmessers um 10%. Doch muß diese Zahl von der absoluten Helligkeit der Scheibe stark abhängig sein, und dieses einzelne Experiment ist nur insofern von Bedeutung, als in jedem Falle infolge physiologischer Ursachen eine Vergrößerung der Planetenscheiben wohl zu erwarten ist.

Eine andere Ursache der scheinbaren Vergrößerung der Planetenscheiben sei hier gleich im Zusammenhange erwähnt.

52. Über die Vergrößerung einer Planetenscheibe durch Strahlenbrechung.

Wenn eine Kugel von einer brechenden Atmosphäre umgeben ist, so muß sie einem außenstehenden Beobachter größer erscheinen, als wenn sie ihrer Umhüllung bar wäre, auch dann, wenn die Gashülle vollkommen durchsichtig und deshalb unsichtbar ist.

Nimmt man konzentrische Schichtung für die von außen nach innen sich verdichtende Atmosphäre an, so darf man für die Refraktionskurve der zum Beobachter gelangenden Strahlen die Grundgleichung der Refraktionstheorie anwenden

$$\mu r \sin i = \text{const}, \qquad (46)$$

wo μ den Brechungsexponenten in einer Entfernung r vom Zentrum und i den Winkel, den die nach außen gerichtete Tangente der Refraktionskurve mit r bildet, bedeuten. Wenn ein Punkt der Oberfläche einen Lichtstrahl unter dem Winkel z zur Normalen aussendet und dieser Strahl den Beobachter trifft, so muß die Beziehung bestehen

$$\mu_0 R \sin z = \Delta \sin \sigma, \qquad (47)$$

wo μ_0 der Brechungsexponent an der Oberfläche des Planeten, R sein Radius, Δ die Entfernung des Beobachters vom Zentrum und σ die scheinbare Ent

---

[1] L. c. S. 58.

[2] Origine du ligament noir. Annales de l'École Normale (1881), und Étude de la diffraction. Annales de l'École Normale (1876).

fernung des genannten Punktes vom Zentrum der Planetenscheibe ist. Es sei σ_0 der scheinbare Radius des Planeten ohne Atmosphäre, dann ist

$$R = \Delta \sin \sigma_0. \tag{48}$$

Wir erhalten also aus (47) und (48)

$$\sin \sigma = \mu_0 \sin \sigma_0 \sin z.$$

Da die maximale Zenitdistanz für einen Strahl, der den Beobachter erreichen kann, $z = 90°$ ist, so wird der scheinbare Radius des Planeten aus der Formel bestimmt

$$\sin \sigma = \mu_0 \sin \sigma_0$$

oder mit für astronomische Zwecke genügender Genauigkeit

$$\sigma = \mu_0 \sigma_0. \tag{49}$$

Man sieht hieraus, daß nur der Brechungsexponent an der Oberfläche des Planeten von Bedeutung ist und das Gesetz der Abnahme der Dichte in der Atmosphäre keine Rolle spielt.

Sind die Brechungsexponenten für verschiedene Wellenlängen verschieden, so wird infolge der Dispersion der scheinbare Durchmesser in den brechbareren Strahlen größer sein als in den weniger brechbaren.

Tatsächlich wird diese Vergrößerung niemals rein in Erscheinung treten, weil neben der Brechung auch eine Diffusion des Lichts stattfindet, welche die Atmosphäre selbst sichtbar machen kann. Da auch die Diffusion in den brechbareren Strahlen überwiegen wird, sollte man eine Verstärkung des Vergrößerungsfaktors mit abnehmender Wellenlänge erwarten. Ist aber die Diffusion nicht stark genug und die Absorption stark, so kann die Atmosphäre nicht sichtbar, ja sogar der Rand des Planeten wegen des langen Lichtweges unsichtbar werden, so daß das umgekehrte Resultat, eine Verkleinerung des Durchmessers in gewissen Strahlengattungen, beobachtet werden könnte.

f) Über die Beleuchtung staubförmiger Massen.

53. Die Voraussetzungen der Theorie. Wir wollen in diesem Kapitel die Beleuchtung eines Systems kleiner Körper untersuchen, wobei die Dimensionen der Körper im Vergleich zu den Dimensionen des ganzen Systems als verschwindend angesehen werden können. Hierbei muß aber auch den wirklichen Dimensionen der Körper nach unten eine Grenze gesetzt werden, die so definiert werden kann, daß die Gesetze der geradlinigen Fortpflanzung des Lichts und des Schattenwurfes für die Körper des Systems noch gelten, denn nur das Problem der Beschattung und Verdeckung der Einzelkörper durcheinander soll hier behandelt werden; die Erscheinungen der Diffusion und Diffraktion des Lichts in gasförmigen Medien und an kleinsten festen Partikeln, bei denen von Schatten keine Rede mehr sein kann und die Reflexion nach anderen als den elementaren Gesetzen erfolgt, sollen einem besonderen Kapitel vorbehalten bleiben. Eine Trennung dieser beiden Aufgaben ist methodisch eine Notwendigkeit, und wenn in der Natur die beiden genannten Erscheinungen tatsächlich gemischt auftreten, so liegt keine Schwierigkeit vor, die getrennt entwickelten Theorien zur Erklärung der Phänomene zu verknüpfen.

54. Die Theorie von H. Seeliger. Die Theorie der Beleuchtung staubförmiger Massen ist von H. Seeliger[1] zum ersten Male als ein für die

---

[1] Zur Theorie der Beleuchtung der großen Planeten, insbesondere des Saturn. Abhandlungen der k. Bayer. Akademie d. Wissensch. II. Klasse, 16, S. 405 (1887). Theorie der Beleuchtung staubförmiger kosmischer Massen usw. Daselbst 18, S. 1 (1893).

Astronomie wichtiges Problem erfaßt und unter Anwendung auf das Zodiakallicht und den Saturnring mit großem Scharfsinn entwickelt worden. Da gewisse Folgerungen dieser Theorie für den Saturnring durch die Beobachtungen bestätigt sind, so hat damit die Maxwell-Hirnsche Ansicht, derselbe bestehe aus einem Schwarm getrennter Teilchen, die sich unabhängig voneinander in Keplerschen Ellipsen um den Zentralkörper bewegen, eine wesentliche Stütze erfahren und die Theorie der Beleuchtung des Ringes ein allgemeines Interesse erworben. Sie soll deshalb hier in allgemeinen Zügen wiedergegeben werden.

Wir denken uns zunächst ein irgendwie gestaltetes System getrennter Körper, die wir hier sämtlich als gleich groß und von Kugelgestalt annehmen wollen. Diese Beschränkungen erleichtern die Aufgabe wesentlich, sind aber, wie Seeliger gezeigt hat, nicht notwendig, indem dieselben Schlußfolgerungen sich auch für ein System von Kugeln beliebiger ungleicher Größe ziehen lassen. Die Dimensionen der Körper sind als klein im Verhältnis zu denen der Wolke angenommen. Die Lichtquelle, also die Sonne, wird als punktförmig angesehen.

Wenn eine solche kosmische Wolke von der Sonne beleuchtet wird, so wird jedes Massenteilchen andere teilweise beschatten und selbst von anderen, vor ihm liegenden teilweise verdeckt werden. Die beschatteten Teile sind im allgemeinen von den verdeckten verschieden. Nur im Falle der Opposition, wenn also der Beobachter genau in derselben Richtung wie die Sonne von der Staubwolke aus erscheint, sind beide vollkommen identisch. Hieraus folgt, daß in der Nähe der Opposition eine mehr oder weniger starke Lichtzunahme stattfinden muß. Die mathematische Aufgabe, welche sich hier darbietet, besteht darin, die Größe dieser Lichtzunahme zu berechnen. Dieselbe hat gar nichts zu tun mit der Untersuchung des Einflusses der Phase auf die Beleuchtung der einzelnen Massenteilchen. Diese letztere Aufgabe ist in einem früheren Abschnitt behandelt worden, und es wird sich zeigen, daß die Beobachtungen tatsächlich eine Berücksichtigung des Phaseneinflusses auf die Beleuchtung der einzelnen Partikel erfordern. Doch muß dieses getrennt werden von der Aufgabe des Beschattungs- und Verdeckungsphänomens der Partikel, die uns hier beschäftigt.

Die obenerwähnte Lichtzunahme in der Nähe der Opposition ist auch so gut wie unabhängig von der Form des Beleuchtungsgesetzes, welches man für die einzelnen Partikel zugrunde legt. Nur bei größeren Phasen macht sich hier ein Unterschied bemerkbar.

Es sei dq' die Lichtmenge, welche ein unendlich kleines Element einer im Innern der Masse gelegenen Kugel dem Auge des Beobachters zusendet, wenn es von keiner der anderen Kugeln beschattet oder verdeckt wird. Nun kann aber beides eintreten, und es fragt sich, wie groß im Mittel die Lichtmenge dq eines solchen Elementes ist, wenn sehr viele derselben in Betracht gezogen werden. Der Radius sämtlicher Kugeln sei ϱ. Ist p die Anzahl der Fälle, in denen ein Element ganz frei liegt, p' diejenige Anzahl, in denen es beschattet oder verdeckt ist, so sendet das Element in p Fällen die Lichtmenge dq', in p' Fällen die Lichtmenge 0 der Erde zu. Der Mittelwert aller dieser Lichtmengen ist

$$dq = \frac{p}{p + p'}\, dq'.$$

Bei zufälliger Verteilung der Kugeln ist somit $w = \dfrac{p}{p + p'}$ die Wahrscheinlichkeit dafür, daß ein unendlich kleines Element im Innern weder beschattet noch verdeckt ist. In Abb. 38 (S. 135) bedeute R den irgendwie gestalteten Raum, der durch die Kugeln gefüllt ist, df ein unendlich kleines Element. Von df ziehen wir zwei Gerade in der Richtung nach der Sonne und nach der Erde, und um diese als Achsen zwei Zylinderflächen mit dem Radius ϱ, welche sich an dem unteren Ende schneiden. Der von den Zylindern eingeschlossene Raum heiße V. Wenn nun keine einzige Kugel so liegt, daß ihr Mittelpunkt in den Raum V fällt, so ist das Element df weder beschattet noch verdeckt. w ist damit auch die Wahrscheinlichkeit, daß sämtliche Kugelmittelpunkte außerhalb V liegen. Sie ist für alle Elemente dv derselben Kugel sehr nahe dieselbe, wenn man von den der Oberfläche nächsten Teilchen absieht. Die von einer einzelnen Kugel zur Erde gelangende Lichtmenge q ist also ebenfalls

$$q = wq',$$

wenn q' die Lichtmenge bei isolierter Lage der Kugel bedeutet. Der Wert von q' ist auf Grund unserer früheren Ausführungen (vgl. S. 64) eine Funktion des Phasenwinkels

$$q' = \gamma \varphi(\alpha) = \Gamma \varrho^2 \varphi(\alpha),$$

wo γ und Γ vom Reflexionsvermögen in der Bestrahlungsrichtung, dem Abstande der Kugel von der Lichtquelle und der Form des Beleuchtungsgesetzes abhängen. Die Anzahl sämtlicher Kugeln in R sei N. Bei gleichmäßiger Verteilung der Kugeln sind also in der Volumeinheit N/R Kugeln enthalten. In einem Volumelemente dv ist diese Anzahl $N\,dv/R$. Die durchschnittliche Lichtmenge dQ vom Elemente dv nach der Erde wird also

$$dQ = \frac{N}{R} dv\, w q'$$

oder nach Einsetzung des Wertes von q'

$$dQ = \gamma \varphi(\alpha)\, w \frac{N}{R} dv \,. \tag{1}$$

Ersetzt man noch dv durch $dx\, d\sigma$, wo dx ein Element der Geraden $df\,E$ und $d\sigma$ die scheinbare Größe von dv darstellt, so ergibt sich

$$dQ = \gamma \varphi(\alpha)\, w \frac{N}{R} dx\, d\sigma,$$

und für alle Kugeln, welche überhaupt einen Beitrag zur Helligkeit von $d\sigma$ liefern, folgt der Wert

$$Q = \gamma \varphi(\alpha)\, \frac{N}{R} d\sigma \int_0^X w\, dx\,, \tag{2}$$

wo X die Länge der Strecke innerhalb der Masse von der äußeren Begrenzung aus bis zu der Tiefe bedeutet, von welcher überhaupt noch Licht nach außen dringen kann. Die scheinbare Helligkeit von $d\sigma$ wird sich folgendermaßen darstellen:

$$J = \gamma \varphi(\alpha)\, \frac{N}{R} \int_0^X w\, dx\,. \tag{2'}$$

Diese Formel enthält allgemein die Grundlage für eine Photometrie staubförmiger Massen. Ihre Verallgemeinerung für den Fall ungleichförmiger Dichtigkeit ergibt sich von selbst. Die Funktion $\varphi(\alpha)$ ist hier zunächst unbestimmt. Die erste Aufgabe, die sich darbietet, ist die Bestimmung von w als Funktion von x, die nur unter gewissen Voraussetzungen möglich ist.

Haben wir nur eine Kugel, so sei W_1 die Wahrscheinlichkeit dafür, daß ihr Mittelpunkt außerhalb des Raumes V liegt; W_2 sei die Wahrscheinlichkeit dafür, daß eine zweite Kugel dieselbe Bedingung erfüllt, wenn die erste sie schon erfüllt hat. $W_3, W_4 \cdots W_N$ seien die entsprechenden Wahrscheinlichkeiten für die 3., 4.... und N-te Kugel. Es ist dann die Wahrscheinlichkeit w, als diejenige eines zusammengesetzten Ereignisses,

$$w = W_1 W_2 W_3 \ldots W_N .$$

Nun ist aber die Wahrscheinlichkeit dafür, daß die erste Kugel innerhalb von V liegt, ausgedrückt durch V/R; folglich ist diejenige, daß sie außerhalb V liegt:

$$W_1 = 1 - \frac{V}{R} .$$

Liegt aber eine Kugel bereits im Raume R, so bleibt für den Mittelpunkt einer zweiten nur der Raum $R - k$ übrig, wo $k = \tfrac{3}{3} \varrho^3 \pi$. Die erste Kugel kann aber teilweise im Raume V liegen. Es wird daher die Wahrscheinlichkeit W_2, wenn ε_1' ein positiver echter Bruch ist, der übrigens außerordentlich klein ist, sein.

$$W_2 = \frac{R - V - k(1 - \varepsilon_1')}{R - k} = 1 - \frac{V - \varepsilon_1' k}{R - k} .$$

Kommt noch eine dritte Kugel hinzu, so bleibt für den Mittelpunkt derselben ein Raum übrig, der etwas größer ist als $R - 2k$, weil das k der zweiten und der dritten Kugel sich mit dem der ersten und zweiten zum Teil decken kann. Bezeichnet also ε_2 einen echten Bruch, der wenig von der Einheit verschieden ist, dagegen ε_2' einen Bruch, der äußerst klein ist, so wird, da die Kugeln wieder in den Raum V hineinreichen können:

$$W_3 = 1 - \frac{V - 2\varepsilon_2' k}{R - 2\varepsilon_2 k} .$$

Ganz allgemein erhält man für die N-te Kugel

$$W_N = 1 - \frac{V - (N - 1)\,\varepsilon_{N-1}' \, k}{R - (N - 1)\,\varepsilon_{N-1}\, k} ;$$

daher wird

$$w = \left(1 - \frac{V}{R}\right)\left(1 - \frac{V - \varepsilon_1' k}{R - k}\right) \cdots \quad \cdots \left(1 - \frac{V - (N - 1)\,\varepsilon_{N-1}' \, k}{R - (N - 1)\,\varepsilon_{N-1}\, k}\right).$$

Eine strenge Berechnung der Größe V ist bei großer Dichte der Kugeln im Raume R nicht möglich. Von den Größen $\varepsilon_1, \varepsilon_2, \cdots \varepsilon_{N-1}$ weiß man nur, daß sie für kleine Indizes sich nur wenig von der Einheit unterscheiden, daß dieser Unterschied aber für große Indizes zunehmen muß. Die Größen $\varepsilon_1', \varepsilon_2' \cdots \varepsilon_{N-1}'$ sind sehr kleine Brüche, die von dem Verhältnis V/R abhängig sind. Nimmt man an, die Dichte sei gering, so ergibt sich die Möglichkeit, einen Näherungsausdruck für w abzuleiten. Der Gesamtinhalt aller Kugeln kann bei dünn verteilter Materie, wie sie sowohl für das Zodiakallicht, als im Saturnring angenommen werden muß, im Vergleich zu dem ganzen Raume R als klein angesehen werden; dann wird man in dem letzten Ausdrucke keinen großen Fehler begehen, wenn man alle Glieder fortläßt, in denen der kleine Faktor k/R oder eine Potenz desselben auftritt. Man erhält dann einfach

$$w = \left(1 - \frac{V}{R}\right)^N .$$

Außerdem darf man in der Entwicklung des letzten Ausdruckes die höheren Potenzen von V/R gegen die erste vernachlässigen, dann wird

$$\ln w = N \ln\left(1 - \frac{V}{R}\right) = -N \frac{V}{R}$$

oder
$$w = e^{-N\frac{V}{R}}.$$

Setzt man jetzt w in die Gleichung (2') ein, so erhält man:

$$J = \gamma \varphi(\alpha) \frac{N}{R} \int_0^X e^{-N\frac{V}{R}} dx. \tag{3}$$

Diese Gleichung schließt alle Fälle der Beleuchtung eines Systems kleiner Körper, die nicht zu dicht verteilt sind, in sich. Im allgemeinen Falle bei unregelmäßiger Begrenzung der Masse wird ihre Auflösung schwierig, da die Funktion V des Phasenwinkels eine verwickelte Form annimmt.

Aber auch im Falle regelmäßiger Begrenzung ist die Berechnung des Volumens V, das sich aus mehreren Stücken zusammensetzt, für kleine Winkel α nicht ganz einfach.

Seeliger untersucht den Fall einer kugelförmig begrenzten Staubwolke gleichmäßiger Dichte und findet, daß die Helligkeit derselben unabhängig von der Annahme über das Reflexionsgesetz eine ungleichmäßige wird; die der Lichtquelle zugewandte Seite ist begreiflicherweise die hellere, und auf ihr findet sich ein Maximum der Helligkeit auf dem großen Kreise, der durch die Lichtquelle und den Beobachter geht; man kann diesen Kreis Intensitätsäquator nennen. Wir übergehen die Entwicklungen, die zu diesen Sätzen führen, und wollen nur den Ausdruck für die Gesamtlichtmenge einer solchen Kugel vom Radius a für den Fall $\alpha = 0$ ableiten, weil das Resultat bemerkenswert erscheint. Die Gesamtlichtmenge Q ist durch das Integral gegeben:

$$Q = \int J d\sigma,$$

wobei die Integration auf alle Volumelemente dv der Kugel auszudehnen ist. Für $\alpha = 0$ ist:

$$Q = \gamma \varphi(0) \frac{N}{R} \int d\sigma \int_0^X e^{-\frac{N}{R}\varrho^2 \pi x} dx.$$

Wir bestimmen die Lage des Volumelements dv innerhalb der Kugel durch den Winkel ϑ, welchen die Ebene dv-Beobachter-Zentrum der Kugel mit dem Intensitätsäquator der Kugel bildet, durch den scheinbaren Abstand vom Zentrum und die Tiefe des Elements. Nennt man ε den Winkel, den ein Oberflächenelement ds mit der Richtung nach dem Beobachter bildet, so ist

$$d\sigma = ds \cos\varepsilon,$$

und daher ist für alle Punkte einer Zone von der Breite $d\varepsilon$, die den Beobachter als Pol hat:

$$d\sigma = a^2 \sin\varepsilon \cos\varepsilon \, d\varepsilon \, d\vartheta.$$

Die Integration ist auszudehnen auf alle Werte von ε zwischen 0 und $\pi/2$ und in bezug auf ϑ von 0 bis 2π. X ist die Länge der Sehne, die durch dv in der Richtung zum Beobachter geht, und daher $X = 2a\cos\varepsilon$; wir erhalten

$$Q = \gamma a^2 \varphi(0) \frac{N}{R} \int_0^{2\pi} d\vartheta \int_0^{\pi/2} \sin\varepsilon \cos\varepsilon \int_0^{2a\cos\varepsilon} e^{-\frac{N}{R}\varrho^2 \pi x} dx$$

$$= 2a^2 \gamma \varphi(0) \frac{1}{\varrho^2} \int_0^{\pi/2} \sin\varepsilon \cos\varepsilon \left(1 - e^{-\frac{2aN}{R}\varrho^2 \pi \cos\varepsilon}\right) d\varepsilon.$$

Wenn man $\dfrac{2aN}{R}\varrho^2\pi = \nu$ setzt, so erhält man nach ausgeführter Integration:

$$Q = a^2\gamma\,\varphi(0)\,\frac{1}{\varrho^2}\,\frac{\nu^2 - 2 + 2(1+\nu^2)\,e^{-\nu}}{\nu^2}\,.$$

Da R das Volumen der Kugel ist,

$$R = \tfrac{4}{3}\pi a^3\,,$$

so ist

$$\nu = \frac{3}{2}N\left(\frac{\varrho}{a}\right)^2.$$

Ist die Masse undurchsichtig, so wird $N\pi\varrho^2/\pi a^2$ eine große Zahl und $e^{-\nu}$ verschwindend klein. Es wird also:

$$Q = \gamma a^2\varphi(0)\,\frac{1}{\varrho^2}\,.$$

Da nun

$$\gamma = \Gamma\varrho^2\,,$$

so ist

$$Q = \Gamma a^2\varphi(0)\,.$$

Es ist also die Lichtmenge einer kugelförmigen Staubwolke gleich derjenigen, welche jede der kleinen Kugeln, aus denen sie besteht, uns zusenden würde, wenn sie den Durchmesser der ganzen Wolke hätte. Es ist klar, daß dieses Resultat, das nur für die Bestrahlungsrichtung gültig ist, für diese sich auch auf eine beliebige Form der Wolke ausdehnen läßt. Mit der Veränderung des Phasenwinkels α werden die Verhältnisse schwer übersichtlich, jedenfalls hängt dann die von der Staubwolke in verschiedene Richtungen reflektierte Lichtmenge auch von der Form der Phasenkurve der einzelnen Bestandteile ab.

55. Die Beleuchtung des Saturnringes. Von besonderem Interesse ist der Fall, wo der Raum R von zwei parallelen Ebenen begrenzt ist, wie das im Falle des Saturnringes zutrifft. Es sei H in Abb. 38 die Gesamtdicke der Schicht, h der Abstand des Volumelementes dv von der oberen Begrenzung, i und ε die Winkel, welche die Normale zu derselben mit den Richtungen nach der Sonne und der Erde bildet. Es ist dann $h = x\cos\varepsilon$ und

$$J = \gamma\varphi(\alpha)\,\frac{N}{R\cos\varepsilon}\int_0^H e^{-N\frac{V}{R}}\,dh\,. \qquad (4)$$

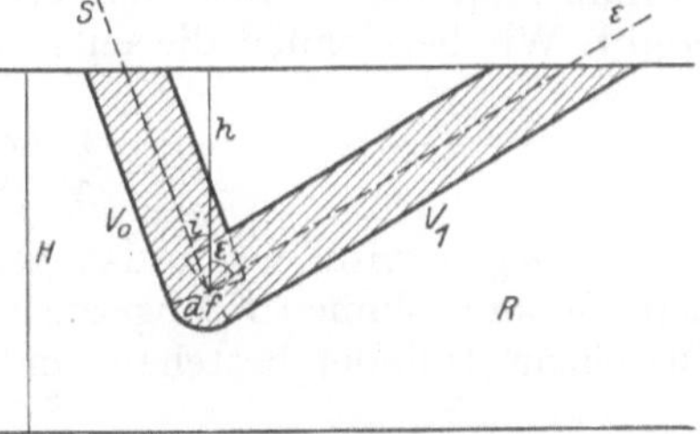

Abb. 38. Die Beleuchtung des Saturnringes nach Seeliger.

Das Volumen V besteht aus den beiden Zylindern V_0 und V_1, außerdem aus dem kleinen, von einem Teil einer Kugeloberfläche begrenzten Stück k, minus dem den beiden Zylindern gemeinsamen Stück, das wir mit G bezeichnen wollen. Das Verhältnis der beiden letzteren Stücke zur Summe $V_0 + V_1$ verändert sich mit dem Winkel zwischen den Zylinderachsen, wobei G für kleine α stark anwächst, während der Teil k in allen Fällen so unbedeutend ist, daß er gegenüber dem Volumen der beiden Zylinder unbedenklich vernachlässigt werden kann. Ist der Phasenwinkel groß, so darf das auch mit G geschehen. Wir betrachten zunächst diesen Fall, in welchem also

$$V = V_0 + V_1\,.$$

Da nun

$$V_0 = \varrho^2 \pi \frac{h}{\cos i}\,, \qquad V_1 = \varrho^2 \pi \frac{h}{\cos \varepsilon}\,,$$

so wird

$$V = \varrho^2 \pi h\, \frac{\cos i + \cos \varepsilon}{\cos i \cos \varepsilon}$$

und

$$J = \gamma \varphi(\alpha)\, \frac{N}{R \cos \varepsilon} \int_0^H e^{-\frac{N}{R} \varrho^2 \pi h \frac{\cos i + \cos \varepsilon}{\cos i \cos \varepsilon}}\, dh\,.$$

Hieraus ergibt sich durch die Bezeichnung $y = \dfrac{N}{R}\, \varrho^2 \pi h\, \dfrac{\cos i + \cos \varepsilon}{\cos i \cos \varepsilon}$

$$J = \frac{\gamma \varphi(\alpha)}{\varrho^2 \pi}\, \frac{\cos i}{(\cos i + \cos \varepsilon)} \int_0^Y e^{-y}\, dy\,,$$

wo die obere Grenze Y der Wert von y für $h = H$ ist. Man erhält hieraus weiter durch Integration:

$$J = \frac{\gamma \varphi(\alpha)}{\varrho^2 \pi}\, \frac{\cos i}{(\cos i + \cos \varepsilon)}\, (1 - e^{-Y})\,, \tag{5}$$

wo das zweite Glied für den Fall, daß der Raum **undurchsichtig** ist, vernachlässigt werden kann. Man hat somit

$$J = \frac{\gamma \varphi(\alpha)}{\varrho^2 \pi}\, \frac{\cos i}{(\cos i + \cos \varepsilon)}\,. \tag{6}$$

Dieses ist ein Ausdruck für die Helligkeit eines festen Körpers nach dem Lommel-Seeligerschen Gesetze, wo nur der Faktor $\varphi(\alpha)$ oder die Phasenkurve der einzelnen Körper hinzugekommen ist. Die Betrachtungsweise, die dieser Ableitung zugrunde liegt, ist tatsächlich auch mit der Theorie der Absorption beim Eindringen des Lichts in die Oberfläche des Körpers identisch. Führt man dieselbe für den Fall kleiner Winkel α durch, ohne das gemeinsame Stück der beiden Zylinder in Betracht zu ziehen, und geht zum Grenzfall $\alpha = 0$ über, so muß man einen Ausdruck erhalten, welcher sich aus Formel (5) bei $i = \varepsilon$ ergibt. Wir bezeichnen die entsprechende Helligkeit durch J_0' und haben

$$J_0' = \frac{1}{2}\, \frac{\gamma \varphi(0)}{\varrho^2 \pi}\left\{1 - e^{-2N\frac{H}{R}\frac{\varrho^2 \pi}{\cos i}}\right\}\,. \tag{7}$$

Dagegen wird, wenn das gemeinsame Stück G der beiden Zylinder von dem Gesamtvolumen V abgezogen sein würde, im Grenzfalle bei $\alpha = 0$, V nur aus einem Zylinder bestehen, und wir hätten

$$V = \varrho^2 \pi \frac{h}{\cos i}\,.$$

Mithin würde sich in diesem Falle die Helligkeit nach (4) durch das Integral darstellen:

$$J_0 = \gamma \varphi(0)\, \frac{N}{R \cos i} \int_0^H e^{-\frac{N}{R} \varrho^2 \pi \frac{h}{\cos i}}\, dh\,,$$

oder nach Ausführung der Integration:

$$J_0 = \frac{\gamma \varphi(0)}{\varrho^2 \pi}\left\{1 - e^{-N\frac{H}{R}\frac{\varrho^2 \pi}{\cos i}}\right\}\,. \tag{8}$$

Dividiert man diesen Ausdruck durch (7), so folgt

$$\frac{J_0}{J_0'} = 2\,\frac{1 - e^{-\lambda}}{1 - e^{-2\lambda}}, \tag{8a}$$

wo zur Abkürzung gesetzt worden ist $\lambda = N\,\dfrac{H}{R}\,\dfrac{\varrho^2\pi}{\cos i}$.

Ist das System undurchsichtig, so ist H und damit auch λ als sehr groß anzusehen, und es wird $\dfrac{J_0}{J_0'} = 2$.

Die Helligkeit des Systems J_0 steigt also bei $\alpha = 0$ etwa auf das Doppelte derjenigen bei größerem α. Da J_0' sich nach (6) bei kleinem α nur sehr wenig ändert, so folgt hieraus, daß sich ein System von kleinen Körpern, das undurchsichtig ist, in der Nähe von $\alpha = 0$ wesentlich anders verhält als ein fester Körper. Gleichzeitig sehen wir den grundsätzlichen Unterschied zwischen einer Theorie der Absorption und der Theorie der Beleuchtung staubförmiger Massen.

Ist dagegen der Körper äußerst durchsichtig, so wird λ sehr klein, und man nähert sich bei abnehmendem α dem Grenzwerte

$$\frac{J_0}{J_0'} = 1,$$

wo schließlich die ganze erwähnte Helligkeitszunahme überhaupt nicht mehr zum Vorschein kommt. Im Saturnringe haben wir ein Gebilde, in dem verschiedene Stufen zwischen den genannten beiden Grenzfällen vertreten sind. Er besteht bekanntlich aus dem inneren dunklen, sogenannten Florringe, durch den man bei Bedeckungen das Sternlicht nur wenig abgeschwächt hindurchscheinen sieht, der also als fast durchsichtig zu betrachten ist, aus dem hellen B-Ringe, der als undurchsichtig gelten muß, und dem äußersten, schwächeren C-Ringe, welcher eine Zwischenstufe zwischen den beiden ersten einnimmt und als schwach durchsichtig gelten kann. Diese drei Teile des Ringes müßten also das obengenannte Aufhellungsphänomen in der Opposition in verschiedenem Grade aufweisen.

Wir wollen zunächst den Fall eines undurchsichtigen Ringes näher untersuchen. Der Kernpunkt des Problems liegt nach den obigen Ausführungen in der Berücksichtigung des den beiden Zylindern gemeinsamen Raumes G, während die untere halbkugelförmige Begrenzung in jedem Falle als verschwindend zu vernachlässigen ist. Man hat somit

$$V = V_0 + V_1 - G.$$

Diese Gleichung gilt jedoch nur für diejenigen Volumelemente des Ringes, für welche das zugehörige G gänzlich innerhalb des Ringes liegt und nicht von der oberen Ringebene geschnitten wird.

Ist dieses letztere der Fall, so bleibt ein Teil von G, den wir mit Σ bezeichnen wollen, außerhalb des Ringes, und es gilt dann die Gleichung

$$V = V_0 + V_1 - G + \Sigma.$$

Nennt man h_1 denjenigen Wert von h, für welchen Σ gerade verschwindet, so setzt sich die Flächenhelligkeit aus zwei Teilen zusammen:

$$J = \gamma\,\varphi(\alpha)\,\frac{N}{R\cos\varepsilon}\left\{\int_0^{h_1} e^{-\frac{N}{R}(V_0 + V_1 - G + \Sigma)}\,dh + \int_{h_1}^{H} e^{-\frac{N}{R}(V_0 + V_1 - G)}\,dh\right\}. \tag{9}$$

Bezeichnet man noch die Elevationswinkel der Erde und der Sonne über der Ebene des Ringes durch A und A', so daß $A = 90° - \varepsilon$ und $A' = 90° - i$ wird, so hat man

$$V_0 = \varrho^2 \pi \frac{h}{\sin A'}, \qquad V_1 = \varrho^2 \pi \frac{h}{\sin A}.$$

Die Berechnung der Räume G und Σ ist recht umständlich und soll hier zugunsten der Übersichtlichkeit der ganzen Entwicklung übergangen werden. Wir schreiben deshalb direkt die Seeligerschen Ausdrücke dafür hin:

$$G = \frac{4}{3} \varrho^3 \frac{1 + \cos\alpha}{\sin\alpha}$$

und

$$\Sigma = \frac{(\sin A + \sin A')^2}{\sin\alpha \sin A \sin A'} \frac{\varrho^3}{\cos\mu} \left\{ \cos\psi - \frac{1}{3}\cos^3\psi - \left(\frac{\pi}{2} - \psi\right)\sin\psi \right\},$$

wobei die Größen μ und ψ bestimmt sind durch die Gleichungen:

$$\tan\mu = \frac{\cos A \sin\beta}{\sin A + \sin A'}\sin\alpha, \tag{9'}$$

$$\varrho \sin\psi = \frac{h\cos\mu\sin\alpha}{\sin A + \sin A'}. \tag{9''}$$

Hier ist β der Winkel zwischen der durch Saturn, Sonne und Erde gelegten Ebene und einer durch Saturn und Erde senkrecht zur Ringebene gelegten Ebene. Der Grenzwert h_1 ist nach Seeliger bestimmt durch

$$h_1 = \frac{\varrho(\sin A + \sin A')}{\sin\alpha}, \tag{10}$$

und da auch

$$V_0 + V_1 = \frac{\varrho^3\pi}{\cos\mu} \frac{(\sin A + \sin A')^2}{\sin\alpha \sin A \sin A'}\sin\psi,$$

so hat man für $h > h_1$:

$$V_0 + V_1 - G = \varrho^2\pi h \frac{\sin A + \sin A'}{\sin A \sin A'} - \frac{4}{3}\varrho^3 \frac{1 + \cos\alpha}{\sin\alpha},$$

für $h < h_1$:

$$V_0 + V_1 - G + \Sigma = \frac{(\sin A + \sin A')^2}{\sin\alpha \sin A \sin A'} \frac{\varrho^3}{\cos\mu} \left\{ \cos\psi - \frac{1}{3}\cos^3\psi + \left(\frac{\pi}{2} + \psi\right)\sin\psi \right\}$$
$$- \frac{4}{3}\varrho^3 \frac{1 + \cos\alpha}{\sin\alpha}.$$

Bei der Kleinheit des Phasenwinkels des Saturn (im Maximum $6°,5$) und der kleinen Differenz der Winkel A und A' (im Maximum $1°,5$) sind noch folgende Vereinfachungen in der obigen Formel zulässig:

$$1 + \cos\alpha = 2, \qquad \frac{(\sin A + \sin A')^2}{\sin A \sin A'} = 4.$$

Auch kann der Winkel μ, der von derselben Ordnung ist wie α, nur sehr klein sein, daher kann auch $\cos\mu = 1$ gesetzt werden. Jetzt nehmen die Ausdrücke für V folgende Form an:

$$V_0 + V_1 - G = \varrho^2\pi h \frac{\sin A + \sin A'}{\sin A \sin A'} - \frac{8}{3}\frac{\varrho^3}{\sin\alpha},$$

$$V_0 + V_1 - G + \Sigma = \frac{4\varrho^3}{\sin\alpha} \left\{ \cos\psi - \frac{1}{3}\cos^3\psi + \left(\frac{\pi}{2} + \psi\right)\sin\psi - \frac{2}{3} \right\}.$$

Führt man diese Werte in Gleichung (9) ein, so läßt sich das zweite der Integrale leicht berechnen. Es ist

$$\int_{h_1}^{H} e^{-\frac{N}{R}(V_0+V_1-G)}\,dh = \frac{\sin A \sin A'}{\frac{N}{R}\varrho^2\pi(\sin A+\sin A')}\,e^{\frac{8}{3}\frac{N}{R}\frac{\varrho^3}{\sin\alpha}}\left\{e^{-mh_1}-e^{-mH}\right\},\qquad (11)$$

wo zur Abkürzung

$$m = \frac{N}{R}\varrho^2\pi\,\frac{\sin A+\sin A'}{\sin A \sin A'}$$

gesetzt worden ist.

Das zweite Glied in der Klammer kann für einen undurchsichtigen Ring vernachlässigt werden. Es wird also

$$\int_{h_1}^{H} e^{-\frac{N}{R}(V_0+V_1-G)}\,dh = \frac{32}{3}\,\frac{\varrho}{\xi\sin\alpha}\,\frac{\sin A \sin A'}{(\sin A+\sin A')}\,e^{-\xi\frac{3\pi-2}{8\pi}},$$

wo zur Abkürzung eingeführt ist

$$\delta = \frac{32\varrho^3\pi}{3R}\qquad\text{und}\qquad \xi = \frac{N\delta}{\sin\alpha}.\qquad (12)$$

Ersetzt man jetzt in dem ersten Integral der Gleichung (9) die Variable h durch ψ vermittelst der Gleichung (9″) (bei $\cos\mu = 1$)

$$dh = \varrho\cos\psi\,\frac{\sin A+\sin A'}{\sin\alpha}\,d\psi,$$

so erhält man, da $\psi = 0$ für $h = 0$ und $\psi = \frac{\pi}{2}$ für $h = h_1$ ist:

$$\int_{0}^{h_1} e^{-\frac{N}{R}(V_0+V_1-G+\Sigma)}\,dh = \varrho\,\frac{\sin A+\sin A'}{\sin\alpha}\int_{0}^{\pi/2} e^{-\frac{N}{R}(V_0+V_1-G+\Sigma)}\cos\psi\,d\psi.$$

Setzt man nun noch

$$\Phi = \frac{3}{8\pi}\left\{\cos\psi - \frac{1}{3}\cos^3\psi + \left(\frac{\pi}{2}+\psi\right)\sin\psi - \frac{2}{3}\right\},\qquad (13)$$

so wird

$$\int_{0}^{h_1} e^{-\frac{N}{R}(V_0+V_1-G+\Sigma)}\,dh = \varrho\,\frac{\sin A+\sin A'}{\sin\alpha}\int_{0}^{\pi/2} e^{-\xi\Phi}\cos\psi\,d\psi.$$

Damit erhält man definitiv für die Helligkeit den Ausdruck

$$J = \gamma\,\varphi(\alpha)\,\frac{\varrho(\sin A+\sin A')}{R\delta\sin A}\left\{\xi\int_{0}^{\pi/2} e^{-\xi\Phi}\cos\psi\,d\psi + \frac{8}{3}e^{-\xi\frac{3\pi-2}{8\pi}}\right\}.\qquad (14)$$

Hier ist $\varphi(\alpha)$ durchweg als konstant angesehen worden, und es kann daher $\frac{\gamma\varphi(\alpha)\varrho}{R\delta} = \frac{3\gamma\varphi(\alpha)}{32\pi\varrho^2}$ durch eine einzige Konstante γ' bezeichnet werden. Mit Einführung der Bezeichnungen:

$$\begin{aligned}
\mathfrak{A} &= \xi\int_{0}^{\pi/2} e^{-\xi\Phi}\cos\psi\,d\psi,\\[2mm]
\mathfrak{B} &= \frac{8}{3}e^{-\xi\frac{3\pi-2}{8\pi}}\qquad\text{und}\qquad \mathfrak{C} = \mathfrak{A}+\mathfrak{B}
\end{aligned}\qquad (15)$$

ergibt sich dann die Seeligersche Endgleichung für die Flächenhelligkeit des Ringes:

$$J = \gamma' \, \mathfrak{C}(\xi) \, \frac{\sin A + \sin A'}{\sin A} \, . \tag{16}$$

Diese Formel kann für angenäherte Rechnung noch in die Form gebracht werden:

$$J = \frac{3}{16\pi} \Gamma \varphi(\alpha) \, \mathfrak{C}(\xi) \, , \tag{16'}$$

denn

$$\frac{\gamma'}{\varrho^2} = \Gamma,$$

und man kann

$$\frac{\sin A + \sin A'}{\sin A} = 2$$

setzen.

Für die Funktion $\mathfrak{C}(\xi)$ hat Seeliger eine Tabelle berechnet, die in der Form $\mathfrak{C}(\infty)/\mathfrak{C}(\xi)$ angesetzt ist; dabei ist, wie leicht einzusehen, $\mathfrak{C}(\infty) = \mathfrak{A}(\infty) = \frac{3}{16}$. Wir geben sie im Anhange wieder (Tafel VII a).

Die letzte Gleichung gibt also die Helligkeit des Saturnringes als Funktion von ξ und, da $\xi = \dfrac{N\delta}{\sin\alpha}$, als Funktion des Phasenwinkels und der Dichte. Der Bruch $(\sin A + \sin A')/\sin A$ unterscheidet sich nur wenig von 2. Mithin folgt, **daß die Helligkeit des Saturnringes unabhängig ist vom Elevationswinkel der Erde und Sonne über seiner Ebene.** Dieses Resultat der Theorie ist durch Beobachtungen des Verfassers[1] für die Phasenwinkel zwischen 16° und 25° bestätigt. Für ganz kleine Elevationswinkel zur Zeit des Durchgangs der Erde und der Sonne durch die Ebene des Ringes kann es natürlich nicht gelten, wie überhaupt die oben entwickelte Theorie hier einer Ergänzung bedarf.

56. Der Einfluß der Dichte der Staubmasse. Betrachten wir näher die Abhängigkeit der Helligkeit vom Phasenwinkel. Seeliger hat die Funktion $\mathfrak{C}$ durch numerische Quadraturen berechnet und in Tabellen zusammengestellt.

Die erste, oben erwähnte, Tafel gibt das Verhältnis $M = \dfrac{\mathfrak{C}(\xi)}{\mathfrak{C}(\infty)}$ nach dem Argumente ξ von 0 bis 10000; da ξ auch eine Funktion von δ ist, so ist der Verlauf der Helligkeiten mit dem Phasenwinkel auch von der Volumdichte abhängig. Bezeichnen wir die Volumdichte oder den Bruchteil des Raumes, der durch Materie gefüllt ist, durch D, so ist:

$$D = \frac{N \frac{4}{3}\pi \varrho^3}{R} = \frac{1}{8}\delta N \, . \tag{17}$$

Nebenstehende Tabelle gibt den Verlauf von $\mathfrak{C}(\xi)$ für einige Werte von α und $N\delta$. Sie ist ein Auszug aus Seeligers Tabelle, die wir, erweitert auf kleinere und größere Dichten, in unserer Tafel VII b im Anhange wiedergeben. Sollte es gelingen, aus dem Verlauf der Flächenhelligkeit des Saturnringes einen Wert für $N\delta$ zu bestimmen, so wäre damit die Volumdichte gegeben. Betrachtet

Tabelle 19. $\mathfrak{C}(\xi)$.

$N\delta =$	0,1	0,05	0,01	0,005
$\alpha = 0{,}^0 0$	0,533	0,533	0,533	0,533
0,1	0,485	0,453	0,352	0,317
0,2	0,453	0,411	0,318	0,294
0,3	0,430	0,385	0,302	0,286
0,4	0,411	0,366	0,294	0,281
0,5	0,396	0,352	0,289	0,279
1,0	0,352	0,317	0,279	0,273
2,0	0,317	0,294	0,273	0,270
3,0	0,302	0,286	0,270	0,269
4,0	0,294	0,281	0,270	0,268
5,0	0,289	0,279	0,269	0,268

---

[1] Photometrische Untersuchungen über Jupiter und das Saturnsystem. Acta Academ. Scientiarum Fennicae. Bd. 16, S. 55 (1921).

man nebenstehende Tabelle der Werte von $\mathfrak{C}(\xi)$, so sieht man, daß z. B. für $N\delta = 0{,}005$ bereits bei $\alpha = 0°{,}5$ die Helligkeit beinahe auf die Hälfte ihres Wertes bei $\alpha = 0°$ zurückgegangen ist und sich weiterhin fast gar nicht mehr ändert. Nimmt man $N\delta = 0{,}00017$, so hat sich die ganze Lichtvariation schon zwischen $\alpha = 0°$ und $\alpha = 0°{,}1$ abgespielt. Bei größeren Dichten erstreckt sich die Veränderlichkeit auf ein größeres Gebiet, liegt in ihrem Hauptteil aber auch zwischen $0°$ und $1°$ Phasenwinkel. Wir fassen diese Betrachtungen zunächst in einige Sätze zusammen:

Eine staubförmige Masse, die so dick ist, daß sie ganz oder fast undurchsichtig erscheint, weist eine Flächenhelligkeit auf, die sehr stark mit abnehmendem Phasenwinkel zunimmt. Sie kann für $\alpha = 0°$ fast den doppelten Betrag von der Helligkeit erreichen, die sie bei kleinem α besitzt. Die Lichtvariation spielt sich bei desto kleineren α ab, je geringer die Volumdichte der staubförmigen Masse ist.

57. Der Einfluß der Durchsichtigkeit der Staubmasse auf die Lichtvariation. Beim Saturnringe tritt die ganze Veränderlichkeit innerhalb einiger Tage in der Nähe der Opposition ein, und dadurch erklärt es sich, daß es erst in allerletzter Zeit gelungen ist, das Phänomen tatsächlich zu beobachten. Ehe wir aber dazu übergehen, den Vergleich von Theorie und Beobachtung durchzuführen, wollen wir noch dem Problem halb- oder teilweise durchsichtiger Massen, das für die Deutung der Erscheinungen am Saturnringe ebenfalls nicht unwichtig ist, unsere Aufmerksamkeit zuwenden. Im Falle durchsichtiger Massen können wir in Gleichung (11) das zweite Glied in der Klammer nicht vernachlässigen.

Dieses Glied, das für durchsichtige Körper nicht verschwindet, ist, wenn wir der Übersichtlichkeit halber die Gleichung für die Helligkeit in der Form schreiben:

$$J = \tfrac{3}{16}\Gamma'\left\{\mathfrak{A} + \tfrac{8}{3}e^{\frac{\xi}{4\pi}}\left(e^{-\frac{4}{3}\xi} - e^{-mH}\right)\right\},\qquad \left(\Gamma' = \frac{\Gamma\varphi(\alpha)}{\pi}\right),$$

gleich

$$e^{-mH} = e^{-\frac{3}{32}\frac{N\delta}{\varrho}H\frac{\sin A + \sin A'}{\sin A \sin A'}} = e^{-\frac{3}{8}\frac{N\delta}{(\sin A + \sin A')}\frac{H}{\varrho}}.$$

Setzen wir $\dfrac{N\delta}{(\sin A + \sin A')}\dfrac{H}{\varrho} = v$, so kann v als Maß der Durchsichtigkeit des Körpers dienen. Es wird dann die Helligkeit des durchsichtigen Körpers:

$$J = \tfrac{3}{16}\Gamma'\left\{\mathfrak{C}(\xi) - \tfrac{8}{3}e^{-\frac{3\pi v - 2\xi}{8\pi}}\right\}, \tag{18}$$

welche Formel solange gilt, als $H > \varrho\,\dfrac{\sin A + \sin A'}{\sin\alpha}$, oder, was dasselbe ist, als

$$\frac{N\delta}{(\sin A + \sin A')}\frac{H}{\varrho} > \xi \qquad \text{oder} \qquad v > \xi.$$

Für Körper geringerer Dichte mit kleinerem H, für welche also $v < \xi$, muß nur das erste Glied der Formel benutzt werden, das dem Volumen $V = V_0 + V_1 + G - \Sigma$ allein entspricht, aber mit dem Unterschiede, daß die Integration hier von $h = 0$ bis $h = h_1$ auszuführen ist, wo

$$h_1 = \frac{\varrho(\sin A + \sin A')}{\sin\alpha},$$

also nach ψ bis zur Grenze

$$\sin\psi = \frac{h}{\varrho}\frac{\sin\alpha}{(\sin A + \sin A')} = \frac{v}{\xi}.$$

Es ist die Helligkeit in diesem Falle

$$J = \tfrac{3}{16}\,\Gamma'\,\xi \int\limits_0^{\psi} e^{-\xi\,\Phi}\cos\psi\,d\psi .\tag{19}$$

Für $\xi = \nu$ ergeben beide Formeln dasselbe, nämlich:

$$J = \tfrac{3}{16}\,\Gamma'\,\nu \int\limits_0^{\psi} e^{-\nu\,\Phi}\cos\psi\,d\psi = \tfrac{3}{16}\,\Gamma'\,\mathfrak{A}(\nu) .$$

Setzt man aber allgemein $\nu = \xi + \sigma$, wo σ eine positive Größe sein soll, so wird aus (18)

$$J = \tfrac{3}{16}\,\Gamma'\,\{\mathfrak{A}(\xi) + \mathfrak{B}(\xi)\,(1 - e^{-\frac{3}{8}\sigma})\} .\tag{20}$$

Seeliger, der die Funktionen $\mathfrak{A}(\xi)$ und $\mathfrak{B}(\xi)$ tabuliert hat, schließt aus dieser Formel, daß sich bei größeren Werten von ν ($\nu > 14$) die Helligkeit von der eines undurchsichtigen Körpers nur um 1% unterscheiden kann. Setzt man noch $\alpha = 0$, so ergibt die Gleichung (19)

$$J_0 = \Gamma'(1 - e^{-\frac{3}{16}\nu}) .\tag{21}$$

Die Größe der Lichtvariation bei kleinem α wird dann wieder durch den Quotienten J_0/J charakterisiert, wo J nach (18) oder (19) zu berechnen ist. Man ersieht aus den obigen Gleichungen, daß das oben formulierte Gesetz über die Abhängigkeit der Lichtvariation von der Dichte sowohl dem Betrage als dem Intervalle nach auch für durchsichtige Massen gilt.

Als genähertes Maß der Lichtvariation kann man wie in (8a) den Ausdruck ansehen:

$$\frac{J_0}{J_1} = \frac{2(1 - e^{-\lambda})}{1 - e^{-2\lambda}} ,\tag{22}$$

wo man $\lambda = \tfrac{3}{16}\,\nu$ setzen kann, und für kleine λ:

$$\frac{J_0}{J_1} = 1 + \frac{1}{2}\,\lambda - \frac{1}{24}\,\lambda^3 - \cdots$$

Es ergibt sich hieraus, daß sehr merkbare Lichtvariationen schon für mäßig große Werte von λ eintreten. Dieses veranschaulicht nebenstehende Tabelle.

λ	J_0/J_1
0,05	1,025
0,10	1,050
0,15	1,075
0,20	1,10
0,50	1,26
1,0	1,44

Sie sind natürlich geringer als bei einem undurchsichtigen Körper, wo J_0 auf beinahe den doppelten Betrag von J_1 steigen kann.

Für die Anwendung der Formeln (18) und (19) auf durchsichtige staubförmige Körper ist somit außer Tabellen für $\mathfrak{A}$, $\mathfrak{B}$ und $\mathfrak{C}$ noch eine Berechnung des Integrals in (19) von Fall zu Fall erforderlich.

Während für einen undurchsichtigen Körper für $\alpha = 0$ sich die Helligkeit nach (16') auf die Form reduzieren läßt

$$J_0 = \frac{3}{16\pi}\,\Gamma\,\varphi(0)\,\mathfrak{C}(0) = \frac{\Gamma}{\pi} ,\tag{23}$$

wird sie für einen durchsichtigen Körper nach (21)

$$J_0 = \frac{\Gamma}{\pi}\left\{1 - e^{-\frac{3}{32}\frac{N\delta H}{\varrho \sin A}}\right\} .\tag{24}$$

Im letzteren Falle ist also die Helligkeit wesentlich vom Winkel A abhängig. Für äußerst durchsichtige Körper ändert sich J_0 umgekehrt proportional mit $\sin A$, denn es ist

$$J_0 = \frac{3}{32}\,\frac{\Gamma}{\pi}\,\varphi(0)\,\frac{N\delta H}{\varrho}\,\frac{1}{\sin A} .\tag{25}$$

Bei einer undurchsichtigen Masse kann man die Albedo einer einzelnen Partikel bestimmen, wenn man die Flächenhelligkeit J_0 der Staubwolke in Opposition kennt. Als Beispiel wollen wir den Reflexionskoeffizienten der Ringpartikel in den beiden Saturnringen A und B berechnen. Hierbei wollen wir den an anderer Stelle (Seite 84) abgeleiteten Reflexionskoeffizienten des Saturnzentrums und einige Größen benutzen, die in der mehrfach zitierten Abhandlung des Verfassers zu finden sind, die aber für diese Aufgabe bisher keine Verwendung gefunden haben. Wir wollen dabei beide Ringe als undurchsichtig annehmen, was für den äußeren A-Ring nicht zutrifft. Der Betrag seiner Durchsichtigkeit ist aber noch zu unsicher bekannt. Hierzu brauchen wir den Wert der Konstante Γ. Laut Definition (Seite 132) ist die in der Opposition von der einzelnen Kugel reflektierte Lichtmenge (bei $\varphi(0) = 1$)

$$q_0 = \Gamma \varrho^2 ,$$

andrerseits haben wir bei Annahme des LAMBERTschen Gesetzes

$$q_0 = \frac{A_1}{\varDelta^2 \pi} L \varrho^2 \frac{2}{3} \pi ,$$

wo A_1 die LAMBERTsche Albedo, $\varDelta$ der Abstand von der Erde ist, L die Lichtmenge pro Flächeneinheit.

Daher

$$\Gamma = \frac{2}{3} \frac{A_1 L}{\varDelta^2} \quad \text{und} \quad J_0 = \frac{2}{3} \frac{A_1 L}{\varDelta^2 \pi} . \tag{26}$$

Doch ist die Albedo A_1' des Saturnzentrums, die wir zum Vergleich hinzuziehen müssen, ein zu unbestimmter Begriff; wir wollen daher den Reflexionskoeffizienten in der Bestrahlungsrichtung einführen. Für ein beliebiges Reflexionsgesetz ist, wenn μ den Reflexionskoeffizienten in der Bestrahlungsrichtung für die ganze Kugel bezeichnet,

$$q_0 = \frac{\mu L \pi \varrho^2}{\varDelta^2} \quad \text{und} \quad \Gamma = \frac{\mu L \pi}{\varDelta^2} , \tag{27}$$

$$J_0 = \frac{\mu L}{\varDelta^2} .$$

Die Helligkeit des Saturnzentrums in Opposition ist, wenn man die auf dasselbe bezüglichen Größen mit dem Index $'$ bezeichnet,

$$J_0' = \frac{\mu' L}{\varDelta^2} ,$$

daher

$$\frac{J_0}{J_0'} = \frac{\mu}{\mu'} . \tag{28}$$

Die Beobachtungen des Verfassers[1] ergeben für das mittlere Helligkeitsverhältnis der beiden äußeren Ringe zum Zentrum in Opposition 0,891 und für die Helligkeitsdifferenz des Ringes B gegen den Ring A $-0^m,593$, oder als Helligkeitsverhältnis

$$\frac{J_A}{J_B} = 0,579 .$$

Die Flächendimensionen der beiden Ringe sind aber nicht gleich. Bezeichnet man die Breiten der Ringe A und B durch d_a und d_b, ihre mittleren Radien durch r_a, r_b, so verhalten sich die Flächen

$$\frac{A}{B} = \frac{r_a d_a}{r_b d_b} ,$$

---

[1] l. c. S. 55.

und mit den Barnardschen Werten $d_a = 2'',53$, $d_b = 4'',17$, $r_a = 18'',76$ und $r_b = 14'',88$ hat man

$$\frac{A}{B} = 0,765 .$$

Hieraus ergibt sich als Helligkeitsverhältnis für die beiden Ringe zur Helligkeit des Zentrums in Opposition

$$J_A = 0,621, \qquad J_B = 1,073 .$$

Diese Verhältnisse sind nach den Beobachtungen des Verfassers innerhalb der Grenzen $16° - 25°$ des Erhebungswinkels der Erde über der Ringebene als konstant anzusehen. Mit dem Reflexionskoeffizienten $\mu = 0,672$ (vgl. Seite 84) des Saturnzentrums in Opposition ergeben sich hieraus als Reflexionskoeffizienten der Ringteilchen für die Ringe A und B

$$\mu_A = 0,42, \qquad \mu_B = 0,72 .$$

Die Größe

$$\nu = \frac{N\delta}{(\sin A + \sin A')} \frac{H}{\varrho} = \frac{N\delta H}{2\varrho \sin A} , \tag{29}$$

welche die Durchsichtigkeit der Staubmasse definiert, kann dadurch bestimmt werden, daß man die Abschwächung des Lichtes einer Lichtquelle, z. B. eines Fixsternes, durch den staubförmigen Körper beobachtet. Das Licht eines Fixsternes von der Helligkeit J_0 wird nach Passieren der Staubwolke von der Dicke $H/\sin A$, in der Richtung des Lichtstrahles gemessen, die Helligkeit

$$J = J_0 e^{-\lambda}$$

haben, wo

$$\lambda = \frac{3}{16} \nu = \frac{3}{32} \frac{N\delta}{\varrho} \frac{H}{\sin A} .$$

Man hat also

$$\lambda = -\frac{1}{\log e} \log\left(\frac{J}{J_0}\right) ,$$

oder in Sterngrößen gemessen, da $m - m_0 = -2,5 \log\frac{J}{J_0}$,

$$\lambda = 0,917 (m - m_0) , \tag{30}$$

wo m und m_0 die den Intensitäten J und J_0 entsprechenden Sterngrößen sind.

58. Die Veränderlichkeit des Florringes. Es ist zur Deutung gewisser Erscheinungen, die der dunkle Florring der Beobachtung darbietet, nicht unwichtig, sich auch über die Helligkeit der durch ihn sichtbaren Saturnoberfläche ein Bild zu machen. Bekanntlich kann man den dunklen Ring sowohl in der Projektion auf den dunklen Himmelsgrund beobachten, als auch an den Stellen, wo er sich auf die Saturnscheibe projiziert. Er macht hier den Eindruck eines zarten Schleiers über der Scheibe. Der dunkle Ring ist erst spät, im Jahre 1838 an der Berliner Sternwarte, entdeckt worden, während er früher auch durch stärkere Fernrohre den Beobachtern entgangen ist; dieser Umstand, sowie auch die Unstimmigkeit in den Beschreibungen des Ringes und des Schleiers zu verschiedenen Zeiten legen den Verdacht nahe, daß in dem dunklen Ringe Veränderungen vor sich gehen, die möglicherweise mit der Entwicklung des ganzen Gebildes zusammenhängen; andererseits aber könnte die verschiedene Deutlichkeit des Ringes zu verschiedenen Zeiten auch mit den Beleuchtungsverhältnissen im Zusammenhang stehen.

Wir wollen die Seeligerschen Überschlagsrechnungen für die Veränderlichkeit eines teilweise durchsichtigen Ringes hier anführen. Ein Element ds bekomme, wenn es frei liegt, die Lichtmenge $L \cos i \, ds$ von der Sonne. Durch die Staubmasse hindurch erhält es dann die Lichtmenge

$$L \, ds \cos i \, e^{-\lambda'}, \qquad \text{wo} \qquad \lambda' = \frac{3}{32} \frac{N\delta}{\varrho} \frac{H'}{\sin A'}$$

und $H'/\sin A'$ das Stück der in der Richtung nach der Sonne gezogenen Geraden ist, welches innerhalb der Staubmasse liegt. Die Erde würde, falls sie, von ds aus gesehen, ganz frei stände, die Lichtmenge erhalten

$$\gamma' ds \, \frac{L}{\varDelta^2} e^{-\lambda'} f(i, \varepsilon),$$

wo $\gamma' f(i, \varepsilon)$ das Reflexionsgesetz bezeichnet. In Wirklichkeit wird ds durch die Staubmasse hindurch uns die Lichtmenge zusenden:

$$dQ = \gamma' ds \, \frac{L}{\varDelta^2} f(i, \varepsilon) e^{-(\lambda + \lambda')}, \qquad \lambda = \frac{3}{32} \frac{N\delta}{\varrho} \frac{H}{\sin A},$$

wo $H/\sin A$ die Dicke der Staubmasse in der Richtung nach der Erde ist. Die scheinbare Helligkeit wird also sein

$$\frac{dQ}{ds \cos \varepsilon} = \frac{\gamma' L}{\varDelta^2} f(i, \varepsilon) \sec \varepsilon \, e^{-(\lambda + \lambda')}.$$

Hierzu kommt aber noch das Licht, welches die auf dem obengenannten Wege gelagerten kleinen Kugeln der Erde zusenden; die dadurch erzeugte Helligkeit ist durch die beiden Formeln (18) und (19) gegeben. Somit wird die Gesamthelligkeit I des Flächenelements

$$I = \frac{\gamma' L}{\varDelta^2} f(i, \varepsilon) \sec \varepsilon \, e^{-(\lambda + \lambda')} + J.$$

Bei der Diskussion dieser Formel nehmen wir an, daß der Phasenwinkel sehr klein sei und für J die Werte nach (7) und (8). Wir führen noch folgende Bezeichnungen ein. I_0 sei die Helligkeit des Elements ds der Oberfläche, wenn es ganz frei läge, und J_0 die Helligkeit des Ringes, wenn er undurchsichtig wäre. Dann haben wir für J die beiden Grenzwerte

$$\left. \begin{array}{l} J' = J_0 (1 - e^{-\lambda}), \\ J'' = \tfrac{1}{2} J_0 (1 - e^{-2\lambda}) \end{array} \right\} \tag{31}$$

und für die Helligkeit der Oberfläche

$$I_0 e^{-(\lambda + \lambda')}.$$

Hier kann noch $\lambda = \lambda'$ gesetzt werden, so daß sich für die Gesamthelligkeit entweder

$$I = I_0 \left(e^{-2\lambda} + \frac{J_0}{I_0} (1 - e^{-\lambda}) \right)$$

oder

$$I = I_0 \left(e^{-2\lambda} + \frac{1}{2} \frac{J_0}{I_0} (1 - e^{-2\lambda}) \right)$$

ergibt. Hierbei ist in der ersten Formel für den Moment $\alpha = 0$ noch $-\lambda$ statt -2λ zu schreiben, weil bei $\alpha = 0$ die Absorption auf dem Hin- und Rückwege durch dieselben Kugeln erfolgt, also eine einfache ist. Diese Koinzidenz findet aber bei dem großen Abstande des Elements ds vom Ringe nur für außerordentlich kleine Werte von α statt. Man kann also sagen, daß die erste Formel für α genau $= 0$ nicht mehr gilt und wir noch einen dritten Fall unterscheiden müssen.

Wir haben also, wenn wir noch J_0/I_0 durch c bezeichnen,

$$\begin{aligned}
I/I_0 &= e^{-2\lambda} + c(1 - e^{-\lambda})\,, & 1) \\
&= e^{-2\lambda} + \tfrac{1}{2}c(1 - e^{-2\lambda})\,, & 2) \\
&= e^{-\lambda} + c(1 - e^{-\lambda})\,, & 3)
\end{aligned} \right\} \quad (32)$$

und es entspricht dann dem Fall 1) α sehr klein, 2) α nicht sehr klein, und
3) α streng $= 0$. Zur Übersicht sind hier einige Werte I/I_0 nach Formel (32)
berechnet, wobei $c = 1$ angenommen ist; dann ist $(I/I_0)_3$ stets $= 1$.

	$(I/I_0)_1$	$(I/I_0)_2$
$\lambda = 0{,}0$	1,00	1,00
0,1	0,91	0,91
0,2	0,85	0,84
0,3	0,81	0,77
0,4	0,78	0,72
0,5	0,76	0,68
0,6	0,75	0,65
0,7	0,75	0,62
0,8	0,75	0,60
0,9	0,76	0,58
1,0	0,77	0,57

Man sieht hieraus, daß auch für nicht große λ,
also bei starker Durchsichtigkeit, Helligkeitsänderungen bis zu 25% bei ganz kleinen Werten des
Winkels α stattfinden können. Diese treten so
plötzlich ein, daß sie nur höchst selten wahrnehmbar sind. In der Tat, bezeichnet man mit d die
Entfernung des betrachteten Elements der Saturnoberfläche von der unteren Begrenzung des Ringes, gemessen in der Richtung nach der Sonne, so
kann die genannte Lichtvariation nur stattfinden,
wenn

$$\alpha < \frac{2\varrho}{d}\,.$$

Nun ist offenbar d größer als F, wo F die kürzeste Entfernung des dunklen
Ringes von der Saturnoberfläche bedeutet, welche zu rund 15 000 km angenommen werden kann. Es folgt hieraus, daß $\alpha < (28\,\varrho)''$ sein muß, wo ϱ, in
Kilometern ausgedrückt, gewiß keine große Zahl sein kann. Also für Werte
von α, die größer sind als der obige, kommt der dritte Fall in Formel (32)
nicht in Betracht.

Sobald α unter die genannte Grenze herabsinkt, tritt sofort eine
merkliche Aufklärung des Schleiers, und zwar ziemlich plötzlich auf; diese Aufhellung wird um so merkbarer sein, je größer c ist.
Diese merkwürdige Erscheinung dauert nur ganz kurze Zeit und kann dabei
überhaupt nur auftreten, wenn Saturn sich zur Zeit der Opposition in einem
der Knoten seiner Bahn befindet. Es ist deshalb wenig Aussicht vorhanden,
daß sie jemals beobachtet werden wird. Das Augenfällige der Erscheinung
muß dadurch verwischt werden, daß die Sonne nicht, wie hier angenommen
war, vom Saturn aus punktförmig erscheint, sondern einen Durchmesser von
$3\tfrac{1}{2}'$ hat.

Außer der genannten plötzlichen Aufhellung des Schleiers müssen aber
noch andere Lichtvariationen eintreten, die mit der Veränderung des Erhebungswinkels A der Erde über der Ringebene zusammenhängen. Um die Größe derselben abzuschätzen, muß man einen Wert für die Größe λ in den Formeln (32)
haben. Seeliger hat einen solchen aus einer von Barnard angestellten Beobachtung des Durchganges des Trabanten Japetus durch den Schatten des
Saturnsystems abgeleitet. Barnard beobachtete eine Abschwächung von Japetus
durch den dunklen Ring in dessen Mitte um 0,35 Größenklassen, woraus sich,
da A zur Zeit der Beobachtung gleich $11° 18'$ war, nach der Formel (30) ergab

$$\lambda = 0{,}32 \qquad \text{und} \qquad \lambda \sin A = 0{,}0627\,.$$

Mit diesen Zahlen ergab sich für die Werte von $c = 1$ und $c = \tfrac{1}{2}$ folgende Tabelle der Werte der Helligkeit I des Schleiers bei den drei Annahmen über die
Größe von α und für verschiedene Werte des Erhebungswinkels A.

Man sieht hieraus, daß der Schleier bei kleinem A sehr erhebliche Lichtvariationen zeigt. Auch der freie Teil des dunklen Ringes zeigt beträchtliche Veränderlichkeit, wie sich aus den Formeln (31), deren erste für $\alpha = 0$ und α sehr klein, und deren zweite für α nicht sehr klein gilt, zeigen läßt, worauf wir aber hier nicht eingehen wollen.

Auch auf den äußeren A-Ring finden die obigen Betrachtungen Anwendung, weil die teilweise Durch-

Tabelle 20.

A	$c = 1.$			$c = \frac{1}{2}.$		
	$I:I_0$			$I:I_0$		
	1.	2.	3.	1.	2.	3.
$1°$	0,97	0,50	1,0	0,49	0,25	0,52
2	0,86	0,52	1,0	0,45	0,28	0,59
3	0,79	0,54	1,0	0,44	0,33	0,65
4	0,76	0,59	1,0	0,47	0,38	0,71
5	0,75	0,62	1,0	0,50	0,43	0,75
10	0,79	0,75	1,0	0,64	0,62	0,85
15	0,83	0,81	1,0	0,73	0,72	0,90
20	0,87	0,85	1,0	0,78	0,78	0,91
25	0,88	0,87	1,0	0,81	0,81	0,93
30	0,90	0,89	1,0	0,84	0,84	0,94

sichtigkeit desselben durch zwei verschiedene Beobachtungen festgestellt ist. Auf einer schönen Photographie des Saturnsystems von BARNARD hat HEPBURN[1] an der Stelle, wo der A-Ring über die Saturnscheibe geht, eine Aufhellung derselben beobachten können. AINSLIE[2] hat am 9. Februar 1917 die Bedeckung eines Sternes siebenter Größe durch den Saturnring verfolgt und ersteren sowohl durch die CASSINIsche Teilung mit sehr kleiner Lichtschwächung als auch durch den A-Ring sehen können, wobei er schätzungsweise 75% seiner Helligkeit verlor. Es ergibt sich hieraus, daß die Lichtvariation der drei Ringe verschieden sein muß und daß sie einzeln auf ihre Veränderlichkeit hin geprüft werden müssen, wenn man über die Dichteverhältnisse im Ringsystem genauere Aufklärung erhalten will.

Die bisherigen Entwicklungen setzten voraus, daß die den Ring bildenden Teilchen Kugeln von gleichem Radius sind. SEELIGER hat aber nachgewiesen, daß die von ihm entwickelte Theorie auch auf den Fall anwendbar ist, wo die Radien der Kugeln alle möglichen Werte zwischen zwei beliebigen Grenzen mit gleicher Wahrscheinlichkeit haben. Die Tabellen der Lichtvariation sind auch in diesem Falle anwendbar, nur muß man in dieselben mit einem durch einen konstanten Faktor veränderten Argument eingehen. Dieser Faktor unterscheidet sich aber so wenig von der Einheit, daß für eine Bestimmung von Grenzwerten der Dichte, die immer nur eine rohe sein kann, die obengenannte Beschränkung auf gleiche Radien als bedeutungslos angesehen werden kann.

Auch die Voraussetzung, daß die Körper Kugelgestalt haben, ist, wie SEELIGER nachweist, keine Einschränkung der Theorie, nur ist die Funktion $\varphi(\alpha)$, welche die Phasenkurve der Teilchen darstellt und die bisher als konstant gegolten hat, im Falle beliebiger Form der Körper nicht mehr als konstant anzusehen; sie kann als Phasenkoeffizient der Ringteilchen in linearer Form in Bezug auf α in die Bedingungsgleichungen aufgenommen und bestimmt werden.

Endlich ist auch die Voraussetzung einer punktförmigen Lichtquelle oder die Vernachlässigung der Dimensionen der Sonne von ganz untergeordneter Bedeutung.

Die SEELIGERsche Theorie, deren Grundlagen heute schon durch die Beobachtung bestätigt sind, ist somit ein Mittel zur Bestimmung der Grenzwerte der Volumdichte der in verschiedenen Teilen des Ringes verteilten Materie. Es kann keinem Zweifel unterliegen, daß durch fortgesetzte flächenphotometrische Messungen der Intensitätsverhältnisse unsere Kenntnis dieses einzigartigen Gebildes im Sonnensystem wesentlich gefördert werden kann. SEELIGER hat

---

[1] M N 74, p. 721 (1914). [2] M N 77, p. 456 (1917).

die Vermutung ausgesprochen, daß die Dichteverhältnisse in den Ringen Veränderungen unterworfen sind. Um so mehr ist daher ein fortgesetztes Studium des Systems erwünscht.

59. Formeln für die Totalintensität von Ring und Saturnscheibe. Differentielle Messungen der Lichtverteilung auf dem Ringe und der Planetenscheibe sind wegen der Kleinheit des Planetenbildes im Fernrohr sehr schwierig. Die Totalhelligkeit des Systems wird noch für lange Zeit diejenige Größe sein, welche vorwiegend der Beobachtung unterliegen wird; es ist daher notwendig, Formeln für die Totalintensität von Saturn und Ring zu geben, welche der Lichtvariation des Ringes Rechnung tragen oder sie zu bestimmen gestatten.

Das Saturnsphäroid stellt sich dem Beobachter als elliptische Scheibe dar, deren Halbachsen a und b' mit den Halbachsen des Sphäroids a, b, der Exzentrizität e und dem Erhebungswinkel A der Erde über die Äquatorebene durch folgende Gleichungen zusammenhängen:

$$b' = a\sqrt{1 - e^2\cos^2 A}, \qquad e^2 = \frac{a^2 - b^2}{a^2}.$$

Die Ringgrenzen sind mit der Planetenscheibe konzentrische Ellipsen, deren große Halbachsen α und α' und deren kleine

$$\beta = \alpha\sin A, \qquad \beta' = \alpha'\sin A$$

sind. Bezeichnet R den Flächeninhalt des Ringes in der Projektionsebene und Q_R die vom Ringe der Erde zugesandte Lichtmenge, so ist

$$Q_R = RJ, \tag{33}$$

wo J die Helligkeit des Ringes ist. Wenn Q_S die Lichtmenge ist, welche die unbedeckte Saturnscheibe uns zusenden würde, F der Flächeninhalt der Ringteile, welche von Saturn bedeckt werden, und Q_F die Lichtmenge, welche die vom Ringe verdeckten Teile des Saturn für sich allein uns zusenden würden, schließlich Q_B die Lichtmenge, die das ganze System uns wirklich zusendet, so ist

$$Q_B = (R - F)J + Q_S - Q_F, \tag{34}$$

wo zunächst auf die gegenseitige Beschattung von Ring und Kugel keine Rücksicht genommen wird. Zur Berechnung der einzelnen hier eingehenden Größen bemerken wir zunächst, daß

$$R = \pi(\alpha^2 - \alpha'^2)\sin A. \tag{35}$$

Ferner ist (vgl. nebenstehende Abb. 39)

$$\tfrac{1}{2}F = (abcd) = (bde) - (ace).$$

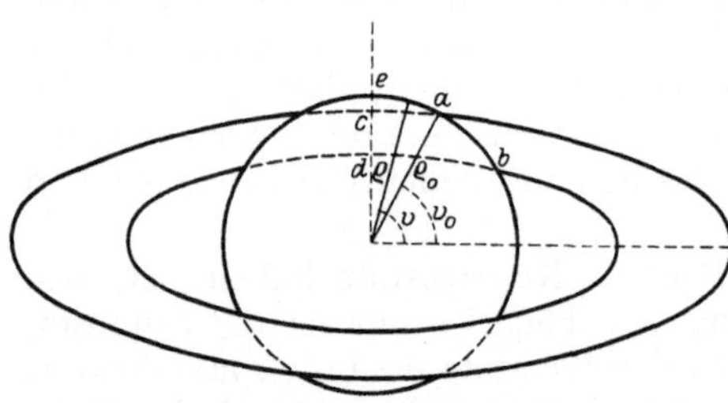

Abb. 39. Die Bedeckung des Ringes durch Saturn und umgekehrt.

Die Berechnung des Flächeninhalts $R - F$ des sichtbaren Ringes ist einfach, und wir übergehen sie, indem wir auf die Seeligersche Abhandlung[1] hinweisen. Die Seeligersche Tafel für $X = R - F$ ist im Anhange wiedergegeben. (Tafel VIII a). Zur Berechnung der Lichtmenge Q_S muß eine Annahme über die Lichtverteilung auf der Saturnscheibe gemacht werden. Seeliger hat die Aufgabe vollständig für den Fall gleichmäßiger Helligkeit der Scheibe und für den Fall des Lambertschen Gesetzes gelöst. Wir wissen heute, daß die erste Annahme ganz zu verwerfen ist, die zweite von der Wirklichkeit bedeutend abweicht. Aufnahmen des Saturn durch verschiedene Strahlenfilter beweisen aber,

---

[1] Abhandl. der k. Bayer. Akad. d. Wiss. II. Cl. 16, S. 405. (1887).

daß die für die visuell wirksamen Strahlen vom Verfasser abgeleiteten Formeln nur für diese gelten. Da die modernen photometrischen Methoden, wie die lichtelektrische, für andere Strahlengattungen wirksam sind, und da man bei Messungen der Totalhelligkeit gerade nur durch die große Schärfe dieser Methoden eine weitere Aufklärung über das Saturnsystem erwarten kann, so erscheint es von geringer Bedeutung, die SEELIGERschen Theorien für die visuell beobachtete Lichtverteilung auf der Scheibe umzurechnen. Für die Reduktion lichtelektrischer Messungen wird man aber in erster Annäherung eine LAMBERTsche Lichtverteilung annehmen können.

Wir wollen deshalb die für diese Annahme geltenden Formeln für die Gesamthelligkeit des Systems Saturn und Ring zusammenstellen, wie sie für die Reduktion photometrischer Messungen unter Benutzung der im Anhange wiedergegebenen SEELIGERschen Tabellen anzuwenden sind.

Es bedeute:

$Q_0(0)$ die auf verschwundenen Ring reduzierte Helligkeit des Planeten in mittlerer Opposition;

Q_B die beobachtete Totalhelligkeit in mittlerer Entfernung von Erde und Sonne;

$X = R - F$ die unverdeckte Fläche des Ringes;

Y den unverdeckten Teil der Saturnscheibe;

$\dfrac{1}{M} = \mathfrak{C}(\alpha)$ die Phasenkurve für die Flächenhelligkeit des Ringes;

$D = \cos\alpha$ die Einwirkung der Phase bei Vernachlässigung der Abplattung (Formel 25, Seite 68).

Dann ist nach (16) der Anteil der Ringe an der gesamten Lichtmenge Q_B

$$\gamma' X \frac{\sin A + \sin A'}{\sin A} \frac{1}{M},$$

derjenige des Planeten

$$Q_0(0)\, YD,$$

und wenn man $\gamma' : Q_0(0)$ als neue Konstante mit Γ bezeichnet, die Gesamthelligkeit

$$Q_B = Q_0(0)\left[\Gamma \frac{\sin A + \sin A'}{\sin A} \frac{X}{M} + YD\right]. \qquad (36)$$

Die Größen X und Y sind von SEELIGER tabelliert (Tafel VIIIb), ebenso $\log M$ für verschiedene Werte der Dichtefunktion (Tafel VIIb). Man kann daher, wenn letztere versuchsweise angesetzt wird, den Faktor bei Γ und YD als bekannt ansehen und die Gleichung

$$Q_B = ax + by, \qquad \text{wo} \qquad a = \frac{\sin A + \sin A'}{\sin A} \frac{X}{M}, \qquad b = YD, \qquad (37)$$

ansetzen und die Unbekannten

$$x = \Gamma Q_0(0) \qquad \text{und} \qquad y = Q_0(0)$$

aus den Beobachtungen bestimmen. Ihr Verhältnis ergibt dann noch die Konstante Γ. Auf welche Weise aus derselben und aus der bekannten Albedo des Saturnzentrums der Reflexionskoeffizient der Ringteilchen erhalten werden kann, haben wir auf S. 143 dieses Kapitels gezeigt. Diese Formeln haben den Einfluß des Phasenkoeffizienten der Ringteilchen $\varphi(\alpha)$ und der Saturnscheibe $\psi(\alpha)$, die nach Untersuchungen des Verfassers nicht zu vernachlässigen sind, nicht berücksichtigt. Es ist leicht, durch Einführung der entsprechenden Faktoren $\varphi(\alpha) = 1 - \lambda\alpha$, $\psi(\alpha) = 1 - \lambda'\alpha$ in die Bedingungsgleichungen auch diesen Einflüssen Rechnung zu tragen und die Phasenkoeffizienten mit zu bestimmen.

60. Der Einfluß des Schattenwurfs auf die Helligkeit des Saturnsystems.
Bisher ist der Schattenwurf des Ringes auf den Planeten und umgekehrt derjenige des Planeten auf den Ring bei der Berechnung der Gesamthelligkeit von Ring + Scheibe nicht berücksichtigt worden. SEELIGER hat auch diese Einflüsse untersucht und die Resultate seiner Theorie in Form von Tabellen der allgemeinen Benutzung zugänglich gemacht. Diese Einflüsse erreichen im Maximum nur einige Prozent der Gesamthelligkeit und kommen nur für die Reduktion sehr genauer Messungen in Frage. Da sie mit dem Phasenwinkel anwachsen, ist ihre Vernachlässigung bei Ableitung des Phasenkoeffizienten des Systems nicht mehr zulässig, wenn es sich um eine scharfe Bestimmung dieser Größe handelt.

Wir wollen die recht verwickelten Ableitungen, in Anbetracht ihres sehr speziellen Interesses, hier nicht vollständig wiedergeben, sondern nur den Sinn und die Benutzung der Tabellen, die in etwas gekürzter und ein wenig veränderter Form im Anhange (Tafeln IX a, IX b, IX c) wiedergegeben sind, auseinandersetzen.

61. Der Schattenwurf des Ringes verursacht eine Verminderung des unverdeckten Teiles Y der Saturnscheibe. Diese Korrektion ΔY wird von SEELIGER für den Fall einer gleichmäßig hellen Scheibe berechnet; dabei kommt aber nur der Schatten der äußeren Ringbegrenzung in Frage, weil derjenige des inneren Randes schon wegen des halb durchsichtigen Florringes, der sich der inneren Grenze anschließt, nicht mehr voll zur Geltung kommt. Auf die Abplattung des Planeten wird nur teilweise Rücksicht genommen, was sicher auch vollkommen unbedenklich ist.

Es mögen A, A' die Erhebungswinkel der Erde und der Sonne über der Ebene des Saturnäquators bedeuten, α den Phasenwinkel, also den Winkel zwischen Erde (E) und Sonne (S) vom Saturnzentrum aus, und l die Längendifferenz von E und S im Saturnäquator, dann haben wir zunächst, wenn

$$A' = A + \delta A$$

gesetzt wird,

$$\sin^2 \frac{l}{2} = \frac{\cos \delta A - \cos \alpha}{2 \cos A \cos A'}. \tag{38}$$

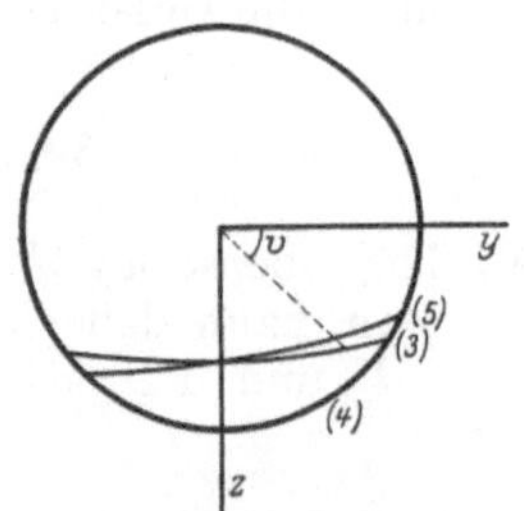

Abb. 40. Der Schattenwurf des Ringes auf Saturn. (Nach SEELIGER.)

Die Abb. 40 stellt die sichtbare Scheibe des Planeten dar, in ihr ein rechtwinkliges Koordinatensystem, dessen y-Achse im Äquator des Planeten liegt, und dessen z-Achse senkrecht dazu nach Süden gerichtet ist; die x-Achse ist nach der Erde gerichtet, also senkrecht auf der Ebene der Zeichnung. Die Kurven (3) und (5) sind die Projektionen der Schattengrenze des Ringes und des Ringes selbst. Die Begrenzung des Planeten (4) ist hier kreisförmig angenommen. Dann handelt es sich also um die Berechnung der Fläche S, die von den Kurven (3), (4) und (5) begrenzt ist, und dazu genügt der Ansatz

$$2S = \int\limits_{v_0}^{v_1} dv\, (r'^2 - r^2),$$

wo v_0 und v_1 die begrenzenden Winkel v, r' und r die der Schattengrenze resp. der Ringgrenze entsprechenden Radienvektoren sind.

Hierbei sind zwei Fälle zu unterscheiden:

1. Fall: Die Kurven (3) und (5) schneiden sich nicht auf der Planetenscheibe.

Bezeichnen a und b' die große und die kleine Achse der Planetenscheibe, α und β die große und kleine Achse der äußeren Ringbegrenzung, so daß

$$b' = a \sqrt{1 - e^2 \cos^2 A} \qquad \text{und} \qquad \beta = \alpha \sin A \,,$$

und φ einen Hilfswinkel, der durch die Gleichung

$$\operatorname{tg} \varphi = \frac{b'}{a} \sqrt{\frac{\alpha^2 - a^2}{b^2 - \beta^2}} \tag{39}$$

bestimmt wird, so ist die gesuchte Fläche durch die einfache Formel

$$S = \delta A \, \Sigma \tag{40}$$

gegeben, wo $\Sigma = \Sigma_1 - \Sigma_0$, dabei

$$\Sigma_0 = \frac{\alpha^2}{2} \left(\varphi - \frac{1}{2} \sin 2\varphi \right) \cos A \,,$$

$$\Sigma_1 = \frac{\alpha^2}{2} \left[\pi - \left(\varphi - \frac{1}{2} \sin 2\varphi \right) \right] \cos A.$$

Hier ist Σ_1, Σ_0 und Σ in einer Tabelle (Tafel IX b) im Anhange gegeben. Σ muß immer positiv sein.

2. Fall: Die Ellipsen (3) und (5) schneiden sich auf der Planetenscheibe. Zur Berechnung dieses Falles muß der Durchschnittspunkt derselben gesucht werden.

Der ihm entsprechende Winkel v_2 findet sich aus der Gleichung

$$\operatorname{tg} v_2 = \frac{l \sin^2 A \cos A}{\delta A} \,, \tag{41}$$

deren Auflösung entscheidet, ob Fall 1 oder 2 vorliegt. Dazu entnimmt man der Tafel IX a nach dem Argumente A den Winkel φ (Gleichung 39) und v_0; es entsprechen v_0 und v_1 den Gleichungen:

$$\operatorname{tg} v_0 = \sin A \operatorname{tg} \varphi, \qquad v_1 = \pi - v_0. \tag{42}$$

Liegt dann v_2 zwischen v_0 und v_1, $v_0 < v_2 < v_1$, so haben wir den Fall 2, und es muß folgendermaßen verfahren werden. Man entnimmt der Tafel IX b die Hilfsgröße

$$V = \frac{\alpha^2}{2} \sin A \left(\frac{\cos \varphi}{\cos v_0} \right)^2 \tag{43}$$

und bildet

$$\left. \begin{aligned}
S(v_1) &= \Sigma_1 \delta A + l V, \\
S(v_0) &= \Sigma_0 \delta A + l V, \\
\text{und} \qquad S(v_2) &= \frac{\alpha^2}{2} \cos A \, \delta A \left\{ \psi + \operatorname{tg}^2 A \operatorname{tg} \psi \right\},
\end{aligned} \right\} \tag{44}$$

wo der Winkel ψ durch die Gleichung

$$\operatorname{tg} \psi = \frac{l \sin A \cos A}{\delta A} \tag{45}$$

gegeben ist und $< 180°$ angenommen wird.

Dann ist die gesuchte Fläche

$$\left. \begin{aligned}
S &= S(v_1) - S(v_2) \\
\text{oder} \qquad S &= S(v_2) - S(v_0),
\end{aligned} \right\} \tag{46}$$

je nachdem, welcher der beiden Werte positiv herauskommt.

Es sind also in jedem Falle die Gleichungen (38) und (41) aufzulösen und v_0 und v_1 mit Hilfe der Tabelle zu berechnen, damit die Entscheidung darüber, ob Fall 1 oder 2 statthat, getroffen werden kann. Im Falle 1 hat man dann nur die Tafel IX b zu benutzen, $\log \Sigma$ aus ihr zu entnehmen und S nach (40) zu berechnen, im Falle 2 ist außerdem die Berechnung von (44) und (44a) notwendig, um aus (45) das Resultat zu finden.

Die Tabellen sind so angelegt, daß die Winkel A und A' stets mit positiven Zeichen zu nehmen sind und daß l stets negativ zu rechnen ist.

Die Korrektion ΔY für den Schattenwurf ist für gleichmäßige Helligkeit der Scheibe augenscheinlich

$$\Delta Y = \frac{S}{\pi a b},\tag{47}$$

während für die wahre Lichtverteilung ein leicht abzuschätzender Bruchteil dieser Größe, die an sich sehr gering ist, angenommen werden kann.

62. Der Schattenwurf des Planeten auf den Ring. Für die Berechnung des Helligkeitsausfalles, der durch den Schattenwurf des Planeten auf den Ring entsteht, hat Seeliger ebenfalls sowohl strenge Formeln, als auch Tabellen gegeben. Nebenstehende Abbildungen (Abb. 41 a, b, c, d)

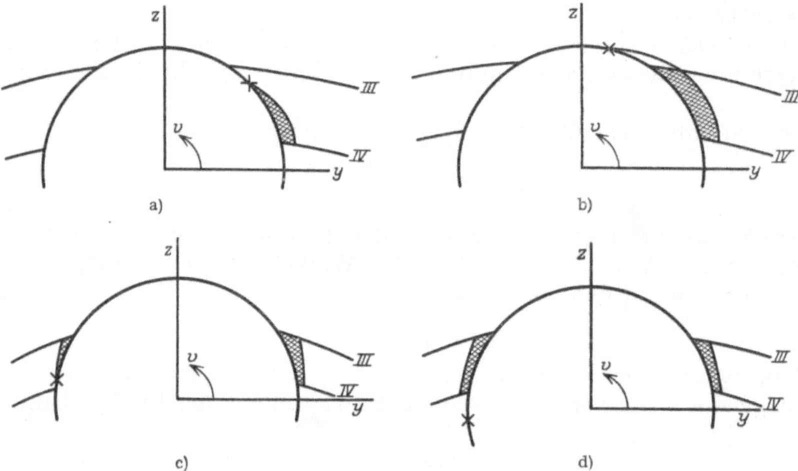

Abb. 41. Der Schattenwurf des Planeten auf den Ring. (Nach Seeliger.)

veranschaulichen die hier auftretenden Fälle des Schattenwurfs. Die beschattete Fläche ist hier durch vier Kurven begrenzt, I, II, III und IV, wo I und II die sichtbare Grenze des Planeten und des Schattens auf dem Ringe bedeuten, III und IV die äußere und die innere Grenze des Ringes. Bezeichnen ϱ_1 und ϱ_2 die auf I und II bezogenen Radienvektoren, die demselben Winkel v entsprechen, so ist die gesuchte Fläche σ durch das Integral gegeben

$$\sigma = \tfrac{1}{2} \int (\varrho_2^2 - \varrho_1^2)\, dv,$$

dessen Grenzen angemessen zu bestimmen sind. Außer dem Winkel φ, der durch (39) bestimmt ist (Taf. IX a), wird hier noch der Hilfswinkel f^* gebraucht, der durch die Gleichung

$$\operatorname{tg} f^* = - \frac{b'}{a} \cos A \frac{l}{\delta A}\tag{48}$$

gegeben ist und zu dessen Berechnung die Gleichung (38) für l und die Tafel IX a mit b' $(a=1)$ dienen.

Der dem Schnittpunkte der Kurven I und II entsprechende Wert des Winkels v findet sich dann aus

$$\operatorname{tg} v^* = + \frac{b'}{a \sin A} \operatorname{tg} l^* ; \qquad (49)$$

derselbe läßt uns darüber entscheiden, welchen der vier Fälle (a), (b), (c) und (d), die durch unsere Abbildungen veranschaulicht sind, wir vor uns haben. Die Berechnung von σ ist in diesen vier Fällen naturgemäß verschieden. In den veranschaulichten Fällen ist A positiv zu nehmen und l negativ. Ersteres ist eine umgekehrte Rechnungsweise des Winkels A, als sie in den Ephemeriden üblich ist. Die Zeichen $A > 0$ und $l < 0$ dürfen in allen Fällen angenommen werden.

Bezeichnet man die Werte von v, die den Durchschnittspunkten von III und IV mit I entsprechen, durch v_{III} und v_{IV}, so sind die vier möglichen Fälle folgende:

a) v^* liegt zwischen v_{IV} und v_{III}; dann sind die Grenzen unseres Integrals dadurch gegeben, und die gesuchte Fläche ist

$$\sigma = \sigma(v^*) - \sigma(v_{IV}),$$

b) v^* liegt zwischen v_{III} und $180° - v_{III}$, dann ist

$$\sigma = \sigma(v_{III}) - \sigma(v_{IV}),$$

c) v^* liegt zwischen $180° - v_{III}$ und $180° - v_{IV}$, also

$$\sigma = \sigma(v_{III}) - \sigma(v_{IV}) + \sigma(v^*) - \sigma(180° - v_{III}),$$

d) v^* ist $> 180° - v_{IV}$, dann ist, wie die Abbildung zeigt:

$$\sigma = \sigma(v_{III}) - \sigma(v_{IV}) + \sigma(180° - v_{IV}) - \sigma(180° - v_{III}).$$

Es ist noch zu erwähnen, daß die Ringbegrenzung III den Planeten (I) ganz umschließen kann. Dann wird es stets ausreichend sein, $v_{III} = 90°$ zu setzen.

Die Werte v_{III} und v_{IV} findet man aus der Tafel IX a unter φ und φ', denn es ist

$$v_{III} = \varphi \qquad \text{und} \qquad v_{IV} = \varphi'. \qquad (50)$$

Die Korrektion ΔX, für gleichmäßige Helligkeit der Scheibe, und diejenige ΔX_L für die LAMBERTsche Lichtverteilung werden aus der beschatteten Fläche σ durch die Gleichungen gefunden

$$\left. \begin{array}{l} \Delta X = + \dfrac{\sin A}{a\,b\,\pi}\,\sigma, \\[2ex] \Delta X_L = \Delta X \dfrac{b}{2\,a\,P}, \end{array} \right\} \qquad (50')$$

wo P in Tafel VI b tabuliert ist. Wir finden ΔX in den vier erwähnten Fällen aus:

$$\left. \begin{array}{ll} \text{a)} & \Delta X = + l\,\dfrac{\alpha'^2 c}{2} - \delta A \lambda(a) + c\,\sigma(v^*), \\[2ex] \text{b)} & \Delta X = - l\,\dfrac{\alpha^2 - \alpha'^2}{2}\,c + \delta A \lambda(b), \\[2ex] \text{c)} & \Delta X = + l\,\dfrac{\alpha'^2 c}{2} + \delta A \lambda(c) + c\,\sigma(v^*), \\[2ex] \text{d)} & \Delta X = + 2\,\delta A \lambda(b). \end{array} \right\} \qquad (51)$$

$\lambda(a)$, $\lambda(b)$, $\lambda(c)$ finden wir in der Tafel IXc; es bleibt also nur die Berechnung von $\sigma(v^*)$, das durch die Gleichung gegeben ist

$$\sigma(v^*) = -l\,\frac{a^2}{2}\,\frac{\cos^2 f^*}{\cos^2 v^*} + \delta A M\,, \tag{52}$$

wo

$$M = \tfrac{1}{2}\left(\frac{a}{b'}\right)\frac{b^2\cos^2 A}{\sin^2 A}\left\{\sin f^* \cos f^* - f^*\right\}. \tag{53}$$

Alle für die Berechnung von (51), (52) und (53) noch notwendigen Größen findet man in den Tafeln IXa und IXc zusammengestellt.

Die Reihenfolge der anzuwendenden Rechnungen zur Bestimmung von ΔX wäre also nach Entnahme der Winkel A, A' aus den Ephemeriden: (38) zur Bestimmung von l, (48) und (49) zur Berechnung von v^*. Mit Hilfe von (50') wird darauf die Entscheidung über den vorliegenden Fall (a), (b), (c) oder (d) getroffen, worauf mit Hilfe der Tafeln und der Gleichungen (51), (53) und (52), zuletzt nach (50) ΔX gefunden wird.

Die Korrektionen ΔX, ΔY resp. ΔX_L, ΔY_L sind dann mit **negativem** Zeichen an X, Y resp. X_L, Y_L anzubringen. Wie schon erwähnt, übersteigen ihre Beträge niemals einige Hundertstel und kommen daher nur bei der Reduktion genauester Messungen der Totalhelligkeit des Saturnsystems in Frage.

63. Die Beobachtungen der Helligkeit des Saturnsystems. Als erster hat G. Müller[1] in einer großen, sich über 11 Jahre erstreckenden Beobachtungsreihe der Totalhelligkeit des Saturnsystems eine Bestätigung der Seeligerschen Theorie des Saturnringes zu finden versucht und tatsächlich eine Schwankung seiner Helligkeit mit der Phase von ca. 20% der totalen Lichtstärke feststellen können. Er fand, daß seine Beobachtungen mit der Seeligerschen Kurve der Ringveränderlichkeit für $N\delta = 0,5$ in gutem Einklange sind. Die sich hieraus ergebende mittlere Volumdichte für die Ringe A und B ist 0,06; doch muß hierzu bemerkt werden, daß nach Untersuchungen des Verfassers[2] die Abweichungen der Beobachtungen von der Theorie einen vom Phasenwinkel abhängigen linearen Gang aufweisen und daß es tatsächlich unmöglich ist, für $N\delta$ zwischen den Werten 0,3 und 0,8 eine sichere Wahl zu treffen. Wenn die vortreffliche und ausgedehnte Reihe von 252 Beobachtungen Müllers nur gerade genügt hat, um die Existenz einer starken Lichtschwankung der Ringe festzustellen, aber für die Festlegung eines Grenzwertes der Dichte auch nicht annähernd genügt, so ist das in viel höherem Grade für kleinere Reihen der Fall; durch visuelle Beobachtung der Totalhelligkeit des Systems ist überhaupt kein Fortschritt in dieser Frage zu erreichen; es müssen schärfere Methoden angewandt werden. Das ist denn auch durch P. Guthnick versucht worden, der lichtelektrische Zellen zu der Messung der Planetenhelligkeiten verwandt hat. Es ist ihm gelungen, in den Oppositionen 1918 und 1920 die Lichtabnahme des Saturnsystems bis zu den kleinsten Phasenwinkeln ($\alpha = 0°,1$) zu verfolgen. Die Ableitung der Veränderlichkeit des Ringes aus derjenigen des Systems ist bei der lichtelektrischen Methode aber dadurch erschwert, daß das Helligkeitsverhältnis vom Ring zur Scheibe für jede Strahlengattung verschieden ist und für die verschiedenen zur Anwendung gelangenden lichtelektrischen Zellen einzeln bestimmt werden muß. Jedenfalls geht aus Guthnicks Beobachtungen unzweifelhaft hervor, daß das Saturnsystem in nächster Nähe der Opposition zwischen $\alpha = 0°,0$ und $\alpha = 1°,0$ eine Lichtzunahme von etwa $0^m,1$ erfährt, ein Betrag, der in keinem Falle der Scheibe zugeschrieben werden kann. Somit hat die Seeligersche Theorie

---

[1] Publik. d. Astroph. Obs. zu Potsdam. 8, Nr. 30 (1893).
[2] Photometrische Untersuchungen usw. S. 68.

wiederum eine Bekräftigung erfahren; die mittlere Volumdichte der Ringmaterie ergibt sich aus diesen Beobachtungen aber wesentlich kleiner. Verfasser leitete bei plausiblen Annahmen über das Helligkeitsverhältnis vom Ring zur Scheibe aus GUTHNICKS und HERTZSPRUNGS[1] Beobachtungen den Wert 0,01 ab.

64. Beobachtungen der Veränderlichkeit des Ringes. Eingehende Untersuchungen über die Veränderlichkeit der Saturnringe hat der Verfasser in seiner mehrfach erwähnten Schrift veröffentlicht. Durch fünfjährige Beobachtungen des Helligkeitsverhältnisses vom Ring zur Scheibe mit einem Flächenphotometer konnte er die Kurve der relativen Helligkeiten vom Ring zum Zentrum der Scheibe für alle Phasenwinkel genau festlegen.

Dadurch erhielt er die Möglichkeit, auch seine Beobachtungen der Totalhelligkeit, sowie diejenigen von MÜLLER, hypothesenfrei zu reduzieren, wobei die Gleichung (37) mit Zugrundelegung der beobachteten Helligkeitskurve $1/M$ angewandt werden konnte. Es erwies sich dabei, daß das Saturnsystem außer der Veränderlichkeit des Ringes von der spezifisch SEELIGERschen Form, wie sie durch die Kurven auf Abb. 42 dargestellt ist, mit sehr scharfem Anstieg der Helligkeit zwischen $\alpha = 0°$ und $\alpha = 1°$, noch eine andere Lichtabnahme mit dem Phasenwinkel aufweist, die linear mit α fortschreitet. Eine genauere Analyse dieser Erscheinung führt zu dem Schlusse, daß diese Veränderlichkeit zum Teil der Saturnscheibe, zum Teil dem Ringe zugeschrieben werden muß, daß also sowohl die Saturnscheibe als die Ringteilchen bedeutende Phasenkoeffizienten besitzen. (Erstere $0^{\mathrm{m}},017$, letztere $0^{\mathrm{m}},045$ pro $1°$ Phase.) Wenn auch der erstere Wert für die Scheibe in Anbetracht der von GUTHNICK[2] und von SCHOENBERG[3] für den Planeten Jupiter gefundenen bedeutenden Phasenkoeffizienten keine besonderen Bedenken erregt, so ist der zweite Wert des Phasenkoeffizienten der Ringteilchen als außerordentlich groß zu bezeichnen und wird schwerlich seinem ganzen Betrage nach reell sein; es ist vielmehr anzunehmen, daß sein großer Wert ein Rechenresultat ist und seine wirkliche Ursache in der Veränderlichkeit der Kurve $1/M$ hat. SCHOENBERGS Kurve bezieht sich auf die Jahre 1913—1918. Wieweit sie von Jahr zu Jahr veränderlich ist, konnte aus dem Material nicht entschieden werden.

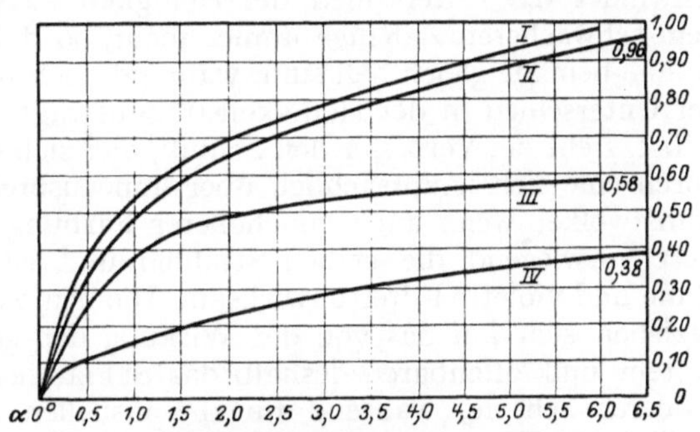

Abb. 42. Helligkeitsunterschied zwischen Saturnmitte und Ring in Größenklassen.

I   Theoretische Kurve für die Volumdichte $D = 0,01$.
II   Errechnete Kurve aus GUTHNICKS Messungen 1918 ($A = 18°$)
III   „   „   „   „   „   1920 ($A = 6°$)
IV   Beobachtete Kurve von SCHOENBERG (1913—1918); A zwischen 16° und 27°.

Ein anderes wichtiges Resultat der neueren Untersuchungen ist die vom Verfasser aus GUTHNICKS lichtelektrischen Messungen festgestellte Tatsache, daß die Veränderlichkeit des Ringes für verschiedene Strahlengattungen verschieden verläuft. Für die lichtelektrisch wirksamen Strahlen verlaufen die Kurven II u. III, wie aus der Abbildung (42) ersichtlich, sehr viel steiler als für die visuellen, wobei das SEELIGERsche Phänomen noch deutlicher in Erscheinung tritt. Ihr Verlauf ist übrigens hier auch vom Erhebungswinkel A der Erde abhängig, während für die visuellen eine solche Abhängigkeit im Einklang mit SEELIGERS Theorie nicht besteht.

Verfasser gibt folgende Erklärung dieser eigentümlichen Verhältnisse. Die SEELIGERsche Theorie rechnet überhaupt nicht mit der Streuung des Lichts inner-

---

[1] A N 208, S. 81 (1919).   [2] A N 206, S. 157 (1918) und 212, S. 39 (1920).   [3] L. c. S. 33.

halb der Ringwolke. Die aus ihr gefolgerten Kurven der Veränderlichkeit setzen also stillschweigend voraus, daß die gegenseitige Beschattung der Ringkörper eine vollständige ist. Dem kann aber nicht so sein, weil unter den Ringteilchen sich so kleine befinden können, daß für sie von Schattenwurf nicht die Rede sein kann, daß vielmehr eine Streuung des Lichtes nach der RAYLEIGHschen oder einer anderen Formel stattfinden muß. Aber auch bei bedeutenden Dimensionen der Körper findet eine Streuung des Lichtes nach allen Seiten statt. Endlich trägt auch das von der Saturnoberfläche reflektierte Licht zur Aufhellung der Schatten bei, und es ist, wenn man diese Tatsachen in Betracht zieht, eigentlich überraschend, daß das SEELIGERsche Phänomen überhaupt noch und für die lichtelektrisch wirksamen Strahlen mit solcher Schärfe hervortritt.

65. Über die Beschaffenheit des Saturnringes. Die lichtzerstreuende Dunstwolke. Einen Beweis für die Existenz einer lichtzerstreuenden Dunstwolke im Saturnringe, die dabei selektiv reflektiert, sieht der Verfasser in Photographien des Saturnsystems von WOOD[1] durch verschiedene Filter. Man kann auf diesen Bildern folgende Erscheinungen beobachten: Sowohl das Aussehen des Saturnkörpers, als dasjenige der Ringe ist ganz verschieden auf den Aufnahmen durch verschiedene Farbfilter. Einerseits wird der Saturnkörper immer dunkler beim Fortschreiten vom roten nach dem violetten Ende des Spektrums, wobei deutlich die Absorption für die violetten Strahlen nach dem Rande der Scheibe immer mehr zunimmt. Der Ring wird im Vergleich zur Scheibe immer heller, was ein Beweis für seine hellere Färbung ist, gleichzeitig aber verschwindet der Unterschied der Helligkeit zwischen dem helleren B-Ringe und dem schwächeren A-Ringe immer mehr, so daß sie auf der ultravioletten Aufnahme beinahe gleich hell sind, während doch für die visuell wirksamen Strahlen der Unterschied in der Helligkeit $0^m,6$ beträgt. In Übereinstimmung mit WOOD selbst, zieht der Verfasser den Schluß, daß sich die große Helligkeit des B-Ringes durch eine sich hauptsächlich über ihm ausbreitende Dunstwolke erklärt; diese Dunstwolke, wenn auch von hellerer Färbung als die Saturnoberfläche, reflektiert vorwiegend die gelben Strahlen und ist deshalb bei Aufnahmen durch blaue und violette Filter unwirksam. Die lichtelektrischen Messungen GUTHNICKs beziehen sich auf das von der Wirkung der gelben Dunstwolke befreite Ringsystem und offenbaren deshalb das SEELIGERsche Beschattungsphänomen mit größerer Schärfe, während für die visuellen Strahlen der steile Verlauf der Helligkeitskurve durch die Erleuchtung der Schatten wesentlich abgeschwächt ist. Ausgehend von dieser Hypothese versucht der Verfasser den Anteil des diffusen Lichtes aus dem Vergleich der visuell von ihm beobachteten und der lichtelektrisch erhaltenen Kurve zu berechnen, was natürlich nur sehr angenähert möglich ist. Er nimmt an, daß der Anteil des zerstreuten Lichtes unabhängig sei vom Phasenwinkel. Es ergibt sich, daß dieser Anteil 1,6 des von den schattenwerfenden Körpern herrührenden beträgt, d. h. daß visuell die lichtzerstreuende Dunstwolke sogar heller ist als die Ringkörperchen. Für die lichtelektrisch wirksamen Strahlen dagegen spielt das Licht der Dunstwolke fast gar keine Rolle mehr. Die hier entwickelten Ansichten bedürfen noch einer Prüfung durch direkte Helligkeitsmessungen der Veränderlichkeit beider Ringhälften in verschiedenen Strahlengattungen. Der Anteil beider Ringhälften an der Veränderlichkeit des Systems ist voraussichtlich verschieden, schon wegen der teilweisen Durchsichtigkeit des A-Ringes, aber auch wegen einer verschiedenen Abschwächung durch das diffuse Licht der Dunstwolke.

---

[1] Ap J 43, S. 310 (1916).

L. BELL[1] und der Verfasser in einer späteren Arbeit[2] haben noch eine andere Hypothese zur Erklärung der verschiedenen Färbung der Ringe A u. B gemacht: Über dem A-Ringe ist eine Dunstwolke so feiner Teilchen ausgebreitet, daß sie nur ultraviolettes Licht reflektiert und sich daher nur auf den ultravioletten Aufnahmen WOODS offenbart; die wechselnde Helligkeitsdifferenz der beiden Ringhälften ist durch diese Wolke bedingt, während der B-Ring, von einer gröberen Dunstwolke umgeben, keine wesentliche Helligkeitsdifferenz in den verschiedenen Strahlengattungen aufweist. Dann würde aber für die stärkere Veränderlichkeit in den brechbareren Strahlen die obige Dämpfungshypothese nicht mehr stichhaltig sein und damit auch die Bestätigung der SEELIGERschen Beschattungshypothese durch die bisherigen Messungen zweifelhaft werden.

Ohne eingehende Untersuchung über die Beugungserscheinungen an feinsten Partikeln ist auch die Annahme, die Veränderlichkeit der Ringe sei ein Beugungsphänomen, nicht von der Hand zu weisen. Der verschiedene Verlauf der Helligkeitskurve in verschiedenfarbigen Strahlen legt diese Annahme nahe.

66. Das Zodiakallicht. Nach den Gesetzen der Beleuchtung staubförmiger Massen hat man es versucht, auch die Lichtstärke des Zodiakallichts zu erklären. Tatsächlich beweisen die spektroskopischen Beobachtungen, daß wir es bei diesem lichtschwachen und nur in tropischen Gegenden bequem zu beobachtenden Phänomen mit reflektiertem Sonnenlicht zu tun haben. Die reflektierenden Partikel, die das Zodiakallicht hervorrufen, werden als feste Körper angenommen, deren Dimensionen groß sind im Vergleich zur Wellenlänge des Lichts; für diese gilt die SEELIGERsche Theorie der Beleuchtung staubförmiger Massen, wobei aber die besonderen, bei kleinsten Phasenwinkeln auftretenden Erscheinungen, welche für den Saturnring von so wesentlichem Interesse waren, bedeutungslos werden. Die Staubwolke, die das Zodiakallicht hervorruft, in der Ebene der Ekliptik ausgebreitet, umhüllt nach den Ansichten der meisten Forscher sowohl die Sonne als die Erde, nach anderer Ansicht nur die Erde; die Partikel derselben, die unter kleinsten Phasenwinkeln beleuchtet sind, müßten entweder in nächster Nähe der Sonne beobachtet werden, was natürlich unmöglich ist, oder im Gegenpunkte der Sonne, dem sog. Gegenschein; dieser ist aber so schwach, daß zuverlässige Messungen seiner Helligkeit bis jetzt kaum möglich waren.

Bei der Berechnung der reflektierten Lichtmenge kann von dem Einfluß gegenseitiger Beschattung und Bedeckung der Partikel abgesehen werden; im Falle so geringer Volumdichte des Meteorschwarms, wie wir ihn als Ursache des Zodiakallichts annehmen müssen, bedeutet das auch keine Einbuße an Genauigkeit. Das kann durch folgende Überschlagsrechnung erhärtet werden.

Betrachten wir den Kernschatten einer Kugel vom Radius ϱ, die sich in der Entfernung r von der Sonne und $\varDelta$ von der Erde befindet, und fragen wir nach der Wahrscheinlichkeit, daß eine andere Kugel in denselben fällt, so wird bei einem Werte $\varrho = \tfrac{1}{2}$ Meter und $r:S = 300$ (S = Radius der Sonne), die Höhe des Schattenkegels offenbar $\frac{r\varrho}{S} = 150$ m. Die angenommenen Werte sind dabei eher zu groß als zu klein. Befinden sich N Kugeln im Raume Z, so ist nach den Entwicklungen SEELIGERS[3] der mittlere Abstand zwischen diesen gegeben durch die Formel

$$2\left(\frac{Z}{N}\right)^{\frac{1}{3}} \frac{\Gamma(\tfrac{4}{3})}{(\tfrac{4}{3}\pi)^{\frac{1}{3}}} . \tag{54}$$

---

[1] Ap J 50, S. 1 (1919).
[2] Ergebnisse der exakten Naturwissenschaften 5. Über die Strahlung der Planeten (1926).
[3] A N 137, S. 129 (1895).

Führen wir hier den Radius ϱ ein und nehmen an, daß die Kugeln den 10^x ten Teil des Raumes, in dem sie sich befinden, einnehmen, so beträgt ihr mittlerer Abstand

$$2\varrho\,\Gamma(\tfrac{1}{3})\,10^{-\frac{x}{3}}\,.$$

Mit Hilfe dieser Formel erhält man folgende Tabelle:

Dichte	mittl. Abst.	Dichte	mittl. Abst.
10^{-6}	89 m	10^{-10}	1,9 km
10^{-7}	192	10^{-11}	4,1
10^{-8}	414	10^{-12}	8,9
10^{-9}	893	10^{-13}	19,2

Hieraus ersieht man, daß bei einer Dichte von 10^{-7} im Durchschnitt weniger als eine Kugel in den Schattenkegel einer anderen fallen wird. Da es tatsächlich auch kleinere Kugeln geben muß, deren Schattenkegel entsprechend kürzer sein werden, so wird die Wahrscheinlichkeit noch wesentlich geringer. Die angenommene Dichte ist dabei für den Meteorschwarm des Zodiakallichtes sicherlich noch viel zu hoch.

Wenn somit von der gegenseitigen Beschattung der Meteore ganz abgesehen werden kann, so wäre doch streng genommen diejenige Abschwächung in Rechnung zu ziehen, welche durch die in den beiden Kegeln V_1 und V_2 befindlichen Meteore verursacht wird, von denen der erste seine Spitze in dem betrachteten Meteor hat und seine Basis in der Sonne, dieselbe umhüllend, der zweite seine Spitze im Auge des Beobachters, seine Basis aber im Meteor selbst. Nach den Ausführungen in Ziffer 54 (Formel 3) ist, wenn die Summe der beiden Kegelinhalte durch V bezeichnet wird, so daß $V_1 + V_2 = V$, die Flächenhelligkeit

$$J = \gamma \int_0^{\Delta_0} \varphi(\alpha)\,\frac{N}{Z}\,e^{-N\frac{V}{Z}}\,\frac{\Delta^2}{\Delta^2 r^2}\,d\Delta = \gamma \int_0^{\Delta_0} \frac{\varphi(\alpha)}{r^2}\,\frac{N}{Z}\,e^{-N\frac{V}{Z}}\,d\Delta\,, \tag{55}$$

wo $\varphi(\alpha)$ die Phasenkurve bezeichnet und γ eine Konstante ist. Hier ist, weil sich Sonne und Erde innerhalb der Wolke befinden, der wechselnden Größe der Volumelemente $\Delta^2 d\sigma d\Delta$, ihrem wechselnden Abstande von Sonne und Erde, sowie der Veränderlichkeit ihres Phasenwinkels bei der Berechnung der Helligkeit des Elements dv Rechnung getragen. Die Exponentialfunktion unter dem Integralzeichen kann, wie K. Schwend[1] in seiner Dissertation nachweist, immer dann gleich 1 gesetzt werden, wenn die Volumdichte des Zodiakalraumes 10^{-13} nicht übersteigt. Bei geringerer Dichte darf damit auch die gegenseitige Bedeckung der Meteore vernachlässigt werden.

In diesem Falle wird also, wenn man für $\tfrac{4}{3}\pi\varrho^3 N/Z$ die Bezeichnung $\mu(r)$ einführt, da die Dichte eine Funktion des Sonnenabstandes ist, die Helligkeit

$$J = \gamma_1 \int_0^{\Delta_0} \frac{\mu(r)}{r^2}\,\varphi(\alpha)\,d\Delta\,, \tag{56}$$

wo

$$\gamma_1 = \gamma'\,\frac{3}{4\pi\varrho^3}\,.$$

Abb. 43. ε Erde, S Sonne, P ein Meteor.

Hier ist es bequem, α als Integrationsvariable einzuführen, was, wenn der Punkt in der Ekliptik liegt, mit Hilfe der Gleichungen (Abb. 43):

---

[1] Zur Zodiakallichtfrage, Diss. München 1904.

$$\varDelta = \frac{R\sin(\alpha+\omega)}{\sin\alpha} \qquad \text{und} \qquad r = \frac{R\sin\omega}{\sin\alpha}, \tag{57}$$

geschehen kann, wo R den Abstand Erde-Sonne und ω die Elongation von der Sonne bedeuten. Es ist dann

$$d\varDelta = -\frac{R\sin\omega}{\sin^2\alpha}\,d\alpha, \qquad \frac{d\varDelta}{r^2} = -\frac{d\alpha}{R\sin\omega}$$

und

$$J = \gamma_1 \int\limits_{\alpha_0}^{\pi-\omega} \frac{\mu(r)\,\varphi(\alpha)\,d\alpha}{R\sin\omega} = \frac{\gamma_1}{R\sin\omega} \int\limits_{\alpha_0}^{\pi-\omega} \mu(r)\,\varphi(\alpha)\,d\alpha,$$

wo

$$\alpha_0 = \arcsin\frac{R\sin\omega}{R_0},$$

wenn R_0 den Radius der kugelförmig um die Sonne sich ausbreitenden Wolke bedeutet, oder auch

$$J = \frac{C}{\sin\omega} \int\limits_{\alpha_0}^{\pi-\omega} \mu(r)\,\varphi(\alpha)\,d\alpha, \tag{58}$$

wo γ_1/R durch eine neue Konstante C ersetzt ist. Dieses ist eine Integralgleichung erster Ordnung, die zur Bestimmung der Funktion $\mu(r)$ dienen könnte, wenn die Funktion $\varphi(\alpha)$ bekannt wäre. Das ist aber bei der unregelmäßigen Gestalt der Meteore nicht der Fall; außerdem ist die Form und Ausdehnung der Wolke unbestimmt. Es ist ferner wahrscheinlich, daß die Dichte μ auch eine Funktion der Höhe über der Symmetrieebene des Zodiakallichts (Ekliptik) ist.

Der erste Beobachter, der den Versuch machen konnte, seine Beobachtungen theoretisch zu diskutieren, war FESSENKOW[1]. Seine Beobachtungen, die sich nur auf geringe Elongationen von der Sonne beziehen, lassen aber eine Prüfung der obigen Annahmen nicht zu. Er begnügt sich deshalb mit einer Prüfung der drei Beleuchtungsgesetze, indem er die Ausdehnung der Wolke als unendlich und die Dichte des Meteorschwarms umgekehrt proportional dem Sonnenabstande, $\mu = \dfrac{k}{r} = \dfrac{k\sin\alpha}{R\sin\omega}$, annimmt. Die Formel (58) vereinfacht sich dann zu folgender:

$$J = \frac{C_1}{\sin^2\omega} \int\limits_{0}^{\pi-\omega} \varphi(\alpha)\sin\alpha\,d\alpha. \tag{59}$$

Die erste Annahme bedeutet für die geringen Elongationen von der Sonne, auf die sich die Beobachtungen beziehen, keine wesentliche Einschränkung. Die zweite Annahme ist eine Hypothese, deren Berechtigung nicht geprüft werden kann. Die Phasenkurven nach

$$\left.\begin{aligned}
\text{LAMBERT} \quad & \varphi(\alpha) = \frac{\sin\alpha + (\pi-\alpha)\cos\alpha}{\pi}, \\[2mm]
\text{SEELIGER} \quad & \varphi(\alpha) = 1 - \sin\frac{\alpha}{2}\,\operatorname{tg}\frac{\alpha}{2}\,\ln\cot\operatorname{g}\frac{\alpha}{4}, \\[2mm]
\text{EULER} \quad & \varphi(\alpha) = \cos^2\frac{\alpha}{2},
\end{aligned}\right\} \tag{60}$$

---

[1] La lumière zodiacale, Paris 1914.

werden in das letzte Integral eingesetzt und ergeben nach einfachen Integrationen folgende Formeln für die Helligkeit, die nach Bestimmung der Konstanten C aus den Beobachtungen mit diesen verglichen werden können:

$$J_1 = \frac{3\,C_1}{4\sin^2\omega}\left(\pi - \omega + \sin\omega\cos\omega + \frac{2}{3}\,\omega\sin^2\omega\right),$$

$$J_2 = \frac{C_1}{\sin^2\omega}\left[\frac{20}{9} + \frac{16}{9}\left(\cos^6\beta + \sin^6\beta\right) - 4\cos^2 2\beta\right.$$

$$+ \left(16\cos^4\beta - \frac{32}{3}\cos^6\beta\right)\log\cos\beta + \left(16\sin^4\beta\right.$$

$$\left.\left. - \frac{32}{3}\sin^4\beta\right)\log\sin\beta\right],$$

wo

$$\beta = \frac{\pi - \omega}{4},$$

und

$$J_3 = \frac{C_1}{\sin^2\omega}\left(1 + \cos\omega + \frac{\sin^2\omega}{2}\right).$$

$$(61)$$

Die nebenstehende Tabelle veranschaulicht den Verlauf der Helligkeit längs der Mittellinie des Zodiakallichts nach diesen drei Formeln innerhalb des von Fessenkow[1] mit Hilfe eines Flächenphotometers beobachteten Gebietes.

ω	Lambert	Seeliger	Euler	Beobachtet
34°	27,5	27,5	27,5	27,5
38	22,2	21,8	22,1	23,8
42	19,1	18,4	19,0	20,6
46	16,5	15,6	16,4	17,9
50	14,6	13,4	14,3	15,6

67. Die Beobachtungen der Helligkeit des Zodiakallichtes, die van Rhijn[2] auf dem Mt. Wilson bei seiner Untersuchung der Helligkeitsverteilung am nächtlichen Himmels ausgeführt hat, bieten zur Zeit das weitaus reichhaltigste und genaueste Material zur Lösung der Fragen über die Natur, Ausdehnung und Massenverteilung der Zodiakallichtmaterie. van Rhijns Beobachtungen erstrecken sich über den ganzen Himmel und haben den Zweck, den Anteil des zerstreuten Sternenlichtes an der Helligkeit des Himmels festzustellen; sie führten zu dem bemerkenswerten Ergebnis, daß das Zodiakallicht nicht weniger als 43% der gesamten Lichtmenge des nächtlichen Himmels ausmacht; die Untersuchung dieses so wesentlichen Bestandteiles der Helligkeit bildet deshalb einen wichtigen Teil der van Rhijnschen Arbeit. Ausgehend von Seeligers Hypothese einer sphäroidisch begrenzten, über die Erdbahn hinausgreifenden Meteorwolke mit dem Zentrum in der Sonne, versucht er ihre Abplattung und die Dichteverteilung so zu bestimmen, daß sich die beobachtete Helligkeit ergibt. Der Gegenschein, welcher in van Rhijns Messungen als Helligkeitszunahme im Gegenpunkte der Sonne unzweideutig hervortritt, wird demnach als zum Zodiakallicht gehörig angesehen und mit Seeliger[3] durch das Anwachsen der Helligkeit der Meteore in der Nähe der Opposition erklärt. Die bekannten Reflexionsgesetze ergeben kein solches Anwachsen der Helligkeit in Opposition, wie zur Erklärung des Gegenscheins notwendig wäre; aber die Phasenkurven kleiner Planeten, des Mondes, und überhaupt unregelmäßig begrenzter Körper,

---

[1] La lumière zodiacale, Paris 1914.

[2] On the Brightness of the Sky. etc. Public. of the Astronomical Laboratorium at Groningen 31 (1921).

[3] Über kosmische Staubmassen und das Zodiacallicht. Sitz.-Berichte der K. bayer. Akad. d. Wiss. 31, S. 265 (1901).

lassen keinen Zweifel daran, daß wir auch für die Meteore eine Aufhellung bei kleinen und kleinsten Phasenwinkeln erwarten müssen. Bei den Hypothesen über die Form der Phasenkurve und das Dichtegesetz kann, wie schon SEELIGER betont hat, beachtet werden, daß in der Richtung des Gegenscheines ($\lambda = 180°$, $\beta = 0°$) die Form des Dichtegesetzes keinen Einfluß auf die Helligkeit hat, während die Form der Phasenkurve für kleine α von wesentlichem Einfluß ist; dagegen ist für die Elongationen, $\lambda \leq 90°$, die Dichteverteilung in der Meteorwolke von wesentlichem Einfluß.

Die Formel für die Helligkeit wird jetzt, wenn man die Dichte auch mit der Höhe über der Ekliptik (Abb. 44) variiert,

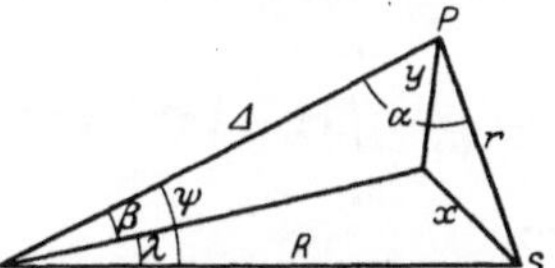

Abb. 44. Beziehungen zwischen den orthogonalen heliozentrischen (x, y) Koordinaten eines Punktes P im Zodiakallicht und den geozentrischen sphärischen Koordinaten (β, λ) desselben.

$$J = \gamma_1 \int_0^{\Delta_0} \frac{\mu(x, y)\, \varphi(\alpha)\, d\Delta}{r^2}. \tag{62}$$

Statt der Formeln (57) erhalten wir jetzt aus der Abb. 44 folgende Beziehungen:

$$
\left.
\begin{aligned}
&r = R\,\frac{\sin\psi}{\sin\alpha}, \\[4pt]
&\Delta = R\,\frac{\sin(\psi+\alpha)}{\sin\alpha} \quad \text{und} \quad d\Delta = -\frac{R\sin\psi}{\sin^2\alpha}\,d\alpha; \quad \frac{d\Delta}{r^2} = -\frac{d\alpha}{R\sin\psi}, \\[4pt]
&y = \Delta\sin\beta = \frac{R\sin(\psi+\alpha)}{\sin\alpha}\sin\beta, \\[4pt]
&x^2 = r^2 - y^2 = R^2\,\frac{\sin^2\psi - \sin^2\beta\,\sin^2(\psi+\alpha)}{\sin^2\alpha}, \quad \cos\psi = \cos\beta\cos\lambda,
\end{aligned}
\right\} \tag{63}
$$

wo β und λ die geozentrischen Breiten und Längen des Punktes P sind.

Die Helligkeit ist dann

$$J = \frac{\gamma_1}{R\sin\psi}\int_{\alpha_0}^{\pi-\psi} \mu(x, y)\,\varphi(\alpha)\,d\alpha. \tag{64}$$

Die untere Grenze α_0 ist der für die Grenze der Wolke in der Richtung ψ geltende Phasenwinkel.

Eine Reihe von Hypothesenrechnungen mit verschiedenen Formeln für die Phasenkurve und mit verschiedenen Dichtegesetzen führt VAN RHIJN nach sukzessiven Korrektionen zu der in nebenstehender Tabelle gegebenen Form für $\varphi(\alpha)$; bis zu $\alpha = 30°$ folgt diese Kurve annähernd der Formel $\varphi(\alpha) = \left(\frac{\pi-\alpha}{\pi}\right)^2$. Die aus dem SEELIGERschen Gesetz folgende Phasenkurve ist zum Vergleich angeführt.

α	LOMMEL-SEELIGER	$\left(\dfrac{\pi-\alpha}{\pi}\right)^2$	$\varphi(\alpha)$ angenommen
0°	1,00	1,00	1,00
10	0,98	0,89	0,88
20	0,93	0,79	0,78
30	0,86	0,69	0,70
50	0,70	0,52	0,57
70	0,54	0,37	0,46
90	0,38	0,25	0,35
110	0,24	0,15	0,23
130	0,12	0,08	0,13
140	0,08	0,05	0,10

In der Form einer FOURIERschen Reihe stellt sich die angenommene Phasenkurve folgendermaßen dar (die Formel gilt für $\alpha < 140°$, genügt aber, weil Beobachtungen in größeren Phasenwinkeln nicht vorliegen):

$$\varphi(\alpha) = 0,655 - 0,711\sin\alpha + 0,345\cos\alpha + 0,406\sin^2\alpha. \tag{65}$$

Für die Dichteverteilung nimmt VAN RHIJN die folgende Form an

$$\mu(x, y) = \mu_0(1 - \lambda x^2 - \nu y^2), \tag{66}$$

die der Annahme entspricht, daß die Flächen gleicher Dichte Sphäroide sind. Die Konstanten λ und ν müssen aus der beobachteten Helligkeit bestimmt werden. Diese ist dann durch die Gleichung gegeben

$$J = \frac{c}{\sin\psi}\int_{\alpha_0}^{\pi-\psi} (1 - \lambda x^2 - \nu y^2)(0{,}655 - 0{,}711\sin\alpha + 0{,}345\cos\alpha + 0{,}406\sin^2\alpha)\,d\alpha, \tag{67}$$

wo

$$c = \frac{\gamma_1\mu_0}{R} = \frac{3\mu_0\gamma}{4\pi\varrho^3 R}. \tag{68}$$

Die untere Grenze des Integrals ist durch die Bedingung gegeben, daß für sie die Dichte gleich 0 wird, also

$$1 - \lambda x^2 - \nu y^2 = 0,$$

oder nach Einsetzung der Werte aus (63)

$$R^2\sin^2\alpha_0 - \lambda\sin^2\psi - (\nu - \lambda)\sin^2\beta\sin^2(\psi + \alpha_0) = 0.$$

Ohne auf die Einzelheiten der sukzessiven Bestimmung der Konstanten einzugehen, führen wir hier nur ihre endgültigen Werte an:

$$\lambda = 0{,}176$$
$$\nu = 1{,}406$$
$$c = 0{,}285.$$

Die Gleichung der erzeugenden Ellipse des Sphäroides ist somit:

$$1 - 0{,}176\,x^2 - 1{,}406\,y^2 = \text{const}; \tag{69}$$

das Verhältnis der großen zur kleinen Achse desselben ist $\sqrt{\dfrac{1{,}406}{0{,}176}} = 2{,}8$.

Durch die angeführten Konstanten werden die in der folgenden Tabelle angeführten ausgeglichenen Zodiakallichthelligkeiten, die aus der Gesamtheit der Beobachtungen VAN RHIJNS mit Berücksichtigung auch der FESSENKOWSCHEN Messungen erhalten worden sind, restlos dargestellt.

Länge von der Sonne	Breite					
	0°	10°	20°	30°	50°	70°
40°	0,32	0,26	0,19	0,13	0,07	0,05
50	0,25	0,21	0,16	0,11	0,07	0,05
60	0,18	0,17	0,14	0,11	0,07	0,05
70	0,15	0,14	0,12	0,10	0,07	0,05
80	0,13	0,12	0,10	0,09	0,06	0,05
90	0,11	0,10	0,09	0,08	0,06	0,05
110	0,09	0,08	0,08	0,07	0,06	0,05
130	0,08	0,08	0,07	0,07	0,06	0,05
150	0,08	0,08	0,07	0,07	0,06	0,05
170	0,09	0,08	0,07	0,07	0,06	0,05
180	0,10	0,09	0,08	0,07	0,06	0,05

Die Einheit der Helligkeiten dieser Tabelle ist die eines Sternes der Größe 1,0 der Harvard-Größenskala, dessen Licht über eine Fläche von 1 Quadratgrad ausgebreitet ist. Der Wert der Konstanten gestattet eine näherungsweise Bestimmung der Dichte des Meteorschwarms in der Nähe der Erde.

Dem Sinne der Gleichung (1) (Seite 132) nach bedeutet die Konstante γ die in der Beleuchtungsrichtung von einem Meteor reflektierte Lichtmenge ($\varphi(0) = 1$), wenn Sonne und Erde sich im Abstande 1 befinden. Ist also $L = J\pi\dfrac{S^2}{R^2}$ die auf die Einheit der Fläche im Abstande R einfallende Lichtmenge, wo J die Flächenhelligkeit der Sonne, S ihr Radius ist, so folgt

$$\gamma = \frac{p}{\pi}LR^2\pi\varrho^2, \tag{69'}$$

wenn p das Reflexionsvermögen (im Sinne der Albedo) ist.

Setzt man den Wert $\gamma = p\,J\,\pi\,S^2\varrho^2$ in die Gleichung (68) ein, so folgt

$$c = 0{,}285 = \frac{3}{4}\,p\,\mu_0\,\frac{S^2}{R\varrho}\,J\,. \tag{70}$$

Setzt man hier die Werte $R = 149 \cdot 10^6$ km, $S = 695\,400$ km und für den Radius der Meteore $\varrho = 0{,}0005$ km ein, außerdem für J seinen Wert in der angenommenen Einheit, der sich aus der Formel

$$J = \frac{\text{Helligkeit der Sonne in Einheiten eines Sterns der Größe 1,0}}{\text{Fläche der Sonne in Quadratgraden}} = \frac{(2{,}512)^{27,7}}{0{,}224} = 54 \cdot 10^{10}$$

berechnet, endlich für das Reflexionsvermögen der Meteore den Wert $p = 0{,}3$, so ergibt sich für die Volumdichte μ_0 des Meteorschwarms die Größenordnung

$$\mu_0 = 10^{-18}\,.$$

Es ist somit VAN RHIJN gelungen, unter Annahme der SEELIGERschen Theorie seine Beobachtungen des Zodiakallichtes darzustellen und plausible Werte für die Konstanten des Sphäroides zu bekommen. Die Phasenkurve für die Meteore, die dabei zugrunde gelegt ist, erscheint a priori als nicht unwahrscheinlich. Trotzdem darf bei der großen Anzahl empirischer Konstanten, die zur Darstellung der Beobachtungen eingeführt sind, das Resultat nicht als eine Bekräftigung der SEELIGERschen Theorie aufgefaßt werden; die Zahlen der Tabelle der Helligkeiten können sicherlich auch in einer anderen physikalischen Hypothese ihre Deutung finden, besonders wenn man die als Gegenschein bekannte geringe Helligkeitszunahme im Gegenpunkte der Sonne als nicht zum Zodiakallicht gehörig betrachtet.

Von älteren Autoren, die sich um die Theorie des Zodiakallichtes verdient gemacht haben, ist in erster Linie A. SEARLE[1] zu nennen, der die älteren Beobachtungen über die Form und Ausdehnung des Zodiakallichtes gesammelt hat, und dessen theoretische Betrachtungen zu derselben Anschauung über die Ausdehnung der Meteorwolke führen, wie diejenigen von SEELIGER und seinen Nachfolgern. Unter letzteren ist noch der hier schon erwähnte K. SCHWEND[2] zu nennen, der aber aus Mangel an zuverlässigen Helligkeitsmessungen ebenso wie SEARLE seinen theoretischen Schlußfolgerungen keinen Nachdruck verleihen konnte.

68. Über die Beleuchtung kosmischer Staubmassen durch Sterne. SEELIGER[3] hat auch die Frage untersucht, ob kosmische Staubmassen, die sich in der Nähe von Sternen befinden, uns als erleuchtete Nebelmaterie erscheinen können und man annehmen kann, daß gewisse Typen von Nebelflecken in reflektiertem Licht leuchten. Wegen der Lichtschwäche dieser Objekte und der Schwierigkeit, ihr Spektrum unabhängig von demjenigen der nahen Sterne zu erhalten, ist eine experimentelle Trennung der selbstleuchtenden von beleuchteten Nebeln zurzeit nicht immer möglich, doch dürfte SEELIGERs Nachweis der theoretischen Möglichkeit, daß unter gewissen Umständen beleuchtete kosmische Staubwolken in den Bereich der Sichtbarkeit treten können, für zukünftige Untersuchungen von Interesse sein.

Die Gleichung (55) bezieht sich auf den Fall, daß Stern und Beobachter sich innerhalb der Wolke befinden. Wir untersuchen jetzt zwei andere Fälle: 1. Stern und Beobachter befinden sich weit außerhalb der Wolke, so daß deren Dimensionen klein sind im Vergleich zu diesen Abständen, und 2. der Stern be-

---

[1] Researches on the Zodiacal Light. Harv Ann 19, Part. II (1893).

[2] Zur Zodiakallichtfrage. Diss. München 1904.

[3] Über kosmische Staubmassen und das Zodiacallicht. Sitz-Berichte der k. bayer. Akad. d. Wiss. 31, S. 265 (1901).

findet sich innerhalb der Wolke, der Beobachter weit außerhalb derselben. In beiden Fällen nehmen wir gleichmäßige Dichte der Massenverteilung an. Im ersten Falle kann $\varphi(\alpha)$ und der Abstand r für alle Teile der Wolke als konstant angesehen werden; die beiden Kegel V_1 und V_2 werden zu Zylindern und $V = V_1 + V_2 = \pi\varrho^2(h_1 + h_2)$, wo h_1 und h_2 die Längen der Strecken vom Meteor nach der Erde und Sonne innerhalb der Wolke sind. Bezeichnet wieder $\mu = \frac{4}{3}\pi\varrho^3\frac{N}{Z}$ die Volumdichte, und führt man noch zur Abkürzung die Bezeichnung ein:

$$\frac{N}{Z}\pi\varrho^2 = \frac{3}{4}\frac{\mu}{\varrho} = \lambda, \tag{71}$$

so wird aus Gleichung (55):

$$J = \frac{\lambda}{\pi\varrho^2}\frac{\gamma\varphi(\alpha)}{r^2}\int_0^{\Delta_0} e^{-\lambda(h_1+h_2)}\,d\Delta = \frac{\gamma\varphi(\alpha)}{\pi\varrho^2}\frac{1}{r^2}\,\Phi(\lambda), \tag{72}$$

wo

$$\Phi(\lambda) = \lambda\int_0^{\Delta_0} e^{-\lambda(h_1+h_2)}\,d\Delta; \tag{73}$$

hier ist Δ_0 die Strecke, die der nach der Erde gerichtete Strahl von der vorderen bis zur hinteren Begrenzung der Wolke durchläuft.

Nimmt man eine durch zwei parallele Ebenen begrenzte Staubschicht, bezeichnet durch x die Tiefe des Volumelements unter der vorderen Grenzfläche, durch X die Dicke der Schicht, so ist

$$h_1 = \frac{x}{\cos i}, \qquad h_2 = \frac{x}{\cos\varepsilon}$$

und

$$\Phi(\lambda) = \lambda\int_0^X e^{-\lambda x\frac{\cos i + \cos\varepsilon}{\cos i\cos\varepsilon}}\frac{dx}{\cos\varepsilon} = \frac{\cos i}{\cos i + \cos\varepsilon}\left(1 - e^{-\lambda X\frac{\cos i + \cos\varepsilon}{\cos i\cos\varepsilon}}\right), \tag{74}$$

und bezeichnet man den Klammerausdruck durch ψ, so ist

$$J = \frac{\gamma}{\pi\varrho^2}\frac{\varphi(\alpha)}{r^2}\frac{\cos i}{\cos i + \cos\varepsilon}\,\psi.$$

Die Formel gilt nur, solange $i < 90°$. Das Maximum der Helligkeit tritt bei gegebenen i und ε ein, wenn $\psi = 1$ oder wenn $\lambda = \infty$, d. h. $\varrho = 0$; die größte Helligkeit ergibt eine Meteorwolke, die aus feinsten Staubteilchen besteht. Zur Berechnung eines Beispiels nehmen wir $\psi = 1$ an. Es ist dann

$$J = \frac{\gamma}{\pi\varrho^2}\frac{\varphi(\alpha)}{r^2}\frac{\cos i}{\cos i + \cos\varepsilon}. \tag{75}$$

Setzt man hier den Wert von $\gamma = pLR^2\varrho^2 = pJ_0\pi S^2\varrho^2$ ein, wo S den Radius des Sterns und J_0 seine Flächenhelligkeit bedeutet, die wir derjenigen der Sonne gleichsetzen, so wird

$$\frac{\gamma}{\pi\varrho^2} = pJ_0 S^2 \quad\text{und}\quad J = \frac{pJ_0 S^2}{r^2}\varphi(\alpha)\frac{\cos i}{\cos i + \cos\varepsilon}, \tag{76}$$

wo S und r in Einheiten der Entfernung Erde—Sonne ausgedrückt sind. Wenn man $r = 1000$, also etwa $= 30$ Neptunsweiten annimmt, so erhält man für S^2/r^2 den Wert $2,2\cdot 10^{-11}$. Setzt man für J_0 den oben gefundenen Wert $J_0 = 5,4\cdot 10^{11}$

ein und zieht in Betracht, daß $\varphi(\alpha)\,\dfrac{\cos i}{\cos i + \cos \varepsilon}$ bei $\alpha = 0$ den Wert $\tfrac{1}{2}$ hat, so wird

$$J_{\max} = 6\,p\,,$$

wo p das Reflexionsvermögen der Meteore bedeutet, das etwa zu $\tfrac{1}{3}$ zu veranschlagen ist.

Wir denken uns eine Staubwolke, die 30 Neptunsweiten von einem Sterne von Sonnenhelligkeit entfernt ist. In einer Entfernung des Sterns, die der Parallaxe 0,″01 entspricht, hätte er die Helligkeit eines Sternes der Größe 10,4 und würde in 10″ Abstand von der Staubwolke erscheinen. Diese würde aber im reflektierten Lichte des Sternes eine Flächenhelligkeit erreichen, die die Helligkeit der hellsten Stellen des Zodiakallichts (0,32) mehrfach übersteigt.

Wir betrachten noch den Fall, wo der Stern innerhalb der Staubwolke sich befindet, der Beobachter in sehr großer Entfernung von ihr. In diesem Falle wird $h_1 = r$, die Phasenkurve und der Abstand r wird veränderlich innerhalb der Wolke, und wir erhalten daher statt (72)

$$J = \frac{\lambda \gamma}{\pi \varrho^2} \int\limits_0^X \frac{e^{-\lambda(h_2 + r)}\varphi(\alpha)}{r^2}\, dx\,. \tag{77}$$

Die weitere Entwicklung ist von der Form von $\varphi(\alpha)$ abhängig.

Fällt man vom Sterne aus eine Senkrechte s auf die vom Beobachter zum betrachteten Volumelement gezogene Gerade, und ist m der Abstand des Fußpunktes dieser Senkrechten von der Eintrittsstelle der genannten Geraden in die Staubwolke, so hat man

$$h_2 = m + s\,\mathrm{cotg}\,\alpha\,, \qquad h_2 + r = m + s\,\mathrm{cotg}\,\frac{\alpha}{2}\,, \qquad \frac{dx}{r^2} = -\frac{d\alpha}{s}$$

und

$$J = \frac{\lambda \gamma}{\pi \varrho^2}\, e^{-\lambda m} \int\limits_0^X e^{-\lambda s\,\mathrm{cotg}\,\frac{\alpha}{2}}\, \varphi(\alpha)\,\frac{dx}{r^2} = \frac{\lambda \gamma}{\pi \varrho^2}\, \frac{e^{-\lambda m}}{s} \int\limits_{\alpha_1}^{\alpha_0} e^{-\lambda s\,\mathrm{cotg}\,\frac{\alpha}{2}}\, \varphi(\alpha)\, d\alpha\,,$$

wo α_0 und α_1 die Werte von α für die Eintritts- und die Austrittsstelle bedeuten. Setzt man noch

$$\nu = \lambda s\,, \qquad \psi_\nu(\alpha) = \nu \int\limits_0^\alpha e^{-\nu\,\mathrm{tg}\,\frac{\alpha}{2}}\, \varphi(\pi - \alpha)\, d\alpha\,,$$

so wird, da $m = -s\,\mathrm{cotg}\,\alpha_0\,,$

$$J = \frac{\gamma}{\pi \varrho^2 s^2}\, e^{\nu\,\mathrm{cotg}\,\alpha_0} \left\{\psi_\nu(\pi - \alpha_1) - \psi_\nu(\pi - \alpha_0)\right\}\,. \tag{78}$$

Für die Funktion ψ_ν hat SEELIGER bei Zugrundelegung des LAMBERTschen Gesetzes eine Tafel berechnet. Wir ersetzen wie vorhin (76) $\gamma/\pi\varrho^2$ durch $p J_0 S^2 = p\,1,2 \cdot 10^7$. Für die beiläufigen Werte $\nu = 0,46$, $\alpha_1 = 0°$ und $\alpha_0 = 130°$ ergibt die Rechnung für $e^{\nu\,\mathrm{cotg}\,\alpha_0}\left\{\psi_\nu(\pi - \alpha_1) - \psi_\nu(\pi - \alpha_0)\right\}$ den Wert 0,24; dementsprechend ist

$$J = \frac{0,29}{s^2}\, p\, 10^7\,.$$

Ist $s = 1000$ (Erdbahnradien), so ergeben sich wieder Helligkeiten, die die größte Helligkeit des Zodiakallichts übersteigen, also meßbar sind. Es entspricht das wiederum einem Abstande von 10″ bei einer Parallaxe von 0″,01. Bei größerer Nähe nimmt die Helligkeit mit dem Quadrate der Entfernung zu.

Es ist dabei mit der Helligkeit eines Sterns von der Größe und Leuchtkraft der Sonne gerechnet, der in der genannten Entfernung von der Größe 10,4 erscheint. Bei absolut helleren Sternen liegen die Verhältnisse für das Sichtbarwerden von kosmischen Staubwolken noch günstiger. Es ist somit als sehr wahrscheinlich anzusehen, daß kosmischer Staub in der Nähe leuchtender Massen sich auf nicht unbeträchtliche Strecken als schwachleuchtende Nebelmaterie darstellen kann. Sind die einzelnen Staubteilchen überaus klein, vom Range der Wellenlänge des Lichtes, so werden vorwiegend die kurzwelligen Strahlen des auffallenden Lichtes reflektiert, und es wird eine solche Staubwolke deshalb photographisch noch wirksamer sein als für das Auge.

E. Hertzsprung[1] hat aus gemessenen Flächenhelligkeiten der Plejadennebel versucht, ein Maß für ihr Reflexionsvermögen und ihre Masse zu erhalten. Bei seiner Berechnung nimmt er an, daß der Zentralstern, über die Fläche des Nebels ausgebreitet, dieselbe Flächenhelligkeit ergeben würde wie dieser, wenn er eine Albedo gleich 1 hätte. Außerfokale Sternscheibchen wurden zum Vergleich hinzugezogen, ihre Durchmesser und Flächenhelligkeiten mit denen der Nebel verglichen. Dabei blieb zweierlei unbeachtet: erstens die Durchsichtigkeit der Nebel, durch die die Zentralsterne hindurchscheinen und zweitens der Umstand, daß die Nebel nur einen Teil des empfangenen Lichts in der Richtung nach dem Beobachter senden. Eine strengere photometrische Analyse der Erscheinung ist durchaus möglich und erscheint lohnend.

69. Die Helligkeit der Kometen. Die Ergebnisse der Helligkeitsbestimmung der Kometen sind bisher für die Erschließung der Natur dieser Himmelskörper von geringer Bedeutung gewesen. Erst in neuester Zeit ist durch Anwendung flächenphotometrischer Methoden in dieser Beziehung ein wesentlicher Fortschritt zu verzeichnen, und man kann auf weitere Erkenntnisse hoffen, wenn die modernen vortrefflichen Photographien einer photometrischen Analyse unterworfen werden. Es wird uns das aus dem am Schlusse dieses Kapitels zu besprechenden ersten Versuche von K. Schwarzschild am Halleyschen Kometen deutlich werden.

Die alten Methoden der Helligkeitsschätzung eines Kometen bezogen sich entweder auf die Gesamthelligkeit desselben, wie er mit bloßem Auge oder mit dem schwachen Fernrohre erscheint, oder auf die Helligkeit des Kernes als sternartigen Gebildes, wenn ein solcher im Fernrohre erkennbar war.

Die Gesamthelligkeit eines Kometen müßte der für die Planeten gültigen Formel $\frac{1}{r^2 \varDelta^2}$ folgen, wo r der Abstand von der Sonne, $\varDelta$ derjenige von der Erde ist, wenn zwei Voraussetzungen erfüllt wären: es müßte die leuchtende Masse des Kometen während seiner ganzen Erscheinung konstant sein, und es müßte der Komet nur in reflektiertem Sonnenlichte leuchten.

Beide Voraussetzungen sind bekanntlich nicht erfüllt, indem die Kometen bei Annäherung an die Sonne an Ausdehnung zunehmen und Gase absondern, die ursprünglich an den festen Kern gebunden waren; außerdem lehrt die Spektralanalyse, daß neben dem reflektierten Sonnenlichte auch ein Eigenlicht von den Kometen ausgeht, welches ebenfalls nicht konstant, sondern von der Sonnenentfernung abhängig ist und sich weit in den Kometenschweif ausdehnen kann.

Es ist trotzdem üblich, die obengenannte Formel für die Vorausberechnung der Helligkeitsentwicklung eines Kometen aus seiner Entdeckungshelligkeit zu benutzen, weil die Abweichungen von ihr, die immer im Sinne einer vergrößerten Helligkeit in Sonnennähe stattfinden, für jeden Kometen individuell und sogar

---

[1] A. N. 195, S. 449 (1913).

für denselben Kometen in seinen verschiedenen Erscheinungen veränderlich sind, und weil es keine andere physikalisch begründete Formel gibt, die sie ersetzen könnte.

HOLETSCHEK[1], der in seinem höchst verdienstvollen Werke über die Helligkeit der Kometen die historischen Daten über die Helligkeit der Kometen seit den ältesten Zeiten bis zur Neuzeit gesammelt und kritisch bearbeitet hat, führt als spezifisches Charakteristikum der einzelnen Kometen ihre Helligkeit M_1 im Abstande 1 von der Erde und von der Sonne ein; er bedient sich dabei zur Ableitung derselben ebenfalls jener quadratischen Formel. Bei anderen Annahmen über den Ursprung des Kometenlichts kämen andere Reduktionsformeln für die Totalhelligkeit in Frage.

Würde der Komet nur eigenes Licht von konstanter Intensität ausstrahlen, so müßte seine Helligkeit sich nur umgekehrt proportional dem Quadrate des Erdabstandes Δ ändern. Es ist daher in früheren Zeiten, als die Ansichten über die Natur des Kometen noch strittig waren, auch diese Formel verteidigt und in Anwendung gebracht worden.

Dagegen wird die Flächenhelligkeit der Kometenhülle vom Erdabstande unabhängig sein und sich bei reflektiertem Sonnenlichte umgekehrt proportional dem Quadrate des Sonnenabstandes r^2 ändern, bei Selbstleuchten auch von diesem unabhängig sein.

Was den Kometenkern anbetrifft, so müßte dieser denselben Gesetzen folgen wie die Gesamthelligkeit.

Von den verschiedenen Versuchen, die Natur des Kometenlichtes auf photometrischem Wege zu erschließen, soll hier nur einer von SCHMIDT in Athen am Kometen COGGIA angeführt werden. SCHMIDT beobachtete an einem Refraktor mit zwei verschiedenen Okularen, einem starken und einem schwachen, einerseits die Helligkeit des Kerns allein, andrerseits mit freiem Auge die Gesamthelligkeit des Kopfes. Seine Messungen nebst den nach zwei Formeln berechneten Größenklassen sind hier zusammengestellt.

Datum 1874	Größenschätzungen			Berechnete Helligkeit	
	mit starkem Okular Kern	mit schwachem Okular Kern	mit freiem Auge Gesamthelligkeit	$\frac{1}{0,4}\log\frac{1}{r^2\Delta^2}$ + konst.	$\frac{1}{0,4}\log\frac{1}{r^2}$ + konst.
1. Juni	$10^m,0$	$8^m,0$	$6^m,5$	$10^m,0$	$10^m,0$
11. ,,	10 ,0	8 ,0	5 ,2	9 ,3	9 ,7
17. ,,	9 ,0	7 ,5	4 ,6	8 ,9	9 ,5
18. ,,	9 ,0	7 ,7	4 ,5	8 ,8	9 ,5
20. ,,	8 ,0	7 ,0	4 ,5	8 ,7	9 ,4
22. ,,	8 ,5	7 ,2	4 ,2	8 ,5	9 ,4
24. ,,	8 ,0	6 ,8	4 ,0	8 ,4	9 ,3
27. ,,	9 ,0	7 ,0	4 ,0	8 ,1	9 ,3
30. ,,	8 ,5	7 ,2	3 ,5	7 ,8	9 ,2
2. Juli	7 ,5	6 ,7	3 ,2	7 ,7	9 ,2
4. ,,	7 ,5	6 ,0	3 ,0	7, 5	9 ,2
6. ,,	7 ,5	6 ,7	2 ,9	7 ,3	9 ,2
8. ,,	7 ,0	6 ,0	2 ,5	7 ,1	9 ,1
10. ,,	7 ,5	5 ,5	1 ,9	6 ,9	9 ,1
12. ,,	7 ,0	5 ,0	1 ,5	6 ,7	9 ,2
13. ,,	6 ,5	4 ,7	1 ,5	6 ,6	9 ,2

Dieses Beispiel ist in mehrfacher Beziehung lehrreich. Erstens sieht man, wie stark die verschiedenen Helligkeitsangaben auch bei einem so geübten Be-

---

[1] Untersuchungen über die Größe und Helligkeit der Kometen und ihrer Schweife. Denkschr. d. Kais. Akad. d. Wiss. zu Wien. Math.-phys. Klasse. 63, (1896); 78, (1905).

obachter, wie es Schmidt war, voneinander abweichen; der Einfluß des Okulars bei Schätzung der Helligkeit des Kernes erweist sich, wahrscheinlich wegen der Ausdehnung desselben, als sehr bedeutend. Es muß also bei derartigen Schätzungen auf die Sternähnlichkeit des Kernes das größte Gewicht gelegt werden, andernfalls sind sie vollständig wertlos. Die Vergleichung mit den berechneten Helligkeiten zeigt weiter, daß die Formel $1/r^2$ den Beobachtungen auch nicht annähernd entspricht, während die erste Formel sich im großen und ganzen den Beobachtungen des Kerns gut anschließt, was also für diesen auf reflektiertes Sonnenlicht schließen läßt. Für das Gesamtlicht dagegen versagt auch die für Planeten gültige Formel vollkommen, indem die Lichtzunahme ganz wesentlich schneller vor sich ging.

Es ist natürlich möglich, durch Einführung einer unbekannten Potenz r^n die Beobachtungen der Gesamthelligkeit eines Kometen durch die Formel annähernd darzustellen, und es sind öfters derartige Versuche gemacht worden. Die Potenz von r wird so zu einem Maße für die Vergrößerung der reflektierenden oder selbstleuchtenden Masse des Kometen bei seiner Annäherung an die Sonne, sozusagen für die „Entwicklung" des Kometen. Sie kann zusammen mit der Helligkeit M_1 in der Einheit des Abstandes, als Charakteristikum der einzelnen Kometen dienen und bei periodischen Kometen von einer Erscheinung zur andern verglichen werden. Doch fehlen für die älteren Erscheinungen meistens die Daten, um aus ihnen n zu bestimmen. Die eingehenden, anfangs erwähnten Untersuchungen von Holetschek führten deshalb für die älteren Kometenerscheinungen nur zur Bestimmung von M_1. Trotzdem sind diese Resultate besonders für die periodischen Kometen sehr wertvoll. In seiner zweiten Schrift über diesen Gegenstand faßt Holetschek die die periodischen Kometen betreffenden Ergebnisse folgendermaßen zusammen: Unter den periodischen Kometen, die in mindestens zwei Erscheinungen beobachtet sind, gibt es nur anscheinend konstante oder abnehmende; eine Zunahme des Helligkeitsgrades von einer Erscheinung zu einer späteren ist bei keinem Kometen nachzuweisen. Die älteren Kometen scheinen dauerhafter zu sein als die neueren, jedoch auch schon den Keim der Abnahme in sich zu tragen. Um die wichtigsten der untersuchten Kometen zu nennen, sei hier erwähnt, daß der Halleysche Komet weder in der Helligkeit des Kopfes, noch in der Schweifentwicklung eine merkliche Veränderung aufweist. Das gleiche gilt von den Kometen Pons-Brooks, Olbers, Tuttle, Finlay, Winnecke. Der Fayesche Komet scheint an Helligkeit abzunehmen, wenn auch ungleichmäßig. Der Enckesche zeigt in den 33 bisher beobachteten Erscheinungen keine bestimmt ausgesprochene Abnahme.

Andere Autoren haben aus dem von Holetschek gesammelten und auch aus neuem Material etwas weitergehende Schlüsse gezogen. So glaubt Berberich[1], die Helligkeit des Kometen Encke hänge wesentlich mit der Sonnenfleckentätigkeit zusammen, indem derselbe in seinen verschiedenen Erscheinungen um so heller war, je größer die Relativzahl der Sonnenflecke gewesen ist. Diese Beziehung wurde später auch von Bosler[2] bestätigt gefunden.

S. V. Orlov[3] hat die Formel $\dfrac{M_1}{\varDelta^2 r^n}$, mit dem Exponenten n als Charakteristikum der Entwicklung, auf vier Kometen angewandt und n zu etwa 3,5 gefunden. Später hat Kritzinger[4] den Versuch gemacht, aus dem Material von Holetschek und Orlov eine Beziehung zwischen dem Exponenten n und dem Moment der Entwicklung des Schweifes festzustellen. Endlich hat S. Vsechsviatsky[5]

---

[1] A N 119, S. 49 (1888).   [2] C R 148, S. 1738 (1909).
[3] A N 189, S. 1 (1911) u. 190, S. 157 (1912).   [4] A N 199, S. 121 (1914).
[5] R A J 2, Heft 2, S. 68 (1925).

das Material über die Helligkeit von etwa 70 Kometen zur Bestimmung des Exponenten n bearbeitet. Er findet als Mittel für die stark schwankenden Werte den Wert 4. Für solche Kometen, die lange Zeit beobachtet waren, wie die Kometen 1914 V, 1905 I, 1912 II, 1899 I, wird auch die Veränderlichkeit von n mit dem Sonnenabstande untersucht und durchweg eine Abnahme von n mit der Annäherung zur Sonne festgestellt.

Während HOLETSCHEK seine Absolutwerte der Kometenhelligkeiten M_1, wie schon erwähnt, mit Hilfe der quadratischen Formel erhalten hatte, berechnet VSECHSVIATSKY dieselben mit der neuen $\dfrac{M_1}{\Delta^2 r^4}$, die er für sicherer hält, und findet dann durch Zusammenstellung der Helligkeiten M_1 nach der Größe der Halbachse der Bahn und nach der Neigung zur Ekliptik diejenigen Zusammenhänge bestätigt, die man bei den heutigen Ansichten über die Natur der Kometen erwarten mußte: Die Kometen werden absolut schwächer, je enger ihre Bahnen sind und je größer die Wahrscheinlichkeit ihrer Annäherung an einen Planeten ist, d. h. sie verlieren im Laufe der Zeit ihre Materie durch die Sonnennähe und die Störungen der Planeten.

Hiermit sind die wesentlichen Ergebnisse einer rohen, sich auf die Gesamthelligkeit der Kometen oder auf diejenige des Kerns beziehenden Photometrie erschöpft; dieselben haben die an sie geknüpften Hoffnungen, über die Natur des Kometenlichtes eine Entscheidung herbeizuführen, nicht erfüllt. Diese Entscheidung ist von der Spektralanalyse erbracht worden, die gezeigt hat, daß sowohl reflektiertes Sonnenlicht als auch Eigenleuchten die Helligkeit der Kometen bewirken.

Weitere Fortschritte können bei Anwendung des Mikrophotometers auf moderne Photographien erwartet werden.

70. SCHWARZSCHILDS Theorie der Helligkeit des Kometen HALLEY. Wieweit die geschickte Anwendung der photometrischen Analyse auf Helligkeitsmessungen zu wichtigen Schlüssen über die Natur der Kometen führen kann, soll an einer Arbeit von SCHWARZSCHILD und KRON[1] über die Helligkeitsverteilung im Schweife des HALLEYschen Kometen gezeigt werden. Auf Aufnahmen dieses Kometen, die während einer Expedition nach Teneriffa mit kurzbrennweitigen Linsen gemacht waren, ist die Helligkeit längs zur scheinbaren Schweifachse senkrechten Schnitten mikrophotometrisch vermessen und integriert worden. Wir wollen diese Größe J weiterhin Querschnittshelligkeit nennen. Dieselbe ist ein Maß für die leuchtende Schweifmasse, die zur wahren Schweifachse senkrechte Querschnitte durchströmt. Um das einzusehen, ist folgendes zu beachten. Die verschiedenen Teile des Schweifes sind in ungleichem Abstande Δ' von der Erde (ε), und die Querschnitte zur scheinbaren Achse bilden mit der wahren Achse des Schweifs CC' verschiedene Winkel ψ'. Die Veränderung in dem Abstande Δ' verursacht keine Veränderung der Flächenhelligkeit, aber die lineare Ausdehnung des Querschnittes ändert sich umgekehrt proportional mit Δ'. Die Helligkeiten J sind also mit Δ' zu multiplizieren, um sie auf gleiche Distanz zu reduzieren. Außerdem wird die Fläche des Querschnittes im Verhältnis $1/\sin\psi'$ (vgl. Abb. 45) vergrößert gegen die Fläche eines

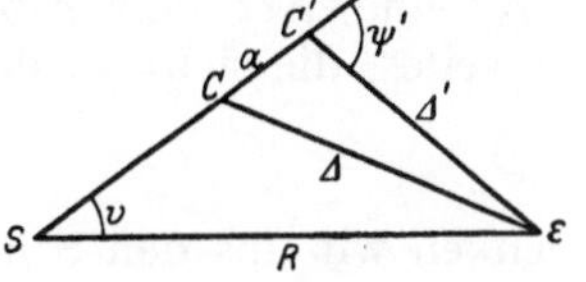

Abb. 45. S Sonne, ε Erde, CC' Kometenschweifachse.

zur wahren Schweifachse senkrechten Schnittes, wenn man den Schweif auf einer kurzen Strecke als zylindrisch ansieht. Es sind also die Querschnittshelligkeiten mit dem Faktor $\Delta'\sin\psi'$ zu reduzieren. Voraussetzung ist dabei,

---

[1] Ap J 34, S. 342 (1911).

daß keine Bedeckung der Partikel stattfindet und diese alle zur Helligkeit beitragen, eine Voraussetzung, die bei der außerordentlich geringen Dichte der Schweifmaterie keinerlei Bedenken erregt.

Nun ist aber, wie aus der Abbildung ersichtlich,

$$\Delta' \sin\psi' = R \sin v = C,$$

wo C eine Konstante ist für dieselbe Aufnahme; somit heben sich die beiden Reduktionen auf.

Da für den Halleyschen Kometen direkte Messungen der Geschwindigkeit V der Schweifmaterie von Curtis vorlagen, die aus der Bewegung von Verdichtungen abgeleitet waren, so konnte Schwarzschild die Annahme, daß für alle Querschnitte des Schweifes

$$J V = \text{const},\tag{79}$$

direkt prüfen und fand sie im großen und ganzen bestätigt; hieraus ergab sich der wichtige Schluß, daß die Leuchtkraft der Kometenschweifteile nicht vom Abstande vom Kopfe abhängig ist. Sie muß also nicht durch Vorgänge im Kopfe des Kometen angeregt sein, denn dann würde sie abnehmen, sondern sie ist ein in allen Teilen des Schweifes gleichzeitig und dauernd angeregtes Leuchten, zu dem sich reflektiertes Licht addiert.

Betrachtet man das Leuchten der Schweifmaterie als eine Resonanz oder Reflexion der Sonnenstrahlung, so kann man aus der Flächenhelligkeit des Schweifes auf die Dichte der Materie schließen. Nimmt man an, sie bestehe aus sphärischen Partikeln vom Radius ϱ, die das Sonnenlicht gleichmäßig nach allen Seiten ohne Absorption reflektieren, bezeichnet man ferner ihre Anzahl pro Einheit der Oberfläche, von der Erde aus gesehen, durch n, den Radius der Sonne durch S, so ist die einfallende Lichtmenge $n\pi\varrho^2 I \pi \dfrac{S^2}{r^2}$, wo I die Flächenhelligkeit der Sonne bezeichnet. Die in einer bestimmten Richtung von der Schweifmaterie reflektierte Lichtmenge[1] ist $n\pi\varrho^2 I \dfrac{S^2}{2r^2}$ und die Flächenhelligkeit derselben in Einheiten der Helligkeit der Sonne

$$i = n\pi\varrho^2 \frac{S^2}{2r^2}.$$

Bedeutet q die Koordinate senkrecht zum Radiusvektor und zur Gesichtslinie, so ist die Querschnittsintensität

$$J = \int i\, dq = \pi\varrho^2 \frac{S^2}{2r^2} \int n\, dq.\tag{80}$$

Die wirklichen Schweifpartikel mögen den Radius ϱ_0 und das spezifische Gewicht s besitzen, dann wird die obige Formel auch für dieselben Gültigkeit haben, wenn wir unter ϱ einen gewissen „effektiven" Radius verstehen, wobei ϱ^2/ϱ_0^2 eine Art von Albedo repräsentiert. Die Gesamtmasse des Kometenschweifes, die sich auf die Einheit der Oberfläche projiziert, wird dann

$$\frac{4}{3}\,\pi\varrho_0^3 s n = \frac{8}{3}\,\varrho_0\left(\frac{\varrho_0}{\varrho}\right)^2 s\,\frac{i r^2}{S^2}.$$

Denken wir uns den Schweif längs der Gesichtslinie so zusammengepreßt, daß er überall die maximale Dichte seines zentralen Teiles annimmt, und nennen wir den resultierenden Durchmesser in der Richtung der Gesichtslinie p, so wird diese maximale Dichte gleich

$$\delta = \frac{4}{3}\,\frac{\pi\varrho_0^3 s n}{p} = \frac{8}{3}\,\frac{\varrho_0}{p}\left(\frac{\varrho_0}{\varrho}\right)^2 s\,\frac{i r^2}{S^2}.\tag{81}$$

---

[1] Im Nenner dürfte 4 statt 2 zu setzen sein, gemäß der üblichen Definition des Reflexionskoeffizienten einer gleichmäßig streuenden Kugel. (Siehe Anm. zu Ziff. 29, S. 56.)

Die gesamte Masse, welche durch den Querschnitt des Schweifes in der Zeiteinheit hindurchgeht, oder die „Ergiebigkeit" des Kometen wird dann, wenn V die Stromgeschwindigkeit ist,

$$E = \frac{4\pi}{3}\,\varrho_0^3 V s \int n\, dq = \frac{8}{3}\,\varrho_0 \left(\frac{\varrho_0}{\varrho}\right)^2 s\, V \frac{J r^2}{S^2}\,. \tag{82}$$

Bei Benutzung der Gleichung (80) für $\int n\, dq$ ist unter J die mit $\sin\psi$ multiplizierte Querschnittshelligkeit verstanden, die dadurch auf den zur Kometenachse senkrechten Querschnitt bezogen ist.

Diese Gleichung gestattet also, bei einer Annahme für ϱ_0 und $\dfrac{\varrho}{\varrho_0}$ die Ergiebigkeit des Kometen zu berechnen, wenn, wie es beim HALLEYschen Kometen der Fall war, die Stromgeschwindigkeit V bekannt ist. Außerdem ergibt die Gleichung (81) die maximale Dichte, wenn man p aus der gemessenen Breite des Querschnitts und der Helligkeitsverteilung in demselben berechnet. Die Helligkeit i in Einheiten der Flächenhelligkeit der Sonne muß aus den Platten, etwa durch extrafokale Sternaufnahmen auf denselben, bestimmt werden. Dabei ist die Annahme gemacht, daß der Schweif zylindrisch gestaltet ist, was für kurze Strecken der Wahrheit nahezu entspricht.

SCHWARZSCHILD macht zwei Annahmen über die Größe der Partikel ϱ_0 und berechnet für dieselben E und δ.

1. Nach der Theorie der Kometenschweife von ARRHENIUS, welche die Bewegung der Schweifmaterie auf Lichtdruck zurückführt, muß man, um die nötigen Druckkräfte zu erhalten, $\varrho_0 = 10^{-4}$ cm annehmen bei einem spezifischen Gewicht $s = 1$. Man kann dann auch $\varrho_0 = \varrho$ annehmen. Freilich müßte bei der Annahme, das Kometenlicht sei reflektiertes Sonnenlicht, die Helligkeit des Bandenspektrums aus der Rechnung eliminiert werden.

2. Man kann die Partikel als fluoreszierende Moleküle ansehen, deren Radius dann von der Größenordnung 10^{-8} cm ist. Nimmt man dann den effektiven Radius eines solchen Moleküls von derselben Größenordnung an wie den wahren, $\varrho_0 = \varrho$, und setzt das Molekulargewicht $s = 20$, so findet man die unter Hypothese II angeführten Werte für E und δ des HALLEYschen Kometen.

<table>
<tr><td>Hypothese I</td><td>Hypothese II</td></tr>
<tr><td>$E = 1500$ kg pro Sekunde</td><td>$E = 150$ gr pro Sekunde</td></tr>
<tr><td>$\delta = 2 \cdot 10^{-21}$</td><td>$\delta = 4 \cdot 10^{-24}$</td></tr>
</table>

Bei einer Dichte von 10^{-22} und einer relativen Geschwindigkeit von 100 km zu der strömenden Materie des Schweifs würde die Erde beim Hindurchgehen durch denselben pro cm² im Laufe eines Tages 10^{-10} gr, und die gesamte Erdoberfläche 250000 kg in derselben Zeit auffangen. Das gibt einen Begriff von der geringen Dichte der Kometenschweife.

g) Über die Extinktion des Lichtes in der Erdatmosphäre.

71. Die Aufgabe der Extinktionstheorie. Unter Extinktion des Lichtes versteht man die Abschwächung desselben beim Durchgang durch ein Medium, unabhängig davon, ob diese Schwächung des hindurchgegangenen Lichtes durch seine Zerstreuung innerhalb des Mediums oder durch Absorption hervorgerufen wird. Das Elementargesetz der Schwächung kann für beide Vorgänge als identisch angenommen werden, und eine Theorie der Lichtextinktion in der Erdatmosphäre, deren Aufgabe es ist, die Intensität der hindurchgegangenen Strahlen zu berechnen, braucht deshalb die Frage danach, was aus dem verlorenen Lichte wird, nicht zu berücksichtigen.

Die enorme Bedeutung der Extinktion für die astrophysikalische Forschung ist offensichtlich, wird doch das gesamte Bild des Himmels sowohl quantitativ als qualitativ dadurch beeinflußt, daß wir denselben durch das trübe Medium der Atmosphäre betrachten müssen, ohne jede Möglichkeit diesen Schleier zu lüften. Die Abnahme der Lichtstärke der Gestirne in der Nähe des Horizontes beträgt mehrere Größenklassen, und auch qualitativ ist die Strahlung derselben nicht unwesentlich verändert, indem die Gestirne ihre blauen Strahlen hier besonders stark einbüßen.

Die Lehre von der Extinktion ist deshalb eine der Grundlehren der Astrophysik; sie ist in wiederholten Versuchen von hervorragenden Forschern behandelt worden. Es stellen sich aber einer vollkommenen Lösung der Aufgabe zwei unüberwindliche Schwierigkeiten entgegen: Die eine ist theoretischer Art und rührt von unserer nur sehr unvollkommenen Kenntnis der Dichte und Zusammensetzung der oberen Schichten der Atmosphäre her; sie belastet in gleicher Weise alle Theorien der astronomischen Refraktion; die andere Schwierigkeit, der Extinktion Rechnung zu tragen, ist der äußerst schnell wechselnde Zustand der unteren Schichten der Erdatmosphäre, vor allem der wechselnde Anteil des Wasserdampfes, der doch nur an der Oberfläche selbst verfolgt werden kann. Eine einheitliche Theorie kann diesen wechselnden Einflüssen natürlich nicht gerecht werden und muß einen gewissen mittleren Zustand der Luft bei klarem Himmel ihren Betrachtungen zugrunde legen. Für diesen mittleren Zustand hat sie dann auf zwei Fragen Antwort zu geben:

1. Die Weglänge des Lichts und damit seine Schwächung in der Atmosphäre ist von der Zenitdistanz des Gestirns und von der Höhe des Beobachters abhängig. Es ist das Gesetz zu finden, nach welchem sich die Lichtstärke eines Gestirnes in Abhängigkeit von seiner Zenitdistanz bei verschiedenen Höhen des Beobachters über dem Meeresniveau ändert. Eine Reduktion aller photometrischen Messungen auf die Helligkeit im Zenit bei bestimmter Höhe über dem Meeresniveau ist die erste Voraussetzung dafür, daß man zu verschiedenen Zeiten an verschiedenen Orten erhaltene Messungen vergleichen kann; die Beantwortung der ersten Frage wird deshalb Reduktionstafeln auf den Zenit zum Ergebnis haben.

2. Die so reduzierten Helligkeiten sind dann noch von der Schwächung des Lichts bei vertikalem Durchgang durch die Atmosphäre beeinflußt; diese Schwächung darf für verschiedene geographische Breiten bei gleicher Höhe über dem Meeresniveau als identisch angesehen werden. Ihr Betrag ist zu bestimmen, damit die Helligkeiten der Gestirne außerhalb der Atmosphäre berechnet werden können.

Schon die Begründer der Photometrie, Lambert[1] und Bouguer[2], haben Theorien der Extinktion geschaffen und auch Beobachtungen zur Prüfung derselben angestellt. Beide betrachten den Weg des Strahls in der Atmosphäre als geradlinig. Wesentlich vollkommener sind die Theorien von Laplace und der neueren Autoren, welche die Krümmung des Strahles infolge der Refraktion in Rechnung ziehen. Praktisch aber unterscheiden sich die Bouguerschen Extinktionstafeln nur sehr wenig von den neuesten; es soll deshalb auch der Bouguerschen Theorie hier eine gebührende Behandlung zuteil werden.

72. Die Grundlagen der Theorie und die Lambertsche Interpolationsformel. Der Lichtverlust in einem Medium auf dem elementaren Wege ds wird, wie in

---

[1] Photometria usw. Deutsche Ausgabe von Anding, 2, S. 64.
[2] Traité d'Optique, S. 315 (1760).

allen Theorien der Absorption, der ursprünglichen Intensität J des Strahles, der Dichte des Mediums ϱ und der Weglänge proportional angenommen:

$$dJ = -k\varrho J\, ds\,,$$

wo k ein von der Natur des Mediums abhängiger konstanter Faktor ist. Hieraus folgt nach Integration über eine von parallelen Ebenen begrenzte Schicht gleicher Dichte von $s = 0$ bis $s = s$:

$$\ln\frac{J_z}{J} = -k\varrho s\,, \qquad J_z = J e^{-k\varrho s}\,, \tag{1}$$

wo J die Intensität außerhalb der Schicht ist, J_z diejenige am Endpunkte der Schicht, bei einer Neigung z gegen die Normale; bezeichnet man noch $e^{-k\varrho}$ durch eine neue Konstante p, so erhält man die Gleichung

$$J_z = J p^s\,. \tag{2}$$

p ist der **Durchlässigkeits-** oder **Transmissionskoeffizient** der Schicht. Ist die Dichte des Mediums nicht konstant, sondern ändert sie sich auf dem Wege s, so erhält man anstelle von (1) die Gleichung:

$$\ln J_z - \ln J = -k\int \varrho\, ds$$

oder

$$J_z = J e^{-k\int \varrho\, ds}\,, \tag{3}$$

wo das Integral über den ganzen Weg des Lichtstrahls zu nehmen ist und J die Intensität desselben an der oberen Grenze der Schicht bedeutet. Die Berechnung des im Exponenten stehenden Integrals für den Lichtweg in der Atmosphäre bei verschiedenen Zenitdistanzen eines Gestirns bildet die Hauptaufgabe der Extinktionstheorie. Dieses Integral ist ein Ausdruck für die vom Strahl **durchdrungene Luftmasse**.

Der Weg s des Lichtstrahles ist infolge der Refraktion nicht geradlinig, sondern, und zwar wesentlich in den untersten Schichten der Atmosphäre, gekrümmt. Diese Krümmung ist von der Dichte ϱ abhängig; man sieht hieraus den innigen Zusammenhang des Extinktionsproblems mit demjenigen der Refraktion.

Durch Differentiation erhält man

$$d s = \frac{y\,dy}{\sqrt{y^2 + R^2 \cos^2 z}}\,.$$

Setzt man dieses in die Gleichung (3) ein, so folgt

$$\ln \frac{J_z}{J} = k \int\limits_{S}^{0} \varrho\,ds = k \int\limits_{S}^{0} \varrho\,\frac{y\,dy}{\sqrt{y^2 + R^2 \cos^2 z}}\,,$$

wo S die ganze Weglänge OP bedeutet; wenn man hier die Grenzwerte der neuen Variablen $\left(\text{bei } s = S \text{ wird } h = 0 \text{ und } y = 0, \text{ bei } s = 0 \text{ wird } y = \sqrt{H^2 + 2\,RH} = Y\right)$ einsetzt, so ergibt sich

$$\ln \frac{J_z}{J} = k \int\limits_{0}^{Y} \varrho\,\frac{y\,dy}{\sqrt{y^2 + R^2 \cos^2 z}}\,. \tag{4}$$

Es ist nun

$$(y^2 + R^2 \cos^2 z)^{-\frac{1}{2}} = \sec z\,(R^2 + y^2 \sec^2 z)^{-\frac{1}{2}} = \sec z\,(R^2 + y^2 + y^2 \operatorname{tg}^2 z)^{-\frac{1}{2}}\,,$$

und wenn man in eine Reihe nach den Potenzen von $y\operatorname{tg} z$ entwickelt

$$(y^2 + R^2 \cos^2 z)^{-\frac{1}{2}} = [(R^2 + y^2)^{-\frac{1}{2}} - \tfrac{1}{2}(R^2 + y^2)^{-\frac{3}{2}} y^2 \operatorname{tg}^2 z$$
$$+ \tfrac{1}{2} \cdot \tfrac{3}{4}(R^2 + y^2)^{-\frac{5}{2}} y^4 \operatorname{tg}^4 z + \cdots]\sec z\,,$$

so erhält man aus (4) folgende Reihe für die Extinktion

$$\ln J_z - \ln J = A \sec z - \tfrac{1}{2} B \sec z \operatorname{tg}^2 z + \tfrac{1}{2} \cdot \tfrac{3}{4} C \sec z \operatorname{tg}^4 z - \cdots, \tag{5}$$

wo die Koeffizienten $A, B, C \ldots$ die Werte haben

$$A = k \int\limits_{0}^{Y} \frac{\varrho y\,dy}{\sqrt{R^2 + y^2}}\,,$$

$$B = k \int\limits_{0}^{Y} \frac{\varrho y^3\,dy}{(R^2 + y^2)^{\frac{3}{2}}}\,,$$

$$C = k \int\limits_{0}^{Y} \frac{\varrho y^5\,dy}{(R^2 + y^2)^{\frac{5}{2}}}\,.$$

. . . .

Diese Koeffizienten enthalten das Gesetz der Dichteabnahme in der Atmosphäre mit der Höhe h, während sie von der Zenitdistanz unabhängig sind. Lambert bestimmt $A, B, C \ldots$ empirisch aus Gleichungen, die man aus (5) in folgender Weise erhält: Setzt man in (5) $z = 0$, so folgt für die Abschwächung eines vertikal einfallenden Lichtstrahles

$$\ln \frac{J_0}{J} = A\,; \tag{6}$$

subtrahiert man die Gleichung (5) von (6), so erhält man:

$$\ln J_0 - \ln J_z = A(1 - \sec z) + \frac{1}{2} B \sec z \operatorname{tg}^2 z - \frac{1,3}{2,4} C \sec z \operatorname{tg}^4 z + \cdots, \tag{7}$$

eine Gleichung, die zur Bestimmung der Koeffizienten $A, B, C \ldots$ aus einer Reihe beobachteter Zenitreduktionen geeignet ist. Es erweist sich, daß diese

Formel innerhalb eines großen Intervalls der Zenitdistanzen sich den Beobachtungen gut anschmiegt. MÜLLER fand durch ihre Anwendung auf eine mehrjährige Beobachtungsreihe folgende Werte der Koeffizienten

$$A.\ \text{Mod.} = -0,080441; \qquad B.\ \text{Mod.} = -0,0000911.$$

Hieraus ergibt sich als Transmissionskoeffizient der gesamten Atmosphäre für einen vertikalen Strahl $\frac{J}{J_0} = 0,83$, d. h. ein Stern im Zenit verliert durch Extinktion 17% seiner Helligkeit.

73. Die homogene reduzierte Atmosphäre. In der Gleichung (3)

$$J_z = J e^{-k \int \varrho\, ds}$$

wollen wir an Stelle von J, der Intensität des Strahls außerhalb der Atmosphäre, durch passende Umgestaltung die scheinbare Intensität J_0 im Zenit einführen, welche den Vorteil besitzt, daß sie eine direkt zu beobachtende oder doch leicht ableitbare Größe ist. Da die Strahlen, die die Atmosphäre senkrecht durchdringen, keine Ablenkung erleiden, so tritt im Exponenten an Stelle von $\int \varrho\, ds$ in diesem Falle $\int_0^H \varrho\, dh$, das Integral der Dichte der zur Oberfläche senkrechten Luftsäule oder die Luftmasse m für die Einheit des Querschnittes. Setzt man $m = \varrho_0 \lambda$, worin ϱ_0 die Dichte der Luft am Beobachtungsorte bedeutet, so hat

$$\lambda = \int_0^H \frac{\varrho}{\varrho_0}\, dh \tag{8}$$

die Dimension einer Länge und stimmt sehr nahe mit der sog. Höhe der h o - m o g e n e n r e d u z i e r t e n A t m o s p h ä r e überein. Unter diesem Ausdruck versteht man eine Atmosphäre, welche überall dieselbe Dichte ϱ_0 wie die wirkliche Atmosphäre am Beobachtungsorte besitzt und denselben Druck B_0 ausübt. Die Höhe einer solchen Atmosphäre ist offenbar $l_0 = \frac{B_0}{g_0 \varrho_0}$, da man die Veränderung der Schwerkraft innerhalb der 8 km, die hier in Frage kommen, ganz außer Acht lassen kann. Mit den mittleren Werten B_0, ϱ_0, g_0 bei $45°$ Breite ergibt sich

$$l_0 = 7{,}990 \text{ km.}$$

Vernachlässigt man die Temperaturabnahme mit der Höhe, wie es in den Theorien von BOUGUER und LAPLACE geschieht, und nimmt das einfache MARIOTTEsche Gesetz für die ganze Atmosphäre als gültig an, so daß $B : B_0 = \varrho : \varrho_0$, so wird, was in Gleichung (23') bewiesen wird,

$$\int \frac{\varrho}{\varrho_0}\, dh = \int \frac{B}{B_0}\, dh = l_0, \qquad \text{also} \qquad \lambda = l_0 . \tag{9}$$

Diese Annahme der beiden Theorien entspricht also bei der Berechnung der Größe λ dem Ersetzen der wirklichen Atmosphäre durch eine ideale, welche nicht dieselbe Masse wie die wirkliche hat, sondern nur denselben Druck ausübt. Zieht man mit BEMPORAD die Temperaturabnahme in Betracht, so ergibt sich für λ ein etwas größerer Wert $\lambda = 8{,}007$ km. Es bietet somit das einfache MARIOTTEsche Gesetz jedenfalls eine gute Annäherung für die Masse der gesamten Atmosphäre.

Durch Einführung der Größe λ schreibt sich die Gleichung (3) in der Form

$$J_0 = J e^{-k \lambda \varrho_0}, \tag{10}$$

und dividiert man (3) durch (10), so erhält man

$$J_z = J_0 e^{-k \int \varrho\, ds + k \lambda \varrho_0} = J_0 e^{-k \lambda \varrho_0 \left[\frac{1}{\lambda} \int \frac{\varrho}{\varrho_0}\, ds - 1 \right]} = J_0 p^{F(z)-1}, \tag{11}$$

wo $p = e^{-k\lambda\varrho_0}$ der **Transmissionskoeffizient** der gesamten Atmosphäre ist und die Funktion $F(z)$

$$F(z) = \frac{1}{\lambda} \int \frac{\varrho}{\varrho_0}\, ds \tag{12}$$

als die **Weglänge** der Lichtstrahlen in der homogenen reduzierten Atmosphäre bezeichnet wird. Eine richtigere Definition für die Funktion $F(z)$ ist augenscheinlich die, welche sie als die von den Lichtstrahlen durchdrungene **Luftmasse** bezeichnet, wenn die Luftmasse im Zenit $= 1$ gesetzt wird.

74. Die Bestimmung von $F(z)$ aus der Refraktionskurve. Im Ausdruck (12) für $F(z)$ bedeutet ds offenbar ein Element der Refraktionskurve, welches leicht aus den Fundamentalformeln der Refraktionstheorie abzuleiten ist; bezeichnet i den Einfallswinkel des Strahles für eine beliebige konzentrisch-sphärische Schicht der Atmosphäre mit dem Brechungsexponenten μ, so ist, wenn die entsprechenden Werte für die Erdoberfläche durch z und μ_0 bezeichnet werden,

$$ds = \frac{dr}{\cos i} \tag{13}$$

und

$$r\mu \sin i = R\mu_0 \sin z. \tag{14}$$

Hier ist $r = R + h$ der Halbmesser der bezüglichen Schicht. Aus den letzten Gleichungen ergibt sich

$$ds = \frac{dr}{\sqrt{1 - \left(\dfrac{R\mu_0}{r\mu}\right)^2 \sin^2 z}}. \tag{15}$$

Führt man diesen Ausdruck in (12) ein, so hat man

$$F(z) = \frac{1}{\lambda} \int\limits_{R}^{R+H} \frac{x\, dr}{\sqrt{1 - \left(\dfrac{R\mu_0}{r\mu}\right)^2 \sin^2 z}}, \tag{16}$$

wo noch

$$\frac{\varrho}{\varrho_0} = x \tag{17}$$

gesetzt ist und die relative Dichtigkeit der Luft bezogen auf diejenige am Beobachtungsorte bedeutet; H ist die Höhe der gesamten Atmosphäre.

75. Die Bouguersche Extinktionstheorie. Auch Bouguer[1] nimmt wie Lambert den Weg des Lichtstrahles in der Atmosphäre als geradlinig an, vernachlässigt also die Refraktion. Das entspricht der Bedingung $\mu_0 = \mu$, und man erhält für $F(z)$ nach Einführung von $r = R + h$ und $\sin^2 z = 1 - \cos^2 z$

$$F(z) = \frac{1}{\lambda} \int\limits_{0}^{H} \frac{(R + h)\,x\, dh}{\sqrt{R^2 \cos^2 z + 2Rh + h^2}}, \tag{18}$$

$$F(z) = \frac{1}{R\cos z\,\lambda} \int\limits_{0}^{H} (R + h)\,x \left(1 + \frac{2Rh + h^2}{R^2 \cos^2 z}\right)^{-\frac{1}{2}} dh.$$

Die Bedingung für die Konvergenz der Binomialentwicklung des Radikals nach den Potenzen von h ist

$$\frac{2Rh + h^2}{R^2 \cos^2 z} \lesseqgtr 1.$$

---

[1] Traité d'Optique etc. Ouvrage posthume. Paris 1760.

Wir bezeichnen den Grenzwert von h, der dieser Bedingung noch genügt, oder die positive Wurzel der Gleichung

$$\chi^2 + 2R\chi - R^2 \cos^2 z = 0 \tag{19}$$

durch χ und zerlegen $F(z)$ in die Summanden

$$F(z) = \frac{1}{\lambda}\left(\int\limits_0^\chi + \int\limits_\chi^H\right) = F_0(z) + F_1(z).$$

Das erste Integral wird dann durch eine nach Potenzen von h fortschreitende Reihe gefunden:

$$F_0(z) = \frac{1}{\lambda}\left\{\sec z \int\limits_0^\chi x\,dh - \frac{\sec z\,\mathrm{tg}^2 z}{R}\int\limits_0^\chi xh\,dh + \frac{3}{2}\frac{\sec^3 z\,\mathrm{tg}^2 z}{R^2}\int\limits_0^\chi xh^2\,dh + \cdots\right\}. \tag{20}$$

Das erste Glied der Reihe ist nach Gleichung (17) praktisch nichts anderes als $\sec z$; die anderen Glieder verlangen aber ebenso wie in der Lambertschen Reihe (5) eine Hypothese über die Abhängigkeit der Dichte x von der Höhe. Während aber Lambert die Koeffizienten seiner Reihe empirisch ableitet, macht Bouguer eine bestimmte Hypothese über jenen Zusammenhang, und zwar ist es das einfache Mariottesche Gesetz

$$\frac{B}{B_0} = \frac{\varrho}{\varrho_0} = x, \tag{21}$$

das er einführt, was einer Vernachlässigung der Temperaturabnahme mit der Höhe gleichkommt.

Außerdem vernachlässigt Bouguer die Abnahme der Schwerkraft mit der Höhe, so daß die Differentialgleichung des Gleichgewichts der Atmosphäre die Form hat:

$$dB = -g_0\varrho\,dh = -g_0\varrho_0\,x\,dh. \tag{22}$$

Aus den beiden letzten Gleichungen folgt dann

$$dx = \frac{dB}{B_0} = -\frac{g_0\varrho_0 x}{B_0}\,dh = -\frac{x}{l_0}\,dh \quad\text{und}\quad x = e^{-\frac{h}{l_0}}, \tag{23}$$

während die Integration bis zur Grenze der Atmosphäre die oben erwähnte Beziehung gibt:

$$\int\limits_0^H x\,dh = \lambda = -\int\limits_{\varrho_0}^0 l_0\,dx = l_0. \tag{23'}$$

Damit ist die Beziehung zwischen x und h für die Berechnung der Integrale in (20) gegeben. Zieht man noch in Betracht, daß $l_0 = \lambda$, so erhält man

$$F_0(z) = \frac{1}{l_0}\left\{\sec z\int\limits_0^\chi e^{-\frac{h}{l_0}}\,dh - \frac{\sec z\,\mathrm{tg}^2 z}{R}\int\limits_0^\chi he^{-\frac{h}{l_0}}\,dh + \frac{3}{2}\frac{\sec^3 z\,\mathrm{tg}^2 z}{R^2}\int\limits_0^\chi h^2 e^{-\frac{h}{l_0}}\,dh - \cdots\right\}$$

und durch sukzessive Integration

$$F_0(z) = J_0\sec z - \frac{J_1}{R}\sec z\,\mathrm{tg}^2 z + \frac{3}{2}\frac{J_2}{R^2}\sec^3 z\,\mathrm{tg}^2 z - \cdots, \tag{24}$$

wo

$$J_0 = 1 - e^{-\frac{\chi}{l_0}}$$

$$J_1 = l_0 J_0 - \chi e^{-\frac{\chi}{l_0}}$$

$$J_2 = 2l_0 J_1 - \chi^2 e^{-\frac{\chi}{l_0}}$$

$$\cdots\cdots\cdots\cdots\cdots$$

$$J_n = nl_0 J_{n-1} - \chi^n e^{-\frac{\chi}{l_0}} = \frac{\chi^{n+1}}{(n+1)l_0}e^{-\frac{\chi}{l_0}}\left\{1 + \frac{1}{n+2}\frac{\chi}{l_0} + \frac{1}{(n+2)(n+3)}\frac{\chi^2}{l_0^2} + \cdots\right\}.$$

Diese Reihe ist von Bemporad[1] bei Gelegenheit der Diskussion der Bouguerschen Theorie abgeleitet. Sie gilt bis zum Grenzwerte χ, der als positive Wurzel der Gleichung (19) für ein gegebenes z abgeleitet werden muß. Ergibt sich dabei χ kleiner als die anzunehmende Grenze der Atmosphäre, so muß das zweite Glied $F_1(z) = \int\limits_{\chi}^{H} dF$ auf anderem Wege berechnet werden, wofür Bemporad auch ein Mittel angegeben hat. Für $z = 82°$ ergibt sich $\chi = 64$ km, ein für die Höhe der Atmosphäre bei konstanter Temperatur genügend hoher Wert; bis zu dieser Grenze kann deshalb $F_1(z)$ vernachlässigt werden, und alle in den Koeffizienten J von χ abhängigen Glieder können unterdrückt werden; dann ergibt sich der Ausdruck für die den Bouguerschen Voraussetzungen entsprechende Weglänge

$$F(z) = \sec z - \frac{l_0}{R} \sec z \, \mathrm{tg}^2 z + \frac{3 l_0^2}{R^2} \sec^3 z \, \mathrm{tg}^2 z - \cdots, \tag{25}$$

Bouguer selbst hat die Form abgeleitet

$$F(z) = \sec z - \frac{l_0}{2R} \sec z \, \mathrm{tg}^2 z + \left(l_0 - \frac{1}{3} R \cos^2 z\right) \frac{l_0 \, \mathrm{tg}^2 z}{2 R^2 \cos^3 z} - \cdots. \tag{26}$$

Bemporad[2]) hat aber nachgewiesen, daß in der Bouguerschen Ableitung, die wir auch in Müllers[3] Lehrbuch finden, durch Einführung der Variablen $u = 1 - x$ an Stelle von h eine sehr schlechte Konvergenz bewirkt wird; diese hat die Verfälschung der Koeffizienten, beginnend vom zweiten Gliede, zur Folge. Für $z > 85°$ wird auch die Reihe (24) zu langsam konvergent, Bemporad hat für größere Zenitdistanzen auch noch eine andere Reihe abgeleitet[4]).

Die Bouguersche Theorie ist von ihm selbst und auch in den Lehrbüchern in anderer, geometrisch anschaulicher, aber weit umständlicherer Weise abgeleitet worden, als wir es hier, Bemporad folgend, getan haben. Die Entwicklung über das Integral (16), das die Krümmung des Lichtstrahles berücksichtigt, erscheint als ein Umweg, da die Bouguersche Theorie diese vernachlässigt. Sie hat aber den Vorteil, zu der von Bemporad berichtigten Formel (25) zu führen, und gestattet auch den Unterschied der Bouguerschen Theorie gegen die Laplacesche deutlicher zu überblicken.

76. Die Laplacesche Extinktionstheorie. Laplace[5] hat seine Extinktionsformel wesentlich mit Rücksicht auf ihren Zusammenhang mit der Formel für die Refraktion der Lichtstrahlen in der Erdatmosphäre abgeleitet; der von ihm gemachte Ansatz ist für die weitere Entwicklung des Problems äußerst fruchtbar geworden.

Von der Gleichung (16) für die Luftmasse ausgehend, haben wir hier die Veränderlichkeit des Brechungsindex μ mit der Höhe oder der Dichte der Atmosphäre zu berücksichtigen. Für diese Beziehung wird die Newtonsche Formel angenommen: ·

$$\mu^2 - 1 = 2c\varrho, \tag{27}$$

wo c eine spezifische Konstante ist, die auch die Bezeichnung „Spezifische Refraktion" trägt. Sie ist zwar von Laplace auf Grund der Emissionstheorie des

---

[1] Zur Theorie der Extinktion des Lichts etc. Mitteil. d. Großherz. Sternwarte Heidelberg. Astron. Institut. 4 (1904).

[2] Memorie della Società degli Spettroscop. Italiani vol. 30, S. 217 (1901).

[3] Müller, Photometrie der Gestirne. S. 116.

[4] Memorie della Società degli Spettroscop. Italiani vol. 31, S. 171 (1902).

[5] Mécanique céleste t. 4, Chap. 3.

Lichtes theoretisch begründet worden, entspricht aber physikalischen Prüfungen weniger genau als die Formeln

$$\mu - 1 = c'\varrho \qquad \text{und} \qquad \frac{\mu^2 - 1}{\mu^2 + 2} = c''\varrho,$$

von denen die erste keine theoretische Begründung hat, die zweite theoretisch und praktisch die beste ist. Nun ist aber für die Luft und überhaupt für Gase $\mu - 1$ so klein, daß alle drei Formeln für die Theorie der Refraktion praktisch gleichwertig sind. Um so mehr gilt das für die Extinktion. Der numerische Wert von c kann physikalisch und astronomisch bestimmt werden. Einige wichtigere Bestimmungen für die normale Dichtigkeit der Luft bei $0°$ und 760 mm Druck seien hier angeführt:

Biot und Arago (physikalisch) . . . . $2c_0 = 0{,}0005888$,
Bessel (aus eigenen und Argelanders Beobachtungen) . . $= 0{,}0005864$,
Bauschinger (aus eigenen Beob. München 1891—1893) . . $= 0{,}0005830$,
Courvoisier (aus eigenen Beob. Heidelberg 1900—1903) . . $= 0{,}0005836$.

Die Konstante c in (27) ist mit c_0 durch das Mariotte-Gay-Lussacsche Gesetz verbunden

$$c = c_0 \frac{B}{760} \frac{1}{1 + \alpha t}, \tag{28}$$

wo B der Druck in Millimetern, $\alpha = \dfrac{1}{273}$ die Ausdehnungskonstante der Gase ist. Die Gleichung (27) ergibt:

$$\mu\, d\mu = c\, d\varrho = c\varrho_0\, dx. \tag{29}$$

Laplace macht nun (wie Bouguer) die Voraussetzung gleicher Temperatur und gleicher Schwerkraft in allen Schichten der Atmosphäre, was die Gültigkeit des Boyle-Mariotteschen Gesetzes

$$\frac{B}{B_0} = \frac{\varrho}{\varrho_0} = x \qquad \text{und} \qquad dB = B_0\, dx, \tag{30}$$

die Gleichgewichtsbedingung (22)

$$dB = -g_0 \varrho_0\, x\, dh \tag{22}$$

und die Gleichung (9):

$$l_0 = \frac{B_0}{g_0 \varrho_0} = \lambda \tag{9}$$

zur Folge hat. Aus (22), (30) und (29) folgt dann:

$$x\, dh = -\frac{dB}{g_0 \varrho_0} = -\frac{B_0\, dx}{g_0 \varrho_0} = -l_0\, dx = -\frac{\mu\, d\mu\, \lambda}{c\varrho_0}. \tag{31}$$

Führt man obigen Ausdruck an Stelle von $x\, dr$ in (16) ein, so erhält man bei entsprechender Änderung der Grenzwerte und Umkehrung derselben:

$$F(z) = \frac{1}{c\varrho_0} \int_1^{\mu_0} \frac{\mu\, d\mu}{\sqrt{1 - \left(\dfrac{R\,\mu_0}{r\,\mu}\right)^2 \sin^2 z}}. \tag{32}$$

Da nun die Theorie der Refraktion bei konzentrisch sphärischer Schichtung der Niveauflächen den strengen Ausdruck ergibt:

$$\text{Refr.} = \int_1^{\mu_0} \frac{\dfrac{R\,\mu_0}{r\,\mu} \sin z\, d\mu}{\mu \sqrt{1 - \left(\dfrac{R\,\mu_0}{r\,\mu}\right)^2 \sin^2 z}}, \tag{33}$$

so erhält man durch Vergleich zwischen den Differentialen dF u. dR von F u. R die Gleichung:

$$dF = \frac{1}{c\,\varrho_0\,\mu_0}\,\frac{d\,\text{Refr.}}{\sin z}\,\mu^3\,\frac{r}{R}\,.$$

Laplace vernachlässigt den von der Einheit wenig verschiedenen Faktor $r\mu^3/R$. Dann ergibt sich durch Integration die **Laplacesche Extinktionsformel**

$$F(z) = K\,\frac{\text{Refr.}}{\sin z}\,, \tag{34}$$

wo $K = \dfrac{1}{c\,\varrho_0\,\mu_0}$ eine Konstante bedeutet.

Vergleich der Theorien von Bouguer und Laplace. Aus dem Vorstehenden ersieht man, daß Laplace mehr als die Abnahme der Schwerkraft mit der Höhe vernachlässigt, was der Annahme $\dfrac{r^2}{R^2} = 1$ entsprechen würde, denn der Faktor $\left(\dfrac{r\mu}{R}\right)^3$ ist größer als der obige. Dafür ist die Krümmung des Lichtweges berücksichtigt. Nach Bemporad heben sich die beiden Vernachlässigungen möglicherweise auf, denn die Darstellung der Beobachtungen ist durch beide Theorien gleich gut.

Da die Refraktion allgemein durch den Ausdruck $\alpha_z\,\mathrm{tg}\,z$ gegeben wird, wo α_z den Refraktionstafeln zu entnehmen ist, so wird

$$F(z) = K\,\alpha_z\,\sec z\,. \tag{35}$$

Wendet man für α_z die übliche Entwicklung der Refraktion nach geraden Potenzen von $\mathrm{tg}\,z$ an:

$$\alpha_z = \alpha_0(1 + a\,\mathrm{tg}^2 z + b\,\mathrm{tg}^4 z + \cdots), \tag{36}$$

so ergibt sich für $F(z)$ eine Entwicklung von der Form

$$F(z) = K\alpha_0 \sec z + K\alpha_0 a \sec z\,\mathrm{tg}^2 z + K\alpha_0 b \sec z\,\mathrm{tg}^4 z + \cdots, \tag{37}$$

die nur in den ersten zwei Gliedern mit der Bouguerschen Entwicklung (25) übereinstimmt. Der Einfluß des dritten Gliedes macht sich aber überhaupt nur bei Zenitdistanzen über 80° bemerkbar. Eine vollkommene Übereinstimmung der Reihen ist auch bei der Verschiedenheit beider Theorien nicht zu erwarten. Eine Vergleichung der Koeffizienten der zwei ersten Glieder von $F(z)$ ist möglich, wenn man statt der Reihe (36) für die Refraktion den zweigliedrigen Ausdruck benutzt, der sich aus dem Refraktionsintegral (33) bei Beschränkung auf Glieder erster Ordnung der beiden Größen:

$$s = \frac{h}{R+h}\ \text{und der sog. Refraktionskonstante}\ \alpha = \frac{c\,\varrho_0}{1 + 2\,c\,\varrho_0} \tag{38}$$

ergibt[1]:

$$R = \frac{\alpha}{1-\alpha}\,\mathrm{tg}\,z\left\{\left(1 + \frac{1}{2}\,\alpha - \frac{l_0}{R}\right) - \left(\frac{l_0}{R} - \frac{\alpha}{2}\right)\mathrm{tg}^2 z\right\}. \tag{39}$$

Dieser Ausdruck gibt die Refraktion bis zu 75° Zenitdistanz vollkommen streng und enthält den Satz von Oriani (Laplace), nach dem die Refraktion bis zu dieser Grenze unabhängig von jeder Hypothese über die Konstitution der Atmosphäre streng durch (39) darstellbar ist.

In der Tat enthalten die Koeffizienten nur die Refraktionskonstante α und die Höhe der reduzierten Atmosphäre l_0, die allein von dem Zustande der

---

[1] Vgl. Bemporad. Besondere Behandlung des Einflusses der Atmosphäre. Encyklopädie d. math. Wiss. 6, Teil 2, S. 319 (1907).

Atmosphäre am Beobachtungsorte abhängen. Es ist:

$$\alpha_{t_0, B} = \overline{\alpha}\, \frac{B}{760}\, \frac{1}{1 + mt_0} \qquad \text{und} \qquad l_0 = \frac{B_0}{\varrho_0 g_0},$$

wo $\overline{\alpha}$ den Normalwert der Refraktionskonstante (bei $t = 0$ und $B = 760$ mm) bedeutet.

Da hier mit genügender Genauigkeit

$$\alpha = c\varrho_0 = \mu_0 - 1 = 0{,}00029 \qquad \text{und} \qquad \frac{l_0}{R} = 0{,}0013$$

gesetzt werden kann, so wird in dem aus (34) und (39) sich ergebenden Ausdrucke für $F(z)$

$$F(z) = K\, \frac{\alpha}{1 - \alpha}\, \sec z \left\{ \left(1 + \frac{1}{2}\,\alpha - \frac{l_0}{R} \right) - \left(\frac{l_0}{R} - \frac{\alpha}{2} \right) \operatorname{tg}^2 z \right\}$$

der Koeffizient des ersten Gliedes gleich 1 mit der Genauigkeit von 0,001, der des zweiten gleich $-\dfrac{l_0}{R}$ mit der Genauigkeit von 0,0001, wodurch die Übereinstimmung mit den zwei ersten Gliedern der BOUGUERschen Formel (24) bestätigt wird.

In die Fundamentalformel (34) der LAPLACEschen Theorie kann die Refraktion nach verschiedenen Tafeln mit beliebiger Genauigkeit eingesetzt werden, wobei aber die erhaltene Extinktion durch die Genauigkeit der Formel selbst begrenzt bleibt. Die Ausrechnung der Weglängen $F(z)$ nach den Formeln (25) und (34) zeigt, daß bis $z = 85°$ beide Formeln vollkommen identische Werte ergeben und erst bei größeren Zenitdistanzen merkliche Abweichungen zeigen, was aber kein Beweis für ihre Richtigkeit innerhalb so weiter Grenzen ist, denn beide Formeln beruhen z. T. auf denselben Voraussetzungen. Bei $z = 87°$ ergibt sich nach beiden Formeln erst eine Differenz von $0^m{,}02$, wenn man die Zenitreduktion:

$$\left. \begin{aligned} \log J_0 - \log J_z &= -\log p\, [F(z) - 1] \\ m_z - m_0 &= -\frac{\log p}{0{,}4}\, [F(z) - 1] \end{aligned} \right\} \tag{40}$$

oder

nach (11) berechnet.

77. Die Bestimmung des Transmissionskoeffizienten und seine Abhängigkeit von der Höhe. Beobachtet man die Helligkeit desselben Gestirns in verschiedenen Höhen, so ergibt sich aus Gleichungen der Form (40) die Zenithelligkeit m_0 und der Logarithmus des Transmissionskoeffizienten. Als bester in dieser Weise von MÜLLER in Potsdam bestimmter Wert von p gilt heute $p = 0{,}835$. Da

$$p = e^{-k\lambda\varrho_0}, \qquad \ln p = -k\lambda\varrho_0, \tag{41}$$

so muß der Logarithmus des Transmissionskoeffizienten dem Barometerstande proportional sein und mit der Höhe des Beobachtungsortes über dem Meeresniveau abnehmen, denn die Luftdichte ϱ_0 ist dem Luftdrucke proportional. Der Transmissionskoeffizient muß sich deshalb aus dem einmal für einen gegebenen Barometerstand bestimmten für beliebige Höhen über dem Meeresniveau berechnen lassen; das ist aber wegen der geringeren Durchsichtigkeit der unteren Atmosphärenschichten gegenüber den höheren tatsächlich nur mit geringer Genauigkeit möglich.

78. Andere ältere Theorien der Extinktion. Ein wesentlicher Fortschritt gegenüber den Theorien von BOUGUER und LAPLACE ist durch die zahlreichen Schriften, die der Extinktionstheorie im vorigen Jahrhundert gewidmet worden sind, nicht erreicht worden. FORBES[1] (1841) gab eine einheitliche und klare

---

[1] On the Transparency of the Atmosphere and the Law of Extinction etc. Phil. Trans. 132, S. 225 (1842).

Darstellung der Lambertschen, Bouguerschen und Laplaceschen Theorie; er verfocht auf Grund eigener aktinometrischer Beobachtungen der Sonnenstrahlung in verschiedenen Höhen die Anschauung, daß die Intensität der Strahlung innerhalb der ganzen Atmosphäre nicht, wie allgemein angenommen, nach dem geometrischen Gesetze abnehme; anfangs sei die Lichtabnahme stark, weil sich hier die für das Medium charakteristische selektive Absorption auswirkt, später nur gering. Die bei der Annahme des photometrischen Grundgesetzes berechnete Intensität der außeratmosphärischen Sonnenstrahlung sei deshalb zu gering.

Trépied[1] (1867) gab eine Umformung der Laplaceschen Theorie, welche in den zwei ersten Gliedern mit der berichtigten Formel (25) von Bouguer übereinstimmt.

Die Maurersche[2] (1882) Theorie der Extinktion des Lichtes war mit der Absicht verfaßt, die Laplacesche Theorie durch Einführung der genaueren Formel für den Brechungsexponenten der Luft:

$$\mu = 1 + c\varrho,$$

zu verfeinern, erreichte diesen Zweck aber nicht, weil sie durch Einführung eines mittleren konstanten Brechungsexponenten für die ganze Atmosphäre eine ganz unzulässige Annahme machte. Die nach Maurer berechneten Weglängen weichen bedeutend von den Laplaceschen ab und geben auch eine wesentlich schlechtere Übereinstimmung mit den Beobachtungen.

Seeliger[3] leitete (1891) die Laplacesche Formel unter der Annahme des

Besselschen Gesetzes für die Luftdichte $\varrho = \varrho_0 \cdot e^{-\beta\frac{h}{r}}$ ab und wandte sie dann auf eine Auswahl der Müllerschen Beobachtungen an, wobei sich systematische Differenzen von nicht ganz unbedeutendem Betrage ergaben.

Hausdorff[4] (1895) widmet der Erklärung der genannten Differenzen eine eingehende theoretische Untersuchung, kommt aber zu keiner sicheren Erklärung für dieselben. Sein Resultat, daß sich die beobachtete Extinktion durch keine physikalisch brauchbare Absorptionsformel darstellen lasse, ist, wie Kempf[5] überzeugend nachgewiesen hat, auf den Umstand zurückzuführen, daß das benutzte Beobachtungsmaterial nicht homogen war. Dieses (die Potsdamer empirische Extinktionstabelle) besteht nämlich aus zwei ganz getrennten Teilen, welche bei verschiedenen Durchsichtigkeitsverhältnissen erhalten sind. Während für Zenitdistanzen von 0° bis 80° die Tabelle die Mittelwerte aus einer sehr großen Zahl von Beobachtungen bei sehr verschiedenen Luftverhältnissen darstellt, beruht die Tabelle für geringe Höhen ($z = 80°$ bis $z = 88°$) auf der Beobachtung heller Gestirne, meistens Planeten, beim Auf- und Untergange ausschließlich an sehr klaren Tagen, an welchen solche Beobachtungen überhaupt nur möglich sind. Andere Beobachtungsreihen von Müller[6] auf dem Säntis und von Müller und Kempf[7] auf dem Gipfel des Ätna und in Catania (1894) geben unter Zugrundelegung der Laplaceschen Formel eine sehr befriedigende Übereinstimmung bis zu Zenitdistanzen von 87°. Eine Neubearbeitung der erstgenannten Beobachtungen durch Bemporad[8] unter Zugrundelegung seiner ver-

---

[1] Sur la photométrie des étoiles et la transparence de l'air. C. R. 82. 1876.

[2] Die Extinktion des Fixsternlichtes in der Erdatmosphäre usw. Diss. inaug. Zürich 1882.

[3] Über die Extinktion des Lichts in der Atmosphäre. Sitzungsber. d. k. bayer. Akad. II. Cl. 21, S. 247 (1891).

[4] Über die Absorption des Lichtes in der Atmosphäre. Sitzungsber. d. Sächs. Ges. d. Wiss. 1895.

[5] Vierteljahrsschr. d. Astr. Ges. 31, S. 2 (1896).

[6] Publik. des Astrophys. Observ. zu Potsdam 8, Nr. 27 (1891).

[7] Publik. des Astrophys. Observ. zu Potsdam 11, Nr. 38 (1898).

[8] Mem. d. Società d. Spettrosc. Italiani vol. 31, S. 171 (1902).

feinerten Extinktionstheorie (mit Berücksichtigung des Temperaturgradienten der Atmosphäre) zeigt, daß bis zu 87° Zenitdistanz nach derselben eine so gut wie vollkommene Darstellung der Beobachtungen möglich ist. Voraussetzung dabei ist freilich ein während der Beobachtung konstanter Transmissionskoeffizient p. Die Konstanz desselben, auch nur während einer Nacht, ist aber eine Seltenheit; wenn man, wie es BEMPORAD in der genannten Arbeit mit den Beobachtungen auf dem Säntis getan hat, immer nur die Helligkeiten ein und desselben Sternes während einer Nacht verfolgt und sie zur Ableitung der zwei Konstanten, der Zenithelligkeit und des Transmissionskoeffizienten, verwertet, so zeigen sich oft wellenartige Veränderungen derselben, und es gehört auch durchaus nicht in allen Fällen zu einem größeren Transmissionskoeffizienten eine größere Zenithelligkeit des Sternes, was doch zu erwarten wäre. Erst für Mittelwerte aus vielen Nächten erhält man die erwähnte Übereinstimmung mit der Theorie. Wenn man also der erwähnten HAUSDORFFschen Ansicht auch nicht beistimmen kann, so bietet seine Untersuchung in theoretischer Beziehung ein gewisses Interesse, weil hier ein Verfahren angewandt ist, wie es BRUNS[1]) für die Refraktion empfohlen hat; die zwei Variablen der Integration, die brechende Kraft und die Höhe, werden von ihm nicht mittels einer im voraus angenommenen Hypothese über die Konstitution der Atmosphäre miteinander verbunden, sondern ihr funktioneller Zusammenhang aus den Beobachtungen selbst bestimmt, indem die Koeffizienten einer passend gewählten Funktion als unbestimmte Parameter eingeführt und durch Ausgleichung der Extinktionsbeobachtungen bestimmt werden. Ein offenbarer Mangel des BRUNS-HAUSDORFFschen Verfahrens ist die tatsächliche Unmöglichkeit, eine physikalische Deutung der gefundenen Koeffizienten zu geben.

79. BEMPORADS Untersuchungen über den Einfluß der Temperaturschichtung der Atmosphäre auf die Extinktion. Die Grundformel von LAPLACE (34) beruht auf der Annahme konstanter Temperatur in der Atmosphäre, und auch ein von dieser Annahme freier, strenger Wert für die Refraktion, in seine Formel eingesetzt, behebt sie nicht des Fehlers, der in der Grundannahme seinen Ursprung hat. Auch die anderen besprochenen Vernachlässigungen der LAPLACEschen Theorie beeinträchtigen ihre Genauigkeit in einem im voraus nicht zu übersehenden Grade. In einer kritischen Untersuchung behandelt BEMPORAD[2] den Näherungsgrad der LAPLACEschen Formel, indem er strenge Werte der Extinktion für $z = 87°$ bei verschiedenen Annahmen über den Temperaturgradienten der Atmosphäre ableitet und diese mit dem LAPLACEschen Werte vergleicht. Die Berechnungen werden z. T. analytisch durchgeführt unter Annahme der IVORYschen und SCHMIDTschen Formeln für den Temperaturgradienten, z. T. durch numerische Integration unter Annahme der von 0 bis 9 km Höhe beobachteten Temperaturkurve. Ausgangspunkt ist die Grundformel (16) für die Luftmassen, wobei die Dichten mit Rücksicht auf das Gesetz von GAY-LUSSAC berechnet und die Vernachlässigungen der LAPLACEschen Theorie vermieden werden. Das Resultat ergibt bei allen Hypothesen nahezu denselben Wert der Extinktion bei $z = 87°$, die um $0^m,1$ größer ausfällt als nach LAPLACE. Die folgende Tabelle veranschaulicht die Resultate. Die zweite Zeile enthält die Werte der bei verschiedenen Hypothesen berechneten Luftmassen $F(z)$ für $z = 87°$, die dritte die Zenitreduktion in Größenklassen, berechnet nach der Formel

$$m_z - m_0 = -\frac{\log p}{0,4}\lfloor F(z) - 1\rfloor,$$

---

[1] Zur Theorie der astronomischen Strahlenbrechung. Sitzungsber. d. Sächs. Ges. d. Wiss. (1891).

[2] Zur Theorie der Extinktion des Lichts in der Erdatmosphäre. Mitt. der Großh. Sternwarte Heidelberg. (Astron. Institut.) Heft 4, 1904.

wobei für $\log p$ der Müllersche Wert $p = 0,835$ angenommen ist. λ bedeutet nach (8) die Höhe der reduzierten Atmosphäre. f ist der Koeffizient der Ivoryschen Formel für die Abhängigkeit der Dichte von der Temperatur

$$\frac{1 + mt}{1 + mt_0} = 1 - f(1 - x),\tag{42}$$

β der Temperaturgradient für 1 km Höhe in der Schmidtschen Formel:

$$t - t_0 = -\beta h.\tag{43}$$

	Ivory $f = 0,2$	Ivory $f = 0,3$	Schmidt $\beta = 6°,1$	Beobachtete Temperatur-abnahme bis 9 km Höhe	Laplace (Konst. Temperatur)
λ	8,0076	8,0070	8,0065	8,0067	7,9895
$F(87°)$ . . .	15,269	15,353	15,361	15,344	14,835
Ext. in Grkl. .	2,794	2,810	2,811	2,808	2,709
Ext. −Laplace	0,085	0,101	0,102	0,099	

Der Fehler der Laplaceschen Theorie ist somit nur unbedeutend und kommt nur für spezielle Untersuchungen in der Nähe des Horizontes in Betracht. Ein anderes Resultat von Bemporads Rechnungen ist, **daß die Extinktion praktisch nur von der Temperatur in den untersten Schichten der Atmosphäre bis zu 9 km beeinflußt wird.**

80. Bemporads Extinktionstheorie[1]. Diese Theorie berücksichtigt die Temperaturabnahme in den ersten 9 km der Atmosphäre durch die einfache Schmidtsche Formel

$$t - t_0 = -\beta h,$$

welche die Beobachtungen der wissenschaftlichen Luftfahrten[2] innerhalb der genannten Grenze sehr befriedigend darstellt. Bei einem Temperaturgradienten $\beta = 6°,1$ ergibt sich eine Übereinstimmung mit den beobachteten Mittelwerten der Temperatur, wie sie nebenstehende Tabelle veranschaulicht. Die letzte Kolumne gibt die Abweichungen von der Ivoryschen Formel.

Höhe in km	Beobachtung $t - t_0$	Schmidt − Beobachtung	Ivory − Beobachtung
1	6°,1	0,0	− 0,6
2	11,5	+0,7	− 0,9
3	16,9	+1,4	− 1,5
4	22,3	+2,1	− 2,6
5	28,7	+1,8	− 5,0
6	35,6	+1,0	− 8,3
7	42,2	+0,5	−11,7
8	49,4	−0,6	−16,0
9	(58,4)	−3,5	−22,6

Es sei hier gleich bemerkt, daß es praktisch gleichgültig ist, welches Temperaturgesetz man für die höheren Luftschichten annimmt, wenn man sich auf die Genauigkeit von $0^m,01$ bis zu 87° Zenitdistanz beschränkt. Ebenso zeigt eine noch strengere Berücksichtigung des beobachteten Temperaturabfalls innerhalb der ersten 9 km, als ihn die Schmidtsche Formel ergibt, keinen merkbaren Einfluß. Um das zu übersehen, beachten wir zunächst, daß aus der Beziehung

$$m_z - m_0 = -\frac{\log p}{0,4}\,[F(z) - 1],$$

bei $p = 0,835$, einem Fehler von $0^m,01$ in $m_z - m_0$ die Größe 0,051 in $F(z)$ entspricht. Bemporad führt versuchsweise zwei strenge Berechnungen der Funktion $F(z)$ für $z = 87°$ aus, die eine für den konstanten Temperaturgradienten $\beta = 6°,1$ für die gesamte Atmosphäre und eine zweite mit strengem

---

[1] Mitt. d. Großh. Sternwarte Heidelberg (Astron. Inst.) 4 (1904).
[2] Assmann und Berson, Wissenschaftliche Luftfahrten III.

Anschluß an die oben angeführten Beobachtungen mit den Gradienten 6,1, 5,4, 5,4, 5,4, 7,2, 7,2, 7,2, 7,2, 7,2 und für die Höhen über 9 km mit dem konstanten Gradienten 3,0. Der ersten Annahme entspricht eine Gesamthöhe der Atmosphäre von 45,1 km, der zweiten eine solche von 81,6 km. Trotz so verschiedener Annahmen ergeben sich nur wenig abweichende Werte für die Luftmassen $F(z)$:

$$\text{Erste Hypothese}\begin{cases} F(z) = \int\limits_{0}^{9} = 11{,}844; \\[2ex] F(z) = \int\limits_{9}^{H} = 3{,}517; \end{cases} \qquad \text{Zweite Hypothese}\begin{cases} = 11{,}849. \\[2ex] = 3{,}495. \end{cases}$$

Sie zeigen einerseits, daß die SCHMIDTsche Annäherung vollkommen genügend ist, andererseits, daß die höheren Schichten der Atmosphäre auch bei sehr verschiedenen Annahmen über die Temperaturabnahme praktisch unmerkliche Fehler in der Extinktion bewirken. Dagegen sind die unteren Schichten bis zu 9 km von merkbarem Einfluß, wie eine Berechnung der Extinktion nach der IVORYschen Hypothese über die Temperaturabnahme bei $f = 0{,}2$ zeigt. Diese stellt die beobachtete Temperaturabnahme, wie die letzte Kolumne unserer Tabelle zeigt, sehr schlecht dar. Die folgende Tabelle enthält eine Zusammenstellung der von BEMPORAD berechneten Luftmassen für die gesamte Atmosphäre nach den drei Hypothesen und außerdem nach LAPLACE.

	Hypothese I (SCHMIDT)	Hypothese II	Hypothese III (IVORY)	LAPLACE
$F(z), z = 87°$	15,361	15,344	15,269	14,835
Extinktion	$2^m,811$	$2^m,808$	$2^m,794$	$2^m,709$

Wir finden somit, daß der viel zu geringe Temperaturgradient von IVORY (etwa 4° pro Kilometer) einen Extinktionsfehler von $0^m,02$, derjenige von LAPLACE (0°), einen Fehler von $0^m,1$ bewirkt. Überhaupt gilt der Satz: **Bei gegebenen Durchsichtigkeitsverhältnissen übt die Atmosphäre bei schräg einfallenden Strahlen eine um so größere Extinktion aus, je größer der thermische Gradient mit der Höhe ist.**

81. Analytische Entwicklung des Extinktionsintegrals auf Grund der SCHMIDTschen Hypothese.
Ausgangspunkt der BEMPORADschen Entwicklungen ist die Gleichung (16) für die Luftmassen:

$$F(z) = \frac{1}{\lambda} \int\limits_{0}^{H} \frac{x\,dh}{\sqrt{1 - \left(\dfrac{R\mu_0}{r\mu}\right)^2 \sin^2 z}},$$

in die zunächst die LAPLACEsche Beziehung eingesetzt wird:

$$\mu^2 = 1 + 2c\varrho \qquad \text{oder} \qquad \frac{\mu^2}{\mu_0^2} = 1 - 2\alpha(1 - x),$$

wo $\alpha = \dfrac{c\varrho_0}{1 + 2c\varrho_0}$ die Refraktionskonstante ist. Ferner wird wieder die Variable s durch die Gleichungen

$$s = \frac{h}{R + h} = \frac{r - R}{r}, \qquad \frac{R^2}{r^2} = (1 - s)^2 \quad \text{und} \quad dh = \frac{R\,ds}{(1 - s)^2}$$

eingeführt. Dann ergibt sich

$$F(z) = C_z R \int\limits_0^S \frac{x \sqrt{1 - 2\alpha(1 - x)}\, ds}{(1 - s)^2 \sqrt{Z^2 - \varepsilon_z(1 - x) + s - \frac{1}{2}s^2}}, \tag{44}$$

wo der Kürze wegen

$$C_z = \frac{1}{\lambda \sqrt{2} \sin z}, \qquad Z^2 = \frac{1}{2}\cotg^2 z, \qquad \varepsilon_z = \frac{\alpha}{\sin^2 z}. \tag{44'}$$

gesetzt ist. In dieser Formel kann wie in den Refraktionstheorien $\frac{1}{2}s^2$ im Nenner vernachlässigt und $\sqrt{1 - 2\alpha(1 - x)}$ der Einheit gleichgesetzt werden. Statt $ds/(1 - s)^2$ kann $(1 + 2s)ds$ mit Vernachlässigung eines Gliedes zweiter Ordnung in s gesetzt werden. Dann ist

$$F(z) = RC_z \int\limits_0^S \frac{x(1 + 2s)\, ds}{\sqrt{Z^2 - \varepsilon_z(1 - x) + s}}. \tag{45}$$

Hier ist nun ein Ausdruck für die relative Dichte x als Funktion der Höhe s einzusetzen. Wir haben das Temperaturgesetz $t - t_0 = -\beta h$, das wir durch die sehr ähnliche Form

$$t - t_0 = -\beta \frac{R}{R + h} h = -\beta R s \tag{46}$$

ersetzen wollen. Diese ergibt ebenso eine fast vollkommen gleichmäßige Temperaturabnahme, bietet aber gegenüber der Schmidtschen Form wesentliche analytische Vorteile. Wir haben weiter die Grenzbedingungen bei $h = 0$:

$$t = t_0, \qquad B = B_0, \qquad x = 1$$

und die Gleichgewichtsgleichung der Atmosphäre: $dB = -g_0 \left(\frac{R}{r}\right)^2 \varrho\, dh$. Führt man als Einheiten für B und ϱ die Normalwerte $\overline{B}$, $\overline{\varrho}$ derselben bei $t = 0$ ein, so schreibt sich diese Gleichung in der Form

$$\overline{B}\, dB = -g_0 \left(\frac{R}{r}\right)^2 \varrho \overline{\varrho}\, dr \qquad \text{oder} \qquad dB = \frac{1}{l_0}\left(\frac{R}{r}\right)^2 \varrho\, dr, \tag{47}$$

wo $l_0 = \dfrac{\overline{B}}{g_0 \overline{\varrho}}$. Mit denselben Einheiten ist die Gleichung von Gay-Lussac

$$B = \varrho(1 + mt). \tag{48}$$

Dividiert man die Gleichung (48) durch die Gleichung für die Erdoberfläche

$$B_0 = \varrho_0(1 + mt_0) \tag{49}$$

und führt noch die Variable s ein, so ergibt sich

$$\frac{B}{B_0} = x(1 - \gamma s), \tag{50}$$

wo

$$\gamma = \frac{m \beta R}{1 + mt_0}. \tag{50'}$$

Wir erhalten weiter aus der Gleichung (47) nach Division durch (49) mit Hilfe der Gleichung

$$dr = \frac{R\, ds}{(1 - s)^2}:$$

$$\frac{dB}{B_0} = -\frac{R}{l} x\, ds, \tag{51}$$

wo

$$l = l_0(1 + mt_0) \tag{52}$$

gesetzt ist. Aus den Gleichungen (50) und (51) erhält man dann die Differentialgleichung

$$(1 - \gamma s)\, dx = \left(\gamma - \frac{R}{l}\right) x\, ds,\qquad(53)$$

deren Integration, mit Rücksicht auf die Anfangsbedingungen $s = 0$, $x = 1$, ergibt:

$$x = (1 - \gamma s)^k,\qquad(54)$$

wo ·

$$k = \frac{R}{\gamma l} - 1 = \frac{1}{m\beta l_0} - 1\,.\qquad(54')$$

Die Gleichung (54) ist die gesuchte Beziehung zwischen x und s, die in das Integral (45) einzusetzen ist.

82. Die Bestimmung von λ und H für die Schmidtsche Hypothese. Wie aus (44') ersichtlich, brauchen wir den Wert von λ im Faktor C_z. Dieser ist durch die Gleichung

$$\lambda = \int_0^H \frac{\varrho}{\varrho_0}\, dh = R \int_0^S \frac{x\, ds}{(1 - s)^2} = R \int_0^S \frac{(1 - \gamma s)^k ds}{(1 - s)^2}$$

bestimmt, wo

$$S = \frac{H}{R + H}\,.$$

Durch Reihenentwicklung erhalten wir

$$\lambda = R \int_0^S (1 - \gamma s)^k \left(1 + 2s + \frac{2 \cdot 3}{1 \cdot 2}s^2 + \frac{2 \cdot 3 \cdot 4}{1 \cdot 2 \cdot 3}s^3 + \cdots\right) ds$$

$$= R\left(\frac{1}{\gamma(k + 1)} + \frac{2}{\gamma^2(k + 1)(k + 2)} + \frac{6}{\gamma^3(k + 1)(k + 2)(k + 3)} + \cdots\right),$$

wenn man beachtet, daß

$$1 - \gamma S = x_H^{1/k} = 0\,.$$

Mit Beachtung von (54') erhält man auch

$$\lambda = l_0(1 + m t_0)\left(1 + \frac{2}{\gamma(k + 2)} + \frac{6}{\gamma^2(k + 2)(k + 3)} + \cdots\right),\qquad(55)$$

woraus die früher benutzte Näherung $\lambda = l = l_0(1 + m t_0)$ verdeutlicht wird.

Mit den bekannten Werten von l_0 und m ergibt sich aus (54') bei $\beta = 6°,22$

$$k = \tfrac{9}{2}$$

und mit diesem Werte aus (55)

$$\lambda = 8,0109\ \mathrm{km}\,.$$

Aus der Gleichung $S = \dfrac{1}{\gamma}$ folgt dann $S = 0,006894$ und hieraus

$$H = 43\ \mathrm{km}\,.$$

Wie wir schon nachgewiesen haben, beeinträchtigt dieser offenbar viel zu kleine Wert für die Höhe der Atmosphäre die Genauigkeit der Luftmassen $F(z)$ nicht in merkbarer Weise.

83. Die Integration des Ausdruckes von $F(z)$ für die Schmidtsche Hypothese. Den Ausdruck (45) für $F(z)$ zerlegt Bemporad in zwei Glieder

$$F(z) = RC_z \int_0^S \frac{x\, ds}{\sqrt{Z^2 - \varepsilon_z(1 - x) + s}} + RC_z \int_0^S \frac{2x s\, ds}{\sqrt{Z^2 - \varepsilon_z(1 - x) + s}} \qquad(56)$$

$$= \Phi(z) + \Psi(z)\,,$$

die getrennt integriert werden.

Nach Einsetzung der Beziehung (54):

$$x = y^k, \qquad \text{wo} \qquad y = (1 - \gamma s),$$

erhält man

$$\Phi(z) = \frac{R C_z}{\sqrt{\gamma}} \int_0^1 \frac{y^k \, dy}{\sqrt{\Gamma^2 - y - \Delta y}}, \tag{57}$$

wo

$$\Gamma^2 = 1 + Z^2 \gamma, \qquad \Delta y = \gamma \varepsilon_z (1 - y^k). \tag{57'}$$

Da ε_z für größere Zenitdistanzen eine kleine Größe ist (im Zenit selbst werden freilich außer ε_z auch C_z und Γ unendlich groß), so ist eine Entwicklung des Integrals (57) nach den Potenzen von Δy

$$\Phi(z) = \frac{R C_z}{\sqrt{\gamma}} \left\{ \int_0^1 \frac{y^k \, dy}{(\Gamma^2 - y)^{\frac{1}{2}}} + \frac{1}{2} \varepsilon_z \gamma \int_0^1 \frac{y^k (1 - y^k) \, dy}{(\Gamma^2 - y)^{\frac{3}{2}}} \right.$$
$$\left. + \frac{1}{2} \cdot \frac{3}{4} \varepsilon_z^2 \gamma^2 \int_0^1 \frac{y^k (1 - y^k)^2 \, dy}{(\Gamma^2 - y)^{\frac{5}{2}}} + \cdots \right\} \tag{58}$$

noch bei $Z = 89°$ so konvergent, daß vier Glieder zur Berechnung von $\Phi(z)$ bis auf drei Dezimalstellen ausreichen.

Bemporad wendet aber nicht die Reihe (58) an, sondern eine andere, die sich aus ihr durch die Substitution

$$\frac{y}{\Gamma^2} = t, \qquad \frac{1}{\Gamma^2} = T \tag{59}$$

ergibt. Es wird dann

$$\int_0^1 \frac{y^k \, dy}{(\Gamma^2 - y)^{\frac{1}{2}}} = \frac{1}{T^{k+\frac{1}{2}}} \int_0^T \frac{t^k \, dt}{(1 - t)^{\frac{1}{2}}},$$

$$\int_0^1 \frac{y^k (1 - y^k) \, dy}{(\Gamma^2 - y)^{\frac{3}{2}}} = \frac{1}{T^{k-\frac{1}{2}}} \int_0^T \frac{t^k \, dt}{(1 - t)^{\frac{3}{2}}} - \frac{1}{T^{2k-\frac{1}{2}}} \int_0^T \frac{t^{2k} \, dt}{(1 - t)^{\frac{3}{2}}}, \text{ usw.}$$

und es ist die Größe T, welche eine Funktion der Zenitdistanz und der Temperatur ist, nunmehr unter dem Integralzeichen verschwunden und tritt nur als obere Grenze auf. Das hat für die Berechnung, die im wesentlichen numerisch durchgeführt wird, seine wesentlichen Vorteile. Auf diese Weise erhält Bemporad für $\Phi(z)$ die Entwicklung:

$$\Phi(z) = \frac{\sqrt{T}}{\sin z} \varphi_0(T) + \left(\frac{\sqrt{T}}{\sin z} \right)^3 \varphi_1(T) + \left(\frac{\sqrt{T}}{\sin z} \right)^5 \varphi_2(T) + \cdots, \tag{60}$$

wo die Funktionen φ die Werte haben

$$\varphi_0(T) = \frac{C_0}{T^{k+1}} \int_0^T \frac{t^k \, dt}{(1 - t)^{\frac{1}{2}}},$$

$$\varphi_1(T) = \frac{C_1}{T^{k+1}} \int_0^T \frac{t^k \, dt}{(1 - t)^{\frac{3}{2}}} - \frac{C_1}{T^{2k+1}} \int_0^T \frac{t^{2k} \, dt}{(1 - t)^{\frac{3}{2}}},$$

$$\varphi_2(T) = \frac{C_2}{T^{k+1}} \int_0^T \frac{t^k \, dt}{(1 - t)^{\frac{5}{2}}} - \frac{2 C_2}{T^{2k+1}} \int_0^T \frac{t^{2k} \, dt}{(1 - t)^{\frac{5}{2}}} + \frac{C_2}{T^{3k+1}} \int_0^T \frac{t^{3k} \, dt}{(1 - t)^{\frac{5}{2}}} \text{ usw.}$$

Die Koeffizienten C_0, C_1, C_2 und T haben folgende Werte:

$$
\left.
\begin{aligned}
&C_0 = \frac{R}{\lambda\sqrt{2\gamma}}, \qquad C_1 = \frac{1}{2} C_0 \alpha\gamma, \qquad C_2 = \frac{1\cdot 3}{2\cdot 4} C_0 \alpha^2\gamma^2, \ldots \\
&T = \frac{1}{1+\gamma Z^2} = \frac{1}{1+\tfrac{1}{2}\gamma\,\mathrm{cotg}^2 z}.
\end{aligned}
\right\}
\tag{61}
$$

Dieselben sind von Temperatur und Druck am Beobachtungsorte abhängig; die Integrale selbst sind bei dem Normalwerte $k = 4{,}5$ leicht auf trigonometrische Funktionen zurückzuführen. Die Reihe ist so konvergent, daß fünf Glieder sogar für die Berechnung der Extinktion im Horizonte ausreichen. Es seien hier noch die Werte der Konstanten C_0 bis C_3 für $0°$ und $760\,\mathrm{mm}$ angeführt

$$
\log C_0 = 1{,}6698048, \qquad \log C_1 = 9{,}995366 - 10,
$$
$$
\log C_2 = 8{,}49702 - 10, \qquad \log C_3 = 7{,}0444 - 10.
$$

Die Entwicklung des zweiten Gliedes der Funktion $F(z)$ in (56), das gegenüber dem vorigen von niederer Ordnung ist, erledigt sich durch Einführung derselben Variablen in ganz ähnlicher Weise. Wir erhalten durch Anwendung derselben Substitution

$$
\Psi(z) = 2R\,C_z \int_0^S \frac{x\,s\,ds}{\sqrt{Z^2 - \varepsilon_z(1-x) + s}} = \frac{2R\,C_z}{\gamma^{\frac{3}{2}}} \int_0^1 \frac{y^k(1-y)\,dy}{\sqrt{\Gamma^2 - y - \Delta y}}
$$

$$
= \frac{2}{\gamma}\,\Phi(z) - \frac{2R\,C_z}{\gamma^{\frac{3}{2}}} \int_0^1 \frac{y^{k+1}\,dy}{\sqrt{\Gamma^2 - y - \Delta y}}.
$$

Die TAYLORsche Entwicklung nach den Potenzen von Δy ergibt:

$$
\Psi(z) = \frac{2}{\gamma}\,\Phi(z) - \frac{2R\,C_z}{\gamma^{\frac{3}{2}}}\left\{ \int_0^1 \frac{y^{k+1}\,dy}{(\Gamma^2 - y)^{\frac{1}{2}}} + \frac{1}{2}\varepsilon_z\gamma \int_0^1 \frac{y^{k+1}(1-y^k)\,dy}{(\Gamma^2 - y)^{\frac{3}{2}}} + \cdots \right\}
\tag{62}
$$

Endlich erhält man durch die Substitution $t = \dfrac{y}{\Gamma^2}$, $T = \dfrac{1}{\Gamma^2}$

$$
\left.
\begin{aligned}
\Psi(z) &= \frac{2}{\gamma}\,\Phi(z) - \left\{ \frac{\sqrt{T}}{\sin z}\chi_0(T) + \left(\frac{\sqrt{T}}{\sin z}\right)^3 \chi_1(T) + \cdots \right\} \\
&= \frac{\sqrt{T}}{\sin z}\,\psi_0(T) + \left(\frac{\sqrt{T}}{\sin z}\right)^3 \psi_1(T) + \cdots,
\end{aligned}
\right\}
\tag{63}
$$

wo gesetzt wurde:

$$
\chi_0(T) = K_0 \frac{1}{T^{k+2}} \int_0^T \frac{t^{k+1}\,dt}{(1-t)^{\frac{1}{2}}} ; \quad \chi_1(T) = K_1 \left\{ \frac{1}{T^{k+2}}\int_0^T \frac{t^{k+1}\,dt}{(1-t)^{\frac{1}{2}}} - \frac{1}{T^{2k+2}}\int_0^T \frac{t^{2k+1}\,dt}{(1-t)^{\frac{1}{2}}} \right\}, \tag{63'}
$$

$$
K_0 = \frac{2}{\gamma} C_0, \qquad K_1 = \frac{2}{\gamma} C_1,
$$

$$
\psi_0(T) = \frac{2}{\gamma}\varphi_0(T) - \chi_0(T),
$$

$$
\psi_1(T) = \frac{2}{\gamma}\varphi_1(T) - \chi_1(T).
$$

Hier genügt aber schon die Berechnung der zwei ersten Funktionen ψ_0 und ψ_1, indem für den Horizont

$$
\psi_0(1) = 0{,}0447,
$$
$$
\psi_1(1) = 0{,}0032,
$$
$$
\psi_2(1) = 0{,}0003.
$$

Definitiv ist somit die Entwicklung der Funktion $F(z)$ nach den ungeraden Potenzen von $\dfrac{\sqrt{T}}{\sin z}$ folgende:

$$F(z) = F_0(T)\,\frac{\sqrt{T}}{\sin z} + F_1(T)\left(\frac{\sqrt{T}}{\sin z}\right)^3 + F_2(T)\left(\frac{\sqrt{T}}{\sin z}\right)^5 + \cdots, \qquad (64)$$

wo die Funktionen $F(T)$ die Summen der entsprechenden Funktionen φ und ψ sind:

$$T = \frac{1}{1 + \frac{1}{2}\gamma\cot^2 z}, \qquad \log\frac{1}{2}\gamma = 1{,}860\,4900, \left.\begin{array}{c}\\[6pt]\end{array}\right\} \qquad (64')$$
$$F_i(T) = \varphi_i(T) + \psi_i(T), \quad \text{wo}\quad i = 0, 1, 2 \ldots$$

Für die Werte der Funktionen φ_i und ψ_i hat Bemporad Tafeln berechnet, die nach dem Argumente T fortschreiten. Diese sind dann zu Tafeln der Funktionen $F_i(z)$ zusammengefaßt und ergeben die im Anhange abgedruckten Tafeln XIIa für die durchlaufenen Luftmassen $F(z)$. Diese schreiten fort: von $0°$ bis $60°$ von Grad zu Grad, von $60°$ bis $84°$ von zehntel zu zehntel Grad, endlich von $84°$ bis $89°$ von Minute zu Minute. Die Tafeln sind für feinere Untersuchungen heute allgemein im Gebrauch, wenn auch für gewöhnliche photometrische Messungen, bei denen man nicht über $75°$ Zenitdistanz hinausgeht, die Bouguersche und die Laplacesche Tafel ebensogut benutzbar sind, weil sie tatsächlich dieselben Extinktionswerte wie die neuen Tafeln liefern.

Der Wert der Tafeln von Bemporad ist somit wesentlich ein theoretischer, weil in ihnen erstmals die tatsächlichen Bedingungen in der Troposphäre bezüglich der Temperatur und des Druckes streng in Rechnung gezogen sind. Sie beruhen aber auf der Voraussetzung, daß das Absorptionsvermögen der Luftschichten von der Dichte allein abhängig ist, einer Voraussetzung, die sicherlich für die Troposphäre nicht streng zutrifft, weil die Beimischung von Wasserdampf und Staubpartikeln das Absorptionsvermögen wesentlich verändert. Das Studium dieser Einflüsse ist aber durch die strengen Tafeln eigentlich erst ermöglicht.

Beifolgende Tabelle gibt eine Zusammenstellung der nach Bouguer, Laplace und nach Bemporad berechneten Luftmassen und der entsprechenden Extinktionswerte.

z	Durchlaufene Luftmassen $F(z)$			Unterschiede in Größenklassen	
	Bouguer	Laplace	Bemporad	Bouguer – Bemporad	Laplace – Bemporad
$0°$	1,000	1,000	1,000	0,00	0,00
70	2,897	2,899	2,904	0,00	0,00
75	3,800	3,803	3,816	0,00	0,00
80	5,551	5,563	5,600	$-0{,}01$	$-0{,}01$
81	6,113	6,129	6,177	$-0{,}01$	$-0{,}01$
82	6,798	6,818	6,884	$-0{,}01$	$-0{,}01$
83	7,649	7,676	7,768	$-0{,}02$	$-0{,}02$
84	8,730	8,768	8,900	$-0{,}04$	$-0{,}03$
85	10,142	10,196	10,395	$-0{,}05$	$-0{,}04$
86	12,047	12,125	12,439	$-0{,}08$	$-0{,}06$
87	14,724	14,835	15,364	$-0{,}12$	$-0{,}10$
88	18,677	18,835	19,787	$-0{,}22$	$-0{,}19$

Wie ersichtlich, liefern die Bouguersche und die Laplacesche Theorie fast genau dieselben Werte; sie weichen beide von den strengen Bemporadschen Werten erst bei Zenitdistanzen von über $80°$ merklich ab.

84. Über den Einfluß der geographischen Lage des Beobachtungsortes und der Druck- und Temperaturschwankungen auf die Extinktion. Die mittleren Extinktionstafeln von BEMPORAD beziehen sich auf die geographische Breite von 45°, die Temperatur 0° und den Barometerstand 760 mm. Durch die Konstante k, die als Exponent in die Integrale eingeht, hängen die Funktionen φ und ψ von der Schwerkraft und dem Temperaturgradienten ab, denn es ist

$$k = \frac{1}{m\beta l_0} - 1,$$

$$l_0 = g\frac{\overline{B}}{\overline{\varrho}}.$$

Die Schwerkraft am Beobachtungsorte ist eine Funktion der Breite und der Höhe über dem Meeresniveau. Eine Umrechnung der Tafelwerte der Extinktion auf große Höhen des Beobachtungsortes und andere Breiten würde somit streng genommen notwendig. Die Durchrechnung für extreme Fälle zeigt aber, daß die Korrektion wegen Breite immer verschwindend ist und auch diejenige wegen Höhe bis zu 3000 m und 87° Zenitdistanz vernachlässigt werden kann, ohne auch nur einen Fehler von $0^m,01$ in der berechneten Extinktion zu bewirken. Für noch schärfere Untersuchungen gibt BEMPORAD den Weg an, die genannten Einflüsse in Rechnung zu ziehen.

Da die Funktion $F(z)$ identisch für das Meeresniveau und 3000 m Höhe verläuft, so kann der Unterschied der Extinktion allein durch die Verschiedenheit der Transmissionskoeffizienten p in der Formel:

$$\text{Extinktion} = m_z - m_0 = -\frac{\log p}{0,4}[F(z) - 1]$$

bedingt sein.

Die Veränderungen der Extinktion durch Druck und Temperatur an demselben Orte werden sowohl durch die Veränderungen der Funktion $F(z)$ als auch durch diejenigen des Transmissionskoeffizienten p bedingt. BEMPORAD ermöglicht es durch kleine Hilfstafeln, die Änderungen der Koeffizienten der Funktionen $\varphi_0, \varphi_1 \dots, \psi_0, \psi_1 \dots$ infolge dieser Einflüsse streng in Rechnung zu ziehen.

Die im Anhange gegebenen Tafeln XIIb und XIIc gestatten es, die Veränderungen von $F(z)$ und $\log p$ für die Zenitdistanzen 87°, 88°, 89°, für welche sie allein merkbar sind, streng zu berechnen. Man kann aus ihnen ersehen, daß $F(z)$ fast ausschließlich von der Temperatur, $\log p$ dagegen wesentlich vom Druck abhängt. Letzteres erhellt übrigens aus der Gleichung, nach der die Tafel berechnet ist, die unmittelbar aus der Definition von $\ln p = -c\lambda\varrho_0$ folgt. Es ist das die Gleichung:

$$\log p = \log p_0 \frac{\lambda_t}{\lambda_0} \frac{B}{760} \frac{1}{1 + mt}.$$

Da λ_t sehr nahe proportional mit $1 + mt$ verläuft, so bleibt nur der Einfluß des Druckes entscheidend. Hier ist p der veränderte, sich auf die Temperatur t und den Druck B beziehende Transmissionskoeffizient.

Die Tafel XIb ist eine Zusammenfassung der eben erwähnten und gibt direkt die Korrektionen der Extinktionswerte für Temperatur- und Druckverhältnisse, die von den normalen abweichen.

Folgende durch strenge Berechnung für einige extreme Werte und Interpolation für die dazwischenliegenden erhaltenen Formeln von BEMPORAD veranschaulichen den Einfluß von Temperatur und Druck auf die Extinktion (ΔE in Größenklassen).

$$z = 80° \qquad \Delta E = \qquad\qquad\qquad + 0,011\,\Delta\beta$$
$$z = 82 \qquad \Delta E = \qquad\qquad\qquad + 0,015\,\Delta\beta$$
$$z = 84 \qquad \Delta E = -0,005\,\Delta\tau + 0,020\,\Delta\beta$$
$$z = 86 \qquad \Delta E = -0,012\,\Delta\tau + 0,030\,\Delta\beta$$
$$z = 87 \qquad \Delta E = -0,022\,\Delta\tau + 0,039\,\Delta\beta$$

Es kann gezeigt werden, und S. P. LANGLEY[1] hat es in aller Strenge getan, daß der nach der üblichen indirekten Methode bestimmte effektive Transmissionskoeffizient zu groß erhalten wird und daher die außeratmosphärische Strahlung J zu klein ergibt. Die Ursache dieser Erscheinung ist leicht einzusehen. Wir müssen für selektiv absorbierende Körper mit dem Phänomen von FORBES[2] und CROVA[3] rechnen, welches aussagt, daß die spezifische oder auf die Einheit der Luftmasse bezogene Durchlässigkeit mit wachsender Schichtdicke zunehmen muß. Nachdem der durchgelassene Spektralbereich durch die vorderen Schichten eingeengt worden ist, wirken die weiteren Schichten in geringerem Maße absorbierend. Diese Erscheinung ist schon LAMBERT (1760) bekannt gewesen; hatte er doch bemerkt, daß ein Satz gleich dicker gefärbter Glasplatten das Sonnenlicht nicht um konstante Beträge schwächt; die spezifische Durchlässigkeit wächst mit der Anzahl der Platten.

Es folgt hieraus, daß der bei tiefem Stande der Gestirne bestimmte effektive Transmissionskoeffizient der Atmosphäre sich größer ergeben muß als der bei größeren Höhen der Gestirne bestimmte. Die Diskussion, die dieser unwiderlegbare, von LANGLEY aufgestellte Satz hervorgerufen hat, kann auch heute noch nicht als abgeschlossen gelten. LANGLEY selbst glaubte, daß die außeratmosphärische Strahlung durch den verfälschten Transmissionskoeffizienten um ganze 40% zu klein erhalten würde. SEELIGER[4] wies darauf hin, daß mit Rücksicht auf die geringe Ausdehnung des visuell wirksamen Spektralgebietes der Einfluß der kontinuierlichen Abnahme des Transmissionskoeffizienten mit der Wellenlänge auf den gesuchten Mittelwert nur gering sein könne. Aus den LANGLEYschen spektralen Transmissionskoeffizienten berechnet er theoretisch den wahren Wert von p und findet, daß er zwischen 0,75 und 0,82 liegen müsse, also eine um höchstens 8% größere Lichtschwächung ergeben müßte als die gewöhnlich angenommene. J. WILSING[5] findet ebenfalls, daß, insbesondere für den sichtbaren Teil der Strahlung zwischen $0,45\mu$ und $0,68\mu$, die wahre Gesamtschwächung durch den effektiven Transmissionskoeffizienten nach der BOUGUERschen Formel genau darstellbar ist. Er findet aus den spektralphotometrischen Messungen von G. MÜLLER den Wert von $p = 0,810$, während MÜLLER aus seinen Messungen der Gesamtstrahlung den Wert $p = 0,835$ gefunden hat. Die Ursache für diese Übereinstimmung liegt darin, daß innerhalb der Grenzen der visuellen Strahlen die Gesamtempfindungsstärken sich verhalten wie die entsprechenden Energiemengen; ferner stimmen die durch die Extinktion deformierten Strahlungskurven hinreichend genau mit den Kurven tieferer Temperatur überein; daher stimmt auch die visuell beobachtete Gesamtschwächung mit der aus der Energiekurve mit Hilfe der spektralen Transmissionskoeffizienten berechneten überein.

Trotzdem sind bei schärferer Reduktion Spuren von spektraler Extinktion in den visuellen Messungen der Gestirne in verschiedenen Höhen immer nachweisbar. SEELIGER[4] (1891) fand dieselben in den Potsdamer Beobachtungen. BEMPORAD[6] (1902) zeigte in seiner Neubearbeitung der MÜLLERschen Messungen auf dem Säntis[7], daß bei größerer Durchsichtigkeit der Atmosphäre, also einem

---

[1] American Journal of Science. 3. Series. vol. 28, S. 163 (1884).
[2] Philosophical Transactions of the R. Soc. of London 1842. S. 225.
[3] Annales de Chimie et de Physique. Série 5, t. 11, S. 433 (1877) und t. 19, S. 167 (1880).
[4] Sitzungsberichte der math.-phys. Klasse der k. Bayer. Ak. der Wiss. 21, S. 247 (1891).
[5] Publik. d. Astroph. Obs. zu Potsdam 24, Nr. 76, S. 16 (1920).
[6] Mem. della Soc. degli Spettroscop Italiani 31, S. 171 (1902).
[7] Publik. d. Astroph. Obs. zu Potsdam 8, Nr. 27 (1891).

größeren Werte von p, sich nach der Formel

$$\log J_0 - \log J_z = - \log p \, [F(z) - 1]$$

nicht immer eine größere Zenithelligkeit J_0 des Sternes ergibt; vorwiegend stellte sich vielmehr das Gegenteil heraus. Auch das könnte durch eine Vergrößerung des Transmissionskoeffizienten mit der Luftmasse im Sinne der spektralen Extinktion gedeutet werden.

H. G. Wolff[1] fand, daß die Potsdamer Beobachtungen Müllers bei der Annahme eines mit der Luftmasse zunehmenden spezifischen Transmissionskoeffizienten in bessere Übereinstimmung gebracht werden können. Er leitete für p die empirische Relation ab

$$p = p_0 + a \log F(z) \, .$$

Dieselbe benutzte auch Zipler (1921)[2] bei der Bearbeitung seiner Babelsberger Messungen. Als Werte des spezifischen Transmissionskoeffizienten p und der Konstante a wurden gefunden:

$$\text{für Potsdam (von Wolff)} \quad p_0 = 0{,}750 \, , \qquad a = 0{,}034 \, ,$$
$$\text{,, \ Babelsberg (von Zipler)} \quad p_0 = 0{,}723 \, , \qquad a = 0{,}062 \, .$$

Es seien hier noch andere neuere Bestimmungen des Transmissionskoeffizienten für das visuell wirksamste Gebiet mitgeteilt. Die oben angeführten Werte von Wolff und Zipler beziehen sich auf die effektiven Wellenlängen $\lambda = 0{,}575 \, \mu$ bzw. $0{,}571 \, \mu$. Wilsing[3] fand aus seinen bolometrischen Messungen in Potsdam für $\lambda = 0{,}570 \, \mu$ den Wert $p = 0{,}750$; Abbot und Fowle[4] fanden für dieselbe Wellenlänge auf bolometrischem Wege für Washington $p = 0{,}701$; endlich fand Bemporad[5] aus den pyrheliometrischen Messungen Ångströms auf Teneriffa den Wert $p = 0{,}761$.

86. Differentielle Extinktionsbestimmungen aus Beobachtungen von Stationen verschiedener Höhe über dem Meeresniveau. Gleichzeitige Beobachtungen desselben Gestirnes von verschieden hochgelegenen Stationen ergeben den direkten Wert der Extinktion der dazwischenliegenden Luftmassen. Dieser Art sind die aktinometrischen und bolometrischen Messungen von Langley[6] auf dem Mount Whitney und die visuell-photometrischen Beobachtungen von Müller und Kempf[7] in Catania und auf dem Ätna. Die Neubearbeitung der letzteren durch Bemporad[8] war Veranlassung für mehrere Veröffentlichungen, die bemerkenswerte Ergebnisse zeitigten. Zunächst erwies es sich als notwendig, für eine strenge Berechnung stark gegen den Horizont geneigter Luftmassen mit Rücksicht auf die Refraktion, Temperatur- und Druckverhältnisse Tabellen zu berechnen, die von allgemein wissenschaftlichem Werte sind. Sie erstrecken sich auf Höhen von 0 bis 5000 m über dem Meere. Die Anwendung derselben zu einer strengen Reduktion der Müllerschen Beobachtungen ergab für die Luftschicht Catania-Ätna einen offensichtlichen Gang des Transmissionskoeffizienten mit der Zenitdistanz; größeren Zenitdistanzen entsprechen größere Werte des Transmissionskoeffizienten im Sinne der spektralen Ex-

---

[1] Beiträge z. Ext. d. Fixsternlichts in der Erdatmosphäre. Dissert. Breslau (1911).
[2] Veröffentlichungen d. Univ.-Sternwarte zu Berlin-Babelsberg 3, Heft 2 (1921).
[3] Publik. d. Astroph. Obs. zu Potsdam. 25, Nr. 80 (1924).
[4] Annals of the Astroph. Obs. of the Smiths. Instit. 2, S. 109 (1908).
[5] Reale Accademia dei Lincei. L'assorbimento selettivo etc. Roma 1908.
[6] Professional Papers of the Signal Service. U. S. A. Nr. 15 (1884).
[7] Publik. d. Astroph. Obs. zu Potsdam 11, Nr. 38 (1898).
[8] Bollett. dell' Acc. Gioenia di Sc. Nat. in Catania (1904).

tinktion. Folgende Tabelle gibt eine Zusammenstellung der von BEMPORAD reduzierten Werte der spezifischen Transmissionskoeffizienten verschieden mächtiger Luftschichten bei wachsender Neigung der Strahlen. In der ersten Zeile stehen die von H. G. WOLFF aus den Potsdamer Beobachtungen MÜLLERs nach der BOUGUERschen Methode abgeleiteten Transmissionskoeffizienten; die zweite Zeile enthält dieselben für die Schicht Catania-Ätna von nahezu 3000 m Mächtigkeit, abgeleitet aus den photometrischen Messungen von MÜLLER und KEMPF; die dritte und vierte Zeile enthält die Transmissionskoeffizienten nach den spektralphotometrischen Messungen von MÜLLER und KRON[1] auf Teneriffa, wobei die beiden Schichten, die sich durch die Zwischenstation (Pedrogilpaß) zwischen Orotava und Alta Vista ergaben, getrennt berechnet sind; endlich gibt die letzte Zeile die Resultate der pyrheliometrischen Messungen von K. ÅNGSTRÖM[2], ebenfalls auf Teneriffa.

	$z = 0°$	$50°$	$70°$	$80°$
Potsdam (97 m)	0,750	0,765	0,786	0,809
Catania-Ätna (69—2942 m)	0,23	0,36	0,43	0,50
Orotava-Alta Vista (360—3260 m), $\lambda = 0,570\,\mu$ . .	0,233	0,336	0,471	0,549
Pedrogilpaß-Alta Vista (1950—3260 m), $\lambda = 0,570\,\mu$	0,071	0,176	0,405	0,573
Guimar-Alta Vista (360—3252 m)	0,599	0,653	0,723	0,788

Alle Reihen zeigen den ausgesprochenen Gang mit der Zenitdistanz oder mit der Dicke der durchdrungenen Luftmasse, und zwar um so deutlicher, je geringer diese ist. Außerdem sind alle spezifischen Transmissionskoeffizienten, die für die Gesamtatmosphäre (8 km) gelten, wesentlich kleiner als die aus den Beobachtungen nach der BOUGUERschen Methode abgeleiteten (erste Zeile).

Wenn für die spektralphotometrischen Resultate der obigen Tabelle die spektrale Extinktion verantwortlich sein soll, so muß man annehmen, daß diese auch noch innerhalb eines Spektralbereiches von 100 AE für die blauen bzw. 30 AE für die roten Strahlen wirksam ist, denn so breit war der Spalt des von MÜLLER angewandten Spektralphotometers; bei unendlich schmalem Spalt dürfte kein Gang in den obigen Zahlen auftreten. Doch zieht BEMPORAD zur Erklärung desselben auch die Möglichkeit einer starken Erhöhung der Extinktion in der betreffenden Schicht mit der Sonnenhöhe in Betracht. Die Beobachtungen sind nämlich an der Sonne ausgeführt, und es wäre denkbar, daß mit der Erhebung derselben über dem Horizonte auch ein Steigen der erwärmten unteren Luftmassen mit ihrem Dunstgehalt erfolgt ist, was eine kleinere Durchlässigkeit bei größerer Sonnenhöhe ergeben müßte. Wenn diese Erscheinung in den MÜLLERschen Beobachtungen auch mitgespielt hat, so ist durch die anderen z. T. nächtlichen Beobachtungen der Einfluß der spektralen Extinktion außer jeden Zweifel gestellt.

87. Die Abhängigkeit des Transmissionskoeffizienten von der Höhe über dem Meeresspiegel. Einen Einfluß der Höhe über dem Meeresniveau auf den Transmissionskoeffizienten der über dem Beobachtungsorte befindlichen Atmosphäre kann man in der vorigen Tabelle nicht ersehen. WILSING[3] (1917) leitete aus Bestimmungen an sieben Stationen mit Barometerständen zwischen 450 und 760 mm folgende empirische Beziehung ab

$$\log p_\lambda = -\frac{\varkappa(B)}{\lambda - 0,288}, \tag{65}$$

---

[1] Publik. d. Astroph. Obs. zu Potsdam 22, Nr. 64 (1912). Siehe Referat von BEMPORAD, VJS 47, S. 325 (1913).
[2] Nova Acta R. Soc. Upsal. Serie 3a, vol. 20 (1900), und BEMPORAD l. c. Lincei (1908).
[3] Publik. d. Astroph. Obs. zu Potsdam 25, Nr. 80 (1924).

wobei die vom Barometerstande B abhängige Funktion folgende Form hat:

$$\varkappa(B) = \frac{0{,}01826\,B}{1 - 1{,}703\,B^4}.$$

Somit ist der Transmissionskoeffizient nicht einfach dem Druck proportional, wie es die Bouguersche Theorie fordert. Bemporad[1] fand in Ångströms Pyrheliometer-Messungen auf Teneriffa eine Abnahme der Durchsichtigkeit der Luft proportional der 4. Potenz der Luftdichte. Demnach kann für die unteren Schichten der Atmosphäre die Bouguersche Theorie keine Anwendung finden. Wir haben vielmehr in der Grundgleichung für die Absorption

$$dJ = -k\varrho\,J\,ds$$

die Größe k als veränderlich anzusehen, und entsprechend erhalten wir an Stelle der Gleichung (3) nach der Integration die verallgemeinerte Extinktionsgleichung in der Form

$$J_z = J\,e^{-\int k\varrho\,ds}. \tag{66}$$

Hier ist nach Bemporad der Exponent $\int k\varrho\,ds$ an Stelle der Luftmasse der Bouguerschen Formel richtiger als „optische Luftmasse" zu bezeichnen.

Eine strenge Theorie der Extinktion müßte es ermöglichen, diese optischen Luftmassen für verschiedene Zenitdistanzen und verschiedene Höhen über dem Meeresniveau zu berechnen, was aber nur möglich wäre, wenn die Veränderlichkeit von k mit der Höhe bekannt wäre. Einen Spezialfall einer solchen Theorie hat Bemporad[2] behandelt, indem er die empirisch gefundene Beziehung

$$k = k_0\varrho^4 \tag{67}$$

einmal für die ganze Atmosphäre und dann nur für die unteren Schichten bis zu 5000 m Höhe als gültig annahm, während in größeren Höhen konstante Durchsichtigkeit herrschen sollte. Da die Veränderlichkeit von k durch die Beimischungen von Wasserdampf und Staub verursacht wird, kann die obige Annahme als plausibel gelten.

Entsprechend den Gleichungen (10) bis (18) reduziert sich die Aufgabe der Theorie auf die Berechnung der Integrale

$$\lambda_1 = \int\limits_0^H x^5\,dh, \tag{68}$$

$$F_1(z) = \frac{1}{\lambda_1} \int\limits_0^H \frac{x^5\,dh}{\sqrt{1 - \left(\frac{R\,\mu_0}{r\,\mu}\right)^2 \sin^2 z}}, \tag{69}$$

wo das erste die optische Masse der Atmosphäre in vertikaler Richtung bedeutet, das zweite die optischen Massen für beliebige Zenitdistanzen. Man findet leicht (wie in Ziff. 81) λ_1 durch Reihenentwicklung des Ausdruckes $dh = \dfrac{R\,ds}{(1-s)^2}$ in der Form

$$\lambda_1 = R \int\limits_0^s (1 - \gamma s)^{\frac{4{,}5}{2}} (1 + 2s + 3s^2 + \cdots)\,ds;$$

---

[1] L'assorbimento selettivo della radiazione solare etc. Reale Accademia dei Lincei. Anno CCCV, S. 99 (1908).

[2] La teoria dell' assorbimento atmosferico. R. Osservatorio Astronomico di Capodimonte. Contributi Astronomici Nr. 6 (1913).

die numerische Ausrechnung ergibt $\lambda_1 = 1{,}872$ km. Bei der Annahme der Formel (67) für die Durchlässigkeit absorbiert die gesamte Atmosphäre etwas weniger als 2 km normaler Luft am Meeresniveau in horizontaler Richtung.

Der Einfluß der höheren Schichten der Atmosphäre ist übrigens ganz unbedeutend. Läßt man das Gesetz (67), wie oben, für die ganze Atmosphäre gelten, so sind die Werte der optischen Massen von 0 bis 5 km und von 5 bis 20 km Höhe folgende:

$$\int_0^5 x^5\,dh = 1{,}76185 \qquad \text{und} \qquad \int_5^{20} x^5\,dh = 0{,}11012 .$$

Noch größere Höhen geben bei fünfstelliger Rechnung überhaupt keinen Beitrag. BEMPORAD berechnet mit Hilfe mechanischer Quadraturen die der Formel (67) entsprechenden Werte der Funktion $F_1(z)$ von 60° bis 90° Zenitdistanz. Ein Auszug aus seiner Tabelle sei hier angeführt. In der letzten Kolumne stehen zum Vergleich die Werte der Funktion $F(z)$, welche der alten Theorie gleicher Durchsichtigkeit gleicher Luftmassen entsprechen.

z	$\int_0^5$	$\int_5^{20}$	$F_1(z)$	$F(z)$
60°	1,8813	0,1174	1,9987	1,995
70	2,7478	0,1709	2,9187	2,904
75	3,6266	0,2246	3,8512	3,816
80	5,3867	0,3296	5,7163	5,600
85	10,5410	0,6090	11,1500	10,395
87	16,8950	0,8794	17,7744	15,365
89	38,4970	1,3098	39,8068	26,959
90	79,9776	1,4247	81,4023	39,651

Bis zu 60° Zenitdistanz geben beide Theorien übereinstimmende Werte, bei größeren Zenitdistanzen wächst der Unterschied stark an.

Auch eine zweite Hypothese, nach welcher das Durchsichtigkeitsgesetz (67) nur bis zu einer gewissen Höhe H_0 gelten soll, während für größere Höhen die alte Annahme $k = k_0 =$ konst. gilt, wird durchgerechnet; die optische Masse λ_0 in vertikaler Richtung hat jetzt folgende Form:

$$\lambda_0 = \int_0^{H_0} x^5\,dh + x_0^4 \int_{H_0}^{H} x\,dh . \tag{70}$$

Die Werte für λ_0 bei zwei Annahmen über die Grenze H_0 sind folgende:

$$H_0 = 4 \text{ km}: \qquad \lambda_0 = 2{,}5261 ,$$
$$H_0 = 5 \text{ km}: \qquad \lambda_0 = 2{,}2330 .$$

Wie der folgende Auszug aus BEMPORADS Tabelle zeigt, ist der Unterschied der beiden letzten Annahmen, sowie auch derjenige beider gegen die erste Hypothese, nur gering und nur für Zenitdistanzen größer als 85° von praktischer Bedeutung. Die Werte von $F_1(z)$ der vorigen Tabelle sind zum bequemeren Vergleich auch mit angeführt.

z	$H_0 = 4$ km		$H_0 = 5$ km		$F_1(z)$	$F_2(z)$	$F_3(z)$
	$\int_0^4$	$\int_4^H$	$\int_0^5$	$\int_5^H$			
60°	1,3235	0,6734	1,5771	0,4201	1,999	1,997	1,997
70	1,9332	0,9779	2,3035	0,6100	2,919	2,913	2,911
75	2,5518	1,2813	3,0401	0,7990	3,851	3,839	3,833
80	3,7918	1,8658	4,5157	1,1606	5,716	5,676	5,658
85	7,4333	3,3410	8,8367	2,0610	11,150	10,898	10,774
87	11,9544	4,6542	14,1633	2,8367	17,774	17,000	16,609
89	26,6070	6,5554	32,2726	3,8868	39,807	36,159	34,162
90	58,2326	7,0395	67,0465	4,1347	81,402	71,181	65,272

88. Direkte photometrische Extinktionsbestimmungen. Beobachtet man zwei von der Sonne beleuchtete Scheiben aus weißem Papier von gleicher Albedo, gleich orientiert, aber in sehr verschiedenen Entfernungen, so gibt der Unterschied der scheinbaren Helligkeiten direkt den Betrag der Extinktion einer bestimmten Luftschicht. Auf diese Weise fand Wild[1] für die Oberfläche der Erde, und in einer späteren Arbeit[2] für Luft verschiedener Reinheit, die in horizontalen Röhren eingeschlossen war, außerordentlich kleine Werte der Durchlässigkeit. Haecker[3] fand für neblige Luft ähnliche Werte. Von den anderen nach dieser Methode ausgeführten Bestimmungen seien hier nur diejenigen von E. Oddone kurz besprochen[4], der zur Bestimmung der terrestrischen Extinktion photometrische Beobachtungen von Schneefeldern in den Alpen und Apenninen ausgeführt hat. Die von den untersuchten Strahlen durch die Atmosphäre zurückgelegte Strecke betrug dabei 45 bis 135 km. Um nahezu gleichmäßige Durchsichtigkeitsverhältnisse zu haben, wurde nur an den Tagen gemessen, an denen die Sichtweite etwa 100 km betrug. Bemporad[5] hat die Beobachtungen Oddones in strenger Weise mit Berücksichtigung der Änderung der Dichte längs der Visierlinie reduziert, wobei er sich der oben (Ziff. 86) erwähnten Tabellen bedienen konnte. Folgende Tabelle enthält die Resultate dieser Berechnung.

Entfernung	Monte Pernice (1,38 km) 45 km		M. Grigna (2,15 km) 85 km		Weißmies (3,5 km) 134 km	
Azimut	$S z O$		$N z O$		$N W$	
	16.Febr.	14.Febr.	1. Jan.	4. März	4. März	
$F(z)$	2,959	4,114	6,502	7,353	11,173	11,282
p	0,656	0,719	0,876	0,871	0,953	0,943
p (Zipler)	0,790	0,811	0,839	0,847	0,873	0,873

Darf man annehmen, daß die Durchlässigkeitsverhältnisse in den drei verschiedenen Richtungen dieselben waren und daß die an vier verschiedenen Tagen erhaltenen Werte genügend sicher und vergleichbar sind, so fällt zunächst auf, daß die tiefere Luftschicht (1,38 km) eine geringere Durchsichtigkeit hat, und daß diese wächst mit der Höhe und der Mächtigkeit der Luftmasse ($F(z)$). In der untersten Zeile stehen zum Vergleich die Transmissionskoeffizienten quantitativ gleicher Luftmassen, wie sie nach der üblichen astronomischen Methode von Zipler für Babelsberg gefunden wurden. Qualitativ sind die Luftmassen in beiden Fällen andere, denn die ersteren liegen dicht an der Oberfläche der Erde. Während in Ziplers Zahlen sich der Einfluß der spektralen Extinktion ausspricht, ist der viel größere Gang von Oddones Transmissionskoeffizienten nicht mehr allein durch diese Ursache zu erklären; vielmehr kommt in ihnen der Einfluß der Helligkeit der trüben Luft selbst zum Ausdruck. Diese der Extinktion entgegenwirkende (entfernte Gegenstände erhellende) Wirkung, die schwer in Rechnung gezogen werden kann, beeinträchtigt den Wert aller nach dieser Methode bestimmten Transmissionskoeffizienten.

89. Die Durchlässigkeit der Luft für Strahlung verschiedener Wellenlänge. Die verschiedenen Bestimmungen der Transmissionskoeffizienten p_λ für die einzelnen Wellenlängen können hier nicht alle angeführt werden. Zur Übersicht über den Verlauf der p_λ im visuellen Teile des Spektrums seien hier die Resultate von Müller[6] und Kron, die sie auf ihrer Expedition nach Teneriffa

[1] Poggend. Annalen 134, S. 312 (1868).   [2] Poggend. Annalen 135, S. 99 (1868).
[3] Bestimmung d. Transparenzkoeff. d. Nebels und d. zugehörigen Sichtweite usw. Diss. Kiel 1905.
[4] Rendic. del R. Inst. Lomb. di Sc. e Lett. Serie 2, vol. 34, S. 511 (1901).
[5] Mem. della Soc. degli Spettroscopisti Italiani. 32, S. 105 (1903) und Mem. del. R. Inst. Lomb. di Sc. Lett. Cl. di Sc. Mat. vol. 20, S. 137.
[6] Publik. d. Astroph. Obs. zu Potsdam 22, Nr. 64, S. 71 (1912).

mit Hilfe eines GLAN-VOGELschen Spektralphotometers erhalten haben, mitgeteilt; beobachtet wurde das Sonnenspektrum bei verschiedener Zenitdistanz der Sonne an drei verschieden hohen Orten. Die Reduktion geschah nach der BOUGUERschen Formel $J_z = J_0 p_\lambda^{F(z)-1}$, und die Resultate weisen, wie schon oben erwähnt, wegen der Breite des Spaltes noch Spuren spektraler Extinktion auf.

Mittelwerte der Transmissionskoeffizienten nach MÜLLER und KRON.

Wellenlänge μ	0,679	0,651	0,605	0,570	0,540	0,514	0,492	0,473	0,457	0,443	0,430
	Station Orotava (100 m)										
	0,818	0,833	0,780	0,784	0,768	0,763	0,749	0,721	0,708	0,693	0,656
	Station Pedrogil (1950 m)										
	0,907	0,899	0,878	0,866	0,859	0,852	0,842	0,821	0,808	0,791	0,769
	Station Alta Vista (3260 m)										
	0,950	0,937	0,912	0,894	0,895	0,887	0,877	0,866	0,863	0,840	0,818

Von den bolometrischen Messungen ABNEYS[1], LANGLEYS[2], WILSINGS[3] und ABBOTS[4] wollen wir nur die letzteren anführen, weil sie sich, in drei verschiedenen Höhen mit demselben Instrumente ausgeführt, über die längste Beobachtungszeit erstrecken und deshalb als die sichersten Mittelwerte gelten. Zum Vergleich sind noch die Werte für Potsdam angeführt[3].

Transmissionskoeffizienten.

Wellenlänge in μ	Washington 10 m	Mt. Wilson 1780 m	Mt. Whitney 4420 m	Potsdam 100 m	Wellenlänge in μ
0,30	—	—	0,510	0,706	0,44
0,325	—	(0,550)	0,584	0,740	0,46
0,35	—	0,612	0,660	0,764	0,48
0,375	—	0,662	0,738	0,781	0,50
0,39	0,445	0,694	0,763	0,795	0,52
0,42	0,586	0,764	0,806	0,808	0,54
0,43	0,600	0,778	0,822	0,819	0,56
0,45	0,640	0,800	0,851	0,830	0,58
0,47	0,671	0,827	0,880	0,840	0,60
0,50	0,705	0,858	0,900	0,850	0,62
0,55	0,739	0,876	0,918	0,861	0,64
0,60	0,760	0,890	0,934	0,871	0,66
0,70	0,839	0,942	0,956	0,881	0,68
0,80	0,865	0,964	0,972		
1,00	0,901	0,973	0,980		
1,30	0,916	0,972	0,980		
1,60	0,930	0,975	0,978		
2,00	0,909	0,957	0,940		
2,50	0,870	(0,900)	0,930		
3,00	—	—	0,910		

Für ein Studium der einzelnen Ursachen der Extinktion — der Diffusion an den Luftmolekülen nach RAYLEIGH, der Diffusion an größeren Partikeln und der Absorption in den permanenten Gasen der Atmosphäre und im Wasserdampf — sind die oben angeführten Resultate des Mt. Wilson-Observatoriums

---

[1] Philosoph. Transactions of the R. Soc. of London, vol. 178, S. 251 (1887). MASCART, Traité d'Optique III, S. 372.

[2] Professional Papers of the Signal Service U.S.A. Nr. 15, S. 151.

[3] Publik. d. Astroph. Obs. zu Potsdam 25, Nr. 80 (1924).

[4] Ap J 34, S. 203 (1911

besonders geeignet. Sie sind anläßlich der Bestimmung der Solarkonstante aus einer mehrjährigen Beobachtungsreihe mit denselben äußerst empfindlichen Instrumenten an allen drei Stationen erhalten und umspannen außerdem den größten Wellenlängenbereich, der auch die großen Wasserdampfbanden umfaßt. Sie sind denn auch zuerst von L. V. King und dann von F. E. Fowle[1] einer eingehenden theoretischen Analyse unterworfen worden.

Nach Rayleigh[2] und Schuster[3] äußert sich die Wirkung der spektralen Extinktion, soweit sie durch Diffusion an Molekülen verursacht ist, in der Abnahme der Konstanten k der Absorptionsformel mit der 4. Potenz der Wellenlänge. Wenn

$$J_z = J e^{-k F(z)},$$

so ist

$$k = \frac{32\,\pi^3 (n-1)^2}{3\,N\,\lambda^4}. \tag{71}$$

Hier bedeutet n den Brechungsexponenten der Luft und N die Anzahl der Moleküle in der Volumeinheit. Nach der von L. V. King[4] entwickelten Theorie der Absorption und Diffusion, die wir im nächsten Abschnitt ausführlich behandeln werden, wird dieselbe Konstante k mit Rücksicht auch auf die Diffusion, die Absorption (Fraunhofersche Linien) und die Streuung durch gröbere Partikel dargestellt durch

$$k_x = \frac{32}{3}\left\{\pi^3 (n_0 - 1)^2 \frac{H}{N_0} \lambda^{-4} + \alpha_0 H\right\} \frac{B}{B_0} + \text{ein von Staub abhängiges Glied,}$$

wo B und B_0 der Barometerdruck auf der Beobachtungsstation (Höhe x) und am Meeresniveau, H die Höhe der reduzierten Atmosphäre bei $0°C$ und $760\,\text{mm}$, N_0 die Anzahl der Moleküle in einem Kubikzentimeter bei denselben Bedingungen und k_x das k für die Höhe x bedeuten. $\alpha_0 H$ ist das Glied, das die bei der Absorption in Wärme verwandelte Energie ausdrückt.

Die obige Gleichung ist, wenn man λ^{-4} mit z bezeichnet, von der Form $k_x = mz + b$, und es müßten daher die Extinktionskoeffizienten k_x, graphisch dargestellt, sich als gerade Linien ergeben, deren Neigungstangente je nach der Höhe der Beobachtungsstation verschieden ausfallen müßte. Diese Neigungstangente m ergibt die charakteristische Zahl N_0 durch die Gleichung

$$N_0 = \frac{32}{3}\,\pi^3 (n_0 - 1)^2 \frac{HB}{m B_0}. \tag{72}$$

Wir geben hier die graphische Darstellung der k_x nach L. V. King wieder (Abb. 47) mit der Bemerkung, daß die Einführung der beiden oberen geneigten und in einem Punkte mit den unteren zusammentreffenden Geraden willkürlich und durch eine strengere Analyse der Beobachtungen widerlegt ist. Immerhin zeigen die Werte für den Mt. Wilson und den Mt. Whitney eine gute Bestätigung der Rayleighschen Formel, indem sie ziemlich genau auf je einer Geraden liegen. Für die Konstanten m und N_0 fand King

	m	$m\,\dfrac{B_0}{B}$	N_0
Potsdam . .	0,00893	0,00904	$2,51 \cdot 10^{19}$
Washington.	0,01016	0,01011	$2,24 \cdot 10^{19}$
Mt. Wilson .	0,00806	0,00994	$2,28 \cdot 10^{19}$
Mt. Whitney	0,00592	0,01003	$2,26 \cdot 10^{19}$

---

[1] Ap J 38, S. 392 (1913).
[2] Phil Mag Series 4, vol. 41, S. 107 (1871). Collected Works I, S. 87.
[3] Theory of Optics. 2nd Ed., S. 325 (1909).
[4] On the Scattering and Absorption of Light etc. Philos. Transactions of the R. Soc. of London. Series A, vol. 212 (1913).

in auffallender Übereinstimmung mit dem Werte von MILLIKAN, der für N_0 den Wert $2{,}644 \cdot 10^{19}$ aus Laboratoriumsversuchen gefunden hat.

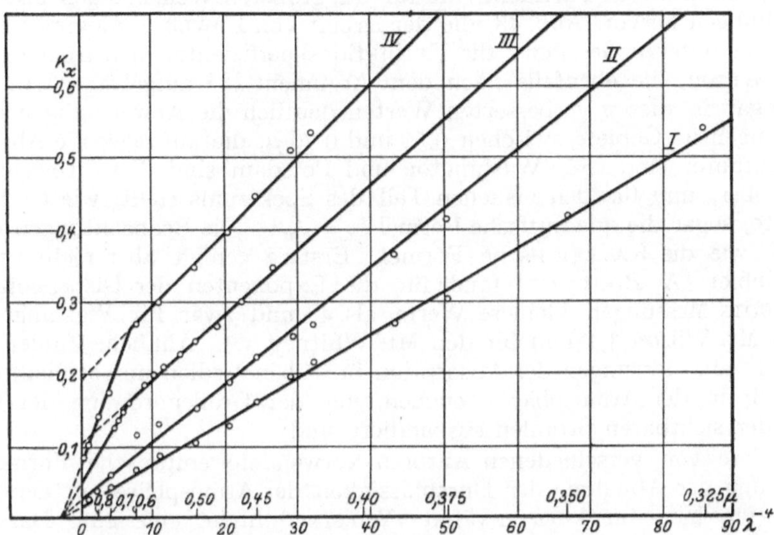

Abb. 47. Die Extinktionskoeffizienten der Atmosphäre auf dem Mt. Whitney (I), Mt. Wilson (II), in Potsdam (III) und in Washington (IV). Die Abszissen sind λ^{-4} proportional. (Nach L. V. KING.)

KING glaubt auch den Wert der Konstanten b und durch sie ein Maß für die Erwärmung der Atmosphäre aus seiner Zeichnung ableiten zu können; doch sind die Schnittpunkte der Geraden mit den Achsen zu unsicher, als daß eine solche Bestimmung möglich wäre.

Die von KING verwendeten Transmissionskoeffizienten beziehen sich auf feuchte Luft. FOWLE[1] findet aus denselben Beobachtungen auf dem Mt. Wilson, nachdem sie für Feuchtigkeit korrigiert waren,

$$N_0 = (2{,}70 \pm 0{,}02) \cdot 10^{19},$$

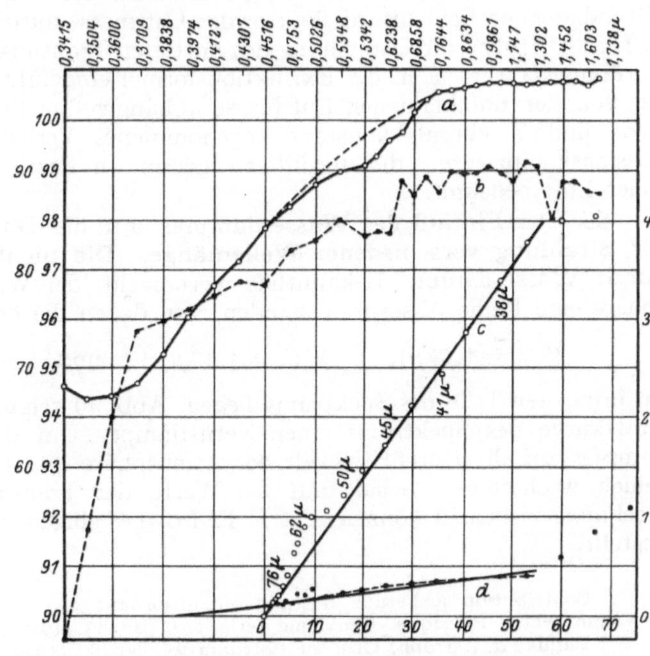

Abb. 48. Extinktionskoeffizienten für Mt. Wilson. (Nach FOWLE.)

also eine noch bessere Übereinstimmung mit MILLIKANs Wert.

---

[1] Ap J 40, S. 435 (1914).

In Wirklichkeit ist die Bestätigung der RAYLEIGHschen Formel auch für die hohen Stationen keine vollkommene. Der Einfluß der Absorption und der Streuung an gröberen Partikeln ruft für die größeren Wellenlängen bedeutende Abweichungen hervor. Abb. 48, die der Arbeit von FOWLE entnommen ist, enthält in der unteren Geraden c die Extinktionskoeffizienten der trockenen Luft für Mt. Wilson, die ebenfalls nach dem Argument λ^{-4} aufgetragen sind. Man sieht sogar in diesen verbesserten Werten deutlich die Abweichungen der Beobachtungen im Gebiete zwischen 0,50 und 0,76 μ, die auf selektive Absorption zurückzuführen sind. Für Washington und Potsdam sind diese Abweichungen noch größer, und für den visuellen Teil des Spektrums stellt, wie G. MÜLLER bemerkte, sogar die quadratische Formel $k_x = k_0 \lambda^{-2}$ die Beobachtungen ebensogut dar wie die RAYLEIGHsche Formel. Erstere genügt aber nicht im ultraroten Gebiet; A. BOUTARIC[1] fand für die Exponenten der Dispersionsformel aus ABBOTS Messungen kleinere Werte als 4, und zwar für Washington 2,1, für den Mt. Wilson 3,1 und für den Mt. Whitney 3,3. Ähnliche Zahlen erhielt BOUTARIC aus Messungen der Absorption in trüben Medien und schließt daraus, daß auch in der Atmosphäre Teilchen von der Größenordnung der Wellenlängen der sichtbaren Strahlen suspendiert sind.

Andere von verschiedenen Autoren verwendete empirische Formeln zur Darstellung der Abnahme der Durchlässigkeit der Atmosphäre mit der Wellenlänge seien hier nur kurz erwähnt. WILSING[2] findet eine gute Darstellung seiner bolometrischen Beobachtungen durch die oben angeführte Formel (65).

BEMPORAD[3] (1907) verwendete den Ansatz $J_z = J p^{F(z)n}$, wobei die zweite Konstante der Exponent n der Luftmasse $F(z)$ ist. K. ÅNGSTRÖM[4] gab eine Formel, bei der die zweite, empirisch bestimmte Konstante „die Dichte der diffundierenden Schicht" als Faktor der Luftmasse auftritt. In neuerer Zeit hat F. LINKE[5] (1922) zur Darstellung des mittleren Transmissionskoeffizienten einen „Trübungsfaktor" T in die Extinktionsformel eingeführt: $J_z = J p^{T F(z)}$, worin p der von der durchlaufenen Luftmasse abhängige mittlere Transmissionskoeffizient und T ein als konstant angenommenes Verhältnis des Gesamttransmissionskoeffizienten dunsterfüllter Massen zu demjenigen trockener staubfreier Luft bedeutet.

90. Der Einfluß des Wasserdampfes auf die Durchlässigkeit der Luft für Strahlung verschiedener Wellenlänge. Die nicht selektive Extinktion durch Wasserdampf. Bekanntlich verursacht der Wasserdampf der Atmosphäre eine Reihe Absorptionsbanden, von denen die bedeutendsten

$$\Phi(\lambda = 1{,}13\,\mu), \qquad \Psi(\lambda = 1{,}47\,\mu) \qquad \text{und} \qquad \Omega(\lambda = 1{,}89\,\mu)$$

im infraroten Teile des Spektrums liegen. Abb. 49 zeigt dieselben in der Intensitätskurve des Spektrums einer Nernstlampe. Um den Einfluß des Wasserdampfes auf die Durchlässigkeit der Atmosphäre quantitativ festzustellen und seinen wechselnden Gehalt auf die Werte der Transmissionskoeffizienten in Rechnung ziehen zu können, hat F. E. FOWLE[6] eingehende Untersuchungen angestellt.

---

[1] Contribution à l'étude du pouvoir absorbant de l'atmosphère terrestre. Ann. de Chimie et de Physique. Neuvième série, t. 9, S. 113 (1918); t. 10, S. 5 (1918).
[2] Publik. d. Astroph. Obs. zu Potsdam 25, Nr. 80 (1924).
[3] Rend. della R. Accad. dei Lincei. Cl. di Sc. fis. Mat. e. Nat. serie 5, vol. 16 (1907).
[4] Nova Acta R. Soc. Upsal. Serie 4, vol. 1, Nr. 7 (1907).
[5] Beiträge zur Physik der freien Atmosphäre 10, S. 91.
[6] Ap J 35, S. 149 (1912); ibid. 37, S. 359 (1913); ibid. 38, S. 392 (1913); ibid. 42, S. 394 (1915).

Diese Untersuchungen zerfallen in zwei Teile. Zunächst galt es, aus Laboratoriumsversuchen eine Beziehung festzustellen zwischen der Absorption innerhalb der Wasserdampfbanden und der von den Strahlen einer Nernstlampe durchlaufenen Wasserdampfmenge. Erstere wurde aus der Energiekurve (Abb. 49) als Verhältnis der Ordinaten einer bestimmten Wellenlänge innerhalb der Banden Φ und Ψ der unteren und der gestrichelten Kurve bestimmt, wobei letztere den freihändig gezeichneten Verlauf ohne Absorptionsbanden darstellt. Die Wasserdampfmenge, in Zentimetern einer Wassersäule gemessen, die nach Verdampfung in einem zylindrischen Gefäß die

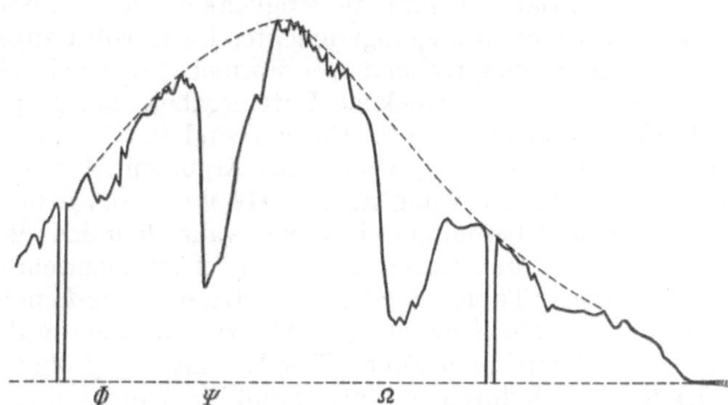

Abb. 49. Absorptionsbanden des Wasserdampfes im Spektrum einer Nernstlampe. (Nach FOWLE.)

entsprechende Wasserdampfmenge erzeugen würde, wurde nach den üblichen Methoden genau bestimmt. Die so erhaltene Beziehung würde eine Beurteilung der Wasserdampfmenge auf dem Wege der Lichtstrahlen eines Gestirnes in der Atmosphäre gestatten, wenn man die Tiefe seiner Energiekurve innerhalb der betreffenden Absorptionsbanden messen würde. Voraussetzung wäre dabei, daß der abnehmende Druck auf dem Wege der Strahlen in der Atmosphäre keinen Einfluß auf die erhaltene Beziehung ausübt. Eine Untersuchung von EVA VON BAHR[1] über die Durchlässigkeit von Wasserdampf bei verschiedenem Druck zeigt, daß dieselbe von dem Totaldruck in hohem Grade abhängig ist, dagegen unabhängig von dem Partialdruck. Mit Rücksicht auf dieses Resultat und bei Benutzung von HUMPHREYS[2] Tafeln der Wasserdampfverteilung in verschiedenen Höhen der Atmosphäre schließt FOWLE, daß eine Beurteilung der Wasserdampfmenge der Atmosphäre aus seinen im Laboratorium erhaltenen Kurven mit der Genauigkeit von 2 bis 3% möglich ist.

Außer der selektiven Absorption in Banden und Linien übt aber der Wasserdampf eine allgemeine Schwächung der Strahlung aus, welche die Transmissionskoeffizienten p_λ in Abhängigkeit von der Feuchtigkeit der Luft nicht unbedeutend beeinflußt. Um auch diesen Einfluß festzustellen und so die Durchlässigkeit trockner Luft zu erhalten, wendet FOWLE folgende Methode an. Bezeichnet $a_{a\lambda}$ die Durchlässigkeit der trockenen Luft, $a_{w\lambda}$ diejenige der Wasserdampfmenge von 1 cm Wasser auf dem Lichtwege, dann haben wir die Beziehung:

$$p_\lambda = a_{a\lambda}\, a_{w\lambda}^{w}, \tag{73}$$

wo der Exponent w die wirkliche Wasserdampfmenge, in Zentimetern gemessen, bedeutet, oder logarithmisch:

$$\log p_\lambda = \log a_{a\lambda} + w \log a_{w\lambda}. \tag{74}$$

Aus langjährigen Beobachtungen auf dem Mt. Wilson wurden aus der Tiefe der Absorptionsbanden die Wasserdampfmengen w bestimmt. Dann ergaben die

---

[1] Über die Einwirkung des Druckes auf die Absorption ultraroter Strahlung durch Gase. Upsala 1908.
[2] Bulletin of the Mount Weather Observatory 4, S. 121 (1911).

Logarithmen der Transmissionskoeffizienten p_λ, nach den Wasserdampfmengen w graphisch aufgetragen, für verschiedene Bezirke von λ entsprechend der letzten Gleichung (74) gerade Linien, deren Neigungstangente den Transmissionskoeffizienten für Wasserdampf $\log a_{w\lambda}$ darstellten. Die Kurve b in Abb. 48 stellt die Werte $a_{w\lambda}$ dar und gibt die Möglichkeit einer Umrechnung der Durchlässigkeit $a_{a\lambda}$ trockener in diejenige feuchter Luft, wobei auf die tatsächliche Wasserdampfmenge w entsprechend der Formel (73) Rücksicht zu nehmen ist. Die Werte von $\log a_{a\lambda}$ für trockene Luft ergaben sich graphisch als die Ordinaten der Geraden (74) für $w = 0$. Die $a_{a\lambda}$ sind in Abb. 48 durch die obere Kurve a dargestellt, die $-\log a_{a\lambda}$ nach dem Argument $\lambda^{-4} \cdot 10^{-16}$ in der unteren Geraden c. Die Einbuchtung im Gebiete von $0{,}503\ \mu$ bis $0{,}764\ \mu$ in a, sowie die entsprechende Überhöhung in c ist wahrscheinlich der selektiven Absorption in den permanenten Gasen der Atmosphäre zuzuschreiben. Nach ROWLANDS „A Preliminary Table of Solar Spectrum Wave-Lengths" sind in dem oben genannten Gebiete mehr als 440 Absorptionslinien enthalten, außer denen, die dem Wasserdampf angehören. Der Einfluß der großen Wasserdampfbanden ist in der Kurve a dadurch eliminiert, daß die benutzten p_λ aus geglätteten Energiekurven gebildet sind. Dagegen sind die kleinen Einbuchtungen der Kurve b feinen Absorptionslinien des Wasserdampfes zuzuschreiben.

Folgende Tabelle gibt für eine Reihe von Wellenlängen die Werte von $a_{w\lambda}$ und $a_{a\lambda}$, außerdem die Intensität $l_{0\lambda}$ der Sonnenenergiekurve ausserhalb der Atmosphäre, die mit einem Bolometer auf dem Mt. Wilson nach Korrektion wegen Extinktion erhalten wurde.

Sonnenenergie in willkürlichen Einheiten und Transmissionskoeffizienten für trockene Luft und Wasserdampf.

λ in μ..	0,342	0,350	0,360	0,371	0,384	0,397	0,413	0,431	0,452	0,475
$l_{0\lambda}$ ...	102	130	160	198	227	322	437	518	681	807
$a_{a\lambda}$ ...	(0,595)	0,626	0,655	0,686	0,713	0,752	0,783	0,808	0,840	0,863
$a_{w\lambda}$ ...	0,920	0,926	0,934	0,940	0,945	0,949	0,953	0,957	0,961	0,964
λ in μ..	0,503	0,535	0,574	0,624	0,686	0,764	0,864	0,987	1,146	1,302
$l_{0\lambda}$ ...	907	1044	1197	1334	1416	1435	1431	1306	1025	775
$a_{a\lambda}$ ...	0,885	0,898	0,905	0,929	0,959	0,979	0,987	0,992	0,996	0,997
$a_{w\lambda}$ ...	0,968	0,972	0,970	0,975	0,981	0,984	0,986	0,987	0,987	0,987
λ in μ..	1,452	1,603	1,738	1,870	2,000	2,123	2,242	2,348	—	—
$l_{0\lambda}$ ...	586	435	343	262	187	123	88	74	—	—
$a_{a\lambda}$ ...	0,998	0,999	0,999	0,999	0,999	0,999	0,999	0,999	—	—
$a_{w\lambda}$ ...	0,987	0,987	0,987	0,987	0,986	0,985	0,984	0,983	—	—

Die $a_{a\lambda}$ beziehen sich auf die Höhe 1730 m über dem Meeresspiegel (Barometerstand 620 mm), die $a_{w\lambda}$ auf 1 cm Wasserdampf. Diese Tabelle diente als Grundlage für die Berechnung anderer für den Mt. Whitney und für Washington. Für praktische Zwecke genügt folgende Tafel, die wir den Smithsonian Physical Tables, VIIth Edition, S. 419 entnehmen.

λ in μ	0,360	0,384	0,413	0,452	0,503	0,535	0,574	0,624	0,653	0,720	0,986	1,74
$a_{a\lambda}$.	0,660	0,713	0,783	0,840	0,885	0,898	0,905	0,929	0,938	0,970	0,986	0,990
$a_{w\lambda}$.	0,950	0,960	0,965	0,967	0,977	0,980	0,974	0,978	0,985	0,988	0,990	0,990

Diese Tafel bezieht sich auf das Meeresniveau.

Aus der Tafel für Mt. Wilson findet man für andere Höhen mit dem Barometerstand B und der Wasserdampfmenge w cm den Transmissionskoeffizienten p_λ aus der Formel

$$p_\lambda = a_{a\lambda}^{\frac{B}{620}}\, a_{w\lambda}^{w}. \tag{75}$$

Die Bestimmung der Wasserdampfmenge geschieht am besten auf spektroskopischem Wege, wie oben beschrieben wurde. Ist das nicht möglich, so kann man sich auch der Formel von HANN bedienen:

$$w = 2,3\, e_w\, 10^{-\frac{h}{22\,000}}, \tag{76}$$

wo e_w der Druck des Wasserdampfes am Beobachtungsorte und h die Höhe des Ortes in Metern ist. Doch zeigte FOWLE[1], daß diese Methode wohl im Jahresmittel mit der spektroskopischen genügend übereinstimmende Werte liefert, für die Einzelwerte aber ganz unsicher ist.

Die Formel (75) trägt übrigens der Extinktion durch Staub in keiner Weise Rechnung, kann deshalb nur zur Umrechnung von Transmissionskoeffizienten von Stationen dienen, die in großen Höhen liegen (über 1000 m), für die der Einfluß von Staub als verschwindend angesehen werden kann.

FOWLE machte auch den Versuch, die so gefundenen Transmissionskoeffizienten $a_{w\lambda}$ des Wasserdampfes durch die RAYLEIGHsche Diffusionsformel darzustellen in ähnlicher Weise, wie das mit den $a_{a\lambda}$ geschehen ist. Die unterste Gerade d der Abb. 48 gibt die graphische Darstellung der $-\log a_{w\lambda}$ nach dem Argumente $\lambda^{-4} \cdot 10^{-16}$. Die Abweichungen für die kleinen Wellenlängen und auch für das Depressionsgebiet bei 0,6 μ sind bedeutend, und von einer Bestätigung der RAYLEIGHschen Formel für atmosphärischen Wasserdampf kann daher nicht gesprochen werden. FOWLE findet auch, daß die beobachtete Schwächung der Strahlen durch Wasserdampf durchweg viel größer ist, als eine Diffusion durch die Moleküle desselben das erfordern würde. Sie ist auch größer als diejenige, welche die entsprechende flüssige Wassermenge bewirken würde. Er schließt daraus, daß die Streuung durch den Wasserdampf durch irgendwelche größere Aggregate, als es die Moleküle sind, ausgeübt wird.

Die Methode von FOWLE, die Wasserdampfmenge zu bestimmen, hat durch direkte Messungen des Feuchtigkeitsgrades mit Hilfe von Sondenballons eine schöne Bekräftigung gefunden. Durch gleichzeitige spektroskopische Beobachtungen der Sonnenstrahlung und Ausmessung der Tiefe der Absorptionsbanden konnte der Vergleich ausgeführt werden, und es ergab sich folgende Übereinstimmung für drei verschiedene Beobachtungstage im Jahre 1913:

	Juli 23.	Aug. 3.	Aug. 8.
Spektroskopische Werte . .	1,17 cm	2,06 cm	1,39 cm
Ballonwerte	1,07 ,,	2,09 ,,	1,41 ,,

91. Die Energiebilanz bei der Extinktion der Strahlung in der Atmosphäre. Die berechneten Wasserdampfmengen gaben die Grundlage für die Untersuchung über die Energiebilanz bei der Extinktion der Sonnenstrahlung oder für die Trennung der einzelnen Beiträge der atmosphärischen Extinktion. Es werden fünf solche Ursachen unterschieden: 1. Die allgemeine Streuung durch die Moleküle der permanenten Gase der Atmosphäre; sie ist in der vorigen Ziffer besprochen; 2. die Diffusion durch den Wasserdampf, die wir zuletzt behandelt haben ($a_{w\lambda}$); 3. die selektive Absorption durch Wasserdampf; 4. die

---

[1] Ap J **37**, S. 369 (1913).

selektive Absorption durch die permanenten Gase der Atmosphäre; 5. die Absorption durch feste Partikel oder Staub.

Abb. 50 zeigt die Energiekurve der Sonne in dem Gebiete der atmosphärischen Absorptionsbanden, deren Bedeutung Fowle untersucht hat. Für Strahler tieferer Temperatur kämen Absorptionsbanden im weiteren Infrarot in Betracht, für die Sonnenstrahlung spielen sie keine Rolle wegen des Abfalls der Energiekurve in diesem Gebiete.

Folgende Tabelle gibt die Bezeichnung der Banden sowie ihren Ursprung und die mittlere Wellenlänge:

B	. . .	0,69 μ	Sauerstoff,	Φ	. . . 1,13 μ	Wasserdampf,
a	. . .	0,72 μ	Wasserdampf,	Ψ	. . . 1,42 μ	,,
A	. . .	0,76 μ	Sauerstoff,	Ω	. . . 1,89 μ	,,
—	. . .	0,81 μ	Wasserdampf,	ω_1	. . . 2,01 μ	?
$\varrho\sigma\tau$	. . .	0,93 μ	,,	ω_2	. . . 2,05 μ	?

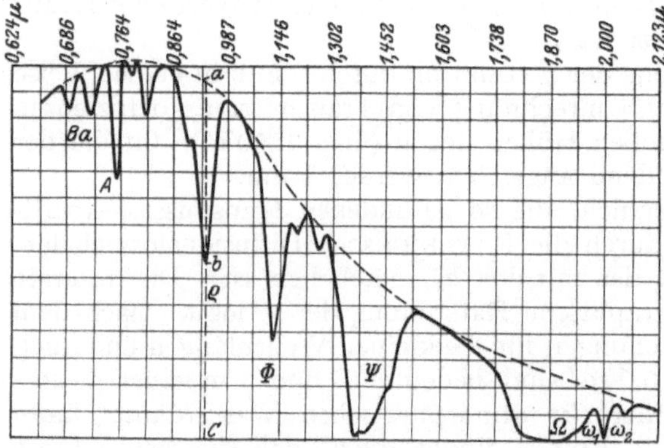

Abb. 50. Die Energiekurve der Sonne in dem Gebiete der atmosphärischen Absorptionsbanden. (Nach Fowle.)

Die von den Depressionen in den Banden gebildeten Flächen, deren obere Begrenzung durch die gestrichelte Kurve gebildet ist, sind ein Maß für den Energieverlust durch Absorption; sie wurden für die Wasserdampfbanden ausgemessen und nach dem Argument der Wasserdampfmengen aufgetragen und graphisch ausgeglichen. Diese Flächen, mit der Gesamtfläche der Energiekurve verglichen und mit Hilfe der am Pyrheliometer gleichzeitig bestimmten

Mt. Whitney-Atmosphäre. Extinktion durch trockene Luft und trockene Luft plus Wasserdampf. Höhe 4420 m. Barometer 44,7 cm. Einfallende Sonnenstrahlung 1,93 Gr. Kal.

Luftmasse	$m=1$		$m=2$		$m=3$		$m=4$		$m=5$		$m=7$	
Wasserdampfmenge	Gramm Kal. Verlust	Prozent Verlust	Gramm Kal. Verlust	Prozent Verlust	Gramm Kal. Verlust	Prozent Verlust	Gramm Kal. Verlust	Prozent Verlust	Gramm Kal. Verlust	Prozent Verlust	Gramm Kal. Verlust	Prozent Verlust
0,00 cm												
Luft zerstreut . .	0,14	7,3	0,23	11,9	0,31	16,1	0,38	19,7	0,44	22,8	0,55	28,5
Luft absorbiert .	0,01	0,5	0,01	0,5	0,01	0,5	0,01	0,5	0,01	0,5	0,02	1,0
Totalverlust . . .	0,15	8,0	0,24	12,0	0,32	17,0	0,39	20,0	0,45	23,0	0,57	30,0
0,11 cm												
H_2O zerstreut . .	0,01	0,5	0,01	0,5	0,01	0,5	0,01	0,5	0,02	1,0	0,02	1,2
H_2O absorbiert .	0,08	4,1	0,10	5,2	0,11	5,7	0,12	6,2	0,12	6,2	0,13	6,7
Totalverlust . . .	0,24	12,0	0,35	18,0	0,44	23,0	0,52	27,0	0,59	31,0	0,72	37,0
0,25 cm												
H_2O zerstreut . .	0,01	0,5	0,02	1,0	0,03	1,6	0,04	2,1	0,04	2,1	0,05	2,7
H_2O absorbiert .	0,10	5,2	0,12	6,2	0,13	6,7	0,14	7,3	0,15	7,8	0,16	8,3
Totalverlust . . .	0,26	14,0	0,38	20,0	0,48	25,0	0,57	30,0	0,64	33,0	0,78	40,0
0,50 cm												
H_2O zerstreut . .	0,02	1,0	0,04	2,1	0,06	3,1	0,07	3,6	0,08	4,1	0,10	5,2
H_2O absorbiert .	0,12	6,2	0,15	7,8	0,16	8,3	0,17	8,8	0,18	9,4	0,20	10,4
Totalverlust . . .	0,29	15,0	0,43	22,0	0,54	28,0	0,63	33,0	0,71	37,0	0,87	45,0

Totalenergie der Strahlung in Gr. Kalorien umgewandelt, ergeben den Verlust der Strahlung durch selektive Absorption in den Wasserdampfbanden in Abhängigkeit von der Wasserdampfmenge. Die Ausmessung der vom Sauerstoff herrührenden Banden gibt den Betrag der Sauerstoffabsorption. Wird dieser zu dem Betrag der Wasserdampfabsorption addiert, so erhält man den Gesamtverlust in der Atmosphäre durch Absorption.

Auf diese Weise ergab sich die Möglichkeit, den prozentuellen Anteil des Energieverlustes durch Absorption für verschiedene Wasserdampfmengen und verschiedene Luftmassen zu bestimmen. Von den Tabellen, welche diese Verluste darstellen, und die für den Mt. Whitney (4420 m), den Mt. Wilson (1730 m) und für Washington berechnet sind, soll hier nur die erste vollständig wiedergegeben werden. Sie enthält in der ersten Zeile die Verluste durch Diffusion, in der zweiten diejenigen durch Absorption bei vollkommen trockener Luft, also die Absorption durch die permanenten Gase der Atmosphäre (B, A, ω_1, ω_2), in der dritten Zeile die Summe der vorhergehenden. Weiter folgen für verschiedene Wasserdampfmengen die Verluste durch Diffusion und Absorption in den Wasserdampfbanden (a, $\varrho\,\sigma\tau$ usw.) sowie die Summe dieser vermehrt um den Gesamtverlust in der trockenen Luft.

Für die Stationen Mt. Wilson (mittlere Wasserdampfmenge 0,7 cm) und Washington (für den trockensten Tag mit 0,5 cm H_2O) sollen nur zwei Werte für $m = 1$ und $m = 3$ angegeben werden. Die Verluste durch trockene Luft, durch Wasserdampf und durch beide zusammen sind:

	Verlust durch trock. Luft	Durch H_2O	Zusammen	
$m = 1$	8% (0,15 Gr. Kal.);	9% (0,17 Gr. Kal.);	17% (0,32 Gr. Kal.)	⎱ Mt. Wilson.
$m = 3$	20% (0,39 ,,);	13% (0,25 ,,);	33% (0,64 ,,)	⎰
$m = 1$	10% (0,19 ,,);	10% (0,19 ,,);	20% (0,38 ,,)	⎱ Washington.
$m = 3$	23% (0,44 ,,);	19% (0,37 ,,);	42% (0,81 ,,)	⎰

In der Tabelle für Mt. Whitney und Mt. Wilson konnte der Verlust der Strahlung durch Staub vernachlässigt werden, in derjenigen für Washington ist sein Beitrag nicht getrennt bestimmt, sondern im Verlust durch Wasserdampf eingeschlossen. Die Verluste durch Staub bei $m = 1$ waren an den drei Beobachtungstagen in Washington resp. 3, 5 und 14%.

Die weit größere Durchsichtigkeit der Luft über dem Mt. Whitney ist wesentlich durch den kleinen Betrag von Wasserdampf bedingt.

Die Tabellen zeigen, daß im Mittel der Verlust der Energie etwa zur Hälfte durch Streuung und Absorption in den permanenten Gasen, zur anderen Hälfte durch Streuung und Absorption im Wasserdampf bedingt ist.

Zum Schluß sei noch eine Untersuchung von B. FESSENKOW und E. PIASKOVSKY[1] erwähnt; diese Arbeit bezieht sich auf das FORBESsche Phänomen und ist erst durch FOWLES Absorptionstabellen ermöglicht worden. Aus langjährigen aktinometrischen Messungen der Sonnenstrahlung am Observatorium zu Pawlowsk hat N. KALITIN folgenden Gang des Transmissionskoeffizienten mit der durchlaufenen Luftmasse im Sinne des FORBESschen Phänomens gefunden.

m	2—3	3—4	4—5	5—6	6—7	7—8	8—9	9—10
p	0,843	0,866	0,878	0,886	0,892	0,897	0,901	0,907

FESSENKOW zeigt, daß sich dieser Gang durch die WILSINGsche Formel (65) für p als Funktion zweier Konstanten $\left[\log p_\lambda = \dfrac{a}{\lambda - b}\right]$ nach Integration über den wirk-

---

[1] R A J 2, Heft 3, S. 37 (1925).

samen Spektralbereich und bei Berücksichtigung der Absorption in den Wasserdampfbanden gut darstellen läßt. Für den visuellen Bereich zeigt sich im Einklang mit früheren Arbeiten p konstant.

h) Die Theorie der Diffusion und Absorption des Lichtes in Gasen und ihre Anwendung auf die Atmosphären der Planeten.

92. Kings Theorie. Definitionen und Grundlagen. Die Theorie der Diffusion des Lichtes durch Partikel, deren Dimensionen klein sind im Vergleich zur Wellenlänge des auffallenden Lichtes, ist zuerst von Lord Rayleigh[1] entwickelt worden. Seine Formel der Diffusion ist sowohl auf die Moleküle eines Gases als auch auf genügend kleine feste Partikel anwendbar und bietet daher die Grundlage für die Behandlung des Diffusionsproblems in der Atmosphäre der Erde und der anderen Planeten. Eine sehr elegante Anwendung derselben auf die Helligkeitsverteilung am Himmel in verschiedenen Abständen von der Sonne hat L. V. King[2] gegeben; die Grundlagen für die Behandlung dieser schwierigen und für die Physik der Atmosphäre so wichtigen Aufgabe sind schon früher von Schuster[3] gegeben worden. Kings Analyse ist auch für die Theorie der Extinktion des Lichts von großer Bedeutung, da sie den Nachweis erbringt, daß diese im wesentlichen auf die Diffusion beim Durchgang des Lichts durch die Atmosphäre zurückzuführen ist und nur in geringem Maße auf Absorption. Es gelang King, aus den beobachteten Extinktionskoeffizienten der Sonnenstrahlung für verschiedene Wellenlängen die Helligkeit des Himmelsgrundes theoretisch abzuleiten und eine genügende Übereinstimmung mit den Beobachtungen der Helligkeitsverteilung am klaren Himmel zu erreichen. Die Kingschen Entwicklungen lassen auch eine Ausdehnung auf das Problem der Helligkeit eines von einer Atmosphäre umgebenen Planeten zu, das hier vom Verfasser behandelt wird, ja sie können für die Entscheidung über die Natur der lichtreflektierenden Oberflächen solcher Planeten von entscheidender Bedeutung werden. Sie sollen deshalb in solchem Umfange dargestellt werden, als es diese Anwendung auf die genannten astronomischen Probleme erfordert.

Wir bezeichnen die Intensität der parallel einfallenden Strahlen durch E, diejenige der diffusen Strahlung durch J, wobei $J(r, \alpha)$ diese Intensität im Abstande r und bei der Richtung α zur Richtung der einfallenden Strahlen bedeuten soll. Es sei das Elementarvolumen, auf welches die Strahlung E einfällt und welches die Strahlung nach allen Richtungen zerstreut, gleich dv. Dann ist die einfallende Strahlungsmenge $E\,dv$, die in der Richtung α zerstreute in unmittelbarer Nähe von dv ist $J(0, \alpha)\,dv$, im Abstande r dagegen $J(r, \alpha)\,dv$, so daß die von dv in den räumlichen Winkel $d\omega$ ausgestrahlte diffuse Strahlungsmenge wird: $J(r, \alpha)\,dv\,d\omega$.

Die Rayleighsche Formel der Diffusion gibt eine Beziehung zwischen einfallender und diffuser Strahlung

$$J(0, \alpha) = \mu(\alpha)E, \tag{1}$$

---

[1] Phil Mag Series 4, vol. 41, S. 107, 274, 447 (1871); Series 5, vol. 12, S. 81 (1881); Series 5, vol. 47, S. 375 (1899).

[2] On the Scattering and Absorption of Light in Gaseous Media, etc. Phil Trans Series A, vol. 212 (1913).

[3] Ap J 21, S. 1 (1905).

wo der Diffusionskoeffizient $\mu(\alpha)$ eine Funktion des Winkels α und der Dichte ϱ, also der Anzahl N der Moleküle in der Volumeinheit ist und außerdem von dem Brechungsexponenten n des Gases und der Wellenlänge λ des Lichtes abhängt:

$$\mu(\alpha) = \frac{\frac{1}{2}\pi\,(n^2 - 1)^2\,\lambda^{-4}\,(1 + \cos^2\alpha)}{N}. \tag{2}$$

Diese wichtige Formel ist außerdem von KELVIN[1] und von SCHUSTER[2], von letzterem aus allgemeinen Betrachtungen ohne eine spezielle Annahme über die Natur der Partikel, abgeleitet worden.

Da sowohl $n - 1$ als auch N der Dichte des Gases proportional sind, so ist es auch $\mu(\alpha)$. Wir haben daher die Beziehung

$$\frac{\mu(\alpha)}{\mu_0(\alpha)} = \frac{N}{N_0} = \frac{\varrho}{\varrho_0}, \tag{3}$$

wo der Index 0 einem bestimmten Zustande des Gases entspricht.

Diese Zerstreuung des Lichtes schwächt die das Gas durchdringenden Strahlen, ohne daß ein Verlust der gesamten Strahlungsenergie stattfindet, und auch ohne eine Verwandlung derselben in Wärme. Man kann aber auch dem Vorgange der Absorption des Lichtes, der die Diffusion immer begleitet und sich im Auftreten von dunklen Absorptionslinien im Spektrum offenbart, Rechnung tragen, indem man für den Verlust dE der Strahlung auf dem kleinen Wege dr die übliche Absorptionsgleichung ansetzt:

$$dE = -\nu E\,dr, \tag{4}$$

wo auch ν der Zahl der Moleküle in der Volumeinheit, d. h. der Dichte ϱ proportional ist, so daß die Gleichung besteht:

$$\frac{\nu}{\nu_0} = \frac{\varrho}{\varrho_0}.$$

Wir wollen mit KING unter dem Koeffizienten ν die Absorptionswirkung sowohl der Gasmoleküle als auch anderer in der Atmosphäre suspendierter fester Partikel verstehen, die ebenfalls, nur in anderem Verhältnisse als die ersteren, sowohl eine Diffusionswirkung nach der Formel (2) als eine Absorption hervorrufen und dadurch zur Erwärmung der Atmosphäre beitragen.

93. Die allgemeine Integralgleichung der Diffusion. Wir denken uns eine begrenzte Gasmasse, in der jedes Volumelement nicht nur durch die direkte Strahlung, deren Intensität außerhalb der Gasmasse E ist, sondern auch durch alle anderen Elemente beleuchtet wird, welche ihm diffuse Strahlen zusenden. Wir haben ein ähnliches Problem bei der Ableitung unserer und der FESSENKOWSCHEN Formeln für diffuse Reflexion behandelt, dort uns aber auf die Diffusion zweiter Ordnung beschränkt. Wir haben angenommen, daß die anderen Elemente des Gases, die zur Beleuchtung von dv beitragen, selbst nur direkte Beleuchtung erhalten. Hier soll das Problem der Selbstbeleuchtung der Gaselemente durcheinander in aller Strenge behandelt werden, d. h. ohne die obengenannte Einschränkung. Nur wird in den Gliedern höherer Ordnung mit einer gleichmäßigen Diffusion in allen Richtungen gerechnet werden. Es wird ein mittlerer Diffusionskoeffizient $\overline{\mu}$ eingeführt durch die Gleichung

$$\overline{\mu} = \frac{1}{4\pi}\int \mu(\alpha)\,d\omega,$$

---

[1] Baltimore Lectures. S. 311 (1904).
[2] Theory of Optics. 2nd. Ed. S. 315 (1909).

wo das Integral über die ganze Kugel oder den Winkel 4π zu erstrecken ist:

$$\bar{\mu} = \frac{1}{4\pi} \frac{\pi^2}{2} \frac{(n^2-1)^2 \, 2\pi}{N\lambda^4} \int_0^\pi (1+\cos^2\alpha)\sin\alpha \, d\alpha = \frac{2}{3} \frac{\pi^2(n^2-1)^2}{N\lambda^4}. \tag{5}$$

Den Normalbedingungen des Druckes und der Temperatur entspricht dann der Diffusionskoeffizient

$$\bar{\mu}_0 = \frac{2}{3} \frac{\pi^2(n_0^2-1)^2}{N_0\lambda^4}. \tag{6}$$

Wir führen noch die Bezeichnungen ein

$$4\pi\bar{\mu} = k \qquad \text{und} \qquad 4\pi\bar{\mu}_0 = k_0. \tag{7}$$

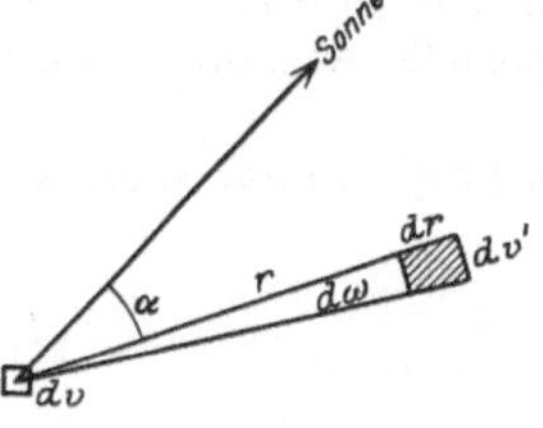

Abb. 51. Die Streuung der Sonnenstrahlung in der Atmosphäre.

Betrachten wir die Strahlung, die vom Volumelement dv im räumlichen Winkel $d\omega$ unter dem Winkel α ausgeht, im Abstande r und im Abstande $r+dr$ (Abb. 51). Dazwischen liegt das Elementarvolumen $dv' = r^2 \, d\omega \, dr$. Die von dv herrührende Strahlung erfährt innerhalb dv' zweierlei Schwächung (Abb. 51):

$$-\frac{\partial}{\partial r} J(r,\alpha)\, dv\, d\omega\, dr = \nu \frac{J(r,\alpha)\, dv\, r^2\, d\omega\, dr}{r^2} + 4\pi\bar{\mu}\frac{J(r,\alpha)\, dv\, r^2\, d\omega\, dr}{r^2},$$

wo das erste Glied der Energieverlust durch Absorption, das zweite derjenige durch Diffusion im Volumen $r^2\, d\omega\, dr$ ist. Hieraus folgt

$$-\frac{\partial}{\partial r} J(r,\alpha) = (\nu + k)\, J(r,\alpha), \tag{8}$$

und wenn man die Bezeichnung einführt

$$K = \nu + k \tag{9}$$

und integriert

$$J(r,\alpha) = J(0,\alpha)\, e^{-\int_0^r K\, dr}. \tag{10}$$

Wir denken uns das Gas von parallelen Ebenen begrenzt (Abb. 52), die einfallenden Strahlen parallel. Die Lage des Volumelements dv ist dann durch eine Koordinate x, die Höhe über der Erdoberfläche, definiert. Wir schreiben $E(x)\, dv$ und $J(x,r,\alpha)\, dv$, wenn wir die Abhängigkeit der Funktionen E und J von der Höhe des Elements dv unterstreichen wollen.

Die auf dv einfallende Strahlung besteht aus:

1. der äußeren Strahlungsmenge $E(x)\, dv$, von der in den räumlichen Winkel $d\omega$

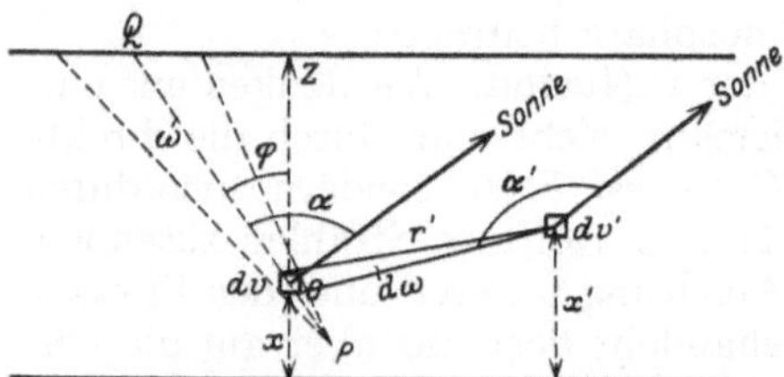

Abb. 52. Die Streuung der Sonnenstrahlung in der planparallel begrenzten Atmosphäre.

$$\mu(\alpha)\, E(x)\, dv\, d\omega$$

zerstreut wird;

2. der von allen anderen Volumelementen dv', mit den Koordinaten x' und dem Abstande r' von dv, zugesandten Strahlung, deren Intensität ist

$$\frac{J(x',r',\alpha')\, dv'}{r'^2}.$$

Von dieser wird der Anteil

$$\mu(\widehat{r\,r'})\frac{J(x',r',\alpha')\, dv'\, dv}{r'^2}\, d\omega$$

in den räumlichen Winkel $d\omega$ zerstreut. Dieser Anteil ist über alle Elemente dv' zu summieren. Das ergibt

$$d\omega\, dv \int_{\Sigma} \frac{\mu(\widehat{r\,r'})\, J(x',r',\alpha')\, dv'}{r'^2}\,,$$

wo Σ das Gesamtvolumen der Gasmasse bedeutet.

Nach der Definition ist die Summe der Beiträge 1. und 2. gleich $J(x,0,\alpha)\,d\omega$, der Strahlung in nächster Nähe von dv im räumlichen Winkel $d\omega$ unter dem Winkel α zur Richtung der Sonnenstrahlen. Wir haben daher die Integralgleichung

$$J(x,0,\alpha) = \mu(\alpha)\,E(x) + \int_{\Sigma} \mu(\widehat{r\,r'})\, \frac{J(x',0,\alpha')\, e^{-\int_0^{r'} K\,dr'}}{r'^2}\, dv'\,, \tag{11}$$

wenn wir $J(x',r',\alpha')$ durch $J(x',0,\alpha')$ nach (10) bestimmen.

Sobald $J(x,0,\alpha)$ als Funktion von x bekannt ist, was durch Auflösung der Integralgleichung (11) erreicht wird, ergibt sich die nach einem Punkte P der Atmosphäre im räumlichen Winkel ω zerstreute Strahlung aus der Formel

$$T\omega = \omega \int_0^{r_0} J(x,0,\alpha)\, e^{-\int_0^r K\,dr}\, dr\,, \tag{12}$$

wo $PO = r$; die Funktion unter dem Integralzeichen ist für ein gegebenes x von r und α abhängig und bedeutet die Intensität der Punkte O in der Richtung α; das Integral, bis $r = r_0 = PQ$ erstreckt, gibt also die Gesamtintensität in der Richtung PQ und $T\omega$ die Strahlung in dieser Richtung, die im räumlichen Winkel ω enthalten ist. Es ist das also nichts anderes als die von einem bestimmten Ausschnitt des Himmelsgrundes, der den räumlichen Winkel ω umfaßt, senkrecht auf die Flächeneinheit im Punkte P einfallende Lichtmenge.

In der Gleichung (11) setzen wir nun den konstanten mittleren Diffusionskoeffizienten ein, also statt $\mu(\alpha)$ und $\mu(\widehat{r,r'})$ den Wert $\bar\mu$ aus Gleichung (5). Außerdem ersetzen wir dv' durch $r'^2\, d\omega'\, dr'$, dann erhalten wir

$$J(x) = \bar\mu\, E(x) + \bar\mu \int_{\Sigma} J(x')\, e^{-\int_0^{r'} K\,dr'}\, d\omega'\, dr'\,. \tag{13}$$

Zieht man nun in Betracht, daß $\dfrac{\bar\mu}{\bar\mu_0} = \dfrac{k}{k_0} = \dfrac{v}{v_0} = \dfrac{K}{K_0} = \dfrac{\varrho}{\varrho_0}$, wo der Index 0 die Werte der Konstanten bei Normalbedingungen an der Erdoberfläche kennzeichnet, so kann man die wirkliche Atmosphäre, deren Dichte wir in parallelen Schichten bis zum Werte 0 bei $x = \infty$ abnehmend uns denken müssen, durch eine homogene von der Dichte ϱ_0 ersetzen. Diese Dichte entspricht derjenigen an der Erdoberfläche bei bestimmten Normalbedingungen. Die Höhe einer solchen Atmosphäre ist durch die Gleichung gegeben

$$H = \int_0^{\infty} \frac{\varrho}{\varrho_0}\, dx\,. \tag{14}$$

Statt der Variablen r und x dürfen wir neue Variable durch die Transformationsgleichungen

$$R = \int_0^r \frac{\varrho}{\varrho_0}\, dr \qquad X = \int_0^x \frac{\varrho}{\varrho_0}\, dx \tag{15}$$

einführen und für die Funktion $J(x)$ den Wert

$$J(X) = \frac{\varrho_0}{\varrho}\, J(x)\,.\tag{16}$$

Die Gleichung (13) kann dann durch folgende ersetzt werden:

$$J(X) = \overline{\mu}_0\, E(X) + \overline{\mu}_0 \int\limits_{\Sigma} J(X')e^{-K_0 R'}\, dR'\, d\omega'\,,\tag{17}$$

die sich auf die homogene Atmosphäre bezieht, welche die Eigenschaften der untersten Schicht der wirklichen Atmosphäre besitzt und dieser in ihrer optischen Wirkung gleichkommt. Die Bedeutung von R' und X' ersieht man aus Abb. 53. Die Transformation ist von dem Gesetz der Dichteabnahme unabhängig.

Die Gleichung (12) wird durch dieselbe Transformation zu folgender:

$$T\omega = \omega \int\limits_0^{R_0} J(X)e^{-K_0 R}\, dR\,,\tag{18}$$

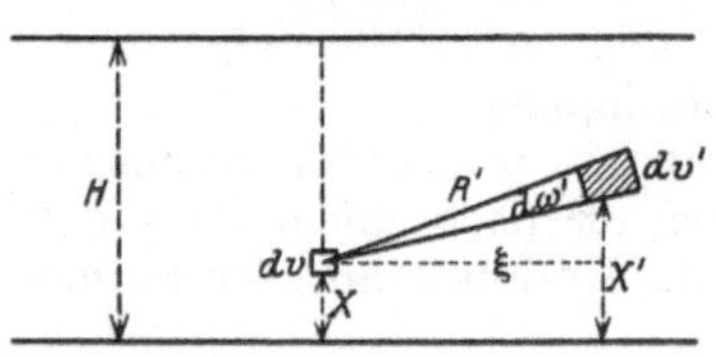

Abb. 53. Die Streuung der Sonnenstrahlung in der reduzierten homogenen Atmosphäre.

wo $R_0 = \int\limits_0^{r_0} \dfrac{\varrho}{\varrho_0}\, dr\,.$

Das Integral in der Gleichung (17) ist jetzt über alle Volumelemente einer homogenen Atmosphäre, die sich als planparallele Schicht gleicher Dichte ϱ_0 ins Unendliche erstreckt, zu bilden. Die Integrationsgrenzen nach X sind $X = 0$ und $X = H$.

In zylindrischen Koordinaten (ξ', ψ') ist der Ausdruck für $d\omega'$ (Abb. 53):

$$dR'\, d\omega' = \frac{dv'}{R'^2} = \frac{dX'\,\xi'\,d\xi'\,d\psi'}{\xi'^2 + (X' - X)^2}\,,$$

wo ψ' das Azimut des Elements dv' in bezug auf eine feste Richtung ist. Das Integral in (17) nimmt jetzt die Form an:

$$\int\limits_0^{2\pi} d\psi' \int\limits_0^{H} J(X')\, dX' \int\limits_0^{\infty} e^{-K_0[\xi'^2 + (X' - X)^2]^{\frac{1}{2}}} \frac{\xi'\,d\xi'}{\xi'^2 + (X' - X)^2}\,.$$

Bezeichnet man

so daß

$$K_0[\xi'^2 + (X' - X)^2]^{\frac{1}{2}} = u\,,$$

$$\frac{\xi'\,d\xi'}{\xi'^2 + (X' - X)^2} = \frac{du}{u}\,,$$

so wird das letzte Integral gleich

$$\int\limits_{K_0(X' - X)}^{\infty} e^{-u}\frac{du}{u} = -\,li\,(e^{-K_0(X' - X)})\,,$$

wo li das Symbol für den Integrallogarithmus ist. Da die untere Grenze desselben positiv sein muß, so ist für die Punkte unterhalb des Punktes X, für welche $X' - X < 0$, die Integration getrennt vorzunehmen. Wir erhalten dann aus (17):

$$J(X) = \overline{\mu}_0\, E(X) -$$

$$-2\pi\overline{\mu}_0 \left\{ \int\limits_0^{X} J(X')\,li\,e^{-K_0(X - X')}\, dX' + \int\limits_{X}^{H} J(X')\,li\,e^{-K_0(X' - X)}\, dX' \right\}\,,\tag{19}$$

wo für Punkte der Erdoberfläche $(X = 0)$ das erste Integral verschwindet.

Wir haben noch in der letzten Gleichung die Intensität der direkten Bestrahlung $E(X)$ durch die Intensität S der Sonnenstrahlung außerhalb der Atmosphäre auszudrücken. Eine Betrachtung, wie diejenige, die zur Gleichung (10) führt, angewandt auf die Intensität $E(X)$ und $E(X + dX)$, ergibt auch hier das Exponentialgesetz

$$E(X) = S\, e^{K_0(X-H)\sec\zeta}\,, \tag{20}$$

wo $(H-X)\sec\zeta$ die Weglänge in der homogenen Atmosphäre ist. S ist die Intensität der Sonnenstrahlung außerhalb der Atmosphäre für eine gegebene Wellenlänge und ζ die Zenitdistanz der Sonne.

Über die genäherte Auflösung der Integralgleichung (19). Die Gleichung (19) ist vom FREDHOLMschen Typus der Integralgleichungen

$$u(x) = f(x) + \int_{x_1}^{x_2} u(\xi)\, K(x,\xi)\, d\xi\,, \tag{a}$$

welche nur für bestimmte Werte des Kerns $K(x,\xi)$ eine bequeme numerische Ausrechnung gestattet. KING schlägt ein approximatives Verfahren ein, das wir hier wegen seiner Eleganz und Brauchbarkeit für das Diffusionsproblem mitteilen wollen.

Liegt die Funktion $f(x)$ für alle Werte von x zwischen x_1 und x_2 in den Grenzen zwischen A und a $(A > a)$, dann liegt in erster Annäherung

$$u(x) \text{ zwischen den Grenzwerten } A + A\int_{x_1}^{x_2} K(x,\xi)\,d\xi \quad \text{und} \quad a + a\int_{x_1}^{x_2} K(x,\xi)\,d\xi\,,$$

vorausgesetzt, daß $K(x,\xi)$ überall positiv ist. Wir bezeichnen

$$\varphi(x) = \int_{x_1}^{x_2} K(x,\xi)\,d\xi\,, \tag{b}$$

dann ist, wenn, für alle Werte von x, $\varphi(x)$ zwischen den Grenzen B und $b\,(B > b)$ liegt, $a + ab < u(x) < A + AB$ und in zweiter Annäherung

$$a + (a + ab)b < u(x) < A + (A + AB)B$$

oder

$$a(1 + b + b^2) < u(x) < A(1 + B + B^2)\,.$$

Wiederholt man diesen Prozeß beliebig oft, so folgt

$$a(1 + b + b^2 + b^3 + \cdots) < u(x) < A(1 + B + B^2 + B^3 + \cdots)\,;$$

wenn $|B| < 1$, so sind beide Reihen konvergent und

$$\varepsilon_1 < u(x) < \varepsilon_2\,, \quad \text{wo} \quad \varepsilon_1 = \frac{a}{1-b} \quad \text{und} \quad \varepsilon_2 = \frac{A}{1-B}\,. \tag{c}$$

Setzt man dieses in (a) ein, so erhält man für $u(x)$ die Grenzen

$$u_1(x) = f(x) + \varepsilon_1\varphi(x) \quad \text{und} \quad u_2(x) = f(x) + \varepsilon_2\varphi(x)\,, \tag{d}$$

wo $u_1(x)$ und $u_2(x)$ die extremen Lösungen der Integralgleichung genannt werden können.

Wenn α den mittleren Wert der Funktion $f(x)$ zwischen x_1 und x_2 bedeutet, d. h.

$$\alpha = \frac{1}{x_2 - x_1}\int_{x_1}^{x_2} f(x)\,dx\,, \tag{e}$$

und β den mittleren Wert von $\varphi(x)$ zwischen denselben Grenzen, so daß

$$\beta = \frac{1}{x_2 - x_1} \int_{x_1}^{x_2} \varphi(x)\,dx, \tag{f}$$

so kann man, wenn man $\dfrac{\alpha}{1-\beta}$ durch ε bezeichnet, $\bar{u}(x) = f(x) + \varepsilon\varphi(x)$ die mittlere Lösung der Gleichung (a) nennen. Es ist klar, daß, wenn der Wert von $\bar{u}(x)$ sich wenig von $\frac{1}{2}[u_1(x) + u_2(x)]$, dem Mittelwerte der extremen Lösungen, unterscheidet, derselbe als eine gute Approximation für die strenge Lösung der Integralgleichung gelten kann. Wir wollen im folgenden diesen Wert $\bar{u}(x)$ anwenden, denn die obige Bedingung ist nach Kings Ausrechnungen für die irdische Atmosphäre erfüllt.

94. Einige Sätze aus der Theorie des Integrallogarithmus und abgeleiteter Funktionen. Es ist

$$li(e^{-x}) = -\int_{x}^{\infty} \frac{e^{-u}}{u}\,du; \tag{A}$$

$$D_x li(e^{-x}) = \frac{e^{-x}}{x}, \tag{B}$$

und hieraus folgt umgekehrt durch partielle Integration:

$$\int_{0}^{x} li(e^{-\alpha x})\,dx = x\,li(e^{-\alpha x}) + \frac{e^{-\alpha x} - 1}{\alpha}. \tag{C}$$

Für reelle Werte von x, die in den Grenzen $-17 \leqq x \leqq 17$ liegen, können die Reihen:

$$li(e^{x}) = \gamma + \frac{1}{4}\ln x^4 + x + \frac{1}{2}\frac{x^2}{2!} + \frac{1}{3}\frac{x^3}{3!} + \cdots, \tag{D}$$

$$li(e^{-x}) = \gamma + \frac{1}{4}\ln x^4 - x + \frac{1}{2}\frac{x^2}{2!} - \frac{1}{3}\frac{x^3}{3!} + \cdots, \tag{E}$$

wo γ die Eulersche Konstante $= 0{,}577\,215\,665$ ist, angewendet werden. Wir bezeichnen durch $f(x)$ die Funktion

$$f(x) = e^{-x} + x\,li(e^{-x}). \tag{F}$$

Nach Einführung der Integrationsvariablen φ durch die Gleichungen

$$u = x\sec\varphi, \qquad du = \frac{x\sin\varphi}{\cos^2\varphi}\,d\varphi$$

erhält man aus dem Integral $\displaystyle\int_{x}^{\infty} \frac{e^{-u}}{u^2}\,du$

$$\int_{x}^{\infty} \frac{e^{-u}}{u^2}\,du = \frac{1}{x}\int_{0}^{\pi/2} e^{-x\sec\varphi}\sin\varphi\,d\varphi;$$

$$\int_{0}^{\pi/2} e^{-x\sec\varphi}\sin\varphi\,d\varphi = x\int_{x}^{\infty} \frac{e^{-u}}{u^2}\,du = e^{-x} + x\,li(e^{-x}) = f(x). \tag{G}$$

Hieraus:

$$f(0) = 1. \tag{H}$$

Aus der Gleichung (B) folgt:

$$(ax)\,d[li(e^{-ax})] = e^{-ax}\,d(ax)\,,$$

$$\int\limits_{\infty}^{c} d[li(e^{-ax})]\,ax = \int\limits_{\infty}^{c} e^{-ax}\,d(ax) = -e^{-ac}\,;$$

durch partielle Integration erhält man hieraus:

$$\int\limits_{\infty}^{c} li(e^{-ax})\,dx = \frac{e^{-ac}}{a} + c\,li(e^{-ac}) = \frac{f(ac)}{a}\,; \tag{I}$$

$$\int\limits_{0}^{c} f(u)\,du = \int\limits_{0}^{c} e^{-u}\,du + \int\limits_{0}^{c} u\,li(e^{-u})\,du = (1 - e^{-c}) + \int\limits_{0}^{c} u\,du \int\limits_{\infty}^{u} \frac{e^{-x}}{x}\,dx$$

$$= 1 - e^{-c} + \frac{1}{2}c^2\,li(e^{-c}) - \frac{1}{2}\int\limits_{0}^{c} u\,e^{-u}\,du = 1 - e^{-c} + \frac{1}{2}c^2\,li(e^{-c})$$

$$+ \frac{1}{2}ce^{-c} - \frac{1}{2}(1 - e^{-c});$$

$$\int\limits_{0}^{c} f(u)\,du = \frac{1}{2}[(1 - e^{-c}) + cf(c)]\,. \tag{J}$$

$$\int\limits_{0}^{c} f(ax)e^{-bx}\,dx = \int\limits_{0}^{c} e^{-x(a+b)}\,dx + a\int\limits_{0}^{c} x\,e^{-bx}\,li(e^{-ax})\,dx = \frac{1}{a+b}(1 - e^{-c(a+b)})$$

$$+ a\left\{\left[-\frac{1}{b}e^{-bx}x\,li(e^{-ax})\right]_{0}^{c} + \frac{1}{b}\int\limits_{0}^{c} e^{-bx}D_x[x\,li(e^{-ax})]\,dx\right\}$$

$$= \frac{1}{a+b}(1 - e^{-c(a+b)}) - \frac{ac}{b}e^{-bc}\,li(e^{-ac}) + \frac{a}{b}\int\limits_{0}^{c} e^{-bx}\,li(e^{-ax})\,dx$$

$$+ \frac{a}{b}\int\limits_{0}^{c} e^{-x(a+b)}\,dx = \frac{1}{a+b}(1 - e^{-c(a+b)}) - \frac{ac}{b}e^{-bc}\,li(e^{-ac})$$

$$- \frac{a}{b^2}e^{-bc}\,li(e^{-ac}) - \frac{a}{b^2}\int\limits_{0}^{\infty} \frac{e^{-ax}}{ax}\,dx + \frac{a}{b(a+b)}[1 - e^{-c(a+b)}]$$

$$+ \frac{a}{b^2}\int\limits_{0}^{\infty} \frac{e^{-x(a+b)}}{x}\,dx - \frac{a}{b^2}\int\limits_{c}^{\infty} \frac{e^{-x(a+b)}}{x}\,dx = \frac{1}{b}[1 - e^{-bc}f(ac)]$$

$$+ \frac{a}{b^2}\int\limits_{0}^{\infty} \frac{e^{-x(a+b)} - e^{-ax}}{x}\,dx + \frac{a}{b^2}\left\{li\,[e^{-c(a+b)}] - e^{-bc}\,li(e^{-ac})\right\}.$$

Da

$$\int\limits_{0}^{\infty} \frac{e^{-\alpha x} - e^{-\beta x}}{x}\,dx = \ln\frac{\beta}{\alpha}\,,$$

so haben wir endlich:

$$\int\limits_0^c e^{-bx} f(ax)\, dx = \frac{1}{b}\left[1 - e^{-bc} f(ac)\right]$$
$$+ \frac{a}{b^2}\left[\ln\frac{a}{(a+b)} - e^{-bc}\, li\,(e^{-ac}) + li\,(e^{-(a+b)c})\right]$$
$$= \frac{1}{b}\left[1 - e^{-bc} f(ac)\right]$$
$$+ \frac{a}{b^2}\left[li\,(e^{-(a+b)c}) - e^{-bc}\, li\,(e^{-ac}) + \ln\frac{(ac)}{(a+b)c}\right]. \tag{K}$$

95. Anwendung auf die Integralgleichung der Diffusion (19). Wir setzen im ersten Gliede der Gleichung (19) die Abhängigkeit der Diffusion vom Phasenwinkel α, die wir durch Einführung des Koeffizienten $\bar{\mu}_0$ statt $\mu_0(\alpha)$ ausgeschaltet hatten, wieder ein, weil dadurch die Auflösung der Integralgleichung nicht erschwert wird, und wir dem Rayleighschen Gesetze dadurch im Hauptgliede gerecht werden. Wir erhalten dann aus (19) und (20) nach Division durch $S\mu_0(\alpha)$:

$$\frac{J(X)}{S\mu_0(\alpha)} = e^{-K_0(H-X)\sec\zeta}$$
$$- \frac{2\pi\bar{\mu}_0}{S\mu_0(\alpha)}\left\{\int\limits_0^X J(X')\, li\,(e^{-K_0(X-X')})\, dX' + \int\limits_X^H J(X')\,(li\,e^{-K_0(X'-X)})\, dX'\right\}. \tag{21}$$

Die gesuchte Funktion u ist dann

$$u(X) = \frac{J(X)}{S\mu_0(\alpha)} \tag{22}$$

und

$$\varphi(X) = -2\pi\mu_0\left[\int\limits_0^X li\,(e^{-K_0(X-X')})\, dX' + \int\limits_X^H li\,(e^{-K_0(X'-X)})\, dX'\right].$$

Nun ist nach (F) und (C)

$$- K_0\int\limits_0^X li\,(e^{-K_0(X-X')})\, dX' = 1 - f(K_0 X),$$

$$- K_0\int\limits_X^H li\,(e^{-K_0(X'-X)})\, dX' = 1 - f[K_0(H-X)]$$

und daher

$$\varphi(X) = \frac{1}{2}\frac{k_0}{K_0}\{2 - f(K_0 X) - f[K_0(H-X)]\}. \tag{23}$$

Der Maximalwert von $\varphi(X)$ ist bei $X = \dfrac{H}{2}$

$$B = \left\{1 - f\left(\tfrac{1}{2}C\right)\right\}\frac{c}{C}\,;$$

der Minimalwert bei $X = 0$ und $X = H$

$$b = \frac{1}{2}\{1 - f(C)\}\frac{c}{C}, \tag{24}$$

wo gesetzt ist

$$C = K_0 H, \qquad c = k_0 H;$$

nun ist

$$K_0 = k_0 + \nu_0,$$

und wir bezeichnen

$$\gamma = \nu_0 H,$$

dann ist

$$C = c + \gamma. \tag{25}$$

Die Funktion $f(x)$ der Gleichung (a) ist $e^{-K_0(H-X)\sec\zeta}$ und daher nach (e)

$$\alpha = \frac{1}{H}\int_0^H e^{-K_0(H-X)\sec\zeta}\,dX = \frac{\cos\zeta}{HK_0}\int_0^{K_0 H\sec\zeta} e^{-y}\,dy = \frac{1 - e^{-C\sec\zeta}}{C\sec\zeta}. \tag{26}$$

Führt man die Bezeichnung ein:

$$G(x) = \frac{1 - e^{-x}}{x}, \tag{27}$$

so wird

$$\alpha = G(C\sec\zeta). \tag{27'}$$

Weiter findet man für den Mittelwert der Funktion $\varphi(X)$ nach (f):

$$\beta = \frac{1}{2}\frac{k_0}{K_0}\frac{1}{H}\left[\int_0^H \{1 - f(K_0 X)\}\,dX \right.$$
$$\left. + \int_0^H \{1 - f[K_0(H - X)]\}\,dX\right] = \frac{1}{C}\frac{c}{C}\left[\int_0^C [1 - f(u)]\,du\right].$$

Mit Hilfe der Gleichung (J) und (27) erhalten wir dann leicht:

$$\beta = \frac{c}{C}\left\{1 - \frac{1}{2}f(C) - \frac{1}{2}G(C)\right\}. \tag{28}$$

Endlich finden wir

$$\varepsilon = \frac{\alpha}{1 - \beta} = \frac{G(C\sec\zeta)}{\dfrac{\gamma}{C} + \dfrac{1}{2}\dfrac{c}{C}\{f(C) + G(C)\}},$$

$$\varepsilon_1 = \frac{a}{1 - b} = \frac{e^{-C\sec\zeta}}{\dfrac{\gamma}{C} + \dfrac{1}{2}\{f(C) + 1\}\dfrac{c}{C}},$$

$$\varepsilon_2 = \frac{A}{1 - B} = \frac{1}{\dfrac{\gamma}{C} + f\left(\dfrac{1}{2}C\right)\dfrac{c}{C}}. \tag{29}$$

Die angenäherte Lösung der Gleichung (19) hat somit die Form

$$\frac{J(X)}{\mu_0(\alpha)S} = e^{-K_0(H-X)\sec\zeta} + \varepsilon\varphi(X), \tag{30}$$

wo $\varphi(X)$ durch (23) bestimmt ist und für ε die mittlere Lösung (29) einzusetzen ist, die immer zwischen den extremen Lösungen ε_1 und ε_2 liegt.

Die Strahlung nach einem Punkte der Erdoberfläche in der Richtung φ zur Lotlinie ist dann:

$$T\omega = \omega\int_0^{R_0} J(X)\,e^{-K_0 R}\,dR. \tag{31}$$

Da nun $R = X \sec\varphi$, $R_0 = H \sec\varphi$, so wird

$$T(\varphi,\zeta) = \sec\varphi \int_0^H J(X)\, e^{-K_0 X \sec\varphi}\, dX. \tag{32}$$

Für die Strahlung nach außen oder nach einem Punkte $X = H$ an der Grenze der Atmosphäre wird dagegen

$$R(\varphi,\zeta) = \sec\varphi \int_0^H J(X)\, e^{-K_0(H-X)\sec\varphi}\, dX. \tag{33}$$

Setzt man $J(X)$ aus (30) ein, so folgt für $T(\varphi,\zeta)$:

$$T(\varphi,\zeta) = \mu_0(\alpha)\, S \sec\varphi \left\{ e^{-K_0 H \sec\zeta} \int_0^H e^{-K_0 X(\sec\varphi - \sec\zeta)}\, dX + \varepsilon \int_0^H e^{-K_0 X \sec\varphi}\, \varphi(X)\, dX \right\}. \tag{34}$$

Das erste Glied nimmt die Form an:

$$e^{-K_0 H \sec\zeta} \int_0^H e^{-K_0 X(\sec\varphi - \sec\zeta)}\, dX = \frac{e^{-K_0 H \sec\zeta}}{K_0(\sec\varphi - \sec\zeta)}\left(1 - e^{-K_0 H(\sec\varphi - \sec\zeta)}\right)$$

$$= e^{-C \sec\zeta}\, G\left[(\sec\varphi - \sec\zeta)\, C\right]\frac{C}{K_0}, \qquad \text{wenn} \qquad \varphi > \zeta,$$

und

$$= e^{-C \sec\varphi}\, G\left[(\sec\zeta - \sec\varphi)\, C\right]\frac{C}{K_0}, \qquad \text{wenn} \qquad \zeta > \varphi.$$

Das zweite Glied transformieren wir mit Hilfe der Gleichung (K). Wir haben zunächst nach Einsetzen von $\varphi(X)$ aus (23), Integration und Einführung der Variablen $K_0 X = u$:

$$\int_0^H e^{-K_0 X \sec\varphi}\, \varphi(X)\, dX = \frac{1}{2}\frac{c}{C}\int_0^H e^{-K_0 X \sec\varphi}\left[2 - f(K_0 X) - f\{K_0(H - X)\}\right] dX$$

$$= \frac{1}{2}\frac{1}{K_0}\frac{c}{C}\left[\frac{2(1 - e^{-C\sec\varphi})}{\sec\varphi} - \int_0^C e^{-u\sec\varphi} f(u)\, du - e^{-C\sec\varphi}\int_0^C e^{u\sec\varphi} f(u)\, du\right];$$

die beiden Integrale ersetzen wir nach der Hilfsgleichung (K) und erhalten:

$$= \frac{1}{2}\frac{1}{K_0}\frac{c}{C}\left\{\frac{1}{\sec\varphi}\left[(1 - e^{-C\sec\varphi})(1 - f(C))\right] - \frac{1}{\sec^2\varphi}\left[\ln\frac{C}{C(1 + \sec\varphi)}\right.\right.$$

$$- e^{-C\sec\varphi}\, li(e^{-C}) + li(e^{-(1+\sec\varphi)C})\Big]$$

$$- \frac{e^{-C\sec\varphi}}{\sec^2\varphi}\left[\ln\frac{C}{C(1 - \sec\varphi)} - e^{C\sec\varphi}\, li(e^{-C}) + li(e^{-(1-\sec\varphi)C})\right]\right\}$$

$$= \frac{1}{2}\frac{c}{C}\frac{1}{K_0}\frac{1}{\sec\varphi}\, \Phi(C,\varphi),$$

wo

$$\begin{aligned}
\Phi(C,\varphi) &= (1 - e^{-C\sec\varphi})(1 - f(C)) \\
&\quad + \cos\varphi\left\{[li(e^{-C}) - \ln C - li(e^{-C(1+\sec\varphi)}) + \ln C(1 + \sec\varphi)]\right. \\
&\quad + e^{-C\sec\varphi}[li(e^{-C}) - \ln(C) - li(e^{-C(1-\sec\varphi)}) + \ln C(1 - \sec\varphi)]\} \\
&= (1 - e^{-C\sec\varphi})(1 - f(C)) + \cos\varphi\{B(C) - B[C(1 + \sec\varphi)] \\
&\quad + e^{-C\sec\varphi}[B(C) - B[-C(\sec\varphi - 1)]\},
\end{aligned} \tag{35}$$

nachdem noch folgende Bezeichnung eingeführt ist:

$$B(x) = li\,(e^{-x}) - \ln x, \atop B(-x) = li\,(e^{x}) - \ln x. \tag{36}$$

Die Reihenentwicklung für diese Funktion B ist auf Grund der Reihen (D) und (E) folgende:

$$B(x) = \gamma - x + \frac{1}{2}\frac{x^2}{2!} - \frac{1}{3}\frac{x^3}{3!} + \cdots, \atop B(-x) = \gamma + x + \frac{1}{2}\frac{x^2}{2!} + \frac{1}{3}\frac{x^3}{3!} + \cdots. \tag{37}$$

Für $\varphi = 0$ erhält man:

$$\Phi(C, 0) = (1 - e^{-C})(1 - f(C)) + B(C) - B(2C) + e^{-C}(B(C) - \gamma). \tag{38}$$

Für $\varphi = \dfrac{\pi}{2}$ wird

$$\Phi\left(C, \frac{\pi}{2}\right) = 1 - f(C). \tag{39}$$

Wir haben somit folgende endgültigen Ausdrücke für die Intensität der Himmelsstrahlung aus der Zenitdistanz φ bei einer Zenitdistanz der Sonne ζ:

$$\text{bei } \zeta > \varphi: \atop T(\varphi, \zeta) = \frac{\mu_0(\alpha)}{K_0}S\left\{C\sec\varphi\,e^{-C\sec\varphi}\,G\,[C(\sec\zeta - \sec\varphi)] + \frac{1}{2}\frac{c}{C}\varepsilon\,\Phi(C,\varphi)\right\}, \atop \text{bei } \varphi > \zeta: \atop T(\varphi, \zeta) = \frac{\mu_0(\alpha)}{K_0}S\left\{C\sec\varphi\,e^{-C\sec\zeta}\,G\,[C(\sec\varphi - \sec\zeta)] + \frac{1}{2}\frac{c}{C}\varepsilon\,\Phi(C,\varphi)\right\}. \tag{40}$$

Die Berechnung des Koeffizienten $\dfrac{\mu_0(\alpha)}{K_0}S$ gestaltet sich auf Grund der Gleichungen (2), (6) und (7) folgendermaßen:

$$\mu_0(\alpha) = \frac{3}{4}(1 + \cos^2\alpha)\,\overline{\mu}_0 = \frac{3}{4}(1 + \cos^2\alpha)\frac{k_0}{4\pi}, \atop \frac{S\,\mu_0(\alpha)}{K_0} = \frac{S}{4\pi}\frac{3}{4}(1 + \cos^2\alpha)\frac{c}{C}. \tag{41}$$

Die Berechnung des ersten Gliedes der Formel (40) ist von KING durch Tabellen der Funktion G erleichtert worden; für das zweite Glied sind vom Verfasser Tabellen der Funktion $\Phi(C, \varphi)$ nach Formel (35) berechnet worden, die zusammen mit anderen Tabellen zur Theorie der Beleuchtung der Planetenatmosphären noch erwähnt werden.

Für die Helligkeit des Zenits ergibt sich aus (40)

$$T(0, \zeta) = \frac{\mu_0(\zeta)}{K_0}S\left\{C\,e^{-C}\,G\left[C(\sec\zeta - 1)\right] + \frac{1}{2}\frac{c}{C}\varepsilon\,\Phi(C, 0)\right\}, \tag{42}$$

wo $\Phi(C, 0)$ durch (38) bestimmt ist.

Für die Helligkeit im Horizonte ($\varphi = \pi/2$) finden wir

$$T\left(\frac{\pi}{2}, \zeta\right) = \frac{\mu_0(\alpha)\,S}{K_0}\left\{e^{-C\sec\zeta} + \frac{1}{2}\frac{c}{C}\varepsilon\,\Phi\left(C, \frac{\pi}{2}\right)\right\}, \tag{43}$$

wo $\Phi(C, \pi/2)$ durch (39) bestimmt ist.

Es ist leicht, aus (40) und (42) einzusehen, daß bei kleinen Werten von C die angenäherte Beziehung besteht

$$T(\varphi, \zeta) = \frac{\mu_0(\alpha)}{\mu_0(\zeta)}\sec\varphi\,T(0, \zeta) = \frac{1 + \cos^2\alpha}{1 + \cos^2\zeta}\sec\varphi\,T(0, \zeta). \tag{44}$$

Diese Formel ist genügend genau für die Berechnung der Totalintensität der diffusen Himmelsstrahlung auf die horizontale Fläche. Bezeichnet man dieselbe durch $H(\zeta)$, so ist

$$H(\zeta) = \int T(\varphi, \zeta) \cos\varphi \, d\omega,$$

wo das Integral über die Halbkugel zu erstrecken ist. Da $d\omega = \sin\varphi \, d\varphi \, d\psi$, so ist

$$H(\zeta) = \int_0^{2\pi} d\psi \int_0^{\pi/2} T(\varphi, \zeta) \cos\varphi \sin\varphi \, d\varphi. \tag{45}$$

Unter Benutzung der Beziehung (44) erhält man:

$$H(\zeta) = \frac{T(0, \zeta)}{1 + \cos^2\zeta} \int_0^{2\pi} d\psi \int_0^{\pi/2} (1 + \cos^2\alpha) \sin\varphi \, d\varphi = \frac{8}{3} \frac{\pi}{1 + \cos^2\zeta} T(0, \zeta),$$

und für die Gesamtstrahlung aller Wellenlängen

$$\int_0^\infty H(\zeta) \, d\lambda = \frac{8\pi}{3} \frac{1}{1 + \cos^2\zeta} \int_0^\infty T(0, \zeta) \, d\lambda. \tag{46}$$

Sind Tafeln für die Zenithelligkeit $T(0, \zeta)$ nach (42) berechnet, so kann die Beleuchtung der horizontalen Fläche aus den Transmissionskoeffizienten nach (46) einfach bestimmt werden. Der Fehler, der durch die Benutzung der Formel (44) auch für kleine Höhen entsteht, ist wegen des geringen Beitrages der Strahlung aus denselben unerheblich.

96. Die Anwendung der Theorie auf die Erdatmosphäre. Auf Grund dieser Entwicklungen kann sowohl die Lichtverteilung am klaren Himmel als auch die Beleuchtung der horizontalen Fläche aus den bekannten Transmissionskoeffizienten der Atmosphäre berechnet werden. King hat aus den auf Mt. Wilson, Mt. Whitney und in Washington bestimmten Werten dieser Größen für verschiedene Wellenlängen die erstgenannten Elemente bestimmt und mit den Beobachtungen verglichen. Über die Resultate dieser großen Arbeit ist an anderer Stelle berichtet worden (vgl. S. 204). Besonderes Interesse beansprucht die Bestimmung der Luftdichte oder der Anzahl der Moleküle pro Kubikzentimeter, die sich bei dieser Analyse ergab. Sie beruht auf folgenden Beziehungen.

Die Intensität der durchgelassenen Sonnenstrahlung ist für die Höhe x über dem Meeresniveau

$$E(X) = S \, e^{-K_0(H-X)\sec\zeta}, \tag{47}$$

wo

$$K_0 = \nu_0 + k_0;$$

sie folgt dem Exponentialgesetz, unabhängig von der Ursache der Schwächung der Strahlung (Absorption oder Diffusion, die im Koeffizienten K zusammengefaßt sind). H ist hier die Höhe der „homogenen" Atmosphäre, X die „reduzierte Höhe":

$$X = \int_0^x \frac{\varrho}{\varrho_0} \, dx \qquad \text{und} \qquad H = \int_0^\infty \frac{\varrho}{\varrho_0} \, dx,$$

also

$$H - X = \int_x^\infty \frac{\varrho}{\varrho_0} \, dx,$$

so daß

$$\frac{H - X}{H} = \frac{\int\limits_x^\infty \frac{\varrho}{\varrho_0}\, dx}{\int\limits_0^\infty \frac{\varrho}{\varrho_0}\, dx} = \frac{B}{B_0}\,,$$

wo B und B_0 den atmosphärischen Druck bedeuten.

Führt man die Bezeichnung ein:

$$C_x = K_0 H \frac{B}{B_0} = C\,\frac{B}{B_0}\,,$$

so ist

$$E(x) = S\,e^{-C_x \sec \zeta}. \tag{48}$$

Da aber

$$C = (\nu_0 + k_0)\,H = \frac{32}{3}\,\frac{\pi^3 (n_0 - 1)^2 \lambda^{-4} H}{N_0} + \nu_0 H$$

so ist

$$C = \beta \lambda^{-4} + \gamma\,, \qquad \text{wo} \qquad \beta = \frac{\frac{32}{3}\,\pi^3 (n_0 - 1)^2 H}{N}\,, \qquad \gamma = \nu_0 H\,. \tag{49}$$

Die Gleichung

$$C_x \frac{B_0}{B} = \beta \lambda^{-4} + \gamma \tag{50}$$

verlangt, daß die auf Meeresniveau reduzierten Werte C_x für verschiedene Wellenlängen, als Ordinaten gegenüber den Abszissenwerten λ^{-4} aufgetragen, auf einer Geraden mit der Neigungstangente β liegen. Aus dem Werte β kann nach (49) die Anzahl N der nach RAYLEIGH streuenden Partikel bestimmt werden. Das ist denn auch von verschiedenen Autoren versucht worden und hat eine gute Übereinstimmung mit der Anzahl der Moleküle pro cm³ ergeben (vgl. S. 205), womit der Beweis erbracht war, daß die Diffusion tatsächlich die überwiegende Ursache der Extinktion in der Erdatmosphäre ist und daß sie wesentlich an den Molekülen der Luft vor sich geht. Die Bestimmung der Konstanten γ für die Erdatmosphäre ist aber bisher mit einiger Sicherheit nicht möglich gewesen. Die Transmissionskoeffizienten, welche für eine derartige Untersuchung verwendet werden können, müssen vom Einflusse des Wasserdampfes befreit werden, weil für diesen die RAYLEIGHsche Formel nicht mehr gilt. Wie aus der Abb. 48 ersichtlich, geht die Gerade (50) dann so gut wie streng durch den Ursprung des Koordinatensystems; γ ist also sehr klein.

97. Über die Beleuchtung eines von einer Atmosphäre umgebenen Planeten. Die Ausführungen in den Ziff. 22, 39, 40 und 92—95 geben uns die Mittel an die Hand, eine photometrische Analyse der von Atmosphären umgebenen Planeten unseres Sonnensystems zu unternehmen. Wir können jetzt schon hoffen, daß bei den Planeten Venus, Mars, Jupiter und Saturn, für welche die monochromatische Photographie in der letzten Zeit die schönsten Bilder geliefert hat, die Photometrie manchen Schleier lüften wird, der bisher die Beschaffenheit ihrer Oberflächen vor uns verhüllt hat.

Eine systematische Untersuchung dieser Art liegt noch nicht vor, und wir können daher ihren Weg nur allgemein vorzeichnen und durch die im Anhange gegebenen Tafeln erleichtern.

Nachdem aus den linearen Koordinaten auf der Planetenscheibe mit Hilfe der Formeln in Ziff. 40 die Einfalls- und Reflexionswinkel des Lichtes (i und ε)

für die vermessenen Punkte bestimmt worden sind, dann mit Zuhilfenahme des Phasenwinkels α auch die Azimute des reflektierten gegen die Ebene des einfallenden Strahles, kann man dazu schreiten, die Transmissionskoeffizienten der Atmosphäre des Planeten und das Reflexionsgesetz seiner Oberfläche für die einzelnen Wellenlängen zu bestimmen. Erstere müßten, wenn die Streuung des Lichts nach Rayleigh vor sich geht, zur Kenntnis der Avogadroschen Zahl für die Atmosphäre führen. Im allgemeinen Falle hätten wir bei der Deutung der vermessenen Helligkeiten dreierlei Ursachen zu unterscheiden, die zu der Helligkeit der vermessenen Punkte beitragen:

1. Ihre Beleuchtung durch die Sonne, welche nach dem Exponentialgesetz mit dem Lichtwege in der Atmosphäre abnimmt;

2. die Schwächung ihrer Helligkeit auf dem Rückwege der Strahlen durch die Atmosphäre, entsprechend dem neuen Lichtwege, und eine Verstärkung durch die Helligkeit der Atmosphärensäule, durch welche der Oberflächenteil sichtbar ist;

3. die Beleuchtung des vermessenen Teils der Oberfläche durch das gesamte ihn erreichende diffuse Atmosphärenlicht; diese Beleuchtung unterliegt den unter 2. genannten Änderungen ebenso wie die direkte Beleuchtung durch die Sonne.

Wir haben in Ziff. 93—95 unter der Voraussetzung Rayleighscher Streuung Formeln abgeleitet, welche es gestatten, auch die beiden letztgenannten Beiträge in Rechnung zu ziehen, wenn die Streuung für die betreffende Wellenlänge nicht so stark ist, daß die Atmosphäre die Planetenoberfläche ganz verhüllt. In diesem letzteren Falle haben wir es aber mit einer undurchsichtigen, nach Rayleigh streuenden Atmosphäre zu tun; in diesem Falle gilt für die Helligkeit derselben die in Ziff. 22 abgeleitete Formel von Fessenkow (Formel 13). Eine Tabelle der Helligkeiten nach Formel (13) findet sich im Anhange (Tafel Va). Dieselbe ist für vollkommene Streuung (ohne Absorption) berechnet. Für den Fall einer teilweisen Absorption wird der Koeffizient des zweiten Gliedes $\pi\mu/k$ einen kleineren Wert erhalten müssen, und zur Prüfung auch dieser Möglichkeit finden sich Tabellen, die die Berechnung des zweiten Gliedes getrennt erleichtern (Taf. Vb u. Vc).

Bei durchsichtigen oder auch nur für bestimmte Strahlengattungen durchsichtigen Atmosphären ist für die Bestimmung der von der Oberfläche reflektierten Lichtmenge das Reflexionsgesetz derselben von Bedeutung. Nur für den Fall einer aus Tropfen gebildeten Wolkenoberfläche haben wir nunmehr ein in Ziff. 22 (Formel 12) abgeleitetes Gesetz, welches man für die photometrische Analyse der Venus-, Jupiter- und Saturnoberfläche zugrunde legen wird. Sonst kommt dafür in erster Linie das Lambertsche Gesetz in Betracht. Die erwähnte Formel (12) ist von uns ebenfalls tabuliert (Taf. IVa); sie gilt für vollkommene Diffusion; zur Erleichterung der Rechnungen im Falle vorhandener Absorption dienen die Tafeln IVb.

Ein Element ds der festen oder wolkigen ebenen Oberfläche erhält an direkter Sonnenstrahlung bestimmter Wellenlänge λ den Betrag

$$S\cos i\, e^{-K_\lambda H \sec i}\, ds = S\cos i\, e^{-C_\lambda \sec i}\, ds,$$

wo i der Einfallswinkel der Strahlen, S der Betrag der außeratmosphärischen Sonnenstrahlung auf die Einheit der Fläche, H die Höhe der homogenen Atmosphäre ist, und

$$K_\lambda = k_\lambda + \nu_\lambda, \qquad C_\lambda = K_\lambda H,$$

also C_λ der Schwächungskoeffizient der gesamten Atmosphäre des Planeten für die Wellenlänge λ ist. An zerstreutem Licht erhält dasselbe Element die diffuse

Lichtmenge nach Formel (46)

$$H_\lambda(i) = \frac{8}{3}\,\frac{\pi}{1 + \cos^2 i}\,T_\lambda(0,i)\,, \tag{51}$$

wo

$$T_\lambda(0,i) = \frac{3}{4}\,\frac{S}{4\pi}\,\frac{c}{C}\,(1 + \cos^2 i)\left[C\,e^{-C}\,G\{C(\sec i - 1)\} + \frac{1}{2}\,\frac{c}{C}\,E(C,i)\,\Phi(C,0)\right]$$

und E an Stelle der Bezeichnung ε für die mittlere Lösung der Integralgleichung gesetzt worden ist. $T_\lambda(0, i)$ ist mit Hilfe der Tafeln für die Funktionen $C\,e^{-C}\,G[C(\sec\zeta - 1)]$ (Tafel XIII a) und $\frac{1}{2}E(C, i)\,\Phi(C, 0)$ (Tafeln XIII c und XIV a) bei gegebenem C_λ leicht zu berechnen. Die Funktion $E(C, i)$ (Formel 29) ist hier für den Fall vollkommener Diffusion ($\gamma = 0$; $c = C$) berechnet, doch dürfte der sich hieraus ergebende Fehler im Gliede 2. Ordnung auch in den Fällen bedeutungslos sein, wo die Absorption in den Gasen bemerkbar ist. Als Argument für die Benutzung der Tafeln brauchen wir schon die Größe C_λ, um deren Bestimmung es sich im wesentlichen handelt. Die diffuse Beleuchtung ist somit erst dann in Rechnung zu ziehen, wenn schon ein Näherungswert für C_λ vorliegt. Dasselbe gilt aber auch für die Helligkeit der Atmosphärensäule auf dem Rückwege der Strahlen. Für diese haben wir die Formel (33); wenn wir in ihr auch für den Reflexionswinkel φ unsere alte Bezeichnung ε einführen, so erhalten wir

$$R(\varepsilon, i) = \sec\varepsilon \int\limits_0^H J(X)\,e^{-K_0(H-X)\sec\varepsilon}\,dX\,,$$

wo wir $H - X$ durch X ersetzen müssen. Es ergibt sich dann

$$R(\varepsilon, i) = \sec\varepsilon \int\limits_0^H J(H - X)\,e^{-K_0 X \sec\varepsilon}\,dX\,.$$

Da aber nach Gleichung (23) $\varphi(H - X) = \varphi(X)$, so erhält man mit Hilfe der Gleichung (30)

$$R(\varepsilon, i) = \mu_0(\alpha)\,S\,\sec\varepsilon\left[\int\limits_0^H e^{-K_0 X(\sec\varepsilon + \sec i)}\,dX + E\int\limits_0^H e^{-K_0 X \sec\varepsilon}\,\varphi(X)\,dX\right].$$

Nach Integration des ersten Gliedes und bei Benutzung des Integrals (35) ergibt sich

$$R_\lambda(\varepsilon, i) = \frac{\mu_0(\alpha)\,S}{K_\lambda}\left[C_\lambda\,\sec\varepsilon\,G(C_\lambda(\sec\varepsilon + \sec i)) + \frac{1}{2}\,\frac{c_\lambda}{C_\lambda}\,E(C_\lambda, i)\,\Phi(C_\lambda, \varepsilon)\right].$$

Die beiden Summanden in der eckigen Klammer sowie auch deren Summe sind von uns ebenfalls in Tabellen gegeben (Tafeln XIV c, XIV d u. XIV e), und zwar wiederum für den Fall $c_\lambda = C_\lambda$, also für den Fall vollkommener Diffusion. Die einzige Unbekannte bei der Benutzung dieser Tabellen ist der Schwächungskoeffizient C_λ, denn mit Hilfe der zweiten Gleichung (41) eliminiert sich auch C_λ und für $c_\lambda = C_\lambda$ erhalten wir

$$R_\lambda(\varepsilon, i) = \frac{3}{16\pi}\,S\,(1 + \cos^2\alpha)\left[C_\lambda\,\sec\varepsilon\,G(C_\lambda(\sec\varepsilon + \sec i)) + \frac{1}{2}\,E(C_\lambda, i)\,\Phi(C_\lambda, \varepsilon)\right]. \tag{52}$$

Somit brauchen wir für die Berechnung auch der dritten Komponente der Helligkeit nur den Wert des Schwächungskoeffizienten der Atmosphäre für die betreffende Wellenlänge. Einen Näherungswert für denselben kann man auf folgende Weise erhalten: Bezeichnet man das Reflexionsgesetz der Oberfläche durch $\Gamma f(i, \varepsilon, A)$ und den Schwächungskoeffizienten auf dem Rückwege der Strahlen durch C'_λ, so kann man in erster Näherung für die aus der Atmosphäre austretende, vom Flächenelemente ds herrührende Lichtmenge ansetzen

$$dq = \Gamma f(i, \varepsilon, A)\, e^{-(C_\lambda \sec i + C'_\lambda \sec \varepsilon)}\, ds$$

und für die scheinbare Helligkeit des betreffenden Punktes

$$h = \Gamma f(i, \varepsilon, A)\, e^{-(C_\lambda \sec i + C'_\lambda \sec \varepsilon)} \sec \varepsilon. \tag{53}$$

Aus den relativen Helligkeiten zweier Punkte der Oberfläche gegenüber einem dritten Referenzpunkte mit den Koordinaten i_0, ε_0, A_0 finden sich dann C_λ und C'_λ mit Hilfe von Gleichungen der Form

$$\ln \frac{h_n}{h_0} - \ln \frac{f(i_n, \varepsilon_n, A_n)}{f(i_0, \varepsilon_0, A_0)} \frac{\sec i_n}{\sec i_0} = -C_\lambda(\sec i_n - \sec i_0) - C'_\lambda(\sec \varepsilon_n - \sec \varepsilon_0), \tag{54}$$

wo die Anzahl n der Gleichungen durch Hinzunahme mehrerer Punkte nach Möglichkeit zu vermehren sein wird. Der Koeffizient C'_λ muß sich dabei kleiner ergeben als C_λ, weil sonst eine Sichtbarkeit der Oberfläche durch die Atmosphäre für die Wellenlänge λ unmöglich wäre.

Mit dem Näherungswerte C_λ kann die zweite Näherung, bei welcher vollkommene Diffusion für die betreffende Wellenlänge vorausgesetzt wird, in folgender Weise gerechnet werden. Die Lichtmenge von einem Punkte der Oberfläche setzt sich aus zwei Teilen zusammen:

$$dq = dq_1 + dq_2,$$

wo dq_1 vom Elemente ds selbst herrührt, dq_2 von der Atmosphärensäule auf dem Wege der Strahlen. dq_1 hat seine Quelle einerseits in der direkten Beleuchtung durch die Sonnenstrahlen, andererseits in der diffusen Beleuchtung des Elements

$$dq_1 = dq'_1 + dq''_1.$$

Ist A_λ die Albedo des Oberflächenelements für die gegebene Wellenlänge, so ist $\Gamma = \dfrac{A_\lambda S}{\pi}$ und

$$dq'_1 = S\, \frac{A_\lambda}{\pi} f(i, \varepsilon, A)\, e^{-C_\lambda(\sec i + \sec \varepsilon)}\, ds; \tag{55}$$

$$\left.\begin{aligned}
dq''_1 &= \frac{A_\lambda}{\pi} H_\lambda(C_\lambda, i)\, e^{-C_\lambda \sec \varepsilon}\, ds = \frac{8}{3}\, \frac{A_\lambda e^{-C_\lambda \sec \varepsilon}}{1 + \cos^2 i}\, T_\lambda(0, i)\, ds \\
&= \frac{S A_\lambda}{2\pi} e^{-C_\lambda \sec \varepsilon} \left\{ C_\lambda\, e^{-C_\lambda} G[C_\lambda(\sec i - 1)] + \frac{1}{2} E(C_\lambda, i)\, \Phi(C_\lambda, 0) \right\} ds.
\end{aligned}\right\} \tag{56}$$

Hieraus folgt

$$dq_1 = \frac{S A_\lambda}{\pi} e^{-C_\lambda \sec \varepsilon} \times$$

$$\times \left[f(i, \varepsilon, A)\, e^{-C_\lambda \sec i} + \frac{1}{2} \left\{ C_\lambda\, e^{-C_\lambda} G(C_\lambda(\sec i - 1)) + \frac{1}{2} E(C_\lambda, i)\, \Phi(C_\lambda, 0) \right\} \right]. \tag{57}$$

Die Lichtmenge dq_2 erhält man aus der Intensität $R(\varepsilon, i)$ nach (52):

$$dq_2 = \frac{3}{16\pi} S(1 + \cos^2 \alpha) \left[C_\lambda \sec \varepsilon\, G(C_\lambda(\sec \varepsilon + \sec i)) + \frac{1}{2} E(C_\lambda, i)\, \Phi(C_\lambda, \varepsilon) \right] ds. \tag{58}$$

Die gemessenen Helligkeiten ergeben sich dann aus der Gleichung

$$h = \frac{dq_1 + dq_2}{ds} \sec \varepsilon. \tag{59}$$

Diese Rechnung dürfte, da sie vollkommene Streuung des Lichts voraussetzt, nur für diejenigen Strahlengattungen zum Ziele führen, für welche diese Annahme zutrifft. Sie führt zu einem genaueren Werte von C_λ, wobei sich auch die Albedo A_λ der Oberfläche für die Wellenlänge λ ergeben muß. Aufnahmen im Gebiete jener Wellenlängen, die außer der Streuung auch eine Absorption aufweisen, müssen nach der allgemeinen Formel für dq_1'' und dq_2 reduziert werden. In diesem Falle ist

$$\begin{aligned}
T_\lambda(0,i) &= S\frac{3}{16\pi}(1+\cos^2 i)\frac{c\lambda}{C_\lambda}\left[C_\lambda e^{-C_\lambda}G\{C_\lambda(\sec i - 1)\} + \frac{1}{2}\frac{c\lambda}{C_\lambda}E\,\Phi(C_\lambda,0)\right] \\
&= \frac{3}{16\pi}S(1+\cos^2 i)c_\lambda\left[e^{-C_\lambda}G\{C_\lambda(\sec i - 1)\} + \frac{c\lambda}{C_\lambda^2}E\,\Phi(C_\lambda,0)\right]
\end{aligned} \right\} \quad (60)$$

und

$$dq_1'' = \frac{S}{2\pi}A_\lambda e^{-C_\lambda\sec\varepsilon}c_\lambda\left[e^{-C_\lambda}G\{C_\lambda(\sec i - 1)\} + \frac{c\lambda}{C_\lambda^2}E(C_\lambda,i)\,\Phi(C_\lambda,0)\right]ds. \quad (61)$$

Ebenso erhält man für dq_2 jetzt

$$dq_2 = \frac{3}{16\pi}S(1+\cos^2\alpha)c_\lambda\left[\sec\varepsilon\,G\{C_\lambda(\sec\varepsilon+\sec i)\} + \frac{1}{2}\frac{c\lambda}{C_\lambda^2}E(C_\lambda,i)\,\Phi(C_\lambda,\varepsilon)\right]ds. \quad (62)$$

In diesem Falle wird durch sukzessive Näherung außer A_λ, C_λ auch c_λ bestimmt, wobei anfangs bei der Berechnung von dq_1'' und dq_2 der Bruch $\dfrac{c\lambda}{C_\lambda^2}$ gleich 1 gesetzt werden kann.

Sind die Werte C_λ für mehrere Werte von λ in dieser Weise bestimmt, so müssen sie der in bezug auf λ^{-4} linearen Gleichung

$$C_\lambda = \beta\lambda^{-4} + \gamma_\lambda \quad (63)$$

genügen, wo

$$\beta = \frac{\dfrac{32}{3}\pi^3(n_0-1)^2 H}{N} \quad (64)$$

und

$$\gamma_\lambda = \nu_\lambda H = C_\lambda - c_\lambda. \quad (65)$$

Hieraus bestimmt sich $\dfrac{(n_0-1)^2 H}{N}$ und c_λ. Ein Wert für die Höhe der homogenen Atmosphäre kann aus dieser Theorie, die die Krümmung der Atmosphärenschichten vernachlässigt, nicht gewonnen werden. Ein Weg hierzu bietet sich in der Bouguerschen Extinktionsformel (25) (S. 178). Nimmt man in der Formel (53) das zweite Glied der Bouguerschen Formel für den Lichtweg mit und schreibt

$$h = \Gamma f(i,\varepsilon,A)\,e^{-C_\lambda(\sec i - b\,\sec i\,\text{tg}^2 i) - C_\lambda'(\sec\varepsilon - b\,\sec\varepsilon\,\text{tg}^2\varepsilon)}\sec\varepsilon,$$

so kann man versuchen, aus den relativen Helligkeiten von Punkten mit sehr verschiedenen i und ε mit Hilfe der Gleichungen

$$\begin{aligned}
\ln\frac{h_n}{h_0} - \ln\frac{f(i_n,\varepsilon_n,A_n)}{f(i_0,\varepsilon_0,A_0)}\frac{\sec i_n}{\sec i_0} &= -C_\lambda(\sec i_n - \sec i_0) - C_\lambda'(\sec\varepsilon_n - \sec\varepsilon_0) \\
&+ C_\lambda b(\sec i_n\,\text{tg}^2 i_n - \sec i_0\,\text{tg}^2 i_0) + C_\lambda' b'(\sec\varepsilon_n\,\text{tg}^2\varepsilon_n - \sec\varepsilon_0\,\text{tg}^2\varepsilon_0)
\end{aligned} \right\} \quad (66)$$

auch die Koeffizienten b und b' zu bestimmen, von denen der erstere den Wert hat

$$b = \frac{H}{R},$$

wo R der Radius des Planeten ist. Sollte es möglich sein, auf diese Weise einen Wert für H zu finden, so bliebe nur noch der Wert des Brechungsexponenten unbekannt, um zu der für die Physik der Planetenatmosphären wichtigen Avogadroschen Zahl N zu gelangen.

98. Ein Vergleich der Beleuchtungstheorien der Planetenatmosphären.
Vergleicht man die Formeln (12) und (13) für diffuse Reflexion mit der Formel (52)
dieses Kapitels, so ist es nicht schwer, ihre Verwandtschaft zu erkennen. Letztere
hat mit der Formel (13) die Rayleighsche Diffusionsformel als Grundlage gemeinsam, bezieht sich aber auf den Fall einer durchsichtigen Schicht, während die
Formel (12) für einen undurchsichtigen, eben begrenzten Körper gilt, insbesondere
auch für eine undurchsichtige Gasatmosphäre, deren Krümmung vernachlässigt
werden kann. Die Formel (52) würde aber, auf den Fall der Undurchsichtigkeit
umgerechnet, nicht auf die Form (12) führen, weil in ihr in den Gliedern höherer
Ordnung die Diffusion als gleichförmig in allen Richtungen angenommen ist.
Vielmehr würde eine Ausdehnung der Formel (13)

$$q = L\, d\sigma \frac{\cos i \cos \varepsilon}{\cos i + \cos \varepsilon} \frac{\mu}{k} \times$$
$$\times \left\{ 1 + \cos^2\alpha + \frac{\pi\mu}{k}\left[A_1' a_1 + C_1' c_1 + E_1' e_1 + \frac{\pi\mu}{k}\,(\text{Drittes Glied})\right]\right\} \tag{67}$$

auf Glieder 3. und höherer Ordnung erst zu einer ganz strengen Rayleighschen
Reflexionstheorie für undurchsichtige Körper führen. Daß die Berücksichtigung
der Glieder höherer Ordnung der Diffusion von wesentlicher Bedeutung ist,
ersieht man aus dem Vergleiche der beiden ersten Glieder in unseren Tabellen.
Bei vollkommener Diffusion beträgt das zweite Glied nicht weniger als 45%
des ersten, und nur bei kleineren Werten des Koeffizienten $\pi\mu/k$, also bei vorhandener Absorption, wird die Konvergenz der Reihe (66) eine schnellere. Durch
den Wert des Koeffizienten $\pi\mu/k$ und den der höheren Glieder wird aber die Randverdunklung eines von einer Atmosphäre umgebenen Planeten wesentlich bedingt. In dieser Beziehung sind unsere Tafeln sehr lehrreich. Betrachten
wir die Zahlen längs der Diagonale in der Tafel Va, welche den Helligkeiten
in Opposition entsprechen ($i = \varepsilon$, $A = 0$), so finden wir, daß die gleichmäßige
Helligkeit der vollbeleuchteten Planetenscheibe, die sich bei Berücksichtigung
allein des ersten Gliedes der Diffusion ergeben würde (vgl. Taf. Vb), bei Mitnahme des zweiten Gliedes verschwindet und daß eine unbedeutende Lichtabnahme am Rande auftritt. Eine Berücksichtigung des dritten Gliedes, das
notwendig positiv sein muß, würde diese Randverdunklung noch verstärken.
Wir kommen so zu dem wichtigen Satze: Eine nach Rayleigh lichtzerstreuende Atmosphäre ergibt bei vollkommener Diffusion und
voller Beleuchtung eine Randverdunklung am äußersten Rande
von ca. 20%. Praktisch wird aber diese Randverdunklung nicht
merkbar sein, da sie erst in einem Abstande von 0,01 R bis 0,02 R
vom Rande beginnt.
  Die Verhältnisse ändern sich schnell schon in nächster Nähe der Opposition.
Besonders verwickelt gestalten sich die Intensitätsverhältnisse bei einer von
Wolken umgebenen Atmosphäre nach der Formel (12) (Taf. IVa). Hier, wo
das Diffusionsdiagramm für den einzelnen Tropfen unsymmetrisch ist, mit
einem Vorwiegen der Strahlung in der Richtung $\alpha = 180°$, tritt eine sehr starke
Abhängigkeit der Lichtstärke vom Azimut auf, die bei wachsenden Einfallswinkeln immer stärker wird. Die Helligkeitskontraste bei der Reflexion an einer
Wolkenoberfläche, die aus größeren Partikeln aufgebaut ist, sind so bedeutend,
daß es keine Schwierigkeit bereiten dürfte, bei einer photometrischen Analyse
sie von der Rayleighschen Diffusion in den Gasen der Atmosphäre zu unterscheiden und zu trennen.
  99. Neue Untersuchungen auf diesem Gebiete. Die letzten Jahrzehnte und
besonders die letzten Oppositionen des Planeten Mars haben reichliches und zum
Teil vorzügliches Beobachtungsmaterial für eine photometrische Analyse der

Planetenoberflächen geliefert. Es seien hier nur genannt die Aufnahmen von Mars und Jupiter durch W. H. WRIGHT[1] am CROSSLEY-Reflektor, die Aufnahmen von R. J. TRÜMPLER[2] am großen Refraktor der Lick-Sternwarte, diejenigen des Planeten Venus von FRANK E. ROSS[3] und die älteren Aufnahmen von Jupiter und Saturn, die R. WOOD[4] erhalten hat. Bei allen diesen Aufnahmen sind Lichtfilter verwendet worden. Die Aufnahmen zeigen eine Reihe überraschender und lehrreicher Erscheinungen, welche einer visuellen Beobachtung der Planeten für immer verborgen geblieben wären. Diese ganz neuen Phänomene haben in hohem Grade das Interesse für die Erforschung der physikalischen Natur der Planeten belebt. Es hat auch nicht an Versuchen gefehlt, dieselben theoretisch zu deuten, wenn auch die Schwierigkeit dieser Deutung allgemein erkannt wurde. Wir wollen hier nur die wichtigsten dieser neu entdeckten Tatsachen aufzählen.

1. Die Randverdunklung ist bei allen genannten Planeten für verschiedene Filter verschieden; ihr Grad und auch ihre Abhängigkeit von der Wellenlänge der Filter ist für jeden Planeten individuell.

2. Die Struktur der Oberfläche ist für die Planeten Mars, Jupiter und Saturn für die langwelligen Strahlen deutlicher, dagegen treten bei Venus nur auf den violetten Aufnahmen Oberflächengebilde hervor, während auf den roten gleichmäßige Lichtabnahme ohne jegliche Struktur festzustellen ist.

3. Der Durchmesser der Planeten Mars und Venus[5] ergibt sich größer für die violetten Strahlen als für die roten, und zwar beträgt der Unterschied für Mars zwischen den Wellenlängen 440 und $760\,\mu\mu$ 3% des Durchmessers. Die Zunahme desselben wird auch für kleinere Wellenlängendifferenzen von TRÜMPLER bestätigt, der zwischen 560 und $600\,\mu\mu$ einen Unterschied von 0,86% gefunden hat.

4. Die beiden Saturnringhälften A und B weisen ganz verschiedene, von der Wellenlänge abhängige Helligkeitsverhältnisse auf; in ultravioletten Strahlen sind sie einheitlich hell, wobei die CASSINIsche Trennung zwischen ihnen verschwindet.

Besonders die unter 3. vermerkte Erscheinung, aus der sich eine Höhe von über 100 km für die lichtzerstreuende Atmosphäre bei Mars ergibt, hat Veranlassung zu einer theoretischen Diskussion des Atmosphärenproblems gegeben. W. FESSENKOW[6] und D. H. MENZEL[7] finden, daß eine solche Ausdehnung einer Gasatmosphäre über Mars den Bedingungen des aerostatischen Gleichgewichtes widerspricht, und neigen zu der Ansicht, das Leuchten der Atmosphäre in dieser Höhe durch eine Schicht feinsten Dunstes, der nur ultraviolettes Licht reflektiert, zu erklären. Die ultravioletten Aufnahmen von Mars zeigen zum Teil bis auf den Polarfleck des Planeten keinerlei Struktur, sind deshalb Abbildungen seiner Atmosphäre und daher für eine photometrische Analyse nach unseren Formeln besonders geeignet. Die Betrachtungen W. FESSENKOWS und auch diejenigen von D. H. MENZEL über die Intensität der Atmosphärenstrahlung dürften bei den Vernachlässigungen, die von beiden Autoren gemacht werden, und den Hypothesen, die sie einzuführen gezwungen sind, noch nicht dazu geeignet sein, die Frage nach der Ausdehnung der Marsatmosphäre zu lösen. Ein eingehendes Studium von Aufnahmen in möglichst monochromatischem Lichte ist noch eine Aufgabe der Zukunft, die vor den Schwierigkeiten des Problems nicht zurückschrecken wird; gilt es doch die Natur der uns nächsten Himmelskörper zu ergründen, über die wir heute weniger wissen als über die Beschaffenheit der fernen Fixsterne.

---

[1] Lick Bull 12, S. 48 (1925) und daselbst 13, S. 50 (1927).
[2] Lick Bull 13, S. 32 (1927).　　　[3] Ap J 68, S. 57 (1928).　　　[4] Ap J 43, S. 310 (1916).
[5] Für den letzteren Planeten ist die Erscheinung in noch unveröffentlichten visuellen Messungen an der Sternwarte Breslau bestätigt.
[6] A N 228, S. 25 (1926).　　　[7] Ap J 63, S. 48 (1926).

Tafeln

zur

Photometrie der Gestirne.

Inhalt und Erläuterungen.

Tafel Ia (S. 235—239)

dient zur Verwandlung von Größenklassendifferenzen $m - m_0$ in Helligkeitsverhältnisse I/I_0 und umgekehrt nach der Formel

$$\frac{I}{I_0} = 2{,}512^{m_0 - m} \quad \text{oder} \quad \frac{I}{I_0} = \text{Num log } [(m_0 - m)\ 0{,}4].$$

Sie erstreckt sich bis $m - m_0 = 5^{\mathrm{m}}{,}0$.

Tafel Ib (S. 240)

gibt I_0/I nach demselben Argument $m - m_0$ für die Werte von $m - m_0 = 5^{\mathrm{m}}{,}0$ bis $10^{\mathrm{m}}{,}0$.

Tafel IIa (S. 241)

dient zur Verwandlung der Ablesungen am Kreise eines ZÖLLNERschen Photometers in Größenklassen, wobei angenommen ist, daß der Ablesung $5°{,}0$ am Kreise die Helligkeit $0^{\mathrm{m}}{,}0$ entspricht und daß die Größenklassen mit den Helligkeiten wachsen. Ist der Indexfehler des Kreises 0 oder eliminiert, so ist nach dem MALUSschen Gesetz $\dfrac{I_1}{I_2} = \dfrac{\sin^2 \alpha_1}{\sin^2 \alpha_2}$, wo I_1 und I_2 die Helligkeiten sind, die den Ablesungen α_1 und α_2 des Kreises entsprechen. Daher ist die Tafel nach der Formel berechnet:

$$m = 5\,(\log \sin \alpha - \log \sin 5°{,}0)\,.$$

Tafel IIb (S. 243)

gibt die Helligkeiten I im ZÖLLNERschen Photometer nach dem Argumente α (Ablesung des Kreises) in absolutem Maße, in Einheiten der maximalen Helligkeit, welche bei der Ablesung $\alpha = 90°{,}0$ eintritt (Indexfehler des Kreises gleich 0).

Tafel III (nach E. HERTZSPRUNG, N A T 2, Nr. 1) (S. 245)

dient zur Bestimmung der Größenklasse eines Doppelsterns m_{AB}, wenn die Größen der Komponenten m_A und m_B desselben gegeben sind. Sie kann auch umgekehrt dazu dienen, die Größenklassen m_A und m_B aus der Gesamthelligkeit m_{AB} und der Differenz $m_A - m_B$ zu bestimmen. Die Tafel ist nach der Gleichung

$$m_A - m_{AB} = 2{,}5 \log \{1 + \text{Num log } [0{,}4\,(m_A - m_B)]\}$$

berechnet, die sich aus der Addition der Absolutwerte der Helligkeiten nach der Formel (27) (S. 17) unmittelbar ergibt. — Beispiel: Die Helligkeiten der Komponenten des Castor sind $m_A = 1{,}99$; $m_B = 2{,}85$; $m_B - m_A = 0{,}86$. Dieser Wert liegt zwischen 0,862 und 0,830 der Tafel und ihm entspricht deshalb $m_A - m_{AB} = 0{,}41$. Daher $m_{AB} = 1{,}99 - 0{,}41 = 1{,}58$. Umgekehrt, wenn $m_{AB} = 1{,}58$ und $m_A - m_B = 0{,}86$ gegeben ist, finden wir $m_A - m_{AB} = 0{,}41$ und $m_A = (m_A - m_{AB}) + m_{AB} = 1{,}99$, $m_B = m_A + (m_B - m_A) = 1{,}99 + 0{,}86 = 2{,}85$.

Tafel IV a (S. 246)

dient zur Berechnung der Helligkeiten nach der Formel (12) (S. 43) für diffuse Reflexion, welche bei den Werten der Konstanten $p = 2,7$, $q = 3,0$ der Reflexion an einer eben begrenzten Wolkenschicht entspricht. Diese Helligkeiten sind, abgesehen von der Konstanten $\mu L/k$, gleich

$$h = \frac{\cos i}{\cos i + \cos \varepsilon} \left\{ 1 - p \cos \alpha + q \cos^2 \alpha + \frac{\pi \mu}{k} [A_1 a_1 - B_1 b_1 + C_1 c_1 + D_1 d_1 + E_1 e_1] \right\}$$

und für $p = 2,7$, $q = 3,0$ und vollkommene Diffusion, welcher der Maximalwert

$$\frac{\pi \mu}{k} = \frac{1}{2,6}$$

entspricht, berechnet.

Tafel IV b (S. 248)

gibt die Werte der Koeffizienten a_1, b_1, c_1, d_1, e_1 derselben Formel (12) (S. 43)

$$a_1 = [\cos i \ln(1 + \sec i) + \cos \varepsilon \ln(1 + \sec \varepsilon)],$$
$$b_1 = [\cos i + \cos \varepsilon - \cos^2 i \ln(1 + \sec i) - \cos^2 \varepsilon \ln(1 + \sec \varepsilon)],$$
$$c_1 = [\tfrac{1}{2}(\cos i + \cos \varepsilon) - (\cos^2 i + \cos^2 \varepsilon) + \cos^3 i \ln(1 + \sec i) + \cos^3 \varepsilon \ln(1 + \sec \varepsilon)],$$
$$d_1 = [\tfrac{1}{3}(\cos i + \cos \varepsilon) - \tfrac{1}{2}(\cos^2 i + \cos^2 \varepsilon) + \cos^3 i + \cos^3 \varepsilon - \cos^4 i \ln(1 + \sec i)$$
$$- \cos^4 \varepsilon \ln(1 + \sec \varepsilon)],$$
$$e_1 = [\tfrac{1}{4}(\cos i + \cos \varepsilon) - \tfrac{1}{3}(\cos^2 i + \cos^2 \varepsilon) + \tfrac{1}{2}(\cos^3 i + \cos^3 \varepsilon) - \cos^4 i - \cos^4 \varepsilon$$
$$+ \cos^5 i \ln(1 + \sec i) + \cos^5 \varepsilon \ln(1 + \sec \varepsilon)].$$

Tafel V a (S. 249)

dient zur Berechnung der Helligkeiten nach der Formel (13) (S. 43) für diffuse Reflexion. Diese Helligkeiten sind, abgesehen von dem konstanten Faktor $\mu L/k$, gleich

$$h = \frac{\cos i}{\cos i + \cos \varepsilon} \left[1 + \cos^2 \alpha + \frac{\pi \mu}{k} (A_1' a_1 + C_1' c_1 + E_1' e_1) \right]$$

und mit dem Maximalwert $\dfrac{\pi \mu}{k} = \dfrac{3}{16}$ für vollkommene Diffusion berechnet. Die Koeffizienten a_1, c_1 und e_1 haben denselben Wert wie in Formel (12) (S. 43) und finden sich in Tafel IV b tabuliert.

Tafel V b (S. 251)

enthält den Wert des ersten Gliedes der Formel (13) (S. 43) nach den Argumenten i Einfallswinkel, ε Reflexionswinkel und A_0 Azimut. Das erste Glied in den Klammern der Formel (13) ist

$$1 + \cos^2 \alpha = 1 + (\cos i \cos \varepsilon + \sin i \sin \varepsilon \cos A_0)^2,$$

und die Tafel ist nach dieser Formel berechnet.

Tafel V c (S. 253)

enthält das zweite Glied der Formel (13) (S. 43), multipliziert mit dem Maximalwerte des Koeffizienten $\dfrac{\pi \mu}{k} = \dfrac{3}{16}$ (vollkommene Diffusion); sie kann für kleinere Werte desselben durch Multiplikation mit einem entsprechenden Faktor umgerechnet werden und zusammen mit der vorigen Tafel zur Bildung der Formel (13) für den Fall vorhandener Absorption dienen. Die Tafel enthält also die Werte

$$\frac{3}{16} [A_1' a_1 + C_1' c_1 + E_1' e_1],$$

wo A_1', B_1', C_1' die auf S. 43 angegebenen Werte haben und die Koeffizienten a_1, c_1 und e_1 in Tafel IV b tabuliert sind.

Tafel VIa (S. 255)

enthält die Phasenkurven $\varphi_1(\alpha)$ und $\varphi_2(\alpha)$ nach Lambert und Seeliger in den Formeln (7) S. 64 und (12), S. 65 für die Reduktion der Oppositionshelligkeit q_1^0 und q_2^0 eines Planeten auf die Helligkeit beim Phasenwinkel α:

$$q_1 = q_1^0 \frac{\sin\alpha + (\pi - \alpha)\cos\alpha}{\pi} = q_1^0\,\varphi_1(\alpha) \quad \text{nach Lambert,}$$

$$q_2 = q_2^0\left(1 - \sin\frac{\alpha}{2}\,\operatorname{tg}\frac{\alpha}{2}\,\ln\cot\operatorname{g}\frac{\alpha}{4}\right) = q_2^0\,\varphi_2(\alpha) \quad \text{nach Seeliger.}$$

q_1, q_2, q_1^0, q_2^0 sind die auf eine konstante Entfernung von der Erde und der Sonne reduzierten Helligkeiten.

Tafel VIb und Tafel VIc (S. 256)

enthalten Hilfsgrößen für die von einem Rotationsellipsoid reflektierte Lichtmenge nach Seeliger, die nach Formel (22), S. 67 berechnet wird:

$$Q_1 = 2\pi\,J A_1 \sin^2 s\,\sin^2\sigma\,\cos\alpha\,(P\cos^2 A + R\sin^2 A) \quad \text{bei Annahme des Lambertschen Gesetzes,}$$

$$Q_2 = \frac{\pi}{2}\,J A_2 \sin^2 s\,\sin^2\sigma\,\varphi_2(\alpha)\,\sqrt{1 + \frac{a^2 - b^2}{b^2}\sin^2 A} \quad ,, \qquad ,, \qquad ,, \text{ Seeligerschen } \quad ,, \quad .$$

A ist der Erhebungswinkel der Erde über der Ebene des Planetenäquators. Die Tafel VIb gibt die vom Achsenverhältnis $\frac{a}{b}$ allein abhängigen Größen P und R. Tafel VIc dient zur Reduktion der Saturnhelligkeit bei $A = 0$ und $\alpha = 0$ auf die Helligkeit bei α und $A \neq 0$. Ihr liegt das Achsenverhältnis $\frac{a}{b} = 1{,}1222$ zugrunde, und sie gibt die vom Erhebungswinkel A abhängigen Größen:

$$Z = P\cos^2 A + R\sin^2 A\,, \qquad Z(A) = \frac{Z}{P} = \cos^2 A + \frac{R}{P}\sin^2 A$$

und

$$X(A) = \sqrt{1 + \frac{a^2 - b^2}{b^2}\sin^2 A}$$

in den Formeln (25), S. 68:

$$Q_1 = Q_1^0(0)\,\frac{\sin^2 s\,\sin^2\sigma}{\sin^2 s_0\,\sin^2\sigma_0}\,Z(A)\cos\alpha$$

und

$$Q_2 = Q_2^0(0)\,\frac{\sin^2 s\,\sin^2\sigma}{\sin^2 s_0\,\sin^2\sigma_0}\,\varphi_2(\alpha)\,X(A)\,.$$

Tafel VIIa (S. 257)

gibt die Werte der Funktion $\mathfrak{C}(\xi) = \xi\displaystyle\int_0^{\pi/2} e^{-\xi\Phi}\cos\varphi\,d\varphi + \frac{8}{3}e^{-\xi\frac{3\pi-2}{8\pi}}$ (Formel 15), (S. 139),

wo $\xi = \dfrac{N\delta}{\sin\alpha} = \dfrac{8D}{\sin\alpha}$ eine Funktion der Volumdichte D und des Phasenwinkels α ist. Diese Funktion $\mathfrak{C}(\xi)$ wird für die Reduktion der Flächenhelligkeit des Ringes auf den Moment $\alpha = 0$ in der Formel (16), S. 140 benutzt. Sie ist in der Tafel in der Form $M = \dfrac{\mathfrak{C}(\infty)}{\mathfrak{C}(\xi)}$ nach dem Argument ξ angesetzt, wobei $\mathfrak{C}(\infty) = \dfrac{16}{3}$.

Tafel VIIb (S. 258)

gibt den Logarithmus derselben Funktion $\log M = \log\dfrac{\mathfrak{C}(\infty)}{\mathfrak{C}(\alpha)}$ nach den zwei Argumenten ξ und α und dient zur Bestimmung der Volumdichte aus der bei verschiedenen Werten des Phasenwinkels gemessenen Helligkeit des Ringes.

Tafel VIIc (S. 258)

enthält die gemessenen mittleren visuellen Helligkeiten der Ringe B und A des Saturn aus Beobachtungen in den Jahren 1914—1918 (vgl. Abb. 42, S.155). Sie sind in Einheiten der Helligkeit des Zentrums der Saturnscheibe ausgedrückt und können zur Reduktion der Totalhelligkeit des Saturnsystems auf verschwundenen Ring als Phasenkurve der Flächen-helle des Ringes $\frac{1}{M} = \mathfrak{C}(\alpha)$ benutzt werden. Hierbei ist dann in der Formel (36), S.149 für die Totalhelligkeit: $Q_B = Q_0(0)\left[\Gamma\dfrac{\sin A + \sin A'}{\sin A}X\mathfrak{C}(\alpha) + YD\right]$ anzuwenden und für die Konstante Γ, das Verhältnis der Flächenhelligkeit des Ringes zum Saturnzentrum bei $\alpha = 0$, der Wert $\Gamma = 0{,}891$ einzusetzen (vgl. S. 143).

Tafel VIIIa (S. 259)

enthält die für die Reduktion der Saturnhelligkeiten auf verschwundenen Ring nach Formel (36), S.149 notwendigen Werte für den sichtbaren (unverdeckten) Teil des Ringes X und der Saturnscheibe Y, beide in Einheiten der vollen Saturnscheibe ausgedrückt. Eine kleine Tafel gibt auch die Werte der Phasenkurve $D = \varphi_2(\alpha)$ für den Fall des SEELIGER-schen Gesetzes.

Tafel VIIIb (S. 260)

enthält die Größen X_L und Y_L, die den in der vorigen Tafel gegebenen Größen X und Y äquivalent sind; sie gelten aber für die Annahme einer LAMBERTschen Lichtverteilung auf der Saturnscheibe. Außerdem ist die Phasenkurve $\varphi_1(\alpha)$ für das LAMBERTsche Gesetz, die sich bei der Kleinheit des Phasenwinkels auf den Wert $\cos\alpha$ reduziert, in einer Tabelle gegeben.

Tafel IXa (S. 261)

enthält Hilfsgrößen für die Berechnung des Schattenwurfes des Ringes auf die sichtbare Saturnscheibe und des Planeten auf den sichtbaren Teil des Ringes. Sie gibt nach dem Argumente A, dem Erhebungswinkel der Erde über der Ebene des Ringes, den Wert der kleinen Achse der sichtbaren Planetenellipse

$$b' = a\sqrt{1 - e^2\cos^2 A}$$

und den Hilfswinkel φ, der durch die Gleichung (39), S.151 bestimmt ist: $\operatorname{tg}\varphi = \dfrac{b'}{a}\sqrt{\dfrac{\alpha^2 - a^2}{b^2 - \beta^2}}$, wo α und β die große und die kleine Achse der äußeren Ringbegrenzung bedeuten. In der vierten Kolumne finden wir den Winkel v_0, der durch die Gleichung (42), S.151 bestimmt ist: $\operatorname{tg} v_0 = \sin A\operatorname{tg}\varphi$. In der fünften Kolumne findet sich der Hilfswinkel $\varphi' = v_{\mathrm{IV}}$ (s. S.153), der nach der Formel

$$\operatorname{tg}\varphi' = \frac{b'}{a}\sqrt{\frac{\alpha'^2 - a^2}{b'^2 - \beta^2}}$$

berechnet ist, wo α' die große Achse der inneren Begrenzung des Ringes bedeutet. Der Winkel v_0' entspricht dem Winkel v_0, bezieht sich aber auf die innere Begrenzung des Ringes und wird hier nicht gebraucht. In der letzten Kolumne finden wir die Hilfsgröße $c = \dfrac{\sin A}{ab\cdot 180}$, welche bei der Berechnung des Schattenwurfes des Planeten auf den Ring zur Verwendung kommt.

Tafel IXb (S. 262)

enthält die Hilfsgrößen $\log\Sigma_0$, $\log\Sigma_1$, $\log\Sigma$ und $\log V$ für die Berechnung des Schattenwurfes des Saturnringes auf den Planeten nach dem Argument $A = $ Erhebungswinkel der Erde über der Ringebene. Bezeichnet A' die Erhebung der Sonne über derselben Ebene, so ist

$$\delta A = A' - A,$$

und die beschattete Fläche S ist:

im Falle I (Formel 40, S.151) $\quad S = \delta A(\Sigma_1 - \Sigma_0) = \delta A\Sigma,$

im Falle II (Formeln 44 u. 45, S.151) $\quad S = S(v_1) - S(v_2)$ resp. $= S(v_2) - S(v_0),$

je nachdem, welcher Wert positiv herauskommt. Die Werte $S(v)$ müssen berechnet werden nach den Formeln:

$$S(v_1) = \Sigma_1\,\delta A + lV,$$
$$S(v_0) = \Sigma_0\,\delta A + lV,$$
$$S(v_2) = \frac{\alpha^2}{2}\cos A\,\delta A\,(\psi + \operatorname{tg}^2 A\operatorname{tg}\psi),$$

wo

$$\operatorname{tg}\psi = \frac{l\,\sin A\,\cos A}{\delta A}\,.$$

Die so bestimmte Fläche S wird, nachdem sie auf die Gesamtfläche $\pi\,a\,b$ als Einheit bezogen worden ist, als

$$\Delta Y = \frac{S}{\pi\,a\,b}$$

von der sichtbaren Fläche Y subtrahiert.

Tafel IXc (nach Seeliger) (S. 263)

enthält die Hilfsgrößen für die Berechnung des Schattenwurfs von Saturn auf den Ring nach den Formeln (51), S. 153, in den 4 verschiedenen Fällen:

$$\text{a)}\quad \Delta X = \frac{l\,\alpha'^2\,c}{2} - \delta A\,\lambda\,(a) + c\,\sigma(v^*)\,.$$

$$\text{b)}\quad \Delta X = -\frac{l(\alpha^2 - \alpha'^2)}{2}\,c + \delta A\,\lambda\,(b)\,.$$

$$\text{c)}\quad \Delta X = \frac{l\,\alpha'^2\,c}{2} + \delta A\,\lambda\,(c) + c\,\sigma(v^*)\,.$$

$$\text{d)}\quad \Delta X = 2\,\delta A\,\lambda\,(b)\,.$$

Die Größen c finden sich in der Tafel IXa, $\lambda(a)$, $\lambda(b)$ und $\lambda(c)$ sind in Tafel IXc gegeben. Die Tabellen sind so eingerichtet, daß l und δA in Graden und deren Bruchteilen ausgedrückt sind und ersteres immer negativ angenommen werden muß. Bezüglich der Berechnung von $\sigma(v^*)$ sowie der Reihenfolge der Rechnungen ist S. 154 einzusehen.

Tafel Xa (nach G. Müller) (S. 264)

enthält die Werte der mittleren Extinktion für die visuellen Helligkeiten der Sterne für Potsdam (Höhe 100 m) und den Gipfel des Säntis (2500 m). Die Tafelwerte sind als rein empirische zu betrachten, indem die Ausgleichung der beobachteten Helligkeiten ohne Zugrundelegung irgendeiner Theorie graphisch ausgeführt ist. Die Potsdamer Werte entsprechen aber der Bouguerschen Formel bis zur Zenitdistanz von 80° bei einem mittleren Transmissionskoeffizienten $p = 0,835$, für größere Zenitdistanzen beruhen sie auf Beobachtungen an besonders klaren Abenden und entsprechen daher einem größeren Werte des Transmissionskoeffizienten. Die Werte für den Säntis beruhen auf den Beobachtungen derselben Sterne bis zum Horizonte und sind daher als in sich homogen anzusehen.

Tafel Xb (nach Müller) (S. 265)

enthält dieselben Extinktionswerte für Potsdam, wie die vorige Tabelle, nur für die größeren Zenitdistanzen zwischen 50° und 88° von Zehntel zu Zehntel Grad.

Tafel XIa (S. 266).

Mittlere Extinktionstafel von Bemporad für 0° und 760^{mm} Druck am Meeresniveau, berechnet mit dem Transmissionskoeffizienten $p = 0,835$ nach der Formel

$$\text{Ext.} = m_z - m_0 = -\frac{\log p}{0,4}\,\{F(z) - 1\}\,,$$

wo $F(z)$, die durchlaufene Luftmasse, nach Bemporads Entwicklung dieser Funktion (vgl. S. 190) angenommen ist.

Tafel XIb (nach Bemporad) (S. 267)

enthält die Korrektionen der Extinktion für Druck und Temperatur für die Zenitdistanzen 87°, 88° und 89°, für welche allein diese Korrektionen merkbar werden. Die Werte der Tafel sind mit Hilfe der Tabellen XIIb und XIIc, welche die Korrektionen des Transmissionskoeffizienten p und diejenigen der Luftmassen $F(z)$ in Abhängigkeit von Druck und Temperatur enthalten, berechnet worden und korrigieren die Werte der Tafel XIa.

Tafel XIIa (S. 268)

bezieht sich wie die Tafel XIa auf die Normalbedingungen für Druck und Temperatur am Meeresniveau (760mm und 0°) und enthält die nach der Theorie von BEMPORAD (vgl. S. 184 ff.) von ihm berechneten Werte der Funktion $F(z)$, welche die vom Strahl mit der scheinbaren Zenitdistanz z durchlaufene Luftmasse ausdrückt. Die Höhe der homogenen Atmosphäre oder die Einheit für $F(z)$ ist in dieser Theorie

$$\lambda = \int_0^H \frac{\varrho}{\varrho_0}\, dh = 8{,}0109 \text{ km}$$

und die Höhe der gesamten Atmosphäre $H = 43$ km mit dem konstanten Temperaturgefälle von 6°,22 (SCHMIDTsche Hypothese); vgl. Ziff. 80 u. 81 S. 184 ff.

Tafel XIIb (nach BEMPORAD) (S. 273)

enthält die Korrektionen der Luftmassen $F(z)$ der vorigen Tafel wegen Druck und Temperatur für die Zenitdistanzen 87°, 88° und 89°, in denen sie überhaupt nur merkbar werden.

Tafel XIIc (nach BEMPORAD) (S. 273)

gibt die Änderungen von $\log p$ mit der Temperatur und dem Druck nach der Formel

$$\log p = \frac{\lambda_t}{\lambda_0} \frac{B}{760} \frac{1}{1 + mt} \log p_0 \,,$$

wo $\log p$ der sich auf die veränderten Temperatur- und Druckverhältnisse (t und B) beziehende Wert ist.

Tafel XIIIa (nach L. V. KING) (S. 274)

enthält die Hilfsgröße

$$C\, e^{-C} G\{C (\sec \zeta - 1)\}\,,$$

wo die Funktion $G(x)$ durch die Gleichung

$$G(x) = \frac{1 - e^{-x}}{x}$$

definiert ist. Sie tritt in der KINGschen Theorie der Diffusion auf und ist von KING in der hier wiedergegebenen Form tabuliert. Ihre Genauigkeit ist 1 bis 2 Einheiten der 3. Dezimale.

Tafel XIIIb (nach L. V. KING) (S. 274)

enthält die Funktion $G(C \sec \zeta)$, die in der mittleren Lösung der Integralgleichung der Diffusion (ε) in Formel (29), S. 217, auftritt und ebenfalls nach Beseitigung einiger unbedeutender Rechenfehler und Hinzufügung der Kolumne für $\zeta = 85°$ hier nach L. V. KING wiedergegeben ist.

Tafel XIIIc (nach L. V. KING) (S. 274)

enthält nach dem Argumente C (Schwächungskoeffizient) die Funktionen

$$f(C) = C \int_C^\infty u^{-2} e^{-u}\, du = e^{-C} + C\, li(e^{-C})\,, \quad \text{vgl. Gleichung (G), S. 214,}$$

$$G(C) = \frac{1 - e^{-C}}{C}$$

und

$$\Phi(C, 0) = (1 - e^{-C})\{1 - f(C)\} + B(C) - B(2C) + e^{-C}[B(C) - \gamma]\,, \quad \text{Gleichung (38), S. 219}$$
($\gamma = 0{,}5772$).

Die Tafeln XIV

zur Theorie der Beleuchtung der Planetenatmosphären sind hier erstmalig mit Zuhilfenahme der Tafeln XIII berechnet. Sie beziehen sich auf die Formeln der Ziff. 97 und 98. In ihnen ist die übliche Bezeichnung für den Einfalls- und Reflexionswinkel des Lichts i und ε an Stelle der Winkel ζ und φ in Kings Theorie angewandt, sowie $E(C, i)$ für die mittlere Auflösung der Integralgleichung der Diffusion an Stelle von ε in Gleichung (29).

Tafel XIVa (S. 275)

gibt die Werte der Funktion

$$E(C, i) = \frac{G(C \sec i)}{\frac{1}{2}\{f(C) + G(C)\}},$$

die der Funktion ε in Formel (29) bei $\gamma = 0$, $C = c$ entspricht. Sie ermöglicht die Berechnung der Funktionen $T(0, i)$ und $R(\varepsilon, i)$, in welche $E(C, i)$ eingeht.

Tafel XIVb (S. 275)

enthält die Werte der Funktion $\Phi(C, \varepsilon)$ in Gleichung (35), S. 218,

$$\Phi(C, \varepsilon) = (1 - e^{-C \sec \varepsilon})(1 - f(C)) + \cos \varepsilon \{B(C) - B(C(1 + \sec \varepsilon))$$
$$+ e^{-C \sec \varepsilon}[B(C) - B(- C(\sec \varepsilon - 1))]\},$$

nach den Argumenten C und ε und dient zur Berechnung der Funktion $R_\lambda(\varepsilon, i)$ nach Gleichung (52), S. 223.

Tafel XIVc (S. 276)

gibt den ersten Summanden in den quadratischen Klammern der Funktion $R_\lambda(\varepsilon, i)$, Gleichung (52), S. 223, der hier bezeichnet ist durch

$$R'(C, \varepsilon, i) = C \sec \varepsilon\, G(C(\sec \varepsilon + \sec i)).$$

Die Argumente sind C, ε und i. Die Tafel soll dazu dienen, die Funktion $R_\lambda(\varepsilon, i)$ im Falle vorhandener Absorption zu berechnen, weil in diesem Falle das in der folgenden Tafel enthaltene zweite Glied von $R_\lambda(\varepsilon, i)$ eine Änderung erfährt.

Tafel XIVd (S. 277)

gibt die Werte der Funktion

$$\tfrac{1}{2}\Phi(C, \varepsilon)\, E(C, i),$$

nach drei Argumenten C, ε und i, wobei $E(c, i)$ der Tafel XIVa entnommen ist und für den Fall vollkommener Diffusion gilt [Formel (52), S. 223].

Tafel XIVe (S. 278)

enthält die Summen der entsprechenden Werte der beiden vorhergehenden Tafeln und bietet bis auf den Faktor $\dfrac{3S}{16\pi}(1 + \cos^2 \alpha)$ die Werte der Funktion

$$R(\varepsilon, i) = \frac{3S}{16\pi}(1 + \cos^2 \alpha)\left[R'(C, \varepsilon, i) + \frac{1}{2}\,\Phi(C, \varepsilon)\, E(C, i)\right]$$

für verschiedene Werte von C, ε und i und den Fall vollkommener Diffusion.

Tafel Ia.

Das Helligkeitsverhältnis I/I_0 nach dem Argument $m - m_0$.

$m - m_0$	0	1	2	3	4	5	6	7	8	9
0,00	1,0000	*991	*982	*972	*963	*954	*945	*936	*927	*918
1	0,9908	899	890	881	872	863	854	845	836	827
2	,9818	809	800	791	782	773	764	755	746	737
3	,9728	719	710	701	692	683	674	665	656	647
4	0,9638	629	620	612	603	594	585	577	568	559
5	,9550	541	532	524	515	506	497	489	480	471
6	,9462	453	445	436	428	419	411	402	393	385
7	0,9376	367	359	350	342	333	325	316	308	299
8	,9290	281	273	264	256	247	239	230	222	213
9	,9204	196	188	180	171	163	154	146	137	129
0,10	0,9120	112	104	096	087	079	070	062	053	045
1	,9036	028	020	012	003	*995	*987	*978	*970	*962
2	,8954	945	937	929	921	912	904	896	888	880
3	,8872	863	855	847	839	831	823	815	806	798
4	0,8790	782	774	766	758	750	742	734	726	718
5	,8710	702	694	686	678	670	662	654	646	638
6	,8630	622	614	606	598	590	582	574	566	559
7	0,8551	543	535	527	513	511	504	496	488	480
8	,8472	464	457	449	441	433	426	418	410	402
9	,8395	387	379	371	364	356	348	341	333	325
0,20	0,8318	310	302	295	287	279	272	264	257	249
1	,8241	234	226	219	211	204	196	188	181	173
2	8166	158	151	143	136	128	121	113	106	098
3	,8091	084	076	069	061	054	046	039	032	024
4	0,8017	009	002	*995	*987	*980	*973	*965	*958	*951
5	7943	936	929	921	914	907	900	892	885	878
6	7871	863	856	849	841	834	827	820	813	806
7	0,7798	791	784	777	770	762	755	748	741	734
8	,7727	720	713	706	698	691	684	677	670	663
9	,7656	649	642	635	628	621	614	607	600	593
0,30	0,7586	579	572	565	558	551	544	537	530	523
1	,7516	509	502	496	489	482	475	468	461	454
2	7447	440	434	427	420	413	406	400	393	386
3	,7379	372	366	359	352	345	338	332	325	318
4	0,7311	305	298	291	284	278	271	264	258	251
5	,7244	238	231	224	218	211	204	198	191	184
6	,7178	171	165	158	152	145	138	132	125	119
7	0,7112	106	099	092	086	080	073	066	060	053
8	,7047	040	034	028	021	014	008	002	*995	*989
9	,6982	976	970	963	957	950	944	938	931	925
0,40	0,6918	912	906	899	893	886	880	874	868	861
1	,6855	849	842	836	830	823	817	811	805	798
2	,6792	786	780	773	767	761	755	748	742	736
3	,6730	724	717	711	705	699	693	686	680	674
4	0,6668	662	656	650	644	637	631	625	619	613
5	,6607	601	595	589	583	577	570	564	558	552
6	,6546	540	534	528	522	516	510	504	498	492
7	0,6486	480	474	468	462	457	451	445	439	433
8	,6427	421	415	409	403	397	391	386	380	374
9	,6368	362	356	350	345	339	333	327	321	315
0,50	0,6310	304	298	292	286	281	275	269	263	257
$m - m_0$	0	1	2	3	4	5	6	7	8	9

Tafel I a (Fortsetzung). Das Helligkeitsverhältnis I/I_0 nach dem Argument $m-m_0$.

$m-m_0$	0	1	2	3	4	5	6	7	8	9
0,50	0,6310	304	298	292	286	281	275	269	263	257
1	,6252	246	240	234	229	223	217	212	206	200
2	,6194	189	183	177	172	166	160	155	149	143
3	,6138	132	126	121	115	109	104	098	093	087
4	0,6081	076	070	065	059	053	048	042	037	031
5	,6026	020	014	009	003	*998	*992	*987	*981	*976
6	,5970	965	959	954	948	943	937	932	927	921
7	0,5916	910	905	899	894	888	883	878	872	867
8	,5861	856	850	845	840	834	829	824	818	813
9	,5808	802	797	792	786	781	776	770	765	760
0,60	0,5754	749	744	738	733	728	723	717	712	707
1	,5702	696	691	686	681	675	670	665	660	655
2	,5649	644	639	634	629	623	618	613	608	603
3	,5598	592	587	582	577	572	567	562	556	551
4	0,5546	541	536	531	526	521	516	511	506	500
5	,5495	490	485	480	475	470	465	460	455	450
6	,5445	440	435	430	425	420	415	410	405	400
7	0,5395	390	385	380	375	370	365	360	355	350
8	,5346	341	336	331	326	321	316	311	306	301
9	,5297	292	287	282	277	272	267	262	257	252
0,70	0,5248	243	238	234	229	224	219	214	210	205
1	,5200	195	190	186	181	176	171	166	162	157
2	,5152	147	143	138	133	129	124	119	115	110
3	,5105	100	096	091	086	082	077	072	068	063
4	0,5058	053	049	044	040	035	031	026	022	017
5	,5012	007	003	*998	*993	*989	*984	*980	*975	*970
6	,4966	961	957	952	948	943	939	934	929	925
7	0,4920	916	911	907	902	898	893	889	884	880
8	,4875	871	866	862	857	853	848	844	839	835
9	,4831	826	822	817	813	808	804	800	795	791
0,80	0,4786	782	777	773	769	764	760	756	751	747
1	,4742	738	734	729	725	721	716	712	708	703
2	,4699	695	690	686	682	677	673	669	664	660
3	,4656	652	647	643	639	634	630	626	622	617
4	0,4613	609	605	600	596	592	588	584	579	575
5	,4571	567	562	558	554	550	546	542	537	533
6	,4529	525	521	516	512	508	504	500	496	492
7	0,4487	483	479	475	471	467	463	459	454	450
8	,4446	442	438	434	430	426	422	418	414	410
9	,4406	402	398	394	390	385	381	377	373	369
0,90	0,4365	361	357	353	349	345	341	337	333	329
1	,4325	321	317	313	309	305	301	297	293	289
2	,4285	281	277	273	270	266	262	258	254	250
3	,4246	242	238	234	230	227	223	219	215	211
4	0,4207	203	200	196	192	188	184	180	176	172
5	,4169	165	161	157	153	150	146	142	138	134
6	,4130	127	123	119	115	112	108	104	100	096
7	0,4093	089	085	081	078	074	070	066	063	059
8	,4055	051	048	044	040	036	033	029	025	022
9	,4018	014	011	007	003	*999	*996	*992	*988	*985
1,00	0,3981	977	947	970	966	963	959	955	952	948
$m-m_0$	0	1	2	3	4	5	6	7	8	9

Tafel I a (Fortsetzung). Das Helligkeitsverhältnis I/I_0 nach dem Argument $m-m_0$.

$m-m_0$	0	1	2	3	4	5	6	7	8	9
1,00	0,3981	977	974	970	966	963	959	955	952	948
1	,3945	941	937	934	930	926	923	919	916	912
2	,3908	905	901	898	894	890	887	883	880	876
3	,3873	869	865	862	858	855	851	848	844	841
4	0,3837	834	830	826	823	819	816	812	809	805
5	,3802	798	795	791	788	784	781	777	774	770
6	,3767	764	760	757	753	750	746	743	739	736
7	0,3732	729	726	722	719	715	712	708	705	702
8	,3698	695	692	688	685	681	678	674	671	668
9	,3664	661	658	654	651	648	644	641	638	634
1,10	0,3631	627	624	621	617	614	611	607	604	601
1	,3598	594	591	588	584	581	578	574	571	568
2	,3564	561	558	555	551	548	545	542	538	535
3	,3532	529	525	522	519	516	512	509	506	503
4	0,3499	496	493	490	487	483	480	477	474	471
5	,3467	464	461	458	455	451	448	445	442	439
6	,3436	432	429	426	423	420	417	414	410	407
7	0,3404	401	398	395	392	388	385	382	379	376
8	,3373	370	367	364	360	357	354	351	348	345
9	,3342	339	336	333	330	327	324	320	317	314
1,20	0,3311	308	305	302	299	296	293	290	287	284
1	,3281	278	275	272	269	266	263	260	257	254
2	,3251	248	245	242	239	236	233	230	227	224
3	,3221	218	215	212	209	206	203	200	197	194
4	0,3192	189	186	183	180	177	174	171	168	165
5	,3162	159	156	154	151	148	145	142	139	136
6	,3133	130	128	125	122	119	116	113	110	107
7	0,3105	102	099	096	093	090	087	085	082	079
8	,3076	073	070	068	065	062	059	056	054	051
9	,3048	045	042	040	037	034	031	028	026	023
1,30	0,3020	017	014	012	009	006	003	001	*998	*995
1	,2992	990	987	984	981	979	976	973	970	968
2	,2965	962	959	957	954	951	948	946	943	940
3	,2938	935	932	930	927	924	921	919	916	913
4	0,2911	908	905	903	900	897	895	892	889	887
5	,2884	881	879	876	873	871	868	866	863	860
6	,2858	855	852	850	847	844	842	839	837	834
7	0,2831	829	826	824	821	818	816	813	811	808
8	,2805	803	800	798	795	793	790	787	785	782
9	,2780	777	775	772	770	767	764	762	759	757
1,40	0,2754	752	749	747	744	742	739	737	734	732
1	,2729	726	724	721	719	716	714	711	709	706
2	,2704	701	699	696	694	692	689	687	684	682
3	,2679	677	674	672	669	667	664	662	660	657
4	0,2655	652	650	647	645	642	640	638	635	633
5	,2630	628	625	623	621	618	616	613	611	609
6	,2606	604	601	599	597	594	592	589	587	585
7	0,2582	580	578	575	573	570	568	566	563	561
8	,2559	556	554	552	549	547	544	542	540	537
9	,2535	533	530	528	526	523	521	519	517	514
1,50	0,2512	510	507	505	503	500	498	496	493	481
$m-m_0$	0	1	2	3	4	5	6	7	8	9

Tafel I a (Fortsetzung). Das Helligkeitsverhältnis I/I_0 nach dem Argument $m-m_0$.

$m-m_0$	0	1	2	3	4	5	6	7	8	9
1,50	0,2512	510	507	505	503	500	498	496	493	491
1	,2489	487	484	482	480	477	475	473	471	468
2	,2466	464	462	459	457	455	452	450	448	446
3	,2443	441	439	437	434	432	430	428	426	423
4	0,2421	419	417	414	412	410	408	405	403	401
5	,2399	397	394	392	390	388	386	383	381	379
6	,2377	375	372	370	368	366	364	362	359	357
7	0,2355	353	351	349	346	344	342	340	338	336
8	,2333	331	329	327	325	323	321	318	316	314
9	,2312	310	308	306	304	301	299	297	295	293
1,60	0,2291	289	287	285	282	280	278	276	274	272
1	,2270	268	266	264	262	259	257	255	253	251
2	,2249	247	245	243	241	239	237	235	233	231
3	,2228	226	224	222	220	218	216	214	212	210
4	0,2208	206	204	202	200	198	196	194	192	190
5	,2188	186	184	182	180	178	176	174	172	170
6	,2168	166	164	162	160	158	156	154	152	150
7	0,2148	146	144	142	140	138	136	134	132	130
8	,2128	126	124	122	120	118	116	114	113	111
9	,2109	107	105	103	101	099	097	095	093	091
1,70	0,2089	087	085	084	082	080	078	076	074	072
1	,2070	068	066	064	063	061	059	057	055	053
2	,2051	049	047	045	044	042	040	038	036	034
3	,2032	030	029	027	025	023	021	019	017	016
4	0,2014	012	010	008	007	005	003	001	*999	*997
5	,1995	993	992	990	988	986	984	982	980	979
6	,1977	975	974	972	970	968	966	964	962	961
7	0,1959	957	956	954	952	950	948	946	944	943
8	,1941	939	938	936	934	932	930	928	926	925
9	,1923	921	920	918	916	914	912	910	908	907
1,80	0,1905	904	902	900	898	897	895	893	891	890
1	,1888	887	885	883	881	880	878	876	874	873
2	,1871	870	868	866	864	863	861	859	857	856
3	,1854	853	851	849	847	846	844	842	840	839
4	0,1837	836	834	832	830	829	827	825	823	822
5	,1820	819	817	815	813	812	810	808	806	805
6	,1803	802	800	798	796	795	793	791	789	788
7	0,1786	785	783	782	780	778	777	775	773	772
8	,1770	769	767	766	764	762	761	759	757	756
9	,1754	753	751	750	748	746	745	743	741	740
1,90	0,1738	737	735	734	732	730	729	727	725	724
1	,1722	721	719	718	716	714	713	711	709	708
2	,1706	705	703	702	700	698	697	695	693	692
3	,1690	688	687	685	684	682	681	679	678	676
4	0,1675	673	672	670	669	667	666	664	663	661
5	,1660	659	657	656	654	652	651	649	647	646
6	,1644	642	641	639	638	636	635	633	632	630
7	0,1629	627	626	624	623	621	620	618	617	615
8	,1614	613	611	610	608	607	605	604	603	601
9	,1600	598	597	595	594	592	591	589	588	586
2,00	0,1585	583	582	580	579	577	576	574	573	572
$m-m_0$	0	1	2	3	4	5	6	7	8	9

Tafel I a (Fortsetzung). Helligkeitsverhältnis I/I_0 nach dem Argument $m-m_0$.

$m-m_0$	0	1	2	3	4	5	6	7	8	9
2,0	0,1585	0,1570	0,1556	0,1542	0,1528	0,1514	0,1500	0,1486	0,1472	0,1459
1	,1445	,1432	,1419	,1406	,1393	,1380	,1368	,1355	,1342	,1330
2	,1318	,1306	,1294	,1282	,1271	,1259	,1247	,1236	,1225	,1213
3	,1202	,1191	,1180	,1170	,1159	,1148	,1137	,1127	,1117	,1107
4	0,1096	0,1086	0,1076	0,1067	0,1057	0,1047	0,1038	0,1028	0,1019	0,1009
5	,1000	,0991	,0982	,0973	,0964	,0955	,0946	,0938	,0929	,0920
6	,0912	,0904	,0895	,0887	,0879	,0871	,0863	,0855	,0847	,0839
7	0,0832	0,0824	0,0817	0,0809	0,0802	0,0794	0,0787	0,0780	0,0773	0,0766
8	,0759	,0752	,0745	,0738	,0731	,0724	,0718	,0711	,0705	,0698
9	,0692	,0685	,0679	,0673	,0667	,0661	,0656	,0649	,0643	,0637
3,0	0,0631	0,0625	0,0619	0,0614	0,0608	0,0603	0,0597	0,0592	0,0586	0,0581
1	,0575	,0570	,0565	,0560	,0555	,0550	,0545	,0540	,0535	,0530
2	,0525	,0520	,0515	,0511	,0506	,0501	,0497	,0492	,0488	,0483
3	,0479	,0474	,0470	,0466	,0461	,0457	,0453	,0449	,0445	,0441
4	0,0437	0,0433	0,0429	0,0425	0,0421	0,0417	0,0413	0,0409	0,0406	0,0402
5	,0398	,0394	,0391	,0387	,0384	,0380	,0377	,0373	,0370	,0366
6	,0363	,0360	,0356	,0353	,0350	,0347	,0344	,0340	,0337	,0334
7	0,0331	0,0328	0,0325	0,0322	0,0319	0,0316	0,0313	0,0310	0,0308	0,0305
8	,0302	,0299	,0296	,0294	,0291	,0288	,0286	,0283	,0281	,0278
9	,0275	,0273	,0270	,0268	,0265	,0263	,0261	,0258	,0256	,0254
4,0	0,0251	0,0249	0,0247	0,0244	0,0242	0,0240	0,0238	0,0236	0,0233	0,0231
1	,0229	,0227	,0225	,0223	,0221	,0219	,0217	,0215	,0213	,0211
2	,0209	,0207	,0205	,0203	,0201	,0200	,0198	,0196	,0194	,0192
3	,0191	,0189	,0187	,0185	,0184	,0182	,0180	,0179	,0177	,0175
4	0,0174	0,0172	0,0171	0,0169	0,0167	0,0166	0,0164	0,0163	0,0161	0,0160
5	,0158	,0157	,0156	,0154	,0153	,0151	,0150	,0149	,0147	,0146
6	,0145	,0143	,0142	,0141	,0139	,0138	,0137	,0136	,0134	,0133
7	0,0132	0,0131	0,0129	0,0128	0,0127	0,0126	0,0125	0,0124	0,0122	0,0121
8	,0120	,0119	,0118	,0117	,0116	,0115	,0114	,0113	,0112	,0111
9	,0110	,0109	,0108	,0107	,0106	,0105	,0104	,0103	,0102	,0101
5,0	0,0100	,0099	,0098	,0097	,0096	,0095	,0095	,0094	,0093	,0092

Tafel I b.

Das Helligkeitsverhältnis I_0/I nach dem Argument $m - m_0$.

$m - m_0$	0	1	2	3	4	5	6	7	8	9
5,0	100,0 0	100,93	101,86	102,80	103,75	104,71	105,68	106,66	107,65	108,64
5,1	109,65	110,66	111,69	112,72	113,76	114,82	115,88	116,95	118,03	119,12
5,2	120,23	121,34	122,46	123,60	124,74	125,89	127,06	128,23	129,42	130,62
5,3	131,83	133,05	134,28	135,52	136,77	138,04	139,32	140,61	141,91	143,22
5,4	144,54	145,88	147,23	148,59	149,97	151,36	152,76	154,17	155,60	157,04
5,5	158,49	159,96	161,44	162,93	164,44	165,96	167,49	169,04	170,61	172,19
5,6	173,78	175,39	177,01	178,65	180,30	181,97	183,65	185,35	187,07	188,80
5,7	190,55	192,31	194,09	195,88	197,70	199,53	201,37	203,24	205,12	207,01
5,8	208,93	210,86	212,81	214,78	216,77	218,78	220,80	222,84	224,91	226,99
5,9	229,09	231,21	233,35	235,51	237,68	239,88	242,10	244,34	246,60	248,89
6,0	251,19	253,51	255,86	258,23	260,62	263,03	265,46	267,92	270,40	272,90
6,1	275,42	277,97	280,54	283,14	285,76	288,40	291,07	293,77	296,48	299,23
6,2	302,00	304,79	307,61	310,46	313,33	316,23	319,15	322,11	325,09	328,10
6,3	331,13	334,20	337,29	340,41	343,56	346,74	349,95	353,18	356,45	359,75
6,4	363,08	366,44	369,83	373,25	376,70	380,19	383,71	387,26	390,84	394,46
6,5	398,11	401,79	405,51	409,26	413,05	416,87	420,73	424,62	428,55	432,51
6,6	436,52	440,56	444,63							
6,7	478,63	483,06	487,53	492,04	496,59	501,19	505,83	510,51	515,23	520,00
6,8	524,81	529,66	534,56	539,51	544,50	549,54	554,63	559,76	564,94	570,16
6,9	575,44	580,76	586,14	591,56	597,04	602,56	608,14	613,76	619,44	625,17
7,0	630,96	636,80	642,69	648,63	654,64	660,69	666,81	672,98	679,20	685,49
7,1	691,83	698,23	704,69	711,21	717,79	724,44	731,14	737,90	744,73	751,62
7,2	758,58	765,60	772,68	779,83	787,05	794,33	801,68	809,10	816,58	824,14
7,3	831,76	839,46	847,23	855,07	862,98	870,96	879,02	887,16	895,37	903,65
7,4	912,01	920,45	928,97	937,56	946,24	954,99	963,83	972,75	981,75	990,83
7,5	1000,0	1009,3	1018,6	1028,0	1037,5	1047,1	1056,8	1066,6	1076,5	1086,4
7,6	1096,5	1106,6	1116,9	1127,2	1137,6	1148,2	1158,8	1169,5	1180,3	1191,2
7,7	1202,3	1213,4	1224,6	1236,0	1247,4	1258,9	1270,6	1282,3	1294,2	1306,2
7,8	1318,3	1330,5	1342,8	1355,2	1367,7	1380,4	1393,2	1406,1	1419,1	1432,2
7,9	1445,4	1458,8	1472,3	1485,9	1499,7	1513,6	1527,6	1541,7	1556,0	1570,4
8,0	1584,9	1599,6	1614,4	1629,3	1644,4	1659,6	1674,9	1690,4	1706,1	1721,9
8,1	1737,8	1753,9	1770,1	1786,5	1803,0	1819,7	1836,5	1853,5	1870,7	1888,0
8,2	1905,5	1923,1	1940,9	1958,8	1977,0	1995,3	2013,7	2032,4	2051,2	2070,1
8,3	2089,3	2108,6	2128,1	2147,8	2167,7	2187,8	2208,0	2228,4	2249,1	2269,9
8,4	2290,9	2312,1	2333,5	2355,1	2376,8	2398,8	2421,0	2443,4	2466,0	2488,9
8,5	2511,9	2535,1	2558,6	2582,3	2606,2	2630,3	2654,6	2679,2	2704,0	2729,0
8,6	2754,2	2779,7	2805,4	2831,4	2857,6	2884,0	2910,7	2937,7	2964,8	2992,3
8,7	3020,0	3047,9	3076,1	3104,6	3133,3	3162,3	3191,5	3221,1	3250,9	3281,0
8,8	3311,3	3342,0	3372,9	3404,1	3435,6	3467,4	3499,5	3531,8	3564,5	3597,5
8,9	3630,8	3664,4	3698,3	3732,5	3767,0	3801,9	3837,1	3892,6	3908,4	3944,6
9,0	3981,1	4017,9	4055,1	4092,6	4130,5	4168,7	4207,3	4246,2	4285,5	4325,1
9,1	4365,2	4405,6	4446,3	4487,5	4529,0	4570,9	4613,2	4655,9	4698,9	4742,4
9,2	4786,3	4830,6	4875,3	4920,4	4965,9	5011,9	5058,3	5105,1	5152,3	5200,0
9,3	5248,1	5296,6	5345,6	5395,1	5445,0	5495,4	5546,3	5597,6	5649,4	5701,6
9,4	5754,4	5807,6	5861,4	5915,6	5970,4	6025,6	6081,4	6137,6	6194,4	6251,7
9,5	6309,6	6368,0	6426,9	6486,3	6546,4	6606,9	6668,1	6729,8	6792,0	6854,9
9,6	6918,3	6982,3	7046,9	7112,1	7177,9	7244,4	7311,4	7379,0	7447,3	7516,2
9,7	7585,8	7656,0	7726,8	7798,3	7870,5	7943,3	8016,8	8091,0	8165,8	8241,4
9,8	8317,6	8394,6	8472,3	8550,7	8629,8	8709,6	8790,2	8871,6	8953,7	9036,5
9,9	9120,1	9204,5	9289,7	9375,6	9462,4	9549,9	9638,3	9727,5	9817,5	9908,3
10,0	10000									
$m - m_0$	0	1	2	3	4	5	6	7	8	9

Tafel IIa.

Mit der Helligkeit wachsende Größenklassen im ZÖLLNERschen Photometer nach dem Argument: Ablesung des Kreises α in Graden und Zehntel Graden.
(Die Größenklasse $0^m{,}000$ ist bei der Ablesung $5°{,}0$ angenommen.)

$\alpha°$	,0	,1	,2	,3	,4	,5	,6	,7	,8	,9	1,0	$\alpha°$
4	−0,484	−0,430	−0,378	−0,327	−0,277	−0,228	−0,180	−0,134	−0,088	−0,044	∓0,000	4
5	∓0,000	+0,043	,085	,126	,166	,206	,246	,284	,321	,358	,394	5
6	,394	,430	,466	,500	,534	,568	,601	,634	,666	,697	,728	6
7	,728	,759	,789	,818	,848	,877	,906	,934	,962	,989	1,016	7
8	1,016	1,043	1,070	1,096	1,122	1,147	1,172	1,197	1,222	1,246	,270	8
9	,270	,294	,317	,341	,364	,386	,409	,432	,454	,476	,497	9
10	1,497	1,518	1,539	1,560	1,581	1,602	1,622	1,642	1,662	1,682	1,702	10
11	,702	,721	,740	,759	,778	,797	,816	,834	,852	,870	,888	11
12	,888	,906	,923	,940	,958	,975	,992	2,009	2,026	2,042	2,059	12
13	2,059	2,076	2,092	2,108	2,124	2,140	2,155	1,70	,186	,202	,217	13
14	,217	,232	,247	,262	,277	,292	,306	,322	,337	,351	,364	14
15	,364	,377	,391	,405	,418	,432	,446	,460	,473	,487	,501	15
16	,501	,513	,526	,539	,552	,564	,577	,590	,603	,616	,629	16
17	,629	,641	,653	,665	,677	,689	,701	,713	,725	,737	,749	17
18	,749	,760	,771	,783	,794	,805	,817	,828	,839	,851	,862	18
19	,862	,872	,883	,894	2,904	2,915	2,926	2,936	2,947	2,958	2,969	19
20	2,969	2,979	2,989	2,999	3,009	3,019	3,029	3,039	3,049	3,059	3,070	20
21	3,070	3,080	3,090	3,099	,109	,118	,128	,138	,147	,157	,167	21
22	,167	,177	,186	,195	,204	,213	,222	,231	,240	,249	,258	22
23	,258	,266	,275	,284	,292	,301	,310	,318	,327	,336	,345	23
24	,345	,353	,361	,370	,378	,386	,395	,403	,411	,420	,428	24
25	,428	,436	,444	,452	,460	,468	,476	,484	,492	,500	,508	25
26	,508	,516	,524	,532	,539	,547	,554	,562	,569	,577	,584	26
27	,584	,591	,598	,605	,613	,620	,627	,634	,642	,649	,657	27
28	,657	,664	,671	,678	,685	,692	,699	,706	,713	,720	,727	28
29	,727	,733	,740	,747	,753	,760	,767	,773	,780	,787	,793	29
30	3,793	3,800	3,806	3,813	3,819	3,825	3,832	3,838	3,844	3,851	3,858	30
31	,858	,864	,870	,876	,883	,889	,895	,901	,907	,914	,920	31
32	,920	,926	,932	,938	,944	,950	,956	,962	,968	,974	,979	32
33	,979	,984	,990	,996	4,002	4,007	4,013	4,019	4,025	4,031	4,037	33
34	4,037	4,043	4,048	4,054	,059	,065	,070	,076	,081	,087	,092	34
35	,092	,097	,102	,108	,113	,118	,124	,129	,135	,140	,145	35
36	,145	,151	,156	,161	,166	,171	,176	,181	,186	,191	,196	36
37	,196	,200	,205	,210	,215	,220	,225	,230	,235	,240	,245	37
38	,245	,250	,254	,259	,164	,269	,274	,278	,283	,288	,293	38
39	,293	,297	,302	,306	,311	,315	,320	,324	,329	,334	,339	39
40	4,339	4,343	4,348	4,352	4,357	4,361	4,366	4,370	4,374	4,378	4,383	40
41	,383	,387	,392	,396	,401	,405	,409	,413	,418	,422	,426	41
42	,426	,430	,435	,439	,443	,447	,451	,455	,459	,463	,467	42
43	,467	,471	,475	,479	,483	,487	,491	,495	,499	,503	,507	43
44	,507	,511	,515	,519	,523	,527	,531	,534	,538	,542	,546	44
45	,546	,550	,554	,557	,561	,565	,569	,572	,576	,579	,583	45
46	,583	,586	,590	,594	,598	,601	,605	,608	,612	,615	,619	46
47	,619	,622	,626	,629	,633	,636	,640	,643	,647	,650	,654	47
48	,654	,657	,661	,664	,667	,670	,674	,677	,681	,684	,687	48
49	,687	,690	,694	,697	,700	,703	,707	,710	,714	,717	,720	49
50	4,720	4,723	4,726	4,729	4,732	4,735	4,739	4,742	4,745	4,748	4,751	50
51	,751	,754	,757	,760	,763	,766	,769	,772	,775	,778	,781	51
52	,781	,784	,787	,790	,793	,796	,799	,801	,804	,807	,810	52
53	,810	,813	,816	,819	,822	,824	,827	,830	,833	,835	,838	53

Tafel IIa (Fortsetzung).

$\alpha°$	,0	,1	,2	,3	,4	,5	,6	,7	,8	,9	1,0	$\alpha°$
54	,838	,841	,844	,846	,849	,852	,855	,857	,860	,862	,865	54
55	,865	,868	,871	,873	,876	,878	,881	,883	,886	,888	,891	55
56	,891	,893	,896	,898	,901	,903	,906	,908	,911	,913	,916	56
57	,916	,918	,921	,923	,926	,928	,931	,933	,936	,938	,941	57
58	,941	,943	,945	,947	,950	,952	,954	,956	,959	,961	,964	58
59	,964	,966	,968	,970	,973	,975	,977	,979	,982	,984	,986	59
60	4,986	4,988	4,990	4,992	4,995	4,997	4,999	5,001	5,003	5,005	5,007	60
61	5,007	5,009	5,012	5,014	5,016	5,018	5,020	,022	,024	,026	,028	61
62	,028	,030	,032	,034	,036	,038	,040	,042	,044	,046	,048	62
63	,048	,050	,052	,053	,055	,057	,059	,061	,063	,065	,067	63
64	,067	,068	,070	,072	,074	,076	,078	,080	,081	,083	,085	64
65	,085	,087	,088	,090	,092	,094	,095	,097	,099	,101	,102	65
66	,102	,104	,105	,107	,109	,111	,112	114	,115	,117	,118	66
67	,118	,120	,122	,123	,125	,127	,128	,130	,131	,133	,134	67
68	,134	,136	,137	,139	,140	,142	,143	,145	,146	,148	,149	68
69	,149	,151	,152	,154	,155	,156	,158	,159	,160	,162	,163	96
70	5,163	5,165	5,166	5,167	5,169	5,170	5,171	5,173	5,174	5,175	5,176	70
71	,176	,178	,179	,180	,182	,183	,184	,186	,187	,188	,189	71
72	,189	,191	,192	,193	,194	,196	,197	,198	,199	,200	,201	72
73	,201	,203	,204	,205	,206	,207	,208	,209	,211	,212	,213	73
74	,213	,214	,215	,216	,217	,218	,219	,220	,221	,222	,223	74
75	,223	,224	,225	,226	,227	,228	,229	,230	,231	,232	,233	75
76	,233	,234	,235	,236	,236	,237	,238	,239	,240	,241	,242	76
77	,242	,243	,244	,245	,245	,246	,247	,248	,249	,250	,250	77
78	,250	,251	,252	,253	,253	,254	,255	,256	,256	,257	,258	78
79	,258	,259	,259	,260	,261	,262	,262	,263	,264	,265	,265	79

Helligkeiten im ZÖLLNERschen Photometer in Einheiten der maximalen Helligkeit bei der Ablesung des Kreises = 90°.
Argument: Ablesung des Kreises.

°	,0	Δ	,1	Δ	,2	Δ	,3	Δ	,4	Δ	,5	Δ	,6	Δ	,7	Δ	,8	Δ	,9	Δ	1,0	°
3	0,0027	2	0,0029	2	0,0031	2	0,0033	2	0,0035	2	0,0037	2	0,0039	3	0,0042	2	0,0044	2	0,0046	3	0,0049	3
4	,0049	2	,0051	3	,0054	2	,0056	3	,0059	3	,0062	2	,0064	3	,0067	3	,0070	3	,0073	3	,0076	4
5	0,0076	3	0,0079	3	0,0082	3	0,0085	4	0,0089	3	0,0092	3	0,0095	4	0,0099	3	0,0102	4	0,0106	3	0,0109	5
6	,0109	4	,0113	4	,0117	3	,0120	4	,0124	4	,0128	4	,0132	4	,0136	4	,0140	4	,0144	5	,0149	6
7	,0149	4	,0153	4	,0157	4	,0161	5	,0166	4	,0170	5	,0175	5	,0180	4	,0184	5	,0189	5	,0194	7
8	,0194	5	,0199	4	,0203	5	,0208	5	,0213	5	,0218	6	,0224	5	,0229	5	,0234	5	,0239	6	,0245	8
9	,0245	5	,0250	6	,0256	5	,0261	6	,0267	5	,0272	6	,0278	6	,0284	6	,0290	6	,0296	6	,0302	9
10	0,0302	6	0,0308	6	0,0314	6	0,0320	6	0,0326	6	0,0332	6	0,0338	7	0,0345	6	0,0351	7	0,0358	6	0,0364	10
11	,0364	7	,0371	6	,0377	7	,0384	6	,0390	7	,0397	7	,0404	7	,0411	7	,0418	7	,0425	7	,0432	11
12	,0432	7	,0439	8	,0447	7	,0454	7	,0461	7	,0468	8	,0476	7	,0483	8	,0491	7	,0498	8	,0506	12
13	,0506	8	,0514	7	,0521	8	,0529	8	,0537	8	,0545	8	,0553	8	,0561	8	,0569	8	,0577	8	,0585	13
14	,0585	9	,0594	8	,0602	8	,0610	8	,0618	9	,0627	8	,0635	9	,0644	9	,0653	8	,0661	9	,0670	14
15	0,0670	9	0,0679	8	0,0687	9	0,0696	9	0,0705	9	0,0714	9	0,0723	9	0,0732	9	0,0741	9	0,0750	10	0,0760	15
16	,0760	9	,0769	9	,0778	10	,0788	9	,0797	10	,0807	9	,0816	10	,0826	9	,0835	10	0,845	10	,0855	16
17	,0855	10	,0865	9	,0874	10	,0884	10	,0894	10	,0904	10	,0914	10	,0924	10	,0934	11	,0945	10	,0955	17
18	,0955	10	,0965	11	,0976	10	,0986	10	,0996	11	,1007	10	,1017	11	,1028	11	,1039	10	,1049	11	,1060	18
19	,1060	11	,1071	11	,1082	10	,1092	11	,1103	11	,1114	11	,1125	11	,1136	11	,1147	12	,1159	11	,1170	19
20	0,1170	11	0,1181	11	0,1192	12	0,1204	11	0,1215	12	0,1227	11	0,1238	11	0,1249	12	0,1261	12	0,1273	11	0,1284	20
21	,1284	12	,1296	12	,1308	12	,1320	11	,1331	12	,1343	12	,1355	12	,1367	12	,1379	12	,1391	12	,1403	21
22	,1403	12	,1415	13	,1428	12	,1440	12	,1452	12	,1464	13	,1477	12	,1489	13	,1502	12	,1514	13	,1527	22
23	,1527	12	,1539	13	,1552	13	,1565	12	,1577	13	,1590	13	,1603	13	,1616	12	,1628	13	,1641	13	,1654	23
24	,1654	13	,1667	13	,1680	13	,1693	13	,1706	14	,1720	13	,1733	13	,1746	13	,1759	14	,1773	13	,1786	24
25	0,1786	14	0,1800	13	0,1813	13	0,1826	14	0,1840	13	0,1853	14	0,1867	14	0,1881	13	0,1894	14	0,1908	14	0,1922	25
26	,1922	14	,1936	13	,1949	14	,1963	14	,1977	14	,1991	14	,2005	14	,2019	14	,2033	14	,2047	14	,2061	26
27	,2061	14	,2075	14	,2089	15	,2104	14	,2118	14	,2132	14	,2146	15	,2161	14	,2175	15	,2190	14	,2204	27
28	,2204	14	,2218	15	,2233	15	,2248	14	,2262	15	,2277	14	,2291	15	,2306	15	,2321	15	,2336	14	,2350	28
29	,2350	15	,2365	15	,2380	15	,2395	15	,2410	15	,2425	15	,2440	15	,2455	15	,2470	15	,2485	15	,2500	29
30	0,2500	15	0,2515	15	0,2530	16	0,2546	15	0,2561	15	0,2576	15	0,2591	15	0,2606	16	0,2622	15	0,2637	16	0,2653	30
31	,2653	15	,2668	16	,2684	15	,2699	15	,2714	16	,2730	16	,2746	15	,2761	16	,2777	15	,2792	16	,2808	31
32	,2808	16	,2824	16	,2840	15	,2855	16	,2871	16	,2887	16	,2903	16	,2919	15	,2934	16	,2950	16	,2966	32
33	,2966	16	,2982	16	,2998	16	,3014	16	,3030	16	,3046	16	,3062	16	,3078	17	,3095	16	,3111	16	,3127	33
34	,3127	16	,3143	16	,3159	17	,3176	16	,3192	16	,3208	16	,3224	17	,3241	16	,3257	17	,3274	16	,3290	34
35	0,3290	16	0,3306	17	0,3323	16	0,3339	17	0,3356	16	0,3372	17	0,3389	16	0,3405	17	0,3422	16	0,3438	17	0,3455	35
36	,3455	17	,3472	16	,3488	17	,3505	17	,3522	16	,3538	17	,3555	17	,3572	16	,3588	17	,3605	17	,3622	36
37	,3622	17	,3639	16	,3655	17	,3672	17	,3689	17	,3706	17	,3723	17	,3740	17	,3757	17	,3774	16	,3790	37
38	,3790	17	,3807	17	,3824	17	,3841	17	,3858	17	,3875	17	,3892	17	,3909	17	,3926	17	,3943	17	,3960	38
39	,3960	18	,3978	17	,3995	17	,4012	17	,4029	17	,4046	17	,4063	17	,4080	17	,4097	18	,4115	17	,4132	39

Tafel IIb (Fortsetzung).

°	,0		,1		,2		,3		,4		,5		,6		,7		,8		,9		1,0	°
40	0,4132	17	0,4149	17	0,4166	17	0,4183	18	0,4201	17	0,4218	17	0,4235	17	0,4252	18	0,4270	17	0,4287	17	0,4304	40
41	,4304	17	,4321	18	,4339	17	,4356	17	,4373	18	,4391	17	,4408	17	,4425	18	,4443	17	,4460	17	,4477	41
42	,4477	18	,4495	17	,4512	17	,4529	18	,4547	17	,4564	18	,4582	17	,4599	17	,4616	18	,4634	17	,4651	42
43	,4651	18	,4669	17	,4686	18	,4704	17	,4721	17	,4738	18	,4756	17	,4773	18	,4791	17	,4808	18	,4826	43
44	,4826	17	,4843	17	,4860	18	,4878	17	,4895	18	,4913	17	,4930	18	,4948	17	,4965	17	,4982	18	,5000	44
45	0,5000	18	0,5018	17	0,5035	17	0,5052	18	0,5070	17	0,5087	18	0,5105	17	0,5122	18	0,5140	17	0,5157	17	0,5174	45
46	,5175	18	,5192	17	,5209	18	,5227	17	,5244	18	,5262	17	,5279	17	,5296	18	,5314	17	,5331	18	,5349	46
47	,5349	17	,5366	18	,5384	17	,5401	17	,5418	18	,5436	17	,5453	17	,5470	18	,5488	17	,5505	18	,5523	47
48	,5523	17	,5540	17	,5557	18	,5575	17	,5592	17	,5609	18	,5627	17	,5644	17	,5661	17	,5678	18	,5696	48
49	,5696	17	,5713	18	,5731	17	,5748	17	,5765	17	,5782	17	,5799	18	,5817	17	,5834	17	,5851	17	,5868	49
50	0,5868	18	0,5886	17	0,5903	17	0,5920	17	0,5937	17	0,5954	17	0,5971	17	0,5988	17	0,6005	17	0,6022	18	0,6040	50
51	,6040	17	,6057	17	,6074	17	,6091	17	,6108	17	,6125	17	,6142	17	,6159	17	,6176	17	,6193	17	,6210	51
52	,6210	16	,6226	18	,6244	16	,6260	17	,6277	17	,6294	17	,6311	17	,6328	17	,6345	16	,6361	17	,6378	52
53	,6378	17	,6395	17	,6412	16	,6428	17	,6445	17	,6462	16	,6478	17	,6495	17	,6512	16	,6528	17	,6545	53
54	,6545	17	,6562	16	,6578	17	,6595	16	,6611	17	,6628	16	,6644	17	,6661	16	,6677	17	,6694	16	,6710	54
55	0,6710	16	0,6726	17	0,6743	16	0,6759	17	0,6776	16	0,6792	16	0,6808	16	0,6824	17	0,6841	16	0,6857	16	0,6873	55
56	,6873	16	,6889	16	,6905	16	,6921	17	,6938	16	,6954	16	,6970	16	,6986	16	,7002	16	,7018	16	,7034	56
57	,7034	16	,7050	16	,7066	15	,7081	16	,7097	16	,7113	16	,7129	16	,7145	15	,7160	16	,7176	16	,7192	57
58	,7192	16	,7208	15	,7223	16	,7239	15	,7254	16	,7270	16	,7286	15	,7301	15	,7316	16	,7332	15	,7347	58
59	,7347	16	,7363	15	,7378	15	,7393	16	,7409	15	,7424	15	,7439	16	,7455	15	,7470	15	,7485	15	,7500	59
60	0,7500	15	0,7515	15	0,7530	15	0,7545	15	0,7560	15	0,7575	15	0,7590	15	0,7605	15	0,7620	15	0,7635	15	0,7650	60
61	,7650	14	,7664	15	,7679	15	,7694	14	,7708	15	,7723	15	,7738	14	,7752	15	,7767	15	,7782	14	,7796	61
62	,7796	14	,7810	15	,7825	14	,7839	15	,7854	14	,7868	14	,7882	14	,7896	15	,7911	14	,7925	14	,7939	62
63	,7939	14	,7953	14	,7967	14	,7981	14	,7995	14	,8009	14	,8023	14	,8037	14	,8051	14	,8065	13	,8078	63
64	,8078	14	,8092	14	,8106	14	,8120	13	,8133	14	,8147	13	,8160	14	,8174	13	,8187	14	,8201	13	,8214	64
65	0,8214	13	0,8227	14	0,8241	13	0,8254	13	0,8267	13	0,8280	13	0,8293	14	0,8307	13	0,8320	13	0,8333	13	0,8346	65
66	,8346	13	,8359	13	,8372	12	,8384	13	,8397	13	,8410	13	,8423	13	,8436	12	,8448	13	,8461	12	,8473	66
67	,8473	13	,8486	12	,8498	13	,8511	12	,8523	13	,8536	12	,8548	12	,8560	12	,8572	13	,8585	12	,8597	67
68	,8597	12	,8609	12	,8621	12	,8633	12	,8645	12	,8657	12	,8669	11	,8680	12	,8692	12	,8704	12	,8716	68
69	,8716	11	,8727	12	,8739	12	,8751	11	,8762	12	,8774	11	,8785	11	,8796	12	,8808	11	,8819	11	,8830	69
70	0,8830	12	0,8842	11	0,8853	11	0,8864	11	0,8875	11	0,8886	11	0,8897	11	0,8908	10	0,8918	11	0,8929	11	0,8940	70
71	,8940	11	,8951	11	,8962	10	,8972	11	,8983	10	,8993	11	,9004	10	,9014	10	,9024	11	,9035	10	,9045	71
72	,9045	10	,9055	11	,9066	10	,9076	10	,9086	10	,9096	10	,9106	10	,9116	10	,9126	9	,9135	10	,9145	72
73	,9145	10	,9155	10	,9165	9	,9174	10	,9184	9	,9193	10	,9203	9	,9212	10	,9222	9	,9231	9	,9240	73
74	,9240	9	,9249	10	,9259	9	,9268	9	,9277	9	,9286	9	,9295	9	,9304	9	,9313	8	,9321	9	,9330	74
75	0,9330	9	0,9339	8	0,9347	9	0,9356	9	0,9365	8	0,9373	9	0,9382	8	0,9390	8	0,9398	8	0,9406	9	0,9415	75
76	,9415	8	,9423	8	,9431	8	,9439	8	,9447	8	,9455	8	,9463	8	,9471	8	,9479	7	,9486	8	,9494	76
77	,9494	8	,9502	7	,9509	8	,9517	7	,9524	8	,9532	7	,9539	7	,9546	8	,9554	6	,9560	8	,9568	77
78	,9568	7	,9575	7	,9582	7	,9589	7	,9596	6	,9602	7	,9609	7	,9616	7	,9623	6	,9629	7	,9636	78
79	,9636	6	,9642	7	,9649	6	,9655	7	,9662	6	,9668	6	,9674	6	,9680	6	,9686	6	,9692	6	,9698	79
80	0,9699	5	0,9704	6	0,9710	6	0,9716	6	0,9722	6	0,9728	5	0,9733	6	0,9739	5	0,9744	6	0,9750	5	0,9755	80

Tafel III.

Zur Bestimmung der Helligkeit m_{AB} eines Doppelsterns, wenn die Helligkeiten der Komponenten m_A und m_B gegeben sind.

$m_B - m_A$	$m_A - m_{AB}$	$m_B - m_A$	$m_A - m_{AB}$	$m_B - m_A$	$m_B - m_{AB}$	$m_B - m_A$	$m_B - m_{AB}$
$+\infty$		$+1^m,828$		$+0^m,961$		$+0^m,415$	
	$0^m,00$		$0^m,19$		$0^m,38$		$0^m,57$
$5^m,84$		$1,765$		$,928$		$,390$	
	$,01$		$,20$		$,39$		$,58$
$4,641$		$1,706$		$,894$		$,367$	
	$,02$		$,21$		$,40$		$,59$
$4,082$		$1,649$		$,862$		$,341$	
	$,03$		$,22$		$,41$		$,60$
$3,712$		$1,594$		$,830$		$,319$	
	$,04$		$,23$		$,42$		$,61$
$3,434$		$1,542$		$,799$		$,295$	
	$,05$		$,24$		$,43$		$,62$
$3,211$		$1,492$		$,768$		$,272$	
	$,06$		$,25$		$,44$		$,63$
$3,025$		$1,443$		$,738$		$,250$	
	$,07$		$,26$		$,45$		$,64$
$2,864$		$1,396$		$,709$		$,227$	
	$,08$		$,27$		$,46$		$,65$
$2,723$		$1,351$		$,680$		$,205$	
	$,09$		$,28$		$,47$		$,66$
$2,597$		$1,307$		$,652$		$,183$	
	$,10$		$,29$		$,48$		$,67$
$2,483$		$1,264$		$,624$		$,161$	
	$,11$		$,30$		$,49$		$,68$
$2,379$		$1,223$		$,596$		$,140$	
	$,12$		$,31$		$,50$		$,69$
$2,284$		$1,182$		$,569$		$,119$	
	$,13$		$,32$		$,51$		$,70$
$2,195$		$1,143$		$,542$		$,097$	
	$,14$		$,33$		$,52$		$,71$
$2,113$		$1,105$		$,516$		$0,77$	
	$,15$		$,34$		$,53$		$,72$
$2,035$		$1,068$		$,490$		$,056$	
	$,16$		$,35$		$,54$		$,73$
$1,962$		$1,031$		$,465$		$,036$	
	$,17$		$,36$		$,55$		$,74$
$1,893$		$0,996$		$,439$		$+0,015$	
	$0,18$		$0,37$		$0,56$		$0,75$
$+1,828$		$+0,961$		$+0,415$		$-0,005$	

Tafel IVa.

Für die Helligkeiten einer eben begrenzten Wolkenschicht, berechnet nach der Formel:

$$h = \left(1 - 2{,}7\cos\alpha + 3{,}0\cos^2\alpha + \frac{1}{2{,}6}\,\Delta z\right) \cdot \frac{\cos i}{\cos i + \cos\varepsilon},$$

wo $\Delta z = A_1 a_1 - B_1 b_1 + C_1 c_1 + D_1 d_1 + E_1 e_1$ (s. Formel 12, S. 43).

ε	A \ i	0	10	20	30	40	50	60	70	80	85	90
0	0	0,895	0,883	0,799	0,703	0,596	0,499	0,421	0,347	0,231	0,135	0,000
	45	0,895	0,883	0,799	0,703	0,596	0,499	0,421	0,347	0,231	0,135	0,000
	60	0,895	0,883	0,799	0,703	0,596	0,499	0,421	0,347	0,231	0,135	0,000
	75	0,895	0,883	0,799	0,703	0,596	0,499	0,421	0,347	0,231	0,135	0,000
	90	0,895	0,883	0,799	0,703	0,596	0,499	0,421	0,347	0,231	0,135	0,000
	105	0,895	0,883	0,799	0,703	0,596	0,499	0,421	0,347	0,231	0,135	0,000
	120	0,895	0,883	0,799	0,703	0,596	0,499	0,421	0,347	0,231	0,135	0,000
	135	0,895	0,883	0,799	0,703	0,596	0,499	0,421	0,347	0,231	0,135	0,000
	180	0,895	0,883	0,799	0,703	0,596	0,499	0,421	0,347	0,231	0,135	0,000
10	0	0,897	0,920	0,866	0,784	0,672	0,548	0,432	0,321	0,192	0,107	0,000
	45	0,897	0,908	0,850	0,761	0,649	0,532	0,427	0,327	0,202	0,115	0,000
	60	0,897	0,902	0,834	0,744	0,634	0,523	0,426	0,334	0,213	0,122	0,000
	75	0,897	0,893	0,819	0,727	0,620	0,516	0,428	0,344	0,223	0,128	0,000
	90	0,897	0,885	0,804	0,710	0,606	0,511	0,433	0,359	0,238	0,139	0,000
	105	0,897	0,877	0,790	0,695	0,596	0,509	0,443	0,376	0,254	0,150	0,000
	120	0,897	0,868	0,778	0,682	0,588	0,510	0,454	0,395	0,273	0,162	0,000
	135	0,897	0,863	0,765	0,674	0,583	0,514	0,467	0,415	0,289	0,171	0,000
	180	0,897	0,853	0,754	0,698	0,579	0,522	0,488	0,443	0,313	0,185	0,000
20	0	0,850	0,908	0,895	0,849	0,765	0,634	0,495	0,349	0,185	0,095	0,000
	45	0,850	0,891	0,795	0,794	0,700	0,585	0,465	0,340	0,197	0,109	0,000
	60	0,850	0,874	0,854	0,760	0,666	0,540	0,428	0,347	0,206	0,108	0,000
	75	0,850	0,858	0,800	0,726	0,635	0,541	0,453	0,363	0,227	0,128	0,000
	90	0,850	0,843	0,774	0,696	0,612	0,534	0,466	0,392	0,256	0,146	0,000
	105	0,850	0,828	0,750	0,673	0,598	0,539	0,496	0,429	0,299	0,180	0,000
	120	0,850	0,815	0,731	0,657	0,595	0,555	0,530	0,489	0,335	0,195	0,000
	135	0,850	0,801	0,776	0,646	0,599	0,579	0,572	0,536	0,376	0,220	0,000
	180	0,850	0,790	0,700	0,641	0,623	0,625	0,647	0,623	0,442	0,256	0,000
30	0	0,812	0,892	0,921	0,920	0,864	0,755	0,605	0,424	0,220	0,111	0,000
	45	0,812	0,866	0,862	0,834	0,768	0,661	0,534	0,388	0,215	0,114	0,000
	60	0,812	0,846	0,825	0,784	0,711	0,616	0,521	0,385	0,226	0,126	0,000
	75	0,812	0,826	0,788	0,738	0,667	0,588	0,504	0,405	0,254	0,143	0,000
	90	0,812	0,807	0,756	0,702	0,642	0,585	0,530	0,455	0,300	0,173	0,000
	105	0,812	0,790	0,730	0,681	0,640	0,612	0,570	0,530	0,365	0,214	0,000
	120	0,812	0,776	0,713	0,674	0,657	0,662	0,657	0,628	0,443	0,259	0,000
	135	0,812	0,766	0,701	0,671	0,688	0,725	0,762	0,731	0,517	0,304	0,000
	180	0,812	0,794	0,696	0,700	0,756	0,847	0,927	0,909	0,654	0,425	0,000
40	0	0,778	0,864	0,938	0,976	0,984	0,894	0,743	0,536	0,279	0,140	0,000
	45	0,778	0,834	0,858	0,865	0,845	0,751	0,623	0,460	0,253	0,132	0,000
	60	0,778	0,816	0,817	0,804	0,776	0,689	0,583	0,446	0,259	0,140	0,000
	75	0,778	0,797	0,779	0,754	0,728	0,658	0,578	0,471	0,296	0,167	0,000
	90	0,778	0,780	0,750	0,726	0,715	0,673	0,624	0,548	0,363	0,208	0,000
	105	0,778	0,766	0,734	0,723	0,741	0,740	0,736	0,676	0,464	0,270	0,000
	120	0,778	0,755	0,730	0,742	0,801	0,848	0,887	0,842	0,592	0,348	0,000
	135	0,778	0,749	0,734	0,777	0,880	0,977	1,055	1,020	0,691	0,391	0,000
	180	0,778	0,744	0,765	0,854	1,035	1,215	1,354	1,327	0,946	0,548	0,000
50	0	0,776	0,839	0,927	1,018	1,066	1,027	0,904	0,679	0,354	0,174	0,000
	45	0,776	0,815	0,855	0,885	0,894	0,838	0,732	0,555	0,310	0,163	0,000
	60	0,776	0,802	0,789	0,830	0,820	0,765	0,677	0,530	0,313	0,170	0,000
	75	0,776	0,790	0,791	0,792	0,784	0,745	0,685	0,568	0,357	0,205	0,000
	90	0,776	0,783	0,780	0,789	0,802	0,799	0,780	0,688	0,461	0,274	0,000
	105	0,776	0,780	0,788	0,824	0,882	0,908	0,962	0,890	0,614	0,362	0,000
	120	0,776	0,782	0,812	0,892	1,011	1,155	1,211	1,151	0,810	0,476	0,000
	135	0,776	0,787	0,846	0,977	1,164	1,352	1,487	1,445	1,013	0,590	0,000
	180	0,776	0,800	0,914	1,140	1,448	1,755	1,972	1,928	1,362	0,795	0,000

Tafel IVa (Fortsetzung).

ε	A	0	10	20	30	40	50	60	70	80	85	90
	0	0,842	0,852	0,931	1,047	1,139	1,162	1,070	0,852	0,492	0,255	0,000
	45	0,842	0,842	0,874	0,925	0,954	0,941	0,849	0,676	0,395	0,205	0,000
	60	0,842	0,840	0,805	0,902	0,893	0,871	0,793	0,648	0,392	0,206	0,000
	75	0,842	0,844	0,852	0,873	0,886	0,882	0,830	0,710	0,453	0,248	0,000
60	90	0,842	0,854	0,876	0,918	0,957	1,003	0,994	0,894	0,604	0,339	0,000
	105	0,842	0,873	0,932	1,018	1,128	1,237	1,286	1,201	0,846	0,479	0,000
	120	0,842	0,895	0,997	1,138	1,359	1,557	1,644	1,594	1,130	0,654	0,000
	135	0,842	0,920	1,075	1,319	1,616	1,912	2,096	2,021	1,453	0,837	0,000
	180	0,842	0,961	1,216	1,605	2,075	2,536	2,833	2,755	1,969	1,150	0,000
	0	1,016	0,925	0,959	1,075	1,199	1,275	1,246	1,046	0,672	0,372	0,000
	45	1,016	0,943	0,934	0,984	1,030	1,042	0,989	0,831	0,524	0,283	0,000
	60	1,016	0,962	0,953	0,976	0,999	0,997	0,948	0,804	0,516	0,281	0,000
	75	1,016	0,992	0,997	1,025	1,055	1,068	1,039	0,913	0,611	0,341	0,000
70	90	1,016	1,032	1,077	1,111	1,227	1,293	1,307	1,220	0,837	0,481	0,000
	105	1,016	1,082	1,179	1,343	1,514	1,672	1,756	1,660	1,191	0,699	0,000
	120	1,016	1,137	1,342	1,590	1,885	2,163	2,331	2,249	1,634	0,972	0,000
	135	1,016	1,194	1,472	1,851	2,283	2,716	2,955	2,877	2,107	1,260	0,000
	180	1,016	1,274	1,711	2,302	2,972	3,624	4,027	3,953	2,913	1,753	0,000
	0	1,329	1,088	1,018	1,096	1,230	1,311	1,417	1,324	0,972	0,607	0,000
	45	1,329	1,146	1,072	1,073	1,115	1,148	1,138	1,031	0,747	0,439	0,000
	60	1,329	1,206	1,136	1,127	1,142	1,158	1,128	1,015	0,721	0,427	0,000
	75	1,329	1,264	1,247	1,264	1,307	1,322	1,305	1,203	0,875	0,526	0,000
80	90	1,329	1,347	1,408	1,498	1,602	1,708	1,740	1,648	1,240	0,766	0,000
	105	1,329	1,442	1,644	1,819	2,046	2,274	2,434	2,345	1,811	1,146	0,000
	120	1,329	1,549	1,843	2,209	2,612	2,998	3,253	3,218	2,528	1,624	0,000
	135	1,329	1,638	2,067	2,576	3,048	3,751	4,182	4,149	3,287	2,132	0,000
	180	1,329	1,775	2,435	3,260	4,172	5,040	5,667	5,736	4,586	3,001	0,000
	0	1,514	1,183	1,044	1,078	1,200	1,297	1,464	1,460	1,209	0,854	0,000
	45	1,514	1,264	1,154	1,098	1,120	1,159	1,173	1,111	0,874	0,581	0,000
	60	1,514	1,343	1,223	1,194	1,184	1,196	1,183	1,102	0,850	0,550	0,000
	75	1,514	1,412	1,381	1,378	1,406	1,416	1,420	1,338	1,048	0,684	0,000
85	90	1,514	1,524	1,588	1,694	1,774	1,887	1,945	1,886	1,526	1,029	0,000
	105	1,514	1,649	1,881	2,067	2,312	2,589	2,748	2,740	2,282	1,583	0,000
	120	1,514	1,781	2,116	2,528	2,980	3,412	3,748	3,810	3,235	2,289	0,000
	135	1,514	1,891	2,393	2,970	3,499	4,261	4,800	4,941	4,245	3,040	0,000
	180	1,514	2,060	2,805	3,766	4,794	5,779	6,595	6,874	5,978	4,331	0,000
	0	1,687	1,261	1,051	1,014	1,105	1,268	1,437	1,560	1,580	1,492	0,650
	45	1,687	1,368	1,227	1,079	1,059	1,081	1,113	1,116	1,028	0,878	0,295
	60	1,687	1,454	1,301	1,209	1,163	1,145	1,133	1,092	0,961	0,761	0,200
	75	1,687	1,530	1,488	1,446	1,428	1,424	1,416	1,367	1,207	0,956	0,251
90	90	1,687	1,696	1,741	1,806	1,880	1,968	2,030	2,044	1,864	1,562	0,500
	105	1,687	1,840	2,043	2,274	2,522	2,852	2,966	3,060	2,931	2,578	0,950
	120	1,687	1,987	2,370	2,808	3,276	3,735	4,128	4,364	4,291	3,894	1,550
	135	1,687	2,129	2,686	3,345	4,047	4,743	5,348	5,743	5,743	5,309	2,205
	180	1,687	2,326	3,189	4,213	5,332	6,446	7,427	8,126	8,241	7,759	3,350

Tafel IVb des Koeffizienten $a_1 = [\cos i \ln(1 + \sec i) + \cos \varepsilon \ln(1 + \sec \varepsilon)]$ der Formel (12) (S. 43).

$\varepsilon \backslash i$	0°	10°	20°	30°	40°	50°	60°	70°	80°	90°
0°	1,3862	1,3833	1,3740	1,3579	1,3330	1,2962	1,2424	1,1606	1,0248	0,6931
10°	1,3833	1,3804	1,3711	1,3550	1,3301	1,2932	1,2395	1,1577	1,0219	0,6902
20°	1,3740	1,3711	1,3618	1,3457	1,3208	1,2840	1,2302	1,1484	1,0126	0,6809
30°	1,3579	1,3550	1,3457	1,3296	1,3047	1,2679	1,2141	1,1323	0,9965	0,6648
40°	1,3330	1,3301	1,3208	1,3047	1,2798	1,2430	1,1892	1,1074	0,9716	0,6399
50°	1,2962	1,2932	1,2840	1,2679	1,2430	1,2062	1,1524	1,0706	0,9348	0,6031
60°	1,2424	1,2395	1,2302	1,2141	1,1892	1,1524	1,0986	1,0168	0,8810	0,5493
70°	1,1606	1,1577	1,1484	1,1323	1,1074	1,0706	1,0168	0,9350	0,7992	0,4675
80°	1,0248	1,0219	1,0126	0,9965	0,9716	0,9348	0,8810	0,7992	0,6634	0,3317
90°	0,6931	0,6902	0,6809	0,6648	0,6399	0,6031	0,5493	0,4675	0,3317	0,0000

Tafel IVb des Koeffizienten $b_1 = [\cos i + \cos \varepsilon - \cos^2 i \ln(1 + \sec i) - \cos^2 \varepsilon \ln(1 + \sec \varepsilon)]$ der Formel (12) (S. 43).

$\varepsilon \backslash i$	0°	10°	20°	30°	40°	50°	60°	70°	80°	90°
0°	−0,6138	−0,6120	−0,6068	−0,5971	−0,5827	−0,5620	−0,5323	−0,4890	−0,4230	−0,3069
10°	− ,6120	− ,6102	− ,6050	− ,5953	− ,5809	− ,5602	− ,5305	− ,4872	− ,4212	− ,3051
20°	− ,6068	− ,6050	− ,5998	− ,5901	− ,5757	− ,5550	− ,5253	− ,4820	− ,4160	− ,2999
30°	− ,5971	− ,5953	− ,5901	− ,5804	− ,5660	− ,5453	− ,5156	− ,4723	− ,4063	− ,2902
40°	− ,5827	− ,5809	− ,5757	− ,5660	− ,5516	− ,5309	− ,5012	− ,4579	− ,3919	− ,2758
50°	− ,5620	− ,5602	− ,5550	− ,5453	− ,5309	− ,5102	− ,4805	− ,4372	− ,3712	− ,2551
60°	− ,5323	− ,5305	− ,5253	− ,5156	− ,5012	− ,4805	− ,4508	− ,4075	− ,3415	− ,2254
70°	− ,4890	− ,4872	− ,4820	− ,4723	− ,4579	− ,4372	− ,4075	− ,3642	− ,2982	− ,1821
80°	− ,4230	− ,4212	− ,4160	− ,4063	− ,3919	− ,3712	− ,3415	− ,2982	− ,2322	− ,1161
90°	−0,3069	−0,3051	−0,2999	−0,2902	−0,2758	−0,2551	−0,2254	−0,1821	−0,1161	−0,0000

Tafel IVb des Koeffizienten $c_1 = [\tfrac{1}{2}(\cos i + \cos \varepsilon) - (\cos^2 i + \cos^2 \varepsilon) + \cos^3 i \ln(1 + \sec i) + \cos^3 \varepsilon \ln(1 + \sec \varepsilon)]$ der Formel (12) (S. 43).

$\varepsilon \backslash i$	0°	10°	20°	30°	40°	50°	60°	70°	80°	90°
0°	0,3862	0,3851	0,3811	0,3747	0,3648	0,3505	0,3304	0,3018	0,2598	0,1931
10°	,3851	,3840	,3801	,3736	,3637	,3494	,3293	,3007	,2587	,1920
20°	,3811	,3801	,3761	,3696	,3597	,3455	,3253	,2967	,2548	,1880
30°	,3747	,3736	,3696	,3632	,3533	,3391	,3189	,2903	,2483	,1816
40°	,3648	,3637	,3597	,3533	,3434	,3291	,3090	,2804	,2384	,1717
50°	,3505	,3494	,3455	,3390	,3291	,3148	,2947	,2661	,2242	,1574
60°	,3304	,3293	,3253	,3189	,3090	,2946	,2748	,2460	,2040	,1373
70°	,3018	,3007	,2967	,2903	,2804	,2661	,2461	,2174	,1754	,1087
80°	,2598	,2587	,2548	,2483	,2384	,2241	,2040	,1754	,1334	,0667
90°	0,1931	0,1920	0,1880	0,1816	0,1717	0,1574	0,1373	0,1087	0,0667	0,0000

Tafel IVb des Koeffizienten $d_1 = [\tfrac{1}{3}(\cos i + \cos \varepsilon) - \tfrac{1}{2}(\cos^2 i + \cos^2 \varepsilon) + \cos^3 i + \cos^3 \varepsilon - \cos^4 i \ln(1 + \sec i) - \cos^4 \varepsilon \ln(1 + \sec \varepsilon)]$ der Formel (12) (S. 43).

$\varepsilon \backslash i$	0°	10°	20°	30°	40°	50°	60°	70°	80°	90°
0°	0,2804	0,2775	0,2767	0,2716	0,2640	0,2533	0,2382	0,2170	0,1866	0,1402
10°	,2775	,2746	,2738	,2687	,2611	,2504	,2353	,2141	,1837	,1373
20°	,2767	,2738	,2730	,2679	,2603	,2496	,2345	,2133	,1829	,1365
30°	,2716	,2687	,2679	,2628	,2552	,2445	,2294	,2082	,1778	,1314
40°	,2640	,2611	,2603	,2552	,2476	,2369	,2218	,2006	,1702	,1238
50°	,2533	,2504	,2496	,2445	,2369	,2262	,2111	,1899	,1595	,1131
60°	,2382	,2353	,2345	,2294	,2218	,2111	,1960	,1748	,1444	,0980
70°	,2170	,2141	,2133	,2082	,2006	,1899	,1748	,1536	,1232	,0768
80°	,1866	,1837	,1829	,1778	,1702	,1595	,1444	,1232	,0928	,0464
90°	0,1402	0,1373	0,1365	0,1314	0,1238	0,1131	0,0980	0,0768	0,0464	0,0000

Tafel IVb des Koeffizienten $e_1 = [\tfrac{1}{4}(\cos i + \cos \varepsilon) - \tfrac{1}{3}(\cos^2 i + \cos^2 \varepsilon) + \tfrac{1}{2}(\cos^3 i + \cos^3 \varepsilon) - (\cos^4 i + \cos^4 \varepsilon) + \cos^5 i \ln(1 + \sec i) + \cos^5 \varepsilon \ln(1 + \sec \varepsilon)]$ der Formel (12) (S 43).

$\varepsilon \backslash i$	0°	10°	20°	30°	40°	50°	60°	70°	80°	90°
0°	0,2195	0,2189	0,2163	0,2125	0,2064	0,1977	0,1857	0,1690	0,1481	0,1098
10°	,2189	,2182	,2159	,2118	,2057	,1951	,1850	,1683	,1474	,1091
20°	,2163	,2159	,2133	,2094	,2033	,1946	,1826	,1659	,1450	,1067
30°	,2125	,2118	,2094	,2055	,1994	,1908	,1788	,1619	,1411	,1028
40°	,2064	,2057	,2033	,1994	,1933	,1847	,1727	,1558	,1350	,0966
50°	,1977	,1951	,1946	,1908	,1847	,1759	,1639	,1472	,1264	,0880
60°	,1857	,1850	,1826	,1788	,1727	,1639	,1509	,1352	,1143	,0760
70°	,1690	,1683	,1659	,1619	,1558	,1472	,1352	,1184	,0976	,0592
80°	,1481	,1474	,1450	,1411	,1350	,1264	,1143	,0976	,0767	,0383
90°	0,1098	0,1091	0,1067	0,1028	0,0966	0,0880	0,0760	0,0592	0,0383	0,0000

Tafel Va.

Die Helligkeiten einer eben begrenzten Fläche berechnet nach der Formel (13) (S. 43):

$$h = \frac{\cos i}{\cos i + \cos \varepsilon} \left[1 + \cos^2 \alpha + \frac{3}{16} \left(A_1' a_1 + C_1' c_1 + E_1' e_1 \right) \right].$$

ε	A	0°	10°	20°	30°	40°	50°	60°	70°	80°	90°
0	0	1,446	1,418	1,339	1,215	1,057	0,875	0,679	0,473	0,248	0,000
	45	1,446	1,418	1,339	1,215	1,057	0,875	0,679	0,473	0,248	0,000
	60	1,446	1,418	1,339	1,215	1,057	0,875	0,679	0,473	0,248	0,000
	75	1,446	1,418	1,339	1,215	1,057	0,875	0,679	0,473	0,248	0,000
	90	1,446	1,418	1,339	1,215	1,057	0,875	0,679	0,473	0,248	0,000
	105	1,446	1,418	1,339	1,215	1,057	0,875	0,679	0,473	0,248	0,000
	120	1,446	1,418	1,339	1,215	1,057	0,875	0,679	0,473	0,248	0,000
	135	1,446	1,418	1,339	1,215	1,057	0,875	0,679	0,473	0,248	0,000
	180	1,446	1,418	1,339	1,215	1,057	0,875	0,679	0,473	0,248	0,000
10	0	1,440	1,447	1,395	1,291	1,141	0,956	0,743	0,513	0,265	0,000
	45	1,440	1,438	1,377	1,268	1,116	0,931	0,724	0,501	0,260	0,000
	60	1,440	1,431	1,365	1,251	1,098	0,915	0,711	0,493	0,257	0,000
	75	1,440	1,423	1,351	1,233	1,078	0,896	0,697	0,484	0,254	0,000
	90	1,440	1,415	1,336	1,214	1,057	0,878	0,683	0,476	0,251	0,000
	105	1,440	1,407	1,321	1,195	1,037	0,860	0,670	0,469	0,249	0,000
	120	1,440	1,400	1,308	1,178	1,020	0,845	0,659	0,463	0,248	0,000
	135	1,440	1,394	1,296	1,164	1,005	0,831	0,650	0,458	0,247	0,000
	180	1,440	1,385	1,281	1,144	0,985	0,815	0,638	0,453	0,247	0,000
20	0	1,425	1,461	1,443	1,366	1,234	1,053	0,830	0,577	0,292	0,000
	45	1,425	1,444	1,408	1,317	1,178	0,998	0,784	0,544	0,278	0,000
	60	1,425	1,430	1,382	1,284	1,141	0,962	0,755	0,525	0,270	0,000
	75	1,425	1,415	1,355	1,247	1,101	0,924	0,724	0,506	0,262	0,000
	90	1,425	1,399	1,326	1,210	1,060	0,887	0,696	0,489	0,256	0,000
	105	1,425	1,385	1,298	1,174	1,023	0,854	0,672	0,476	0,253	0,000
	120	1,425	1,370	1,273	1,143	0,991	0,827	0,654	0,467	0,252	0,000
	135	1,425	1,359	1,253	1,117	0,966	0,805	0,640	0,462	0,253	0,000
	180	1,425	1,342	1,224	1,083	0,933	0,781	0,627	0,461	0,257	0,000
30	0	1,404	1,469	1,483	1,439	1,331	1,163	0,938	0,663	0,347	0,000
	45	1,404	1,441	1,430	1,364	1,243	1,073	0,858	0,606	0,317	0,000
	60	1,404	1,423	1,394	1,314	1,187	1,017	0,810	0,572	0,301	0,000
	75	1,404	1,402	1,354	1,260	1,126	0,958	0,762	0,540	0,287	0,000
	90	1,404	1,380	1,313	1,207	1,068	0,904	0,720	0,514	0,278	0,000
	105	1,404	1,358	1,274	1,158	1,016	0,858	0,687	0,497	0,274	0,000
	120	1,404	1,339	1,240	1,116	0,975	0,825	0,665	0,489	0,276	0,000
	135	1,404	1,323	1,212	1,083	0,944	0,802	0,654	0,489	0,281	0,000
	180	1,404	1,301	1,176	1,042	0,909	0,779	0,648	0,498	0,295	0,000
40	0	1,380	1,468	1,514	1,505	1,434	1,284	1,064	0,774	0,416	0,000
	45	1,380	1,435	1,446	1,406	1,310	1,157	0,947	0,684	0,367	0,000
	60	1,380	1,412	1,400	1,341	1,234	1,079	0,878	0,633	0,341	0,000
	75	1,380	1,387	1,350	1,273	1,155	1,001	0,811	0,587	0,319	0,000
	90	1,380	1,360	1,301	1,207	1,083	0,933	0,757	0,552	0,305	0,000
	105	1,380	1,334	1,254	1,149	1,023	0,880	0,720	0,533	0,302	0,000
	120	1,380	1,312	1,216	1,102	0,978	0,846	0,701	0,531	0,309	0,000
	135	1,380	1,293	1,185	1,067	0,948	0,827	0,697	0,540	0,322	0,000
	180	1,380	1,267	1,145	1,027	0,918	0,818	0,711	0,570	0,351	0,000
50	0	1,361	1,464	1,539	1,566	1,531	1,416	1,213	0,915	0,512	0,000
	45	1,361	1,427	1,459	1,446	1,378	1,249	1,054	0,786	0,437	0,000
	60	1,361	1,402	1,406	1,370	1,285	1,150	0,961	0,714	0,398	0,000
	75	1,361	1,374	1,350	1,291	1,192	1,055	0,877	0,652	0,365	0,000
	90	1,361	1,345	1,297	1,218	1,111	0,977	0,812	0,609	0,347	0,000
	105	1,361	1,318	1,248	1,157	1,048	0,923	0,775	0,592	0,346	0,000
	120	1,361	1,294	1,208	1,111	1,007	0,895	0,766	0,599	0,361	0,000
	135	1,361	1,274	1,178	1,080	0,985	0,889	0,777	0,624	0,385	0,000
	180	1,361	1,248	1,141	1,050	0,974	0,906	0,822	0,686	0,438	0,000

Tafel Va (Fortsetzung).

ε	A \ i	0°	10°	20°	30°	40°	50°	60°	70°	80°	90°
	0	1,358	1,465	1,561	1,624	1,631	1,560	1,390	1,098	0,650	0,000
	45	1,358	1,427	1,474	1,487	1,451	1,355	1,183	0,920	0,540	0,000
	60	1,358	1,401	1,420	1,404	1,345	1,236	1,068	0,825	0,482	0,000
60	75	1,358	1,373	1,362	1,320	1,243	1,127	0,965	0,744	0,438	0,000
	90	1,358	1,346	1,308	1,247	1,159	1,044	0,895	0,694	0,413	0,000
	105	1,358	1,320	1,263	1,190	1,102	0,997	0,864	0,683	0,417	0,000
	120	1,358	1,297	1,228	1,153	1,074	0,984	0,872	0,707	0,443	0,000
	135	1,358	1,280	1,204	1,133	1,067	0,999	0,906	0,754	0,484	0,000
	180	1,358	1,258	1,178	1,123	1,090	1,057	0,998	0,862	0,572	0,000
	0	1,383	1,477	1,584	1,678	1,734	1,721	1,604	1,344	0,865	0,000
	45	1,383	1,442	1,495	1,533	1,533	1,476	1,345	1,107	0,702	0,000
	60	1,383	1,418	1,442	1,448	1,418	1,343	1,205	0,981	0,618	0,000
70	75	1,383	1,394	1,389	1,366	1,313	1,224	1,087	0,879	0,553	0,000
	90	1,383	1,370	1,342	1,301	1,237	1,144	1,015	0,824	0,523	0,000
	105	1,383	1,349	1,307	1,259	1,195	1,113	0,999	0,824	0,533	0,000
	120	1,383	1,332	1,283	1,239	1,189	1,127	1,033	0,874	0,580	0,000
	135	1,383	1,320	1,271	1,237	1,208	1,172	1,102	0,955	0,648	0,000
	180	1,383	1,306	1,267	1,260	1,276	1,288	1,260	1,130	0,788	0,000
	0	1,428	1,502	1,608	1,727	1,834	1,897	1,873	1,702	1,255	0,000
	45	1,428	1,473	1,529	1,582	1,620	1,619	1,556	1,382	1,001	0,000
	60	1,428	1,456	1,484	1,503	1,503	1,472	1,389	1,218	0,871	0,000
80	75	1,428	1,439	1,442	1,433	1,406	1,352	1,261	1,090	0,774	0,000
	90	1,428	1,424	1,410	1,385	1,347	1,286	1,190	1,031	0,734	0,000
	105	1,428	1,412	1,392	1,367	1,332	1,282	1,200	1,051	0,759	0,000
	120	1,428	1,404	1,388	1,374	1,361	1,335	1,275	1,142	0,842	0,000
	135	1,428	1,401	1,393	1,402	1,418	1,425	1,395	1,276	0,958	0,000
	180	1,428	1,399	1,415	1,471	1,550	1,622	1,645	1,552	1,191	0,000
	0	1,441	1,471	1,558	1,689	1,846	2,006	2,144	2,229	2,229	1,000
	45	1,441	1,456	1,498	1,559	1,632	1,702	1,757	1,776	1,732	0,750
	60	1,441	1,449	1,467	1,495	1,525	1,551	1,563	1,548	1,485	0,625
90	75	1,441	1,443	1,445	1,447	1,447	1,439	1,421	1,380	1,302	0,534
	90	1,441	1,441	1,437	1,430	1,417	1,399	1,369	1,321	1,236	0,500
	105	1,441	1,443	1,445	1,447	1,447	1,439	1,421	1,380	1,302	0,534
	120	1,441	1,449	1,467	1,495	1,525	1,551	1,563	1,548	1,485	0,625
	135	1,441	1,456	1,498	1,559	1,632	1,702	1,757	1,776	1,732	0,750
	180	1,441	1,471	1,558	1,689	1,846	2,006	2,144	2,229	2,229	1,000

Tafel Vb.

Das erste Glied der Formel (13) (S. 43):

$$1 + \cos^2\alpha = 1 + (\cos i \cos\varepsilon + \sin i \sin\varepsilon \cos A)^2.$$

ε	A	0°	10°	20°	30°	40°	50°	60°	70°	80°	90°
0°	0	2,0000	1,9698	1,8830	1,7500	1,5868	1,4132	1,2500	1,1170	1,0302	1,0000
	45	2,0000	1,9698	1,8830	1,7500	1,5868	1,4132	1,2500	1,1170	1,0302	1,0000
	60	2,0000	1,9698	1,8830	1,7500	1,5868	1,4132	1,2500	1,1170	1,0302	1,0000
	75	2,0000	1,9698	1,8830	1,7500	1,5868	1,4132	1,2500	1,1170	1,0302	1,0000
	90	2,0000	1,9698	1,8830	1,7500	1,5868	1,4132	1,2500	1,1170	1,0302	1,0000
	105	2,0000	1,9698	1,8830	1,7500	1,5868	1,4132	1,2500	1,1170	1,0302	1,0000
	120	2,0000	1,9698	1,8830	1,7500	1,5868	1,4132	1,2500	1,1170	1,0302	1,0000
	135	2,0000	1,9698	1,8830	1,7500	1,5868	1,4132	1,2500	1,1170	1,0302	1,0000
	180	2,0000	1,9698	1,8830	1,7500	1,5868	1,4132	1,2500	1,1170	1,0302	1,0000
10°	0		2,0000	1,9698	1,8830	1,7500	1,5868	1,4132	1,2500	1,1170	1,0302
	45		1,9825	1,9359	1,8358	1,6946	1,5287	1,3584	1,2045	1,0853	1,0151
	60		1,9700	1,9122	1,8034	1,6566	1,4894	1,3222	1,1751	1,0659	1,0076
	75		1,9557	1,8851	1,7662	1,6136	1,4454	1,2823	1,1436	1,0464	1,0020
	90		1,9405	1,8564	1,7273	1,5691	1,4007	1,2425	1,1134	1,0293	1,0000
	105		1,9254	1,8281	1,6894	1,5264	1,3583	1,2057	1,0868	1,0161	1,0020
	120		1,9115	1,8023	1,6550	1,4879	1,3208	1,1741	1,0651	1,0073	1,0076
	135		1,8995	1,7804	1,6263	1,4562	1,2904	1,1491	1,0490	1,0025	1,0151
	180		1,8830	1,7500	1,5868	1,4132	1,2500	1,1170	1,0302	1,0000	1,0302
20°	0			2,0000	1,9698	1,8830	1,7500	1,5868	1,4132	1,2500	1,1170
	45			1,9326	1,8737	1,7660	1,6230	1,4614	1,3011	1,1611	1,0585
	60			1,8864	1,8087	1,6884	1,5402	1,3819	1,2324	1,1100	1,0292
	75			1,8341	1,7363	1,6033	1,4513	1,2988	1,1637	1,0627	1,0078
	90			1,7797	1,6623	1,5181	1,3648	1,2208	1,1033	1,0266	1,0000
	105			1,7271	1,5921	1,4394	1,2875	1,1546	1,0567	1,0058	1,0078
	120			1,6798	1,5304	1,3720	1,2237	1,1036	1,0258	1,0000	1,0292
	135			1,6405	1,4789	1,3185	1,1753	1,0679	1,0089	1,0056	1,0585
	180			1,5868	1,4132	1,2500	1,1170	1,0302	1,0000	1,0302	1,1170
30°	0				2,0000	1,9698	1,8830	1,7500	1,5868	1,4132	1,2500
	45				1,8590	1,7933	1,6848	1,5464	1,3950	1,2468	1,1250
	60				1,7656	1,6791	1,5598	1,4219	1,2822	1,1573	1,0625
	75				1,6637	1,5574	1,4301	1,2971	1,1746	1,0772	1,0167
	90				1,5625	1,4401	1,3099	1,1875	1,0879	1,0226	1,0000
	105				1,4696	1,3366	1,2094	1,1030	1,0305	1,0005	1,0167
	120				1,3906	1,2527	1,1334	1,0469	1,0037	1,0092	1,0625
	135				1,3286	1,1902	1,0817	1,0161	1,0013	1,0391	1,1250
	180				1,2500	1,1170	1,0302	1,0000	1,0302	1,1170	1,2500
40°	0					2,0000	1,9698	1,8830	1,7500	1,5868	1,4132
	45					1,7726	1,7066	1,6031	1,4749	1,3372	1,2066
	60					1,6287	1,5455	1,4374	1,3181	1,2021	1,1033
	75					1,4812	1,3842	1,2778	1,1750	1,0881	1,0277
	90					1,3443	1,2425	1,1467	1,0686	1,0177	1,0000
	105					1,2303	1,1332	1,0571	1,0112	1,0009	1,0277
	120					1,1449	1,0606	1,0109	1,0016	1,0336	1,1033
	135					1,0868	1,0208	1,0001	1,0273	1,0989	1,2066
	180					1,0302	1,0000	1,0302	1,1170	1,2500	1,4132
50°	0						2,0000	1,9698	1,8830	1,7500	1,5868
	45						1,6857	1,6250	1,5311	1,4162	1,2933
	60						1,4993	1,4265	1,3361	1,2390	1,1467
	75						1,3193	1,2431	1,1649	1,0942	1,0393
	90						1,1707	1,1033	1,0483	1,0125	1,0000
	105						1,0683	1,0224	1,0011	1,0070	1,0393
	120						1,0144	1,0001	1,0196	1,0705	1,1467
	135						1,0000	1,0218	1,0836	1,1778	1,2933
	180						1,0302	1,1170	1,2500	1,4132	1,5868

Tafel Vb (Fortsetzung).

ε	A	$i=0°$	$10°$	$20°$	$30°$	$40°$	$50°$	$60°$	$70°$	$80°$	$90°$
	0							2,0000	1,9698	1,8830	1,7500
	45							1,6089	1,5571	1,4760	1,3749
	60							1,3906	1,3340	1,2635	1,1875
	75							1,1972	1,1456	1,1002	1,0502
60°	90							1,0625	1,0292	1,0076	1,0000
	105							1,0031	1,0016	1,0204	1,0502
	120							1,0156	1,0556	1,1153	1,1875
	135							1,0786	1,1635	1,2664	1,3749
	180							1,2500	1,4132	1,5868	1,7500
	0								2,0000	1,9698	1,8830
	45								1,5497	1,5095	1,4416
	60								1,3119	1,2726	1,2208
	75								1,1194	1,0893	1,0591
70°	90								1,0137	1,0035	1,0000
	105								1,0124	1,0324	1,0591
	120								1,1053	1,1627	1,2208
	135								1,2575	1,3540	1,4416
	180								1,5868	1,7500	1,8830
	0									2,0000	1,9698
	45									1,5125	1,4850
	60									1,2653	1,2425
	75									1,0791	1,0650
80°	90									1,0009	1,0000
	105									1,0488	1,0650
	120									1,2068	1,2425
	135									1,4297	1,4850
	180									1,8830	1,9698
	0										2,0000
	45										1,5000
	60										1,2500
	75										1,0670
90°	90										1,0000
	105										1,0670
	120										1,2500
	135										1,5000
	180										2,0000

Tafel Vc.

Das zweite Glied der Formel (13) (S. 43) für den Maximalwert $\dfrac{3}{16}$ des Koeffizienten $\dfrac{\pi\mu}{k}$: $\quad \dfrac{3}{16}(A_1' a_1 + C_1' c_1 + E_1' e_1)$.

ε	$A \diagdown i$	0°	10°	20°	30°	40°	50°	60°	70°	80°	90°
0°		0,892	0,889	0,881	0,869	0,850	0,823	0,787	0,739	0,646	0,441
	0		0,894	0,886	0,877	0,859	0,833	0,795	0,740	0,650	0,441
	45		0,892	0,885	0,873	0,856	0,829	0,793	0,738	0,648	0,441
	60		0,891	0,883	0,871	0,853	0,828	0,790	0,736	0,647	0,441
	75		0,890	0,881	0,869	0,851	0,825	0,788	0,734	0,647	0,441
10°	90		0,889	0,879	0,867	0,848	0,822	0,786	0,733	0,646	0,441
	105		0,888	0,878	0,864	0,845	0,820	0,784	0,731	0,645	0,441
	120		0,887	0,876	0,862	0,844	0,818	0,782	0,730	0,645	0,441
	135		0,887	0,875	0,861	0,842	0,815	0,781	0,729	0,645	0,441
	180		0,886	0,873	0,858	0,839	0,813	0,779	0,729	0,646	0,441
	0			0,886	0,879	0,865	0,842	0,804	0,748	0,655	0,441
	45			0,882	0,873	0,858	0,834	0,797	0,738	0,651	0,439
	60			0,878	0,869	0,853	0,828	0,793	0,735	0,648	0,438
	75			0,876	0,865	0,848	0,823	0,787	0,731	0,646	0,437
20°	90			0,872	0,861	0,843	0,819	0,783	0,728	0,644	0,437
	105			0,869	0,856	0,838	0,814	0,780	0,726	0,643	0,437
	120			0,866	0,853	0,835	0,811	0,778	0,724	0,644	0,438
	135			0,864	0,850	0,832	0,808	0,776	0,724	0,644	0,439
	180			0,861	0,846	0,828	0,805	0,775	0,728	0,646	0,441
	0				0,878	0,867	0,846	0,812	0,754	0,661	0,439
	45				0,869	0,856	0,834	0,799	0,744	0,652	0,434
	60				0,862	0,849	0,827	0,792	0,738	0,647	0,432
	75				0,856	0,842	0,819	0,785	0,731	0,643	0,430
30°	90				0,850	0,835	0,812	0,779	0,727	0,640	0,430
	105				0,845	0,828	0,806	0,774	0,725	0,640	0,430
	120				0,840	0,824	0,803	0,771	0,724	0,641	0,432
	135				0,837	0,821	0,800	0,771	0,725	0,644	0,434
	180				0,833	0,819	0,799	0,771	0,728	0,649	0,439
	0					0,867	0,845	0,812	0,758	0,663	0,433
	45					0,846	0,828	0,795	0,742	0,650	0,425
	60					0,838	0,818	0,786	0,733	0,642	0,422
	75					0,829	0,809	0,776	0,725	0,637	0,419
40°	90					0,821	0,801	0,769	0,720	0,634	0,417
	105					0,815	0,795	0,765	0,717	0,633	0,419
	120					0,811	0,792	0,764	0,718	0,636	0,422
	135					0,808	0,791	0,764	0,721	0,648	0,425
	180					0,806	0,792	0,769	0,729	0,651	0,433
	0						0,832	0,803	0,753	0,659	0,419
	45						0,812	0,783	0,731	0,640	0,409
	60						0,801	0,770	0,721	0,631	0,404
	75						0,790	0,761	0,711	0,623	0,400
50°	90						0,782	0,753	0,705	0,620	0,399
	105						0,777	0,750	0,704	0,621	0,400
	120						0,776	0,750	0,706	0,625	0,404
	135						0,777	0,754	0,712	0,632	0,409
	180						0,781	0,762	0,724	0,647	0,419
	0							0,780	0,732	0,640	0,394
	45							0,756	0,708	0,620	0,382
	60							0,744	0,696	0,607	0,375
	75							0,733	0,685	0,599	0,371
60°	90							0,726	0,680	0,595	0,369
	105							0,724	0,680	0,597	0,371
	120							0,727	0,684	0,603	0,375
	135							0,732	0,692	0,613	0,382
	180							0,746	0,709	0,630	0,394

Tafel Vc (Fortsetzung).

ε	A \ i	0°	10°	20°	30°	40°	50°	60°	70°	80°	90°
70°	0								0,688	0,597	0,346
	45								0,663	0,574	0,334
	60								0,649	0,563	0,327
	75								0,639	0,554	0,321
	90								0,634	0,550	0,321
	105								0,635	0,552	0,321
	120								0,642	0,559	0,327
	135								0,652	0,570	0,334
	180								0,672	0,590	0,346
80°	0									0,509	0,259
	45									0,488	0,247
	60									0,477	0,242
	75									0,469	0,237
	90									0,466	0,236
	105									0,468	0,237
	120									0,476	0,242
	135									0,486	0,247
	180									0,499	0,259
90°	0										0,000
	45										0,000
	60										0,000
	75										0,000
	90										0,000
	105										0,000
	120										0,000
	135										0,000
	180										0,000

Tafel VIa.

Die Phasenkurven φ_1 und φ_2 in den Formeln (7), S. 64 und (12), S. 65:

$$q_1 = q_1^0\, \varphi_1(\alpha) \quad \text{nach LAMBERT}$$

$$q_2 = q_2^0\, \varphi_2(\alpha) \quad \text{nach SEELIGER}.$$

Phasenwinkel α	$\varphi_1(\alpha) = \frac{1}{\pi}[\sin\alpha + (\pi-\alpha)\cos\alpha]$		$\varphi_2(\alpha) = 1 - \sin\frac{\alpha}{2}\,\tan\frac{\alpha}{2}\,\ln\cot\frac{\alpha}{4}$		Phasenwinkel α	$\varphi_1(\alpha) = \frac{1}{\pi}[\sin\alpha + (\pi-\alpha)\cos\alpha]$		$\varphi_2(\alpha) = 1 - \sin\frac{\alpha}{2}\,\tan\frac{\alpha}{2}\,\ln\cot\frac{\alpha}{4}$	
	Logarithmen	Größenklassen	Logarithmen	Größenklassen		Logarithmen	Größenklassen	Logarithmen	Größenklassen
0°	0,0000	0,000	0,0000	0,000	84°	9,5709	1,073	9,6265	0,934
2	9,9997	0,001	9,9994	0,002	86	9,5490	1,128	9,6101	0,975
4	9,9990	0,003	9,9979	0,005	88	9,5263	1,184	9,5933	1,017
6	9,9977	0,006	9,9957	0,011	90	9,5029	1,243	9,5760	1,060
8	9,9959	0,010	9,9928	0,018	92	9,4787	1,303	9,5583	1,104
10	9,9936	0,016	9,9895	0,026	94	9,4537	1,366	9,5401	1,150
12	9,9908	0,023	9,9857	0,036	96	9,4278	1,431	9,5213	1,197
14	9,9876	0,031	9,9815	0,046	98	9,4011	1,497	9,5020	1,245
16	9,9839	0,040	9,9768	0,058	100	9,3735	1,566	9,4822	1,295
18	9,9797	0,051	9,9717	0,071	102	9,3449	1,638	9,4617	1,346
20	9,9750	0,063	9,9663	0,084	104	9,3154	1,712	9,4406	1,399
22	9,9699	0,075	9,9606	0,099	106	9,2848	1,788	9,4189	1,453
24	9,9644	0,089	9,9545	0,114	108	9,2532	1,869	9,3965	1,509
26	9,9583	0,104	9,9481	0,130	110	9,2204	1,949	9,3734	1,567
28	9,9518	0,121	9,9413	0,147	112	9,1864	2,034	9,3495	1,626
30	9,9449	0,138	9,9342	0,165	114	9,1512	2,122	9,3248	1,688
32	9,9375	0,156	9,9268	0,183	116	9,1147	2,213	9,2993	1,752
34	9,9296	0,176	9,9191	0,202	118	9,0768	2,308	9,2729	1,818
36	9,9213	0,197	9,9111	0,222	120	9,0374	2,407	9,2456	1,886
38	9,9125	0,219	9,9028	0,243	122	8,9964	2,509	9,2172	1,957
40	9,9033	0,242	9,8943	0,264	124	8,9538	2,616	9,1877	2,031
42	9,8936	0,266	9,8854	0,287	126	8,9095	2,726	9,1571	2,107
44	9,8834	0,292	9,8763	0,309	128	8,8632	2,842	9,1254	2,187
46	9,8728	0,318	9,8668	0,333	130	8,8149	2,963	•9,0923	2,269
48	9,8617	0,346	9,8571	0,357	132	8,7643	3,089	9,0578	2,356
50	9,8501	0,375	9,8470	0,383	134	8,7114	3,222	9,0216	2,446
52	9,8380	0,405	9,8367	0,408	136	8,6559	3,360	8,9838	2,541
54	9,8254	0,437	9,8260	0,435	138	8,5976	3,506	8,9442	2,640
56	9,8123	0,469	9,8151	0,462	140	8,5362	3,659	8,9026	2,744
58	9,7987	0,503	9,8038	0,491	142	8,4715	3,821	8,8588	2,553
60	9,7846	0,539	9,7923	0,519	144	8,4030	3,993	8,8124	2,969
62	9,7700	0,575	9,7804	0,549	146	8,3304	4,174	8,7632	3,092
64	9,7548	0,613	9,7682	0,580	148	8,2532	4,367	8,7110	3,223
66	9,7391	0,652	9,7556	0,611	150	8,1707	4,573	8,6558	3,361
68	9,7228	0,693	9,7427	0,643	152	8,0824	4,794	8,5965	3,509
70	9,7059	0,735	9,7295	0,676	154	7,9873	5,032	8,5325	3,669
72	9,6885	0,779	9,7159	0,710	156	7,8843	5,289	8,4635	3,841
74	9,6705	0,824	9,7020	0,745	158	7,7722	5,570	8,3882	4,030
76	9,6519	0,870	9,6877	0,781	160	7,6492	5,877	8,3059	4,235
78	9,6326	0,919	9,6730	0,818	162	7,5129	6,218	8,2147	4,463
80	9,6127	0,968	9,6579	0,855	164	7,3603	6,599	8,1128	4,718
82	9,5921	1,020	9,6424	0,894					

Tafel VIb.

Die Hilfsgrößen P und R der Seeligerschen Formel (22), S. 67 für die Beleuchtung eines Rotationsellipsoids:

$$Q_1 = 2\pi\, JA_1 \sin^2 s \, \sin^2 \sigma \cos\alpha \, (P\cos^2 A + R\sin^2 A)$$

für die im Sonnensystem vorkommenden Achsenverhältnisse a/b.

a/b	$\log P$	P	$\log R$	R
1,04	$9,5023^{-10}$	0,3179	$9,5296^{-10}$	0,3385
	50	-36	16	$+13$
1,05	9,4973	0,3143	9,5312	0,3398
	49	-36	16	$+12$
1,06	9,4924	0,3107	9,5328	0,3410
	50	-35	16	$+12$
1,07	9,4874	0,3074	9,5344	0,3423
	49	-36	15	$+12$
1,08	9,4825	0,3038	9,5359	0,3435
	48	-34	15	$+12$
1,09	9,4777	0,3004	9,5374	0,3447
	49	-34	15	$+12$
1,10	9,4728	0,2970	9,5389	0,3459
	48	-32	15	$+11$
1,11	9,4680	0,2938	9,5404	0,3470
	47	-32	14	$+12$
1,12	9,4633	0,2906	9,5418	0,3482
	47	-31	14	$+11$
1,13	9,4586	0,2875	9,5432	0,3493
	47	-31	14	$+11$
1,14	9,4539	0,2844	9,5446	0,3504

Tafel VIc

für die Reduktion der Helligkeit des Planeten Saturn (ohne Ring) bei $A = 0$ und $\alpha = 0$ auf diejenige bei A und $\alpha \neq 0$. Die Tafel enthält die Werte von

$$Z = P\cos^2 A + R\sin^2 A; \quad Z(A) = \frac{Z}{P} = \cos^2 A + \frac{R}{P}\sin^2 A \quad \text{und} \quad X(A) = \sqrt{1 + \frac{a^2 - b^2}{b^2}\sin^2 A}$$

in den Formeln (25), S. 68. Für a/b ist der Wert 1,1222 angenommen.

A	$\log Z$	Z	$\log Z(A)$	$Z(A)$	$\log\sqrt{1 + \frac{a^2-b^2}{b^2}\sin^2 A}$	$\sqrt{1 + \frac{a^2-b^2}{b^2}\sin^2 A}$
$0°$	$9,4623^{-10}$	0,2899	0,0000	1,0000	0,0000	1,0000
2	9,4624	0,2900	0,0001	1,0002	0,0001	1,0002
4	9,4627	0,2902	0,0004	1,0009	0,0003	1,0007
6	9,4632	0,2905	0,0009	1,0021	0,0006	1,0014
8	9,4640	0,2911	0,0017	1,0039	0,0011	1,0025
10	9,4649	0,2917	0,0026	1,0060	0,0017	1,0039
12	9,4661	0,2925	0,0038	1,0088	0,0024	1,0055
14	9,4674	0,2934	0,0051	1,0118	0,0033	1,0076
16	9,4689	0,2944	0,0066	1,0153	0,0042	1,0097
18	9,4706	0,2955	0,0083	1,0193	0,0053	1,0123
20	9,4724	0,2968	0,0101	1,0235	0,0065	1,0151
22	9,4744	0,2981	0,0121	1,0283	0,0078	1,0181
24	9,4766	0,2996	0,0143	1,0335	0,0091	1,0212
26	9,4788	0,3012	0,0165	1,0387	0,0106	1,0247
28	9,4812	0,3028	0,0189	1,0445	0,0121	1,0283
30	9,4837	0,3046	0,0214	1,0505	0,0136	1,0318

Tafel VIIa.

Die SEELIGERsche Dichtefunktion

$$\mathfrak{C} = \xi \int_{0}^{\pi/2} e^{-\xi\,\Phi} \cos\varphi\, d\varphi + \frac{8}{3} e^{-\xi\frac{3\pi-2}{8\pi}}$$

der Theorie des Saturnringes (Formel 15, S. 139). Die Tafel enthält

$$\log M = \log \frac{\mathfrak{C}(\infty)}{\mathfrak{C}(\xi)}, \quad \text{wo} \quad \mathfrak{C}(\infty) = \frac{16}{3} \quad \text{und} \quad \xi = \frac{N\delta}{\sin\alpha}.$$

ξ	$\log M$	ξ	$\log M$	ξ	$\log M$	ξ	$\log M$	ξ	$\log M$
0,0	0,3010	10,0	0,1389	20	0,0910	80	0,0311	200	0,0136
	163		37		29		16		43
0,5	0,2847	10,5	0,1352	21	0,0881	85	0,0295	300	0,0093
	147		35		28		15		22
1,0	0,2700	11,0	0,1317	22	0,0853	90	0,0280	400	0,0071
	134		32		25		13		14
1,5	0,2566	11,5	0,1285	23	0,0828	95	0,0267	500	0,0057
	121		30		25		11		9
2,0	0,2445	12,0	0,1255	24	0,0803	100	0,0256	600	0,0048
	111		29		23		20		7
2,5	0,2334	12,5	0,1226	25	0,0780	110	0,0236	700	0,0041
	101		28		22		18		5
3,0	0,2233	13,0	0,1198	26	0,0758	120	0,0218	800	0,0036
	93		27		20		15		4
3,5	0,2140	13,5	0,1171	27	0,0738	130	0,0203	900	0,0032
	85		26		19		13		3
4,0	0,2055	14,0	0,1145	28	0,0719	140	0,0190	1000	0,0029
	79		24		19		12		14
4,5	0,1976	14,5	0,1121	29	0,0700	150	0,0178	2000	0,0015
	74		23		17		10		8
5,0	0,1902	15,0	0,1098	30	0,0683	160	0,0168	4000	0,0007
	68		22		74		8		2
5,5	0,1834	15,5	0,1076	35	0,0609	170	0,0160	6000	0,0005
	63		22		60		8		1
6,0	0,1771	16,0	0,1054	40	0,0549	180	0,0152	8000	0,0004
	59		21		49		8		1
6,5	0,1712	16,5	0,1033	45	0,0500	190	0,0144	10000	0,0003
	55		19		40		8		
7,0	0,1657	17,0	0,1014	50	0,0460	200	0,0136		
	62		19		34				
7,5	0,1605	17,5	0,0995	55	0,0426				
	49		18		30				
8,0	0,1556	18,0	0,0977	60	0,0396				
	45		17		25				
8,5	0,1511	18,5	0,0960	65	0,0371				
	43		17		22				
9,0	0,1468	19,0	0,0943	70	0,0349				
	40		17		20				
9,5	0,1428	19,5	0,0926	75	0,0329				
	39		16		18				
10,0	0,1389	20,0	0,0910	80	0,0311				

Tafel VIIb

der Funktion

$$\log M = \log \frac{\mathfrak{C}(\infty)}{\mathfrak{C}(\alpha)}$$

nach den Argumenten:

Phasenwinkel α und $\xi = \dfrac{N\delta}{\sin\alpha} = \dfrac{8D}{\sin\alpha}$, wo D die Volumdichte des Ringes.

α \ ξ	0,02	0,04	0,06	0,08	0,1	0,2	0,3	0,4	0,5	0,8
0,0°	0,0000	0,0000	0,0000	0,0000	0,0000	0,0000	0,0000	0,0000	0,0000	0,0000
,1	,1288	,0830	,0618	,0493	,0412	,0228	,0158	,0123	,0099	,0063
,2	,1805	,1288	,1007	,0830	,0707	,0412	,0292	,0228	,0186	,0123
,3	,2084	,1591	,1288	,1086	,0940	,0571	,0412	,0325	,0266	,0175
,4	,2260	,1805	,1502	,1287	,1129	,0707	,0520	,0412	,0343	,0228
,5	,2381	,1964	,1670	,1455	,1288	,0830	,0618	,0493	,0412	,0277
,6	,2466	,2084	,1805	,1591	,1424	,0940	,0707	,0571	,0478	,0324
,7	,2533	,2183	,1915	,1706	,1539	,1038	,0790	,0643	,0540	,0369
,8	,2584	,2260	,2008	,1805	,1640	,1130	,0867	,0707	,0599	,0412
,9	,2626	,2324	,2084	,1889	,1728	,1213	,0940	,0770	,0656	,0454
1,0	,2661	,2381	,2151	,1964	,1805	,1288	,1007	,0830	,0707	,0493
1,5	,2769	,2559	,2380	,2222	,2086	,1591	,1288	,1086	,0944	,0675
2,0	,2825	,2660	,2513	,2381	,2260	,1805	,1502	,1288	,1129	,0830
2,5	,2860	,2724	,2598	,2486	,2380	,1964	,1670	,1454	,1288	,0965
3,0	,2885	,2769	,2661	,2559	,2467	,2086	,1805	,1591	,1424	,1086
3,5	,2906	,2798	,2706	,2617	,2533	,2183	,1915	,1706	,1539	,1192
4,0	,2917	,2825	,2741	,2660	,2584	,2260	,2008	,1805	,1640	,1288
4,5	,2927	,2843	,2769	,2695	,2626	,2324	,2086	,1888	,1727	,1374
5,0	,2936	,2860	,2791	,2724	,2661	,2381	,2151	,1963	,1804	,1454
5,5	,2942	,2873	,2811	,2749	,2688	,2426	,2209	,2028	,1872	,1525
6,0	,2948	,2885	,2825	,2769	,2713	,2466	,2259	,2084	,1935	,1591
6,5	,2953	,2895	,2836	,2786	,2734	,2501	,2304	,2135	,1989	,1650

Tafel VIIc.

Beobachtete Phasenkurve für die mittlere Flächenhelligkeit des Ringes in Einheiten der Helligkeit des Planetenzentrums in Opposition.

α	In Größenklassen	In absolutem Maß	α	In Größenklassen	In absolutem Maß
0,0°	0,000	1,000	3,0°	0,270	0,780
0,2°	0,065	0,942	3,5°	0,290	0,766
0,4°	0,095	0,916	4,0°	0,310	0,752
0,6°	0,115	0,900	4,5°	0,330	0,738
0,8°	0,130	0,887	5,0°	0,345	0,728
1,0°	0,145	0,875	5,5°	0,360	0,718
1,5°	0,180	0,847	6,0°	0,370	0,711
2,0°	0,210	0,824	6,5°	0,380	0,705
2,5°	0,240	0,802			

Tafel VIIIa enthält die Werte für den unverdeckten Teil X des Ringes und den vom Ringe unverdeckten Teil Y der Saturnscheibe in Formel (36) S. 149 in Einheiten der unverdeckten Saturnscheibe.

A	$\log X$	X		$\log Y$		Y	
0°	$-\infty$	0,000		0,0000		1,000	—
			47		44		10
1	8,6694	0,047		9,9956		0,990	
			46		43		10
2	8,9705	0,093		9,9913		0,980	
			47		43		10
3	9,1469	0,140		0,9870		0,970	
			47		43		9
4	9,2719	0,187		9,9827		0,961	
			47		42		9
5	9,3691	0,234		9,9785		0,952	
			47		42		9
6	9,4486	0,281		9,9743		0,943	
			47		40		9
7	9,5160	0,328		9,9703		0,934 .	
			48		39		8
8	9,5745	0,376		9,9664		0,926	
			47		37		8
9	9,6262	0,423		9,9627		0,918	
			48		36		8
10	9,6726	0,471		9,9591		0,910	
			48		34		7
11	9,7147	0,519		9,9557		0,903	
			48		31		6
12	9,7533	0,567		9,9526		0,897	
			48		29		6
13	9,7890	0,615		9,9497		0,891	
			49		25		6
14	9,8223	0,664		9,9472		0,885	
			49		23		4
15	9,8533	0,713		9,9449		0,881	
			50		18		4
16	9,8827	0,763		9,9431		0,877	
			51		13		2
17	9,9105	0,814		9,9418		0,875	
			51		9		2
18	9,9469	0,865		9,9409		0,873	
			52		2		1
19	9,9623	0,917		9,9407		0,872	
			53		4		1
20	9,9866	0,970		9,9411		0,873	
			54		12		3
21	0,0102	1,024		9,9423		0,876	
			56		22		4
22	0,0332	1,080		9,9445		0,880	
			58		37		7
23	0,0560	1,138		9,9482		0,887	
			63		62		13
24	0,0796	1,201		9,9544		0,900	
			64		69		15
25	0,1022	1,265		9,9613		0,915	
			64		65		13
26	0,1234	1,329		9,9678		0,928	
			62		62		14
27	0,1433	1,391		9,9740		0,942	
			61		60		19
28	0,1621	1,452		9,9800		0,955	
			61		56		13
29	0,1799	1,513		9,9856		0,968	
			60		54		12
30	0,1966	1,573		9,9910		0,980	

Die Reduktion wegen Phase		
α	D	$\log D$
0°	1,0000 .	0,0000
1	0,9996	9,9998
2	0,9986	9,9994
3	0,9970	9,9987
4	0,9951	9,9979
5	0,9927	9,9968
6	0,9900	9,9956
7	0,9870	9,9943

Tafel VIIIb für die Reduktion von Saturnhelligkeiten auf verschwundenen Ring nach Formel (36) S. 149 bei der Annahme der LAMBERTschen Lichtverteilung auf der Saturnscheibe.

A	$\log X_L$	X_L	$\log Y_L$	Y_L
0°	$-\infty$	0,0000	0,0000	1,000
		72	52	12
1	8,8560	0,072	9,9948	0,988
		72	51	11
2	9,1571	0,144	9,9897	0,977
		72	51	12
3	9,3335	0,216	9,9846	0,965
		71	50	11
4	9,4585	0,287	9,9796	0,954
		72	47	10
5	9,5557	0,359	9,9749	0,944
		73	46	10
6	9,6352	0,432	9,9703	0,934
		72	43	9
7	9,7026	0,504	9,9660	0,925
		73	39	9
8	9,7611	0,577	9,9621	0,916
		73	36	7
9	9,8128	0,650	9,9585	0,909
		73	32	7
10	9,8592	0,723	9,9553	0,902
		74	26	5
11	9,9013	0,797	9,9527	0,897
		74	21	5
12	9,9399	0,871	9,9506	0,892
		74	17	3
13	9,9756	0,945	9,9489	0,889
		76	9	2
14	0,0089	1,021	9,9480	0,887
		75	5	1
15	0,0399	1,096	9,9475	0,886
		77	3	1
16	0,0693	1,173	9,9478	0,887
		78	11	2
17	0,0971	1,251	9,9489	0,889
		78	19	4
18	0,1235	1,329	9,9508	0,893
		80	26	5
19	0,1489	1,409	9,9534	0,898
		81	33	7
20	0,1732	1,490	9,9567	0,905
		83	43	9
21	0,1968	1,573	9,9610	0,914
		86	50	11
22	0,2199	1,659	9,9660	0,925
		89	60	13
23	0,2426	1,748	9,9720	0,938
		98	66	14
24	0,2662	1,846	9,9786	0,952
		98	61	13
25	0,2888	1,944	9,9847	0,965
		98	58	13
26	0,3100	2,042	9,9905	0,978
		95	54	12
27	0,3299	2,137	9,9959	0,990
		95	51	12
28	0,3487	2,232	0,0010	1,002
		93	48	11
29	0,3665	2,325	0,0058	1,013
		92	43	10
30	0,3832	2,417	0,0101	1,023

Reduktion wegen Phase.

α	$\log \cos \alpha$	$\cos \alpha$
0°	0,0000	1,0000
1	9,9999	0,9999
2	9,9997	0,9994
3	9,9994	0,9986
4	9,9989	0,9976
5	9,9983	0,9962
6	9,9976	0,9945
7	9,9968	0,9926

Tafel IXa enthält Hilfsgrößen für die Berechnung des Schattenwurfs des Ringes auf den Saturn und des Planeten auf den Ring.

A	$\log b'$	$\varphi = v_{III}$	v_0	$\varphi' = v_{IV}$	v'_0	$\log c = \log\left(\dfrac{\sin A}{a\,b\cdot 180}\right)$	A
0°	9,9499	64° 1,'4	0° 0,'0	48°55,'6	0° 0,'0	$-\infty$	0°
		0° 1,4	2° 3,2	0,8	1° 8,9		
1	9,9499	64 2,8	2 3,2	48 56,4	1 8,9	6,0367	1
		0 4,0	2 3,6	2,4	1 8,9		
2	9,9500	64 6,8	4 6,8	48 58,6	2 17,8	6,3376	2
		0 6,9	2 4,4	3,8	1 9,2		
3	9,9501	64 13,7	6 11,2	49 2,4	3 27,0	6,5136	3
		0 9,6	2 5,6	5,4	1 9,5		
4	9,9502	64 23,3	8 16,8	49 7,8	4 36,5	6,6384	4
		0 12,4	2 7,1	6,8	1 10,0		
5	9,9504	64 35,7	10 23,9	49 14,6	5 46,5	6,7351	5
		0 15,4	2 .9,2	8,5	1 10,5		
6	9,9505	64 51,1	12 33,1	49 23,1	6 57,0	6,8140	6
		0 18,4	2 11,8	10,0	1 11,1		
7	9,9508	65 9,5	14 44,9	49 33,1	8 8,1	6,8807	7
		0 21,6	2 14,8	11,7	1 11,9		
8	9,9510	65 31,1	16 59,7	49 44,8	9 20,0	6,9383	8
		0 24,9	2 18,5	13,3	1 12,9		
9	9,9513	65 56,0	19 18,2	49 58,1	10 32,9	6,9891	9
		0 28,4	2 22,8	15,0	1 13,9		
10	9,9516	66 24,4	21 41,0	50 13,1	11 46,8	7,0345	10
		0 32,2	2 27,7	16,8	1 15,1		
11	9,9520	66 56,6	24 8,7	50 29,9	13 1,9	7,0754	11
		0 36,3	2 33,8	18,5	1 16,4		
12	9,9524	67 32,9	26 42,5	50 48,4	14 18,3	7,1127	12
		0 40,7	2 40,7	20,4	1 17,9		
13	9,9528	68 13,6	29 23,2	51 8,8	15 36,2	7,1469	13
		0 45,7	2 49,0	22,4	1 19,5		
14	9,9532	68 59,3	32 12,2	51 31,2	16 55,7	7,1785	14
		0 51,2	2 58,8	24,4	1 21,3		
15	9,9537	69 50,5	35 11,0	51 55,6	18 17,0	7,2078	15
		0 57,5	3 10,7	26,4	1 23,3		
16	9,9542	70 48,0	38 21,7	52 22,0	19 40,3	7,2351	16
		1 4,9	3 25,2	28,7	1 25,6		
17	9,9547	71 52,9	41 46,9	52 50,7	21 5,9	7,2607	17
		1 13,8	3 43,5	31,0	1 27,9		
18	9,9552	73 6,7	45 30,4	53 21,7	22 33,8	7,2848	18
		1 24,9	4 .7,2	33,5	1 30,7		
19	9,9558	74 31,6	49 37,6	53 55,2	24 4,5	7,3074	19
		1 39,5	4 39,6	36,1	1 33,6		
20	9,9564	76 11,1	54 17,2	54 31,3	25 38,1	7,3288	20
		2 0,4	5 27,4	38,9	1 36,9		
21	9,9570	78 11,8	59 44,6	55 10,2	27 15,0	7,3491	21
		2 34,9	6 48,9	41,9	1 40,5		
22	9,9577	80 46,4	66 33,5	55 52,1	28 55,5	7,3684	22
		3 56,8	10 8,2	45,1	1 44,6		
23	9,9584	84 43,2	76 41,7	56 37,2	30 40,1	7,3867	23
				48,6	1 49,1		
24	9,9591	90 0,0	90 0,0	57 25,8	32 29,2	7,4041	24
				52,5	1 54,1		
25	9,9598	90 0,0	90 0,0	58 18,3	34 23,3	7,4207	25
				56,7	1 59,7		
26	9,9605	90 0,0	90 0,0	59 15,0	36 23,0	7,4366	26
				61,5	2 6,3		
27	9,9612	90 0,0	90 0,0	60 16,5	38 29,3	7,4518	27
				66,7	2 13,6		
28	9,9620	90 0,0	90 0,0	61 23,2	40 42,9	7,4664	28
				72,9	2 22,3		
29	9,9628	90 0,0	90 0,0	62 36,1	45 5,2	7,4804	29
				79,8	2 32,3		
30	9,9636	90 0,0	90 0,0	63 55,9	45 37,5	7,4938	30

$$\log \frac{\alpha^2}{2} = 0{,}41603 \qquad \log \frac{\alpha'^2}{2} = 0{,}06381 \qquad \log \frac{\alpha^2 - \alpha'^2}{2} = 0{,}16079 \qquad \log b = 9{,}94993 \qquad a = 1$$

Tafel IXb enthält Hilfsgrößen für die Berechnung des Schattenwurfs des Saturnrings auf den Planeten nach Formel (40) S. 151.

A	$\log \Sigma_0$	$\log \Sigma_1$	$\log \Sigma$	$\log V$
0°	8,0704 — 10	8,5943 — 10	8,4398 — 10	— ∞
	3	2	5	
1	8,0707	8,5941	8,4393	5,735 — 10
	9	6	11	301
2	8,0716	8,5935	8,4382	6,036
	15	10	21	175
3	8,0731	8,5925	8,4361	6,211
	21	14	29	124
4	8,0752	8,5911	8,4332	6,335
	27	18	39	95
5	8,0779	8,5893	8,4293	6,430
	34	23	47	77
6	8,0813	8,5870	8,4246	6,507
	40	27	58	65
7	8,0853	8,5843	8,4188	6,572
	46	31	68	55
8	8,0899	8,5812	8,4120	6,627
	54	36	79	48
9	8,0953	8,5776	8,4041	6,675
	60	42	93	42
10	8,1013	8,5734	8,3948	6,717
	69	46	106	38
11	8,1082	8,5688	8,3842	6,755
	76	53	124	33
12	8,1158	8,5635	8,3718	6,788
	84	59	140	30
13	8,1242	8,5576	8,3578	6,818
	95	67	163	27
14	8,1337	8,5509	8,3415	6,845
	104	74	189	25
15	8,1441	8,5435	8,3226	6,870
	115	84	221	22
16	8,1556	8,5351	8,3005	6,892
	129	95	262	20
17	8,1685	8,5256	8,2743	6,912
	144	107	316	19
18	8,1829	8,5149	8,2427	6,931
	163	125	391	16
19	8,1992	8,5024	8,2036	6,947
	187	146	504	15
20	8,2179	8,4878	8,1532	6,962
	221	179	702	13
21	8,2400	8,4699	8,0830	6,975
	277	232	1076	12
22	8,2677	8,4467	7,9754	6,987
	407	361	2432	11
23	8,3084	8,4106	7,7322	6,998
	502	520		32
24	8,3586	8,3586	— ∞	7,030
	42	42		48
25	8,3544	8,3544	— ∞	7,078
	44	44		48
26	8,3500	8,3500	— ∞	7,126
	45	45		45
27	8,3455	8,3455	— ∞	7,171
	47	47		43
28	8,3408	8,3408	— ∞	7,214
	49	49		41
29	8,3359	8,3359	— ∞	7,255
	51	51		39
30	8,3308	8,3308	— ∞	7,294

Tafel IXc.

Die Hilfsgrößen $\lambda(a)$, $\lambda(b)$ und $\lambda(c)$ für die Berechnung des Schattenwurfs von Saturn auf den Ring nach SEELIGER (Formel 51, S. 153).

A	$\lambda(a)$	$\log\lambda(a)$	$\lambda(b)$	$\log\lambda(b)$	$\lambda(c)$	$\log\lambda(c)$	A
$0°$	$-0,0000$		$-0,0000$	$-$	$+$	∞	$0°$
1	0	$4,21_n-10$	0	$4,60_n-10$	$+0,4999$	$9,6989-10$	1
2	0	4,66	0	5,34	0,2498	9,3976	2
3	0	5,00	1	5,72	0,1663	9,2200	3
4	0	5,29	1	5,97	0,1245	9,0952	4
5	0	5,48	1	6,16	0,0993	8,997	5
6	0	5,64	2	6,32	0,0825	8,916	6
7	1	5,78	3	6,46	0,0703	8,847	7
8	1	5,90	4	6,58	0,0611	8,786	8
9	1	6,00	5	6,69	0,0538	8,731	9
10	1	6,09	6	6,79	0,0480	8,681	10
11	2	6,18	8	6,88	0,0430	8,634	11
12	2	6,26	9	6,96	0,0388	8,589	12
13	2	6,33	11	7,043	0,0351	8,546	13
14	3	6,40	13	7,118	0,0319	8,503	14
15	3	6,46	16	7,191	0,0289	8,460	15
16	3	6,53	18	7,262	0,0262	8,417	16
17	4	6,58	21	7,331	0,0236	8,372	17
18	4	6,64	25	7,400	0,0211	8,324	18
19	5	6,69	30	7,470	0,0186	8,270	19
20	6	6,74	35	7,542	0,0161	8,207	20
21	6	6,79	42	7,619	0,0134	8,128	21
22	7	6,84	51	7,706	0,0104	8,015	22
23	8	6,89	66	7,822	0,0061	7,787	23
24	9	6,93	87	7,941	0,0009	6,935	24
25	10	6,98	82	7,914	0,0010	6,982	25
26	11	7,02	77	7,885	0,0011	7,025	26
27	12	7,07	72	7,856	0,0012	7,072	27
28	13	7,12	67	7,824	0,0013	7,117	28
29	14	7,16	62	7,793	0,0014	7,155	29
30	0,0016	7,20	0,0057	7,758	0,0016	7,201	30

Tafel Xa.

Mittlere Extinktionstabellen für Potsdam (Meereshöhe 100 m) und für den Gipfel des Säntis (2500 m) (nach G. MÜLLER).

Wahre Zenitdistanz	Potsdam		Säntis		Wahre Zenitdistanz	Potsdam		Säntis	
	Logarithmen	Größen	Logarithmen	Größen		Logarithmen	Größen	Logarithmen	Größen
11°	0,0006	0,00	0,0010	0,00	50°	0,0482	0,12	0,0310	0,08
12	0,0008	0,00	0,0012	0,00	51	0,0514	0,13	0,0328	0,08
13	0,0010	0,00	0,0014	0,00	52	0,0549	0,14	0,0348	0,09
14	0,0013	0,00	0,0017	0,00	53	0,0586	0,15	0,0369	0,09
15	0,0016	0,00	0,0019	0,00	54	0,0625	0,16	0,0391	0,10
16	0,0019	0,00	0,0022	0,01	55	0,0667	0,17	0,0415	0,10
17	0,0023	0,01	0,0025	0,01	56	0,0711	0,18	0,0440	0,11
18	0,0027	0,01	0,0029	0,01	57	0,0758	0,19	0,0466	0,12
19	0,0032	0,01	0,0032	0,01	58	0,0808	0,20	0,0494	0,12
20	0,0037	0,01	0,0036	0,01	59	0,0862	0,22	0,0524	0,13
21	0,0042	0,01	0,0040	0,01	60	0,0920	0,23	0,0556	0,14
22	0,0048	0,01	0,0044	0,01	61	0,0982	0,25	0,0590	0,15
23	0,0054	0,01	0,0048	0,01	62	0,1048	0,26	0,0627	0,16
24	0,0061	0,02	0,0053	0,01	63	0,1118	0,28	0,0667	0,17
25	0,0068	0,02	0,0058	0,01	64	0,1194	0,30	0,0710	0,18
26	0,0076	0,02	0,0063	0,02	65	0,1276	0,32	0,0757	0,19
27	0,0084	0,02	0,0068	0,02	66	0,1364	0,34	0,0808	0,20
28	0,0093	0,02	0,0074	0,02	67	0,1460	0,36	0,0863	0,22
29	0,0102	0,03	0,0080	0,02	68	0,1564	0,39	0,0922	0,23
30	0,0112	0,03	0,0086	0,02	69	0,1676	0,42	0,0987	0,25
31	0,0122	0,03	0,0093	0,02	70	0,1798	0,45	0,1059	0,26
32	0,0133	0,03	0,0100	0,03	71	0,1931	0,48	0,1139	0,28
33	0,0144	0,04	0,0107	0,03	72	0,2075	0,52	0,1228	0,31
34	0,0156	0,04	0,0115	0,03	73	0,2232	0,56	0,1327	0,33
35	0,0169	0,04	0,0123	0,03	74	0,2405	0,60	0,1438	0,36
36	0,0182	0,05	0,0132	0,03	75	0,2596	0,65	0,1563	0,39
37	0,0196	0,05	0,0141	0,04	76	0,2807	0,70	0,1705	0,43
38	0,0211	0,05	0,0150	0,04	77	0,3040	0,76	0,1868	0,47
39	0,0227	0,06	0,0160	0,04	78	0,3298	0,82	0,2057	0,51
40	0,0244	0,06	0,0170	0,04	79	0,3585	0,90	0,2277	0,57
41	0,0262	0,07	0,0181	0,05	80	0,3908	0,98	0,2536	0,63
42	0,0281	0,07	0,0192	0,05	81	0,4279	1,07	0,2845	0,71
43	0,0301	0,08	0,0204	0,05	82	0,4718	1,18	0,3221	0,81
44	0,0323	0,08	0,0217	0,05	83	0,5260	1,32	0,3688	0,92
45	0,0346	0,09	0,0231	0,06	84	0,5959	1,49	0,4277	1,07
46	0,0370	0,09	0,0245	0,06	85	0,6892	1,72	0,5034	1,26
47	0,0396	0,10	0,0260	0,06	86	0,8164	2,04	0,6035	1,51
48	0,0423	0,11	0,0276	0,07	87	0,9929	2,48	0,7408	1,85
49	0,0452	0,11	0,0293	0,07	88	1,2409	3,10	0,9358	2,34

In der zweiten Spalte unter „Logarithmen" stehen die Werte von $0{,}4\,(m_z - m_0)$, in der dritten unter „Größen" die Reduktionen der Helligkeiten auf den Zenit: $m_z - m_0$.

Tafel Xb.

Mittlere Extinktionstabelle für Potsdam zwischen 50° und 88° Zenitdistanz von Zehntel zu Zehntel Grad in Helligkeitslogarithmen (nach G. MÜLLER).

Wahre Zenitdistanz	0,0	0,1	0,2	0,3	0,4	0,5	0,6	0,7	0,8	0,9
50°	0,0482	0,0485	0,0488	0,0491	0,0495	0,0498	0,0501	0,0504	0,0507	0,0511
51	514	517	521	524	528	531	535	538	542	545
52	549	553	556	560	564	567	571	575	578	582
53	586	590	594	597	601	605	609	613	617	621
54	625	629	633	637	642	646	650	654	658	663
55	667	671	676	680	684	689	693	698	702	706
56	711	716	720	725	729	734	739	744	748	753
57	758	763	768	773	778	783	788	793	798	803
58	808	813	818	824	829	835	840	845	851	856
59	862	868	873	879	885	891	896	902	908	914
60	920	926	932	938	944	951	957	963	969	976
61	982	988	995	1002	1008	1015	1021	1028	1035	1041
62	1048	1055	1062	1069	1076	1083	1090	1097	1104	1111
63	1118	1125	1133	1140	1148	1155	1163	1171	1178	1186
64	1194	1202	1210	1218	1226	1234	1242	1251	1259	1267
65	1276	1285	1293	1302	1310	1319	1328	1337	1346	1355
66	1364	1373	1383	1392	1401	1411	1421	1430	1440	1450
67	1460	1470	1480	1490	1501	1511	1521	1532	1543	1553
68	1564	1575	1586	1597	1608	1619	1630	1642	1653	1664
69	1676	1688	1700	1712	1724	1736	1748	1760	1773	1785
70	1798	1811	1824	1837	1850	1863	1876	1890	1904	1917
71	1931	1945	1959	1973	1987	2002	2016	2031	2045	2060
72	2075	2090	2106	2121	2137	2152	2168	2184	2200	2216
73	2232	2249	2265	2282	2299	2316	2334	2352	2369	2387
74	2405	2423	2442	2460	2479	2498	2517	2537	2556	2576
75	2596	2616	2637	2657	2678	2699	2720	2742	2763	2785
76	2807	2829	2852	2875	2898	2921	2944	2968	2992	3016
77	3040	3065	3090	3115	3140	3166	3192	3218	3244	3271
78	3298	3325	3353	3381	3409	3438	3467	3496	3525	3555
79	3585	3616	3647	3678	3710	3742	3775	3808	3841	3874
80	3908	3943	3978	4014	4050	4087	4124	4162	4200	4239
81	4279	4319	4360	4402	4444	4488	4532	4577	4623	4670
82	4718	4767	4817	4868	4920	4973	5028	5084	5141	5200
83	5260	5322	5385	5450	5517	5586	5656	5728	5803	5880
84	5959	6040	6124	6210	6299	6391	6485	6582	6682	6785
85	6892	7002	7115	7232	7353	7477	7606	7739	7876	8018
86	8164	0,8315	0,8471	0,8632	0,8799	0,8971	0,9150	0,9335	0,9526	0,9724
87	0,9929	1,0141	1,0360	1,0586	1,0821	1,1063	1,1314	1,1573	1,1842	1,2120

Tafel XIa.

Bemporads mittlere Extinktionstafel (für 0°, 760mm und das Meeresniveau).
Argument: scheinbare Zenitdistanz z. Transmissionskoeffizient $p = 0{,}835$.

z	Ext. in Größenklassen
0°	0^m,000
	1
5	0,001
	2
10	0,003
	5
15	0,007
	6
20	0,013
	7
25	0,020
	10
30	0,030
	13
35	0,043
	17
40	0,060
	21
45	0,081
	27
50	0,108
	7
51	0,115
	7
52	0,122
	7
53	0,129
	8
54	0,137
	8
55	0,145
	8
56	0,153
	10
57	0,163
	10
58	0,173
	10
59	0,183
	12
60	0,195
	12
61	0,207
	13
62	0,220
	14
63	0,234
	15
64	0,249
	17
65	0,266
	17
66	0,283
	20
67	0,303
	21
68	0,324
	23

z	Ext. in Größenklassen
69°	0^m,347
	26
70	0,373
	28
71	0,401
	31
72	0,432
	36
73	0,468
	39
74	0,507
	44
75	0,551
	51
76	0,602
	58
77	0,660
	68
78	0,728
	79
79	0,807
	98
80,0	0,901
	10
80,1	0,911
	11
80,2	0,922
	11
80,3	0,933
	10
80,4	0,943
	11
80,5	0,954
	12
80,6	0,966
	11
80,7	0,977
	12
80,8	0,989
	12
80,9	1,001
	13
81,0	1,014
	12
81,1	1,026
	13
81,2	1,039
	13
81,3	1,052
	14
81,4	1,066
	13
81,5	1,079
	14
81,6	1,093
	14
81,7	1,107
	15

z	Ext. in Größenklassen
81°,8	1^m,122
	15
81,9	1,137
	15
82,0	1,152
	16
82,1	1,168
	16
82,2	1,184
	16
82,3	1,200
	17
82,4	1,217
	17
82,5	1,234
	17
82,6	1,251
	18
82,7	1,269
	18
82,8	1,287
	19
82,9	1,306
	19
83,0	1,325
	20
83,1	1,345
	20
83,2	1,365
	21
83,3	1,386
	21
83,4	1,407
	22
83,5	1,429
	22
83,6	1,451
	23
83,7	1,474
	24
83,8	1,498
	24
83,9	1,522
	25
84,0	1,547
	26
84,1	1,573
	26
84,2	1,599
	27
84,3	1,536
	28
84,4	1,654
	29
84,5	1,683
	29
84,6	1,712
	31

z	Ext. in Größenklassen
84°,7	1^m,743
	31
84,8	1,774
	32
84,9	1,806
	33
85,0	1,839
	35
85,1	1,874
	35
85,2	1,909
	37
85,3	1,946
	38
85,4	1,984
	40
85,5	2,024
	40
85,6	2,064
	42
85,7	2,106
	43
85,8	2,149
	45
85,9	2,194
	46
86,0	2,240
	48
86,1	2,288
	50
86,2	2,338
	51
86,3	2,389
	54
86,4	2,443
	56
86,5	2,499
	58
86,6	2,557
	60
86,7	2,617
	63
86,8	2,680
	65
86,9	2,745
	68
87,0	2,813
	71
87,1	2,884
	73
87,2	2,957
	76
87,3	3,033
	80
87,4	3,113
	84
87,5	3,197
	87

Tafel XI a (Fortsetzung).

z	Ext. in Größenklassen	z	Ext. in Größenklassen	z	Ext. in Größenklassen	z	Ext. in Größenklassen
87°,6	3m,284	88°,0	3m,678	88°,4	4m,154	88°,8	4m,739
	92		110		135		167
87,7	3,376	88,1	3,788	88,5	4,289	88,9	4,906
	96		116		142		176
87,8	3,472	88,2	3,904	88,6	4,431	89,0	5,082
	101		122		150		
87,9	3,573	88,3	4,026	88,7	4,581		
	105		128		158		

Tafel XI b.

Korrektionen der Extinktion für Druck und Temperatur (nach BEMPORAD).
(Einheiten 0,01 Größenklasse.)

$$z = 87°.$$

t \ B	720mm	730	740	750	760	770	780	790
−20°	−11	− 7	− 3	+ 1	+5	+9	+13	+17
−10	−13	− 9	− 5	− 1	+3	+6	+10	+14
0	−15	−11	− 7	− 4	0	+4	+ 8	+12
+10	−17	−13	− 9	− 6	−2	+2	+ 6	+ 9
+20	−19	−15	−11	− 8	−4	0	+ 3	+ 7
+30	−21	−17	−13	−10	−6	−2	+ 1	+ 5

$$z = 88°$$

t \ B	720mm	730	740	750	760	770	780	790
−20°	−12	− 7	− 2	+ 3	+ 9	+14	+19	+24
−10	−16	−11	− 6	− 1	+ 4	+ 9	+14	+20
0	−20	−15	−10	− 5	− 0	+ 5	+10	+15
+10	−24	−19	−14	− 9	− 4	+ 1	+ 6	+11
+20	−28	−23	−18	−13	− 8	− 3	+ 2	+ 7
+30	−31	−26	−21	−16	−12	− 7	− 2	+ 3

$$z = 89°.$$

t \ B	720mm	730	740	750	760	770	780	790
−20°	−11	− 3	+ 4	+11	+19	+26	+34	+41
−10	−20	−12	− 5	+ 2	+ 9	+16	+24	+31
0	−28	−21	−14	− 7	0	+ 7	+15	+22
+10	−36	−29	−22	−15	− 8	− 1	+ 6	+13
+20	−43	−36	−29	−23	−16	− 9	− 2	+ 5
+30	−51	−44	−37	−31	−24	−17	−11	− 4

Tafel XII a.
Durchlaufene Luftmassen nach BEMPORAD für verschiedene scheinbare Zenitdistanzen des Gestirns.

z	$F(z)$		z	$F(z)$		z	$F(z)$		z	$F(z)$	
0°	1,000		30°	1,154		60°	1,995		63°,0	2,195	
					12			6			8
1	1,000		31	1,166		60,1	2,001		63,1	2,203	
					12			6			8
2	1,001		32	1,178		60,2	2,007		63,2	2,211	
					13			6			7
3	1,002		33	1,191		60,3	2,013		63,3	2,218	
					14			6			8
4	1,002		34	1,205		60,4	2,019		63,4	2,226	
					15			6			8
5	1,004		35	1,220		60,5	2,025		63,5	2,234	
					15			6			8
6	1,005		36	1,235		60,6	2,031		63,6	2,242	
					16			6			8
7	1,007		37	1,251		60,7	2,037		63,7	2,250	
					16			7			8
8	1,010		38	1,267		60,8	2,044		63,8	2,258	
					18			6			8
9	1,012		39	1,285		60,9	2,050		63,9	2,266	
					19			6			8
10	1,015		40	1,304		61,0	2,056		64,0	2,274	
					20			6			8
11	1,018		41	1,324		61,1	2,062		64,1	2,282	
					20			7			8
12	1,022		42	1,344		61,2	2,069		64,2	2,290	
					22			7			8
13	1,026		43	1,366		61,3	2,076		64,3	2,298	
					23			7			8
14	1,030		44	1,389		61,4	2,083		64,4	2,306	
					24			6			8
15	1,035		45	1,413		61,5	2,089		64,5	2,314	
					25			7			8
16	1,040		46	1,438		61,6	2,096		64,6	2,322	
					26			6			8
17	1,046		47	1,464		61,7	2,102		64,7	2,330	
					28			7			9
18	1,052		48	1,492		61,8	2,109		64,8	2,339	
					30			7			9
19	1,058		49	1,522		61,9	2,116		64,9	2,348	
					31			7			9
20	1,064		50	1,553		62,0	2,123		65,0	2,357	
					33			7			8
21	1,071		51	1,586		62,1	2,130		65,1	2,365	
					35			7			9
22	1,078		52	1,621		62,2	2,137		65,2	2,374	
					37			7			9
23	1,086		53	1,658		62,3	2,144		65,3	2,383	
					40			7			9
24	1,094		54	1,698		62,4	2,151		65,4	2,392	
					42			7			9
25	1,103		55	1,740		62,5	2,158		65,5	2,401	
					44			7			9
26	1,112		56	1,784		62,6	2,165		65,6	2,410	
		10			47			7			9
27	1,122		57	1,831		62,7	2,172		65,7	2,419	
		10			51			8			9
28	1,132		58	1,882		62,8	2,180		65,8	2,428	
		11			55			7			9
29	1,143		59	1,937		62,9	2,187		65,9	2,437	
		11			58			8			10

Tafel XIIa (Fortsetzung).

z	$F(z)$	z	$F(z)$	z	$F(z)$	z	$F(z)$
66°,0	2,447	69°,1	2,785	72°,2	3,243	75°,3	3,890
	9		13		17		
66,1	2,456	69,2	2,798	72,3	3,260	75,4	3,915
	10		13		18		
66,2	2,466	69,3	2,811	72,4	3,278	75,5	3,941
	10		13		18		
66,3	2,476	69,4	2,824	72,5	3,296	75,6	3,967
	10		13		18		
66,4	2,486	69,5	2,837	72,6	3,314	75,7	3,993
	10		13		18		
66,5	2,496	69,6	2,850	72,7	3,332	75,8	4,020
	10		13		18		
66,6	2,506	69,7	2,863	72,8	3,340	75,9	4,047
	10		14		19		
66,7	2,516	69,8	2,877	72,9	3,369	76,0	4,075
	10		13		19		
66,8	2,526	69,9	2,880	73,0	3,388	76,1	4,103
	10		14		19		
66,9	2,536	70,0	2,904	73,1	3,407	76,2	4,131
	10		14		19		
67,0	2,546	70,1	2,918	73,2	3,426	76,3	4,159
	10		14		19		
67,1	2,556	70,2	2,932	73,3	3,445	76,4	4,188
	11		14		20		
67,2	2,567	70,3	2,946	73,4	3,465	76,5	4,218
	10		14		20		
67,3	2,577	70,4	2,960	73,5	3,485	76,6	4,248
	11		15		20		
67,4	2,588	70,5	2,975	73,6	3,505	76,7	4,278
	11		14		21		
67,5	2,599	70,6	2,989	73,7	3,526	76,8	4,309
	11		15		20		
67,6	2,610	70,7	3,004	73,8	3,546	76,9	4,340
	11		15		21		
67,7	2,621	70,8	3,019	73,9	3,567	77,0	4,372
	11		15		21		
67,8	2,632	70,9	3,034	74,0	3,588	77,1	4,404
	11		15				
67,9	2,643	71,0	3,049	74,1	3,610	77,2	4,436
	11		15				
68,0	2,654	71,1	3,064	74,2	3,632	77,3	4,469
	11		15				
68,1	2,665	71,2	3,079	74,3	3,654	77,4	4,503
	12		16				
68,2	2,677	71,3	3,095	74,4	3,676	77,5	4,537
	11		15				
68,3	2,688	71,4	3,110	74,5	3,699	77,6	4,572
	12		16				
68,4	2,700	71,5	3,126	74,6	3,722	77,7	4,607
	12		16				
68,5	2,712	71,6	3,142	74,7	3,745	77,8	4,643
	12		17				
68,6	2,724	71,7	3,159	74,8	3,768	77,9	4,679
	12		16				
68,7	2,736	71,8	3,175	74,9	3,792	78,0	4,716
	12		17				37
68,8	2,748	71,9	3,192	75,0	3,816	78,1	4,753
	12		17				39
68,9	2,760	72,0	3,209	75,1	3,840	78,2	4,792
	13		17				39
69,0	2,773	72,1	3,226	75,2	3,865	78,3	4,831
	12		17				39

Tafel XII a (Fortsetzung).

z	$F(z)$	z	$F(z)$	z	$F(z)$	z	$F(z)$
78°,4	4,870	81°,5	6,512	84° 6′	9,032	84° 37′	9,770
	40		71		22		26
78,5	4,910	81,6	6,583	84 7	9,054	84 38	9,796
	40		73		22		26
78,6	4,950	81,7	6,656	84 8	9,076	84 39	9,822
	42		74		22		26
78,7	4,992	81,8	6,730	84 9	9,098	84 40	9,848
	42		76		23		26
78,8	5,034	81,9	6,806	84 10	9,121	84 41	9,874
	43		78		23		26
78,9	5,077	82,0	6,884	84 11	9,143	84 42	9,900
	43		80		23		26
79,0	5,120	82,1	6,964	84 12	9,166	84 43	9,926
	44		81		23		27
79,1	5,164	82,2	7,045	84 13	9,189	84 44	9,953
	46		83		23		26
79,2	5,210	82,3	7,128	84 14	9,212	84 45	9,979
	46		85		23		27
79,3	5,256	82,4	7,213	84 15	9,235	84 46	10,006
	47		87		23		27
79,4	5,303	82,5	7,300	84 16	9,258	84 47	10,033
	48		89		23		27
79,5	5,351	82,6	7,389	84 17	9,281	84 48	10,060
	48		92		23		27
79,6	5,399	82,7	7,481	84 18	9,304	84 49	10,087
	49		93		24		27
79,7	5,448	82,8	7,574	84 19	9,328	84 50	10,114
	50		96		23		28
79,8	5,498	82,9	7,670	84 20	9,351	84 51	10,142
	51		98		24		27
79,9	5,549	83,0	7,768	84 21	9,375	84 52	10,169
	51		101		24		28
80,0	5,600	83,1	7,869	84 22	9,399	84 53	10,197
	52		103		24		28
80,1	5,652	83,2	7,972	84 23	9,423	84 54	10,225
	53		106		24		28
80,2	5,705	83,3	8,078	84 24	9,447	84 55	10,253
	55		108		24		28
80,3	5,760	83,4	8,186	84 25	9,471	84 56	10,281
	56		112		24		29
80,4	5,816	83,5	8,298	84 26	9,495	84 57	10,310
	57		114		25		28
80,5	5,873	83,6	8,412	84 27	9,520	84 58	10,338
	59		117		24		29
80,6	5,932	83,7	8,529	84 28	9,544	84 59	10,367
	60		121		25		28
80,7	5,992	83,8	8,650	84 29	9,569	85 0	10,395
	61		123		24		29
80,8	6,053	83,9	8,773	84 30	9,593	85 1	10,424
	61		127		25		29
80,9	6,114	84,0	8,900	84 31	9,618	85 2	10,453
	63		22		25		30
81,0	6,177	84° 1′	8,922	84 32	9,643	85 3	10,483
	64		22		25		29
81,1	6,241	84 2	8,944	84 33	9,668	85 4	10,512
	65		22		26		30
81,2	6,306	84 3	8,966	84 34	9,694	85 5	10,542
	67		22		25		29
81,3	6,373	84 4	8,988	84 35	9,719	85 6	10,571
	69		22		25		30
81,4	6,442	84 5	9,010	84 36	9,744	85 7	10,601
	70		22		26		30

Tafel XII a (Fortsetzung).

z	$F(z)$	z	$F(z)$	z	$F(z)$	z	$F(z)$
85° 8′	10,631	85° 39′	11,645	86° 10′	12,854	86° 41′	14,314
	30		36		43		52
85 9	10,661	85 40	11,681	86 11	12,897	86 42	14,366
	30		36		43		53
85 10	10,691	85 41	11,717	86 12	12,940	86 43	14,419
	31		36		43		52
85 11	10,722	85 42	11,753	86 13	12,983	86 44	14,471
	30		37		44		53
85 12	10,752	85 43	11,790	86 14	13,027	86 45	14,524
	31		36		44		54
85 13	10,783	85 44	11,826	86 15	13,071	86 46	14,578
	31		37		44		54
85 14	10,814	85 45	11,863	86 16	13,115	86 47	14,632
	31		37		45		54
85 15	10,845	85 46	11,900	86 17	13,160	86 48	14,686
	31		37		44		54
85 16	10,876	85 47	11,937	86 18	13,204	86 49	14,740
	32		37		45		55
85 17	10,908	85 48	11,974	86 19	13,249	86 50	14,795
	31		38		45		55
85 18	10,939	85 49	12,012	86 20	13,294	86 51	14,850
	32		38		46		56
85 19	10,971	85 50	12,050	86 21	13,340	86 52	14,906
	32		38		46		56
85 20	11,003	85 51	12,088	86 22	13,386	86 53	14,962
	32		38		46		56
85 21	11,035	85 52	12,126	86 23	13,432	86 54	15,018
	33		38		46		57
85 22	11,068	85 53	12,164	86 24	13,478	86 55	15,075
	32		38		47		57
85 23	11,100	85 54	12,202	86 25	13,525	86 56	15,132
	33		39		47		58
85 24	11,133	85 55	12,241	86 26	13,572	86 57	15,190
	33		39		47		58
85 25	11,166	85 56	12,280	86 27	13,619	86 58	15,248
	33		40		48		58
85 26	11,199	85 57	12,320	86 28	13,667	86 59	15,306
	33		39		48		59
85 27	11,232	85 58	12,359	86 29	13,715	87 0	15,365
	34		40		48		59
85 28	11,266	85 59	12,399	86 30	13,763	87 1	15,424
	33		40		49		59
85 29	11,299	86 0	12,439	86 31	13,812	87 2	15,483
	34		41		48		60
85 30	11,333	86 1	12,480	86 32	13,860	87 3	15,543
	34		40		49		60
85 31	11,367	86 2	12,520	86 33	13,909	87 4	15,603
	34		41		50		61
85 32	11,401	86 3	12,561	86 34	13,959	87 5	15,664
	34		41		50		61
85 33	11,435	86 4	12,602	86 35	14,009	87 6	15,725
	35		41		50		62
85 34	11,470	86 5	12,643	86 36	14,059	87 7	15,787
	35		42		50		62
85 35	11,505	86 6	12,685	86 37	14,109	87 8	15,849
	35		42		51		63
85 36	11,540	86 7	12,727	86 38	14,160	87 9	15,912
	35		42		51		63
85 37	11,575	86 8	12,769	86 39	14,211	87 10	15,975
	35		42		51		63
85 38	11,610	86 9	12,811	86 40	14,262	87 11	16,038
	35		43		52		64

Tafel XIIa (Fortsetzung).

z	$F(z)$	z	$F(z)$	z	$F(z)$	z	$F(z)$
87° 12′	16,102	87° 39′	18,010	88° 6′	20,351	88° 33′	23,266
	64		78		97		121
87 13	16,166	87 40	18,088	88 7	20,448	88 34	23,387
	65		79		97		123
87 14	16,231	87 41	18,167	88 8	20,545	88 35	23,510
	65		80		98		123
87 15	16,296	87 42	18,247	88 9	20,643	88 36	23,633
	66		80		99		125
87 16	16,362	87 43	18,327	88 10	20,742	88 37	23,758
	66		81		100		126
87 17	16,428	87 44	18,408	88 11	20,842	88 38	23,884
	66		81		101		127
87 18	16,494	87 45	18,489	88 12	20,943	88 39	24,011
	67		82		102		128
87 19	16,561	87 46	18,571	88 13	21,045	88 40	24,139
	68		82		102		129
87 20	16,629	87 47	18,653	88 14	21,147	88 41	24,268
	68		83		103		130
87 21	16,697	87 48	18,736	88 15	21,250	88 42	24,398
	68		84		105		131
87 22	16,765	87 49	18,820	88 16	21,355	88 43	24,529
	69		85		105		133
87 23	16,834	87 50	18,905	88 17	21,460	88 44	24,662
	69		85		106		134
87 24	16,903	87 51	18,990	88 18	21,566	88 45	24,796
	70		86		106		137
87 25	16,973	87 52	19,076	88 19	21,672	88 46	24,931
	71		86		107		137
87 26	17,044	87 53	19,162	88 20	21,779	88 47	25,068
	71		87		109		137
87 27	17,115	87 54	19,249	88 21	21,888	88 48	25,205
	72		88		109		138
87 28	17,187	87 55	19,337	88 22	21,997	88 49	25,343
	72		89		111		140
87 29	17,259	87 56	19,426	88 23	22,108	88 50	25,483
	72		89		111		142
87 30	17,331	87 57	19,515	88 24	22,219	88 51	25,625
	73		90		112		142
87 31	17,404	87 58	19,605	88 25	22,331	88 52	25,767
	74		91		114		144
87 32	17,478	88 59	19,696	88 26	22,445	88 53	25,911
	74		91		114		146
87 33	17,552	88 0	19,787	88 27	22,559	88 54	26,057
	75		92		115		146
87 34	17,627	88 1	19,879	88 28	22,674	88 55	26,203
	75		92		116		148
87 35	17,702	88 2	19,971	88 29	22,790	88 56	26,351
	76		94		118		150
87 36	17,778	88 3	20,065	88 30	22,908	88 57	26,501
	77		95		118		151
87 37	17,855	88 4	20,160	88 31	23,026	88 58	26,652
	77		95		120		153
87 38	17,932	88 5	20,255	88 32	23,146	88 59	26,805
	78		96		120		154
						89 0	26,959

Tafel XIIb.

Korrektionen der Luftmassen $(F_1(z) - F(z))$ wegen Druck und Temperatur in Einheiten der 3. Dezimale (nach BEMPORAD).

$$z = 87°.$$

B \ t	$-20°$	$-10°$	$0°$	$+10°$	$+20°$	$+30°$
720^{mm}	$+216$	$+96$	-20	-131	-238	-342
730	$+222$	$+101$	-15	-126	-234	-338
740	$+227$	$+107$	-10	-122	-229	-333
750	$+233$	$+112$	-5	-117	-225	-329
760	$+239$	$+117$	0	-112	-221	-325
770	$+244$	$+123$	$+5$	-108	-216	-321
780	$+250$	$+128$	$+10$	-103	-212	-317
790	$+256$	$+133$	$+15$	-98	-207	-313

$$z = 88°.$$

B \ t	$-20°$	$-10°$	$0°$	$+10°$	$+20°$	$+30°$
720^{mm}	$+406$	$+178$	-39	-246	-443	-632
730	$+417$	$+188$	-30	-237	-434	-624
740	$+428$	$+198$	-20	-228	-426	-616
750	$+439$	$+209$	-10	-219	-418	-608
760	$+451$	$+219$	0	-210	-410	-601
770	$+462$	$+229$	$+10$	-201	-401	-593
780	$+473$	$+240$	$+19$	-192	-393	-585
790	$+484$	$+250$	$+28$	-183	-385	-577

$$z = 89°.$$

B \ t	$-20°$	$-10°$	$0°$	$+10°$	$+20°$	$+30°$
720^{mm}	$+844$	$+365$	-84	-504	-901	-1275
730	$+869$	$+387$	-63	-485	-883	-1259
740	$+894$	$+410$	-42	-466	-866	-1243
750	$+920$	$+433$	-21	-447	-848	-1226
760	$+945$	$+456$	0	-428	-831	-1210
770	$+970$	$+479$	$+21$	-409	-813	-1194
780	$+996$	$+502$	$+42$	-389	-795	-1177
790	$+1021$	$+525$	$+63$	-370	-778	-1161

Tafel XIIc.

$\dfrac{\log p_1}{\log p}$ für verschiedene Werte von Druck und Temperatur (in Cels.) (nach BEMPORAD).

B \ t	$-20°$	$-10°$	$0°$	$+10°$	$+20°$	$+30°$
720^{mm}	9,97645	9,97648	9,97652	9,97655	9,97659	9,97662
730	9,98244	9,98247	9,98251	9,98254	9,98258	9,98261
740	9,98835	9,98838	9,98842	9,98845	9,98849	9,98852
750	9,99418	9,99421	9,99425	9,99428	9,99432	9,99435
760	9,99993	9,99997	0,00000	0,00003	0,00007	0,00010
770	0,00561	0,00564	0,00568	0,00571	0,00574	0,00579
780	0,01121	0,01125	0,01128	0,01131	0,01135	0,01138
790	0,01675	0,01678	0,01681	0,01685	0,01688	0,01691

Tafel XIII a.

Die Funktion $Ce^{-C}G\{c(\sec\zeta - 1)\}$ (nach L. V. King).

C \ ζ	0°	20°	40°	60°	70°	80°
0,00	0,0000	0,0000	0,0000	0,0000	0,0000	0,0000
,05	,0476	,0475	,0472	,0464	,0443	,0424
,10	,0905	,0902	,0891	,0861	,0813	,0720
,14	,1217	,1212	,1191	,1133	,1072	,0889
,18	,1502	,1492	,1461	,1377	,1270	,1009
,22	,1766	,1753	,1708	,1583	,1439	,1093
,26	,2002	,1985	,1927	,1761	,1575	,1150
,30	,2220	,2200	,2136	,1953	,1749	,1174
,34	,2420	,2395	,2298	,2052	,1776	,1198
,38	,2600	,2568	,2450	,2163	,1844	,1206
,50	,303	,298	,280	,238	,1964	,1154
,60	,329	,323	,301	,248	,1950	,1090
,70	,348	,340	,313	,250	,1930	,1006
,80	,359	,350	,318	,247	,1850	,0923
0,90	0,366	0,356	0,320	0,241	0,1740	0,0856

Tafel XIII b.

Die Funktion $G(C\sec\zeta) = \dfrac{1 - e^{-C\sec\zeta}}{C\sec\zeta}$ (nach L. V. King).

C \ ζ	0°	20°	40°	60°	70°	80°	85°
0,00	1,0000	1,0000	1,0000	1,0000	1,0000	1,0000	1,0000
,05	0,975	0,974	0,968	0,952	0,930	0,869	0,761
,10	,952	,949	,937	,906	,867	,760	,595
,14	,933	,929	,914	,872	,821	,686	,498
,18	,915	,910	,891	,840	,777	,623	,423
,22	,898	,892	,869	,809	,738	,567	,364
,26	,881	,874	,848	,780	,700	,518	,318
,30	,864	,856	,827	,752	,666	,476	,281
,34	,848	,839	,808	,726	,634	,439	,251
,38	,832	,823	,788	,700	,604	,406	,226
,50	,787	,775	,734	,632	,525	,328	,174
,60	,752	,739	,693	,583	,471	,280	,145
,70	,719	,705	,656	,538	,425	,244	,124
,80	,688	,673	,621	,499	,386	,215	,109
0,90	0,659	0,643	0,588	0,464	0,353	0,192	0,097

Tafel XIII c.

Die Funktionen $\Phi(C, 0) = (1 - e^{-C})[1 - f(C)] + B(C) - B(2C) + e^{-C}[B(C) - \gamma]$,

$$G(C) = \frac{1 - e^{-C}}{C} \quad \text{und} \quad f(C) = e^{-C} + C\,\mathrm{li}(e^{-C}),$$

(nach L. V. King).

C	$\Phi(C, 0)$	$G(C)$	$f(C)$
0,00	0,0000	1,0000	1,0000
,05	,0095	0,9754	0,828
,10	,0311	,9516	,722
,14	,0536	,933	,656
,18	,0801	,915	,600
,22	,1081	,898	,550
,26	,1403	,881	,508
,30	,1723	,864	,469
,34	,2065	,848	,435
,38	,2414	,832	,404
,50	,349	,787	,327
,60	,438	,752	,276
,70	,525	,719	,235
,80	,612	,688	,201
0,90	0,686	0,659	0,172

Tafel XIVa.

Die Funktion $E(C, i) = \dfrac{G(C \sec i)}{\frac{1}{2}\{f(C) + G(C)\}}$, welche der mittleren Lösung der Integralgleichung der Diffusion [Gleichung (29), S. 217] entspricht, wenn der Absorptionskoeffizient $\gamma = 0$ und $C = c$ ist.

C \ i	0°	20°	40°	60°	70°	80°	90°
0,00	1,000	1,000	1,000	1,000	1,000	1,000	0,000
0,05	1,082	1,080	1,074	1,055	1,032	0,964	0,000
0,10	1,137	1,134	1,120	1,083	1,036	0,908	0,000
0,14	1,174	1,169	1,150	1,098	1,033	0,864	0,000
0,18	1,208	1,201	1,176	1,109	1,026	0,822	0,000
0,22	1,240	1,232	1,201	1,118	1,019	0,783	0,000
0,26	1,268	1,259	1,221	1,123	1,009	0,747	0,000
0,30	1,296	1,285	1,242	1,128	0,999	0,714	0,000
0,34	1,322	1,308	1,259	1,131	0,988	0,684	0,000
0,38	1,346	1,331	1,276	1,133	0,977	0,657	0,000
0,50	1,413	1,392	1,319	1,135	0,943	0,589	0,000
0,60	1,463	1,438	1,349	1,135	0,917	0,545	0,000
0,70	1,507	1,478	1,374	1,128	0,892	0,511	0,000
0,80	1,548	1,514	1,396	1,122	0,869	0,483	0,000
0,90	1,586	1,548	1,415	1,115	0,848	0,462	0,000

Tafel XIVb

Die Funktion

$$\Phi(C, \varepsilon) = \left(1 - e^{-C \sec \varepsilon}\right) \cdot (1 - f(C)) + \cos \varepsilon \left[B(C) - B(C(1 + \sec \varepsilon)) + e^{-C \sec \varepsilon}\{B(C) - B(-C(\sec \varepsilon - 1))\}\right]$$

[Gleichung (35), S. 218].

C \ ε	0°	20°	40°	60°	70°	80°	90°
0,00	0,000	0,000	0,000	0,000	0,000	0,000	0,000
0,05	0,008	0,010	0,013	0,019	0,025	0,049	0,172
0,10	0,031	0,036	0,041	0,060	0,083	0,144	0,278
0,14	0,054	0,057	0,067	0,102	0,137	0,227	0,344
0,18	0,080	0,085	0,099	0,147	0,198	0,312	0,400
0,22	0,110	0,116	0,137	0,196	0,262	0,395	0,450
0,26	0,140	0,148	0,176	0,248	0,325	0,471	0,492
0,30	0,172	0,182	0,216	0,301	0,388	0,545	0,531
0,34	0,206	0,217	0,257	0,355	0,450	0,609	0,565
0,38	0,241	0,253	0,300	0,405	0,509	0,669	0,596
0,50	0,348	0,364	0,420	0,560	0,675	0,818	0,673
0,60	0,437	0,456	0,526	0,676	0,795	0,911	0,724
0,70	0,526	0,549	0,625	0,783	0,899	0,984	0,765
0,80	0,609	0,634	0,717	0,879	0,985	1,042	0,799
0,90	0,692	0,719	0,803	0,969	1,060	1,088	0,828

Tafel XIVc.

Die Funktion $R'(C, \varepsilon, i) = C \sec\varepsilon\, G(C(\sec\varepsilon + \sec i))$ [Formel (52), S. 223] für verschiedene Werte von C, ε und i.

$R'(C, \varepsilon, 0°)$ $R'(C, \varepsilon, 20°)$

C \ ε	0°	20°	40°	60°	70°	80°	90°	0°	20°	40°	60°	70°	80°	90°
0,00	0,000	0,000	0,000	0,000	0,000	0,000	1,000	0,000	0,000	0,000	0,000	0,000	0,000	1,000
0,05	0,048	0,050	0,061	0,093	0,133	0,244	1,000	0,048	0,050	0,061	0,093	0,132	0,244	1,000
0,10	0,090	0,096	0,117	0,173	0,241	0,418	1,000	0,090	0,096	0,117	0,172	0,241	0,417	1,000
0,14	0,122	0,129	0,156	0,228	0,315	0,521	1,000	0,121	0,129	0,156	0,227	0,314	0,519	1,000
0,18	0,151	0,160	0,192	0,278	0,377	0,599	1,000	0,150	0,160	0,191	0,276	0,375	0,597	1,000
0,22	0,178	0,188	0,226	0,321	0,431	0,660	1,000	0,177	0,187	0,223	0,319	0,429	0,655	1,000
0,26	0,203	0,213	0,256	0,361	0,477	0,707	1,000	0,201	0,212	0,252	0,358	0,473	0,699	1,000
0,30	0,225	0,238	0,283	0,396	0,515	0,740	1,000	0,224	0,236	0,280	0,392	0,511	0,734	1,000
0,34	0,247	0,260	0,308	0,426	0,548	0,767	1,000	0,244	0,257	0,305	0,423	0,543	0,760	1,000
0,38	0,266	0,280	0,330	0,453	0,577	0,787	1,000	0,263	0,277	0,327	0,448	0,572	0,781	1,000
0,50	0,317	0,332	0,388	0,518	0,639	0,824	1,000	0,312	0,328	0,382	0,512	0,632	0,815	1,000
0,60	0,349	0,366	0,424	0,556	0,674	0,836	1,000	0,344	0,360	0,417	0,548	0,667	0,829	1,000
0,70	0,375	0,394	0,453	0,585	0,698	0,845	1,000	0,370	0,387	0,447	0,577	0,687	0,838	1,000
0,80	0,399	0,416	0,475	0,606	0,713	0,848	1,000	0,391	0,408	0,467	0,597	0,702	0,840	1,000
0,90	0,417	0,435	0,496	0,623	0,724	0,849	1,000	0,409	0,426	0,485	0,612	0,715	0,841	1,000

$R'(C, \varepsilon, 40°)$ $R'(C, \varepsilon, 60°)$

C \ ε	0°	20°	40°	60°	70°	80°	90°	0°	20°	40°	60°	70°	80°	90°
0,00	0,000	0,000	0,000	0,000	0,000	0,000	1,000	0,000	0,000	0,000	0,000	0,000	0,000	1,000
0,05	0,047	0,050	0,061	0,092	0,132	0,242	1,000	0,046	0,049	0,060	0,091	0,129	0,238	1,000
0,10	0,089	0,094	0,115	0,170	0,238	0,412	1,000	0,086	0,091	0,112	0,164	0,230	0,401	1,000
0,14	0,120	0,127	0,153	0,224	0,309	0,512	1,000	0,114	0,121	0,146	0,214	0,296	0,491	1,000
0,18	0,147	0,156	0,187	0,271	0,368	0,587	1,000	0,139	0,147	0,177	0,256	0,349	0,558	1,000
0,22	0,173	0,183	0,218	0,313	0,420	0,642	1,000	0,161	0,170	0,204	0,293	0,393	0,607	1,000
0,26	0,195	0,206	0,246	0,349	0,461	0,687	1,000	0,181	0,190	0,227	0,323	0,429	0,644	1,000
0,30	0,216	0,228	0,272	0,380	0,496	0,717	1,000	0,198	0,208	0,248	0,350	0,457	0,671	1,000
0,34	0,236	0,248	0,294	0,409	0,526	0,740	1,000	0,213	0,224	0,267	0,371	0,482	0,689	1,000
0,38	0,253	0,266	0,314	0,432	0,552	0,759	1,000	0,226	0,238	0,282	0,391	0,502	0,705	1,000
0,50	0,297	0,312	0,364	0,489	0,607	0,792	1,000	0,259	0,272	0,319	0,432	0,543	0,726	1,000
0,60	0,325	0,340	0,395	0,522	0,636	0,805	1,000	0,278	0,292	0,341	0,455	0,563	0,737	1,000
0,70	0,347	0,364	0,420	0,545	0,655	0,810	1,000	0,293	0,307	0,356	0,469	0,575	0,740	1,000
0,80	0,365	0,381	0,438	0,562	0,669	0,813	1,000	0,303	0,317	0,366	0,480	0,582	0,741	1,000
0,90	0,380	0,396	0,452	0,574	0,676	0,814	1,000	0,311	0,326	0,375	0,486	0,587	0,741	1,000

$R'(C, \varepsilon, 70°)$ $R'(C, \varepsilon, 80°)$

C \ ε	0°	20°	40°	60°	70°	80°	90°	0°	20°	40°	60°	70°	80°	90°
0,00	0,000	0,000	0,000	0,000	0,000	0,000	1,000	0,000	0,000	0,000	0,000	0,000	0,000	1,000
0,05	0,045	0,048	0,059	0,089	0,127	0,234	1,000	0,042	0,045	0,055	0,083	0,118	0,219	1,000
0,10	0,082	0,087	0,107	0,158	0,221	0,385	1,000	0,073	0,077	0,094	0,140	0,195	0,342	1,000
0,14	0,108	0,114	0,138	0,202	0,279	0,467	1,000	0,091	0,096	0,116	0,171	0,237	0,400	1,000
0,18	0,129	0,137	0,164	0,239	0,325	0,525	1,000	0,104	0,111	0,133	0,194	0,266	0,437	1,000
0,22	0,147	0,156	0,187	0,268	0,363	0,565	1,000	0,115	0,121	0,146	0,211	0,287	0,460	1,000
0,26	0,163	0,172	0,208	0,293	0,391	0,595	1,000	0,122	0,129	0,155	0,224	0,302	0,475	1,000
0,30	0,176	0,186	0,222	0,313	0,413	0,614	1,000	0,128	0,136	0,163	0,233	0,311	0,483	1,000
0,34	0,188	0,198	0,235	0,330	0,431	0,629	1,000	0,133	0,140	0,168	0,239	0,319	0,490	1,000
0,38	0,198	0,208	0,247	0,344	0,445	0,639	1,000	0,136	0,144	0,172	0,245	0,324	0,494	1,000
0,50	0,219	0,230	0,272	0,372	0,473	0,654	1,000	0,143	0,150	0,180	0,252	0,331	0,499	1,000
0,60	0,230	0,242	0,284	0,385	0,486	0,659	1,000	0,145	0,153	0,182	0,256	0,335	0,500	1,000
0,70	0,239	0,250	0,292	0,395	0,491	0,662	1,000	0,147	0,155	0,183	0,257	0,336	0,500	1,000
0,80	0,244	0,256	0,298	0,398	0,495	0,662	1,000	0,147	0,155	0,184	0,257	0,337	0,501	1,000
0,90	0,248	0,260	0,302	0,402	0,498	0,663	1,000	0,148	0,156	0,185	0,258	0,337	0,501	1,000

$$R'(C, \varepsilon, 90°) \begin{cases} = 0,000 \ \text{für} \ \varepsilon \neq 90° \\ = 0,500 \ ,, \ \varepsilon = 90° \end{cases}$$

Tafel XIV d.

Die Funktion $\frac{1}{2}\Phi(C,\varepsilon)\,E(C,i)$ für verschiedene Werte von C,ε und i.

$$\tfrac{1}{2}\Phi(C,\varepsilon)\,E(C,0)$$

$C\diagdown\varepsilon$	0°	20°	40°	60°	70°	80°	90°
0,00	0,000	0,000	0,000	0,000	0,000	0,000	0,000
0,05	0,004	0,005	0,007	0,010	0,014	0,027	0,093
0,10	0,018	0,020	0,023	0,034	0,047	0,082	0,158
0,14	0,032	0,033	0,039	0,060	0,080	0,133	0,202
0,18	0,048	0,051	0,060	0,089	0,120	0,188	0,242
0,22	0,068	0,072	0,085	0,122	0,162	0,245	0,279
0,26	0,089	0,094	0,112	0,157	0,206	0,299	0,312
0,30	0,111	0,118	0,140	0,195	0,251	0,353	0,344
0,34	0,136	0,143	0,170	0,235	0,297	0,403	0,373
0,38	0,162	0,170	0,202	0,273	0,343	0,450	0,401
0,50	0,246	0,257	0,297	0,396	0,478	0,578	0,475
0,60	0,320	0,334	0,385	0,494	0,582	0,666	0,530
0,70	0,396	0,414	0,471	0,590	0,677	0,741	0,576
0,80	0,471	0,491	0,555	0,680	0,761	0,807	0,618
0,90	0,549	0,570	0,637	0,768	0,841	0,863	0,657

$$\tfrac{1}{2}\Phi(C,\varepsilon)\,E(C,20°) \qquad\qquad \tfrac{1}{2}\Phi(C,\varepsilon)\,E(C,40°)$$

$C\diagdown\varepsilon$	0°	20°	40°	60°	70°	80°	90°	0°	20°	40°	60°	70°	80°	90°
0,00	0,000	0,000	0,000	0,000	0,000	0,000	0,000	0,000	0,000	0,000	0,000	0,000	0,000	0,000
0,05	0,004	0,005	0,007	0,010	0,014	0,026	0,093	0,004	0,005	0,007	0,010	0,013	0,026	0,092
0,10	0,018	0,020	0,023	0,034	0,047	0,082	0,158	0,017	0,020	0,023	0,034	0,046	0,081	0,156
0,14	0,032	0,033	0,039	0,060	0,080	0,133	0,201	0,031	0,033	0,039	0,059	0,079	0,131	0,198
0,18	0,048	0,051	0,059	0,088	0,119	0,187	0,240	0,047	0,050	0,058	0,086	0,116	0,183	0,235
0,22	0,068	0,071	0,084	0,121	0,161	0,243	0,277	0,066	0,070	0,082	0,118	0,157	0,237	0,270
0,26	0,088	0,093	0,111	0,156	0,205	0,296	0,310	0,085	0,090	0,107	0,151	0,198	0,288	0,300
0,30	0,111	0,117	0,139	0,193	0,249	0,350	0,341	0,107	0,113	0,134	0,187	0,241	0,338	0,330
0,34	0,135	0,142	0,168	0,232	0,294	0,398	0,370	0,130	0,137	0,162	0,223	0,283	0,383	0,356
0,38	0,160	0,168	0,200	0,270	0,339	0,445	0,397	0,154	0,161	0,191	0,258	0,325	0,427	0,380
0,50	0,242	0,253	0,292	0,390	0,470	0,569	0,468	0,229	0,240	0,277	0,369	0,445	0,539	0,444
0,60	0,314	0,328	0,378	0,486	0,572	0,655	0,521	0,295	0,308	0,355	0,456	0,536	0,614	0,488
0,70	0,389	0,406	0,462	0,579	0,664	0,727	0,565	0,361	0,377	0,429	0,538	0,618	0,676	0,526
0,80	0,461	0,480	0,543	0,665	0,746	0,789	0,605	0,425	0,443	0,500	0,614	0,688	0,727	0,558
0,90	0,536	0,557	0,622	0,750	0,820	0,842	0,642	0,490	0,509	0,568	0,686	0,750	0,770	0,586

$$\tfrac{1}{2}\Phi(C,\varepsilon)\,E(C,60°) \qquad\qquad \tfrac{1}{2}\Phi(C,\varepsilon)\,E(C,70°)$$

$C\diagdown\varepsilon$	0°	20°	40°	60°	70°	80°	90°	0°	20°	40°	60°	70°	80°	90°
0,00	0,000	0,000	0,000	0,000	0,000	0,000	0,000	0,000	0,000	0,000	0,000	0,000	0,000	0,000
0,05	0,004	0,005	0,007	0,010	0,013	0,026	0,091	0,004	0,005	0,007	0,010	0,013	0,025	0,089
0,10	0,017	0,019	0,022	0,032	0,045	0,078	0,151	0,016	0,019	0,021	0,031	0,043	0,075	0,144
0,14	0,030	0,031	0,037	0,056	0,075	0,125	0,189	0,028	0,029	0,035	0,053	0,071	0,117	0,178
0,18	0,044	0,047	0,055	0,082	0,110	0,173	0,222	0,041	0,044	0,051	0,075	0,102	0,160	0,205
0,22	0,061	0,065	0,077	0,110	0,146	0,221	0,252	0,056	0,059	0,070	0,100	0,133	0,201	0,229
0,26	0,079	0,083	0,099	0,139	0,182	0,264	0,276	0,071	0,075	0,089	0,125	0,164	0,238	0,248
0,30	0,097	0,103	0,122	0,170	0,219	0,307	0,299	0,086	0,092	0,108	0,150	0,194	0,272	0,265
0,34	0,116	0,123	0,145	0,201	0,254	0,344	0,320	0,102	0,107	0,127	0,175	0,222	0,301	0,279
0,38	0,137	0,143	0,170	0,229	0,288	0,379	0,338	0,118	0,124	0,147	0,198	0,249	0,327	0,291
0,50	0,197	0,207	0,238	0,318	0,383	0,464	0,382	0,164	0,172	0,198	0,264	0,318	0,386	0,317
0,60	0,248	0,259	0,299	0,384	0,451	0,517	0,411	0,200	0,209	0,241	0,310	0,365	0,418	0,332
0,70	0,297	0,310	0,352	0,442	0,507	0,555	0,431	0,235	0,245	0,279	0,349	0,401	0,439	0,341
0,80	0,342	0,356	0,402	0,493	0,553	0,585	0,448	0,265	0,275	0,312	0,382	0,428	0,453	0,347
0,90	0,386	0,401	0,448	0,540	0,591	0,607	0,462	0,293	0,305	0,340	0,411	0,449	0,461	0,351

Tafel XIVd (Fortsetzung).

$$\tfrac{1}{2}\Phi(C, \varepsilon)\, E(C, 80°).$$

C \ ε	0°	20°	40°	60°	70°	80°	90°
0,00	0,000	0,000	0,000	0,000	0,000	0,000	0,000
0,05	0,004	0,005	0,006	0,009	0,012	0,024	0,083
0,10	0,014	0,016	0,019	0,027	0,039	0,065	0,126
0,14	0,023	0,025	0,029	0,044	0,059	0,098	0,149
0,18	0,033	0,035	0,041	0,060	0,081	0,128	0,164
0,22	0,043	0,045	0,054	0,077	0,103	0,155	0,176
0,26	0,052	0,055	0,066	0,093	0,121	0,176	0,184
0,30	0,061	0,065	0,077	0,107	0,139	0,195	0,190
0,34	0,070	0,074	0,088	0,121	0,154	0,208	0,193
0,38	0,079	0,083	0,099	0,133	0,167	0,220	0,196
0,50	0,102	0,107	0,124	0,165	0,199	0,241	0,198
0,60	0,119	0,124	0,143	0,184	0,217	0,248	0,197
0,70	0,134	0,140	0,160	0,200	0,230	0,251	0,195
0,80	0,147	0,153	0,173	0,212	0,238	0,252	0,193
0,90	0,160	0,166	0,185	0,224	0,245	0,251	0,191

Tafel XIVe.

Die Funktion $R'(C, \varepsilon, i) + \tfrac{1}{2}\Phi(C, \varepsilon) E(C, i)$ für verschiedene Werte von C, ε und i.

$$R'(C, \varepsilon, 0) + \tfrac{1}{2}\Phi(C, \varepsilon)\, E(C, 0).$$

C \ ε	0°	20°	40°	60°	70°	80°	90°
0,00	0,000	0,000	0,000	0,000	0,000	0,000	1,000
0,05	0,052	0,055	0,068	0,103	0,147	0,271	1,093
0,10	0,108	0,116	0,140	0,207	0,288	0,500	1,158
0,14	0,154	0,162	0,195	0,288	0,395	0,654	1,202
0,18	0,199	0,211	0,252	0,367	0,497	0,787	1,242
0,22	0,246	0,260	0,311	0,443	0,593	0,905	1,279
0,26	0,292	0,307	0,368	0,518	0,683	1,006	1,312
0,30	0,336	0,356	0,423	0,591	0,765	1,093	1,344
0,34	0,383	0,403	0,478	0,661	0,846	1,170	1,373
0,38	0,428	0,450	0,532	0,726	0,920	1,237	1,401
0,50	0,563	0,589	0,685	0,914	1,117	1,402	1,475
0,60	0,669	0,700	0,809	1,050	1,256	1,502	1,530
0,70	0,771	0,808	0,924	1,175	1,375	1,586	1,576
0,80	0,870	0,907	1,030	1,286	1,474	1,655	1,618
0,90	0,966	1,005	1,133	1,391	1,565	1,712	1,657

$$R'(C, \varepsilon, 20°) + \tfrac{1}{2}\Phi(C, \varepsilon)\, E(C, 20°).$$

C \ ε	0°	20°	40°	60°	70°	80°	90°
0,00	0,000	0,000	0,000	0,000	0,000	0,000	1,000
0,05	0,052	0,055	0,068	0,103	0,146	0,270	1,093
0,10	0,108	0,116	0,140	0,206	0,288	0,499	1,158
0,14	0,153	0,162	0,195	0,287	0,394	0,652	1,201
0,18	0,198	0,211	0,250	0,364	0,494	0,784	1,241
0,22	0,245	0,258	0,307	0,440	0,590	0,898	1,277
0,26	0,289	0,305	0,363	0,514	0,678	0,995	1,310
0,30	0,335	0,353	0,419	0,585	0,760	1,084	1,341
0,34	0,379	0,399	0,473	0,655	0,837	1,158	1,370
0,38	0,423	0,445	0,527	0,718	0,911	1,226	1,397
0,50	0,554	0,581	0,674	0,902	1,102	1,384	1,468
0,60	0,658	0,688	0,795	1,034	1,239	1,484	1,521
0,70	0,759	0,793	0,909	1,156	1,351	1,565	1,565
0,80	0,852	0,888	1,010	1,262	1,448	1,629	1,605
0,90	0,945	0,983	1,107	1,362	1,535	1,683	1,642

Tafel XIVe (Fortsetzung).

$$R'(C, \varepsilon, 40°) + \tfrac{1}{2}\Phi(C, \varepsilon)\, E(C, 40°)$$

C \ ε	0°	20°	40°	60°	70°	80°	90°
0,00	0,000	0,000	0,000	0,000	0,000	0,000	1,000
0,05	0,051	0,055	0,068	0,102	0,145	0,268	1,092
0,10	0,106	0,114	0,138	0,204	0,284	0,493	1,156
0,14	0,151	0,160	0,192	0,283	0,388	0,643	1,198
0,18	0,194	0,206	0,245	0,357	0,484	0,770	1,235
0,22	0,239	0,253	0,300	0,431	0,577	0,879	1,270
0,26	0,280	0,296	0,353	0,500	0,659	0,975	1,300
0,30	0,323	0,341	0,406	0,567	0,737	1,055	1,330
0,34	0,366	0,385	0,456	0,632	0,809	1,123	1,356
0,38	0,407	0,427	0,505	0,690	0,877	1,186	1,380
0,50	0,526	0,552	0,641	0,858	1,052	1,331	1,444
0,60	0,620	0,648	0,750	0,978	1,172	1,419	1,488
0,70	0,708	0,741	0,849	1,083	1,273	1,486	1,526
0,80	0,790	0,824	0,938	1,176	1,357	1,540	1,558
0,90	0,870	0,905	1,020	1,260	1,426	1,584	1,586

$$R'(C, \varepsilon, 60°) + \tfrac{1}{2}\Phi(C, \varepsilon)\, E(C, 60°)$$

C \ ε	0°	20°	40°	60°	70°	80°	90°
0,00	0,000	0,000	0,000	0,000	0,000	0,000	1,000
0,05	0,050	0,054	0,067	0,101	0,142	0,264	1,091
0,10	0,103	0,110	0,134	0,196	0,275	0,479	1,151
0,14	0,144	0,152	0,183	0,270	0,371	0,616	1,189
0,18	0,183	0,194	0,232	0,338	0,459	0,731	1,222
0,22	0,222	0,235	0,281	0,403	0,539	0,828	1,252
0,26	0,260	0,273	0,326	0,462	0,611	0,908	1,276
0,30	0,295	0,311	0,370	0,520	0,676	0,978	1,299
0,34	0,329	0,347	0,412	0,572	0,736	1,033	1,320
0,38	0,363	0,381	0,452	0,620	0,790	1,084	1,338
0,50	0,456	0,479	0,557	0,750	0,926	1,190	1,382
0,60	0,526	0,551	0,640	0,839	1,014	1,254	1,411
0,70	0,590	0,617	0,708	0,911	1,082	1,295	1,431
0,80	0,645	0,673	0,768	0,973	1,135	1,326	1,448
0,90	0,697	0,727	0,823	1,026	1,178	1,348	1,462

$$R'(C, \varepsilon, 70°) + \tfrac{1}{2}\Phi(C, \varepsilon)\, E(C, 70°)$$

C \ ε	0°	20°	40°	60°	70°	80°	90°
0,00	0,000	0,000	0,000	0,000	0,000	0,000	1,000
0,05	0,049	0,053	0,066	0,099	0,140	0,259	1,089
0,10	0,098	0,106	0,128	0,189	0,264	0,460	1,144
0,14	0,136	0,143	0,173	0,255	0,350	0,584	1,178
0,18	0,170	0,181	0,215	0,314	0,427	0,685	1,205
0,22	0,203	0,215	0,257	0,368	0,496	0,766	1,229
0,26	0,234	0,247	0,297	0,418	0,555	0,833	1,248
0,30	0,262	0,278	0,330	0,463	0,607	0,886	1,265
0,34	0,290	0,305	0,362	0,505	0,653	0,930	1,279
0,38	0,316	0,332	0,394	0,542	0,694	0,966	1,291
0,50	0,383	0,402	0,470	0,636	0,791	1,040	1,317
0,60	0,430	0,451	0,525	0,695	0,851	1,077	1,332
0,70	0,474	0,495	0,571	0,744	0,892	1,101	1,341
0,80	0,509	0,531	0,610	0,780	0,923	1,115	1,347
0,90	0,541	0,565	0,642	0,813	0,947	1,124	1,351

Tafel XIVe (Fortsetzung).

$$R'(C, \varepsilon, 80°) + \tfrac{1}{2}\Phi(C, \varepsilon)\, E(C, 80°)$$

C \ ε	0°	20°	40°	60°	70°	80°	90°
0,00	0,000	0,000	0,000	0,000	0,000	0,000	1,000
0,05	0,046	0,050	0,061	0,092	0,130	0,243	1,083
0,10	0,087	0,093	0,113	0,167	0,233	0,407	1,126
0,14	0,114	0,121	0,145	0,215	0,296	0,498	1,149
0,18	0,137	0,146	0,174	0,254	0,347	0,565	1,164
0,22	0,158	0,166	0,200	0,288	0,390	0,615	1,176
0,26	0,174	0,184	0,221	0,317	0,423	0,651	1,184
0,30	0,189	0,201	0,240	0,340	0,450	0,678	1,190
0,34	0,203	0,214	0,256	0,360	0,473	0,698	1,193
0,38	0,215	0,227	0,271	0,378	0,491	0,714	1,196
0,50	0,245	0,257	0,304	0,417	0,530	0,740	1,198
0,60	0,264	0,277	0,325	0,440	0,552	0,748	1,197
0,70	0,281	0,295	0,343	0,457	0,566	0,751	1,195
0,80	0,294	0,308	0,357	0,469	0,575	0,753	1,193
0,90	0,308	0,322	0,370	0,482	0,582	0,752	1,191

$R'(C, \varepsilon, 90°) + \tfrac{1}{2}\Phi(C, \varepsilon)E(C, 90°)$ ist gleich 0 für $\varepsilon \neq 90°$ und gleich 0,500 für $\varepsilon = 90°$.

Die Tafeln XIII und XIV sind bis auf eine Einheit der letzten Dezimale genau.

Kapitel 2.

Spektralphotometrie.

Von

A. Brill-Neubabelsberg.

Mit 19 Abbildungen.

a) Allgemeines über die Strahlung.

1. Die Messung der Integralstrahlung. Die Intensität der von den Himmelskörpern ausgesandten Strahlung kann in verschiedener Weise gemessen werden. Die üblichen Methoden beziehen sich auf die Helligkeit innerhalb eines weiten, mehr oder minder scharf begrenzten Spektralbereiches. Die Beobachtungsmittel sind das menschliche Auge, die photographische Platte, die lichtelektrische Zelle, das Radiometer, das Bolometer und das Thermoelement[1]. Die beobachteten Helligkeiten sind je nach der spektralen Empfindlichkeit des lichtaufnehmenden Apparates voneinander verschieden und nicht direkt miteinander vergleichbar. Die Integralstrahlung der visuellen, photographischen, lichtelektrischen und bolometrischen Helligkeit schließt innerhalb der Grenzen des Empfindlichkeitsbereiches die Wirkung des kontinuierlichen Spektrums, der Absorptions- und der Emissionslinien ein.

2. Die Messungen im spketralzerlegten Licht. Das Ideal der Strahlungsforschung bilden Messungen im spektralzerlegten Licht, sowohl was die Intensität des kontinuierlichen Spektrums, als auch was die Intensität oder den Intensitätsverlauf in den Absorptions- und Emissionslinien angeht. Wegen der Lichtschwäche der meisten Himmelskörper sind solche Beobachtungen nicht immer durchführbar. Selbst bei den hellsten Sternen — von der Sonne abgesehen — läßt sich die Dispersion des Spektrums nicht so weit steigern, daß man von einer monochromatischen Strahlung sprechen kann. Die exakte Durchführung der Beobachtungen verlangt eine endliche Breite des zu messenden Spektralbezirkes. Je nach der Dispersion des Spektrums und je nach der Breite des Meßspaltes gehört die Strahlung einem mehr oder minder engbegrenzten Spektralbereich an. Die Wirkung der Absorptions- und Emissionslinien wird sich bei kleiner Dispersion und bei breitem Meßspalt mit der des kontinuierlichen Untergrundes überdecken. Bei komplizierten Sternspektren (neue Sterne in frühem Entwicklungsstadium oder Sterne von spätem Spektraltypus) läßt sich nicht immer mit Gewißheit angeben, was kontinuierlicher Untergrund, was Absorptions- und was Emissionslinien sind.

3. Die Trennung der Strahlungseffekte des kontinuierlichen Spektrums, der Absorptions- und Emissionslinien mit dem selbstregistrierenden Mikrophotometer. Die scharfe Trennung der Strahlungseffekte des kontinuierlichen

---

[1] Eine zusammenfassende Darstellung der Methoden der Strahlungsmessung hat der Verfasser in den ,,Ergebnissen der exakten Naturwissenschaften", III. Bd. (1924), veröffentlicht.

Spektrums, der Absorptions- und Emissionslinien und die Messung ihrer Intensität in einer photometrisch einwandfreien Skala ist eine Aufgabe, welcher die praktische wie auch die theoretische Astrophysik das größte Interesse entgegenbringt. Da bei visuellen Beobachtungen, sei es am Fernrohr oder am HARTMANNschen Mikrophotometer, die Breite des zu messenden Spektralbezirkes eine bestimmte Größe nicht unterschreiten darf, wenn die Meßgenauigkeit nicht leiden soll, ist man in neuerer Zeit bestrebt, das menschliche Auge bei den Messungen ganz auszuschalten und durch objektive Methoden zu ersetzen. Als Helligkeitsindikator kommt die photographische Platte in Verbindung mit der Photozelle oder mit dem Thermoelement in Betracht. Die mit einem selbstregistrierenden Mikrophotometer erhaltene Registrierkurve spiegelt den Schwärzungsverlauf im Spektrum wieder. Die Absorptions- und Emissionslinien markieren sich durch Einsenkungen und Erhebungen über dem mittleren Verlauf. Die Registrierkurve gibt nicht nur die verschiedenen im Spektrum vorhandenen Strahlen qualitativ wieder, sondern zeigt auch die quantitativen Beziehungen zwischen ihnen an. Sie stellt eine höhere Stufe der Spektralwiedergabe dar als die Zeichnung oder die Photographie. Die Reduktion der scheinbaren Energiekurve, wie sie durch die Registrierkurve gegeben ist, auf die wahre Energieverteilung verlangt die Umwandlung der Schwärzungsskala der Registrierkurve in die zugehörige Intensitätsskala und setzt die Kenntnis der spektralen Empfindlichkeit des lichtaufnehmenden Apparates (photographische Platte) voraus. Die instrumentelle Apparatur und der Durchgang des Sternenlichtes durch die Erdatmosphäre bewirken eine für die einzelnen Strahlenarten verschiedene Schwächung, die bei der Reduktion in Rechnung zu stellen ist.

4. Die allgemeine Form der Resultate. Die spektralphotometrischen Messungen geben entweder die relative Intensitätsverteilung in einem einzelnen Sternspektrum oder das Helligkeitsverhältnis gleicher Spektralbezirke von zwei Sternen. Die spektralen Intensitätsverhältnisse zweier Sterne sind unabhängig von der Art der Beobachtung; visuelle, photographische, lichtelektrische und bolometrische Messungen geben die gleichen Zahlen (die Integralstrahlung ist voneinander verschieden). Die absolute Energiekurve (Energiewerte in erg) wird aus bolometrischen, radiometrischen und thermoelektrischen Messungen erhalten[1]. Im Prinzip genügt die Feststellung der absoluten Energiekurve für ein einziges Objekt, an das alle anderen differentiell angeschlossen werden. Die Bestimmung der absoluten Energiekurve des Standardsternes verlangt eine tiefgründige Untersuchung; die Reduktion der differentiellen Messungen gestaltet sich wesentlich einfacher, da der Einfluß der Apparatur bei der relativen Betrachtung ganz herausfällt und die atmosphärische Extinktion nur differentiell eingeht. Die besondere Bedeutung der bolometrischen, radiometrischen und thermoelektrischen Messungen liegt noch in der Erfassung der für die Sterne vom späten Spektraltypus wichtigen ultraroten Strahlung.

Die Intensität der Absorptions- und Emissionslinien wird in Prozenten des angrenzenden kontinuierlichen Spektrums ausgedrückt oder auch in absoluten Einheiten, wenn die Energieverteilung im kontinuierlichen Spektrum bekannt ist.

b) Die optischen Hilfsmittel zur Zerlegung des Lichtes, ihre Anwendung in der Spektralphotometrie und ihre Fehlerquellen.

5. Die Spektroskopkonstruktionen. Die Zerlegung des Lichtes in die Spektralfarben geschieht mit Prismen oder mit Beugungsgittern; man unter-

---

[1] Die spektralbolometrischen Methoden und Messungen werden von W. E. BERNHEIMER im Kapitel über „Apparate und Methoden zur Messung der Strahlung der Himmelskörper", Bd. I: Grundlagen der Astrophysik, 1. Teil, behandelt.

scheidet demgemäß die Prismen- und die Gitterspektroskope. Die verschiedenartigen Spektroskopkonstruktionen können ausnahmslos in den Fällen angewandt werden, wo das Gestirn als punktartiges Objekt erscheint, d. i. bei den
Fixsternen und bei den kleinen Planeten. Hier ist ein Spalt nicht notwendig,
weil der Stern selbst einen Teil desselben darstellt. Bei flächenhaften Objekten,
d. i. bei Sonne, Mond, Kometen, großen Planeten und Nebelflecken kann in der
Regel ein Spalt nicht entbehrt werden.

Man unterscheidet drei Arten von Prismenspektroskopen. Die beiden ersten,
welche spaltlos sind, werden meist nur auf punktförmige Objekte angewandt.
Bei dem Objektivprisma befindet sich das Prisma vor dem Objektiv. Bei
dem Okularspektroskop ist das Prisma ein Teil des Okulares. In der Form
des zusammengesetzten Spektroskops kommt der Spalt mit Kollimator
zur Verwendung.

Das Objektivprisma bildet die einfachste Form eines Sternspektroskops.
Das mit dem Fernrohr verbundene Objektivprisma entspricht einem Spektroskop,
dessen Spalt sich in unendlich weiter Entfernung befindet, so daß die von ihm
ausgehenden Strahlen als parallel gelten können. An die Stelle des unendlich
entfernten Spaltes tritt der Stern, der als ein Punkt des Spaltes zu betrachten ist.
Die vom Stern ausgehenden und auf das Objektivprisma im Minimum der Ablenkung parallel auffallenden Strahlen werden durch das Prisma in die Spektralfarben zerlegt und durch das Fernrohrobjektiv in dem Brennpunktsbild vereinigt. Will man die Lichtstärke des Fernrohres vollständig ausnutzen, so muß
das Prisma die volle Öffnung des Objektivs haben. Das Objektivprisma wird
zu visuellen Beobachtungen kaum noch benutzt; bei Anwendung photographischer
Methoden bietet es große Vorteile gegenüber den anderen Spektroskopkonstruktionen. Die mit dem Objektivprisma erhaltenen photographischen Aufnahmen
liefern mit einer einzigen Belichtung die Spektren einer großen Zahl von Sternen
und erfordern relativ kurze Belichtungszeiten selbst für lichtschwache Objekte.

Bei dem Okularspektroskop übernimmt nicht der Stern selbst, sondern sein
Brennpunktsbild die Funktion des Spaltes; vor das Okular ist ein gradsichtiges
Prismensystem gesetzt. Man benutzt die Okularspektroskope meist nur dazu,
um den allgemeinen Charakter der Sternspektren kennenzulernen.

Das zusammengesetzte Spektroskop besteht aus dem Spalt nebst Kollimator, aus dem Prisma und aus dem Beobachtungsfernrohr. Der Spalt liegt
in der Brennebene des Fernrohrobjektives. Das Prisma kann beim zusammengesetzten Spektroskop klein sein gegenüber dem Durchmesser des Fernrohrobjektivs, muß aber mindestens ebenso groß sein wie das Objektiv des Beobachtungsfernrohres am Spektroskop. Sternspektrographen nennt man diejenigen Sternspektroskope, bei denen sich die photographische Platte statt des
Okulares in der Brennebene des Beobachtungsfernrohres befindet. Das reelle
Bild des Spektrums wird auf der Platte abgebildet.

6. Die Photographie der Sternspektren. Die photographische Aufnahme
ergänzt die direkte visuelle Beobachtung und bietet ihr gegenüber noch besondere
Vorteile. Der violette und ultraviolette Teil des Spektrums, der dem menschlichen Auge verschlossen ist, gelangt durch die Photographie zur Wiedergabe.
Mit farbenempfindlichen Platten werden die roten bis grünen Teile des Spektrums
erhalten, so daß photographische Aufnahmen einen vollen Ersatz der visuellen
Beobachtung bilden. Die Vorzüge der photographischen Methoden beruhen in
der gleichzeitigen Belichtung des gesamten Spektrums, in der großen Lichtstärke, in der Benutzung langer Expositionszeiten, in der Registrierung der
feinsten spektralen Details und in dem weniger schädlichen Einfluß der
Luftunruhe.

7. Die Verbreiterung der Sternspektren. Das Spektrum von punktförmigen Objekten ist linienartig und photometrisch schwer verwertbar. Eine natürliche Verbreiterung des Spektrums bedingen die Fehler der Fernrohroptik sowie die Luftunruhe. Man verbreitert künstlich das Spektrum, indem man extrafokale Bilder beobachtet. In diesem Falle erstreckt sich die Verbreiterung nicht nur auf die Senkrechte zur Dispersionsrichtung, sondern wirkt nach allen Seiten. Die unscharfen Spektrallinien gehen mehr oder weniger im kontinuierlichen Untergrund verloren.

Bei visuellen Beobachtungen fügt man meist zur Verbreiterung des fadenförmigen Spektrums eine Zylinderlinse in den Strahlengang ein. Beim Objektivprisma setzt man sie hinter das Okular, beim Okularspektroskop zwischen das Okular und das gradsichtige Prismensystem und beim zusammengesetzten Spektroskop vor den Spalt.

Bei photographischen Aufnahmen stellt man in der Regel die brechende Kante des Prismas parallel der täglichen Bewegung, so daß die spektrale Zerlegung in der Richtung des Stundenkreises erfolgt. Man läßt den Stern eine im Okular des Leitfernrohres durch ein Fadenpaar markierte Distanz ein oder mehrere Male überstreichen. Beim „Laufenlassen" des Sternes schaltet man das Uhrwerk des Fernrohres entweder ganz aus oder läßt es wenig vor- oder nachgehen. Wenn am Fernrohr eine elektrische Feinbewegung in Rektaszension vorhanden ist, kann man sich ihrer mit Vorteil bedienen. KIENLE[1] setzt durch diskontinuierliche Verstellung der Kassette um je 0,025 mm 4 oder 6 Spektra nebeneinander. Zum bequemen Nachführen des Sternes gibt man dem Leitfernrohr eine der jeweiligen Ablenkung des Objektivprismas entsprechende Neigung gegen die optische Achse der Prismenkamera.

8. Der Astigmatismus und die sphärische Aberration. Von nachteiligem Einfluß auf die spektroskopischen Beobachtungen sind der Astigmatismus (azimutaler Zonenfehler) und die sphärische Aberration (radialer Zonenfehler) der Fernrohroptik. Dazu kommen bei visuellen Beobachtungen die gleichen Fehler von Auge + Okular. Wenn die Flächen des Prismas nicht vollkommen eben sind oder wenn seine Glasmasse nicht völlig homogen ist, sind die Spektren unscharf und astigmatisch.

Um ein Instrument auf seine Brauchbarkeit für spektralphotometrische Untersuchungen zu prüfen, ist es nicht notwendig, zwischen den Fehlern der einzelnen optischen Teile zu unterscheiden; es kommt nur auf die Fehler des optischen Systems als Ganzes an. KIENLE[1] wendet zur Bestimmung des Astigmatismus und der sphärischen Aberration eine Modifikation der HARTMANNschen Blendenmethode an. Zwischen Prisma und Objektiv, unmittelbar vor und zentrisch zu letzterem, sitzt eine Blende, welche auf dem zur Prismenkante parallelen Durchmesser kreisförmige Öffnungen von 8 mm Durchmesser trägt. Die Abstände der Lochmitten entsprechen den Objektivzonen $r=24, 40, 56$ und 72 mm. Um den Astigmatismus der Kombination Objektiv + Prisma zu untersuchen, wird die fest mit dem Prisma verbundene Blende in drei um je 60° im Positionswinkel voneinander verschiedene Lagen relativ zum Objektiv gebracht. In jeder solchen Lage wird eine intrafokale und eine extrafokale Aufnahme gemacht, welche das bekannte Bild der gekrümmten Sternspektren zeigt. Die Berechnung der Vereinigungsweiten in den verschiedenen Wellenlängen gibt Aufschluß über die Fehler des optischen Systems. In dem speziellen Fall der von KIENLE benutzten Prismenkamera (U. V. Triplet + Prisma O 118) ist ein merklicher Astigmatismus nicht

---

[1] Untersuchungen über die Intensitätsverteilung in Sternspektren. Nachrichten der Gesellschaft der Wissenschaften zu Göttingen. Mathematisch-physikalische Klasse 1925.

vorhanden. Die radialen Zonenfehler sind klein und haben für alle Wellenlängen den gleichen Verlauf. Bei Verwendung der vollen Objektivöffnung wird jede Wellenlänge innerhalb einer Strecke von höchstens 1 mm vereinigt; die natürliche Breite des geometrisch-optischen Bildes ist 0,1 mm.

9. Die chromatische Aberration. Astigmatismus und radiale Zonenfehler lassen sich bei Wahl geeigneter Objektive und gut geschliffener Prismen in engen Grenzen halten. Der störende Einfluß der unvollkommenen Achromasie bleibt bestehen. Die für die verschiedenen Strahlenarten gültigen Brennpunkte eines Objektivs liegen in der optischen Achse in gewissen Abständen hintereinander[1]. Bei der Berechnung des Objektivs lassen sich immer zwei Wellenlängen zusammenlegen; infolgedessen sind nur zwei Stellen des Spektrums genau im Fokus. Zwischen diesen beiden und nach den Enden zu ist das Spektrum mehr oder weniger extrafokal.

Die in Ziff. 8 erwähnte Blendenmethode gibt auch die Farbenkurve des optischen Systems, d. h. die Vereinigungsweiten für Strahlen verschiedener Wellenlänge. Da bei dieser Methode für jedes Spektrum nur die kleine Öffnung von 8 mm benutzt wird und da außerdem die Aufnahmen stark extrafokal gemacht werden müssen, sind relativ lange Belichtungszeiten erforderlich, wenn man die Farbenkurve über einen hinreichend großen Wellenlängenbereich erhalten will. Rascher kommt man zum Ziel, wenn man die Einschnürungspunkte der Spektren bestimmt, indem man die photographische Platte in verschiedene Fokalstellungen bringt. Doch auch diese Methode führt zu unsicheren Resultaten, wenn die Punkte nach den Enden des Spektrums rücken, so daß sie nicht mehr als richtige Einschnürungspunkte mit beiderseitiger deutlicher Verbreiterung erscheinen, sondern als Spitzen. KIENLE (vgl. Ziff. 8) benutzt deshalb noch eine dritte Methode, welche im Prinzip der Blendenmethode entspricht. Mit voller Öffnung des Objektivs werden Aufnahmen weit innerhalb und weit außerhalb des Fokus gemacht. Die Breite der Spektren wird gemessen; daraus werden die Vereinigungsweiten für Licht verschiedener Wellenlänge bestimmt.

Die Farbenkurve und die Dispersionskurve, d. i. die Abhängigkeit der linearen Abmessung von der Wellenlänge, geben die wahre Gestalt der Spektren, wie sie als reelles Bild von dem optischen System entworfen wird. Die Dispersionskurve wird mit hinreichender Genauigkeit aus den Spektrallinien, insbesondere aus der BALMERserie unter Verwendung des HARTMANNschen Dispersionsnetzes bestimmt. Bei der von KIENLE benutzten Prismenkamera liegt der Scheitelpunkt der Farbenkurve in λ 4000. Eine photographische Platte, welche senkrecht zur optischen Achse des Objektivs steht, liefert eine spektrale Intensitätsverteilung, welche wegen der chromatischen Abweichungen des Objektivs eine von der Wellenlänge abhängige Verzerrung zeigt.

Um den Fehler der unvollständigen Achromasie zu vermeiden, wird das Spektroskop bei visuellen Beobachtungen getrennt für die einzelnen Teile des Spektrums in der Gesichtsfeldmitte scharf eingestellt. Bei der Prismenkamera werden weit außerhalb der optischen Achse liegende Objekte mehr oder weniger unscharf abgebildet. Zur Vermeidung dieser durch die „Koma" bedingten Fehler beschränkt man sich gewöhnlich auf Spektren, die nicht weit von der optischen Achse liegen. Verzichtet man auf die gleichzeitige Aufnahme mehrerer Objekte, wodurch der Anwendungsbereich des Objektivprismas allerdings bedeutend eingeschränkt wird, so kann man die Orthogonalität von photographischer Platte und von optischer Achse aufgeben. Die Neigung der Platte

---

[1] Es wird im allgemeinen angenommen, daß die Beobachtungsobjekte in der optischen Achse des Fernrohres liegen oder ihr unmittelbar benachbart sind.

wird so bestimmt, daß der Abstand vom Objektiv den Brennweiten der einzelnen Strahlenarten entspricht. Da die wahre Gestalt der Spektren parabolisch gekrümmt ist, läßt sich mit einer einseitig geneigten Platte nur ein beschränkter Teil des Spektrums gleichmäßig scharf abbilden. Man verwendet daher einen gekrümmten Filmstreifen, dessen Schicht der wahren Form der Spektren möglichst genau angepaßt ist, so daß sich der Film für jede Wellenlänge im Fokus befindet.

Da bei Aufnahmen mit dem Okularspektrographen nur ein beschränkter Spektralbereich abgebildet wird, genügt es, der photographischen Platte eine kleine Neigung gegen die optische Achse des Kameraobjektivs zu geben. Für spektralphotometrische Untersuchungen an Fixsternen ist im allgemeinen der spaltlose Spektrograph dem Spaltspektrographen vorzuziehen. Bei ersterem geben die unvollständige Achromasie des Fernrohrobjektivs und der störende Faktor der Luftunruhe verwaschene und unscharfe Spektren. Beim Spaltspektroskop bestimmt der Teilbetrag des gesamten Lichtes, welcher auf den Spalt fällt, die Intensitätsverteilung im Spektrum; die Luftunruhe und die atmosphärische Dispersion bewirken einen fortwährenden Wechsel in der spektralen Helligkeit.

10. Die Beobachtungen am Reflektor. Die Schwierigkeiten bei der Ausschaltung des Einflusses der unvollständigen Achromasie fallen fort, wenn man ein Spiegelteleskop benutzt, bei dem eine vollständige Vereinigung aller Strahlenarten in einem Punkte statthat. Bei visuellen Beobachtungen stört nur die fehlerhafte Achromasie von Auge und Okular. Die photographischen Aufnahmen erfolgen beim Objektivprisma mit der senkrecht zur optischen Achse gestellten Platte. Am Reflektor wird man den Spaltspektrographen dem spaltlosen vorziehen, da sich mit ersterem eine bessere Qualität der Bilder erzielen läßt; doch darf der Spalt wegen der atmosphärischen Dispersion nicht zu schmal genommen werden. Wegen der unvollständigen Achromasie der Spektrographenoptik wird die photographische Platte gegen die optische Achse des Kameraobjektivs geneigt.

11. Die Zerlegung des Lichtes durch Beugungsgitter. Für die photographische Aufnahme von Spektren eignen sich in hervorragendem Maße die von ROWLAND hergestellten Konkavgitter, das sind Reflexgitter, die auf einen sphärisch gekrümmten Konkavspiegel geritzt sind. Diese Konkavgitter vereinigen die Wirkung eines Konkavspiegels mit der eines Beugungsgitters. Man erhält von dem beleuchteten Spalt ein scharfes Zentralbild und eine Reihe scharfer Beugungsspektren. Man vermeidet mit dem Konkavgitter die besonders im Ultraviolett störende Schwächung des Lichtes durch Absorption im Glas des Objektivs und des Prismas. Das ebene Beugungsgitter wird an Stelle des Prismas in den Strahlengang zwischen Kollimator und Objektiv gestellt. Die Gitterspektren sind in der Regel so lichtschwach, daß sie nur bei der Sonne benutzt werden können. Die Beugungsspektren, welche man mit einem vor das Objektiv des Fernrohres gesetzten Drahtgitter erhält, sind für die spektralphotometrische Auswertung zu kurz und geben nur allgemeine Charakteristiken des Spektrums (effektive und Minimalwellenlänge).

12. Das normale Spektrum. Die Helligkeitsverteilung in dem durch ein Gitter erzeugten Spektrum ist verschieden von der in dem entsprechenden Prismenspektrum. Im Gitterspektrum herrscht vollständige Proportionalität zwischen der Wellenlänge und der linearen Abmessung; man nennt deshalb diese Spektren Normalspektren. Im Prismenspektrum geht die Wellenlänge nicht proportional der linearen Abmessung. Das Rot ist stark zusammengepreßt; der langwellige Teil des Spektrums erscheint daher heller als der kurzwellige. Das Prismenspektrum muß mit Hilfe der für jedes Prisma oder Spektroskop gültigen Dispersionskurve oder -formel auf die normale Dispersion gebracht werden.

Die Abhängigkeit der linearen Abmessung s von der Wellenlänge λ läßt sich je nach dem verlangten Genauigkeitsgrad durch mehr oder weniger komplizierte Dispersionsformeln ausdrücken. Nach HARTMANN ist

$$s - s_0 = \frac{c}{(\lambda - \lambda_0)^\alpha}, \tag{1}$$

wo die Konstanten c, α, s_0, λ_0 empirisch aus den Wellenlängen bekannnter Spektrallinien zu bestimmen sind. Bezeichnet man mit J_λ die Intensität der Wellenlänge λ im Normalspektrum, mit J_s die zugehörige Intensität im prismatischen Spektrum, so wird

$$J_\lambda = J_s \frac{ds}{d\lambda}, \tag{2}$$

wo nach Gleichung (1)

$$\frac{ds}{d\lambda} = - \frac{\alpha c}{(\lambda - \lambda_0)^{\alpha+1}} \tag{3}$$

ist. Übersichtlicher ist folgendes graphische Verfahren: Die zeichnerische Darstellung der linearen Abmessung s als Funktion der Wellenlänge λ liefert die Dispersionskurve des Spektrums; der Gradient dieser Kurve in Abhängigkeit von der Wellenlänge gibt den Reduktionsfaktor $ds/d\lambda$.

c) Die Spektralphotometer zur Messung der Helligkeitsverteilung im Spektrum.

13. Die bolometrischen, visuellen und photographischen Beobachtungsmethoden. Zur Zerlegung des Lichtes kann jede spektroskopische Konstruktion benutzt werden, zur Messung der spektralen Intensitäten jedes photometrische Prinzip. In physikalischer Hinsicht hat die Vergleichung der Helligkeit in den einzelnen Spektralbezirken nur dann einen Sinn, wenn die wahre Energie der betreffenden Strahlung bestimmt wird. Diese Aufgabe kann nur mit Hilfe von Apparaten gelöst werden, bei denen die Strahlungsenergie vollständig in Wärme umgesetzt wird, die dann ihrerseits nach verschiedenen Methoden gemessen wird (Radiometer, Bolometer, Thermoelement).

Im menschlichen Auge wird die Strahlungsenergie in Nervenreize umgesetzt, die je nach der Intensität der Strahlung verschieden stark sind, wobei, abgesehen von den extremen Fällen sehr kleiner und sehr großer Helligkeit, das FECHNERsche psychophysische Gesetz gilt. Die Beobachtungen im Spektrum werden dadurch erschwert, daß der Helligkeitsvergleich an verschiedenfarbigem Licht erfolgt. Das Auge ist nicht imstande, die wahren Energieunterschiede zwischen den einzelnen Spektralbezirken zu schätzen. Überdies ist es nur für den engen Spektralbezirk von 0,4 bis 0,8 μ empfänglich. Innerhalb desselben existiert für das Auge eine Reizungskurve, deren Form vom Beobachter wie auch von der Lichtstärke des Objektes abhängt (PURKINJE-Phänomen). Die physiologischen Helligkeitsverhältnisse im Spektrum lassen sich also nur in Abhängigkeit von der Helligkeit angeben und gelten auch nur für den besonderen Beobachter. Diejenigen Spektralphotometer, bei denen die einzelnen Spektralbezirke untereinander oder mit weißem Licht verglichen werden, geben selbst bei großer Übung nur eine geringe Genauigkeit. Der Übergang von der physiologischen Helligkeitskurve des Spektrums zur wahren Energiekurve setzt die Kenntnis der Reizungskurve des menschlichen Auges für die betreffende Intensität voraus.

Wie das Auge ist auch die photographische Platte nur für einen engen Spektralbezirk lichtempfindlich. Beobachtungsschwierigkeiten wegen des verschiedenfarbigen Lichtes bestehen nicht, da die spektrale Helligkeit gleichmäßig durch die Plattenschwärzung gemessen wird. Die Empfindlichkeitskurve der photographischen Platte hängt von der Plattenemulsion und von der Helligkeit des Objektes ab. Der Übergang von der scheinbaren zur wahren Intensitätsverteilung im Spektrum verlangt die Kenntnis der Empfindlichkeitskurve für die betreffende Intensität.

Die Bauart der Spektralphotometer, bei denen die relative Intensität der einzelnen Teile des Spektrums miteinander oder mit einer weißen Lichtquelle verglichen wird, ist je nach der Methode verschieden. Die Beobachtungsschwierigkeiten bei dem Helligkeitsvergleich verschiedenfarbigen Lichtes stehen der Anwendung der visuellen Instrumente hindernd im Wege. Die in der Schwärzungsphotometrie in Aufnahme gekommenen registrierenden Photometer versprechen für die Zukunft eine reiche Ausbeute der auf photographischem Wege erhaltenen Spektrogramme.

14. Das Spektralphotometer von FRAUNHOFER. Das Spektralphotometer von FRAUNHOFER[1] ist das älteste der Instrumente zur Vergleichung der optischen Intensität verschiedenfarbigen Lichtes; es wurde speziell zur Messung der scheinbaren Helligkeitsverteilung im Sonnenspektrum benutzt (Abb. 1). Vor dem Objektiv A des Fernrohres AB sitzt ein Prisma P, auf das aus einem in größerer Entfernung befindlichen Spalt Sonnenlicht fällt. Vor dem Okular B ist unter 45° Neigung ein kleiner Planspiegel von Metall angebracht, dessen scharf begrenzter, in der deutlichen Sehweite bei s liegender Rand das Gesichtsfeld in der Mitte durchschneidet. Der Spiegel reflektiert das Licht der in einem seitlichen Rohr befindlichen, mit einer engen Blende b versehenen Lampe L in das Okular. Die Lampe wird in dem Rohr so weit verschoben, bis der erleuchtete Spiegel ebenso hell erscheint wie die in der anderen Hälfte des Gesichtsfeldes sichtbare Spektralfarbe der Sonne.

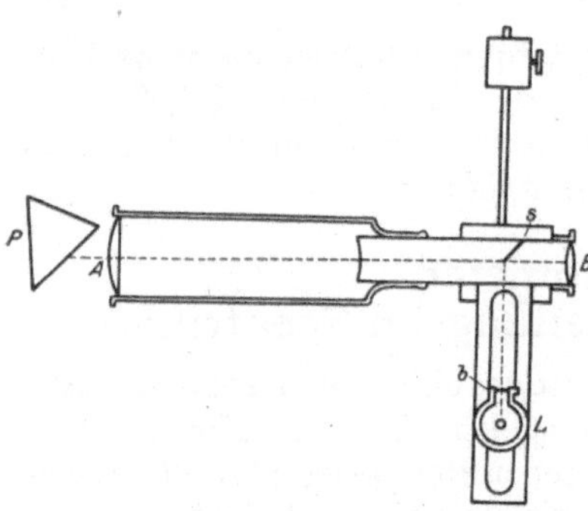

Abb. 1.   Spektralphotometer von FRAUNHOFER (aus SCHEINER, Populäre Astrophysik).

15. Das Spektralphotometer von VIERORDT. Bei dem Spektralapparat, den VIERORDT[2] bei seinen ersten Messungen zur Vergleichung der Stärke des farbigen Lichtes anwandte, wird das Bild eines seitlich angebrachten, durch eine konstante Lichtquelle erleuchteten Spaltes von der dem Beobachtungsfernrohr zugekehrten Fläche des Prismas reflektiert und gelangt gleichzeitig mit dem zu untersuchenden Spektrum in das Auge des Beobachters. Das Bild des Spaltes durchzieht bei genügender Intensität als schmales Band das Spektrum der Länge nach. Durch zwei bewegliche Schieber kann das Gesichtsfeld des Beobachtungsfernrohres beliebig beschränkt werden, so daß nur ein schmaler Teil des Spektrums sichtbar bleibt. Mit Rauchgläsern von bekannter absorbierenden Kraft wird die Lichtstärke des hellen weißen Streifens so weit geschwächt, daß man die von der reinen Spektralfarbe erleuchtete Stelle des Gesichtsfeldes nicht mehr von der durch das abgeschwächte Weiß und die Spektralfarbe zugleich erleuchteten Stelle unterscheiden kann. Die Lichtstärke der verschiedenen Stellen des Spektrums verhält sich proportional der durch die Rauchgläser abgeschwächten Lichtstärke des seitlichen Spaltes. Nach einem von LAMPADIUS vorgeschlagenen

---

[1] Denkschriften der Bayer. Akademie. Jahrg. 1814/1815, S. 193.
[2] Die Anwendung des Spektralapparates zur Messung und Vergleichung der Stärke des farbigen Lichtes. Tübingen 1871.

Verfahren werden die Spektralfarben so weit geschwächt, bis sie ganz verschwinden.

16. Das Spektralphotometer von ABNEY und FESTING. Das Spektralphotometer von ABNEY und FESTING[1] ist zur Beobachtung des Sonnenspektrums konstruiert und in den einzelnen Teilen ein ziemlich komplizierter Apparat (Abb. 2). Das Sonnenlicht wird durch die Linse $L1$ auf den Spalt $S1$ eines zusammengesetzten Spektroskops mit der Kollimatorlinse $L2$, dem Prisma P und dem Objektiv $L3$ des Beobachtungsfernrohres vereinigt und liefert auf dem Schirm D das Sonnenspektrum. Der Schirm hat einen Spalt, der über das ganze Spektrum verschoben werden kann, so daß hinter dem Schirm eine beliebige Stelle des Spektrums isoliert austritt. Mit der Linse $L4$ wird von dieser Spektralstelle ein Bild auf der weißen Fläche bei F entworfen. Die von der vorderen Prismenfläche reflektierten Sonnenstrahlen gelangen auf den Spiegel G, werden von dort reflektiert und durch die Linse $L5$ ebenfalls auf dem weißen Schirm zu einem Bilde vereinigt. Die Vergleichung der physiologischen Intensitäten der beiden Bilder erfolgt nach dem Schatten eines vor der weißen Fläche befindlichen Stabes.

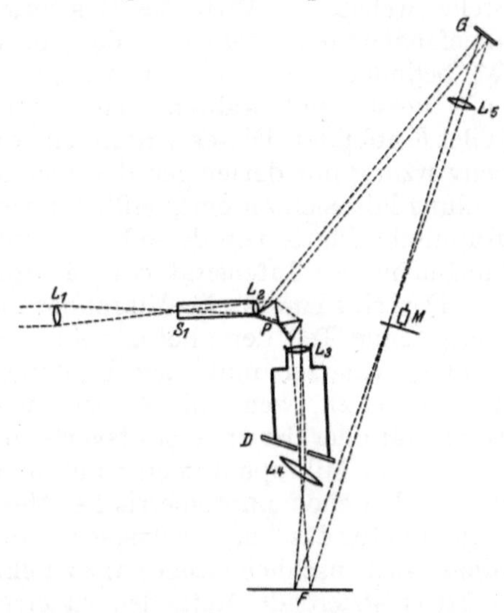

Abb. 2. Spektralphotometer von ABNEY und FESTING (aus SCHEINER, Populäre Astrophysik).

Die Abschwächung der Helligkeit des weißen Sonnenlichtes wird mit einer rotierenden Scheibe M bewirkt, deren Sektorausschnitte verstellbar sind.

17. Die Schwärzungsphotometrie. Die Intensitätsverteilung in den auf photographischem Wege erhaltenen Spektren wird aus der örtlichen Lichtdurchlässigkeit der photographischen Platte bestimmt. Das Maß der Transparenz wird folgendermaßen definiert: Ist a das Intensitätsverhältnis des auffallenden zum durchgelassenen Licht bei einer bestimmten Plattenschwärzung und gilt die Dichte D der photographischen Platte als Maß der Schwärzung, so wird

$$a = 10^D. \qquad (4)$$

Der Grad der Schwärzung an den einzelnen Spektralstellen wird in einfacher Weise durch Einordnen in eine Vergleichsskala bestimmt, die auf der gleichen photographischen Platte hergestellt ist. Eine exakte Ausmessung der Spektrogramme ist mit dem von HARTMANN[2] konstruierten Mikrophotometer durchführbar (Abb. 3). Dieses besteht in dem Hauptteil aus einem Mikro-

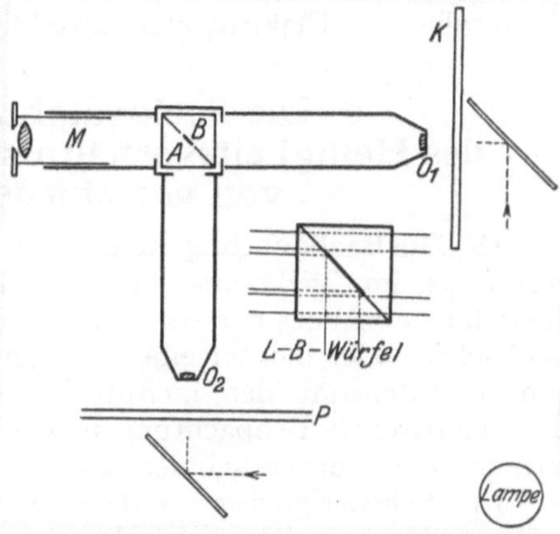

Abb. 3. Mikrophotometer nach HARTMANN (aus SCHILLER, Einführung in das Studium der veränderlichen Sterne).

skop M, bei dem in der Mitte des Strahlenganges ein LUMMER-BRODHUN-Würfel eingeschaltet ist. Der Würfel wird aus zwei mit den Hypotenusenflächen zusammen-

---

[1] Phil. Trans. 177. S. 423 (1886).   [2] Z. f. Instrk. 19, S. 97 (1899).

gekitteten rechtwinkligen Prismen A und B gebildet. Die von dem Objektiv $O1$ kommenden Strahlen gehen geradlinig hindurch. In der Mitte der Berührungsfläche der Prismen ist eine kleine Stelle in dem Prisma B ausgespart, so daß hier keine Berührung stattfindet und das Prisma A totalreflektierend wirkt. An dieser Stelle, welche die Mitte des Gesichtsfeldes bildet, werden die Strahlen von $O1$ abgefangen; man sieht dort das von dem Objektiv $O2$ entworfene Bild. Unter $O2$ befindet sich der Teil der photographischen Platte, dessen Transparenz man messen will, während das Objektiv $O1$ eine kleine Fläche des Vergleichskeiles K abbildet. Dieser wird in seiner Längsrichtung so weit verschoben, daß seine Schwärzung mit derjenigen der Plattenstelle übereinstimmt. Die jeweilige Keilstellung läßt sich an einer Millimeterteilung ablesen. Da der Keil und die photographische Platte von derselben Lampe L durchleuchtet werden, haben Schwankungen in der Intensität der Lichtquelle keinen Einfluß auf die Messung.

Das HARTMANNsche Mikrophotometer hat den Nachteil, daß der zu photometrierende Teil der photographischen Platte eine verhältnismäßig große Ausdehnung besitzen muß: der Photometerfleck darf eine bestimmte Größe nicht unterschreiten, wenn die Meßgenauigkeit nicht leiden soll. Die Messung der Intensität oder der Intensitätsverteilung in den Spektrallinien ist mit dem HARTMANNschen Mikrophotometer nur in unvollkommener Weise durchführbar. Da die fortlaufende photometrische Messung von in gerader Linie angeordneten Objekten für das Auge anstrengend und sehr zeitraubend ist, versucht man neuerdings das menschliche Auge ganz zu eliminieren und durch objektive und zugleich selbstregistrierende Methoden zu ersetzen. Als Helligkeitsindikatoren kommen die alkalische Photozelle in der von ELSTER und GEITEL angegebenen Form und das Thermoelement in Betracht. Die Photozelle ist von KOCH bei seinem selbstregistrierenden Mikrophotometer benutzt, von A. KOHLSCHÜTTER bei einer Versuchsanordnung zur Intensitätsmessung von Absorptionslinien in Sternspektren. Das Thermoelement verwendet MOLL an seinem selbstregistrierenden Mikrophotometer, SCHILT an dem Mikrophotometer der Leidener Sternwarte. Die genannten Instrumente arbeiten mit Ausschlägen eines Elektrometers oder Galvanometers. Die Meßgenauigkeit ist begrenzt durch den größten gerade noch meßbaren Ausschlag. ROSENBERG benutzt an seinem Elektromikrophotometer Photozelle und Elektrometer ausschließlich als Nullinstrument.

d) Die Spektralphotometer zur Messung des Helligkeitsverhältnisses gleicher Spektralgebiete von verschiedenen Lichtquellen.

18. Die Beobachtungsmethoden. Die Bestimmung der relativen Intensitätsverteilung im Spektrum setzt die Kenntnis der Empfindlichkeitskurve des menschlichen Auges oder der photographischen Platte voraus. Bei dem gleichen Beobachter oder bei derselben Plattenemulsion hängt die Empfindlichkeit noch von der Intensität der Lichtquelle ab (PURKINJE-Phänomen). Die visuellen photometrischen Beobachtungen werden dadurch erschwert, daß verschiedenfarbiges Licht untereinander oder mit weißem Licht verglichen wird.

Die Schwierigkeiten, welche beim Vergleich verschiedenfarbigen Lichtes auftreten, lassen sich vermeiden, wenn man das Helligkeitsverhältnis gleicher Spektralgebiete von verschiedenen Lichtquellen mißt. Durch diese Beschränkung der Aufgabe läßt sich mit dem Spektralphotometer die gleiche Genauigkeit erzielen wie mit dem gewöhnlichen Photometer. Man vergleicht Licht von derselben Wellenlänge, wofür das menschliche Auge eine große Empfindlichkeit besitzt. Die Intensitätsverteilung in den verschiedenen Teilen ein und desselben

Spektrums erhält man nicht direkt, sondern durch Vergleich mit einer Lichtquelle, deren Energiekurve anderweitig bekannt ist. Für viele Untersuchungen
ist es schon von großem Wert, die Helligkeitsunterschiede der einzelnen Farben
gegen die homologen einer anderen Lichtquelle zu kennen.

Die Intensitätsverteilung im Spektrum eines Sternes wird mit der des
schwarzen Körpers — meist über eine Vergleichslampe als Zwischenglied —
in Beziehung gebracht. Die Energieverteilung im Spektrum des schwarzen
Körpers wird nach dem Planckschen Strahlungsgesetz aus seiner Temperatur
berechnet. Der Helligkeitsvergleich zwischen dem Stern und dem schwarzen
Körper gibt danach die wahre Intensitätsverteilung im Spektrum des Sternes.
Sind die spektralen Helligkeitsverhältnisse von zwei Sternen gemessen, so muß
die Energiekurve des Bezugssternes anderweitig bekannt sein.

Die zur Messung des Helligkeitsverhältnisses dienenden Instrumente sind
bei visueller Beobachtung so eingerichtet, daß die ursprünglich verschiedene
Helligkeit desselben Spektralgebietes von zwei Objekten in meßbarer Weise gleich
gemacht wird. Die Lichtgleichheit wird durch Lichtabschwächung nach einem
der bekannten photometrischen Prinzipe erzielt. Die beiden zu vergleichenden
Objekte gelangen entweder unmittelbar zur Beobachtung, wobei die hellere
Lichtquelle meßbar abgeschwächt wird, oder beide werden mit einer dritten,
der Standardlichtquelle, verglichen. In letzterem Falle wird die Helligkeit der
Vergleichslampe in meßbarer Weise geändert.

Um das spektrale Helligkeitsverhältnis zweier Lichtquellen aus den auf
photographischem Wege erhaltenen Spektrogrammen zu bestimmen, muß man
die Abhängigkeit der Schwärzung von der Intensität und der Expositionszeit
für verschiedenfarbiges Licht kennen:

$$S_\lambda = f(J_\lambda, t). \tag{5}$$

Strenggenommen ist diese funktionale Beziehung empirisch für jede Platte
festzustellen. Näherungsmethoden, die von Fall zu Fall dem Beobachtungsverfahren angepaßt sind, führen oft leichter und schneller zum Ziele. Das Reduktionsverfahren wird wesentlich vereinfacht, wenn die Expositionszeit t für die Aufnahmen derselben Platte gleich ist. Variiert t in verhältnismäßig engen Grenzen,
so kann man die funktionale Beziehung (5) auch schreiben:

$$S_\lambda = f(J_\lambda \cdot t^p), \tag{6}$$

wo der Schwarzschildsche Exponent p in erster Näherung konstant ist. Die
Abhängigkeit der Schwärzung S_λ vom Logarithmus der Intensität wird bei
mittleren Schwärzungen in linearer Form angesetzt. Abweichungen hiervon
sowie die Variabilität der Gradation mit der Wellenlänge haben einen um so
geringeren Einfluß, je kleiner die Helligkeitsdifferenz der zusammengehörigen
spektralen Intensitäten ist. Die Art und Weise, wie die Beobachter die Reduktion
der photographischen Spektralaufnahmen ausgeführt haben, soll bei der Diskussion der speziellen Methoden erläutert werden. Im folgenden wird eine Beschreibung der Spektralphotometer gegeben, welche bei den visuellen Beobachtungen zur Bestimmung des Helligkeitsverhältnisses von Licht derselben
Wellenlänge benutzt werden.

19. Das zweite Spektralphotometer von Vierordt. Das Vierordtsche[1]
Spektralphotometer ist ein Prismenspektroskop gewöhnlicher Konstruktion, das
aus Kollimator, Prisma und Beobachtungsfernrohr besteht. Der Spalt ist nicht
einfach, sondern hat zwei übereinanderstehende Hälften. Die Spaltweite von

---

[1] Die Anwendung des Spektralapparates zur Photometrie der Absorptionsspektren.
Tübingen 1873.

beiden kann unabhängig voneinander in meßbarer Weise geändert werden. Vor der einen Spalthälfte sitzt ein totalreflektierendes Prisma, durch welches das Licht einer seitlich befindlichen Lichtquelle in das Spektroskop gelangt. Die andere Spalthälfte wird von vorn durch die zweite Lichtquelle beleuchtet bzw. befindet sich im Brennpunkt des Teleskops. Im Gesichtsfeld des Beobachtungsfernrohres sind zwei genau übereinanderliegende Spektren sichtbar, deren Helligkeit durch Vergrößerung oder Verkleinerung der Spaltöffnung geändert wird. Das Gesichtsfeld läßt sich in der Richtung senkrecht zur Längsausdehnung des Spektrums durch einen verschiebbaren Spalt beliebig beschränken, so daß man nur einen schmalen Teil der beiden dicht übereinanderliegenden Spektren sieht. Diese Vorrichtung wird bei allen Spektralphotometern benutzt, damit die Beurteilung der Intensitätsgleichheit an der zu untersuchenden Stelle im Spektrum durch die danebenliegenden Teile nicht störend beeinflußt wird.

Die VIERORDTsche Methode versagt, wenn große Helligkeitsunterschiede zu überbrücken sind. Der das Licht des schwächeren Sternes aufnehmende Spalt muß, um Helligkeitsgleichheit zu erzielen, sehr weit geöffnet werden. Das zugehörige Spektrum ist unrein. Die Farben der zu vergleichenden Spektren stimmen nicht mehr genau miteinander überein; die Messungen werden bei der fehlenden Farbengleichheit unsicher.

20. Das Spektralphotometer von GLAN-VOGEL. Bei dem GLAN-VOGELschen[1] Spektralphotometer befindet sich der Meßapparat zwischen Kollimatorlinse und Prisma; er besteht aus einem doppeltbrechenden Bergkristall und aus einem NICOLschen Prisma, dessen Drehungswinkel die Lichtschwächung mißt. Den Spalt des Spektroskops teilt ein Steg in zwei Hälften. Infolge der Doppelbrechung entstehen von jeder Hälfte zwei Spektren. Die Breite des Steges ist so gewählt, daß die mittleren zwei Spektren, welche von den beiden Hälften des Spaltes kommen, gerade einander berühren; die beiden äußeren Spektren werden durch Schieber im Okular abgeblendet. Bei Drehung des Nicols wird das ordentliche Spektrum der einen Spalthälfte heller, während das außerordentliche der anderen schwächer wird. Da der Winkel der Doppelbrechung von der Wellenlänge des Lichtes abhängt, berühren sich die beiden Spektren nicht in ihrer ganzen Länge; teilweise überdecken sie sich, teilweise stehen sie auseinander. Durch Verstellen des Kollimatorobjektivs und durch eine entsprechende Verschiebung des Okulars läßt sich dieser Nachteil beseitigen. Einwandfreier ist die Benutzung eines verschiebbaren keilförmigen Steges, mit dem die Breite der Spektren für jede Spektralstelle so geändert wird, daß gegenseitige Berührung stattfindet. Das Licht der zu vergleichenden Objekte läßt sich unmittelbar auf die beiden Spalthälften bringen, von denen die eine mit einem totalreflektierenden Prisma bedeckt ist. Gewöhnlich findet die Vergleichung über eine künstliche Lichtquelle statt. Durch Drehung des Fernrohres um eine durch die Mitte des Prismas parallel zur brechenden Kante desselben gehende Achse kann man verschiedene Teile des Spektrums in die Mitte des Gesichtsfeldes bringen. Bei Gleichheit der Helligkeit der zu vergleichenden Objekte verhalten sich die spektralen Intensitäten wie die Quadrate der Tangenten der Drehungswinkel des Nicols. Im Gegensatz zum VIERORDTschen lassen sich mit dem GLAN-VOGELschen Spektralphotometer große Intensitätsunterschiede der zu vergleichenden Lichtquellen messen; nachteilig ist nur der starke Lichtverlust durch die Erzeugung doppelter Bilder.

---

[1] H. C. VOGEL, Spektralphotometrische Untersuchungen insbesondere zur Bestimmung der Absorption der die Sonne umgebenden Gashülle. Monatsberichte der Kgl. Preußischen Akademie der Wissenschaften zu Berlin 1877, S. 104.

21. Das Spektralphotometer nach Crova. Bei dem Crovaschen Spektralphotometer[1] ist der lichtschwächende Apparat — zwei gegeneinander drehbare Nicolsche Prismen — nicht mit dem Spektroskop verbunden, sondern in den Strahlengang der Vergleichslampe vor dem Spalt geschaltet. Vor der einen Spalthälfte befindet sich ein totalreflektierendes Prisma, welches das Licht der Photometerlampe in das Spektroskop gelangen läßt. Beide Spektren berühren sich in ihrer ganzen Länge. Die Gleichheit der Helligkeit in den einzelnen Spektralbezirken wird durch Drehung des zweiten Nicols hergestellt; eine Lichtschwächung der zu untersuchenden Lichtquelle findet nicht statt. Die spektralen Intensitäten verhalten sich wie die Quadrate der Sinus der Drehungswinkel des Nicols.

e) Die visuellen Methoden zur Bestimmung der Intensitätsverteilung im kontinuierlichen Spektrum der Fixsterne.

22. Die Messungen von H. C. Vogel. Die ersten visuellen spektralphotometrischen Messungen an Fixsternen hat Vogel mit dem Glan-Vogelschen Spektralphotometer ausgeführt[2]. Als Vergleichslichtquelle dient eine Petroleumlampe, welche dank ihrer besonderen Aufhängung bei verschiedenen Lagen des Fernrohres immer in derselben Entfernung von dem Reflexionsprisma bleibt. Die Beobachtungen haben gezeigt, daß man sich für längere Zeit auf die Konstanz der Lampe verlassen kann. Auf diese Weise wird es möglich, das Intensitätsverhältnis in den Spektren verschiedener Sterne über die Petroleumflamme zu bestimmen. Um dem Sternspektrum eine meßbare Breite zu geben, stellt Vogel den Spalt des Spektroskops ein wenig außerhalb des Fokus der Objektivlinse des Fernrohres. Die Methode, nach welcher er die Messungen anstellt, fußt auf der Gleichheit der Flächenhelligkeit von Stern- und Vergleichsspektrum. Die infolge der chromatischen Abweichungen des Objektivs mit der Farbe sich ändernde Breite des Sternspektrums wird rechnerisch berücksichtigt. Vogel hat an sieben Spektralstellen zwischen $\lambda\,440$ und $\lambda\,640\,\mu\mu$ die Helligkeiten von Sirius, Wega, Capella, Arktur, Aldebaran und Betelgeuze mit Petroleumlicht verglichen. Der Einfluß der Absorption in der Erdatmosphäre ist aus den Beobachtungen nicht eliminiert.

23. Allgemeines über die spektralphotometrischen Messungen von Wilsing, Scheiner und Münch. Die Messungen von Vogel umfassen nur wenige Objekte; die instrumentellen Fehlerquellen und der Einfluß der atmosphärischen Extinktion blieben unberücksichtigt. Im Jahre 1905 nahmen Wilsing und Scheiner die Beobachtungen mit vollkommeneren optischen Hilfsmitteln wieder auf, seit 1911 unter Mitwirkung von Münch[3]. Die Aufgabe, welche sich die Potsdamer Astronomen stellten, bestand darin, die Energieverteilung im optischen Teil des Spektrums einer größeren Zahl von Sternen durch Verbindung mit spektralphotometrischen Messungen an schwarzen Strahlern zu bestimmen. Als Beobachtungsinstrument diente der 80 cm-Refraktor des Astrophysikalischen Observatoriums zu Potsdam. Bei den Messungen ist eine Kohlenfadenlampe als Vergleichslichtquelle benutzt, die im Laboratorium an den schwarzen Körper

---

[1] J. Scheiner u. J. Wilsing, Untersuchungen an den Spektren der helleren Gasnebel. Publ Astroph Obs Potsdam Nr. 47 (1905).

[2] Resultate spektralphotometrischer Untersuchungen. Monatsberichte der Kgl. Preußischen Akademie der Wissenschaften zu Berlin 1880, S. 801.

[3] J. Wilsing u. J. Scheiner, Temperaturbestimmung von 109 helleren Sternen aus spektralphotometrischen Beobachtungen. Publ Astroph Obs Potsdam Nr. 56 (1909); J. Wilsing, J. Scheiner u. W. Münch, Effektive Temperaturen von 199 helleren Sternen nach spektralphotometrischen Messungen. Publ Astroph Obs Potsdam Nr. 74 (1919).

angeschlossen wurde. Die Beobachtungen sind verbessert wegen der instrumentellen Fehlerquellen und wegen der persönlichen Auffassungsunterschiede. Die spektralen Intensitäten sind von dem Betrage der selektiven Absorption in der Erdatmosphäre befreit.

24. Der Meßapparat. Der an den 80 cm-Refraktor angesetzte Spektralapparat ist ein Photometer vom CROVAschen Typus (Ziff. 21). Das Objektiv des Kollimators bzw. des Beobachtungsfernrohres hat eine Öffnung von 40 bzw. 30 mm und eine Brennweite von 60 bzw. 17 cm. Das Licht wird durch ein Flintglasprisma zerlegt, dessen Dispersion $2°,7$ zwischen $H\alpha$ und $H\gamma$ beträgt. Im Februar 1908 wurde das Flintglasprisma mit einem stärker zerstreuenden RUTHERFURDschen Prisma (Dispersion $6°,4$ zwischen $H\alpha$ und $H\gamma$) vertauscht; die Zahl der zu messenden Stellen im Spektrum wurde von 5 auf 10 erhöht.

Das Licht der im Brennpunkt einer Linse mit kurzer Brennweite befindlichen elektrischen Lampe fällt zunächst auf eine Mattscheibe, gelangt von hier zu der aus einem drehbaren und einem festen NICOLprisma bestehenden photometrischen Kombination und schließlich durch totale Reflexion an einem dicht vor der Spaltebene befindlichen und die eine Hälfte des Spaltes bedeckenden Prisma in den Spektralapparat. Bei lichtschwachen Objekten ist die CROVAsche Konstruktion unbedingt der GLAN-VOGELschen vorzuziehen, weil bei der Messung nur das Licht der Glühlampe und nicht die zu messende Sternstrahlung abgeschwächt wird.

25. Das Meßverfahren. Die Objektive und das Prisma des Spektralphotometers geben von dem in der Spaltebene liegenden Fokalbild des Sternes ein fadenförmiges Spektrum, das mit dem unmittelbar danebenliegenden Spektrum der Kohlenfadenlampe verglichen wird. Die Anwendung der VOGELschen Meßmethode, welche auf der Gleichheit der Flächenhelligkeit von Stern- und Vergleichsspektrum fußt, fordert die Ausdehnung des punktförmigen Sternbildes in der Spaltrichtung. Die Verbreiterung des Sternspektrums läßt sich mit Zylinderlinsen vor dem Spalt oder auch durch extrafokale Stellung des Spaltes erreichen. Diese Verfahren erweisen sich als unpraktisch, weil durch die Verbreiterung die Helligkeit des Sternspektrums stark vermindert wird. Bei unruhiger Luft stört die ungleichmäßige Lichtverteilung in dem verbreiterten Sternspektrum. Nach dem Vorschlage WILSINGS werden die Lichtmengen, welche von gleichen Abschnitten beider linienförmig erscheinenden Spektren ins Auge gelangen, miteinander verglichen. Um die Breite von Stern- und Vergleichsspektrum möglichst gleich zu machen, ist zwischen dem totalreflektierenden Prisma vor dem Spalt und den NICOLschen Prismen des Photometers eine Blende mit spaltförmiger Öffnung von passend gewählter Breite eingeschaltet, welche mittels einer kleinen Mikroskoplinse auf dem Spalt abgebildet wird. Bei einer Breite der Blendenöffnung von 0,3 mm haben Lampen- und Sternspektrum das gleiche Aussehen. In der Bildebene des Okulars befindet sich eine weitere Blende mit einem 0,15 mm breiten Spalt, der aus den beiden Spektren gleichartige Stücke herausblendet. Das Okular ist auf einen Schlitten montiert, der sich in der Richtung der Spektren verschieben läßt. Mit dem Schlitten ist eine Stahlplatte fest verbunden, in welche mehrere Furchen eingerissen sind. Sobald ein mit der Schlittenführung verbundener Dorn bei der Bewegung des Schlittens in eine dieser Furchen springt, wird ein bestimmtes Spektralgebiet im Okularspalt sichtbar.

Durch die Dispersion des Lichtes in der Erdatmosphäre wird das Sternbild in der Brennebene des 80 cm-Refraktors zu einem Spektrum ausgezogen, dessen Länge von der Zenitdistanz des Sternes abhängt. Bei engem Spalt können merkliche Fehler in den Helligkeitsmessungen entstehen, wenn ein Teil dieses

Spektrums durch den Spalt abgeblendet wird. Um diesen Fehler zu vermeiden, wurde der Spalt bis auf 1 mm geöffnet.

26. Die Festlegung der photometrisch gemessenen Spektralstellen. Die Messungen sind anfangs an fünf Stellen, bei der späteren Beobachtungsreihe an zehn Stellen des Spektrums ausgeführt. Die Spektralbereiche sind so gewählt, daß sie weder atmosphärische Absorptionsbänder noch starke Absorptionslinien des Sternes enthalten, und verteilen sich ziemlich gleichmäßig über das Gebiet λ 451 bis 642 $\mu\mu$. Die für die Messung bestimmten Stellen im Spektrum entsprechen den Furchen des Okularschlittens. Die Abstände der Furchen und die zugehörigen Wellenlängen sind in der folgenden Weise ermittelt: Die Schlittenplatte mit dem gefurchten Stahlstreifen ist unter ein Meßmikroskop gelegt; die Abstände der Furchen sind mikrometrisch bestimmt. Da eine gewisse Unsicherheit bestand, ob die Stellung des Schlittens beim Einspringen des Dorns und damit die Entfernung der Marken voneinander durch die mikrometrische Einstellung der nicht scharf begrenzten Furchen richtig gefunden wird, sind die Verschiebungen des Schlittens außerdem direkt an einer auf der festen Führung angebrachten Millimeterskala bestimmt. Die Wellenlängen im Spektrum, welche den einzelnen Schlittenstellungen zugeordnet sind, wurden in der folgenden Weise erhalten: In die Hülse des Okulars ist statt desselben ein Mikroskop montiert, dessen Meßfaden auf die Mitte der spaltförmigen Blendenöffnung im Okularschieber scharf eingestellt wird. Wenn der Schlitten auf der dem Rot entsprechenden Marke steht, kann nach Entfernung des Okularschiebers der Abstand der Wasserstofflinie $H\alpha$ von der Mitte der Blendenöffnung mit der Mikrometerschraube gemessen werden. In der gleichen Weise wird die Entfernung der beiden Natriumlinien D und der Wasserstofflinien $H\beta$ und $H\gamma$ von den Schlittenstellungen Marke: Gelb, Grün, Blau und Violett mikrometrisch bestimmt. Mit dem Argument der Wellenlängen der bekannten Linien sind die Konstanten der CORNU-HARTMANNschen Dispersionsformel (Ziff. 12) berechnet. Die Wellenlängen der Spektralstellen, welche bei einer bestimmten Schlittenstellung im Spalt des Okularschiebers sichtbar sind, werden durch Substitution der zugehörigen linearen Abmessungen ermittelt. Bei den beiden ersten Beobachtungsreihen mit fünf gemessenen Stellen im Spektrum sind die Wellenlängen der den Marken entsprechenden Spektralstellen

$$448,\ 480,\ 513,\ 584,\ 638\ \mu\mu;$$

bei der Beobachtungsreihe mit zehn Messungen sind es die Wellenlängen

$$451,\ 472,\ 494,\ 514,\ 535,\ 556,\ 577,\ 593,\ 615,\ 642\ \mu\mu.$$

27. Die Fokussierung. Bei den spektralphotometrischen Messungen ist in den Strahlengang des photographisch korrigierten 80 cm-Objektivs eine Korrektionslinse eingeschaltet, welche zur Beseitigung der chromatischen Abweichungen der weniger brechbaren Strahlen dient. Die chromatischen Abweichungen von Okular und Auge werden durch Änderung der Okulareinstellung nach dem Vergleichsspektrum eliminiert. Bei der Fokussierung des Refraktorobjektivs wurde der Spektralapparat parallel der optischen Achse verschoben, bis die Einschnürung an der zu messenden Stelle des Sternspektrums lag. Die Messungen wurden anfangs zur Vermeidung von Zeitverlust an den vier letzten Stellen des Spektrums bei der gleichen Fokalstellung ausgeführt; nur bei λ 448 $\mu\mu$ wurde der Fokus geändert. Die Diskussion des Beobachtungsmaterials ergibt die Notwendigkeit kleiner Verbesserungen wegen der ungenauen Fokussierung. Die Messungen an zehn Stellen des Spektrums sind so nahe bei der zu jeder Farbe gehörenden Fokalstellung gemacht, daß Verbesserungen nicht angebracht zu werden brauchen.

28. Der Gang der Beobachtungen. Vor Beginn der Messungen wurde der Spektralapparat im Positionswinkel so weit gedreht, bis der Spalt der Richtung der täglichen Bewegung parallel stand. Der Beobachter am Leitrohr drehte den Refraktor mit Hilfe der Feinbewegung in Deklination, bis der Stern durch den oberen bzw. den unteren Spaltrand verdeckt wurde. Das Verschwinden des Sternspektrums wurde von dem Beobachter am Spektralphotometer dem Beobachter am Leitrohr angezeigt, der das Fadenkreuz dann so einstellte, daß das Fokalbild auf die Mittellinie des Photometerspaltes in passender Entfernung von der Kante des total reflektierenden Prismas fiel.

Die Beobachtungen erfolgten in der Weise, daß der Beobachter am Spektralphotometer das Okular auf das Spektrum der Vergleichslampe scharf einstellte. Indem er dann den Kopf so drehte, daß die Verbindungslinien der Augen und der beiden homologen Spektralstreifen im Gesichtsfeld einander parallel waren, machte er in jedem Quadranten des Intensitätskreises eine Messung. Der zweite Beobachter führte das Protokoll, während ein Gehilfe am Okular des Leitrohres die Stellung des Fokalbildes auf dem Spalt kontrollierte. Nachdem die Messungen an allen vorgesehenen Stellen des Spektrums gemacht waren, wechselten die Beobachter einander ab. Das Licht der hellsten Sterne mußte abgeschwächt werden, da die Helligkeit der Vergleichslampe nicht ausreichte; zu dem Zweck wurden entweder grobe Gitter vor dem Refraktorobjektiv oder NICOLprismen vor dem Spalt des Spektralphotometers angebracht.

29. Die Reduktion auf normale Stromstärke der Vergleichslampe. Die spektralphotometrischen Messungen der Sterne sind auf ein Vergleichsspektrum bezogen, dessen Energiekurve mit einer den Messungen im Sternspektrum entsprechenden Genauigkeit anderweitig zu bestimmen ist. Die Beschaffenheit und die Temperatur der Lichtquelle, welche das Vergleichsspektrum liefert, müssen während der Beobachtungsreihe konstant sein und sich jederzeit kontrollieren lassen. Als besonders brauchbar erwiesen sich kleine elektrische Glühlampen; eine merkbare Veränderung der Energiekurve der Lampenstrahlung wurde während der Beobachtungszeit nicht festgestellt.

Da keine Erfahrungen über die Konstanz der Strahlung der Glühlampen vorlagen, wurde anfangs an jedem Beobachtungsabend das Spektrum der Glühlampe mit dem Spektrum einer SCHEINERschen Benzinlampe verglichen. Nachdem sich jedoch gezeigt hatte, daß die Strahlung der Glühlampe genügende Konstanz besaß, wurden die Vergleichungen mit dem Spektrum der Benzinlampe nicht mehr unmittelbar im Anschluß an die photometrischen Messungen am Refraktor, sondern in größeren Zeitabständen im Laboratorium ausgeführt, bis nach Beschaffung eines HERAEUSschen Laboratoriumsofens, der als schwarzer Strahler diente, die Energiekurve des Spektrums der Glühlampe direkt bestimmt wurde.

Vor Beginn der Messungen wurde durch Änderung der Batteriespannung und des Regulierwiderstandes näherungsweise eine normale Stromstärke von 0,688 Amp. hergestellt. Während der Messungen wurde von dem zweiten Beobachter an einem mit der Lampe in denselben Stromkreis geschalteten Amperemeter die tatsächlich vorhandene Stromstärke abgelesen. Mit dem Argument der Stromstärke werden einer kleinen Tabelle Korrektionsgrößen entnommen, mit denen die beobachteten Intensitätsverhältnisse von Stern- und Vergleichsspektrum auf die der normalen Stromstärke entsprechende Intensitätsverteilung reduziert werden.

Die Auswertung der Vergleichsmessungen zwischen Glühlampe und Benzinbrenner erfolgte nach folgendem oft angewandten Schema. Wenn J'_λ und J''_λ die Intensitäten der zu vergleichenden Strahlung von Glüh- und Benzinlampe bei der Wellenlänge λ bezeichnen, so wird

$$\log J'_\lambda - \log J''_\lambda = \log c + \log \sin^2 \varphi_\lambda . \tag{7}$$

φ_λ ist der bei Helligkeitsgleichheit am Intensitätskreis des Photometers abgelesene Drehungswinkel bzw. das Mittel aus den vier Quadranten. Die Konstante c hängt von den besonderen Umständen bei der Messung ab und wird im wesentlichen durch die innerhalb gewisser Grenzen veränderliche Entfernung der Benzinlampe vom Spalt des Photometers bestimmt. Eliminiert man die Konstante durch Subtraktion des Mittelwertes sämtlicher fünf bzw. zehn Gleichungen von jeder einzelnen, so ergibt sich der folgende symmetrische Ausdruck:

$$\psi\left[\log\left(\frac{J'_\lambda}{J''_\lambda}\right)\right] = \log \frac{J'_\lambda}{J''_\lambda} - \frac{1}{5} \sum \log \frac{J'_\lambda}{J''_\lambda} = \log \sin^2 \varphi_\lambda - \frac{1}{5} \sum \log \sin^2 \varphi_\lambda . \tag{8}$$

Die Abweichungen der $\psi\left[\log \frac{J'_\lambda}{J''_\lambda}\right]$ erreichen an den einzelnen Beobachtungsabenden nicht die Grenze des zufälligen Fehlers der Messungen; es ist also anzunehmen, daß die Intensitätsverteilung im Spektrum der Glühlampe sich in der Zwischenzeit nicht geändert hat. Der Betrag der Verbesserung wegen der kleinen Schwankungen der Stromstärke ergibt sich durch Interpolation aus der Änderung der Energiekurven, welche bei zwei verschiedenen Stromstärken bestimmt sind. Die mittleren logarithmischen Unterschiede der entsprechenden Intensitätsverhältnisse bei der mit Nr. 1 bezeichneten Glühlampe sind für die Beobachter WILSING und SCHEINER:

λ $\mu\mu$	WILSING 0,695—0,617 Ampere	SCHEINER 0,698—0,615 Ampere
448	$+0,081$	$+0,119$
480	$+0,032$	$+0,042$
513	$0,000$	$-0,014$

er sich mit der Wellenlänge ändert. Die Messungen mit der Benzinlampe und an 61 Sternen ergeben für die persönlichen Auffassungsunterschiede zwischen den Beobachtern (Wilsing und Scheiner) folgende mittlere logarithmische Werte:

λ	Wilsing – Scheiner		Rechnung
	Lampenspektrum	Sternspektrum	
448	$+0{,}023$	$+0{,}027$	$+0{,}009$
480	$+0{,}014$	$+0{,}046$	$+0{,}047$
513	$-0{,}030$	$-0{,}039$	$-0{,}027$
584	$-0{,}010$	$-0{,}036$	$-0{,}027$
638	$0{,}000$	$+0{,}003$	$-0{,}001$

Die Auffassungsunterschiede sind bedingt durch das verschiedene Aussehen des künstlichen Photometersternes und des Brennpunktbildes des wahren Sternes im Refraktor; dazu kommen Fehler, welche von der relativen Lage der zu vergleichenden Objekte im Gesichtsfelde abhängen.

Der Einfluß der relativen Lage wurde durch Messung an künstlichen Sternen bestimmt, deren Stellung im Gesichtsfelde mit Hilfe eines vor dem Okular angebrachten Reversionsprismas vertauscht wurde. Die Vergleichung der Messungsreihen mit dem Reversionsprisma ergibt für die halbe Differenz der Intensitätslogarithmen, je nachdem das zu messende Spektrum rechts oder links vom Spektrum der Photometerlampe liegt, und damit für den Auffassungsunterschied W.—S. folgende Zahlen:

λ	Wilsing	Scheiner	W.–S.
448	$+0{,}009$	$-0{,}031$	$+0{,}040$
480	$+0{,}013$	$-0{,}040$	$+0{,}053$
513	$-0{,}025$	$+0{,}030$	$-0{,}055$
584	$+0{,}019$	$+0{,}047$	$-0{,}028$
638	$-0{,}014$	$-0{,}007$	$-0{,}007$

Da das Reversionsprisma die Beschaffenheit der Bilder merklich verschlechtert, wurde noch ein anderes Verfahren benutzt, bei dem das totalreflektierende Prisma, welches das Licht der Photometerlampe auf den Spalt des Spektralphotometers wirft, durch ein kleineres ersetzt ist, so daß die Strahlen einer Vergleichslampe zu beiden Seiten desselben in das Photometer eintreten können. Das mittlere Spektrum der Photometerlampe wurde abwechselnd mit dem rechten und dem linken Bilde des Vergleichsspektrums verglichen, wobei stets dasjenige Spektrum, welches nicht gemessen wurde, durch einen Schieber in der Okularebene abgedeckt wurde, damit eine Beeinträchtigung der Vergleichungen nicht eintreten konnte.

Bezeichnet man mit J_r und J_l die wahren Intensitäten des rechten und des linken Spaltbildes, mit J_0 die Intensität des Spektrums der Photometerlampe, ferner mit α_r und α_l von der Wellenlänge abhängige Faktoren, welche das Verhältnis der wahren Intensität zu der gemessenen ausdrücken, so erhält man:

$$\log J_{r\lambda} - \log J_{l\lambda} = \log \alpha_{r\lambda} - \log \alpha_{l\lambda} + \log \sin^2 \varphi_{r\lambda} - \log \sin^2 \varphi_{l\lambda}. \tag{9}$$

Da J_r und J_l sich auf dieselbe Lichtquelle beziehen, ist die Differenz auf der linken Seite der Gleichung von der Wellenlänge unabhängig und kann durch Subtraktion des Mittels der fünf für die verschiedenen Stellen des Spektrums geltenden Gleichungen eliminiert werden. Setzt man mit Wilsing noch $\alpha_l = \dfrac{1}{\alpha_r}$, so wird α_r durch die folgende Gleichung bestimmt:

$$\left.\begin{aligned} 2\log \alpha_{r\lambda} = {} & \log \sin^2 \varphi_{l\lambda} - \tfrac{1}{5}\log \sum \sin^2 \varphi_{l\lambda} - \log \sin^2 \varphi_{r\lambda} + \tfrac{1}{5}\log \sum \sin^2 \varphi_{r\lambda} \\ & + \tfrac{2}{5}\sum \log \alpha_{r\lambda}. \end{aligned}\right\} \tag{10}$$

Da es nur auf die Änderung von $\log \alpha_r$ mit der Wellenlänge ankommt, darf man die auf der rechten Seite der Gleichung als additive Konstante auftretende

Summe $\frac{2}{5}\sum \log\alpha_{r\lambda}$ unberücksichtigt lassen. Die Messungen der beiden Beobachter geben folgende Mittelwerte der $\log\alpha_r$:

λ	WILSING	SCHEINER
448	$+0,016$	$+0,010$
480	$0,000$	$+0,044$
513	$-0,004$	$-0,016$
584	$-0,001$	$-0,028$
638	$-0,013$	$-0,011$

Vereinigt man die Resultate aus den beiden Bestimmungen von $\log\alpha_{r\lambda}$, indem man der zweiten Reihe das doppelte Gewicht gibt, so erhält man die folgenden Werte für die Verbesserungen $\log\alpha_{r\lambda}$, welche den von der Lage der Spektren im Gesichtsfelde abhängenden Teil des persönlichen Auffassungsunterschiedes darstellen und zu den direkt gemessenen logarithmischen Intensitätsverhältnissen hinzuzufügen sind:

λ	WILSING	SCHEINER
448	$+0,008$	$+0,017$
480	$-0,004$	$+0,043$
513	$+0,006$	$-0,021$
584	$-0,007$	$-0,034$
638	$-0,004$	$-0,005$

Die Verbesserungen bei WILSING sind so klein, daß ihnen keine Realität beizumessen ist; bei SCHEINER erreichen sie merkliche Beträge. Die Rückwärtsberechnung der an die Unterschiede zwischen den Messungen der beiden Beobachter anzubringenden Verbesserungen (vgl. erste Tabelle auf S. 298 unter „Rechnung") führt zu einer bemerkenswerten Übereinstimmung mit den aus den Messungen der Sternspektren und des Spektrums der Benzinlampe abgeleiteten Werten. Bei den Messungen an zehn Stellen des Spektrums sind die Auffassungsunterschiede für WILSING wie für SCHEINER von so geringem Betrage, daß keine Verbesserungen an die Messungen in den Sternspektren angebracht zu werden brauchen.

31. Der Lichtverlust im Fernrohr. Die spektralphotometrischen Messungen geben die Energieverteilung im Spektrum der Sterne, wie sie durch das Fernrohr gesehen wird, in bezug auf die Energieverteilung in dem konstanten Vergleichsspektrum. Die Berechnung der wahren Energieverteilung in den Sternspektren verlangt die Kenntnis des Lichtverlustes infolge der selektiven Reflexion und Absorption im Fernrohrobjektiv und in der Korrektionslinse. Der Einfluß dieser Fehler wurde aus dem Unterschied der Helligkeitsverteilung im Spektrum einer 1 qm großen, durch 16 fünfundzwanzigkerzige Glühlampen gleichförmig erleuchteten Mattglasscheibe bestimmt, wenn das Licht der Scheibe direkt oder durch die Linsen des Refraktors zum Photometerspalt gelangte. Die Messungen der Intensitätsverteilung in dem durch die Linsenabsorption und -reflexion veränderten, sowie im unveränderten Vergleichsspektrum ergeben folgende Verbesserungen der logarithmischen Helligkeitsverhältnisse:

λ 448	480	513	584	638
$+0,042$	$-0,015$	$-0,015$	$-0,011$	$-0,001$

Nur im Violett ist die Verbesserung merklich. Es ist zu beachten, daß die Zahlen nur Relativwerte der Verbesserungen geben. Die Bestimmung der absoluten Beträge bietet für die Untersuchung kein Interesse, sondern nur die Änderung der Absorption und Reflexion mit der Wellenlänge. Die Unterschiede der Helligkeitsverteilung im Spektrum einer vor bzw. unmittelbar hinter dem 80 cm-Objektiv angebrachten Glühlampe und ihre Übereinstimmung mit den voranstehenden Zahlen lehren, daß die Absorption der Korrektionslinse vernachlässigt werden kann, und daß nur die Wirkung des zentralen Teiles des 80 cm-Objektivs zu berücksichtigen ist.

32. Die Fokalreduktion. Zu den Verbesserungen instrumenteller Art gehört die Fokalreduktion, welche von dem nach Einschaltung einer Korrektionslinse noch verbleibenden sekundären Spektrum des für die brechbareren Strahlen achromatisierten 80 cm-Objektivs abhängt. Zur Vermeidung von Zeitverlust ist anfangs an vier Stellen des Spektrums die gleiche Fokalstellung beibehalten; nur für die Messungen bei $\lambda\,448\,\mu\mu$ wurde besonders fokussiert. Die Verbesserungen $\psi\,(\delta\log J_\lambda)$ der bei λ 480, 513, 584 und 638 $\mu\mu$ beobachteten Helligkeiten wegen ungenauer Fokaleinstellung sind durch spezielle Beobachtungsreihen ermittelt, indem abwechselnd bei beiden Fokalstellungen in unmittelbarer Folge gemessen wurde. Die Messungen an zehn Stellen des Spektrums sind so nahe bei den zu jeder Farbe gehörenden Fokalstellungen ausgeführt, daß Verbesserungen nicht angebracht zu werden brauchen.

33. Die Extinktion in der Erdatmosphäre. Das Licht erleidet beim Durchgang durch die Erdatmosphäre nicht nur eine allgemeine, sondern auch eine selektive Absorption, so daß die beobachtete scheinbare Intensitätsverteilung im Spektrum von der wahren abweicht. Bei der Reduktion der scheinbaren auf die wahre Energiekurve handelt es sich nur um den Teil des Lichtverlustes, welcher sich stetig mit der Wellenlänge ändert. Die Berücksichtigung der Extinktion in der Erdatmosphäre erfolgt in zwei Stufen, nämlich durch die Reduktion auf den Zenit des Beobachtungsortes und durch die Reduktion auf den leeren Raum. Bezeichnet man mit $J_{\lambda z}$ die bei der Zenitdistanz z des Sternes beobachtete Intensität, mit J_λ die wahre Intensität des Lichtes von der Wellenlänge λ außerhalb der Erdatmosphäre, mit p_λ den Transmissionskoeffizienten für Licht von der Wellenlänge λ, mit p_m den mittleren Transmissionskoeffizienten, d. h. das Verhältnis der im Zenit beobachteten visuellen Helligkeit eines Sternes zu der Helligkeit desselben außerhalb der Erdatmosphäre, und ist endlich E_{mz} das visuelle Helligkeitsverhältnis eines Sternes mittlerer Farbe im Zenit und im Abstand z von demselben, so ist

$$\log J_\lambda = \log J_{\lambda z} + \frac{\log p_\lambda}{\log p_m}\,\log E_{mz} - \log p_\lambda\,. \tag{11}$$

Die Transmissionskoeffizienten p_λ und die Zenitreduktion $\log E_{mz}$ sind nach Tabellen von G. MÜLLER berechnet. Abweichungen von der mittleren Durchsichtigkeit beeinflussen das Ergebnis der Reduktion nur in dem von der Wellenlänge abhängenden Teil.

34. Die Genauigkeit der Beobachtungen. Die Genauigkeit bei der Bestimmung der wahren Energieverteilung im Sternspektrum hängt einmal von den Messungen am Fernrohr ab; andererseits ist sie durch die Sicherheit bedingt, mit der sich die obengenannten Verbesserungen ermitteln lassen. Die Helligkeitsauffassung, beeinflußt durch die momentane Disposition des Beobachters, wie auch die Extinktion können an den einzelnen Abenden merklich von der mittleren verschieden sein. Die Elimination der Auffassungsfehler durch Verbesserungen nach besonderen Messungsreihen und die Tabellenwerte der Extinktion bringen nur den mittleren Unterschied der Messungen zum Verschwinden, während sich die Differenzen in der Auffassung und die wechselnde Extinktion an den einzelnen Abenden mit den eigentlichen Einstellungsfehlern vereinigen. Der mittlere logarithmische Fehler einer Einzelbeobachtung ergibt sich aus dem Vergleich der Messungen in den Spektren von 67 Sternen für alle Farben des Spektrums gleichmäßig zu $\pm0,047$; der Fehler des Mittels aus zwei Beobachtungen ist bei WILSING $\pm0,033$, bei SCHEINER $\pm0,032$. Die Abweichungen der Messungsergebnisse für beide Beobachter führen zu dem gleichen Wert des mittleren Fehlers $\pm0,033$, woraus zu schließen ist, daß die mittleren Auffassungsunterschiede durch die Verbesserungen beseitigt sind. Der mittlere Fehler des

Gesamtmittels aus den vier Messungen einer Stelle des Sternspektrums beträgt $\pm 0{,}024$ im Logarithmus des Intensitätsverhältnisses.

35. Der Anschluß des Spektrums der Vergleichslampe an den schwarzen Körper. Die Energieverteilung im Spektrum der Lampenstrahlung wurde anfangs durch Vergleich mit der Energieverteilung im Spektrum glühender Platinblättchen bestimmt. Seitdem ein schwarzer Körper zur Verfügung stand, wurde mit diesem gearbeitet. Zur Reduktion der Beobachtungen sind nur die Vergleichungen mit dem schwarzen Strahler benutzt worden.

Als schwarzer Körper dient ein elektrisch heizbarer Ofen von HERAEUS. Die Temperatur des Ofens — im Maximum 1500° — wird durch ein Platin-Platinrhodium-Thermoelement gemessen, dessen aktive Lötstelle sich im strahlenden Rohr des schwarzen Körpers befindet, während die Verbindungsstellen mit den Leitungen zu dem Galvanometer in einem Wasserbad von bekannter Temperatur gehalten werden. Das Galvanometer, an dessen Skala die Temperatur der Lötstelle direkt abgelesen wurde, war ein SIEMENSsches Zeigergalvanometer. Die Zuverlässigkeit der Temperaturangaben des Galvanometers wurde mehrfach geprüft: Bei niedrigen Temperaturen bis 200° wurde ein Quecksilber-Normalthermometer zum Vergleich benutzt. Bei höheren Temperaturen erfolgte die Prüfung mit Hilfe des STEFANschen Gesetzes, nach dem die Gesamtstrahlung des schwarzen Körpers von der absoluten Temperatur T proportional der vierten Potenz der Temperatur ist. Die Gesamtstrahlung wird mit einer kleinen, aus Wismut- und Antimonstäbchen bestehenden Thermosäule gemessen; die Verbindungsdrähte führen von der Thermosäule zu einem D'ARSONVALschen Galvanometer, dessen Spulenablenkung mittels Fernrohr und Spiegelablesung ermittelt wird. Wenn die Temperaturangaben des Zeigergalvanometers richtig sind, muß der Quotient aus dem Ausschlag des d'ARSONVAL-Galvanometers und aus der vierten Potenz der am Zeigergalvanometer abgelesenen Temperatur konstant sein. Die Gesamtheit der angestellten Versuche berechtigt zu dem Schluß, daß, abgesehen von Störungen zufälliger Art, die Intensität der Gesamtstrahlung des schwarzen Körpers dem STEFANschen Gesetz folgt.

Die Veränderungen in der Spannung des Thermoelements werden nach einem Normalelement bestimmt, dessen Lötstelle sich gleichfalls im Innern des schwarzen Körpers befindet. Die Verbesserung der Angaben des Arbeitselements war für die Zeit vor 1909 März 0°, später $+12°$ C. Außerdem sind noch die halbe Temperatur der im Wasserbad befindlichen inaktiven Lötstellen und eine von HOLBORN und VALENTINER durch Vergleich mit dem Stickstoffthermometer ermittelte Skalenverbesserung des Thermoelements von 10° hinzuzufügen.

Bei dem Vergleich der Spektren der Lampen- und der Ofenstrahlung wurde das Spektralphotometer im Laboratorium auf einem festen Gestell so montiert, daß die Kollimatorachse horizontal und in der Verlängerung der Achse des schwarzen Körpers lag. Die Messungen bestehen in Ablesungen am Intensitätskreis der NICOLprismen und in der Temperaturangabe des Zeigergalvanometers bei jeder Farbe. Am Anfang und am Ende jeder Beobachtungsreihe wird die Temperatur des Wasserbades, in welchem sich die inaktiven Lötstellen des Thermoelements befinden, sowie die Stromstärke im Photometerlampenkreis festgestellt.

36. Die Reduktion der Messungen. Die Berechnung der Energieverhältnisse im Lampenspektrum erfolgt nach der folgenden Formel: Bezeichnen J_λ und U_λ die Intensitäten im Lampenspektrum und im Spektrum des schwarzen Körpers, so wird

$$\psi(\log J_\lambda) = \psi(\log U_\lambda) - \psi(\log \sin^2 \varkappa_\lambda) \, . \tag{12}$$

$\varkappa_\lambda$ ist die Ablesung am Intensitätskreis. Für U_λ setzt man in hinreichender Annäherung den Ausdruck nach dem WIENschen Gesetz:

$$U_\lambda = C\lambda^{-5}e^{-c_2/\lambda T}.\qquad (13)$$

Danach wird:

$$\psi(\log J_\lambda) = -5\,\psi(\log\lambda) - \frac{c_2}{T}\log e\,\psi\left(\frac{1}{\lambda}\right) - \psi(\log\sin^2\varkappa_\lambda)\,.\qquad (14)$$

Die Energieverteilung im Spektrum der Lampe Nr. 1 ist während der ganzen Beobachtungsreihe konstant geblieben. Nur gegen Ende derselben, vom 4. Oktober 1907 ab, kurz bevor der Faden der Glühlampe durchbrannte, ist eine Abnahme des Energieverhältnisses Rot zu Violett angedeutet, welche auf Temperaturzunahme des Kohlenfadens bei normaler Stromstärke hinweist. Die Lampe Nr. 2 gibt eine zeitliche Abnahme im Rot und eine Zunahme im Violett.

Zur Reduktion der Messungen in den Sternspektren sind Mittelwerte der $\psi(\log J_\lambda)$ für Zeitabschnitte gebildet, während derer die Lampenstrahlung nahezu konstant war. Bezeichnet n_λ das wahre aus den Messungen bestimmte und wegen der instrumentellen Fehler verbesserte Intensitätsverhältnis des Stern- und des Lampenspektrums, so erhält man nach Substitution von $\psi(\log J_\lambda)$ in die Gleichung

$$\psi(\log E_\lambda) = \psi(\log J_\lambda) + \psi(n_\lambda)\qquad (15)$$

die Werte $\psi(\log E_\lambda)$, durch welche die Energiekurve des Sternspektrums bestimmt ist.

f) Die photographischen Methoden zur Bestimmung der Intensitätsverteilung im kontinuierlichen Spektrum der Fixsterne.

37. Die Vorteile der photographischen Beobachtungsmethode und die Nachteile des Reduktionsverfahrens. Die Diskussion von WILSINGS spektralphotometrischen Messungen hat die Schwierigkeiten erkennen lassen, welche der extensiven Anwendung der visuellen Methode entgegenstehen. Die Beobachtungen lassen sich nicht von einer einzigen Person durchführen. Instrumentelle Mängel und subjektive Fehler erschweren die Beobachtung und beeinträchtigen die Genauigkeit des Resultates.

Nach WILSING ist man nicht mehr auf visuelle spektralphotometrische Beobachtungen zurückgekommen, und es ist wenig wahrscheinlich, daß dieser Fall später noch einmal eintritt. Das Auge kann der objektiven Registrierung der Helligkeit durch die photographische Platte nichts Gleichwertiges entgegenstellen. Das photographische Verfahren hat sich vor allem deshalb schnell eingebürgert, weil man die Sternspektren ohne große Mühe erhält. Bei der visuellen Beobachtung werden die einzelnen Spektralgebiete nacheinander gemessen. Die photographische Platte gibt mit einer Aufnahme das ganze Spektrum. Bei der Beobachtung mit dem Auge darf die Breite des zu messenden Spektralbereiches eine gewisse untere Grenze nicht unterschreiten, wenn die Genauigkeit nicht leiden soll. Mit dem selbstregistrierenden Mikrophotometer lassen sich in dem auf photographischem Wege erhaltenen Spektrum noch feinste Details nachweisen. Für die Photometrie der Absorptions- und Emissionslinien in den Sternspektren, dem zukunftsreichsten Spezialgebiet der Spektralphotometrie, kommen nur photographische Methoden in Betracht.

Was die Festlegung der spektralen Intensitäten in einer photometrisch einwandfreien Skala anbetrifft, so ist ohne Zweifel die visuelle Methode der photographischen weit überlegen. Durch die meßbare Abschwächung des Vergleichsspektrums mit NICOLschen Prismen wird die mit dem Auge leicht zu schätzende Gleichheit zwischen der spektralen Intensität des Sternes und der Vergleichslampe hergestellt, welch letztere an die Strahlung des schwarzen Körpers von bekannter Temperatur anzuschließen ist. Die Umwandlung der photographischen Schwärzungen in spektrale Intensitäten verlangt die Kenntnis der funktionalen Abhängigkeit

$$S_\lambda = f(J_\lambda, t),$$

wo S_λ die zur spektralen Intensität J_λ bei der Belichtungszeit t gehörige Schwärzung ist. Eine allgemein gültige Form dieser analytischen Beziehung läßt sich nicht angeben, weil der Einfluß der Plattenemulsion und der Entwicklungsart auf die Schwärzung unbekannt ist. Bei photographischen Aufnahmen ist die Expositionszeit t für alle Teile des Spektrums gleich. Variiert t für die einzelnen Spektren einer photographischen Platte innerhalb enger Grenzen, so läßt sich obige funktionale Beziehung auch in der Form schreiben

$$S_\lambda = f(J_\lambda \cdot t^p),$$

wo der SCHWARZSCHILDsche Exponent p in erster Näherung konstant ist. Wenn die Belichtungsdauer t für alle Aufnahmen einer Platte konstant ist, tritt eine wesentliche Vereinfachung in der Reduktionsmethode ein. Die Intensitätsverteilung im Sternspektrum wird in der Regel auf die eines Vergleichssternes als Nullpunkt bezogen. Dieses differentielle Verfahren erlaubt gleichfalls, weitgehende Näherungen im Reduktionsverfahren anzuwenden.

38. Die Umwandlung der Schwärzungen in Intensitäten. Die funktionale Beziehung zwischen der Schwärzung S_λ und der Intensität J_λ bzw. der wirksamen Lichtmenge $J_\lambda \cdot t^p$ wird man auf empirischem Wege zu gewinnen suchen. Dabei werden Näherungsmethoden, die von Fall zu Fall dem Beobachtungsverfahren angepaßt sind, oft leichter und schneller zum Ziele führen. Um die Schwärzung in die spektrale Intensität umzuwandeln, muß man streng genommen die Gradation der photographischen Platte für jede Wellenlänge kennen. Wegen der begrenzten Genauigkeit wird man die Schwärzungskurven für nahe beieinander liegende Wellenlängen zusammenfassen. PAYNE und HOGG finden auf Grund zahlreicher Versuche, daß die Gradation bei den von ihnen benutzten Platten von der Wellenlänge unabhängig ist, so daß sich mit einer Reduktionskurve die Schwärzungen des ganzen Spektrums in Intensitäten umwandeln lassen. Andere Autoren haben dagegen eine merkliche Änderung der Gradation mit der Wellenlänge festgestellt. Wie dem auch sei, man wird schon mit einer einzigen Schwärzungskurve brauchbare Resultate erzielen, insbesondere wenn die Helligkeitsdifferenz der zusammengehörigen spektralen Intensitäten klein ist.

Bei der Verwertung von alten Plattenbeständen, die ad hoc nicht für photometrische Zwecke erhalten sind, wird man die Umwandlung der Schwärzungen in spektrale Intensitäten unter vereinfachenden Annahmen durchführen müssen. Wenn außer dem spektralphotometrisch zu untersuchenden Stern nur ein Vergleichsstern vorhanden ist, läßt sich bei Außerachtlassung der spektralen Gradation die Beziehung zwischen Schwärzung und Intensität aus dem Spektrum des Vergleichssterns ableiten. Man wird die Intensitätsverteilung im Spektrum des Vergleichssterns gleich der mittleren für den betreffenden Spektraltypus geltenden setzen, für den Fall, daß jene nicht anderweitig bekannt ist. Befinden sich mehrere Sterne von bekannter Helligkeit und von bekanntem Spektraltypus auf derselben Platte, so kann man eine mittlere Schwärzungskurve für das ganze Spektrum oder auch für getrennte Spektralbezirke konstruieren. Sind die Vergleichssterne von gleichem Spektraltypus, so wird die Intensitätsverteilung in den Spektren dieser Sterne annähernd übereinstimmen. Die Helligkeitsdifferenz zweier Sterne ist dann für alle Wellenlängen konstant und gleich dem visuellen oder dem photographischen Helligkeitsunterschied. Haben die Vergleichssterne verschiedenen Spektraltypus, so kann man eine mittlere Schwärzungskurve erhalten, wenn man der Reduktion die mittleren spektralen Helligkeitsunterschiede der betreffenden Spektralklassen zugrunde legt[1].

Bei den eigentlichen spektralphotometrischen Untersuchungen werden die Schwärzungskurven nach verschiedenartigen Methoden erhalten, die jeweils dem Beobachtungsverfahren angepaßt sind. Eberhard und Ch'ing-Sung Yü bringen vor oder nach der Sternaufnahme mit einem Röhrenphotometer eine Helligkeitsskala auf die photographische Platte. Baillaud erhält die Eichskala, welche eine Farbenskala ist, gleichzeitig mit der Sternaufnahme. Plaskett bringt außer dem Keilspektrum des Sterns das einer Vergleichslichtquelle auf die photographische Platte. Wenn die Schwärzungskurve aus den Sternaufnahmen selbst bestimmt wird, hat man zu unterscheiden, ob die photometrische Eichung der photographischen Platte nach einer oder nach mehreren Aufnahmen erfolgt. Bei der Kombination Gitter-Objektivprisma genügt eine Aufnahme zur Ableitung der Schwärzungskurve; auf der photographischen Platte sind verschiedene Grade von Schwärzungen vorhanden, die durch eine numerisch angebbare Variation der auffallenden Lichtmenge hervorgerufen sind. Die Intensitätsänderung der Vergleichsspektren kann auch durch Abblendungsmittel, durch Polarisationseinrichtungen oder durch eine Variation der Expositionszeit bewirkt werden; in diesen Fällen muß man mindestens zwei Aufnahmen nacheinander machen.

39. Die spektralphotometrischen Untersuchungen von E. C. Pickering. Die ersten spektralphotometrischen Untersuchungen nach photographischen Aufnahmen hat E. C. Pickering[2] angestellt. Er benutzte dazu Spektralaufnahmen des „Draper Memorial" und verglich sie mit besonders zu diesem Zweck erhaltenen Spektrogrammen der Sonne, indem für alle Platten die Schwärzungen in 13 verschiedenen Wellenlängen zwischen $\lambda\,390$ und $\lambda\,510\,\mu\mu$ mit einem Standardkeil gemessen wurden. Die Intensitätsverteilung im Sonnenspektrum wurde den bolometrischen Messungen von Langley entnommen. Die Untersuchung bezieht sich auf sieben helle Sterne, auf die Sonne und auf Saturn. Die von Pickering gemachte Voraussetzung, daß für verschiedene Platten die photographische Wirkung unter gleichen Umständen und bei gleicher Behandlung dieselbe ist, trifft nicht zu; jede Platte ist vielmehr als Einzelindividuum zu betrachten, bei dem die Schwärzungskurve von den besonderen Eigenschaften der Platte abhängt. Die Beobachtungsergebnisse von Pickering stehen daher nicht im Einklang mit denen der anderen Autoren.

40. Die Methode von G. Eberhard. Die Beobachtungen. Die Spektrogramme der Sterne sind mit einem Spiegel von 300 mm Öffnung und 900 mm Brennweite erhalten; vor diesem befindet sich im Minimum der Ablenkung ein Prisma von 150 mm Seitenlänge mit dem brechenden Winkel von $2\frac{1}{2}°$. Auf gewöhnlichen nichtorthochromatischen Platten sind die Spektren ungefähr 2 mm lang und umfassen den Wellenlängenbereich 340 bis $510\,\mu\mu$. Die für die photometrische Ausmessung notwendige Breite der kurzen Spektren wurde durch „Laufenlassen" des Sternes bewirkt. Jede photographische Platte trägt eine mit dem Röhrenphotometer aufkopierte Intensitätsskala, welche die Gradation der Platte gibt. Als Lichtquelle dient eine Wolframlampe, vor die bei Benutzung von rotempfindlichen Platten ein rotdurchlässiges Filter gesetzt wird. Die 16 auf jede Platte gebrachten Stufen der Schwärzungsskala entsprechen experimentell

---

[1] A. Brill, Spektralphotometrische Untersuchungen. A N 219, S. 353 (1923), Tabellen 9 und 14.

[2] Distribution of Energy in Stellar Spectra. A N 128, S. 377 (1891).

bestimmten Intensitäten, welche den Bereich von $4^1/_2$ Größenklassen umfassen. Als Nullpunkt der Skala dient für jede Wellenlänge die Intensität der entsprechenden Stelle im Spektrum eines dem Programmstern benachbarten Vergleichssternes, welcher gleichzeitig auf der Platte aufgenommen ist.

Die von EBERHARD nach der genannten Methode erhaltenen Spektrogramme der Nova Geminorum 2 wurden vom Verfasser[1] zur Bestimmung der Helligkeitsschwankungen in den einzelnen Wellenlängen ausführlich diskutiert. Die Schwärzungen sind mit dem HARTMANNschen Mikrophotometer gemessen. Auf jeder Platte wurden möglichst gleichliegende, nach dem Augenmaß geschätzte Stellen im Spektrum genommen, wobei die Emissionsbänder $H\alpha$ bis $H\eta$ im Wellenlängenbereich 380 bis 510 $\mu\mu$ einen sicheren Anhaltspunkt bieten. Außer dem kontinuierlichen Spektrum sind die Schwärzungen der Emissionsbänder gemessen. Zu dem Zweck wurden sie an den Rand des Photometerfleckes des Mikrophotometers gebracht; ihre intensivste Stelle wurde mit dem angrenzenden Teil des Meßkeiles verglichen. Da die Emissionsbänder keine gleichförmig geschwärzten Gebilde sind, und da außerdem der an die Bänder grenzende Teil des kontinuierlichen Spektrums die Einschätzung in die Schwärzungsskala des Photometerkeiles erschwert, haben die Messungen der Emissionsbänder nur eine beschränkte Genauigkeit.

41. Die Reduktion der Messungen. Die Schwärzungskurve für jede Platte wurde in der folgenden Weise bestimmt: Auf Millimeterpapier sind als Abszissen die Intensitäten der Schwärzungsskala in Größenklassen, als Ordinaten die zugehörigen Keilablesungen aufgetragen. Durch die erhaltenen Netzpunkte wurde eine glatt verlaufende und sich möglichst an diese anschmiegende Kurve gelegt. Mit den Keilablesungen sind die zugehörigen Intensitäten des kontinuierlichen Spektrums und der Emissionsbänder der Nova sowie die der entsprechenden Spektralbereiche des Vergleichssternes aus der zu jeder Platte gezeichneten Schwärzungskurve entnommen. Die Einordnung der Schwärzungswerte der Sternspektren in die mit dem gemischten Licht der Wolframlampe erhaltene Schwärzungsskala ist nicht als ein exaktes Reduktionsverfahren anzusprechen.

Der Nullpunkt der Intensitätszählung ist für jede Wellenlänge von Platte zu Platte verschieden. Auf direktem Wege kann man ihn eliminieren, wenn man für jeden Spektralbereich die Differenz der Intensitäten von Nova und Vergleichsstern bildet. Der Einfluß der Fernrohroptik, des nicht normalen prismatischen Spektrums, der Plattenempfindlichkeit, der ungleichen Belichtung der Photometerskala, der verschieden langen Expositionszeit, der ungleichen Breite des Spektrums und der wechselnden Extinktion fällt heraus. Die Differentialextinktion von Nova und Vergleichsstern ist verschwindend klein. Eine Gesichtsfeldkorrektion braucht nicht angebracht zu werden, da die Nova und der Vergleichsstern stets an der gleichen Stelle der Platte stehen.

Diese direkte Reduktionsmethode ließ sich bei der Untersuchung des Verfassers nicht anwenden, weil nicht immer Schwärzungsmessungen von gleichen Stellen im Nova- und Vergleichsspektrum vorlagen. Die Reduktion auf einen gemeinsamen Nullpunkt wurde deshalb nach einer indirekten Methode vorgenommen. Aus sämtlichen Platten wurde eine mittlere Intensitätsverteilung im Spektrum des Vergleichssternes als Normale abgeleitet, indem für die einzelnen Spektralbereiche das Mittel der Intensitäten aus allen Platten gebildet wurde. Lagen für einen Spektralbereich weniger Messungen vor, als die Zahl der benutzten Platten beträgt, so wurde nach einem differentiellen Verfahren die kleinere Zahl der Messungen auf das Gesamtmittel reduziert.

<hr>

[1] A. BRILL, Die Helligkeitsschwankungen im Spektrum der Nova Geminorum 2 nach Aufnahmen von G. EBERHARD. Publ Astroph Obs Potsdam Nr. 70 (1914).

Die Formel für die scheinbare Intensitätsverteilung im Spektrum des Vergleichssternes kann man folgendermaßen ansetzen:

$$J = \varphi(s) + \alpha s + \beta. \tag{16}$$

Das Argument s ist die lineare Abmessung im Spektrum. Die Funktion $\varphi(s)$ gibt die scheinbare Intensitätsverteilung im Normalspektrum des Vergleichssternes und hängt von der Plattenempfindlichkeit ab. Die Variabilität des Durchlässigkeitskoeffizienten der Erdatmosphäre mit der Wellenlänge hat bei wechselnder Höhe des Sternes über dem Horizont eine Verschiebung des Intensitätsmaximums im Spektrum zur Folge. Dieser Einfluß geht nahezu linear mit der Abmessung im Spektrum. Die Unterschiede in der Plattenempfindlichkeit lassen sich, wenn mehrere Plattensorten benutzt sind, ebenfalls in erster Näherung durch eine lineare Funktion der Abmessung im Spektrum ausdrücken. Mit den spektralen Intensitätsdifferenzen des Vergleichssternes von jeder Platte gegenüber dem Mittelwert, die eine lineare Abhängigkeit von der Abmessung im Spektrum darstellen, werden die Helligkeiten des kontinuierlichen Spektrums und der Emissionsbänder der Nova auf das Normalspektrum des Vergleichssternes bezogen.

42. Die photographische Theorie. Nach der Formel von HURTER, DRIFFIELD und SCHWARZSCHILD ist

$$S_\lambda = \gamma_\lambda \log\left(\frac{J_\lambda \cdot t''}{i_\lambda}\right) \qquad \text{oder} \qquad J_\lambda = \frac{i_\lambda}{t^p} \cdot 10^{S_\lambda/\gamma_\lambda}. \tag{17}$$

S_λ ist die Keilablesung der Schwärzung, J_λ die auf die Platte fallende Intensität, t die Expositionszeit, i_λ die Plattenempfindlichkeit, γ_λ die Gradation der Platte und p der Exponent von SCHWARZSCHILD. In der allgemeinen Theorie hängt γ_λ von der Wellenlänge und von der Schwärzung ab; der SCHWARZSCHILDsche Exponent p braucht nicht konstant zu sein.

Ist λ' die wirksame Wellenlänge des gemischten Lichtes der Wolframlampe (420 $\mu\mu$ bei gewöhnlichen Platten), so sind die Intensitäten $K_{\lambda'}$ der Schwärzungsskala mit den Schwärzungen S_s durch die Gleichung verknüpft:

$$K_{\lambda'} = \frac{i_{\lambda'}}{t_1{}^{p_1}} \cdot 10^{S_s/\gamma_{\lambda'}}. \tag{18}$$

$i_{\lambda'}$ ist die Plattenempfindlichkeit, $\gamma_{\lambda'}$ die Gradation für Licht der Wellenlänge λ'. p_1 ist der zu der Skalenaufnahme gehörige SCHWARZSCHILDsche Exponent.

Ist für das Spektrum des Vergleichssternes

$$J'_\lambda = \frac{i_\lambda}{t^p} \cdot 10^{S'_\lambda/\gamma'_\lambda}, \tag{19}$$

so wird durch Einordnen der spektralen Schwärzungswerte in die Stufenschwärzungen der Photometerskala:

$$J'_\lambda = K_{\lambda'}\left(\frac{i_\lambda}{i_{\lambda'}}\right)\frac{t_1{}^{p_1}}{t^p} \cdot 10^{\left(\frac{S'_\lambda}{\gamma'_\lambda} - \frac{S_s}{\gamma_{\lambda'}}\right)}. \tag{20}$$

Ganz entsprechend wird für das Spektrum der Nova:

$$J_\lambda = [K_{\lambda'}] \cdot \left(\frac{i_\lambda}{i_{\lambda'}}\right) \cdot \frac{t_1{}^{[p_1]}}{t^{[p]}} \cdot 10^{\left(\frac{S_\lambda}{\gamma_\lambda} - \frac{[S_s]}{[\gamma_{\lambda'}]}\right)}. \tag{21}$$

Die Division beider Gleichungen gibt

$$J_\lambda = J'_\lambda \frac{[K_{\lambda'}]}{K_{\lambda'}} \cdot \frac{t_1{}^{[p_1]-p_1}}{t^{[p]-p}} \cdot 10^{\left(\frac{S_\lambda}{\gamma_\lambda} - \frac{[S_s]}{[\gamma_{\lambda'}]}\right) - \left(\frac{S'_\lambda}{\gamma'_\lambda} - \frac{S_s}{\gamma_{\lambda'}}\right)}. \tag{22}$$

Wenn die spektralen Intensitäten der Nova und des Vergleichssternes nicht sehr voneinander verschieden sind, kann man setzen:

$$[p_1] = p_1 \qquad \text{und} \qquad [p] = p. \tag{23}$$

Damit wird

$$J_\lambda = J'_\lambda \cdot \frac{[K\lambda']}{K_{\lambda'}} \cdot 10^{\left(\frac{S_\lambda}{\gamma\lambda} - \frac{[S_s]}{[\gamma\lambda']}\right) - \left(\frac{S'_\lambda}{\gamma\lambda'} - \frac{S_s}{\gamma\lambda'}\right)}. \tag{24}$$

Bei der Einordnung der Schwärzungen von Nova und Vergleichsstern in die Schwärzungsskala des Röhrenphotometers ist

$$S_\lambda = [S_s] \qquad \text{und} \qquad S'_\lambda = S_s, \tag{25}$$

also wird

$$J_\lambda = J'_\lambda \cdot \frac{[K\lambda']}{K_{\lambda'}} \cdot 10^{\,[S_s]\left(\frac{1}{\gamma\lambda} - \frac{1}{[\gamma\lambda']}\right) - S_s\left(\frac{1}{\gamma\lambda'} - \frac{1}{\gamma\lambda'}\right)}. \tag{26}$$

Damit die Gleichung

$$J_\lambda = J'_\lambda \cdot \frac{[K\lambda']}{K_{\lambda'}} \tag{27}$$

besteht, ist hinreichende und notwendige Bedingung, daß

$$\gamma_\lambda = [\gamma\lambda'] \qquad \text{und} \qquad \gamma'_\lambda = \gamma_{\lambda'} \tag{28}$$

ist. Die Gradation der Schwärzungskurven für die Sternspektrogramme und für die Photometerskala muß einander gleich sein. Wegen des Purkinje-Phänomens der photographischen Platte ist dies nicht immer der Fall. Die Differenz ist aber um so kleiner, je näher die Wellenlänge λ der monochromatischen Strahlungsquelle der wirksamen Wellenlänge λ' der Wolframlampe liegt und je weniger sich die spektralen Intensitäten von Nova und Vergleichsstern voneinander unterscheiden.

43. Die Untersuchungen Ch'ing-Sung Yü's. Die Beobachtungen und ihre Reduktion. Ch'ing-Sung Yü[1] hat bei der Untersuchung über die kontinuierliche Wasserstoffabsorption in dem Spektrum der A-Sterne ein dem Eberhard-schen ähnliches Beobachtungsverfahren angewandt. Die Spektrogramme von 91 Sternen, welche photographisch heller als vierter Größe sind und vorzugsweise den Spektralklassen B5 bis A9 angehören, sind von ihm mit dem Zweiprismen-Quarzspektrographen, der an den Crossley-Reflektor des Lick-Observatoriums montiert war, sowohl ohne als auch mit Spalt erhalten. Die Aufnahmen ohne Spalt eignen sich im allgemeinen besser für photometrische Zwecke als die mit Spalt, weil der Stern bei unruhiger Luft schwer auf dem Spalt zu halten ist und weil infolge des „Springens" ein allgemeiner Lichtverlust eintritt. Überdies kann wegen der atmosphärischen Dispersion der Verlust an kurz- und an langwelliger Strahlung verschieden groß sein.

Die Verbreiterung der Spektren am spaltlosen Spektrographen wurde bei den schwachen Sternen durch „Laufenlassen" mit verstelltem Reflektoruhrwerk bewirkt, bei den hellen Sternen durch „Vor- und Rückwärtslaufen" mit der elektrischen Feinbewegung in Stundenwinkel. Aufnahmen mit dem Spaltspektrographen wurden nur dann gemacht, wenn der Stern in der Nähe des Zenits stand. Der Spektrographenspalt wurde nach einem von Wright angegebenen Verfahren in die Richtung des Vertikalkreises des Sternes gestellt. Der Spalt steht dann parallel zur Richtung des atmosphärischen Dispersionsspektrums, so daß Licht jeder Wellenlänge den Spalt passieren kann. Das Spek-

---

[1] On the Continuous Hydrogen Absorption in Spectra of Class A Stars. Lick Bull 12, S. 104 (1926).

trum wurde dadurch verbreitert, daß der Beobachter das Fernrohr bei der Aufnahme ein wenig nach oben und nach unten drückte. Nach dem üblichen Verfahren wurden einige Spektrogramme der Sonne mit dem Spaltspektrographen erhalten, die bei der Reduktion der Messungen als Kontrolle dienen sollten.

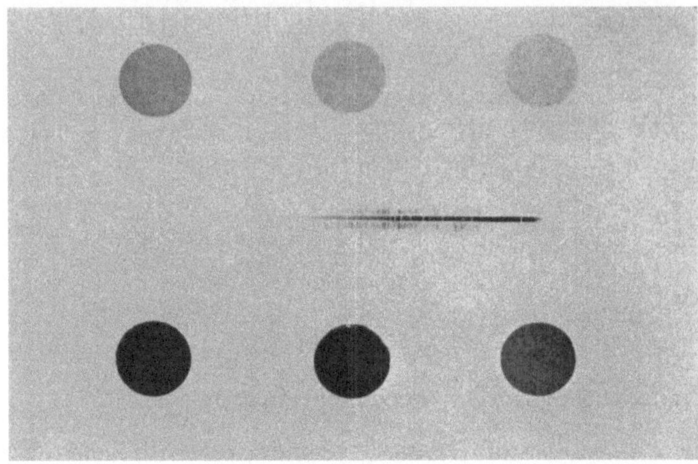

Abb. 4a. Spektralaufnahme von ϑ Leonis (A0) mit dem Spaltspektrographen.
(Aus Lick Obs Bull Nr. 375.)

Von jedem Stern sind drei Aufnahmen gemacht mit Belichtungszeiten, die im Verhältnis 1:2:4 stehen. Jede photographische Platte trägt außerdem sechs Skalen eines Röhrenphotometers, deren Intensitäten den Helligkeitsstufen

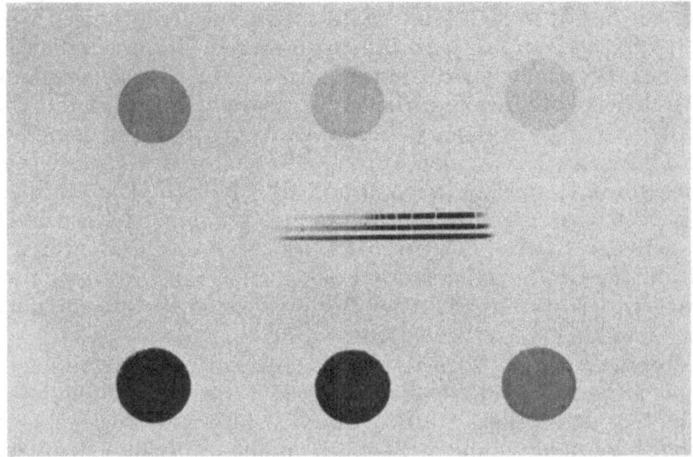

Abb. 4b. Spektralaufnahmen von β Ursae majoris (A0) mit dem spaltlosen Spektrographen.
(Aus Lick Obs Bull Nr. 375.)

1:2:4:8:16:32 entsprechen (Abb. 4a—d). Bei der Skalenaufnahme ist vor die photographische Platte ein für Ultraviolett durchlässiges Filter gesetzt, dessen maximale Durchlässigkeit bei λ 3600 liegt. Das Verhältnis der Expositionszeiten von Sternspektrum und Photometerskala war stets kleiner als 10.

Die mit Hilfe der Photometerskala reduzierten Schwärzungen geben die scheinbare Energieverteilung im Sternspektrum. Um die wahre Intensitätsverteilung zu erhalten, muß man das Reflexionsvermögen des Silberspiegels, den Lichtverlust im Spektrographen, die Empfindlichkeit der photographischen Platte, die Abweichung des prismatischen Spektrums vom normalen und die Extinktion des Lichtes in der Erdatmosphäre kennen. Alle diese Faktoren, welche Funktionen der Wellenlänge sind, lassen sich dadurch eliminieren, daß man die Spektren der Programmsterne an denselben Vergleichsstern (ζ Ophiuchi) anschließt. Der differentielle Einfluß der atmosphärischen Extinktion ist nach einer von FOWLE[1] angegebenen Methode mit den meteorologischen Daten des Barometerstandes, des trockenen und des feuchten Thermometers rechnerisch bestimmt. Von dem Anschluß der Sternspektren an das Sonnenspektrum ist abgesehen, weil die Intensitätsverteilung im Ultraviolett des Sonnenspektrums noch wenig bekannt ist.

44. Die photographische Theorie. Die photographische Theorie unterscheidet sich nur unwesentlich von der in

---

[1] The Non-Selective Transmissibility of Radiation through Dry and Moist Air. Ap J 38, S. 392 (1913).

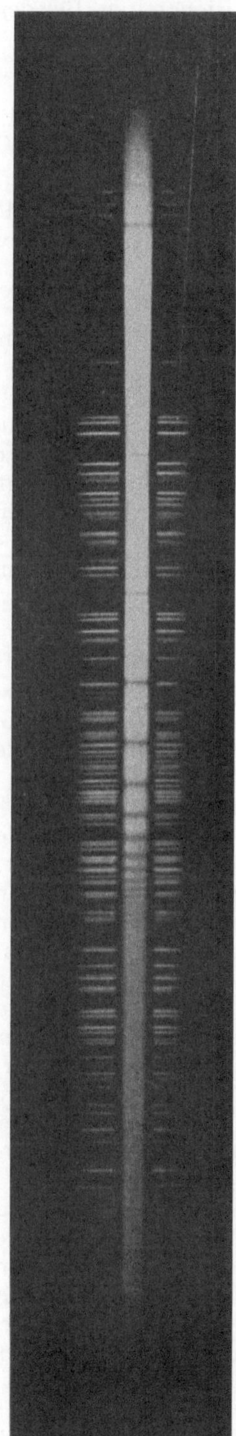

Abb. 4c. Spektrum von ϑ Leonis (Abb. 4a) positiv und in 7 facher Vergrößerung. (Aus Lick Obs Bull Nr. 375.)

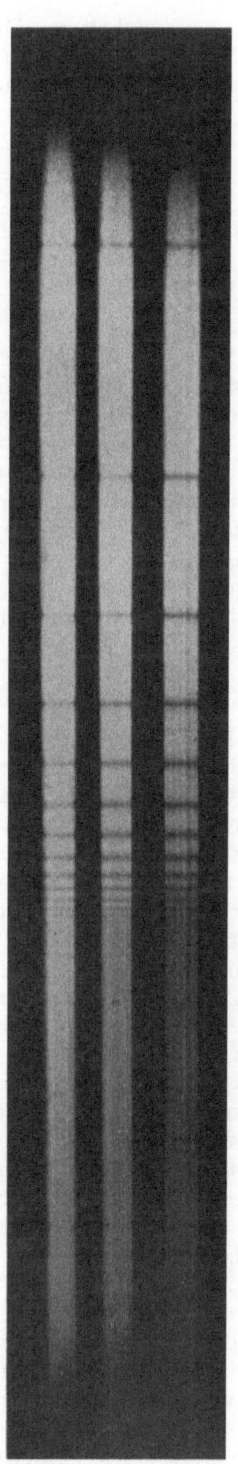

Abb. 4d. Spektra von β Ursae majoris (Abb. 4b) positiv und in 7 facher Vergrößerung. (Aus Lick Obs Bull Nr. 375.)

Ziff. 42 entwickelten. Die Expositionszeiten für den Programm- und für den Vergleichsstern sind im allgemeinen voneinander verschieden. Daher wird Gleichung (22) mit Berücksichtigung von (25):

$$J_\lambda = J'_\lambda \frac{[K\lambda']}{K\lambda'} \cdot \frac{t_1^{[p_1]-p_1}}{t''} \cdot t'^{[p]} \cdot 10^{[S_s]\left(\frac{1}{\gamma_\lambda}-\frac{1}{[\gamma_{\lambda'}]}\right)-S_s\left(\frac{1}{\gamma'_\lambda}-\frac{1}{\gamma_{\lambda'}}\right)}. \tag{29}$$

Wenn die Belichtungszeiten der Sterne und der Photometerskala sich nicht sehr voneinander unterscheiden (Verhältnis der Expositionszeiten kleiner als 10:1), kann man setzen:

$$p = [p] = p_1 = [p_1]. \tag{30}$$

Die Intensitätsverteilung im Spektrum des Programmsternes entspricht dann der durch Gleichung (26) bestimmten.

Die Bemerkung Yüs, daß durch Einführung des Vergleichssternes der Einfluß der spektralen Gradation eliminiert wird, trifft nicht zu. Nach Gleichung (8) in Yüs Abhandlung soll die Schwärzung S_s der Photometerskala in dem Ansatz für die Intensitätsverteilung im Spektrum des Programm- und des Vergleichssternes durch Division herausfallen. Die Schwärzungen $[S_s]$ und S_s der Photometerskala sind aber nur dann einander gleich, wenn die entsprechenden Schwärzungen S_λ und S'_λ, welche in die Photometerskala eingeordnet werden, einander gleich sind. In diesem Falle ist

$$\frac{1}{\gamma_\lambda} - \frac{1}{[\gamma_{\lambda'}]} = \frac{1}{\gamma'_\lambda} - \frac{1}{\gamma_{\lambda'}} \quad \text{und} \quad [S_s] = S_s. \tag{31}$$

Der Einfluß der spektralen Gradation wird nur bei Gleichheit der Schwärzungen im Spektrum des Programm- und des Vergleichssternes eliminiert.

45. Die Untersuchungen Baillaud's nach der Methode der „échelle de teintes". Das Beobachtungsverfahren. J. Baillaud[1] hat auf dem Pic du Midi (2860 m) die Intensitätsverteilung im kontinuierlichen Spektrum einiger Sterne von frühem Spektraltypus bestimmt. Sein Resultat, nach dem das kontinuierliche Spektrum der B- und A-Sterne sich nicht durch das Plancksche Gesetz darstellen läßt, steht in Widerspruch mit den Ergebnissen der anderen Autoren. Ob hier ein Fehler in der Reduktion der Beobachtungen vorliegt, läßt sich aus den Angaben der Veröffentlichung nicht mit Sicherheit feststellen. Nach Baillaud gibt der im Laboratorium durchgeführte Anschluß der Vergleichslampe an den positiven Krater des Kohlebogens keinen gleichförmigen Verlauf der relativen Energiekurve. Die Bestimmung der selektiven Absorption in der Erdatmosphäre an verschiedenen Beobachtungsabenden führt zu divergenten Werten. Die Unstimmigkeit läßt sich vielleicht auch dadurch erklären, daß der Gradient der Intensitätsskala — infolge des besonderen, experimentell nicht geprüften Beobachtungsverfahrens — zu groß gefunden ist.

Baillaud wollte eine photometrische Methode anwenden, welche möglichst unabhängig ist von dem Gesetz für die photographische Schwärzung. Das Spektrum der Sterne und des Kohlebogens sollte mit dem gleichen optischen System aufgenommen werden oder wenigstens mit solchen Änderungen, deren Wirkung auf die Intensität der spektralen Strahlung sich unschwer feststellen läßt. Stern und Vergleichslampe wurden gleichzeitig auf derselben Platte photographiert; die wirksame Belichtungsdauer sollte bei beiden von gleicher Größe sein.

Baillaud benutzt die photographisch-photometrische Methode der „échelle de teintes". Die beiden zu vergleichenden Lichtquellen wirken mit der gleichen

---

[1] Etude de spectrophotométrie stellaire. B A 4, Fasc. 3, S. 275 (1924).

Belichtungszeit auf die photographische Platte. Die eine bildet eine Reihe von Spektren, die échelle de teintes, mit in geometrischer Progression wachsenden Beleuchtungsstärken. Man interpoliert auf der photographischen Platte für jede Wellenlänge die Intensität der zu untersuchenden Lichtquelle zwischen die Helligkeiten der échelle de teintes, wobei man sich auf die photographischen Schwärzungen stützt, welche zu den betrachteten Wellenlängen gehören. Da das Sternspektrum mit der terrestrischen Lichtquelle über ein weites Spektralgebiet verglichen wird, muß die échelle de teintes sehr verschiedene Belichtungsstärken umfassen.

46. Das Beobachtungsinstrument. Der Spektralapparat besteht aus einer Prismenkamera, die von einem Kalkspatprisma und von einem Quarzobjektiv von 7 cm Öffnung und 85 cm Brennweite gebildet wird. Diese Kombination gibt im Spektralbereich 300 bis 650 $\mu\mu$ ein Spektrum von 8 cm Länge (Abb. 5). Das Licht der Vergleichslampe L wird durch den Kollimator FM parallel gemacht. Die planparallele Glasplatte G vor dem Prisma läßt das Sternenlicht hindurch und reflektiert das vom Spiegel M des Kollimators kommende Licht der Vergleichslampe. Das kleine Fernrohr V, welches das von der Vorderfläche des Prismas reflektierte Licht aufnimmt, dient dazu, Stern- und Vergleichsspektrum in passender Weise gegeneinander zu orientieren. Der Spalt F des Kollimators ist treppenförmig mit fünf verschiedenen Breiten; die Vergleichslampe gibt also gleichzeitig fünf Spektren, welche die Skala bilden.

Der Faden der Glühlampe wurde mittels der nichtachromatischen Quarzlinse Q in den kurzwelligen Strahlen auf dem Spalt F zu einem Bild vereinigt.

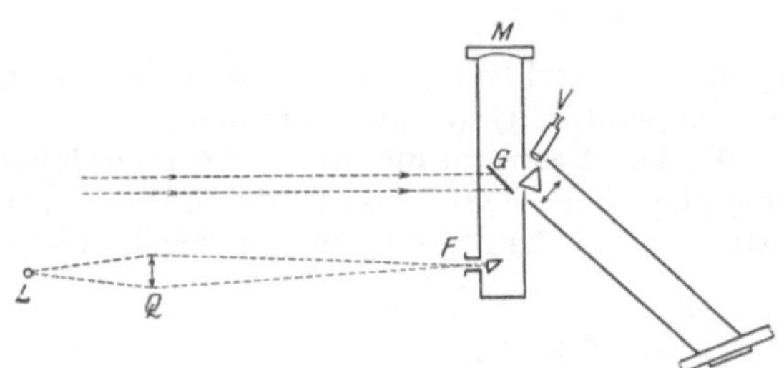

Abb. 5. Schematische Darstellung des Beobachtungsinstrumentes. (Aus Bull Astr Tome IV.)

Das auf den Kollimator M fallende Strahlenbündel war daher reicher an kurzwelliger Strahlung als das ursprünglich von der Vergleichslampe ausgehende. Diese einseitige Beschränkung des Spektrums ist von Vorteil beim Vergleich mit dem Spektrum der heißen Sterne.

Die Prismenkamera, der Kollimator und die Vergleichslampe sind auf eine äquatoriale Montierung gebracht; diese trägt einen Reflektor von 50 cm Öffnung und 6 m Brennweite und einen Refraktor von derselben Länge und 25 cm Öffnung. Bei den Sternaufnahmen dient der Refraktor — justiert mit Hilfe des kleinen Fernrohres V — als Leitrohr. Die notwendige Breite der Sternspektren wurde mit der elektrischen Feinbewegung in Rektaszension durch Hin- und Herlaufen zwischen zwei Fäden erzielt. Eine Blende vor dem Spalt F des Kollimators, welche in passenden Zeitabständen durch einen elektrisch betriebenen Regulator geöffnet und geschlossen wird, läßt die Vergleichslampe mit derselben Periode und mit derselben effektiven Belichtungsdauer wie den Stern auf die photographische Platte wirken. Zwei gleichförmig belichtete Streifen zu beiden Seiten des Sternspektrums und der Vergleichsspektren lassen etwaige Unregelmäßigkeiten in der empfindlichen Schicht erkennen.

Der spektralphotometrische Vergleich zwischen der Glühlampe und dem Kohlebogen ist im Laboratorium unter ähnlichen Bedingungen ausgeführt wie die Sternaufnahmen auf dem Pic du Midi. Die Prismenkamera, der Kollimator FM, die Vergleichslampe L und die Projektionslinse Q sind in die gleiche

Lage zueinander gebracht wie auf dem Fernrohrtubus der Höhenstation (Abb. 6). An Stelle des vom Stern kommenden Lichtbündels fällt auf das Prisma das vom Kollimator C reflektierte Licht des positiven Kraters des Kohlebogens. Die spektrale Zusammensetzung des vom Kollimator C ausgehenden Lichtes ist wegen der dazwischenliegenden optischen Teile verschieden von der des Kohlebogens. Der Konkavspiegel M' entwirft ein vergrößertes Bild des positiven Kraters A auf dem Spalt des Kollimators. Die unter 45° geneigte Glasplatte reflektiert die vom Spalt kommenden Strahlen nach dem Kollimatorspiegel C. Nach der FRESNELschen Formel kann man für jede Strahlungsart den vom Kollimator C ausgehenden Betrag der ursprünglichen Strahlung berechnen. Die Strahlung des Kohlebogens wird als schwarz mit der Temperatur 3750° angenommen.

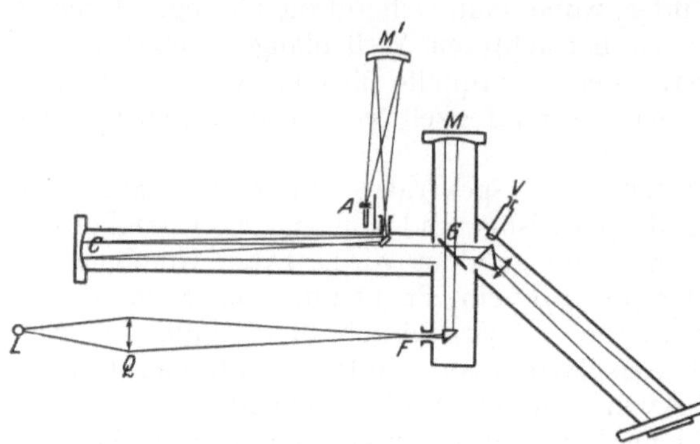

Abb. 6. Schematische Darstellung des Instrumentes zur Eichung der Vergleichslampe. (Aus Bull Astr Tome IV.)

47. Die Bestimmung der atmosphärischen Extinktion. Der Einfluß der atmosphärischen Extinktion wird von BAILLAUD mit einer besonderen Apparatur bestimmt, bei der die zu untersuchende Lichtquelle und die Vergleichslampe wieder gleichzeitig auf die Platte gebracht sind (Abb. 7). Das Licht des Sternes geht durch ein schweres Flintglasprisma von 45° brechendem Winkel und durch das Objektiv O von 50 cm Brennweite. Der Stern bildet ein kurzes Spektrum vor der Linse L_1, die ein Bild auf der photographischen Platte P entwirft. Die zu beiden Seiten von L_1 liegenden Linsen L_2 und L_3 geben auf der Platte Bilder einer Mattscheibe E, welche von der

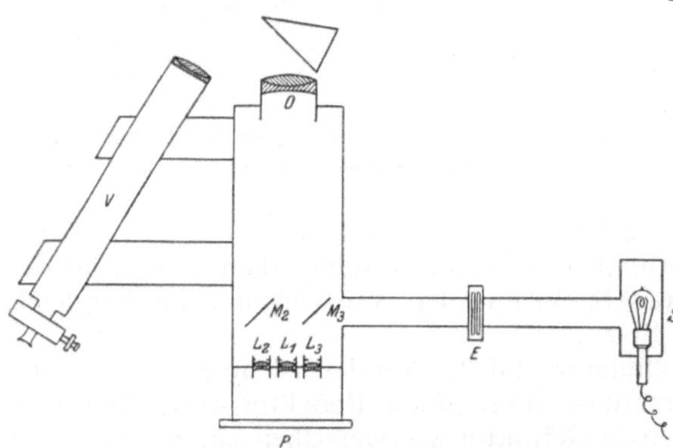

Abb. 7. Apparatur zur Bestimmung der atmosphärischen Extinktion. (Aus Bull Astr Tome IV.)

elektrischen Lampe S beleuchtet wird. Die planparallelen Glasscheiben M_2 und M_3 werfen das Licht der Vergleichslampe nach den Linsen L_2 und L_3. Die Linsen sind mit Blenden versehen. Die vor L_1 hat eine rechteckige Gestalt und begrenzt den zu untersuchenden Bereich des Sternspektrums. Die Blenden vor L_2 und L_3 sind kreisförmig und begrenzen die von der Vergleichslampe S auf die photographische Platte fallende Strahlung. Das Mikrometer des Leitfernrohres V erlaubt jeden Bereich des Sternspektrums auf die Platte zu bringen. Durch Vorsetzen von Farbfiltern vor die Mattscheibe E wird die Strahlung der Vergleichslampe nahezu von derselben Farbe wie der Spektralbereich des Sternes. Die Beobachtungen beziehen sich auf Spektralbezirke im Blau, Violett und Ultraviolett. Die Reduktion der Messungen nach der Formel

$$\log J = \log J_0 + A \sec z \qquad (32)$$

gibt die absoluten Beträge der Extinktion für die drei Spektralbezirke.

Die Beobachtungen mit dem Spektralphotometer der Abb. 5 eignen sich nicht zur Bestimmung des absoluten Betrages der Extinktion, weil bei dem Hin- und Herlaufen des Sternes und bei der periodischen Abblendung des Lichtes der Vergleichslampe die Gleichheit der Expositionszeiten nicht gewährleistet ist. Immerhin sind die Beobachtungen für das Studium der selektiven Absorption zu gebrauchen.

Die Messungen geben für die einzelnen Tage wenig übereinstimmende Werte der atmosphärischen Extinktion. Nach BAILLAUD ist eine Bergspitze für astronomische Beobachtungen günstiger als ein Hochplateau. Diese Behauptung darf nicht unwidersprochen bleiben. Eine isolierte Bergspitze mit Steilabhängen bedingt infolge der starken Sonnenbestrahlung am Tage, die in der Nacht einen Ausgleich fordert, eine Singularität in der Luftschichtung, während auf einem bewaldeten Hochplateau eine gewisse Gleichförmigkeit in dem Aufbau der unteren Atmosphärenschichten vorhanden ist.

48. Die Keilmethode von H. H. PLASKETT. Allgemeine Beschreibung der Methode. Die von PLASKETT[1] auf astronomische Probleme angewandte Keilmethode geht auf eine Untersuchung von MEES und WRATTEN über die Farbenempfindlichkeit photographischer Platten zurück.

Vor dem Spalt eines Spektrographen befindet sich ein neutraler Farbkeil von der in der Abb. 8a gezeigten Gestalt. Der Keil ist an der Basis 2 mm dick und bildet mit einem Stück optischen Glases von dem gleichen Brechungsindex eine planparallele Platte, welche das durchgehende Licht weder ablenkt noch spektral zerlegt. Der Keil wird in seiner ganzen Höhe ab von der Lichtquelle,

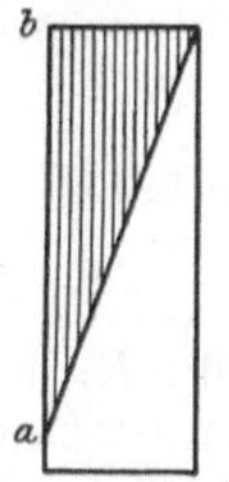

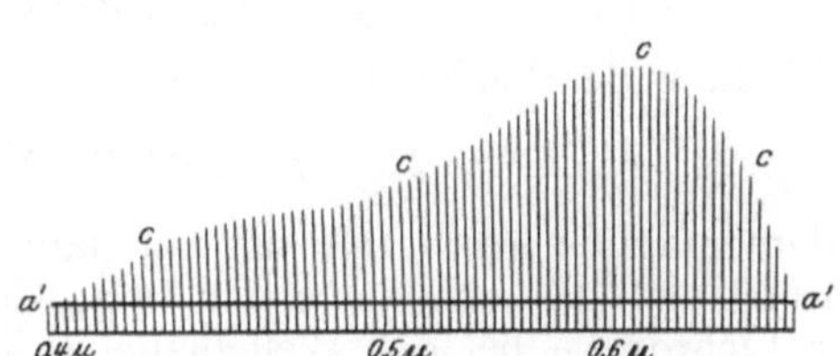

Abb. 8a. Farbkeil.   Abb. 8b. Keilspektrum.
(Aus Publ of the Astroph Obs Victoria Vol II, Nr. 13.)

deren spektrale Intensitätsverteilung ermittelt werden soll, gleichmäßig beleuchtet. Nach dem Durchgang des Lichtes durch den Keil und durch das Prisma des Spektrographen resultiert auf der photographischen Platte ein Spektrum von der in der Abb. 8b reproduzierten Art. Der Abstand der oberen Begrenzungslinie ccc des Spektrums von der Grundlinie $a'a'$ als Bildpunkt der Spitze a des Keiles hängt von der Intensitätsverteilung im Spektrum der Lichtquelle, von der Dispersion des Prismas, von der Farbenempfindlichkeit der photographischen Platte und von der Absorption im Keil und im Spektrographen ab. Die Intensitätsverteilung im Spektrum der Lichtquelle ist die gesuchte Größe. Die Absorption im Keil wird durch Eichung bestimmt. Die Farbenempfindlichkeit der photo-

---

[1] The Wedge Method and its Application to Astronomical Spectrophotometry. Publ Dominion Astroph Obs Victoria 2, Nr. 12 (1923); The Intensity Distribution in the Continuous Spectrum and the Intensities of the Hydrogen Lines in γ Cassiopeiae. M N 80, S. 771 (1920).

graphischen Platte, der Einfluß der Dispersion des Prismas und die Absorption im Spektrographen lassen sich eliminieren, wenn man auf derselben Platte unter den gleichen Bedingungen das Keilspektrum einer Standardlichtquelle aufnimmt, deren spektrale Intensitätsverteilung bekannt ist.

49. Theorie der Keilmethode. Es sei h_λ die Höhe des Spektrums bis zu einer bestimmten minimalen Schwärzung S, gemessen bei der Wellenlänge λ von der Grundlinie $a'a'$ aus. Die Höhe h_λ entspricht der Höhe $m h_\lambda$ am Keil, gemessen von der Spitze a des Keiles, wo der Vergrößerungsfaktor m gleich dem Verhältnis von Kollimator- und Kamerabrennweite ist. Ferner sei I_λ die Intensität der gleichmäßig auf den Keil strahlenden Lichtquelle bei der Wellenlänge λ und K_λ die Intensität, welche in der Höhe $m h_\lambda$ von dem Keil durchgelassen wird. Ist P_λ der Durchlässigkeitskoeffizient des neutralen Farbkeiles für Licht der Wellenlänge λ, so wird

$$\frac{I_\lambda}{K_\lambda} = 10^{m h_\lambda \cdot \operatorname{tg}\alpha \cdot P_\lambda}, \tag{33}$$

wo α der Winkel an der Spitze des Farbkeiles und $m h_\lambda \operatorname{tg}\alpha$ der von dem Lichte im Keil zurückgelegte Weg bei der Höhe $m h_\lambda$ bedeuten. Die Größe $\sigma_\lambda = P_\lambda \operatorname{tg}\alpha$ ist die optische Dichte des Keiles in der Höhe 1 über der Spitze a; sie ist für einen bestimmten Keil konstant. Nach Einführung von σ_λ in (33) erhält man folgende Gleichung:

$$I_\lambda = K_\lambda \cdot 10^{m \sigma_\lambda h_\lambda}. \tag{34}$$

Die Keilkonstante σ_λ wird durch Eichung des Keiles bestimmt, die Größe $m h_\lambda$ durch Messung der Höhe im Spektrum. Exponiert man noch eine andere Lichtquelle J_λ, deren spektrale Intensitätsverteilung bekannt ist, auf derselben photographischen Platte mit der gleichen Belichtungsdauer und ist h'_λ die gemessene Höhe, welche der gleichen Schwärzung S entspricht, so wird

$$J_\lambda = K_\lambda \cdot 10^{m \sigma_\lambda h'_\lambda}. \tag{35}$$

Die Verbindung der beiden Gleichungen (34) und (35) liefert:

$$I_\lambda = J_\lambda \cdot 10^{m \sigma_\lambda (h_\lambda - h'_\lambda)}. \tag{36}$$

Die fundamentale Gleichung (36) ist nur dann gültig, wenn die K_λ in den Gleichungen (34) und (35) einander gleich sind. Gemäß Definition ist K_λ die Intensität der Lichtquelle bei der Wellenlänge λ nach dem Durchgang durch den Keil und wird nach dem Durchgang durch die Optik des Spektrographen in die Intensität $b_\lambda K_\lambda$ umgewandelt, welche auf der photographischen Platte in der Höhe h_λ die konstante Schwärzung S in der ganzen Länge des Spektrums hervorruft. Da der gleiche Spektrograph für die unbekannte und für die Standardlichtquelle benutzt wird, so ist b_λ für beide gleich. Die Grundannahme, daß die beiden Werte K_λ in den Gleichungen (34) und (35) einander gleich sind, ist gleichbedeutend mit dem Axiom der photographischen Technik, daß zwei monochromatische Lichtquellen die gleiche Helligkeit besitzen, wenn sie bei der gleichen Expositionsdauer die gleiche Schwärzung auf derselben photographischen Platte hervorrufen.

In der Praxis läßt sich nicht immer die gleiche Dauer der Expositionszeit einhalten. Es ist daher wichtig, den Einfluß einer ungleichen Belichtungsdauer für die unbekannte und für die Standardlichtquelle zu kennen. Ferner kann der Fall eintreten, daß die Höhen in beiden Spektren bei verschiedenen Schwärzungen gemessen sind.

Die elementare Theorie des photographischen Prozesses sieht den Zusammenhang zwischen der Schwärzung und dem Logarithmus der photographisch wirksamen Lichtmenge als linear an. Beschränkt man sich auf den geradlinigen Teil der für die photographische Platte charakteristischen Schwärzungskurve, so besteht nach HURTER und DRIFFIELD zwischen der Intensität J_λ, der Expositionszeit t und der Schwärzung S folgende Beziehung:

$$S = \gamma_\lambda \log \frac{J_\lambda \cdot t^p}{i_\lambda} \qquad \text{oder} \qquad J_\lambda = \frac{i_\lambda}{t^p} \cdot 10^{S/\gamma_\lambda}.$$

i_λ ist die Empfindlichkeit und γ_λ die Gradation der photographischen Platte bei der Wellenlänge λ; p ist der SCHWARZSCHILDsche Exponent.

Fall I. Das Spektrum der unbekannten und der Standardlichtquelle sei bei der gleichen Schwärzung gemessen ($S = S'$). Es sei t die Expositionszeit der unbekannten Lichtquelle mit dem Wert K_λ, welcher die Schwärzung S hervorruft, t' die der Standardlichtquelle mit dem Wert K'_λ, welcher die gleiche Schwärzung S liefert. Bevor die Intensitäten K_λ und K'_λ auf die photographische Platte fallen, werden sie infolge der Absorption im Spektrographen in $b_\lambda K_\lambda$ und $b_\lambda K'_\lambda$ geändert. Gemäß der obigen Gleichung sind die Ansätze für die unbekannte und für die Standardlichtquelle

$$b_\lambda K_\lambda = \frac{i_\lambda}{t^p} \cdot 10^{S/\gamma_\lambda}, \qquad b_\lambda K'_\lambda = \frac{i_\lambda}{t'^p} \cdot 10^{S/\gamma_\lambda} \tag{37}$$

oder

$$\frac{K_\lambda}{K'_\lambda} = \left(\frac{t'}{t}\right)^p. \tag{38}$$

Bei ungleichen Belichtungszeiten wird also die fundamentale Gleichung (36):

$$I_\lambda = \left(\frac{t'}{t}\right)^p \cdot J_\lambda \cdot 10^{m \sigma_\lambda (h_\lambda - h'_\lambda)}. \tag{39}$$

Wenn die Expositionszeiten der unbekannten und der Standardlichtquelle sich um weniger als das Zehnfache unterscheiden, wird man den Exponenten p als konstant und als unabhängig von der Wellenlänge betrachten dürfen; die Form der fundamentalen Gleichung (36) bleibt demnach erhalten.

Fall II. Das Spektrum der unbekannten Lichtquelle sei bei der Schwärzung S gemessen, das der Standardlichtquelle bei der Schwärzung S'. Wenn die Expositionszeiten der beiden Lichtquellen einander gleich sind, wird

$$\frac{K_\lambda}{K'_\lambda} = 10^{(S - S')/\gamma_\lambda}. \tag{40}$$

und

$$I_\lambda = 10^{(S - S')/\gamma_\lambda} \cdot J_\lambda \cdot 10^{m \sigma_\lambda (h_\lambda - h'_\lambda)}. \tag{41}$$

Ist γ_λ eine Funktion der Wellenlänge (PURKINJE-Phänomen), so wird durch die Gleichung (41) eine Korrektion eingeführt, welche von der Variation des Gradienten γ_λ und von der Differenz der Schwärzungen S und S' abhängt.

50. Die photographische Aufnahme der Spektrogramme und ihre Ausmessung. Bei der praktischen Anwendung der Keilmethode macht es Schwierigkeiten, den Spalt des Spektrographen in der vollen Höhe des Keils gleichmäßig zu beleuchten. Bei der Aufnahme der Standardlichtquelle im Laboratorium wird die Gleichförmigkeit der Beleuchtung in der Weise geprüft, daß paarweise mit aufrechtem und mit umgekehrtem Keil exponiert wird. Einer gleichmäßigen Verbreiterung der Sternbilder stehen technische Schwierigkeiten entgegen. Das „Laufenlassen" in Rektaszension hat sich bei den Sternaufnahmen als einfachste und genaueste Methode erwiesen.

Die Keilspektren können mit jeder Art von Mikrophotometer ausgemessen werden, in dessen Verbindung ein Meßapparat rechtwinklige Koordinaten bis auf

0,1 mm abzulesen gestattet. Plaskett benutzt den Hartmannschen Spektrokomparator, dessen Anordnung für den vorliegenden Zweck nur wenig zu ändern ist (Abb. 9). Das Licht der Lampe L fällt durch die Filter A und B auf die beiden Spiegel C_1 und C_2 und geht von hier durch das Keilspektrum bei W bzw. durch die Standardschwärzung bei S. Die Objektive O_1 und O_2 erzeugen Bilder des Keilspektrums und der Standardschwärzung in der Fläche F des Lummer-Brodhunschen Würfels P_3P_4. Die Versilberung in der Trennungsfläche des Würfels ist so beschaffen, daß man das Keilspektrum in dem kleinen Loch H und in einem horizontalen schmalen Streifen, die Standardschwärzung in der Umgebung des Loches sieht. Mit der Mikrometerschraube M_2 wird das Keilspektrum in Richtung der

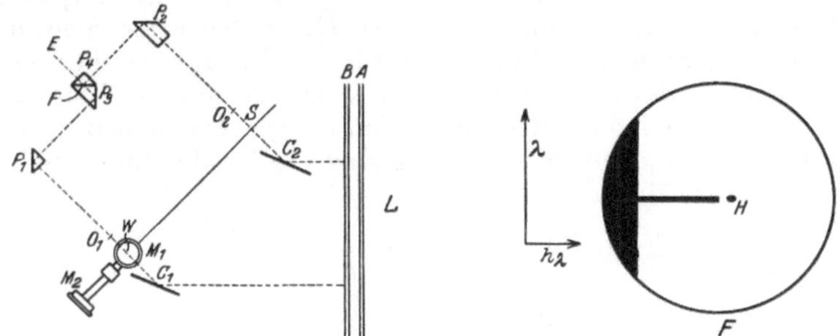

Abb. 9. Mikrophotometer zur Ausmessung der Keilspektren. (Aus Publ of the Astroph Obs Vict Vol II, Nr. 12).

Wellenlängen bewegt. Mit der Mikrometerschraube M_1 wird es in der dazu senkrechten Richtung, d. h. in Richtung h_λ soweit verschoben, bis die Schwärzung des Keilspektrums in dem kleinen Loch H gleich der Standardschwärzung in der Umgebung des Loches ist.

51. Die Eichung des Keils. Die Keilkonstante σ_λ muß mit größter Sorgfalt bestimmt werden. Die ungleichförmige Beleuchtung des Spaltes führt zu unrichtigen Werten der Keilkonstante, so daß die Intensitätsverteilung im Spektrum nach Gleichung (36) fehlerhaft wird.

Es sei I_λ die Intensität des auf den Keil fallenden Lichtes bei der Wellenlänge λ und h'_λ die Höhe im Keilspektrum, welche einer gewissen Schwärzung S entspricht. Nach der Gleichung (34) ist

$$\frac{I_\lambda}{K_\lambda} = 10^{m\,\sigma_\lambda h'_\lambda}. \tag{42}$$

Wenn die Intensität der Lichtquelle im Verhältnis j geändert wird, so entspricht derselben Schwärzung bei der gleichen Expositionszeit eine andere Höhe h''_λ, wo also

$$\frac{j \cdot I_\lambda}{K_\lambda} = 10^{m\,\sigma_\lambda h''_\lambda} \tag{43}$$

ist. Durch Division beider Gleichungen und Logarithmierung erhält man für die Keilkonstante σ_λ den Ausdruck:

$$\sigma_\lambda = \frac{\log j}{m\,(h''_\lambda - h'_\lambda)}. \tag{44}$$

Die Apparatur, mit der die Keilkonstante bestimmt wird, besteht aus einer Lichtquelle, aus einer Kondensorlinse, aus einer Anordnung, um die Intensität des Lichtes in meßbarer Weise zu schwächen, und aus dem Spektrographen mit dem Keil vor dem Spalt.

Die Konstanz der Intensität der Lichtquelle während der Aufnahme eines Spektrumpaares ist ein Haupterfordernis für die Untersuchung. Als brauchbar erweist sich die Azetylenlampe des Eastman-Kodak-Untersuchungslaboratoriums; die Bedingungen, unter denen sich die Konstanz der Flamme erzielen läßt, sind in der Abhandlung eingehend diskutiert. Das Kondensorsystem entwirft ein zwei- bis dreifach vergrößertes Bild der 3 mm großen Blendenöffnung vor der Azetylenflamme auf dem Spalt des Spektrographen. Zur Schwächung des durchgehenden Lichtes dienen entweder Diaphragmen mit 61 symmetrisch gelegenen Öffnungen von 2,0 bzw. 3,2 mm Durchmesser, welche zwischen die Kondensorlinsen gesetzt werden, oder ein langsam rotierender Sektor vor dem Spalt des Spektrographen. Der Vergrößerungsfaktor m, d. i. das Verhältnis von Kollimator- und Kamerabrennweite, wird in der Weise bestimmt, daß vor dem Spalt des Spektrographen ein Diaphragma von $10 \times 0,25$ mm lichter Öffnung, das senkrecht zum Spalt zwei feine Mikrometerfäden trägt, gleichzeitig mit dem Eisenspektrum photographiert wird. Das Verhältnis des wahren Abstandes der Fäden, erhalten aus einer Kontaktphotographie des Diaphragmas, zu dem scheinbaren im Spektrum gibt den Wert von m für jede Wellenlänge.

Die zusammengehörigen Aufnahmen zur Bestimmung der Keilkonstante σ_λ umfassen vier Spektren auf zwei Platten. Bei der ersten Platte war der Keil in aufrechter Stellung; die beiden Spektren sind mit und ohne Sektor bzw. mit den Diaphragmen bei gleicher Expositionsdauer erhalten. Zur Identifizierung des Spektralbezirkes befindet sich das Eisenspektrum an der Basis jedes Keilspektrums. Bei der zweiten Platte war der Keil in umgekehrter Stellung. Die Diskussion des Beobachtungsmaterials gibt eine Genauigkeit von 2% in dem Endwert von σ_λ.

52. Die Prüfung der Keilmethode nach der Intensitätsverteilung in Standardlichtquellen. Mit den Standardlichtquellen, welche auf andere Weise geeicht sind, wurde die Genauigkeit der Keilmethode in bezug auf die Darstellung der Intensitätsverteilung im Spektrum geprüft. Im Anschluß daran war die Energieverteilung im Spektrum des positiven Kraters des Kohlebogens zu bestimmen, da die Sternspektren mit dieser Lichtquelle verglichen sind.

Die primäre Standardlichtquelle ist der schwarze Körper. Die Standardlichtquellen zweiten Grades, wie der Azetylenbrenner, die Wolframlampe und der Kohlebogen geben im Spektralgebiet 0,4 bis 0,7 μ die gleiche Intensitätsverteilung wie der schwarze Körper. Wenn man als Farbtemperatur diejenige bezeichnet, bei welcher der schwarze Körper die gleiche Intensitätsverteilung im Spektrum liefert, wie die Vergleichslichtquelle, so ist nach Laboratoriumsuntersuchungen die Farbtemperatur der Azetylenlampe $2360° \pm 10°$, die der Wolframlampe bei der Stromstärke von 12 Amp. $2010°$, von 16 Amp. $2439°$ und von 20 Amp. $2830°$. Die Keilspektren geben gemäß der Gleichung (35) die Werte J_λ/K_λ. Die Größe K_λ wird dadurch bestimmt, daß man eine der vier Lampen als Standardlichtquelle betrachtet und die Intensitätsverteilung im Spektrum aus der Farbtemperatur berechnet. Die Beobachtungen lassen sich innerhalb der Genauigkeitsgrenze von $\pm 20°$ gleichmäßig gut darstellen. Die Intensitätsverteilung im Spektrum des positiven Kraters des Kohlebogens ist durch Vergleich mit der Azetylenlampe und mit der Wolframlampe bei 20 Amp. Stromstärke bestimmt und entspricht der Farbtemperatur $3080°$.

53. Die Intensitätsverteilung im Spektrum der Sonne und der Fixsterne. Bei der Untersuchung der Intensitätsverteilung im kontinuierlichen Spektrum der Sonne wurde der zentrale Teil des Sonnenbildes im CASSEGRAINfokus des 183 cm-Reflektors auf den Spalt des Spektrographen gebracht, nachdem das Sonnenlicht zuvor durch Sektoren und Filter geschwächt war. Der Kohlebogen ist am oberen Ende des Reflektors so montiert, daß sein Licht an beiden Spiegeln reflektiert wird, ehe es auf den Spalt fällt. Der Einfluß der selektiven Absorption in den Linsen und Filtern wurde durch Rechnung ermittelt. Um die Wirkung der atmosphärischen Extinktion zu eliminieren, wurden die Aufnahmen der Sonne in verschiedenen Zenitdistanzen hergestellt. Bezeichnet man mit $_tI_\lambda$ die beobachtete Intensität, mit $_0I_\lambda$ die Intensität der Sonne außerhalb der Erdatmosphäre und mit a_λ den atmosphärischen Transmissionskoeffizienten, so ist

$$\log {}_tI_\lambda = \log {}_0I_\lambda + t \log a_\lambda, \tag{45}$$

wo die Luftmasse t in guter Annäherung gleich der Sekante der Zenitdistanz gesetzt werden kann. Die beobachteten Werte $_tI_\lambda$ einer bestimmten Wellenlänge lassen sich nach der obigen Gleichung als lineare Funktion von t darstellen. Die Neigung der geraden Linie gibt $\log a_\lambda$; die spektralen Intensitäten $_0I_\lambda$ werden durch Umkehrung der Gleichung (45) erhalten. Die gemessenen Spektralstellen, welche sich über das Gebiet 0,4 bis 0,7 μ gleichmäßig verteilen, sind so ausgewählt, daß in ihrer unmittelbaren Nachbarschaft die Anzahl und die Stärke der Absorptionslinien ein Minimum ist.

Die Aufnahme der Keilspektren von Sternen bereitet Schwierigkeiten, da der Spalt in der Breite des Keiles gleichförmig zu erleuchten ist. Das Laufenlassen des Sternes längs des Spaltes liefert streifige Sternspektren, deren besondere Struktur vermutlich durch Refraktionsstörungen hervorgerufen ist. Die Verbreiterung durch Zylinderlinsen gibt eine ungleichförmige Lichtverteilung in der Breite des Keiles. Am brauchbarsten erweisen sich Aufnahmen, die wenig außerhalb des Fokus gemacht sind und bei denen man gleichzeitig den Stern längs des Spaltes laufen läßt. Bei den Sternaufnahmen dient der Kohlebogen als Vergleichslichtquelle. Die Extinktion in der Erdatmosphäre wird nach den Resultaten aus den Sonnenbeobachtungen berücksichtigt.

54. Die Beobachtungen von HERTZSPRUNG und EBERHARD mit Gitter und Objektivprisma. Die Spektralaufnahmen und ihre Reduktion. Bei den Spektralaufnahmen der Nova Aquilae 3 mit dem UV-Zeiss-Triplet des Potsdamer Observatoriums (Öffnung des Objektivs 15 cm, Brennweite 150 cm) benutzten HERTZSPRUNG und EBERHARD[1] vor dem Objektiv eine Kombination von einem Prisma und einem Paralleldrahtgitter, bei der die Dispersion von beiden in senkrecht zueinander liegenden Richtungen wirkt. Man erhält zu beiden Seiten des gewöhnlichen Prismenspektrums (dem Zentralbild des Gitters entsprechend) gebeugte Nebenspektren, welche dieselbe Prismendispersion zeigen und infolge der senkrecht dazu wirkenden, verhältnismäßig schwachen Gitterdispersion leicht gekrümmt sind. Die Verbreiterung der Spektren wird durch Verstellen des Uhrwerks erzielt. Vergleichsstern ist α Aquilae.

Bei der Reduktion der Schwärzungsablesungen am Mikrophotometer — die in exakter Weise nach dem von SCHWARZSCHILD[2] für die photographische Gesamtintensität entwickelten Verfahren erfolgt — verwandelt HERTZSPRUNG mit Hilfe einer aus früherem Material abgeleiteten Normaltabelle die spektralen Schwärzungen in provisorische Sterngrößen m'. Zwischen der Helligkeit m'_z des Zentralbildes Z und der Helligkeit m'_N des Nebenbildes N existiert für jede Wellenlänge eine lineare Abhängigkeit von der Form:

$$13\left(m'_Z - \tfrac{1}{2}\right) = 11\left(m'_N - \tfrac{1}{2}\right). \tag{46}$$

Bezeichnet $\Delta \log I = 0{,}38$ die Helligkeitsdifferenz zwischen Zentralbild und Nebenspektrum, so lassen sich die den provisorischen Sterngrößen m' entsprechen-

---

[1] E. HERTZSPRUNG, Photographisch-spektralphotometrischer Vergleich zwischen Altair und Nova Aquilae 3 in der Nähe ihrer maximalen Helligkeit. A N 207, S. 75 (1918).
[2] Über eine Interpolationsaufgabe der Aktinometrie. A N 132, S. 65 (1906).

den relativen Intensitäten I nach der Formel

$$I = (m' - \tfrac{1}{2})^r .\tag{47}$$

berechnen, wo der numerische Wert von r gleich $\dfrac{0,38}{\log\frac{13}{11}}$ ist.

55. Die Beobachtungen von Greaves, Davidson und Martin mit Gitter und Prisma. Die Spektralaufnahmen. Greaves und Davidson[1] benutzen den 30zölligen Cassegrainreflektor des Greenwicher Observatoriums, dessen Konvexspiegel ein 5 cm breites Strahlenbündel durch die zentrale Öffnung des Konkavspiegels hindurchläßt. Die Lichtstrahlen gehen durch ein Flintglasprisma von 40° brechendem Winkel und werden durch eine Linse von 6 Zoll Öffnung und 27 Zoll

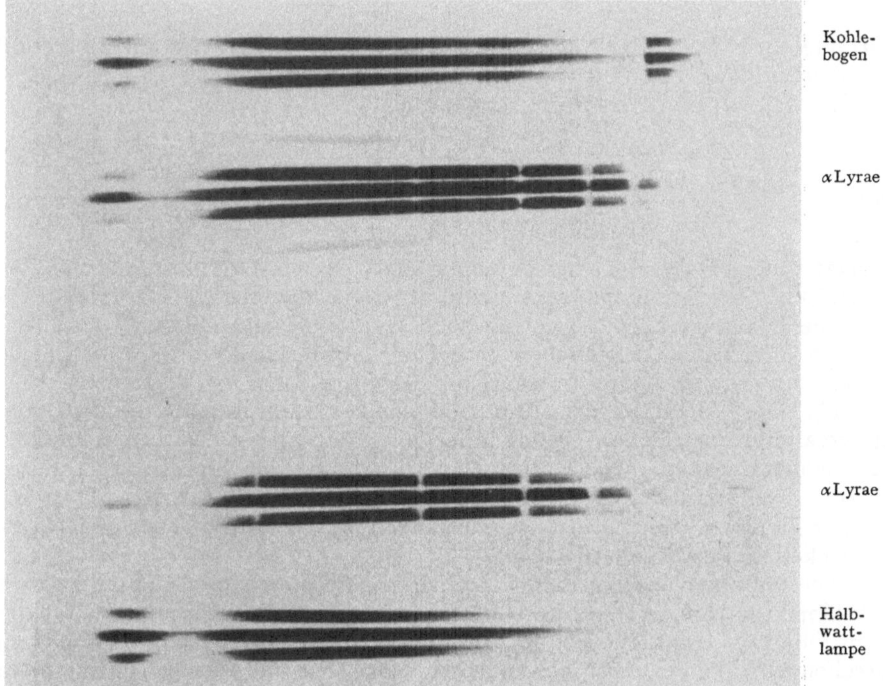

Abb. 10. Spektralaufnahmen des Kohlebogens, der Halbwattlampe und des Sternes α Lyrae mit Gitter und Objektivprisma (aus Monthly Notices 86).

Brennweite zu einem Bilde vereinigt. Das Objektivgitter befindet sich vor der Öffnung des Fernrohrtubus; seine Dispersion liegt in Rektaszension, die des Prismas in Deklination. Die Dispersion des zentralen Spektrums beträgt zwischen $H\beta$ und $H\varepsilon$ 11,5 mm, die durchschnittliche Entfernung zwischen dem Zentralbild und dem Spektrum erster Ordnung 0,7 mm.

Das Spektrum des Kohlebogens, der auf dem Dach eines nahen Gebäudes montiert ist, sollte ursprünglich als Vergleichsspektrum dienen. Die Stellung des Konvexspiegels im Tubus wurde ein wenig geändert, damit ein paralleles Strahlenbündel das Prisma durchsetzt. Wegen der den Kohlebogen umgebenden leuchtenden Atmosphäre sind im Kohlespektrum Emissionslinien des Kohlen-

---

[1] Preliminary Note on the Determination of Effective Stellar Temperatures by the „Prism-crossed-by-grating" Method. M N 86, S. 33 (1925).

stoffes sichtbar; das Sternspektrum zeigt Spuren von Absorptionsbanden. Da der direkte Vergleich von Sternspektrum und Kohlebogenspektrum mit Schwierigkeiten verknüpft ist, wird als Zwischenglied eine Halbwattlampe eingefügt, deren Spektrum sowohl mit dem Stern als auch mit dem Kohlebogen verglichen wird (Abb. 10).

56. Die Reduktion der Messungen. Die mit dem Mikrophotometer gemessenen Schwärzungen werden nach einem Näherungsverfahren reduziert: S_1 und S_2 sind für irgendeine Wellenlänge λ die Schwärzungen des Zentralspektrums und des Spektrums erster Ordnung vom Stern, S_3 und S_4 die entsprechenden Schwärzungen von der Lampe. E_1, E_2, E_3 und E_4 sind die zugehörigen Helligkeiten, ausgedrückt in Größenklassen. Es wird angenommen, daß die Helligkeit E mit der Schwärzung S durch eine Gleichung von der Form

$$E = a + bS + cS^2 \tag{48}$$

verbunden ist, wo a, b, c nur von der Wellenlänge des Lichtes abhängen und für die gleiche Platte konstant sind. Bezeichnet g die Gitterkonstante ($g = E_1 - E_2 = E_3 - E_4$), so wird in guter Annäherung

$$E_\lambda - E'_\lambda = \frac{S_1 + S_2 - S_3 - S_4}{S_1 - S_2 + S_3 - S_4} \cdot g, \tag{49}$$

wo

$$E_\lambda = \tfrac{1}{2}(E_1 + E_2) \quad \text{und} \quad E'_\lambda = \tfrac{1}{2}(E_3 + E_4) \tag{50}$$

gesetzt sind. Dabei ist angenommen, daß die mittleren Schwärzungen von Stern- und Vergleichsspektrum nicht allzusehr voneinander verschieden sind.

Die Untersuchungen von GREAVES, DAVIDSON und MARTIN[1] beziehen sich auf den spektralphotometrischen Vergleich von Sternpaaren des frühen Spektraltypus; auf den Anschluß an das Kohlebogenspektrum ist verzichtet.

57. Die Variation der Expositionszeit als messender Faktor bei den spektralphotometrischen Untersuchungen ROSENBERG's. Das Instrument und die Beobachtungen. Photographische Aufnahmen von Sternspektren mit einer Prismenkamera bilden die Grundlage von ROSENBERGS[2] Arbeit; die spektralen Helligkeiten werden aus den Schwärzungen auf Grund der von Schwarzschild entwickelten Prinzipien bestimmt.

Die für ultraviolettes Licht durchlässige Prismenkamera besteht aus einem UV-Objektiv von der Öffnung 110 mm mit dem Öffnungsverhältnis 1:10; vor dem Objektiv befindet sich im Minimum der Ablenkung ein Prisma von 45° brechendem Winkel, ebenfalls aus UV-Glas. Die mit der Prismenkamera erhaltenen Sternspektren haben für den Wellenlängenbereich 340 bis 575 $\mu\mu$, für den die gewählte Plattensorte (Agfa-Chromo) sensibilisiert ist, eine Länge von 37 mm. Die einzelnen Spektren sind nacheinander in der Mitte des Kamerafeldes aufgenommen. Der unbenutzte Teil der Platte wird, um ihn während der Exposition vor falschem Licht zu schützen, durch eine Blende abgedeckt, die in der Mitte einen schmalen Spalt für das aufzunehmende Spektrum frei läßt. Die Platte wird hinter der Blende nach jeder Aufnahme etwas verschoben. Auf diese Weise können 16 Spektren auf derselben Platte nacheinander photographiert werden. Um den fadenförmigen Sternspektren die zur genauen Messung der Schwärzung unbedingt notwendige Breite zu geben, sind die Sterne ein wenig außerhalb des Fokus aufgenommen. Die extrafokale Verschiebung wird durch die Bedingung begrenzt, daß die kräftigeren Linien in den Sternspektren noch

---

[1] The Relative Effective Temperatures of twenty-two Stars of Early Type. M N 87, S. 352 (1927).
[2] Photographische Untersuchung der Intensitätsverteilung in Sternspektren. Abh. d. Kais. Leop.-Carol. Deutschen Akademie der Naturforscher Nova Acta 101, Nr. 2 (1914).

deutlich genug erkennbar sind, um zur Ableitung der Wellenlängen dienen zu
können. Der Nullpunkt der spektralen Intensitätsskala der Sterne sollte im
Anschluß an das Sonnenspektrum bestimmt werden. Zu dem Zweck wurde
bei den Sonnenaufnahmen vor das Objektivprisma ein kleiner Kollimator mit
verstellbarem Spalt und mit Kollimatorobjektiv aus UV-Gläsern angebracht,
so daß das ganze Instrument einem zusammengesetzten Spektroskop gleicht.

Die Schwärzung der Spektren wurde mit dem HARTMANNschen Mikrophotometer gemessen; ein mit diesem verbundener Meßapparat gestattet, rechtwinklige Koordinaten bis auf 0,1 mm abzulesen. Der Meßkeil ist aus derselben
Plattensorte hergestellt, welche für die Aufnahmen am Himmel verwandt ist.

Die Grundbedingung für jedes photographisch-photometrische Verfahren
besteht darin, die Beobachtungen so einzurichten, daß man die für die Schwärzungskurve notwendigen Konstanten aus den auf der Platte befindlichen Aufnahmen selbst ableiten kann. Auf jeder Platte müssen Schwärzungen vorhanden
sein, welche durch eine meßbare Änderung der auffallenden Lichtmenge erzeugt
sind. Die Intensitätsänderung kann durch Abblendungsmittel, durch Polarisationseinrichtungen oder durch eine Änderung in der Expositionszeit bewirkt
werden.

ROSENBERG benutzt das Prinzip der Zeitvariation als messenden Faktor.
Zu dem Zweck wird ein Vergleichsstern mit vier verschiedenen Belichtungszeiten aufgenommen, von denen jede das Dreifache der vorhergehenden ist.
Die Helligkeit des Vergleichssternes ist so gewählt, daß die kürzeste Exposition
geringere Schwärzungen liefert als der zu untersuchende Stern, die längste
Exposition dagegen kräftigere Schwärzungen. Die Aufnahmen des Vergleichssternes sind möglichst in der Nähe des Meridians angestellt, um für die vier Aufnahmen frei von Extinktionsänderungen zu sein. Vergleichssterne sind α Aquilae,
α Aurigae, α Lyrae und β Orionis.

Um festzustellen, ob der Gewinn an Größenklassen, der einer bestimmten
Verlängerung der Expositionszeit entspricht, für alle Wellenlängen gleich ist,
wurde das von den Sternen kommende Licht durch Abblendung meßbar geschwächt. Diesem Zweck dient ein feinmaschiges Kreuzgitter, das vor dem
Objektiv so angebracht ist, daß die Fadenrichtungen unter 45° zur brechenden
Kante des Prismas stehen. Die störenden Gitterspektren niederer Ordnung fallen
seitlich vom prismatischen Spektrum. Die Absorptionskonstante des Gitters ist
auf der optischen Bank mittels eines LUMMER-BRODHUN-Photometers bestimmt.

Bei verschiedenen Expositionszeiten (20 Sek. bis 27 Min.) wurden Aufnahmen
desselben Sternes mit und ohne Vorschaltung des Gitters auf der gleichen Platte
erhalten. Dabei zeigte sich, daß, wenn mit dem unabgeblendeten und mit dem
abgeblendeten Objektiv für eine bestimmte Wellenlänge die gleiche Schwärzung
erzielt wird, dies auch für die anderen Wellenlängen der Fall ist. Die Expositionszeit bei Abblendung muß genau um den neunfachen Betrag vergrößert werden,
damit die Schwärzungen in beiden Spektren einander gleich sind. ROSENBERG
schließt aus dem von ihm erhaltenen Plattenmaterial, daß der Gewinn an Größenklassen bei Verlängerung der Expositionszeit im gegebenen Verhältnis sowohl
unabhängig von der absoluten Größe der Expositionszeit und von der Helligkeit
der Sterne als auch unabhängig von der Wellenlänge ist. Nach den Untersuchungen von KRON, HNATEK und EBERHARD gilt diese Schlußfolgerung ROSEN-
BERGS nicht, wenn man Intensität und Expositionszeit in beliebig weiten Grenzen
variiert. Es bleibt daher trotz der besonderen Versuchsreihen zweifelhaft, ob
die Grundvoraussetzung, auf der sich die Reduktionsrechnungen ROSENBERGS
aufbauen, nämlich, daß eine Verdreifachung der Expositionszeit einem Gewinn
von 0,947 Größenklassen entspricht, für das gesamte Plattenmaterial erfüllt ist.

58. Das Reduktionsverfahren. Um aus den gemessenen Schwärzungsunterschieden der photographischen Platte das Intensitätsverhältnis abzuleiten, ist ein von Schwarzschild vorgeschlagenes Rechnungsverfahren angewandt worden.

Während bei der Messung der photographisch wirksamen Gesamtintensität die Gradation der photographischen Platte selbst für verschieden gefärbte Sterne annähernd gleich bleibt — die photographisch wirksame Wellenlänge ändert sich nur innerhalb enger Grenzen mit der Farbe des Sternes —, wird bei homogenen Strahlen eine gesonderte Reduktion der verschiedenartigen Strahlung wegen des Purkinje-Phänomens der photographischen Platte erforderlich. Streng genommen ist für jede Wellenlänge eine besondere Schwärzungskurve zu konstruieren. Dies Verfahren hätte eine große Zahl von Aufnahmen des Vergleichssternes verlangt, was von der eigentlichen Aufgabe abgelenkt und dadurch die Arbeitsökonomie der Beobachtungsmethode stark beeinträchtigt hätte.

Die rein lineare Interpolation der gemessenen Schwärzung im Sternspektrum zwischen die zugehörigen Schwärzungen der Vergleichsspektren ist eine brauchbare Methode beim Studium der spektralen Helligkeitsschwankungen von veränderlichen Sternen, besonders wenn der Spektraltypus des Veränderlichen und des Vergleichssternes sich nur wenig voneinander unterscheiden. Im vorliegenden Fall war dies Reduktionsverfahren nicht genau genug; der Verlauf der Schwärzungen in den Vergleichsspektren hätte die Heranziehung der Differenzen höherer Ordnung gefordert.

Rosenberg konstruiert unter Benutzung aller gemessenen Schwärzungen des Vergleichssternes und ohne Berücksichtigung der mit der Wellenlänge variablen Gradation nach dem von Schwarzschild vorgeschlagenen Verfahren eine mittlere Schwärzungskurve, mit welcher er alle Schwärzungen in sog. Quasiintensitäten verwandelt. Durch diese Reduktion werden die den einzelnen Vergleichssternaufnahmen entsprechenden Kurven der spektralen Intensitätsverteilung einander nahezu parallel, so daß unbedenklich eine Interpolation nur mit ersten Differenzen gestattet ist. Werden also die für irgendeinen Stern abgeleiteten Quasiintensitäten zwischen die zugehörigen Werte des Vergleichssternes eingehängt, so erhält man die noch mit Extinktion behafteten Intensitätsverhältnisse für die gemessenen Wellenlängen.

Das Schwarzschildsche Verfahren zur Konstruktion einer mittleren Schwärzungskurve besteht im folgenden: Die vier Aufnahmen des Vergleichsspektrums geben vier Reihen von Schwärzungen, von denen jede folgende einer Intensitätssteigerung um 0,947 Größenklassen entspricht. Die Schwärzungsdifferenzen $S-S'$ zweier aufeinanderfolgenden Reihen werden auf Millimeterpapier als Funktion der Schwärzungen S aufgetragen und graphisch ausgeglichen. Die einzelnen Funktionswerte geben wegen der Variabilität der Gradation mit der Wellenlänge teilweise ziemlich große Abweichungen von der mittleren Kurve der Schwärzungsdifferenzen. Diese wird je nach den Krümmungsverhältnissen für ein mehr oder minder großes Intervall durch eine sich möglichst eng der Kurve anschließende Gerade ersetzt. Die Konstanten der Gleichung

$$S' - a = b(S - a) \tag{51}$$

lassen sich leicht berechnen. Unter der Voraussetzung, daß die Kurve der Schwärzungsdifferenzen innerhalb der Beobachtungsgenauigkeit durch die Gerade dargestellt wird, gibt das Theorem von Schwarzschild[1] die zu jeder Schwärzung gehörige Intensität in Größenklassen nach der Formel:

$$m = 0{,}947 \frac{\log(S-a)}{\log b}. \tag{52}$$

---

[1] A N 172, S, 65 (1906).

Mit dieser Gleichung lassen sich die Helligkeiten m und m' berechnen, die zu den Schwärzungen S und S' gehören. Da die Gerade nur den mittleren Teil der Kurve der Schwärzungsdifferenzen darstellt, müssen für die von der Geraden abweichenden Zweige der Kurve Korrektionen bestimmt werden. Für den Teil der Geraden, wo diese innerhalb der Beobachtungsgenauigkeit mit der Kurve übereinstimmt, ist die Gleichung (52) zwischen der Schwärzung S und der Helligkeit m streng gültig. Nun besteht zwischen den m und m' die Beziehung, daß sie sich um 0,947 Größenklassen unterscheiden. Auf Grund dieser Bedingung findet man diejenigen m und m', welche zu den als korrekt zu betrachtenden gehören. Für die kleineren oder größeren m bzw. m' lassen sich sukzessiv durch Interpolation die Korrektionen bestimmen. Die verbesserten Werte der m und m' geben als Funktionen der S und S' die Schwärzungskurve, welche zur Umwandlung der auf der photographischen Platte gemessenen Schwärzungen in Quasiintensitäten dient.

Das ROSENBERGsche Beobachtungsprogramm umfaßt die Sonne und 70 helle Sterne bis zur dritten Größenklasse. Um ein möglichst genaues Bild von der Intensitätsverteilung in den Sternspektren zu gewinnen, wurden die Schwärzungen in Abständen von 0,5 mm des prismatischen Spektrums gemessen. Die Schwärzungswerte sind auf Millimeterpapier eingetragen — die Schwärzung als Ordinate, die lineare Abmessung im prismatischen Spektrum als Abszisse — und graphisch ausgeglichen. Die durch kräftigere Absorptionslinien entstandenen und in dem Gang der Schwärzungen sich ausprägenden Lücken sind nicht berücksichtigt, sondern unter möglichst enger Anlehnung an die benachbarten Schwärzungen durch glatte Kurven überbrückt. Die ausgeglichenen Schwärzungen bilden das Material, mit dem für jede Platte nach der oben geschilderten Weise das spektrale Intensitätsverhältnis aller auf der Platte vorkommenden Sterne zu dem Vergleichsstern abgeleitet ist.

59. Die atmosphärische Extinktion. Die Bestimmung der Helligkeitsverteilung in den Spektren der Sterne verlangt die Kenntnis des Transmissionskoeffizienten der Erdatmosphäre für das photographisch wirksame Strahlengebiet. Die Beobachtungen zu dieser Untersuchung sind so angeordnet, daß der gleiche Stern in derselben Nacht bei möglichst verschiedenen Zenitdistanzen aufgenommen wird. Die Intensitätsunterschiede über das ganze Spektrum hin sind in der in Ziff. 58 beschriebenen Weise abgeleitet. Der Vergleich der Helligkeitsdifferenzen mit den von G. MÜLLER für Potsdam abgeleiteten Extinktionswerten der visuellen Helligkeit gibt für jede Wellenlänge einen Faktor, mit dem die Potsdamer Zahl multipliziert werden muß, um die beobachtete Helligkeitsdifferenz zu erhalten. Der berechnete spektrale Extinktionsfaktor ist graphisch ausgeglichen, wobei Gewichte eingeführt sind, die in runder Zahl der Potsdamer Extinktionsdifferenz je zweier zueinandergehörigen Aufnahmen proportional gesetzt sind.

Mit den zu den einzelnen Wellenlängen bestimmten Faktoren der Potsdamer Extinktionswerte sind alle Beobachtungen von der Wirkung der Extinktion befreit und auf den Zenit reduziert. Die Beziehungen der Vergleichssterne zueinander sind in doppelter Weise untersucht: direkt, wenn mehrere von ihnen sich auf derselben Platte befinden, und indirekt, wenn derselbe Programmstern mit verschiedenen der vier Vergleichssterne verglichen worden ist, durch Elimination des Programmsternes. Die so ermittelten Differenzen sind wiederum auf graphischem Wege ausgeglichen. Mit den mittleren Abweichungen von α Lyrae, α Aurigae und β Orionis gegen α Aquilae, dem am häufigsten benutzten Vergleichsstern, ist das gesamte Beobachtungsmaterial auf α Aquilae als Nullstern bezogen.

60. Die Spektralaufnahmen der Sonne. Die Spektralaufnahmen der Sonne sollten dazu dienen, die Sternspektren an das Sonnenspektrum anzuschließen, dessen Energieverteilung aus anderen Beobachtungsreihen ziemlich sicher bekannt ist. Das bei den Sternspektren benutzte Beobachtungsverfahren ließ sich nicht ohne weiteres auf die Sonne übertragen, da infolge der flächenhaften Ausdehnung dieses Gestirns ein völlig unreines Spektrum entsteht. Um aber

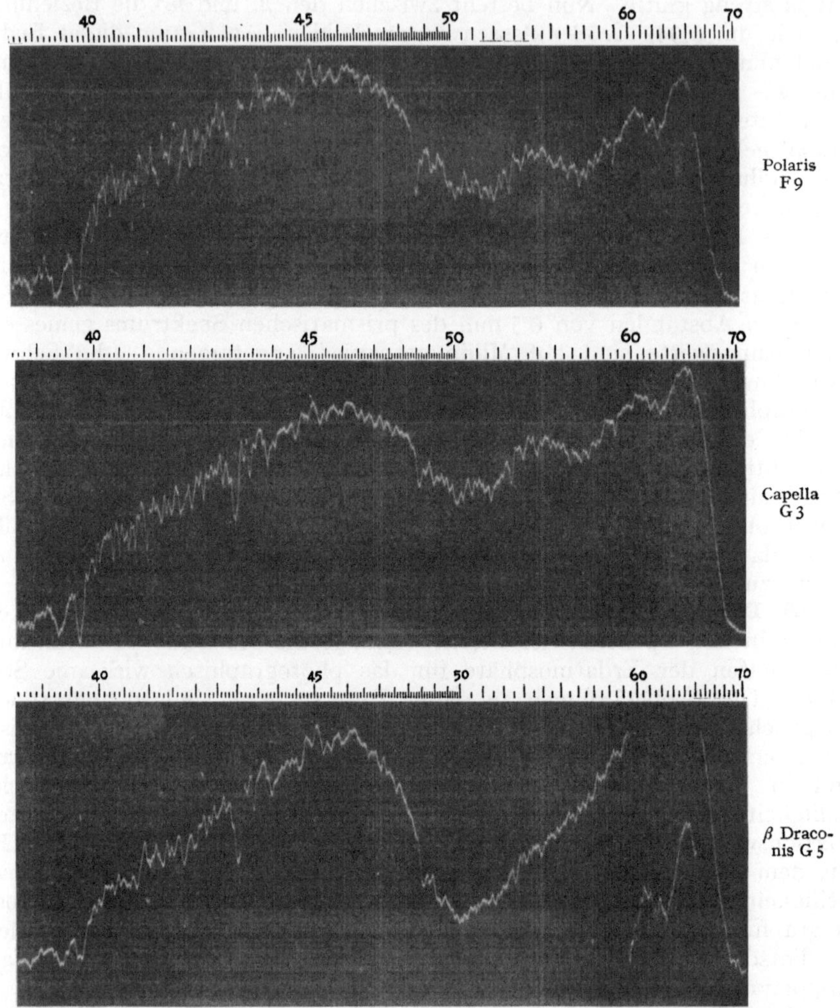

Abb. 11a. (Zu S. 326.) Diagramme von Registrierkurven. (Aus Monthly Notices 85, Plate 10.)

alle Teile des für die Sternaufnahmen benutzten Instruments nach Möglichkeit unverändert für die Sonne beizubehalten, wird die Prismenkamera durch Vorsetzen eines kleinen Kollimators mit Spalt in einen Spektrographen verwandelt. Das Kollimatorobjektiv besteht aus den gleichen UV-Gläsern wie Kameraobjektiv und Prisma.

Da auch bei der Sonne daran festgehalten werden sollte, daß die Expositionszeit in die Grenzen der für die Vergleichssternaufnahmen notwendigen Belichtungszeiten fällt, war ein Helligkeitsunterschied von 27 Größenklassen zu überbrücken, um die Lichtfülle der Sonne auf die zum Vergleich mit einem Stern erforderliche Lichtstärke zu bringen. Die Abschwächung der Sonne wird erreicht bei ganz eng gestelltem Spalt (0,001 mm) durch Abblendung des Kameraobjektivs auf 1,0 mm. Der von ROSENBERG bei der Reduktion berücksichtigte Beugungseffekt an dem engen Spalt kommt nach WILSING [A N 204, S. 153 (1917)] für den vorliegenden Fall nicht in Betracht.

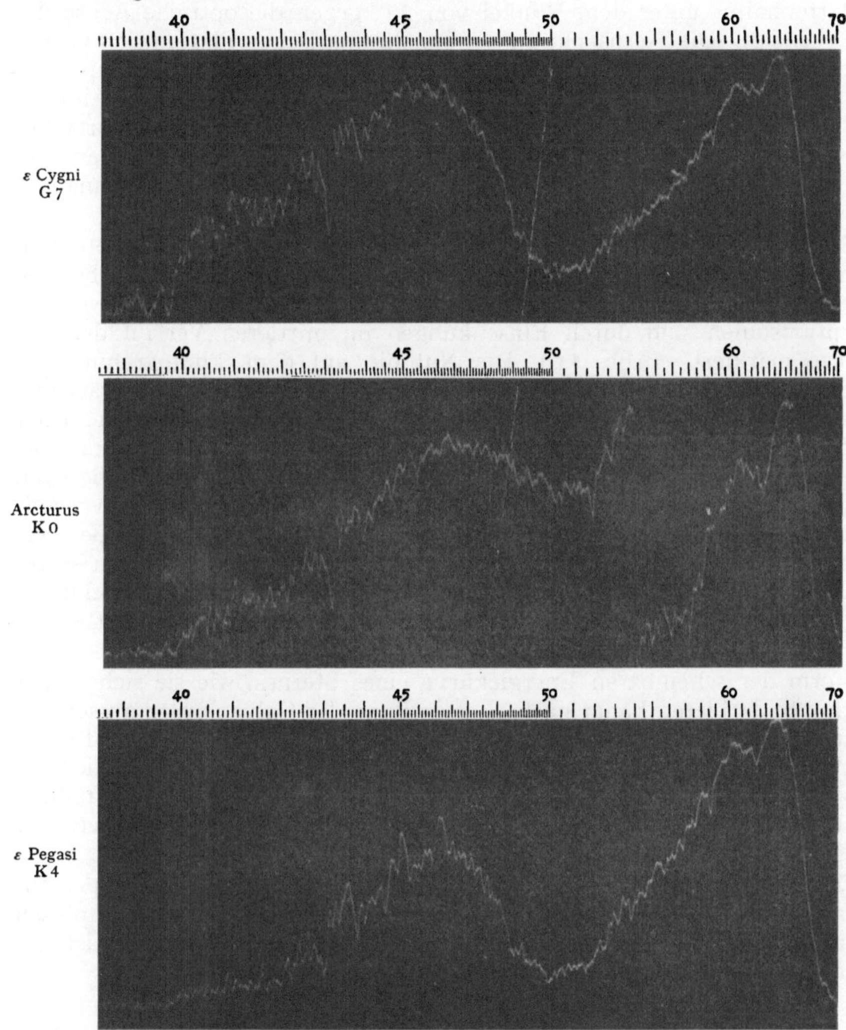

Abb. 11b. (Zu S. 326.) Diagramme von Registrierkurven. (Aus Monthly Notices 85, Plate 10.)

Die Platten mit den Sonnenaufnahmen wurden unentwickelt aufbewahrt und in der folgenden klaren Nacht mit den zum Vergleich gewählten Sternen exponiert. Während das von der Sonne erzeugte Spektrum für alle Wellenlängen die der Intensität entsprechende Flächenhelligkeit gibt, variiert in dem wenig extrafokal aufgenommenen Sternspektrum die Breite und damit auch die Flächenhelligkeit wegen der chromatischen Fehler des Objektivs. Das Verhältnis der wahren Intensität zur beobachteten ist in einem solchen Spektrum umgekehrt proportional seiner Breite; mit ihr lassen sich für die einzelnen Wellenlängen die Korrektionen leicht berechnen.

61. Die spektralphotometrischen Beobachtungen von R. A. SAMPSON. Die Spektralaufnahmen und ihre mikrophotometrische Ausmessung. SAMPSON[1] benutzt bei der photographischen Aufnahme der Sternspektren einen photovisuellen Refraktor mit einem Objektiv von 15 cm Öffnung und 250 cm Brennweite, vor das ein Prisma von 12° brechendem Winkel gesetzt ist. Um gute Bilder der Spektren in einem möglichst weiten Spektralbereich zu erhalten, ist der Plattenhalter unter dem Winkel von 20° gegen die optische Achse des Fernrohres geneigt. Die Sternspektren auf panchromatischen Platten sind gleichmäßig scharf zwischen den FRAUNHOFERschen Linien B und K. Die Dispersion der Spektren beträgt 1 mm auf 280 A. bei der FRAUNHOFERschen Linie C und 51 A. bei K. Eine meßbare Breite der Spektren wurde durch mehrfaches Laufenlassen des Sternes zwischen zwei Fäden erzielt. Als Vergleichsstern befindet sich auf jeder Platte Polaris; sein Spektrum wurde durch einmaliges Laufenlassen erhalten.

Die Sternspektren sind mit einem selbstregistrierenden Mikrophotometer von der Bauart des KOCHschen gemessen. Die auf automatischem Wege erhaltene Registrierkurve spiegelt den Schwärzungsverlauf im Spektrum des Sternes wieder; die Absorptionslinien sind durch Einsenkungen im mittleren Verlauf der Registrierkurve markiert. (Abb. 11.) Die Nullinie auf dem Photogramm entspricht dem Ausschlag Null des Saitengalvanometers bei intensivster Schwärzung. Der Abstand eines Punktes der Registrierkurve von der Nullinie gibt den zu der betreffenden Plattenschwärzung gehörigen Ausschlag des Galvanometers. Die Umwandlung der Ausschläge in Schwärzungswerte erfolgt durch Eichung nach einer Normalskala von Schwärzungen, wobei die Schwärzung Null dem maximalen Ausschlag des Galvanometers bei glasklarer Platte entspricht. Bei verschleierter Platte wird der Anfangspunkt der Zählung der Schwärzungen so gewählt, daß die Achse der Galvanometerausschläge durch den Punkt der Eichungskurve geht, welcher der Ablenkung des Fadens im freien Felde der Platte entspricht.

Die Form der scheinbaren Energiekurve eines Sternes, wie sie sich in der Registrierkurve darbietet, hängt nach Umwandlung der Galvanometerausschläge in Schwärzungswerte von der Sternstrahlung, von den Absorptionseinflüssen der optischen Apparatur und der Erdatmosphäre, sowie von der Empfindlichkeit der photographischen Platte ab. Die Reduktion auf die wahre Energieverteilung setzt die Kenntnis der Beziehung zwischen der Schwärzung, der Helligkeit und der Expositionszeit voraus.

62. Die photographische Theorie. Die elementare Theorie sieht den Zusammenhang zwischen der Schwärzung und dem Logarithmus der photographisch wirksamen Lichtmenge als linear an. Nach HURTER und DRIFFIELD ist die Schwärzung:

$$S_\lambda = \gamma_\lambda \log \frac{E_\lambda}{i_\lambda}, \tag{53}$$

wo E_λ die photographisch wirksame Lichtmenge und i_λ die reziproke Plattenempfindlichkeit für Strahlen der Wellenlänge λ bedeuten. Die Gradationskonstante γ_λ, die von der Plattensorte und von der Entwicklungsart abhängt, charakterisiert den Gradienten der Schwärzungskurve. Diese weicht für große und für kleine Schwärzungen merklich von der Geraden ab. SAMPSON vermeidet in seiner ersten Abhandlung starke Schwärzungen und berücksichtigt die Krüm-

---

[1] On the Estimation of the Continuous Spectrum of Stars. M N 83, S. 174 (1923); Effective Temperatures of sixty-four Stars. M N 85, S. 212. (1925).

mung der Schwärzungskurve bei geringen Schwärzungen durch den Ansatz:

$$S_\lambda - \frac{a_\lambda^2}{S_\lambda} = \gamma_\lambda \log \frac{E_\lambda}{i_\lambda}. \tag{54}$$

Die Gleichung entspricht einer Hyperbel, die bei kleinen Werten E_λ sich asymptotisch der Schwärzung Null nähert. a_λ ändert sich erfahrungsgemäß nicht merklich mit der Wellenlänge und kann für Platten der gleichen Emulsion und bei gleicher Entwicklungsart als konstant betrachtet werden. Die in der photographischen Platte wirksame Lichtmenge E_λ ist gleich:

$$f_\lambda \cdot F_\lambda \cdot J_\lambda \cdot t^p, \tag{55}$$

wo J_λ die spektrale Intensität des Sternes, F_λ der Reduktionsfaktor wegen der Absorption in der Erdatmosphäre, f_λ der Reduktionsfaktor für Absorption im Instrument, t die Expositionszeit und p der Exponent von SCHWARZSCHILD sind. Um den Einfluß der Plattenempfindlichkeit und der Lichtabsorption durch die optische Apparatur des Instruments zu eliminieren und spektrale Intensitätswerte zu erhalten, die allein für die Sternstrahlung charakteristisch sind, ist auf jeder Platte Polaris als Vergleichsstern aufgenommen. Die Messungen der Programmsterne sind auf die des Polarsternes als Nullpunkt bezogen.

Gehören die mit Akzenten versehenen Buchstaben zu einem zweiten Spektrum der gleichen Platte, so wird:

$$(S_\lambda - S_\lambda')\left(1 + \frac{a^2}{S_\lambda S_\lambda'}\right) = \gamma_\lambda \log \frac{J_\lambda}{J_\lambda'} + \gamma_\lambda \log \frac{F_\lambda}{F_\lambda'} + p\,\gamma_\lambda \log \frac{t}{t'}. \tag{56}$$

63. Die experimentelle Prüfung der Gleichung (56) nach den Sternaufnahmen. Die Serienaufnahmen des Polarsternes an demselben Beobachtungsabend oder von Nacht zu Nacht erlauben eine Prüfung der atmosphärischen Durchsichtigkeit. Für diese Aufnahmen ist $t = t'$ und $J = J'$, wenn man von der geringen Veränderlichkeit des Polarsternes absieht. Sind $|S_\lambda|$ und $|F_\lambda|$ die mittleren Werte von S_λ und F_λ aus sämtlichen Aufnahmen, so wird nach der Gleichung (56):

$$(S_\lambda - |S_\lambda|)\left(1 + \frac{a^2}{S_\lambda\,|S_\lambda|}\right) = \gamma_\lambda \log \frac{F_\lambda}{|F_\lambda|}. \tag{57}$$

Die Aufnahmen des gleichen Sternes mit verschiedenen Expositionszeiten geben einen Mittelwert von $p\gamma_\lambda$, wenn der Mittelwert von F_λ/F_λ' gleich 1 gesetzt wird. Die Gleichung (56) nimmt in diesem Falle die Form an:

$$\left|(S_\lambda - S_\lambda')\left(1 + \frac{a^2}{S_\lambda S_\lambda'}\right)\right| = p\gamma_\lambda \left|\log \frac{t}{t'}\right|. \tag{58}$$

Wenn die beiden zu vergleichenden Aufnahmen desselben Sternes unmittelbar aufeinanderfolgen, so kann F_λ/F_λ' wohl von der Einheit abweichen, wird sich aber mit der Wellenlänge nicht merklich ändern. Die rechte Seite der Gleichung:

$$(S_\lambda - S_\lambda')\left(1 + \frac{a^2}{S_\lambda S_\lambda'}\right) = \gamma_\lambda \log \frac{F_\lambda}{F_\lambda'} + p\gamma_\lambda \log \frac{t}{t'} \tag{59}$$

ist nahezu konstant, wenn sich $p\gamma_\lambda$ mit der Wellenlänge nicht merkbar ändert. Die Krümmungskorrektion a^2 wird nach Gleichung (59) durch Versuche bestimmt, die so angelegt werden, daß sich innerhalb eines engen Wellenlängenbereichs die geringen Schwärzungen in die mittleren desselben Sternes überführen lassen.

64. Die Bestimmung der relativen Energiekurve des Programmsternes gegen den Vergleichsstern. Werden die Photogramme von zwei Sternen miteinander verglichen, die unter den gleichen atmosphärischen Bedingungen erhalten sind, so folgt aus der fundamentalen Gleichung (56):

$$\log\frac{J\lambda}{J'_\lambda} + p\log\left(\frac{t}{t'}\right) = n_\lambda, \tag{60}$$

wo n_λ gesetzt ist für den Ausdruck:

$$\gamma_\lambda^{-1}(S_\lambda - S'_\lambda)\left(1 + \frac{a^2}{S_\lambda S'_\lambda}\right). \tag{61}$$

Wenn der Exponent p von der Strahlungsart unabhängig ist, lassen sich p, t und t' dadurch eliminieren, daß man die Strahlung bei zwei verschiedenen Wellenlängen miteinander vergleicht:

$$\left.\begin{aligned}\log\frac{J\lambda_1}{J'_{\lambda_1}} - \log\frac{J\lambda_2}{J'_{\lambda_2}} &= (S_{\lambda_1} - S'_{\lambda_1})\left(1 + \frac{a^2}{S_{\lambda_1}S'_{\lambda_1}}\right)\gamma_{\lambda_1}^{-1}\\ &\quad - (S_{\lambda_2} - S'_{\lambda_2})\left(1 + \frac{a^2}{S_{\lambda_2}S'_{\lambda_2}}\right)\gamma_{\lambda_2}^{-1} = n_1 - n_2.\end{aligned}\right\} \tag{62}$$

Die Schwärzungen S_λ, S'_λ und die Plattenkonstanten a, γ_λ sind aus den Photogrammen bestimmt; die rechte Seite der Gleichung (62) ist also durch die Beobachtungen gegeben. Schreibt man die Gleichung in Differentialform, so erhält man folgende Differentialgleichung für die relative Energiekurve des Programmsternes gegen den Vergleichsstern:

$$\frac{1}{J}\frac{dJ}{d\lambda} - \frac{1}{J'}\frac{dJ'}{d\lambda} = \frac{1}{\mu}\frac{dn}{d\lambda}, \tag{63}$$

wo μ der Modul der BRIGGSschen Logarithmen ist. In Wahrheit gibt die Gleichung (63) die wahre Form der Energiekurve bis auf die differentielle Wirkung der atmosphärischen Extinktion, die bei verschiedenen Zenitdistanzen des Haupt- und Vergleichssternes, wie auch bei wechselnden atmosphärischen Verhältnissen merklich wird.

65. Die Verallgemeinerung der photographischen Theorie. Die Formel (54) für die Beziehung zwischen Lichtintensität und Schwärzung gilt nur dann, wenn die gemessenen Schwärzungen klein sind. Die spektralen Intensitäten, deren Schwärzungen nicht weit vom Plattenschleier liegen, werden ungenau bestimmt. Die Erkenntnis von der Unzulänglichkeit des Verfahrens, ohne daß die photographische Theorie wesentlich vereinfacht ist, veranlaßt SAMPSON in seiner zweiten Arbeit, die Beschränkung auf kleine Schwärzungen ganz fallen zu lassen. Bei der Ausmessung der Spektren mit dem selbstregistrierenden Mikrophotometer wird die Skala der Registrierkurve geändert, wenn die Schwärzungen sich der Solarisationsgrenze nähern. Zu dem Zweck wird eine gleichmäßig geschwärzte Platte in den Strahlengang zur Kompensationszelle eingefügt, wodurch die Spur der Registrierkurve wieder in die Nachbarschaft der Schwärzung Null zurückspringt, (Photogramme von β Draconis und Arcturus in Abb. 11). Die Registrierkurve ist demnach eine gebrochene Kurve; die Sprungstellen erlauben, die Konstanz der Nullschwärzung (Plattenschleier) längs des Spektrums zu prüfen.

Wenn die Schwärzungen von jeder beliebigen Stärke sind, muß die photographische Theorie von allgemeineren Voraussetzungen ausgehen. Bezeichnet Δ eine zunächst noch willkürliche Funktion der Plattenschwärzung S bzw. des Galvanometerausschlages d und T eine Funktion der Expositionszeit t (in Sekunden gezählt), so läßt sich die Abhängigkeit der Intensität einer Lichtquelle von der Schwärzung und von der Expositionszeit durch folgende Reihenentwicklung ausdrücken:

$$\log\frac{J}{J_0} = a\varDelta + bT + \frac{1}{2}c\varDelta^2 + d\varDelta T + \frac{1}{2}eT^2 + \cdots. \tag{64}$$

J_0 ist die Intensität, welche $\varDelta = 0$ und $T = 0$ entspricht. Eine befriedigende Konvergenz der obigen Reihe läßt sich dadurch erzielen, daß man eine Variation der Variablen $\varDelta$ und T nur in beschränkten Grenzen zuläßt. Für eine bestimmte Platte sind die Koeffizienten $a, b, c, d, e \ldots$ Funktionen der Wellenlänge.

Durch algebraische Umkehrung der Gleichung (64) erhält man eine nach steigenden Potenzen von T und $\log J/J_0$ fortschreitende Entwicklung für $\varDelta$. Die Kurven konstanter Schwärzung geben eine Beziehung zwischen $\log J/J_0$ und T. Die Formel von HURTER und DRIFFIELD

$$S = \gamma \log\left(\frac{J \cdot t^p}{i}\right),$$

wo S die Plattenschwärzung, γ die Gradation, p der SCHWARZSCHILDsche Exponent und i die reziproke Plattenempfindlichkeit bedeuten, entsteht aus der allgemeinen Formel (64), wenn man setzt:

$$c = d = e = \cdots = 0; \quad \gamma = \frac{1}{a}; \quad p = -b; \quad i = J_0 \cdot t_0^p; \quad T = \log\frac{t}{t_0}; \quad S = \varDelta, \tag{65}$$

wo t_0 eine Standardexpositionszeit ist. Irgendwelche Abweichungen von der elementaren Theorie führen dazu, daß $c, d, e, \ldots$ von Null verschieden sind.

Für den Fall, daß in Gleichung (64) die Koeffizienten der Variablenprodukte $\varDelta T$, $\varDelta T^2$, $\varDelta^2 T \ldots$ gleich Null sind, kann man durch Einführung zweier neuen Variablen $\varDelta_1$, T_1, wo

$$\left.\begin{aligned} a\varDelta_1 &= a\varDelta + \tfrac{1}{2}c\varDelta^2 + \cdots, \\ bT_1 &= bT + \tfrac{1}{2}cT^2 + \cdots, \end{aligned}\right\} \tag{66}$$

die allgemeine Gleichung (64) auf die einfache Form bringen:

$$\log\frac{J}{J_0} = a\varDelta_1 + bT_1. \tag{67}$$

Streng genommen sind $\varDelta_1$ und T_1 wie a und b Funktionen der Wellenlänge. Die Experimentaluntersuchungen von E. A. BAKER haben indes gezeigt, daß der Gleichung (67) für alle Wellenlängen genügt wird, wenn man:

$$\varDelta_1 = \log(10^D - 1) = D + \log(1 - 10^{-D}). \tag{68}$$

setzt. Diese rein empirisch gewonnene Substitution gilt nur, solange

$$-1 < \varDelta_1 < +1 \tag{69}$$

ist, welcher Bereich dem Intervall 0,04 bis 1,04 der Plattendichte D (Ziff. 17) entspricht. Bei sehr kleinen Schwärzungen, wenn also $\varDelta_1$ nach der Grenze $-\infty$ geht, bleibt selbst die allgemeine Gleichung nicht bestehen.

Die Substitution von T_1 für T wird nicht benutzt. Die Funktion T ist durch den Ansatz

$$T = \log\left(\frac{t^s}{30^s}\right) \tag{70}$$

definiert. In der Praxis schwankt T zwischen den Werten -1 und $+1$, welche den Expositionszeiten 3^s und 300^s entsprechen.

In der allgemeinen Formel (64) ist der SCHWARZSCHILDsche Exponent p gegeben durch

$$-p = \frac{\partial \log\frac{J}{J_0}}{\partial T} = b + d\varDelta + eT + \cdots. \tag{71}$$

Baker hat experimentell das Verhalten des Exponenten p bei violettem ($0,4\,\mu$) und bei rotem Licht ($0,6\,\mu$) untersucht, sowohl in Abhängigkeit von $\varDelta$, wenn $T = 0$ ist, als auch von T für $\varDelta = 0$. Innerhalb der Grenzen $\varDelta = -1$ und $\varDelta = +0,7$, welch letztere der Plattendichte $0,8$ entspricht, ist der Exponent p für $T = 0$ konstant, d. h. die Koeffizienten $d,\ldots$ sind unmerklich. Für Werte von $\varDelta$, die größer oder gleich 1 sind, darf der Einfluß der Plattendichte auf den Exponenten p nicht vernachlässigt werden.

Wenn $\varDelta = 0$ ist, nimmt p linear mit zunehmenden T ab. Da b negativ ist, muß also e positiv sein. Je größer T ist, um so kleiner ist p und damit auch der zugehörige Wert von $\log J$.

Die Änderung des Exponenten p mit der Wellenlänge ist von Baker für den Sonderfall $T = 0$ und $\varDelta = 0$ untersucht. Die Variation des Koeffizienten b mit der Wellenlänge ist so klein, daß sie vernachlässigt werden kann.

Das Ergebnis der experimentellen Untersuchung von Baker ist also folgendes: In der allgemeinen Gleichung (64) sind die Koeffizienten der höheren Glieder als der linearen und der quadratischen überflüssig. Der Koeffizient d kann gleich Null gesetzt werden, wenn die Schwärzungen nicht ein gewisses Maximum überschreiten. Die Koeffizienten b und e haben entgegengesetztes Vorzeichen und ändern sich nicht mit der Wellenlänge. Der Koeffizient c läßt sich mit dem Koeffizienten a kombinieren, wenn man den Ansatz macht:

$$\varDelta = D + \log(1 - 10^{-D}).$$

Die Gleichung (64) nimmt dann die Form an:

$$\log \frac{J}{J_0} = a\varDelta + bT + \frac{1}{2}eT^2. \tag{72}$$

66. Die Anwendung der allgemeinen photographischen Theorie auf die Bestimmung der Intensitätsverteilung im Spektrum der Fixsterne. Wenn zwei Lichtquellen der Intensitäten J und J' bei derselben Wellenlänge miteinander verglichen werden, so ist

$$\log \frac{J}{J'} = a(\varDelta - \varDelta') + b(T - T') + \frac{1}{2}e(T^2 - T'^2). \tag{73}$$

Bilden die Spektralaufnahmen eine bestimmt angebbare Stufenfolge von spektralen Helligkeiten, so resultiert bei gleicher Expositionsdauer eine Gleichung von der Form:

$$\log J = a\varDelta + M, \tag{74}$$

wo M eine willkürliche Konstante ist. Die in die Gestalt einer Kurve gebrachte Zuordnung der J und $\varDelta$ gibt für jede Wellenlänge zu einem beobachteten Wert der Plattendichte oder des Galvanometerausschlages die zugehörige Intensität bezogen auf eine willkürliche Einheit. Derartige Reduktionskurven sind für die Wellenlängen $0,6\,\mu$ und

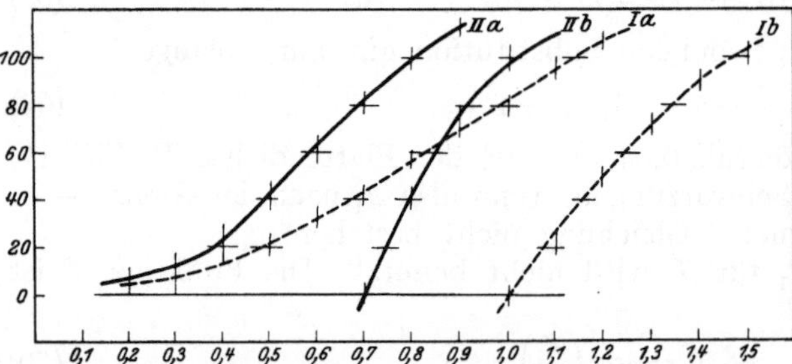

Abb. 12. Schwärzungskurven für rotes und blaues Licht. (Aus Monthly Notices 85.) Ordinate: Galvanometerablesung. Abszisse: $\log J +$ konst.

Ia: Wellenlänge 0,4 μ ohne Absorptionskeil
Ib: ,, ,, mit ,,
IIa: ,, 0,6 μ ohne ,,
IIb: ,, ,, mit ,,

$0,4\,\mu$ konstruiert. Die Schwärzungskurve für $0,6\,\mu$ gibt angenähert die Gradation für Licht der Wellenlänge $> 0,54\,\mu$, die für $0,4\,\mu$ gilt für $\lambda < 0,49$ (Abb. 12).

Werden die Spektren zweier Sterne mit verschiedenen Expositionszeiten miteinander verglichen, so wird die Wirkung der Absorption im Instrument und der Einfluß der Plattenempfindlichkeit eliminiert:

$$\log \frac{J_\lambda}{J'_\lambda} = a_\lambda (\Delta_\lambda - \Delta'_\lambda) + b(T - T') + \frac{1}{2} e(T^2 - T'^2). \tag{75}$$

Wenn b und e von der Wellenlänge unabhängig sind, so sind es auch die auf der rechten Seite der Gleichung stehenden, von der Expositionszeit abhängigen Glieder, d. h. es wird:

$$\log \frac{J_\lambda}{J'_\lambda} = a_\lambda (\Delta_\lambda - \Delta'_\lambda) + N, \tag{76}$$

wo N eine willkürliche Konstante ist.

Die Reduktion der Sternphotogramme wird durchgeführt, ohne die Zahlenwerte der Koeffizienten a, b, c, d, e, ... zu kennen. Die Ordinate der Sternphotogramme, d. i. die Galvanometerablesung, wird für eine Reihe von Wellenlängen gemessen; die zugehörige Intensität wird aus einer graphischen Darstellung entnommen, welche Intensität und Galvanometerausschlag miteinander verbindet. Derartige Interpolationskurven sind auf empirischem Wege für die Registrierung ohne und mit Absorptionskeil erhalten (Abb. 12). Die relative Intensität des Programmsternes gegen den Vergleichsstern (Polaris) ist gemäß Gleichung (76) bis auf einen allen Wellenlängen gemeinsamen Faktor bestimmt. Durch Bildung des relativen Gradienten:

$$\frac{1}{J_\lambda} \frac{dJ_\lambda}{d\lambda} - \frac{1}{J'_\lambda} \frac{dJ'_\lambda}{d\lambda}, \tag{77}$$

welcher für den Verlauf der Energiekurve charakteristisch ist, wird die Konstante N eliminiert.

67. Die Spektralaufnahmen von H. KIENLE mit gekrümmtem Film. Die Konstruktion der von KIENLE[1] zur Aufnahme von Sternspektren benutzten Apparatur und die Art ihrer Anwendung ist folgende: Auf einer Metallplatte, welche an Stelle der photographischen Platte in die Kassette eingelegt wird, ist in Lagern ein Messingzylinder so befestigt, daß ein durch Gummibänder auf ihm befestigter Filmstreifen mit der vordersten, dem Objektiv zugewandten Mantellinie in derselben Ebene liegt, wie sonst die photographische Platte. Zylinderachse, Schlittenführung der Kassette und Prismenkante sind genau parallel der täglichen Bewegung justiert. Der Radius des Zylinders entspricht der Krümmung der Farbenkurve des Objektivs. Die Spektren werden auf diese Weise von einer Schicht aufgenommen, die sich möglichst der wahren Gestalt der Farbenkurve anpaßt. Dabei wird vorausgesetzt, daß das Aufnahmefernrohr so eingestellt ist, daß die Wasserstofflinie $H\varepsilon$ ($\lambda 4000$) auf die vorderste Mantellinie des Zylinders fällt. Die Orientierung des Spektrums in der Dispersionsrichtung relativ zur photographischen Schicht erfolgt mit Hilfe eines Okulars, das neben der Filmtrommel auf der gleichen Metallplatte sitzt und durch Verschiebung der ganzen Kassette auf den Stern eingestellt werden kann. Um im sichtbaren Spektrum beobachten zu können, ist das Okular relativ zur Zylinderachse nach der roten Seite verschoben, so daß die Strecke $H\beta$ bis $H\gamma$ in die Mitte des Gesichtsfeldes fällt. An einer im Okular sichtbaren Skala wird mit Hilfe von hellen A-Sternen diejenige Stellung von $H\beta$ empirisch bestimmt, bei welcher $H\varepsilon$ auf die dem Scheitel entsprechende, vorher auf dem Film markierte Stelle fällt. Da diese Okulareinstellung nur bei den hellsten Sternen vorgenommen werden kann, ist mit der

---

[1] Untersuchungen über die Intensitätsverteilung in Sternspektren. Nachrichten der Gesellschaft der Wissenschaften zu Göttingen. Mathematisch-physikalische Klasse 1925.

Prismenkamera ein Leitrohr verbunden. Die Einstellung auf $H\beta$ erfolgt mit einem geeigneten Stern am Kassettenokular; danach wird das Fadenkreuz im Leitrohr unter Verwendung eines Kreuzschlittenmikrometers justiert. Die Aufnahme der lichtschwachen Sterne erfolgt durch einfache Einstellung im Leitrohr. Die der Stellung von $H\varepsilon$ entsprechende Marke ermöglicht eine Kontrolle dafür, daß keine relativen Verschiebungen der beiden Rohre vorgekommen sind.

g) Die Bestimmung der Linienintensitäten in dem Spektrum der Fixsterne.

68. Der Ursprung des kontinuierlichen und des Linienspektrums. Das kontinuierliche Spektrum stellt die Verbindung des Sterninnern mit der Außenwelt her. Qualitativ wird zwar die aus dem heißen Innern kommende Strahlung beim Durchgang durch die verschiedenen Schichten des Sternes stark verändert; die Strahlung, welche wir messen, entsteht in der Photosphärenschicht. Quantitativ haben wir es jedoch mit einem kontinuierlichen Strom zu tun, der aus dem Sterninnern in den Weltenraum abfließt. Die Intensitätsverteilung im kontinuierlichen Spektrum hängt von der Stärke dieses Stromes ab.

Das kontinuierliche Spektrum ist durchsetzt von einer mehr oder minder großen Zahl von Absorptionslinien; bei einzelnen Sternen treten die Linien in Emission auf. Die Stärke, Breite und Form der Linien ist durch die physikalische Konstitution der äußeren Gashülle des Sternes, d. i. seiner Atmosphäre, sowie durch die Struktur der die Atmosphäre aufbauenden Atome bestimmt.

69. Allgemeine geschichtliche Bemerkungen über die Messung der Linienintensitäten. Den Intensitäten der Absorptionslinien in den Sternspektren — früher ein Problem von sekundärer Bedeutung — wird von den Astronomen in Verbindung mit der Theorie der thermischen Ionisation ein ständig wachsendes Interesse entgegengebracht. Für die Entwicklung der theoretischen Astrophysik ist die Kenntnis der Stärke und der Struktur der Absorptions- und Emissionslinien notwendig.

Das Spektralklassifizierungsprinzip der Harvard-Sternwarte beruht auf der Zuteilung des Sternspektrums zu einer bestimmten Spektralklasse je nach dem Vorhandensein und je nach der Stärke des Auftretens von einzelnen Liniengruppen. Während die Harvard-Astronomen sich an den Gesamteindruck des Sternspektrums halten, sind die vom Mount Wilson-Observatorium bestimmten Spektraltypen aus Intensitätsschätzungen von einzelnen Linien im Spektrum erhalten. Die mehr ins einzelne gehende Klassifizierung des Mount Wilson-Observatoriums hat die Abhängigkeit der absoluten Helligkeit eines Sternes von der relativen Intensität der Spektrallinien erkennen lassen. Pannekoek[1] erhält durch einfache Schätzung die relativen Intensitäten der Absorptionslinien in einer willkürlichen Skala; die Resultate sprechen für die Genauigkeit, welche mit der Methode erreichbar ist.

Das Bedürfnis nach quantitativ genaueren Angaben, als sie die bloße Schätzung der Linienintensitäten liefert, wuchs mit der Entwicklung der spektralanalytischen Theorien. Die Meßmethoden, deren sich die Physiker bedienen[2], um die Intensitäten der Spektrallinien zu bestimmen, sind im Prinzip die gleichen wie die der Astronomen. Die Grundlage jeder photographisch-photometrischen Methode beruht auf dem Satz, daß zwei Intensitäten dann als gleich angesehen

---

[1] A. Pannekoek and J. J. M. Reesinck, Studies on Line Intensities in Stellar Spectra I. B A N 2, S. 223 (1925); II. B A N 3, S. 47 (1925).
[2] Vgl. die zusammenfassende Darstellung von H. B. Dorgelo, Die photographische Spektralphotometrie. Phys Z 26, S. 756 (1925).

werden, wenn sie bei gleicher Belichtungszeit auf derselben photographischen Platte gleiche Schwärzungen für Licht derselben Wellenlänge hervorrufen.

Quantitative Messungen der Linienintensitäten in den Sternspektren liegen in größerem Umfange erst aus den letzten Jahren vor. Der Verfasser[1] hat im Jahre 1912 die zeitliche Helligkeitsänderung der Emissionsbande $\lambda 466\ \mu\mu$ im Zusammenhang mit einer größeren Arbeit über die Helligkeitsschwankungen im Spektrum der Nova Geminorum 2 nach Aufnahmen von G. EBERHARD untersucht. BOTTLINGER[2] bestimmte die Intensitätsverteilung in den Absorptionslinien einzelner Sterne, SCHWARZSCHILD[3] die in den H- und K-Linien des Sonnenspektrums. Bei der Ausmessung der Spektren erwies sich das HARTMANNsche Mikrophotometer (Ziff. 17) als wenig geeignet für den vorliegenden Zweck. Der kleine Photometerfleck des LUMMER-BRODHUN-Würfels wird von der Absorptions- oder von der Emissionslinie nicht voll ausgefüllt, so daß der angrenzende kontinuierliche Untergrund bei der Einschätzung in die Skala des Meßkeiles stört. Bei einem außergewöhnlich schmalen Meßspalt kann das menschliche Auge die Flächenhelligkeiten der photographischen Platte und des Meßkeiles nicht mehr sicher miteinander vergleichen.

Bei der von A. KOHLSCHÜTTER[4] angegebenen Versuchsanordnung sind die Schwierigkeiten der Messung behoben; an die Stelle des menschlichen Auges tritt die photoelektrische Zelle. H. SHAPLEY, C. H. PAYNE und F. S. HOGG[5] haben in zahlreichen Aufsätzen quantitative Messungen der Linienintensitäten von Sternspektren veröffentlicht, die mit dem MOLLschen registrierenden Mikrophotometer ausgeführt sind. PANNEKOEK[6] hat die Linienintensitäten von δ Cephei nach Spektrogrammen bestimmt, die H. H. PLASKETT mit einem Spaltspektrographen nach der Keilmethode (Ziff. 48) erhalten hat.

70. Die Photographie der Sternspektren mit dem Objektivprisma und mit dem Okularspektrographen. Die Sternspektren werden mit dem Objektivprisma, mit dem Spalt- oder mit dem spaltlosen Spektrographen erhalten. Jede Beobachtungsart hat ihre Vorzüge und ihre Nachteile. Das Objektivprisma gibt mit einer einzigen Aufnahme die Spektra von mehreren Sternen, so daß man die Intensität der gleichen Spektrallinien leicht von Stern zu Stern vergleichen kann. Bei außeraxialen Objekten ist eine Gesichtsfeldkorrektur wegen ungleichmäßiger Abbildung in Rechnung zu stellen.

Die Aufnahmen mit dem Objektivprisma sind leicht ausführbar; das Arbeiten mit dem Spektrographen verlangt eine gewisse Übung. Das Objektivprisma ist lichtstärker als der Spektrograph; schwache Sterne sind mit dem Objektivprisma in einem weiten Spektralbereich für die spektralphotometrische Untersuchung erreichbar. Auf den Objektivprismaplatten läßt sich im allgemeinen die Skala zur Umwandlung der Schwärzungen in Intensitäten leichter herstellen als auf den Spektrographenplatten.

Der Spaltspektrograph gibt die reinsten und schärfsten Spektra. Bei spektralphotometrischen Untersuchungen soll man ihn nur in Verbindung mit dem Reflektor benutzen. Wegen der atmosphärischen Dispersion darf der Spalt des Spektrographen nicht zu schmal sein.

---

[1] A. BRILL, Bemerkung über die Helligkeit der Nebellinie $\lambda 466\ \mu\mu$ im Spektrum der Nova Geminorum 2 nach Aufnahmen von Prof. EBERHARD. A N 194, S. 409 (1913).

[2] Über die Intensitätsverteilung innerhalb der Spektrallinien von Sternen. A N 195, S. 117 (1913).

[3] Über Diffusion und Absorption in der Sonnenatmosphäre. Sitzungsberichte d. Preuß. Akad. d. Wiss. 1914, S. 1183.

[4] Messungen von Linienintensitäten in Sternspektren. A N 220, S. 325 (1924).

[5] Harv Bull 805, 837, 843; Harv Repr 28; Harv Circ Nr. 301—309 (1924—1927).

[6] The Determination of Absolute Line Intensities in Stellar Spectra. B A N 4, S. 1 (1927).

Spektralaufnahmen mit Objektivprisma und Reflektor sind für alle Wellenlängen im Fokus. Bei Refraktoren liegen die Fokalstellungen für monochromatisches Licht je nach der Wellenlänge in verschiedenen Entfernungen vom Objektiv. Die Spektrallinien, welche sich bei der senkrecht zur optischen Achse gestellten photographischen Platte außerhalb des mittleren besten Fokus befinden, sind mehr oder weniger verwaschen. Wenn man den Spalt- oder den spaltlosen Spektrographen zur Aufnahme benutzt, ist der Einfluß der Fokussierung auf die Intensität der Spektrallinien meist verschwindend klein, da nur ein beschränkter Teil des Spektrums abgebildet wird und da außerdem die Krümmung der Farbenkurve des Kameraobjektivs durch Neigung der photographischen Platte gegen die optische Achse in erster Näherung berücksichtigt wird. Die Intensität, die Breite und die Form der Spektrallinien hängt von der Spaltweite des Spektrographen ab. Bei engem Spalt fallen wegen der Chromasie der Fernrohroptik und wegen der atmosphärischen Dispersion mehr oder weniger ausgedehnte Spektralbezirke der Sternstrahlung auf die Spaltbacken, so daß die Intensitätsverteilung im Sternspektrum unrichtig wiedergegeben wird.

71. Die visuellen Schätzungen der Linienintensitäten. Für die exakte Bestimmung der Linienintensitäten in den Sternspektren kommt nur die photographische Methode in Betracht. Gelegentlich findet man noch kurze Beobachtungsnotizen über die relative Helligkeit von Absorptions- oder Emissionslinien nach visuellen Schätzungen oder Messungen am Fernrohr. Bei dem visuellen Beobachtungsverfahren stört der angrenzende farbige Untergrund des kontinuierlichen Spektrums. Die geschätzten Helligkeiten der Linien hängen noch von der Farbenempfindlichkeit des menschlichen Auges ab.

Die auf photographischem Wege erhaltenen Spektren sind vor der Auswertung auf ihre Brauchbarkeit für die photometrische Reduktion zu prüfen. Spektren, die sehr schmal sind oder irgendwelche Unregelmäßigkeiten (Längsstreifen, Fehler im Plattenkorn usf.) zeigen, sind zu verwerfen. Photographische Platten, deren Spektren durch Wolken verdorben sind, sollten ebenfalls nicht gemessen werden. Spektren, deren Schwärzungen in der Nähe des Plattenschleiers oder der Solarisationsgrenze liegen, sind wegen der geringen Gradation von der Untersuchung auszuschließen.

Die Messung der Linienintensität bestand anfangs in der visuellen Schätzung nach einer willkürlichen Skala auf Grund des bloßen Augenscheins, welcher praktisch die Deutlichkeit der Linien auf der photographischen Platte zum Ausdruck bringt. Schätzungen dieser Art stimmen erfahrungsgemäß für Linien desselben Sternes gut miteinander überein. Wertvolle Resultate wurden durch einfaches Schätzen der relativen Intensitäten der Sternlinien in einer willkürlichen Skala erhalten. Die spektroskopischen Parallaxen des Mount Wilson-Observatoriums sind aus Schätzungen von hoher Genauigkeit abgeleitet.

Die primitive Methode der Schätzung hat auch ihre ernsten Nachteile. Die Schätzungen der Linienintensitäten sind subjektiver Natur; die Stufenskalen verschiedener Beobachter sind nicht direkt miteinander vergleichbar. Schätzungen können wegen gegenseitiger Beeinflussung nicht beliebig oft wiederholt werden. Der Vergleich der geschätzten Intensitäten von verschiedenen Sternen ist nur über eine ziemlich unsichere Skalenreduktion möglich. Absolutwerte der Linienintensitäten, wie sie die Theorie fordert, werden durch die bloße Schätzung nicht erhalten.

In Harv Circ 302 gibt Miss Payne die Beziehung der verschiedenen visuellen Schätzungsskalen zu der von ihr festgelegten photometrischen Skala der Linienintensitäten.

72. Die Messung der Linienintensitäten mit dem Mikrophotometer. Die photometrische Auswertung der Sternspektren mit dem HARTMANNschen Mikrophotometer berücksichtigt die Form und die Intensität der Spektrallinien und gibt durch Vergleich die Reduktion der Schätzungsskalen auf die photometrisch festgelegte Skala. Die Grenze der Leistungsfähigkeit des Instruments ist im wesentlichen durch die Leistungsfähigkeit unseres Auges bedingt, das die Gleichheit der zu messenden Schwärzung auf der photographischen Platte mit der Schwärzung des photographischen Keiles unter Einschaltung eines LUMMER-BRODHUN-Würfels zu beurteilen hat.

Systematische Unterschiede zeigen sich, je nachdem das Diaphragma des LUMMER-BRODHUN-Würfels kreis- oder spaltförmig ist. Mit dem Lochdiaphragma werden die geringen Schwärzungen dunkler, mit dem Spalt die tiefen Schwärzungen schwächer gemessen [B A N 4, S. 2 (1927)]. Eine prinzipielle Schwäche des HARTMANNschen Mikrophotometers liegt darin, daß der zu messende Teil der photographischen Platte eine verhältnismäßig große Ausdehnung besitzen muß. Der Photometerfleck darf eine bestimmte Größe nicht unterschreiten, wenn die Meßgenauigkeit nicht leiden soll. Die Anwendung einer stärkeren Mikroskopvergrößerung ist wegen des störenden Plattenkornes nicht ratsam. Die Messung der Intensitätsverteilung in engen Spektrallinien ist deshalb mit dem HARTMANNschen Mikrophotometer nur in sehr unvollkommener Weise möglich.

In neuerer Zeit macht sich immer mehr das Bestreben geltend, bei der photometrischen Auswertung das Auge auszuschalten und durch objektive Methoden zu ersetzen, bei denen die genannten Schwierigkeiten nicht auftreten. Als Helligkeitsindikatoren kommen die alkalische Photozelle und die Thermozelle in Betracht, welche an die Stelle des Auges beim HARTMANNschen Mikrophotometer treten. Bei Verwendung eines rechteckig geformten engen Photometerspaltes werden selbst die zartesten Feinstrukturen von Linien, die dem Beobachter am Meßapparat gerade noch erkennbar sind, der photometrischen Auswertung erschlossen.

Die Messungen können auf dreierlei Weise angestellt werden. Die erste Methode ist eine Art Nullmethode: nachdem die zu messende Schwärzung unter das Meßrechteck gebracht worden ist, verschiebt man den Meßkeil des Mikrophotometers so weit, bis der Elektrometerfaden auf einen bestimmten Skalenstrich einspielt. Jeder Schwärzung der Platte entspricht dann eine bestimmte Ablesung der Verschiebung des Meßkeiles. Das Wesen der beiden anderen Methoden besteht darin, daß der Meßkeil als Meßprinzip ausgeschaltet ist und dafür die Skala des Elektrometerfadens benutzt wird. Bei der zweiten Methode ist jeder Schwärzung der Platte eine bestimmte Einstellung des Elektrometerfadens zugeordnet; die Ablesungen der Stellung des Elektrometerfadens dienen als Maß für die Schwärzungen. Bei der dritten Methode bildet die Zeit, welche der Elektrometerfaden zum Durchlaufen eines festen Skalenintervalles braucht, das Maß für die Schwärzung. Die Photozelle ist von A. KOHLSCHÜTTER in eine Versuchsanordnung zur Intensitätsmessung der Absorptionslinien in Sternspektren gebracht. ROSENBERG benutzt die Photozelle an seinem Elektromikrophotometer ausschließlich als Nullinstrument. Die Thermozelle verwendet SCHILT an dem Mikrophotometer der Leidener Sternwarte.

Für die photometrische Auswertung von Sternspektren, bei der es sich um die fortlaufende Messung von in einer geraden Linie angeordneten Objekten handelt, sind Registriermikrophotometer vorzuziehen. An dem KOCHschen selbstregistrierenden Mikrophotometer ist die Photozelle, an dem MOLLschen die Thermozelle als Helligkeitsindikator benutzt. Beide Instrumente arbeiten mit Ausschlägen eines Elektrometers oder eines Galvanometers. Die Genauigkeit ist begrenzt durch den größten gerade noch meßbaren Ausschlag; eine Steigerung der Empfindlichkeit des Meßinstrumentes ist verknüpft mit einer Verringerung des dem Instrument zugänglichen Helligkeitsbereiches.

73. Die Analyse der Spektren mit dem registrierenden Mikrophotometer. Das von dem engen Photometerspalt begrenzte Lichtbündel fällt durch die photographische Platte, welche das zu untersuchende Spektrum trägt, auf die Photozelle oder auf das Thermoelement. Der Photoeffekt wird an dem gespannten Faden eines Elektrometers, der Thermostrom an einem Zeigergalvanometer gemessen. Die auf automatischem Wege erhaltene Registrierkurve spiegelt den Schwärzungsverlauf im Spektrum des Sternes wieder.

Die Breite des Photometerspaltes ist dem Schwärzungsgrad der Spektren und der Breite der Spektrallinien anzupassen. Das vom Photometerspalt durchgelassene Lichtbündel soll so schmal sein, daß keine integrierende und damit die Tiefe der Linie abflachende Wirkung eintritt. Gleichzeitig darf der Ausschlag des Elektrometers nicht zu klein sein, damit Messungsfehler nicht einen zu großen Einfluß gewinnen. Bei schmalen Spektren von schwachen Sternen ist die Länge des Photometerspaltes zu verkürzen und die Breite entsprechend zu vergrößern.

Es hat keinen Sinn, für die Registrierung der Sternspektren eine übertrieben kleine Meßbreite — Breite des Meßrechteckes in der Projektion durch das Mikroskopobjektiv auf die photographische Platte — zu wählen, was meßtechnisch leicht durch Benutzung eines Mikroskopobjektivs von kleiner Brennweite möglich ist. Denn schon auf der photographischen Platte ist das Sternspektrum nicht rein abgebildet; die Schwärzung an jeder Stelle des Spektrums ist bedingt durch die Strahlung eines gewissen Wellenlängenbereichs, dessen Ausdehnung beim Spaltspektrographen durch die Breite des Spaltes gegeben ist. Bei Aufnahmen mit dem Objektivprisma oder mit dem spaltlosen Spektrographen tritt an die Stelle des Spaltes der scheinbare Durchmesser des Sternes oder seines Fokalbildes. Dieser Durchmesser wird hauptsächlich durch die Luftunruhe hervorgerufen, beim spaltlosen Spektrographen auch durch die mangelhafte Fernrohroptik. Die Breite des Meßspaltes soll deshalb von der gleichen Größenordnung sein wie die des wahren oder des fiktiven Aufnahmespaltes.

Für jede Platte muß zuerst die Breite des Photometerspaltes und der Elektrometerausschlag in die passendste Beziehung zueinander gebracht werden. Bei der Registrierung von Spektren derselben Platte darf man die Justierung des Photometerspaltes nicht ändern; besondere Sorgfalt ist darauf zu verwenden, daß die Bedingungen, unter denen die Registrierung vor sich geht, möglichst gleich bleiben. Die Stärke des Stromes, welcher durch die Lampe des analysierenden Strahles geht, und die Temperatur des Meßraumes werden am Anfang und am Ende jeder Meßreihe notiert, da der Ausschlag des Galvanometers durch sie beeinflußt wird. Die Harvard-Astronomen benutzen bei ihren Messungen mit dem MOLLschen Mikrophotometer Spaltbreiten zwischen 0,10 und 0,40 mm; diese entsprechen in den mit dem 16zölligen Refraktor und mit zwei 15° Objektivprismen erhaltenen Spektren 0,02 bis 0,08 A bei $H\delta$.

Über und unter die Registrierkurve, welche die Verteilung der Plattendichte in der Längsrichtung des Spektrums wiederspiegelt, sind Bezugsmarken auf die Registrierplatte gebracht 1. für absolute Dunkelheit, wobei ein undurchsichtiger Schirm in die Bahn des analysierenden Strahlenbündels gesetzt ist; 2. für den unbelichteten Untergrund der photographischen Platte (Glasklarheit), wobei der analysierende Strahl die photographische Platte in der Nähe des Spektrums passiert. Um schädliche photographische Effekte, wie Streulicht und Nachbareffekt, zu vermeiden, darf man nicht zu nahe an das Spektrum herangehen. Die horizontalen Linien, welche absoluter Dunkelheit und Glasklarheit entsprechen, sind die Nullinien, auf welche die Registrierkurve des Sternspektrums bezogen wird.

Die Bestimmung der Linienabsorption in Prozenten der kontinuierlichen Strahlung verlangt die Kenntnis des hypothetischen, nicht durch die Absorptionslinien gestörten Verlaufes der Registrierkurve. Zu dem Zweck werden die Absorptionslinien durch Kurvenstücke überbrückt, welche sich dem angrenzenden kontinuierlichen Untergrund anpassen. Bei den Sternen von frühem Spektraltypus läßt sich die Kurve des kontinuierlichen Spektrums ohne Mühe angeben. Schwierigkeiten entstehen, wenn das Spektrum linienreich ist; die Verbindungslinie der Spitzen der Registrierkurve gibt in diesem Fall den wahrscheinlichsten Verlauf.

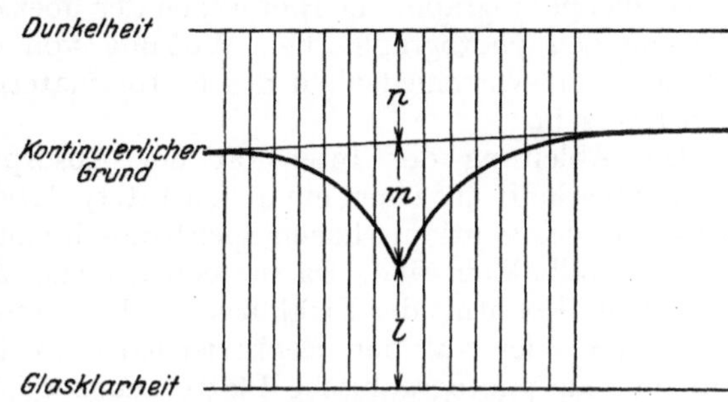

Abb. 13. Diagramm einer Absorptionslinie (aus Harvard Reprint 28).

Die Größen n, m und l wurden an den durch die vertikalen Linien markierten Stellen gemessen.

Die verschiedenen auf der Registrierplatte mit einer Glasskala zu messenden Distanzen veranschaulicht die Abb. 13, welche die Form einer breiten Absorptionslinie darstellt.

74. Die Reduktion der Beobachtungen. Die Ausmessung der Sternspektren mittels der in Ziff. 72 genannten instrumentellen Hilfsmittel liefert die photometrierten Schwärzungen in der Skala des Meßkeiles oder des Elektrometerausschlages. Wenn man die Differenz der Schwärzungen zwischen der Absorptionslinie und dem diese überbrückenden kontinuierlichen Untergrund bildet, so erhält man einen objektiven Maßstab für die Linienintensität an Stelle der subjektiven Schätzung. Dies ist schon ein Vorteil, wenn man subjektive Fehler vermeiden und die Genauigkeit steigern will. Aber auch in diesem Falle lassen sich zwei Platten mit verschiedenen Expositionszeiten und mit verschiedenartiger Entwicklung nicht direkt miteinander vergleichen. Erst müssen die Skalenablesungen des Meßkeiles oder des Elektrometers in Intensitäten umgewandelt werden.

Die Intensität der Absorptionslinie wird mit der Intensität des kontinuierlichen Spektrums verglichen, welches die Absorptionslinie überbrückt. Der Intensitätsunterschied: kontinuierlicher Untergrund minus Absorptionslinie wird in dem in der Astronomie üblichen Maß der Größenklassen oder in Prozenten der kontinuierlichen Strahlung ausgedrückt. Wenn die Energieverteilung im kontinuierlichen Spektrum bekannt ist, läßt sich die in der Absorptionslinie wirksame Strahlungsintensität auch in absoluten Einheiten angeben. Die von der Linie absorbierte Energie wird statt in Prozenten des kontinuierlichen Untergrundes durch ihren Absolutwert in Erg bestimmt.

Das Verfahren, die Intensität der Absorptionslinie auf den kontinuierlichen Untergrund zu beziehen, hat den Vorteil, daß die Farbenempfindlichkeit der photographischen Platte ohne Einfluß bleibt, welche Absorptionslinie auch immer gemessen wird. Die Intensitäten verschiedener Linien desselben Sternspektrums sind nur dann miteinander vergleichbar, wenn die relative Intensitätsverteilung im kontinuierlichen Spektrum bekannt ist. Die Schwäche der differentiellen Methode liegt darin, daß die Kurve des kontinuierlichen Spektrums bei den Sternen vom späten Spektraltypus mit einer gewissen Willkür bestimmt ist.

Nach Umwandlung der Schwärzungswerte in Intensitäten sind alle Spektren, welche mit dem gleichen Instrument oder mit nahezu identischen Instrumenten aufgenommen sind, miteinander vergleichbar ohne Rücksicht auf die Expositionszeit, die Plattenemulsion und die Entwicklung. Von Instrument zu Instrument können die Linienintensitäten verschieden sein, weil sie sich auf dasjenige Spektrum beziehen, welches durch das jeweilig benutzte optische System hervorgerufen ist. Da das photographische Bild wegen der über die Grenzen der Belichtung sich ausbreitenden photographischen Wirkung von dem optischen Bild abweicht, kann auch die Verschiedenheit des Plattenmaterials von Einfluß auf die Linienintensität sein.

Die Ableitung der Intensität der Absorptionslinie aus der gemessenen Schwärzung läuft auf einen einfachen Interpolationsprozeß zwischen die Schwärzungsskala des kontinuierlichen Spektrums hinaus, wenn die zugehörigen Intensitätsintervalle klein sind. Da sie jedoch meist ziemlich groß sind, braucht man eine genaue Kenntnis der Eichkurve zur Umwandlung der Ablesungen am Mikrophotometer oder auf der Registrierplatte in Intensitäten. Diese Eichkurve muß für jede photographische Platte neu bestimmt werden.

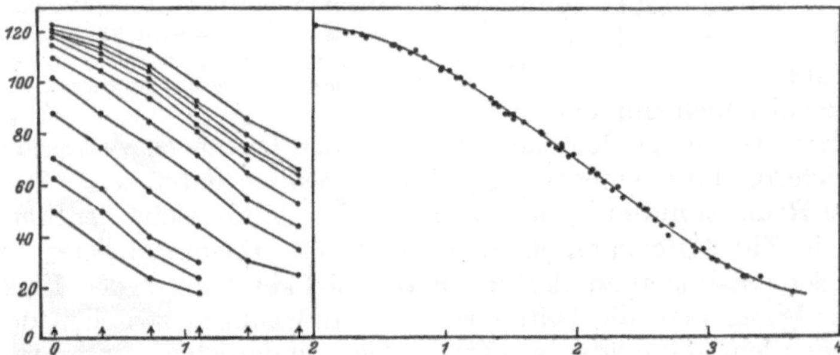

Abb. 14. Kombinierte und Einzelreduktionskurven, erhalten aus Aufnahmen von Capella durch Abblendung des Objektives (aus Harvard Circ. 301). Ordinate: Galvanometerablenkung. Abszisse: Intensität in Sterngrößen.

Die Pfeile am linken unteren Rand der Abbildung geben die Helligkeitsstufen zwischen den einzelnen Spektren, die zu den 6 Blendenöffnungen 5,6, 4, 2,8, 2, 1,4, 1 gehören. Die Punkte, welche sich auf dieselbe Wellenlänge beziehen, sind durch gerade Linien verbunden. Der rechte Teil der Abbildung enthält die kombinierte Reduktionskurve, welche durch Verschiebung der Einzelkurven parallel der Intensitätsachse erhalten wurde.

Die Konstruktion einer besonderen Reduktionskurve für jede Wellenlänge ist nur erforderlich, wenn die Gradation der photographischen Platte sich mit der Farbe des Lichtes ändert. Die Untersuchungen darüber, ob die Schwärzungskurve für verschiedene Wellenlängen merklich verschieden verläuft, haben zu dem Ergebnis geführt, daß für jede Plattensorte innerhalb eines mehr oder minder großen Spektralbereiches eine Reduktionskurve ausreicht. Wenn die Abweichungen der Schwärzungskurven für verschiedene Wellenlängen vom Parallelismus von derselben Größenordnung sind wie die zufälligen Fehler eines Punktes der Kurve, so erhält man aus einer einzigen Reduktionskurve, welche die für die einzelnen Wellenlängen verfügbaren Kurven kombiniert, genauere Werte der Intensität als aus den einzelnen Kurven. Die Abb. 14 zeigt die Reduktionskurven für die einzelnen Wellenlängen, sowie die kombinierte Reduktionskurve, welche durch Verschiebung der Einzelkurven parallel der Intensitätsachse erhalten wird.

Die Kombination der Reduktionskurven für die einzelnen Wellenlängen trägt nicht allein zur Steigerung der Genauigkeit bei, sondern läßt auch Abweichungen in den Bedingungen der Aufnahme erkennen, wie sie etwa durch unregelmäßigen Gang des Uhrwerks oder durch Veränderungen in der Luftdurchsichtigkeit hervorgerufen sind. Derartige störende Faktoren lassen sich mit der kombinierten Reduktionskurve eliminieren. Ihr besonderer Vorzug liegt noch darin, daß man eine einwandfreie photometrische Eichung schon mit zwei Aufnahmen erhalten kann (Abb. 15). Bei der spektralphotometrischen Untersuchung von lichtschwachen Sternen ist es im Interesse der Zeitersparnis vorteilhaft, die photographische Platte mit einem hellen Stern zu eichen.

Im allgemeinen Falle variabler Gradation wird man die Annahme machen dürfen, daß wenigstens der Charakter der Eichkurven für alle Wellenlängen der gleiche ist; die Gradation variiert mit der Intensität und mit der Wellenlänge. Man kann auch dann die Einzelkurven durch Verschieben parallel der Intensitätsachse und durch Variation

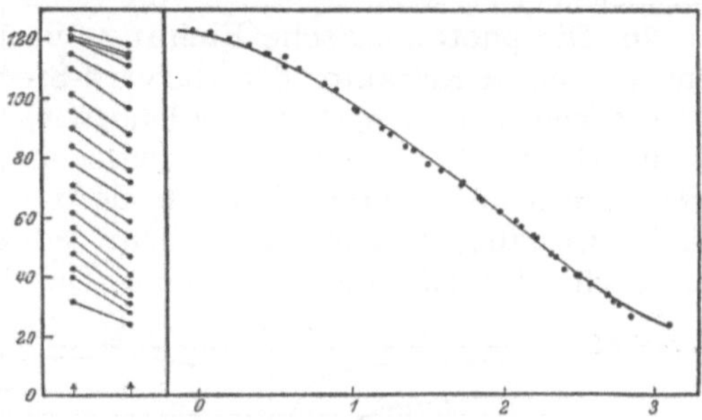

Abb. 15. Kombinierte Reduktionskurve aus zwei Spektren (aus Harvard Circ. 301).

der Neigung in Koinzidenz bringen[1]. Die Einzelkurven werden zu einer einzigen allgemeinen Reduktionskurve zusammengefaßt, welche durch eine große Zahl von Punkten festgelegt ist. Auch wenn die obige Annahme nicht genau zutrifft, erhält man damit eine Durchschnittskurve, welche man an Stelle der bloßen Interpolation mit Vorteil benutzen kann.

75. Die Methoden zur Eichung der photographischen Platte. Das Problem der Umwandlung der Plattenschwärzung bzw. des Elektrometerausschlages in den zugehörigen Intensitätswert ist von Fall zu Fall verschieden zu lösen. Im Prinzip wird man stets versuchen, eine absolute Intensitätsskala auf die photographische Platte zu bringen. Dazu braucht man eine Reihe von Vergleichsspektren auf der gleichen Platte, hervorgerufen durch eine Lichtquelle, für welche die Verminderung der Intensität für jedes Spektrum bekannt ist.

Die Methoden, nach denen man eine photometrische Skala auf der photographischen Platte erhält, entsprechen genau den bei der Reduktion des kontinuierlichen Spektrums benutzten: 1. Die photographische Platte trägt eine in bezug auf die Intensität genau abgestufte Schwärzungsskala von einer künstlichen Lichtquelle (Röhrenphotometer). 2. Die Eichung erfolgt nach einer oder nach mehreren Aufnahmen desselben Sternes bei gleicher Dauer der Expositionszeit. Die Intensitäten, welche die Spektren erzeugen, sind nach verschiedenen Verfahren abgestuft: a) Vor dem Objektivprisma ist ein Stabgitter so angebracht, daß die Gitterstäbe senkrecht zur brechenden Kante liegen; die dadurch entstehenden Seitenbilder erster Ordnung sind um einen genau angebbaren Betrag gegen das Hauptbild geschwächt. b) Die Minderung des Sternenlichtes in vorgeschriebener Abstufung wird erreicht durch Blendenöffnungen, Drahtgitter, Filter oder durch rotierende Sektoren von verschieden großem Öffnungswinkel, welche in den Lichtweg eingeschaltet sind. c) Die graduelle Schwächung des Sternspektrums wird mit einem neutralen Keil vor dem Spalt des Spektrographen erzeugt. d) Die Eichkurve kann aus einer einzelnen Aufnahme abgeleitet werden, wenn die Intensitätsverteilung im kontinuierlichen Spektrum des Sternes anderweitig bekannt ist. 3. Die photometrische Methode der Variation der Expositionszeit ist wenig geeignet zur Herstellung einer Eichkurve wegen der unbekannten Abhängigkeit des SCHWARZSCHILDschen Exponenten p von der Intensität, von

---

[1] A. PANNEKOEK, The Determination of Absolute Line Intensities in Stellar Spectra. B A N 4, S. 2 u. 3 (1927).

der Expositionszeit, von der Wellenlänge, von der Plattenemulsion und von der Entwicklung. 4. Befinden sich die Spektren von mehreren Sternen auf der photographischen Platte, so läßt sich die Eichkurve aus der visuellen oder aus der photographischen Helligkeit der Sterne ableiten, sowohl wenn die Sterne von gleichem als auch wenn sie von verschiedenem Spektraltypus sind.

76. Die photometrische Eichung durch Abblendung des Objektives. Mit dem 16zölligen Refraktor der Harvard-Sternwarte[1], vor dessen Objektiv zwei 15°-Prismen und nacheinander Blenden verschiedener Öffnung gesetzt werden, ist die Dispersion der Spektren zwischen $H\beta$ und $H\varepsilon$ 19 mm. Die Blenden, welche verschieden große Flächen des Objektivs frei lassen, sind von rechteckiger Gestalt; die das Sternenlicht reduzierenden Streifen stehen senkrecht zur brechenden Kante der Prismen. Der Betrag des von der Blendenöffnung durchgelassenen Lichtes ist proportional der Fläche, welche jeweils von dem Objektiv frei ist. Die Größe der Blendenöffnungen steht zueinander in einer einfachen geometrischen Progression.

Auf jeder Platte wurde mit den einzelnen Blendenöffnungen eine Serie von Spektren des gleichen Sternes erhalten. Die Fokalstellung, der Gang des Uhrwerks und die Expositionszeit bleiben bei den Aufnahmen jeder Serie konstant. Um etwaige Änderun-

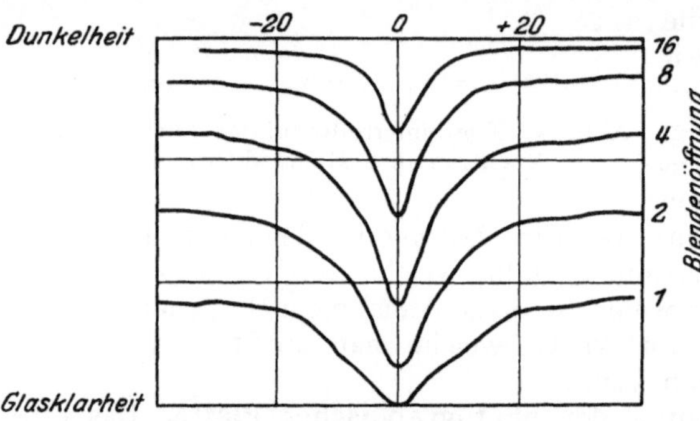

Abb. 16. Registrierkurven der Absorptionslinie $H\delta$ im Spektrum von Wega bei verschiedenen Blendenöffnungen (aus Harvard Bull. 805).
Die Abszissen sind Ångström-Einheiten.

gen, die durch Mängel instrumenteller Natur oder durch atmosphärische Einflüsse bedingt sind, feststellen zu können, wurde in der Regel am Anfang und am Ende jeder Serienaufnahme die gleiche Blendenöffnung benutzt.

Die fünf Kurven in der Abb. 16 registrieren die Plattendichte vom Stern Wega bei der Wasserstofflinie $H\delta$ und entsprechen den Blendenöffnungen 16, 8, 4, 2, 1. Die geringste Helligkeit in der $H\delta$-Linie beträgt 25% des angrenzenden kontinuierlichen Spektrums. Die totale Ausdehnung der $H\delta$-Linie mit den Flügeln beträgt 60 A; die Breite der Linie bei zwei Drittel des Weges vom Minimum bis zur Linie des kontinuierlichen Untergrundes ist 22 A. Der analysierende Strahl am Mikrophotometer ist nur $^1/_3$ A breit; eine glättende Wirkung des Photometerspaltes ist daher nicht zu befürchten.

Die Reduktion der Messungen erfolgte nach der folgenden, in allen Fällen brauchbaren Methode[2]. In dem Diagramm der Registrierkurve (vgl. Abb. 13) bezeichnet n den Abstand des kontinuierlichen Spektrums von der Nullinie des absolut dunklen Feldes, m die Tiefe der Absorptionslinie unter dem kontinuierlichen Untergrund und l den Abstand der Absorptionslinie von der Nullinie des glasklaren Feldes. Die Distanzen n und $m + n$ werden für dieselbe Wellenlänge aus allen Spektren einer zusammengehörigen Reihe von Registrierkurven entnommen und als Funktion der Logarithmen der Blendenöffnungen graphisch aufgetragen (vgl. Abb. 14 u. 15). Die zu jeder Wellenlänge gehörigen Punkte werden durch eine glatte Kurve verbunden; das Ausziehen derselben wird durch Zusammenfassen von mehreren in der Wellenlänge benachbarten Kurven desselben

---

[1] Harv Bull 805 (1924); Harv Repr 28 (1926); Harv Circ 301 (1927).
[2] Harv Repr 28, S. 465.

Sternes, welche nahezu einander parallel sind, erleichtert. Die Einzelkurven stellen Teile der allgemeinen Schwärzungskurve dar, welche die Plattendichte oder die Galvanometerablenkung mit der Helligkeit verbindet. Man erhält die logarithmische Intensitätsdifferenz zwischen der Absorptionslinie und dem kontinuierlichen Untergrund, wenn man die Größe n auf der Kurve interpoliert, welche die Größe $m + n$ mit der Blendenöffnung verbindet, oder in ähnlicher Weise, wenn man die Werte $m + n$ auf der Kurve interpoliert, welche n mit der Blendenöffnung verknüpft.

Jedes Spektrum gibt wenigstens einen, zuweilen auch zwei Werte für die Helligkeitsdifferenz m der Absorptionslinie und des kontinuierlichen Untergrundes in jedem Punkte. Der Intensitätsabfall des kontinuierlichen Untergrundes zur Absorptionslinie wird in der Form: log Intensität des kontinuierlichen Untergrundes minus log Intensität der Absorptionslinie erhalten. Die Umwandlung in Sterngrößen verlangt die Division der logarithmischen Intensitätsdifferenz durch 0,4.

77. Die photometrische Eichung mit zwei oder mehr Sternen. Die Methode der photometrischen Eichung mit Blenden, Filter, Drahtgitter, rotierenden Sektoren oder durch Variation der Expositionszeit unterliegt gewissen Mängeln, von denen die Änderung der Luftdurchsichtigkeit und die Ungleichmäßigkeit im Gang des Uhrwerks von einer Aufnahme zur anderen am nachteiligsten wirken. Wenn der Luftzustand wechselnd ist, läßt sich dieser störende Faktor durch Glättung eliminieren. Er bleibt jedoch unbemerkt, wenn die Luftdurchsichtigkeit gleichmäßig schlechter wird; die Steilheit der Reduktionskurve wird zu- oder abnehmen, je nachdem die Größe der Blendenöffnung abnimmt oder wächst.

Ungenauigkeiten dieser Art lassen sich nur dann eliminieren, wenn die photometrische Skala mit einer einzigen Aufnahme erhalten wird. Wenn eine Gruppe von Sternen, deren Intensitätsverteilung im Spektrum nahezu dieselbe ist, gleichzeitig auf derselben Platte photographiert wird, kann man ihre Spektren als äquivalent betrachten verschiedenen Aufnahmen desselben Sternes mit einem Satz von Blendenöffnungen, deren Intensitätsdifferenzen den visuellen oder den photographischen Helligkeitsunterschieden der Sterne gleich sind. Der große Vorteil dieser Methode liegt darin, daß alle Spektren unter den gleichen Bedingungen des Uhrwerks und des Luftzustandes aufgenommen sind. Die Aufstellung einer genauen Reduktionskurve nach diesem Verfahren ist Sache der Erfahrung[1]. Schon aus zwei Sternen läßt sich die Eichkurve bestimmen, vorausgesetzt daß beide Sterne in bezug auf die Spektralklasse nahe übereinstimmen.

Die zur Eichung der photographischen Platte benutzten Sterne können nach Spektralklassen zusammengefaßt werden. Die Sterne jeder Spektralklasse geben je eine besondere Reduktionskurve; die Einzelkurven werden durch Parallelverschiebung zu einer einzigen Reduktionskurve zusammengefaßt.

Zur Eichung der photographischen Platte lassen sich auch Sterne verwenden, deren Spektraltypus voneinander verschieden ist. Spektralklasse, visuelle oder photographische Helligkeit der Sterne sollen bekannt sein. Die Tabellen 9 und 14 in A N 219 S. 35 und 39 geben die mittlere Intensitätsverteilung für Sterne jeder Spektralklasse[2]. Die isophoten Wellenlängen der visuellen oder der photographischen Helligkeit[3] nach Tabelle 7, Veröff. d. Sternw. Berlin-Babelsberg, Bd. 5, Heft 1, legen den Nullpunkt der Intensitätsverteilung fest, indem zu den iso-

---

[1] Harv Circ 301 (1927).
[2] A. BRILL, Spektralphotometrische Untersuchungen. I. A N 218, S. 209 (1923); II. A N 219, S. 21 (1923); III. A N 219, S. 353 (1923).
[3] A. BRILL, Die Strahlung der Sterne (1924).

photen Wellenlängen die bekannten visuellen oder photographischen Helligkeiten gehören[1]. Die Konstruktion der Reduktionskurve erfolgt in der gleichen Weise, wie bei der Methode der Blendenöffnungen; nur ist die Größe der Intensitätsstufe mit der Wellenlänge veränderlich.

78. Die photometrische Eichung nach der Keilmethode. H. H. Plaskett stellt einen neutralen Glaskeil vor den Spalt des Spektrographen, so daß er ein Spektrum erhält, dessen Intensität sich mit der Höhe ändert (vgl. Ziff. 48). Die Berechnung der Intensität der Absorptions- oder der Emissionslinien aus der Maximalhöhe im Spektrum bietet keine Schwierigkeiten[2]; die Messung der Maximalhöhe ist aber nicht immer sicher ausführbar. Wesentlich genauer ist das in Ziff. 48 skizzierte Verfahren, im Spektrum die Höhe zu messen, welche einer konstanten Schwärzung entspricht, und nach der in Ziff. 49 angegebenen Methode die Reduktion durchzuführen.

Mit großer Sicherheit lassen sich die Intensitäten der Absorptionslinien aus dem Schwärzungsverlauf senkrecht zur Dispersionsrichtung bestimmen[3]. Vor dem Keil sind mehrere schmale Streifen in gleichen Distanzen angebracht; das kontinuierliche Spektrum wird dadurch in eine Anzahl schmaler Banden zerlegt. Die Mitte jeder dieser Banden entspricht einer gleichmäßigen Abnahme der Lichtintensität. Wenn man also mit einem Mikrophotometer die Schwärzung für verschiedene Wellenlängen in der Mitte jeder Bande mißt, erhält man die Plattendichte bzw. den Elektrometerausschlag für eine Reihe zunehmender Werte der Intensität J. Man kann für jede Wellenlänge die Eichkurve ableiten und nahe beieinanderliegende Kurven zu einer einzigen kombinieren.

Die beiden Enden des Keiles sind auf der photographischen Platte sichtbar gemacht; das dünne Ende des Keiles begrenzt eine weiße Linie über dem schwärzesten Teil des Spektrums, das dicke Ende eine schwarze Linie. Die einzelnen Banden sind mit fortlaufenden Nummern versehen und entsprechen einer logarithmischen Intensitätsskala. Da der Keil nicht ganz neutral ist, variiert die Differenz der Intensität zwischen zwei aufeinanderfolgenden Banden mit der Wellenlänge. Der Stufenwert in der Intensitätsskala ist gegeben durch $\dfrac{\log J_n}{\log J_{n+1}} = d\sigma$, wo d die einheitliche Distanz der Streifen vor dem Spalt ist; die Keilkonstante σ, welche von der Wellenlänge abhängt, wird empirisch bestimmt. Mit den Stufen der Intensitätsskala werden die Bandenzahlen in Intensitätslogarithmen ausgedrückt; die zugehörigen Photometermessungen geben die Eichskala zur Umwandlung der Schwärzungen der Absorptionslinien in Intensitätswerte.

79. Das Maß der Linienintensität. Die allgemeine Gestalt und der Intensitätsabfall in den Spektrallinien der Sterne, ausgedrückt in absoluten Einheiten, beansprucht aus praktischen wie aus theoretischen Gründen ein besonderes physikalisches Interesse.

Bei der graphischen Darstellung des Verlaufes einer Absorptionskurve trägt man in der Regel die Wellenlänge λ als Abszisse, die Intensität in Größenklassen als Ordinate auf; bei manchen Untersuchungen ist die Schwingungszahl $\nu = \dfrac{c}{\lambda}$ vorzuziehen (c Lichtgeschwindigkeit). Wegen des außerordentlich schmalen Spektralbereiches, den eine Spektrallinie einnimmt, ändert sich der Abszissenmaßstab nur um einen konstanten Faktor, wenn man von der Wellenlänge auf die Schwin-

---

[1] F. S. Hogg bestimmt die spektralen Helligkeitsunterschiede nach einem umständlicheren Verfahren. Harv Circ 309 (1927).

[2] H. H. Plaskett, The Intensity Distribution in the Continuous Spectrum and the Intensities of the Hydrogen Lines in γ Cassiopeiae. M N 80, S. 771 (1920).

[3] A. Pannekoek, The Determination of Absolute Line Intensities in Stellar Spectra. B A N 4, S. 1 (1927).

gungszahl übergeht. Nur beim Vergleich von Spektrallinien verschiedener Wellenlängen muß die Umwandlung $\nu = \dfrac{c}{\lambda}$ berücksichtigt werden.

Fehlerquellen instrumenteller Art und atmosphärische Einflüsse, die sich
nicht ohne weiteres eliminieren lassen, bewirken eine Deformation der Intensitätskurve in Absorption oder in Emission. Die Berücksichtigung der verschiedenartigen Fehlerquellen bei der Bestimmung des wahren Verlaufes der
Absorptionskurve ist eine der wichtigsten Aufgaben der Linienphotometrie.

Zur Charakterisierung der Intensität der Spektrallinien sind verschiedene
Größen vorgeschlagen worden; die passende Auswahl wird man am besten unter
dem Gesichtspunkt treffen, daß die Fehlerquellen den geringsten Einfluß haben.
Die Erfahrung lehrt, daß die Intensitätskurven der Spektrallinien in vielen
Fällen die symmetrische Form der GAUSSschen Fehlerkurve besitzen. Die Abb. 17
zeigt schematisch das allgemeine Aussehen einer Absorptionskurve; zunehmende
Absorption ist nach unten in Größenklassen
aufgetragen. Doch kommen auch unsym-
metrische Formen der Absorptions- oder
Emissionskurven vor.

Die Absorptionslinie wird charakterisiert durch die Tiefe der Linie AB, durch
die Breite FG und durch die Fläche $FDAEG$,
welche von der Absorptionskurve und von
dem hypothetischen kontinuierlichen Spektrum umschlossen wird. Die Festlegung der
Basis FG, welche dem Niveau des kontinuierlichen Spektrums entspricht, stößt
bei linienreichen Spektren auf Schwierig-

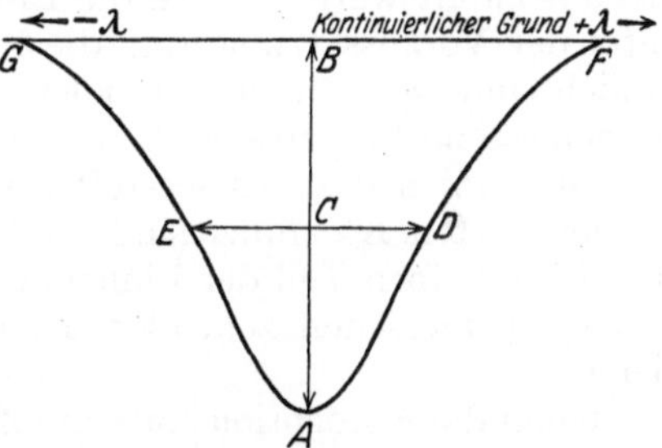

Abb. 17. Typisches Aussehen einer Absorptionskurve (Aus Z. f. Phys. 44).

keiten. Bei breiten Linien erfolgt der Abfall der Absorptionskurve in weiter Entfernung von der Linienmitte derart langsam, daß sich die Basis der Absorptionskurve nur mit großer Willkür angeben läßt. Die Größe DE, d. i. eine durch
die Mitte C von AB gelegte Parallele zur Abszissenachse, ist als Maß der Linienbreite geeigneter. Selbst in einem linienreichen Teile des Spektrums läßt sich der
Verlauf der Absorptionskurve bis zur Tiefe von DE noch gut verfolgen; weiter
hinauf zum Niveau des kontinuierlichen Spektrums werden die Störungen durch
benachbarte Linien immer größer. DE hat die physikalische Bedeutung der Halb-
wertbreite.

Ein besonderes physikalisches Interesse kommt der von der Absorptionskurve umschlossenen Fläche $FDAEG$ zu, die man leicht durch Planimetrieren
erhalten kann und die ein Maß für die gesamte Absorption der Linie darstellt.
Die relative Größe der Flächen ist von Bedeutung beim Vergleich von Linien
der gleichen Serie. Ist das Gesetz der Energieverteilung im kontinuierlichen
Spektrum bekannt, so kann man die gesamte von der Linie absorbierte Energie
in absoluten Einheiten bestimmen. Da die Punkte F und G bei Anwesenheit
benachbarter Linien unbestimmt bleiben, hat man auch die Fläche $DAEC$ als
Maß der Linienintensität vorgeschlagen, obwohl ihr eine unmittelbare physikalische Bedeutung nicht zukommt. Die Fläche $DAEC$ entspricht $^1/_4$ bis $^1/_5$
der Gesamtabsorption.

80. Die Maßeinheit für die Linienintensität. Die Tiefe der Absorptionslinie mißt den Lichtverlust im Zentrum der Linie. Wenn die Annahme hin-
sichtlich der wahren Form der Absorptionskurve richtig ist, findet der maximale
Lichtverlust nur in einem ganz kleinen Wellenlängenbereich statt. In Wirklichkeit ist die Breite des Spektralstreifens, welcher zu der größten beobachteten

Tiefe einer Linie beiträgt, durch die auflösende Kraft des Instruments bestimmt. Die wahre Tiefe jeder Absorptionslinie wird mit der wachsenden auflösenden Kraft mehr und mehr erreicht; die Breite des integrierenden Streifens nimmt dabei ab. Die störenden Wirkungen der mangelhaften Fokussierung, des Streulichtes, der Luftunruhe und der Integration durch das Mikrophotometer sind ebenfalls merklich; im allgemeinen sind sie jedoch gegenüber dem mangelhaften Auflösungsvermögen des Instruments zu vernachlässigen.

Das Sonnenspektrum zeigt, daß alle Linien außer denen des Wasserstoffes und des Kalziums weniger als 1 A breit sind. Bei Benutzung einer mittleren Dispersion werden also die Linientiefen durch Integration über einen Streifen gemessen, der so breit wie die Linie selbst ist. Die Linientiefen entsprechen nicht dem schmalen zentralen Teil der Absorptionskurve, welcher durch die Integration abgeflacht ist. Die gemessene Tiefe steht zu der wahren zentralen Linientiefe in einer bestimmten Beziehung. Wenn die Gestalt der Absorptionskurve bekannt wäre, könnte die Linientiefe aus der Messung abgeleitet werden. Unter der Voraussetzung, daß die Formen der Absorptionskurven einander sehr ähnlich sind, was für die schmalen Absorptionslinien in der Regel zutrifft, kann die gemessene Linientiefe als passendes Äquivalent der Linienabsorption gelten.

Die Linien des Wasserstoffes in den A-Sternen und die H- und K-Linien des ionisierten Kalziums sind so breit, daß der integrierende Spektralstreifen nur einen kleinen Teil der Linien ausmacht[1]. Für Linien von solch großer Breite sind die gemessenen zentralen Tiefen der Absorptionslinien gleich den wahren Tiefen.

Wenn die Absorptionskurven infolge des mangelhaften Auflösungsvermögens des Instruments abgeflacht erscheinen, wird auch die Breite der Absorptionslinien geändert. Diese hängt noch von dem Niveau ab, in dem sie gemessen wird; gewöhnlich ist es die Referenzlinie des kontinuierlichen Untergrundes.

Die wahre Tiefe Dl und die wahre Breite $D\lambda$ einer Absorptionslinie können nicht unabhängig voneinander aus dem Beobachtungsmaterial bestimmt werden. Der Lichtverlust innerhalb der wahren Absorptionskurve $\Sigma dl \cdot d\lambda$ ist der Bruchteil der Lichtenergie, welcher in dem von Linien freien Spektralbereich vorhanden ist. $\Sigma dl' \cdot d\lambda'$ bezeichnet den Lichtverlust nach der Messung auf der photographischen Platte. $D\lambda' = \Sigma d\lambda'$ ist die gemessene Breite, Dl' die gemessene Tiefe der Linie. Die Annahme ist wohl berechtigt, daß die wahre und die durch die instrumentellen Fehler abgeflachte Form einer isolierten Absorptionslinie den gleichen Flächeninhalt mit der Referenzlinie des kontinuierlichen Untergrundes einschließen: $\Sigma dl \cdot d\lambda = \Sigma dl' \cdot d\lambda'$.

Da die meisten Absorptionslinien von ähnlicher Form sind, werden die wahre Linientiefe Dl und die wahre Linienbreite $D\lambda$ in einer bestimmten Beziehung zueinander stehen. Für Linien, deren $D\lambda' > D\lambda$ ist, wird Dl' angenähert proportional $\Sigma dl \cdot d\lambda$ sein[2]. Für Absorptionslinien, deren wahre Breite $D\lambda$ größer ist als die künstlich durch instrumentelle Ursachen bedingte, wird der totale Energieverlust durch Integration der Werte dl' über schmale Streifen $d\lambda'$ erhalten.

---

[1] Öhman benutzt zur Messung der breiten Absorptionslinien am Schiltschen Mikrophotometer ein Diaphragma, das die ganze Spektrallinie einschließt. Die Messungen geben einen Wert der Integralstrahlung für den Spektralbereich, den das Diaphragma begrenzt. Da der Ausschlag des Galvanometers und die auf die photographische Platte wirksame Lichtintensität in einer funktionellen Beziehung zueinander stehen, wird der am Galvanometer abgelesene Ausschlag im allgemeinen nicht zu der mittleren in dem festen Spektralbereich wirksamen Lichtmenge gehören. (Yngve Öhman, Photometric Studies of Effects of Luminosity and Colour in Short Stellar Spectra. Ark Mat Astr Fys 20A, Nr. 23 [1927].)

[2] C. H. Payne, The Measurement of the Intensity of Spectrum Lines. Harv Circ 302 (1927).

Es ist nicht leicht, für die schmalen und für die breiten Absorptionslinien ein gemeinsames Maß der Absorption anzugeben. Bei den schmalen Linien ($D\lambda < D\lambda'$) ist die gemessene Linientiefe Dl' gleich dem Energieverlust für einen Spektralstreifen von der Breite $\Sigma d\lambda'$. Eine passende Einheit ist 0,01 der totalen Energie, welche in dem von Absorption freien Streifen von der Breite $D\lambda'$ enthalten ist. Die Linienintensitäten, welche in dieser Einheit ausgedrückt sind, liegen in der Regel zwischen 0 und 100; die H- und K-Linien, deren Breite größer als 1 A ist, werden, wenn ihre absorbierten Energien auf die minimale Breite $D\lambda'$ bezogen sind, von der Ordnung 1000.

Werden Instrumente von verschieden großem Auflösungsvermögen benutzt, so sind die gemessenen Größen Dl' auf einen Standardwert der auflösenden Kraft zu beziehen, welcher einer gewissen Standardbreite des Spektralstreifens entspricht. Wenn die wirkliche Breite des Streifens für irgendeine auflösende Kraft bekannt ist, kann man alle Intensitäten auf einen Streifen von 1 A Breite beziehen, eine Einheit, welche große theoretische Vorteile in sich birgt.

81. Die instrumentellen Fehlerquellen. Die durch die Messungen bestimmte Gestalt der Absorptionskurve wird beeinflußt durch Mängel instrumenteller Natur und durch den wechselnden Charakter der Erdatmosphäre. Die Wirkung, welche die verschiedenartige Zusammensetzung der äußeren Schichten des Sternes auf die Form der Absorptionskurve ausübt, kann nicht als störender Faktor angesehen werden; vielmehr bildet sie einen besonderen Gegenstand der Untersuchung.

In instrumenteller Beziehung hängt die Form der Absorptionskurve ab von der Fokussierung, von dem Auflösungsvermögen des Instruments, von der Spaltbreite des Spektrographen und des Photometers, von der Streuung des Lichtes im Instrument und in der photographischen Schicht, von der Unregelmäßigkeit des Ganges des Uhrwerks und von dem EBERHARDschen Nachbareffekt.

Die Spektren, welche mit verschiedenen Instrumenten erhalten werden, sind wegen der unterschiedlichen Güte der instrumentellen Optik nicht ohne weiteres miteinander vergleichbar.

Abgesehen von dem Nachbareffekt, der eine scheinbare Zunahme der Linientiefe zur Folge hat, werden die Absorptionslinien durch die übrigen Fehlerquellen in ihrer Intensität geschwächt; gleichzeitig wird die Form der Absorptionskurve geändert.

Der schlechte Fokus bedingt Verwaschenheit der Absorptionslinie, welche die Genauigkeit merklich beeinträchtigen kann. Mit einem Refraktor kann man nicht alle Teile des Spektrums gleichzeitig im Fokus halten, wenn mit einer ebenen Platte photographiert wird. Die Aufnahmen mit dem Reflektor sind in allen Wellenlängen im Fokus.

Der Einfluß der Fokalstellung auf die Linientiefe ist für den 16zölligen Refraktor der Harvard-Sternwarte von PAYNE und SHAPLEY untersucht[1]. Die Intensitätsskala auf der photographischen Platte wurde durch Abblenden des Objektivs erhalten. Der Einfluß der Fokalstellung ist von der zu erwartenden Art: Die Linientiefe ändert sich mit der Fokalstellung; sie ist am größten, wenn sich die photographische Platte im besten Fokus befindet. Dieser ist abhängig von der Wellenlänge der Spektrallinie. Der Einfluß des schlechten Fokus ist klein und übersteigt in der Regel nicht die Größe der Beobachtungsfehler, wenn der zu untersuchende Spektralbezirk klein ist. Die vergleichende Betrachtung der Tiefen von weit auseinanderliegenden Linien derselben Platte verlangt meist

---

[1] C. H. PAYNE and H. SHAPLEY, On the Distribution of Intensity in Stellar Absorption Lines. Harv Repr 28, S. 470 (1926).

eine Korrektion wegen des schlechten Fokus. Wenn bei visueller Prüfung der Fokus der Spektren als gut befunden wird, beeinträchtigt ein etwa vorhandener Fokusfehler die Resultate nicht merklich.

Der Vergleich der Linientiefen, erhalten aus Aufnahmen mit dem Reflektor und mit dem Refraktor, gibt den Fehler der Fokussierung, wenn beide Instrumente nahezu die gleiche Dispersion der Sternspektren besitzen.

Die gemessene Tiefe einer Absorptionslinie hängt vorzugsweise von dem Auflösungsvermögen der Spektralanordnung ab. Die Linientiefe nimmt mit wachsender Dispersion zu, die Linienbreite vermindert sich. Die breiten Linien werden durch die Dispersion nicht merkbar beeinflußt; für die engen Linien ist die Dispersion in der Regel zu klein, um die Form der Absorptionskurve bei dem groben Korn der photographischen Platte wahrheitsgetreu wiederzugeben. Die Dispersion muß wesentlich vergrößert werden, wenn man die wahre Linientiefe von Spektren mit sehr schmalen Linien erhalten will. Streng genommen lassen sich die Tiefe und die Struktur der Absorptionslinien nur von solchen Sternspektren miteinander vergleichen, welche mit demselben Instrument erhalten sind. In welchem Maß die auflösende Kraft des Spektralapparats die gemessene Linientiefe beeinflußt, zeigt die folgende Tabelle[1], welche die Tiefen der Wasserstofflinien für vier Plejadensterne mit einem 6°-, einem 15°- und zwei 15°-Prismen gibt:

Linie	6°	15°	30°
$H\beta$	25	36	40
$H\gamma$	38	44	52
$H\delta$	41	51	55
$H\varepsilon$	33	55	58
$H\zeta$	30	54	58

Mit wachsender Dispersion nähern sich die gemessenen Linientiefen asymptotisch einer oberen Grenze. Die Linientiefen von γ Cygni, einem Sterne mit schmalen scharfen Linien, stehen nach Aufnahmen mit einem und zwei Objektivprismen in einer linearen Beziehung zueinander[2]. Bei Verdopplung der Dispersion nimmt die Linientiefe auf das 1,16fache zu. Die Abweichungen der Einzelwerte vom mittleren Verlauf sind größer als die zu erwartenden zufälligen Fehler; dies deutet darauf hin, daß die Form und die Struktur nicht für alle Linien gleich ist.

Die mit dem Spaltspektrographen erhaltenen Linienintensitäten bedürfen unter Umständen einer Korrektion wegen der endlichen Breite des Spektrographenspaltes. Die Linientiefen bleiben unabhängig von der Spaltbreite, solange mit dem schmalen Spalt das volle Auflösungsvermögen des Spektralapparates ausgenutzt ist. Um den Einfluß der Spaltbreite des Spektrographen auf die Gestalt der Absorptionskurve zu studieren, macht v. Klüber[3] eine Serie von Aufnahmen des Sonnenspektrums bei λ 6100 A mit Spaltbreiten 0,03 bis 0,14 mm und mißt die Spektren unter gleichartigen Bedingungen mit dem Kochschen Mikrophotometer. Für die Spaltbreiten 0,03 bis 0,08 mm sind die Diagramme dieser Aufnahmen so vollkommen ähnlich, daß sich die Absorptionskurven miteinander zur Deckung bringen lassen. Die Form und die Breite der Absorptionslinien bleiben selbst bis zu einer Spaltbreite von 0,12 mm erhalten. Doch bemerkt man von der Spaltbreite 0,08 mm ab ein langsames Aufhellen der Ab-

---

[1] C. H. Payne and F. S. Hogg, On Methods in Stellar Spectrophotometry. Harv Circ 301, S. 10 (1927).

[2] l. c. S. 11.

[3] Quantitative Untersuchungen an Absorptionslinien im Sonnenspektrum. Z f Phys 44, S. 501 (1927).

sorptionslinien; entsprechend beginnt auch die Auflösung benachbarter Linien geringer zu werden.

Die Spaltbreite des Mikrophotometers kann gleichfalls die Messungsresultate verfälschen. Die breiten Absorptionslinien werden durch die Breite des Photometerspaltes weniger beeinflußt als die schmalen, weil das von dem Photometerspalt durchgelassene Licht nur von einem Bruchteil der gesamten Linienbreite stammt. v. KLÜBER[1] hat mit einem verstellbaren Photometerspalt eine Reihe von Diagrammen des Sonnenspektrums erhalten. Die Tiefe wie auch die Form der Absorptionskurven stimmt bei allen Spaltbreiten überraschend gut überein. Die Ursache dieser Unempfindlichkeit gegen die Weite des Photometerspaltes liegt in der durchschnittlich großen Breite der Absorptionslinien im Sonnenspektrum und in der großen Dispersion der Spektralanordnung.

Nach den experimentellen Untersuchungen von PAYNE und SHAPLEY ist der EBERHARDsche Nachbareffekt in den Spektren, die mit dem Objektivprisma erhalten sind, nicht nachweisbar. In dem mit dem Spaltspektrographen photographierten Spektrum von Wega zeigt sich in der unmittelbaren Nachbarschaft der beiden Ränder des Spektrums eine deutliche Depression in der Helligkeit[2]. Nach EBERHARD bewirkt der EDERsche Ferrooxalatentwickler keinen Nachbareffekt.

Ob Streulicht die Linientiefe merklich beeinflußt, ist Sache der Erfahrung. Die Wirkung zerstreuten Lichtes wird am größten in der unmittelbaren Nachbar-

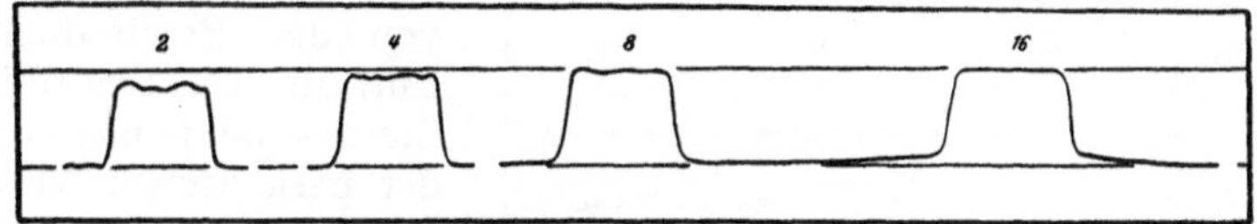

Abb. 18. Einfluß zerstreuten Lichtes (aus Harvard Reprint 28).
Die Zahlen in der Abbildung entsprechen den Blendenöffnungen, mit denen die Aufnahmen gemacht sind.

schaft von besonders hellen Teilen des Spektrums sein. Wenn das Streulicht in der Nachbarschaft des kontinuierlichen Spektrums von Bedeutung ist, wird es alle Absorptionslinien beeinflussen, insbesondere die schmalen.

Die Streuung des Lichtes wird sichtbar an dem längsseitigen Rand der Spektren; sie wird festgestellt durch die Registrierung der Intensitätsverteilung senkrecht zur Längsausdehnung der Spektren (Abb. 18). Diese Wirkung des zerstreuten Lichtes wird erst merkbar bei überexponierten Spektren, die aber wegen der geringen Gradation für die Messung meist unbrauchbar sind. Die mit dem Spaltspektrographen erhaltenen Sternspektren zeigen an den Rändern keine merkbaren Spuren von Streulicht.

Lichthofbildung durch Reflexion an der Rückseite der photographischen Platte und Streuung des Lichtes in der Emulsionsschicht können gleichfalls in gewissem Grade störend wirken. Bei stark geschwärzten Platten ist solch ein Einfluß auf Form und Tiefe der Absorptionslinien sicherlich vorhanden.

Das diffuse Himmelslicht liefert einen Beitrag zum Plattenschleier, der gleichmäßig über das Spektrum und über seine Nachbarschaft verteilt ist. Der Einfluß des Plattenschleiers wird eliminiert durch Benutzung der Bezugslinie der glasklaren Platte als Nullinie beim Ausmessen der Diagramme.

82. Der Einfluß der Erdatmosphäre. Die Linienintensitäten in den Sternspektren werden durch den wechselnden Charakter der Erdatmosphäre verfälscht. Änderungen der Luftdurchsichtigkeit, welche zahlenmäßig durch die

<hr>

[1] l. c. S. 502.
[2] Harv Repr 28, p. 470 (1926).

Extinktionsformeln erfaßt werden, beeinflussen in gleicher Weise die Helligkeit der Absorptionslinie wie die des angrenzenden kontinuierlichen Spektrums.

Wenn sich die Durchsichtigkeit der Erdatmosphäre bei einer Serie von Spektralaufnahmen ändert, so bedarf die Intensität des kontinuierlichen Spektrums und der Absorptionslinie, die im Diagramm durch den Abstand von der Photometerspur für absolute Dunkelheit oder Glasklarheit der photographischen Platte gemessen wird, einer Korrektion, die gemäß der zeitlichen Aufeinanderfolge der Aufnahmen abzuleiten ist. Der Intensitätsunterschied der Absorptionslinie gegen das kontinuierliche Spektrum bleibt bei wechselnden atmosphärischen Verhältnissen ungeändert; nur die Eichskala zur Umwandlung der Schwärzungen in Intensitäten wird durch sie beeinflußt.

Wenn das Sternbild unruhig oder unscharf ist, gelangt Licht durch Streuung in der Atmosphäre in das Innere der Absorptionslinie; die Stärke des gestreuten Lichtes hängt von der Beschaffenheit der Luft ab. Das Szintillieren des Sternes hat je nach der Größe der periodischen Verlagerung des Sternes auf der photographischen Platte eine Verflachung der Absorptionskurve zur Folge. Durch sorgfältiges Nachführen des Instrumentes läßt sich dieser Fehler nicht beseitigen, da die Änderungen zu schnell aufeinanderfolgen. Nur durch Häufung des Beobachtungsmaterials kann man sich von diesem störenden Einfluß freimachen. Die Übereinstimmung zwischen den Diagrammen verschiedener Platten wird im allgemeinen

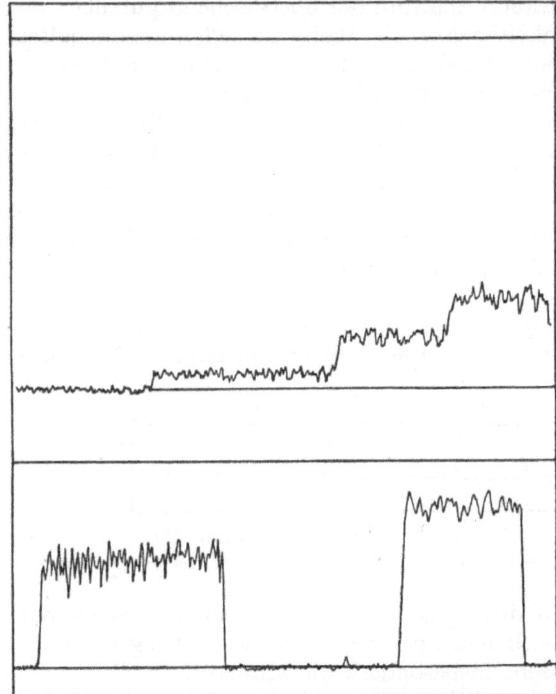

Abb. 19. Registrierung der Längsstreifen im Spektrum (aus Harvard Obs. Circ. 301).

Der obere Teil der Abbildung gibt das Spektrum von Sirius bei feststehendem Fernrohr. Die vier Niveaus entsprechen von links nach rechts der unbelichteten Platte, einfacher, zweifacher und dreifacher Überdeckung durch den Stern. Die Unregelmäßigkeiten bei unbelichteter Platte sind durch das Plattenkorn bedingt. Der untere Teil der Abbildung zeigt an zwei Spektren von Sirius die Wirkung eines unregelmäßigen Ganges des Uhrwerkes. Absolute Dunkelheit und Glasklarheit sind durch horizontale Linien markiert.

weniger gut sein für Sterne mit schmalen als für solche mit breiten Linien.

Um die Wirkung der sich ändernden atmosphärischen Bedingungen zu studieren, haben Hogg und Payne[1] Spektren von Sternen nach ihrem Aufgang, beim Durchgang durch den Meridian und vor dem Untergang photographiert. Die gemessenen Linientiefen geben die atmosphärische Wirkung für verschieden große Luftmassen. Zwischen den Höhen 27° und 75° beträgt die Änderung der Linientiefe nicht mehr als 2% des kontinuierlichen Untergrundes.

Die mikrophotometrische Registrierung eines Spektrogrammes in der Längsrichtung gibt den Intensitätsverlauf im kontinuierlichen Spektrum und in den

---

[1] Harv Circ 301, S. 7 (1927).

Absorptionslinien. In der Richtung senkrecht dazu spiegelt das Diagramm die atmosphärischen Unregelmäßigkeiten wieder, die evtl. noch von Störungen des Uhrwerks überdeckt sind. Regelmäßig angeordnete Längsstreifen sind auf einen mechanischen Fehler des Uhrwerks zurückzuführen; die in unregelmäßigen Abständen aufeinanderfolgenden Längsstreifen resultieren aus der veränderten Durchsicht der Erdatmosphäre.

Die Abb. 19 zeigt verschiedene Typen der Streifung. Die Registrierkurven sind durch Analyse der Spektren senkrecht zu ihrer Längsrichtung in einer von Absorptionslinien freien Spektralzone erhalten. Die obere Kurve zeigt das Spektrum des Sirius bei feststehendem Fernrohr. Die Schwankungen in der Registrierkurve haben die Periode von $^1/_2$ sec, welche der Szintillation des Sternes entspricht. Da die mit Uhrwerk erhaltenen Spektren viel langsamer verbreitert werden, folgen die kurzperiodischen Schwankungen der Szintillation so schnell aufeinander, daß sie ohne Einfluß auf die Messungen bleiben. Die untere Registrierkurve der Abb. 19 zeigt die Wirkung eines Fehlers im Uhrwerkmechanismus; die Periode der Oszillationen ist 20 sec. Mit dem rechteckig geformten Spalt des Mikrophotometers (Höhe des Spaltes gewöhnlich das Zehnfache seiner Breite) werden bei der üblichen Registrierung in der Längsrichtung des Sternspektrums ungefähr fünf Längsstreifen gleichzeitig erfaßt. Der Einfluß des fehlerhaften Uhrwerks auf die Linientiefe wird durch die Integration über die Streifen mehr oder weniger ausgeglichen.

83. Die Genauigkeit der Linienintensitäten. Die Genauigkeit der gemessenen Linienintensitäten wird geprüft durch Vergleich von mehreren Spektrogrammen desselben Sternes, die unter möglichst verschiedenartigen Bedingungen erhalten sind. Die folgende Tabelle[1] enthält die mittleren Abweichungen der Tiefe einer einzelnen Linie vom Mittelwert für die am Kopfende der Spalten stehenden Intervalle der Linientiefen, ausgedrückt in Prozenten des Lichtverlustes. Bei den Sternen mit schmalen Absorptionslinien zeigen sich häufig größere Unstimmigkeiten zwischen den Linientiefen aus verschiedenen Platten. Die schmalen Linien sind, wie schon erwähnt wurde, sehr empfindlich gegen instrumentelle Fehler und gegen atmosphärische Einflüsse, die eine Verflachung der wahren Absorptionskurve zur Folge haben.

Mittlere Fehler der Linienintensitäten.

Stern	Linientiefe in Prozenten des Lichtverlustes.					
	0—10	10—20	20—30	30—40	40—50	50—100
Capella	0,8	1,0	0,9	1,5	2,0	4,9
γ Cygni	0,7	1,9	1,2	1,4	1,3	1,5
Plejaden	—	3,1	2,8	4,3	3,7	3,2

Die Genauigkeit der gemessenen Linienintensitäten wird geprüft 1. an Hand der photographischen Platte; 2. an Hand der Registrierkurve; 3. an Hand der Messungen.

Die wahrheitsgetreue Wiedergabe des Liniendetails wird untersucht durch Vergleich von mehreren Spektrogrammen des gleichen Sterns, die unter den verschiedenartigsten Bedingungen (große Unterschiede in der Plattenschwärzung) erhalten sind. Die innere Übereinstimmung der Messungsresultate aus einer großen Zahl von Spektrogrammen bildet die beste quantitative Prüfung der Sternspektren.

Das vom Photometerspalt des Mikrophotometers durchgelassene Strahlenbündel wird immer so schmal gehalten, daß keine glättende Wirkung in der

---

[1] Harv Circ 301, S. 10 (1927).

Linienmitte zu erwarten ist. Die wiederholte Registrierung desselben Spektrums und die Übereinstimmung in der Form und in der Tiefe der gleichen Absorptionslinie ist ein Prüfstein für die einwandfreie Registrierung durch das Mikrophotometer.

Wenn die Reduktion der Registrierkurven mit Erfolg durchgeführt werden soll, muß der Abstand der Referenzlinien (absolute Dunkelheit und Glasklarheit der photographischen Platte) für eine zusammengehörige Serie von Spektren gleichbleiben. Bei kleinen Änderungen wird eine proportionale Verbesserung an die Messungen angebracht. Die Genauigkeit der Ausmessung der Diagramme hängt von der Sicherheit in der Feststellung der Referenzlinien des kontinuierlichen Untergrundes, der Glasklarheit und der absoluten Dunkelheit der photographischen Platte ab. Im Vergleich zu den Mängeln der photographischen Sternspektren und ihrer Registrierkurven sind die Fehler der Ausmessung von geringer Bedeutung.

Kapitel 3.

Kolorimetrie.

Von

K. F. Bottlinger-Neubabelsberg.

Mit 11 Abbildungen.

a) Grundbemerkungen.

1. Der Begriff des Farbenäquivalents. In dem von anderer Seite behandelten Kapitel „Spektralphotometrie" ist von der Energieverteilung in den Sternspektren und ihrer Messung die Rede. Zweifellos ist es wünschenswert, von einer möglichst großen Zahl von Sternen vollständige Energiekurven zu besitzen. Diese Aufgabe ist aber wegen der großen Arbeit, die sie verursacht, nur in beschränktem Maße lösbar. Auch sind nur die helleren Sterne dieser Messung zugänglich, und zudem wäre es nicht mit einer einmaligen Messung für jeden Stern getan, da viele Sterne teils periodische, teils unregelmäßige Schwankungen ihrer spektralen Charakteristika, einschließlich der Energieverteilung, aufweisen.

Darum muß man sich für die Mehrzahl der Sterne mit einfacheren und leichter zu erlangenden Messungsgrößen begnügen. Da die verschiedene Energieverteilung in den Sternspektren, die in erster Linie mit der Temperatur zusammenhängt, verschiedene Färbungen der Sterne hervorruft, so nennt man Messungsgrößen, die uns einen abgekürzten Aufschluß über die Energieverteilung geben, die Farbenäquivalente, denen die direkt geschätzten physiologischen Farben zuzuordnen sind. Die Messung dieser Größen, deren es eine ganze Reihe verschieden definierter und praktisch brauchbarer gibt, nennt man Kolorimetrie.

Das Farbenäquivalent ist ein bestimmtes Charakteristikum der Energieverteilung, z. B. die Angabe der Wellenlänge des Intensitätsmaximums oder das Verhältnis der Intensitäten zweier verschiedener, bestimmter Wellenlängengebiete.

Ist die Energieverteilung in den Sternspektren die des schwarzen Körpers, oder ist sie unter Abweichung von diesem Gesetz bei allen Sternen doch nur Funktion eines Parameters, der effektiven Temperatur, so ist ein mit der nötigen Genauigkeit gemessenes Farbenäquivalent gleichbedeutend mit einer Untersuchung der gesamten Energieverteilung und alle irgendwie auf verschiedene Weise definierten Farbenäquivalente sind eindeutig aufeinander reduzierbar. Diese Bedingung ist jedoch, wie später ausgeführt werden soll, nur angenähert erfüllt.

2. Definition der verschiedenen Arten von Farbenäquivalenten. Die Farbenäquivalente kann man in drei Hauptgruppen einteilen:

1. Solche, bei denen die Lage eines Intensitätsmaximums im Spektrum bestimmt wird oder wenigstens ein isolierter Energiebereich aus dem Spektrum herausgeschnitten und durch eine in Wellenlänge ausgedrückte Zahl charakterisiert wird. Dies ist die Methode der effektiven Wellenlängen.

2. Solche, bei denen Intensitäten aus zwei verschiedenen Spektralgebieten miteinander in numerische Beziehung gebracht werden. Das sind die Farbenindizes oder ihnen nahe verwandte Größen. Diese Gruppe von Methoden liefert gegenwärtig die genauesten Messungsresultate.

3. Hieran kann man noch als dritte Gruppe die visuellen Sternfarben anschließen. Da das normale menschliche Auge drei Grundfarben unterscheidet, aus denen sich alle wirklichen Farbenempfindungen zusammensetzen, kann man hier gewissermaßen von drei Spektralgebieten sprechen, die zusammen das Farbenäquivalent bilden.

Nach Analogie zur physiologischen Optik, wo man die total Farbenblinden, die keinerlei Farbenunterschiede wahrnehmen können, als Monochromaten, die partiell Farbenblinden, denen meistens die Rot-Grün-Unterscheidung mangelt, als Dichromaten, die normal Farbentüchtigen als Trichromaten bezeichnet, kann man diese drei Gruppen von Farbenäquivalenten bezeichnen als

    1. Monochromatische ⎫
    2. Dichromatische   ⎬ Farbenäquivalente.
    3. Trichromatische ⎭

3. Das Strahlungsgesetz. Der Besprechung der Messungsmethoden von Farbenäquivalenten sei hier eine kurze Betrachtung über die zu erwartenden Unterschiede der Farbe und der physikalisch zu messenden Energieverteilung im Sternlicht vorausgeschickt. Es wird hierbei angenommen, daß die Strahlung der Sterne das Plancksche Gesetz befolgt und daß die Temperatur zwischen 2000° und etwa 30000° liege. Die Wellenlängengrenzen, innerhalb deren wir die Energie zu betrachten haben, sind für die visuellen Sternfarben die äußersten Empfindlichkeitsgrenzen des Auges, nämlich 3800 A und 7600 A. Wenn wir alle physikalischen Farbenindizes, photographische und bolometrisch-thermische, einbeziehen, so haben wir nicht die theoretischen Grenzen 0 und ∞ zu nehmen, sondern beschränken uns auf den Durchlässigkeitsbereich der Erdatmosphäre, d. h. wir haben im äußersten Falle Wellenlängen zwischen $0,3\,\mu$ und $15\,\mu$ zu berücksichtigen. Letztere Grenze kommt allerdings nur für die Eigenstrahlung der Planeten, nicht mehr für die Strahlung der Fixsterne in Betracht, weil auch die kühlsten unter ihnen (nach unserer heutigen Kenntnis sind es die Mira-Sterne) im Vergleich zu dem Anteil im visuellen und nahen infraroten Gebiet hier keine nennenswerte Energiestrahlung mehr besitzen. Doch liegt auch bei ihnen das Energiemaximum schon im Infraroten zwischen $1\,\mu$ und $2\,\mu$. Über die Unterschiede in der Energieverteilung zwischen den äußersten Temperaturgrenzen gibt das nachstehende Nomogramm (Abb. 1) einen ausgezeichneten Überblick.

Schreibt man[1] die Plancksche Gleichung in der Form

$$E_\lambda = \frac{C}{\lambda_{\max}^5} \cdot \frac{1}{x^5 \left(e^{-\beta/x} - 1\right)},$$

worin $x = \lambda/\lambda_{\max}$ ist und $\lambda_{\max}$ sich nach dem Wienschen Verschiebungsgesetz $\lambda_{\max} T = 2890$ bestimmt, so hat man für alle Temperaturen die gleiche Strahlungskurve, deren Form sich aus dem Faktor $E_x' = \dfrac{1}{x^5 \left(e^{-\beta/x} - 1\right)}$ ergibt ($\beta = 4,965$),

---

[1] Nach Brill, Veröffentlichungen der Sternwarte Berlin-Babelsberg 5, H. 1, S. 2 (1924).

und hat nur für die verschiedenen Temperaturen verschiedene Maßstäbe zu benutzen. Die numerischen Werte für $E_x = E'_x/E'_{max}$ sind in Tabelle 1 gegeben.

Da es bei den folgenden Betrachtungen immer nur auf die relativen, nie auf die absoluten Energien ankommt, läßt sich aus der einen Kurve die Energieverteilung für jedes Wellenlängengebiet und für jede Temperatur entnehmen, wenn man nur bedenkt, daß die Ordinate die relative Energie ($E_{max} = 1$ für $x = 1$) und die Abszisse die Größe $x = \lambda/\lambda_{max}$ ist. Da $\lambda_{max} \cdot T = 2890$ ist, wo λ in μ gemessen ist, so wird $\lambda T = x \cdot 2890$. Wir finden also für die Temperatur 20000° und

$$\lambda = 0{,}760\,\mu, \quad x = \frac{0{,}760 \times 20000}{2890} = 5{,}26$$

Tabelle 1.

x	E_x	x	E_x
0,15	0,00000	1,00	1,00000
0,20	0,00001	1,20	0,93298
0,25	0,00031	1,50	0,71815
0,30	0,00351	2,00	0,41196
0,35	0,01750	2,50	0,23627
0,40	0,05365	3,50	0,08846
0,50	0,21419	5,00	0,02745
0,60	0,45581	7,50	0,00656
0,70	0,69392	10,00	0,00233
0,80	0,87014	15,00	0,00050
0,90	0,96895	20,00	0,00016

und entsprechend $x = 2{,}63$ für $\lambda = 0{,}380\,\mu$. Diese beiden Wellenlängen sind die äußersten Enden des visuellen Spektrums und liegen gerade um eine Oktave auseinander. Das visuelle Spektrum eines Strahlers von 20000° liegt also zwischen

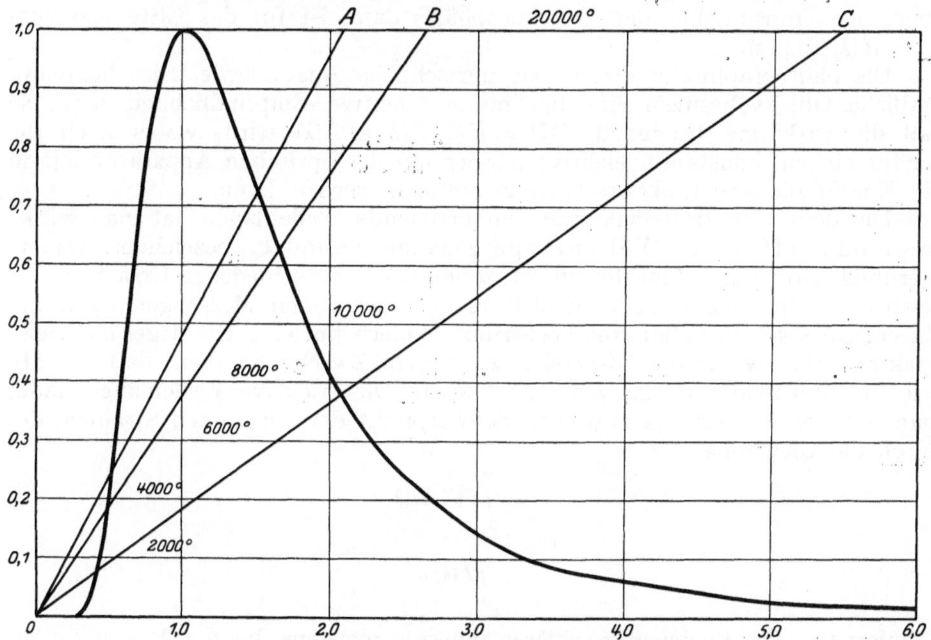

Abb. 1. Die Strahlungskurve im photographischen und visuellen Gebiet zwischen 2000° und 20000°. S. Text.

$x = 2{,}63$ und $x = 5{,}26$. Diese beiden Punkte sind am oberen Rande des Diagramms als B und C eingetragen und beide mit dem Nullpunkt O durch Gerade verbunden. Das visuelle Spektrum eines Körpers von niedrigerer Temperatur liegt dann zwischen den Ordinaten, bei welchen das Linienpaar OB und OC die horizontale Gerade $Y = \dfrac{T}{20000}$ schneidet. Die entsprechenden Temperaturen sind im Diagramm eingetragen. Eine dritte Gerade OA entspricht dem äußersten Ultraviolett, das von der Erdatmosphäre durchgelassen wird, nämlich $\lambda = 3000$ A.

Aus dem Nomogramm sieht man, daß das Energiemaximum des Beugungsspektrums nur bei Temperaturen zwischen $3800°$ und $9500°$ innerhalb des photographisch und visuell beobachtbaren Gebietes liegt. Bei höheren Temperaturen liegt es für uns, am Grunde der Erdatmosphäre, vollständig außerhalb jeder Beobachtungsmöglichkeit. Damit hängt es zusammen, daß für die heißesten Sterne direkte Temperaturmessungen ungenau werden und daß auch die Farbenunterschiede oberhalb von etwa $15000°$ sehr gering sind.

b) Die verschiedenen Arten von Farbenäquivalenten.

4. Monochromatische Farbenäquivalente. Effektive und extreme Wellenlängen. Entwirft man von einer Lichtquelle ein Spektrum, so zeigt es eine von der Natur der Quelle und von der Art der Dispersion abhängige Intensitätsverteilung. Ist $E = E(\lambda)$ die Energiefunktion der Quelle, $D = D(\lambda)$ die Dispersion, dann ist die Energieverteilung im Spektrum $\dfrac{E(\lambda)}{D(\lambda)}$. Im Falle des Beugungsspektrums wird $D(\lambda) =$ konst., und die Energieverteilung entspricht bei Temperaturstrahlung der Planckschen Strahlungsformel. Bei der Beobachtung kosmischer Objekte wird sie noch durch die atmosphärische selektive Extinktion geändert. Ist $T = T(\lambda, z)$ die von der Wellenlänge und Zenitdistanz des Gestirns abhängige Transmission der Erdatmosphäre, dann ist für das Gitterspektrum $E' = E(\lambda) T(\lambda, z)$.

Die photographische Platte, das menschliche Auge, sowie jedes lichtempfindliche Objekt besitzen eine bestimmte selektive Empfindlichkeit $\Phi(\lambda)$, so daß die wirksame Intensität $I(\lambda) = E(\lambda) T(\lambda, z) \Phi(\lambda)$ wird, wobei noch die ein für allemal konstante selektive Absorption der optischen Apparatur mit in die Empfindlichkeitsfunktion hineingenommen werden kann.

Die dem Intensitätsmaximum entsprechende Wellenlänge hat man wirksame oder effektive Wellenlänge genannt und mit λ_{eff} bezeichnet. Da das Sternbild selbst nicht punktförmig ist, sondern aus verschiedenen Ursachen eine gewisse Ausdehnung besitzt, handelt es sich bei diesen Messungen nicht um ein einzelnes scharf definiertes Spektrum, sondern um eine Überlagerung vieler Spektra. Man wählt die Dispersion zu diesem Zwecke so klein, daß das abgelenkte Sternbild nur ein wenig oval wird. Die effektive Wellenlänge findet man dann theoretisch als optischen Schwerpunkt der wirksamen Strahlen, der durch die Gleichung

$$\lambda_{\mathrm{eff}} = \frac{\int\limits_0^\infty I(\lambda)\,\lambda\,d\lambda}{\int\limits_0^\infty I(\lambda)\,d\lambda}$$

definiert ist. Die Beobachter erklären indessen meistens, bei der Messung nicht den Schwerpunkt einzustellen, sondern einfach die gesamte geschwärzte Fläche zu halbieren, ohne Rücksicht auf die Intensität der Schwärzung. Bei stärkeren Schwärzungsgraden wird diese Art der Einstellung auch die einzig mögliche sein. Die Unsicherheit in der Auffassung gibt der effektiven Wellenlänge von vornherein etwas rein Empirisches. Da neben dem abgelenkten und dispergierten noch ein unabgelenktes und unzerlegtes Bild der Lichtquelle entsteht, so ist der Abstand zwischen diesen beiden Schwärzungsschwerpunkten ein summarisches Maß für die Lage des spektralen Energiemaximums der Lichtquelle. Dies ist die prinzipielle Definition der effektiven Wellenlänge. Als erster hat Hertzsprung die effektiven Wellenlängen angewandt.

In der Praxis ist man bisher fast immer so verfahren, daß man vor das Fernrohrobjektiv ein einfaches Beugungsgitter setzte. Dadurch entstehen auf zwei entgegengesetzten Seiten des unabgelenkten Zentralbildes paarweise Beugungsspektren verschiedener Ordnung (Abb. 2). Es werden immer nur die Spektren erster Ordnung benutzt. Anstatt den Abstand (0) — (1) zu messen, benutzt man beide Spektren erster Ordnung und mißt die Entfernung (−1) — (+1). Erstens hat man hier Bilder von gleicher Intensität und ferner eine doppelt so

Abb. 2. Schematische Darstellung der Gitteraufnahmen zur Bestimmung effektiver Wellenlängen.

große Strecke auszumessen und somit auch die doppelten Unterschiede zwischen Sternen verschiedener effektiver Wellenlänge.

Die Theorie des Gitters ist einfach. Ist γ die Gitterkonstante, d. h. der Abstand zwischen den Mitten zweier Lücken, und f die Brennweite des Instrumentes, dann ist der lineare Abstand $\varDelta$ der Spektren $n$ter Ordnung vom Zentralbild $\dfrac{n\lambda f}{\gamma} = \varDelta$, wo λ bei zusammengesetztem Licht die effektive Wellenlänge bedeutet.

Durch das Verhältnis der Breite der Gitterstriche zu den Zwischenräumen wird lediglich das Intensitätsverhältnis zwischen den Beugungsspektren verschiedener Ordnungen und dem Zentralbild beeinflußt. Ist G die Breite der Striche, g die der Zwischenräume, also $G + g = \gamma$ die Gitterkonstante, dann ist das Verhältnis der Intensität des Zentralbildes (I_0) zu der Intensität bei freier Öffnung (I) durch die Gleichung

$$\frac{I_0}{I} = \frac{g^2}{\gamma^2}$$

dargestellt. Bezeichnet n die Ordnung des Beugungsspektrums, dann ist

$$\frac{I_n}{I_0} = \left(\frac{\gamma}{g\,n\,\pi}\right)^2 \sin^2\!\left(\frac{g\,n\,\pi}{\gamma}\right) \qquad \text{oder} \qquad \frac{I_n}{I} = \frac{\sin^2\!\left(\dfrac{g\,n\,\pi}{\gamma}\right)}{n^2\pi^2}\,.$$

Für $G = g = \dfrac{\gamma}{2}$ erreichen die Spektren ungerader Ordnung ein Intensitätsmaximum und die gerader Ordnung verschwinden. Das Spektrum erster Ordnung erhält die Intensität $\dfrac{I_1}{I} = \dfrac{1}{\pi^2} = \dfrac{1}{10}$. Die Helligkeit des Beugungsbildes erster Ordnung ist also bereits 2,5 Größenklassen geringer als die des Bildes bei freiem Objektiv. Dies ist der geringste Lichtverlust, der sich bei Beugungsgittern überhaupt erzielen läßt.

Diesen Verlust von 2,5 Größenklassen hat man bisher bei den Messungen von effektiven Wellenlängen in Kauf genommen. Erst neuerdings ist durch v. KLÜBER der Versuch gemacht worden, ihn zu vermeiden, worüber später berichtet wird. Systematische Untersuchungen sind vor allem von ROSENBERG[1], EBERHARD[2], v. KLÜBER[3] ausgeführt worden. Es zeigte sich nämlich, daß die gemessene effektive Wellenlänge in hohem Grade von der Belichtungsdauer, d. h. von der Bildstärke abhing. Jedes Instrument und jeder Beobachter haben ihre eigene Skala, die auf eine Normalskala reduziert werden muß, um sie brauchbar zu machen. Um diese Reduktion zu erleichtern, ist von ROSENBERG und BERGSTRAND[4] eine Serie von 25 polnahen Sternen aufgestellt worden, deren

---

[1] A N 213, S. 330 (1921).
[2] Festschrift für H. v. SEELIGER, S. 115 (1924).
[3] Ergänzungshefte der A N 5, Nr. 1 (1925).
[4] A N 215, S. 447 (1922).

Farbenwerte gut bestimmt sind, und die jedem Beobachter zur Prüfung und Festlegung der eigenen Skala dienen können. Hertzsprung, der als erster die effektiven Wellenlängen zur Gewinnung von Farbenäquivalenten benutzte[1], hat rein empirisch die Abhängigkeit der unmittelbar gemessenen λ_{eff} von der Bildstärke bestimmt, wobei ihm als Maßstab für diese der Durchmesser des unabgelenkten Zentralbildes diente, eine Methode, die allgemeine Anwendung gefunden hat.

Die Abhängigkeit von der Fokussierung wurde zuerst genauer von Rosenberg[2] untersucht. Es zeigte sich, daß eine Änderung der Fokaleinstellung von nur 0,1 mm bei einer Brennweite von 840 mm die Skala grundlegend ändern kann.

Im allgemeinen wird man die Beziehungen der gemessenen effektiven Wellenlänge zu Bildstärke und Fokussierung empirisch bestimmen, da die theoretische Entwicklung der Zusammenhänge viel zu kompliziert ist. Immerhin erscheint es zweckmäßig, das Zustandekommen des Beugungsbildes wenigstens in einem Falle genauer zu verfolgen. Aus drei Gründen ist das Bild eines Sternes im Fernrohr nicht punktförmig und also auch das Beugungsspektrum erster Ordnung kein unendlich schmaler Strich, sondern ein nur wenig ovaler Fleck:

1. Die Beugung des Lichtes läßt ein Sternbild als einen hellen Fleck von dem Durchmesser $2{,}44\,\dfrac{\lambda}{d}\,f$ in linearem Maße erscheinen, der von mehreren Beugungsringen umgeben ist, die aber an Intensität rasch abnehmen, so daß der erste bereits nur 0,017 der Intensität des Zentralbildes besitzt. λ bedeutet die Wellenlänge, d den Durchmesser des Objektivs, f die Brennweite. Die numerischen Daten werden zeigen, daß für die Vergrößerung der Sternbilder diese Erscheinung von ganz untergeordneter Bedeutung ist.

2. Sehr viel mehr machen die Luftunruhe und die Zerstreuung des Lichtes in der Atmosphäre aus. Besonders durch die Unruhe wird das Bild unter Umständen um mehrere Bogensekunden hin und her pendeln, so daß bei photographischen Aufnahmen der bekannte breite verwaschene Fleck auftritt.

3. Die Form der Dispersionskurve des Objektivs ist in ausschlaggebender Weise von Einfluß auf die Sternbilder und besonders auf die Spektren, da das Licht aller Wellenlängen, das nicht genau im Fokus vereinigt ist, keine punktförmige Abbildung, sondern sehr erhebliche Zerstreuungskreise ergibt. Letztere Erscheinung fällt natürlich bei Reflektoren weg.

Die Verhältnisse sollen hier an dem Instrument, das v. Klüber für seine Messungen benutzte, näher erörtert werden. Die Brennweite war 700 mm, die Öffnung 145 mm, die Konstante des benutzten Gitters 0,52 mm. Da die Stäbe und Zwischenräume gleich gewählt waren, verschwanden die Spektren gerader Ordnung. Die Dispersionskurve wurde genau untersucht. Die Brennweite hatte bei $\lambda = 0{,}520\,\mu$ ein Minimum und ließ sich durch die Formel darstellen:

$$F_\lambda - F_{\min} = 0{,}272\left(3{,}125 - \frac{1}{\lambda - 0{,}20}\right)^2.$$

Ist F der Abstand der photographischen Platte vom Objektiv, dann ist $(F_\lambda - F)\dfrac{d}{f}$ der Durchmesser des Zerstreuungskreises für die verschiedenen Wellenlängen. Die Tabelle 2 gibt die Durchmesser dieser Zerstreuungskreise in Millimetern für die verschiedenen Wellenlängen und für drei verschiedene Fokaleinstellungen, nämlich $F = F_{\min}$, $F = F_{\min}\left(1 + \dfrac{1}{1000}\right)$, $F = F_{\min}\left(1 - \dfrac{1}{1000}\right)$, und zugleich den

---

[1] Publ Astroph Obs Potsdam **22**, Nr. 63 (1911).   [2] AN **213**, S. 329 (1921).

Abstand Δ des Mittelpunktes dieser Zerstreuungskreise vom unabgelenkten Zentralbild $\Delta = \lambda \dfrac{f}{\gamma} = 1350\,\lambda$.

Die Zerstreuungskreise überschreiten also bei allen Bildern die Dimension von 0,01 mm. Demgegenüber ist das Beugungsbild mit einem Durchmesser von 0,006 mm völlig bedeutungslos. Eine Bogensekunde beträgt hier 0,0034 mm, so daß schon eine starke Luftunruhe oder atmosphärische Zerstreuung notwendig ist, um neben der Farbenzerstreuung eine Rolle zu spielen.

In Abb. 3 ist die Entstehung des Beugungsbildes durch Überlagerung der Zerstreuungskreise für die drei Fokalstellungen veranschaulicht. Es sind nur das Zentralbild und eines der Beugungsspektren angegeben. Unter den drei Bildern ist noch die Empfindlichkeit der gewöhnlichen, nicht sensibilisierten Bromsilberplatte angegeben, wie sie hier verwendet wurde. Die größte Schwärzung muß natürlich dort auftreten, wo das Produkt aus Lichtintensität und Plattenempfindlichkeit am größten ist. Da die Zerstreuung durch Beugung klein gegen die Farbenzerstreuung ist, müßte die größte Schwärzung bei den extrafokalen Bildern sehr nahe bei dem Knotenpunkt bei $\lambda\,4120$ liegen und bei den fokalen bei etwa $\lambda\,4800$, wo der Abfall der Empfindlichkeitskurve der photographischen Platte beginnt. Bei den intrafokalen Aufnahmen müßte das Schwärzungsmaximum bei sehr verwaschenem Bilde auch in dieser Gegend liegen. In Wirklichkeit verhält es sich erheblich anders. Die Messungen bei verschiedener Fokussierung differieren viel weniger als nach dem geometrischen Bild zu erwarten wäre. Die effektiven Wellenlängen sind für die drei Fokussierungen für die mittlere Spektralklasse F am oberen Rande des Diagramms als efi eingetragen. Diese Abweichung kann nur durch die atmosphärische Zerstreuung hervorgerufen werden, durch welche die geometrisch schmalen Teile des Spektrums erheblich verbreitert werden und ihre Licht-

Tabelle 2.

λ	Fokal mm	$^1/_{1000}$ Extrafokal mm	$^1/_{1000}$ Intrafokal mm	Abstand vom Zentralbild mm
3600	0,53	0,39	0,67	0,487
3800	32	18	56	514
4000	19	05	33	540
4200	0,11	0,03	0,25	0,566
4400	06	08	20	593
4600	03	11	17	620
4800	0,01	0,13	0,15	0,648
5000	00	14	14	675
5200	00	14	14	702
5400	0,00	0,14	0,14	0,729
5600	01	13	15	756
5800	01	13	15	783
6000	0,02	0,12	0,16	0,810
6200	03	11	17	836
6400	04	10	18	862

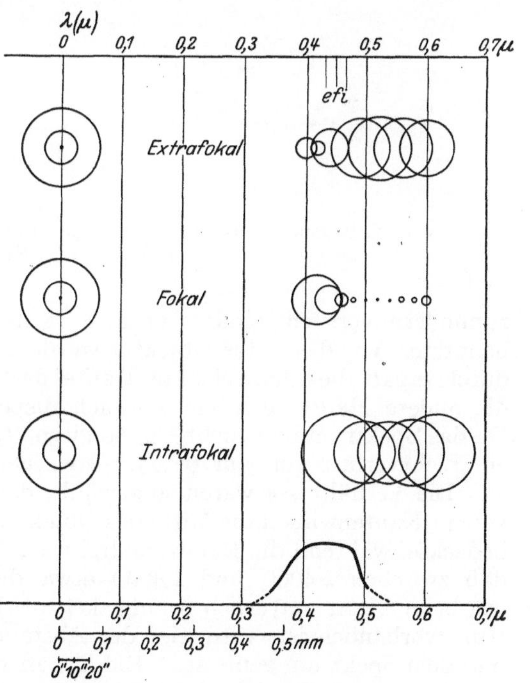

Abb. 3. Die Entstehung des Beugungsspektrums bei Gitteraufnahme mit Refraktoren.

intensität erheblich abgeschwächt wird. In der Abbildung bedeutet beim Zentralbild der mittlere Punkt die ungefähre Größe des Beugungsbildes, der innere
Kreis den mittleren Durchmesser von 0,06 mm, auf den v. Klüber seine Messungen reduziert hat, und der äußere Kreis den größten gelegentlich vorkommenden Durchmesser.

Auf jeden Fall zeigt es sich, daß die Genauigkeit der Methode der effektiven
Wellenlängen besonders durch die Luftunruhe verhältnismäßig gering ist. Ein
großer Vorteil der Methode ist aber, daß man besonders in sternreichen Gegenden
auf einer einzigen photographischen Aufnahme sehr viele Einzelwerte erhalten
kann, so daß diese Methode besonders für Durchmusterungen von Wichtigkeit
ist. Das Aussehen solcher Aufnahmen zeigt Abb. 4.

Den Verlust von 2,5 Größenklassen bei Beugungsgittern hat v. Klüber
mit Erfolg zu vermeiden oder doch auf weniger als eine Größenklasse herab-

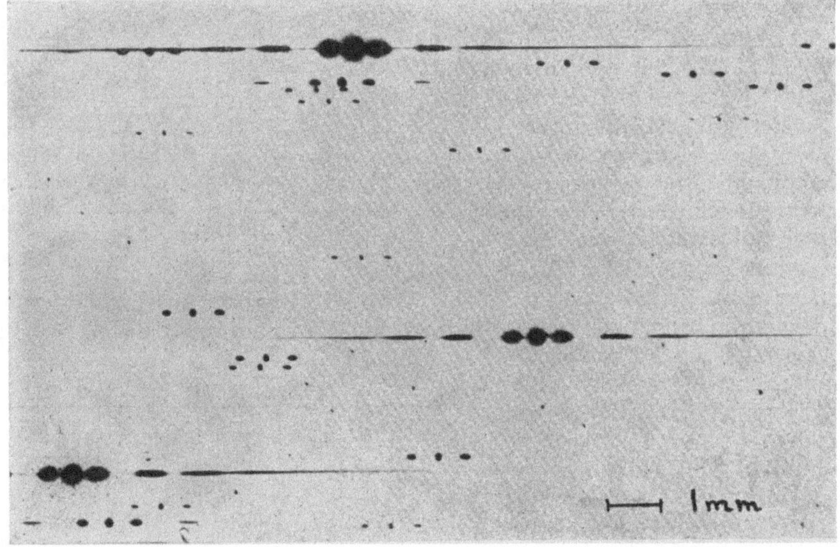

Abb. 4. Gitterspektren eines Teiles der Plejaden. Aufnahme von Hertzsprung.
Publ. Potsd. Nr. 63, S. 9.

zumindern versucht, indem er anstatt des Gitterspektrums ein prismatisches
benutzte. Vor das halbe Objektiv wurde ein sehr flaches Prisma gebracht. Dadurch ergab die unabgelenkte Hälfte des Lichtes das Zentralbild wie vorher,
die andere Hälfte aber ein schwach dispergiertes und abgelenktes Spektrum.
Da das Spektrum hier nicht $^1/_{10}$, sondern $^1/_2$ des Gesamtlichtes erhält, ergibt sich
ein Lichtverlust von nur $0^m,75$, also gegen vorher ein Gewinn von $1^m,75$.

Die Verhältnisse waren so gewählt, daß das kreisförmig geschliffene Prisma
von 1° Kantenwinkel die Mitte des Objektivs und zwar etwas mehr als die Hälfte
bedeckte, während die Randzone frei war. Der Brechungswinkel war so gewählt,
daß zwischen λ 4000 und λ 4800 etwa die gleiche Dispersion vorhanden war,
wie beim Gitter, natürlich in umgekehrter Richtung als dort. Da nur ein Spektrum vorhanden ist, wird hier der Abstand zwischen dem unabgelenktem Bild
und dem Spektrum gemessen. Die Distanzen müssen ebenso wie beim Gitter auf
einen mittleren Durchmesser reduziert und dann gegebenenfalls empirisch auf
ein bekanntes System von Farbenäquivalenten gebracht werden. Die Genauig-

keit ist nach v. KLÜBER etwa dieselbe wie bei den Gitteraufnahmen, bei einem Helligkeitsgewinn von beinahe zwei Größenklassen.

Als ein weiteres Wellenlängen-Farbenäquivalent sei noch die Minimalwellenlänge nach LINDBLAD[1] erwähnt. Sie wird bei den Gitteraufnahmen einfach als der Minimalabstand der beiden Beugungsspektra gemessen, also nicht als Schwerpunkt, sondern als innere Berührung der Beugungsbilder eingestellt. Über die von LINDBLAD vermutete Bedeutung der λ_{min} wird im Schußabsatz dieses Kapitels die Rede sein. LINDBLAD wollte aus der Beziehung zwischen λ_{eff} und λ_{min} die absolute Leuchtkraft der Sterne bestimmen. Da die Fehlerquellen sich hier noch viel schwerer eliminieren lassen als bei den λ_{eff}, ist LINDBLAD selbst von dieser Methode wieder abgekommen, zumal sich ganz andere Möglichkeiten herausstellten, die aber nicht zur Kolorimetrie, sondern in das Gebiet der spektroskopischen Parallaxen gehören.

5. Dichromatische Farbenäquivalente: Farbenindizes und Verwandtes. Der Farbenindex wird schlechthin definiert als die Differenz: photographische minus visuelle Größe. Da beide Größen in verschiedenen, nicht ohne weiteres vergleichbaren Intensitäten gemessen werden, nämlich der photographischen und der physiologischen Wirkung, ist der Farbenindex um eine additive Konstante willkürlich. Diese wurde rein konventionell derart festgesetzt, daß für die Sterne des Spektraltypus A 0 der Farbenindex zu Null angenommen wurde, daß also beide Helligkeitsskalen hier übereinstimmten. Der Farbenindex ist demnach das 2,5fache des Logarithmus des Quotienten zweier spezifischer Intensitäten (Größenklassenskala). Sind $E(\lambda)$ die spektrale Energieverteilung, $T(\lambda, z_1)$ und $T(\lambda, z_2)$ die atmosphärischen Transmissionen bei den Zenitdistanzen der Messungen und $\Phi_p(\lambda)$ und $\Phi_v(\lambda)$ die spezifischen Empfindlichkeiten der Platte und des Auges, dann kann der gemessene Farbenindex J durch die Formel

$$J = -2,5 \log \frac{K_1 \int_0^\infty E(\lambda)\,T(\lambda, z_1)\,\Phi_p(\lambda)\,d\lambda}{K_2 \int_0^\infty E(\lambda)\,T(\lambda, z_2)\,\Phi_v(\lambda)\,d\lambda} = m_p - m_v + \text{konst.}$$

definiert werden.

Natürlich wird man aus den erhaltenen Messungen noch die von der Zenitdistanz abhängige Extinktion eliminieren, um ein einheitliches Material zu haben. Man verzichtet indessen darauf, die Funktion $T(\lambda, z)$ unter dem Integral zu beseitigen, d. h. die eigentlich wesentlichen Intensitätsintegrale $\int_0^\infty E(\lambda)\,\Phi(\lambda)\,d\lambda$ zu erhalten, welche Werte in dem Kapitel über „Die Temperaturen der Fixsterne" erörtert werden, und begnügt sich damit, anstatt auf den leeren Raum, nur auf den Zenit zu reduzieren, d. h. den Unterschied zwischen der Zenitdistanz der Messung und der Zenitdistanz Null an das Messungsresultat anzubringen. Diese Methode erfüllt ihren Zweck völlig, denn man hat dann ein einheitliches System von Farbenmessungen. Mit Hilfe der Extinktionstafeln von MÜLLER oder ähnlichen findet man die mittleren Extinktionswerte für visuelle Beobachtungen, wobei man an diese Werte nur Extinktionsfaktoren, die empirisch bestimmt sind, anzubringen hat, da für die photographischen Messungen im kurzwelligen Lichte die Extinktion größer ist als für visuelle Messungen. Außerdem ist sie für weiße Sterne größer als für gelbe und rote. Diese mathematisch ungenaue Methode genügt bei der erreichbaren Beobachtungsgenauigkeit vor allem infolge der immer auftretenden Schwan-

---

[1] Uppsala Universitets Årsskrift 1920, Nr. 1, S. 70.

kungen der Extinktion völlig, zumal man photometrische Beobachtungen, zu denen ja die kolorimetrischen auch gehören, tunlichst niemals in großen Zenitdistanzen vornehmen wird. Für die genaueren Messungen überschreitet man niemals 55° bis 60°. Der Extinktionsfaktor für photographische Messungen beträgt etwa 2,0.

Die beiden Intensitäten, deren Differenz den Farbenindex darstellt und die durch einfache Messungen erhalten werden, lassen sich unschwer auch rechnerisch durch numerische oder graphische Integration verfolgen. Dadurch erhält man ein klares Bild von der physikalischen Bedeutung des Farbenindex. Für den photographisch-visuellen Farbenindex ist dies durch Brill geschehen, der die Größe $E(\lambda)\,\Phi(\lambda)\,T(\lambda)$, also die photographischen und die visuellen Wirkungskurven, unter Berücksichtigung der mittleren atmosphärischen Transmission, für die schwarze Strahlung von verschiedenen Temperaturen planimetrisch ausmaß und die so errechneten Werte des Farbenindex mit den beobachteten Werten verglich.

Die Empfindlichkeitsfunktionen der gewöhnlichen, nicht sensibilisierten Bromsilberplatte sowie des menschlichen Auges sind nur geringen Variationen unterworfen und können hier als einheitlich angesehen werden. Ausgeschlossen bleiben hier nur alle Arten von Farbenblinden und Farbenanomalen, besonders diejenigen, deren Defekt die Rotempfindung angeht. Die Tabellen 3 und 4 geben

Tabelle 3.

λ	Φ
4980	0,462
4770	0,925
4500	0,996
4220	0,986
4040	0,926
3930	0,853
3840	0,733
3770	0,600
3700	0,440
3620	0,300
3540	0,240
3460	0,190

Tabelle 4.

λ	Φ	λ	Φ
4400	0,058	5700	0,932
4600	0,184	5800	0,843
4800	0,281	5900	0,739
4900	0,369	6000	0,624
5000	0,495	6100	0,503
5100	0,638	6200	0,395
5200	0,775	6300	0,285
5300	0,888	6400	0,191
5400	0,968	6500	0,101
5500	0,994	6600	0,051
5600	0,984	6800	0,014

die beiden Funktionen, die photographische für Eastman Supersensitivplatten nach Brill[1] und die visuelle nach Henning[2]. Der Maximalwert der Empfindlichkeit ist beide Male gleich Eins gesetzt.

Die Werte dieser Tafeln sind nochmals in Abb. 5a dargestellt; man sieht daraus, daß die beiden in Betracht kommenden Spektralbereiche gerade nebeneinander liegen und sich verhältnismäßig nur wenig überdecken. Das Resultat der Rechnung von Brill ist in Tabelle 5 zusammen mit dem aus Messungen resultierenden Farbenindex gegeben. Außerdem sind noch zwei Spalten angefügt, die nachher erklärt werden sollen. Der Brillsche Farbenindex ist für den Spektraltypus A0, ebenso wie der gemessene Index, gleich Null gesetzt worden.

Zwischen dem berechneten und dem beobachteten Farbenindex besteht, wie die Tabelle zeigt, eine erhebliche Abweichung, indem einem errechneten Unterschied von $1^{\mathrm{m}},644$ zwischen den extremen Spektraltypen ein beobachteter von $2^{\mathrm{m}},060$ gegenübersteht. Dieser Unterschied von $0^{\mathrm{m}},4$ erklärt sich aus einer sukzessive mit fortschreitendem Spektraltypus wachsenden Abweichung vom Strahlungsgesetz des schwarzen Körpers, die in einer Depression der Energiekurve

---

[1] Veröffentlichungen der Sternwarte Berlin-Babelsberg 5, H. 1, S. 4 (1924).
[2] Jahrbuch f. Radioaktivität und Elektronik 1919, H. 1.

Tabelle 5.

Temp.	Sp.	$J_{ber.}$	$J_{beob.}$	$J_{corr.}$	B
23800	B0	−0,232	−0,330	−0,266	−0,680
16300	B5	−0,154	−0,170	−0,135	−0,650
11800	A0	0,000	0,000	0,000	−0,590
9000	A5	+0,175	+0,210	+0,185	−0,500
7900	F0	+0,295	+0,330	+0,339	−0,465
6900	F5	+0,421	+0,470	+0,472	−0,420
6000	G0	+0,585	+0,670	+0,664	−0,260
5230	G5	+0,758	+0,930	+0,864	−0,170
4570	K0	+0,954	+1,120	+1,092	−0,060
3850	K5	+1,262	+1,580	+1,424	+0,240
3570	M0	+1,412	+1,730	+1,600	+0,250
B0 − M0		1,644	2,060	1,866	0,930

im Ultravioletten besteht. Im übrigen ist aber der Verlauf der beiden Zahlen-
reihen durchaus gleichartig, so daß man aus dem beobachteten Farbenindex auf
die Temperatur wird schließen können. Die Spalte $J_{corr.}$ gibt die von BRILL
unter Berücksichtigung der
Ultraviolettdepression erhaltenen Werte, die sich den beobachteten schon viel besser anschließen. Die Erklärung der
letzten Spalte folgt später.

Eine andere Methode,
Farbenindizes zu bestimmen,
ist die lichtelektrische. Die
lichtelektrischen Zellen (siehe
Kapitel „Lichtelektrische Photometrie") besitzen eine ausgesprochen selektive Empfindlichkeit. Der Empfindlichkeitsbereich ist durchweg erheblich
schmaler als bei der photographischen Platte oder dem
Auge. Nur die Alkalimetalle
und allenfalls noch Kadmium
besitzen eine genügend große
absolute Empfindlichkeit, um
für die Photometrie des schwachen Sternlichtes in Betracht
zu kommen. In Abb. 5b sind
die Empfindlichkeitskurven
der hydrierten Alkalimetalle,
deren Empfindlichkeit erheblich größer ist als die der reinen
Metalle, für die Elemente Na-

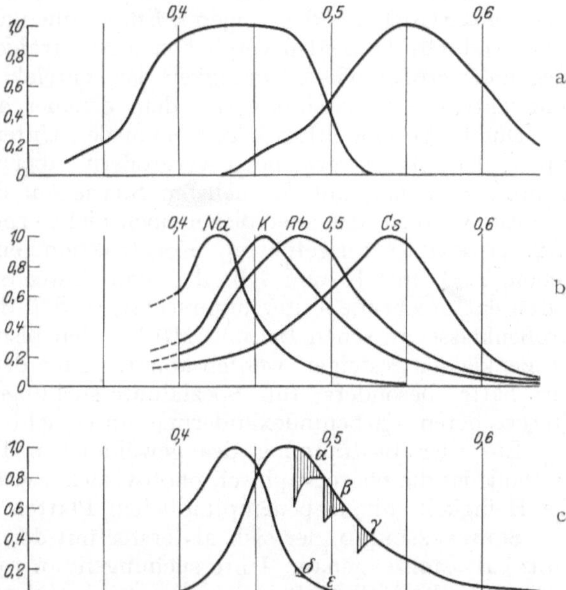

Abb. 5. Die Empfindlichkeitskurven für die verschiedenen Wellenlängen: a) der photographischen Platte
und des Auges; b) für verschiedene Alkalizellen; c) für
die Kaliumzelle mit Blaufilter und Gelbfilter (Babelsberger Farbenindizes).

$\alpha\,\beta\,\gamma\,\delta\,\varepsilon$ bedeuten die Wirkung der Titanoxydbanden bei Sternen des
Typus M, die sich, wie ersichtlich, besonders bei dem Gelbfilter bemerk-
bar machen.

trium, Kalium, Rubidium, Zäsium angegeben. Das Empfindlichkeitsmaximum
verschiebt sich mit zunehmendem Atomgewicht nach den langen Wellen. Zäsium-
zellen sind im allgemeinen nicht verwendbar, da dies Metall schon bei gewöhnlicher Sommertemperatur schmilzt.

Man könnte nun hier entsprechend verfahren wie beim photographisch-
visuellen Farbenindex, indem man zuerst von einer Reihe von Sternen, beispielsweise mit einer Natriumzelle, nachher mit einer Kalium- oder Rubidiumzelle,

Helligkeitsmessungen macht. Diese Methode ist aber bisher praktisch nicht angewandt worden, da die Zelle bei fast allen in Gebrauch befindlichen Instrumenten nicht augenblicklich ausgewechselt werden kann und auf diese Weise zwischen den beiden Helligkeitsmessungen eines Sternes eine erhebliche Zeit, eventuell von Tagen und Wochen verstreichen kann, in der der Stern seine Helligkeit geändert haben kann. Simultane Farbenindizes, bei deren Bestimmung beide Helligkeitsmessungen gleichzeitig oder nahezu gleichzeitig gemacht werden, kann man aber dadurch erzielen, daß man nur eine Zelle verwendet und in den Strahlengang abwechselnd verschiedenfarbige Filter einschaltet. Die einzigen Messungen dieser Art in größerem Umfange sind auf der Babelsberger Sternwarte von Guthnick und Bottlinger ausgeführt worden[1]. Es wurde eine Kaliumzelle mit einem Blaufilter bzw. einem Gelbfilter verwendet. Die ungefähren Energieverhältnisse veranschaulicht Abb. 5c. Die aus diesen Messungen hervorgegangenen Farbenindizes, die naturgemäß einen anderen Nullpunkt besitzen, der sich durch die Empfindlichkeitskurve der Zelle und die Absorptionen der verwendeten Filter automatisch bestimmt, sind in der Tabelle 5 unter B angegeben.

Der geringere Unterschied dieses Farbenindex für die extremen Spektraltypen erklärt sich aus dem engeren Empfindlichkeitsbereich der lichtelektrischen Zelle, wodurch die beiden verglichenen Spektralgebiete enger beieinander liegen. Wegen der größeren Meßgenauigkeit der lichtelektrischen Methode ist aber dieser lichtelektrische Farbenindex trotzdem genauer als der photographisch-visuelle.

Durch stärkere Filter könnte man den Unterschied zwischen den Spektraltypen, den Skalenwert, noch vergrößern, aber der Lichtverlust wird hierbei so groß, daß man nur die hellsten Sterne auf diese Weise vermessen könnte.

Ein Versuch, der aber bisher noch nicht erprobt worden ist, besteht in der von Guthnick[2] ausgeführten Konstruktion eines Apparates mit mehreren Zellen, z. B. mit K und Rb, die man abwechselnd belichtet und evtl. noch durch entsprechende Filter unterstützt, so daß der Effekt von noch nicht einer Größenklasse zwischen B0 und M0 bei den bisherigen Messungen auf mehrere Größenklassen gesteigert werden könnte. Eine derartige Anordnung der Apparatur hätte besonders für Spezialuntersuchungen Bedeutung (veränderliche Sterne, deren Farbenindexänderung untersucht werden soll).

Eine der Bestimmung des gewöhnlichen Farbenindex fast gleichwertige Methode ist die photographisch-photovisuelle, wobei anstatt der visuellen Größe die Helligkeit mit farbenempfindlichen Platten und Gelbfilter bestimmt wird.

Schwarzschild, der sich als erster mit der Messung von Farbenindizes befaßt hat, stellte genaue Untersuchungen an, um systematische Fehler, insbesondere die Helligkeitsgleichung, zu eliminieren[3] und hat auch bald darauf einige Messungen mitgeteilt[4]. Doch hat King zuerst eine größere Liste der Farbenindizes von helleren Sternen gegeben, weshalb der photographisch-visuelle Farbenindex auch oft der Kingsche genannt wird. Schwarzschilds große Serie bezieht sich nur auf die Sterne der Göttinger Aktinometrie zwischen $0°$ und $+ 20°$ Deklination. In Abb. 6 sind noch die drei Indizes: Brill (ber.), King und Bottlinger (beob.) gegeben, um den nahezu gleichartigen Verlauf zu zeigen. Es sei hier noch erwähnt, daß die beiden beobachteten Serien sich nicht linear zueinander verhalten, sondern daß zur Darstellung ihrer Beziehung ein quadratisches Glied erforderlich ist.

---

[1] Bottlinger, Lichtelektrische Farbenindizes von 459 Sternen. Veröff. d. Sternwarte Berlin-Babelsberg 3, H. 4 (1923).
[2] Z f Instrk 24, S. 303 (1924).
[3] Sitzb. Akad. Wien 109, II a, S. 1127 (1900).
[4] V J S 39, S. 172 (1904).

In diesem Zusammenhang ist noch der Wärmeindex zu erwähnen, der als die Differenz: visuelle minus bolometrische Größe definiert wird. Die Messung der bolometrischen Größen wird in dem Kapitel „Apparate und Methoden zur Messung der Strahlung der Himmelskörper" erörtert. Auf den Wärmeindex kommen wir noch in Ziff. 10 zurück.

Zwei weitere, ausschließlich photographische, hierher gehörige Farbenäquivalente sind die „Exposure Ratios" von SEARES und die nach der Methode von TICHOFF und TAMM bestimmten.

SEARES[1] machte auf farbenempfindliche Platten von dem zu messenden Stern mehrere Aufnahmen ohne Filter mit geometrisch zunehmender Expositionsdauer und außerdem eine Aufnahme mit Gelbfilter von solcher Expositionsdauer, daß er sicher sein konnte, daß die Bildstärke dieser Filteraufnahme zwischen den extremen der filterlosen Serie lag. Er schätzte nun die Filteraufnahme zwischen die Serie ein und erhielt so das Verhältnis der Expositionszeiten (Exposure Ratios) zwischen den Aufnahmen mit oder ohne Filter. Dieses Verhältnis steht natürlich in unmittelbarem Zusammenhang mit dem

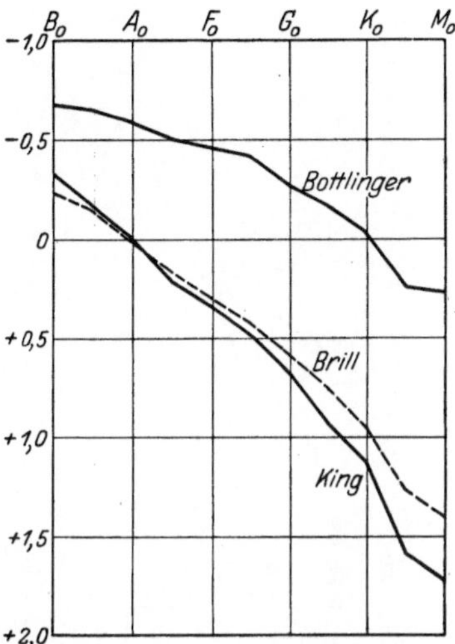

Abb. 6. Einige Farbenindizes in Abhängigkeit vom Spektraltypus.

Farbenindex. Da die Gradation der photographischen Platte für die verschiedenen Wellenlängen des Lichtes verschieden ist, insbesondere für die photographischen und die photovisuellen Strahlen, also für helle und schwache Sterne desselben Spektraltypus das Resultat verschieden ausfallen muß, hat SEARES zunächst versucht, durch Abblendung alle seine Sterne auf nahezu gleiche Helligkeit zu bringen, und damit recht gute Resultate erzielt. Für seine Messungen benutzte er einen Reflektor, hatte also für alle Strahlengattungen den gleichen Fokus.

Die unabhängig von TICHOFF[2] und von TAMM[3] angewandte Methode bedient sich der chromatischen Aberration der Refraktoren. Es werden wieder sensibilisierte Platten angewandt, die in den photovisuellen Fokus gebracht werden. Vor das Objektiv wird eine Zentralblende gesetzt, so daß nur das eine periphere Zone des Objektivs passierende Licht auf die Platte gelangt. Es bilden sich also nicht Zerstreuungsscheiben, sondern Zerstreuungsringe, die für die kurzwelligen photographischen Strahlen am größten sind, während das photovisuelle Bild nahezu punktförmig ist. Entsprechend den zwei Empfindlichkeitsmaxima der sensibilisierten Platte wird hier ein ziemlich scharfes Zentralbild entstehen, das von einem ziemlich weiten Schwärzungsring umgeben ist, der von den photographischen Strahlen herrührt. Bei einem Stern mit viel ultraviolettem Licht ist dieser Ring stärker ausgeprägt als bei einem solchen mit überwiegend längerwelligem Licht. In Abb. 7a und b sieht man mit bloßem Auge den Unterschied in der Intensität der Ringe verschiedener Sterne und kann so die Sterne einer Platte in Farbenklassen einteilen. Die Methode war ursprünglich nur für Durchmusterungen gedacht, die gar keine exakten Werte liefern

---

[1] Communications of the Mt. Wilson Obs. Nr. 33 und Proceedings of the National Academy of Sciences Washington 2, S. 521 (1916).
[2] A N 218, S. 145 (1923).
[3] A N 216, S. 331 (1922).

sollten. Sorgfältige Untersuchungen von Šternberk[1] haben aber gezeigt, daß man hier auch recht genaue Farbenäquivalente erzielen kann.

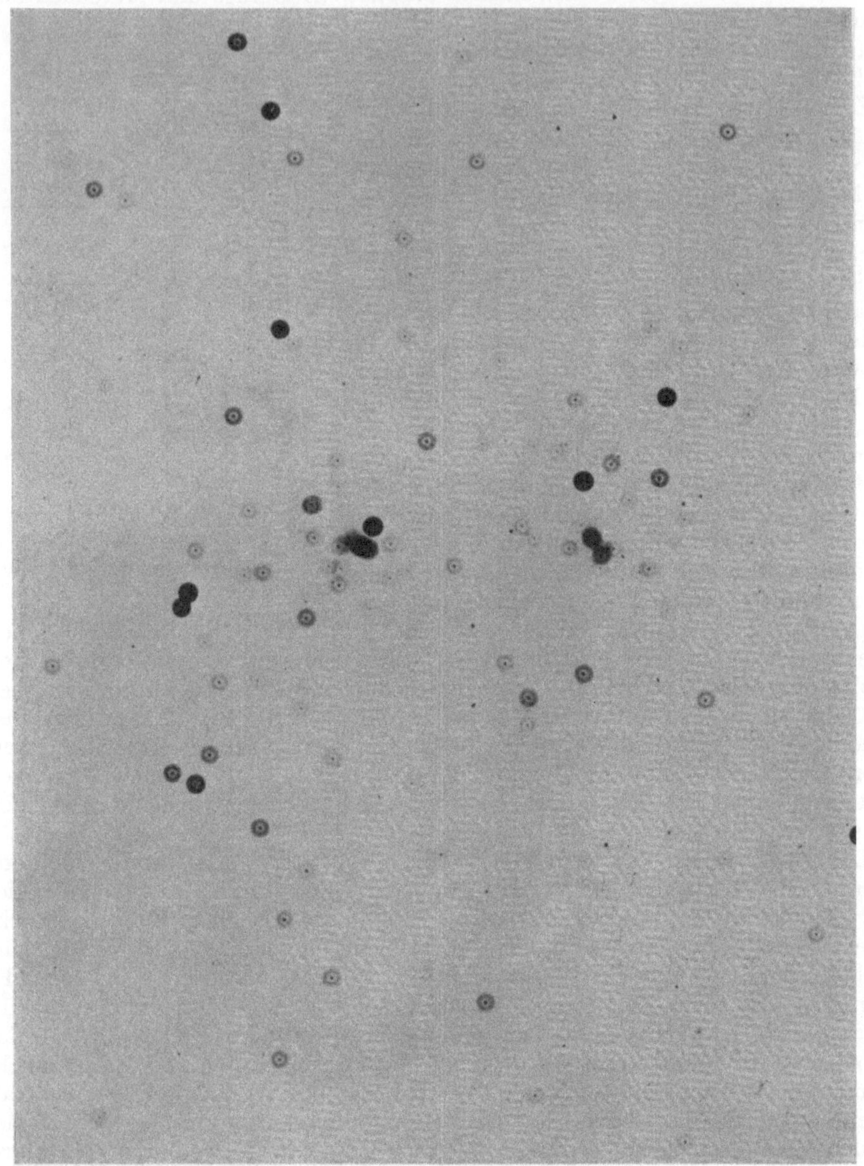

Abb. 7a. χ und h Persei. Extrafokale Aufnahme mit Zentralblende von N. Tamm. Observatorium Kvistaberg, Schweden.

Bezeichnet man mit S die Schwärzung (oder auch den Durchmesser des Sternes als Schwärzungsergebnis), so läßt sich bekanntlich S als Funktion von $I t^p$ oder, wie gewöhnlich, als eine andere Funktion von $t I^q$ ausdrücken, wo

---

[1] Photographisch-kolorimetrische Untersuchungen. Veröff. d. Sternwarte Berlin-Babelsberg 5, H. 2 (1924).

$pq = 1$ ist. p oder q sind von der Art der verwendeten Platte und der Behandlungsart und außerdem von der Wellenlänge des Lichtes abhängig. ŠTernberk fand, daß man mit zwei Werten für q auskommen kann, einem q_g für die photographischen Strahlen und einem anderen q_v für die photovisuellen Strahlen, d. h. für diejenigen, die erst durch den Sensibilisationsprozeß auf die Platte wirksam sind. Er bestimmte für das photovisuelle wie für das photographische Bild von Sternen verschiedener bekannter Helligkeiten (Nordpolarsequenz) sowie durch Variation der Expositionszeiten die Funktionen $S_g = \Phi(I^{q_g}t)$ und $S_v = \psi(I^{q_v}t)$ empirisch [durch Messung der Schwärzungen mittels des Mikrophotometers oder durch Messung der Durchmesser nach einer einfachen graphischen Methode] und konnte so die Intensitäten der photographischen und der photovisuellen Bilder jedes gemessenen Sternes in die gewünschte exakte Beziehung bringen, d. h. aus den Kurven das Expositionsverhältnis ablesen, bei dem gleiche Schwärzungen oder Durchmesser hervorgerufen werden.

Er untersuchte Farbenäquivalente nach den folgenden vier Methoden:

1. Es werden nur Durchmesser gemessen. Die einen Bilder werden im besten photographischen Fokus und mit Blaufilter, die anderen im besten photovisuellen Fokus mit Gelbfilter aufgenommen. Diese Methode ist fast genau die von Seares, nur dem Refraktor angepaßt.

2. In einem mittleren

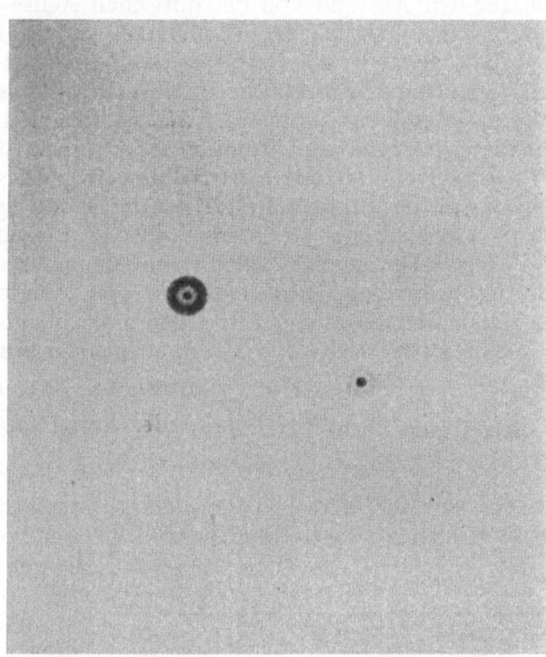

Abb. 7b. δ_1 und δ_2 Lyrae. Extrafokale Aufnahme mit Zentralblende von N. Tamm. Observatorium Kvistaberg, Schweden.

Fokus werden Aufnahmen mit Blaufilter und mit Gelbfilter gemacht und die Schwärzungen der beiden extrafokalen Scheibchen gemessen.

3. Die Platte wird über den photovisuellen Fokus hinaus verschoben, so daß das photovisuelle Bild ein kleines, das photographische ein größeres Scheibchen bildet. Es werden die Schwärzungen im Zentrum und in einem bestimmten Abstand davon gemessen. Filter werden bei dieser Methode gar nicht verwendet.

4. Vor das Objektiv wird eine Zentralblende gesetzt, und dann wird ohne Filter im photovisuellen Fokus photographiert. Vom Zentralbild wird der Durchmesser, von dem Ring die Schwärzung gemessen. Diese Methode ist nichts anderes als die exakte Auswertung der Methode von Tichoff und Tamm.

Die Methode 1 eignet sich für Refraktoren wenig, da sie durch das dauernde Umfokussieren zeitraubend ist; dagegen ist sie am lichtstärksten. Die Methoden 3 und 4 haben den Vorteil, absolut simultan zu sein, da die photographischen und die photovisuellen Bilder genau gleichzeitig entstehen, also Helligkeitsschwankungen durch atmosphärische Trübungen keine Fehler hervorrufen. Bei Methode 3 ist der Skalenwert erheblich kleiner als bei den anderen, so daß sie nicht sehr vorteilhaft ist.

Die hier mitgeteilten Methoden zur Bestimmung der dichromatischen Farbenindizes und anderer Äquivalente zeichnen sich zwar durch ihre sehr viel größere Genauigkeit vor der Methode der effektiven Wellenlängen aus, werden aber fast immer nur Farbenindizes von Einzelsternen, nicht von vielen benachbarten Sternen zugleich liefern. Sie sind dadurch erheblich zeitraubender. Immerhin können Exposure Ratios mit Vorteil von Sternhaufen gewonnen werden; bei Aufnahmen über größere Areale des Himmels muß noch eine Korrektion für den Abstand von der optischen Achse angebracht werden, was Baade und Malmquist[1] bei einer Untersuchung des Polarfeldes getan haben.

Jedes System von Farbenäquivalenten hat seinen eigenen Skalenwert, der im allgemeinen theoretisch nicht zu ermitteln ist. Selbst ganz gleichartige Messungen, wie die des photographisch-visuellen Farbenindex, mit verschiedenen Instrumenten gewonnen, können etwas verschieden ausfallen, falls die Absorption der Objektive verschieden ist. Will man zwei solche Systeme miteinander vergleichen, so bestimmt man aus den in beiden Systemen vorkommenden Sternen durch Ausgleichung die mathematische Beziehung der Systeme zu einander. In vielen Fällen genügt es nicht, eine lineare Beziehung anzusetzen, doch reichte bei den bisherigen Untersuchungen eine quadratische Formel immer aus. So berechnet sich aus den beiden oben angegebenen Farbenindex-Serien von King und von Bottlinger aus 137 gemeinsamen Sternen die quadratische Beziehung

$$K = -0{,}620\,B^2 + 1{,}631\,B + 1{,}215,$$

während eine linear bestimmte Beziehung lautete:

$$K' = 1{,}982\,B + 1{,}197,$$

woraus sich für $K - K'$, d. h. den Unterschied zwischen der strengen und der weniger strengen Reduktion für verschiedene Werte des gemessenen Farbenindex die in Tabelle 6 angeführten Zahlen ergeben.

Während der mittlere Fehler der Messungen in beiden Reihen von der Größenordnung $0^m{,}03$ bis $0^m{,}05$ im Maßstabe des Kingschen Systems ist, werden hier die Reduktionsfehler bei Annahme einer linearen Beziehung ein Vielfaches davon. Unter Ziffer 8 (Kataloge) wird nochmals auf diesen Punkt zurückzukommen sein.

Tabelle 6.

$B =$	$K - K' =$
$-0^m{,}7$	$-0^m{,}08$
$-0\ ,3$	$+0\ ,08$
$+0\ ,2$	$-0\ ,08$
$+0\ ,35$	$-0\ ,18$

Eine Fehlerquelle, die bei den photographisch-visuellen Farbenindizes möglicherweise oftmals auftreten kann, muß hier noch erwähnt werden. Es kommt vor, daß die visuellen Helligkeiten zu irgendeinem Zeitpunkt, die photographischen zu irgendeinem anderen Zeitpunkt gemessen werden. Hat nun einer der Sterne — und die Erfahrung zeigt, daß dies keine Seltenheit ist — als bisher unbekannter Veränderlicher seine Helligkeit um ein oder einige Zehntel Größenklassen geändert, so geht diese Helligkeitsänderung vollständig als Fehler in den Farbenindex ein. Genau dasselbe wäre natürlich bei lichtelektrischen Farbenindizes der Fall, wenn man Helligkeitsmessungen zuerst mit einer Na- oder K-, später in längeren Zeitabständen mit einer Rb-Zelle machte.

Bei den oben beschriebenen lichtelektrischen Filtermessungen spielt diese Fehlerquelle kaum eine Rolle, da die Messungen der beiden spezifischen Helligkeiten wenige Minuten nacheinander ausgeführt werden und zudem mehrere Male

---

[1] Mitt. d. Hamburger Sternwarte in Bergedorf 5, Nr. 21.

abwechselnd in zeitsymmetrischer Anordnung. Nur etwaige kurzperiodische Extinktionsschwankungen könnten hier noch gelegentlich von Einfluß sein. Bei den Methoden 3 und 4 von ŠTERNBERK, die absolut simultan sind, ist ein solcher Einfluß durch reine Helligkeitsschwankung ausgeschlossen. Sicher genießen Farbenindizes ein größeres Vertrauen, wenn das Gesamtresultat an einem einzigen Abend gewonnen wird.

6. Trichromatische Farbenäquivalente (Physiologische Farben). Außer den oben beschriebenen monochromatischen und dichromatischen Farbenäquivalenten, die zahlenmäßige Messungsergebnisse darstellen, hat man noch die subjektiven, physiologischen Farben der Sterne bestimmt. Es sind dies sogar die ältesten und zahlreichsten Bestimmungen, die schon gemacht wurden, ehe man über die Beziehung zwischen Temperatur und Sternfarbe im klaren war. Da wir wissen, daß die überwiegende Mehrzahl der leuchtenden Himmelsobjekte in erster Annäherung und innerhalb des Gebietes der Empfindlichkeit des menschlichen Auges sogar fast uneingeschränkt als schwarze Strahler gelten können, sei hier einiges über die Farben der Temperaturstrahler allgemein gesagt.

Alle objektiven Farben lassen sich bekanntlich auf ein Gemisch von drei Grundfarben zurückführen. Dies ist ein allgemein gesichertes Beobachtungsergebnis, unabhängig davon, ob man sich zu der HERING-schen Theorie der Gegenfarben oder zu der YOUNG-HELMHOLTZschen Dreifarbentheorie bekennt. Hier wird die von den meisten Physikern akzeptierte Dreifarbentheorie zur Darstellung verwendet.

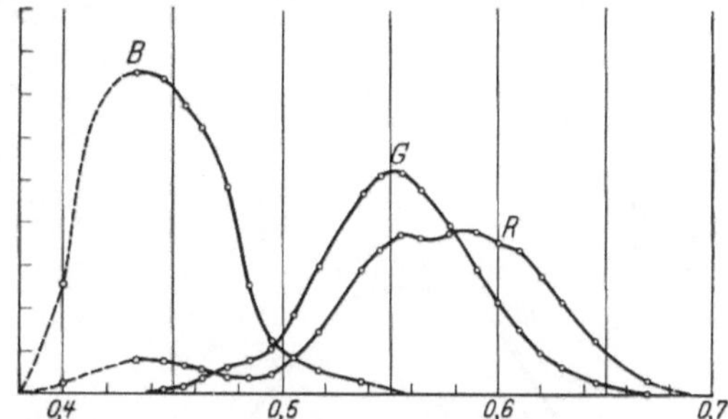

Abb. 8. Die Grundempfindlichkeitskurven des menschlichen Auges.

Unsere Farbenempfindung verhält sich so, als ob dicht nebeneinander auf der Netzhaut sich drei Arten von Sehzellen befinden, von denen die erste eine bestimmte Art von Rot-, die zweite eine bestimmte Art von Grün- und die dritte eine bestimmte Art von Blauempfindung vermittelt. Jede dieser Zellarten hat eine spezifische, von der Wellenlänge des Lichtes abhängige Empfindlichkeit. Die Empfindlichkeitskurven (s. Abb. 8) überdecken sich gegenseitig zum größten Teil, so daß kein einziges reines Spektrallicht, geschweige denn die Mischlichter von unseren natürlichen und künstlichen Lichtquellen und die Körperfarben, nur eine einzige Grundfarbe anregt. Das rote Ende des Spektrums erregt Rot und Grün, das Violette Blau und Rot und der mittlere Teil des Spektrums alle drei Grundempfindungen zugleich. Diese empirisch gefundenen Grundempfindlichkeitskurven sind keine mathematischen Resonanzkurven, sondern weichen erheblich von solchen ab. Die Rotkurve weist sogar am kurzwelligen Ende des Spektrums ein schwaches sekundäres Maximum auf. Gleich starke Erregung aller drei Grundempfindungen ruft den Eindruck „Weiß" hervor. Alle in der Natur vorkommenden und auf unser Auge wirksamen Lichtarten kann man in sehr vorteilhafter Weise durch das HELMHOLTZsche Farbendreieck darstellen. Von einem gewöhnlich als gleichseitig angenommenen Dreieck denkt man sich die drei Eckpunkte mit Massen beschwert, die der Stärke der drei Grunderregungen entsprechen. Der Schwerpunkt dieser drei Massen entspricht dann dem Farbenwert des betreffenden Lichtes. Im Mittelpunkt des Dreiecks liegt der Weißpunkt, in der Nähe des Weißpunktes die weißlichen oder schwach gesättigten

Farben. Die stärkst gesättigten Farbenempfindungen, die möglich sind, sind nicht die Grundempfindungen selbst, da niemals eine solche allein entstehen kann, sondern es gibt ein gewisses Maximum der Sättigung, das bei den reinen Spektralfarben erreicht wird. Für jede Lichtart, sowohl für monochromatisches wie für zusammengesetztes Licht, können wir die Größen der drei Grundempfindungen aus den Grundempfindlichkeitskurven berechnen. Die gegenseitigen Maßstäbe der drei Kurven definieren wir so, daß für Tageslicht, d. h. für Sonnenlicht, die Grundempfindungen gleich sind. Eine einfache Addition dieser drei Empfindlichkeitskurven ergibt allerdings nicht die allgemeine Empfindlichkeit des Auges für Helligkeiten. Diese Kurve, die auf S. 361, Abb. 5 a, dargestellt ist, ergibt sich erst, wenn man jede der drei Grundempfindungen mit einem bestimmten Helligkeitsfaktor multipliziert. Setzt man diese drei Faktoren für Rot, Grün und Blau gleich 1,000, 0,756, 0,024, so erhält man eine sehr gute Darstellung der selektiven Helligkeitsempfindung der Zapfen. Sonnenlicht ist also per definitionem weiß. Wir sind gewiß berechtigt, unsere natürliche Lichtquelle, von der wir zwar wegen ihrer übergroßen blendenden Helligkeit keinen unmittelbaren scharfen Farbbegriff haben, als weiß zu definieren, zumal uns ein vom Sonnenlicht beschienener Körper mit für alle Wellenlängen angenähert gleichem Remissionsvermögen (Schnee, Kreide, weißes Papier) ganz entschieden als weiß erscheint. Bezeichnet im

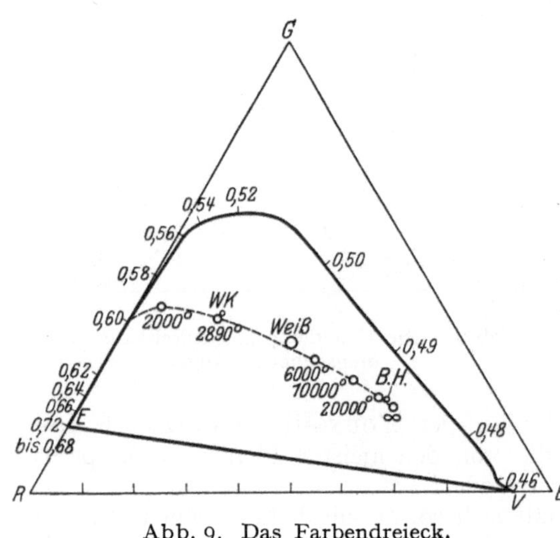

Abb. 9. Das Farbendreieck.

Farbendreieck (Abb. 9) R den Rotpunkt und zugleich den Koordinatennullpunkt, G den Grünpunkt und B den Blaupunkt und setzt man die Länge der Dreiecksseite gleich Eins, dann sind die Koordinaten einer Farbe mit den Grunderregungen r, g, b

$$X = \frac{b + \tfrac{1}{2}g}{r + g + b}; \qquad Y = \frac{\tfrac{1}{2}\sqrt{3}\,g}{r + g + b}.$$

Auf diese Weise sind die Koordinaten der spektralreinen Lichter berechnet. Endrot ist nicht Grundrot, sondern liegt ein Stück davon entfernt auf der Verbindungsgeraden $R-G$. Die spektralreinen Lichter setzen sich auf dieser Geraden noch ein erhebliches Stück fort, bis bei etwa der Wellenlänge λ 5800 die Blauerregung einsetzt. Dann biegt die Kurve ins Innere des Dreiecks ab und endet unter Umgehung des Weißpunktes in der Nähe des Blaupunktes auf der Dreiecksseite $R-B$. Verbindet man die Punkte E und V durch eine Gerade, so müssen alle natürlichen Farben innerhalb der von der Kurve und dieser Geraden, der sog. Purpurgeraden, eingeschlossenen Fläche liegen. Nur durch partielle Ermüdungserscheinungen können Farbempfindungen auch außerhalb dieser Fläche zu liegen kommen. Außerdem ist unsere Weißempfindung etwas sehr Subjektives, indem wir ein bei Tageslicht weiß erscheinendes Papier ebensogut bei Lampenlicht als weiß empfinden oder eine Landschaft durch eine nicht allzu stark gefärbte Brille ebenfalls in natürlichen Farben sehen. Aber wir müssen eben eine bestimmte Lichtverteilung als Weiß definieren, und dafür hat man das Sonnenlicht gewählt.

Mit Hilfe der Grundempfindungskurven kann man nun von jeder Lichtquelle, deren spektrale Zusammensetzung bekannt ist, die Farbe, d. h. ihre Koordinaten im Farbendreieck, berechnen. Dies ist von BOTTLINGER für die schwarzen Strahler geschehen[1]. Die Berechnung erfolgte in der Weise, daß aus der Energiekurve für verschiedene Temperaturen und aus den Grundempfindlichkeitskurven die Größe der drei Grundempfindungen planimetrisch berechnet wurde. Um den Vergleich mit den Sternen noch vollständiger zu machen, wurde, eine zenitale atmosphärische Extinktion angebracht, außer bei der Temperatur ∞. Außerdem

Tabelle 7.

Temperatur		X	Y
2000°	mit Extinktion	0,251	0,356
2890	,, ,, ...	0,358	0,334
6000	,, ,, ...	0,545	0,255
10000	,, ,, ...	0,621	0,217
20000	,, ,, ...	0,670	0,183
∞	ohne ,, ...	0,696	0,166
Blauer Himmel	. . . .	0,683	0,179

konnte noch, nach Angaben von DORNO[2], die Farbe des blauen Hochgebirgshimmels angegeben werden. Die entsprechenden Punkte sind im Farbendreieck eingetragen, die Koordinaten in Tabelle 7 gegeben.

Aus Abb. 9 ersieht man, daß unter den Sternfarben nur zwei Farbtöne vorkommen, der gelbe und der blaue. Ein Stern von 2000° hat die Farbe eines stark gesättigten Natriumgelb. Mit zunehmender Temperatur bleibt der Farbton derselbe, nur die Sättigung nimmt ab. Zwischen 5000° und 6000° ist der Weißpunkt erreicht, und nun schlägt der Farbton in die Komplementärfarbe Blau um und endet für den unendlich heißen Strahler bei einem ziemlich stark gesättigten Blau, das vom tiefen Blau des Hochgebirgshimmels wenig abweicht. Zwischen 20000° und ∞ ist die Änderung nur noch gering, so daß wir die heißesten (O- und B-) Sterne mit der Farbe des Hochgebirgshimmels, die A-Sterne aber etwa mit der Farbe des klaren Himmels in der Tiefebene vergleichen können. Daß in dem Diagramm die Kurve nicht genau bei 5700°, der Sonnentemperatur, durch den Weißpunkt geht, liegt an kleineren Unsicherheiten der Rechnung, da für die Sonnenstrahlung nicht einfach die schwarze Strahlung, sondern die davon etwas abweichenden Messungswerte von ABBOT genommen wurden. Außerdem sind die Grundempfindunsgkurven, besonders die Blaukurve, nicht allzu exakt bestimmt, wie aus Abb. 8 an dem punktierten Teil auch zu sehen ist.

Diesen objektiven Feststellungen über die Sternfarben stehen nun wesentlich andere subjektive Farben gegenüber. Sterne von 2000°, die kühlsten, die wir kennen, werden allgemein als rot, solche von 6000° als gelb und die heißesten von 10000° und mehr als weiß und sehr weiß bezeichnet. Beide Skalen sind gleichlaufend, aber mit einer außerordentlich starken gegenseitigen Verschiebung behaftet. Zunächst ist zu bemerken, daß die subjektive Sättigung von Farben, d. h. die Fähigkeit des Auges, eine Farbe als solche zu erkennen, von der scheinbaren Größe der leuchtenden Fläche abhängt. Bei kleinen Flächen wird sie sehr gering, woraus sich erklärt, daß wir bei den gewaltigen, oben aufgezeigten objektiven Unterschieden an den fast punktförmigen Sternbildern verhältnismäßig wenig Färbung erkennen. Sodann fehlt im allgemeinen ein unmittelbares Vergleichsobjekt, wenn wir nicht gerade einen Doppelstern mit verschieden gefärbten Komponenten anvisieren, bei dem allerdings durch den Kontrast die Färbungsunterschiede besonders auffällig werden. Die entgegengesetzte Ab-

---

[1] Die Naturwissenschaften 13, S. 882 u. 1092 (1925).

[2] Physik der Sonnen- und Himmelsstrahlung. Die Wissenschaft, Nr. 63, S. 44 (1919).

weichung zeigen übrigens die subjektiven Farben irdischer Strahler im Laboratorium. Einen Körper von 1000° abs. nennen wir rotglühend, von etwa 1500° gelbglühend und von 2000° und mehr weißglühend. Die hier vorliegenden Unterschiede zwischen Rechnung und Beobachtung sind aber leicht zu erklären. Für die Temperatur von 1000° ist der Farbwert zwar nicht berechnet, aber man kann leicht einsehen, daß hier Beobachtung und Rechnung übereinstimmen werden. Bei höheren Temperaturen wird die Oberflächenhelligkeit so groß, daß eine Blendung des Auges eintritt, und in solchem Falle erscheinen alle Farben weißlich, wie aus der physiologischen Optik allgemein bekannt ist (vgl. z. B. Helmholtz' Physiologische Optik). Verkleinert man aber eine irdische Lichtquelle durch Diaphragmen auf die ungefähre Sternhelligkeit, so findet man ungefähr die gleiche Farbe wie bei den Sternen, d. h. die Farbe einer Metallfadenglühlampe, die eine Temperatur von etwa 2500° besitzt, erscheint abgeblendet gelbrot. Daß die Farbe von Sternen von 2000° nicht gelb, sondern mehr rot erscheine, will Schrödinger[1] damit erklären, daß hier das sog. Bezold-Brücke-Phänomen eintrete, d. h. weil hier die Roterregung des Auges bereits größer sei als die Grünerregung, so werde bei dem schwachen Sternlicht das Grün nahezu unterschwellig und es erscheine dem Auge nur noch das Rot. Diese Erklärung erscheint plausibel, zumal da, wenn man im Fernrohr einen helleren gelbroten Stern, wie den Arkturus, anvisiert, dieser entschieden gelb oder gar weißlich aussieht, während von Rot keine Rede mehr ist. Schwerer zu erklären ist es, warum die objektiv blauen Sterne als weiß angesprochen werden. Schrödinger[1] wollte dies als ein Kontrastphänomen erklären. Da wir die Sterne nur bei dunkeladaptiertem Auge wahrnehmen, erscheinen die Sterne im Kontrast zur Stäbchenfarbe verschoben. Die Dämmerungsempfindung der Stäbchen ist nämlich nur in dem Sinne farblos, daß wir keine Farbunterschiede erkennen. Wohl aber ist sie im Vergleich mit der Farbempfindung der Zapfen ausgesprochen farbig und wird als bläulich geschildert. Gegen dieses Bläulich müsse die Farbe eines Sternes von 6000° gelblich, die eines heißeren aber gleichartig, d. h. weiß erscheinen. Eine später ausgeführte genauere Messung dieser Stäbchenfarbe durch Schrödinger und Bottlinger[2], allerdings nur an einem einzigen farbennormalen Auge (Bottlinger), ergab aber einwandfrei, daß diese für gewöhnlich nicht bewußt wahrgenommene Dämmerungsfarbe nicht blau, sondern purpurn ist. Würde also hier bei den weißen Sternen eine Kontrastverschiebung eintreten, so müßten diese grün erscheinen, was bestimmt nicht der Fall ist. Es erscheint eine andere Erklärung der Sternfarben näherliegend, nämlich daß es sich hier einfach um ein falsches Farburteil handelt. Da infolge der Kleinheit der Lichtquelle die subjektive Sättigung gering ist und eine unmittelbare Vergleichslichtquelle fehlt, können solche Urteilstäuschungen leicht auftreten. Die Beobachtungen visueller Sternfarben sind angestellt worden, ehe man über die Temperaturen der Sterne Quantitatives wußte; man vermutete nur, daß die Farbenskala mit der Temperatur zusammenhinge und benannte die beobachteten Farben nach der irdischen Temperaturskala, die damals mit wenig über 2000° ihr wirkliches Ende hatte, weil man höhere Temperaturen überhaupt nicht erzielen konnte. Auf diese Weise sprach man von roten, gelben und weißen Sternen. Es soll erwähnt werden, daß der Schreiber dieses Kapitels seit der Erkenntnis, daß die heißesten Sterne die Farbe des blauen Himmels haben, diese Farbe bei

---

[1] Die Naturwissenschaften 13, S. 373 (1925).

[2] Unpubliziert: Das eine Auge wurde bei dem Versuch verdunkelt und ihm eine sehr schwache Lichtquelle dargeboten, die nur Dämmerungsempfindungen hervorrief. Dem anderen Auge wurde ein Ausschnitt aus der Scheibe eines Farbenkreises dargeboten, deren Farbe nach Ton und Sättigung der des Dunkelauges gleich gemacht wurde.

den helleren Sternen tatsächlich sieht. Wega und Rigel erscheinen ausgesprochen blau, Kapella und Jupiter weiß und Betelgeuze sowie Aldebaran gelblich. Übrigens findet OSTHOFF, der sich sehr dafür einsetzt, daß es keine blauen Sterne gäbe, als Ausnahme einige Begleiter von Doppelsternen, wo also die Vergleichslichtquelle vorhanden ist. Es ist nicht anzunehmen und die Farbenindexmessungen deuten ebenfalls nicht an, daß bei diesen Begleitern etwas besonderes vorliege. (Vgl. S. XIX der Einleitung zu OSTHOFFS in Abschnitt 8 aufgeführtem Farbenkatalog.)

Wie dem aber sei, für die Farben der Sterne ist es einerlei, wie wir sie nennen, wenn wir nur wissen, welche Stufe gemeint ist. Ein Teil der Beobachter, besonders die späteren, sind davon abgegangen, die Farbe selbst bei der Schätzung anzugeben, sondern sie haben eine Zahlenskala geschaffen, die von 0 bis 10 geht, bei den heißesten Sternen beginnt und bei den kühlsten endet.

Hier wurde vorausgesetzt, daß die Sterne Temperaturstrahler sind, daß also ihre Farben alle auf der einen im Farbendreieck (Abb. 9) eingetragenen Linie zu finden sind, die Farbenskala also eine lineare sei. Für die große Mehrzahl der Sterne ist dies der Fall. Grüne oder violette (purpurne) Sterne gibt es nicht.

Als Ausnahmen sind zu nennen: Novae zeigen in einem gewissen Entwicklungsstadium neben dem kontinuierlichen Spektrum starke Emissionslinien, unter denen $H\alpha$ vorherrscht. Zu dem blauweißen Licht des kontinuierlichen Spektrums addiert sich das Rot der Emissionslinie, so daß ein Purpurton entsteht. Dieser eigentümliche Farbton wird bei jeder helleren Nova beobachtet. Novae im Nebelstadium sowie viele planetarische Nebel zeigen einen grünlichen Ton, der durch starke Emission der sog. Nebuliumlinien bei etwa λ 5000 entsteht.

Ebensowenig gelten natürlich die obigen Ableitungen für die Planeten, die im reflektierten Sonnenlicht leuchten und die Eigenschaften der Pigmente zeigen müssen. In der Tat ist Mars der einzige deutlich rote Stern. Man wird vermuten, daß diese Farbe durch rote Mineralien (Eisenoxyd) hervorgerufen wird, ähnlich wie auf der Erde in einigen großen Wüsten, z. B. der Kyzyl Kum oder roten Wüste.

Die Farben mit Schwarzgehalt wie grau oder braun kommen naturgemäß nicht vor. Sie können nur im Kontrast mit lichten Farben als Körperfarben auftreten. Trotzdem bezeichnen einige Beobachter Sterne, deren Helligkeit sich an der unteren Grenze der Farbenerkennbarkeit befindet, als braun oder grau und erklären in diesen Fällen die Messungen für unbrauchbar (OSTHOFF). Hier ist das Farburteil durch Lichtschwäche unsicher.

7. Farbengleichungen. WILSINGS Rotkeilmethode. Anstatt die Farben der Gestirne zu schätzen, kann man auch das zu untersuchende Objekt mit einer konstant gefärbten Lichtquelle vergleichen, indem man durch vorgeschaltete passende Farbfilter Stern und Vergleichsquelle auf die gleiche Farbe in Ton und Sättigung bringt. Die Stärke des angewandten Filters ist dann ein Maß für die Sternfarbe. Man kann natürlich entweder die Vergleichslichtquelle umfärben, bis sie mit der Farbe des Sternes übereinstimmt, oder umgekehrt verfahren. Auf den ersten Blick erscheint es selbstverständlich, daß man die Filter vor die Vergleichslichtquelle bringen wird, um das Sternlicht nicht unnötig zu schwächen. Da unsere brauchbaren Vergleichslichtquellen aber alle von viel niedrigerer Temperatur als die weitaus meisten Sterne sind, müßte man durch passende Blaufilter die Lampenstrahlung auf die effektive Temperatur der Sterne bringen. Im allgemeinen verwendet man eine Glühlampe von etwa 2500°. WILSING[1], der sich

---

[1] Publ Astroph Obs Potsdam 24, Nr. 76 (1920).

mit diesen Messungen befaßte, fand indessen kein geeignetes Blaufilter, das die Eigenschaft hat, mit genügender Annäherung die Lampenstrahlung auf Strahlung höherer Temperatur zu transformieren. Dagegen gibt es ein Rotfilter, das dann natürlich vor das Sternbild zu setzen ist, welches die Eigenschaft hat, die Strahlung scheinbar auf eine niedrigere Temperatur zu transformieren. Es ist das Filter Schott F 4512. Dieses wird keilförmig geschliffen, so daß die benutzte Keillänge ein Maß für die Filterstärke bei den Messungen darstellt. Allgemein ist es nicht möglich, die Gesamtstrahlung von beliebig hoher Temperatur zu transformieren. Das ist hier aber auch gar nicht unbedingt nötig, sondern es kommt nur darauf an, daß die aus den drei Grundempfindungen des Auges zusammengesetzte Farbempfindung mit der einer Temperaturstrahlung identisch ist, wie ja auch die physiologische Identität von Natriumgelb mit einer bestimmten Mischung von Strontiumrot und Thalliumgrün zur Feststellung farbennormaler und abnormer Augen benutzt wird. Trotzdem hat genanntes Filter die Eigenschaft, die Energieverteilung von Temperaturstrahlung innerhalb des Gebietes der physiologisch wirksamen Strahlung außerordentlich gut zu bewahren.

Ist $I(\lambda, T)$ die Strahlungsfunktion, Δ die variierbare Filterdicke, $\Phi(\lambda)$ der Absorptionskoeffizient des Filters, T die Stern- und T' die Vergleichslampentemperatur, so soll

$$I(\lambda, T)\, e^{-\Delta\, \Phi(\lambda)} = f\, I(\lambda, T')$$

sein, wo f, die Abschwächung, nur von Δ abhängt.

Diese Gleichung kann nicht allgemein erfüllt sein, wohl aber ist dies möglich, wenn wir das Wiensche Strahlungsgesetz

$$I(\lambda, T) = c_1\, \lambda^{-5}\, e^{-c_2/T\lambda}$$

annehmen und außerdem der Absorptionskoeffizient von der Form

$$\Phi(\lambda) = B_0 + \frac{B_1}{\lambda}$$

ist. Das genannte Rotfilter Schott F 4512 erfüllt nun mit großer Annäherung diese Bedingung, indem $B_0 = +8{,}655$ und $B_1 = -5{,}715$ für ein Millimeter Filterdicke sind. Natürlich ist das Wiensche Strahlungsgesetz nicht mehr für die hohen in Betracht kommenden Sterntemperaturen ausreichend, aber da die visuellen Strahlen nur einen beschränkten Bereich des Spektrums einnehmen, versuchte Wilsing die Anwendung der Wienschen Formel dadurch zu ermöglichen, daß er den Planckschen Zusatzfaktor $(1 - e^{-c_2/\lambda T})^{-1}$ oder vielmehr den Logarithmus desselben in eine Potenzreihe nach $1/\lambda$ entwickelte und diese mit dem zweiten Gliede abbrach. Der Zusatzfaktor wird dann wieder von der Form $\gamma_0 + \frac{\gamma_1}{\lambda}$ und paßt sich also der obigen Formel an. Natürlich sind die Werte von γ_0 und γ_1 selbst Funktionen der Temperatur. Innerhalb der Wellenlängen λ 4500 und 6800, die Wilsing als äußerste Grenzen ansetzt, bleibt dann der Unterschied zwischen Plancks und dieser Strahlungsformel unbedeutend und beträgt bei den Grenzwellenlängen wenig über 1%. G. Schnauder berechnete nach der Methode der kleinsten Quadrate die Werte von γ_0 und γ_1, die in Tabelle 8 gegeben sind[1].

Wenn man mit Wilsing noch die atmosphärische Extinktion in der gleichen mathematischen Form einführt, so daß die Transmission $P^\lambda = e^{-\left(\alpha_0 + \frac{\alpha_1}{\lambda}\right) l_z}$ ist, wo α_0 und α_1 wiederum empirische Koeffizienten sind, die nach Wilsing für die Seehöhe von Potsdam $\alpha_0 = -0{,}318$ und $\alpha_1 = +0{,}388$ betragen, und l_z die

---

[1] A N 219, S. 221 (1923).

Tabelle 8.

T/c_2	γ_0	γ_1	T/c_2	γ_0	γ_1
0,0	0,0000	0,0000	1,1	$+0,6057$	$-0,2130$
0,1	0,0000	0,0000	1,2	$+0,6764$	$-0,2322$
0,2	$+0,0014$	$-0,0007$	1,3	$+0,7434$	$-0,2495$
0,3	$+0,0180$	$-0,0083$	1,4	$+0,8070$	$-0,2652$
0,4	$+0,0620$	$-0,0273$	1,5	$+0,8676$	$-0,2794$
0,5	$+0,1280$	$-0,0544$	1,6	$+0,9252$	$-0,2923$
0,6	$+0,2062$	$-0,0842$	1,7	$+0,9800$	$-0,3040$
0,7	$+0,2890$	$-0,1140$	1,8	$+1,0322$	$-0,3149$
0,8	$+0,3722$	$-0,1423$	1,9	$+1,0820$	$-0,3248$
0,9	$+0,4532$	$-0,1682$	2,0	$+1,1299$	$-0,3340$
1,0	$+0,5313$	$-0,1918$			

Lichtweglänge in der „homogenen" Atmosphäre für die Zenitdistanz z bedeutet, so erhält man die Formel:

$$c_1 \lambda^{-5} e^{-\frac{c_2}{\lambda T}} e^{\gamma_0 + \frac{\gamma_1}{\lambda}} e^{-\left(\alpha_0 + \frac{\alpha_1}{\lambda}\right) l_z} \cdot e^{-K\left(B_0 - \frac{B_1}{\lambda}\right)} = c_1' Q \lambda^{-5} e^{-\frac{c_2}{\lambda T'}} e^{\gamma_0' + \frac{\gamma_1'}{\lambda}}.$$

Die rechte Seite bezieht sich auf die Lampe, und Q ist der Faktor der Lichtschwächung, die durch einen Graukeil oder ein Nicol erzeugt wird. Man begnügt sich nämlich nicht damit, Stern und Lampe auf gleiche Farbe zu bringen, sondern um den Vergleich möglichst sicher zu gestalten, bringt man beide Lichter auch noch auf gleiche Helligkeit. K ist die Länge des Rotkeils und die Keildicke $\varDelta$ ist demnach proportional K. Die gestrichelten Größen beziehen sich alle auf die Lampe. Da die obige Gleichung für alle λ gilt, zerfällt sie in folgende zwei Teile I) und II):

Tabelle 9.

A	c_2/T	A	c_2/T	A	c_2/T
0,8	0,446	2,3	2,262	3,8	3,796
0,9	0,599	2,4	2,367	3,9	3,896
1,0	0,743	2,5	2,472	4,0	3,997
1,1	0,879	2,6	2,575	4,1	4,097
1,2	1,010	2,7	2,678	4,2	4,197
1,3	1,136	2,8	2,781	4,3	4,298
1,4	1,259	2,9	2,884	4,4	4,398
1,5	1,378	3,0	2,986	4,5	4,498
1,6	1,495	3,1	3,088	4,6	4,599
1,7	1,609	3,2	3,190	4,7	4,699
1,8	1,721	3,3	3,291	4,8	4,799
1,9	1,832	3,4	3,392	4,9	1,899
2,0	1,941	3,5	3,493	5,0	4,999
2,1	2,049	3,6	3,594	5,1	5,099
2,2	2,156	3,7	3,695	5,2	5,200

I)

$$-\frac{c_2}{T} + \gamma_1 - \alpha_1 l_z = -\frac{c_2}{T'}.$$

Auf der rechten Seite steht allein $-\frac{c_2}{T'}$, da γ_1' wegen der niederen Lampentemperatur vernachlässigt werden kann. Stellt man also durch Keilverschiebung Lampe und Stern auf Farbengleichheit ein, so kann man $\frac{c_2}{T} - \gamma_1$ aus der Keilstellung K und der (natürlich bekannten) Zenitdistanz berechnen und daraus auch $\frac{c_2}{T}$, wozu vorstehende von SCHNAUDER[1] entnommene Tabelle 9 dient. A bedeutet darin die Größe $\frac{c_2}{T} - \gamma_1$.

Der andere Teil der Gleichung

II)

$$c_1 e^{\gamma_0 - \alpha_0 l_z - \beta_0 K} = c_1' Q e^{\gamma_0'}$$

---

[1] A N 219, S. 221 (1923).

liefert die Beziehung zwischen c_1 und c_1' oder die Helligkeit des Sternes. Die ausgesandte Energie ist

$$E = c_1 e^{\gamma_0} \int \lambda^{-5} e^{-\frac{\frac{c_2}{T}-\gamma_1}{\lambda}} d\lambda = c_1' Q e^{\gamma_0' + \alpha_0 + \beta_0 K} \int \lambda^{-5} e^{-\frac{\frac{c_2}{T}-\gamma_1}{\lambda}} d\lambda.$$

WILSING setzt, um einen der visuellen Helligkeit möglichst nahen Wert zu haben, die Grenzen des Integrals zu λ 6800 und λ 4500 fest und erhält dann die von ihm kolorimetrische Größe genannte Zahl, $m = -2,5 \log E +$ konst. Der Wert des Logarithmus des Integrals ist als $\log \Phi$ in Tabelle 10 gegeben, die der gleichen Quelle entstammt, wie die beiden vorigen.

Tabelle 10.

A	$\log \Phi$	A	$\log \Phi$	A	$\log \Phi$	A	$\log \Phi$
0,8	0,0314	2,3	8,8260	3,8	7,6648	5,3	6,5432
0,9	9,9498	2,4	8,7472	3,9	7,5888	5,4	6,4698
1,0	9,8682	2,5	8,6687	4,0	7,5132	5,5	6,3965
1,1	9,7868	2,6	8,5903	4,1	7,4375	5,6	6,3233
1,2	9,7056	2,7	8,5121	4,2	7,3621	5,7	6,2502
1,3	9,6246	2,8	8,4342	4,3	7,2869	5,8	6,1771
1,4	9,5439	2,9	8,3564	4,4	7,2118	5,9	6,1041
1,5	9,4633	3,0	8,2788	4,5	7,1370	6,0	6,0315
1,6	9,3830	3,1	8,2014	4,6	7,0622		
1,7	9,3028	3,2	8,1242	4,7	6,9876		
1,8	9,2228	3,3	8,0472	4,8	6,9130		
1,9	9,1430	3,4	7,9703	4,9	6,8388		
2,0	9,0634	3,5	7,8936	5,0	6,7647		
2,1	8,9841	3,6	7,8171	5,1	6,6908		
2,2	8,9050	3,7	7,7409	5,2	6,6170		

Richtiger wäre es gewesen, wenn WILSING nicht die Strahlung selbst in diesen willkürlichen Grenzen berechnet hätte, sondern unter dem Integral noch mit der Empfindlichkeitsfunktion des Auges multipliziert hätte. Die Grenzen der Integration hätten sich dann ganz natürlich durch Nullwerden der Empfindlichkeitsfunktion ergeben. Man hätte dann allerdings mechanisch integrieren müssen, während SCHNAUDER das obige Integral sehr einfach analytisch berechnete. Allerdings gibt es auch einen analytischen Ausdruck für die Empfindlichkeit des Auges, der von HENNING stammt[1]. Auf der anderen Seite aber stimmt diese WILSINGsche kolorimetrische Größe fast vollständig mit der von BRILL[2] berechneten überein. Zwischen den äußersten Spektraltypen B0 und M0 beträgt der Unterschied der Oberflächenhelligkeit nach BRILL $7^m,2$, nach WILSING $7^m,14$, so daß man die kolorimetrische Größe der visuellen gleich setzen kann.

Auch bezüglich der Farbe des durch das Rotfilter abgeschwächten Sternes leistet die Methode Vorzügliches. Berechnet man nach der im vorigen Abschnitt angeführten Methode für einen unendlich heißen Strahler, der durch das Rotfilter auf eine Temperatur von etwa 3000° abgeschwächt wurde, den Ort des abgeschwächten Lichtes im Farbendreieck, so ergibt sich, daß dieser Punkt ganz nahe bei dem erwarteten Orte liegt (er ist in der Abb. 9 mit WK bezeichnet) und daß für das Auge selbst bei den heißesten Sternen vollkommenes Farbengleichgewicht mit der Vergleichslichtquelle erreichbar ist.

In der Praxis macht man alle Messungen mit dem WILSING-Kolorimeter differenziell, wobei man nur die Temperatur der Lichtquelle als konstant an-

---

[1] Jahrbuch für Radioaktivität und Elektronik 1919, H. 1.
[2] Veröff. d. Sternwarte Berlin-Babelsberg 5, H. 1, Tab. 2 (1924).

nimmt, im übrigen aber aus den Beobachtungen ausschaltet und die beobachteten Sterne aneinander anschließt. Die Formeln, in denen sich die Indizes 1 und 2 auf zwei verschiedene Sterne beziehen, werden dann:

I.
$$A_1 - A_2 = -\alpha_1 (l_{z2} - l_{z1}) - B_1 (K_2 - K_1),$$

II.
$$m_2 - m_1 = -2,5 \left(\log \frac{\Phi(A_2)}{\Phi(A_1)} + \log \frac{Q_2}{Q_1} + \alpha_0 (l_{z2} - l_{z1}) + B_0 (K_2 - K_1) \right).$$

8. Farbenkataloge. In diesem Abschnitt soll ein Überblick über die hauptsächlichsten Messungsergebnisse, die in Katalogen zusammengefaßt sind, gebracht werden. Am umfangreichsten sind hier die visuellen Farbenschätzungen, von denen wir mehrere Kataloge mit Tausenden von Sternen besitzen. Ferner existieren größere Kataloge von Farbenindizes.

Die Göttinger Aktinometrie enthält die photographischen Größen der Sterne bis zur Größe 7,5 für die Deklinationen 0° bis +20°. Diese wurden mit den visuellen Größen der Potsdamer Durchmusterung verglichen. Auf diese Weise liegen von 3500 Sternen Farbenindizes vor.

E. S. KING hat von etwa 200 helleren über den ganzen Himmel verteilten Sternen Farbenindizes gemessen, indem er sehr sorgfältig aus einer größeren Anzahl von Beobachtungen die photographische Größe bestimmte und mit der visuellen Größe der Harvard-Photometrie verglich. PARKHURST hat von etwa 670 Sternen der Deklinationszone zwischen 73° und 90° die photographischen und photovisuellen Größen und somit die Farbenindizes bestimmt. Eine Sammlung lichtelektrisch bestimmter Farbenindizes von 459 über den ganzen Nordhimmel verteilten Sternen hat BOTTLINGER veröffentlicht. Die Messungen nach der Methode von SEARES und nach ähnlichen sind in kleineren Arbeiten zerstreut und können hier nicht einzeln angeführt werden.

Untersuchungen über effektive Wellenlängen enthalten oftmals großes Material, das sich aber meistens auf ganz spezielle Himmelsgegenden bezieht, wie auf Sternhaufen oder Milchstraßenwolken; es wird gegebenenfalls in den betreffenden Kapiteln Erwähnung finden.

Von besonderer Wichtigkeit ist ein Katalog von HERTZSPRUNG, der Mittelwerte der Farbenindizes von über 700 Sternen aus verschiedenen Katalogen enthält. Leider ist bei der Reduktion überall vorausgesetzt worden, daß die Beziehung zwischen den einzelnen Reihen von Farbenäquivalenten linear sei, was, wie S. 366 gezeigt wurde, nicht statthaft ist. Dadurch ist die Gewichtsverteilung zwischen den verschiedenen Reihen, die aus dem Material selbst errechnet wurde, sehr zuungunsten der genaueren Messungsreihen ausgefallen, wogegen die visuellen Schätzungen ein viel zu hohes Gewicht aufweisen. Infolgedessen ist der mittlere Fehler von HERTZSPRUNGS Mittelwerten nicht kleiner als der der Einzelwerte von KING oder BOTTLINGER, wie BRILL[1] gezeigt hat. Es ergaben sich für alle drei Serien für 134 Sterne, in den auf die Temperatur, d. h. die Größe c_2/T, umgerechneten Werten, die nahezu gleichen mittleren Fehler von 0,06.

Literaturangaben zu den Katalogen der Farbenäquivalente.

a) Farbenschätzungen.

(H)　1. HAGEN-SESTINI, Colori stellari. Specola Astronomica Vaticana 3 (1911). (Enthält 2881 Sterne.)

(H)　2. KRÜGER, Neuer Katalog farbiger Sterne. Specola Astronomica Vaticana 7 (1914). (5915 Sterne.)

---

[1] A N 223, S. 105 (1924).

(H) 3. Osthoff, Die Farben der Fixsterne. Specola Astronomica Vaticana 8 (1916). (2520 Sterne.)
In gekürzter Form bereits gedruckt A N 153, S. 141 (1900).
4. Krüger, Indexkatalog (der drei obigen mit Mittelwerten). Specola Astronomica Vaticana 9 (1917).
(H) 5. H. Lau, Untersuchungen über die Farben der Fixsterne. A N 205, S. 49 (1917). (774 Sterne.)
(H) 6. Müller u. Kempf, Photometrische Durchmusterung des nördlichen Himmels, enthaltend die Größen und Farben aller Sterne der BD bis zur Größe 7,5. Publikationen des Astrophysikalischen Observatoriums zu Potsdam 17 (1907). (14199 Sterne.) (Dieser Katalog wird stets abgekürzt mit PD bezeichnet.)

b) Farbenindizes und ähnliches.

(H) 1. Schwarzschild, Aktinometrie der Sterne der BD bis zur Größe 7,5 in der Zone $0°$ bis $+20°$. Teil B.
Abhandlungen der königlichen Gesellschaft der Wissenschaften zu Göttingen, Mathematisch-physikalische Klasse. Neue Folge 8, Nr. 4 (1912). (3522 Sterne.)
2. Parkhurst, Yerkes Actinometry. Zone $+73°$ to $+90°$. Ap J 36, S. 169 (1912). (670 Sterne.)
(H) 3. E. S. King, Combined Out-of-Focus Results from Several Instruments. Annals of the Astronomical Observatory of Harvard College 76, S. 107 (1915).
4. Bottlinger, Lichtelektrische Farbenindizes von 459 Sternen. Veröff. d. Universitätssternwarte Berlin-Babelsberg 3, H. 4 (1923).
5. Šternberk, Photographisch-kolorimetrische Untersuchungen. Veröff. d. Universitätssternwarte Berlin-Babelsberg 5, H. 2 (1924). (91 Einzelsterne + Pleiaden + Präsepe.)
6. Hertzsprung, Photographic Magnitudes of 658 Stars from Plates taken with the 33 cm Leiden Refractor. (Die Farbenindizes sind gegen die visuellen Größen der PD gebildet.) B A N 1, S. 201 (1923).

Der Mittelwertkatalog von Hertzsprung:

Mean Colour Equivalents and Hypothetical Semidiameters of 734 Stars Brighter than 5^m and within $95°$ of the North Pole. Ann. van de Sterrewacht te Leiden. Deel 14, Stück 1 (1922), ist aus den oben mit (H) bezeichneten Katalogen und noch einigen kleineren Reihen gebildet.

Außer diesen Katalogen gibt es noch eine große Zahl von Bestimmungen von Farbenäquivalenten, besonders effektiven Wellenlängen, spezieller Himmelsobjekte, die aber in anderen Kapiteln erwähnt werden müssen.

c) Beziehung der Farbenäquivalente zu anderen Größen.

9. Die Beziehung zu Temperatur und Spektrum. Der Farbenindex zeigt, wie aus den bisherigen Darstellungen schon hervorgegangen ist, einen engen Zusammenhang mit Temperatur und Spektrum. Die Temperatur eines Gestirns — es handelt sich hier natürlich um die der Beobachtung allein zugängliche Oberflächentemperatur — kann nun entweder aus der Menge der von der Oberflächeneinheit ausgesandten Energie bestimmt werden, dann sprechen wir von der **Strahlungstemperatur**. Oder wir bestimmen sie aus der Energieverteilung des Spektrums, dann heißt sie allgemein **Farbtemperatur**. Bei schwarzer Strahlung sind beide natürlich identisch. Für beide Arten gebraucht man oft den Ausdruck **effektive Temperatur**. In der Kolorimetrie kann nur von der Farbtemperatur gesprochen werden. Die gemessene Farbtemperatur kann verschieden ausfallen, jenachdem welches Spektralgebiet für die Messung benutzt wurde. Nur wenn die Energieverteilung die Plancksche Formel erfüllt, sind alle Farbtemperaturen gleich. Wie im Kapitel „Spektralphotometrie" gezeigt wird, tritt aber bei allen Spektraltypen im Ultravioletten eine Depression auf, so daß verschiedene Farbtemperaturen nicht identisch sind.

Wenn wir von solchen Sternen absehen, deren Strahlungskurve von der der schwarzen Strahlung abweichen muß, entweder weil sie starke und breite Emissionslinien besitzen, oder wie die extrem roten Sterne, sehr starke Absorptionsbanden oder ein zusammengesetztes Spektrum aus stark verschiedenen Spektraltypen aufweisen, so ergibt sich für die übrigen Sterne ein eindeutiger Zusammenhang zwischen dem Farbenindex und der Temperatur, nicht aber zwischen dem Farbenindex und dem Spektraltypus. Im Kapitel „Die Temperatur der Fixsterne" wird die Temperaturskala der Sterne eingehend erörtert. Bei den normalen Sternen der Spektralklassen O5 bis M0 kann man vom Farbenindex auf die Temperatur schließen. Sind für eine Anzahl von Sternen die Farbenindizes bestimmt und nur einige Temperaturen gemessen, so kann man nach

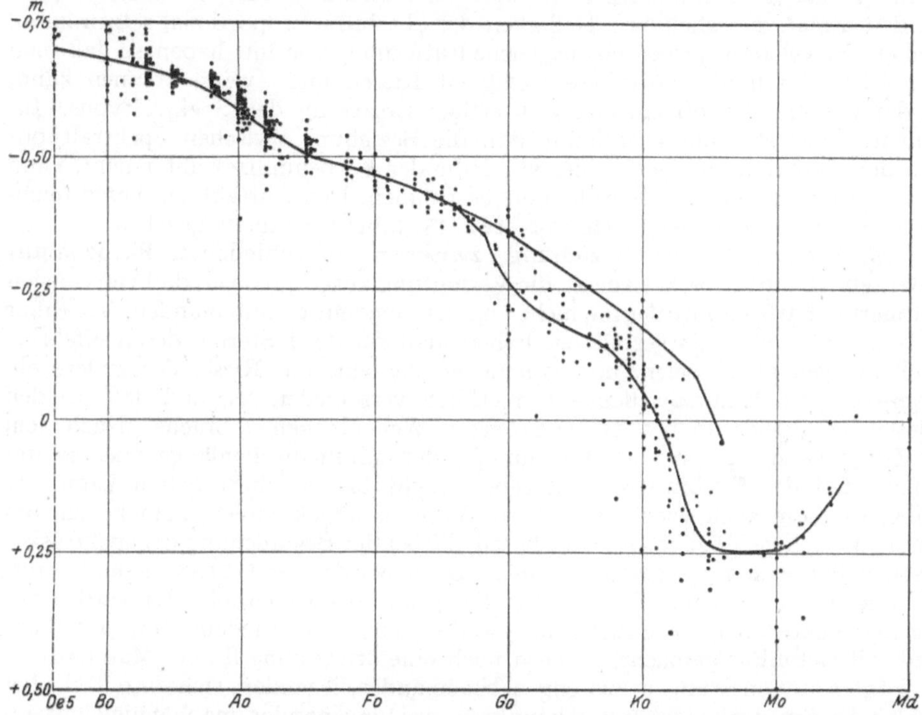

Abb. 10. Die Beziehung zwischen Farbenindex und Spektraltypus. Die Mittelkurve ist bei F6 gespalten. Der obere Teil bezieht sich auf Zwerge, der untere auf gewöhnliche Riesen. Die Übergiganten sind noch tiefer gefärbt und liegen unter der Kurve. Nach BOTTLINGER, Lichtelektrische Farbenindizes von 459 Sternen. Veröff. Babelsberg Bd. 3, H. 4.

der Methode der kleinsten Quadrate die Beziehung zwischen beiden Größen berechnen. Es genügt stets die quadratische Form für diese Beziehung. Statt der Temperatur wählt man meistens die Größe c_2/T.

Nicht eindeutig ist die Beziehung zwischen Farbenindex und Spektraltypus. Hier geht noch die absolute Leuchtkraft ein. Ein Übergigant, ein Riese und ein Zwerg, die wir nach den typischen Linien der gleichen Spektralklasse zuordnen, zeigen verschiedene Temperaturen und Farbenindizes. Je größer die absolute Helligkeit, desto niedriger die Temperatur. Dies hängt mit der geringeren Oberflächengravitation und Oberflächendichte der absolut hellen Sterne zusammen und ist theoretisch begründet. Zwar ist bei den weißen Sternen bis etwa zum Typus F5 der gemessene Unterschied gering, aber von dort ab ist eine deutliche Spaltung zwischen Riesen und Zwergen vorhanden. Bei allen Spektraltypen gibt es aber eine kleine Anzahl abnorm tief gefärbter Sterne, die, soweit feststellbar, alle Übergiganten sind. Für die gelben B-Sterne machte

O. Struve[1] wahrscheinlich, daß die abnorme Färbung durch kosmische Absorptionen in Kalziumwolken hervorgerufen wird. Der Farbenindex in Verbindung mit dem Spektraltypus ist ein allerdings unvollständiges Auslesekriterium für Übergiganten, wie Bottlinger[2] zeigte; unvollständig deswegen, weil nicht alle Übergiganten diese abnorme Färbung zeigen. In Abb. 10 ist die Beziehung zwischen dem Spektraltypus und den lichtelektrisch bestimmten Farbenindizes dargestellt.

Bei lichtschwachen Objekten, von denen man keine Spektren mehr erhalten kann, ist der Farbenindex oft ein wertvoller Ersatz dafür. Bei Sternhaufen, bei denen man die scheinbare Helligkeit der absoluten proportional setzen kann, weil alle Einzelsterne praktisch die gleiche Entfernung von uns haben, so daß man also allein durch die scheinbare Helligkeit Riesen und Zwerge trennen kann, ist der Farbenindex oft ein fast vollwertiger Ersatz für den Spektraltypus. Indem man das Russell-Diagramm, d. i. die Beziehung zwischen Spektraltypus und der absoluten Helligkeit, hier mit Hilfe der Farbenindizes untersucht, kann man die Entfernung der Sternhaufen bestimmen. Den Auftakt zu diesen reichhaltigen Untersuchungen hatte vor etwa 15 Jahren Shapley gegeben.

10. Nichteindeutige Beziehung zwischen verschiedenen Farbenäquivalenten. Lindblad[3] hat zuerst die Vermutung ausgesprochen, daß verschieden definierte Farbenäquivalente nicht immer eindeutig aufeinander beziehbar wären. Er glaubte festgestellt zu haben, daß für zwei Sterne, deren effektive Wellenlängen gleich seien, und von denen der eine ein Riese, der andere ein Zwerg sei, die Minimalwellenlänge merklich verschieden sei, und daß bei den Riesen das Spektrum bereits bei größeren Wellenlängen abbräche. Nach dem in Ziff. 4 Gesagten ist die Bestimmung der Minimalwellenlänge aber so ungenau, daß das Lindbladsche Ergebnis nicht als gesichert gelten kann. Er selbst ist dann auch wieder von dieser Methode abgekommen, zumal sich ihm aussichtsreichere Möglichkeiten darboten, die bei der Besprechung der spektroskopischen Parallaxen geschildert werden. Doch wurde von Guthnick und Bottlinger der Versuch mittels doppelter Farbenindizes wiederholt. Es wurden mit der lichtelektrischen Zelle nicht nur zwei Messungen von jedem Stern mit Blau- und mit Gelbfilter gemacht, sondern noch eine dritte ohne Filter. Man hatte so drei Intensitätsmessungen aus eng nebeneinander liegenden, sich zum Teil über deckenden Spektralgebieten und konnte so zwei voneinander unabhängige Farbenindizes bilden, nämlich: Größe mit Blaufilter minus Größe ohne Filter und: Größe mit Gelbfilter minus Größe ohne Filter. Es zeigte sich nicht der geringste Unterschied zwischen Riesen und Zwergen, wobei aber zweifelhaft war, ob der von Lindblad vermutete Effekt wirklich fehlte, oder ob er nur wegen der bei dieser Meßmethode sehr eng beisammenliegenden Spektralgebiete zu klein war. Die Prüfung wurde an einigen Sternen mit zusammengesetzten Spektren, deren Komponenten sehr verschieden gefärbt sind (z. B. δ Sagittae M0 + A, 31 Cygni G 9 + B 8), ausgeführt. Diese Sterne müssen eine starke Abweichung vom Gesetz der schwarzen Strahlung zeigen, die man leicht nach Abb. 1 konstruieren kann, da ihre Energieverteilung nicht nur von einem Parameter, der Temperatur, sondern von zwei Temperaturwerten und dem Helligkeitsunterschied, also von drei Parametern, abhängig ist. Zum Vergleich dienten einige Sterne mit einfachem Spektrum. Der Effekt war, wenn überhaupt vorhanden, jedenfalls sehr klein. Mit einer einzigen Zelle läßt sich wegen des schmalen Empfindlichkeitsbereiches nichts feststellen. Eine Untersuchung mit mehreren Zellen, wodurch

---

[1] A N 227, S. 377 (1926).
[2] Veröff. d. Sternwarte Berlin-Babelsberg 3, H. 4, S. 33 (1923).
[3] Uppsala Universitets Årsskrift 1920, Nr. 1.

die einzelnen Spektralgebiete weiter auseinanderliegen würden, ist noch nicht ausgeführt worden, dürfte aber aussichtsreich sein. Zwischen den Farbenindexserien von KING und von BOTTLINGER ist die Nichteindeutigkeit der Beziehung auch nur bei einigen Doppelsternen der genannten Art angedeutet; zwischen Riesen und Zwergen ist keinerlei Unterschied zu bemerken.

Anders liegen die Verhältnisse bei den extrem roten Sternen der Spektraltypen M0 bis M 9, sowie dem Typus N. Von dem erst neuerdings definierten Typus S liegen noch keine Beobachtungen vor. Der lichtelektrische Farbenindex der Kaliumzelle zeigt bei dem Typus M0 einen Maximalwert und kehrt dann, wie aus einer größeren Anzahl von Beobachtungen festgestellt wurde, wieder um (s. Abb. 10). KINGS Beobachtungen, unter denen allerdings nur zwei Mb-Sterne vorkommen, zeigen diese Erscheinung nicht oder doch in unvergleichlich geringerem Grade. Die Ursache für diese Umkehr liegt darin, daß gerade im Bereich der Gelbfiltermessungen mit der lichtelektrischen Zelle einige starke TiO_2-Banden auftreten, die in Abb. 5c dargestellt sind. Dadurch kehrt sich hier das Energieverhältnis zwischen den Blaufilter- und Gelbfiltermessungen trotz der sinkenden Temperatur um.

Noch deutlicher zeigt sich das Verhalten, wenn man den früher (Ziff. 5) erwähnten Wärmeindex zum Vergleich heranzieht. Der Wärmeindex ist bekanntlich definiert als visuelle minus bolometrische Größe. Dieser Wärmeindex zeigt nun einen wesentlich anderen Verlauf, als der Farbenindex. Abb. 11 zeigt die Beziehung zwischen beiden für die Hauptspektraltypen. Von A0 bis K 5 besteht zwischen beiden eine klare, beinahe lineare Beziehung, dort aber biegt die Kurve ab, indem der Farbenindex schwach rückgängig ist, während der Wärmeindex um mehrere Größenklassen zunimmt. Der Typus N steht völlig außerhalb dieser Kurve und in der geraden Verlängerung des anfänglichen Kurvenstückes AK. Die Punkte N und Me sind ziemlich unsicher bestimmt, da sie auf ganz wenigen Beobachtungen beruhen. Der Charakter der Beziehung ist aber gesichert. Wie diese Verzweigung auf den beiden Ästen der M-Sterne und der N-Sterne zu deuten ist, ist völlig unbekannt. Auch fehlen noch die Werte für die R-Sterne,

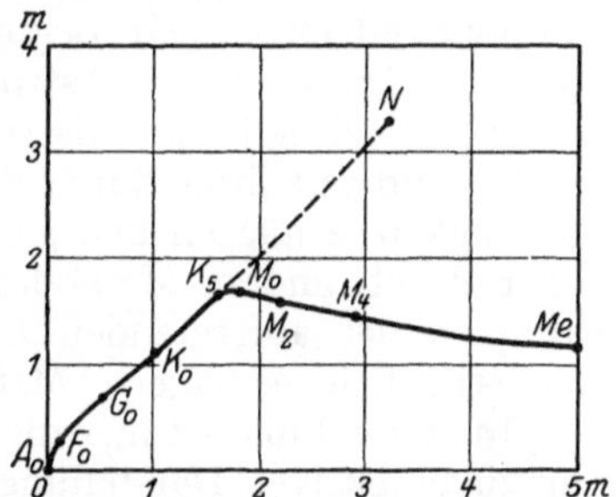
Abb. 11. Die Beziehung zwischen[1] Farbenindex und Wärmeindex.

die zwischen K und N in die Spektralreihe eingeordnet werden, vollständig. Sicher ist aber, daß für die Me-Sterne die aus dem Wärmeindex abgeleitete Temperatur richtig ist, da der mit ihr berechnete Durchmesser bei o Ceti mit dem interferometrisch gemessenen übereinstimmt, während ein aus dem Farbenindex abgeleiteter um etwa eine Zehnerpotenz zu klein ausfiele.

Jedenfalls geht aus dem obigen hervor, daß man aus einem gemessenen Farbenindex allgemein nicht den Wärmeindex oder die Temperatur berechnen kann. Was hier für die extrem roten Sterne in so krasser Form in Erscheinung tritt, gemahnt jedenfalls auch bei den früheren und mittleren Spektraltypen zur Vorsicht, so daß man immer nur innerhalb gewisser Genauigkeitsgrenzen eine eindeutige Beziehung verschiedener Farbenäquivalente untereinander und mit der Temperatur wird annehmen dürfen. Jedenfalls sind Farbenindizes, auch wenn ihre Meßgenauigkeit noch so groß ist, kein vollwertiger Ersatz für spektrale Photometrie, aber immerhin ein sehr wichtiges Hilfsmittel.

---

[1] In der Figur ist die Abszisse der Wärmeindex, die Ordinate der Farbenindex.

Kapitel 4.

Lichtelektrische Photometrie.

Von

H. Rosenberg-Kiel.

Mit 51 Abbildungen.

a) Allgemeines.

1. Einleitung. Photometrische und kolorimetrische Messungen an Gestirnen sind — besonders im Hinblick auf die Wichtigkeit der neueren stellarstatistischen Untersuchungen — seit Beginn des Jahrhunderts immer mehr in den Vordergrund des Interesses der Astrophysiker gerückt. Die bis dahin ausschließlich angewandten visuell-photometrischen Methoden mit ihren subjektiven Fehlerquellen und mit ihrer durch die Empfindlichkeitsschwelle des Auges begrenzten Genauigkeit genügten den gesteigerten Anforderungen nicht mehr und wurden daher durch andere Methoden zu ergänzen versucht, bei denen einerseits der Komplex der auftretenden Fehlerquellen ein völlig anderer war, andererseits eine erheblich gesteigerte Meßgenauigkeit erzielt werden konnte.

In erster Linie ist hier die Photographie zu erwähnen, die — ursprünglich nur zu objektiver Darstellung zölestischer Objekte und zur Lösung rein astrometrischer Probleme angewandt — jetzt auch zur Ableitung von Helligkeitsverhältnissen der Gestirne auf Grund der Modifikationen, welche Bromsilberplatten unter der Einwirkung des Lichtes erfahren (nach Anschauungen der modernen Physik übrigens auch ein photoelektrischer Vorgang), herangezogen wurde und eine Reihe verschiedener photographisch-photometrischer Verfahren (vgl. den Abschnitt über photographische Photometrie) auf Grund fokaler und extrafokaler Aufnahmen gezeitigt hat. Aber auch bei diesen Methoden fiel letzten Endes dem menschlichen Auge die Aufgabe zu, die Dichtigkeit oder Menge des auf der Platte niedergeschlagenen Silbers zu beurteilen.

In jüngster Zeit ist noch eine Reihe von verschiedenen objektiven Methoden zur Messung der Strahlungsintensität von Gestirnen hinzugetreten, die sowohl der direkten Messung am Fernrohr, als auch zur photometrischen Auswertung photographischer Platten dienen, und die an Empfindlichkeit und Zuverlässigkeit die besten visuellen Helligkeitsmessungen teilweise erheblich übertreffen.

Handelt es sich um die Messung der Gesamtstrahlung, so kommen dabei Instrumente, wie Thermozelle, Bolometer und Radiomikrometer zur Verwendung, handelt es sich speziell um Messung der Intensität von kurzwelligen Strahlen (Lichtstrahlen), so verwendet man Photozellen und Selenzellen.

Mit diesen letzteren Methoden, die man gemeinsam als „photoelektrische" bezeichnet, und die gerade in den letzten Jahre eine immer steigende Wichtigkeit in den verschiedensten Gebieten der Astronomie und Astrophysik beanspruchen durften, beschäftigt sich der vorliegende Abschnitt.

Das Gebiet der photoelektrischen Wirkungen und Messungsmethoden ist eines der jüngsten in der Physik und daher zur Zeit noch nicht so allgemein bekannt, wie es seine Verwendbarkeit in den verschiedensten naturwissenschaftlichen und technischen Disziplinen verdiente. Es gibt zwar für den Physiker eine Reihe von zusammenfassenden Werken über die Photoelektrizität[1], die sich alle im wesentlichen mit der Natur und Theorie des Photoeffektes beschäftigen, die aber die rein technische Ausführung der Apparate und die Methodik der photoelektrischen Messungen meist etwas stiefmütterlich behandeln und auf die besonderen Schwierigkeiten, welche die Anwendung dieser Methoden am bewegten Fernrohr und in der Kuppel einer Sternwarte bereitet, überhaupt nicht eingehen. Der Astrophysiker, welcher infolge seiner „astronomischen“ Spezialausbildung mit der Handhabung empfindlichster Galvanometer und Elektrometer meist nicht genügend vertraut ist, sieht sich daher gezwungen, die erforderlichen Kenntnisse und Handgriffe aus einer ihm wenig vertrauten, weit zerstreuten und häufig schwer zugänglichen Literatur zusammenzusuchen. Eine weitere Schwierigkeit besteht darin, daß zur Zeit fertig geschaltete, für astrophysikalische Zwecke brauchbare photoelektrische Apparaturen im Handel nicht zu haben sind, sondern daß der Benutzer häufig selbst an der Konstruktion und am Bau der betreffenden Instrumente in einer sonst nicht üblichen Weise mitzuarbeiten gezwungen ist.

Der vorliegende Abschnitt soll daher mit Rücksicht auf die schon bestehenden ausführlichen Monographien von der Natur des Photoeffektes und seiner Theorie nur das für das Verständnis unbedingt Notwendige bringen. Dagegen wird der für den Astrophysiker wichtigste Teil — die Konstruktion und die Behandlung des photoelektrischen Instrumentariums, die auftretenden Fehlerquellen und die erforderlichen Vorsichtsmaßregeln — in aller Ausführlichkeit behandelt werden.

2. Historisches. Grundversuch. Im Anfange des Jahres 1887 machte HERTZ[2] bei Gelegenheit seiner Untersuchungen über die Fortpflanzung elektrischer Wellen im Raum die Beobachtung, daß ultraviolettes Licht die Fähigkeit besitzt, die Schlagweite der Entladung eines Induktoriums zu vergrößern.

Angeregt durch diese Beobachtung untersuchte HALLWACHS[3] den Einfluß des Lichtes auf negativ bzw. positiv geladene Metallplatten, die mit einem empfindlichen Elektroskop verbunden waren; als Lichtquelle verwandte er eine Bogenlampe. Nachdem die ersten Vorversuche das Resultat geliefert hatten, daß eine negative Ladung unter dem Einfluß der Belichtung verschwindet, während eine positive Ladung nicht oder nur minimal beeinflußt wird, wurden diese Versuche mit einer neuen, verbesserten Apparatur wieder aufgenommen, welche die Mittel bot, in das neuentdeckte Erscheinungsgebiet mit einfacher, den ganzen Verlauf des Vorganges verfolgbar machender Messung einzudringen.

Als Lichtquelle diente jetzt — um alle elektrischen Wirkungen von vornherein auszuschließen — Magnesiumlicht, welches ebenfalls reich an ultravioletten Strahlen ist, als Empfänger der lichtelektrischen Wirkung eine frisch

<hr>

[1] MARX, Handb. d. Radiologie 3. Die Lichtelektrizität von W. HALLWACHS, XI und 343 S. Leipzig 1916. (Darin eine vollständige Bibliographie von 1887—1913); Bull. of the Nat. Res. Council 2, Part 2, HUGHES, Report on Photoelectricity 86 S. Washington 1921; H. STANLEY ALLEN, Photoelectricity. Second Edition, XII und 320 S. London 1925. (Darin eine vollständige Bibliographie von 1913—1924); GUDDEN, Lichtelektrische Erscheinungen. Berlin 1928.
[2] Berl Sitzungsber S. 487 (1887); Wied Ann 31, S. 983 (1887).
[3] Wied Ann 33, S. 301 (1888).

geschmirgelte Zinkplatte; um von Fehlerquellen aus der Einwirkung des Kontakt-
potentials frei zu werden, umgab Hallwachs die Zinkplatte mit einem geerdeten
Gehäuse aus altem Eisenblech, so daß die Platte gegen das Gehäuse sicher positiv war. Als Spannungsmesser diente ein empfindliches Hankelsches Elektrometer. Die ganze Anordnung für diese photoelektrischen Grundversuche ist in
Abb. 1 wiedergegeben, welche ohne weitere Erläuterung verständlich ist.

Es ergab sich — in Übereinstimmung mit dem Vorversuch — das Resultat,
daß eine negative Ladung der Platte unter Einwirkung des Lichtes schnell
verschwand (lichtelektrische Entladung), während sich eine ungeladene und
isoliert aufgestellte Platte bis auf einige Zehntel Volt positiv auflud (lichtelektrische Erregung).

Die Frage, ob die Wirkung primär auf die Platte (Körperraum) oder in dem
sie umgebenden Gasraum stattfand, wurde durch Veränderung des Inzidenzwinkels eindeutig zugunsten der ersten Annahme entschieden. Die Frage, auf welche Weise die negative Ladung verschwinde, fand durch Versuche mit mehreren Metallplatten und Elektroskopen ihre nächste Beantwortung dahin, daß negative elektrische Teilchen den Kräften des elektrischen Feldes folgend von der Platte zu den umgebenden Leitern wander-
ten. Die Frage, warum die Wir-
kung unipolar sei, führte sofort zu der Vorstellung, daß eine

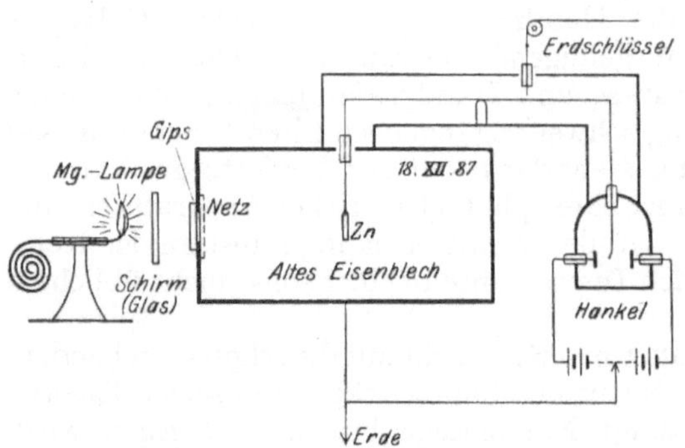

Abb. 1. Grundversuch der lichtelektrischen Erregung
(aus Handb. d. Radiologie, Bd. III, S. 6, Abb. 2).

elektromotorische Kraft an der Oberfläche der bestrahlten Platte wirke, daß
also eine primäre Trennung der Elektrizitäten eintrete.

Diese ersten Untersuchungen von Hallwachs wurden die Grundlage
für eine sehr große Anzahl von Arbeiten, welche im wesentlichen die Abhängigkeit der photoelektrischen Wirkung von der Natur und Oberfläche der bestrahlten Körper, von den Eigenschaften des Lichtes und von den physikalischen
Bedingungen in der Umgebung des Empfängers zum Ziele hatten.

3. Eigenschaften der belichteten Körper. Schon Hallwachs hatte bemerkt,
daß die Oberflächenbeschaffenheit des bestrahlten Körpers einen bemerkenswerten Einfluß auf die lichtelektrische Erregung besitzt, indem eine frisch
abgeschmirgelte blanke Zinkplatte etwa fünfmal so stark reagierte wie eine
solche mit alter Oberfläche. Nicht ganz so ausgeprägt, aber dennoch deutlich
vorhanden, war dieser Einfluß bei der lichtelektrischen Entladung. Nach
dem Reinigen geht die Empfindlichkeit der Metalloberfläche im freien Raum
im Laufe der Zeit allmählich wieder zurück (lichtelektrische Ermüdung[1]).

Die photoelektrischen Wirkungen des ultravioletten Lichtes waren speziell
am Zn entdeckt worden. Bald jedoch zeigte es sich, daß auch die meisten anderen
Metalle lichtelektrisch empfindlich waren, teilweise sogar für das langwellige
sichtbare Licht, wenn auch in sehr verschiedenem Grade. Die stärksten lichtelektrischen Wirkungen zeigen nach den Untersuchungen von Elster und
Geitel[2] die Alkalimetalle, dann folgen Al, Mg, Zn, Sn, Cu und in erheblichem
Abstande Fe, die Edelmetalle und Hg.

---

[1] Gött Nachr S. 325 (1889); Wied Ann 37, S. 666 (1889).
[2] Wied Ann 38, S. 497 (1889); 43, S. 225 (1891).

Auch eine Anzahl von Metallverbindungen, Mineralien und organischen Substanzen (in erster Linie hier eine Reihe von Anilinfarbstoffen) zeigten lichtelektrische Erregbarkeit; ebenso eine Anzahl von Nichtleitern, falls nur an der Oberfläche noch genügend Leitvermögen vorhanden war, um eine Übertragung der geförderten Elektrizität an das Elektrometer zu ermöglichen. Lichtelektrische Wirkungen an Gasen wurden in der ersten Zeit nicht gefunden; erst als die fortgeschrittene Elektronentheorie eine Vermehrung der Leitfähigkeit in Gasen ebenfalls als eine lichtelektrische Wirkung zu deuten vermochte, wurde auch hier ein Photoeffekt festgestellt.

Schon aus dieser Reihung geht hervor, daß als Träger für die lichtelektrische Wirkung zu photometrischen Zwecken am zweckmäßigsten Metalle, in erster Linie die Alkalimetalle, in Frage kommen. Von diesen zeigen Natrium, Kalium, Rubidium und Zäsium photoelektrische Wirkung durch das ganze sichtbare Spektrum hin vom Ultrarot bis in das Ultraviolett; Kadmium, Zink und Aluminium geben zwar schon im Sonnen- und Tageslicht meßbare Mengen negativer Elektrizität von ihrer Oberfläche ab, doch wird die Wirkung hier im wesentlichen von dem kurzwelligeren Teil der Strahlung erzeugt, während Platin, Gold, Kupfer und Eisen eine Belichtung mit Wellen unter $290\,\mu\mu$ erfordern.

Die starke photoelektrische Empfindlichkeit der Alkalimetalle läßt sich nach ELSTER und GEITEL noch wesentlich steigern, wenn man in einer Atmosphäre verdünnten Wasserstoffs eine leuchtende Entladung einleitet, bei der das Alkalimetall die Kathode bildet. Es entstehen dann unter dem Einfluß der Entladung zunächst durch Absorption von Wasserstoff die Hydride der Alkalimetalle, mit denen diese selbst dann kolloidale Lösungen von charakteristischer Färbung eingehen: Natrium — goldgelb bis braun, Kalium — blau bis violett, Rubidium — grünlichblau. Die Empfindlichkeit dieser kolloidalen Oberflächen ist mehr als zehnmal erhöht gegenüber der Empfindlichkeit des rein metallischen Belages.

4. Einfluß des Lichtes. Das Verhältnis der durch die Beleuchtung in der Zeiteinheit erzeugten Photoelektrizitätsmenge zur auffallenden Beleuchtungsstärke ist von fast allen Beobachtern untersucht worden und ergab innerhalb der Messungsgenauigkeit strenge Proportionalität. Da bei diesen Versuchen das Intensitätsverhältnis nicht über $1:20$ ($= 3{,}25$ Größenklassen) ausgedehnt wurde, so kann die Proportionalität zwischen Lichtstärke und Photoeffekt zunächst auch nur für dieses Intervall als experimentell bestätigt gelten; die Theorie des Photoeffektes verlangt strenge Proportionalität für alle Intensitätsverhältnisse. (Auf eine scheinbare Abweichung der empfindlichsten Photozellen von diesem Proportionalitätssatz wird weiter unten ausführlich eingegangen werden.)

Aus der oben erwähnten Abhängigkeit der Größe des Photoeffektes bei verschiedenen Stoffen von der Wellenlänge des Lichtes geht hervor, daß die Farbenempfindlichkeit der verschiedenen Stoffe stark differenziert ist. STOLETOW[1], später HALLWACHS[2] sowie ELSTER und GEITEL[3] konnten zeigen, daß eine lichtelektrische Wirkung nur dann eintritt, wenn die erregende Strahlung von dem betreffenden Körper stark absorbiert wird, und darüber hinaus, daß unter sonst gleichen Verhältnissen die lichtelektrischen Elektrizitätsmengen dem absorbierten Licht proportional waren.

Weiter entdeckten ELSTER und GEITEL[4], daß in gewissen Fällen eine Abhängigkeit des Photoeffektes von dem Polarisationszustand und von der Richtung

---

[1] C R 106, S. 1593 (1888).　　　　　[2] Wied Ann 37, S. 666 (1889).
[3] Wied Ann 61, S. 445 (1897).
[4] Wied Ann 52, S. 433 (1894); 55, S. 684 (1895); 61, S. 445 (1897).

der Polarisationsebene des auffallenden Lichtes bestand: fallen Lichtstrahlen schief auf die glatte Metalloberfläche einer flüssigen Kalium-Natrium-Legierung, nachdem sie ein Nicol passiert haben, so treten beim Drehen des Nicols an zwei um 180° verschiedenen Azimuten Maxima auf, in denen die photoelektrische Wirkung etwa zwölfmal so stark ist, wie in den bei einer um 90° dagegen verschobenen Nicolstellung erzeugten Minimis. Genauere Messungen zeigten, daß die Abhängigkeit des Photoeffektes von der Lage der Polarisationsebene und von dem Einfallswinkel sich ebenfalls als Funktion der absorbierten Lichtmenge darstellen ließ, wenn

1. das Licht in zwei mit verschiedenen lichtelektrischen Konstanten wirkende Komponenten zerlegt wurde, die eine mit ihrem elektrischen Vektor senkrecht, die andere parallel zur Metalloberfläche, und wenn

2. die Wirkung einer jeden der beiden Komponenten auf die mit Hilfe der Konstanten der Metallreflexion (Absorptions- und Brechungsexponent) zu berechnenden Lichtmenge bezogen wurde.

5. Farbenempfindlichkeit. Aus der Tatsache, daß die absorbierte Lichtmenge maßgebend ist für die Größe der photoelektrischen Wirkung, folgt bereits, daß Stoffe mit spektral selektiver Absorption auch lichtelektrisch eine verschiedene Farbenempfindung (effektive Wellenlänge) besitzen werden.

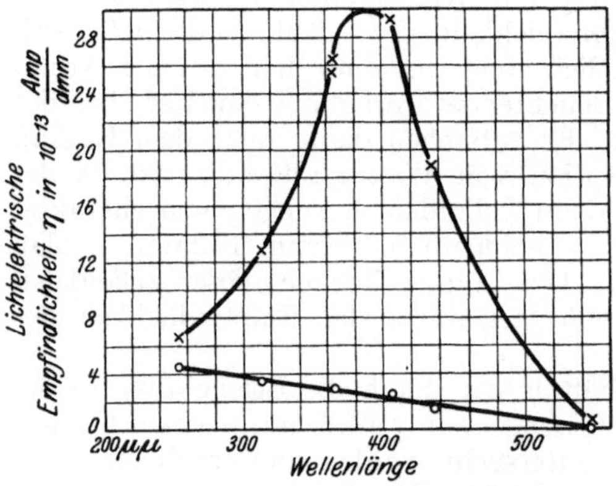

Ganz allgemein zeigt es sich — und die Theorie hat es bestätigt —, daß der photoelektrische Effekt mit abnehmender Wellenlänge zunimmt. Bei den meisten Metallen setzt die Wirkung überhaupt erst im Ultravioletten ein, sie haben für die praktische Photometrie also sehr nahe die gleiche effektive Wellenlänge; nur die Metalle der Alkalien und alkalischen Erden ergeben eine kräftige Wirkung auch durch das ganze sichtbare Spektrum hindurch, die selbst im Ultrarot noch nachweisbar

× = η für Schwingungsrichtung ∥ Einfallsebene,
o = η für Schwingungsrichtung ⊥ Einfallsebene.

Abb. 2. Einfluß der Polarisationsebene auf den Photoeffekt, KNa-Legierung (aus Verh. d. D. Phys. Ges. XII, S. 224, Abb. 4.)

ist — am stärksten bei Rubidium und Zäsium. Diese Wirkung ist eng verknüpft mit besonderen Anomalien, die man als „selektiven Photoeffekt" bezeichnet hat, und die in ihren Erscheinungen besonders von Pohl und Pringsheim[1] eingehend untersucht sind.

Bei den Alkalimetallen gibt es ein bestimmtes, für jedes einzelne Metall charakteristisches Wellenlängengebiet, in dem der lichtelektrische Effekt ein **resonanzartiges Maximum** besitzt. Bei spiegelnden Flächen (z. B. bei der flüssigen Kalium-Natrium-Legierung) ist dieses selektive Maximum abhängig von der Polarisationsebene des einfallenden Lichtes, insofern dasselbe seinen Höchstwert erreicht, wenn der elektrische Vektor parallel zur Einfallsebene schwingt, und völlig verschwindet, wenn die Schwingungsrichtung senkrecht zur Einfallsebene erfolgt. Diesen Einfluß der Polarisationsebene zeigt Abb. 2.

Wenn man die Alkalimetalle in festem Zustand untersucht, wobei sie stets eine kristallinisch rauhe Oberfläche besitzen, so verliert man zwar die Möglich-

---

[1] Verschiedene Arbeiten in den Verh. d. D. Phys. Ges. 12, 13, 14, 15 (1910—1913).

keit, das Azimut des polarisierten Lichtes gegen die Einfallsebene zu definieren; doch ist dieser Umstand in dem vorliegenden Falle weniger kritisch, da das erwähnte Maximum der Wirkung bei schräger Inzidenz natürlichen Lichtes und bei einer rauhen Oberfläche stets auftreten muß, nur in etwas geändertem Betrage gegen die ebene spiegelnde Metalloberfläche, weil an Stelle des eindeutigen Einfallswinkels an optisch ebenen Flächen ein Mittelwert tritt, der von der wechselnden Orientierung der einzelnen Oberflächenelemente zur Richtung des Lichtstrahles abhängt. In der Tat hat sich das sekundäre Maximum auch bei rauher kristallinischer Oberfläche der Alkalimetalle und bei natürlichem Licht in ganz eindeutiger Weise festlegen lassen, wie die Abb. 3, 4 und 5 zeigen.

Auch gewisse Phosphore weisen einen selektiven Photoeffekt auf.

Man hat es — allein durch Auswahl der geeigneten Metalle — in der Hand, bei verschiedenen effektiven Wellenlängen photometrieren

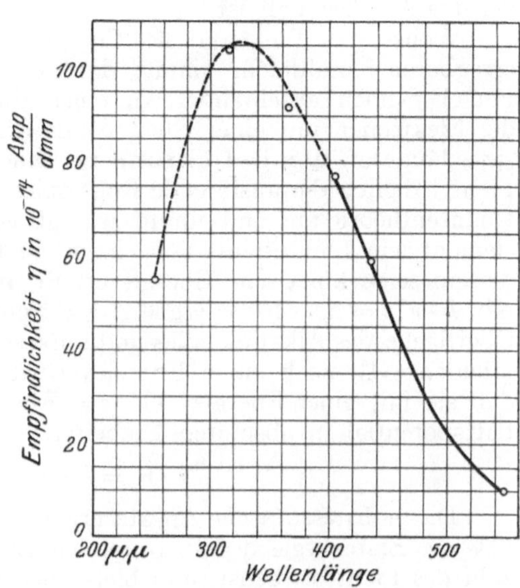

Abb. 3. Selektiver **Photoeffekt**, Natrium (aus Verh. d. D. Phys. Ges. XII, Abb. 8, S. 356).

zu können; durch Wahl spezieller Lichtfilter in Verbindung mit den verschiedenen Alkalimetallen ließe sich die Methode noch selektiver gestalten. Eine

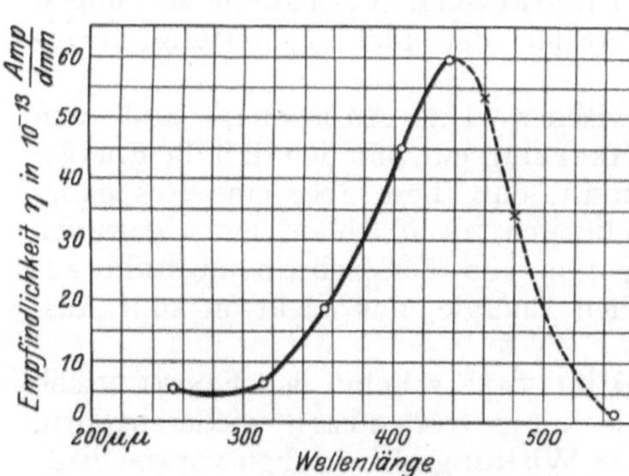

Abb. 4. Selektiver Photoeffekt, Kalium (aus Verh. d. D. Phys. Ges. XII, Abb. 9, S. 357).

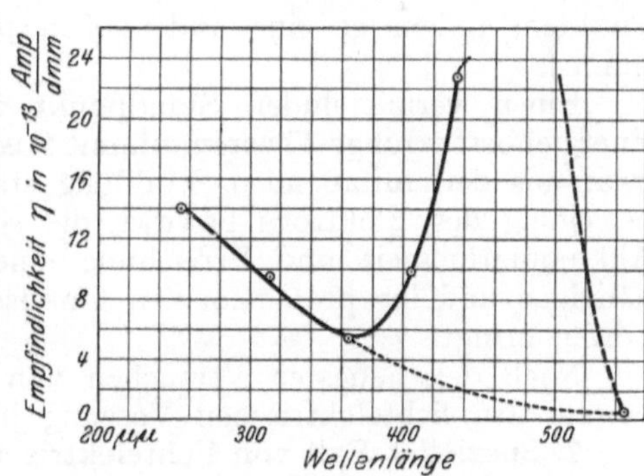

Abb. 5. Selektiver Photoeffekt, Rubidium (aus Verh. d. D. Phys. Ges. XII, Abb. 10, S. 357).

strenge Spektralphotometrie vom äußersten Rot bis weit in das Ultraviolett hinein nur auf Grund photoelektrischer Messungen liegt ebenfalls im Bereich der Möglichkeit.

6. Theorien des Photoeffektes. Die eigentliche Natur des lichtelektrischen Vorganges wurde von LENARD[1] und J. J. THOMSON[2] aufgedeckt. Das Licht

---

[1] Ann d Phys 4. Folge, 8, S. 149 (1902).
[2] Phil Mag (6) 10, S. 584 (1905).

erregt an der Oberfläche des von ihm getroffenen photoelektrisch empfindlichen Körpers eine **Elektronenstrahlung**, die in der Aussendung von getrennten Teilchen freier negativer Elektrizität besteht, ganz ähnlich, wie es bei den Kathodenstrahlen der Fall ist.

Woher das Elektron die Energie zum Austritt aus der photoelektrisch erregbaren Metallfläche nimmt, darüber gehen die Ansichten der verschiedenen Forscher noch auseinander. In einer älteren Arbeit nimmt LENARD[1] an, daß die Elektronen mit einer Energie aus dem Atomverband herausfahren, welche sie schon **vor der Belichtung** im Inneren des Atoms besitzen, und daß das Licht lediglich die auslösende Rolle spielt. EINSTEIN[2] geht von der PLANCKschen Quantentheorie aus und nimmt an, daß von dem einfallenden Licht ein Energieelement (ein Lichtquant) von einem einzigen Elektron aufgenommen wird und diesem seine kinetische Energie erteilt, mit welcher es das Atom verläßt, also mit $h \cdot \nu$ ($h = 6{,}5 \cdot 10^{-27}$ ergsec; ν = Schwingungszahl). Die an der äußeren Oberfläche des Alkalimetalles und senkrecht zu dieser ausgetriebenen Elektronen erleiden evtl. noch einen Energieverlust P (z. B. durch Kontaktpotential), so daß sie mit einer Energie $\varepsilon \cdot V$ (ε = Elementarquantum 1,592 10^{-20}; V = Austrittspotential in absoluten Einheiten, 10^{-8} Volt) das Metall verlassen:

$$\varepsilon \cdot V = h \cdot \nu - P = \tfrac{1}{2}mv^2.$$

Dieser EINSTEINsche Ansatz erklärt erstens eine Feststellung LADENBURGS[3], daß die Erstenergie des austretenden Elektrons proportional zur Schwingungszahl des Lichtes wächst, und bietet den weiteren Vorteil, mit der Tatsache im Einklang zu stehen, daß der Photoeffekt der Lichtstärke proportional ist, während eine solche Beziehung aus LENARDS Auffassung des Auslösungsvorganges nicht folgt.

In einer späteren Arbeit schließt sich LENARD[4] übrigens der Ansicht an, daß die Energie des lichtelektrisch ausgeschleuderten Elektrons dem Licht selbst entstammt, modifiziert jedoch die EINSTEINsche Anschauung in einigen Punkten, indem er eine andere Interpretation der Lichtausbreitung hinzunimmt.

Einen vermittelnden Standpunkt zwischen dem Auslösungs- und dem Energieübertragungs-Theorem nimmt SOMMERFELD[5] ein, nämlich daß die Energie zwar aus der auffallenden Strahlung stammt, daß diese aber eine Resonanzbewegung des Elektrons bewirkt, die schließlich, nach Ablauf einer gewissen Akkumulationszeit und Erreichung einer nur von der Schwingungszahl abhängigen und ihr proportionalen kinetischen Energie, das Elektron zum Ausfahren bringt.

Nach den neuesten Versuchen von MILLIKAN[6] scheint der EINSTEINsche Ansatz den lichtelektrischen Vorgang jedoch am treffendsten wiederzugeben.

7. Spezieller Fall von lichtelektrischer Wirkung. Eine schon vor der Entdeckung des eigentlichen lichtelektrischen Effektes bekannte Erscheinung, nämlich die **Vergrößerung des Leitvermögens des Selens** (und einer Reihe anderer Stoffe) unter dem Einfluß des Lichtes, bildet einen speziellen Komplex der lichtelektrischen Wirkungen und schließt sich unmittelbar an das Hauptgebiet der bisher behandelten Erscheinungen an.

---

[1] Ann d Phys 4. Folge, 8, S. 149 (1902).
[2] Ann d Phys 4. Folge, 17, S. 132 (1905).
[3] Verh d D Phys Ges 9, S. 504 (1907); Phys Z 8, 590 (1907).
[4] Heidelbg Ber Jahrg. 1911, 24. Abh.
[5] Verh d D Phys Ges 13, S. 1074 (1911); La théorie du rayonnement et les quanta. Rapport de la réunion tenue à Bruxelles S. 344 (1911). Paris 1912.
[6] Phys Rev 17, S. 355 (1916).

Das Selen ändert bekanntlich bei Belichtung seinen Widerstand sehr erheblich, und zwar schon bei äußerst geringen Lichtstärken. Dabei hat das Selen die Eigenschaft, daß die Hauptwirkung von den roten und gelbgrünen Strahlen ausgeht, so daß es demnach eine dem menschlichen Auge sehr nahekommende Farbenempfindlichkeit besitzt; für die Konstruktion photometrischer Apparate, bei denen es sich um die Messung „visueller" Helligkeiten handelt, scheint das Selen also erhebliche Vorteile gegenüber den Alkalimetallen zu besitzen, deren Empfindlichkeitsmaximum durchweg bei erheblich kürzeren Wellen liegt, als dasjenige des menschlichen Auges. Ermüdungserscheinungen zeigt das Selen in erheblich höherem Maße, als sie bei dem Photoeffekt der Alkalimetalle sich bemerkbar machen, und gerade diese Ermüdung ist der Grund, daß das Selen in der Photometrie bisher nicht die Rolle gespielt hat, welche ihm seine anderen guten Eigenschaften zusichern würden; hinzu kommt noch der Umstand, daß die ganze Widerstandsänderung unter dem Einfluß des Lichtes dadurch kompliziert wird, daß auch Temperaturänderungen des Selens sein Leitvermögen in hohem Grade beeinflussen.

Diese spezielle photoelektrische Wirkung (Erhöhung des Leitvermögens) bei dem Selen und den ihm verwandten Stoffen rührt davon her, daß durch das Auftreffen von Lichtstrahlen im Selen freie Elektronen erzeugt bzw. aus dem Atomverband herausgerissen werden, so daß der betreffende Körper durch die Bestrahlung metallisches Leitvermögen erhält. Daß das Maximum der Lichtwirkung bei diesem Vorgang von längeren Wellen ausgelöst wird, als bei der normalen photoelektrischen Erregung, ist von vornherein zu vermuten, da in dem letzteren Falle ein vollständiges Heraustreten der Elektronen aus dem Körper stattfindet, wozu eine größere Energie erforderlich ist (die durch schnellere Lichtschwingungen begünstigt wird), während die Elektronen, welche nur als Leitungselektronen verwendet werden, eine geringere Erstenergie erfordern, was kleineren Schwingungszahlen des Lichtes entspricht. Wenn eine Vergrößerung des Leitvermögens an den Metallen, die besonders lichtelektrisch erregbar sind, bisher vergeblich gesucht worden ist, so rührt das wohl in erster Linie daher, daß in den Metallen stets schon viele freie Elektronen vorhanden sind, gegenüber denen die durch das Licht freigemachten Elektronen an Zahl verschwinden.

Dagegen sind in den letzten Jahren von POHL und seinen Schülern[1] bei einer großen Anzahl von Kristallen Änderungen des Leitungswiderstandes durch Belichtung festgestellt und eingehend untersucht worden, ohne daß diese Arbeiten bisher eine Ausnutzung im Sinne der praktischen Photometrie erfahren hätten.

Für praktisch photometrische Zwecke haben bisher aus dem ganzen Komplex der lichtelektrischen Erscheinungen nur Anwendung gefunden:

1. die lichtelektrische Aussendung von Elektronen in Photozellen, wobei den Alkalimetallen die erste Stelle zuzuweisen ist,

2. die Vergrößerung des Leitvermögens gewisser Stoffe durch Lichtbestrahlung, wofür bisher nur Selenzellen in Frage kommen.

Beide Methoden werden heute auf den mannigfaltigsten Gebieten der Photometrie angewandt und haben auch Eingang in die Praxis astrophotometrischer Messungen gefunden; beide erfordern — eine jede für sich — besondere Apparaturen, Messungsmethoden, Vorsichtsmaßregeln und Ermittlung der ihnen anhaftenden Fehlerquellen.

---

[1] Z f Phys 2, S. 181, 192, 361; 3, S. 98, 123; 4, S. 206; 5, S. 176; 7, S. 65; 16, S. 42, 170; 17, S. 331; 18, S. 199; Z f techn Phys 3, S. 199; Phys Z 23, S. 417 (1920—1924).

b) Konstruktion und Eigenschaften der Photozellen.

8. Alkalische Photozellen. Obwohl die Änderung des Leitungswiderstandes des Selens früher erkannt worden ist als die photoelektrische Elektronenemission und auch zuerst zu einem brauchbaren Astrophotometer geführt[1] hat, sollen die auf der Elektronenemission beruhenden Photozellen und Apparaturen in erster Linie besprochen werden, da sie zur Zeit das Selenphotometer verdrängt zu haben scheinen und im Augenblick im Vordergrund des Interesses der photometrisch interessierten Astrophysiker stehen.

Die heute in der Praxis angewandten Photozellen gehen auf die Form zurück, die ihnen von Elster und Geitel[2] gegeben wurde. Wenn man zunächst von Beobachtungen der Sonnenhelligkeit absieht, für welche Zink und Kadmium als lichtelektrisch empfindliche Substanzen häufig benutzt werden, so erfordert die geringe Intensität der übrigen zölestischen Objekte die lichtelektrisch empfindlichsten Materialien, also die Alkalimetalle, als lichtempfindliche Schicht. Da Zäsium schwierig zu behandeln ist und überdies einen Schmelzpunkt von $26,5\,^\circ$C besitzt, also in heißen Sommertagen schon bei normaler Lufttemperatur schmelzen würde, so verzichtet man gewöhnlich auf die Verwendung dieses Elementes und benutzt mit Vorliebe — je nach der erforderlichen effektiven Wellenlänge — Natrium, Kalium oder Rubidium.

Da die Alkalioberflächen bei Berührung mit dem Sauerstoff der Luft sofort oxydieren, so muß man sie in einem evakuierten bzw. mit einem nicht reagierenden Gase gefüllten Gefäß unterbringen, das zweckmäßig aus Glas oder Quarz besteht, um die Schwierigkeit besonders aufgekitteter Fenster zu vermeiden. Wir denken uns eine blanke Alkalimetallfläche in ein absolut evakuiertes Glasgefäß hineingebracht; die Alkalifläche sei mit einer in das Glas eingeschmolzenen und nach außen führenden Elektrode verbunden, außerdem besitze das Gefäß noch eine zweite dem Alkalibelag gegenüberstehende, von ihm isolierte Elektrode, die ebenfalls durch die Glaswand hindurch nach außen führt.

Die physikalischen Vorgänge in einer solchen Photozelle sind unschwer zu verfolgen. Unter dem Einfluß von Licht werden von dem Alkali Elektronen abgespalten, welche die Metalloberfläche mit einer gewissen Geschwindigkeit verlassen; diese Elektronen fliegen in dem freien Raum des Gefäßes geradlinig weiter und werden zum Teil auf die zweite Elektrode auftreffen. Verbindet man die beiden Elektroden außerhalb der Zelle, so fließt in dem Leiter jetzt ein Strom, der Photostrom, den man mit einem empfindlichen Meßinstrument (Galvanometer) nachweisen kann. Im allgemeinen wird die zweite Elektrode im Innern der Zelle kleiner sein müssen als die Alkalifläche, um dem Licht nicht den Weg zu letzterer zu versperren; man bildet sie heute meist in der Form

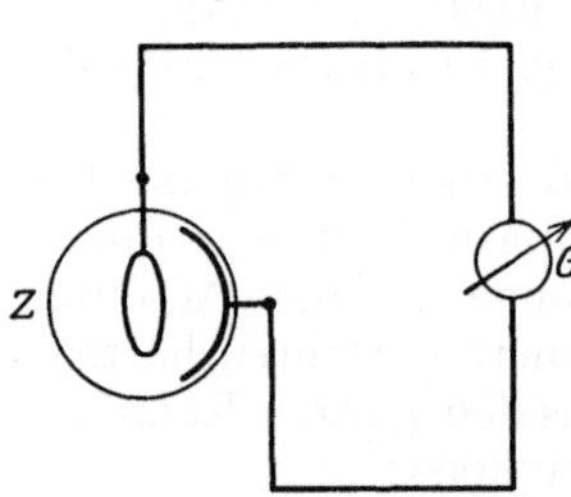
Abb. 6. Schematische Schaltung (ohne Feld).

eines Ringes aus dünnem Platindraht aus, so daß also nur ein kleiner Bruchteil der emittierten Photoelektronen den Ring treffen und zur Erzeugung des zwischen den Elektroden fließenden Photostromes beitragen wird. Diese Anordnung zeigt Abb. 6 schematisch.

Um auch die übrigen, an der Ringelektrode vorbeifliegenden Elektronen auf den Ring zu ziehen und damit den meßbaren Photostrom zu vergrößern, muß man zwischen die beiden Elektroden ein elektrisches Feld legen, in dem

---

[1] Ap J 32, S. 185 (1910).
[2] Phys Z 12, S. 609 (1911).

man die Alkalifläche zur Kathode, den Ring zur Anode macht. Um ein definiertes Potential gegen die Umgebung zu erhalten, pflegt man den $+$ Pol der Batterie zu erden (leitend mit der Wasserleitung, dem Blitzableiter usw. zu verbinden), doch soll ausdrücklich hervorgehoben werden, daß dies nicht unbedingt erforderlich ist.

Durch Anlegung des Feldes (Abb. 7) wird eine Reihe der übrigen freigewordenen Elektronen auf den Ring gezogen; der Photostrom wird also bei konstanter Lichtstärke wachsen, und zwar um so stärker werden, je höher die Feldstärke, d. h. die Spannung der Batterie, gewählt wird. Dieses Wachsen nimmt aber mit steigendem Feld nicht immer weiter zu, denn es ist klar, daß es bei endlicher Anzahl der in der Zeiteinheit erzeugten Elektronen eine bestimmte Feldgröße gibt, bei der bereits alle freien Elektronen den Ring erreichen; eine weitere Steige-

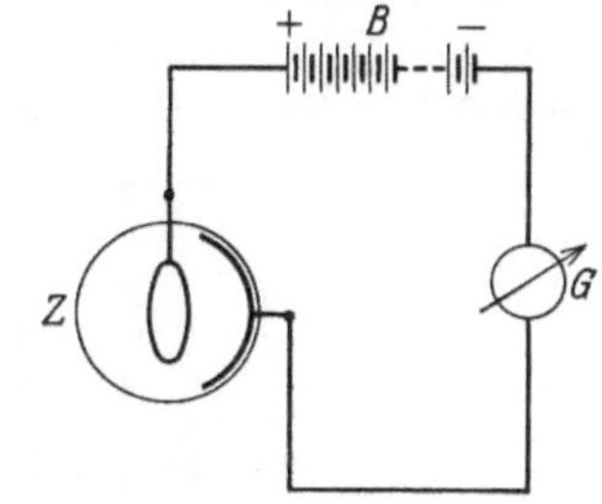

Abb. 7. Schematische Schaltung bei angelegtem Feld.

rung des Feldes kann also kein weiteres Anwachsen des Photostromes zur Folge haben. Wir haben in diesem Falle den Sättigungsstrom erreicht, der zugleich die unter gegebenen Bedingungen höchste Lichtempfindlichkeit der Zelle bedeutet.

Den Zusammenhang zwischen Feldstärke — hier ersetzt durch die Klemmenspannung der Feldbatterie — und Photostrom bei konstanter Lichtstärke zeigt an einem Beispiel die Abb. 8.

Derartig evakuierte Zellen besitzen eine Empfindlichkeit, die zur Messung größerer Intensitäten völlig genügt; sie lassen sich zur Photometrierung des Sonnen- und auch des Mondlichtes ohne Schwierigkeiten anwenden, sie genügen aber nicht zur Messung so geringer Intensitäten, wie sie bei der Messung von Sternhelligkeiten in Frage kommen.

Die Empfindlichkeit einer Zelle läßt sich jedoch erheblich steigern, wenn man in die Zelle ein Gas, das mit dem Alkalimetall natürlich nicht reagieren darf (Edelgas), unter geeignetem Druck einführt. Steigert man in einer gasgefüllten Zelle unter Konstanthaltung der Beleuchtung das Feld, so wächst zunächst der Photostrom in ganz ähnlicher Weise wie in einer völlig evakuierten Zelle. Von einer bestimmten Feldstärke an, die nur von der Natur und dem Druck des Gases abhängt, findet jedoch ein weiteres erhebliches Ansteigen des Photostromes statt. Durch das Feld wird nämlich nicht nur die Zahl der an die Anode

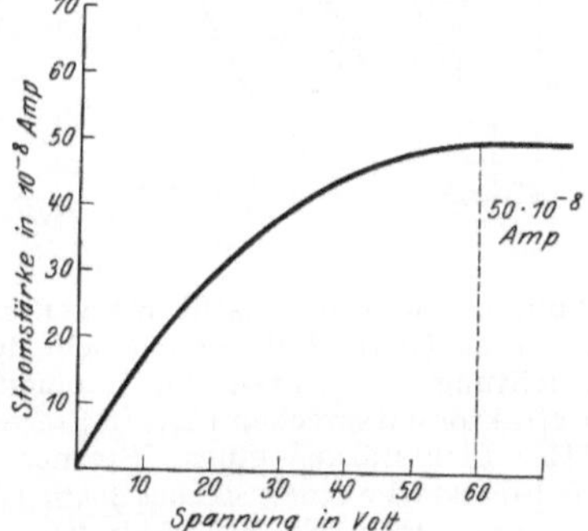

Abb. 8. Charakteristische Kurve einer gasfreien Zelle (aus Handb. d. biol. Arbeitsmeth. [H. GEITEL, Photoelektr. Meßmeth. Abb. 3]).

gelangenden freien Elektronen (deren Zahl selbst durch die Lichtstärke bedingt ist) vergrößert, sondern diese selbst erhalten eine immer steigende Geschwindigkeit, die von einer bestimmten Feldstärke an so groß wird, daß ein auf ein Gasmolekül treffendes Elektron dieses zertrümmert, d. h. neue Elektronen aus dem Gasmolekül frei macht, die nun ebenfalls den Weg zur Anode nehmen und den Photostrom vermehren (Stoßionisation). Ist dieser Zustand der Stoßionisation erreicht, dann kann kein Sättigungsstrom mehr zustande kommen, da bei weiterer Steigerung des Feldes die Geschwindigkeit der Elektronen ebenfalls wächst und durch Stoß stets mehr und mehr sekundäre Elektronen erzeugt werden; der Photostrom wird daher andauernd wachsen, bis schließlich bei einem bestimmten Potential Glimmentladung wie bei einem Geisslerrohr einsetzt. Die Höhe des zur Erreichung der leuchtenden Entladung erforderlichen Potentials ist dabei für jede Zelle verschieden und kann auch ohne jede Einwirkung von Licht bei völliger Dunkelheit der Zelle so weit getrieben werden, daß selbständige Glimmentladung eintritt. Nach Einleitung der Glimmentladung ist der Photostrom von der Lichtintensität fast unabhängig, wie schon aus der Tatsache hervorgeht, daß eine unter kräftiger Beleuchtung einsetzende leuchtende Entladung auch nach völliger Verdunkelung der Zelle fortbesteht. Da durch den Glimmstrom die photoelektrisch charakteristischen Eigenschaften einer Photozelle in den meisten Fällen starken Änderungen unterworfen werden, ohne besondere Vorsichtsmaßregeln die Zellen sogar gewöhnlich zerstört werden, so ist derselbe nach Möglichkeit zu vermeiden.

Als Maß für die Höchstspannung, mit der man eine gasgefüllte Zelle ohne Gefahr belasten darf, mag angegeben werden, daß man nicht mehr weitergehen soll, wenn eine Steigerung der Spannung um 2 Volt eine Vermehrung des Photostromes um 50% erzeugt.

Die charakteristische Stromkurve einer gasgefüllten Zelle als Funktion der Feldstärke zeigt die Abb. 9.

Wie man sieht, läßt sich die photoelektrische Empfindlichkeit der gasgefüllten Zellen durch Annäherung an das Entladungspotential fast beliebig steigern. In der Nähe dieses kritischen Punktes sind jedenfalls die hydrierten Alkalizellen so empfindlich, daß z. B. die Intensität eines Sternes fünfter Größe in einem 150 mm-Refraktor genügt, um einen Photostrom von der Größenordnung 10^{-13} Amp. zu erzeugen, der sich noch mit Sicherheit messen läßt.

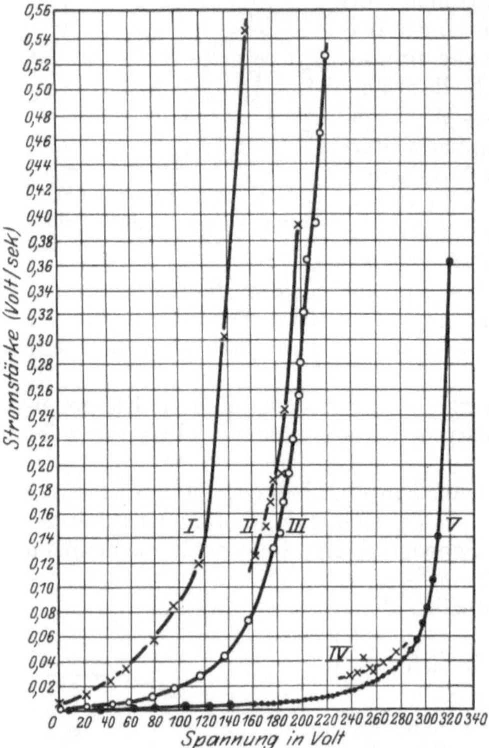

Abb. 9. Charakteristische Kurven einer gasgefüllten Quarz-Zelle bei verschiedener Beleuchtung. I. Lichtstärke, in einem 30 cm-Refraktor entsprechend einem Stern — 4^{m},1. III. Lichtstärke eines Sternes — 1^{m},7. V. Lichtstärke eines Sternes 3^{m},0. (Aus Lick Bull. Nr. 349, Abb. 10).

Eine Frage von grundlegender Bedeutung für die Benutzung der Photozellen zu photometrischen Arbeiten besteht darin, ob auch der durch Stoßionisation vermehrte Photostrom — ebenso wie der Sättigungsstrom in hochevakuierten Zellen — der auffallenden Lichtintensität proportional ist.

Bei großer Anzahl der erfolgenden Stöße — und diese Forderung ist in der Nähe des Entladungspotentials und bei einem Druck der Gase von 0,1 bis 1,0 mm Quecksilberdruck stets als erfüllt anzusehen — besitzen die statistischen Zufallsgesetze bereits eine fast strenge Gültigkeit, so daß man hier von vornherein annehmen darf, daß die Zahl der durch Stoß erzeugten sekundären Elektronen innerhalb der Messungsgenauigkeit der Zahl der ursprünglich erzeugten primären

Photoelektronen proportional sein wird. A priori wird man also annehmen dürfen, daß auch die durch Ionenstoß vermehrten Photoströme der auffallenden Lichtstärke proportional sein müssen.

Eine andere Frage ist es, ob nicht durch Fehlerquellen, die ihrer Art nach dem eigentlichen Photoeffekt wesensfremd sind, eine scheinbare Nichtproportionalität von Photostrom und Lichtstärke vorgetäuscht werden kann. Das ist in der Tat der Fall. Je geringer die zu messenden Intensitäten sind, je schwächer die erzeugten Photoströme und je empfindlicher die zur Messung dieser schwachen Ströme dienenden Instrumente und Methoden sein werden, um so dringender und wichtiger wird die Untersuchung dieser Fehlerquellen.

9. Fehlerquellen der alkalischen Photozellen. Die Fehlerquellen, welche bei Messungen mit Photozellen auftreten, haben ihre Ursache teils in ungeeigneter Konstruktion der Zellen, lassen sich also vermeiden, teils sind sie rein physikalischer Natur, also unvermeidbar; in jedem Falle müssen sie im einzelnen untersucht und, falls die angestrebte Messungsgenauigkeit dies erfordert, in ihrem Einfluß auf das Resultat berücksichtigt werden; oder aber die Messungen sind so anzuordnen, daß die betreffenden Fehler aus dem Ergebnis herausfallen.

Eine ganze Reihe dieser Einflüsse sind von ELSTER und GEITEL[1] untersucht und eingehend diskutiert worden. Die einfachste Form, welche diese ihren Zellen gegeben haben, besteht aus einer Glaskugel von etwa 40 mm Durchmesser, in welche die ringförmige Anode aus Platindraht hereinragt, die in ein besonderes Ansatzstück eingeschmolzen ist. Das Alkalimetall, welches ebenfalls mit einer in die Glaswandung eingeschmolzenen Platinelektrode in Verbindung steht, bedeckt die dem einfallenden Licht gegenüberliegende Kugelkalotte, welche zweckmäßig vorher mit einem chemischen Silberniederschlag versehen worden ist, um eine sicher leitende Verbindung der ganzen Alkalischicht

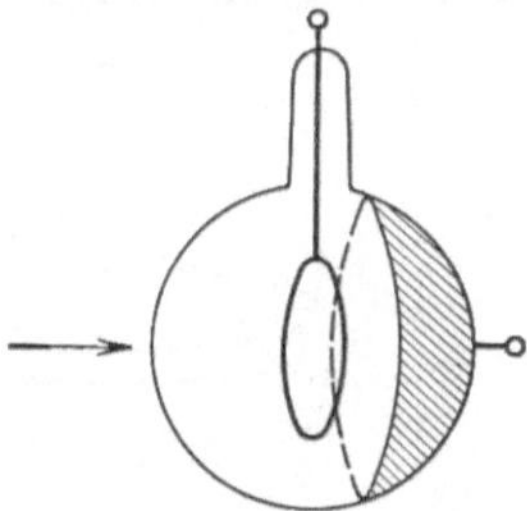

Abb. 10. Einfache Photozelle nach ELSTER und GEITEL.

zu gewährleisten. Die Zelle ist mit einem verdünnten Edelgas gefüllt. Eine schematische Darstellung dieser Zellenform zeigt die Abb. 10.

Abweichungen von der Proportionalität zwischen Intensität und Photostrom können nach ELSTER und GEITEL bei diesen Zellen die folgenden Ursachen haben:

α) **Wiedervereinigung der durch Elektronenstoß entstandenen positiven Ionen mit freien Elektronen.** Wenn auch die Zahl der sowohl primär als durch Stoßionisation freigewordenen Elektronen der Lichtintensität proportional ist, so wird die genaue Proportionalität zwischen Photostrom und Lichtmenge nicht mehr gesichert sein, sobald die Wiedervereinigung der Stoßionen mit Elektronen nicht mehr vernachlässigt werden darf. Zellen mit großem Gasraum und höherem Druck der Gasfüllung zeigen daher ein deutliches Zurückbleiben der Stromstärke hinter der Lichtintensität, sobald man diese über ein gewisses Maß steigert. Versucht man durch Erhöhung des beschleunigenden Feldes die Wiedervereinigung zu vermindern, so tritt meist leuchtende Entladung ein, bevor der beabsichtigte Zustand erreicht ist.

β) **Dunkeleffekt und Nachwirkung.** Der Dunkeleffekt besteht darin, daß eine lichtdicht eingeschlossene Photozelle der beschriebenen Form auch bei völligem Lichtabschluß noch eine schwache Elektrizitätsströmung erkennen läßt, die im allgemeinen zu groß ist, als daß man sie der eigenen Elektronenemission der Alkalimetalle (Radioaktivität) zuschreiben könnte. Läßt man das

---

[1] Phys Z 14, S. 741 (1913).

Feld dauernd an der im Dunkeln gehaltenen Zelle liegen, so wird dieser Strom allmählich kleiner und kleiner, um schließlich völlig zu verschwinden. Läßt man jetzt Licht auf die Zelle fallen, so ist sofort auch der Dunkeleffekt wieder vorhanden, ja er ist jetzt größer als vorher. Die Zelle verhält sich so, als dauere die Elektronenemission vom Alkalimetall aus noch eine merkliche Zeit nach dem Belichten an, als besäße die Zelle eine **photoelektrische Nachwirkung**.

Bei beiden Effekten handelt es sich nach Ansicht der Verfasser um Kriechströme über die Glaswandung bzw. um Wandladungen, die eine influenzierende Wirkung auf die Anode ausüben. Versieht man die Photozelle mit geerdeten metallischen Schutzringen, welche ein Überkriechen von Strömen über die äußere und innere Glaswandung zu den Elektroden verhindern, so verschwinden sofort beide Effekte. Eine mit derartigen Schutzringen versehene Zelle nach Elster und Geitel zeigt die folgende Abb. 11.

Eine weitere wesentliche Verbesserung in dieser Hinsicht ist durch den Vorschlag von Pohl und Pringsheim erzielt worden, die Photozelle als „schwarzen Körper" auszubilden. Die Versilberung und der Alkalibelag erstreckt sich in diesem Falle nicht über eine kleine Kalotte im Innern der Zelle, sondern bedeckt die ganze Kugel mit Ausnahme eines kleinen Fensters für den Lichteintritt; natürlich ist dafür Sorge zu tragen, daß durch diesen Belag nicht etwa eine leitende Verbindung zwischen Anode und Kathode hergestellt wird. Die Schutzringe dürfen auch in diesem Falle nicht fehlen. Die dergestalt hergerichteten Zellen vermeiden nicht nur die Möglichkeit der Entstehung von inneren Wandladungen, sondern sie bieten gleichzeitig den Vorteil einer erheblich besseren Lichtausnützung, da alles

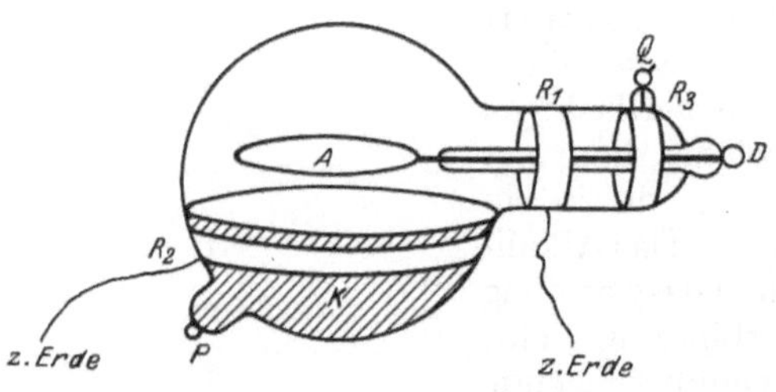

Abb. 11. Photozelle mit geerdeten Schutzringen
(aus Phys. Ztschr. 14, S. 743, Abb. 1).

in der Zelle reflektierte Licht wieder auf den empfindlichen Alkalibelag auftrifft und zu neuer Elektronenemission anregt. Die vollständig verspiegelten Zellen werden also unter sonst gleichen Umständen eine gesteigerte Empfindlichkeit besitzen.

γ) **Stoßschwankungen.** Liegt das beschleunigende Feld dem Entladungspotential bereits nahe, so treten meist stoßweise Schwankungen des Photostromes auf, die bei weiterer Steigerung des Potentials rasch zunehmen und eine genaue Messung des Stromes erschweren oder gar unmöglich machen. Es handelt sich hier um die normalen Schwankungen der Stoßionisation[1] als Folge der ungleichen Weglängen der Elektronen im Gasraum der Zelle. Während in den meisten Fällen diese Stoßschwankungen nur die mittlere Messungsgenauigkeit herabsetzen, können sie bei Messung des Photostromes durch Aufladezeiten eines Elektrometers (s. unten) auch zu **systematischen** Verfälschungen des Resultates Anlaß geben, da einfallendes Licht die Amplitude der Schwankungen vermindert.

δ) **Elektrolytische Störungen.** Wiederholt konnte beobachtet werden, daß sich der Alkalibelag einer unter vollständigem Lichtabschluß gehaltenen Zelle bei geerdeter Anode allmählich negativ auflädt, und zwar können Grenzladungen bis zu 2 Volt auftreten, die in Zeiträumen von wenigen Stunden erreicht werden. Das Glas der Zelle wirkt hier als Elektrolyt zwischen dem Alkalimetall in der Zelle und dem meist aus Stanniol bestehenden äußeren Erdungs-

---

[1] Phys Z **11**, S. 215 (1910).

ring. Da die Isolation des Glases bei nicht zu hohen Temperaturen gut ist, so erfolgt die Aufladung nur langsam; erwärmt man aber das Glas bis auf etwa 100° C, so bilden Alkali-Glas-Zinn ein galvanisches Element, das Stromstärken bis zu 10^{-9} Amp. pro Quadratzentimeter der Belegung liefert. Im allgemeinen wird dieser Effekt die Messungen nicht stören, da hierdurch höchstens das an die Zelle gelegte Feld einen Zusatz erfährt.

ε) **Feldverzerrungen.** Die Tatsache, daß die verschiedenen Stellen des Alkalibelages sehr verschiedene Abstände von dem Anodenring besitzen, kann ebenfalls zu Fehlern Anlaß geben. Denn da die Feldstärke von diesem Abstand abhängt, so werden die verschiedenen vom Licht getroffenen Teile des Alkalibelages Elektronen aussenden, deren Ionisationsfähigkeit ebenfalls verschieden ist. Bei Auftreffen des Lichtes auf unterschiedliche Stellen des Belages kann daher eine erhebliche Abweichung von dem Proportionalitätsgesetz beobachtet werden. Bei der den Zellen von ELSTER und GEITEL gegebenen Form wird es sich daher empfehlen, das Licht stets nur auf den zentralen, der Eintrittsöffnung direkt gegenüberliegenden Teil des Belages fallen zu lassen.

ζ) **Ermüdungs- und Erholungserscheinungen.** Auf eine bis dahin nicht beobachtete Fehlerquelle hat ROSENBERG[1] hingewiesen. Fällt auf eine längere Zeit in völliger Dunkelheit gehaltene, aber unter Spannung stehende, gasgefüllte Zelle plötzlich Licht, so ist der im ersten Augenblick gemessene Photostrom am größten und sinkt bei Fortdauer der Belichtung allmählich ab, um sich einem konstanten Wert zu nähern. Die Empfindlichkeit der Zelle sinkt also unter dem Einfluß der Belichtung. Verdunkelt man die Zelle daraufhin eine Zeitlang und läßt dann die gleiche Intensität wieder auf die Zelle wirken, so ist die Empfindlichkeit wieder gestiegen. Dieser Ermüdungs- und Erholungsvorgang tritt nicht nur bei Belichtung und Verdunklung ein, sondern **jede Intensitätsänderung ist mit einer Empfindlichkeitsänderung der Zelle verbunden,** in dem Sinne, daß bei steigender Intensität die Empfindlichkeit sinkt, bei abnehmender Helligkeit die Empfindlichkeit wieder ansteigt, so daß unter Umständen erhebliche, scheinbare Abweichungen von der Proportionalität vorgetäuscht werden können. Ein derartiges Beispiel zeigt die Abb. 12.

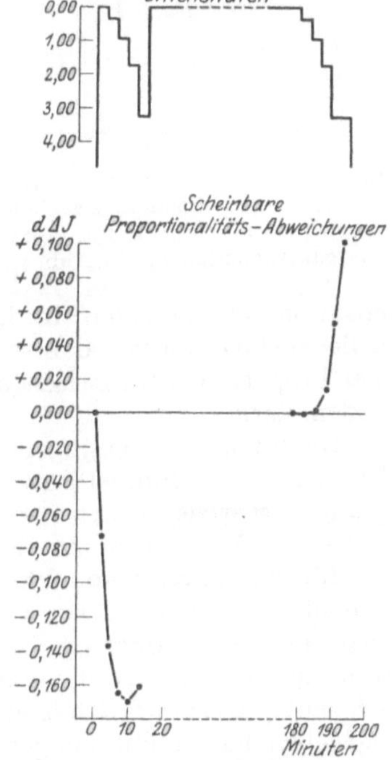

Abb. 12. Scheinbare Proportionalitätsabweichungen infolge von Ermüdung und Erholung (aus Ztschr. f. Phys. 7, S. 50, Abb. 7).

Der Effekt ist am größten in der Nähe des Entladungspotentials, wo die Abweichungen bei großen Intensitätsunterschieden bis zu einer halben Größenklasse gehen können, läßt sich aber auch bei erheblich kleinerem Feld noch mit Sicherheit nachweisen. Prinzipiell war er bei allen untersuchten Zellen gleich, graduell sehr verschieden. Als Beispiel für eine Zelle mit sehr schnell verlaufenden Ermüdungs- und Erholungserscheinungen diene die Abb. 13, in der der konstante Zustand jedesmal schon nach wenigen Sekunden erreicht wird.

---

[1] Z f Phys 7, S. 18 (1921).

Die Ursache dieser Erscheinung besteht in einer Ab- oder Adsorption von Ionengas an der Alkalikathode, wodurch einmal das Feld verringert wird, andererseits die freiwerdenden Photoelektronen teilweise neutralisiert werden. Bei jeder Änderung der Belichtung ändert sich auch die Zahl der durch Elektronenstoß erzeugten positiven Ionen. Das ab- oder adsorbierte Gas wird sich infolge von Diffusionsvorgängen von der Metallschicht zu lösen trachten. Solange der Zugang positiver Ionen den Diffusionsvorgang übersteigt, wird die Ermüdung mit abnehmender Geschwindigkeit fortschreiten, bis Gleichgewicht eingetreten ist. Unterbricht oder verringert man dann den Ionenzustrom, indem man die Zelle verdunkelt oder die Intensität des auffallenden Lichtes schwächt, so überwiegt zunächst der Diffusionsvorgang, und die Gasbeladung des Alkalimetalles nimmt ab: Erholung. Der Effekt kann sich naturgemäß nur in gasgefüllten Zellen zeigen, und auch hier nur, wenn die durch das Feld den Elektronen erteilte Geschwindigkeit ausreicht, um Stoß-

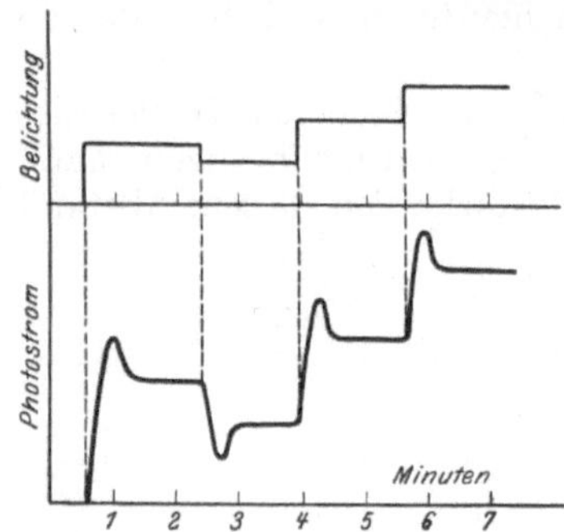

Abb. 13. Schnell verlaufende Ermüdungs- und Erholungserscheinungen (aus Festschr. z. 150 Jahrf. d. Bergak. Clausthal, S. 439, Abb. 4).

ionisation hervorzurufen. In der Nähe des Entladungspotentials kann die Fehlerquelle so stark werden, daß selbst bei rohen Messungen überhaupt nicht mehr mit einer Proportionalität zwischen auffallender Intensität und Photostrom gerechnet werden darf.

Da infolge der geringen Helligkeit der Sterne der Astronom bei direkten Messungen am Himmel fast stets gezwungen sein wird, in der Nähe des Entladungspotentials zu arbeiten, so ist diese Fehlerquelle gerade bei astrophotometrischen Messungen mit der Photozelle von ganz besonderer Bedeutung.

10. Herstellung von Photozellen. Verschiedene Formen. Trotzdem heute brauchbare Alkalizellen von verschiedenen Seiten in den Handel gebracht werden, dürfte es zweckmäßig sein, sich mit der Selbstherstellung von Photozellen vertraut zu machen, da die käuflichen Formen speziellen Anforderungen meist nicht entsprechen. Wir folgen dabei dem Verfahren, wie es Elster und Geitel[1] angegeben haben mit einigen durch die inzwischen erzielten Fortschritte der Technik bedingten Modifikationen.

Den eigentlichen Zellenkörper mit eingeschmolzenen Elektroden, innerem Schutzring und evtl. innerer Versilberung wird man sich am besten von einem geschickten Glasbläser anfertigen lassen; die Zelle trage außerdem noch zwei Ansatzrohre, die man, zweckmäßig einige Zentimeter von der Zellenwandung entfernt, mit Abschmelzstellen versehen läßt (Abb. 14).

Da die Alkalimetalle sich schon bei kürzester Berührung mit atmosphärischer Luft mit einer Hydroxydrinde bedecken, so muß die Beschickung der Zelle mit dem gewünschten Alkalimetall — am einfachsten ist Kalium zu behandeln — durch Destillation im Vakuum erfolgen. Die Apparatur hierfür ist schematisch in der folgenden Abb. 15 dargestellt.

Die Zelle Z zeigt an dem linken Ende das eine Ansatzrohr, das in diesem Falle mit zwei Abschmelzstellen S_1 und S_2 versehen ist. In das letzte Ende dieses Rohres wird ein kleines Stück des oberflächlich gereinigten Alkalimetalles R gebracht und das Rohr zugeschmolzen. Das gegenüberliegende Ansatzrohr der Zelle trägt hinter der Abschmelzstelle S_3 einen seitlichen Ansatz, der in ein kleines auf der äußeren Seite verschlossenes Palladiumröhrchen P ausläuft,

---

[1] Phys Z **12**, S. 609 (1911).

wie solche bei der Osmoregulierung des Vakuums von Röntgenröhren benutzt werden. Rechts von dem Hahn H_1 sitzt ein mit zwei Hähnen versehenes Rohr, welches am Ende einen mit einem reinen Edelgas (Helium oder Argon) gefüllten Kolben E trägt; T ist eine mit Phosphorsäureanhydrid gefüllte Trockenkugel, C ein langhalsiger Quarzkolben, der mit einigen Dezigramm metallischen, in Alkohol gewaschenen und getrockneten Kalziums gefüllt ist und am besten mit Picein auf das ihn tragende Glasrohr aufgekittet wird. Das Entladungs- rohr G dient zur Kontrolle des erzielten Vakuums bzw. der spektralen Reinheit der Gasfüllung, der Hahn H_4 führt zur Pumpe, als welche heute nur eine Diffusionspumpe in Frage kommt. Sollen die in der Zelle herrschenden Drucke gemessen werden, so ist zwischen Pumpe und Zelle an beliebiger Stelle ein MacLeod-Manometer einzubauen.

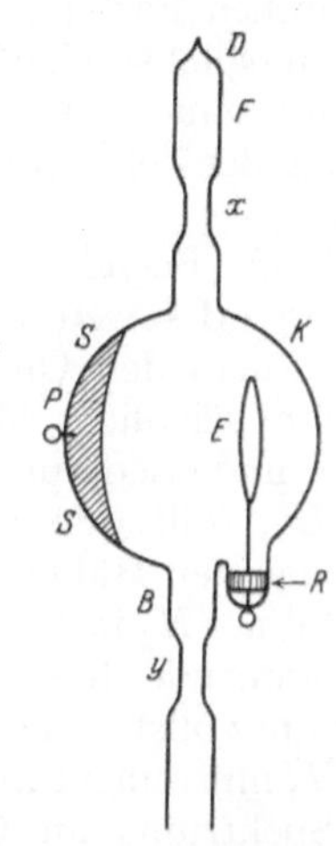

Abb. 14. Photozelle zum Selbstfüllen (aus Handb. d. biol. Arbeitsmeth. [H. Geitel, Photoelektr. Meßmeth. Abb. 6]).

Nachdem das System hergerichtet und an die Pumpe angeschlossen ist, werden alle Hähne mit Ausnahme von H_3 geöffnet und ein hohes Vakuum von a bis zur Pumpe hergestellt. Während die Pumpe weiterarbeitet, erhitzt man vorsichtig das Alkalimetall R, destilliert es zunächst in die Erweiterung b, schmilzt bei S_1 ab, und destilliert dann weiter in die Zelle Z, worauf auch die Abschmelz- stelle S_2 abgeschmolzen wird. Z ist jetzt im Inneren voll- ständig mit einer zusammenhängenden Schicht metallischen Natriums, Kaliums oder Rubidiums überzogen; durch gelindes Erwärmen mittels einer Bunsenflamme treibt man das Metall aus dem Anodenrohr A und von dem oberen Teil der Zelle auf den Silberbelag herab, bis diese Teile von jedem Anflug des Metalles befreit sind. Der bei diesen Manipulationen freiwerdende Wasserstoff wird von der inzwischen weiterarbeitenden Pumpe abgesogen.

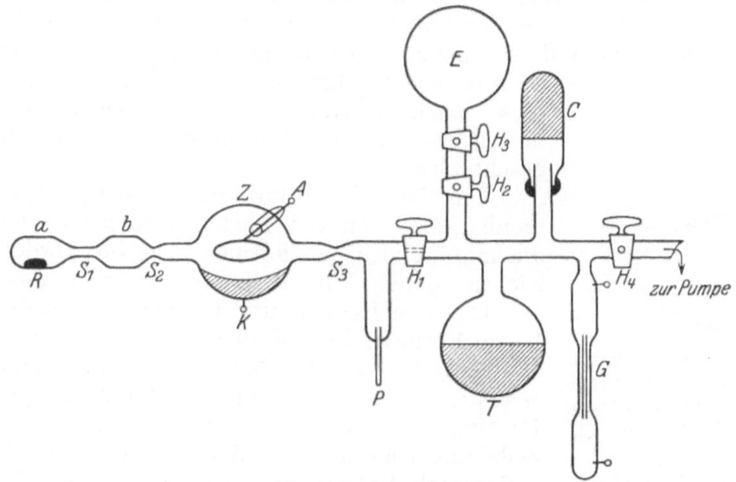

Abb. 15. Apparatur zur Herstellung von Photozellen nach Elster und Geitel.

Ist wiederum hohes Vakuum erreicht, was sich an dem Geisslerrohr G kon- trollieren läßt, so wird der Hahn H_1 geschlossen und das Palladiumröhrchen leicht erwärmt, wobei reiner Wasserstoff in den durch H_1 abgeschlossenen Raum hineindiffundiert. Schon vorher ist K mit der Kathode, A mit der Anode einer

Akkumulatorenbatterie von 200 bis 400 Volt unter Zwischenschaltung eines Schutzwiderstandes von mehreren Tausend Ohm verbunden worden. Sobald der Gasdruck in Z genügend gestiegen ist, setzt — zumal wenn Licht auf die Zelle fällt — Glimmentladung ein, wobei das Alkalimetall die obenerwähnten charakteristischen Färbungen annimmt. Man reguliert den Gasdruck so, daß die Färbung möglichst gleichmäßig und tief ausfällt; die Entladung darf nur wenige Minuten dauern, weil sonst durch Zerstäubung des Alkalimetalles eine Dunkelfärbung der Zelle eintritt, die durch Erwärmen nur unvollständig entfernt werden kann.

Nach Beendigung des Färbeprozesses wird H_1 wieder geöffnet und der Wasserstoff soweit als möglich durch Auspumpen wieder entfernt. Gleichzeitig erhitzt man den Quarzkolben C durch eine kräftige Bunsenflamme, wobei das Kalzium reichliche Mengen von Wasserstoff abgibt. Sobald die Gasentwicklung vorbei und wiederum hohes Vakuum erreicht ist, schließt man die Hähne H_1, H_2 und H_4, füllt durch einmaliges Umdrehen des Hahnes H_3 den Zwischenraum zwischen den Hähnen H_2 und H_3 mit dem Edelgas und läßt dieses durch Öffnen des Hahnes H_2 in die Apparatur ein. Der als Verunreinigung des Edelgases häufig vorkommende Rest von Stickstoff und Wasserstoff wird durch das glühende Kalzium vollständig absorbiert, so daß jetzt der Raum zwischen den Hähnen H_1 und H_4 mit reinem Edelgas vollständig gefüllt ist, was sich leicht aus der Prüfung des Spektrums im Geißlerrohr kontrollieren läßt. Von dem so gewonnenen Gase wird nun durch Öffnen des Hahnes H_1 ein dem Volumen der Zelle entsprechender Teil in die Zelle eingelassen. Der Gasdruck in der Zelle wird so abgemessen, daß bei Beleuchtung mit einer konstanten Lichtquelle der erzeugte Photostrom ein Maximum erreicht. Nimmt die Empfindlichkeit der Zelle noch zu, bis in der Zelle der in der übrigen Apparatur herrschende Druck des Edelgases erreicht ist, so ist der Raum zwischen den Hähnen H_2 und H_3 noch einmal mit Edelgas zu füllen und die Prozedur zu wiederholen, anderenfalls ist Gas abzupumpen.

Ist die gewünschte Höchstempfindlichkeit der Zelle erreicht, so wird sie durch Abschmelzen bei S_3 von der Apparatur getrennt, mit den äußeren Stanniolschutzringen versehen und ist nun gebrauchsfertig. Handelt es sich um Herstellung einer vollständig evakuierten Zelle, so wird diese nach Vollendung des Färbungsprozesses auf höchstmögliches Vakuum ausgepumpt und dann abgeschmolzen.

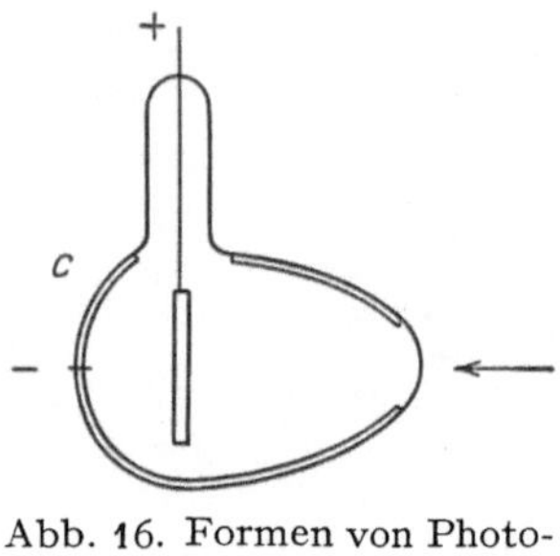

Um die oben diskutierten Fehlerquellen zu vermeiden, sind von verschiedenen Forschern den Zellen die mannigfaltigsten Formen gegeben worden, deren wichtigste hier kurz besprochen werden mögen.

Die von ELSTER und GEITEL den Zellen gegebenen Formen, die fast allen deutschen Forschern als Modell gedient haben, sind in den Abb. 10 und 11 dargestellt. Eng an diese Form schließt sich eine von HUGHES[1] konstruierte innen vollständig verspiegelte Zelle mit Quarzfenster (Abb. 16) und die Zelle der General Electric Company, Research Laboratory, Wembley[2] (Abb. 17) an, die sich durch völlig fehlende Trägheit und Ermüdung auszeichnen soll.

Da diese Zelle keine Gasfüllung besitzt, so ist das Ausbleiben von Ermüdungserscheinungen verständlich; dafür muß sie allerdings auch unempfindlicher sein als die gasgefüllten Zellen.

Abb. 16. Formen von Photozellen. C nach HUGHES (aus H. STANLEY ALLEN, Photo-Electricity. S. 270, Abb. 42).

---

[1] Phil Mag 25, S. 697 (1913). [2] Nature 113, S. 606 (1924).

In dem Bestreben, den Weg zwischen Kathode und Anode möglichst lang zu machen und so die störenden Kriechströme über die Glaswandung zu vermeiden, haben eine Reihe amerikanischer Forscher den Zellen eine sehr langgestreckte Form gegeben, wie die Abb. 18 zeigt.

Die Zelle von SCHULZ[1] enthält als Anode einen 0,5 mm dicken Platindraht, der in eine rechteckige Schleife von 10/15 mm umgebogen ist. Die Zelle soll eine besonders hohe Empfindlichkeit besitzen; in einem Falle gab das Licht von Arkturus am Ableseinstrument einen Ausschlag von 248 Skalenteilen. Eine ähnliche Form besitzt die Zelle von IVES[2], welche bei g mit innerem und äußerem Schutzring versehen ist und bei der das lange Rohr c aus einem besonderen Kobaltglas mit spezifisch hohem elektrischen Widerstand besteht. KUNZ und STEBBINS[3] fanden, daß es von Vorteil ist, wenn man die ringförmige Kathode außerdem noch mit einem Netz von sich rechtwinklig kreuzenden Platindrähten versieht, wodurch das elektrische Feld wesentlich homogener wird. Die Zelle ist überdies verspiegelt und besitzt nur eine kleine Eintrittsöffnung für das Licht.

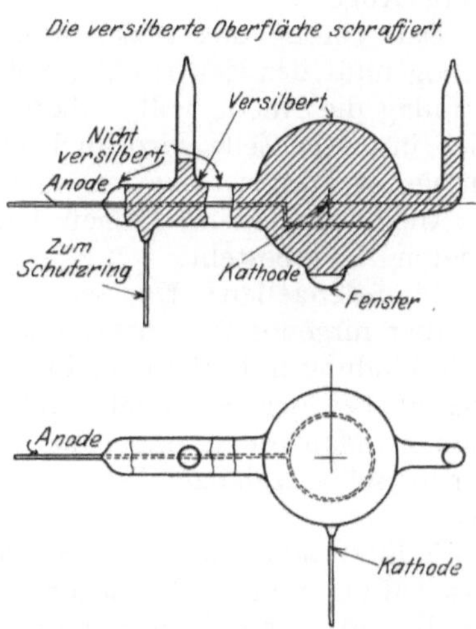

Abb. 17. Formen von Photozellen. General Electric Company (Wembley Laboratories) (aus H. STANLEY ALLEN, Photo-Electricity. S. 278, Abb. 43).

Besondere Rücksicht auf die Homogenität des Feldes nahmen IVES, DUSHMAN und KARRER[4] bei einer Zelle, die sich durch besondere Störungsfreiheit auszeichnen soll (Abb. 19).

Im Gegensatz zu den bisher betrachteten Zellenformen befindet sich bei dieser Zelle der Alkalibelag nicht auf der inneren Glaswandung, sondern auf

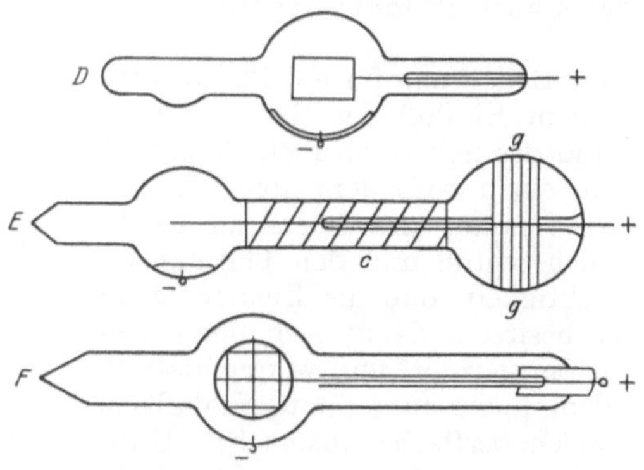

Abb. 18. Formen von Photozellen. D nach SCHULZ; E nach IVES; F nach KUNZ und STEBBINS (aus H. STANLEY ALLEN, Photo-Electricity).

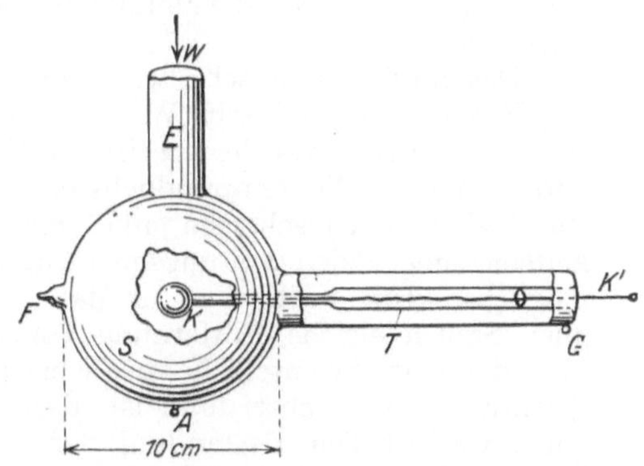

Abb. 19. Photozelle von IVES, DUSHMAN und KARRER (aus Astrophys. Journ. 43, S. 30, Abb. 9).

der kleinen Kugel K im Innern der Zelle, die durch einen langen seitlichen Ansatz hindurch mit der Elektrode K' (Kathode) leitend verbunden ist; die Innen-

[1] Ap J 38, S. 187 (1913).
[2] Ap J 39, S. 428 (1914).
[3] Phys Rev 7, S. 62 (1916); Ap J 45, S. 69 (1917).
[4] Ap J 43, S. 9 (1916).

wandung des Glasgehäuses ist versilbert und durch die eingeschmolzene Elektrode A (Anode) mit dem $+$Pol der Batterie verbunden. Das Licht fällt durch den langen, bei W mit einem Planfenster abgeschlossenen Ansatz auf die innere Kugel.

Der Vorzug dieser Zellenform liegt, wie bereits erwähnt, in der großen Homogenität des elektrischen Feldes und in der Möglichkeit, durch äußere Erwärmung die Anode völlig alkalifrei zu halten. Durch den Verlauf der Kraftlinien in dieser Zelle wird auch erreicht, daß man erheblich näher an das Entladungspotential herangehen darf, als bei den üblichen Zellenformen, in denen die Anode aus einem dünnen Drahtring bzw. einem aus dünnen Drähten gebildeten Netz besteht.

11. Selenzellen[1]. Das Selen ist ein Element, das in der Natur weitverbreitet ist, aber nirgends in größeren Mengen vorkommt; in der Regel findet es sich in Verbindung mit Blei oder in Schwefelkies und wird hauptsächlich als Nebenprodukt bei der Schwefelsäurefabrikation aus dem Bleikammerschlamm gewonnen. Man erhält dabei das Selen in amorphem Zustand als rotes Pulver oder als schwarzglänzende glasige Masse. Das amorphe Selen ist ein Isolator.

Erhitzt man amorphes Selen langsam, so geht es bei Temperaturen, die zwischen 90° und 217° C liegen, in eine graue, kristallinische Modifikation über, die den elektrischen Strom leitet und lichtempfindlich ist. Es lassen sich deutlich zwei Formen des kristallinischen Selens unterscheiden: Das bei niedriger Temperatur (100° bis 170° C) gewonnene Selen hat ein dunkelgraues, körniges Aussehen und ist leicht brüchig (Se_1); das durch längeres Erhitzen auf höhere Temperaturen (180° bis 215° C) erzeugte Selen zeigt ein hellgraues metallisch-kristallinisches Aussehen (Se_2), ist haltbarer als die erste Modifikation und läßt sich sogar auf der Drehbank bearbeiten. Während der elektrische Widerstand des Se_1 bei Temperaturerhöhung abnimmt (negativer Temperaturkoeffizient des Widerstandes), besitzt das Se_2 positiven Temperaturkoeffizienten, leitet also ähnlich wie die Metalle und wird daher auch als metallisches Selen bezeichnet.

Das graukristallinische Selen verdankt seine Bedeutung für die Photometrie der Eigenschaft, daß sein Widerstand unter dem Einfluß der Belichtung beträchtlich sinkt. Da der spezifische Widerstand des Selens ein recht hoher ist, und gerade die lichtempfindlichsten Präparate einen besonders hohen Widerstand zu besitzen scheinen, muß man bei Verwendung des Selens zu Helligkeitsmessungen den Leitungsquerschnitt möglichst groß und den Leitungsweg möglichst klein machen; es ist dabei von Wichtigkeit, daß die Elektroden an allen Stellen gleiche Entfernung voneinander besitzen, damit sich der Strom über die ganze Selenschicht möglichst gleichmäßig verteilt, und weiter, daß die Selenschicht möglichst dünn ist, damit die dem Licht ausgesetzte Selenfläche einen wesentlichen Bestandteil der ganzen Selenoberfläche ausmacht. Unter Berücksichtigung dieser Gesichtspunkte haben sich in der Praxis für photometrische Zwecke zwei Formen von Selenzellen herausgebildet: Die Drahtzelle und die gravierte Zelle.

Die Drahtzelle besteht aus einem viereckigen Täfelchen aus Isoliermaterial (Talk, Porzellan, Glimmer), um das zwei feine Drähte in möglichst geringem Abstand parallel zueinander in mehrfachen Windungen aufgewunden sind. Auf der einen Seite des Plättchens befindet sich — zwischen die Drahtwindungen eingeschmolzen — das kristallinische Selen.

Die Abb. 20 zeigt eine solche Selendrahtzelle der im Handel üblichen Form.

---

[1] Chr. Ries, Das Selen. 379 S. München 1918.

Die Herstellung der empfindlichen Selenschicht ist bei den meisten Präparaten Fabrikgeheimnis, großenteils sogar den Fabriken selbst Geheimnis, da der Zufall bei dem Gelingen einer empfindlichen Selenzelle eine ganz bedeutende Rolle spielt. Doch erhält man nach einiger Übung ganz brauchbare Zellen, wenn man nach der folgenden von RIES[1] angegebenen Methode vorgeht: Man erhitzt das Täfelchen aus Isoliermaterial über den Schmelzpunkt des Selens (217°C) und bestreicht es mit amorphem Selen, welches sofort schmilzt; dann

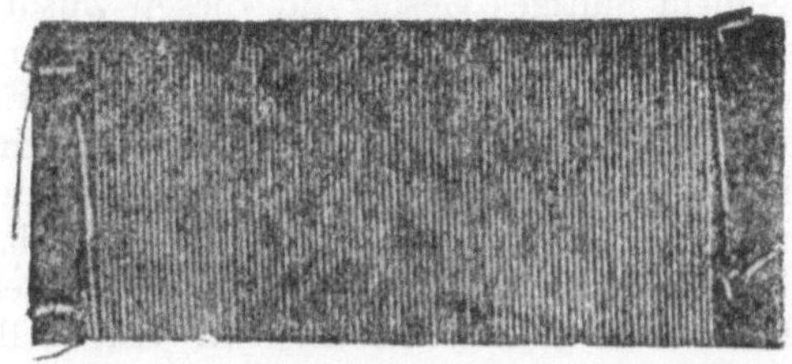

Abb. 20. Selendrahtzelle (aus RIES, Das Selen. S. 47, Abb. 24).

werden die beiden Drähte mit einer Wickelmaschine aufgewunden und durch oberflächliche Erwärmung leicht in das Selen eingeschmolzen. Um das Selen, welches jetzt ein schwarzes glasiges Aussehen besitzt, in die lichtempfindliche, graukristallinische Modifikation überzuführen, erwärmt man die ganze Zelle langsam auf 190° bis 210° C in einem Luft- oder Ölbade, hält sie mehrere Stunden auf dieser Temperatur und kühlt dann langsam ab. Die Geschwindigkeit des Kühlungsprozesses ist Erfahrungssache und übt einen großen Einfluß auf die Lichtempfindlichkeit der Zelle aus. Noch während der Abkühlung, jedenfalls aber sofort danach, überzieht man die Zelle mit einer durchsichtigen Firnis- oder Lackschicht (Zaponlack), um das Präparat, das hygroskopisch ist, vor dem Einfluß der Feuchtigkeit zu schützen.

Die gravierten Zellen werden in der Weise hergestellt, daß man auf ein verhältnismäßig weiches Isoliermaterial eine feine Platinschicht aufträgt und durch Gravierung in zwei Teile zerlegt. Die Abb. 21 bis 23 geben Beispiele von solchen Gravierungen.

Die Verbindung zwischen den beiden durch die Gravierung getrennten Platinschichten wird wieder in gleicher Weise wie bei den Drahtzellen durch eine dünne kristallinische Selenschicht hergestellt. Die gravierten Zellen haben vor den Drahtzellen den Vorzug, daß die Zwischenräume zwischen den beiden Elektroden sehr klein und gleichmäßig gemacht werden können, und daß sich das Selen bei diesen Zellen in fast beliebig feinen Schichten auftragen läßt[2].

Die zu technischen Zwecken hergestellten Selenzellen besitzen gewöhnlich einen Widerstand von 10^4 bis 10^5 Ohm, doch kommen gelegentlich bei besonders empfindlichen Zellen auch höhere Widerstände vor.

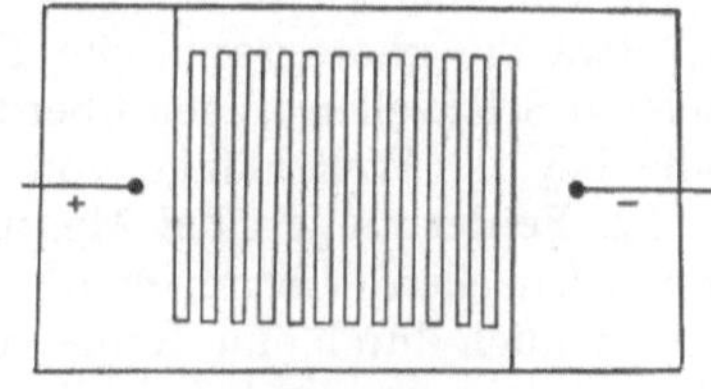

Abb. 21.

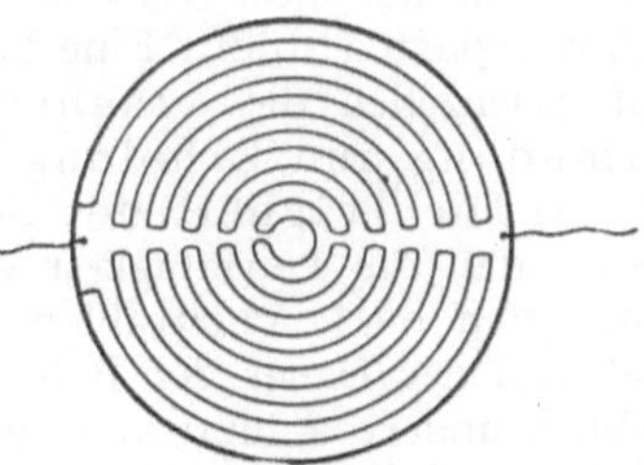

Abb. 22.

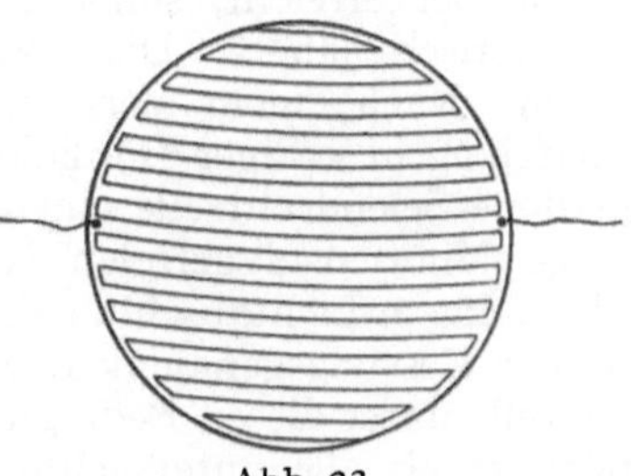

Abb. 23.

Abb. 21 bis 23. Formen von gravierten Zellen (aus RIES, Das Selen. S. 51, 54).

---

[1] l. c. S. 45.

[2] Gravierte Zellen selbst herzustellen dürfte sich für den Nichtfachmann kaum empfehlen. Mit der Fabrikation von Selenzellen beschäftigen sich unter anderen folgende Firmen:

Die Abhängigkeit der Widerstandsänderung von der Beleuchtungsstärke ist bei den einzelnen Selenzellen äußerst verschieden, so daß sich bisher ein allgemein gültiges Gesetz für diesen Zusammenhang noch nicht hat aufstellen lassen; die von den verschiedenen Autoren abgeleiteten Formeln haben alle nur den Rang von Interpolationsformeln[1]. Es dürfte daher am zweckmäßigsten sein, in jedem einzelnen Falle durch graphische Darstellung der Messungen bekannter Intensitäten eine Kurve aufzustellen, aus der sich die gesuchten Intensitäten interpolatorisch entnehmen lassen.

Ebensowenig wie eine allgemeine Beziehung zwischen Intensität und Widerstandsänderung für verschiedene Selenzellen aufgestellt werden kann, haben sich allgemein gültige Daten für die **Farbenempfindlichkeit** verschiedener Selenzellen aufstellen lassen, da diese je nach der Art der Kristallisation verschieden ausfällt, und die meisten Selenzellen mehrere Kristallformen verschiedener Farbenempfindlichkeit nebeneinander aufweisen. Die Farbenempfindlichkeit ist daher für jede Zelle gesondert zu untersuchen. Nur so viel läßt sich sagen, daß die Selenzellen eine erheblich größere effektive Wellenlänge besitzen als etwa die photographische Platte oder die Kalium- und Natriumzellen; die meisten Selenzellen zeigen überdies ein kräftiges sekundäres Maximum im Roten nahe bei der Wellenlänge von 700 $\mu\mu$.

12. Fehlerquellen bei Messungen mit Selenzellen. Widerstandsänderungen von Selenzellen erfolgen nicht nur unter dem Einfluß von Belichtung, sondern werden auch durch eine Reihe von anderen Einflüssen verursacht, so daß exaktes Photometrieren mit Selenzellen, das gerade in der Messung des Widerstandes der Selenzelle unter verschiedenen Beleuchtungszuständen besteht, auf große Schwierigkeiten stößt. Eine besonders wichtige Rolle spielen bei dem Arbeiten mit Selenzellen die **Trägheitserscheinungen** oder die **lichtelektrische Ermüdung und Erholung**.

α) **Die Trägheit des Selens.** Die Trägheit der Selenzellen äußert sich darin, daß die Leitfähigkeit einer Zelle bei Belichtung nicht sofort mit dem Auftreffen der Lichtstrahlen einen konstanten Wert annimmt, sondern sich während der Dauer der Belichtung mit einer konstanten Lichtquelle noch erheblich ändert — und zwar je nach der Zellenart verschieden — und daß der Widerstand der Zelle nach Abdunklung nicht sofort den ursprünglichen Dunkelwert wieder erreicht, sondern sich ihm zuerst rasch, dann immer langsamer asymptotisch nähert. Diese Zeit kann unter Umständen enorme Beträge erreichen. Nach einem Versuch von Rosenberg (nicht publiziert) zeigte eine monatelang in völliger Dunkelheit unter einer konstanten Spannung von 6 Volt gehaltene Selendrahtzelle einen Widerstand von $6{,}7 \cdot 10^6$ Ohm. Nach einer nur wenige Minuten dauernden schwachen Belichtung brauchte die Zelle unter vollständigem Lichtabschluß etwa 14 Tage, bis der alte Dunkelwiderstand innerhalb der Messungsgenauigkeit wieder erreicht wurde. Allerdings zeigte sich diese Selenzelle unter diesen Bedingungen noch empfindlicher gegen schwächste Lichteindrücke als alle untersuchten alkalischen Photozellen.

Die allgemeine Form der Ermüdungs- und Erholungserscheinungen für drei verschiedene Zellenarten bei je 5 Minuten dauernder Belichtung bzw. Verdunklung zeigt die Abb. 24.

Die Kurve I gehört zu einer Zelle, bei der die Überführung des amorphen Selens in die kristallinische Modifikation bei Erwärmung auf 170° C erfolgte.

Clausen und v. Bronk, Berlin-Treptow: Drahtzellen. Giltay, Delft (Holland): Drahtzellen. Gripenberg, Massaby (Finnland): Gravierte Zellen. Kipp und Zonen, Delft (Holland): Drahtzellen. Presser, Berlin-Treptow: Gravierte Zellen.

[1] Vgl. hierzu Ries, Das Selen, Kap. 7.

Zellen dieser Art bezeichnet man als **harte** Zellen. Kurve *II* entspricht einer Zelle, die bei Kristallisationstemperaturen von 195° bis 200° C entsteht, während man Kurven der Form *III* erhält, wenn man bei der Herstellung der Zellen das amorphe Selen lange Zeit über 200° C erhitzt hat oder geschmolzenes Selen bei langsamer Abkühlung hat kristallisieren lassen. Zellen, welche Kurven von der Form *II* oder *III* liefern, bezeichnet man als **weich**.

Belichtet man weiche Selenzellen mit einer konstanten Lichtquelle **intermittierend in kurzen Intervallen** (10^{-2} bis 10^{-3} sec), dann zeigen sie das in Abb. 25 u. 26 wiedergegebene Verhalten.

Die umhüllenden (punktierten) Kurven verlaufen schon nach 5 bis 6 Intermittenzen einander völlig parallel, d. h. daß die Trägheit schon nach wenigen Lichtschwankungen einen konstanten Wert angenommen hat.

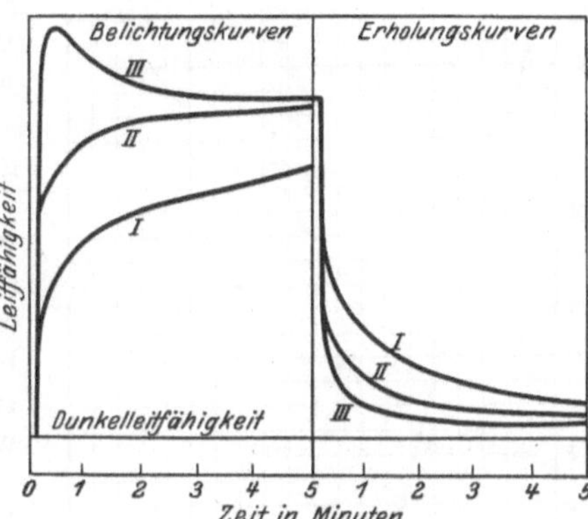

Abb. 24. Ermüdung und Erholung von Selenzellen (aus RIES, Das Selen, S. 132, Abb. 109).

Die Leitfähigkeit des Selens wird ferner durch eine Reihe äußerer Einflüsse verändert, von denen uns nur diejenigen beschäftigen sollen, die bei exakten Helligkeitsmessungen mit Selenzellen in Betracht gezogen werden müssen: Die Änderungen der Leitfähigkeit und der Empfindlichkeit durch Temperatur, durch Änderung der angelegten Spannung und durch Feuchtigkeit.

β) **Änderung durch Temperatur.** Die elektrische Leitfähigkeit des kristallinischen Selens ist bei Temperaturschwankungen starken Änderungen unterworfen, und zwar für Se_1 und Se_2 in entgegengesetztem Sinne. Da die Messung des Lichteffektes auf Selenzellen in einer Widerstandsmessung besteht, so ergibt sich damit die Notwendigkeit, während der Messung die Temperatur der Zelle konstant zu halten; da aber auch die Lichtempfindlichkeit einer gegebenen Zelle eine Funktion ihres Widerstandes ist und Änderungen der Lichtempfindlichkeit infolge der Trägheit des Selens oft sehr lange Zeiträume beanspruchen, bis sie sich ausgeglichen haben, so muß tunlichst während der ganzen Beobachtungsperiode die Temperatur der Zelle durch Einbau in ein Kalorimeter möglichst konstant gehalten werden.

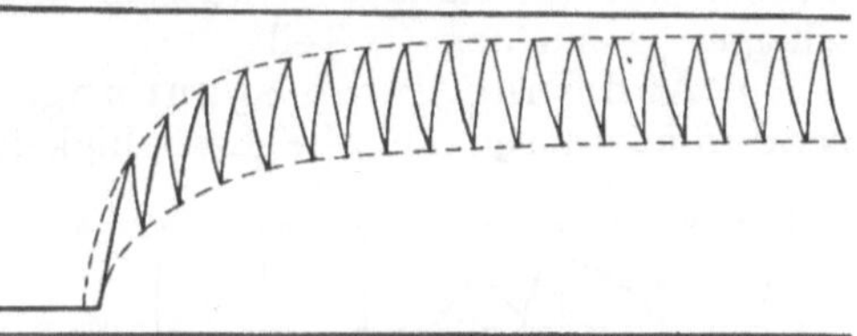

Abb. 25. Ermüdung und Erholung bei intermittierender Belichtung. Zelle II. Art. (aus RIES, Das Selen, S. 133).

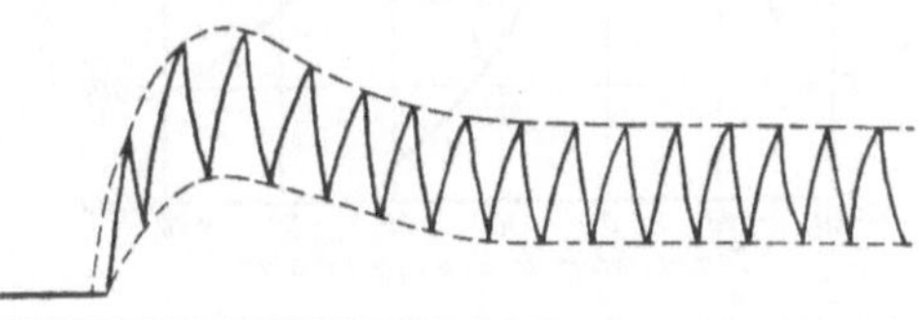

Abb. 26. Ermüdung und Erholung bei intermittierender Belichtung. Zelle III. Art. (aus RIES, Das Selen, S. 134).

Die Abb. 27 zeigt die Empfindlichkeitsabnahme einer Selenzelle mit negativem Temperaturkoeffizienten bei Temperaturen von $-20°$ bis $+170°$ C nach einem Versuch von SPERLING[1].

---

[1] Beiträge zur Kenntnis der Selenzellen. Diss. Göttingen 1907.

Den Zusammenhang zwischen Widerstandsänderung und Empfindlichkeitsänderung in ihrer Abhängigkeit von der Temperatur für ein Präparat, das von $-20°$ C bis $+9°$ C positiven, von $+9°$ C bis zu $+40°$ C negativen Temperaturkoeffizienten des Widerstandes besitzt, zeigt nach Marc[1] die Abb. 28.

Mit wachsendem Widerstand wächst gleichzeitig auch die Lichtempfindlichkeit. Daß die Maxima beider Kurven sich nicht vollständig decken, kann bei der Trägheit der Selenzellen nicht auffallen, da bei derartigen Versuchen viele Stunden vergehen, bis der Widerstand für die jeweilige Temperatur auch nur annähernd konstant geworden ist.

In guter Übereinstimmung mit diesen Versuchen finden sich die Ergebnisse von Stebbins[2], welcher findet, daß bei einer Selenzelle der Dunkelwiderstand von $1 \cdot 10^6$ bis auf $3 \cdot 10^6$ Ohm anstieg, wenn die Temperatur der Zelle von $+20°$ C auf $0°$ C herabgesetzt wurde. Gleichzeitig stieg die Lichtempfindlichkeit der Zelle etwa auf das Doppelte, und die Störungen, welche durch kleine Temperaturschwankungen usw. verursacht wurden, sanken — ausgedrückt in Skalenteilen des Galvanometerausschlages — auf den 50. Teil.

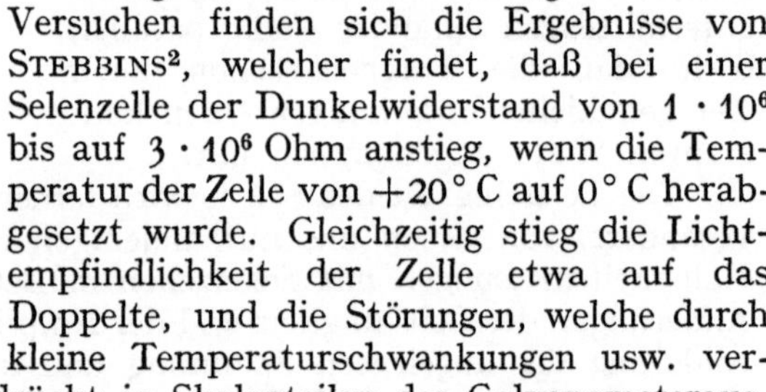

Abb. 27. Empfindlichkeit des Selens als Funktion der Temperatur (aus Ries, Das Selen, S. 89, Abb. 59).

γ) Änderung durch Spannung. Einen ähnlichen Einfluß wie die Temperaturänderungen auf die Leitfähigkeit und Lichtempfindlichkeit der Selen-

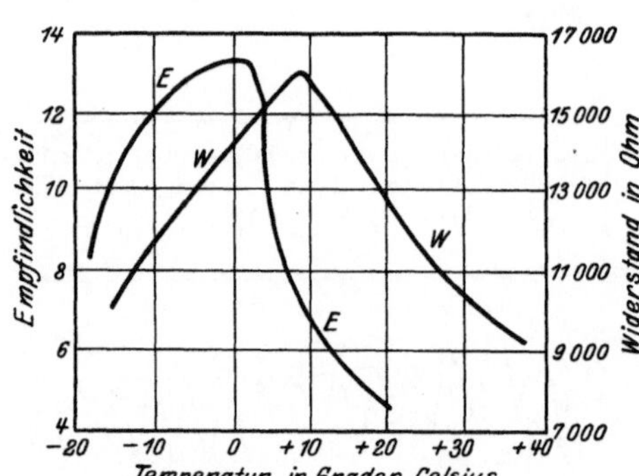

Abb. 28. Empfindlichkeit und Widerstand des Selens als Funktion der Temperatur (aus Ries, Das Selen, S. 91, Abb. 61).

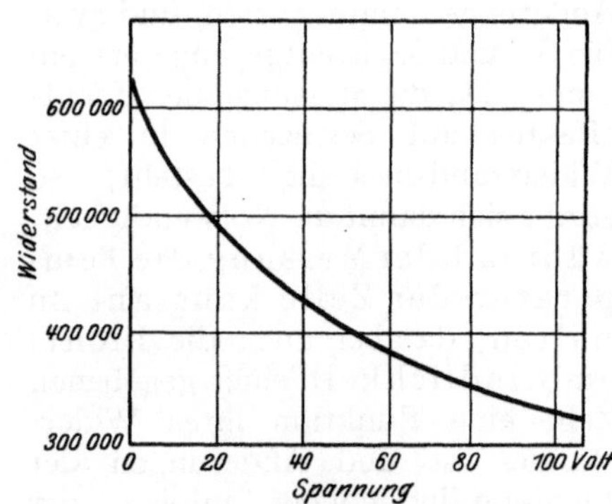

Abb. 29. Spannungseffekt (aus Ries, Das Selen, S. 77, Abb. 50).

zelle übt die Änderung der an die Zelle gelegten Spannung bzw. die Größe des die Zelle durchfließenden Stromes aus. Den Zusammenhang zwischen Widerstand und angelegter Spannung nach Messungen von Luterbacher[3] gibt Abb. 29.

[1] Z f anorg Chemie 37, S. 459 (1903).
[2] Ap J 32, S. 187 (1910).
[3] Ann d Phys, 4. Folge, 33, S. 1392 (1910).

Auch nach STEBBINS[1] sank der Dunkelwiderstand der vorhin erwähnten Zelle von $3 \cdot 10^6$ Ohm (bei 0° C) nach Anlegung einer Spannung von 6 Volt zuerst schnell, dann langsamer und erreichte nach 30 Minuten einen konstanten Betrag, der etwa 10% geringer war als der ursprüngliche Dunkelwiderstand; gleichzeitig sank auch die Lichtempfindlichkeit. Die Widerstandsänderung um $3 \cdot 10^5$ Ohm war etwa 100mal größer als die durch die Lichtwirkung eines Sternes erster Größe am 12zölligen Refraktor verursachte Änderung der Leitfähigkeit.

Dieser Spannungseffekt ist wahrscheinlich identisch mit dem unter β) besprochenen Einfluß der Temperaturänderung und muß auf die Stromwärme zurückgeführt werden. Für die Praxis ergibt sich daraus die Vorsichtsmaßregel, die Spannung längere Zeit vor Beginn der Messungen an die Zelle zu legen, am besten die Zelle während der ganzen Beobachtungsperiode dauernd unter konstanter Spannung stehenzulassen. Es möge in diesem Zusammenhang darauf hingewiesen werden, daß die Trägheit der Zellen vielleicht ebenfalls auf Stromwärme zurückzuführen sein wird, da mit der Änderung des Zellenwiderstandes durch die Belichtung automatisch auch eine Änderung des die Zelle durchfließenden Stromes und damit der Zellentemperatur verbunden ist, die sich erst allmählich ausgleichen kann.

δ) **Änderung durch Feuchtigkeit.** Wenn die Selenzellen nicht genügend gegen den Einfluß der Feuchtigkeit durch einen Schutzüberzug oder durch Einbringen in ein Vakuumgefäß geschützt sind, so zeigen viele von ihnen Veränderungen der Leitfähigkeit, die der Feuchtigkeit parallel verlaufen. Besonders auffallend zeigen diese Eigenschaft Selenzellen, die aus dem Schmelzfluß (Erhitzung über 217° C) durch überaus langsame Abkühlung erzeugt werden. Präparate, die aus dem amorphen Zustand durch Erhitzung auf ca. 200° C und äußerst rasche Abkühlung erhalten werden, zeigen dagegen die hygroskopischen Eigenschaften entweder gar nicht oder nur in sehr geringem Grade. Bei den Selenzellen erster Art ist die Feuchtigkeitsempfindlichkeit gelegentlich so groß, daß man diese direkt an Stelle eines Hygrometers benutzen kann, wie die Abb. 30 zeigt, die nach RIES[2] den Zusammenhang zwischen der Luftfeuchtigkeit (punktierte Kurve) und der Leitfähigkeit einer Selenzelle (ausgezogene Kurve) — ausgedrückt durch die Größe des Galvanometerausschlages — während 13 Tagen angibt.

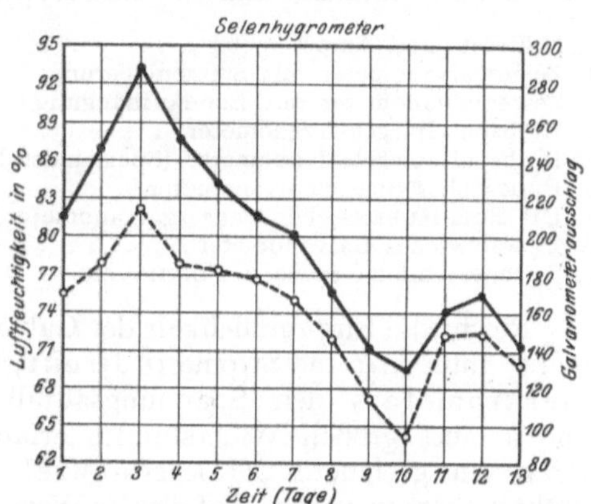

Abb. 30. Selenhygrometer. Punktierte Kurve: Luftfeuchtigkeit; ausgezogene Kurve: Leitfähigkeit des Selens (aus RIES, Das Selen, S. 149, Abb. 125).

Auf Grund dieser verschiedenen Fehlerquellen ergeben sich für die Benutzung von Selenzellen zu astrophotometrischen Messungen nach STEBBINS[3] die folgenden Vorsichtsmaßregeln:

1. Die Selenzelle muß dauernd auf einer gleichmäßigen Temperatur von 0° C oder tiefer gehalten werden.

---

[1] Ap J 32, S. 187 (1910).
[2] Phys Z 9, S. 569 (1908).
[3] Ap J 32, S. 186 (1910).

2. Der elektrische Strom muß dauernd die Selenzelle durchfließen.

3. Die Zelle soll dem Lichteindruck nur kurze Zeit ausgesetzt werden (ca. 10^{sec}); es muß ihr zwischen den einzelnen Belichtungen eine längere Dunkelpause zur Erholung gegönnt werden.

c) Methoden zur Messung des Photoeffektes.

13. Messung schwacher elektrischer Ströme. Die direkte Messung schwacher elektrischer Ströme erfolgt heute fast ausschließlich mit Hilfe von Drehspulgalvanometern, von denen uns die Technik — je nach der zu lösenden Aufgabe — eine Anzahl Typen verschiedener Empfindlichkeit zur Verfügung stellt. Da bei der Messung von Photoströmen stets ein sehr großer Widerstand — die Photozelle — in dem Stromkreis liegt, neben der meist alle übrigen in der Leitung befindlichen Widerstände — insbesondere der Widerstand des Meßinstrumentes — vernachlässigt werden dürfen, so verwendet man für diesen Zweck mit Vorteil Galvanometer von großem inneren Widerstand und hoher Ampereempfindlichkeit bei entsprechend herabgesetzter Voltempfindlichkeit. (Bei Messung von Thermoströmen ist es genau umgekehrt, da dort die Voltempfindlichkeit für die Genauigkeit der Messung ausschlaggebend ist und Instrumente von möglichst geringem inneren Widerstand verlangt.)

Eine Zusammenstellung der ungefähren Ampereempfindlichkeit einer Reihe im Handel befindlicher Galvanometertypen enthält die folgende kleine Übersicht:

1. Millivolt- und Amperemeter	1 Skalenteil $= 1 \cdot 10^{-5}$ Amp.
2. Zeigergalvanometer mit Spitzenlagerung	1 ,, $= 5 \cdot 10^{-7}$,,
3. Zeigergalvanometer mit Bandaufhängung	1 ,, $= 1 \cdot 10^{-7}$,,
4. Drehspul-Spiegelgalvanometer	1 ,, $= 5 \cdot 10^{-10}$,,
5. Drehspul-Spiegelgalvanometer (Spezialausführung)	1 ,, $= 5 \cdot 10^{-11}$,,
6. Brocasches Spiegelgalvanometer	1 ,, $= 5 \cdot 10^{-10}$,,
7. Du Bois-Rubenssches Panzergalvanometer	1 ,, $= 5 \cdot 10^{-12}$,,
8. Paschensches Galvanometer	1 ,, $= 1 \cdot 10^{-12}$,,
9. Saitengalvanometer nach Einthoven	1 ,, $= 1 \cdot 10^{-12}$,,

Reicht die Empfindlichkeit der Galvanometer für die gestellte Aufgabe nicht aus, so mißt man die Ströme indirekt, indem man mittels eines empfindlichen Elektrometers den Spannungsabfall bestimmt, den der Strom an den Enden eines großen Widerstandes erfährt, oder man verstärkt die Ströme durch ein geeignetes Elektronenrelais und mißt die verstärkten Ströme direkt galvanometrisch. Auf diesem Wege lassen sich noch Ströme von der Größenordnung bis zu 10^{-15} Amp. mit Sicherheit bestimmen.

Alle elektrometrischen Messungsmethoden, bei denen große Widerstände in dem Stromkreis vorkommen, sind äußerst empfindlich gegen Feldstörungen. Man muß daher den ganzen Stromkreis von der Photozelle bis zum Elektrometer vor statischen Störungen und Kapazitätsänderungen schützen. Dies geschieht in der Weise, daß man alle stromführenden Leitungen isoliert in geerdete Metallröhren verlegt und das Zellen- sowie das Elektrometergehäuse mit den Schutzrohren leitend verbindet. Als Isoliermaterial wird am besten Bernstein verwendet, als Erde kommen Wasserleitung, Blitzableiter, Zentralheizung usw. in Betracht; es möge besonders darauf hingewiesen werden, daß alle zu erdenden Teile an dieselbe Erde gelegt werden sollen, da durch Verbindung gewisser Teile der Apparatur mit der Wasserleitung, anderer mit dem Blitzableiter, wie gelegentlich empfohlen worden ist, Potentialdifferenzen in das Instrumentarium hineingetragen werden können.

Bei Anwendung elektrometrischer Messungsmethoden soll das Elektrometer gewisse Forderungen erfüllen: 1. möglichst hohe Empfindlichkeit, 2. möglichst geringe Kapazität, 3. möglichst schnelle Einstellung und 4. weitgehende Unabhängigkeit der Nullpunktslage und der Empfindlichkeit von Neigungen des Instrumentes.

Aus diesem Grunde eignet sich das empfindlichste aller Elektrometer, das DOLEZALEKsche Quadrantelektrometer, in seinen verschiedenen Formen wenig für photoelektrische Messungen, da die Forderungen 2. und 3. nur unvollkommen, die Forderung 4. infolge der Spiegelablesung überhaupt nicht erfüllt ist. Die meiste Verwendung hat daher bei der Photometrie mit Photozellen das Saitenelektrometer in seinen verschiedenen Ausführungsformen gefunden, welches bei einer genügenden Empfindlichkeit — 100 bis 500 Skalenteile pro Volt — kleine Kapazität, schnelle Einstellungsdauer und — bei den Ausführungen mit elastisch gespannter Saite — große Unabhängigkeit von der Aufstellung besitzt. In jüngster Zeit ist speziell für photoelektrische Untersuchungen am Fernrohr von F. A. und A. F. LINDEMANN und T. C. KEELEY[1] eine besondere Form des Quadrantelektrometers vorgeschlagen worden, welche vor den übrigen Typen gewisse Vorteile besitzen soll. Die Nadel besteht aus zwei einander parallelen Glasfäden und trägt an ihrem oberen Ende einen kleinen Zeiger; die Ablesung erfolgt mikroskopisch und nicht durch einen Spiegel. Dadurch wird es möglich, Trägheitsmoment und Direktionskraft so gering zu halten, daß durch die bloße Luftdämpfung das Elektrometer praktisch aperiodisch wird, und trotzdem die Einstellung bei nicht allzu großer Empfindlichkeit innerhalb einer Sekunde erfolgt. Die Kapazität des Instrumentes beträgt nur 1,3 cm, die Empfindlichkeit kann bis auf etwa 1000 Skalenteile pro Volt gesteigert werden. Ein besonderer Vorzug dieses Instrumentes ist die strenge Proportionalität zwischen Spannung und Ausschlag auch bei großer Empfindlichkeit. Eine Neigung ändert die Nullpunktslage nur in sehr geringem Maße, die Empfindlichkeit überhaupt nicht.

Für die Messung photoelektrischer Wirkungen kommen fünf verschiedene Methoden in Frage:

α) Die direkte Messung der Photoströme mit Hilfe eines empfindlichen Galvanometers (nur für relativ kräftige Photoströme).

β) Die elektrometrische Messung des Spannungsabfalles, welchen der Photostrom an den Enden eines großen Widerstandes verursacht.

γ) Die meßbare Kompensation des durch den Photostrom an einem großen Widerstand verursachten Spannungsabfalles durch ein Gegenpotential.

δ) Die Messung der Aufladezeiten eines Elektrometers durch den Photostrom auf ein bestimmtes Potential.

ε) Die Verstärkung des Photostromes durch ein Elektronenrelais (Verstärkerröhre) und direkte Messung des verstärkten Photostromes.

α) Die direkte Messung der Photoströme mit Hilfe eines Galvanometers ist die einfachste, aber nur für verhältnismäßig große Photoströme verwendbar. Die bei astrophotometrischen Messungen auftretenden Photoströme bewegen sich zwischen 10^{-7} und 10^{-15} Amp. Da die allerempfindlichsten Galvanometer eine Empfindlichkeit von maximal 10^{-12} Amp. besitzen, so lassen sich auf diesem Wege noch Ströme von der Größenordnung 10^{-10} Amp. mit einer Genauigkeit von 1% bestimmen. Das genügt vollständig für elektrophotometrische Messungen an der Sonne, der Helligkeit des Himmelshintergrundes bei Tage, des Mondes und — vielleicht — noch der hellsten Planeten und Fixsterne in einem großen Spiegelteleskop, reicht aber in keiner Weise hin zur Helligkeitsbestimmung der übrigen zölestischen Objekte Eine schematische Schaltungsanordnung für

---

[1] Phil Mag 47, S. 577 (1924).

die direkten Messungen des Photostromes enthält die Abb. 31. Hier bedeutet Z die Photozelle, B die Feldbatterie und G das Galvanometer.

β) Viel empfindlicher ist die Methode, den Spannungsabfall, welchen der Photostrom an den Enden eines großen Widerstandes verursacht, elektrometrisch zu bestimmen. Die für diese Messung erforderliche Schaltung gibt Abb. 32 schematisch wieder. Z ist wieder die Zelle, B die Feldbatterie, E das Saitenelektrometer, W der Widerstand und U ein Unterbrecher, der während der Messung geöffnet ist und bei Schließung die Saite an Erde zu legen gestattet.

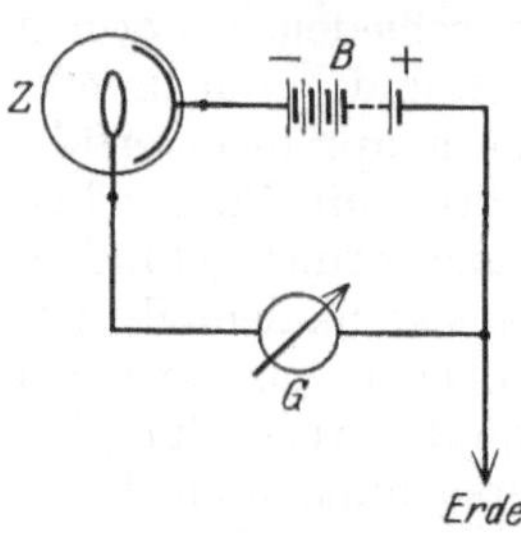

Abb. 31. Schaltungsschema für galvanometrische Messung.

Der den Widerstand durchfließende Photostrom verursacht an den Enden des Widerstandes W eine Potentialdifferenz, die durch das Elektrometer, dessen Saite mit dem einen Ende, dessen Gehäuse mit dem anderen Ende des Widerstandes leitend verbunden ist, gemessen wird; der Nullpunkt des Elektrometers wird durch die Erdung der Saite mit Hilfe des Schalters U bestimmt. Um schwache Photoströme mit dieser Anordnung messen zu können, muß der Widerstand entsprechend groß gewählt werden. Bei einer Empfindlichkeit des Elektrometers von 100 Skalenteilen pro Volt läßt sich 0,001 Volt noch ablesen und ein Spannungsabfall von 0,1 Volt auf 1% genau bestimmen. Ein Photostrom von 10^{-12} Amp. verlangt einen Widerstand von 10^{11} Ohm, um an dessen Enden eine Potentialdifferenz von 0,1 Volt hervorzurufen. Von dieser Größenordnung muß der Widerstand sein.

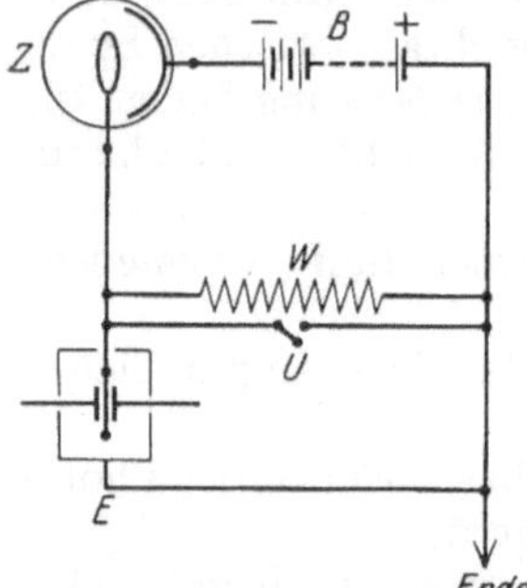

Abb. 32. Schaltungsschema zur Messung des Spannungsabfalles durch konstante Ausschläge.

Derartige Widerstände können in verschiedener Weise hergestellt werden. Ein Drahtwiderstand kommt nicht mehr in Frage; dagegen gibt es eine Reihe von Halbleitern, die brauchbare Widerstände liefern. Leider sind die meisten dieser Halbleiter temperatur- und feuchtigkeitsabhängig, so daß ihr Widerstandswert wenig konstant ist. Pohl und Pringsheim haben die Verwendung von Flüssigkeitswiderständen (Mannit-Borsäurelösung) vorgeschlagen[1], andere benutzen Xylol-Alkohol-Widerstände, doch zeigen diese Polarisationserscheinungen, wodurch die Genauigkeit der Messung ebenfalls beeinträchtigt wird. Eine ionisierte Luftstrecke (Bronson-Widerstand) läßt sich ebenfalls als Widerstand benutzen[2], doch bestehen auch hier gewisse Bedenken, da die Bronson-Widerstände temperaturabhängig sind und strenggenommen keine Ohmschen Widerstände darstellen. Für gewisse Untersuchungen hat sich als Ableitungswiderstand eine zweite Photozelle nach dem Vorschlage von Koch[3] gut bewährt, doch ist auch diese Form des Widerstandes kein eigentlicher Ohmscher Widerstand[4]. Am besten haben sich die von Krüger vorgeschlagenen Platin-Bernstein-Widerstände bewährt, bei denen eine durch Kathodenzerstäubung auf einem Bernsteinzylinder erzeugte dünne Platinschicht den Leiter bildet. Erst bei einem Betrage von 10^{12} Ohm fangen diese Widerstände an, instabil zu werden.

[1] Verh d D Phys Ges 15, S. 174 (1913).   [2] Phil Mag (6) 11, S. 143 (1906).
[3] Ann d Phys, 4. Folge, 39, S. 705 (1912).
[4] Vgl. hierzu H. Beutler, Z f Instrk 47, S. 61 (1927).

Die Messung erfolgt bei dieser Methode durch konstante Ausschläge des Elektrometers. Diese Methode bei photoelektrischen Messungen anzuwenden, ist jedoch nicht ganz unbedenklich. Da die Lichtempfindlichkeit der Zellen von dem elektrischen Felde in der Zelle abhängt und sich dieses Feld für verschiedene Aufladungen der Elektrometersaite etwas ändert, so arbeitet man bei dieser Methode strenggenommen für verschieden helle Lichtquellen mit einer etwas verschiedenen Lichtempfindlichkeit der Zelle, wodurch die Resultate — besonders in der Nähe des Entladungspotentials — verfälscht werden können.

γ) Von diesem Bedenken frei ist die dritte Methode, bei welcher das Potentialgefälle an dem Widerstande kompensiert und die Kompensationsspannung gemessen wird. Da es sich hier elektrometrisch um eine strenge Nullmethode handelt, so wird man gleichzeitig von etwaigen Nullpunktsschwankungen des Elektrometers unabhängig. Das zur Anwendung kommende Schaltungsschema zeigt die Abb. 33, das im wesentlichen das gleiche ist wie dasjenige der vorigen Methode, nur erweitert durch den Kompensationsapparat K.

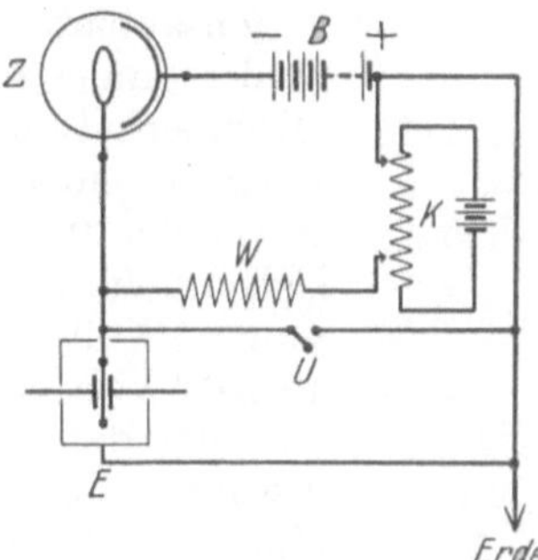

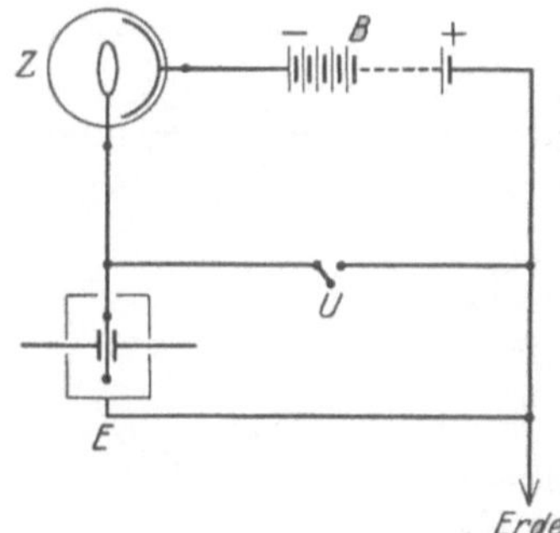

Abb. 33. Schaltungsschema der Kompensationsmethode.　　Abb. 34. Schaltungsschema der Auflademethode.

An Stelle eines vollständigen Kompensationsapparates läßt sich mit Vorteil auch ein Schiebewiderstand hohen Ohmwertes benutzen (Potentiometerschaltung) und die Kompensationsspannung mit Hilfe eines geeichten Millivoltmeters messen.

δ) Bei weitem die empfindlichste Methode zur elektrometrischen Messung schwächster Photoströme ist die Messung der Aufladezeiten eines Elektrometers auf ein bestimmtes Potential.

Da 1 Farad $= 9 \cdot 10^{11}$ [cm] el.-stat. CGS definiert ist, so wird der Strom i, der ein Elektrometer von c Zentimeter Kapazität (el.-stat. gemessen) in t Sekunden auf V Volt auflädt:

$$i = \frac{c}{9 \cdot 10^{11}} \cdot \frac{V}{t}.$$

Setzen wir $c = 10$ cm, $V = 10$ Volt und $t = 100$ Sekunden, so wird $i = 1{,}11 \cdot 10^{-14}$ Amp. Die Methode ist noch brauchbar zur Messung von Strömen von der Größenordnung 10^{-15} Amp. Das bei dieser Messungsmethode zur Anwendung kommende Schaltungsschema zeigt die Abb. 34.

Trotz des Vorzuges großer Empfindlichkeit ist die Auflademethode bei photoelektrischen Messungen nur mit Vorsicht anzuwenden, da kleinere Stoßschwankungen und Störungen jeder Art bei der bewegten Elektrometersaite häufig nicht erkannt werden und die Aufladezeit verfälschen. Handelt es sich allerdings um allerschwächste Photoströme, so wird kaum eine der anderen Methoden brauchbare Resultate liefern.

Eine Universalschaltung, welche alle drei Elektrometermethoden anzuwenden gestattet, sei noch in Abb. 35 wiedergegeben.

B_1 ist eine Akkumulatorenbatterie, die zur Erzeugung des beschleunigenden Feldes in der Photozelle Z dient, und deren Spannung sich mit Hilfe eines Zellenschalters von 2 zu 2 Volt abnehmen läßt; um auch Bruchteile von 2 Volt zuschalten bzw. runde Werte der Spannung einstellen zu können, ist der positive Pol des letzten Akkumulators mit dem Schiebekontakt des Spannungsteilers W_1 verbunden, der einen Akkumulator größerer Kapazität (B_2) schließt. Der positive Pol von B_2 ist geerdet.

Der Anodenring der Photozelle ist mit der Saite des Elektrometers E verbunden; die für die Schneidenladung des Elektrometers erforderliche Hilfsspannung wird einer kleinen Krüger-Batterie[1] B_4 entnommen. Das Gehäuse des Elektrometers und die Mitte der Batterie B_4 sind ebenfalls geerdet; der Erdungsschlüssel für die Saite des Elektrometers ist der Übersichtlichkeit wegen in der Abbildung fortgelassen. W_3 ist ein Krüger-Widerstand von 10^{10} bis 10^{11} Ohm.

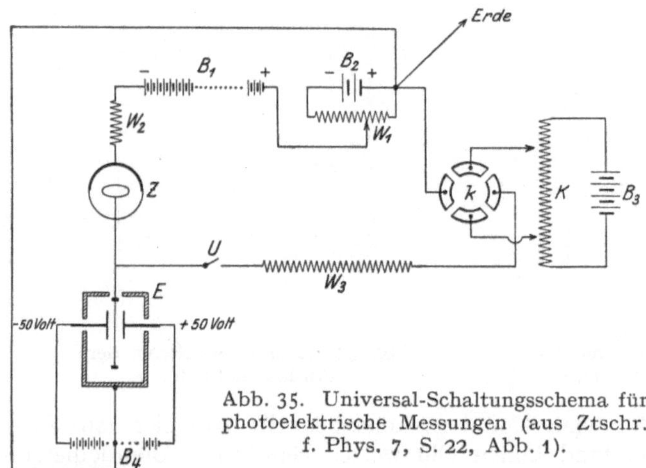

Abb. 35. Universal-Schaltungsschema für photoelektrische Messungen (aus Ztschr. f. Phys. 7, S. 22, Abb. 1).

K ist ein Kompensationsapparat großen Widerstandes, dessen Kompensationsspannung bei einer Stromstärke von 0,001 Amp. sich an fünf Kurbeln von 15 Volt bis auf $1 \cdot 10^{-4}$ Volt einstellen läßt, und der, wie oben erwähnt, durch einen einfachen Spannungsteiler mit Millivoltmeter ersetzt werden kann. k ist ein Kommutator, der bei der Bestimmung der Elektrometerempfindlichkeit durch den Kompensationsapparat gebraucht wird. Bei U läßt sich die Leitung unterbrechen. W_2 ist ein Schutzwiderstand von einigen Tausend Ohm. Zelle, Elektrometer und Krüger-Widerstand sowie die sie verbindenden Leitungen sind zum Schutz gegen elektrostatische Störungen in geerdete Metallgehäuse eingebaut.

Bei Benutzung der Schaltung für die Kompensationsmethode wird der Unterbrecher U geschlossen, die Einstellung des Elektrometers bei geerdeter Saite abgelesen, die Erdung der Saite aufgehoben und der durch den Photoeffekt bewirkte Ausschlag der Saite durch entsprechende Einstellung des Kompensationsapparates kompensiert. Der zu kompensierende Ausschlag darf erheblich größer sein als die Skala des Elektrometers, wodurch eine hohe Genauigkeit der Messung resultiert. Die erreichte Kompensation wird dadurch kontrolliert, daß bei abwechselnder Erdung und Enterdung der Saite dieselbe ruhig stehenbleiben muß. Die am Kompensationsapparat abgenommenen Spannungen V sind den kompensierten Photoströmen proportional; ist die Größe des Widerstandes W_3 gemessen, so berechnet sich die Größe des Photostromes J aus der Beziehung

$$J = \frac{V}{W_3},$$

---

[1] Phys Z 13, S. 954 (1912).

vorausgesetzt, daß W_3 so groß ist, daß die übrigen Widerstände vernachlässigt werden dürfen.

Stellt man den Kompensationsapparat auf die Spannung 0 Volt ein, so liegt das der Zelle abgekehrte Ende des Widerstandes W_3 direkt an dem positiven Pol von B_2 bzw. an Erde, d. h. wir messen jetzt die Größe des jeweiligen Photostromes durch die Größe des Elektrometerausschlages. Zu diesem Zweck muß das Elektrometer geeicht werden, was wieder am bequemsten mit dem Kompensationsapparat erfolgt, indem bei verdunkelter Zelle eine Reihe verschiedener Spannungen an K eingestellt und die zugehörigen Elektrometerausschläge abgelesen werden. Um die Symmetriestellung der Saite zu finden, für welche gleiche Spannungen nach beiden Seiten gleiche Ausschläge erzeugen, ist der Kommutator k vorgesehen. Bei der Messungsmethode mit Ausschlägen ist die Empfindlichkeit des Elektrometers so einzustellen, daß die stärksten vorkommenden Photoströme die Elektrometersaite nicht über die Skala herausführen; die Methode ist also unempfindlicher als die Kompensationsmethode.

Öffnen wir den Unterbrecher U, so haben wir die Schaltung für die Methode der Messung des Photoeffektes durch die reziproken Aufladezeiten. Für diesen Fall ist der Widerstand W_2, der bei den beiden anderen Methoden überflüssig und gegen den großen Widerstand W_3 völlig zu vernachlässigen war, bei

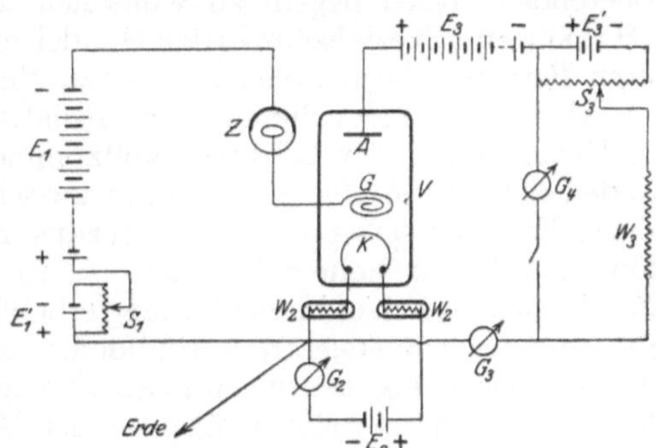

Abb. 36. Schaltungsschema für Verstärkermethode (aus Die Naturwiss. 1921, Heft 19, Abb. 1).

leuchtender Entladung zum Schutz von Zelle und Elektrometer notwendig. Auch hier wird die Möglichkeit, durch einfaches Schließen des Unterbrechers U die Empfindlichkeit des Elektrometers jederzeit kontrollieren zu können, nützlich sein.

ε) An Stelle der indirekten elektrometrischen Messungsmethoden lassen sich auch Methoden anwenden, bei denen der Photostrom durch ein Elektronenrelais verstärkt und der verstärkte Strom galvanometrisch gemessen wird. Diese Methode ist von verschiedenen Autoren ausgebaut worden und hat zu bemerkenswerten Ergebnissen geführt. Mit einer einzigen Verstärkerröhre ist es ROSENBERG[1] gelungen, eine Verstärkung von $6 \cdot 10^5$ zu erzielen, und DU PREL[2] hat bei intensiver Abkühlung der Verstärkerröhre die Verstärkung bis auf $15 \cdot 10^6$ treiben können. Ein für die Verstärkeranordnung bewährtes Schaltungsschema ist in Abb. 36 wiedergegeben; hier bedeutet Z die Photozelle, V die Verstärkerröhre (A = Anode, G = Gitter, K = Kathode), E_1, E_1', E_2, E_3, E_3' Akkumulatorenbatterie im Gitter-, im Heiz- und im Anodenkreis. W_2 sind zwei zu V gehörige Eisen-Wasserstoff-Widerstände, W_3 ist ein fester Widerstand von etwa 10^5 Ohm, S_1 und S_3 sind Spannungsteiler im Gitter- bzw. im Kompensationskreis und G_2, G_3, G_4 Galvanometer zur Messung des Heizstromes, des Anodenstromes und des Brückenstromes der Kompensationsschaltung.

Durch den Kompensationskreis wird zunächst der auch bei völlig verdunkelter

Potential auf und erzeugt Änderungen im Anodenstrom, die mit dem Galvanometer G_4 gemessen werden.

Es ist eigentlich auffallend, daß sich der Anodenstrom für einen bestimmten Photostrom auf einen konstanten Wert einstellt und nicht immer kleiner wird. Das Gitter nimmt demnach unter dem Einfluß des Photostromes sehr schnell ein bestimmt definiertes Potential gegen den Heizdraht an und lädt sich nicht allmählich immer weiter negativ auf, wie es etwa die gut isolierte Saite eines Elektrometers in diesem Falle tun würde. Es verhält sich vielmehr so, als ob ein großer Widerstand als Nebenschluß gegen den Heizdraht vorhanden, als ob die Isolation des Gitters gegen den Heizdraht unvollkommen sei.

Tatsächlich läßt diese Isolation bei den handelsüblichen Verstärkerröhren, in denen sämtliche Stromzuführungen dicht nebeneinander in dem nicht genügend isolierenden Sockel liegen, zu wünschen übrig. (Neuerdings ist von SIEMENS & HALSKE eine Spezialröhre in den Handel gebracht worden, welche eine getrennte, durch Bernstein hoch isolierte Gitterzuführung besitzt.)

Aber selbst bei vollkommener Isolation der Elektroden würde sich durch die Ionisierung der bei nicht vollkommener Evakuierung in der Röhre vorhandenen Gasreste ein Nebenschluß zwischen Gitter und Heizdraht ausbilden, dessen Existenz sich durch den Gitterstrom verrät. Durch Verwendung von Röhren mit sehr hohem Vakuum ($< 10^{-6}$ mm Quecksilberdruck) und starke Abkühlung läßt sich die Ionenbildung erheblich herabsetzen und der Verstärkungsgrad entsprechend steigern; verbunden mit einer solchen Verstärkungssteigerung ist bei Anwendung der in Abb. 36 skizzierten Schaltung mit „schwebendem" Gitter stets eine gewisse Trägheit der Verstärkeranordnung.

Bei Verwendung von Röhren, deren Anodenspannung unter dem Stoßionisationspotential liegt (5 bis 6 Volt), verschwindet der Gitterstrom vollständig, so daß bei sonst guter Isolation die Verstärkung theoretisch gleich ∞ wird. In diesem Falle darf man jedoch nicht mit schwebendem Gitter arbeiten, weil dann tatsächlich eine allmähliche, sich immer weiter steigernde negative Aufladung des Gitters stattfinden und ein definierter Anodenstrom überhaupt nicht mehr zustande kommen würde, sondern man muß zwischen Gitter und Heizdraht einen entsprechend hohen Widerstand ($\sim 10^{10}$ Ohm) legen, wie dies z. B. in dem Röntgendosimeter und dem Röhrengalvanometer der Firma SIEMENS & HALSKE[1] der Fall ist. Bei dieser Schaltung läßt sich hinter der ersten Verstärkerröhre mit Vorteil ein widerstandsgekoppelter Mehrfachverstärker benutzen, wie ihn B. STRÖMGREN[2] bei seinen photoelektrischen Registrierungen von Sterndurchgängen angewandt hat. Mit einem derartigen Vielfachverstärker erzielte er einen Verstärkungsgrad von $6 \cdot 10^9$, während die Trägheit der Verstärkeranordnung trotz der hohen Verstärkung unter $0^s,1$ blieb.

Die mit Hilfe der Verstärkerröhren erreichbare Empfindlichkeit in der Messung von Photoströmen ist der unter δ) beschriebenen elektrometrischen Aufladezeitenmessung wenigstens gleichwertig. Mit einem der handelsüblichen Drehspulgalvanometer höherer Empfindlichkeit lassen sich Ströme von der Größenordnung 10^{-15} Amp. noch mit Sicherheit messen; für hellere Planeten und Fixsterne kommt man mit einem gewöhnlichen Milliamperemeter aus[3].

14. Eliminierung der Ermüdungs- und Erholungseinflüsse. Die im vorigen Abschnitt zusammengestellten Messungsmethoden gestatten, den Photostrom selbst mit aller für die Praxis wünschenswerten Schärfe zu bestimmen. Wird der Photoeffekt jedoch durch eine der in Ziff. 9 zusammengestellten Fehlerquellen systematisch verfälscht, dann werden die empfindlichsten elektrischen

---

[1] Wiss Veröff a d Siemens-Konzern 2, S. 325 (1922).
[2] A N 226, S. 81 (1925).   [3] Naturwissensch 9, S. 389 (1921).

Messungen nicht imstande sein, die entsprechende photometrische Genauigkeit zu erzielen. Es bleibt in diesem Falle Aufgabe des Beobachters, seine Messungen so anzulegen, daß diese Fehlerquellen innerhalb der gewünschten Messungsgenauigkeit keinen Einfluß auf das Resultat gewinnen.

Wenn es sich — wie bei Sternmessungen — um die lichtelektrische Bestimmung sehr geringer Intensitäten handelt, bei denen ein nahes Herangehen an das Entladungspotential der Photozellen unvermeidlich ist, dann geben zweifellos die; in Ziff. 9 beschriebenen Ermüdungs- und Erholungsvorgänge den Anlaß zu den meisten Störungen; dieser Einfluß kann so weit gehen, daß unter Umständen durch einen bestimmten rhythmischen Wechsel zwischen helleren und

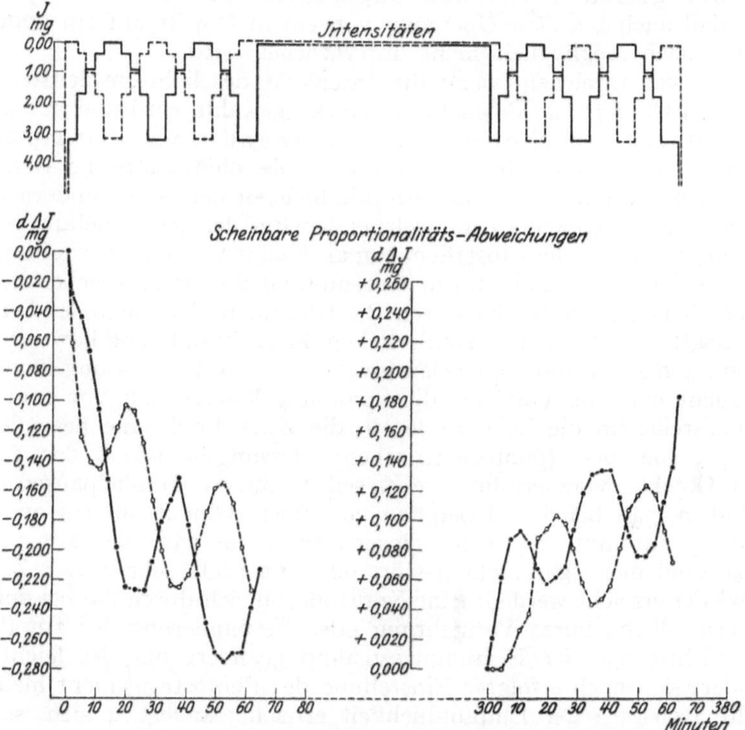

Abb. 37. Scheinbare Proportionalitätsabweichungen durch Ermüdungs- und Erholungsvorgänge (aus Ztschr. f. Phys. 7, S. 54, Abb. 8).

schwächeren Sternen scheinbar periodische Lichtänderungen einer an sich konstanten Lichtquelle vorgetäuscht werden, wenn man mit der Proportionalität zwischen Lichtstärke und Photostrom rechnet. Als Beispiel für solche periodischen Proportionalitätsabweichungen dient die Abb. 37, in der die obere ausgezogene bzw. gestrichelte Kurve die Folge der auf die Zelle wirkenden Intensitäten, die untere ausgezogene bzw. gestrichelte Kurve die zugehörigen Proportionalitätsabweichungen zeigen.

Wir sehen, wie man nur durch Änderung der Folge verschiedener Intensitäten die Kurve der scheinbaren, durch die Ermüdungserscheinungen verursachten periodischen Lichtschwankungen in ihr Spiegelbild verkehren kann, wie vorsichtig man also in der Deutung photoelektrischer Helligkeitsmessungen sein muß, falls der Einfluß der Ermüdungsvorgänge auf das Resultat nicht eliminiert wird.

Um diesen Einfluß auszuschalten, kennen wir zur Zeit nur eine einzige sichere Methode: Verwendung der Photozelle als Nullinstrument.

Wird eine Photozelle längere Zeit mit einer konstanten Intensität beleuchtet, dann sinkt ihre Empfindlichkeit — zuerst schnell, dann immer langsamer — und nähert sich asymptotisch einem stabilen unteren Grenzzustand der Empfindlichkeit, den sie so lange beibehält, als sich nichts an der Intensität der Lichtquelle und an der angelegten Spannung (Feldstärke) ändert. Handelt es sich darum, verschiedene Intensitäten miteinander zu vergleichen — und das ist das Ziel jeder photometrischen Messung —, so ist dafür zu sorgen, daß die photoelektrische Messung der verschiedenen Objekte unter den gleichen Bedingungen, d. h. bei der gleichen Beleuchtungsstärke der Photozelle vor sich geht, und daß auch bei dem Übergang von einem Objekt auf ein anderes die Beleuchtung nach Möglichkeit nicht unterbrochen wird.

Das läßt sich erreichen, wenn die Intensität des lichtschwächsten der zu vergleichenden Objekte ¦als Beleuchtungsstärke gewählt wird und alle größeren Intensitäten durch ein photometrisch einwandfreies Prinzip auf diese gewählte Lichtstärke abgeschwächt ˙werden. Die photometrische Genauigkeit hängt in diesem Falle nicht von der Empfindlichkeit der Zelle, sondern lediglich von der Messungsgenauigkeit ab, mit welcher der Grad der Abschwächung bestimmt werden kann; die Photozelle selbst dient nur als Nullinstrument, gewissermaßen als ein für kleinste Helligkeitsänderungen überempfindliches Auge, welches die Gleichheit zweier Helligkeitseindrücke durch die Gleichheit der entstehenden Photoströme festlegt. Die Methoden, nach welchen die Lichtänderung bewirkt und die Photoströme gemessen werden, spielen für das Prinzip der Messung keine Rolle.

Gebraucht man die Vorsicht, die Spannung längere Zeit vor dem Beginn der Messungsreihe an die Zelle zu legen, die Zelle durch eine besondere Vergleichslampe von der (photoelektrischen) Messungshelligkeit der zu beobachtenden Objekte vorzuermüden und selbst kürzere Dunkelpausen zu vermeiden, indem man bei dem Übergang von einem Objekt auf ein anderes die Vorbelichtung automatisch wieder einschaltet, dann wird der konstante Ermüdungszustand meist gar nicht gestört oder innerhalb sehr kurzer Zeiträume ($< 1^{min}$) wieder erreicht werden. Eine Kontrolle, ob sich durch die bei dem Übergang unvermeidliche kurze Vermehrung oder Verminderung der auf die Zelle fallenden Lichtmenge der Ermüdungszustand geändert hat, ist leicht auszuüben: Ändert sich nach erfolgter Einstellung der Photostrom nicht mehr, dann ist die alte Konstanz der Empfindlichkeit erreicht; ändert er sich, so ist die Einstellung nachzubessern, bis keine Änderung des Photoeffektes innerhalb der Messungsgenauigkeit festzustellen ist.

In dieser Weise behandelt stellt die Photozelle einen photometrischen Apparat von bisher nicht erreichter Empfindlichkeit und Zuverlässigkeit dar. Als Beispiel für die im Laboratorium erreichbare Genauigkeit diene die in Größenklassen ausgedrückte Absorption eines Blendglases, die an vier aufeinanderfolgenden Tagen unter völlig veränderten Versuchsbedingungen der Zelle bestimmt wurde[1]. Jede Zahl ist das Ergebnis von 15 Einzelmessungen, deren jede einen Zeitaufwand von ca. 2 Minuten erforderte.

Datum	Absorption
18. Juni 1921	$0^m5960 \pm 0^m0003$
19. „ 1921	$0,5962 \pm 0,0002$
20. „ 1921	$0,5963 \pm 0,0004$
21. „ 1921	$0,5962 \pm 0,0002$
Generalmittel	$0,59618 \pm 0,00006$

---

[1] Z f Phys 7, S. 61 (1921).

15. Messung von Widerständen. Kleine Änderungen großer Widerstände werden allgemein mit einer sog. Brückenanordnung gemessen; die gebräuchlichste Messungsschaltung ist die der WHEATSTONEschen Brücke, welche in Abb. 38 schematisch dargestellt ist.

Die WHEATSTONEsche Brücke ist eine Stromverzweigung, welche die drei bekannten Widerstände W_1, W_2, W_3 und den unbekannten Widerstand W_x enthält. S ist eine Stromquelle, die in den Punkten A und B angeschlossen wird; zwischen C und D liegt ein empfindliches Gal-vanometer (die eigentliche Brücke).

Die Brücke CD ist stromlos, wenn für die vier Widerstände die Bedingung erfüllt ist:

$$\frac{W_1}{W_2} = \frac{W_3}{W_x} \qquad \text{oder} \qquad \frac{W_1}{W_3} = \frac{W_2}{W_x}.$$

Diese Beziehung bleibt auch dann gültig, wenn Stromquelle und Galvanometer miteinander vertauscht werden, wie aus der Symmetrie der Schaltung her-vorgeht.

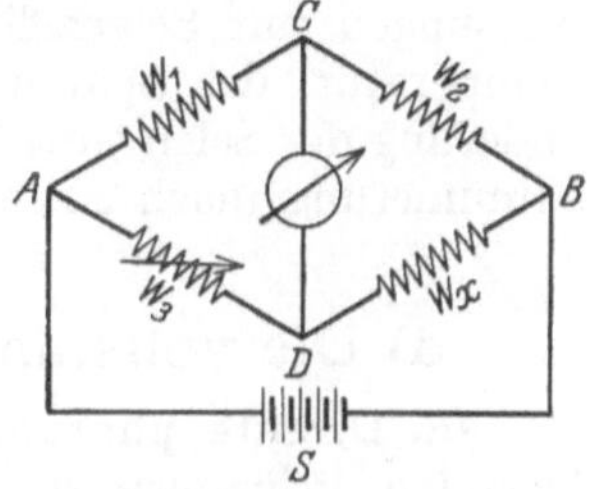

Abb. 38. WHEATSTONEsche Brücke (schematisch).

Für die Wertepaare W_1 und W_2 (Verzweigungs-widerstände) werden meist runde Zehnerpotenzen des Ohms gewählt, so daß sich die Verhältnisse 1:1, 1:10, 1:100, 1:1000 leicht einstellen lassen; bei den fertig geschalteten Brücken sind diese Verhältnisse wahlweise stöpselbar, außerdem ist meist ein Kommutator eingebaut, der Strom-quelle und Brücke zu vertauschen gestattet. Bei großem Widerstand W_x besteht der eigentliche Meßwiderstand W_3 zweckmäßig aus einem Widerstandskasten, der die gesuchten Ohmwerte durch Stöpselung oder Kurbeldrehung einzustellen gestattet.

Die Genauigkeit der Messung hängt in erster Linie von der Empfindlichkeit des Galvanometers und von der Stromstärke ab, dann ist sie aber auch eine Funktion der Größe der Widerstände selbst und des Verhältnisses der Widerstände zueinander. Die Empfindlichkeit der ganzen Anordnung wird am günstigsten, wenn der Widerstand der Brücken-verzweigung, durch den das Galvanometer ge-schlossen ist,

$$\frac{(W_1 + W_2)(W_3 + W_x)}{(W_1 + W_2 + W_3 + W_x)}$$

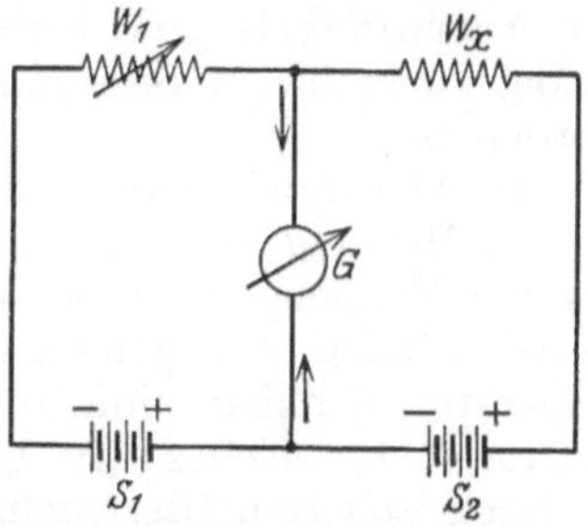

Abb. 39. Schaltungsschema zur Messung von Widerständen.

nahe gleich dem „äußeren Grenzwiderstand" des benutzten Drehspulgalvano-meters wird. Über die Abhängigkeit der Empfindlichkeit von dem Verhältnis der vier Widerstände hat W. JAEGER ausführliche Betrachtungen angestellt[1].

Eine andere Schaltung, die ebenfalls äußerst empfindlich für kleine Wider-standsänderungen ist, zeigt die Abb. 39.

S_1 und S_2 sind zwei gegeneinandergeschaltete Stromquellen gleicher Span-nung, W_1 ein veränderlicher Vergleichswiderstand (Widerstandskasten), W_x der zu bestimmende Widerstand und G ein empfindliches Galvanometer. Die Brücke mit dem Galvanometer wird stromlos, wenn

$$W_1 = W_x$$

wird

Da Selenzellen unter dem Einfluß der Belichtung ihren Widerstand ändern, so kommen bei Helligkeitsbestimmungen mit Selenzellen die hier be-

---

[1] Z f Instrk 26, S. 69 (1906).

sprochenen Methoden der elektrischen Widerstandsbestimmung zur Anwendung. Der Widerstand der handelsüblichen Selenzellen ist von der Größenordnung 10^5 bis 10^6 Ohm; der sie während der Messung durchfließende Strom muß niedrig gehalten werden (nicht größer als 10^{-5} Amp.), um die Zellen zu schonen, so daß die Messung geringer Lichtintensitäten die empfindlichsten Galvanometer verlangt. Die Messung selbst erfolgt durch wechselweise Vergleichung des Widerstandes der verdunkelten und der belichteten Zelle.

Die wesentlichsten Fehlerquellen, welche die Ergebnisse der Helligkeitsmessungen mit Selenzellen verfälschen können, bestehen in dem Einfluß der Temperatur, des Spannungseffektes und der Ermüdung auf die Widerstandsänderung des Selens, die bereits oben besprochen sind. Die Vorschriften zu ihrer Eliminierung (nach Stebbins) finden sich auf S. 403 u. 404 zusammengestellt.

d) Die vollständigen photoelektrischen Apparaturen.

16. Direkte photometrische Messung am Himmel. Nachdem die grundlegenden Prinzipien des Photoeffektes, die Konstruktion und Eigenschaften der verschiedenen Zellenformen und die Messungsmethoden besprochen sind, bleibt noch übrig, die vollständigen photoelektrischen Apparaturen kennenzulernen, die bisher in der Astronomie Verwendung gefunden haben.

Wir müssen dabei unterscheiden, ob es sich um Instrumente handelt, die zur direkten Photometrie der Gestirne am Himmel dienen sollen — hier tritt wieder eine Spaltung je nach der Intensität der zu messenden Objekte ein —, oder ob es sich um die photometrische Auswertung photographischer Platten (Mikrophotometrie) handelt. In jüngster Zeit hat die Photozelle auch in der Astrometrie eine besondere Anwendung erfahren, indem sie mit gutem Erfolg zur exakten Bestimmung von Durchgangszeiten im Meridian verwandt worden ist.

Instrumente für direkte photometrische Messungen am Himmel.

α) Messung großer Intensitäten mit alkalischen Photozellen. Wenn es sich um die Messung so großer Intensitäten handelt, daß der Photostrom galvanometrisch noch mit genügender Sicherheit bestimmt werden kann, so ist die Apparatur denkbar einfach. Man schließt die Photozelle in ein lichtdichtes Gehäuse ein, welches eine besondere Belichtungsklappe besitzt und durch das die hoch isolierten (Bernstein!) Zuleitungen zu den beiden Elektroden der Zelle lichtdicht hindurchgeführt werden. Es ist zweckmäßig, den Lichtschacht zu der Zelle durch ein Fenster luftdicht zu schließen und das Innere des Zellengehäuses durch ein mit metallischem Natrium gefülltes Gefäß scharf zu trocknen, um die als Nebenschluß wirkende Wasserhaut von der Außenwand der Zelle zu entfernen.

Die beiden Zuleitungsdrähte werden über ein Galvanometer, dessen Empfindlichkeit der zu messenden Lichtstärke und der Zellenempfindlichkeit anzupassen ist, an eine Batterie mit der erforderlichen Spannung angeschlossen; bei völlig evakuierten Zellen ist die Spannung der Batterie so zu wählen, daß Sättigungsstrom vorhanden ist, bei gasgefüllten Zellen ist die Spannung nach dem gewünschten Grad der Stoßionisation zu bemessen. Zur Schonung der Zelle im Falle leuchtender Entladung ist bei Anwendung gasgefüllter Zellen ein Widerstand von der Größenordnung 10^4 Ohm einzuschalten (Schaltungsschema siehe Abb. 31). Ein derartiges Instrument ist von Elster und Geitel konstruiert worden und hat in der Meteorologie und bei der Erforschung des Strahlungsklimas bereits wertvolle Dienste geleistet. Eine schematische Darstellung dieses Instrumentes gibt Abb. 40.

Für Messungen am Himmel wird das Gehäuse meist auf einem azimutalen Stativ montiert geliefert.

β) **Messung kleiner Intensitäten mit alkalischen Photozellen.** Je geringer die zu bestimmende Intensität ist, um so schwieriger gestalten sich die Messungen; kleine Photoströme müssen zur Erzielung der erforderlichen Genauigkeit elektrometrisch oder nach der Verstärkermethode gemessen werden, und alle störenden Einflüsse, wie statische Feldbeeinflussungen, Kapazitätsänderungen, Isolationsmängel, welche die Anwendung dieser Methoden bereits im Laboratorium erschweren, machen sich beim Arbeiten am Fernrohr in erhöhtem Maße bemerkbar.

Hat man einen Siderostaten mit festliegendem Fernrohr oder ein Équatoréal coudé zur Verfügung, so liegen die Verhältnisse relativ am günstigsten, weil die Photozelle am Ort der Fokalebene des Objektivs bzw. Spiegels — oder in deren Nähe — unveränderlich aufgestellt werden kann und alle

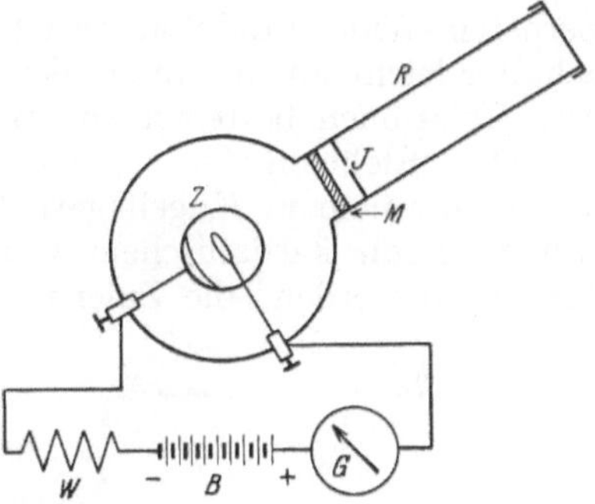

Abb. 40. Photozelle in Gehäuse (für große Intensitäten) (aus Handb. d. biol. Arbeitsmeth. [H. Geitel, Photoelektr. Meth. Abb. 8]).

Nebenapparate ihren festen Platz erhalten, alle Leitungen fest verlegt werden können. Man ist daher auch in der Wahl eines geeigneten Elektrometers völlig unbeschränkt.

Am bewegten Refraktor wird die Sachlage komplizierter: Die meisten hochempfindlichen Elektrometer verlangen eine sehr stabile Aufstellung, und wenn man von der am bewegten Fernrohr angebrachten Photozelle zum festaufgestellten Elektrometer bewegliche Zuleitungen führt, so macht der elektrostatische Schutz dieser Zuleitungen große Schwierigkeiten, die Kapazität der ganzen Anordnung wird durch die notwendig werdende lange Leitung vergrößert, die Empfindlichkeit entsprechend herabgesetzt, und Kapazitätsänderungen sind kaum zu vermeiden.

Im Jahre 1913 sind nahezu gleichzeitig und unabhängig voneinander von H. Rosenberg und P. Guthnick zwei sehr ähnliche Apparaturen angegeben worden[1], die der photoelektrischen Bestimmung von Sternhelligkeiten am bewegten Refraktor dienen und die fast allen späteren Konstruktionen als Vorbild gedient haben.

Die Zelle befindet sich bei beiden in einer lichtdichten Kapsel am Okularende des Refraktors und ist mit einem direkt an der Zellenkapsel in einer „kardanischen Aufhängung" befestigten Elektrometer verbunden. Die Zuleitungen sind — gegen statische Störungen und Kapazitätsänderungen geschützt — durch das Gehänge hindurchgeführt, als Elektrometer werden in beiden Fällen Saitenelektrometer mit elastisch gespanntem Faden benutzt. Verschieden ist bei beiden Instrumenten nur die Art der Aufhängung des Elektrometers und die damit verbundene Leitungsführung sowie die eigentliche Messungsmethode.

Da eine ausführliche Beschreibung des Tübinger Instrumentes bisher noch nicht erfolgt ist, trotzdem es gegen ähnliche Instrumente anderer Sternwarten manche grundlegende Änderungen aufweist, so möge sie hier Platz finden.

Die prinzipielle Schaltung dieses Elektrophotometers ist diejenige der Abb. 35; es bietet daher die Möglichkeit, den Photostrom beliebig nach einer der in Ziff. 13, β bis ε beschriebenen Methoden zu bestimmen.

---

[1] V J S 48, S. 210 (1913); A N 196, S. 357 (1913).

Das metallische Zellengehäuse läßt sich direkt an den Okularauszug des Refraktors ansetzen; das Licht tritt durch ein eingekittetes Quarzfenster, vor das sich verschiedene Lichtfilter schalten lassen, ohne daß man das Gehäuse vom Fernrohr entfernen müßte, und fällt auf die Photozelle. Mit der Zellenkapsel fest verbunden ist eine geschlossene Metallbüchse, die einen Platin-Bernstein-Widerstand von etwa 10^{11} Ohm enthält, der sich durch einen besonderen Schalter leicht an die Anode der Zelle anschalten oder von ihr abschalten läßt. Alle Isolationen bestehen aus Bernstein.

Das Elektrometer — ein Lutz-Edelmannsches Saitenelektrometer — hängt an einem in Kugellagern laufenden und vollständig metallisch geschlossenen kardanischem Gehänge, so daß statische Störungen unbedingt vermieden werden; die Zuleitungen von der Zelle zum Elektrometer bestehen im Inneren des Gehänges aus starren, in Bernsteinstopfen eingekitteten Drähten, so daß auch bei heftigen Bewegungen des Elektrometers Änderungen in der Entfernung zwischen Zuleitung und Wandungen des Gehänges — und damit verbundene Kapazitätsänderungen — völlig ausgeschlossen sind. Die beiden Drehpunkte der Zuleitung sind als Schraubengewinde ausgebildet, die sich in den extremen Lagen des Elektrometers um $1/4$ Schraubengang herein- oder herausschrauben. Elektrometergehäuse, Wandung des kardanischen Gehänges, Zellenkapsel und Fernrohr sind leitend miteinander verbunden und geerdet. Die schematische Anordnung und Schaltung der Apparatur zeigt Abb. 41. D_1 und D_2 sind die beiden Drehpunkte der Zuleitung zwischen Zelle Z und Elektrometer E; U_1 und U_2 sind zwei Stromschlüssel, die den Strom beliebig zu unterbrechen und zu schließen gestatten, W ist der Krüger-Widerstand und K ein Kompensationsapparat.

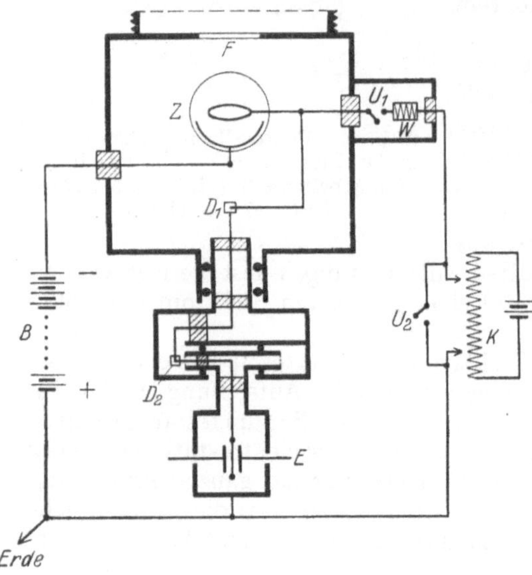

Abb. 41. Schematische Anordnung und Schaltung des Tübinger Elektro-Photometers.

Diese Schaltung bietet die folgenden Möglichkeiten: Sind U_1 und U_2 geöffnet, dann arbeitet die Apparatur nach der Auflademethode.

Werden U_1 und U_2 geschlossen, ohne daß der Kompensationsapparat eingeschaltet ist, dann wird der Photoeffekt durch Messung des Spannungsabfalles an W nach der Methode der konstanten Ausschläge bestimmt.

Ist U_1 geschlossen und U_2 geöffnet, so läßt sich der an W erzeugte Spannungsabfall durch den Kompensationsapparat ausgleichen; die Kompensationsspannung ist proportional dem Photostrom.

Das Aussehen des kardanischen Gehänges (geöffnet) und des ganzen Photometers zeigen die Abb. 42 und 43.

Um den Einfluß der Ermüdungserscheinungen auf das Resultat eliminieren zu können, wird zwischen Fernrohr und Zellenkapsel ein besonderes Zwischenstück eingesetzt, welches zwei große Nicolsche Prismen enthält, die eine meßbare Abschwächung des Sternenlichtes herbeizuführen gestatten; die Nicoldrehung läßt sich mit Hilfe zweier kleiner Schätzmikroskope auf 1′ genau ablesen. Außerdem enthält dieses Zwischenstück noch eine elektrische Vergleichslampe, eine

Abb. 42. Lichtelektrisches Photometer (Tübingen).

Abb. 43. Lichtelektrisches Photometer (Tübingen).

Irisblende, sowie eine Einrichtung zum visuellen Einstellen der zu messenden Sterne in die Mitte der Blende. Wird mit den Nicols gearbeitet, dann dient die Zelle nur als Nullinstrument; der durch die Normalintensität erzeugte Photostrom wird in diesem Falle am besten durch die Kompensationsmethode bestimmt.

An Stelle des Saitenelektrometers läßt sich ein besonderes Gehäuse mit einer Verstärkerröhre an die Zellenkapsel hängen; die durch das kardanische Ge-

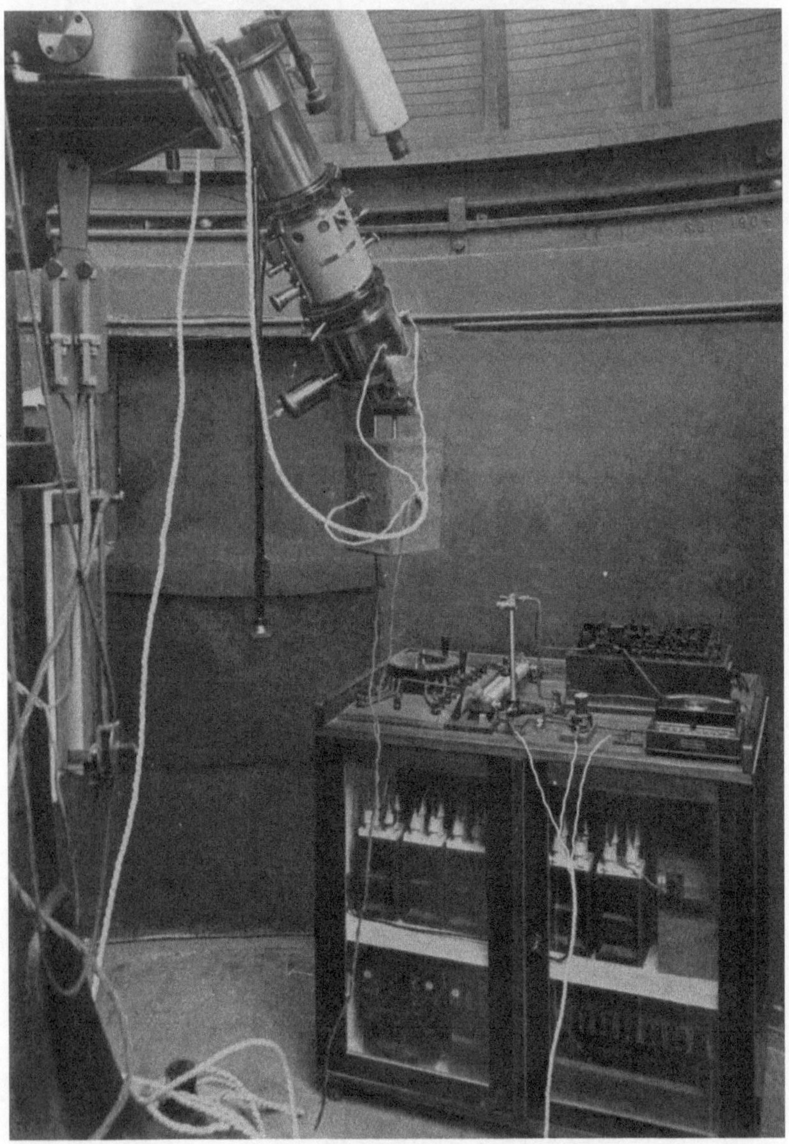

Abb. 44. Photoelektrische Apparatur mit Verstärkereinrichtung (Tübingen) (aus Die Naturwiss. 1921, Heft 20, Abb. 6).

hänge führende Zuleitung liegt in diesem Falle an dem Steuergitter der Röhre. Abb. 44 gibt ein Bild des ganzen photoelektrischen Apparates mit Nicolsystem, Verstärkereinrichtung und Schaltpult.

Das Neubabelsberger Instrument ist an mehreren Stellen ausführlich beschrieben[1], so daß hier nur die Abbildung der Gesamtansicht des Apparates gegeben werden soll (Abb. 45). Das Instrument ist in seiner jetzigen Gestalt nur zur Messung des Photoeffektes nach der Auflademethode bestimmt. Nach der ausführlichen Beschreibung des Tübinger Instrumentes bedarf die Abbildung keiner weiteren Erläuterung.

Auf Grund der an den Sternwarten in Berlin-Babelsberg und Tübingen gemachten guten Erfahrungen mit alkalischen Photozellen und in engem An-

Abb. 45. Der 30 cm-Refraktor der Sternwarte Berlin-Babelsberg mit dem photoelektrischen Apparat (aus Veröff. d. Sternw. Berlin-Babelsberg. Bd. I, Titelbild).

schluß an die dort ausgebildeten Konstruktionen sind an verschiedenen anderen Sternwarten heute photoelektrische Photometer in Gebrauch. Das Grundprinzip ist überall das gleiche: die Anwendung eines in kardanischer Aufhängung befindlichen Saitenelektrometers; die Unterschiede bestehen lediglich in der Form der Elektrometeraufhängung und der Leitungsführung. Als Beispiel der engen Anlehnung an die bereits besprochenen Konstruktionen zeigt die Abb. 46 das Elektrophotometer der Lick-Sternwarte[2].

---

[1] A N 196, S. 357 (1913); Veröff. d. Sternwarte Berlin-Babelsberg 1, S. 1 (1915).
[2] Lick Bull 11, S. 99 (1923).

Ganz ähnlich sind die Instrumente von STEBBINS[1] und von A. F. und F. A. LINDEMANN[2] gebaut.

In jüngster Zeit hat GUTHNICK[3] ein neues Zellenphotometer konstruiert, welches gegenüber dem älteren Babelsberger Instrument eine erweiterte Verwendungsmöglichkeit besitzt. Das neue Instrument enthält an Stelle einer Photozelle in einer gemeinsamen zylindrischen Zellenkapsel deren vier, die sich durch eine einfache Drehung ohne weiteres abwechselnd in Betrieb nehmen lassen; die Arbeitsspannungen liegen ständig an den einzelnen Zellen und werden durch Schleifkontakte zugeführt. Zweck der Erhöhung der Zellenzahl war zunächst der Wunsch, bei einer etwaigen Störung der Arbeitszelle (z. B. durch leuchtende Entladung) nicht die Beobachtungsreihe unterbrechen zu müssen, sondern sie durch Übergang auf eine zweite Zelle, deren Beziehungen zu der ersten natürlich untersucht sein müssen, sofort weiterführen zu können. Das neue Instrument bietet aber auch die Möglichkeit, durch Verwendung von Zellen mit verschiedener selektiver Farbenempfindlichkeit (Natrium, Rubidium) Sternintensitäten in verschiedenen Spektralbereichen messen und Farbenäquivalente von Sternen bestimmen zu können. Als messendes Prinzip ist auch bei diesem Instrument die Bestimmung der Aufladezeiten des Elektrometers beibehalten worden; die Einrichtung zur Vorbelichtung der Zellen durch eine Vergleichslampe, welche gleichzeitig die Möglichkeit bietet, die Zellen beim Übergang von einem Stern auf einen anderen unter konstanter Beleuchtung zu belassen, ist fortgefallen, so daß hier Ermüdungseffekte unter Umständen sich störender bemerkbar machen als bei dem älteren Apparat.

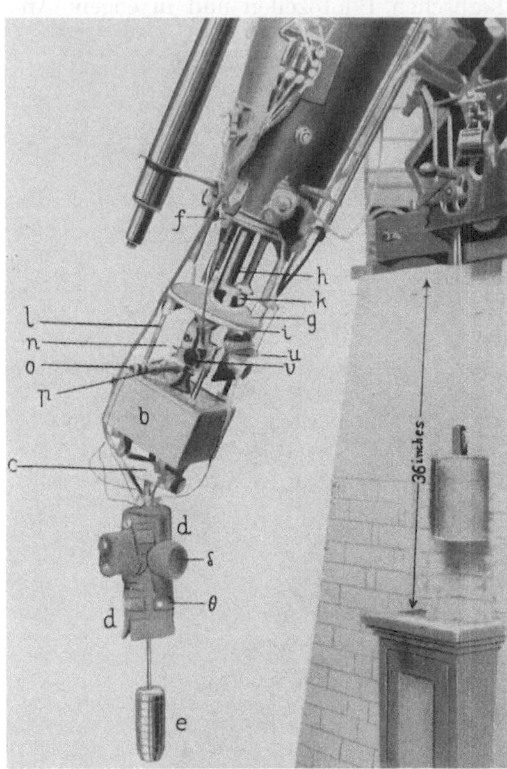

Abb. 46.   Das photoelektrische Photometer der Lick-Sternwarte (aus Lick Bull. Nr. 349, Abb. 1).

Das neue Photometer wird in Verbindung mit dem 125 cm-Reflektor der Sternwarte Berlin-Babelsberg benutzt (Abb. 47) und gestattet nach den bis jetzt vorliegenden Resultaten noch mit Sicherheit die Messung von Sternen bis herab zur neunten photographischen Größe, was eine enorme Erweiterung des bisherigen Arbeitsfeldes der lichtelektrischen Photometer bedeutet.

γ) Messung kleiner Intensitäten mit Selenzellen. Schon vor der Einführung alkalischer Photozellen in die astrophysikalischen Arbeitsmethoden

[1] Ap J 51, S. 195 (1920).
[2] M N 79, S. 343 (1919); 86, S. 600 (1926).
[3] Z f Instrk 44, S. 303 (1924).

liegen die Arbeiten von STEBBINS[1], der die Eigenschaften des Selens zu exakten photometrischen Messungen an Sternen ausgenutzt und damit der ganzen Astrophotometrie eine neue Anregung gegeben hat. Und wenn auch die Selenzelle zur Zeit aus diesem Arbeitsgebiet durch die alkalischen Photozellen vollständig verdrängt zu sein scheint, so darf die Apparatur schon aus historischen Gründen hier nicht übergangen werden; um so weniger, als sie in den Händen von STEBBINS ausgezeichnete Resultate geliefert hat.

Die Selenzelle wurde zwecks Konstanthaltung der Temperatur in einer mit schmelzendem Eis gefüllten Kammer an das Okularende des zwölfzölligen

Abb. 47. Lichtelektrisches Vierzellen-Photometer am 125 cm-Reflektor (aus Ztschr. f. Instr.-Kunde 44, S. 304, Abb. 1).

Refraktors montiert und der zu messende Stern extrafokal auf der Zelle abgebildet. Die Verbindung von Zelle und Refraktor zeigt Abb. 48.

Die Zelle wurde als ein Arm einer WHEATSTONEschen Brücke geschaltet, die als Vergleichswiderstand einen Widerstandskasten von 10000 Ohm besaß, während die Verzweigungswiderstände 10000 Ohm bzw. 10 Ohm betrugen. Die Zelle war eine Drahtzelle von GILTAY (Delft) mit einem Dunkelwiderstand von ca. $3 \cdot 10^6$ Ohm bei 0° C. Die angelegte Spannung betrug 6 Volt, das Galvanometer war ein Drehspul-Spiegel-Galvanometer von 512 Ohm Widerstand,

---

[1] Ap J 32, S. 185 (1910).

5^s,0 Schwingungsdauer und einer Empfindlichkeit von ca. $5 \cdot 10^{-11}$ Amp. pro Millimeter bei einem Skalenabstand von etwa 4 m. Gemessen wurde in der Weise, daß für den Dunkelwiderstand der Selenzelle die Brücke stromlos gemacht und die Widerstandsänderungen der Zelle bei Belichtung durch Messung des Brückenstromes, d. h. durch Galvanometerausschläge, bestimmt wurden.

Bei dieser Anordnung erzeugte z. B. Algol im größten Licht einen Galvanometerausschlag von 8,0 mm mit dem m. F. einer einzigen Einstellung von $\pm$ 0,16 mm oder von rund $\pm$ 2%. Diese Genauigkeit übertrifft die Messungsgenauigkeit visuell - photometrischer Methoden am Himmel. In bezug auf Arbeitsökonomie möge erwähnt werden, daß die vollständige Messung eines Veränderlichen und eines Vergleichssternes (4 mal Vergleichsstern, 8 mal Veränderlicher, 4 mal Vergleichsstern) eine Zeitdauer von etwa 20 Minuten beanspruchte. Trotz ermutigender Resultate mit dem Selenphotometer ist Stebbins in der Folge zum Arbeiten mit der Kalizelle übergegangen.

δ) Die Photozelle im Dienste der Astrometrie. Von verschiedenen Seiten tauchte in den letzten Jahren der Gedanke auf, die Empfindlichkeit der alkalischen Photozellen — ihre Trägheit ist verschwindend klein ($<10^{-4}$ Sekunden) — auch zur Registrierung von Sterndurchgängen zu benutzen. Praktisch greifbare Resultate sind in dieser Beziehung von B. Strömgren[1] erzielt worden.

Abb. 48. Selenzelle in Eispackung am 12 cm-Refraktor (aus Astroph. Journ. 32, S. 190, Abb. 1).

Das Prinzip der Strömgrenschen Methode ist denkbar einfach. Im Gesichtsfelde eines Meridiankreises oder Passageninstrumentes befindet sich eine Reihe undurchsichtiger Lamellen, welche durch durchsichtige Zwischenräume getrennt sind; die Stelle des Auges vertritt eine hochempfindliche alkalische Photozelle. In dem Augenblick, wo der Stern in das Gesichtsfeld des Fernrohres tritt, löst er einen von seiner Helligkeit abhängenden Photostrom bestimmter Stärke aus, der in dem Moment wieder verschwindet, wo der Stern hinter eine Lamelle tritt, um sofort wieder einzusetzen, wenn der Stern hinter der Lamelle hervorkommt. Die Kanten der Lamelle vertreten hier das übliche Fadennetz in den gewöhnlichen Passageninstrumenten; die Reduktion erfolgt hier wie dort in gleicher Weise. Die Schwierigkeit der Aufgabe besteht darin, die Zeitmomente

---

[1] A N 226, S. 81 (1925); V J S 61, S. 199 (1926).

des Einsetzens und Erlöschens des Photostromes mit aller Schärfe festzuhalten.

STRÖMGREN löst diese Aufgabe, indem er die schwachen Photoströme mit Hilfe der auf S. 410 beschriebenen Verstärkeranordnung derartig steigert, daß sie ein mechanisches Relais in Tätigkeit setzen können, welches seinerseits direkt die Schreibfeder eines Chronographen betätigt. Es gelang ihm auf diesem Wege, an einem Meridiankreis von nur 120 mm Öffnung Sterndurchgänge bis herab zur 7. Größe mit einer mittleren Genauigkeit von $0^s,014 \cdot \sec \delta$ für eine einzige Lamelle zu registrieren, und es besteht begründete Hoffnung, daß sich die Methode bei Benutzung einer anderen von STRÖMGREN bezeichneten Verstärkerröhrentype unter Wahrung der gleichen Messungsgenauigkeit noch auf Sterne bis herab zur Größe 9,5 wird ausdehnen lassen.

ε) **Astronomische Genauigkeit lichtelektrischer photometrischer Messungen.** Am Himmel, bei astronomischen Beobachtungen, läßt sich die mögliche physikalische Genauigkeit der lichtelektrischen photometrischen Methoden natürlich nicht ganz ausschöpfen. Nicht nur die Schwierigkeit der Anbringung der Apparatur an das bewegte Fernrohr steht da im Wege, auch die unkontrollierbaren Schwankungen und Unregelmäßigkeiten der atmosphärischen Extinktion setzen eine Grenze, die aber immerhin erheblich enger liegt, als bei der visuellen und photographischen Photometrie.

Um eine Vorstellung von der heute erreichbaren und erreichten Genauigkeit zu geben, sei angeführt, daß die lichtelektrischen Photometer bei der Vergleichung zweier Sterne mit geringem Helligkeitsunterschied ($< 1^m$) und mit geringem scheinbarem Abstand an der Sphäre (nicht wesentlich über $10°$) den mittleren Fehler $\pm 0^m,007$ einer beobachteten Differenz unschwer erreichen lassen. In besonders günstigen Fällen kann der m. F. wohl noch unter $0^m,005$ herabgedrückt werden.

Nicht ganz so vorteilhaft wie bei der Photozelle gestaltet sich die Genauigkeit beim Selenphotometer. Die Eigenart der Selenzelle besteht darin, daß die in Größenklassen ausgedrückten Fehler gegen die schwachen Sterne hin anwachsen. Als Beispiel seien der Beobachtungsreihe des Algol von STEBBINS die folgenden Daten entnommen:

		visuelle Größe
m. F. einer Normalgröße beim Hauptminimum	$\pm 0^m,034$	$3^m,2$
„ „ „ „ Nebenminimum	$\pm 0^m,009$	$2^m,1$

Eine Normalgröße besteht aus 3 bis 9 oder mehr Sätzen, und jeder Satz umfaßt: 4 Einstellungen des Vergleichssternes, 8 des Algol, 4 des Vergleichssternes.

Mit dieser Genauigkeit vergleiche man die mittleren Fehler der besten visuellen und photographischen photometrischen Sternbeobachtungen; der m. F. geht da nicht unter $\pm 0^m,07$ und $\pm 0^m,03$ herab.

17. Instrumente für mikrophotometrische Messungen. Eine besonders wichtige Anwendung haben die Photozellen bei der mikrophotometrischen Ausmessung photographischer Platten gefunden; die diesem Zweck dienenden Instrumente sind nach zwei verschiedenen Richtungen hin entwickelt worden.

α) **Registrierende Elektro-Mikrophotometer.** Der erste, der auf diesem Wege bahnbrechend vorgegangen ist, war P. P. KOCH[1] mit einem registrierenden Mikrophotometer. Das KOCHsche Instrument arbeitet mit einer alkalischen Photozelle, nach der Methode der Messung des Photostroms durch Messung des Spannungsabfalles an einem großen Widerstand mit Hilfe konstanter Ausschläge eines Elektrometers. Die Ausschläge werden registriert, und da die auszumessende und die Registrierplatte durch gleichzeitigen Antrieb, aber in einem

---

[1] Ann d Phys, 4. Folge, 39, S. 705 (1912).

bedeutenden Übersetzungsverhältnis bewegt werden, so ist die Methode einer großen Genauigkeit in bezug auf lineare Messungen fähig. Die photometrische Messungsgenauigkeit in diesem Falle über 1% hinaus zu steigern, hätte wenig Sinn, da damit die photometrisch erreichbare Genauigkeitsgrenze der photographischen Platte bereits überschritten ist.

Als Ableitungswiderstand verwendet Koch eine zweite Photozelle, die von derselben Lichtquelle beleuchtet wird, welche den die photographische Platte durchsetzenden Strahlenkegel erzeugt. Dadurch wird erreicht, daß die Registrierung von etwaigen Helligkeitsschwankungen der Beleuchtungslampe fast unabhängig wird. Die Wirkungsweise dieser Kompensationszelle ist leicht zu übersehen. Sinkt die Lampenintensität, so wird der zu messende Photostrom geringer; gleichzeitig wächst aber der Scheinwiderstand der nun ebenfalls mit einer geringeren Intensität beleuchteten zweiten Zelle, so daß der Spannungsabfall, den das Elektrometer mißt, vergrößert wird. Die beiden Effekte wirken

Abb. 49. Registrierendes Elektro-Mikrophotometer (Koch-Goos) (aus Z. f. Phys. 44, S. 858, Abb. 1).

gegeneinander und kompensieren sich fast vollkommen, so daß nach den Messungen von Koch[1] bei einer Änderung der Lampenintensität um 90% die Elektrometerangabe der kompensierten Schaltung nur um 1% variierte.

Das Registrierphotometer war in erster Linie zur Ermittlung linearer Abstände auf der Platte (Wellenlängen in Spektren usw.) bestimmt, hat aber später auch für photometrische Zwecke überall dort Anwendung gefunden, wo es sich um die fortlaufende Messung von in einer geraden Linie angeordneten Punkten auf der Platte handelte, also als Schnittphotometer für ausgedehntere Objekte. Das Kochsche registrierende Mikrophotometer hat unter Beibehaltung des ursprünglichen Prinzips wiederholt Umkonstruktionen erfahren[2]; seine letzte Gestalt, die es unter der Mitwirkung von Goos[3] angenommen hat, zeigt die Abb. 49.

Da durch die Einführung der Kompensationszelle eine gewisse Trägheit in die elektrometrische Anordnung kommt, die gerade bei fortlaufender Registrierung der Ausschläge bedenklich werden kann, so hat die Firma C. Zeiss, Jena, bei der Konstruktion eines ähnlichen Instrumentes diese zweite Zelle durch einen Krügerschen Platin-Bernstein-Widerstand ersetzt. Die Trägheit wird

---

[1] Ann d Phys, l. c. S. 733.
[2] Z f Instrk 41, S. 313 (1921).
[3] Z f Phys 44, S. 855 (1927).

dadurch zweifellos herabgesetzt, doch gehen etwaige Helligkeitsschwankungen der Beleuchtungslampe voll in das Resultat ein.

Es möge erwähnt werden, daß MOLL[1] ein ganz ähnlich wirkendes Registriermikrophotometer konstruiert hat, bei dem jedoch die Photozellen durch Thermoelemente ersetzt sind.

β) **Die nicht registrierenden photoelektrischen Mikrophotometer.** Die meisten astronomischen oder astrophysikalischen Aufgaben aus dem Gebiet der photographischen Photometrie verlangen die Photometrierung einzelner, auf der Platte ungleichmäßig verteilter Objekte. Das Mikrophotometer muß in diesem Falle zwei verschiedene Aufgaben erfüllen: Es muß erstens die Koordinaten des auszumessenden Objektes einzustellen gestatten und zweitens die mikrophotometrische Ausmessung der eingestellten Objekte ermöglichen; letztere Aufgabe ist um so schwieriger zu erfüllen, je kleinere Dimensionen das auszumessende Objekt auf der Platte besitzt.

Der erste praktische Versuch, die alkalische Photozelle auch zur Photometrierung diskreter Punkte der photographischen Platte zu verwenden, wurde von KOHLSCHÜTTER[2] bei der Bestimmung von Linienintensitäten in Sternspektren angestellt. Er benutzte ein vorhandenes HARTMANNsches Mikrophotometer, bei dem an Stelle des Auges eine alkalische Photozelle gesetzt wurde; der Spiegel des LUMMER-BRODHUNschen Würfels erhielt eine dem Verwendungszweck angepaßte Form und Größe (schmales Rechteck). Die Schaltung war die des KOCHschen registrierenden Mikrophotometers: Die Intensität des die Platte durchsetzenden Lichtkegels wurde durch Elektrometerausschläge bestimmt.

KOHLSCHÜTTER gibt jedoch noch eine zweite Messungsmethode an, bei der unter Verwendung des in dem HARTMANNschen Instrument vorhandenen Meßkeiles eine Steigerung der Genauigkeit unter Ausschaltung gewisser systematischer Fehler erzielt wird. Der zu messende Lichtstrahl durchsetzt auf seinem Wege zur Photozelle sowohl die Platte als den Meßkeil. Bei jeder Messung wird nun der Meßkeil so weit verschoben, bis das Elektrometer auf einen bestimmten Skalenteil einspielt; jeder Schwärzung der Platte entspricht so eine bestimmte Ablesung der Verschiebung des Meßkeiles, und die zu messenden Schwärzungen sind auf eine feste Skala, auf die Millimeterteilung des Meßkeiles, bezogen. Diese Methode ist eine Art Nullmethode, bei der die Photozelle streng als Nullinstrument benutzt wird, während Nullpunktschwankungen und Empfindlichkeitsänderungen des Elektrometers noch in die Messung eingehen.

Von ROSENBERG[3] ist ein besonders für die photometrische Messung diskreter Stellen der Platte, insbesondere auch für die Photometrierung kleinster fokaler Sternscheibchen bestimmter Apparat konstruiert worden, bei dem nicht nur die Photozelle selbst als Nullinstrument benutzt, sondern darüber hinaus auch das Elektrometer streng als Nullinstrument verwendet wird. Ermüdungserscheinungen geringfügigster Art lassen sich bei diesem Instrument sofort erkennen, und ihr Einfluß auf das Messungsergebnis läßt sich eliminieren.

Der elektrischen Schaltung liegt das in Abb. 35 wiedergegebene Universalschaltungsschema zugrunde, mit der einzigen Modifikation, daß nach dem KOCHschen Vorgang eine zweite Photozelle als Ableitungswiderstand benutzt wird, die — von der gleichen Lichtquelle beleuchtet, wie die eigentliche Meßzelle — von etwaigen Helligkeitsschwankungen dieser Lampe frei macht. Die durch die zweite Zelle in die Messung hineingetragene kleine Trägheit stört bei einem nicht registrierenden Mikrophotometer in keiner Weise.

---

[1] Proc Phys Soc London 33, Part IV (1921).
[2] A N 220, S. 325 (1924).
[3] Z f Instrk 45, S. 313 (1925).

Für den konstruktiven Aufbau wurde eine enge Anlehnung an die bewährte Form des Hartmannschen Mikrophotometers angestrebt, mit dem einzigen Unterschied, daß der photographische Meßkeil durch einen sorgfältig geschliffenen Neutralkeil ersetzt wurde; der Koordinatenmeßtisch des neuen Elektro-Mikrophotometers gestattet die Ablesung rechtwinkliger Koordinaten bis auf 0,01 mm und von Positionswinkeln bis auf 1'. Strahlengang und Schaltung des Instrumentes sind aus der schematischen Abb. 50 erkenntlich.

Das Licht der Lampe L, einer Autoscheinwerferlampe von 12 Volt/20 Watt, wird durch den Kondensator O_1 auf eine Blende Bl, deren Form und Dimension je nach der Natur der zu lösenden Aufgabe zu wählen ist, so abgebildet, daß die ganze Blendenöffnung gleichmäßig mit Licht erfüllt ist. Von dieser Blende entwirft das Mikroskopobjektiv O_2 ein stark verkleinertes Bild in der Schichtebene der auszumessenden photographischen Platte Pl; durch Bewegung des Reflexionsprismas P läßt sich der Ort des Bildes auf der Platte zu Zentrierungszwecken verschieben. Durch Verwendung von Mikroskopobjektiven verschiedener Brennweite ist eine weitere Variationsmöglichkeit in der Größe des Lichtfleckes auf der Platte gegeben.

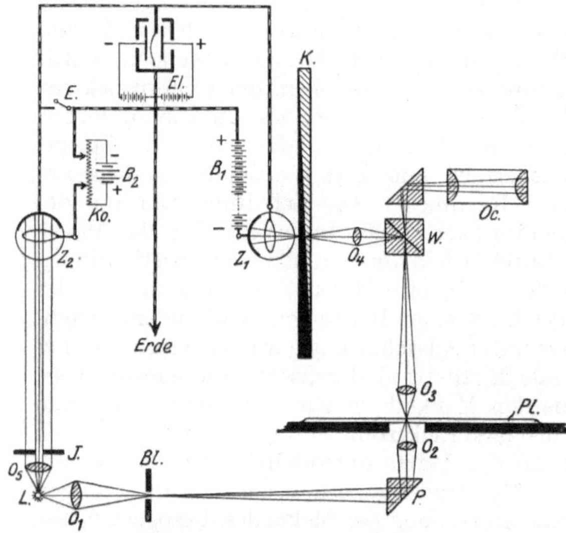

Abb. 50. Schema des Strahlenganges und der Schaltung im Elektro-Mikrophotometer (aus Ztschr. f. Inst.-Kunde 45, S. 316, Abb. 1).

Dieser Lichtfleck, dessen Intensität mit der Schwärzung der Platte variiert, wird durch das Mikroskopobjektiv O_3 auf den Spiegel des Lummer-Brodhun-Würfels W scharf abgebildet, und dieser wiederum durch das Objektiv O_4 auf den Meßkeil K, nach dessen Durchsetzung das Licht auf die als „schwarzer Körper" ausgebildete Meßzelle Z_1 fällt.

Zur Beobachtung der Platte bzw. zur Einstellung des gesuchten Objektes auf den Spiegel des Lummer-Brodhun-Würfels, der nicht völlig undurchsichtig versilbert ist, sondern etwa 0,5% des auffallenden Lichtes hindurchläßt, dient das Okular Oc, welches gleichzeitig die Fokussierung und Zentrierung der drei Objektive O_1, O_2 und O_3, sowie des Reflexionsprismas P kontrolliert.

Im zweiten Strahlengang wird das Licht der Lampe L durch das Objektiv O_5 parallel gemacht und gelangt durch die Irisblende J und eine in der Zeichnung nicht angegebene, direkt darüber befindliche Revolverblende, deren Öffnungen mit Absorptionsgläsern verschiedener Dichte verschlossen werden können, auf die Kompensationszelle Z_2.

Ein dritter Strahlengang nutzt das Licht der Lampe L zur Beleuchtung des Elektrometers El aus.

Die Messung geht in der folgenden Weise vor sich: Das auf die Meßzelle Z_1 fallende Licht löst in dieser einen Photostrom aus, der über die Kompensationszelle Z_2 abgeleitet wird; der hier auftretende Spannungsabfall erzeugt an dem Elektrometer El einen Ausschlag. Durch Veränderung der Öffnung der Irisblende J sowie durch Verwendung verschiedener Absorptionsgläser in der Revolverblende läßt sich der Scheinwiderstand der Kompensationszelle und damit die Größe des Elektrometerausschlages in weiten Grenzen verändern.

Für eine bestimmte mittlere Intensität wird der Elektrometerausschlag mit dem Kompensationsapparat *Ko* kompensiert; an Stelle eines eigentlichen Kompensationsapparates läßt sich auch hier ein hochohmiger Widerstand und ein Millivoltmeter verwenden. Die erreichte Kompensation läßt sich durch abwechselndes Öffnen und Schließen des Erdungsschlüssels *E* mit Sicherheit beurteilen. Ohne Berücksichtigung des Skalen-Nullpunktes ist die Kompensation vorhanden, wenn beim Öffnen und Schließen die Saite des Elektrometers in Ruhe bleibt; der Skalennullpunkt wird auf diesen Punkt eingestellt. Ändert sich bei einer Verschiebung der Platte infolge veränderter Schwärzung die auf die Meßzelle fallende Intensität, so erfolgt ein Ausschlag der Elektrometersaite nach rechts oder nach links, der mit Hilfe der Keilverschiebung ausgeglichen wird, bis das Elektrometer wieder auf Null steht. Die eigentliche Messung erfolgt durch die Keilverschiebung.

Die äußere Gestalt des Elektro-Mikrophotometers, bei dessen Konstruktion besonderer Wert darauf gelegt wurde, daß alle Bewegungen, wie Fokussierungen, Zentrierungen, Koordinateneinstellungen der Platte, Betätigung des Keiles und des Erdungsschlüssels vom Platz des Beobachters aus bewirkt und abgelesen werden können, zeigt Abb. 51.

Bei Schwärzungsmessungen wird man Form und

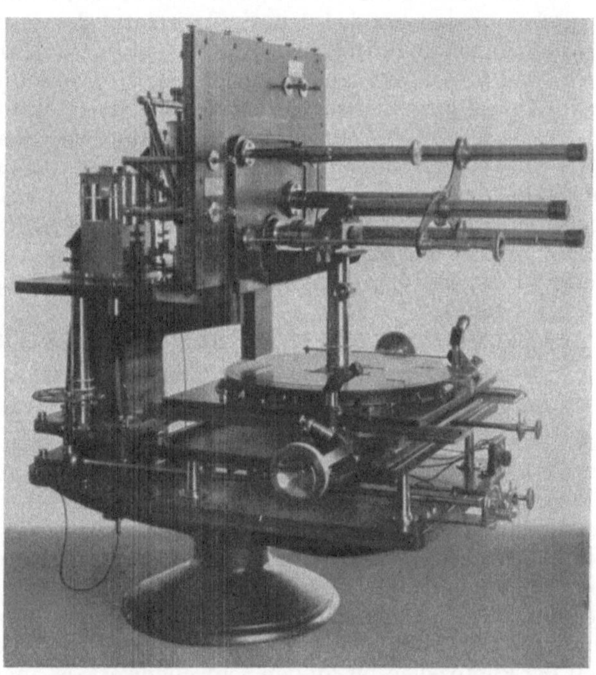

Abb. 51. Elektro-Mikrophotometer (ROSENBERG)
(aus Ztschr. f. Instr.-Kunde 45, S. 318, Abb. 3).

Größe der zu wählenden Blende *Bl* der zu lösenden Aufgabe anpassen. Das Instrument bietet auch die Möglichkeit, die photographischen Bilder fokaler Sternscheibchen photometrisch auszuwerten, trotzdem diese Scheibchen von sehr verschiedenem Durchmesser, meist unscharf begrenzt sind und einen allmählichen Helligkeitsabfall von der Mitte nach dem Rande besitzen.

Bildet man eine runde Blendenöffnung *Bl* scharf auf der Schichtebene einer fokalen Sternplatte ab und stellt ein Sternscheibchen, das kleiner sein muß als das Bild der Blende auf der Platte, in die Mitte desselben, so werden Sternscheibchen verschiedenen Durchmessers und verschiedener Schwärzung eine Änderung des Photostromes verursachen, da nur das zwischen Sternscheibchen und Blendenrand vorbeigehende bzw. das durch die nicht absolut undurchsichtigen Stellen des Sternscheibchens hindurchgehende Licht in die Meßzelle gelangt. Man mißt also gewissermaßen ein Konglomerat von Durchmesser und Durchsichtigkeit. Es ist klar, daß die photometrische Genauigkeit dieser Methode von dem Verhältnis: Oberfläche des Sternscheibchens zu Oberfläche des Blendenbildes abhängt, also bei gegebener Blende mit abnehmendem Durchmesser des Sternscheibchens dauernd geringer wird. Aus diesem Grunde wird man, wenn ein größeres Helligkeitsintervall zu überbrücken ist, auch Blenden verschiedenen Durchmessers anwenden müssen, um für alle Intensitäten annähernd die gleiche Genauigkeit zu erhalten. Im allgemeinen kann man mit einer einzigen Blendenöffnung ein Intervall von 3 bis 4 Größenklassen mit der erforderlichen Genauigkeit von 1 bis 2% ausmessen. Bei derartigen Messungen ist stets der Untergrund der Platte mitzumessen, und alle Schwärzungsmessungen sind auf diesen zu beziehen.

Es möge erwähnt werden, daß SCHILT[1] ein Mikrophotometer für die gleichen Aufgaben gebaut hat, bei dem die Intensität des die Platte durchsetzenden Lichtstrahles mit einem Thermoelement durch Galvanometerausschläge gemessen wird, und daß in allerjüngster Zeit ein Mikrophotometer von ZEISS[2], Jena, bekannt geworden ist, das eine ähnliche Konstruktion, wie das ROSENBERGsche Instrument aufweist, insofern als auch hier die Schwärzungsmessung mit Hilfe eines kompensierenden Keiles ausgeführt wird; doch besitzt dieser Apparat an Stelle der gegeneinander geschalteten Photozellen zwei gegeneinander geschaltete Thermoelemente. Die Differenz der beiden Thermoströme wird mit einem ZEISSschen Schleifengalvanometer gemessen, das als Nullinstrument benutzt wird. Die eigentliche Helligkeitsmessung erfolgt auch hier durch den Keil.

e) Anwendungsgebiet der lichtelektrischen Methoden in der Astronomie.

18. Einleitung. Die lichtelektrischen Methoden haben sich fast ausnahmslos alle Arbeitsgebiete der visuellen Astrophotometrie erobert, und wenn sie erst an verhältnismäßig wenig Sternwarten Eingang gefunden haben, so ist diese Tatsache im wesentlichen auf die — durch den heute üblichen astronomischen Ausbildungsgang bedingte — geringe Vertrautheit der Astronomen mit empfindlichen elektrischen Meßmethoden zurückzuführen. Eine einzige Ausnahme bildet heute noch die direkte Helligkeitsmessung schwacher Sterne am Himmel, bei der das Auge bis jetzt seine Überlegenheit gewahrt hat. Jedoch auch hier sind wir mit Hilfe der Verstärkermethoden auf dem Wege, die Empfindlichkeit der Photozellen bis an den Schwellenwert des menschlichen Auges zu steigern. Andererseits werden schon heute die optischen Helligkeitsmessungen schwacher zölestischer Objekte mehr und mehr durch photographisch-photometrische Methoden ersetzt; und in bezug auf die photometrische Auswertung photographischer Platten ist die Photozelle in jeder Beziehung den visuellen Mikrophotometern überlegen, sowohl in bezug auf Genauigkeit, als auch auf dem Gebiet der Arbeitsökonomie.

Daneben besitzt die Photozelle aber Möglichkeiten, die unserem Auge verschlossen sind, und die in erster Linie darauf beruhen, daß die Photozelle keinen Unterschied zwischen Punkthelligkeit und Flächenhelligkeit zu kennen scheint, sondern über die gesamte ihr zugeführte Lichtmenge integriert.

Wir wollen die verschiedenen astronomischen Aufgaben, zu deren Lösung die Photozelle mit Vorteil Anwendung finden kann, hier kurz zusammenstellen.

19. Aufgaben für direkte Messungen am Himmel. α) Gesamthelligkeit von Gestirnen. Bei Verwendung der Photozelle an einem Refraktor oder Re-

---

[1] B A N 2, S. 135 (1924).
[2] V J S 63, S. 259 (1928).

flektor läßt sich die gesamte Lichtwirkung aller derjenigen Gestirne ohne weiteres photoelektrisch messen, deren Brennpunktsbilder kleiner sind als der lichtelektrisch empfindliche Alkalibelag der verwendeten Zelle; dabei ist es vollständig gleichgültig, ob die betreffenden Objekte fokal oder extrafokal auf die Zelle abgebildet werden. Dieser Methode sind demnach ohne weiteres alle Fixsterne, Planeten und Planetoiden zugänglich, deren Intensität ausreicht, einen meßbaren Photostrom hervorzurufen, ferner diejenigen Sternhaufen und Nebelflecke, deren Bildfläche der obengenannten Einschränkung entspricht. Auch Sonne, Mond, Korona, Kometen gestatten bei hinreichend kleiner Brennweite des Fernrohrobjektivs oder Spiegels die Bestimmung ihrer Gesamtintensität auf diesem Wege.

Bei den helleren Objekten, wie Sonne und Mond, ist ein eigentliches Projektionssystem (Fernrohr) meist überflüssig, und es wird in den meisten Fällen genügen, die Zelle direkt auf diese Objekte zu richten und den Photostrom zu messen. Der Verlauf der Helligkeitskurve bei einer Sonnen- oder Mondfinsternis läßt sich auf diesem Wege mit verhältnismäßig einfachen Mitteln verfolgen.

β) **Flächenhelligkeit von Gestirnen.** Bei allen Objekten von ausgedehnter Oberfläche gestattet die Photozelle aber auch die Bestimmung der **Flächenhelligkeit**, wenn das Bild der betreffenden Gestirne auf eine entsprechend dimensionierte enge **Blende** projiziert wird, und nur das die Blende durchsetzende Lichtbüschel auf die Zelle gelangt. Eine Vergleichung der verschiedenen Teile der Oberfläche von Sonne und Mond, der großen Planeten, von Nebeln und Kometen, der Milchstraße, des Himmelsgrundes usw. ist auf diesem Wege der Beobachtung möglich.

γ) **Farbenbestimmung der Gestirne.** Durch Verwendung von mehreren Zellen mit verschiedener Farbenempfindlichkeit oder auch einer einzigen Zelle von ausgedehnter spektraler Empfindlichkeit unter Zuhilfenahme von Lichtfiltern lassen sich Farbäquivalente von Gestirnen erhalten. Extinktionsbestimmungen, Beobachtungen von Farbenänderungen gewisser veränderlicher Sterne und ähnliche Untersuchungen lassen sich nach dieser Methode mit großer Genauigkeit anstellen.

δ) **Astrometrische Aufgaben.** Die auf S. 422 beschriebene STRÖMGRENsche Methode gestattet, Rektaszensionsunterschiede von Sternen mit Hilfe der Photozelle zu messen. Die Methode ist aber noch erweiterungsfähig: Werden an Stelle der senkrecht zur täglichen Bewegung stehenden Lamellen in der Brennebene des Meridiankreises eine Anzahl gegeneinander geneigter Lamellen verwandt, so ist — ähnlich wie bei dem Kreuzstabmikrometer — die gleichzeitige Bestimmung von Rektazension und Deklination möglich, die sich bei automatischer Registrierung der Durchgänge leicht auf Zonenprogramme ausdehnen ließe. Die Photozelle arbeitet im Gegensatz zu unserem Auge nicht logarithmisch, sondern additiv, d. h. die Vermehrung einer Intensität um eine bestimmte Größe wird stets eine entsprechende Vergrößerung des Photostromes bewirken, ganz gleich, wie groß die anfängliche Intensität ist. Bei Kompensierung des durch die Tageshelligkeit des Himmelsuntergrundes erzeugten Photostromes ist damit die prinzipielle Möglichkeit gegeben, auch die Meridiandurchgänge von dem Auge unsichtbaren Sternen bei Tage photoelektrisch beobachten zu können.

20. Aufgaben für Elektro-Mikrophotometer. α) **Für registrierende Instrumente.** Die registrierenden Mikrophotometer sind Schnittphotometer, welche die Schwärzungen von in einer Geraden angeordneten Plattenpunkten in kontinuierlicher Folge zu messen gestatten. In dieser Beziehung sind sie geradezu ideale Instrumente für die Bestimmung der Helligkeitsverteilung in Spektren, gleichgültig, ob es sich um den kontinuierlichen Untergrund, um

Emissions- oder Absorptionslinien handelt. Bei großer Übersetzung lassen sich die Wellenlängen von Spektrallinien mit einer die üblichen linearen Messungsmethoden meist übersteigenden Genauigkeit aus den Registrierplatten ablesen. Bei flächenhaften zölestischen Objekten (Sonne, Mond, Planeten, Kometen, Nebelflecken und Sternhaufen) dienen diese Instrumente zur fortlaufenden Registrierung der Flächenhelligkeit längs verschiedener durch das Bild gelegter Schnitte.

β) **Für nicht-registrierende Instrumente.** Die nicht-registrierenden Elektro-Mikrophotometer gestatten — mit Ausnahme exakter Längenmessungen — die Lösung der meisten Aufgaben, für welche die registrierenden Instrumente in Frage kommen, allerdings mit erheblich größerem Zeit- und Arbeitsaufwand. Dagegen ist ihnen ausschließlich die Photometrierung isolierter, auf der Platte unregelmäßig verteilter Objekte vorbehalten. Das besondere Arbeitsfeld dieser Instrumente ist die Sternphotometrie über größere Areale oder für Durchmusterungsarbeiten, da bis zu 60 Sterne in der Stunde mit einer die photometrischen Möglichkeiten der photographischen Platte bis an die Grenzen ausschöpfenden Genauigkeit ausgemessen werden können; dabei ist es prinzipiell gleichgültig, ob es sich um extrafokale oder fokale Sternaufnahmen handelt. Wird in der Weise gemessen, daß das Sternscheibchen in die Mitte einer Blendenöffnung gestellt und die Intensität des ganzen die Blende durchsetzenden Lichtbüschels bestimmt wird (vgl. S. 427), dann ist auf diesem Wege auch der photometrische Anschluß von Planetenscheiben, planetarischen Nebeln, kugelförmigen Sternhaufen und ähnlichen Objekten an die Helligkeitsskala der Fixsterne möglich, vorausgesetzt, daß die Blendenöffnung größer ist als der Durchmesser des größten der zu messenden Objekte.

Es gibt heute kaum eine einzige Aufgabe aus dem Gesamtgebiet der Astrophotometrie, die nicht mit Hilfe der Photozelle schneller und exakter zu lösen wäre als mit den üblichen photometrischen Apparaten, sei es durch Verbindung der Photozelle mit einem Refraktor oder Reflektor und durch direkte Messung am Himmel, sei es auf dem Umweg über die photographische Platte durch Auswertung an einem photoelektrischen Mikrophotometer.

Handbuch der Astrophysik

Unter Mitarbeit von zahlreichen Fachgelehrten
herausgegeben von

G. Eberhard, A. Kohlschütter und H. Ludendorff

Vollständig in 6 Bänden. — Jeder Band ist einzeln käuflich

Inhaltsübersicht des Gesamtwerkes:

Band I: **Grundlagen der Astrophysik. I. Teil**

Physiologische und psychologische Grundlagen. Von Dr. A. Kühl-München. — Das Fernrohr und seine Prüfung. Von Dr. A. König-Jena. — Anwendung der theoretischen Optik. Von Dr. H. Schulz-Berlin-Lichterfelde. — Theorie der spektroskopischen Apparate. Wellenlängen. Von Geheimrat Professor Dr. C. Runge†-Göttingen. — Sternspektrographie und Bestimmung von Radialgeschwindigkeiten. — Von Professor Dr. G. Eberhard-Potsdam. — Apparate und Methoden zur Messung der Strahlung der Himmelskörper. Von Dr. W. E. Bernheimer-Wien. — Stellarastronomische Hilfsmittel. Von Professor Dr. A. Kohlschütter-Bonn. — Reduktion photographischer Himmelsaufnahmen, Sammlung von Formeln und Tafeln. Von Professor Dr. O. Birck-Potsdam.

Band II: **Grundlagen der Astrophysik. II. Teil**

2. Hälfte: Photographische Photometrie. Von Professor Dr. G. Eberhard-Potsdam. — Visuelle Photometrie. Von Professor Dr. W. Hassenstein-Potsdam.

Band III: **Grundlagen der Astrophysik. III. Teil**

1. Hälfte: Wärmestrahlung. Von Professor Dr. W. Westphal-Berlin-Zehlendorf. — Thermodynamics of the Stars. By Professor Dr. E. A. Milne-Oxford. — Die Ionisation in den Atmosphären der Himmelskörper. Von Professor Dr. A. Pannekoek-Amsterdam.— The Principles of Quantum Theory. By Professor Dr. S. Rosseland-Oslo. — 2. Hälfte: Die Gesetzmäßigkeiten in den Spektren. Von Professor Dr. W. Grotrian-Potsdam. — Gesetzmäßigkeiten der Multiplett-Spektren. Von Professor Dr. O. Laporte-Ann Arbor, U. S. A. — Bandenspektra. Von Dr. K. Wurm-Potsdam.

Band IV: **Das Sonnensystem**

Mit 221 Abbildungen. VIII, 501 Seiten. 1929. RM 76.—, gebunden RM 78.80

Strahlung und Temperatur der Sonne. Von Dr. W. E. Bernheimer-Wien. — Solar Physics. By Professor S. Abetti-Florence. — Eclipses of the Sun. By Professor Dr. S. A. Mitchell-Charlottesville, Va. — Die physische Beschaffenheit des Planetensystems. Von Professor Dr. K. Graff-Wien. — Kometen und Meteore. Von Professor Dr. A. Kopff.

Band V: **Das Sternsystem. I. Teil**

Classification and Description of Stellar Spectra. By Professor Dr. R. H. Curtiss-Ann Arbor, U. S. A. — Die Temperaturen der Fixsterne. Von Professor Dr. A. Brill-Neubabelsberg. — Dimensions, Masses, Densities, Luminosities and Colours of the Stars. By Professor Dr. Knut Lundmark-Lund. — Stellar Clusters. By Professor H. Shapley-Cambridge, U. S. A. — Nebulae. By Professor Dr. H. D. Curtis-Pittsburgh. — Die Milchstraße. Von Professor Dr. B. Lindblad-Stockholm.

Band VI: **Das Sternsystem. II. Teil**

Mit 123 Abbildungen. IX, 474 Seiten. 1928. RM 66.—, gebunden RM 68.70

The Radial Velocities of the Stars. By Dr. K. G. Malmquist-Lund. — Die veränderlichen Sterne. Von Professor Dr. H. Ludendorff-Potsdam. — Novae. By Professor F. J. M. Stratton-Cambridge. — Double and Multiple Stars. By Dr. F. C. Henroteau-Ottawa.